建筑工程施工手册

孙华波　周振鸿　主编

化学工业出版社

·北京·

内容简介

本书根据现行的施工标准、规范进行编写。本书从施工准备、施工测量开始讲起，先后介绍了土方工程、爆破工程、地基与基础工程、脚手架与垂直运输工程、砌体工程、钢筋混凝土工程、预应力混凝土工程、装配整体式混凝土结构工程、钢结构工程、结构安装工程、防水工程、防腐蚀工程、保温隔热工程、装饰装修工程、季节性施工，最后还详细介绍了施工管理和工程建设监理等相关内容。本书内容全面、针对性强，集知识性和可操作性于一体，同时配有相关视频解读，是一本资料齐全、查找方便的建筑施工技术人员案头工具书。

本书可作为建筑工程技术人员和管理人员的技术实用书，也可作为建筑施工一线技术工人的培训教材，还可作为高等院校相关专业的教材和参考用书。

图书在版编目（CIP）数据

建筑工程施工手册/孙华波，周振鸿主编. —北京：化学工业出版社，2020.10

ISBN 978-7-122-37552-0

Ⅰ.①建… Ⅱ.①孙…②周… Ⅲ.①建筑工程-工程施工-技术手册 Ⅳ.①TU7-62

中国版本图书馆 CIP 数据核字（2020）第 153017 号

责任编辑：彭明兰　　文字编辑：邹　宁

责任校对：王鹏飞　　装帧设计：史利平

出版发行：化学工业出版社（北京市东城区青年湖南街 13 号　邮政编码 100011）

印　　装：中煤（北京）印务有限公司

710mm×1000mm　1/16　印张 40　字数 831 千字　2021 年 3 月北京第 1 版第 1 次印刷

购书咨询：010-64518888　　售后服务：010-64518899

网　　址：http：//www.cip.com.cn

凡购买本书，如有缺损质量问题，本社销售中心负责调换。

定　　价：128.00 元

前言

随着我国经济与社会的不断发展，工程建设的速度与规模逐渐扩大，如何保证工程施工的质量、确保施工人员的安全、提高工程建设的效率、降低工程建设的成本，成了贯穿建设工程的核心问题。

《建筑工程施工手册》从施工准备、施工测量开始讲起，先后介绍了土方工程、爆破工程、地基与基础工程、脚手架与垂直运输工程、砌体工程、钢筋混凝土工程、预应力混凝土工程、装配整体式混凝土结构工程、钢结构工程、结构安装工程、防水工程、防腐蚀工程、保温隔热工程、装饰装修工程、季节性施工，最后还详细介绍了施工管理和工程建设监理等相关内容。内容以建设量大、涉及面广的一般工业与民用建筑，包括相应的附属构筑物的施工技术为主，同时适当介绍了各工种工程的常用材料和施工机具。本手册在编写上尽量做到简明扼要，采取文字与图表相结合的方式，便于使用、查找。对于有关施工中的技术问题，一般查表看图即可。

本手册具有以下特点。

1. 全面性。内容全面，包括施工准备、施工工艺、质量标准、成品保护、应注意的质量问题等。

2. 针对性。针对施工工程的特点，运用最有效的施工方法提高劳动生产率，保证工程质量，并做到安全生产、文明施工。

3. 可操作性。工艺流程严格按照施工工序编写，工艺介绍简明扼要，并满足材料、机具、人员等资源和施工条件要求，在施工过程中可直接引用。

4. 知识性。在编写过程中，对新材料、新产品、新技术、新工艺尽量进行了较全面的介绍，淘汰已经落后的、不常用的施工工艺和方法。

5.直观性。书中对一些关键技术附有视频讲解，能让读者直观易懂地了解相关知识和技能。

本手册不同于一般的建筑工程施工手册，不仅全面地介绍了施工技术，而且从侧面系统地介绍了施工管理的内容。在一项工程中，没有良好的规划管理，即便施工技术规范纯熟，也还是不能优质地完成工程建设。因此，本手册不但便于施工人员学习参考，也是施工管理者的最佳选择。

本手册根据现行的施工标准、规范进行编写，在编写过程中承蒙有关高等院校、建设主管部门、建设单位、工程咨询单位、设计单位、施工单位等方面的领导和工程技术、管理人员大力支持，也得到了很多学者、专家的宝贵意见和建议，在此向他们表示由衷的感谢！书中参考了许多相关教材、规范、图集等文献资料，在此谨向这些文献的作者致以诚挚的敬意。

希望这本施工手册能成为广大施工人员，特别是基础施工技术人员案头的一本资料齐全、查找方便的工具书。由于作者水平有限，书中若出现疏漏或不妥之处，敬请读者批评指正，以便改进。

编者

2020年10月

目录

第一章 施工准备

第一节 原始资料的调查研究

一、建设场地勘察

建设场地勘察主要是了解建设地点的地形、地貌、地质、水文、气象以及市场状况和施工条件，周围环境和障碍物情况等。一般可作为确定施工方法和技术措施的依据。

对于施工区域内的建筑物、构筑物、水井、树木、坟墓、沟渠、电杆、车道、土堆、青苗等地面物，均可用目测的方法进行，并详细记录下来；对于场区内的地下埋设物，如地下沟道、人防工程、地下水管、电缆等，可向当地村镇有关部门调查了解，以便于拟定障碍物的拆除方案以及土方施工和地基处理方法。

二、社会劳动力与生活设施的调查

社会劳动力和生活设施调查见表1-1。

表1-1 社会劳动力和生活设施调查表

项目	调查内容	调查目的
社会劳动力	1.少数民族地区的风俗习惯 2.当地能提供的劳动力人数、技术水平和来源 3.上述人员的生活安排	1.拟定劳动力计划 2.安排临时设施
房屋设施	1.必须在工地居住的单身人数和户数 2.能作为施工用的现有的房屋栋数，每栋面积，结构特征，总面积，位置，水、暖、电、卫设备状况 3.上述建筑物的适宜用途，用作宿舍、食堂、办公室的可能性	1.确定现有房屋为施工服务的可能性 2.安排临时设施
周围环境	1.主副食品供应，日用品供应，文化教育、消防治安等机构能为施工提供的支援能力 2.邻近医疗单位至工地的距离，可能就医情况 3.当地公共汽车、邮电服务情况 4.周围是否存在有害气体，污染情况，有无地方病	安排职工生活基地，解除后顾之忧

三、建设场址自然条件的调查

建筑场址自然条件调查见表 1-2。

表 1-2 建筑场址自然条件调查表

项目	调 查 内 容	调查目的
气温	1.年平均、最高、最低温度,最冷、最热月份的逐日平均温度 2.冬、夏季室外计算温度 3.≤-3℃、≤0℃、≤5℃的天数,起止时间	1.确定防暑降温的措施 2.确定冬季施工措施 3.估计混凝土、砂浆强度
雨(雪)	1.雨季起止时间 2.月平均降雨(雪)量、最大降雨(雪)量、一昼夜最大降雨(雪)量 3.全年雷暴日数	1.确定雨期施工措施 2.确定工地排水、防洪方案 3.确定工地防雷设施
风	1.主导风向及频率(风玫瑰图) 2.≥8 级风的全年天数、时间	1.确定临时设施的布置方案 2.确定高空作业及吊装的技术安全措施
地形	1.区域地形图:(1∶10000)~(1∶25000) 2.工程位置地形图:(1∶1000)~(1∶2000) 3.该地区城市规划图 4.经纬坐标桩、水准基桩位置	1.选择施工用地 2.布置施工总平面图 3.场地平整及土方量计算 4.了解障碍物及其数量
地质	1.钻孔布置图 2.地质剖面图:土层类别、厚度 3.物理力学指标:天然含水量、孔隙比、塑性指数、渗透系数、压缩试验及地基土强度 4.地层的稳定性:断层滑块、流砂 5.最大冻结深度 6.地基土破坏情况,钻井、古墓、防空洞及地下构筑物	1.土方施工方法的选择 2.地基土的处理方法 3.基础施工方法 4.复核地基基础设计 5.拟定障碍物拆除方案
地震	地震等级	确定对基础的影响、注意事项
地下水	1.最高、最低水位及时间 2.水的流速、流向、流量 3.水质分析,水的化学成分 4.抽水试验	1.基础施工方案选择 2.降低地下水水位的方法 3.拟定防止侵蚀性介质的措施
地面水	1.临近江河湖泊距工地的距离 2.洪水、平水、枯水期的水位、流量及航道深度 3.水质分析 4.最大最小冻结深度及结冻时间	1.确定临时给水方案 2.确定施工运输方式 3.确定水工工程施工方案 4.确定工地防洪方案

四、水、电、气供应条件的调查

水、电、气等条件调查见表 1-3。

表 1-3 水、电、气等条件调查表

项目	调查内容	调查目的
供排水	1. 工地用水与当地现有水源连接的可能性、可供水量、接管地点、管径、材料、埋深、水压、水质及水费；至工地距离，沿途地形、地物状况 2. 自选临时江河水源的水质、水量、取水方式、至工地距离，沿途地形、地物状况，自选临时水井的位置、深度、管径、出水量和水质 3. 利用永久性排水设施的可能性，施工排水的去向、距离和坡度，有无洪水影响，防洪设施状况	1. 确定施工及生活供水方案 2. 确定工地排水方案和防洪设施 3. 拟定供排水设施的施工进度计划
供电与电信	1. 当地电源位置，引入的可能性，可供电的容量、电源、导线截面和电费，引入方向，接线地点及其至工地距离，沿途地形地物的状况 2. 建设单位和施工单位自有的发、变电设备的型号、台数和容量 3. 利用邻近电信设施的可能性，电话、电报局等至工地的距离，可能增设电信设备、线路的情况	1. 确定施工供电方案 2. 确定施工通信方案 3. 拟定供电、通信设施的施工进度计划
供气（汽）	1. 蒸汽来源，可供蒸汽量，接管地点，管径、埋深、至工地距离，沿途地形地物状况，蒸汽价格 2. 建设、施工单位自有锅炉的型号、台数和能力，所需燃料和水质标准 3. 当地或建设单位可能提供的压缩空气、氧气的能力，至工地距离	1. 确定施工及生活用气的方案 2. 确定压缩空气、氧气的供应计划

五、机械设备与建筑材料的调查

地方资源条件调查见表 1-4，地方建筑材料及构件生产企业调查见表 1-5。

表 1-4 地方资源条件调查表

序号	材料名称	产地	储藏量	质量	开采量	出厂价	开发费	运距	单位运价	备注
1										
2										
…										

表 1-5 地方建筑材料及构件生产企业调查表

序号	企业名称	产品名称	单位	规格	质量	生产能力	生产方式	出厂价格	运距	运输方式	单位运价	备注
1												
2												
…												

六、交通运输条件的调查

交通运输条件调查见表1-6。

表1-6 交通运输条件调查表

项目	调查内容	调查目的
铁路	1.邻近铁路专用线、车站至工地的距离及沿途运输条件 2.站场卸货线长度、起重能力和储存能力 3.装载单个货物的最大尺寸、重量的限制 4.运费、装卸费和装卸力量	1.选择施工运输方式 2.拟定施工运输计划
公路	1.主要材料产地至工地的公路等级,路面构造宽度及完好情况,允许最大载重量,途经桥涵等级和允许最大载重量 2.当地专业运输机构及附近村镇能提供的装卸、运输能力,汽车、畜力、人力车的数量及运输效率,运费、装卸费 3.当地有无汽车修配厂,修配能力和至工地距离	1.选择施工运输方式 2.拟定施工运输计划
航运	1.货源、工地至邻近河流、码头渡口的距离,道路情况 2.洪水、平水、枯水期时通航的最大船只及吨位,取得船只的可能性 3.码头装卸能力,最大起重量,增设码头的可能性 4.渡口渡船的能力,同时可载汽车、马车数,每日次数,能为施工提供的能力 5.运费、渡口费、装卸费	1.选择施工运输方式 2.拟定施工运输计划

第二节 施工技术资料的准备

一、熟悉和审查施工图纸

1.熟悉、审查施工图纸的依据

① 建设单位和设计单位提供的初步设计或扩大初步设计（技术设计）、施工图设计、建筑总平面、土方竖向设计和城市规划等资料文件。

② 调查、搜集的原始资料。

③ 设计、施工验收规范和有关技术规定。

2.熟悉、审查设计图纸的目的

① 能够按照设计图纸的要求顺利地进行施工，生产出符合设计要求的最终建筑产品（建筑物或构筑物）。

② 能够在拟建工程开工之前，让从事建筑施工和经营管理的工程技术人员充分地了解和掌握设计图纸的设计意图、结构与构造特点和技术要求。

③ 通过审查发现设计图纸中存在的问题和错误，使其在施工开始之前改正，为拟建工程的施工提供一份准确、齐全的设计图纸。

3. 熟悉、审查设计图纸的内容

① 审查拟建工程的地点、建筑总平面图同国家、城市或地区规划是否一致，建筑物或构筑物的设计功能和使用要求是否符合卫生、防火及美化城市方面的要求。

② 审查设计图纸是否完整、齐全，设计图纸和资料是否符合国家有关工程建设的设计、施工方面的方针和政策。

③ 审查设计图纸与说明书在内容上是否一致，设计图纸与其各组成部分之间有无矛盾和错误。

④ 审查建筑总平面图与其他结构图在几何尺寸、坐标、标高、说明等方面是否一致，技术要求是否正确。

⑤ 审查工业项目的生产工艺流程和技术要求，掌握配套投产的先后次序和相互关系，审查设备安装图纸与其相配合的装饰施工图纸在坐标、标高上是否一致，掌握装饰施工质量是否满足设备安装的要求。

⑥ 审查地基处理与基础设计同拟建工程地点的工程水文、地质等条件是否一致，建筑物或构筑物与地下建筑物或构筑物、管线之间的关系。

⑦ 明确拟建工程的结构形式和特点，复核主要承重结构的强度、刚度和稳定性是否满足要求，审查设计图纸中工程复杂、施工难度大和技术要求高的分部分项工程或新结构、新材料、新工艺，检查现有施工技术水平和管理水平能否满足工期和质量要求并讨论采取何种可行的技术措施加以保证。

⑧ 明确建设期限、分期分批投产或交付使用的顺序和时间，工程所用的主要材料、设备的数量、规格、来源和供货日期；明确建设、设计和施工等单位之间的协作、配合关系，建设单位可以提供的施工条件。

4. 熟悉、审查设计图纸的程序

熟悉、审查设计图纸的程序通常分为自审阶段、会审阶段和现场签证三个阶段。

(1) 设计图纸的自审阶段　施工单位收到拟建工程的设计图纸和有关技术文件后，应尽快组织有关工程技术人员熟悉和自审图纸，写出自审图纸记录。自审图纸记录应包括对设计图纸的疑问和有关建议。

(2) 设计图纸的会审阶段　一般由建设单位主持，由设计单位和施工单位参加，三方进行设计图纸的会审。图纸会审时，首先由设计单位的工程主设人向与会者说明拟建工程的设计依据、意图和功能要求，并对特殊结构、新材料、新工艺和新技术提出设计要求；然后施工单位根据自审记录以及对设计意图的了解，提出对设计图纸的疑问和建议；最后在统一认识的基础上，对所探讨的问题逐一做好记录，形成"图纸会审纪要"，由建设单位正式行文，参加单位共同会签、盖章，作为与设计文件同时使用的技术文件和指导施工的依据，以及建设单位与施工单位进行工程结算的依据。

(3) 设计图纸的现场签证阶段　在拟建工程施工的过程中，如果发现施工的条件与设计图纸的条件不符，或者发现图纸中仍然有错误，或者因为材料的规格、质量不能满足设计要求，或者因为施工单位提出了合理化建议，需要对设计图纸进行及时修订时，应遵循技术核定和设计变更的签证制度，进行图纸的施工现场签证。如果设计变更的内容对拟建工程的规模、投资影响较大时，要报请项目的原批准单位批准。在施工现场的图纸修改、技术核定和设计变更资料，都要有正式的文字记录，归入拟建工程施工档案，作为指导施工、竣工验收和工程结算的依据。

二、原始资料的调查分析

(1) 自然条件的调查分析 建设地区自然条件调查分析的主要内容有地区水准点和绝对标高等情况；地质构造、土的性质和类别、地基土的承载力、地震级别和烈度等情况；河流流量和水质、最高洪水和枯水期的水位等情况；地下水位的高低变化情况，含水层的厚度、流向、流量和水质等情况；气温、雨、雪、风和雷电等情况；土的冻结深度和冬雨季的期限等情况。

(2) 技术经济条件的调查分析 建设地区技术经济条件调查分析的主要内容有：地方建筑施工企业的状况；施工现场的动迁状况；当地可利用的地方材料状况；国拨材料供应状况；地方能源和交通运输状况；地方劳动力和技术水平状况；当地生活供应、教育和医疗卫生状况；当地消防、治安状况和参加施工单位的力量状况。

三、编制施工图预算和施工预算

(1) 编制施工图预算 施工图预算是技术准备工作的主要组成部分之一，是按照施工图确定的工程量，按照施工组织设计所拟定的施工方法、建筑工程预算定额及其取费标准，由施工单位编制的确定建筑安装工程造价的经济文件，它是施工企业签订工程承包合同、工程结算、建设银行拨付工程价款、进行成本核算、加强经营管理等方面工作的重要依据。

(2) 编制施工预算 施工预算是根据施工图预算、施工图纸、施工组织设计或施工方案、施工定额等文件进行编制的，它直接受施工图预算的控制。它是施工企业内部控制各项成本支出、考核用工、“两算”对比、签发施工任务单、限额领料、基层进行经济核算的依据。

四、编制施工组织设计

施工组织设计是施工准备工作的重要组成部分，也是指导施工现场全部生产活动的技术经济文件。建筑施工生产活动的全过程是非常复杂的物质财富再创造过程，为了正确处理人与物、主体与辅助、工艺与设备、专业与协作、供应与消耗、生产与储存、使用与维修以及它们在空间布置、时间排列之间的关系，必须根据拟建工程的规模、结构特点和建设单位的要求，在原始资料调查分析的基础上，编制出一份能切实指导该工程全部施工活动的科学方案。

施工准备阶段的监理工作程序为：审查施工组织设计→组织设计技术交底和图纸会审→下达工程开工令→检查落实施工条件→检查承建单位质保体系→审查分包单位→测量控制网点移交施工复测→开工项目的设计图纸提供→进场材料的质量检验→进场施工设备的检查→业主提供条件检查→组织人员设备→检查测量、试验资质→撰写监理审图意见→检查承建单位审图意见→检查业主审图意见→汇总审图意见交设计单位→形成四方会议纪要。

施工监理工作的总程序如图 1-1 所示。

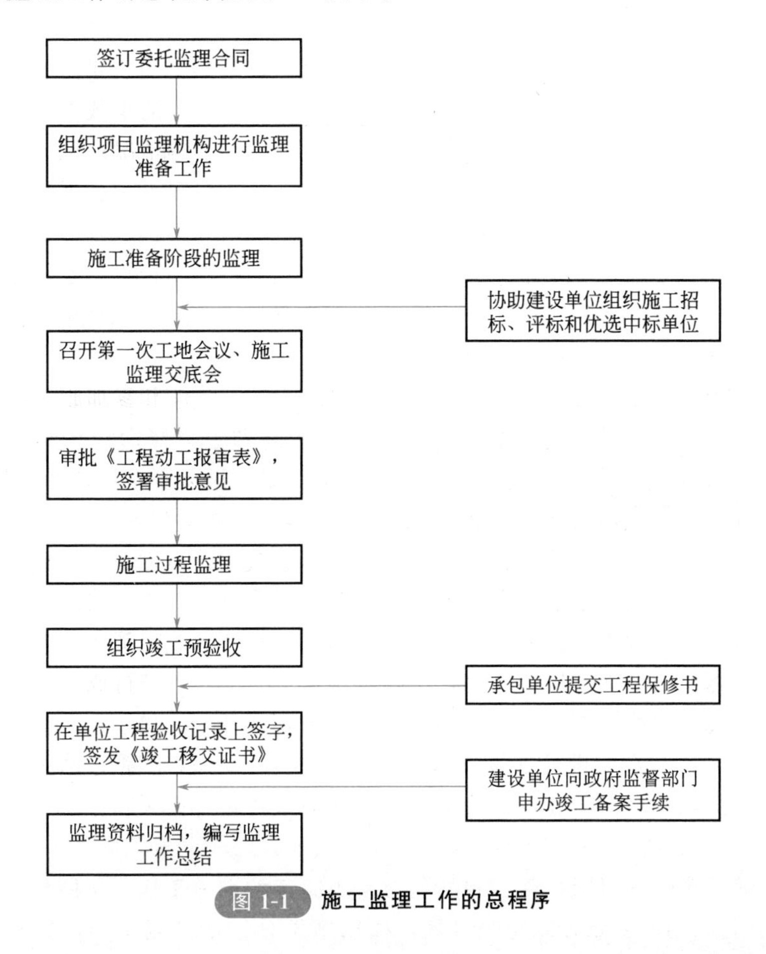

图 1-1　施工监理工作的总程序

第三节　施工现场准备

材料进场准备

扫码观看本视频

一、施工现场准备工作的范围

施工现场准备工作由两个方面组成：一是建设单位应完成的施工现场准备工作；二是施工单位应完成的施工现场准备工作。

二、施工现场准备工作的主要内容

(1) 做好施工场地的控制网测量 按照设计单位提供的建筑总平面图及给定的永久性经纬坐标控制网和水准控制基桩进行厂区施工测量，设置厂区的永久性经纬坐标桩、水准基桩，建立厂区工程测量控制网。

(2) 搞好“三通一平”

① 路通：施工现场的道路是组织物资运输的动脉。拟建工程开工前，必须按照施工总平面图的要求，修好施工现场的永久性道路（包括厂区铁路、厂区公路）以及必要的临时性道路，形成完整畅通的运输网络，为建筑材料进场、堆放创造有利条件。

② 水通：水在施工现场的生产和生活中是不可缺少的。拟建工程开工之前，必须按照施工总平面图的要求接通施工用水和生活用水的管线，使其尽可能与永久性给水系统结合起来，做好地面排水系统，为施工创造良好的环境。

③ 电通：电是施工现场的主要动力来源。拟建工程开工前，要按照施工组织设计的要求，接通电力和电信设施，做好其他能源（如蒸汽、压缩空气）的供应，确保施工现场动力设备和通信设备的正常运行。

④ 平整场地：按照建筑施工总平面图的要求，首先拆除场地上妨碍施工的建筑物或构筑物，然后根据建筑总平面图规定的标高和土方竖向设计图纸，进行挖（填）土方的工程量计算，确定平整场地的施工方案，进行平整场地的工作。

(3) 做好施工现场的补充勘探 对施工现场做补充勘探是为了进一步寻找枯井、防空洞、古墓、地下管道、暗沟和枯树根等隐蔽物，以便及时拟定处理隐蔽物的方案，并实施，为基础工程施工创造有利条件。

(4) 建造临时设施 按照施工总平面图的布置，建造临时设施，为正式开工准备好生产、办公、生活、居住和储存等临时用房。

(5) 安装、调试施工机具 按照施工机具需要量计划、组织施工机具进场，根据施工总平面图将施工机具安置在规定的地点或仓库。对于固定的机具要进行就位、搭棚、接电源、保养和调试等工作。所有施工机具都必须在开工之前进行检查和试运转。

(6) 做好建筑构（配）件、制品和材料的储存和堆放工作 按照建筑材料、构（配）件和制品的需要量计划组织进场，根据施工总平面图规定的地点和指定的方式进行储存和堆放。

(7) 及时提供建筑材料的试验申请计划 按照建筑材料的需要量计划，及时提供建筑材料的试验申请计划。如钢材机械性能和化学成分等的试验；混凝土或砂浆的配合比和强度等试验。

(8) 做好冬雨季施工安排 按照施工组织设计的要求，落实冬雨季施工的临时设施和技术措施。

(9) 进行新技术项目的试制和试验 按照设计图纸和施工组织设计的要求，认真进行新技术项目的试制和试验。

（10）设置消防、保安设施 按照施工组织设计的要求，根据施工总平面图的布置，建立消防、保安等组织机构和有关的规章制度，布置安排好消防、保安等措施。

第四节 资源准备

一、劳动力组织准备

① 劳动力准备根据工程情况分基础工程、主体工程、装饰工程三个阶段。

② 根据工期和分段流水施工计划，做好劳动组织和确定劳动计划。

③ 所有施工班组均应由经验丰富、技术过硬、责任心强的正式工带班，施工人员均应为技术熟练的合同工。

④ 劳动力进场前必须进行专门的培训及进场教育，之后持证上岗。

⑤ 制订劳动力安排计划表。

二、物资准备

① 制订完善的材料管理制度，对材料的入库、保管及防火、防盗制订出切实可行的管理办法，加强对材料的验收，包括质量的验收与数量的验收。

② 根据工程进度的实际情况，对建筑材料分批组织进场。

③ 现场材料严格按照施工平面布置图的位置堆放，以减少二次搬运，便于排水与装卸，做到堆放整齐，并插好标牌，以便识别、清点、使用。

④ 根据安全防护及劳动保护的要求，制订出安全防护用品需用量计划。

⑤ 组织安排施工机具的分批进场及安装就位。

⑥ 组织施工机具的调试及维修保养。

⑦ 制订好施工机具的需用量。

第五节 季节性施工准备

一、冬期的施工准备

① 合理安排施工进度计划，尽量安排能保证施工质量且费用增加不多的项目在冬期施工。

② 进行冬期施工的项目，在入冬前编制冬期施工方案。

③ 组织人员培训。

④ 与当地的气象台保持联系。

⑤ 安排专人测量施工期间的室外气温、暖棚内气温、砂浆温度、混凝土的温度并做好记录。

二、雨期的施工准备

(1) 合理安排雨期施工 工作人员应经常看天气预报，合理安排工作时间，在无雨天气多安排室外作业，有雨天气尽量安排室内作业。

(2) 加强施工管理，做好安全教育 在施工前对工人进行安全教育。

(3) 做好现场排水工作

① 地面截水。根据工程情况，预先做好下水道。根据自然排水的流向和外线工程，将地面截水工程做好。结合总平面图，利用自然地形确定排水方向，找出坡度，开挖纵横排水沟。排水沟如不能通往泄水处时，可选择离建筑物远的地点挖集水池。

② 排除坑内积水。基坑开挖时，施工遇雨天时，地下水和地表水的渗入会造成积水。为防止坍塌，在挖方前应做好排水方案，并准备相关的机械设备，保证顺利开挖。

(4) 做好道路维护 道路维护是一项经常而重要的工作，需要专人负责，对不平路面或积水处，要在晴天时及时修好。

(5) 做好物资的储存 水泥应按不同种类分别堆放，遵循“先收先发，后收后发”的原则，避免久存的水泥因受潮而影响活性，并要保证储存水泥的房屋不受潮。砂石、炉渣应集中大量堆放，排水要有出路。石灰要做到随到随淋，根据实际情况可搭雨棚。砖、钢门窗等存放地点要注意排水，并准备抽水泵等相关器材。

(6) 做好机具设备的防护 对塔式起重机、高于15m的高车架或其他临时设施，要安装避雷装置，并经常进行检查。

三、夏季的施工准备

(1) 编制夏季施工项目的施工方案 夏季天气炎热，不利于建筑工程施工。在高温期间，一定要做好各种防暑降温的措施。

(2) 施工材料的准备 砂浆和混凝土施工时，应特别注意在拌制、运输和施工中的水分蒸发问题，严防脱水。

(3) 施工人员防暑降温工作的准备 南方夏季高温，除早晚尚可进行施工作业外，一般白天的露天作业应予停止。

第二章 施工测量

第一节　测量仪器

一、水准测量仪器

水准测量所使用的仪器为水准仪，工具为水准尺和尺垫。水准仪按精度分，有 DS_{10}、DS_3、DS_1、DS_{05} 等几种不同等级。“D”表示大地测量仪器，“S”表示“水准仪”，下标中的数字表示仪器能达到的观测精度——每千米往返测高差中的误差（mm）。例如，DS_3 型水准仪的精度为“±3mm”，DS_{05} 型水准仪的精度为“±0.5mm”。DS_{10} 和 DS_3 属普通水准仪，而 DS_1 和 DS_{05} 属精密水准仪。另外，从水准仪获得水平视线的方式来看，又可分为微倾式水准仪和自动安平水准仪。本节主要介绍常用的 DS_3 型微倾式水准仪。

（一）DS_3 型微倾式水准仪的构造

DS_3 型微倾式水准仪主要由望远镜、水准器和基座三个基本部分组成，如图 2-1 所示。

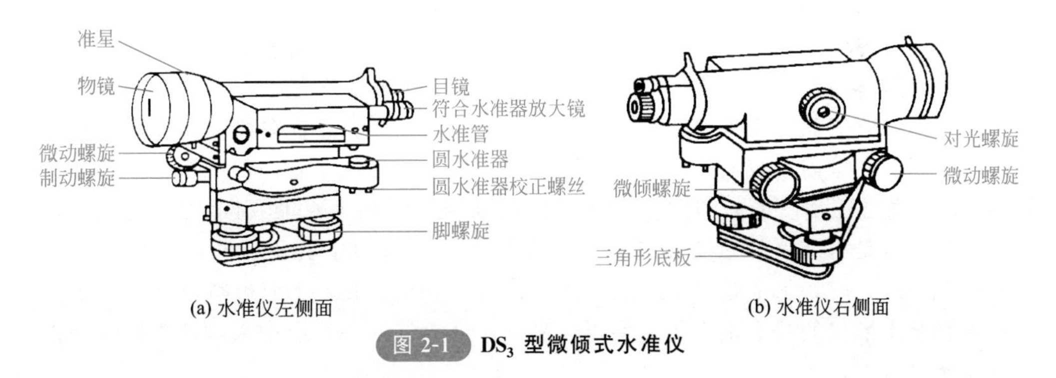

图 2-1　DS_3 型微倾式水准仪

1. 望远镜

望远镜是用来瞄准目标并在水准尺上进行读数的部件，主要由物镜、目镜、调焦透镜和十字丝分划板等部件组成。图 2-2 是 DS_3 型水准仪内对光望远镜的构造。

物镜是由几个光学透镜组成的复合透镜组，其作用是将远处的目标在十字丝分划板附近形成缩小而明亮的实像。

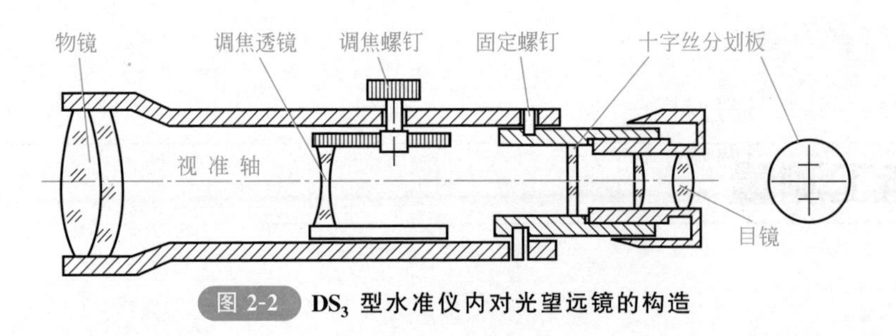

图 2-2 DS_3 型水准仪内对光望远镜的构造

目镜也由复合透镜组组成，其作用是将物镜所成的实像与十字丝一起进行放大，它所成的像是虚像。

十字丝分划板是一块圆形的刻有分划线的平板玻璃片，安装在金属环内。十字丝是刻在玻璃片上相互垂直的细丝，是瞄准目标和读数的重要部件。竖直的一根称为纵丝（亦称竖丝），中间横的一根称为横丝（亦称中丝、水平丝）。横丝上、下两根对称的短丝称为视距丝，分为上丝和下丝，主要用于粗略测量水准仪到水准尺之间的水平距离。

调焦透镜是安装在物镜与十字丝分划板之间的凹透镜。当旋转调焦螺旋，前后移动凹透镜时，可以改变由物镜与调焦透镜组成的复合透镜的等效焦距，从而使目标的影像正好落在十字丝分划板的平面上，再通过目镜的放大作用，就可以清晰地看到放大了的目标影像及十字丝。

物镜的光心与十字丝交点的连线称为视准轴，用 CC 表示。视准轴的延长线即为视线，水准测量就是在视准轴水平时，用十字丝的中丝在水准尺上截取读数的。

2. 水准器

水准器是水准仪的重要部件，借助水准器才能使视准轴处于水平位置。水准器分为管水准器和圆水准器，管水准器又称为水准管。

(1) 管水准器（水准管） 如图 2-3 所示，水准管的构造是将玻璃管纵向内壁磨成圆弧，管内装黏滞系数较小的液体（如乙醇、乙醚及其混合液等）加热熔封而成，冷却后在管内形成一个气泡。在重力作用下，气泡位于管内最高位置。水准管圆弧中心为水准管零点，过零点的水准管圆弧纵切线称为水准管轴，用 LL 表示，水准管轴也是水准仪的重要轴线。当水准管零点与气泡中心重合时，称为气泡居中。气泡居中时，水准管轴 LL 处于水平位置；否则，LL 处于倾斜位置。由于水准管轴与水准仪的视准轴平行，便可以根据水准管气泡是否居中来判断视准轴是否处于水平状态。

为便于确定气泡居中，在水准管上刻有间距为 2mm 的分划线，分划线对称于零点，当气泡两端点距水准管两端刻划的格数相等时，即为水准管气泡居中。水准管上相邻两分划线间的圆弧（弧长 2mm）所对的圆心角，称为水准管分划值，用 r 表示。r 值的大小与水准管圆弧半径 R 成反比，半径 R 越大，r 值越小，灵敏度越高。水准仪上水准管圆弧的半径一般为 7～20m，所对应的 r 值为 $20''$～$60''$。水

准管的 r 值较小，因而用于精平视线。

为了提高观察水准管气泡是否居中的精度，在水准管上方装有符合棱镜，如图 2-4(a) 所示。通过符合棱镜的反射作用，把气泡两端的半边影像反映到望远镜旁的观察窗内。当两端半边气泡影像符合在一起，构成 U 形时，则气泡居中，如图 2-4(b) 所示。若成错开状态，则气泡不居中，如图 2-4(c) 所示。这种设有符合棱镜的水准管，称为符合水准器。

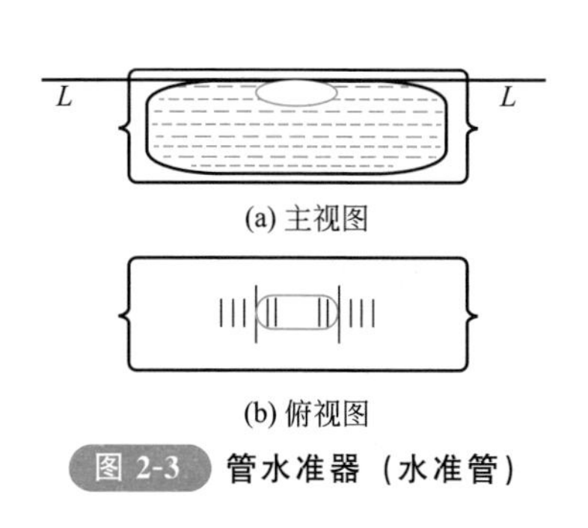

图 2-3　管水准器（水准管）

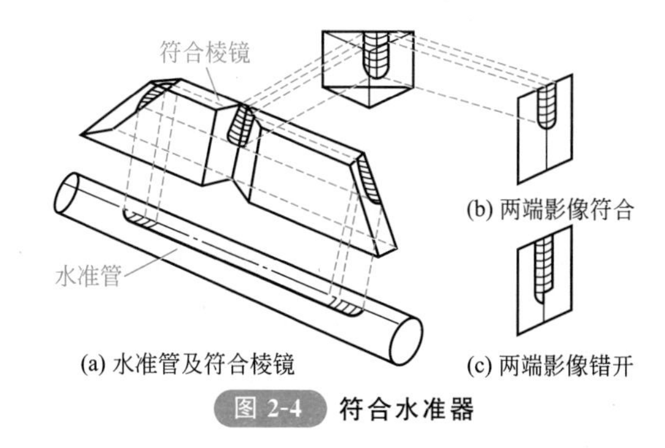

图 2-4　符合水准器

(2) 圆水准器　如图 2-5 所示，圆水准器顶面内壁是球面，正中刻有一圆圈，圆圈中心为圆水准器零点。过零点的球面法线称为圆水准器轴，用 $L'L'$ 表示。当气泡居中时，圆水准器轴处于竖直位置。不居中时，气泡中心偏离零点。圆水准器 2mm 所对应的圆水准器轴倾斜角值称为圆水准器分划值，DS_3 水准仪一般为 $8'\sim10'$。由于它的精度较低，故只用于仪器的粗略整平。

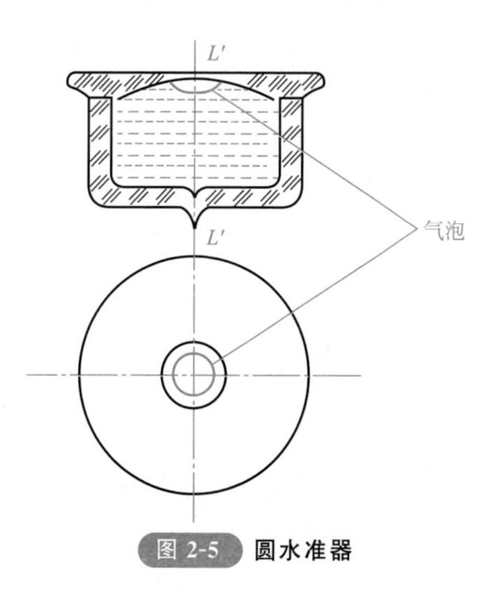

图 2-5　圆水准器

3. 基座

基座由轴座、脚螺旋和底板等构成，其作用是支撑仪器的上部并与三脚架相连。轴座用于仪器的竖轴在其内旋转，脚螺旋用于调整圆水准器气泡居中，底板用于整个仪器与下部三脚架连接。

（二）水准仪的操作方法、检验与校正

1. 水准仪的操作方法

在一个测站上，水准仪的使用包括仪器架设、粗略整平、瞄准水准尺、精确整平与读数 4 个操作步骤。

(1) 仪器架设

① 打开三脚架，调节架腿至适当的高度，并调整架头使其大致水平，检查脚架伸缩螺旋是否拧紧。

② 将水准仪置于三脚架头上。注意，需要一手扶住仪器，另一手用中心连接螺旋将仪器牢固地连接在三脚架上，以防仪器从架头滑落。

(2) 粗略整平

① 将脚架的两架脚踏实，操纵另一架脚左右、前后缓缓移动，使圆水准气泡基本居中，再将此架脚踏实。

② 调节脚螺旋使气泡完全居中。调节脚螺旋的方法如图 2-6 所示。在整平过程中，气泡移动的方向与左手大拇指转动方向一致，与右手大拇指转动方向相反。有时，要按上述方法反复调整脚螺旋，才能使气泡完全居中。

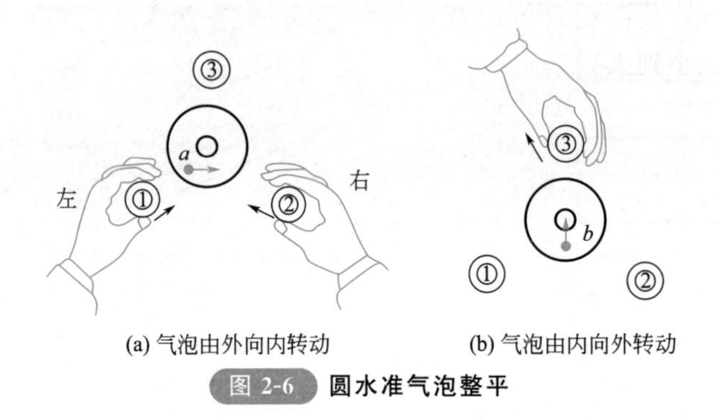

(a) 气泡由外向内转动　　(b) 气泡由内向外转动

图 2-6 圆水准气泡整平

粗略整平的目的是使用仪器脚螺旋将圆水准器气泡调节到居中位置，借助圆水准器的气泡居中，使仪器竖轴大致铅直，视准轴粗略水平。

(3) 瞄准水准尺

① 目镜对光：将望远镜对着明亮背景，转动目镜调焦螺旋使十字丝成像清晰。

② 粗略照准：松开制动螺旋，转动望远镜，用望远镜筒上部的准星和照门大致对准水准尺后，拧紧制动螺旋。

③ 精确照准：从望远镜内观察目标，调节物镜调焦螺旋，使水准尺成像清晰。最后用微动螺旋转动望远镜，使十字丝竖丝对准水准尺的中间稍偏一点，以便进行读数。

④ 消除视差：在物镜调焦后，当眼睛在目镜端上下稍微移动时，有时会出现十字丝与目标有相对运动的现象，这种现象称为视差。产生视差的原因是目标通过物镜所成的像没有与十字丝平面重合，如图 2-7 所示。由于视差的存在会影响观测

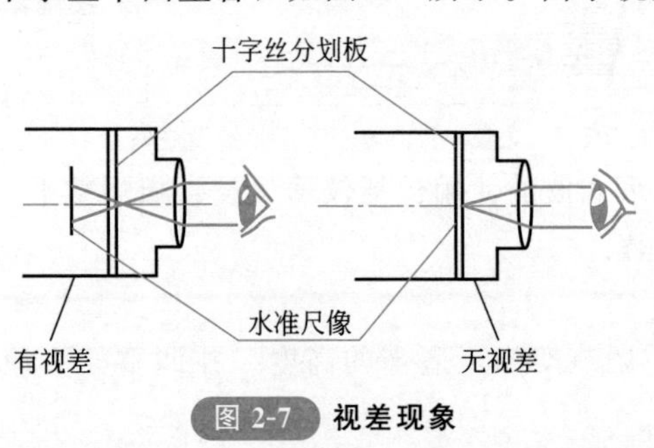

图 2-7 视差现象

结果的准确性，所以必须加以消除。

消除视差的方法是仔细地反复进行目镜和物镜调焦，直至眼睛上下移动读数不变为止。此时，从目镜端所见到十字丝与目标的像都十分清晰。

（4）精确整平与读数 精确整平是在读数前调节微倾螺旋至气泡居中，使得水准仪视准轴精确吻合水平视线。精平时，由于气泡移动的惯性，所以需要轻轻转动微倾螺旋。只有符合气泡两端影像完全吻合且稳定不动，才表示水准仪视准轴处于精确水平位置。

符合水准器气泡居中后，即可读取十字丝中丝在水准尺上的读数。直接读出米、分米和厘米，估读出毫米，如图 2-8 所示。现在的水准仪多采用倒像望远镜，因此读数时应从小到大，即从上往下读。采用正像望远镜的，读数与此相反。

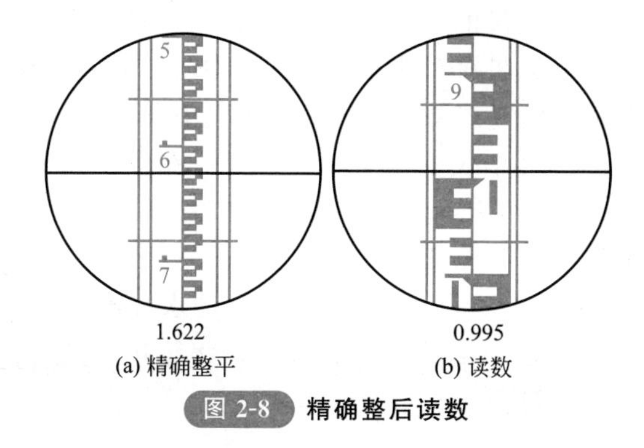

(a) 精确整平　(b) 读数

图 2-8 精确整后读数

在水准测量的实施过程中，通常将精确整平与读数两项操作视为一体。读数后还要检查管水准气泡是否完全符合，只有这样，才能取得准确的读数。当改变望远镜的方向做另一次观测时，管水准气泡可能偏离中央，必须再次调节微倾螺旋使气泡吻合，才能读数。

2. 水准仪的检验与校正

（1）水准仪应满足的几何条件 水准仪的主要轴线包括视准轴、水准管轴、仪器竖轴、圆水准器轴、十字丝横丝，如图 2-9 所示。根据水准测量原理，水准仪必

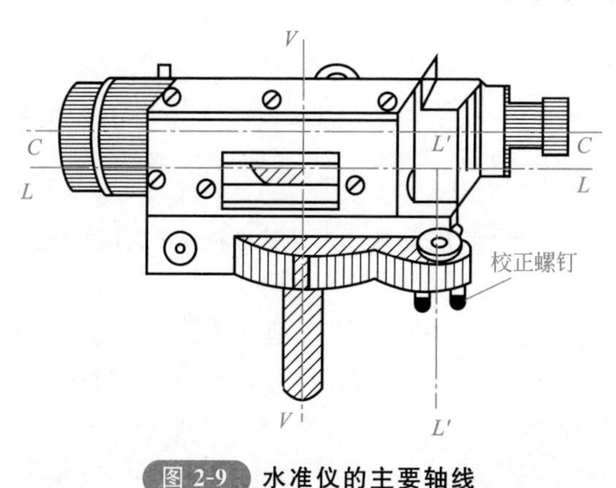

图 2-9 水准仪的主要轴线

须提供一条水平视线，才能正确地测出两点间的高差。为此，水准仪各轴线间应满足如下的几何条件。

① 水准仪应满足的主要条件如下。

a. 水准管轴应与望远镜的视准轴平行。如不能满足，那么水准管气泡居中后，水准管轴已经水平而视准轴却未水平，不符合水准测量的基本原理。

b. 望远镜的视准轴不因调焦而变动位置。该条件是为满足第一个条件而提出。当望远镜在调焦时，视准轴位置发生变动，就不能设想在不同位置的许多条视线都能够与一条固定不变的水准管轴平行。望远镜调焦在水准测量中是不可避免的，必须提出此项要求。

② 水准仪应满足的次要条件如下。

a. 圆水准器轴应与水准仪的竖轴平行。满足该条件，有利于迅速地放置好仪器，提高作业速度；也就是在圆水准器的气泡居中时，仪器的竖轴已基本处于竖直状态，使仪器旋转至任何位置都易于使水准管的气泡居中。

b. 十字丝的横丝应垂直于仪器的竖轴。此时，在读取水准尺上的读数时就不必严格用十字丝的交点，也可以用交点附近的横丝读数。

(2) 圆水准器轴的检验与校正

① 检验方法。安置水准仪后，转动脚螺旋使圆水准器气泡居中，如图 2-10(a) 所示，此时，圆水准器轴处于铅垂状态。然后，将望远镜绕竖轴旋转 180°，如气泡仍居中，表示此项条件满足要求；若气泡偏离中心，如图 2-10(b) 所示，则应进行校正。

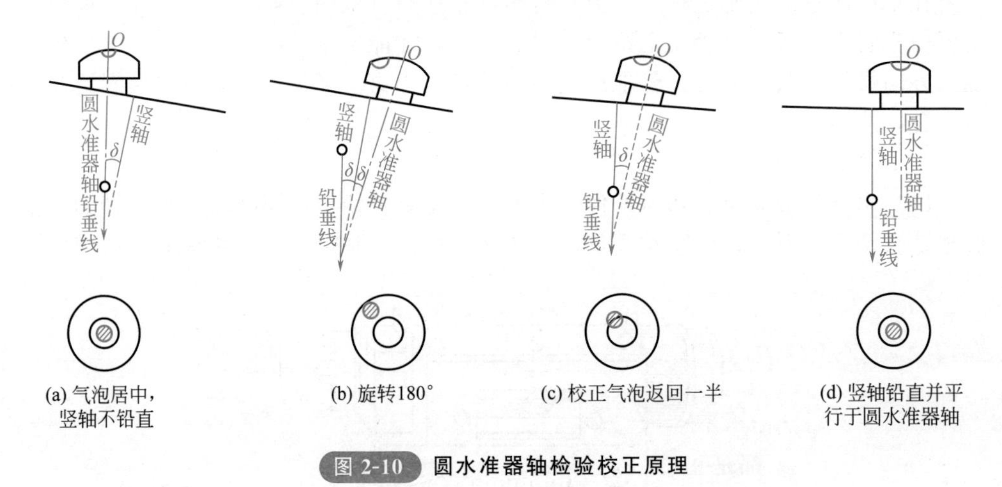

图 2-10 圆水准器轴检验校正原理

② 校正方法。校正时，用脚螺旋使气泡向零点方向移动偏离长度的一半，这时竖轴处于铅垂位置，如图 2-10(c) 所示。然后，再用校正针调整圆水准器下面的三个校正螺钉，使气泡居中。这时，圆水准器轴平行于仪器竖轴，如图 2-10(d) 所示。

校正螺钉位于圆水准器的底部，如图 2-11 所示。校正需要反复进行数次，直到仪器旋转到任何位置圆水准器气泡都居中为止，校正完毕后，应拧紧固定螺钉。

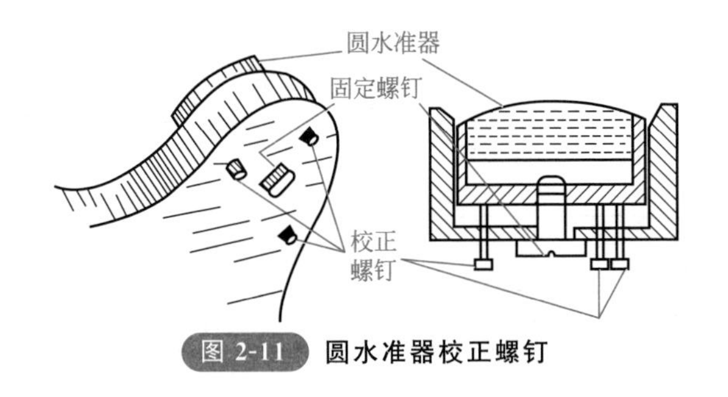

图 2-11 圆水准器校正螺钉

(3) 十字丝的检验与校正

① 检验方法。整平仪器后，用十字丝横丝的一端对准一个清晰固定点 M，如图 2-12(a) 所示，然后，拧紧制动螺旋，再用微动螺旋使望远镜缓慢移动。如果 M 点始终在横丝上移动，如图 2-12(b) 所示，说明条件满足；若 M 点移动的轨迹离开了横丝，如图 2-12(c)、(d) 所示，则需要校正。

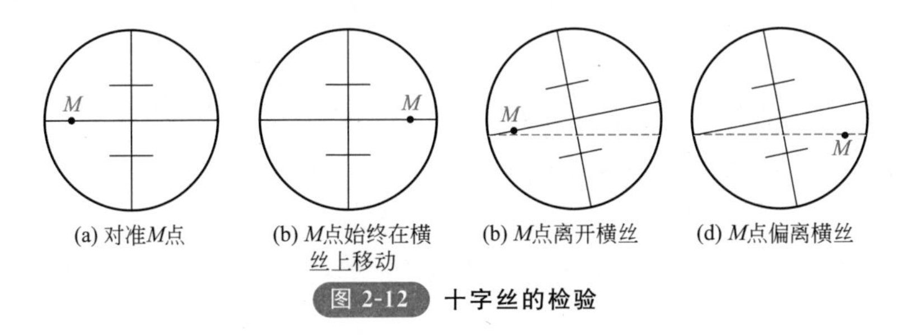

图 2-12 十字丝的检验

② 校正方法。拧下十字丝护罩，松开十字丝分划板座固定螺钉，微转动十字丝环，使横丝水平，将固定螺钉拧紧，拧上护罩。

(4) 水准管轴的检验与校正

① 检验方法。在较为平坦的地面上选择相距 70～80m 左右的 A、B 两点，打入木桩或安放尺垫，如图 2-13 所示。将水准仪安置在 A、B 两点的中点 O 处，使得 $OA=OB$。用变仪器高法（或双面尺法）测出 A、B 两点高差，两次测量高差之差小于 3mm 时，取其平均值 h_{AB} 作为最后结果。

由于仪器距 A、B 两点等距离，不论水准管轴是否平行于视准轴，在 O 点处测出的高差 h_{AB} 都是正确的高差，如图 2-13(a) 所示。由于距离相等，两轴不平行误差 Δ 可在高差计算中自动消除，故高差 h_{AB} 不受视准轴误差的影响。

将仪器搬至距 A 点 2～3m 的 O'处，精平后，分别读取 A 点尺和 B 点尺的中丝读数 a_1 和 b_1，如图 2-13(b) 所示。因仪器距 A 很近，水准管轴不平行于视准轴引起的读数误差可忽略不计，故可计算出仪器在 O'处时，B 点尺上水平视线的正确读数为

$$b_1'=a_1-h_{AB}$$

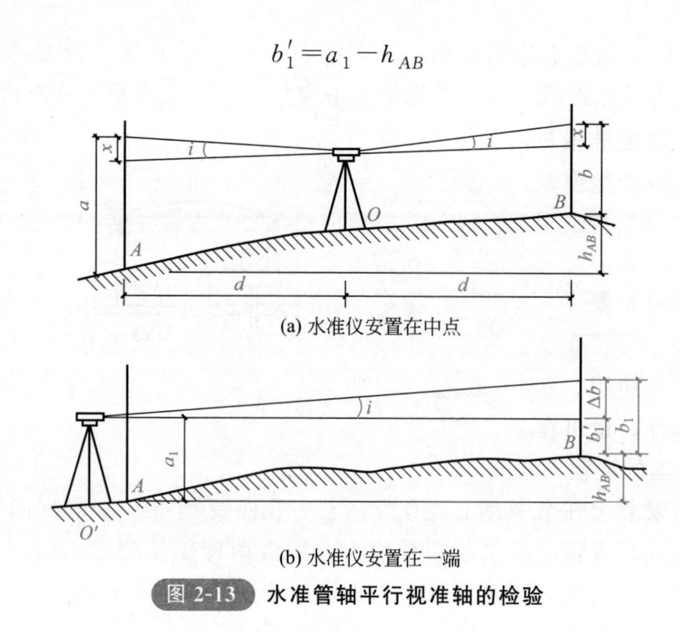

图 2-13 水准管轴平行视准轴的检验

实际测出的 b' 如果与计算得到的 b_0' 相等，则表明水准管轴平行于视准轴；否则，两轴不平行，其夹角为

$$i=\frac{b'-b_0'}{D_{AB}}\rho$$

式中 D_{AB}——AB 两点间的水平距离；

ρ——一弧度对应的秒值，$\rho=206265''$。

对于 DS_3 型微倾式水准仪，i 角不得大于 20″，否则需要对水准仪进行校正。

② 校正方法。仪器在 O' 处，调节微倾螺旋，使中丝在 B 点尺上的中丝读数移到 b_0'，这时视准轴处于水平位置，但水准管气泡不居中（符合气泡不吻合）。用校正针拨动水准管一端的上、下两个校正螺钉，先松一个，再紧另一个，将水准管一端升高或降低，使符合气泡吻合，如图 2-14 所示，再拧紧上、下两个校正螺钉。此项校正要反复进行，直到 i 角小于 20″为止。

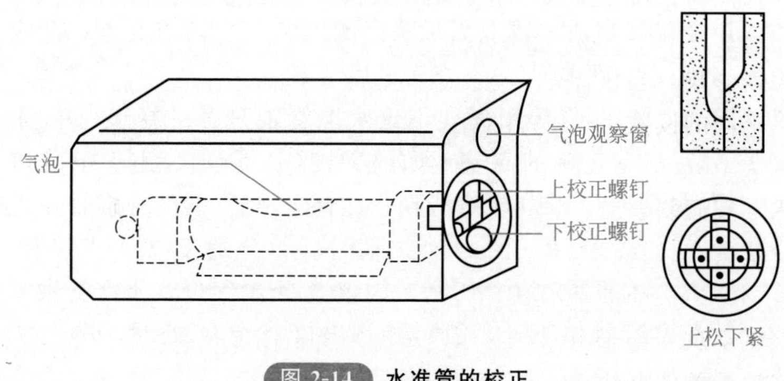

图 2-14 水准管的校正

（三）水准测量的误差及注意事项

1. 仪器误差

（1）望远镜视准轴与水准管轴不平行误差 仪器经过校正后，仍然残存少量误差，因而使读数产生误差；仪器长期使用或受振动，也会使两轴不平行，这属于系统误差，这项误差与仪器至立尺点的距离成正比。在测量中，只要使前、后视距离相等，在高差计算中就可消除或减少该项误差的影响。

（2）水准尺误差 水准尺误差包括尺长误差、分划误差和零点误差。由于水准尺刻划不准确、尺长变化、弯曲等影响，都会影响水准测量的精度。因此，水准尺须经过检验才能使用。水准尺的零点误差在成对使用水准尺时，可采取设置偶数测站的方法来消除，也可在前、后视中使用同一根水准尺来消除。

2. 观测误差

（1）整平误差 在水准尺上读数时，水准管轴应处于水平位置，如果精平仪器时，水准管气泡没有精确居中，则水准管轴有一微小倾角，从而引起视准轴倾斜而产生误差。水准管气泡居中误差一般为$\pm 0.15\tau$（τ为水准管分划值），采用符合水准器时，气泡居中精度可提高一倍，故由气泡居中误差引起的读数误差为

$$m_{\tau}=\frac{0.15\tau}{2\rho}D$$

式中 D——水准仪到水准尺的距离；

τ——水准管分划值；

ρ——一弧度对应的秒值，$\rho=206265''$。

（2）读数误差 估读毫米数产生的误差，该项误差与人眼分辨能力、望远镜放大率以及视线长度有关。所以，要求望远镜的放大倍率在20倍以上，视线长度一般不得超过100m。读数误差通常按下式计算

$$m_V=\frac{60''}{V}\times\frac{D}{\rho}$$

式中 V——望远镜放大倍率；

$60''$——人眼能分辨的最小角度。

为保证估读数精度，各等级水准测量对仪器望远镜的放大率和最大视线长都有相应规定。

（3）视差影响 当仪器十字丝平面与水准尺影像不重合，会因眼睛观察位置的不同而读出不同的读数，这就是视差，视差会直接产生读数误差。操作中应避免出现视差。

（4）水准尺倾斜误差 测量时，水准尺应扶直。若水准尺倾斜，读数会高于尺子竖直时的读数，且视线越高，水准尺倾斜引起的误差就越大。

3. 外界条件的影响

（1）仪器下沉 由于测站处土质松软使仪器下沉，视线降低，便会引起高差误差。减小这种误差的办法如下。

① 尽可能地将仪器安置在坚硬的地面处，并将脚架踏实。

② 加快观测速度，尽量缩短前、后视读数的时间差。

③ 采用“后、前、前、后”的观测程序。

(2) 转点下沉 仪器搬至下一站尚未读后视读数的这一段时间内，如果转点处尺垫下沉，会使下一站后视读数增大，引起高差误差。所以转点应设置在坚硬的地方，并将尺垫踏实，或采取往返观测的方法，取其成果的平均值，可以消减转点下沉的影响。

(3) 地球曲率差的影响 水准测量时，水平视线在尺上的读数 b，理论上应改算为相应水准面截于水准尺的读数 b'，两者的差值 c，称为地球曲率差，其计算式为

$$c=\frac{D^2}{2R}$$

式中 D——水准仪到水准尺的距离；

R——地球半径，取 6371km。

水准测量中，当前、后视距相等时，通过高差计算可消除该误差对高差的影响，如图 2-15 所示。

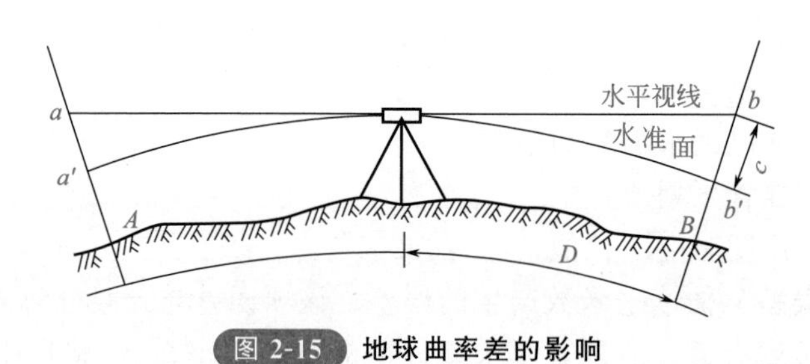

图 2-15 地球曲率差的影响

(4) 大气折光影响 因为大气密度不同，光线会发生折射，产生视线弯曲，从而使水准测量产生误差。因而水准测量中，实际上尺的读数不是完全水平视线的读数，而是一向下弯曲视线的读数。两者之差称为大气折光差，用 γ 表示。在稳定的气象条件下，大气折光差约为地球曲率差的 1/7，即

$$\gamma=\frac{1}{7}c=0.07\frac{D^2}{R}$$

水准测量中，当前、后视距相等时，通过高差计算可消除该误差对高差的影响。精密水准测量还应选择良好的观测时间（一般认为在日出后或日落前 2h 为好），并控制视线高出地面一定距离，以避免视线发生不规则折射引起的误差。

地球曲率差和大气折光差是同时存在的，两者对读数的共同影响可用下式计算：

$$f=c-\gamma=0.43\frac{D^2}{R}$$

(5) 温度的影响 温度的变化不仅会引起大气光折射系数的变化，还会使水准尺影像在望远镜内十字丝面内上、下跳动，难以读数。当烈日直晒仪器时也会影响

水准管气泡居中，造成测量误差。因此，水准测量时，应撑伞保护仪器，选择有利的观测时间。

4.注意事项

为杜绝测量成果中存在的错误，提高观测成果的精度，水准测量还应注意以下事项。

① 安置仪器要稳，防止下沉，防止碰动，安置仪器时尽量使前、后视距相等。

② 观测前必须对仪器进行检验和校正。

③ 观测过程中，手不要扶脚架。在土质松软地区作业时，转点处应该使用尺垫。搬站时要保护好尺垫，不得碰动，避免传递高程产生错误。

④ 要确保读数时气泡严格居中，视线水平。

⑤ 每个测站应记录、计算的内容必须当站完成，测站校核无误后，方可迁站。做到随观测、随记录、随计算、随校核。

二、角度测量仪器

(一) 经纬仪的构造

在普通测量中，常用的是 DJ_6 型和 DJ_2 型光学经纬仪，其中 DJ_6 型经纬仪属普通经纬仪，DJ_2 型经纬仪属精密经纬仪。下面将以 DJ_6 型经纬仪为主介绍光学经纬仪的构造。

各种型号的光学经纬仪，由于生产厂家的不同，仪器的部件和结构不尽相同，但是其基本构造大致相同，主要由基座部分、水平度盘、照准部三大部分组成，如图 2-16(a) 所示。现将各部件名称［图 2-16(b)］和作用分述如下。

1.基座部分

① 基座——就是仪器的底座，用来支承仪器。

② 基座连接螺旋——用来将基座与脚架连接起来。连接螺旋下方备有挂垂球的挂钩，以便悬挂垂球，利用它使仪器中心与被测角的顶点位于同一铅垂线上，称为垂球对中。现在的经纬仪一般还可利用光学对中器来实现仪器对中，这种经纬仪的连接螺旋的中心是空的，以便仪器上光学对中器的视线能穿过连接螺旋看见地面点标志。

③ 轴座固定螺钉——用来连接基座和照准部。

④ 脚螺旋——用来整平仪器，共三个。

⑤ 圆水准器——用来粗略整平仪器。

2.水平度盘

水平度盘是用光学玻璃制成的圆盘，其上刻有 0°～360°顺时针注记的分划线，用来测量水平角。水平度盘固定在空心的外轴上，并套在筒状的轴座外面，绕竖轴旋转。而竖轴则插入基座的轴套内，用轴座固定螺钉与基座连接在一起。

水平角测量过程中，水平度盘与照准部分离，照准部旋转时，水平度盘不动，指标所指读数随照准部的转动而变化，从而根据两个方向的不同读数计算水平角。

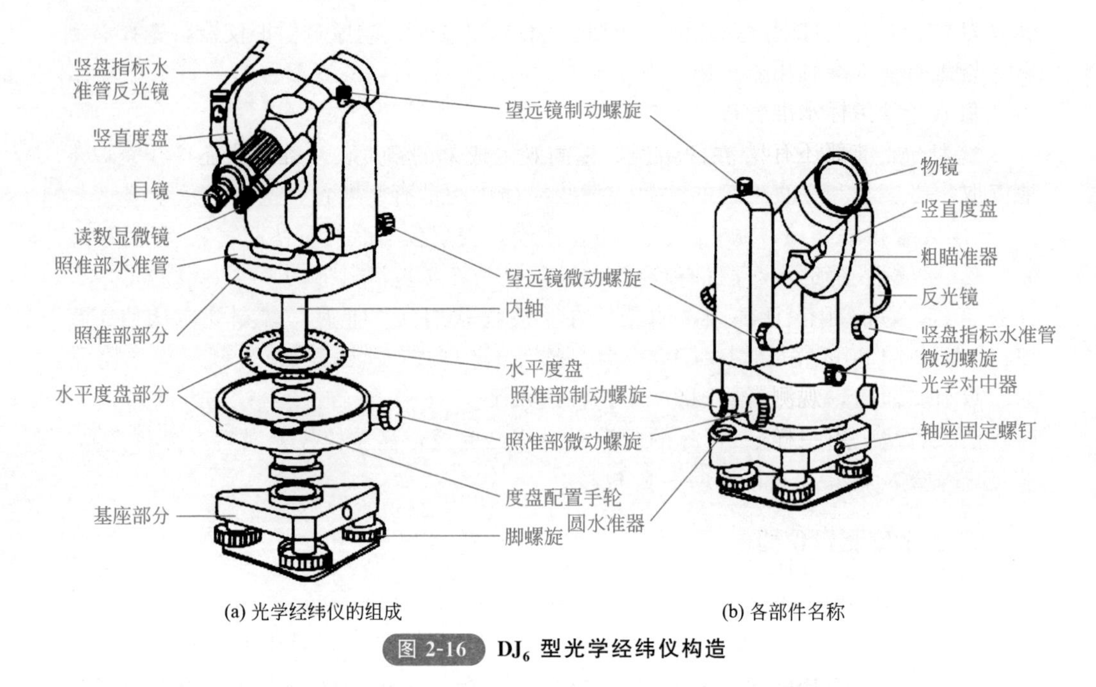

(a) 光学经纬仪的组成　　(b) 各部件名称

图 2-16 DJ_6 型光学经纬仪构造

如需瞄准第一个方向时变换水平度盘读数为某个指定的值（如 0°00′00″），可打开“度盘配置手轮”的护盖或保护扳手，拨动手轮，把度盘读数变换到需要的读数上。

3. 照准部

照准部是光学经纬仪的重要组成部分，主要包括望远镜、照准部水准管、光学光路系统、读数测微器以及用于竖直角观测的竖直度盘和竖盘指标水准管等。照准部可绕竖轴在水平面内转动。

① 望远镜——望远镜构造与水准仪望远镜相同，它与横轴连在一起，当望远镜绕横轴旋转时，视线可扫出一个竖直面。

② 望远镜制动、微动螺旋——望远镜制动螺旋用来控制望远镜在竖直方向上的转动，望远镜微动螺旋是当望远镜制动螺旋拧紧后，用此螺旋使望远镜在竖直方向上做微小转动，以便精确对准目标。

③ 照准部制动、微动螺旋——照准部制动螺旋控制照准部在水平方向的转动。照准部微动螺旋是当照准部制动螺旋拧紧后，可利用此螺旋使照准部在水平方向上做微小转动，以便精确对准目标。利用制动与微动螺旋，可以方便准确地瞄准任何方向的目标。

有的 DJ_6 型光学经纬仪的水平制动螺旋与微动螺旋是同轴套在一起的，方便了照准操作，一些较老的经纬仪的制动螺旋采用的是扳手式的，使用时要注意制动的力度，以免损坏。

④ 照准部水准管——亦称管水准器，用来精确整平仪器。

⑤ 竖直度盘——竖直度盘和水平度盘一样，是光学玻璃制成的带刻划的圆盘，

读数为 0°～360°，它固定在横轴的一端，随望远镜一起绕横轴转动，用来测量竖直角。竖盘指标水准管用来正确安置竖盘读数指标的位置。竖直指标水准管微动螺旋用来调节竖盘指标水准管气泡居中。

另外，照准部还有反光镜、内部光路系统和读数显微镜等光学部件，用来精确地读取水平度盘和竖直度盘的读数。有些经纬仪还带有测微轮、换像手轮等部件。

（二）光学经纬仪的读数方法

光学经纬仪上的水平度盘和竖直度盘都是用光学玻璃制成的圆盘，整个圆周划分为 360°，每度都有注记。DJ_6 型经纬仪一般每隔 1°或 30′有一分划线，DJ_2 型经纬仪一般每隔 20′有一分划线。度盘分划线通过一系列棱镜和透镜成像于望远镜旁的读数显微镜内，观测者用显微镜读取度盘的读数。各种光学经纬仪因读数设备不同，读数方法也不一样。

1. 分微尺测微器及其读数方法

目前 DJ_6 型光学经纬仪一般采用分微尺测微器读数法，分微尺测微器读数装置结构简单，读数方便、迅速。外部光线经反射镜从进光孔进入经纬仪后，通过仪器的光学系统，将水平度盘和竖直度盘的影像分别成像在读数窗的上半部和下半部，在光路中各安装了一个具有 60 个分格的尺子，其宽度正好与度盘上 1°分划的影像等宽，用来测量度盘上小于 1°的微小角值，该装置称为测微尺。

如图 2-17 所示，在读数显微镜中可以看到两个读数窗：注有“水平”（或“H”）的是水平度盘读数窗；注有“竖直”（或“V”）的是竖直度盘读数窗。每个读数窗上刻有分成 60 小格的分微尺，其长度等于度盘间隔 1°的两分划线之间的放大后的影像宽度，因此分微尺上一小格的分划值为 1′，可估读到 0.1′，即最小读数为 6"。

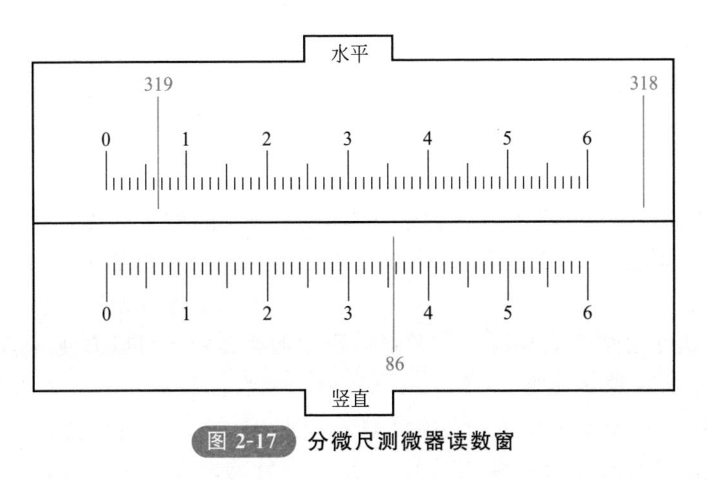

图 2-17 分微尺测微器读数窗

读数时，先调节进光窗反光镜的方向，使读数窗光线充足，再调节读数显微镜的目镜，使读数窗内度盘的影像清晰。然后读出位于分微尺中的度盘分划线的注记度数，再以度盘分划线为指标，在分微尺上读取不足 1°的分数，最后估读秒数，三者相加即得度盘读数。图 2-17 中，水平度盘读数为 319°06′42″，竖直度盘读数为 86°35′24″。

2. 对径分划线测微器及其读数方法

在 DJ_2 型光学经纬仪中，一般都采用对径分划线测微器来读数。DJ_2 型光学经纬仪的精度较高，用于控制测量等精度要求高的测量工作中，图 2-18 所示是苏州第一光学仪器厂生产的 DJ_2 型光学经纬仪的外形图，其各部件的名称如图所注。

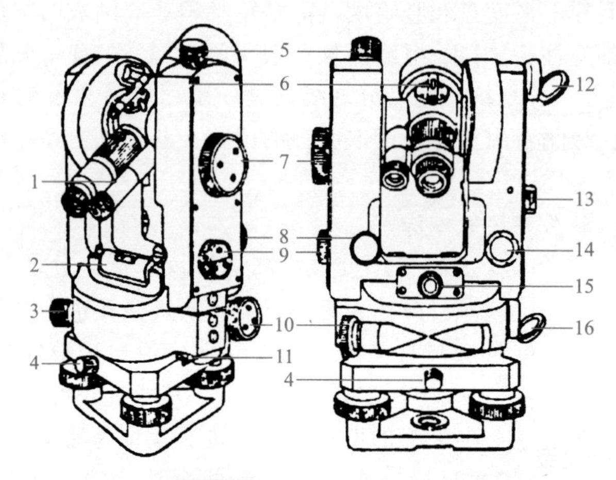

图 2-18 DJ_2 型光学经纬仪

1—读数显微镜；2—照准部水准管；3—照准部制动螺旋；4—轴座固定螺旋；5—望远镜制动螺旋；6—光学瞄准器；7—测微手轮；8—望远镜微动手轮；9—度盘变换手轮；10—照准部微动手轮；11—水平度盘变换手轮；12—竖盘照明镜；13—竖盘指标水准管观察镜；14—竖盘指标水准管微动手轮；15—光学对中器；16—水平度盘照明镜

对径分划线测微器是将度盘上相对 180°的两组分划线，经过一系列棱镜的反射与折射，同时反映在读数显微镜中，并分别位于一条横线的上、下方，成为正像和倒像。这种装置利用度盘对径相差 180°的两处位置读数，可消除度盘偏心误差的影响。

这种类型的光学经纬仪，在读数显微镜中，只能看到水平度盘或竖直度盘的一种影像，通过转动度盘变换手轮，使读数显微镜中出现需要读的度盘的影像。

图 2-19 所示为照准目标时，读数显微镜中的影像，上部读数窗中数字为度数，凸出小方框中所注数字为整 10′数，左下方为测微尺读数窗，右下方为对径分划线重合窗，此时对径分划不重合，不能读数。

先转动测微轮，使分划线重合窗中的上下分划线重合，如图 2-20 所示，然后在上部读数窗中读出度数“227°”，在小方框中读出整 10′数“50′”，在测微尺读数窗内读出分、秒数“3′14.8″”，三者相加即为度盘读数，即读数为 227°53′14.8″。

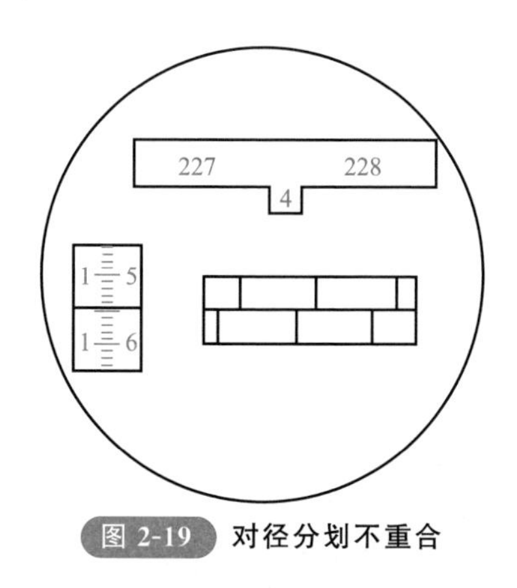

图 2-19 对径分划不重合

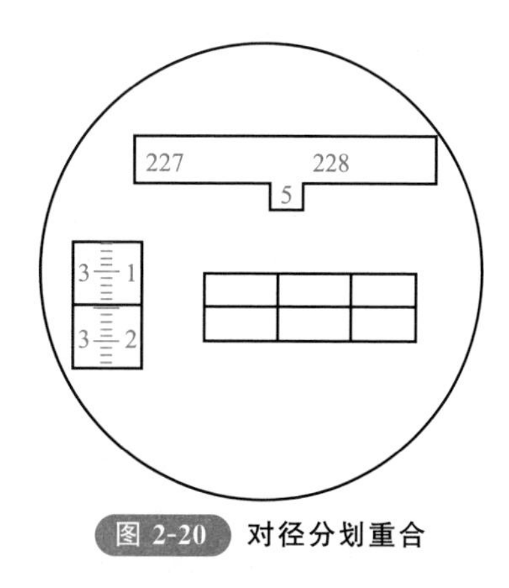

图 2-20 对径分划重合

（三）经纬仪的使用方法

1. 安置经纬仪

光学对中器的构造如图 2-21 所示。使用光学对中器安置仪器的操作方法如下。

① 打开三脚架，使架头大致水平，并使架头中心大致对准测站点标志中心。

② 安放经纬仪并拧紧中心螺钉，先将经纬仪的三个角螺旋旋转到大致等高的位置上，再转动光学对中器螺旋使对中器分划清晰，伸缩光学对中器使地面点影像清晰。

③ 固定三脚架的一条腿于适当位置，两手分别握住另外两个架腿，前后左右移动经纬仪（尽量不要转动），同时观察光学对中器分划中心与地面标志点是否对上，当分划中心与地面标志接近时，慢慢放下脚架，踏稳三个脚架。

④ 对中：转动基座脚螺旋使对中器分划中心精确对准地面标志中心。

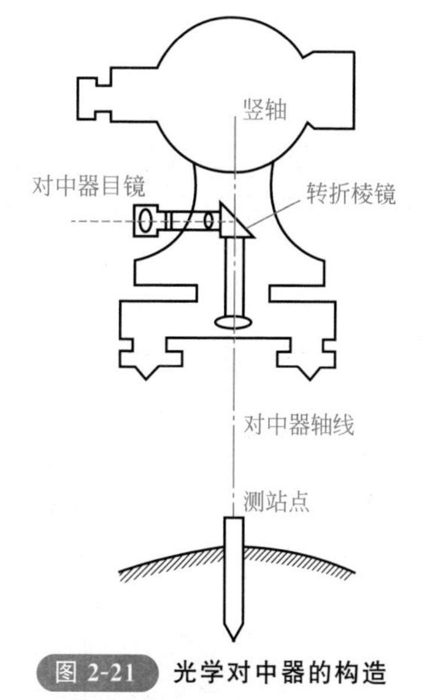

图 2-21 光学对中器的构造

⑤ 粗平：通过伸缩三脚架，使圆水准器气泡居中，此时经纬仪粗略水平。注意这步操作中不能使脚架位置移动，因此在伸缩脚架时，最好用脚轻轻踏住脚架。检查地面标志点是否还与对中器分划中心对准，若偏离较大，转动基座脚螺旋使对中器分划中心重新对准地面标志，然后重复第⑤步操作；若偏离不大，进行下一步操作。

⑥ 精平：先转动照准部，使照准部水准管平行于任意两个脚螺旋的连线方向，如图 2-22(a) 所示，两手同时向内或向外旋转这两个脚螺旋，使气泡居中（气泡移动的方向与转动脚螺旋时左手大拇指运动方向相同）；再将照准部旋转 90°，旋转第三个脚螺旋使气泡居中，如图 2-22(b) 所示，按这两个步骤反复进行整平，直至水准管在任何方向气泡均居中时为止。

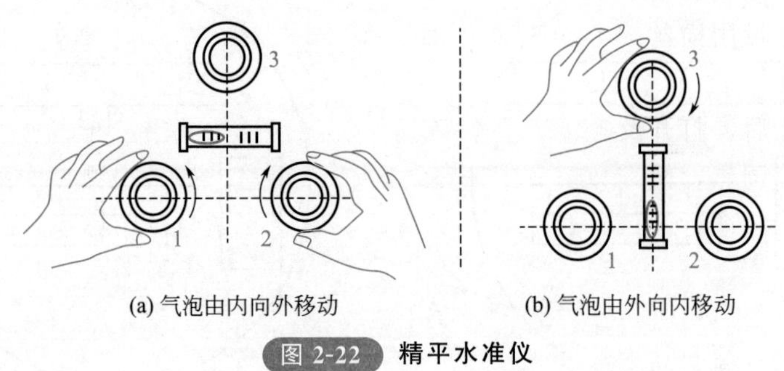

(a) 气泡由内向外移动　　(b) 气泡由外向内移动

图 2-22 精平水准仪

检查对中器分划中心是否偏离地面标志点，若测站点标志中心不在对中器分划中心且偏移量较小，可松开基座与脚架之间的中心螺旋，在脚架头上平移仪器，使光学对中器分划中心精确对准地面标志点，然后旋紧中心螺旋。如偏离量过大，重复④～⑥步操作，直至对中和整平均达到要求为止。

2. 照准目标

照准的操作步骤如下。

① 调节目镜调焦螺旋，使十字丝清晰。

② 松开望远镜制动螺旋和照准部制动螺旋，利用望远镜上的照门和准星（或瞄准器）瞄准目标，使在望远镜内能够看到目标物像，然后旋紧上述两个制动螺旋。

③ 转动物镜调焦螺旋，使目标影像清晰，并注意消除视差。

④ 旋转望远镜和照准部微动螺旋，精确地照准目标。

照准时应注意观测水平角与观测竖直角的不同。观测水平角时，照准是指用十字丝的纵丝精确照准目标的中心。当目标成像较小时，为了便于观察和判断，一般用双丝夹住目标，使目标在中间位置。为了避免因目标在地面点上不竖直引起的偏心误差，瞄准时尽量照准目标的底部，如图 2-23(a) 所示。观测竖直角时，照准是

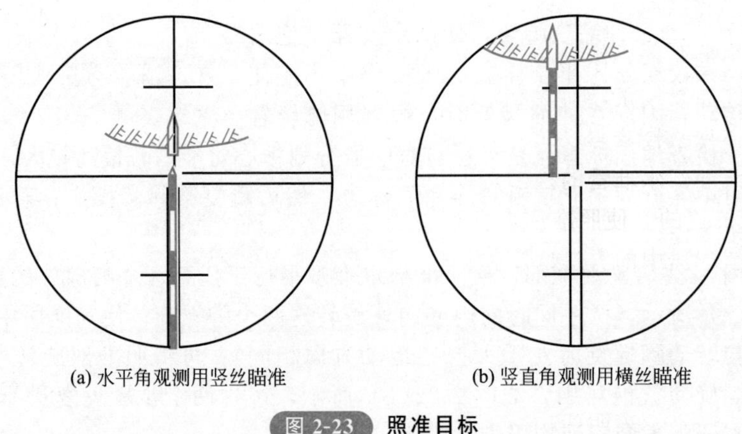
(a) 水平角观测用竖丝瞄准　　(b) 竖直角观测用横丝瞄准

图 2-23 照准目标

指用十字丝的横丝精确地切准目标的顶部。为了减小十字丝横丝不水平引起的误差，瞄准时尽量用横丝的中部照准目标，如图 2-23(b) 所示。

3. 读数

照准目标后，打开反光镜，并调整其位置，使读数窗内进光明亮均匀；然后进行读数显微镜调焦，使读数窗分划清晰，并消除视差。如是观测水平角，此时即可按上节所述方法进行读数；如是观测竖直角，则要先调竖盘指标水准管气泡居中后再读数。

(四) 经纬仪的检验及校正

1. 经纬仪应满足的几何条件

经纬仪的主要轴线有竖轴 VV、横轴 HH、视准轴 CC 和水准管轴 LL。经纬仪各轴线之间应满足的主要条件如下。

(1) 照准部的水准管轴应垂直于竖轴 需利用水准管整平仪器后，竖轴才可以精确地位于铅垂位置。

(2) 圆水准器轴应平行于竖轴 利用圆水准器整平仪器后，仪器竖轴才可粗略地位于铅垂位置。

(3) 十字丝竖丝应垂直于横轴 当横轴水平时，竖丝位于铅垂位置。这样一方面可利用它检查照准的目标是否倾斜。同时也可利用竖丝的任一部位照准目标，以便于工作。

(4) 视线应垂直于横轴 在视线绕横轴旋转时，应可形成一个垂直于横轴的平面。

(5) 横轴应垂直于竖轴 当仪器整平后，横轴即水平，视线绕横轴旋转时，可形成一个铅垂面。

(6) 光学对中器的视线应与竖轴的旋转中心线重合 利用光学对点器对中后，竖轴旋转中心才位于过地面点的铅垂线上。

(7) 视线水平时竖盘读数应为 90°或 270° 如果有指标差存在，会给竖直角的计算带来不便。

由于仪器的使用、运输、振动等，其轴线关系变化，从而产生测角误差。因此，测量规范要求，作业前应检查经纬仪主要轴之间是否满足上述条件，必要时调节相关部件加以校正，使之满足要求。

2. 各部位的检验与校正

(1) 照准部水准管的检验与校正

① 检校目的。使照准部水准管轴垂直于仪器的竖轴，这样可以利用调整照准部水准管气泡居中的方法使竖轴铅垂，从而整平仪器；否则，将无法整平仪器。

② 检验方法。架设仪器并将其大致整平，转动照准部，使水准管平行于任意两个脚螺旋的连线，旋转这两个脚螺旋，使水准管气泡居中，此时水准管轴水平。将照准部旋转 180°，若水准管气泡仍然居中，表明条件满足，不用校正；若水准管气泡偏离中心，表明两轴不垂直，需要校正。

③ 校正方法。首先转动上述的两个脚螺旋，使气泡向中央移动到偏离值的一半，此时竖轴处于铅垂位置，而水准管轴倾斜。用校正拨针拨动水准管一端的校正螺丝，使气泡居中，此时水准管轴水平，竖轴铅垂，即水准管轴垂直于仪器竖轴的条件满足。

校正后，应再次将照准部旋转180°，若气泡仍不居中，应按上法再进行校正。如此反复，直至照准部在任意位置时，气泡均居中为止。

(2) 十字丝的检验与校正

① 检校目的。使竖丝垂直于横轴。这样观测水平角时，可用竖丝的任何部位照准目标；观测竖直角时，可用横丝的任何部位照准目标。显然，这将给观测带来方便。

② 检验方法。整平仪器后，用十字丝交点照准一固定的、明显的点状目标，固定照准部和望远镜，旋转望远镜的微动螺旋，使望远镜物镜上下微动，若从望远镜内观察到该点始终沿竖丝移动，则条件满足，不用校正。否则，如图2-24(a) 所示，目标点偏离十字丝竖丝移动，说明十字丝竖丝不垂直于横轴，应进行校正。

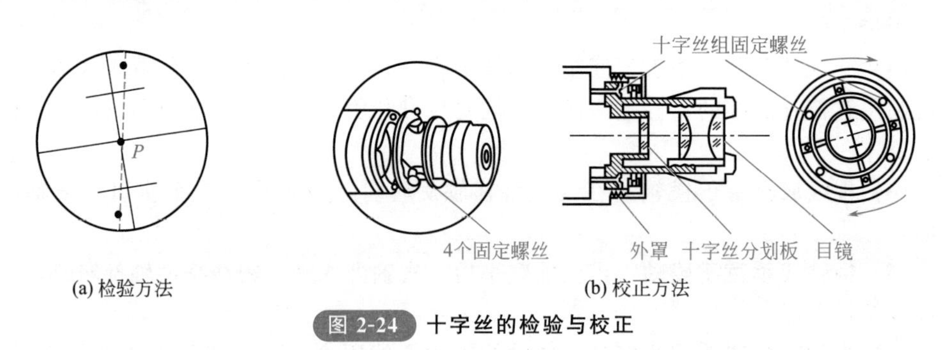

(a) 检验方法　　(b) 校正方法

图 2-24 十字丝的检验与校正

③ 校正方法。卸下位于目镜一端的十字丝护盖，旋松四个固定螺丝，如图2-24(b) 所示，微微转动十字丝环，再次检验，重复校正，直至条件满足，然后拧紧固定螺丝，装上十字丝护盖。

(3) 视准轴的检验与校正

① 检校目的。使视准轴垂直于横轴，这样才能使视准面成为平面，为其成为铅垂面奠定基础；否则，视准面将成为锥面。

② 检验方法。视准轴是物镜光心与十字丝交点的连线。仪器的物镜光心是固定的，而十字丝交点的位置是可以变动的。所以，视准轴是否垂直于横轴，取决于十字丝交点是否处于正确位置。当十字丝交点偏向一边时，视准轴与横轴不垂直，形成视准轴误差。即视准轴与横轴间的交角与90°的差值，称为视准轴误差，通常用 c 表示。

如图2-25所示，在一平坦场地上，选择一直线 AB，长约100m。经纬仪安置在 AB 的中点 O 上，在 A 点竖立一标志，在 B 点横置一根刻有毫米分划的小尺，并使其垂直于 AB。仪器以盘左精确瞄准 A 点的标志，倒转望远镜瞄准横放于 B

点的小尺，并读取尺上读数 B_1。旋转照准部以盘右再次精确瞄准 A 点的标志，倒转望远镜瞄准横放于 B 点的小尺，并读取尺上读数 B_2。如果 B_1 与 B_2 相等（重合），表明视准轴垂直于横轴，否则应进行校正。

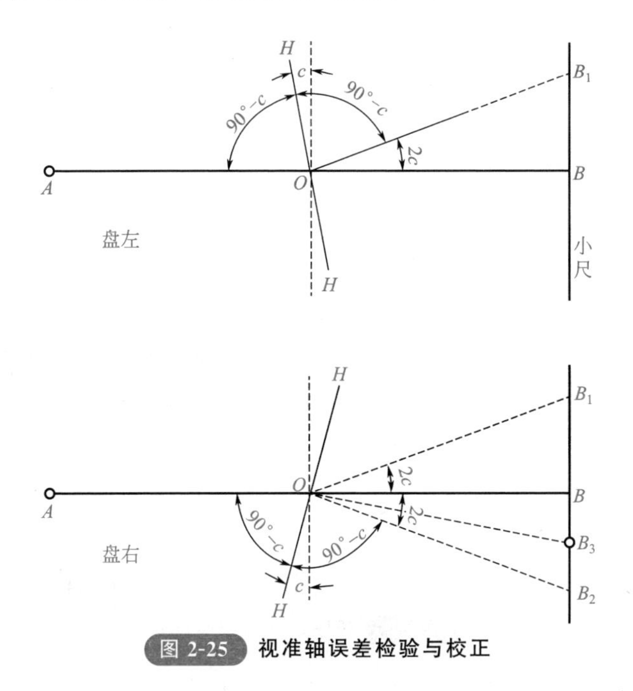

图 2-25 视准轴误差检验与校正

③ 校正方法。由图 2-25 可以明显看出，由于视准轴误差 c 的存在，盘左瞄准 A 点到镜后视线偏离 AB 直线的角度为 $2c$，而盘右瞄准 A 点倒镜后视线偏离 AB 直线的角度亦为 $2c$，但偏离方向与盘左相反，因此 B_1 与 B_2 两个读数之差所对的角度为 $4c$。为了消除视准轴误差 c，只需在小尺上定出一点 B_3，该点与盘右读数 B_2 的距离为 B_1B_2 长度的 1/4。用校正针拨动十字丝左右两个校正螺钉，拨动时应先松一个再紧一个，使读数由 B_2 移至 B_3，然后固紧两校正螺钉。此项检校亦需反复进行，直至 c 值不大于 10″为止。

(4) 横轴的检验与校正

① 检校目的。使横轴垂直于竖轴，这样，当仪器整平后竖轴铅垂、横轴水平、视准面为一个铅垂面，否则，视准面将成为倾斜面。

② 检验方法。在离高墙 20～30m 处安置经纬仪，用盘左照准高处的一明显点 M（仰角宜在 30°左右），固定照准部，然后将望远镜大致放平，指挥另一人在墙上标出十字丝交点的位置，设为 m_1，如图 2-26(a) 所示。

将仪器变换为盘右，再次照准目标 M 点，大致放平望远镜后，用同前的方法再次在墙上标出十字丝交点的位置，设为 m_2，如图 2-26(b) 所示。

如过 m_1、m_2 两点不重合，说明横轴不垂直于竖轴，即存在横轴误差，需要校正。

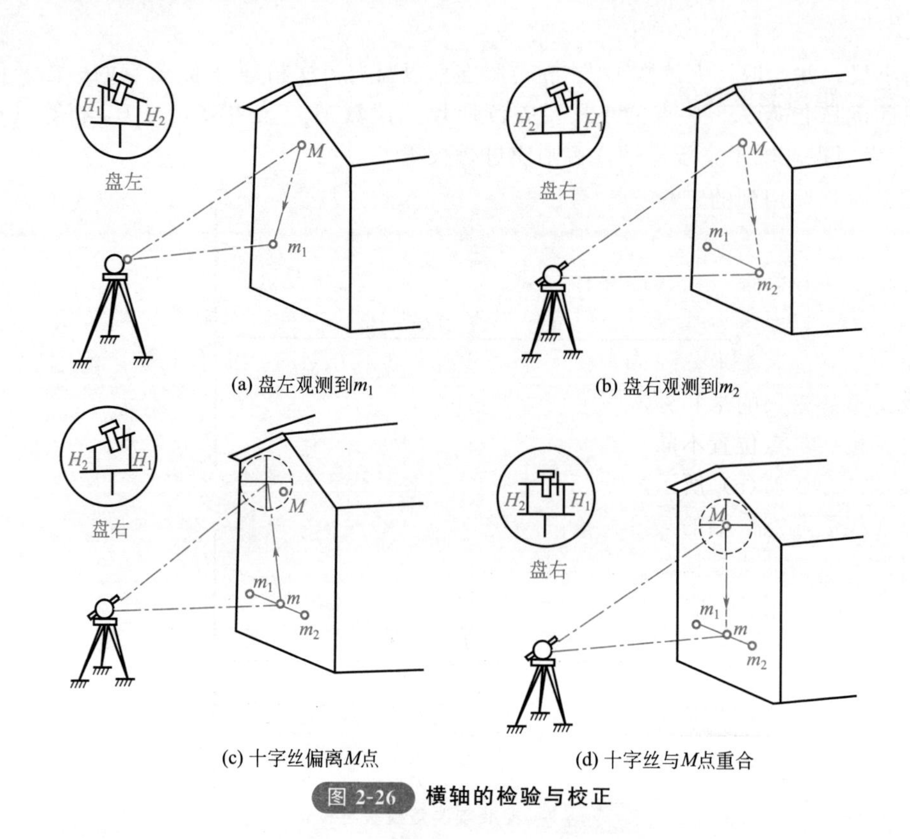

图 2-26 横轴的检验与校正

③ 校正方法。取 m_1 和 m_2 的中点 m，并以盘右或盘左照准 m 点，固定照准部，向上抬起望远镜，此时的视线必然偏离了目标点 M，即十字丝交点与 M 点发生了偏移，如图 2-26(c) 所示。调节横轴偏心板，使其一端抬高或降低，则十字丝交点与 M 点即可重合，如图 2-26(d) 所示，横轴误差被消除。

光学经纬仪的横轴是密封的，一般仪器均能保证横轴垂直于竖轴，若发现较大的横轴误差，一般应送仪器检修部门校正。

(5) 光学对中器的检验与校正

① 检校目的。使光学对中器的视准轴经棱镜折射后与仪器的竖轴重合，否则会产生对中误差。

② 检验方法。经纬仪严格整平后，在光学对中器下方的地面上放一张白纸，将对中器的刻划圈中心投绘在白纸上，设为 a_1 点；旋转照准部 180°，再次将对中器的刻划圈中心投绘在白纸上，设为 a_2 点；若 a_1 与 a_2 两点重合，说明条件满足，不用校正，反之说明条件不满足，需要校正。

③ 校正方法。在白纸上定出 a_1 与 a_2 的连线的中心 a，打开两支架间的圆形护盖，转动光学对中器的校正螺丝，使对中器的刻划圈中心前后、左右移动，直至对中器的刻划圈中心与 a 点重合为止，此项校正亦需反复进行。

光学对中器的校正螺丝随仪器类型而异，有些需校正的是使视线转向的折射棱镜；有些则是分划板。

三、距离测量仪器

（一）量距工具

钢尺量距用到的工具有钢尺、标杆、测钎及垂球等，有时还用到温度计和弹簧秤。

钢尺也称钢卷尺，其长度有 20m、30m 和 50m 等几种。钢尺分划也有几种形式，有的是以厘米为基本分划，适用于一般量距；也有的以厘米为基本分划，但尺端第一分米内有毫米分划；还有全部以毫米为基本分划的。后两种适用于较精密的距离丈量。钢尺的米和分米的分划线上都有数字注记。

钢尺按零点位置不同有端点尺和刻线尺之分。端点尺是以尺的最外端作为尺的零点，如图 2-27(a) 所示，端点尺便于从墙根和不便于拉尺的地方进行量距；刻线尺是在尺的起点一端的某位置刻一横线作为尺的零点，如图 2-27(b) 所示，刻线尺可测得较高的丈量精度。在使用钢尺时，一定要看清钢尺的零点位置，以便量得正确可靠的结果。

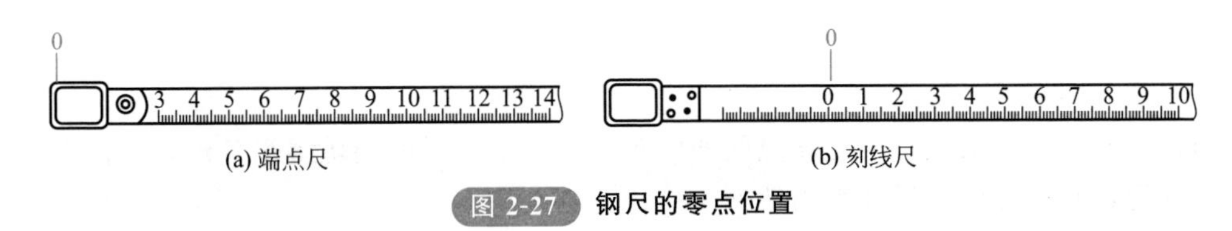

(a) 端点尺 (b) 刻线尺

图 2-27 钢尺的零点位置

钢尺量距的辅助工具有测钎、标杆、垂球等。如图 2-28(a) 所示，标杆又称花杆，直径 3～4cm，长 2～3m，杆身用油漆涂成红白相间，下端装有锥形铁尖，在测量中花杆主要用于直线定线。测钎亦称测针，用直径 5mm 左右的粗钢丝制成，长 30～40cm，上端弯成环形，下端磨尖，一般以 11 根为一组，穿在铁环中，用来标定尺的端点位置和计算整尺段数，如图 2-28(b) 所示。测钎用于分段丈量时，标定每段尺的端点位置和记录整尺段数。垂球亦称线锤，用于在不平坦的地面直接量水平距离时，将平拉的钢尺的端点投影到地面上。当进行精密量距时，还需配备弹簧秤和温度计。

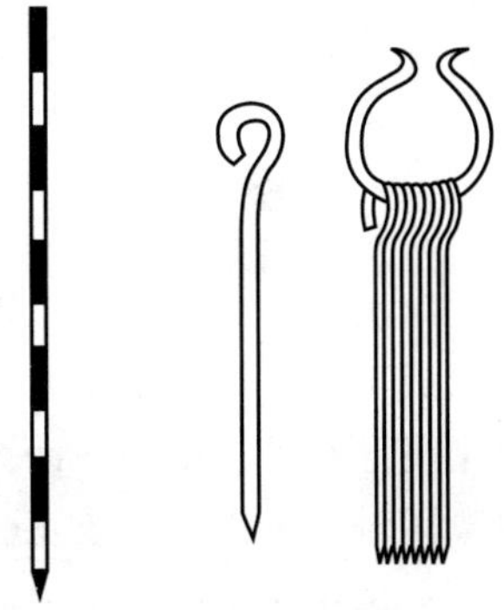

(a) 标杆 (b) 测钎

图 2-28 标杆及测钎

（二）直线定线

一般丈量的距离都比整根尺子长，要用尺子连续量几次才能量完，为方便量距工作，需将欲丈量的直线分成若干尺段进行丈量，这就需要在直线的方向上插上一些标杆或测钎，在同一直线上定出若干点，这项工作被称为直线定线。直线定线的方法一般有经纬仪定线、目估定线、拉小线定线等。

1. 经纬仪定线

当直线定线精度要求较高时，可用经纬仪定线。如图 2-29 所示，欲在 AB 线内精确定出 1、2、…点的位置，可由甲将经纬仪安置于 A 点，用望远镜照准 B 点，固定照准部制动螺旋，然后将望远镜向下俯视，用手势指挥乙移动标杆，当标杆与十字丝纵丝重合时，便在标杆的位置打下木桩，再根据十字丝在木桩上钉下铁钉，准确定出 1 点的位置。同法定出 2 点和其他各点的位置。

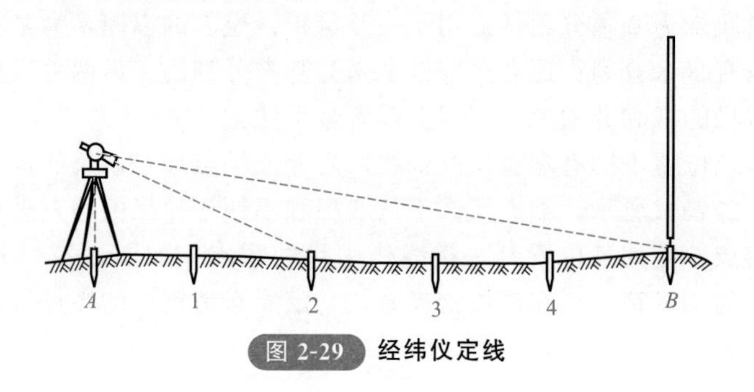

图 2-29 经纬仪定线

2. 拉小线定线

距离测量时，常用拉小线方法进行定线，即在欲丈量的 A、B 两点间拉一条细绳，然后沿着细绳按照定线点间的间距小于一整尺段的要求定出各点，并做上相应标记，此法应用于场地平坦地区。

(三) 钢尺量距的误差分析

1. 定线误差

分段丈量时，距离也应为直线，定线偏差使其成为折线，与钢尺不水平的误差性质一样，只是距离量长了。另外，前者是水平面内的偏斜，而后者是竖直面内的偏斜。

2. 尺长误差

钢尺必须经过检定以求得其尺长改正数。尺长误差具有系统积累性，它与所量距离成正比。精密量距时，钢尺虽经检定并在丈量结果中进行了尺长改正，但其成果中仍存在尺长误差。因为一般尺长检定方法只能达到 0.5mm 左右的精度，在一般量距时可不作尺长改正。

3. 温度误差

由于用温度计测量温度，测定的是空气的温度，而不是钢尺本身的温度。在夏季阳光曝晒下，此两者温度之差可大于 5℃。因此，钢尺量距宜在阴天进行，并要设法测定钢尺本身的温度。

4. 拉力误差

钢尺具有弹性，会因受拉力而伸长。量距时，如果拉力不等于标准拉力，钢尺的长度就会产生变化。精密量距时，用弹簧秤控制标准拉力，一般量距时拉力要均匀，不要或大或小。

5.尺子不水平的误差

钢尺量距时，如果钢尺不水平，总是使所量距离偏大。精密量距时，测出尺段两端点的高差，进行倾斜改正。常用普通水准测量的方法测量两点的高差。

6.钢尺垂曲和反曲的误差

钢尺悬空丈量时，中间下垂，称为垂曲。故在钢尺检定时，应按悬空与水平两种情况分别检定，得出相应的尺长方程式，按实际情况采用相应的尺长方程式进行成果整理，这项误差在实际作业中可以不计。

在凹凸不平的地面量距时，凸起部分将使钢尺产生上凸现象，称为反曲。如在尺段中部凸起 0.5m，由此而产生的距离误差，是不能允许的，应将钢尺拉平丈量。

7.丈量本身的误差

它包括钢尺刻划对点的误差、插测钎的误差及钢尺读数误差等。这些误差是由人的感官能力所限而产生的，误差有正有负，在丈量结果中可以互相抵消一部分，但仍是量距工作的一项主要误差来源。

（四）钢尺量距的注意事项

利用钢尺进行直线丈量时，产生误差的可能性很多，主要有：尺长误差、拉力误差、温度变化的误差、尺身不水平的误差、直线定线误差、钢尺垂曲误差、对点误差、读数误差等。因此，在量距时应按规定操作并注意检核。此外还应注意以下几个事项。

① 钢尺须检定后才能使用。

② 量距时拉钢尺要既平又稳。

③ 注意钢尺零刻划线位置，即是端点尺还是刻线尺，以免量错。

④ 读数应准确，记录要清晰，严禁涂改数据，要防止 6 与 9 误读、10 和 4 误听。

⑤ 钢尺在路面上丈量时，应防止人踩、车碾。钢尺卷结时不能硬拉，必须解除卷结后再拉，以免钢尺折断。

⑥ 量距结束后，用软布擦去钢尺上的泥土和水，涂上机油，以防止生锈。

四、全站仪

（一）全站仪的构造

全站仪主要分为基座、照准部、手柄三大部分，如图 2-30 所示为 Topcon GTS 330N 全站仪，其中照准部包括望远镜（测距部包含在此部分）、显示屏、微动螺旋等。

1.全站仪的望远镜

全站仪测距部位于望远镜部分，因此全站仪的望远镜体积比较大，其光轴（视准轴）一般采用和测距光轴完全同轴的光学系统，即望远镜视准轴、测距红外光发射光轴、接收回光光轴三轴同轴，一次照准就能同时测出距离和角度，如图 2-31 所示。因此，全站仪望远镜的检验和校正比普通光学经纬仪要复杂得多。

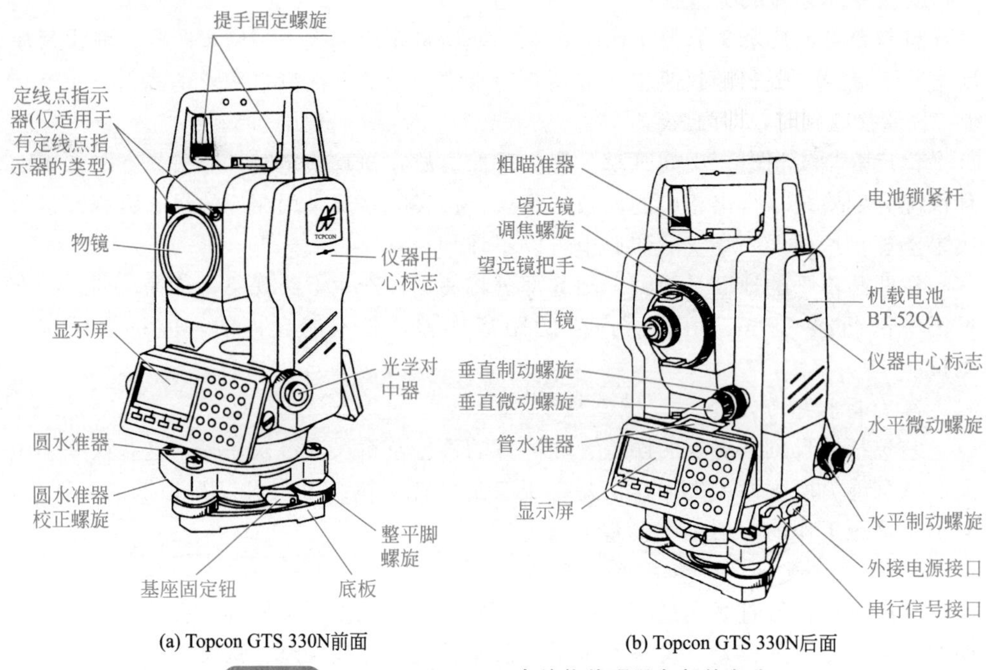

图 2-30 Topcon GTS 330N 全站仪外观及各部件名称

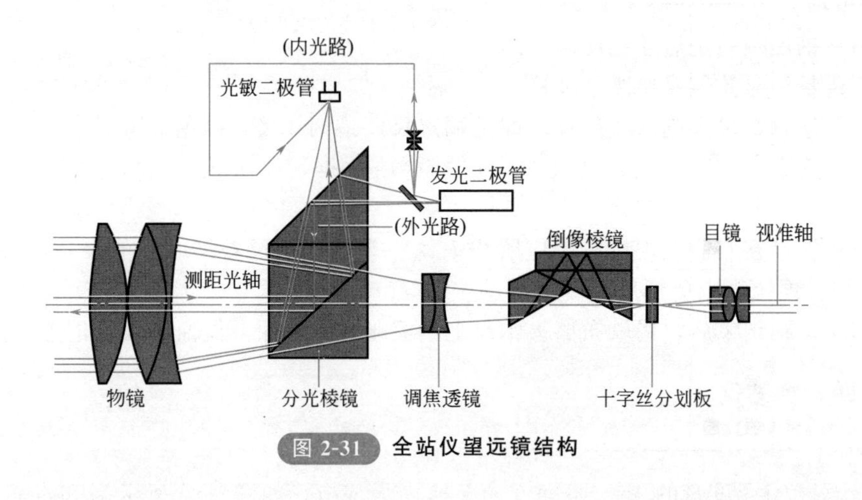

图 2-31 全站仪望远镜结构

2. 全站仪的度盘

全站仪采用电子度盘读数，电子度盘原理常采用三种测角方法，即绝对编码度盘、增量光栅度盘和综合以上两种方法的动态度盘。

(1) 编码度盘测角系统 绝对编码度盘是在玻璃圆盘上刻划 n 个同心圆环，每个同心圆环为码道，n 为码道数，外环码道圆环等分为 $2n$ 个透光与不透光相间扇形区——编码区。每个编码所包含的圆心角 $\delta=360/(2n)$ 为角度分辨率，即为编码度盘能区分的最小角度。$n=4$ 时，$2^4=16$，角度分辨率 $\delta=360/16=22°30'$；向着圆心方向，其余 3 个码道的编码数依次为 $2^3=8$，$2^2=4$，$2^1=2$。每码道安置一行发光二极管，另一侧对称安置一行光敏二极管，发光二极管光线通过透光编码被光敏二极管接收到时，即为逻辑 0，光线被不透光编码遮挡时，即为逻辑 1，获得该方向的二进制代码。图 2-32 所示为 4 码道编码度盘。4 码道编码度盘 16 个方向值的二进制代码见表 2-1。

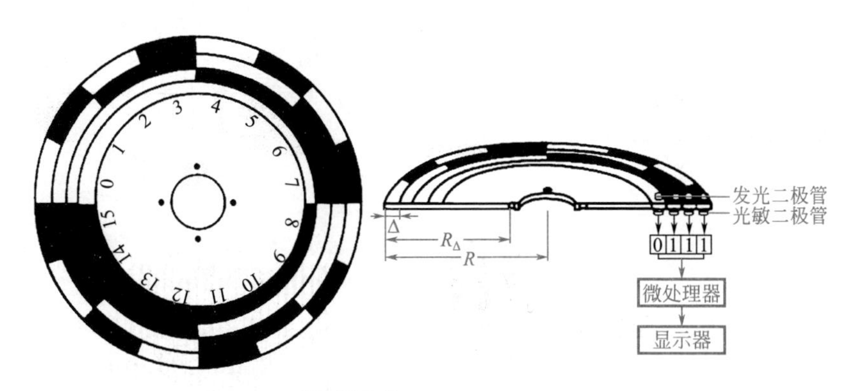

图 2-32 4 码道编码度盘

表 2-1 4 码道编码度盘 16 个方向值的二进制代码

方向序号	码道图形				二进制码	方向值	方向序号	码道图形				二进制码	方向值
	2^4	2^3	2^2	2^1				2^4	2^3	2^2	2^1		
0					0000	00°00′	8	■				1000	180°00′
1				■	0001	22°30′	9	■			■	1001	202°30′
2			■		0010	45°00′	10	■		■		1010	225°00′
3			■	■	0011	67°30′	11	■		■	■	1011	247°30′
4		■			0100	90°00′	12	■	■			1100	270°00′
5		■		■	0101	112°30′	13	■	■		■	1101	292°30′
6		■	■		0110	135°00′	14	■	■	■		1110	315°00′
7		■	■	■	0111	157°30′	15	■	■	■	■	1111	337°30′

4 码道编码度盘的 $\delta=22°30'$，精度太低，实际通过提高码道数来减小 δ，如 $n=16$，$\delta=360/216=0°00'19.78''$，但在度盘半径不变时增加码道数 n，将减小码道的径向宽度，拓普康 GTS-105N 全站仪的 $R=35.5$mm、$n=16$ 时，可求出 $\Delta R=2.22$mm，如果无限次增加高码道，码道的径向宽度会越来越小。因此，多码道编码度盘不易达到较高的测角精度。现在使用单码道编码度盘。在度盘外环刻划无重复码段的二进制编码，发光管二极照射编码度盘时，通过接收管获取度盘位置的编码信息，送微处理器译码换算为实际角度值并送显示屏显示。

(2) 光栅度盘测角系统 如图 2-33 所示，光栅度盘是在玻璃圆盘径向均匀刻划交替的透明与不透明辐射状条纹，度盘上设置一指示光栅，指示光栅的密度与度盘光栅相同，但其刻线与度盘光栅刻线倾斜一个小角 θ，在光栅度盘旋转时，会观察到明暗相间的条纹——莫尔条纹。当指示光栅固定，光栅度盘随照准部转动时，形成莫尔条纹，照准部转动一条刻线距离时，莫尔条纹则向上或向下移动一个周期。光敏二极管产生按正弦规律变化的电信号，将此电信号整形，变成矩形脉冲信号，对矩形脉冲信号计数求得度盘旋转的角值，通过译码器换算为度、分、秒送显示窗显示。倾角 θ、栅距 d 与相邻明暗条纹间距 ω 的关系为 $\omega=d\rho/\theta$。若 $\rho=206265''$、$\theta=20'$，则 $\omega=172d$，纹距 ω 比栅距 d 大 172 倍，进一步细分纹距 ω，可以提高测角精度。

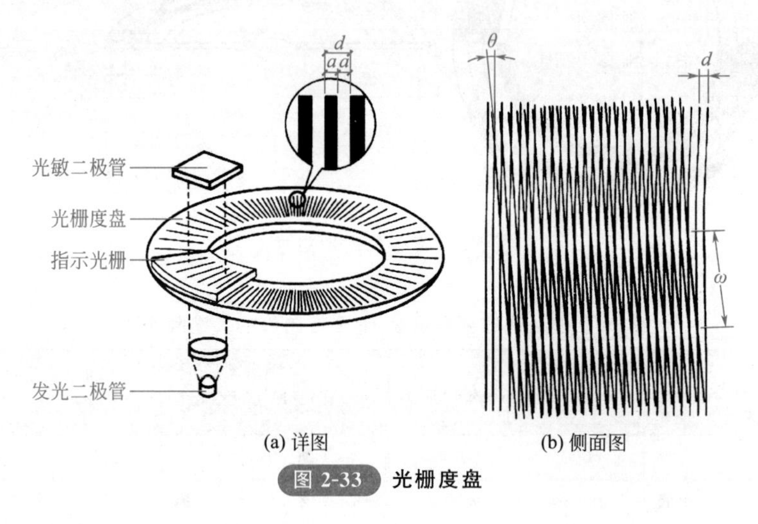

图 2-33 光栅度盘

3. 竖轴倾斜的自动补偿器

由于经纬仪照准部的整平可使竖轴铅直，但受气泡灵敏度和作业的限制，仪器的精确整平有一定困难。这种竖轴不铅直的误差称为竖轴误差。在一些较高精度的电子经纬仪和全站仪中安置了竖轴倾斜的自动补偿器，以自动改正竖轴倾斜对视准轴方向和横轴方向的影响，这种补偿器称为双轴补偿器。图 2-34 所示为 Topcon 公司生产的摆式液体补偿器，其工作原理为：由发光二极管 1 发出的光，经发射物镜 6 发射到硅油 4，全反射后，又经接收物镜 7 聚焦至接收二极管阵列 2 上。一方面将光信号转变为电信号；另一方面，还可以探测出光落点

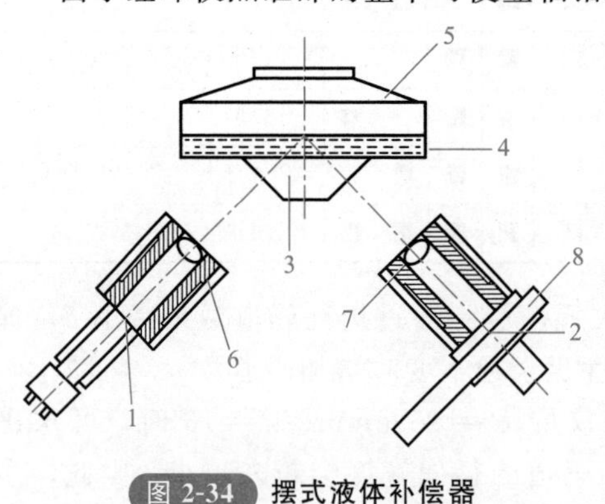

图 2-34 摆式液体补偿器

1—发光二极管；2,8—接收二极管阵列；3—棱镜；4—硅油；5—补偿器液体盒；6—发射物镜；7—接收物镜

的位置。光电二极管阵列可分为4个象限，其原点为竖轴竖直时光落点的位置。倾斜时（在补偿范围内），光电接收器（接收二极管阵列）接收到的光落点位置就发生了变化，其变化量即反映了竖轴在纵向（沿视准轴方向）上的倾斜分量和横向（沿横轴方向）上的倾斜分量。位置变化信息传输到内部的微处理器处理，对所测的水平角和竖直角自动加以改正（补偿）。全站仪安装精确的竖轴补偿器，使仪器整平到3′范围以内时，其自动补偿精度可达0.1″。

（二）全站仪的功能及使用方法

1.全站仪的功能

(1) 全站仪的基本功能

全站仪的基本功能如下。

① 测角功能：测量水平角、竖直角或天顶距。

② 测距功能：测量平距、斜距或高差。

③ 跟踪测量：即跟踪测距和跟踪测角。

④ 连续测量：角度或距离分别连续测量或同时连续测量。

⑤ 坐标测量：在已知点上架设仪器，根据测站点和定向点的坐标或定向方位角，对任一目标点进行观测，获得目标点的三维坐标值。

⑥ 悬高测量（REM）：可将反射镜立于悬物的垂点下，观测棱镜，再抬高望远镜瞄准悬物，即可得到悬物到地面的高度。

⑦ 对边测量（MLM）：可迅速测出棱镜点到测站点的平距、斜距和高差。

⑧ 后方交会：仪器测站点坐标可以通过观测两坐标值存储于内存中的已知点求得。

⑨ 距离放样：可将设计距离与实际距离进行差值比较，迅速将设计距离放到实地。

⑩ 坐标放样：已知仪器点坐标和后视点坐标或已知仪器点坐标和后视方位角，即可进行三维坐标放样，需要时也可进行坐标变换。

⑪ 预置参数：可预置温度、气压、棱镜常数等参数。

⑫ 测量的记录、通信传输功能。

以上是全站仪所必须具备的基本功能。当然，不同厂家和不同系列的仪器产品，在外形和功能上略有区别，这里不再详细列出。

除了上述的功能外，有的全站仪还具有免棱镜测量功能，有的全站仪还具有自动跟踪照准功能，被喻为测量机器人。另外，有的厂家还将GPS接收机与全站仪进行集成，生产出了超站仪。

(2) Topcon GTS 330N 全站仪功能介绍 Topcon GTS 330N 全站仪按键的功能见表2-2。

(3) Topcon GTS 330N 全站仪屏幕显示符号的含义 各种品牌的全站仪其符号所代表的意义不同，但有一些符号的含义一般是相同的，具体见表2-3。

表 2-2 Topcon GTS 330N 全站仪按键的功能表

键	名称	功能
★	星键	星键模式用于如下项目的设置或显示：(1)显示屏对比度；(2)十字丝照明；(3)背景光；(4)倾斜改正；(5)定线点指示器(仅适用于有定线点指示器的类型)；(6)设置音响模式
（坐标测量键符号）	坐标测量键	坐标测量模式
（距离测量键符号）	距离测量键	距离测量模式
ANG	角度测量键	角度测量模式
POWER	电源键	电源开关
MENU	菜单键	在菜单模式和正常测量模式之间切换，在菜单模式下可设置应用测量与照明调节、仪器系统误差改正
ESC	退出键	返回测量模式或上一层模式；从正常测量模式直接进入数据采集模式或放样模式；也可作为正常测量模式下的记录键
ENT	确认输入键	在输入值末尾按此键
F1～F4	软键(功能键)	对应于显示的软键功能信息

表 2-3 Topcon GTS 330N 全站仪屏幕显示符号的含义

显示	内容	显示	内容
V	垂直角(坡度显示)	N	北向坐标
HR	水平角(右角)	E	东向坐标
HL	水平角(左角)	Z	高程
HD	水平距离	*	EDM(电子测距)正在进行
VD	高差	m	以米为单位
SD	倾斜距离	f	以英尺为单位

2. 全站仪的使用方法

(1) 测量准备工作

① 安装内部电池。测前应检查内部电池的充电情况，如电力不足要及时充电，充电方法及时间要按使用说明书进行，不要超过规定的时间。测量前装上电池，测量结束后应卸下电池。

② 安置仪器。安装仪器的操作方法和步骤与经纬仪类似，包括对中和整平。若全站仪具备激光对中和电子整平功能，在把仪器安装到三脚架上之后，应先开机，然后选定对中/整平模式后再进行相应的操作。

(2) 全站仪的基本操作

① 角度测量。Topcon GTS 330N 全站仪开机后显示为默认角度测量模式，如图 2-35 所示，也可按“ANG”键进入角度测量模式，其中“V”为垂直角数值，

“HR”为水平角数值。“F1”键对应“置零”功能，“F2”键对应“锁定”功能，“F3”键对应“置盘”功能。通过按“P1↓”/“F4”键进行功能转换，“F1”“F2”“F3”键分别对应“倾斜”“复测”“V%”和“H-蜂鸣”“R/L”“竖角”功能。

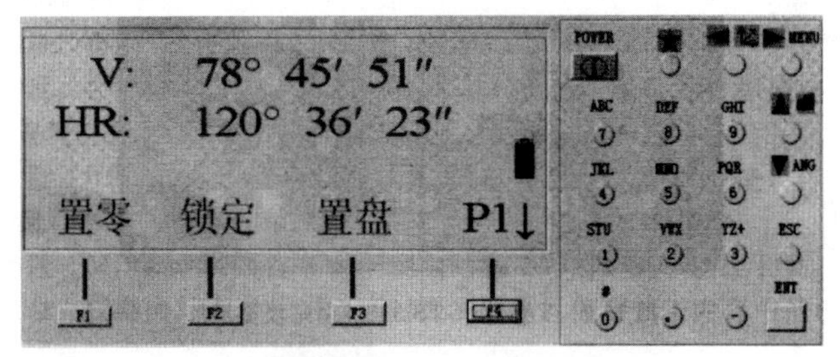

图 2-35 角度测量模式

② 距离测量。按“◢”键进入距离测量模式，如图 2-36 所示，其中“SD”为斜距，可通过按“◢”键在斜距、平距（HD）、垂距（VD）之间进行转换。

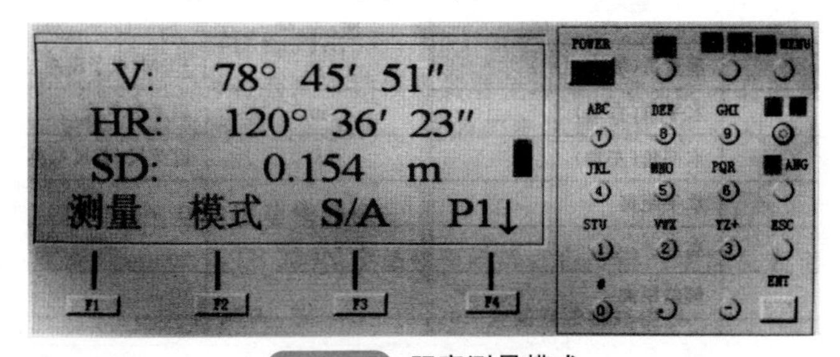

图 2-36 距离测量模式

③ 坐标测量。通过按“↗”键进入坐标测量模式，如图 2-37 所示。N、E、Z 分别表示北坐标、东坐标、高程，“F1”键对应“测量”功能，“F2”键对应“模式”功能，“F3”键对应“S/A”功能。通过按“P1↓”/“F4”键进行功能转换，“F1”“F2”“F3”分别对应“镜高”“仪高”“测站”和“偏心”“—（无）”“m/f/i”功能。

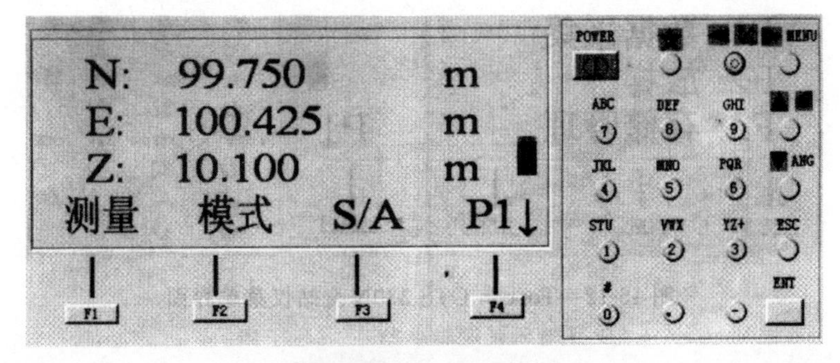

图 2-37 坐标测量模式

④ 常用设置。通过按“★”键进入常用设置模式，如图 2-38 所示。“F1”“F2”“F3”“F4”分别对应各种设置功能，见表 2-4。

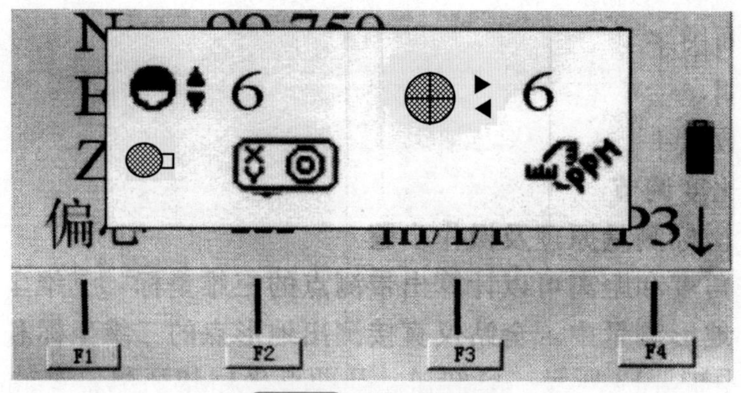

图 2-38 常用设置模式

表 2-4 常用设置模式功能对应的操作键

键	显示符号	功　能
F1		显示屏背景光开关
F2		设置倾斜改正，若设置为开，则显示倾斜改正值
F3		定线点指示器开关(仅适用于有定线点指示器的类型)
F4	PPM	显示 EDM 回光信号强度(信号)、大气改正值(PPM)和棱镜常数值(棱镜)
▲或▼		调节显示屏对比度(0～9 级)
◀或▶		调节十字丝照明亮度(1～9 级) 十字丝照明开关和显示屏背景光开关是连通的

(3) 全站仪的高级功能

① 全站仪的菜单结构。按“MENU”键进入主菜单界面，如图 2-39 所示，主菜单界面共分三页，通过按“P↓”/“F4”进行翻页，可进行数据采集（坐标测

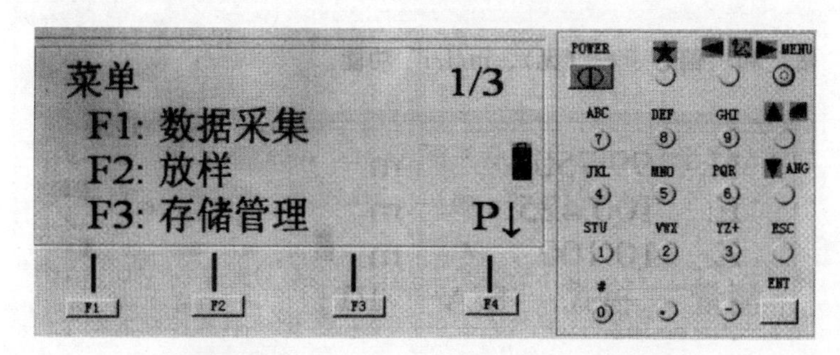

图 2-39 Topcon GTS 330N 全站仪菜单界面

量）、坐标放样、程序执行、内存管理、参数设置等功能。

各页菜单如下。

第 1 页 $\begin{cases}\text{F1：数据采集}\\ \text{F2：放样}\\ \text{F3：存储管理}\end{cases}$

第 2 页 $\begin{cases}\text{F1：程序}\\ \text{F2：格网因子}\\ \text{F3：照明}\end{cases}$

第 3 页 $\begin{cases}\text{F1：参数组 1}\\ \text{F2：对比度调节}\end{cases}$

② 全站仪三维坐标测量原理及操作步骤。全站仪通过测量角度和距离可以计算出带测点的三维坐标，三维坐标功能在实际工作中使用率较高，尤其在地形测量中，全站仪直接测出地形点的三维坐标和点号，并记录在内存中，供成图使用。如图 2-40 所示，已知 A、B 两点坐标和高程，通过全站仪测出 P 点的三维坐标，做法是将全站仪安置于测站点 A 上，按“MENU”键，进入主菜单，选择“F1”，进入数据采集界面，首先输入站点的三维坐标值（x_A，y_A，H_A），仪器高 i、目标高 v；然后输入后视点照准 B 的坐标，再照准 B 点，按测量键设定方位角，以上过程称设置测站。测站设置成功的标志是照准后视点时，全站仪的水平度盘读数为 A、B 两点的方位角 α_{AB}。然后再照准目标点上安置的反射棱镜，按下坐标测量键，仪器就会利用自身内存的计算程序自动计算并显示出目标点 P 的三维坐标值（x_P，y_P，H_P），计算公式如下

$$\begin{cases}x_P=x_A+S\cos\alpha\cos\beta\\ y_P=y_A+S\cos\alpha\sin\beta\\ H_P=H_A+S\sin\alpha+i-v\end{cases}$$

式中 S——仪器至反射棱镜的斜距，m；

α——仪器至反射棱镜的竖直角，(°)；

β——仪器至反射棱镜的方位角，(°)。

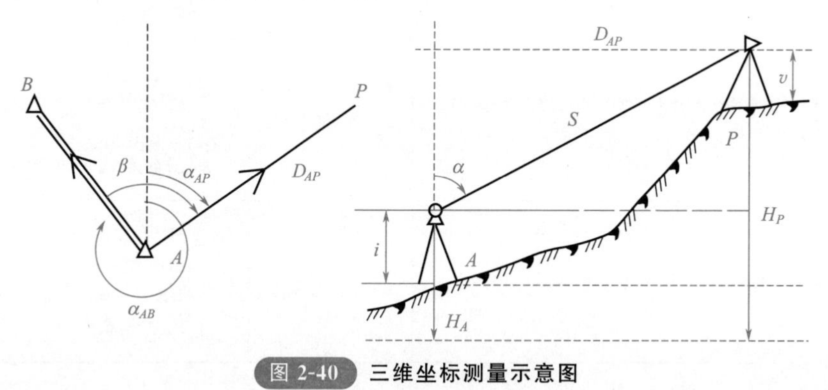

图 2-40 三维坐标测量示意图

三维坐标测量时应考虑棱镜常数、大气改正值的设置。

(4) 全站仪的放样

① 全站仪角度放样。安置全站仪于放样角度的端点上，盘左照准起始边的另一端点，按“置零”键，使起始方向为0°，转动望远镜，使度盘读数为放样角度值后，在地面上做好标记，然后用盘右再放样一次，两次取平均位置即可。为省去计算麻烦，盘右时也可照准起始方向，把度盘置零。

② 全站仪距离放样。利用全站仪进行距离放样时，首先安置仪器于放样边的起始点上，对中调平，然后开机，进入距离测量模式，Topcon GTS 330N 全站仪距离放样的操作步骤见表2-5。

表2-5 Topcon GTS 330N 全站仪距离放样的操作步骤

操作过程	操作	显示
①在距离测量模式下按“F4”(↓)键，进入第2页功能	[F4]	HR:120°30′40″ HD* 123.456m VD: 5.678m 测量 模式 S/A P1↓ -------------------- 偏心 放样 m/f/i P2↓
②按“F2”(放样)键，显示出上次设置的数据	[F2]	放样： HD: 0.000m 平距 高差 斜距…
③通过按“F1”~“F3”键选择测量模式	[F1]	放样： HD: 0.000m 输入 回车 -------------------- … …[CLR][ENT]
④输入放样距离	[F1] 输入数据 [F4]	放样： HD: 100.000m 输入… …回车
⑤照准目标(棱镜)，测量开始，显示测量距离与放样距离之差	照准 *P*	HR:120°30′40″ dHD*[r] <<m VD: m 测量 模式 S/A P1↓
⑥移动目标棱镜，直至距离差等于0m为止		HR:120°30′40″ dHD*[r] 23.456m VD: 5.678m 测量 模式 S/A P1↓

③ 全站仪坐标放样。利用全站仪坐标放样的原理是先在已知点上设置测站，设站方法同全站仪三维坐标测量原理。然后把待放样点的坐标输入全站仪中，全站仪计算出该点的放样元素（极坐标），如图 2-41 所示。执行放样功能后，全站仪屏幕显示角度差值，旋转望远镜至角度差值接近于 0°左右，把棱镜放置在此方向上，然后望远镜先瞄准棱镜（先不考虑方向的准确性），进行测量距离，这时得到距离差值，根据距离差值指挥棱镜向前向后移动，并旋转望远镜，使角度差值为 0°，同时控制棱镜移动的方向在望远镜十字丝的竖丝方向上，然后再进行距离测量，直到角度差值和距离差值都为零（或在放样精度允许的范围内）时，即可确定放样点的位置。

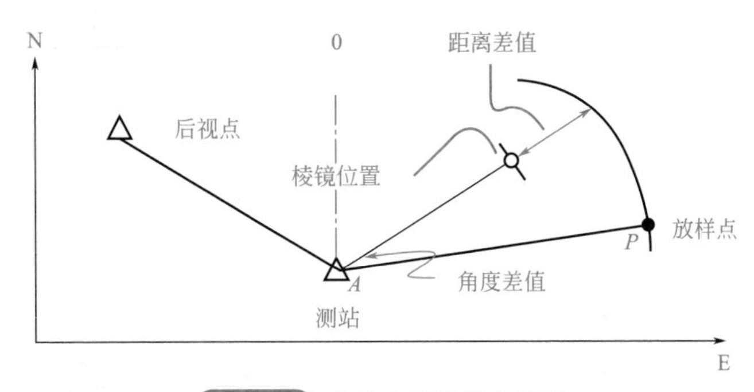

图 2-41 点的坐标放样示意图

（三）全站仪的数据通信

1. 与电脑交换数据

① 在电脑上用文本编辑软件（如 Windows 附件的“写字板”程序）输入点的坐标数据，格式为“点名，Y，X，H”；保存类型为“文本文档”，如图 2-42 所示。

图 2-42 编辑上传的数据文件

② 用“写字板”程序打开文本格式的坐标数据文件，并打开 T-COM 程序，将坐标数据文件复制到 T-COM 的编辑栏中。

③ 用通信电缆将全站仪的“SIG”口与电脑的串口（如 COM1）相连，在全站仪上，按“MENU”-“MEMORY MGR.”-“DATA TRANSFER”，进入数据传输，先在“COMM. PARAMETER”（通讯参数）中分别设置“PROTOCOL”（协议）为“Ack/Nak”，“BAUD RATE”（波特率）为“1200”，“CHAR. /PARITY”（数据位/校检位）为“8/NONE”，“STOP BITS”（停止位）为“1”。

④ 再在电脑上的 T-COM 软件中单击按钮“ ”，出现“Current data are saved as：030624. pts”对话框时，点“OK”，出现“通讯参数设置”对话框，如图 2-43 所示。按全站仪上的相同配置进行设置并选择“Read text file”后，单击“GO”后并选择刚才保存的文件 030624. pts，将其打开，出现“Point Details”（点描述）对话框。

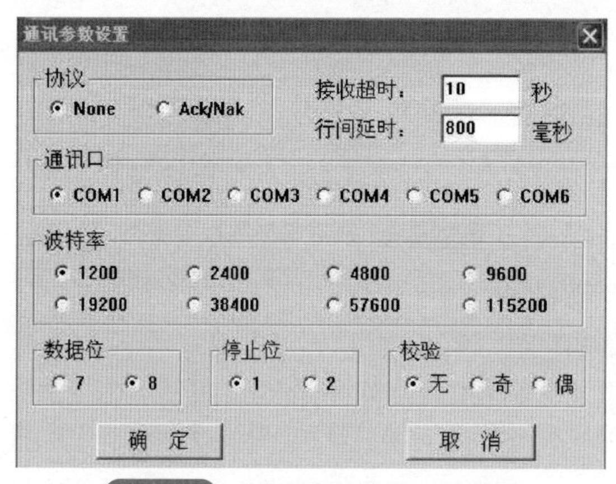

图 2-43 “通讯参数设置”对话框

⑤ 回到全站仪主菜单，选择“MEMORY MGR.”-“DATA TRANSFER”-“LOAD DATA”-“COORD. DATA”。用“INPUT”为上传（上载）的坐标数据文件输入一个文件名［如 ZBSJWJ（坐标数据文件）］后，单击“YES”使全站仪处于等待数据状态（Waiting Data），再在电脑“Point Details”对话框中点“OK”。

⑥ 若使用“COM-USB 转换器”将线缆与电脑 USB 接口相连时，要通过计算机管理中的端口管理，来查看接口是否是 COM1 或 COM2，不是则要将其改为 COM1 或 COM2。具体操作如图 2-44、图 2-45 所示，即“我的电脑”-(右键)-“管理”-“设备管理器”-“端口”-(双击)-“端口设置”（参数与全站仪相同，即 9600，8，无，1，无)-“高级”-选择“COM2”或“COM1”。

2. 数据下载

同上载一样，进行电缆连接和通讯参数的设置。单击按钮“ ”，设置通讯参数并选择“Write text file”后，再在全站仪中选择“MEMORY MGR.”-

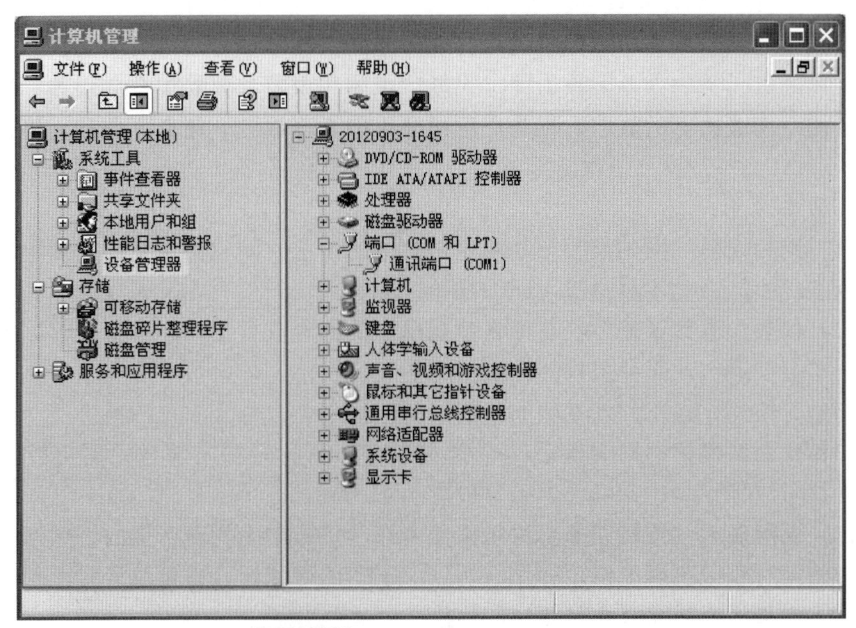

图 2-44 上传文件具体步骤（一）

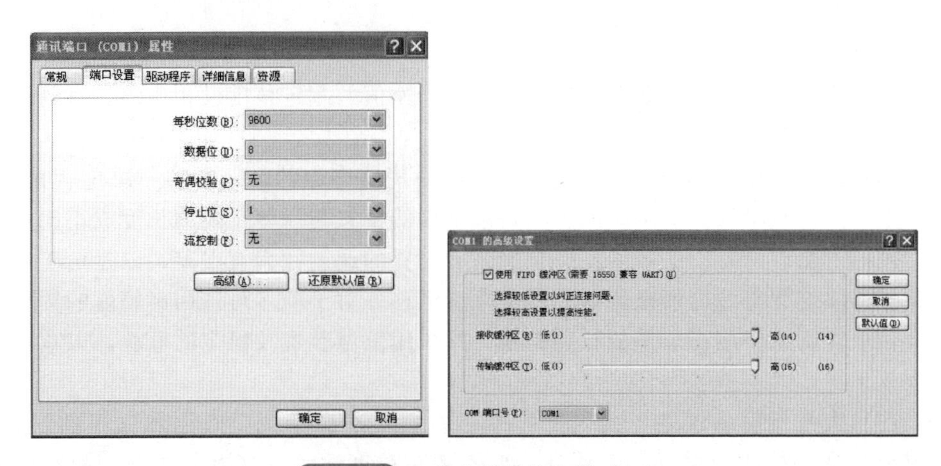

图 2-45 上传文件具体步骤（二）

“DATA TRANS FER”-“SEND DATA”-“MEAS. DATA”（选择下载数据文件类型中的“测量数据文件”）。先在电脑上按“GO”，处于等待状态，再在全站仪上按“YES”，即可将全站仪中的数据下载至电脑。出现“Current data are saved as 03062501. gt6”及“是否转换”对话框时，单击“Cancel”。单击按钮“”，将下载的数据文件取名后保存，如“数据采集 1 班 1 组. gt6”（保存时下载的测量数据文件及坐标数据文件均要加上扩展名 gt6）。

（四）全站仪的测量误差分析

按照全站仪测距的原理分析测距过程，全站仪测距误差可分为两类：一类是与所测距离远近无关的误差，称为固定误差，如测相误差和仪器加常数误差；另一类是与所测距离成比例的误差，称为比例误差，如光速误差、频率误差和大气折射率误差。

1.固定误差

（1）测相误差 测相误差就是测定相位差的误差。测相精度是影响测距精度的主要因素之一，因此应尽量减小此项误差。

（2）仪器加常数误差 仪器加常数在出厂前都经过检测，已预置于仪器中，对所测距离自动进行改正。但仪器在搬运和使用过程中，加常数可能发生变化，因此应定期进行检测，将所测加常数的新值置于仪器中，以取代原先的值。

（3）仪器和棱镜的对中误差 精密测距时，测前应对光学对中器进行严格校正，观测时应仔细对中，对中误差一般应小于2mm。

（4）周期误差 周期误差是由于仪器内部电信号的串扰而产生的。周期误差在仪器的使用过程中也可能发生变化，所以应定期进行测定，必要时可对测距结果进行改正。如果周期误差过大，须送厂检修。

现在生产的全站仪均采用了大规模集成电路，并有良好的屏蔽，因此周期误差很小。

2.比例误差

（1）真空光速值的测定误差 现在真空光速值的测定精度已相当高，对测距影响很小，可以忽略不计。

（2）频率误差 调制频率是由石英晶体振荡器产生的。调制频率决定“光尺”的长度，因此频率误差对测距的影响是系统性的。它与所测距离的长度成正比。频率误差的产生有两方面的原因：一是振荡器设置的调制频率有误差；二是由于温度变化、晶体老化等原因使振荡器的频率发生漂移。对于前者可选用高精度的频率计校准；后者则应使用高质量的石英晶体，并采用恒温装置及稳定的电源，以减小频率误差。

（3）大气折射率误差 大气折射率误差主要来源于测定气温和气压的误差，这就要求选用好的温度计和气压计。要使测距精度达到一百万分之一，测定温度的误差应小于1℃；测定气压的误差应小于3.3百帕（330Pa）。对于精密的测量，在测前应对所用气象仪表进行检验。此外，所测定的气温、气压应能准确代表测线的气象条件，这是一个较为复杂的问题，通常可以采取以下措施减小误差。

① 在测线两端分别量取温度和气压，然后取平均值。

② 选择有利的观测时间，一天中上午日出后半小时至一个半小时，下午日落前三小时至半小时为最佳观测时间，阴天、有微风时，全天都可以观测。

③ 测线以远离地面为宜，离开地面的高度不应小于2m。

(五) 全站仪的检验与校正

1. 检验与校正项目

(1) 光电测距部分的检验与校正 测距部分的检验项目及方法主要有发射、接收、照准三轴关系正确性检验，周期误差检验，仪器常数检验，精测频率检验和测程检验等。

(2) 电子测角部分的检验与校正 大部分检校项目与光学经纬仪类似，主要有照准部水准管轴垂直于仪器竖轴的检验与校正，望远镜的视准轴垂直于横轴的检验与校正，横轴垂直于仪器竖轴的检验与校正，竖盘指标差的检验与校正等。

(3) 系统误差补偿的检验与校正 目前许多全站仪自身提供了对竖轴误差、视准轴误差、竖直角零基准的补偿功能，对其补偿的范围和精度也要进行相应的检校。

2. 检验方法

(1) 照准部水准器的检验与校正 与普通经纬仪照准部水准器检校相同，即水准管轴垂直于竖轴的检校。

(2) 圆水准器的检验与校正 照准部水准器校正后，使用照准部水准器仔细地整平仪器，检查圆水准气泡的位置，若气泡偏离中心，则转动其校正螺旋，使气泡居中。注意应使三个校正螺旋的松紧程度相同。

(3) 十字丝竖丝与横轴垂直的检验与校正 十字丝竖丝与横轴垂直的检查方法与普通经纬仪的此项检查相同。

校正方法：旋开望远镜分划板校正盖，用校正针轻微地松开垂直和水平方向的校正螺旋，将一小片塑料片或木片垫在校正螺旋顶部的一端作为缓冲器，轻轻地敲动塑料片或木片，使分划板微微地转动。当照准点返回偏离十字丝量的一半时，十字丝竖丝垂直于水平轴，最后以同样紧的程度旋紧校正螺旋。

(4) 十字丝位置的检验与校正 在距离仪器 50～100m 处，设置一清晰目标，精确整平仪器。打开开关设置垂直和水平度盘指标，盘左照准目标，读取水平角 a_1 和垂直度盘读数 b_1，用盘右再照准同一目标，读取水平角 a_2 和垂直度盘读数 b_2。计算 a_2-a_1，此差值在 $180°\pm20''$以内；计算 b_2+b_1，此和值在 $360°\pm20''$以内，说明十字丝位置正确，否则应校正。

校正方法：先计算正确的水平角和垂直度盘读数 A 和 B，$A=\frac{a_1+a_2}{2}+90°$，$B=\frac{b_1+b_2}{2}+180°$。仍在盘右位置照准原目标，用水平和垂直微动螺旋，将显示的角值调整为上述计算值。观察目标已偏离十字丝，旋下分划板盖的固定螺钉，取下分划板盖，用左右分划板校正螺旋，向着中心移动竖丝，再使目标位于竖丝上；然后用上下校正螺钉，再使目标置于水平丝上。注意：要将竖丝移向右（或左），应先轻轻地旋松左（或右）校正螺钉，然后以同样的程度旋紧右（或左）校正螺钉。

水平丝上（下）移动，也是先松后紧。重复检校，直至十字丝照准目标，最后旋上分划板校正盖。

(5) 测距轴与视准轴同轴的检查

① 将仪器和棱镜面对面地安置在相距约 2m 的地方，如图 2-46 所示，使全站仪处于开机状态。

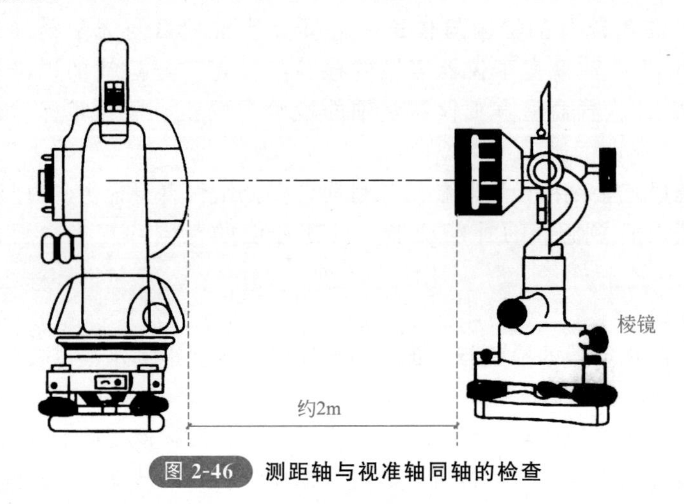

图 2-46 测距轴与视准轴同轴的检查

② 通过目镜照准棱镜并调焦，将十字丝瞄准棱镜中心。

③ 设置为测距或音响模式。

④ 将望远镜顺时针旋转调焦到无穷远，通过目镜可以观测到一个红色光点（闪烁）。如果十字丝与光点在竖直和水平方向上的偏差均不超过光点直径的 1/5，则无须校正；若上述偏差超过 1/5，再检查仍如此，应交专业人员修理。

(6) 光学对中器的检验与校正

① 整平仪器：将光学对中器十字丝中心精确地对准测点（地面标志），转动照准部 180°，若测点仍位于十字丝中心，则无须校正；若偏离中心，则应进行校正。

② 校正方法：用脚螺旋校正偏离量的一半，旋松光学对中器的调焦环，用四个校正螺钉校正剩余一半的偏差，使十字丝中心精确地与测点吻合。另外，当测点看上去有一绿色（灰色）区域时，轻轻地松开上（下）校正螺钉，以同样程度固紧下（上）螺钉；若测点看上去位于绿线（灰线）上，应轻轻地旋转右（左）螺钉，以同样程度固紧左（右）螺钉。

第二节 施工测量的内容

一、施工控制网的建立

① 场区控制网，应充分利用勘察阶段的已有平面和高程控制网。原有平面控

制网的边长，应投影到测区的主施工高程面上，并进行复测检查。精度满足施工要求时，可作为场区控制网使用。否则，应重新建立场区控制网。新建场区控制网，可利用原控制网中的点组（有三个或三个以上的点组成）进行定位。小规模场区控制网，也可选永久控制网中的一个点的坐标和一个边的方位进行定位。

② 建筑物施工控制网，应根据场区控制网进行定位、定向和起算；控制网的坐标轴，应与工程设计所采用的主副轴线一致；建筑物的±0.000高程面，应根据场区水准点测设。

③ 建筑方格网点的布设，应与建（构）筑物的设计轴线平行，并构成正方形或矩形格网。方格网的测设方法可采用布网法或轴线法；当采用布网法时，宜增测方格网的对角线；当采用轴线法时，长轴线的定位点不得少于3个，点位偏离直线应在180°±5″以内。水平角观测的测角中误差不应大于2.5″。

二、建筑物定位

(1) 根据控制点定位 待定位建筑物的定位点设计坐标已知，且附近有导线测量控制点和三角测量控制点可供利用时，可根据实际情况选用极坐标法、角度交会法或距离交会法来测设定位点，其中，极坐标法适用性最强，是用得最多的一种定位方法。

(2) 根据建筑方格网定位 为简化计算或方便施测，施工平面控制网多由正方形或矩形格网组成，称为建筑方格网。建筑方格网的布设应根据总平面图上各种已建和待建的建筑物、道路及各种管线的布置情况，结合现场的地形条件来确定。方格网的形式有正方形、矩形两种。当场地面积较大时，常分两级布设，首级可采用“十”字形、“口”字形或“田”字形，然后再加密方格网。建筑方格网适用于按矩形布置的建筑群或大型建筑场地。建筑方格网的轴线与建筑物轴线平行或垂直，因此，可用直角坐标法进行建筑物的定位，测设较为方便，且精度较高。但由于建筑方格网必须按总平面图的设计来布置，测设工作量成倍增加，其点位缺乏灵活性，易被破坏，所以在全站仪逐步普及的条件下，正逐步被导线或三角网所取代。应确定方格网的主轴线后，再布设方格网。

在建筑场地上，如果已建立建筑方格网，且设计建筑物轴线与方格网边线平行或垂直，则可根据设计的建筑物拐角点和附近方格网点的坐标，用直角坐标法在现场测设。

(3) 根据与原有建筑物红线或原建筑物的关系定位 设计图上若未能提供建筑物定位点的坐标，周围又没有测量控制点、建筑方格网和建筑基线可供利用，只给出新建筑物与附近原有建筑物或道路的相互关系；可根据原有建筑物的边线或道路中心线，将新建筑物的定位点测设出来。

需要在现场先找出原有建筑物的边线或道路中心线，再用经纬仪和钢尺将其延长、平移、旋转或相交，得到新建筑物的一条定位轴线，然后根据这条定位轴线，用经纬仪测设角度（一般是直角），用钢尺测设长度，得到其他定位轴线或定位点，最后检核四个大角和四条定位轴线长度是否与设计值一致。下面分两种情况说明具体测设的方法。

① 根据与原有建筑物的关系定位。如图 2-47(a) 所示，拟建建筑物的外墙边线与原有建筑的外墙边线在同一条直线上，两栋建筑物的间距为 10m，拟建建筑物四周长轴为 40m，短轴为 18m，轴线与外墙边线间距为 0.12m，可按下述方法测设其四个轴线交点。

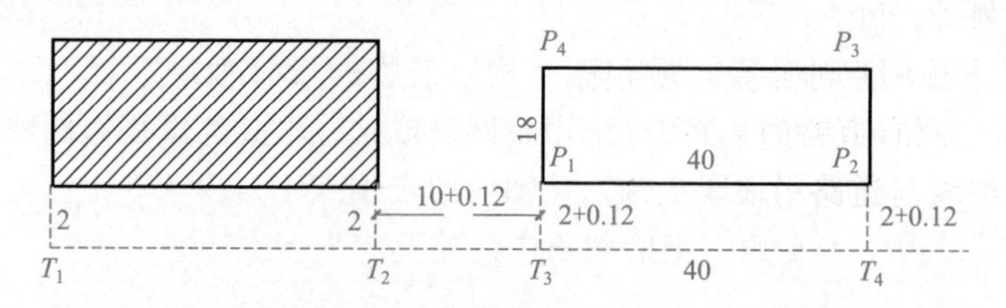

(a) 拟建建筑物的外墙边线与原有建筑的外墙边线在同一条直线上(单位：m)

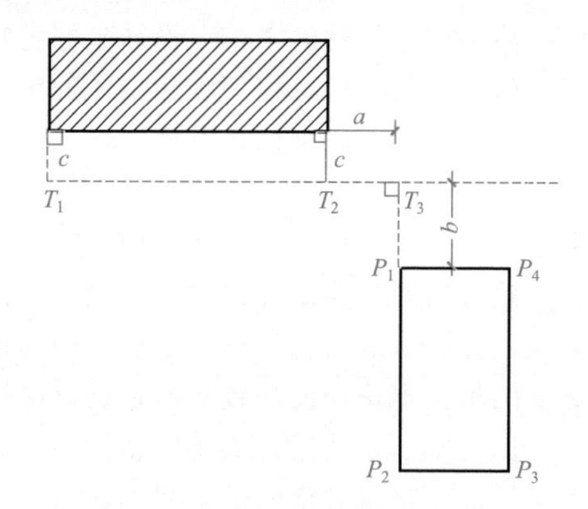

(b) 原有建筑物的平行线并延长到T_3点

图 2-47 与原有建筑物的关系定位

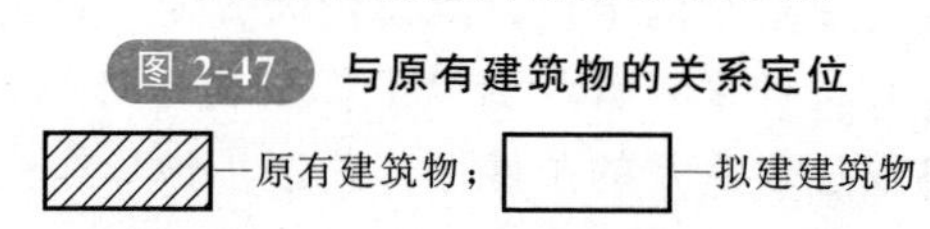

a. 沿原有建筑物的两侧外墙拉线，用钢尺顺线从墙角往外量一段较短的距离(这里设为 2m)，在地面上定出 T_1 和 T_2 两个点，T_1 和 T_2 的连线即为原有建筑物的平行线。

b. 在 T_1 点安置经纬仪，照准 T_2 点，用钢尺从 T_2 点沿视线方向量 10m+0.12m，在地面上定出 T_3 点，再从 T_3 点沿视线方向量 40m，在地面上定出 T_4 点，T_3 和 T_4 的连线即为拟建建筑物的平行线，其长度等于长轴尺寸。

c. 在 T_3 点安置经纬仪，照准 T_4 点，逆时针测设 90°，在视线方向上量 2m+0.12m，在地面上定出 P_1 点，再从 P_1 点沿视线方向量 18m，在地面上定出 P_4 点。同理，在 T_4 点安置经纬仪，照准 T_3 点，顺时针测设 90°，在视线方向上量 2m+0.12m，在地面上定出 P_2 点，再从 P_2 点沿视线方向量 18m，在地面上定出

P_3 点。则 P_1、P_2、P_3 和 P_4 点即为拟建建筑物的四个定位轴线点。

d. 在 P_1、P_2、P_3 和 P_4 点上安置经纬仪，检核四个大角是否为 90°，用钢尺丈量四条轴线的长度，检核长轴是否为 40m，短轴是否为 18m。

如图 2-47(b) 所示，在得到原有建筑物的平行线并延长到 T_3 点后，应在 T_3 点测设 90°并量距，定出 P_1 和 P_2 点，得到拟建建筑物的一条长轴，再分别在 P_1 和 P_2 点测设 90°并量距，定出另一条长轴上的 P_4 和 P_3 点。注意不能先定短轴的两个点（例如 P_1 和 P_4 点），再在这两个点上设站测设另一条短轴上的两个点（例如 P_2 和 P_3 点），否则误差容易超限。

② 根据与原有道路的关系定位。如图 2-48 所示，拟建建筑物的轴线与道路中心线平行，轴线与道路中心线的距离见图 2-48，测设方法如下。

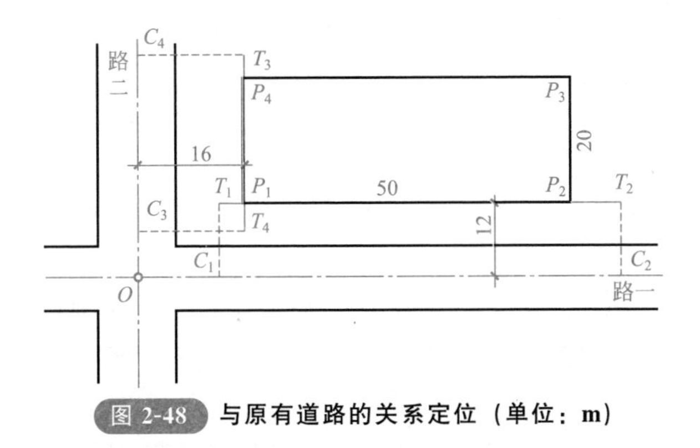

图 2-48　与原有道路的关系定位（单位：m）

a. 在每条道路上选两个合适的位置，分别用钢尺测量该处道路宽度，其宽度的 1/2 处即为道路中心点，如此得到路一中心线的两个点 C_1 和 C_2，同理得到路二中心线的两个点 C_3 和 C_4。

b. 分别在路一的两个中心点上安置经纬仪，测设 90°，用钢尺测设水平距离 12m，在地面上得到路一的平行线 T_1T_2，同理作出路二的平行线 T_3T_4。

c. 用经纬仪内延或外延这两条线，其交点即为拟建建筑物的第一个定位点 P_1，再从 P_1 沿长轴方向的平行线 50m，得到第二个定位点 P_2。

d. 分别在 P_1 和 P_2 点安置经纬仪，测设直角和水平距离 20m，在地面上定出 P_3 和 P_4 点。在 P_1、P_2、P_3 和 P_4 点上安置经纬仪，检核角度是否为 90°，用钢尺丈量四条轴线的长度，检核长轴是否为 50m，短轴是否为 20m。

三、基础放线

根据施工程序，基槽或基坑开挖完成后要做基础垫层。当垫层做好后，要在垫层上测设建筑物各轴线、边界线、基础墙宽线和柱位线等，并以墨线弹出作为标志，这项测量工作称为基础放线，又称撂底。这是最终确定建筑物位置的关键环节，应在对建筑物控制桩进行校核并合格的情况下，再依据它们仔细测出建筑物的主要轴线，再经闭合校核后，详细放出细部轴线，所弹墨线应清晰、准确，精度要符合《砌体结构工程施工质量验收规范》(GB 50203—2011)中的有关规范，基础放线、验线的允许偏差应符合表2-6的规定。

表2-6 基础放线、验线的允许偏差

长度L、宽度B的尺寸/m	允许偏差/mm
$L(B)\leqslant 30$	±5
$30<L(B)\leqslant 60$	±10
$60<L(B)\leqslant 90$	±15
$L(B)>90$	±20

四、细部测设

1.测设细部轴线交点

按照建筑物平面图的尺寸及建筑物的主轴线，将建筑物各轴线交点位置测设于地面，并以木桩标定，称为交点桩。

如图2-49所示，A轴、E轴、1轴和7轴是建筑物的四条外墙主轴线，其交点A1、A7、E1和E7，是建筑物的定位点，这些定位点已在地面上测设完毕并打好桩点，各主次轴线间隔见图2-49，需要测设次要轴线与主轴线的交点。

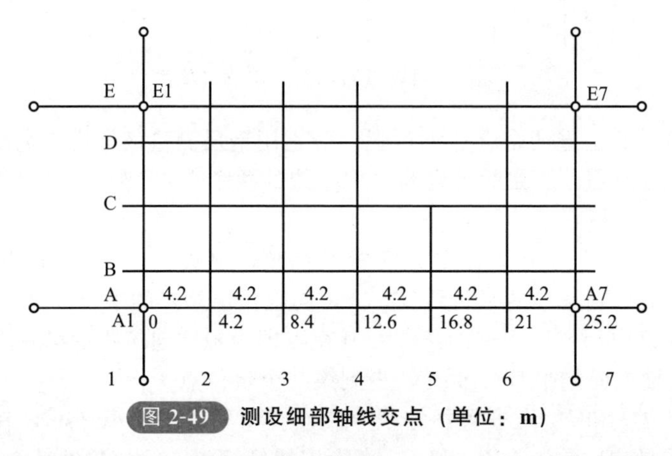

图2-49 测设细部轴线交点（单位：m）

在A1点安置经纬仪，照准A7点，把钢尺的零端对准A1点，沿视线方向拉钢尺，在钢尺上读数等于1轴和2轴间距（4.2m）的地方打下木桩，打的过程中要经常用仪器检查桩顶是否偏离视线方向，并不时拉一下钢尺，钢尺读数是否还在桩顶上，如有偏移要及时调整。打好桩后，用经纬仪视线指挥在桩顶上画一条纵线，再拉好钢尺，在读数等于轴间距处画一条横线，两线交点即为A轴与2轴的交点A2。

在测设A轴与3轴的交点A3时，方法同上，注意仍然要将钢尺的零端对准A1点，并沿视线方向拉钢尺，而钢尺读数应为1轴和3轴间距（8.4m），这种做法可以减小钢尺对点误差，避免轴线总长度增长或减短。如此依次测设 A 轴与其他有关轴线的交点。测设完最后一个交点后，用钢尺检查各相邻轴线桩的间距是否等于设计值，相对误差应小于 1/3000。

测设完 A 轴上的轴线点后，用同样的方法测设 E 轴、1 轴和 7 轴上的轴线点。如果建筑物尺寸较小，也可用拉细线绳的方法代替经纬仪定线，然后沿细线绳拉钢尺量距。此时要注意细线绳不要碰到物体，风大时也不宜作业。

2. 引测轴线

引测轴线是将各轴线延长到开挖范围以外的地方并做好标志，开挖后再通过这些引测轴线准确地恢复到轴线的位置。引测轴线用于应对基槽或基坑开挖时，定位桩和细部轴线桩被挖掉的情况，包括设置龙门板和轴线控制桩两种形式。通常情况下，轴线控制桩离基槽外边线的距离可取 2～4m，并用木桩作为点位标志。

(1) 龙门板法 如图 2-50 所示，在建筑物四角和中间隔墙的两端，距基槽边线约 2m 以外，牢固地埋设大木桩，称为龙门桩，并使桩的一侧平行于基槽。

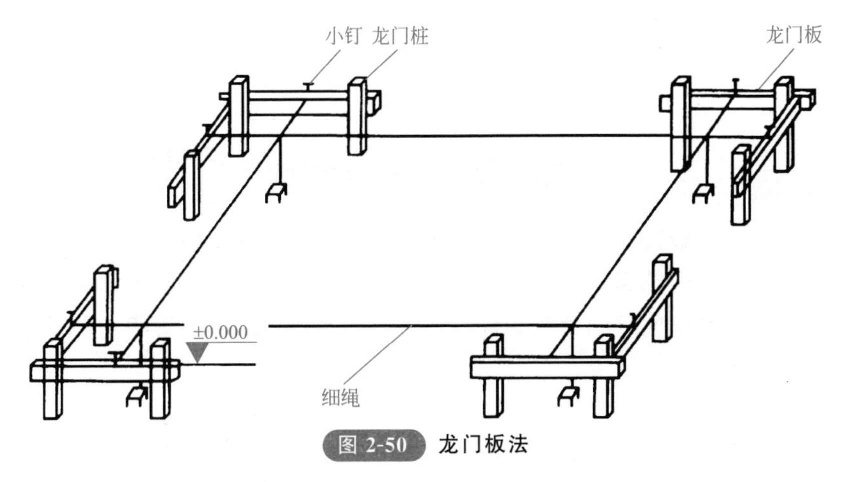

图 2-50 龙门板法

① 根据水准控制点，用水准仪将±0.000 标高测设在每个龙门桩的外侧上，并做好标志。如果现场条件不允许，也可测设比±0.000 高或低一定数值的标高线，同一建筑物尽量使用一个标高，如确需使用两个标高时，一定要标注清楚，避免混淆。

② 在相邻两龙门桩上，沿±0.000 高程线钉设的水平木板，称为龙门板，龙门板顶面标高的误差应在±5mm 以内。

③ 用经纬仪将各轴线投测到龙门板的顶面，并钉上小钉作为轴线标志，称为轴线钉。如事先已打好龙门板，可在测设细部轴线的同时钉设轴线钉，以减少重复安置仪器的工作量。

④ 用钢尺沿龙门板顶面检查轴线钉的间距，其相对误差不应超过 1/3000。

⑤ 恢复轴线时，将经纬仪安置在一个轴线钉上方，照准相应的另一个轴线钉，其视线即为轴线方向，往下转动望远镜，便可将轴线投测到基槽或基坑内。也可用

白线将相对的两个轴线钉连接起来，借助于垂球，将轴线投测到基槽或基坑内。

（2）轴线控制桩法 由于龙门板需要较多木料，而且占用场地，使用机械开挖时容易被破坏，因此也可以在基槽或基坑外各轴线的延长线上测设轴线控制桩，作为以后恢复轴线的依据。即使采用了龙门板，为了防止被碰动，对主要轴线也应测设轴线控制桩，如图 2-51 所示。

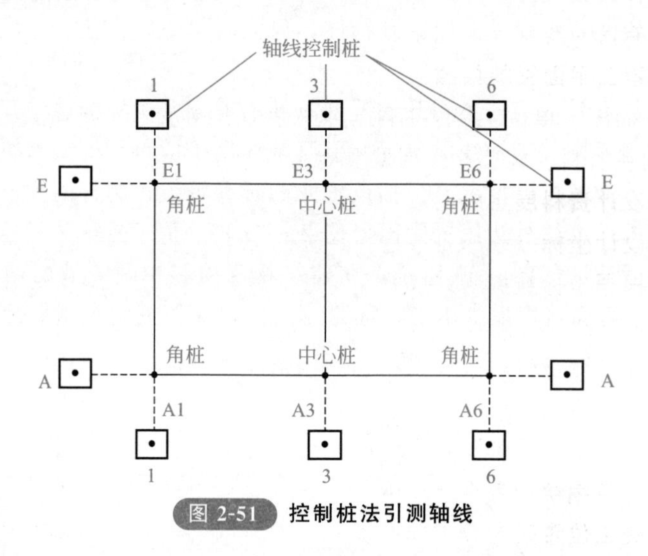

图 2-51 控制桩法引测轴线

轴线控制桩一般设在开挖边线 4m 以外的地方，并用水泥砂浆加固。最好是附近有固定建筑物和构筑物，这时应将轴线投测在这些物体上，使轴线更容易得到保护，但每条轴线至少应有一个控制桩是设在地面上的，以便今后能安置经纬仪来恢复轴线。

轴线控制桩的引测主要采用经纬仪法，当引测到较远的地方时，要注意采用盘左和盘右两次投测取中法来引测，以减少引测误差和避免错误的出现。

五、竣工图的绘制

1. 竣工平面图的绘制内容

（1）竣工平面图的比例尺 竣工平面图的比例尺，应根据企业的规模大小和工程的密集程度，参考下列规定来确定。

① 小区内为 1∶500 或 1∶1000。

② 小区外为（1∶1000）～（1∶5000）。

（2）绘制竣工平面图图底坐标方格网 为了能长期保存竣工资料，竣工平面图应采用质量较好的图纸。聚酯薄膜具有坚韧、透明、不易变形等特性，可用作图纸。编绘竣工平面图，首先要在图纸上精确地绘出坐标方格网。一般使用杠规和比例尺来绘制。坐标格网画好后，应进行检查。用直尺检查有关的交叉点是否在同一直线上；同时用比例直尺量出正方形的边长和对角线长，视其是否与应有的长度相等。图廓之对角线绘制允许偏差为±1mm。

(3) 展绘控制点 以图底上绘出的坐标方格网为依据，将施工控制网点按坐标展绘在图上。展点对所邻近的方格而言，其允许偏差为±0.3mm。

(4) 展绘设计平面图 在编绘竣工平面图之前，应根据坐标格网，先将设计平面图的图面内容按其设计坐标，用铅笔展绘于图纸上，作为底图。

2.竣工平面图的绘制

(1) 绘制竣工平面图的依据

① 设计平面图、单位工程平面图、纵横断面图和设计变更资料。

② 定位测量资料、施工检查测量及竣工测量资料。

(2) 根据设计资料展点成图 凡按设计坐标定位施工的工程，应以测量定位资料为依据，按设计坐标（或相对尺寸）和标高编绘。建筑物和构筑物的拐角、起止点、转折点应根据坐标数据展点成图；对建筑物和构筑物的附属部分，如无设计坐标，可用相对尺寸绘制。若原设计变更，则应根据设计变更资料编绘。

(3) 根据竣工测量资料或施工检查测量资料展点成图 在建筑施工过程中，在每一个单位工程完成后，应该进行竣工测量，并提出该工程的竣工测量成果。对凡有竣工测量资料的工程，若竣工测量成果与设计值之比差不超过所规定的定位允许偏差时，按设计值编绘；否则应按竣工测量资料编绘。

(4) 展绘竣工位置时的要求 根据上述资料编绘成图时，对于建筑物应使用黑色墨线绘出该工程的竣工位置，并应在图上注明工程名称、坐标和标高及有关说明。对于各种地上、地下管线，应用各种不同颜色的墨线绘出其中心位置，注明转折点及井位的坐标、高程及有关注明。在一般没有设计变更的情况下，墨线绘的竣工位置与按设计原图用铅笔绘的设计位置应该重合，但坐标及标高数据与设计值比较有的会有微小出入。随着施工的进展，逐渐在底图上将铅笔线都绘成墨线。在图上按坐标展绘工程竣工位置时，和在图底上层绘控制点的要求一样，均以坐标格网为依据进行展绘，展点对邻近的方格而言，其允许偏差为±3mm。

3.竣工平面图的附件

为了全面反映竣工成果，便于生产管理、维修和日后的扩建或改建，下列与竣工平面图有关的一切资料，应分类装订成册，作为竣工总平面图的附件保存。

① 地下管线竣工纵断面图。

② 铁路、公路竣工纵断面图。工业、企业铁路专用线和公路竣工以后，应进行铁路轨顶和公路路面（沿中心线）水准测量，以编绘竣工纵断面图。

③ 建筑场地及其附近的测量控制点布置图及坐标与高程一览表。

④ 建筑物或构筑物沉降及变形观测资料。

⑤ 工程定位、检查及竣工测量的资料。

⑥ 设计变更文件。

⑦ 建设场地原始地形图等。

用卷尺放线

扫码观看本视频

第三节　施工测量的方法

一、已知长度的测设

1. 钢尺测设

(1) 一般方法　当已知方向在现场已用直线标定，且测设的已知水平距离小于钢卷尺的长度时，水平距离测设的一般方法很简单，只需将钢尺的零端与已知始点对齐，沿已知方向水平拉紧钢尺，在钢尺上读数等于已知水平距离的位置定点即可。为了校核和提高测设精度，可将钢尺移动10～20cm，用钢尺始端的另一个读数对准已知始点，再测设一次，定出另一个端点，若两次点位的相对误差在限差（1/5000～1/3000）以内，则取两次端点的平均位置作为端点的最后位置。

若已知方向在现场已用直线标定，已知水平距离大于钢尺的长度，沿已知方向依次水平丈量若干个尺段，在尺段读数之和等于已知水平距离处定点即可。为了校核和提高测设精度，应进行两次测设，取中，方法同上。

当已知方向没有在现场标定出来，只是在较远处给出另一定向点时，则要先定线再量距。对建筑工程来说，若始点与定向点的距离较短，可用拉一条细线绳的方法定线；若始点与定向点的距离较远，则应用经纬仪定线，方法是将经纬仪安置在起点上，对中整平，照准远处的定向点，固定照准部，望远镜视线即为已知方向，沿此方向定线、量距，使终点至始点的水平距离等于要测设的水平距离，并位于望远镜的视线上。

(2) 精密方法　当测设精度要求较高时，应使用检定过的钢尺和经纬仪定线，根据已知水平距离D，经过尺长改正Δl_d、温度改正Δl_t和倾斜改正Δl_h后，用下式计算出实地测设长度

$$L=D-\Delta l_d-\Delta l_t-\Delta l_h$$

然后根据计算结果，用钢尺进行测设。

2. 光电测距仪测设

由于光电测距仪的普及应用，目前水平距离的测设，尤其是长距离的测设多采用光电测距仪或全站仪；测设精度要求较高时，通常也采用光电测距仪测设法，如图2-52所示。

在A点安置光电测距仪，反光棱镜在已知方向上前后移动，使仪器示值略大于测设的距离，定出C'点。在C点安置反光棱镜，测出垂直角α及斜距L（必要时加测气象改正），计算水平距离$D=L\cos\alpha$，求出D'与应测设的水平距离D之差$\Delta D=D-D'$。根据ΔD的数值在实地用钢尺沿测设方向将C'改正至C点，并用木桩标定其点位。将反光棱镜安置于C点，再实测AC距离，实测AC距离与示值的不符值应在限差之内，否则应再次进行改正，直至符合限差为止。

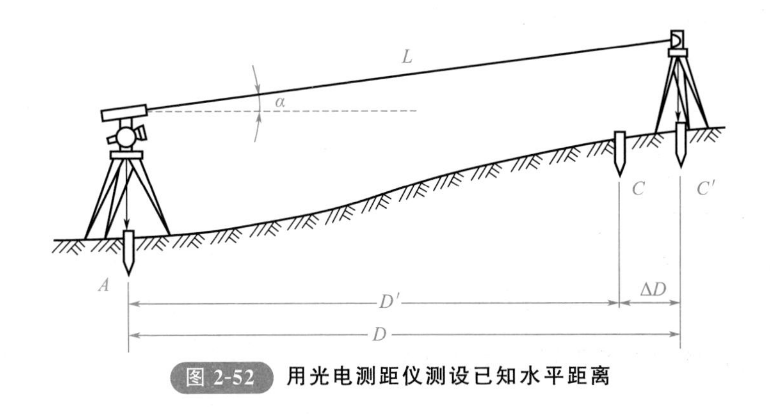

图 2-52　用光电测距仪测设已知水平距离

二、已知角度的测设

已知水平角的测设，是从地面上一个已知方向开始，通过测量按给定的水平角值把该角的另一个方向标定到地面上。

1. 一般方法

当测设水平角的精度要求不高时，可采用盘左、盘右分中的方法测设，如图 2-53 所示。

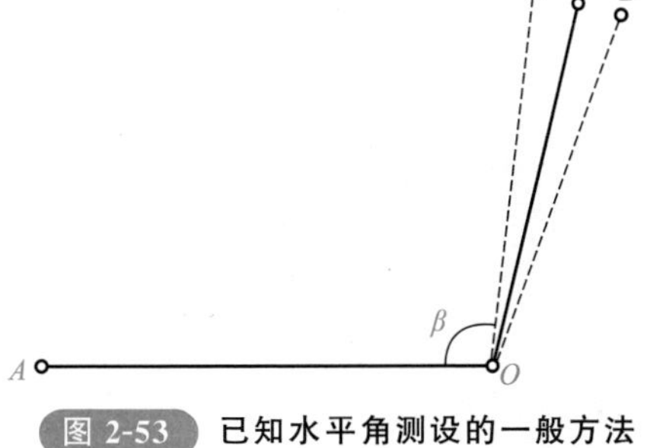

图 2-53　已知水平角测设的一般方法

设地面已知方向 OA，O 为角顶，β 为已知水平角角值，OB 为欲定的方向线。测设方法如下。

① 在 O 点安置经纬仪，对中整平；盘左位置瞄准 A 点，使水平度盘读数略大于 0°00′00″。

② 转动照准部，当水平度盘读数恰好为 β 值时，固定照准部，在此视线上定出 B'点。

③ 盘右位置，重复上述步骤，再测设一次，定出 B''点。

④ 取 B'和 B''的中点 B，则$\angle AOB$ 就是要测设的 β 角。

2. 精密方法

当测设精度要求较高时，应采用作垂线改正的方法，如图 2-54 所示。

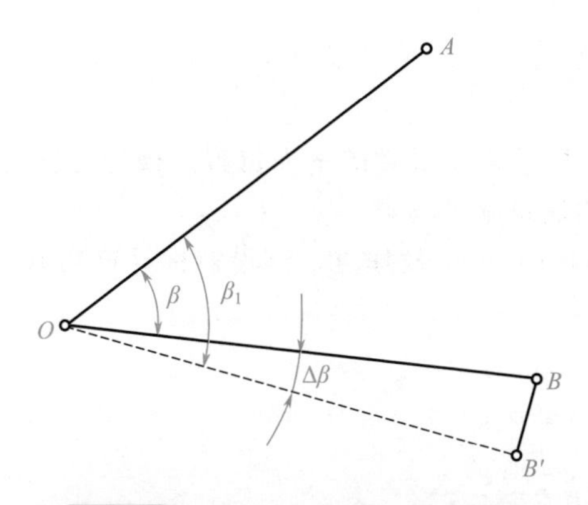

图 2-54　已知水平角测设的精密方法

① 先用一般方法测设出 B'点。

② 用测回法对$\angle AOB'$观测若干个测回（测回数根据要求的精度而定），求出各测回平均值 β_1，并计算出 $\Delta\beta=\beta-\beta_1$。

③ 量取 OB'的水平距离。

④ 计算改正距离

$$BB'=OB'\tan\Delta\beta\approx OB'\frac{\Delta\beta}{\rho}$$

式中，$\rho=206265''$。

⑤ 自 B'点沿 OB'的垂直方向量出距离 BB'，确定出 B 点，则$\angle AOB$ 就是要测设的角度。量取改正距离时，若 $\Delta\beta$ 为正，则沿 OB'的垂直方向向外量取；若 $\Delta\beta$ 为负，则沿 OB'的垂直方向向内量取。

三、建筑物细部点平面位置的测设

点的平面位置测设方法有很多种，包括直角坐标法、极坐标法、角度交会法、距离交会法、方向线交会法、正倒镜投点法等。一般常用的方法是前四种。在实际工作中，应根据控制网的形式、现场情况、精度要求等因素来选择。

1. 直角坐标法

直角坐标法是根据直角坐标原理，利用纵横坐标之差测设点的平面位置。直角坐标法适用于量距方便的建筑施工场地，且要求施工控制网为建筑方格网或采用建筑基线控制的形式。

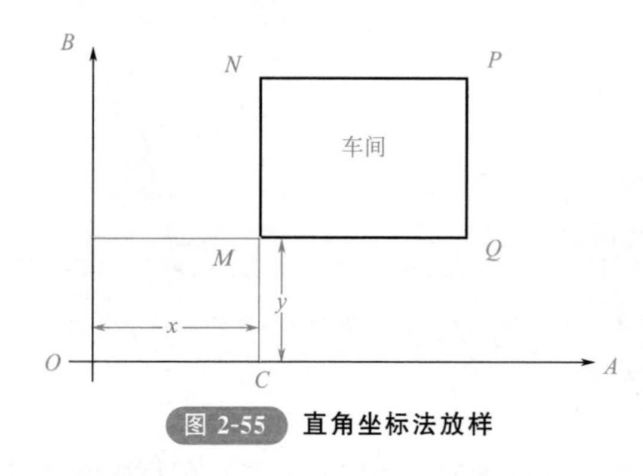

图 2-55 直角坐标法放样

如图 2-55 所示，设 O 点为坐标原点，M 点的坐标（x，y）已知，先在 O 点安置经纬仪，瞄准 A 点，沿 OA 方向从 O 点向 A 测设距离 x 得 C 点；然后将经纬仪搬至 C 点，仍瞄准 A 点，向左测设 90°角，沿此方向从 C 点测设距离 y 即得 M 点，沿此方向测设 N 点。同法测设出 Q 点和 P 点。最后应检查建筑物的四角是否等于 90°，各边是否等于设计长度，误差是否在允许范围内。

该方法计算简单，操作方便，应用广泛。

2. 极坐标法

极坐标法是根据一个水平角和一段水平距离来测设点的平面位置。极坐标法适用于量距方便，且待测设点距控制点较近的建筑施工场地。

如图 2-56 所示，A、B 为已知测量控制点，P 为放样点，测设数据计算如下。

① 计算 AB、AP 边的坐标方位角

$$\alpha_{AB}=\arctan\frac{\Delta y_{AB}}{\Delta x_{AB}}$$

$$\alpha_{AP}=\arctan\frac{\Delta y_{AP}}{\Delta x_{AP}}$$

② 计算 AP 与 AB 之间的夹角

$$\beta=\alpha_{AB}-\alpha_{AP}$$

③ 计算 A、P 两点间的水平距离

$$D_{AP}=\sqrt{(x_P-x_A)^2+(y_P-y_A)^2}=\sqrt{\Delta x_{AP}^2+\Delta y_{AP}^2}$$

测设过程如下。

a. 将经纬仪安置在 A 点，按顺时针方向测设$\angle BAP=\beta$，得到 AP 方向。

b. 由 A 点沿 AP 方向测设距离 D_{AP} 即可得到 P 点的平面位置。

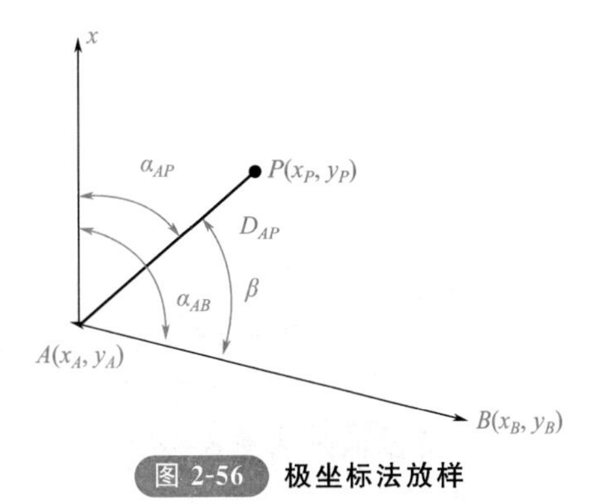

图 2-56 极坐标法放样

3. 角度交会法

角度交会法是在两个或多个控制点上安置经纬仪，通过测设两个或多个已知水平角角度，交会出未知点的平面位置。此法适用于受地形限制或量距困难的地区测设点的平面位置测设。

如图 2-57 所示，A、B、C 为已知测量控制点，P 为放样点，测设过程如下。

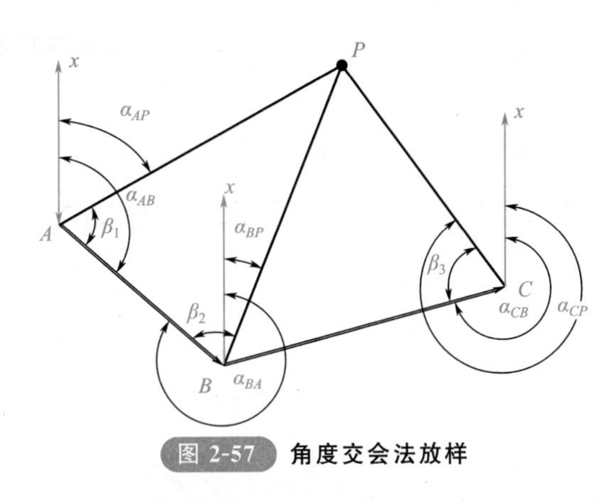

图 2-57 角度交会法放样

① 按坐标反算公式，分别计算出 α_{AB}、α_{AP}、α_{BP}、α_{CB}、α_{CP}。

② 计算水平角 β_1、β_2、β_3 角值。

③ 将经纬仪安置在控制点 A 上，后视点 B，根据已知水平角 β_1 盘左盘右取平均值放样出 AP 方向线；同理再将仪器架在 B、C 点分别放出方向线 BP 和 CP。

4. 距离交会法

距离交会法是由两个控制点测设两段已知水平距离，交会定出未知点的平面位置。距离交会法适用于待测设点至控制点的距离不超过一尺段长，且地势平坦、量距方便的建筑施工场地。

如图 2-58 所示，A、B 为已知测量控制点，P 为放样点，测设过程如下。

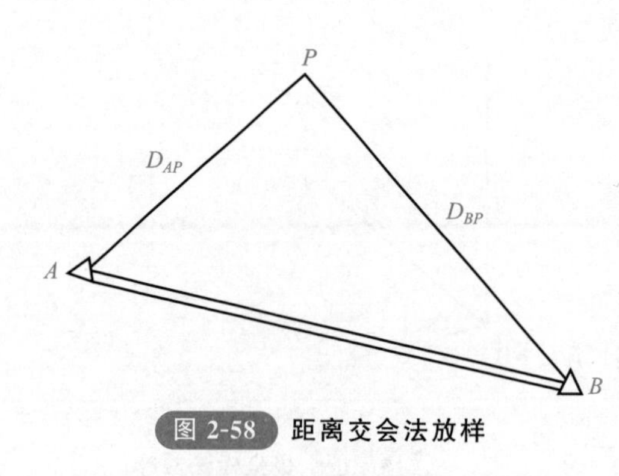

图 2-58 距离交会法放样

① 根据 P 点的设计坐标和控制点 A、B 的坐标，先计算放样数据 D_{AP} 与 D_{BP}。

② 放样时，至少需要三人，甲、乙分别拉两根钢尺零端并对准 A 与 B，丙拉两根钢尺使 D_{AP} 与 D_{BP} 长度分划重叠，三人同时拉紧，在丙处插一测钎，即求得 P 点。

5. 方向线交会法

如图 2-59 所示，根据厂房矩形控制网上相对应的柱中心线端点，以经纬仪定向，用方向线交会法测设柱基础定位桩。在施工过程中，各柱基础中心线则可以随时将相应的定位桩拉上线绳，恢复其位置。

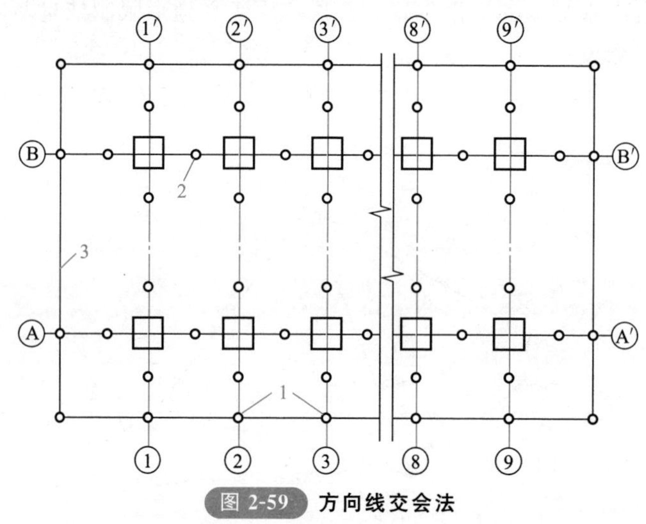

图 2-59 方向线交会法

1—柱中心线端点；2—柱基础定位桩；3—厂房控制网

6. 正倒镜投点法

如图 2-60 所示，设 A、C 两点不通视，在 A、C 两点之间选定任意一点 B'，使之与 A、C 通视，B'应靠近 AC 线。在 B'点处安置经纬仪，分别以正倒镜照准 A，倒转望远镜前视 C。由于仪器误差的影响，十字丝交点不落于 O 点，而落于 O'、O''。为了将仪器移置于 AC 线上，取 $O'O''/2$ 定出 O 点，若 O 点在 C 点左边，

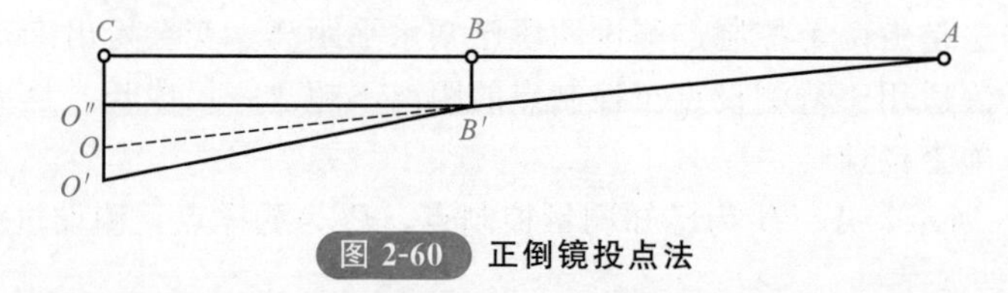

图 2-60 正倒镜投点法

则将仪器由 B'点向右移动 $B'B$ 距离，反之亦然。$B'B$ 按下式计算

$$B'B=\frac{AB}{AC}\times CO$$

重复上述操作，直到 O'和 O''点落于 C 点的两侧，且 $CO'=CO''$时，仪器就恰好位于 AC 直线上了。

四、建筑物细部点高程位置的测设

1.高程视线法

如图 2-61 所示，根据某水准点的高程 H_R，测设 A 点，使其高程为设计高程 H_A。则 A 点尺上应读的前视读数为

$$b_{应}=(H_R+a)-H_A$$

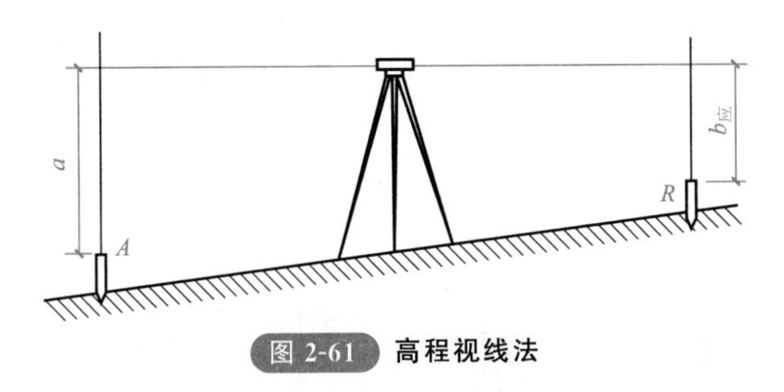

图 2-61 高程视线法

测设方法如下。

① 安置水准仪在 R 与 A 中间，整平仪器。

② 后视水准点 R 上的立尺，读得后视读数为 a，则仪器的高程 H_i 为 $H_i=H_R+a$。

③ 将水准尺紧贴 A 点木桩侧面上下移动，直至前视读数为 $b_{应}$ 时，在桩侧面沿尺底画一横线，此线即为室内地坪±0.000 的位置。

2.高程传递法

如图 2-62 所示，根据某水准点 A 的高程 H_A，测设临时水准点 P 的高程 H_P。

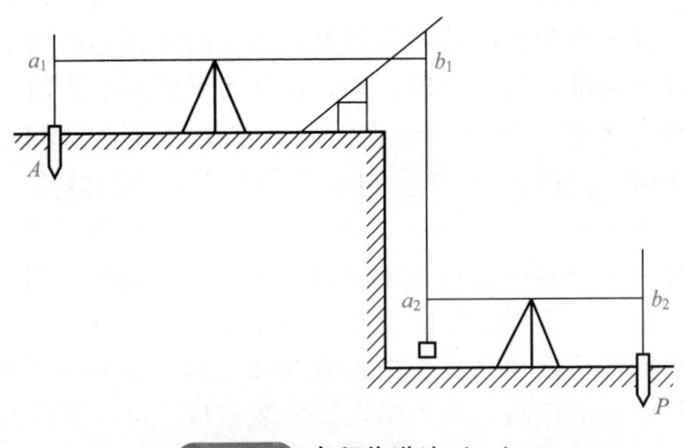

图 2-62 高程传递法（一）

此问题为深基坑的高程传递，将钢尺悬挂在坑边的木杆上，下端挂 10kg 重锤，在地面上和坑内各安置一台水准仪，分别读取地面水准点 A 和坑内水准点 P 的水准尺读数 a_1 和 b_2，并读取钢尺读数 b_1 和 a_2，则可根据已知地面水准点 A 的高程 H_A，按下式求得临时水准点 P 的高程 H_P

$$H_P=H_A+a_1-(b_1-a_2)-b_2$$

为了进行检核，可将钢尺位置变动 10～20cm，用上述方法再次读取这四个数，两次高程相差不得大于 3mm。

从低处向高处测设高程的方法与此类似，如图 2-63 所示，已知低处水准点 A 的高程 H_A，需测设高处 P 的设计高程 H_P，应在低处安置水准仪，读取读数 a_1 和 b_1，在高处安置水准仪，读取读数 a_2，则高处水准尺的读数 b_2 为

$$b_2=H_A+a_1+(a_2-b_1)-H_P$$

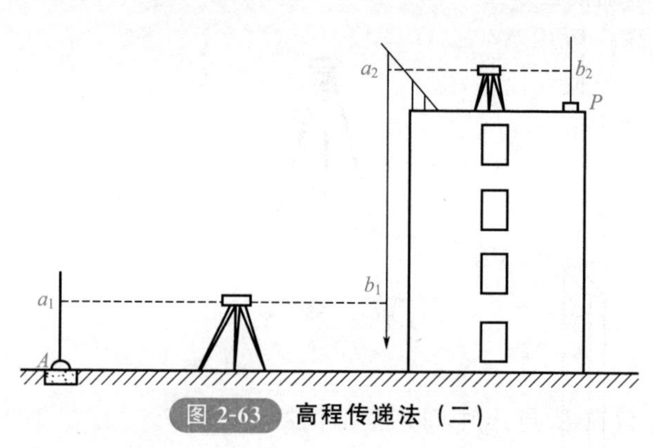

图 2-63 高程传递法（二）

第四节　基础施工测量

一、基槽开挖施工测量

基槽开挖至接近槽底高程时，应在距离槽底一定高度的位置上设置水平桩，用于控制挖槽深度，同时作为槽底清理和打基础垫层时掌握标高的依据。水平桩的高度以槽底设计高程为标准，向上一段距离，保证水平桩的上表面与槽底设计高程之间的距离为一个整分米数。如图 2-64 所示，一般在基槽各拐角处均应打水平桩，在基槽上则每隔 10m 左右打一个水平桩，然后拉上白线，线下 0.5m 即为槽底设计高程。

用水准仪测设水平桩时，以划在龙门板或周围固定地物上的±0.000 标高线为已知高程点，水平桩上的高程误差应在±10mm 以内。

垫层面标高的测设可以水平桩为依据在槽壁上弹线，也可在槽底打入垂直桩，使桩顶标高等于垫层面的标高。如果垫层需安装模板，可以直接在模板上弹出垫层面的标高线。垫层打好后，根据龙门板上的轴线钉或轴线控制桩，用经纬仪或用拉

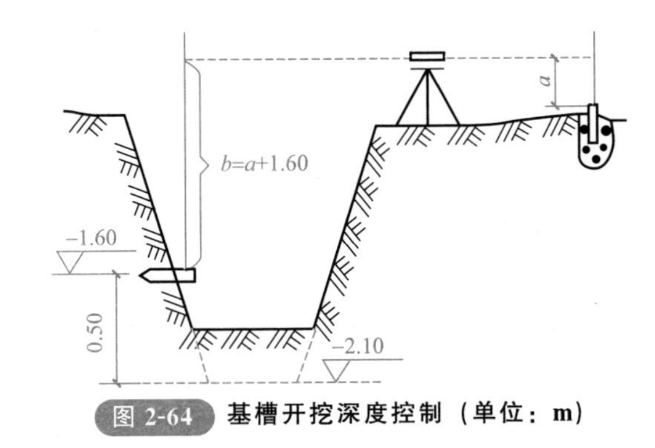

图 2-64 基槽开挖深度控制（单位：m）

线挂吊锤的方法，把轴线投测到垫层面上，并用墨线弹出基础中心线和边线，以便砌筑基础或安装基础模板。

基础墙的标高一般用基础皮数杆控制，皮数杆用一根木桩做成，在杆上注明±0.000的位置，按照设计尺寸将砖和灰缝的厚度，分别从上往下一一画出来，此外还应注明防潮层和预留洞口的标高位置。以皮数杆控制基础标高如图2-65所示。

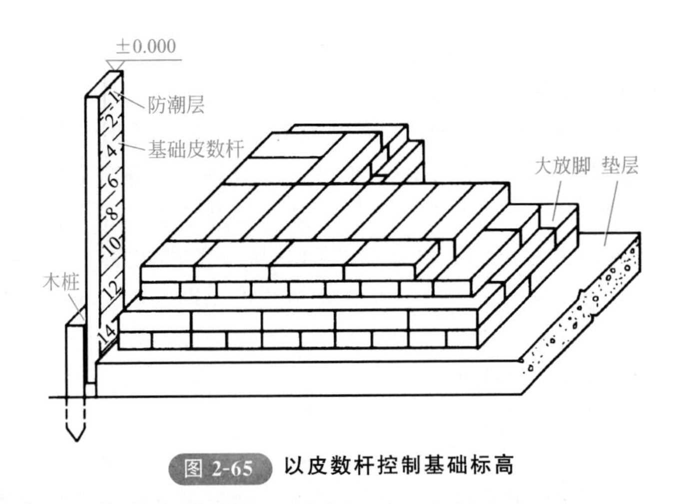

图 2-65 以皮数杆控制基础标高

立皮数杆时，可先在立杆处打一木桩，用水准仪在木桩侧面测设一条高于垫层设计标高某一数值的水平线，然后将皮数杆上标高相同的一条线与木桩上的水平线对齐，并用铁钉把皮数杆和木桩钉在一起，这样立好皮数杆后，即可作为砌筑基础墙的标高依据。

对于采用钢筋混凝土的基础，可用水准仪将设计标高测设于模板上。

二、桩基础施工测量

(1) 桩的定位 根据建筑物主轴线测设桩基和板桩轴线，其位置的允许偏差为20mm，对于单排桩，则为10mm。沿轴线测设桩位时，纵向（沿轴线方向）偏差不宜大于3cm，横向偏差不宜大于2cm。位于群桩外周边上的桩，测设偏差不得大于桩径或桩边长（方形桩）的1/10；桩群中间的桩其测设偏差不得大于桩径或边长的1/5。

桩位测设工作必须在恢复后的各轴线检查无误后进行。

桩的排列因建筑物形状和基础结构不同而异。最简单的排列成格网状，此时只要根据轴线精确地测设出格网的四个角点，进行加密即可。地下室桩基础是由若干个承台和基础梁连接而成的。承台下面是群桩，基础梁下面有的是单排桩，有的是双排桩。承台下群桩的排列有时也会有所不同。测设时一般按照“先整体，后局部”“先外廓，后内部”的顺序进行。

桩顶上做承台，按控制的标高进行，先在桩顶面上弹出轴线，作为支承台模板的依据。

承台浇筑完后，在承台面上弹轴线，并详细放出地下室的墙宽、门洞等位置。地下室施工标高高于地面时，根据轴线控制桩将轴线投测到墙的立面上，同时沿建筑物四周将标高线引测到墙面上。

（2）施工后桩位的检测 桩基施工结束后，应根据轴线重新在桩顶上测设出桩的设计位置，并用油漆标明；然后量出桩中心与设计位置的纵、横向的两个偏差分量δ_x、δ_y。若其在允许误差范围内，即可进行下一工序的施工。

（3）深基础施工测量

① 测设基坑开挖边线。高层建筑一般都有地下室，因此要进行基坑开挖。开挖前，先根据建筑物的轴线控制桩确定角桩以及建筑物的外围边线，再考虑边坡的坡度和基础施工所需工作面的宽度，测设出基坑的开挖边线并撒出灰线。

② 基坑开挖时的测量工作。高层建筑的基坑一般都很深，需要放坡并进行边坡支护加固，开挖过程中，除了用水准仪控制开挖深度外，还应经常用经纬仪或拉线检查边坡的位置，防止出现坑底边线内收，致使基础位置不够。

③ 基础放线及基础标高测设。

a. 基础放线。基坑开挖完成后，有三种情况：一是直接打垫层，然后做箱形基础或筏板基础，这时要求在垫层上测设基础的各条边界线、梁轴线、墙宽线和柱位线等；二是在基坑底部打桩或挖孔，做桩基础，这时要求在坑底测设各条轴线和桩孔的定位线，桩做完后，还要测设桩承台和承重梁的中心线；三是先做桩，然后在桩上做箱基或筏基，组成复合基础，这时的测量工作是前两种情况的结合。

测设轴线时，有时为了通视和量距方便，不是测设真正的轴线，而是测设其平行线，这时一定要在现场标注清楚，以免用错。另外，一些基础桩、梁、柱、墙的中线不一定与建筑轴线重合，而是偏移某个尺寸，因此要认真按图施测，防止出错，如图2-66所示。

如果是在垫层上放线，可把有关轴线和边线直接用墨线弹在垫层上，由于基础轴线的位置决定了整个高层建筑的平面位置和尺寸，因此施测时要严格检核，保证精度。如果是在基坑下做桩基，则测设轴线和桩位时，宜在基坑护壁上设立轴线控制桩，以便能保留较长时间，也便于施工时用来复核桩位和测设桩顶上的承台和基础梁等。

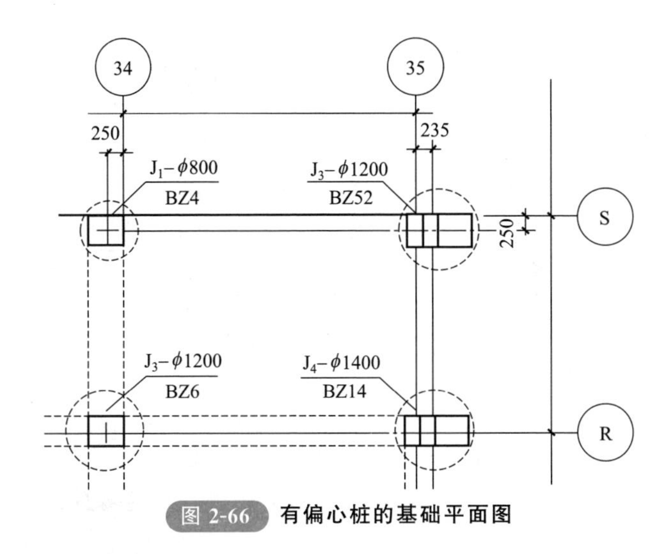

图 2-66　有偏心桩的基础平面图

从地面往下投测轴线时，一般是用经纬仪投测法。由于俯角较大，为了减小误差，每个轴线点均应盘左、盘右各投测一次，然后取中数。

b. 基础标高测设。基坑完成后，应及时用水准仪根据地面上的±0.000 水平线将高程引测到坑底，并在基坑护坡的钢板或混凝土桩上做好标高为负的整米数的标高线。由于基坑较深，引测时可多设几站观测，也可用悬吊钢尺代替水准尺进行观测。

第五节　地上主体结构施工测量

一、混凝土结构施工测量

1. 现浇混凝土柱基础施工测量

现浇混凝土柱基中线投点、抄平、挖土、浇筑混凝土、弹中线等过程与杯形基础相同，只是没有杯口，基础上配有钢筋，拆模后在露出的钢筋上抄出标高点，以供柱身支模板时定标高用。

2. 现浇混凝土柱的施工测量

(1) 柱子垂直度测量　柱身模板支好后，必须用经纬仪检查柱子的垂直度。由于现场通视困难，一般采用平行线投点法来检查柱子的垂直度，并将柱身模板校正。其施测步骤如下。先在柱子模板上弹出中心线，然后根据柱中心控制点 A、B 测设 AB 平行线 $A'B'$，其间距为 1～1.5m，将经纬仪安置在 B'点，照准 A'。此时由一人在柱模上端持木尺，将木尺横放，使尺的零点水平地对正模板上端中心线

(见图 2-67)，纵转望远镜仰视木尺，若十字线正好对准 1m 或 1.5m 处，则柱子模板正好垂直，否则应调整模板，直至垂直为止。

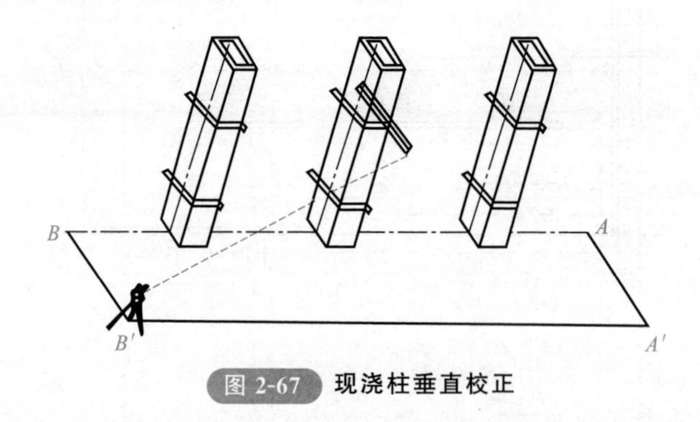

图 2-67 现浇柱垂直校正

柱子模板校正后，选择不同行列的两三根柱子，从柱子下面已测好的标高点，用钢尺沿柱身往上量距，引测两三个同一高程的点于柱子上端模板上，然后在平台模板上设置水准仪，以引上的任一标高为后视，施测柱顶模板标高，再闭合于另一标高点以资校核。平台模板支好后，必须用水准仪检查平台模板的标高和水平情况，其操作方法与柱顶模板抄平相同。

(2) 柱中心线投点与高层标高引测 第一层柱子和平台混凝土浇筑完成后，应将中线及标高引测到第一层平台上，作为第二层柱子、平台支模的依据，以此类推至以上各层。中线引测方法：将经纬仪安置于柱中心线端点上，照准柱子下端的中心线点，仰视向上投点。若经纬仪与柱子之间距离过近、仰角大，不方便投点时，可将中线端点用正倒镜法向外延长至便于测设的地方。纵横中心线投点容差：当柱高在 5m 以下时为±3mm，5m 以上时为±5mm。标高引测方法：用钢尺沿柱身量距向上引测，标高测量容差为±5mm。

二、钢结构安装测量

1. 地脚螺栓埋设

地脚螺栓埋设是钢结构安装工序的第一步，埋设精度对钢结构安装质量有重要的影响，因此，要求安装精度高，其中平面误差小于 2mm，标高误差在 0～30mm 之间。

地脚螺栓施工时，根据轴线控制网，在绑扎楼板梁钢筋时，将定位控制线投测到钢筋上，再测设出地脚螺栓的中心十字线，用油漆做标记，拉上小线，作为安装地脚螺栓定位板的控制线。浇筑混凝土过程中，要复测定位板是否偏移，并及时调正。地脚螺栓定位图如图 2-68 所示。埋设过程中，要用水准仪抄测地脚螺栓顶标高。

2. 钢柱垂直度校正

(1) 线坠法或激光垂准仪法 线坠法是最原始而实用的方法，当单节柱子高度

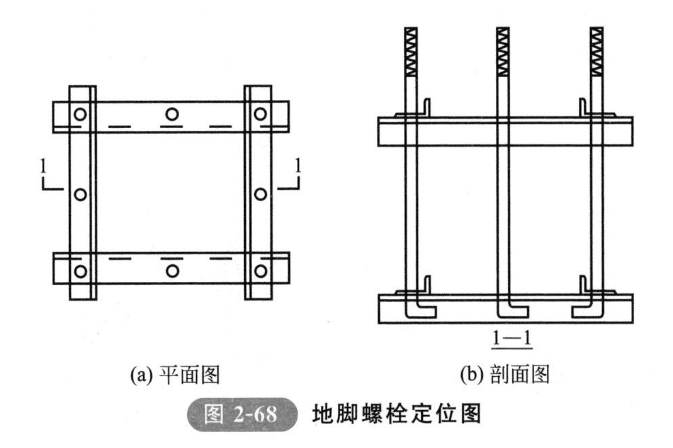

(a) 平面图　　(b) 剖面图

图 2-68　地脚螺栓定位图

较低时，通过在两个互相垂直的方向悬挂两条铅垂线与立柱比较，上端水平距离与下端分别相同时，说明柱子处于垂直状态。为避免风吹铅垂线摆动，可把垂球放在水桶或油桶中。垂球校正钢柱垂直度如图 2-69 所示。

激光垂准仪法是利用激光垂准仪的垂直光束代替线坠，量取上端和下端垂直光束到柱边的水平距离是否相等，以此来判断柱子是否垂直。

(2) 经纬仪法　经纬仪法是用两台经纬仪分别架在互相垂直的两个方向上，同时对钢柱进行校正，如图 2-70 所示。此方法精度较高，是施工中常用的校正方法。

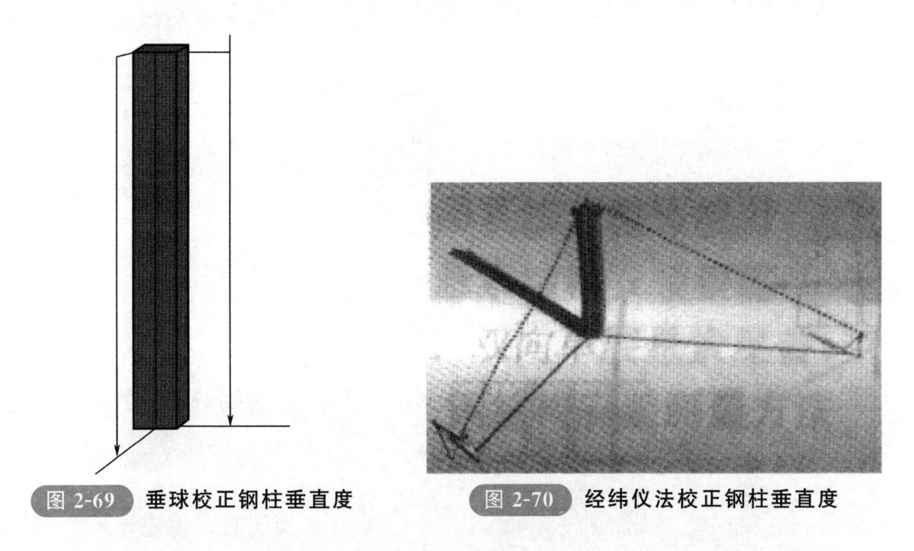

图 2-69　垂球校正钢柱垂直度　　图 2-70　经纬仪法校正钢柱垂直度

(3) 全站仪法　采用全站仪校正柱顶坐标，使柱顶坐标等于柱底的坐标，钢柱就处于垂直状态。此方法适于只用一台仪器批量地校正钢柱而不用将仪器进行搬站的情况。全站仪校正钢柱垂直度如图 2-71 所示。

(4) 标准柱法　标准柱法是采用以上三种方法之一，校正出一根或多根垂直的钢柱作为标准柱，相邻的或同一排的柱子以此柱为基准，用钢尺、钢线来校正其他钢柱的垂直度。校正方法如图 2-72 所示，将四个角柱用经纬仪校正垂直作为标准垂直柱，其他柱子通过校正柱顶间距的距离，使之等于柱间距，然后，在两根标准柱之间拉细钢丝线，使另一侧柱边紧贴钢丝线，从而达到校正钢柱的目的。

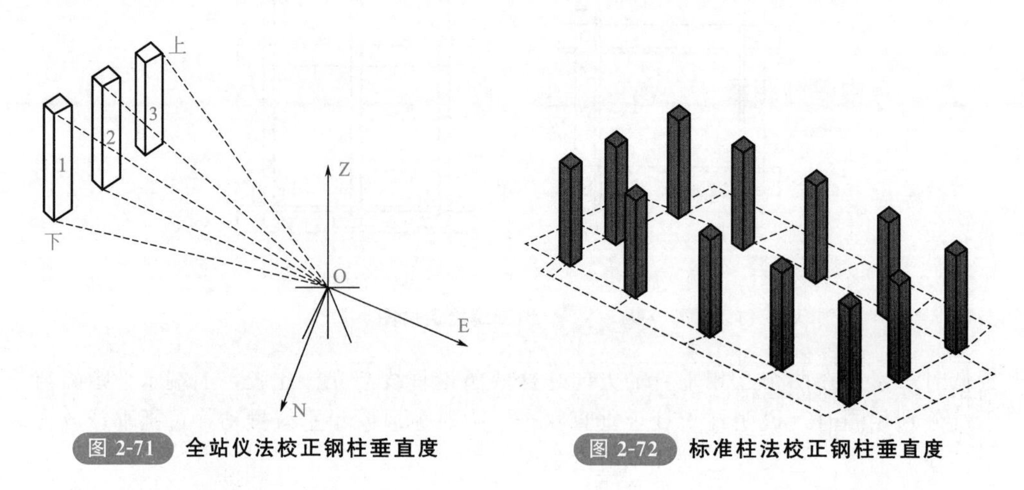

图 2-71 全站仪法校正钢柱垂直度

图 2-72 标准柱法校正钢柱垂直度

(5) 组合钢柱的垂直度校正 某组合钢柱实体如图 2-73 所示。进行组合钢柱垂直度校正时，采用（1）～（3）中的方法之一或多种方法同时进行校正。其中，组合钢柱结构有铅垂的构件，宜用经纬仪进行校正；若构件全为复杂异型结构，则选用全站仪法测定构件上多个关键点的坐标，从而将组合钢柱校正到位。

图 2-73 组合钢柱实体

第六节 装饰施工测量

一、室内装饰测量

1. 楼、地面施工测量

(1) 标高控制 首先引测装饰标高基准点，标高基准点应可靠、便于施工。根据装饰标高基准点，采用 DS_3 型水准仪在墙体、柱体引测出装饰用标高控制线，并用墨斗弹出控制线。等标高基准点和标高控制线引测完毕后，用水准仪对所有高程点和标高控制线进行复测。

(2) 平面控制 对于装饰地面施工来说，一般都需要进行地面的平面控制。造型相对简单的地面砖铺贴，通常在排版后需要进行纵横分格线的测设和相对墙面控制线的测设。但对于造型复杂的拼花地面来说，就需要对每个拼花的控制点进行准确的放线和定位。因此在测量放线之前，首先要根据现场情况和拼花形状建立平面控制的坐标体系，一般应遵守便于测量、方便施工控制的原则，平面控制坐标系可采用极坐标系、直角坐标系或网格坐标系等。

通常应先在图纸上找出需要进行控制的关键点，如造型的中心点、拐点、交接点等，通过计算得出平面拼花各个关键控制点的平面坐标。在计算室内关键控制点的坐标时，要考虑和天花吊顶造型的配合与呼应，不能只按房间几何尺寸进行计算；在计算室外关键控制点的坐标时，也要考虑与周边建筑物、构筑物的协调呼应，同样不能只考虑几何尺寸；现场关键控制点定位前还要注意检查结构尺寸偏差，并根据偏差情况调整关键控制点的坐标值，以保证造型观感效果的美观大方，并充分体现设计意图。然后用经纬仪、钢尺或全站仪根据计算出的坐标值测设现场关键控制点。直角坐标系对于多点同时施工更方便。

控制点的定位完成后，根据尺寸和计算得到的坐标值进行复核，确认无误后方可进行施工。

2. 吊顶施工测量

(1) 标高控制 根据室内标高控制线弹出吊顶龙骨的底边标高线，并用水准仪进行测设。根据各层标高控制线拉小白线检查机电专业已施工的管线是否影响吊顶，并对管线和标高进行调整。

标高控制线全部测设完成后，应进行复核检查验收，合格后进行下一道工序的施工。

(2) 平面控制 针对吊顶造型的特点和室内平面形状，建立平面坐标系，建立方法同地面平面坐标系。

建立了坐标系之后，先在图纸上找出需要进行控制的关键点，如造型的中心点、拐点、交接点、标高变化点等，通过计算得出平面内各个关键控制点的平面坐标；然后按照吊顶造型关键控制点的坐标值在地面上放线；最后再用激光垂准仪将地面的定位控制点投影到顶板上，施工时再按照顶板控制点位置，吊垂线进行平面位置控制。

关键控制点的设置，还应考虑吊顶上的各种设备（灯具、风口、喷淋、烟感、扬声器、检修孔等），以便在放线时进行初步定位，施工时调整龙骨位置或采取加固措施，避免吊顶封板后设备吊装位置与龙骨位置不符合要求。

完成所有控制点的定位之后，根据设计图纸和实际几何尺寸进行复核，确认无误后方可进行下一步施工。在施工过程中还应随时进行复查，减少施工误差。

(3) 综合放线 针对吊顶造型的复杂程度、特点和室内形状，可建立综合坐标系，综合坐标系可采用直角坐标、柱坐标、球坐标或它们的组合坐误系。

综合坐标系建立后，同样在图纸上找出关键点，如造型的中心点、拐点、交接点、标高变化点等关键点，计算出各个关键点的空间坐标值；再用激光铅直仪将地面放出的关键控制点投影到顶板上，并在顶板上各关键控制点位置安装辅助吊杆。辅助吊杆安好后，根据关键点的垂直坐标值分别测设各个关键点的高度，并用油漆在辅助吊杆上做出明确标志。这样复杂吊顶的造型关键控制点的空间位置就得到了确定。

各种曲面造型的吊顶，同样根据图纸和现场实际尺寸计算，得到空间坐标值之后，再进行定位。一般曲面施工采取折线近似法（将多段较短的直线相连近似成曲线），通过调整关键点（辅助吊杆）的疏密控制曲面的精确度。

3. 墙面施工测量

根据图纸要求在墙面基层上画出网格控制坐标系，网格边长可根据图形复杂程度控制在0.1～1m之间。

① 立体造型墙面，依据建筑水平控制线（+50线或其他水平控制线），按照图样控制点在网格中的相对位置，用钢尺进行定位。同时标示出造型与墙体基层大面的凹凸关系（即出墙或进墙尺寸），便于施工时控制安装造型骨架。所标示的凹凸关系尺一般为成活面出墙或进墙尺寸。

② 平面内造型墙面，关键控制点一般确定为造型中心或造型的四个角。放线时先将关键控制点定位在墙面基层上，再根据网格按1∶1尺寸进行绘图即可。也可将设计好的图样用计算机或手工按1∶1的比例绘制在大幅面的专用绘图纸上，然后在绘好的图纸上用粗针沿图案线条刺小孔，再将刺好孔的图纸按照关键控制点固定到墙面上，最后用色粉包在图纸上擦抹，取下图纸，图案线条就清晰地印到墙面基底上了。还可采用传统方法，将绘制好的1∶1的图纸按关键控制点固定在需要放线的墙面上，然后用针沿绘好的图案线条刺扎，直接在墙面上刺出坑点作为控制线。

完成所有控制点的定位之后，根据设计图纸进行复核，确认无误后方可进行下一步施工，并在施工过程中随时进行复查，减少施工误差。

二、幕墙结构施工测量

1. 幕墙结构的测设方法

(1) 首层基准点、线的测设 放线之前，要通过确认主体结构的水准测量基准点和平面控制测量基准点，对水准基准点和平面控制基准点进行复核，并依据复核后的基准点进行放线。

一般现场提供基准点线布置图和首层原始标高点图，测量放线人员依据结构施工或总包单位提供的基准点、线布置图，对基准点、线和原始标高点进行复核。复核结果与原成果差异在允许范围内，一律以原有的成果为准，不作改动；对经过多次复测，证明原有成果有误或点位有较大变动时，应报总包、监理，经审批后，才能改动，使用新成果。

(2) 投点测设实施方法 将激光垂准仪架设在底层的基准点上对中、调平，向上投点定位，定位点必须牢固可靠，如图 2-74 所示。投点完毕后进行连线，在全站仪或经纬仪监控下将墨线分段弹出。

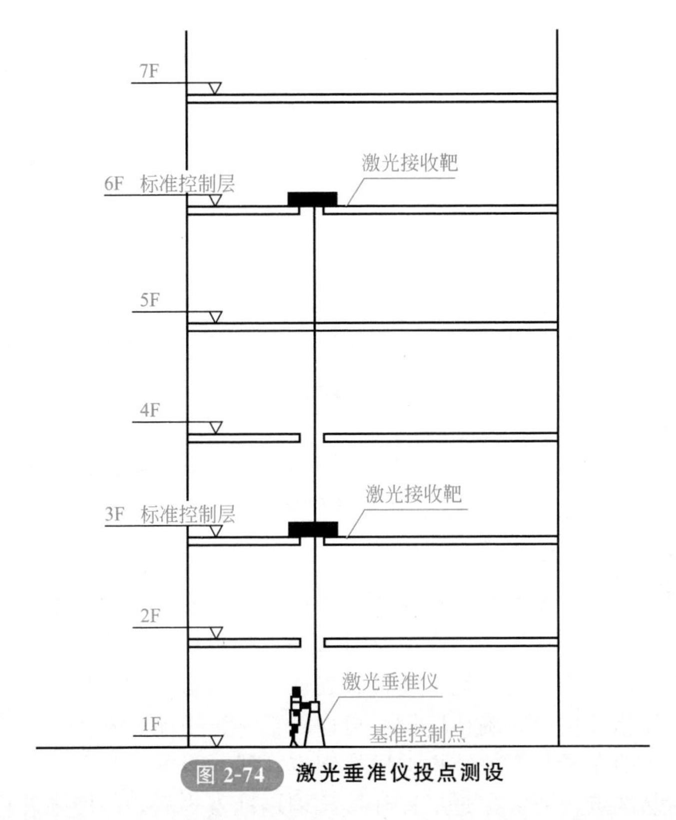

图 2-74 激光垂准仪投点测设

(3) 内控线的测设 各层投点工作结束后，进行内控线的布控。以主控制线为准，通常把结构控制线进行平移得到幕墙内控线，内控线一般应放在离结构边缘1000mm、避开柱子、便于连线的位置，平移主控制线、弹线过程中，应使用全站仪或经纬仪进行监控。最后检查内控线与放样图是否一致，误差是否满足要求，有无重叠现象，最终使整个楼层内控线成封闭状。检查合格后再以内控线为基准，进行外围幕墙结构的测量。

(4) 钢丝控制线的设定 用 $\phi1.5$ 钢丝和 5×50 角钢制成的钢丝固定支架挂设

钢丝控制线。角钢支架的一端用 M8 膨胀螺栓固定在建筑物外立面的相应位置，而另一端钻 ϕ1.6～ϕ1.8 的孔。支架固定时用垂准仪或经纬仪监控，确保所有角钢支架上的小孔在同一直线上，且与控制线重合。最后把钢丝穿过孔眼，用花篮螺栓绷紧。钢丝控制线的长度较大时稳定性较差，通常水平方向的钢丝控制线应间隔 15～20m 设一角钢支架，垂直方向的钢丝控制线应每隔 5～7 层设一角钢支架，以防钢丝晃动过大，引起不必要的施工误差。钢丝控制线示意图如图 2-75 所示。

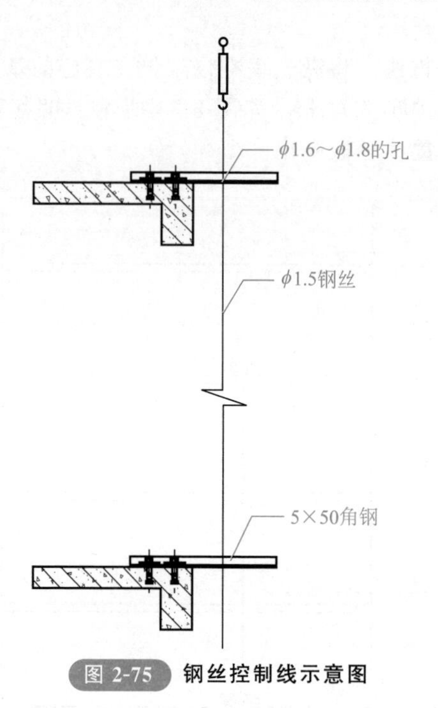

图 2-75 钢丝控制线示意图

2. 屋面装饰结构测量

(1) 首层基准点、线布置 首先施工人员应依据基准点、线布置图，进行基准点、线及原始标高点复核。采用全站仪对基准点轴线尺寸、角度进行检查校对，对出现的误差进行适当合理的分配，经检查确认后，填写轴线、控制线实测角度、尺寸、记录表。经相关负责人确认后方可再进行下一道工序的施工。

首层控制线的布置与幕墙结构首层控制点、线测设方法相同。

(2) 投射基准点 通常建筑工程外形幕墙基准点投测，一般随着幕墙施工将基准点逐步投测到各个标准控制层，直至屋面。

投测基准点之前安排施工人员把测量孔部位的混凝土清理干净，然后在一层的基准点上架设激光垂准仪。以底层一级基准控制点为基准点，采用激光垂准仪向高层传递基准点。为了保证轴线竖向传递的准确性，把基准点一次性分别投到各标准控制楼层，在楼面上重新布设内控点（轴线控制点）。架设垂准仪时，必须反复进行整平及对中调节，以便提高投测精度。确认无误后，分别在各楼层的楼面上测量孔位置处把激光接收靶放在楼面上定点，再用墨斗线准确地弹十字线。十字线的交点为基准点。

(3) 主控线弹射　基准点投射完后，在各楼层的相邻两个测量孔位置做一个与测量通视孔相同大小的聚苯板塞入孔中，聚苯板保持与楼层面平，以便定位墨线交点。

依据先前做好的十字线交出墨线交点，再把全站仪架在墨线交点上对每个基准点进行复查，对出现的误差进行合理适当的分配。

基准点复核无误后，用全站仪或经纬仪指导进行连线工作，并用红蓝铅笔及墨斗配合全站仪或经纬仪把两个基准点用一条直线连接起来。仪器旋转 180°进行复测，如有误差取中间值。同样方法对其他几条主控制线进行连接弹设。

(4) 屋面标高的设置　以提供的基准标高点为计算点，引测高程到首层便于向上竖直量尺的位置，校核合格后作为起始标高线，并弹出墨线，标明高程数据，以便于相互之间进行校核。

标高的竖向传递，采用钢尺从首层起始标高线竖直向上进行量取或用悬吊钢尺与水准仪相配合的方法进行，直至达到需要投测标高的楼层和屋面，并做好明显标记。

第七节　建筑施工期间的变形测量

一、沉降观测

(一) 沉降观测的要求

1. 沉降观测点的设置

① 建筑物的四角大转角处及沿外墙每 10～15m 处或每隔 2～3 根柱基上。

② 高、低层建筑物，新、旧建筑物，纵、横墙等交接处的两侧。

③ 建筑物裂缝和沉降缝两侧、基础埋深相差悬殊处、人工地基与天然地基接壤处、不同结构的分界处及填挖方分界处。

④ 宽度大于等于 15m 或小于 15m 而地质复杂以及膨胀土地区的建筑物，在承重内隔墙中部设内墙点，在室内地面中心及四周设地面点。

⑤ 邻近堆置重物处、受震动有显著影响的部位及基础下的暗浜（沟）处。

⑥ 框架结构建筑物的每个或部分柱基上，或沿纵、横轴线设点。

⑦ 片筏基础、箱形基础底板，或接近基础的结构部分之四角处及其中部位置。

⑧ 重型设备基础和动力设备基础的四角，基础形式或埋深改变处以及地质条件变化处两侧。

⑨ 电视塔、烟囱、水塔、油罐、炼油塔、高炉等高耸建（构）筑物，沿周边在与基础轴线相交的对称位置上布点，点数不少于 4 个。

⑩ 埋入墙体的观测点，材料应采用直径＞12mm 的圆钢，一般埋入深度＜12cm，钢筋外端要有 90°弯钩，并稍远离墙体，以便于置尺测量。

2. 沉降观测的标志

可根据不同的建筑结构类型和建筑材料，采用墙（柱）标志、基础标志和隐蔽式标志（用于宾馆等高级建筑物）等形式。各类标志的立尺部位应加工成半球形或有明显的凸出点，并涂上防腐剂。标志的埋设位置应避开如雨水管、窗台线、暖气片、暖水管、电气开关等有碍设标和观测的障碍物，并应使立尺离开墙柱面和地面一定距离。隐蔽式沉降观测点标志的埋设规格，如图 2-76～图 2-78 所示。

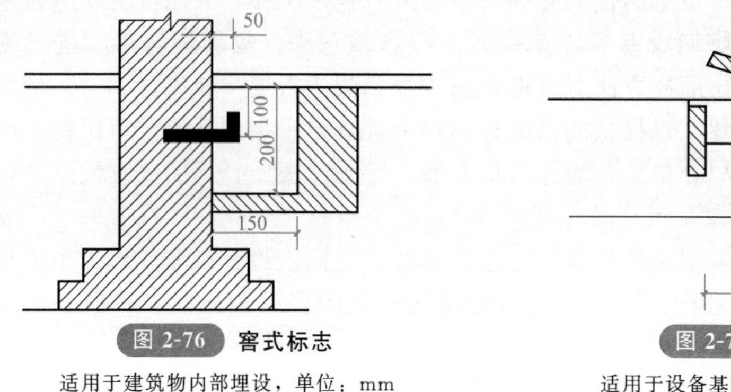

图 2-76 窨式标志

适用于建筑物内部埋设，单位：mm

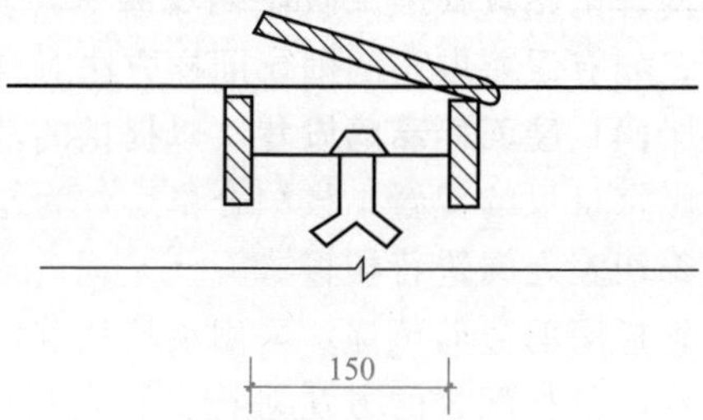

图 2-77 盒式标志

适用于设备基础上埋设，单位：mm

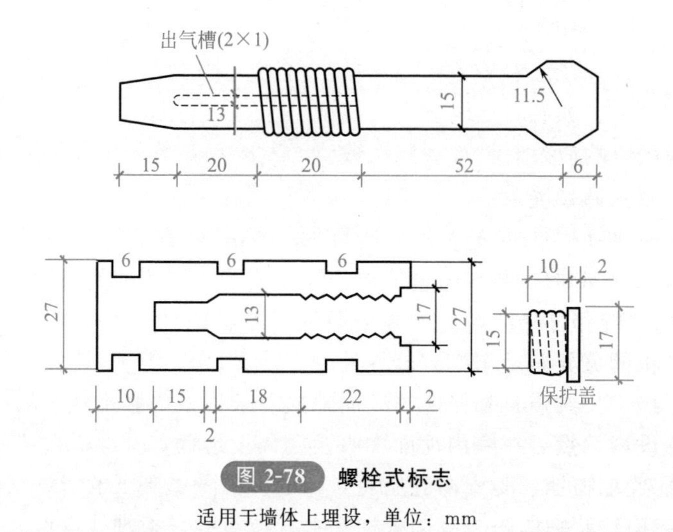

图 2-78 螺栓式标志

适用于墙体上埋设，单位：mm

3. 沉降观测点的施测精度

沉降观测点的施测精度应符合高程测量精度等级的有关规定，未包括在水准线路上的观测点，应以所选定测站高差的中误差作为精度要求施测。

4. 沉降观测点观测的技术要求

沉降观测点的观测除应符合一般水准测量的技术要求外，还应符合下列要求。

① 对二、三级观测点，除建筑物转角点、交接点、分界点等主要变形特征点外，可允许使用间视法进行观测，但视线长度不得大于相应等级规定的长度。

② 观测时，仪器应避免安置在有空压机、搅拌机、卷扬机等振动影响的范围内，塔式起重机等施工机械附近也不宜设站。

③ 每次观测应记载施工进度、增加荷载量、仓库进货吨位、建筑物倾斜、建筑物裂缝等各种影响沉降变化和异常的情况。

每周期观测后，应及时对观测资料进行整理，计算观测点的沉降量、沉降差以及本周期的平均沉降量和沉降速度。

5.沉降观测的周期

(1) 建筑物施工阶段的观测 建筑物施工阶段的观测，应随施工进度及时进行。一般建筑可在基础完工后或地下室砌完后开始观测，大型、高层建筑可在基础垫层或基础底部完成后开始观测。观测次数与间隔时间应视地基与加荷情况而定。民用建筑可每加高 1～5 层观测一次；工业建筑可按不同施工阶段（如回填基坑、安装柱子和屋架、砌筑墙体、设备安装等）分别进行观测。如建筑物均匀增高，应至少在增加荷载的 25%、50%、75%和 100%时各测一次。施工过程中如暂时停工，在停工时及重新开工时应各观测一次，停工期间可每隔 2～3 个月观测一次。

(2) 建筑物使用阶段的观测 建筑物使用阶段的观测次数，应视地基土类型和沉降速度大小而定。除有特殊要求者外，一般情况下，可在第一年观测 3～4 次，第二年观测 2～3 次，第三年后每年 1 次，直至稳定为止。观测期限一般不少于如下规定：砂土地基 2 年，膨胀土地基 3 年，黏土地基 5 年，软土地基 10 年。当建筑物出现下沉、上浮，不均匀沉降比较严重，或裂缝发展迅速时，应每日或数日连续观测。

在观测过程中，如有基础附近地面荷载突然增减、基础四周大量积水、长时间连续降雨等情况，均应及时增加观测次数。当建筑物突然发生大量沉降、不均匀沉降或严重裂缝时，应立即进行逐日或 2～3 天一次的连续观测。

(3) 建筑物沉降稳定标准 地基变形沉降的稳定标准应由沉降量-时间关系曲线判定。对重点观测和科研观测工程，若最后三个观测周期中每周期沉降量不大于 $2\sqrt{2}$ 倍测量中误差，可认为已进入稳定阶段。

6.沉降观测的次数和时间

对工业厂房、公共建筑和 4 层及以上的砖混结构住宅建筑，第一次观测在观测点安设稳固后进行。然后，在第三层观测一次，三层以上时各层观测一次，竣工后观测一次。框架结构的建筑物每两层观测一次，竣工后再观测一次。

7.观测仪器及观测方法

① 观测沉降的仪器应采用经计量部门检验合格的水准仪和钢水准尺进行。

② 观测时应固定人员，并使用固定的测量仪器和工具。

③ 每次观察均需采用环形闭合方法，或往返闭合方法当场进行检查。同一观测点的两次观测值之差不得大于 1mm。

8.沉降观测的图示与记录

完成沉降观测工作，要先绘制好沉降观测示意图并对每次沉降观测认真做好记录。

① 沉降观测示意图应画出建筑物的底层平面示意图，注明观测点的位置和编号，注明水准基点的位置、编号和标高及水准点与建筑物的距离，并在图上注明观测点所用材料、埋入墙体深度、离开墙体的距离。

② 沉降观测的记录应采用住房和城乡建设部制定的统一表格。观测的数据必须经过严格核对无误后，方可记录，不得任意更改。当各观测点第一次观测时，标高相同时要如实填写，其沉降量为零。以后每次的沉降量为本次标高与前次标高之差，累计沉降量则为各观测点本次标高与第一次标高之差。

③ 房屋和构筑物的沉降量、沉降差、倾斜、局部倾斜应不大于地基允许变形值。

④ 沉降观测资料应妥善保管，存档备查。

9. 观测成果的提交

观测工作结束后，应提交下列成果。

① 沉降观测成果表。

② 沉降观测点位分布图及各周期沉降展开图。

③ 沉降速度、时间、沉降量曲线图。

④ 荷载、时间、沉降量曲线图（视需要提交）。

⑤ 建筑物的沉降曲线图。

⑥ 沉降观测分析报告。

（二）布设沉降水准点

1. 布设原则

(1) 基准点的布设 观测点的数目和位置应能全面正确反映建筑物沉降的情况，这与建筑物的大小、荷载、基础形式和地质条件等有关，应尽量布设在最能敏感反映建筑物沉降变化的地点。一般布设在建筑物四角、差异沉降量大的位置、地质条件有明显不同的区段以及沉降裂缝的两侧。埋设时注意观测点与建筑物的连接要牢靠，使得观测点的变化能真正反映建筑物的变化情况。并根据建筑物的平面设计图纸绘制沉降观测点布点图，以确定沉降观测点的位置。在工作点与沉降观测点之间要建立固定的观测路线，并在架设仪器站点与转点处做好标记桩，保证各次观测均沿统一路线。

为了在变形观测中测定绝对位移，选择不变动的基准点是很重要的。基准点一般分工作基准点和基准点两级。工作基准点设置在建筑物附近的稳固位置，直接用于测定观测点的位置变化；基准点一般选在变形范围外远离建筑物的地区。沉降观测的基准点通常成组（每组 3 个）设置，用以检核工作基准点的稳定性。

(2) 工作基准点的检核 工作基准点的检核一般采用精密水准测量的方法。位移观测的工作基准点的稳定性检核通常采用三角测量法进行。由于电磁波测距仪精度的提高，变形观测中也可采用三维三边测量来检核工作基准点的稳定性。在基准线观测中，常用倒锤装置来建立基准点。这种装置是把不锈钢丝的一端固定在一个锚块上，将此锚块用钻孔的方法浇固在基岩中。不锈钢丝的另一端同一浮体相连接，钢丝被拉紧而处于竖直位置，以它作基准，用坐标仪可以测定工作基准点的位移。变形观测中设置的基准点应进行定期观测，将观测结果进行统计分析，以判断基准点本身的稳定情况。

2.观测点的布置

水准点包括工作水准点和永久性基本水准点两种。前者直接用作沉降观测的后视点，后者则用于检查工作水准点的稳定性。永久性基本水准点应布设在沉降影响范围以外的稳定地点，且三个为一组。工作水准点应尽量布设在靠近建筑物而又受其沉降影响较小的地方，以距建筑物 20～100m 为宜。

对于民用建筑，在墙角和纵横墙交界处，周边每隔 10～20m 处均应布点。当房屋宽度大于 15m 时，应在房屋内部纵轴线上和楼梯间布点。对于工业建筑，应在房角、承重墙、柱子和设备基础上布点。对于烟囱和水塔等，应在其四周均匀布设三个以上的观测点。

变形观测结果的准确性以及其数据能否正确反映出建筑物的实际变形，与其变形观测点布设是否合理、全面有直接关系。

每个工程应当在施工作业范围外至少埋设三个水准点，并确保不受施工影响。每次在进行沉降观测前，须检验水准点的稳定性，只有稳定的水准点方可作为沉降观测的基准点。沉降观测点的布设应遵循以下原则。

① 通常在建筑物的四角点、中点、转角处等能反映变形特征和变形明显的部位布设沉降观测点，点间距一般为 10～20m。

② 对于设有后浇带及施工缝的建筑物，还应在其两侧布设沉降观测点。

③ 对于新建建筑物与原有建筑物的连接处，应在其两侧的承重墙或支柱上布设沉降观测点。

④ 对于一些大型工业厂房，除按上述原则布设沉降观测点外，还应在大型设备四周的承重墙或支柱上布设沉降观测点。

3.不同类型的水准点及其埋设规格

各类型水准点标石的埋设规格，如图 2-79～图 2-84 所示。

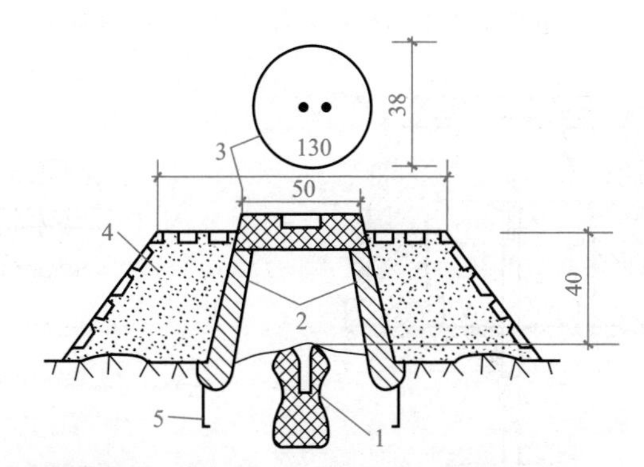

图 2-79 岩层水准点标石的埋设规格（单位：cm）

1—抗蚀的金属标志；2—钢筋混凝土井圈；3—井盖；4—砌石土丘；5—井圈保护层

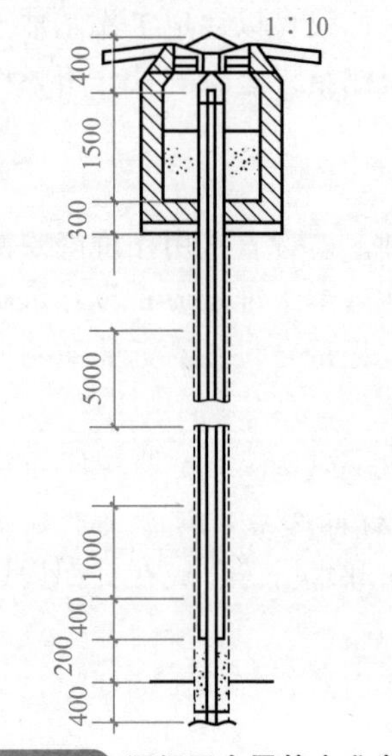

图 2-80 深埋双金属管水准点标石的埋设规格（单位：mm）

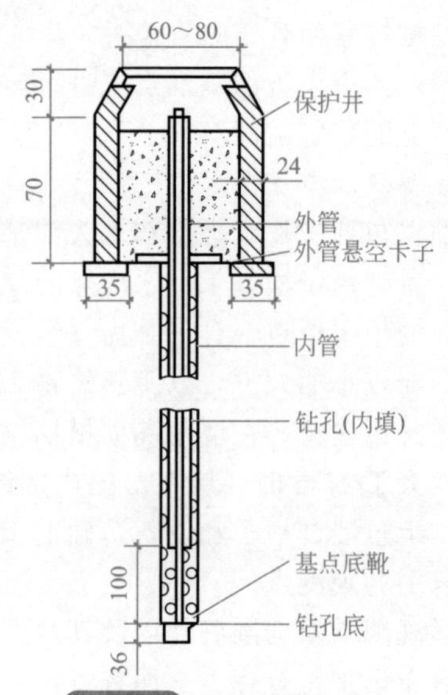

图 2-81 深埋钢管水准点标石的埋设规格（单位：cm）

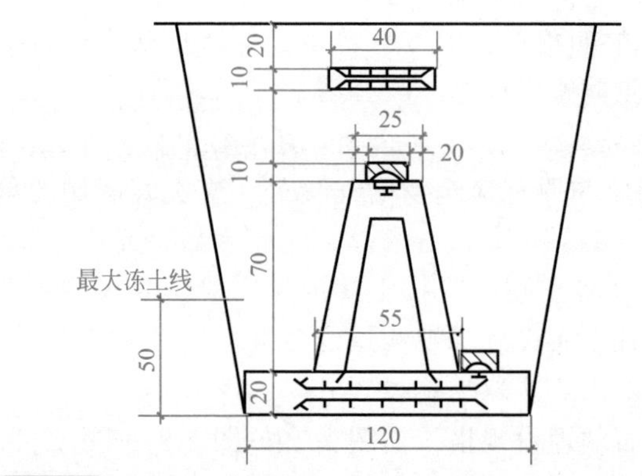

图 2-82 混凝土基本水准点标石的埋设规格（单位：cm）

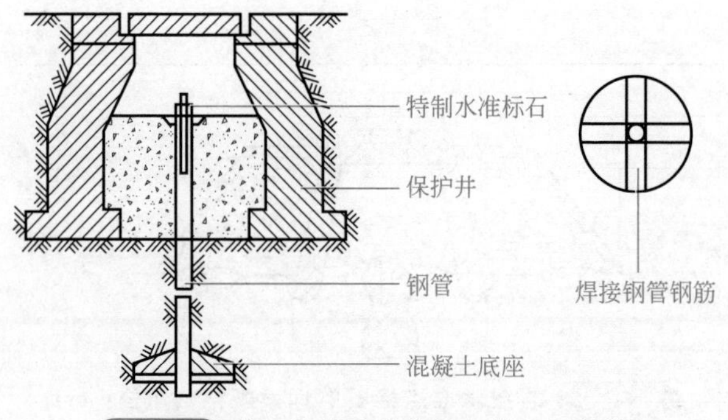

图 2-83 浅埋钢管水准点标石的埋设规格

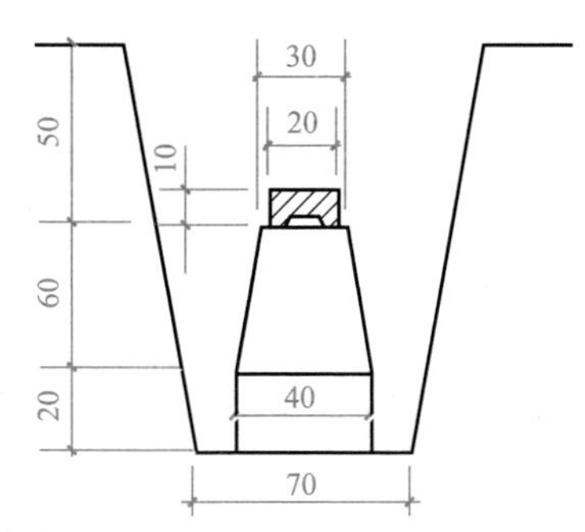

图 2-84　混凝土普通水准点标石的埋设规格（单位：cm）

（三）沉降观测成果记录

1. 观测点

水准点的布设要综合考虑水准点的稳定、观测方便和精度要求，合理地埋设。一般要布设三个水准点，并且埋设在受压、受震范围以外，埋设深度在冻土线以下0.5m，以保证水准点的稳定性，与观测点的距离不应大于100m，以便提高观测精度。

2. 观测周期

当基础附近地面荷重突然增加，周围大量积水及暴雨后，或周围大量挖方时等情况下均应观测，施工中如中途停工时间较长，应在停工时及复工前进行观测。工程完工后，应连续进行观测，观测时间的间隔可按沉降量的大小及速度而定。开始时可每隔1～2月观测一次，以每次沉降量在5～10mm为限，否则要增加观测次数。以后随着沉降速度的减慢，再逐渐延长观测周期，直至沉降稳定为止。

3. 观测成果

通常情况下，沉降观测采用的是专用的外业手簿（如表2-7所示的沉降观测记录手簿）。并且，在每一次观测完成后，都需要校核观测手簿中的记录数据和计算结果，以及校核精度是否符合要求。将汇总后的资料列入表中，计算两次观测之间的沉降量和累计沉降量，并注明观测日期和沉降-荷重-时间关系曲线图。

表 2-7　沉降观测记录手簿

日期	荷重/t	观测点											
		22			23			24			25		
		高程/m	沉降量/mm	累计沉降量/mm	高程/m	沉降量/mm	累计沉降量/mm	高程/m	沉降量/mm	累计沉降量/mm	高程/m	沉降量/mm	累计沉降量/mm
2018.03.06		76.353			76.411			76.301			76.428		
2018.04.06		76.349	4	4	76.408	3	3	76.299	2	2	76.425	3	3

续表

日期	荷重/t	观测点											
		22			23			24			25		
		高程/m	沉降量/mm	累计沉降量/mm	高程/m	沉降量/mm	累计沉降量/mm	高程/m	沉降量/mm	累计沉降量/mm	高程/m	沉降量/mm	累计沉降量/mm
2018.05.06	400	76.340	9	13	76.398	10	13	76.291	8	10	76.417	8	11
2018.06.06		76.332	8	21	76.390	8	21	76.285	6	16	76.411	6	17
2018.07.06	800	76.323	9	30	76.382	8	29	76.278	7	23	76.403	8	25
2018.08.06	1200	76.316	7	37	76.375	7	36	76.272	6	29	76.397	6	31
2018.09.06		76.310	6	43	76.369	6	42	76.266	6	35	76.393	4	35
2018.10.06		76.305	5	48	76.363	6	48	76.262	4	39	76.389	4	39
2018.11.06		76.300	5	53	76.359	4	52	76.259	3	42	76.386	3	42
2018.12.06		76.296	4	57	76.355	4	56	76.256	3	45	76.384	2	44
2019.01.06		76.294	2	59	76.352	3	59	76.253	3	48	76.382	2	46
2019.02.06		76.292	2	61	76.349	3	62	76.251	2	50	76.380	2	48
2019.03.06		76.291	1	62	76.347	2	64	76.249	2	52	76.379	1	49
2019.04.06		76.290	1	63	76.346	1	65	76.248	1	53	76.378	1	50
2019.05.06		76.289	1	64	76.345	1	66	76.247	1	54	76.377	1	51
2019.06.06		76.289	0	64	76.345	0	66	76.247	0	54	76.377	0	51
2019.07.06		76.289	0	64	76.345	0	66	76.247	0	54	76.377	0	51

二、变形观测

（一）基准点的设置

建筑变形测量基准点和工作基点的设置原则包括：建筑沉降观测应设置高程基准点、建筑位移和特殊变形观测应设置平面基准点、当基准点离所测建筑距离较远宜设置工作基点。

变形测量的基准点应设置在变形区域以外、位置稳定、易于长期保存的地方，并应定期复测。复测周期应视基准点所在位置的稳定情况确定，在建筑施工过程中应1～2个月复测一次，点位稳定后宜每季度或每半年复测一次。当观测点变形测量成果出现异常，或当测区受到地震、洪水、爆破等外界因素影响时，应及时进行复测。

变形测量基准点的标石、标志埋设后，应待其达到稳定后方可开始观测。稳定期应根据观测要求与地质条件确定，且不应少于15天。

当有工作基点时，每期变形观测时均应将其与基准点进行联测，然后在对观测点进行观测。

变形控制测量的精度级别应不低于沉降或位移观测的精度级别。

（二）高程基准点的选择

1. 高程基准点和工作基点位置的选择

高程基准点和工作基点的位置，应避开交通干道主路、地下管线、仓库堆栈、水源地、河岸、松软填土、滑坡地段、机器振动区以及其他可能使标石、标志易遭腐蚀和破坏的地方。高程基准点应选设在变形影响范围以外且稳定、易于长期保存的地方。在建筑区内，其点位与邻近建筑的距离应大于建筑基础最大宽度的2倍，其标石埋深应大于邻近建筑基础的深度。高程基准点也可选择在基础深且稳定的建筑上；高程基准点、工作基点之间，应便于进行水准测量。当使用电磁波测距三角高程测量方法进行观测时，应使各点周围的地形条件一致。当使用静力水准测量方法进行沉降观测时，用于联测观测点的工作基点宜与沉降观测点设在同一高程面上，偏差不应超过±1cm。当不能满足这一要求时，应设置上、下高程不同，但位置垂直对应的辅助点传递高程。

2. 高程基准点和工作基点标志的选型和埋设要求

高程基准点的标石应埋设在基岩层或原状土层中，可根据点位所在处的不同地质条件，选择埋基岩水准基点标石、深埋双金属管水准基点标石、深埋钢管水准基点标石、混凝土基本水准标石。在基岩壁或稳固的建筑上也可埋设墙上水准标志；高程工作基点的标石可按点位不同的要求，选用浅埋钢管水准标石、混凝土普通水准标石或墙上水准标志等；特殊土地区和有特殊要求的标石、标志规格及埋设，应另行设计。

（三）平面基准点的选择

1. 平面基准点和工作基点的布设要求

各级别位移观测的基准点（含方位定向点）不应少于3个，工作基点可根据需要设置。基准点、工作基点应便于检核校验。当使用GPS测量方法进行平面或三维控制测量时，基准点位置还应满足：便于接收设备的安置和操作，视场内障碍物的高度角不宜超过15°，离电视台、电台、微波站等大功率无线电发射源的距离不应小于200m；离高压输电线和微波无线电信号传输通道的距离不应小于50m，附近不应有强烈反射卫星信号的大面积水域、大型建筑以及热源等。通视条件好，应方便采用常规测量手段进行联测。

2. 平面基准点和工作基点标志的形式和埋设要求

对特级、一级位移观测的平面基准点、工作基点，应建造具有强制对中装置的观测墩或埋设专门观测标石，强制对中装置的对中误差不应超过±0.1mm。照准标志应具有明显的几何中心或轴线，并应符合图像反差大、图案对称、相位差小和不变形等要求。根据点位的不同情况，可选用重力平衡球式标、旋入式杆状标、直插式觇牌、屋顶标和墙上标等形式的标志。对用作平面基准点的深埋式标志、兼作高程基准的标石和标志及特殊土地区或有特殊要求的标石、标志及其埋设，应另行设计。

3.精度要求

① 测角网、测边网、边角网、导线网或GPS网的最弱边边长中误差，不应大于所选级别的观测点坐标中误差。

② 工作基点相对于邻近基准点的点位中误差，不应大于所选级别的观测点点位中误差。

③ 用基准线法测定偏差值的中误差，不应大于所选级别的观测点坐标中误差。

(四) 水准观测的要求

1.水准测量进行高程控制或沉降观测要求

① 各等级水准测量的仪器型号和标尺类型见表2-8。

表2-8 各等级水准测量的仪器型号和标尺类型

级别	使用的仪器型号			标尺类型		
	DS_{05}、DSZ_{05}型	DS_1、DSZ_1型	DS_3、DSZ_3型	铟瓦尺	条码尺	区格式木制标尺
特级	√	×	×	√	√	×
一级	√	×	×	√	√	×
二级	√	√	×	√	√	×
三级	√	√	√	√	√	√

注：表中“√”表示允许使用；“×”表示不允许使用。

② 使用光学水准仪和数字水准仪进行水准测量作业的基本方法应符合现行国家标准《国家一、二等水准测量规范》(GB/T 12897—2006) 和《国家三、四等水准测量规范》(GB/T 12898—2009) 的相关规定。

③ 一、二、三级水准测量的观测方式见表2-9。

表2-9 一、二、三级水准测量的观测方式

级别	高程控制测量、工作基点联测及首次沉降观测			其他各次沉降观测		
	DS_{05}、DSZ_{05}型	DS_1、DSZ_1型	DS_3、DSZ_3型	DS_{05}、DSZ_{05}型	DS_1、DSZ_1型	DS_3、DSZ_3型
一级	往返测	—	—	往返测或单程双测站	—	—
二级	往返测或单程双测站	往返测或单程双测站	—	单程观测	单程双测站	—
三级	单程双测站	单程双测站	往返测或单程双测站	单程观测	单程观测	单程双测站

2.水准观测技术要求

① 水准观测的视线长度、前后视距差和视线高度见表2-10。

表 2-10　水准观测的视线长度、前后视距差和视线高度　　单位：mm

级别	视线长度	前后视距差	前后视距差累积	视线高度
特级	≤10	≤0.3	≤0.5	≥0.8
一级	≤30	≤0.7	≤1.0	≥0.5
二级	≤50	≤2.0	≤3.0	≥0.3
三级	≤75	≤5.0	≤8.0	≥0.2

注：1. 表中的视线高度为下丝读数。
2. 当采用数字水准仪观测时，最短视线长度不宜小于 3m，最低水平视线高度不应低于 0.6m。

② 水准观测的限差见表 2-11。

表 2-11　水准观测的限差　　单位：mm

级别		基辅分划读数之差	基辅分划所测高差之差	往返较差及附合或环线闭合差	单程双测站所测高差较差	检测已测测段高差之差
特级		0.15	0.2	$\leqslant 0.1\sqrt{n}$	$\leqslant 0.07\sqrt{n}$	$\leqslant 0.15\sqrt{n}$
一级		0.3	0.5	$\leqslant 0.3\sqrt{n}$	$\leqslant 0.2\sqrt{n}$	$\leqslant 0.45\sqrt{n}$
二级		0.5	0.7	$\leqslant 1.0\sqrt{n}$	$\leqslant 0.7\sqrt{n}$	$\leqslant 1.5\sqrt{n}$
三级	光学测微法	1.0	1.5	$\leqslant 3.0\sqrt{n}$	$\leqslant 2.0\sqrt{n}$	$\leqslant 4.5\sqrt{n}$
	中丝读数法	2.0	3.0			

注：1. 当采用数字水准仪观测时，对同一尺面的两次读数差不设限差，两次读数所测高差之差的限差执行基辅分划所测高差之差的限差。
2. 表中 n 为测站数。

3. 水准观测作业的要求

应在标尺分划线成像清晰和稳定的条件下进行观测。不得在日出后或日落前约半小时、中午前后、风力大于四级、气温骤变时，及标尺分划线的成像跳动、难以照准时进行观测。阴天时可全天观测。

观测前半小时，应将仪器置于露天阴影下，使仪器与外界气温趋于一致。设站时，应用测伞遮挡阳光。使用数字水准仪前，还应进行预热。

使用数字水准仪时，应避免望远镜正对太阳，并避免视线被遮挡。仪器应在其生产厂家规定的温度范围内工作。振动源造成的振动消失后，才能启动测量键。当地面振动较大时，应随时增加重复测量次数。

每测段往测与返测的测站数均应为偶数，否则应加入标尺零点差改正。由往测转向返测时，两标尺应互换位置，并应重新整置仪器。在同一测站上观测时，不得两次调焦。转动仪器的倾斜螺旋和测微鼓轮时，其最后旋转方向均应为旋进。

对各周期观测过程中发现的相邻观测点高差变动迹象、地质地貌异常、附近建筑基础和墙体裂缝等情况，应做好记录，并画草图。

（五）GPS 测量的要求

1. GPS 测量的基本技术要求

GPS 测量的基本技术要求，见表 2-12。

表 2-12 GPS 测量的基本技术要求

级别		一级	二级	三级
卫星截止高度角/(°)		≥15	≥15	≥15
有效观测卫星数		≥6	≥5	≥4
观测时段长度/min	静态	30～90	20～60	15～45
	快速静态	—	—	≥15
数据采样间隔/s	静态	10～30	10～30	10～30
	快速静态	—	—	5～15
PDOP		≤5	≤6	≤6

2. GPS 观测作业的基本要求

① 对于一、二级 GPS 测量，应使用零相位天线和强制对中器安置 GPS 接收机天线，对中精度应高于±0.5mm，天线应统一指向北方。

② 作业中，应严格按规定的时间计划进行观测。

③ 经检查接收机电源电缆和天线等各项连接无误后，方可开机。

④ 开机后，经检验有关指示灯与仪表显示正常后，方可进行自测试，输入测站名和时段等控制信息。

⑤ 接收机启动前与作业过程中，应填写测量手簿中的记录项目。

⑥ 每时段应进行一次气象观测。

⑦ 每时段开始、结束时，应分别量测一次天线高，并取其平均值作为天线高。

⑧ 观测期间应防止接收设备振动，并防止人员和其他物体碰动天线或阻挡信号。

⑨ 观测期间，不得在天线附近使用电台、对讲机和手机等无线电通信设备。

⑩ 寒冷天气时，接收机应适当保暖。炎热天气时，接收机应避免阳光直接照晒，确保接收机正常工作。雷电、风暴天气不宜进行测量。

⑪ 同一时段观测过程中，不得进行下列操作：接收机关闭又重新启动、进行自测试、改变卫星截止高度角、改变数据采样间隔、改变天线位置、按动“关闭文件”和“删除文件”功能键。

（六）水平角观测的要求

1. 各级水平角观测的技术要求

① 水平角观测宜采用方向观测法，当方向数不多于 3 个时，可不归零；特级、一级网点亦可采用全组合测角法。导线测量中，当导线点上只有两个方向时，应按左、右角观测；当导线点上多于两个方向时，应按方向法观测。

② 二、三级水平角观测的测回数见表 2-13。

表 2-13 二、三级水平角观测的测回数

级别	一级	二级	三级
DJ_{05}	6	4	2
DJ_1	9	6	3
DJ_2	—	9	6

③ 对特级水平角观测及当有可靠的光学经纬仪、电子经纬仪或全站仪精度实测数据时，可按下式估算测回数

$$n=1/\left[\left(\frac{m_\beta}{m_\alpha}\right)^2-\lambda^2\right]$$

式中 n——测回数，对全组合测角法取方向权 nm 之 1/2 为测回数（此处 m 为测站上的方向数）；

m_β——按闭合差计算的测角中误差，(″)；

m_α——各测站平差后一测回方向中误差的平均值，(″)，该值可根据仪器类型、读数和照准设备、外界条件以及操作的严格与熟练程度，在下列数值范围内选取：DJ_{05} 型仪器 0.4″～0.5″，DJ_1 型仪器 0.8″～1.0″，DJ_2 型仪器 1.4″～1.8″；

λ——系统误差影响系数，宜为 0.5～0.9。

按上式估算结果凑整取值时，对方向观测法与全组合测角法，应考虑光学经纬仪、电子经纬仪和全站仪观测度盘位置编制的要求；对动态式测角系统的电子经纬仪和全站仪，不需进行度盘配置；对导线观测应取偶数。当估算结果 n 小于 2 时，应取 n 等于 2。

2. 各级别水平角观测的限差要求

① 方向观测法限差见表 2-14。

表 2-14 方向观测法限差　　单位：(″)

仪器类型	两次照准目标读数差	半测回归零差	一测回内 2C 互差	同一方向值各测回互差
DJ_{05}	2	3	5	3
DJ_1	4	5	9	5
DJ_2	6	8	13	8

注：当照准方向的垂直角超过±3°时，该方向的 2C 互差可按同一观测时间段内相邻测回进行比较，其差值仍按表中规定。

② 全组合测角法限差见表 2-15。

表 2-15 全组合测角法限差

仪器类型	两次照准目标读数差	上下半测回角值互差	同一角度各测回角值互差
DJ_{05}	2	3	3

续表

仪器类型	两次照准目标读数差	上下半测回角值互差	同一角度各测回角值互差
DJ_1	4	6	5
DJ_2	6	10	8

③ 测角网的三角形最大闭合差，不应大于 $2\sqrt{3}m_\beta$；导线测量每测站左、右角闭合差，不应大于 $2m_\beta$；导线的方位角闭合差，不应大于 $2\sqrt{n}m_\beta$（n 为测站数）。

（七）距离测量的要求

（1）电磁波测距仪测距的技术要求 见表 2-16。除特级和其他有特殊要求的边长须专门设计外，一、二、三级位移观测应符合表 2-16 的要求，并应按下列规定执行。

① 往返测或不同时间段观测值较差，应将斜距换算到同一水平面上，方可进行比较。

② 测距时应使用经检定合格的温度计和气压计。

③ 气象数据应在每边观测始末时在两端进行测定，取其平均值。

④ 测距边两端点的高差，对一、二级边可采用三级水准测量方法测定；对三级边可采用三角高程测量方法测定，并应考虑大气折光和地球曲率对垂直角观测值的影响。

⑤ 测距边归算到水平距离时，应在观测的斜距中加入气象改正、加常数、乘常数、周期误差改正之后，换算至测距仪与反光镜的平均高程面上。

表 2-16 电磁波测距仪测距的技术要求

级别	仪器精度等级/mm	每边测回数		一测回读数间较差限值/mm	单程测回间较差限值/mm	气象数据测定的最小读数		往返或时段间较差限值
		往	返			温度/℃	气压/mmHg	
一级	≤1	4	4	1	1.4	0.1	0.1	$\sqrt{2}(a+bD\times10^{-6})$
二级	≤3	4	4	3	5.0	0.2	0.5	
三级	≤5	2	2	5	7.0	0.2	0.5	
	≤10	4	4	10	15.0	0.2	0.5	

注：1. 仪器精度等级系根据仪器标称精度（$a+bD\times10^{-6}$），以相应级别的平均边长 D 代入计算的测距中误差划分。

2. 一测回是指照准目标一次、读数 4 次的过程。

3. 时段是指测边的时间段，如上午、下午和不同的白天。要采用不同时段观测代替往返观测。

（2）电磁波测距作业应符合的要求

① 项目开始前，应对使用的测距仪进行检验；项目进行中，应对其定期检验。

② 测距应在成像清晰、气象条件稳定时进行。阴天、有微风时可全天观测；最佳观测时间宜为日出后 1h 和日落前 1h；雷雨前后、大雾、大风、雨天、雪天和

大气透明度很差时，不宜进行观测。

③ 晴天作业时，应对测距仪和反光镜打伞遮阳，严禁将仪器照准头对准太阳，不宜顺、逆光观测。

④ 视线离地面或障碍物宜在 1.3m 以上，测站不应设在电磁场影响范围之内。

⑤ 当一测回中读数较差超限时，应重测该测回。当测回间较差超限时，可重测 2 个测回，去掉其中最大、最小两个观测值后取其平均值。如重测后测回差仍超限，应重测该测距边的所有测回。当往返测或不同时段较差超限时，应分析原因，重测单方向的距离。如重测后仍超限，应重测往、返两方向或不同时段的距离。

(3) 铟瓦尺和钢尺测距的技术要求　见表 2-17。

表 2-17　铟瓦尺和钢尺测距的技术要求

级别	尺子类型	尺数	丈量总次数	定线量大偏差/mm	尺段高差较差/mm	读数次数	最小估读值/mm	最小温度读数/℃	同尺各次或同段各尺的较差/mm	经各项改正后的各次或各尺全长较差/mm
一级	铟瓦尺	2	4	20	3	3	0.1	0.5	0.3	$2.5\sqrt{D}$
二级	铟瓦尺	1 2	4 2	30	5	3	0.1	0.5	0.5	$3.0\sqrt{D}$
	钢尺	2	8	50	5	3	0.5	0.5	1.0	
三级	钢尺	2	6	50	5	3	0.5	0.5	2.0	$5.0\sqrt{D}$

注：1. 表中 D 是以 100m 为单位计的长度。

2. 表列规定所适应的边长丈量相对中误差：一级 1/200000，二级 1/100000，三级 1/50000。

除特级和其他有特殊要求的边长须专门设计外，对一、二、三级位移观测的边长丈量，应符合表 2-17 的要求，并应按下列规定执行。

① 铟瓦尺、钢尺在使用前应按规定进行检定，并在有效期内使用。

② 各级边长测量应采用往返悬空丈量方法。使用的重锤、弹簧秤和温度计，均应进行检定。丈量时，引张拉力值应与检定时相同。

③ 当下雨、尺子横向有二级以上风或作业时的温度超过尺子膨胀系数检定时的温度范围时，不应进行丈量。

④ 控制网的起算边或基线宜选成尺长的整倍数。用零尺段时，应改变拉力或进行拉力改正。

⑤ 量距时，应在尺子的附近测定温度。

⑥ 安置轴杆架或引张架时应使用经纬仪定线。尺段高差可采用水准仪中丝法往返测或单程双测站观测。

⑦ 丈量结果应加入尺长、温度、倾斜改正，铟瓦尺还应加入悬链线不对称、分划尺倾斜等改正。

三、倾斜观测

对于倾斜度的观测，通常使用水准仪、经纬仪或其他专用仪器进行测量。而对于不同的建筑物，通常使用的观测方法也不同，观测的方法包括一般投点法（针对一般建筑物和锥形建筑物的倾斜观测）、倾斜仪观测法和激光铅垂仪法。根据建筑物结构的不同又分为建筑物主体倾斜观测和基础倾斜观测。

（一）一般投点法

1. 一般建筑物的倾斜观测

一般建筑物常采用投点法观测，如图 2-85 所示。

对需要进行倾斜观测的一般建筑物，要在几个侧面观测。如图 2-85 所示，在距离墙面大于墙高的地方选一点 A 安置经纬仪，瞄准墙顶一点 M，向下投影得一点 M_1，并作标志。过一段时间，再用经纬仪瞄准同一点 M，向下投影得 M_2 点。若建筑物沿侧面方向发生倾斜，M 点已移位，则 M_1 点与 M_2 点不重合，于是量得水平偏移量 a。同时，在另一侧面也可测得偏移量 b，以 H 代表建筑物的高度，则建筑物的倾斜度为

$$i=\frac{\sqrt{a^2+b^2}}{H}$$

2. 锥形建筑物的倾斜观测

当测定锥形建筑物，如烟囱、水塔等的倾斜度时，首先要求得顶部中心 O' 点对底部中心 O 点的偏心距，即图 2-86 中的 OO'，其做法如下。

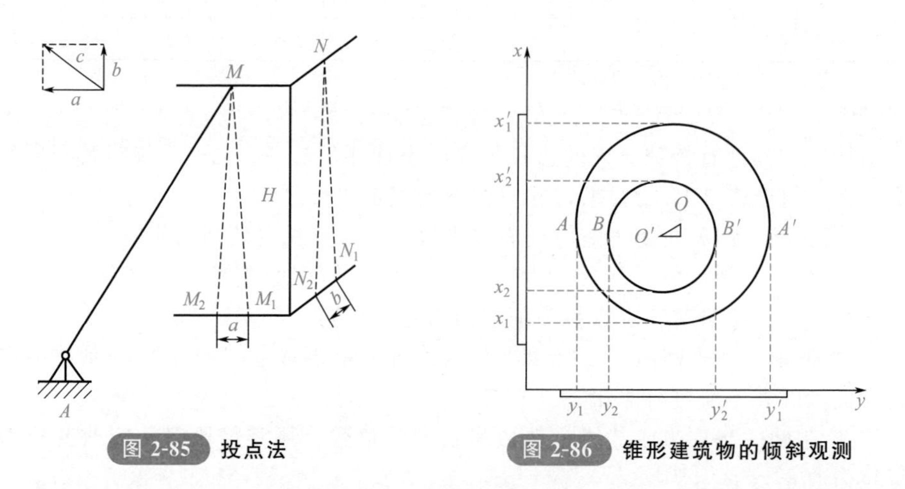

图 2-85 投点法　　图 2-86 锥形建筑物的倾斜观测

如图 2-86 所示，在烟囱底部边沿平放一根标尺，在标尺的垂直平分线方向上安置经纬仪，使经纬仪距烟囱的距离不小于烟囱高度的 1.5 倍。用望远镜瞄准底部边缘两点 A、A'及顶部边缘两点 B、B'，并分别投点到标尺上，设读数为 y_1、y_1'和 y_2、y_2'，则烟囱顶部中心 O'点对底部中心 O 点在 y 方向的偏心距为

$$\delta_y=\frac{y_2+y_2'}{2}-\frac{y_1+y_1'}{2}$$

同法再安置经纬仪及标尺于烟囱的另一垂直方向（方向），测得底部边缘和顶部边缘在标尺上投点读数为 x_1、x_1'和 x_2、x_2'，则在 x 方向上的偏心距为

$$\delta_x=\frac{x_2+x_2'}{2}-\frac{x_1+x_1'}{2}$$

烟囱的总偏心距为

$$\delta=\sqrt{\delta_x^2+\delta_y^2}$$

烟囱的倾斜方向为

$$\alpha=\arctan(\delta_y/\delta_x)$$

式中　α——以 x 轴作为标准方向线所表示的方向角。

以上观测，要求仪器的水平轴应严格水平。因此，观测前仪器应进行检验与校正，使观测误差在允许误差范围以内，观测时应用正倒镜观测两次取其平均数。

（二）倾斜仪观测法

倾斜仪一般具有能连续读数、自动记录和数字传输等特点，有较高的观测精度，因而在倾斜观测中得到广泛应用。常见的倾斜仪有水准管式倾斜仪、气泡式倾斜仪和电子倾斜仪等。

气泡式倾斜仪由一个高灵敏度的气泡水准管 e 和一套精密的测微器组成，如图 2-87 所示。气泡水准管固定在架 a 上，可绕 c 转动，a 下装一弹簧片 d，在底板 b 下为置放装置 f，测微器中包括测微杆 g、读数盘 h 和指标 i。将倾斜仪安置在需要的位置上，转动读数盘，使测微杆向上（向下）移动，直至水准管气泡居中为止。此时在读数盘上读数，即可得出该处的倾斜度。

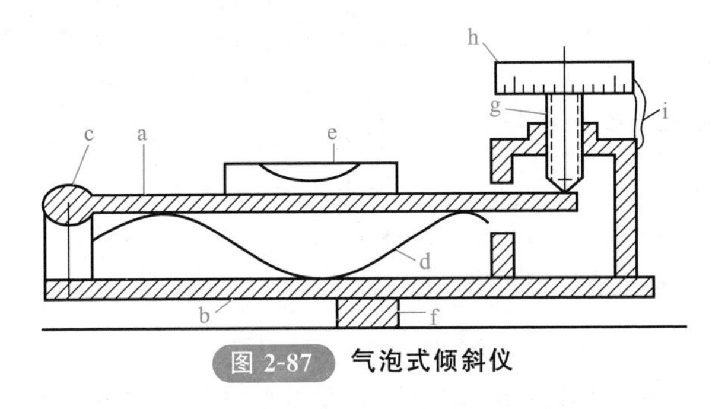

图 2-87　气泡式倾斜仪

（三）激光铅垂仪法

激光铅垂仪法是在顶部适当位置安置接收靶，在其垂线下的地面或地板上安置激光铅垂仪或激光经纬仪，按一定的周期观测，在接收靶上直接读取或量出顶部的水平位移量和位移方向，作业中仪器应严格整平、对中。

当建筑物立面上观测点数量较多或倾斜变形比较明显时，也可采用近景摄影测量的方法进行建筑物的倾斜观测。

建筑物倾斜观测的周期，可视倾斜速度的大小，每隔 1～3 个月观测一次。如遇基础附近因大量堆载或卸载，场地降雨长期大量积水而导致倾斜速度加快时，应及时增加观测次数，使施工期间的观测周期与沉降观测周期取得一致。倾斜观测应避开强日照和风荷载影响大的时间段。

(四) 一般建筑物主体的倾斜观测

建筑物主体的倾斜观测，应测定建筑物顶部观测点相对于底部观测点的偏移值，再根据建筑物的高度，计算建筑物主体的倾斜度，即

$$i=\tan\alpha=\frac{\Delta D}{H}$$

式中 i——建筑物主体的倾斜度；

ΔD——建筑物顶部观测点相对于底部观测点的偏移值，m；

H——建筑物的高度，m；

α——倾斜角，(°)。

倾斜测量主要是测定建筑物主体的偏移值 ΔD。偏移值 ΔD 的测定一般采用经纬仪投影法，具体观测方法如下。

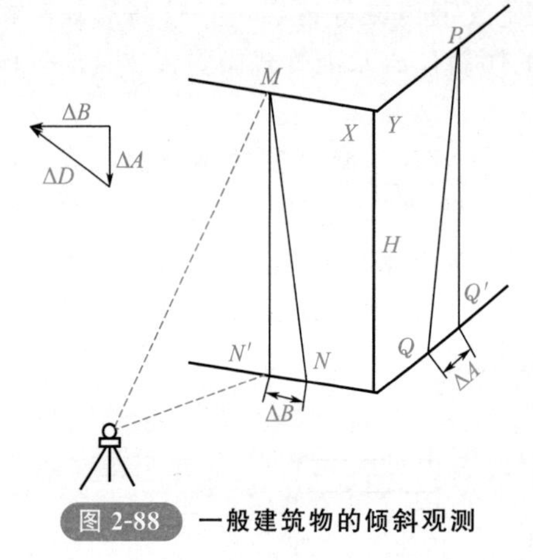

图 2-88 一般建筑物的倾斜观测

① 如图 2-88 所示，将经纬仪安置在固定测站上，该测站到建筑物的距离，为建筑物高度的 1.5 倍以上。瞄准建筑物 X 墙面上部的观测点 M，用盘左、盘右分中投点法，定出下部的观测点 N。用同样的方法，在与 X 墙面垂直的 Y 墙面上定出上观测点 P 和下观测点 Q。M、N 和 P、Q 即为所设观测标志。

② 相隔一段时间后，在原固定测站上，安置经纬仪，分别瞄准上观测点 M 和 P，用盘左、盘右分中投点法，得到 N' 和 Q'。如果 N 与 N'、Q 与 Q' 不重合，说明建筑物发生了倾斜。

③ 用尺子量出在 X、Y 墙面的偏移值 ΔB、ΔA，然后用矢量相加的方法，计算出该建筑物的总偏移值 ΔD，即

$$\Delta D=\sqrt{\Delta A^2+\Delta B^2}$$

根据总偏移值 ΔD 和建筑物的高度 H 即可计算出其倾斜度 i。

(五) 圆形建（构）筑物主体的倾斜观测

对圆形建（构）筑物的倾斜观测，是在互相垂直的两个方向上，测定其顶部中心对底部中心的偏移值，具体观测方法如下。

① 如图 2-89 所示，在烟囱底部横放一根标尺，在标尺中垂线方向上，安置经纬仪，经纬仪到烟囱的距离为烟囱高度的 1.5 倍。

② 用望远镜将烟囱顶部边缘两点 A、A' 及底部边缘两点 B、B' 分别投到标尺上，得读数为 y_1、y_1' 及 y_2、y_2'。烟囱顶部中心 O 对底部中心 O' 在 y 方向上的偏移值 Δy 为

$$\Delta y=\frac{y_1+y_1'}{2}-\frac{y_2+y_2'}{2}$$

③ 用同样的方法，可测得在 x 方向上，顶部中心 O 的偏移值 Δx 为

$$\Delta x=\frac{x_1+x_1'}{2}-\frac{x_2+x_2'}{2}$$

④ 用矢量相加的方法，计算出顶部中心 O 对底部中心 O' 的总偏移值 ΔD，即

$$\Delta D=\sqrt{\Delta x^2+\Delta y^2}$$

根据总偏移值 ΔD 和圆形建（构）筑物的高度，即可计算出其倾斜度 i。

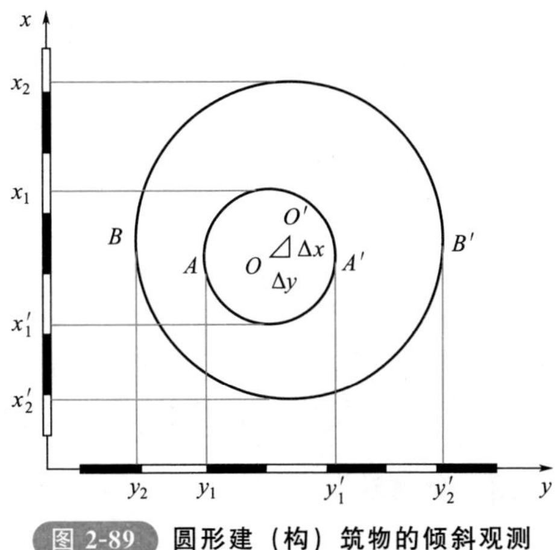

图 2-89 圆形建（构）筑物的倾斜观测

另外，也可采用激光铅垂仪或悬吊垂球的方法，直接测定建（构）筑物的倾斜量。

（六）建筑物基础倾斜观测

建筑物的基础倾斜观测一般采用精密水准测量的方法，定期测出基础两端点的沉降量差值 Δh，如图 2-90 以及图 2-91 所示，再根据两点间的距离 L，即可计算出基础的倾斜度。

$$i=\frac{\Delta h}{L}$$

对整体刚度较好的建筑物的倾斜观测，也可采用基础沉降量差值，推算主体偏移值。用精密水准测量测定建筑物基础两端点的沉降量差值 Δh，再根据建筑物的宽度 L 和高度 H，推算出该建筑物主体的偏移值 ΔD，即

$$\Delta D=\frac{\Delta h}{L}H$$

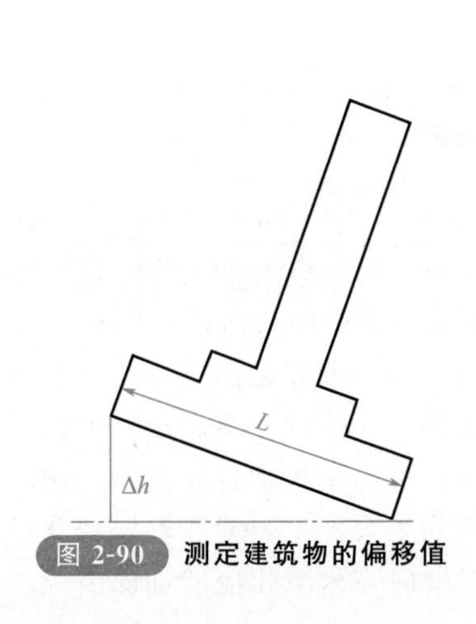

图 2-90 测定建筑物的偏移值

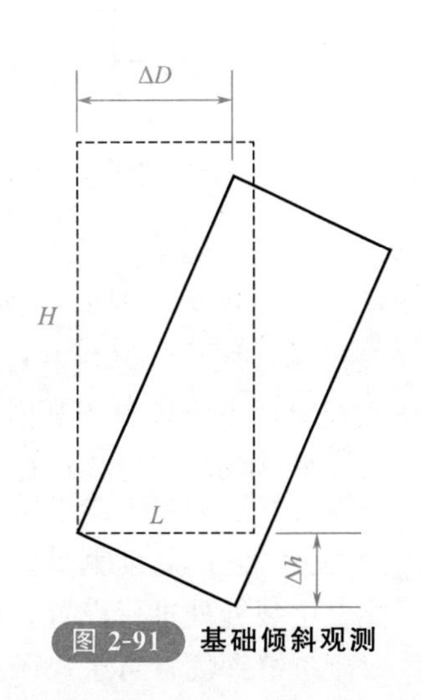

图 2-91 基础倾斜观测

（七）成果整理

测量外业之后，应及时由测量技术员检查手簿中的观测数据和计算结果是否合理、正确，精度是否合格等，然后进行内业计算，并形成测量报告。

变形观测工作结束后，提交下列成果。

① 观测点位平面布置图。

② 观测成果表。

现场记录使用统一的表格，所有的测量数据都应保存原始测量记录，这些记录应按时间顺序归档。在测量过程中，必须完整记录现场测量结果，不允许修改记录，若有记录错误，在其上方记录正确结果并轻轻划掉错误记录，但应能看清划掉的数字。

四、裂缝观测

当建筑物出现裂缝之后，应及时进行裂缝观测，并画出裂缝的分布图。常用的裂缝观测方法有以下两种。

(1) 石膏板标志 用厚10mm，宽为50～80mm的石膏板（长度视裂缝大小而定），固定在裂缝的两侧。当裂缝继续发展时，石膏板也随之开裂，从而观察裂缝继续发展的情况。

(2) 白铁皮标志 根据观测裂缝的发展情况，在裂缝两侧设置观测标志，如图2-92所示。对于较大的裂缝，至少应在其最宽处及裂缝末端各布设一对观测标志。裂缝可直接量取或间接测定，分别测定其位置、走向、长度、宽度和深度的变化。

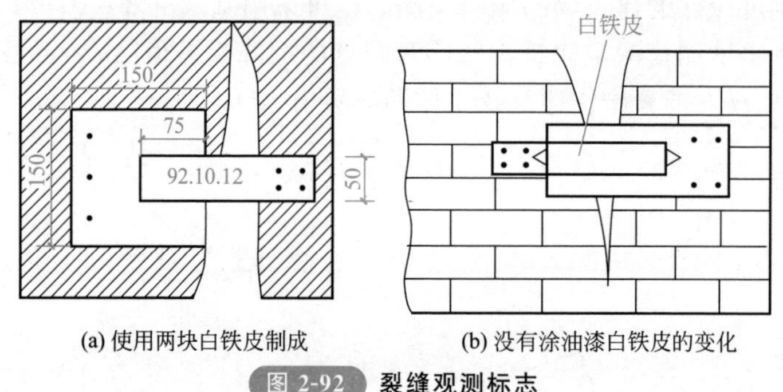

(a) 使用两块白铁皮制成　　(b) 没有涂油漆白铁皮的变化

图 2-92 裂缝观测标志

观测标志可用两块白铁皮制成，一片为150mm×150mm，固定在裂缝的一侧，并使其一边和裂缝边缘对齐；另一片为50mm×200mm，固定在裂缝的另一侧，并使其一部分紧贴在150mm×150mm的白铁皮上，两块白铁皮的边缘应彼此平行。标志固定好后，在两块白铁皮露在外面的表面涂上红色油漆，并写上编号和日期。标志设置好后如果裂缝继续发展，白铁皮将逐渐拉开，露出正方形白铁皮上没有涂油漆部分，它的宽度就是裂缝加大的宽度，可以用尺子直接量出。用同样的方法在可能发生裂缝处进行设置，即可获知建筑物是否发生裂缝变形以及变形程度的信息。对于裂缝深度，可拿尺子直接量测，必要时需采取相应的加固措施。

土方工程

第一节 土方工程概述

一、土方工程的施工特点

土方工程施工具有以下特点。

(1) 工程量大、劳动繁重 在建筑工程中，土方工程量可达几十万立方米甚至几百万立方米以上，劳动强度很高。因此，必须合理选择土方机械、组织施工，这样可以缩短施工日期、降低工程成本。

(2) 施工条件复杂 土方工程多为露天作业，土的种类繁多，成分复杂，在施工过程中还会受到地区、气候、水文、地址和人文历史等因素的影响，给施工带来很大困难。因此，提前做好调研，制订合理的施工方案对施工至关重要。

(3) 施工费用低 土方工程施工费用较低，但需投入的劳动力和时间较多。

二、土的工程分类和性质

1. 土的工程分类

土的种类繁多，分类方法也较多，工程中土可有以下几种分类方法。

(1) 根据土的颗粒级配或塑性指数分 根据土的颗粒级配或塑性指数可分为碎石类土（漂石土、块石土、卵石土、碎石土、圆砾土、角砾土）、砂土（砾砂、粗砂、中砂、细砂、粉砂）和黏性土（黏土、亚黏土、轻亚黏土）。

(2) 根据土的沉积年代分 黏性土可分为老黏性土、一般黏性土、新近沉积黏性土。

(3) 根据土的工程特性分 又可分出特殊性土，如软土、人工填土、黄土、膨胀土、红黏土、盐渍土、冻土等。不同的土，其物理、力学性质也不同，只有充分掌握各类土的特性，才能正确选择施工方法。

根据土石坚硬程度、开挖的难易程度分，可将土分为八类，见表3-1。

2. 土的工程性质

土的工程性质对土方工程的施工有直接影响，其中基本的性质有：可松动性、含水量、压缩性、渗透性等。

表 3-1 土的分类

土的分类	土的级别	土的名称	坚实系数 f	密度/(t/m³)	开挖方法及工具
一类土（松软土）	Ⅰ	砂土、粉土、冲积砂土层、疏松的种植土、淤泥(泥炭)	0.5～0.6	0.6～1.5	用锹、锄头开挖，少许用脚蹬
二类土（普通土）	Ⅱ	粉质黏土；潮湿的黄土；夹有碎石、卵石的砂；粉质混卵(碎)石；种植土、填土	0.6～0.8	1.1～1.6	用锹、锄头开挖，少许用镐翻松
三类土（坚土）	Ⅲ	中等密实黏土；重粉质黏土、砾石土；干黄土；含有碎石、卵石的黄土；粉质黏土；压实的填土	0.8～1.0	1.75～1.9	主要用镐，少许用锹、锄头挖掘，部分用撬棍
四类土（砂砾坚土）	Ⅳ	坚硬密实的黏性土或黄土；含有碎石、卵石的中等密实黏性土或黄土；粗卵石；天然级配砾石；软泥灰岩	1.0～1.5	1.9	整个先用镐、撬棍，后用锹挖掘，部分使用风镐
五类土（软石）	Ⅴ～Ⅵ	硬质黏土；中密的页岩、泥灰岩、白垩土；胶结不紧的砾岩；软石灰岩及贝壳石灰岩	1.5～4.0	1.1～2.7	用镐或撬棍，大锤挖掘，部分使用爆破方法
六类土（次坚石）	Ⅶ～Ⅸ	泥岩、砂岩、砾岩；坚硬的页岩、泥灰岩、密实的石灰岩；风化花岗岩、片麻岩及正长岩	4.0～10.0	2.2～2.9	用爆破方法开挖，部分用风镐
七类土（坚石）	Ⅹ～Ⅻ	大理岩、辉绿岩；玢岩；粗、中粒花岗岩；坚实的白云岩、片麻岩；微风化安山岩、玄武岩	10.0～18.0	2.5～3.1	用爆破方法开挖
八类土（特坚石）	ⅪⅥ～ⅩⅥ	安山岩、玄武岩；花岗片麻岩；坚实的细粒花岗岩、闪长岩、石英岩、辉长岩、辉绿岩、玢岩、角闪岩	18.0～25.0以上	2.7～3.3	用爆破方法开挖

注：1. 土的级别相当于一般16级土石级别。
2. 坚实系数 f 相当于普氏强度系数。

(1) 土的可松动性 土的可松动性是指天然主体经开挖，其体积因松散而增大，后经回填压实，但仍不能压缩到原有体积的性质。在建筑工程上土的可松动性与土方的平衡调配、场地平整土方量的计算、基坑（槽）开挖后的留弃土方量计算以及确定土方运输工具数量等有着密切的关系。土的可松程度一般用可松性系数表示，见表3-2，即

$$K_s = V_2/V_1$$
$$K_s' = V_3/V_2$$

式中 K_s——土的最初可松性系数；
K_s'——土的最终可松性系数；
V_1——土在天然状态下的体积；
V_2——开挖后土的松散体积；
V_3——土经压实后的体积。

表 3-2 不同土的可松性系数

土的分类	可松性系数	
	K_s	K_s'
一类土(松软土)	1.08～1.17	1.01～1.04
二类土(普通土)	1.14～1.28	1.02～1.05
三类土(坚土)	1.24～1.30	1.04～1.07
四类土(砂砾坚土)	1.26～1.37	1.06～1.09
五类土(软石)	1.30～1.45	1.10～1.20
六类土(次坚石)	1.30～1.45	1.10～1.20
七类土(坚石)	1.30～1.45	1.10～1.20
八类土(特坚石)	1.45～1.50	1.20～1.30

(2) 土的含水量 土的含水量是指土中水的质量与土粒质量之比，一般用 ω 表示，即：

$$\omega = m_w / m_s$$

式中 ω——土的含水量；
m_w——土中水的质量；
m_s——土中固体颗粒的质量。

土壤含水量的测定方法有称重法、张力计法、电阻法、中子法等。

① 称重法。也称烘干法，这是唯一可以直接测量土壤水分的方法，也是最常用的方法之一。用 0.1g 精度的天平称取土样的质量，记作土样的湿重 M，在 105℃的烘箱内将土样烘 6～8h 至恒重，然后测定烘干土样，记下土的干重。

② 张力计法。也称负压计法，它测量的是土壤水吸力，原理如下：陶土头插入被测土壤后，管内自由水通过多孔陶土壁与土壤水接触，经过交换后达到水势平衡。此时，从张力计读到的数值就是土壤水（陶土头处）的吸力值，也即为忽略重力势后的基质势的值，然后根据土壤含水率与基质势之间的关系（土壤水特征曲线）就可以确定出土壤的含水率。

③ 电阻法。多孔介质的导电能力是同它的含水量以及介电常数有关的，如果忽略含盐的影响，水分含量和其电阻间是有确定关系的。电阻法是将两个电极埋入土壤中，然后测出两个电极之间的电阻。但是在这种情况下，电极与土壤的接触电阻有可能比土壤的电阻大得多。因此采用将电极嵌入多孔渗水介质（石膏、尼龙、

玻璃纤维等）中形成电阻块的方法来解决这个问题。

④ 中子法。中子法就是用中子仪测定土壤含水率。中子仪的组成主要包括：快中子源、慢中子检测器、监测土壤散射的慢中子通量的计数器及屏蔽匣、测试用硬管等。

(3) 土的压缩性 土在回填后均会压缩，一般土的压缩性用压缩率表示，见表 3-3。

表 3-3 土的压缩率

土的类别	土的名称	土的压缩率/%	每立方米压实后的体积/m^3
一、二类土	种植土	20	0.80
	一般土	10	0.90
	砂土	5	0.95
三类土	天然湿度黄土	12～17	0.85
	一般土	5	0.95
	干燥坚实黄土	5～7	0.94

(4) 土的渗透性 土的渗透性是指水在土孔隙中渗透流动的性能，以渗透系数 k 表示。土的渗透系数见表 3-4。

表 3-4 土的渗透系数

土的名称	渗透系数 k/(m/d)	土的名称	渗透系数 k/(m/d)
黏土	<0.005	中砂	5.00～20.00
粉质黏土	0.005～0.10	均质中砂	35.00～50.00
粉土	0.10～0.50	粗砂	20.00～50.00
黄土	0.25～0.50	圆砾石	50.00～100.00
粉砂	0.50～1.00	卵石	100.00～500.00
细砂	1.00～5.00	—	—

第二节 土方工程量计算

一、基坑与基槽土方量计算

1. 基坑土方量计算

基坑是指坑底面积在 $50m^2$ 以内，且长宽比小于等于 3∶1 的矩形土体。基坑土方量可按立体几何中的拟柱体（由两个平行的平面做底的一种多面体）体积公式计算。如图 3-1 所示，即：

$$V=\frac{H}{6}(A_1+4A_0+A_2)$$

式中　H——基坑深度，m；

A_1，A_2——基坑上下底面积，m^2；

A_0——基坑中截面的面积，m^2。

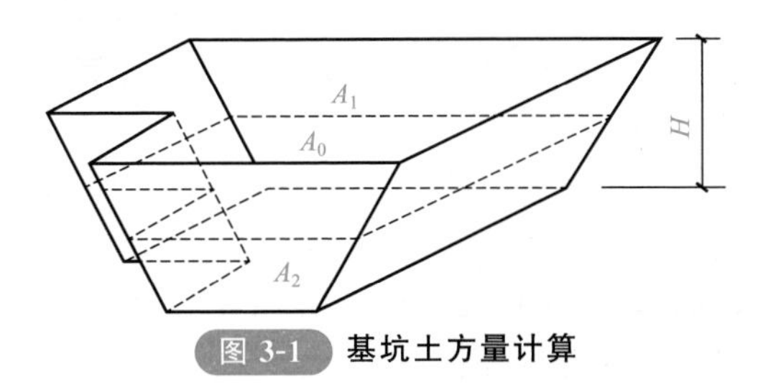

图 3-1　基坑土方量计算

2. 基槽土方量计算

底宽小于 5m，且长宽比大于 3∶1 的土体称为基槽。基槽路堤管沟的土方工程量，可以沿长度方向分段后，再用同样方法计算。如图 3-2 所示，即

$$V_1=\frac{L_1}{6}(A_1+4A_0+A_2)$$

式中　V_1——第一段的土方量，m^3；

L_1——第一段的长度，m。

将各段土方量相加，即得总土方量

$$V=V_1+V_2+\cdots+V_n$$

式中　V_1，V_2，V_n——各分段的土方量，m^3。

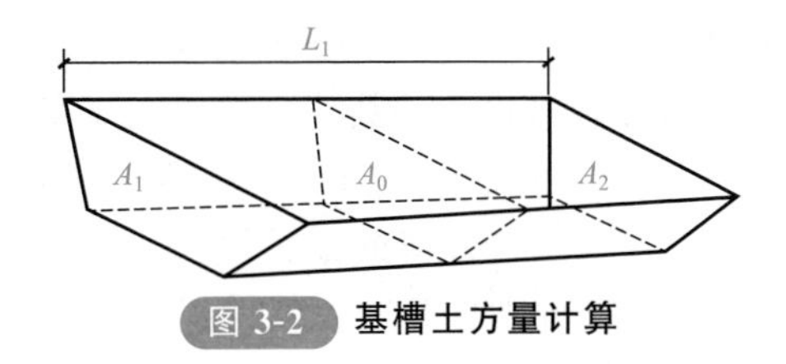

图 3-2　基槽土方量计算

二、场地平整的土方量计算

场地平整为施工中的一项重要内容，施工顺序一般为：现场勘查→清理地面障碍物→标定整平范围→设置水准基点→设置方格网，测量标高→计算土方挖填工程量→平整土方→场地碾压→验收。

1. 场地土方量的计算

场地平整土方量的计算方法主要有方格网法、断面法和等高线法。

(1) 方格网法　方格网法是将需平整的场地划分为边长相等的方格，分别计算出每个方格的土方量，进行汇总，最后求出总土方量。方格网法计算的精确度较高，使用较为广泛。

① 划分场地。将场地划分为边长为10～40m的正方形方格网，通常以20m居多。再将场地设计标高和自然地面标高分别标注在方格角点的右上角和右下角，场地设计标高与自然地面标高的差值即为各角点的施工高度，“+”号表示填方，“−”表示挖方。将施工高度标注于角点上，然后分别计算每一方格的填挖土方量，并算出场地边坡的土方量。将挖方区或填方区所有方格计算的土方量和边坡土方量汇总，即得场地挖方量和填方量的总土方量。

各方格角点的施工高度为

$$h_{ij}=H_{ij}-H'_{ij}$$

式中 h_{ij}——该角点的施工高度（即填挖方高度），以“+”为填方高度，以“−”为挖方高度，m；

H_{ij}——该角点的设计标高，m；

H'_{ij}——该角点的自然地面设计标高，m。

② 确定零线。当同一个方格四个角点的施工高度均为“+”或“−”时，该方格内的土方则全部为填方或挖方；如果一个方格中一部分角点的施工高度为“+”，另一部分为“−”时，此方格中的土方一部分为填方，一部分为挖方。这时，要先确定挖、填方的分界线，称为零线。

方格边线上的零点位置可按下式计算（图3-3）

$$x=\frac{ah_1}{h_1+h_2}$$

式中 h_1，h_2——相邻两角点填、挖方施工高度（以绝对值代入），m。h_1为填方角点的填方高度，h_2为挖方角点的挖方高度；

a——方格边长，m；

x——零点所划分方格边长的数值（即零点至某计算基点的距离），m。

③ 计算各方格的土方量。由于零线通过方格的部位不同，将方格划分成四种情况。计算场地土方量时，先求出各方格的挖、填方土方量和场地周围边坡的挖、填方土方量，把挖、填方土方量分别加起来，就得到场地挖、填方的总土方量。

全填或全挖方格土方量计算：用平均高度计算土方量，如图3-4所示。

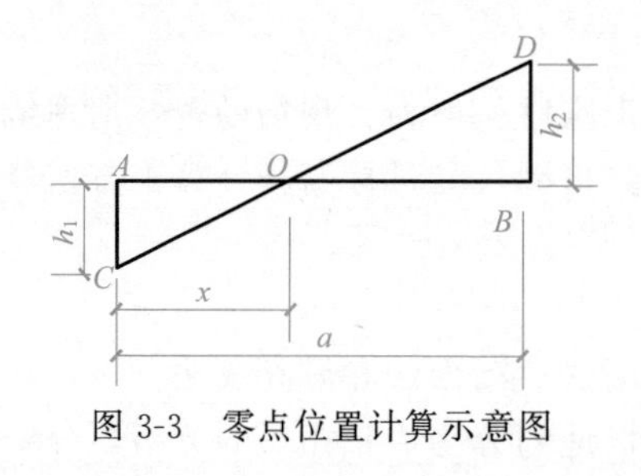

图3-3 零点位置计算示意图

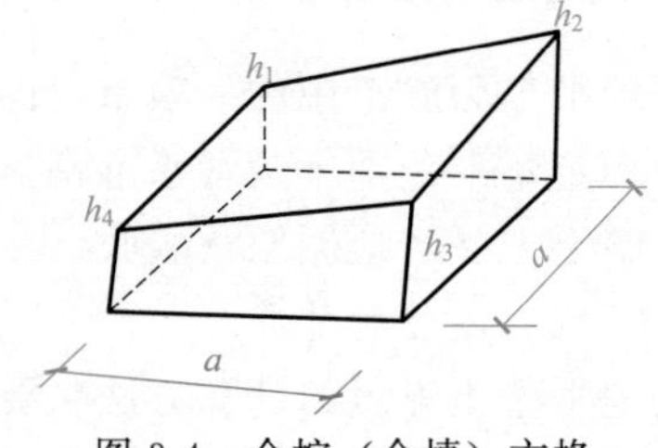

图3-4 全挖（全填）方格

$$V=\frac{a^2}{4}(h_1+h_2+h_3+h_4)$$

式中 V——挖方或填方的体积，m^3；

h_1，h_2，h_3，h_4——方格角点挖、填高度，以绝对值代入，m。

两挖两填方格土方量计算：用三角棱锥体平均截面法分别计算填方和挖方土方量，如图 3-5 所示。其挖方部分土方量为

$$V=\frac{a^2}{4}\left[\frac{h_1^2}{h_1+h_4}+\frac{h_2^2}{h_2+h_3}\right]$$

填方部分土方量为

$$V=\frac{a^2}{4}\left[\frac{h_3^2}{h_2+h_3}+\frac{h_4^2}{h_1+h_4}\right]$$

三挖一填或三填一挖方格土方量计算：如图 3-6 所示，方格内三挖一填时，填方部分土方量为

$$V_{填}=\frac{a^2}{6}\left[\frac{h_4^3}{(h_1+h_4)(h_2+h_3)}\right] \tag{3-1}$$

挖方部分土方量为

$$V_{挖}=\frac{a^2}{6}(2h_1+h_2+3h_3-h_4)+V_{填} \tag{3-2}$$

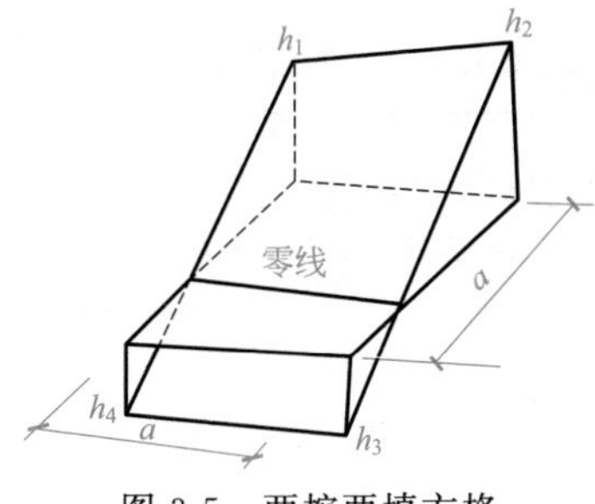

图 3-5 两挖两填方格

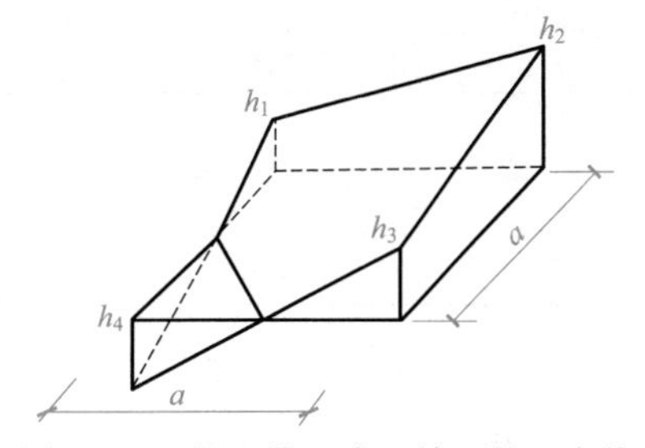

图 3-6 三挖一填（或三填一挖）方格

反之，方格内三填一挖时，其挖方部分的土方量按公式(3-1) 计算，填方部分的土方量按公式(3-2) 计算。

一挖一填方格土方量计算：一挖一填方格是指方格的一个角点为挖方，一个角点为填方，另外两个角点为零点（零线为方格的对角线）时的情况。如图 3-7 所示，其挖（填）土方量为

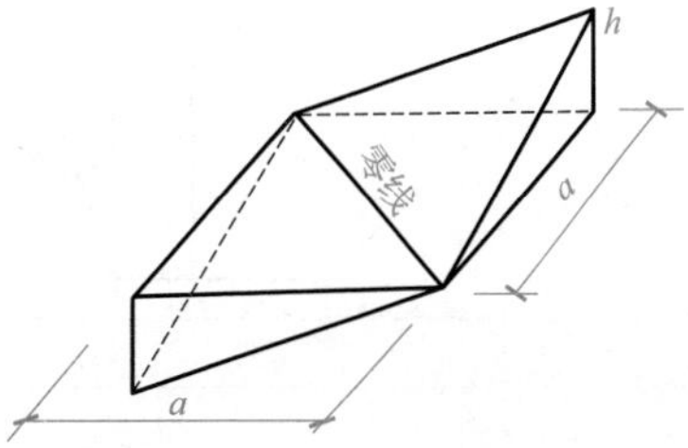

$$V=\frac{1}{6}a^2h$$

图 3-7 一挖一填方格

④ 汇总。将以上计算的各方格的土方量和挖方区、填方区的土方量进行汇总后，就获得了场地平整的挖方量和填方量。

(2) 断面法 断面法适用于地形起伏较大的地区，或者地形狭长，挖填深度较

大、不规则的地区，此方法虽计算简便，但是精确度较低。断面法的计算步骤和常用断面面积计算公式如表 3-5 和表 3-6 所示。

表 3-5 断面法的计算步骤

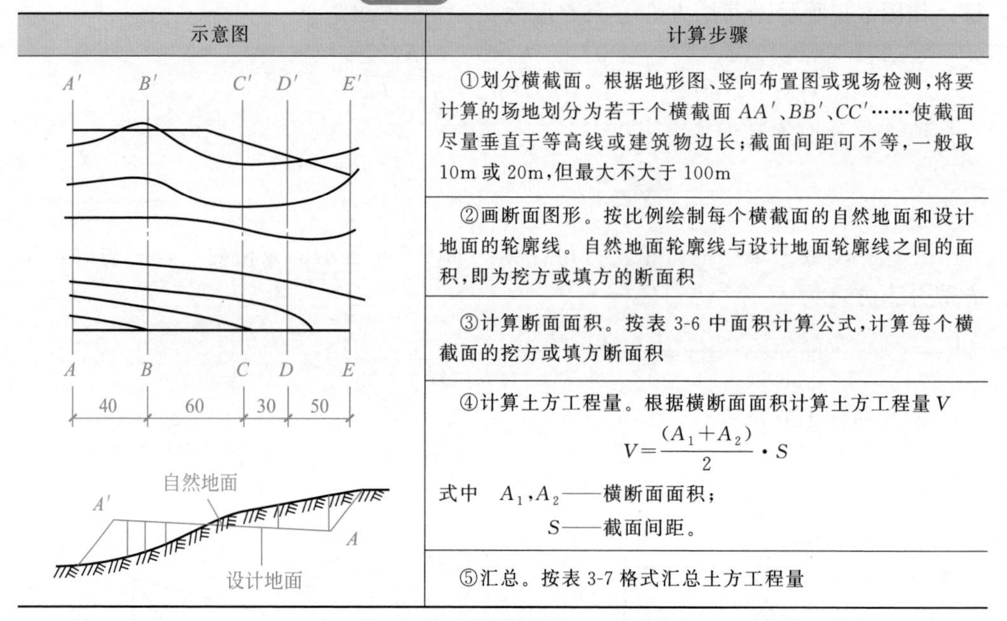

示意图	计算步骤
	①划分横截面。根据地形图、竖向布置图或现场检测，将要计算的场地划分为若干个横截面 AA'、BB'、CC'……使截面尽量垂直于等高线或建筑物边长；截面间距可不等，一般取 10m 或 20m，但最大不大于 100m
	②画断面图形。按比例绘制每个横截面的自然地面和设计地面的轮廓线。自然地面轮廓线与设计地面轮廓线之间的面积，即为挖方或填方的断面积
	③计算断面面积。按表 3-6 中面积计算公式，计算每个横截面的挖方或填方断面积
	④计算土方工程量。根据横断面面积计算土方工程量 V $V=\frac{(A_1+A_2)}{2}\cdot S$ 式中 A_1,A_2——横断面面积； S——截面间距。
	⑤汇总。按表 3-7 格式汇总土方工程量

表 3-6 常用断面面积计算公式

示意图	计算公式
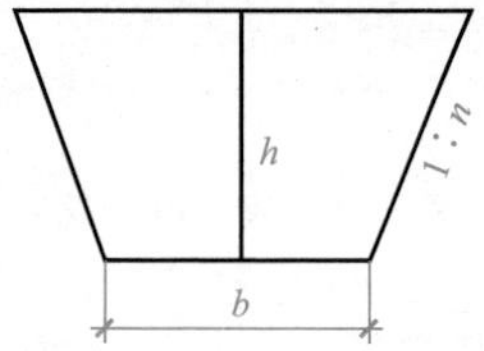 h, b, 1∶n	$A=h(b+nh)$
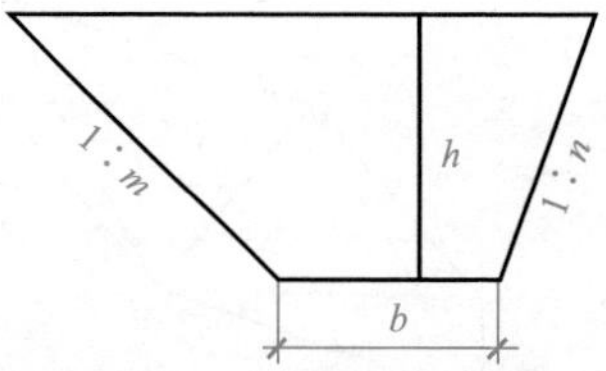 h, b, 1∶m, 1∶n	$A=h\left[b+\frac{h(m+n)}{2}\right]$
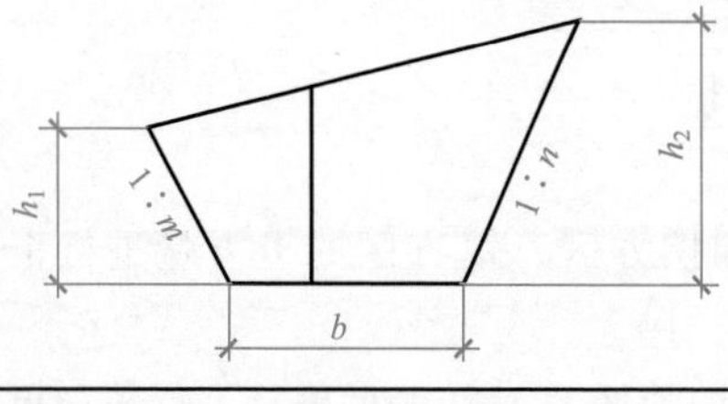 h_1, h_2, b, 1∶m, 1∶n	$A=b\cdot\frac{h_1+h_2}{2}+nh_1h_2$

续表

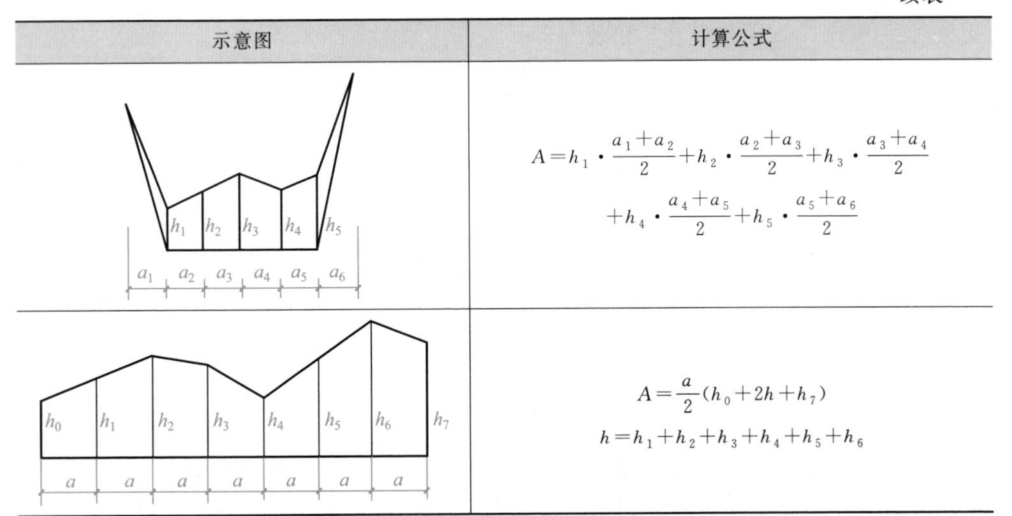

示意图	计算公式
（见上图）	$A=h_1\cdot\frac{a_1+a_2}{2}+h_2\cdot\frac{a_2+a_3}{2}+h_3\cdot\frac{a_3+a_4}{2}+h_4\cdot\frac{a_4+a_5}{2}+h_5\cdot\frac{a_5+a_6}{2}$
（见上图）	$A=\frac{a}{2}(h_0+2h+h_7)$ $h=h_1+h_2+h_3+h_4+h_5+h_6$

表 3-7 土方工程量汇总表

截面	填方面积/m^2	挖方面积/m^2	截面间距/m	填方体积/m^3	挖方体积/m^3
$A—A'$					
$B—B'$					
$C—C'$					
合计					

(3) 等高线法 等高线法适用于地形起伏特别大的地区，如盆地、山丘等。等高线法计算示意图如图 3-8 所示。

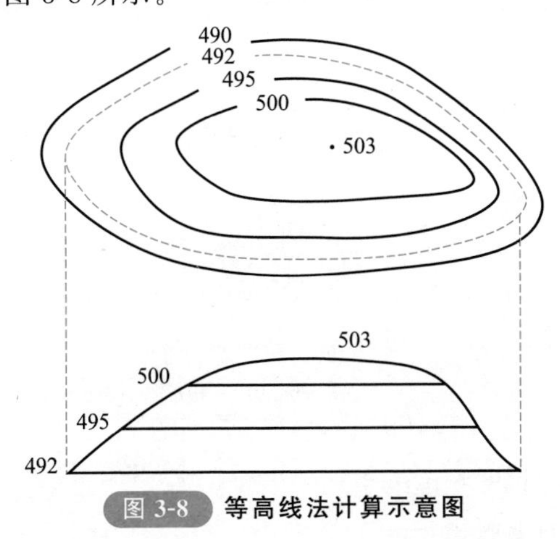

图 3-8 等高线法计算示意图

首先在地形图内找到高程为 492m、495m、500m 的等高线，再求出 492m、495m、500m 三条等高线所围成的面积 A_{492}、A_{495}、A_{500}，即可算出每层土石方的挖方量，挖方量为

$$V_{492\sim495}=\frac{1}{2}(A_{492}+A_{495})\times3$$

$$V_{495\sim500}=\frac{1}{2}(A_{495}+A_{500})\times5$$

$$V_{500\sim503}=\frac{1}{3}A_{500}\times3$$

则总的挖方量为：$V_{总}=\sum V=V_{492\sim495}+V_{495\sim500}+V_{500\sim503}$

式中　$V_{总}$——492m 等高线围成区域的土方挖方量；

$V_{492\sim495}$——492～495m 两条等高线高度内的土方挖方量；

$V_{495\sim500}$——495～500m 两条等高线高度内的土方挖方量；

$V_{500\sim503}$——500m 等高线围成区域的土方挖方量。

2. 边坡土方量的计算

图算法常用于场地平整，修筑路基，路堑的边坡挖、填土方量计算。图算法是根据现场测绘，将要计算的地形图分成若干几何形体，如图 3-9 所示。从图中可看出，图形为三角棱体和三角棱柱体，再按下列公式计算体积，最后将分段的结果相加，求出边坡土方的挖、填方量。

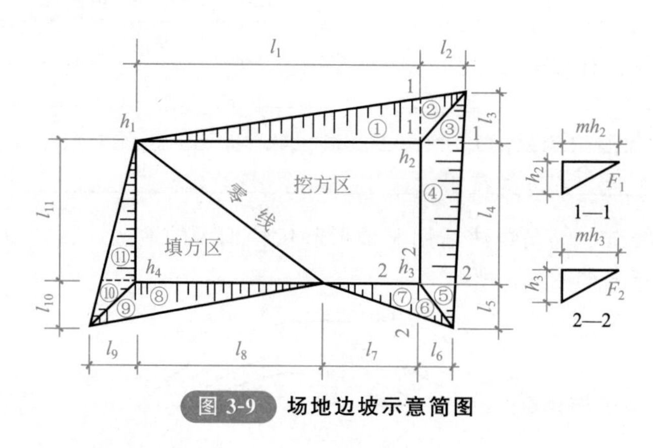

图 3-9　场地边坡示意简图

边坡三角棱体体积为

$$V_1=\frac{F_1l_1}{3}$$

其中

$$F_1=h_2\ \frac{h_2m}{2}=\frac{mh_2^2}{2}$$

式中　l_1——边坡①的长度，m；

F_1——边坡①的端面积，m^2；

h_2——角点的挖土高度，m；

m——边坡的坡度系数。

边坡三角棱柱体体积为

$$V_4=\frac{(F_1+F_2)l_4}{2}$$

式中 V_4——边坡④三角棱柱体体积，m^3；

F_2——边坡②的端面积，m^2；

l_4——边坡④的长度，m。

第三节 土方施工

一、施工前的准备

① 建设单位应向施工单位提供当地实测地形图、原有的地下管线或建、构筑物的竣工图，土石方施工图及工程地质、气象条件等技术资料，以便施工方进行设计，并应提供平面控制点和水准点，作为施工测量的依据。

② 清理地面及地下的各种障碍，已有建筑物或构筑物、道路、沟渠、通信、电力设备、地上和地下管道、坟墓、树木等在施工前必须拆除，影响工程质量的软弱土层、腐殖土、大卵石、草皮、垃圾等也应进行清理，以利于施工的正常进行。

③ 排除地面水，场地内低洼地区的积水必须排除，同时应设置排水沟、截水沟和挡水土坝等，有利于雨水的排出和拦截雨水的进入，使场地地面保持干燥，使施工顺利进行。

④ 根据规划部门测放的建筑界线、街道控制点和水准点进行土方工程施工测量及定位放线之后，方可进行土方施工。

⑤ 在施工前应修筑临时道路，保证机械的正常进入，并应做好供水、供电等临时措施。

⑥ 根据土方施工设计做好土方工程的辅助工作，如边坡固定、基坑（槽）支护、降低地下水位等工作。

土方开挖　地下排水沟

扫码观看本视频　扫码观看本视频

二、土方开挖与运输

（一）浅基坑、槽和管沟开挖

① 浅基坑、槽开挖，应先进行测量定位（定位就是根据建筑平面图、房屋建筑平面图和基础平面图以及设计给定的定位依据和定位条件，将拟建房屋的平面位置、高程用经纬仪和钢尺正确地标在地面上），抄平放线（放线就是根据定位控制桩或控制点、基础平面图和剖面图、底层平面图以及坡度系数和工作面等在实地用石灰洒出基坑、槽上口的开挖边线），定出开挖长度，根据土质和水文情况采取适当的方法进行开挖，以保证施工安全。

当土质为天然湿度、构造均匀、水文地质良好、无地下水时，开挖基坑根据开挖深度参考表 3-8 和表 3-9 中的数值进行施工。

表 3-8 基坑（槽）和管沟不加支撑时的容许深度

土的种类	容许深度/m
密实、中密的砂子和碎石类土	1.00
硬塑、可塑的粉质黏土及粉土	1.25
硬塑、可塑的黏土及碎石类土	1.50
坚硬的黏土	2.00

表 3-9 临时性挖方边坡值

土的类别		边坡值(高∶宽)
砂土(不包括细砂、粉砂)		(1∶1.25)～(1∶1.50)
一般黏性土	硬	(1∶0.75)～(1∶1.00)
	硬塑	(1∶1.00)～(1∶1.25)
	软	1∶1.50 或更缓
碎石类土	充填坚硬、硬塑黏性土	(1∶0.50)～(1∶1.00)
	充填砂土	(1∶1.00)～(1∶1.50)

② 当开挖基坑（槽）的土体含水量大，或基坑较深，或受到场地限制需要用较陡的边坡，或直立开挖而土质较差时，应采用临时性支撑加固结构。挖土时，土壁要求平直，挖好一层，支撑一层，挡土板要紧贴土面，并用小木桩或横撑钢管顶住挡板。开挖宽度较大的基坑，当在局部地段无法放坡，或下部土方受到基坑尺寸限制不能放较大的坡度时，应在下部坡脚采取加固措施，如采用短桩与横隔板支撑或砌砖、毛石或用编织袋装土堆砌临时矮挡土墙保护坡脚。

③ 基坑开挖应尽量防止对地基土的扰动。人工挖土，基坑挖好后不能立即进行下道工序时，应预留 15～30cm 土不挖，待下道工序开始再挖至设计标高。采用机械开挖基坑时，应在基底标高以上预留 20～30cm，由人工挖掘修整。

④ 在地下水位以下挖土时，应在基坑四周或两侧挖好临时排水沟和集水井，将水位降到坑、槽以下 500mm，降水工作应持续到基础工程完成以前。

⑤ 雨期施工时，应在基槽两侧围上土堤或挖排水沟，以防止雨水流入基坑槽。

⑥ 基坑开挖时，应经常对平面控制桩、水准点、基坑平面位置、标高、边坡坡度等进行检查。

⑦ 基坑应进行验槽，做好记录，发现问题及时与相关人员进行处理。

（二）挖方工具

(1) 铲运机 操作简单灵活，不受地形限制，不需特设道路，准备工作简单，能独立进行工作；能开挖含水率 27%以下的一～四类土，大面积场地平整、压实和开挖大型基坑（槽）、管沟等，但不适用于砾石层、冻土地带及沼泽地区。铲运机如图 3-10 所示。

从图中可看出铲运机主要由牵引动力机械（如拖拉机）和铲运斗两部分组成。

图 3-10　铲运机

铲运机在切土过程中，铲刀下落，边走边卸土，将土逐渐装满铲斗后提刀关闭斗门，适合较长距离的土料运输。

(2) 正铲挖掘机　装车轻便灵活，回转速度快，移位方便；能挖掘坚硬土层，易控制开挖尺寸，工作效率高；能开挖工作面狭小且较深的大型管沟和基槽路堑。正铲挖掘机如图 3-11 所示。

(3) 抓铲挖掘机　钢绳牵引灵活性较差，工效不高，且不能挖掘坚硬土；可以装在简易机械上工作，使用方便；能开挖土质比较松软，施工面较狭窄的深基坑、基槽，可以在水中挖取土，清理河床。抓铲挖掘机如图 3-12 所示。

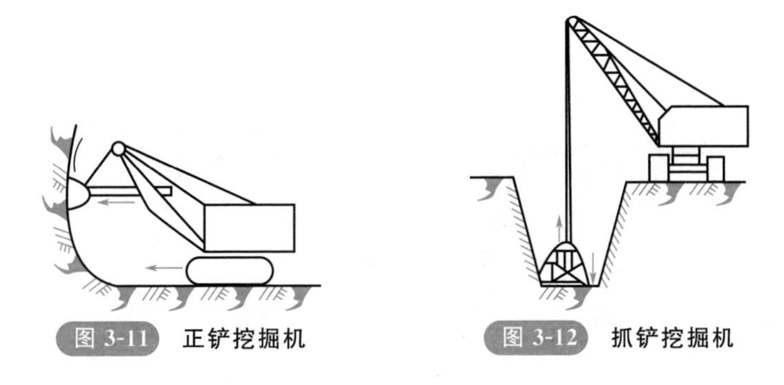

图 3-11　正铲挖掘机　　图 3-12　抓铲挖掘机

(三) 土方运输的要求

① 严禁超载运输土石方，运输过程中应进行覆盖，严格控制车速，不超速、不超重，安全生产。

② 施工现场运输道路要布置有序，避免运输混杂、交叉，影响安全及进度。

③ 土石方运输装卸要有专人指挥倒车。

(四) 基坑边坡防护

当基坑放坡高度较大，施工期和暴露时间较长时，应保护基坑边坡的稳定。

(1) 薄膜覆盖或砂浆覆盖法　在边坡上铺塑料薄膜，在坡顶及坡脚用编织袋装土压住或用砖压住；或在边坡上抹水泥砂浆 2～2.5cm 厚保护，在土中插适当锚筋连接，在坡脚设排水沟，如图 3-13(a) 所示。

(2) 挂网或挂网抹面法　对施工期短、土质差的临时性基坑边坡，垂直坡面楔入直径为 10～20mm、长 40～60cm 的插筋，纵横间距 1m，上面铺铁丝网，上下用编织袋或砂压住，然后在铁丝网上抹水泥砂浆，在坡顶坡脚设排水沟，如图 3-13 (b) 所示。

(3) 喷射混凝土或混凝土护面法 对邻近有建筑物的深基坑边坡，可在坡面垂直楔入直径为 10～12mm、长 40～50cm 的插筋，纵横间距 1m，上面铺铁丝网，然后喷射 40～60mm 厚的细石混凝土直到坡顶和坡脚，如图 3-13(c)所示。

(4) 土袋或砌石压坡法 深度在 5m 以内的临时基坑边坡，在边坡下部用草袋堆砌或用砌石压住坡脚。边坡 3m 以内可采用单排顶砌法。在坡顶设挡水土堤或排水沟，防止冲刷坡面，在底部做排水沟，防止冲刷坡脚，如图 3-13(d)所示。

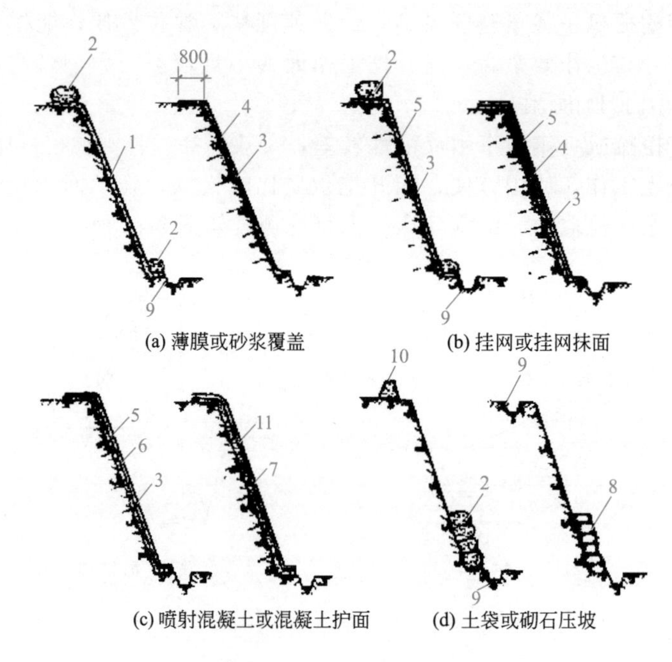

图 3-13 基坑边坡护面方法

1—塑料薄膜；2—编织袋装土；3—插筋 10～12mm；4—抹水泥砂浆；5—铁丝网；6—喷射混凝土；7—细石混凝土；8—砂浆砌石；9—排水沟；10—土堤；11—钢筋瓦片

三、土方回填与压实

土方回填

扫码观看本视频

(一) 填料要求

① 碎石、砂土（使用细、粉砂时应取得设计单位同意）和爆破石碴，可作表层以下的填料。

② 含水量符合压实要求的黏性土，可作各层的填料。

③ 淤泥和淤泥质土不能作为填料。

④ 填土含水量的大小，直接影响到压实质量，所以在压实前应先进行试验，以得到符合密实度要求的数据。土的最优含水量和最大密实度见表 3-10。

表 3-10　土的最优含水量和最大密实度

土的种类	变动范围	
	最优含水量/%	最大干密度/(kg/m³)
砂土	8～12	1.80～1.88
黏土	19～23	1.58～1.70
粉质黏土	12～15	1.85～1.95
粉土	16～22	1.61～1.80

⑤ 含有大量有机物的土壤、石膏或水溶性硫酸盐含量大于2%的土壤，冻结或液化状态的泥炭、黏土或粉状砂质黏土等，一般不作填土之用。

（二）填方边坡

① 填方的边坡坡度按设计规定施工，设计无规定时，可按表 3-11 和表 3-12 采用。

② 对使用时间较长的临时性填方边坡坡度，当填方高度小于 10m 时，可采用 1∶1.5；超过 10m 可做成折线形，上部采用 1∶1.5，下部采用 1∶1.75。

表 3-11　永久性填方边坡的高度限值

土的种类	填方高度/m	边坡坡度
黏土类土，黄土、类黄土	6	1∶1.50
粉质黏土、泥灰岩土	6～7	
中砂或粗砂	10	
砾石或碎石土	10～12	
易风化的岩土	12	
轻微风化，尺寸在 25cm 内的石料	6 以内	1∶1.33
	6～12	1∶1.50
轻微风化，尺寸在 25cm 的石料，边坡用最大块，分排整齐铺砌	12 以内	(1∶1.50)～(1∶1.75)
轻微风化，尺寸大于 40cm 的石料，其边坡分排整齐	5 以内	1∶0.50
	5～10	1∶0.65
	>10	1∶1.00

表 3-12　压实填土的边坡允许值

填料类别	压实系数	边坡允许值(高宽比)			
		填料厚度 H/m			
		$H\leqslant5$	$5<H\leqslant10$	$10<H\leqslant15$	$15<H\leqslant20$
碎石、卵石	0.94～0.97	1∶1.25	1∶1.50	1∶1.75	1∶2.00
砂夹石(其中碎石、卵石占全重的30%～50%)					
土夹石(其中碎石、卵石占全重的30%～50%)					
粉质黏土，黏粒含量≥10%的粉土		1∶1.50	1∶1.75	1∶2.00	1∶2.25

（三）填土方法

1.人工填土方法

① 从场地最低部分开始，由一端向另一端自下而上分层铺填。每层虚铺厚度用打夯机械夯实时不大于25cm。采取分段填筑，交接处应填成阶梯形。

② 墙基及管道回填，在两侧用细土同时均匀回填、夯实，防止墙基及管道中心线位移。

2.机械填土方法

(1) 推土机填土

① 填土应由下而上分层铺填，每层虚铺厚度不宜大于30cm。大坡度堆填土，不得从高处向下不分层次一次堆填。

② 推土机运土回填，可采取分堆集中、一次运送的方法，分段距离为10～15m，以减少运土漏失量。

③ 土方推至填方部位时，应提起一次铲刀，成堆卸土，并向前行驶0.5～1.0m，后退时利用推土机将土刮平。

④ 用推土机来回行驶进行碾压，履带应重叠一半。

⑤ 填土程序宜采用纵向铺填顺序，从挖土区段至填土区段，以40～60cm距离为宜。

(2) 铲运机填土

① 铲运机铺土时，铺填土区段长度不宜小于20m，宽度不宜小于8m。

② 铺土应分层进行，每次铺土厚度不大于30～50cm（视所在压实机械的要求而定），每层铺土后，利用空车返回时将地面刮平。

③ 填土程序一般尽量采取横向或纵向分层卸土，以利行驶时初步压实。

(3) 汽车填土

① 自卸汽车为成堆卸土，需配以推土机推土、摊平。

② 每层的铺土厚度不大于30～50cm（视选用的压实机具而定）。

③ 填土可利用汽车行驶做部分压实工作，行车路线必须均匀分布于填土层上。

④ 汽车不能在虚土上行驶，卸土推平和压实工作必须采取分段交叉进行。

（四）填土压实方法

填土压实方法一般有碾压法、夯实法和振动法。

(1) 碾压法 碾压法是利用压力压实土壤，使之达到所需的密实度。碾压机械有平滚碾（压路机）、羊足碾和气胎碾等，如图3-14所示。平滚碾适用于碾压黏性和非黏性土壤；羊足碾只用来碾压黏性土壤；气胎碾对土壤压力较为均匀，故其填土质量较好。

用碾压法压实填土时，铺土应均匀一致，碾压遍数要一样，碾压方向应从填土区的两边逐渐压向中心，碾迹应有15～20cm的重叠宽度。碾压机械行驶速度不宜过快，一般平滚碾控制在2km/h左右，羊足碾控制在3km/h左右，否则会影响压实效果。

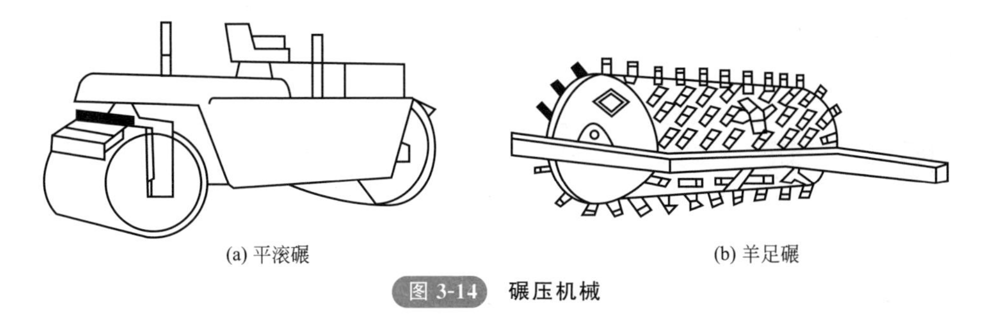

(a) 平滚碾　　(b) 羊足碾

图 3-14　碾压机械

(2) 夯实法　夯实法是利用夯锤自由下落的冲击力来夯实土壤，主要用于小面积回填土。夯实法分人工夯实和机械夯实两种。夯实机具的类型较多，有木夯、石硪、蛙式打夯机、火力夯以及利用挖土机或起重机装上夯板后的夯土机等。其中蛙式打夯机轻巧灵活，构造简单，在小型土方工程中应用最广。蛙式打夯机如图 3-15 所示。

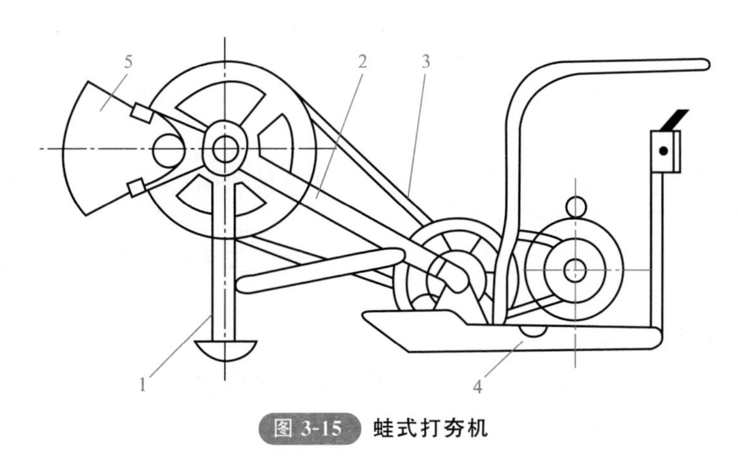

图 3-15　蛙式打夯机

1—夯头；2—夯架；3—三角胶带；4—托盘；5—偏心块

夯实法的优点是，可以夯实较厚的土层，如重锤夯其夯实厚度可达 1～1.5m，强力夯可对深层土壤夯实。但对木夯、石硪或蛙式打夯机等机具，其夯实厚度则较小，一般均在 20cm 以内。

(3) 振动法　振动法是将重锤放在土层的表面或内部，借助于振动设备使重锤振动，土壤颗粒即发生相对位移达到紧密状态。此法用于振实非黏性土壤效果较好。

近年来，又将碾压和振动法结合起来设计和制造了振动平碾、振动凸块碾等新型压实机械。振动平碾适用于填料为爆破碎石渣、碎石类土、杂填土或轻亚黏土的大型填方；振动凸块碾则适用于亚黏土或黏土的大型填方。当压实爆破石渣或碎石类土时，可选用重 8～15t 的振动平碾，铺土厚度为 0.6～1.5m，先静压、后碾压，碾压遍数由现场试验确定，一般为 6～8 遍。

爆破工程

第一节　爆破器材与起爆方式

一、炸药及其分类

1. 炸药基本分类

(1) 按主要化学成分分类

① 硝铵类炸药。主要成分为硝酸铵，加上适量的可燃剂、敏化剂及其附加剂的混合炸药均可运用到爆破工程中。它是目前国内外工程爆破中用量最大、品种最多的一大类混合炸药。

② 硝化甘油类炸药。主要组成部分为硝化甘油或硝化甘油与硝化乙二醇混合物的混合炸药，有粉状和胶质之分。

③ 芳香族硝基化合物类炸药。苯及其同系物以及苯胺、苯酚和萘的硝基化合物，如 TNT、二硝基甲苯磺酸钠等。

(2) 按使用条件分类

① 第一类为安全炸药，又叫煤矿许用炸药。准许在一切地下和露天爆破工程中使用，包括有沼气和矿尘爆炸危险的作业面。

② 第二类为非安全炸药，准许在露天和地下工程中使用，但不包括有瓦斯和矿尘爆炸危险的矿山。

③ 第三类也为非安全炸药，只准许在露天爆破中使用。

(3) 按炸药用途分类

① 起爆药。易受外界能量激发而发生燃烧或爆炸，并能迅速形成爆轰的一类敏感炸药。

② 猛炸药。敏感性高、爆炸威力大，并且安全炸药的用量较少。

③ 发射药。由火焰或火花等引燃后，在正常条件下不爆炸，仅能爆燃而迅速发生高热气体，其压力足使弹头以一定速度发射出去，但又不致破坏膛壁。

2. 常用炸药的组分及性能

(1) 铵梯炸药（硝铵炸药） 由硝酸铵与 TNT 混合组成，是战时大量使用的代用炸药，可代替 TNT 装填炮弹、炸弹和地雷等。此类炸药因为含有易于吸潮结块的硝酸铵，在密封不严的情况下不宜长期储存。铵梯炸药的类别和基本性能见表 4-1。

表 4-1 铵梯炸药的类别和基本性能

组分和性能	1号露天铵梯炸药	2号露天铵梯炸药	3号露天铵梯炸药	2号抗水露天铵梯炸药	2号岩石铵梯炸药	2号抗水岩石铵梯炸药
硝酸铵/%	80～84.0	84.0～88.0	86.0～90.0	84.0～88.0	83.5～86.5	83.5～86.5
梯恩梯/%	9.0～11.0	4.0～6.0	2.5～3.5	4.0～6.0	10.0～12.0	10.5～11.5
木粉/%	7.0～9.0	8.0～10.0	8.0～10.0	7.2～9.2	3.5～4.5	2.7～3.7
抗水剂/%	—	—		0.6～1.0	—	0.6～1.0
水分/%	≤0.5	≤0.5	≤0.5	≤0.5	≤0.3	≤0.3
密度/(g/cm³)	0.85～1.1	0.85～1.10	0.85～1.1	0.85～1.10	0.95～1.10	0.95～1.10
殉爆距离/cm	≥4	≥3	≥2	≥3	≥5	≥5
作功能力/mL	≥278	>228	>208	>228	>298	>298
猛度/mm	≥11	≥8	≥5	≥8	≥12	≥12
爆速/(m/s)	—	2100	—	2100	3200	3200
有效期/月	4	4	4	4	6	6

(2) 铵油炸药 是指由硝酸铵和燃料组成的一种粉状或粒状爆炸性混合物，主要适用于露天及无沼气和矿尘爆炸危险的爆破工程。产品包括：粉状铵油炸药、多孔粒状铵油炸药、重铵油炸药、粒状黏性炸药、增黏粒状铵油炸药。粉状铵油炸药是指以粉状硝酸铵为主要成分，与柴油和木粉（或不加木粉）制成的铵油炸药。多孔粒状铵油炸药指由多孔粒状硝酸铵和柴油制成的铵油炸药。重铵油炸药指在铵油炸药中加入乳胶体的铵油炸药，具有密度大、体积威力大和抗水性好等优点，适用于含水炮孔中使用，又称乳化铵油炸药。铵油炸药的类别和基本性能见表 4-2。

表 4-2 铵油炸药的类别和基本性能

炸药名称	组分/%			水分/%	装药密度/(g/cm³)	爆炸性能				炸药保证期/天	炸药保证期内	
	硝酸铵	柴油	木粉			殉爆距离/cm	猛度/mm	爆力/mL	爆速/(m/s)		殉爆距离/cm	水分/%
1号铵油炸药(粉状)	92±1.5	4±1	4±0.5	≤0.25	0.9～1.0	≥5	≥12	≥300	≥3300	(7) 15	≥5	≤0.5
2号铵油炸药(粉状)	92±1.5	1.8±0.5	6.2±1	≤0.8	0.8～0.9	—	≥18	≥250	≥3800	15	—	≤1.5
3号铵油炸药(粒状)	94.5±1.5	5.5±1.5	—	≤0.8	0.9～1.0	—	≥18	≥250	≥3800	15	—	≤1.5

(3) 乳化炸药 它借助乳化剂的作用使氧化剂盐类水溶液的微滴，均匀分散在含有分散气泡或空心玻璃微珠等多孔物质的油相连续介质中，形成一种油包水型的乳胶状炸药，其密度高、爆速大、猛度高、抗水性能好、临界直径小、起爆感度好，小直径情况下具有雷管敏感度。它通常不采用火炸药为敏化剂，生产安全，污染少。乳化炸药的组分和基本性能见表4-3。

表4-3 乳化炸药的组分和基本性能

系列或型号		EL系列	CLH系列	RJ系列	MRY-3	岩石型	煤矿许用型
组分/%	硝酸铵	63～75	50～70	53～80	60～65	65～86	65～80
	硝酸钠	10～15	15～30	5～15	10～15	—	—
	水	10	4～12	8～15	10～15	8～13	8～13
	乳化剂	1～2	0.5～2.5	1～3	1～2.5	0.8～1.2	0.8～1.2
	油相材料	2.5	2～8	2～5	3～6	4～6	3～5
	铝粉	2～4	—	—	3～5	—	—
	添加剂	2.1～2.2	0～4； 3～15	0.5～2	0.4～1.0	1～3	5～10
	密度调整剂	0.3～0.5	—	0.1～0.7	0.1～0.5	—	—
性能	爆速/(km/s)	4.5～5.0	4.5～5.5	4.5～5.4	4.5～5.2	3.9	3.9
	猛度/mm	16～19	15～17	16～18	16～19	12～17	12～17
	爆力/mL	—	295～330	—	—	—	—
	殉爆距离/cm	8～12	—	>8	8	6～8	6～8
	储存期/月	>6	>8	3	3	3～4	3～4

二、起爆器材

1. 火具

(1) 导火索 用以引爆雷管或黑火药的绳索。将棉线或麻线包缠黑火药和芯线，并将防潮剂涂在表面而制成，通常用火柴或拉火管点燃。导火索的性能见表4-4。导火索如图4-1所示。

表4-4 导火索的性能

项目	内容
构造	内部为黑火药芯，外面依次包缠棉线和黄麻(或亚麻)、涂沥青、包纸等，外面再用棉线缠紧，涂以防潮剂，索头亦涂有防潮剂
技术指标	外径：5.2～5.8mm； 药芯直径：不小于2.2mm； 燃速：100～125s/m(缓燃导火索为180～210s/m)； 喷火长度：不低于50mm

续表

项目	内　　容
质量要求	1.粗细均匀,无折伤、变形、受潮、发霉、严重油污、剪断处散头等现象; 2.包裹严密,纱线编织均匀,外观整洁,包皮无松开破损现象; 3.在存放温度不超过40℃、通风干燥条件下保质期为2年
检验方法	1.在1m深静水浸泡4h后,燃速和燃烧性能正常; 2.燃烧时无断火、过火、外壳燃烧及爆声; 3.使用前做燃速检查,先将原来的导火索头剪去50～100mm,然后根据燃速将导火索剪到所需的长度,两端须平整,不得有毛头,检查两端药芯是否正常
适用范围	可用于无瓦斯或矿尘爆炸危险的工作面

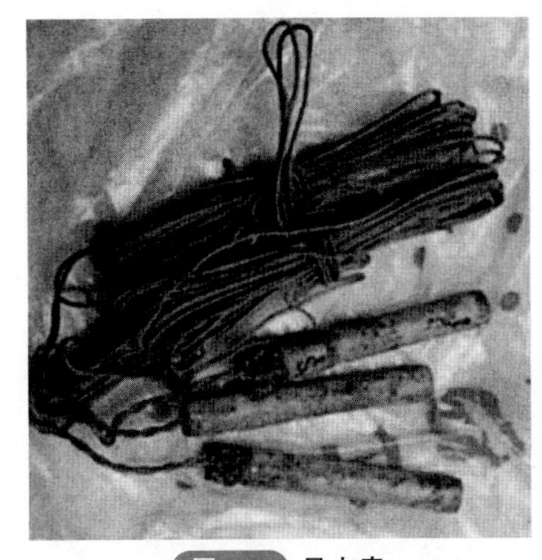

图 4-1 导火索

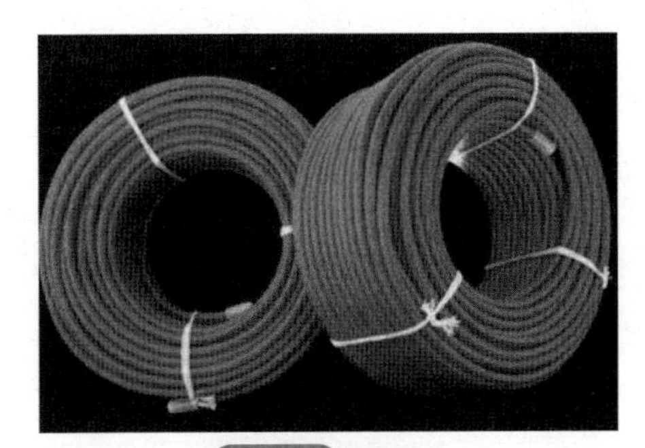

图 4-2 导爆索

(2) 导爆索 是一种以黑索金或泰安为索芯，以棉线、麻线或人造纤维为被覆材料的传递爆轰波的索状起爆器材。导爆索如图 4-2 所示。导爆索的性能见表 4-5。

表 4-5 导爆索的性能

项目	内　　容
构造	芯药用爆速高的烈性黑索金制成,以棉线纸条为包缠物,并涂以防潮剂,表面涂以红色。索头涂有防潮剂
技术指标	外径:4.8～6.2mm; 爆速:不低于6500m/s; 点燃:用火焰点燃时不爆燃、不起爆(应用8号火雷管起爆); 起爆性能:2m长的导爆索能完全起爆一个200g的压装TNT药块
质量要求	1.外观无破损、折伤、药粉撒出、松皮、中空现象,扭曲时不折断,炸药不散落。无油脂和油污; 2.在0.5m深的水中浸24h仍能传爆可靠; 3.在－28～50℃内不失起爆性能; 4.在温度不超过40℃、通风、干燥条件下,保质期为2年

续表

项目	内容
适用范围	用于一般爆破作业中直接起爆2号岩石炸药;用于深孔爆破和大量爆破药室的引爆。并可用于几个药室同时准确起爆,不用雷管。不宜用于有瓦斯、矿尘的作业面及一般炮孔法爆破

(3) 导爆管 是一种内壁涂有混合炸药粉末的塑料软管，外径约3mm，内径约1.40mm，它不同于塑料导爆索，因为它工作时炸药在管内反应，管体不爆炸，并且对环境无破坏效应。当它被激发后，管内炸药剧烈反应，产生发光的冲击波，并以2000m/s的速度稳定地传递爆炸能量。它具有起爆感度高、传爆速度快的特点，有良好的传爆、耐火、抗冲击、抗水、抗电等性能，应用普遍。导爆管的性能见表4-6。导爆管如图4-3所示。

表4-6 导爆管的性能

项目	内容
构造	在半透明软塑料管内壁涂薄薄一层胶状高能混合炸药(主药为黑索金或奥克托金),涂药量大概为16mg/m
技术指标	外径:3mm左右; 内径:1.4mm左右; 爆速:1800m/s; 抗拉力:25℃时不低于70N,50℃时不低于50N,-40℃时不低于100N; 耐静电性能:在30kV、30pF、极距10cm条件下,1min不起爆; 耐温性:50℃和40℃左右时起爆、传爆可靠
质量要求	1.表面有损伤(孔洞、裂口等)或管内有杂物者不得使用; 2.传爆雷管在连接块中能同时起爆8根塑料导爆管; 3.在火焰作用下不起爆; 4.在80m深水处经48h后,起爆正常; 5.卡斯特落锤10kg,150cm落高的冲击作用下不起爆
适用范围	适用于无瓦斯、矿尘的露天、井下、深水、杂散电流大和一次起爆多数炮孔的微差爆破作业中,或上述条件下的瞬发爆破或秒延期爆破
传爆过程	导爆管爆炸时,黏附在管内壁的混合药粉发生快速化学反应,提供传爆能量的来源

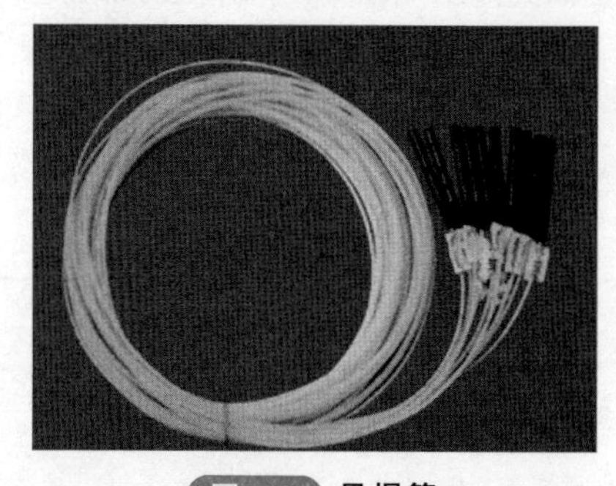

图4-3 导爆管

(4) 雷管 爆破工程的主要起爆材料是雷管，作用是产生起爆能来引爆各种炸药及传爆管，可分为火雷管和电雷管两种。

① 火雷管。火雷管是由导火索的火焰冲能激发而引起爆炸的工业雷管。主要组成部分有管壳、加强帽和装药，装药又分为主发装药和次发装药两种。

管壳的作用是装填药剂，以减少其受外

界的影响，同时可以增大起爆能力和提高振动安全性，主要由铜、铝、铝合金、钢、覆铜钢和纸等制作而成。

加强帽用以“密封”雷管药剂，以减少其受外界的影响，同时可以阻止燃烧气体从上部逸出，缩短燃烧转爆轰的时间，增大起爆能力和提高振动安全性。

主发装药，又叫第一装药、正起爆药或原发装药，它装在雷管管壳的上半部，起到直接接受导火索火焰的作用，是首先爆轰的部分。

次发装药，又叫第二装药、副起爆药或被发装药，它装在雷管的底部，由主发装药引爆，用以加强起爆药的威力，由它产生的爆轰来引爆炸药。

② 电雷管。又称瞬时电雷管，是在电能作用下立即起爆的雷管。从通电到起爆时间不大于13m/s，一般为4～7m/s。其瞬时起爆的均一性取决于电雷管的全电阻和桥丝电阻。因此在产品出厂前和使用前都应检测全电阻，全电阻的误差越小，起爆的均一性越好。

电雷管由普通雷管和电力引火装置组成。如图4-4(a) 所示，电雷管通电后，电阻丝发热，使发火剂点燃，立即引起正起爆药爆炸的叫即发电雷管。如图4-4(b) 所示，当电力引火装置与正起爆药之间放上一段缓燃剂时为迟发电雷管，迟发电雷管又分延期电雷管和毫秒电雷管。

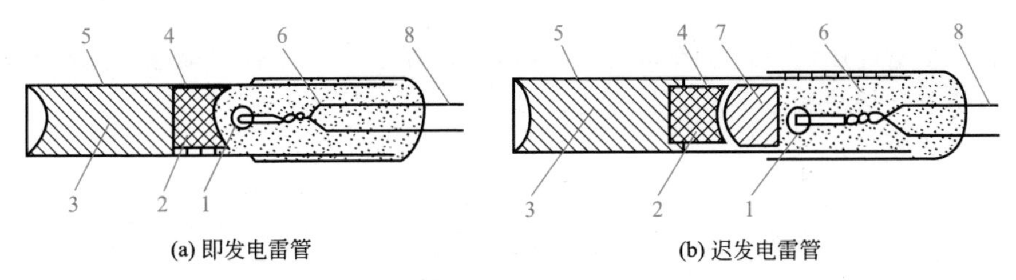

图4-4　电雷管构造示意图

1—电气点火装置；2—正装药；3—副装药；4—加强帽；5—管壳；6—密封胶和防潮涂料；7—缓燃剂；8—脚线

2. 起爆器

(1) 普通起爆器　即点火机，是一种小型发电机，有电容器式和发电机式两种，用于给点火线路供电起爆电雷管。

(2) 遥控起爆器　主要有靠发送无线电波或激光引爆地面装药的遥控起爆器和靠发送声波引爆水中装药的遥控起爆器等，用于远距离遥控起爆装药。遥控起爆器如图4-5所示。

图4-5　遥控起爆器

3. 爆破仪表

专用起爆器，是引爆电雷管和激发笔的专用电源，主要性能及规格见表4-7。

表 4-7 专用起爆器的主要性能与规格

型号	起爆能力/发	输出峰值/V	最大电阻/Ω	充电时间/s	冲击电流持续时间/ms	质量/kg	外形尺寸/mm×mm×mm
MFJ-50/100	50/100	960	170	<6	3~6	—	135×92×75
NFJ-100	100	900	320	<12	3~6	3	180×105×165
J20F-300-B	100/200	900	300	7~20	<6	1.25	148×82×115
NFB-200	200	1800	620	<6	—	—	165×105×102
QLD-1000-C	300/1000	500/600	400/800	15/40	—	5	230×140×190
GM-2000	最大 4000 抗杂类管 480	2000	—	<80	—	8	360×165×184
GNDF-4000	铜 4000 铁 2000	3600	600	10~30	50	111	385×195×360

三、起爆方式

常用的起爆方式有电力起爆法、非电力起爆法及无线起爆法。其中非电起爆法又包括火雷管起爆法（现已不常用）、导爆索起爆法和导爆管起爆法；无线起爆法分为电磁波起爆法和水下声波起爆法。

1. 电力起爆法

电力起爆法利用电雷管中的电力引火剂的通电发热燃烧使雷管爆炸，从而引起药包爆炸。电力起爆改善了工作条件，减少了危险性，能同时引爆许多药包，增大了爆破范围与效果。大规模爆破及同时起爆较多炮眼时，多用电力起爆。但在有杂散电流、静电、感应电或高频电磁波等可能引起电雷管早爆的地区和雷击区爆破时，不应采用电力起爆。

2. 导爆索起爆法

导爆索起爆法是将雷管捆在导爆索一端引爆，经导爆索传播，将捆在另一端的炸药起爆的方法。在单独使用时形成的网络有开口网络和复式网络等。多用于深孔爆破、硐室爆破和水下爆破等。

3. 导爆管起爆法

导爆管起爆法是指导爆管被激发后传播爆轰波引发雷管，再引爆炸药的方法。爆管应均匀地敷设在雷管周围，并用胶布等捆扎。用导爆索起爆导爆管时，宜采用垂直连接。

4. 电磁波起爆法

电磁波起爆法是用电磁感应原理制成遥控装置起爆的方法。在炮孔口设一起爆元件接收感应线圈，当发射天线发射交变磁场时在接收线圈内感应而形成电势，经整流变直流向电容器充电达到额定值停止，电子开关闭合时将电容器与电雷管接通引爆。此法多用于水下爆破。

电磁波起爆法原理：起爆器在合闸后向母线输出高频脉冲电流，电流通过电磁转换器的磁芯，使电雷管的环形脚线中产生感应电压而起爆雷管。这种系统由于带磁环的电雷管只接受起爆器输出的高频脉冲信号，对工频电和其他频率的交流电不发生反应，大大提高了该系统抗外来电的安全性。

第二节 露天爆破

一、露天深孔爆破

深孔爆破一般是在台阶上或事先平整的场地上进行钻孔作业，并在孔中装入延长药包，朝向自由面的，以一排或数排炮孔进行爆破的一种作业方式。深孔爆破按孔径、孔深不同，分为深孔台阶爆破和浅孔台阶爆破。通常将孔径大于 75mm、孔深大于 5m 的钻孔称为深孔。反之，则称为浅孔。

1. 台阶要素、钻孔形式和布孔方式

(1) 台阶要素 如图 4-6 所示，H 为台阶高度，m；W_1 为前排钻孔的底盘抵抗线，m；L 为钻孔深度，m；L_1 为装药长度，m；L_2 为堵塞长度，m；h 为超深，m；α 为台阶坡面角，(°)；a 为孔距，m；B 为钻孔中心至坡顶线的安全距离，m。

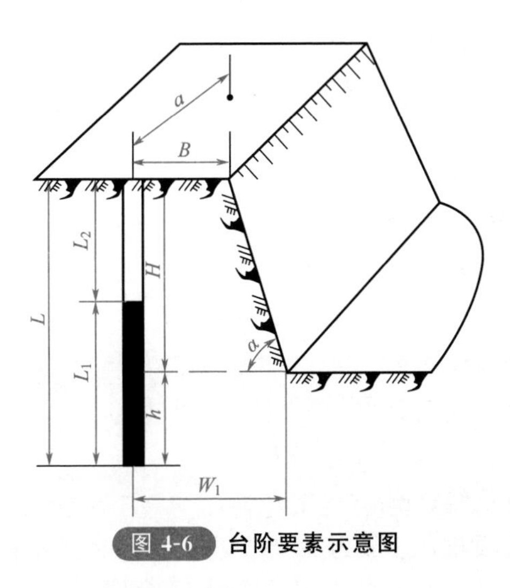

图 4-6 台阶要素示意图

(2) 钻孔形式 露天深孔爆破的钻孔形式分为垂直钻孔和倾斜钻孔两种，如图 4-7 所示。特殊情况下采用水平钻孔。

(3) 布孔方式 分为单排布孔和多排布孔两种。多排布孔又分为方形、矩形及三角形 3 种，如图 4-8 所示。

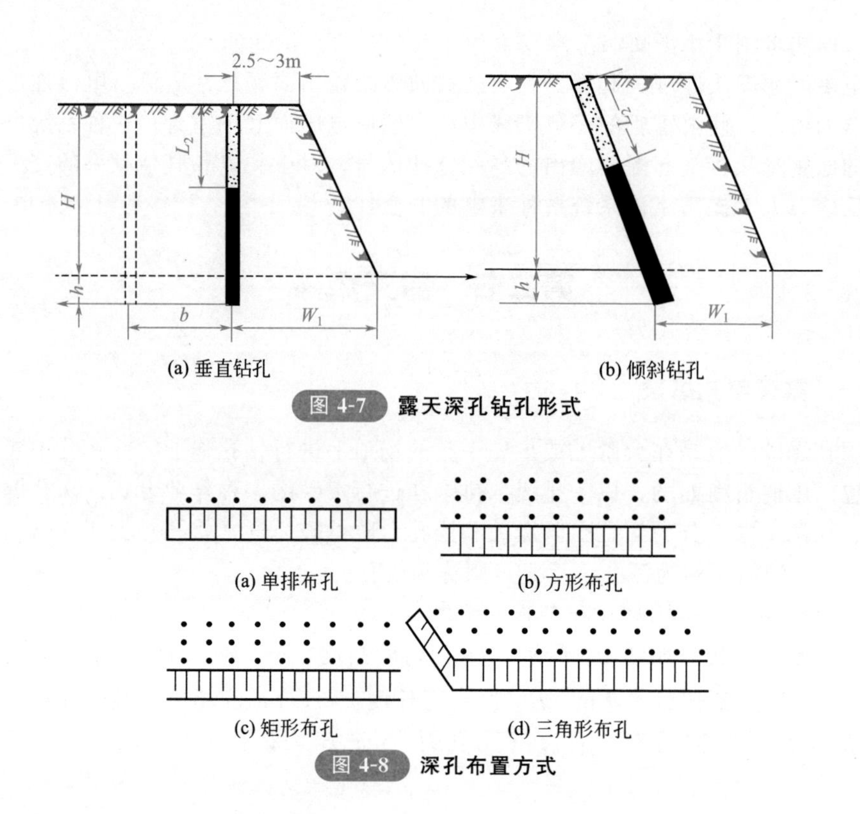

2.5～3m
L_2
H
h
b
W_1
(a) 垂直钻孔
(b) 倾斜钻孔

图 4-7 露天深孔钻孔形式

(a) 单排布孔
(b) 方形布孔
(c) 矩形布孔
(d) 三角形布孔

图 4-8 深孔布置方式

2.爆破参数设计（经验法）

(1) 孔径 *D* 主要取决于钻机类型、台阶高度和岩石性质。孔径为 76～170mm 不等。

(2) 台阶高度 以 $H=10\sim15\text{m}$ 为佳。

(3) 底盘抵抗线 W_1 和排距 *b*

① 根据钻孔作业的安全条件计算

$$W_1 \leqslant H\cot\alpha + B \tag{4-1}$$

② 按台阶高度和孔径计算

$$\begin{aligned} W_1 &= (0.6\sim0.9)H \\ W_1 &= kd \end{aligned} \tag{4-2}$$

式中 W_1——底盘抵抗线，m；

α——台阶坡面角，一般为 60°～75°；

H——台阶高度，m；

B——钻孔中心至坡顶线的安全距离，$B \geqslant 2.5\sim3.0\text{m}$；

k——系数，为 20～40；

d——炮孔直径，mm。

③ 排距 b 是指多排孔爆破时，相邻两排钻孔间的距离，$b=W$。W 为实际抵抗线。

(4) 孔距 a 是指同一排深孔中相邻两钻孔中心线间的距离

$$a=mW=mb \tag{4-3}$$

式中 m——炮孔密集系数，m 通常大于 1.0，一般为 1.0～1.2。

(5) 超深 h

$$h=(0.15\sim0.30)W$$

或

$$h=(10\sim20)d \tag{4-4}$$

(6) 孔深 L

直孔孔深计算公式为

$$L=H+h \tag{4-5}$$

斜孔孔深计算公式为

$$L=(H+h)/\sin\alpha \tag{4-6}$$

(7) 堵塞长度 L_2

$$L_2=(0.9\sim1.2)W_1 \tag{4-7}$$

或

$$L_2=(20\sim30)d_0 \tag{4-8}$$

式中 d_0——药包直径，mm。

(8) 单位炸药消耗量 q 可参考实践经验，或按表 4-8 选取。该表以 2 号岩石铵梯炸药为标准。

表 4-8 单位炸药消耗量 q 值

岩石坚固性系数 f	0.8～2	3～4	5	6	8	10	12	14	16	20
$q/(kg/m^3)$	0.40	0.43	0.46	0.50	0.53	0.56	0.60	0.64	0.67	0.70

(9) 每孔装药量 Q 单排孔爆破或多排孔爆破的第一排孔的每孔装药量按下式计算

$$Q=qaWH \tag{4-9}$$

式中 q——单位炸药消耗量，kg/m^3；

a——孔距，m；

H——台阶高度，m；

W——抵抗线，m。

多排孔爆破时，从第二排炮孔起，以后各排孔的每孔装药量按下式计算

$$Q=kqabH \tag{4-10}$$

式中 k——考虑先爆排孔应力波作用和岩石碰撞作用的系数，$k=0.90\sim0.95$；

b——排距，m。

3. 装药结构

(1) 连续装药结构 沿着炮孔轴向方向连续装药，孔深超过 8m 时，布置两个起爆药包，一个置于距孔底 0.3～0.5m 处，另一个置于药柱顶端 0.5m 处。

(2) 分段装药结构 将深孔中的药柱分为若干段，用空气或岩渣间隔（图 4-9）。

(3) 孔底间隔装药结构 底部一段长度不装药，以空气或柔性材料作为间隔介质（图 4-10）。

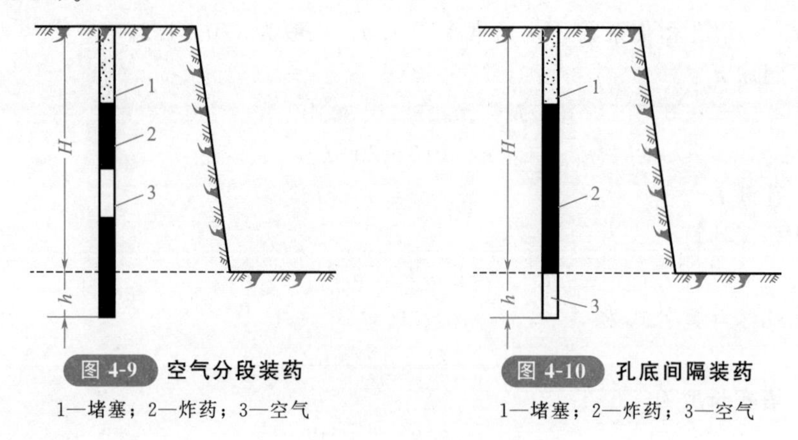

图 4-9 空气分段装药

1—堵塞；2—炸药；3—空气

图 4-10 孔底间隔装药

1—堵塞；2—炸药；3—空气

4. 起爆顺序

(1) 排间顺序起爆 细分为排间全区顺序起爆和排间分区顺序起爆，如图 4-11 所示。

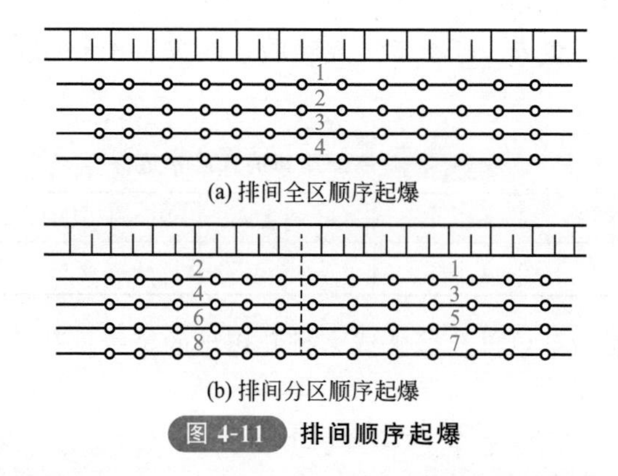

(a) 排间全区顺序起爆

(b) 排间分区顺序起爆

图 4-11 排间顺序起爆

(2) 排间奇偶式顺序起爆 从自由面开始，由前排至后排逐步起爆，在每一排里均按奇数孔和偶数孔分成两段起爆，如图 4-12 所示。

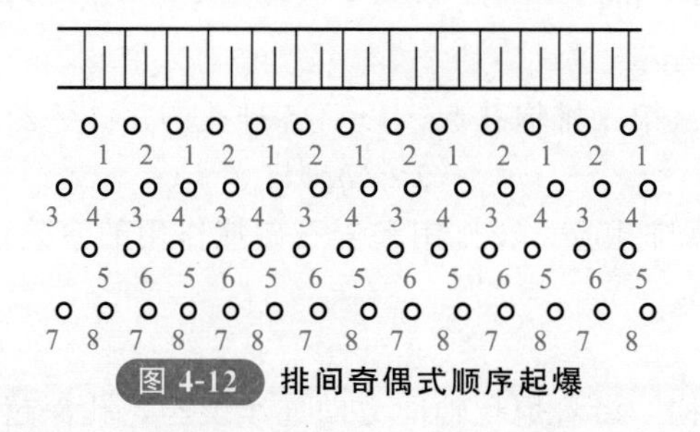

图 4-12 排间奇偶式顺序起爆

(3) 波浪式顺序起爆 即相邻两排炮孔的奇偶数孔相连，其爆破顺序犹如波浪，如图 4-13 所示。

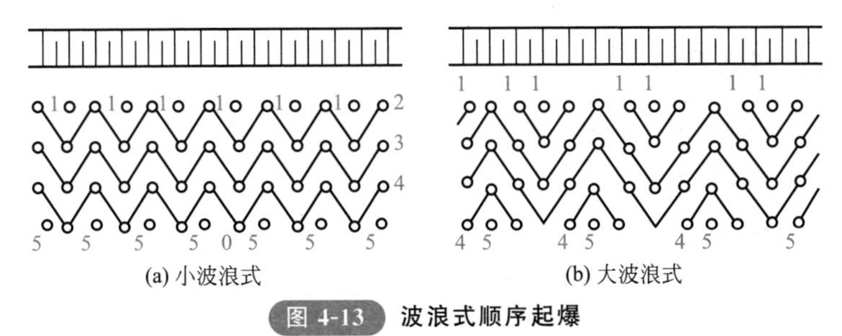

(a) 小波浪式　(b) 大波浪式

图 4-13 波浪式顺序起爆

(4) V 字形顺序起爆 前后排孔同段相连，起爆顺序似 V 字形。起爆时，先从爆区中部爆出一个 V 字形的空间，为后段炮孔创造自由面，然后两侧同段起爆，如图 4-14 所示。

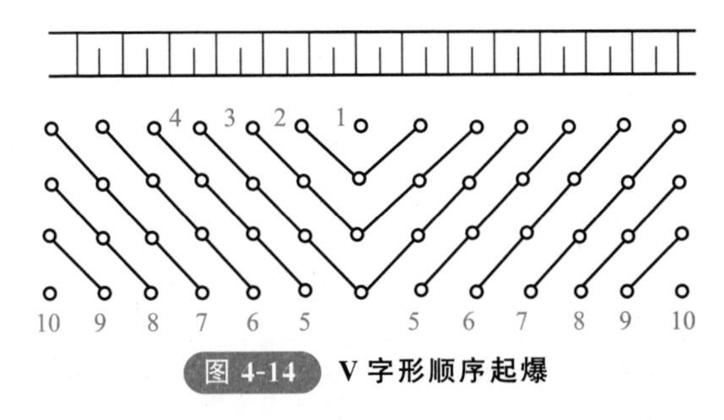

图 4-14 V 字形顺序起爆

(5) 梯形顺序起爆 前后排同段炮孔连线似梯形，该起爆顺序碰撞挤压效果好，如图 4-15 所示。

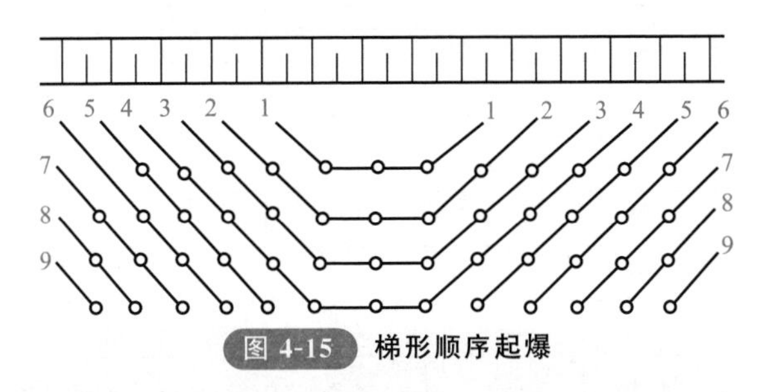

图 4-15 梯形顺序起爆

(6) 对角线顺序起爆 从爆区侧翼开始，同时起爆的各排炮孔均与台阶坡顶线斜交，毫秒爆破为后爆炮孔创造了新的自由面，如图 4-16 所示。

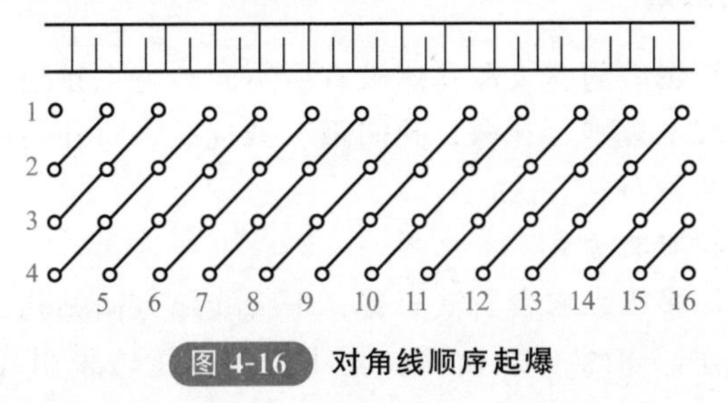

图 4-16 对角线顺序起爆

二、露天浅孔爆破

与露天深孔爆破基本原理、爆破参数选择相似，露天浅孔爆破的孔径、孔深、孔间距、爆破规模比较小。

坚硬岩石浅孔爆破的主要参数，可参考表 4-9。

表 4-9 坚硬岩石浅孔爆破的主要参数

孔径/mm	台阶高/m	孔深/m	抵抗线/m	孔间距/m	堵塞长度/m	装药量/kg	单耗/(kg/m³)
26～34	0.2	0.6	0.4	0.5	0.5	0.05	1.25
	0.3	0.6	0.4	0.5	0.5	0.05	0.83
	0.4	0.6	0.4	0.5	0.5	0.05	0.63
	0.6	0.9	0.5	0.65	0.8	0.10	0.51
	0.8	1.1	0.6	0.75	1.0	0.20	0.56
	1.0	1.4	0.8	1.0	1.0	0.40	0.50
51	1.0	1.4	0.8	1.0	1.1	0.40	0.50
	1.5	2.0	1.0	1.2	1.2	0.85	0.47
	2.0	2.6	1.3	1.6	1.3	1.70	0.41
	2.5	3.2	1.5	1.9	1.5	2.70	0.38
64	1.0	1.4	0.8	1.0	1.1	0.40	0.50
	2.0	2.7	1.3	1.6	1.5	1.90	0.46
	3.0	3.8	1.6	2.0	1.6	3.80	0.40
	4.0	4.9	2.1	2.6	2.0	6.50	0.30
76	1.0	1.6	1.1	1.3	1.2	0.57	0.40
	2.0	2.6	1.3	1.6	1.3	1.70	0.41
	3.0	3.8	1.5	1.8	1.5	3.20	0.40
	4.0	5.0	1.7	2.1	1.7	5.60	0.39
	5.0	6.2	2.0	2.5	2.0	10.0	0.40
	6.0	7.4	2.6	3.2	2.6	18.1	0.36

三、路堑深孔爆破

铁路、公路路堑爆破与露天深孔爆破有所不同，特点是地形变化大，多在条形地带施工，爆破区域不规则，孔深、孔间距、抵抗线、每孔装药量等变化大，布孔条件复杂，通常有两种布孔方法。

1.半壁路堑开挖布孔方式

半壁路堑开挖，多以纵向台阶法布置，平行线路方向钻孔。对于高边坡半壁路堑，应采用分层布孔，如图 4-17 所示。复线扩建路堑，采用浅层横向台阶纵向推

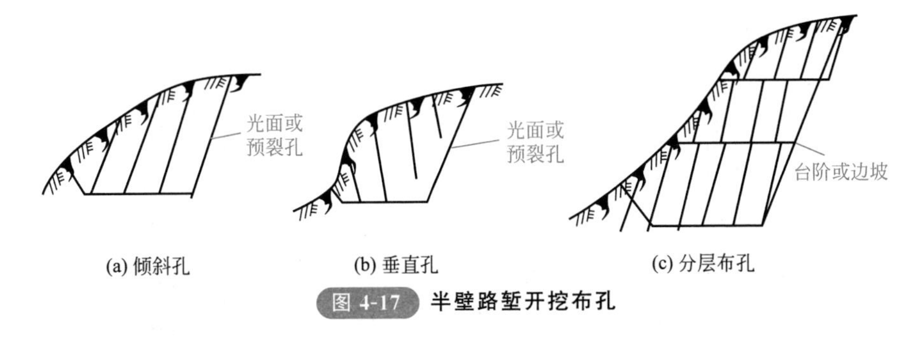

图 4-17　半壁路堑开挖布孔

进法布孔，边坡用预裂爆破，如图 4-18 所示。

2. 全路堑开挖布孔方式

全路堑开挖断面小，缺少自由面，爆破易影响边坡的稳定性。最好采用纵向浅层开挖。上层边孔可布置倾斜孔进行预裂爆破，下层靠边坡的垂直孔深度应控制在边坡线以内，如图 4-19 所示。

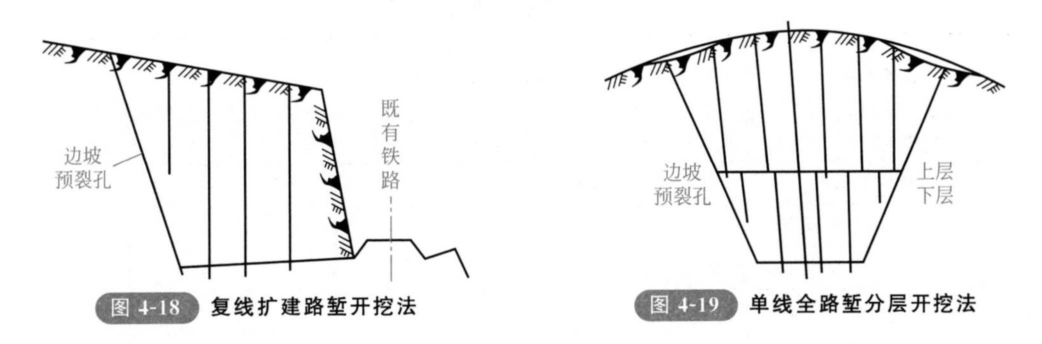

图 4-18　复线扩建路堑开挖法

图 4-19　单线全路堑分层开挖法

四、沟槽爆破

1. 常规沟槽爆破

宽度小于 4m 的台阶爆破称为沟槽爆破。中间孔（单孔或双孔）布置在边孔前面，起爆顺序是先中间后两边，装药量基本相同，装药量集中于底部，如图 4-20 所示。

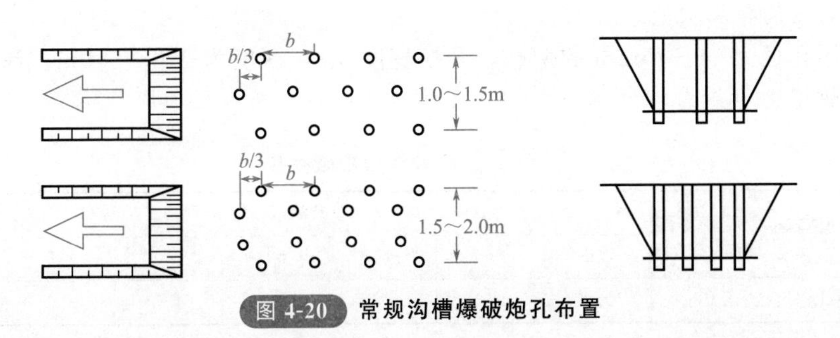

图 4-20　常规沟槽爆破炮孔布置

2. 光面沟槽爆破

光面沟槽爆破布孔是中间孔和边孔布置在一排，如图 4-21 所示。

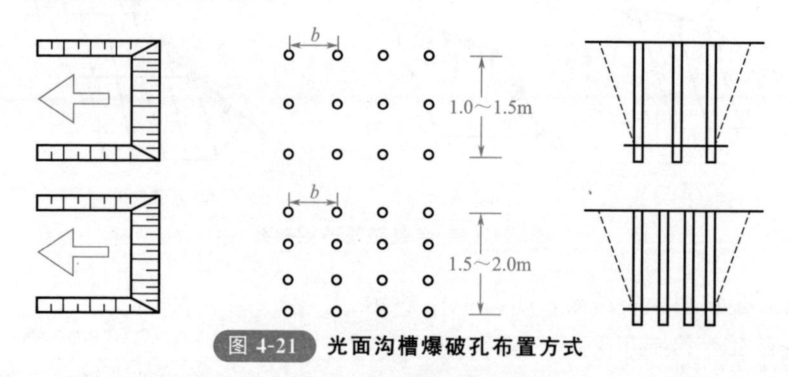

图 4-21 光面沟槽爆破孔布置方式

中间孔先响，边孔后响，周边孔与中间孔装药结构有差异。光面沟槽爆破参数见表 4-10。

表 4-10 光面沟槽爆破参数

爆破参数		沟槽深度 H/m						
		1.0	1.5	2.0	2.5	3.0	3.5	4.0
炮孔深度 L/m		1.6	2.1	2.6	3.1	3.7	4.2	4.7
抵抗线 W/m		0.8	0.8	0.8	0.8	0.7	0.7	0.7
中间孔	底部装药/kg	0.4	0.5	0.6	0.7	0.8	0.9	0.9
	上部装药/kg	0.2	0.3	0.4	0.6	0.8	0.9	1.1
	总药量/kg	0.6	0.8	1.0	1.3	1.6	1.8	2.0
	堵塞长度/m	0.8	0.8	0.8	0.8	0.8	0.7	0.7
周边孔	底部装药/kg	0.3	0.4	0.5	0.6	0.6	0.7	0.7
	上部装药/kg	0.2	0.2	0.3	0.3	0.4	0.5	0.6
	总药量/kg	0.5	0.6	0.8	0.9	1.0	1.2	1.3
	堵塞长度/m	0.3	0.3	0.3	0.3	0.3	0.3	0.3
平均单耗/(kg/m^3)		1.0	0.8	0.8	0.8	0.8	0.8	0.8

3. 高效沟槽爆破

采用孔径为 64～75mm 的炮孔，开挖宽度 3m，深度为 2.0～5.0m。高效沟槽爆破参数见表 4-11。

表 4-11 高效沟槽爆破参数

爆破参数	沟槽深度 H/m						
	2.0	2.5	3.0	3.5	4.0	4.5	5.0
炮孔深度 L/m	2.6	3.2	3.7	4.2	4.7	5.3	5.8

续表

爆破参数	沟槽深度 H/m						
	2.0	2.5	3.0	3.5	4.0	4.5	5.0
抵抗线 W/m	1.6	1.6	1.6	1.6	1.5	1.5	1.5
装药集中度/(kg/m)	2.6	2.6	2.6	2.6	2.6	2.6	2.6
装药高度 L_1/m	0.6	1.2	1.7	2.2	2.7	3.3	3.8
ANFO 装药量 Q_1/kg	1.55	3.10	4.40	5.70	7.00	8.60	9.90
起爆药量 Q_2/kg	1.25	1.25	1.25	1.25	1.25	1.25	1.25
堵塞长度 L_2/m	1.5	1.5	1.5	1.5	1.5	1.5	1.5
平均单耗/(kg/m^3)	1.2	1.2	1.6	1.6	1.8	1.8	1.8

4. 沟槽爆破的注意事项

① 为保护开挖边坡，边孔位置距沟槽顶口边线的距离一般以一个炮孔直径为佳。

② 在沟槽边坡较缓（大于 1∶0.75）的边坡上进行垂直布孔时，应考虑炮孔底部距边坡的保护层厚度，如图 4-22 所示。边坡保护层厚度 $\rho=(5\sim8)d_0$，d_0 为底部药包直径，mm。

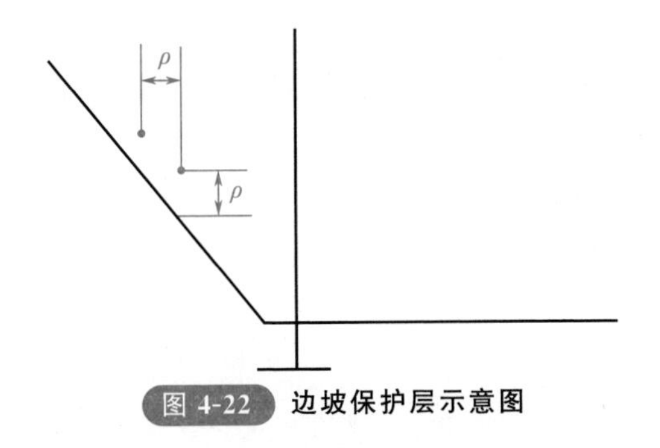

图 4-22 边坡保护层示意图

第三节 水压爆破

一、水压爆破的分类及特点

1. 水压爆破的分类

根据装药和作用条件的不同，水压爆破可分为以下几类。

(1) 钻孔水压爆破 药包置于有水钻孔中进行爆破，由于介质抵抗线较大，应力波在待破坏介质中作用时间相对较长，应力波起主要作用。

(2) 壁体整体性运动引起介质破坏 主要是由于壁体整体性运动引起介质破坏，如容器状构筑物或建筑物，由于待破坏介质的厚度尺寸较小，荷载作用时间长于应力波通过介质的时间，波在介质中传播已造成介质的整体性运动，因而可以不考虑应力波在介质内的传播，而直接考虑介质的整体性惯性运动。

2. 水压爆破的特点

① 基于水的不可压缩性和较高的密度、较大的流动黏度，水中爆轰产物的膨胀速度要慢，在耦合水中激起爆炸冲击波的作用强度高和作用时间长。

② 在炮孔周围岩石中产生的爆炸应力波强度高，衰减慢，作用时间较长，即有较高的爆炸压力峰值，因此，对岩石造成的破坏作用强。

③ 因为水的不可压缩性和较高的能量传递效率，同时相当于炮泥，水又具有一定的堵塞作用，因此，传递给岩石的爆破能量分布更加均匀、利用率高。

④ 在爆破破碎质量上，它能使破碎块更加均匀。在爆破安全方面，它能够有效地控制爆破震动、爆破飞石、空气冲击波和产生有毒气体的强度和数量、降低爆破粉尘。

二、水压爆破拆除施工

① 通常容器类结构物不是理想的贮水结构，要对其进行防漏和堵漏处理，其外侧一般是临空面，对半埋式的构筑物，应对周边覆盖物进行开挖，若要对其底板获得良好的效果，需挖底板下的土层。

② 注意缺口的封闭处理、孔隙漏水的封堵、注水速度、排水，用防水炸药和电爆网路和导爆管网路。药包采用悬挂式或支架式，需附加配重防止上浮和移位。

③ 水压爆破引起的地面震动比一般基础结构物爆破时大，为控制震动的影响范围，应采取开挖防震沟等隔离措施。

第四节 建、构筑物拆除爆破

一、拆除爆破的特点及范围

1. 拆除爆破的特点

① 保证拟拆除范围塌散、破碎充分，邻近的保留部分不受损坏。

② 控制建、构筑物爆破后的倒塌方向和堆积范围。

③ 控制爆破时个别碎块的飞散方向和抛出距离。

④ 控制爆破时产生的冲击波、爆破震动和建筑物塌落震动的影响范围。

2. 拆除爆破的范围

① 一类是有一定高度的建、构筑物，如厂房、桥梁、烟囱等；另一类是基础

结构物、构筑物，如建筑基础、桩基等。

② 按材质分为钢筋混凝土、素混凝土、砖砌体、浆砌片石、钢结构等。

二、砖混结构楼房拆除爆破

1. 砖混结构楼房爆破拆除的特点

砖混结构楼房一般在10层以下，有的含部分钢筋混凝土柱，拆除爆破多采用定向倒塌方案或原地塌落方案。爆破楼房要往一侧倾倒时，对爆破缺口范围的柱、墙实施爆破时，一定使保留部分的柱和墙体有足够的支撑强度，成为铰点，使楼房倾斜后向一侧塌落。

2. 砖墙爆破设计参数的选取原则

一般采用水平钻孔，W 为砖墙厚度 B 的一半，即 $W=B/2$，炮孔水平方向间距 a，随墙体厚度及其浆砌强度而变化，取 $a=(1.2\sim2.0)W$，排距 $b=(0.8\sim0.9)a$。砖墙拆除爆破参数见表4-12。

表4-12 砖墙拆除爆破参数

墙厚/cm	W/cm	a/cm	b/cm	孔深/cm	炸药单耗/(g/m^3)	单孔药量/g
24	12	25	25	15	1000	15
37	18.5	30	30	23	750	25
50	25	40	36	35	650	45

3. 砖混结构楼房拆除爆破施工

① 对非承重墙和隔断墙可以进行必要的预拆除，拆除高度应与要爆破的承重墙高度一致。

② 楼梯段会影响楼房顺利坍塌和倒塌方向，爆破前预处理或布孔装药与楼房爆破时一起起爆。

三、烟囱爆破

烟囱爆破的特点是重心高、支撑面积小。

1. 砖烟囱爆破

在砖烟囱的根部，布置几排呈梅花形交错的炮孔，如图4-23(a) 所示。爆破范围应大于或等于筒身爆破截面处外周长 L 的60%～75%，炮孔位置按放倒方向两侧均匀排列，高度距地面一般为0.7～1.0m。烟囱内堆积物爆破前应予清除。钻孔分上下两排交错排列，孔径一般为40～50mm；孔距与孔平均装药量视砖烟囱壁厚而定，雷管分两组引爆，相隔时间控制在1/10s左右，雷管为并联电路。起爆时，破坏烟囱围壁的一半以上，使重心落入被破坏空隙处，靠烟囱本身自重定向翻倒90°塌落，散落范围约成60°角，散落半径约等于烟囱实际放倒高度的1.2～1.3倍。砖烟囱爆破单位炸药消耗量见表4-13。

表 4-13 砖烟囱爆破单位炸药消耗量

壁厚 d/cm	径向砖块数/块	q/(g/m^3)	[(ΣQ_i)/V]/(g/m^3)
37	1.5	2100～2500	2000～2400
49	2.0	1350～1450	1250～1350
62	2.5	830～950	840～900
75	3.0	640～690	600～650
89	3.5	440～480	420～460
101	4.0	340～370	320～350
114	4.5	270～300	250～280

注：表中，q 为单位炸药消耗量；ΣQ_i 为总炸药量；V 为总体积。

2. 钢筋混凝土烟囱爆破

钢筋混凝土烟囱爆破炮孔布置如图 4-23(b) 所示，先在烟道口的两侧开两个梯形或楔形孔洞，使筒身靠三或四块板体支撑（应做强度核算）。爆破时，在倾倒方向前侧两个板体上布孔，孔距 200～300mm。爆破范围、距地面高度等要求与砖烟囱基本相同，爆破后将向一侧倾倒 90°倒塌。钢筋混凝土烟囱爆破单位炸药消耗量见表 4-14。

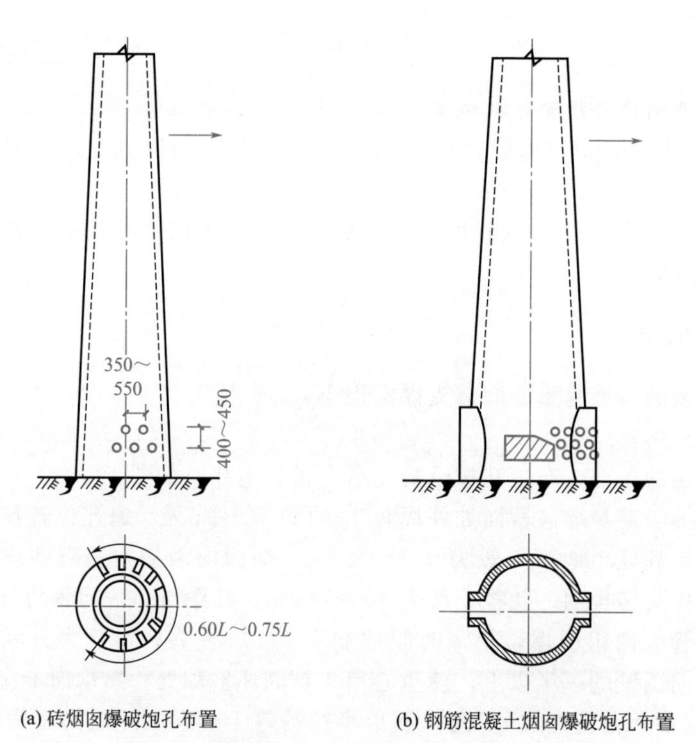

(a) 砖烟囱爆破炮孔布置

(b) 钢筋混凝土烟囱爆破炮孔布置

图 4-23 烟囱爆破炮孔布置

表 4-14　钢筋混凝土烟囱爆破单位炸药消耗量

壁厚 d/cm	q/(g/m^3)	[(ΣQ_i)/V]/(g/m^3)	壁厚 d/cm	q/(g/m^3)	[(ΣQ_i)/V]/(g/m^3)
50	900～1000	700～800	70	480～530	380～420
60	660～730	530～580	80	410～450	330～360

四、桥梁拆除爆破

1. 设计原则

① 一般考虑两次爆破，即墩、台和桥面为一次坍塌，桥基和翼墙作为第二次爆破。其好处是利用桥面防护墩台，可减少防护材料，防飞石，安全性好。

② 作结构力学分析，只需把关键部位的节点约束力爆破解除，减少钻孔爆破工程量。

③ 针对清渣手段，控制解体残渣合适的块度。

④ 应当把钻孔爆破、切割爆破等爆破手段结合起来使用，根据环境情况确定一次起爆药量。

2. 基本参数

① 最小抵抗线 W，根据结构、材质及清渣方式决定，一般 W=35～50cm。

② 孔深 L 为自由面时，L=0.6H，为实体时，L=0.9H，H 为爆破体高度或厚度。

③ 排距 b=W，孔距 a=(1.0～1.8)W，切除爆破 a=(0.5～0.8)W。

④ 单耗药量（q）可参照表 4-15 的数据选取。

表 4-15　混凝土桥梁拆除爆破 q 值参考表

材料种类	低强度等级混凝土	高强度等级混凝土	砌砖(石)	钢筋混凝土	密筋混凝土
临空面个数	1～2	1～2	2～3	3～4	1～2
q/(g/m^3)	125～150	150～180	160～200	280～ 340	360～420

五、静态破碎

1. 作用原理

将一种含有钼、镁、钙、钛等元素的无机盐粉末状态静态破碎剂，用适量水调成流动状浆体，然后把它直接灌入钻孔中，经化学反应，使晶体变形，随时间的增长产生巨大的膨胀压力，缓慢地、静静地施加给孔壁，经过一段时间后达到最大值，这时就可以将岩石或混凝土胀裂、破碎。

2. 无声破碎剂（也称静态破碎剂）

静态破碎剂主要用于宝贵矿石的开发和特殊建筑物的拆除，如大理石和花岗岩等，具有污染小、噪声小、危险性小、能有效控制等特点。静态破碎剂如图 4-24 所示。

图 4-24 静态破碎剂

3. 适用范围

① 混凝土和砖石结构物的破碎拆除。

② 各种岩石的切割或破碎，或二次破碎，但不适用于多孔体和高耸的建筑物。

第五节　特种爆破

一、定向爆破

定向爆破是一种加强抛掷爆破，即在一定的条件下，使爆裂的介质朝着预定的方向集中抛掷，达到筑坝、填坑或挖成一定断面渠道的目的。

图 4-25(a) 是用定向爆破筑坝或填平洼坑。药包埋设在一侧的山坡上（也有从两侧爆破的）；图 4-25(b) 是定向爆破挖渠，在梯形渠底两边埋辅助药包，中间埋主药包，辅助药包先起爆，创造定向坑，由于时间相差很少，两边爆破物尚未落下时，主药包起爆，把岩块（连同两边辅助药包的爆碎物）一齐抛向两岸，再稍加整理，即成渠道断面。

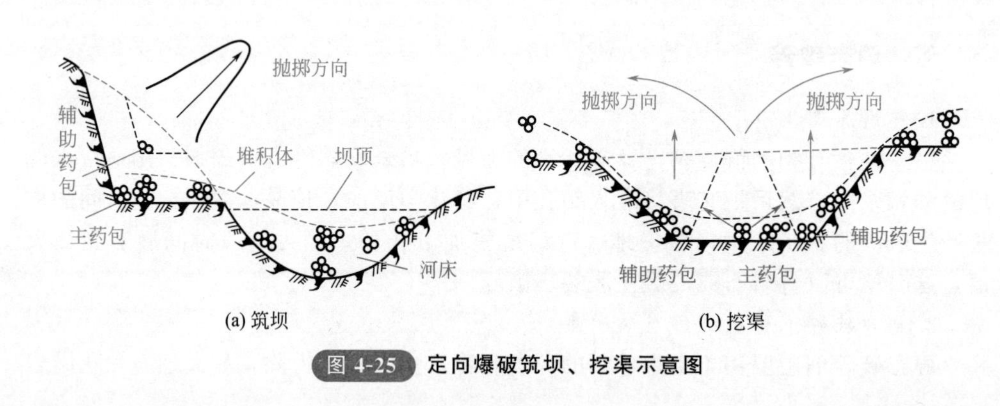

图 4-25 定向爆破筑坝、挖渠示意图

二、边线控制爆破

1. 密孔法

密孔法，也称防震孔法，如图 4-26 所示。它是沿着设计的开挖线钻一排（或两排）很密的钻孔，在这些钻孔中都不装药，其目的是为了造成一个薄弱面，靠这个面反射一部分爆震波，从而减轻对非开挖部分的围岩或建筑物的破坏作用，同时也控制了开挖的轮廓。

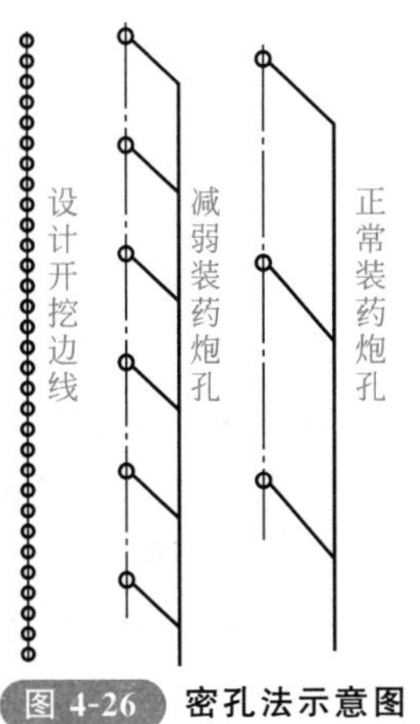

图 4-26 密孔法示意图

使用钻孔的孔距为孔径的 2～4 倍，孔深不宜过大（10m 以内），否则钻孔易偏斜而不能保持在一个平面上，反而会引起不良效果。紧靠密孔的一排炮孔，装药量减少 50%左右，孔距则要适当加密，为正常装药炮孔间距的 50%～75%。

密孔法的主要缺点是施工速度慢，费用也比较高，而效果又不够可靠。经验证明，在均质的层面破碎带和接合面很少的岩层中，应用效果比较好。如果层面破碎带发育或接合面多，它们本身就是天然的薄弱面，这时用密孔法效果就不显著。有时反而促进了岩体的剪切破坏。

2. 预裂法

预裂爆破，常用于大劈坡和开挖深槽控制设计边线的爆破。它的特点是根据岩石特点，在开挖区爆破前，沿设计开挖线先炸出一条宽 1～4cm 的裂缝面。试验表明，这个缝面可将爆破开挖区传来的冲击波能量削减 70%，减轻保留区的震动，切断爆区裂缝向保留区的扩展，保证设计边坡的稳定和平整。

预裂爆破施工的技术要求有如下五点。

① 炮孔直径随钻进机具而异，通常为 50～200mm。浅孔爆破用较小的孔径，深孔爆破用较大的孔径。为避免爆破时炸碎炮孔孔壁，采用不耦合装药，药卷直径要小于炮孔直径，孔径与药包直径之比称为不耦合系数，其值通常采用 2～4。

② 炮孔孔距与岩石特性、装药情况、缝壁平整度、孔径大小相关。通常取为孔径的 8～12 倍。孔径小取较大的倍数，孔径大取较小的倍数；岩石均匀完整取较大的倍数，岩石破碎取较小的倍数。

③ 线装药密度等于全孔装药重（扣除底部增加的装药量）除以装药段长度（不包括堵塞长度）。考虑到孔底部夹制作用大，为保证裂到底，可在孔底增加装药量，孔深大于 10m 时，底部增加的药为线装药密度的 3～5 倍；孔深 5～10m 时，增加 2～3 倍；孔深 3～5m 时，增加 1～2 倍。将增加的药量均匀摊到孔底 1～2m 的长度上。目前使用较多的装药结构是将药包分散绑扎在传爆线上组成药串的形式，可获得高质量的预裂壁面。分散药包的相邻间距不应大于 50cm 和不大于药包的殉爆距离。

④ 根据不耦合原理，药包应尽可能放置于孔的中间，避免与孔壁接触。孔口留 1m 不装药，用粗砂或钻屑作堵塞材料，不捣实，自然填至孔口。

⑤ 预裂缝与松动爆破最后一排孔的距离如下。如果开挖区采取大孔径、大药径爆破法，到接近预裂缝的区段，应减小孔径或药径，或采取不耦合爆破（不耦合系数大于2）。最后一排孔到预裂缝的距离以0.75～1.2m较适宜。

3.光面法

光面爆破是一种用于开挖地下工程的控制爆破。它的施工方法是沿设计开挖线布置小孔径、密间距的周边炮孔，采用空隙装药，进行弱震爆破，炸除松动炮孔和周边孔间保护层的岩石，形成光面。其作用和预裂爆破的成缝机理颇为相似。其施工的主要技术措施如下。

① 边孔直径 d 宜在50mm以内，其孔距大体为孔径的16倍，孔距与最小抵抗线之比 a/W 宜在0.75～0.95内，岩石的牢固系数越小取值越大，反之，取值越小。但 W 以不超过0.8m为宜。

② 为了保证弱震效果，边孔装药量较一般爆破装药量少一半以上。既可连续装药，也可间隔装药，形成空隙药包结构。前者先在孔底装一筒标准药卷，其余用25mm的细药卷；后者装一节0.25kg的药卷，再每隔10～20cm装0.1kg的细药卷，可将药卷绑在竹片上。为减少炸药威力，可在2号岩石炸药内掺入15%的锯木屑，这时可连续装药。

③ 曲线段的周边孔孔距应加密到0.2m，并采用间孔装药，以控制曲线轮廓。为保证爆后洞壁平整，光面爆破对周边孔的钻孔精度要求甚高，施钻时应采取措施，防止钻孔偏离。

④ 光面爆破的起爆程序与预裂爆破不同，光面爆破洞挖作业是先掏槽（1～2孔段），次崩落（3～8孔段），后周边（9～12孔段），如图4-27所示。段内同时起爆，段与段间分段延期起爆。

与常规爆破方法比较，光面爆破的钻孔长度和炸药用量都较大，但由于减少了超欠挖量，围岩稳定性好，减少了临时支护、灌浆和衬砌工程量，从而使硐室工程的总投资大为减少。

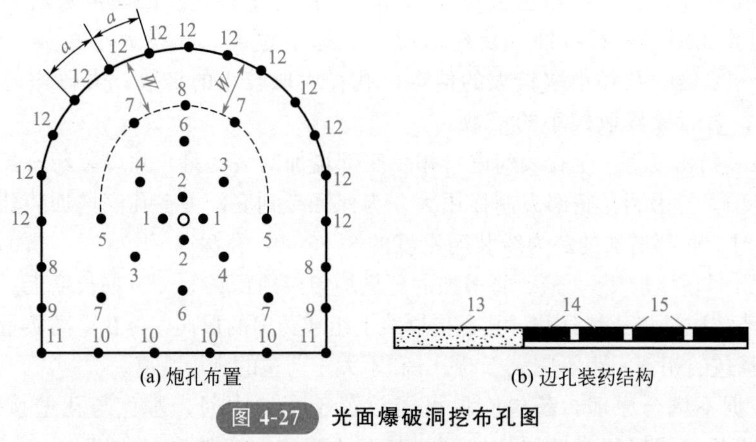

(a) 炮孔布置　　(b) 边孔装药结构

图4-27　光面爆破洞挖布孔图

1～12—炮孔孔段编号；13—堵塞物；14—药卷；15—空隙

第六节　爆破工程施工作业

一、爆破施工工艺流程

1.拆除爆破施工工艺流程

拆除爆破工程作业程序可以分为工程准备及爆破设计、施工阶段、爆破实施阶段。拆除爆破施工工艺流程见图4-28。

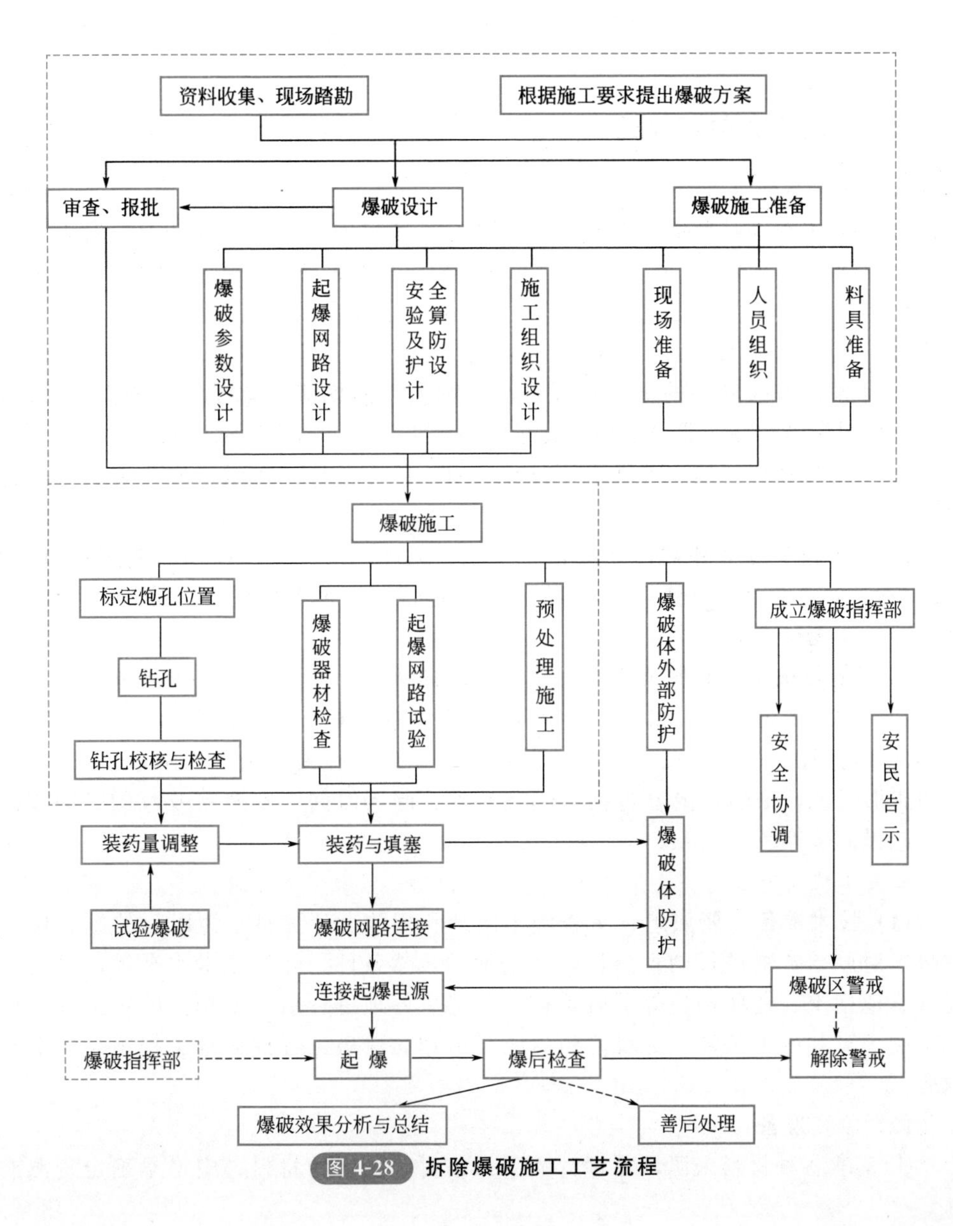

图4-28　拆除爆破施工工艺流程

2. 深孔爆破施工工艺流程

深孔爆破施工工艺流程如图 4-29 所示。

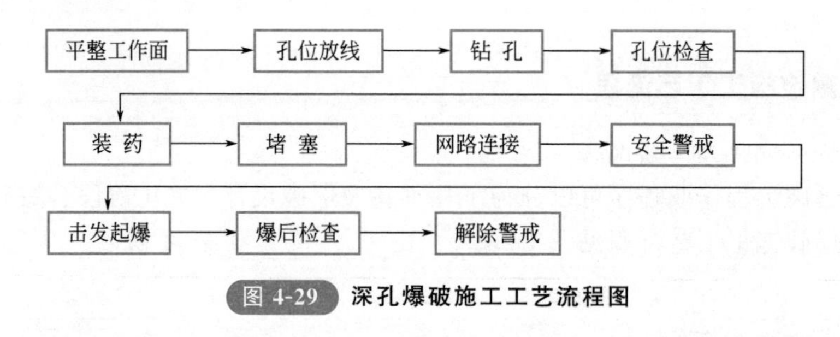

图 4-29 深孔爆破施工工艺流程图

二、爆破工程的施工准备

1. 进场前后的准备

① 调查工地及其周围环境情况。包括邻近区域的水、电、气和通信管线路的位置、埋深、材质和重要程度；邻近的建、构筑物，道路，设备仪表或其他设施的位置、重要程度和对爆破的安全要求；附近有无危及爆破安全的射频电源及其他产生杂散电流的不安全因素。

② 了解爆破区周围的居民情况、车流和人流的规律，做好施工的安民告示，消除居民对爆破存在的紧张心理。妥善解决施工噪声、粉尘等扰民问题。

③ 对地形地貌和地质条件进行复核。对拆除爆破体的图纸、质量资料等进行校核。

④ 组织施工方案评估，办理相关手续、证件，包括《爆炸物品使用许可证》《爆炸物品安全贮存许可证》《爆炸物品购买证》《爆炸物品运输证》等。

2. 施工现场管理

① 拆除爆破工程和城镇岩土爆破工程，应采用封闭式施工，设置施工牌，标明工程名称、主要负责人和作业期限等，并设置警戒标志和防护屏障。

② 爆破前以书面形式发布爆破通告。通知当地有关部门、周围单位和居民，以布告形式进行张贴，内容包括：爆破地点、起爆时间、安全警戒范围、警戒标志、起爆信号等。

3. 施工现场准备

(1) 技术准备 要熟悉、审查施工图纸和相关设计资料，为以后的施工做好铺垫。对原始资料进行调查分析，如场地的自然条件、经济技术水平等，只有对地形、地基土、地质构造等了解透彻，才能更好地进行后续工作。要对工程进行施工图预算和施工预算，尽可能节省工程费用。爆破工程预算是工程预算的重要内容。

(2) 物资准备

① 落实各种材料来源，办理订购手续；对于特殊的材料，应尽早确定货源或

者安排生产。

② 提出各种材料的运输方式、运输工具分批按计划进入现场的数量，各种物资的交货地点、方式。

③ 订购大型生产设备时，注意设备进场和安装时间上的安排要与土建施工相协调。

④ 尽早提出预埋件的位置、数量；订购预制构（配）件。

⑤ 施工设备、机械的安装与调试。

⑥ 规划堆放材料、构件、设备的地点，对进场材料严格验收，查验有关文件。

(3) 劳动组织准备

① 建立拟建工程项目的组织机构。

② 建立干练的施工班组。

③ 集结施工力量，组织劳动力进场，进行安全、防火和文明施工等方面的教育，并安排好职工的生活，所需要的生活物资、防护服装等准备齐全。

④ 向施工班组、工人进行施工组织设计、计划和技术交底。

⑤ 建立健全各种管理制度。工地的各项管理制度是否建立、健全，直接影响各项施工活动的顺利进行。其内容通常有：工程质量检查与验收制度；工程技术档案管理制度；材料（构件、配件、制品）的检查验收制度；技术责任制度；施工图纸学习与会审制度；技术交底制度；职工考勤、考核制度；工地及班组经济核算制度；材料出入库制度；安全操作制度；机具使用保养制度等。

4.施工现场的通信联络

为了及时处置突发事件，确保爆破安全，有效地组织施工，项目经理部与爆破施工现场、起爆站、主要警戒哨之间应建立并保持通信联络。在有条件的施工场地，每人配备一台对讲机，防止出现事故时无法及时获知。

三、爆破工程的现场安全技术

1.爆破飞石的安全距离

一般抛掷爆破个别飞石安全距离可按以下公式计算

$$R_F = K_F \times 20n^2W$$

式中 R_F——个别飞石的安全距离，m；

K_F——与地形、地质、气候及药包埋置深度有关的安全系数，一般取用1.0～1.5；定向或抛掷爆破正对最小抵抗线方向时采用1.5；风速大且顺风时，或山间、垭口地形时，采用1.5～2.0；

n——爆破作用指数；

W——最小抵抗线长度，m。

所计算出的安全距离不得小于表4-16的规定。

表 4-16 爆破飞石的最小安全距离

爆破类型和方法		个别飞散物的最小安全允许距离/m
露天岩土爆破	浅孔爆破法破大块	300
	浅孔台阶爆破	200(复杂地质条件下或未形成台阶工作面时不小于 300)
	深孔台阶爆破	按设计,但不大于 200
	硐室爆破	按设计,但不大于 300
爆破树墩		200
森林救火时,堆筑土壤防护带		50
爆破拆除沼泽地的路堤		100
拆除爆破、城市浅孔爆破及复杂环境深孔爆破		由设计确定

2.爆破地震对建筑影响的安全距离

地震波强度随药量、药包埋置深度、爆破介质、爆破方式、途径以及局部的场地条件等因素的变化而不同。爆破地震波对建筑物影响的安全距离按下式计算

$$R_C = K_C \alpha \sqrt[3]{Q}$$

式中 R_C——爆破点距建筑物的距离，m；

K_C——依据所保护的建筑物地基土而定的系数，见表 4-17；

α——依爆破作用而定的系数，见表 4-18；

Q——一次起爆的炸药总质量，kg。

表 4-17 K_C 值

被保护建筑物地基的土	K_C 值
坚硬密致的岩石	3.0
坚硬有裂隙的岩石	5.0
松软岩石	6.0
砾石、碎石土	7.0
砂土	8.0
黏土	9.0
回填土	15.0
流砂、煤层	20.0

注：药包在水中或含水土中时，K_C 值应增加 50%～100%。

表 4-18 系数 α 的数值

爆破指数	α 值
≤0.5	1.2

续表

爆破指数	α 值
1	1.0
2	0.8
≥3	0.7

注：在地面上爆破时，地面震动作用可不予考虑。

3.殉爆安全距离

保证不使仓库内一处贮存的炸药爆炸，而引起另一处贮存的炸药发生爆炸的距离称为殉爆安全距离，一般可按下式计算

$$R_S=K_S\sqrt{Q}$$

式中 R_S——殉爆安全距离，m；

K_S——由炸药种类及爆破条件所决定的系数，可由表4-19查得；

Q——炸药质量，kg。

表4-19 系数 K_S 的数值

主动药包		被动药包			
		硝铵类炸药		40%以上胶质炸药	
		裸露	埋藏	裸露	埋藏
硝铵类炸药	裸露	0.25	0.15	0.35	0.25
	埋藏	0.15	0.10	0.25	0.15
40%以上胶质炸药	裸露	0.50	0.30	0.70	0.50
	埋藏	0.30	0.20	0.50	0.30

注：1.裸露安置在表面的药包，适用于储藏炸药的轻型建筑及裸露堆积于空台的炸药的情况。

2.埋藏的药包适用于爆炸材料在防护墙内贮存的情况。

3.当殉爆炸药由不同种类炸药所组成，计算安全距离时应根据炸药中对殉爆具有最大敏感的炸药来选择 K_S 的数值。

如果仓库内炸药种类繁多，则殉爆距离可按下式计算

$$R_S=\sqrt{Q_1K_{S1}^2+Q_2K_{S2}^2+\cdots+Q_nK_{Sn}^2}$$

式中 Q_1，Q_2，…，Q_n——不同品种炸药的质量，kg；

K_{S1}，K_{S2}，…，K_{Sn}——由炸药种类及爆破条件所决定的系数，由表4-19查得。

在药库中，雷管与炸药必须分开贮存，雷管仓库到炸药仓库的安全距离可按下式计算

$$R=0.06\sqrt{n}$$

式中 R——雷管库到炸药库的安全距离，m；

n——贮存雷管的数目。

从表4-20～表4-22可以直接查出雷管仓库到炸药仓库、其他建筑物到炸药仓

库以及运输炸药工具之间的安全距离。

表 4-20 雷管仓库到炸药仓库间的殉爆安全距离

仓库内的雷管数目	到炸药仓库的安全距离/m
1000	2.0
5000	4.5
10000	6.0
15000	7.5
20000	8.5
30000	10.0
50000	13.5
75000	16.5
100000	19.0
150000	24.0
200000	27.0
300000	33.0
400000	38.0
500000	43.0

注：如条件许可时，一般安全距离不小于25m。

表 4-21 爆破材料仓库的安全距离

项　　目	单位	炸药库容量/t				
		0.25	0.5	2.0	8.0	16.0
距有爆炸性的工厂	m	200	250	300	400	500
距民房、工厂、集镇、火车站	m	200	250	300	400	450
距铁路线	m	50	100	150	200	250
距公路干线	m	40	60	80	100	120

表 4-22 爆破用品运输工具相隔最小距离　　单位：m

运输方法	汽车	马车	驮运	人力
在平坦道路	30	20	10	5
上下山坡	50	100	50	6

4.空气冲击波的安全距离

爆破冲击波的危害作用主要表现为在空气中形成的超压破坏，如空气超压最大值大于0.005MPa时，门窗、屋面开始部分破坏；大于0.007MPa时，砖混结构开始被破坏，房屋倒塌。空气冲击波的安全距离可按下式计算

$$R_B = K_B \sqrt{Q}$$

式中 R_B——空气冲击波的安全距离，m；

K_B——与装药条件和破坏程度有关的系数，其值可见表 4-23；

Q——药包总质量，kg。

表 4-23 系数 K_B 的值

爆破破坏程度	安全级别	K_B 值	
		裸露药包	全埋入药包
安全无损	1	50～150	10～50
偶然破坏玻璃	2	10～50	5～10
玻璃全坏，门窗局部破坏	3	5～10	2～5
隔墙、门窗、板棚破坏	4	2～5	1～2
砖石和木结构破坏	5	1.5～2	0.5～1.0
全部破坏	6	1.5	—

空气冲击波的危害范围受地形因素的影响，在峡谷地形进行爆破，沿沟的纵深或沟的出口方向应增大 50%～100%；在山坡一侧进行爆破对山后影响较小，可减少 30%～70%。空气冲击波对建筑物的影响见表 4-24。

表 4-24 空气冲击波对建筑物的影响

破坏等级	建筑物破坏程度	冲击波超压/MPa
1	砖木结构完全破坏	>0.20
2	砖墙部分倒塌或缺裂，土房倒塌，木结构建筑物破坏	0.10～0.20
3	木结构梁柱倾斜，部分折断，砖木结构屋顶掀掉，墙部分移动或裂缝，土墙裂开或局部倒塌	0.05～0.10
4	木隔板墙破坏，木屋架折断，顶棚部分破坏	0.03～0.05
5	门窗破坏，屋面瓦大部分掀掉，顶棚部分破坏	0.015～0.03
6	门窗部分破坏、玻璃破碎，屋面瓦部分破坏，顶棚抹灰脱落	0.007～0.015
7	玻璃部分破坏，屋面瓦部分翻动，顶棚抹灰部分脱落	0.002～0.007

5. 爆破毒气的安全距离

爆破瞬时间产生的炮烟，是含有大量有毒气体的粉尘。有毒气体的影响范围按下式计算

$$R_g = K_g \sqrt[3]{Q}$$

式中 R_g——爆破毒气的安全距离，m；

K_g——系数，根据有关试验资料统计，一般取 K_g 的平均值为 160；下风时，K_g 值乘 2；

Q——爆破总炸药量，t。

6.瞎炮处理

瞎炮是指在施工爆破中因发生故障而没有爆炸的药包。产生瞎炮不仅达不到预期的爆破效果，造成材料、劳力和时间的损失，而且会严重威胁到工作人员的人身安全。因瞎炮处置不当而造成伤亡的事故屡见不鲜。所以，正确分析瞎炮产生的原因，研究有效的处理办法十分必要。

(1) 产生瞎炮的原因

① 电雷管变质，使用前没经过导通检查，或串联使用了不同厂家生产的雷管。

② 做引药时电雷管的位置不对，或往炮眼装药时雷管脱离了原来的位置，因此不能有效地引爆炸药。

③ 使用了已经硬化的炸药，或装药时用力过猛，炮棍捣实了炸药，使炸药的起爆感度和爆轰稳定性降低。

④ 在潮湿和有水的炮眼里装药，没使用抗水型炸药，或没有把炮眼里的水烘干，炸药沾水药效丧失。

⑤ 放炮器发生了故障。

(2) 处理瞎炮的方法

① 放炮后发现瞎炮，要先检查工作面的顶板、支架和瓦斯。在安全状态下，放炮员可把瞎炮重新连好，再次通电放炮。如仍未爆炸，应重新打眼放炮处理。

② 重新打眼放炮时，应先弄清瞎炮的角度、深度，然后在距瞎炮炮眼 0.3m 处另打一个同瞎炮眼平行的新炮眼，重新装药放炮。

③ 严禁用镐刨或从炮眼中取出原放置的引药或从引药中拉出电雷管；严禁将炮眼残底（无论有无残余炸药）继续加深；严禁用打眼的方法往外掏药；严禁用压风吹这些炮眼。

④ 处理瞎炮的炮眼爆破后，放炮员必须详细检查炸落的煤矸，收集未爆的电雷管，下班时交回火药库。

⑤ 在瞎炮处理完毕以前，严禁在该地点进行与处理瞎炮无关的工作。

第五章

地基与基础工程

基础垫层

扫码观看本视频

第一节　地基基础

一、地基土的工程特性

（一）地基土的物理特性

土是连续、坚固的岩石在风化作用下形成的大小悬殊的颗粒，经过不同的搬运方式，在各种自然环境中生成的沉积物。土的组成如图 5-1 所示。

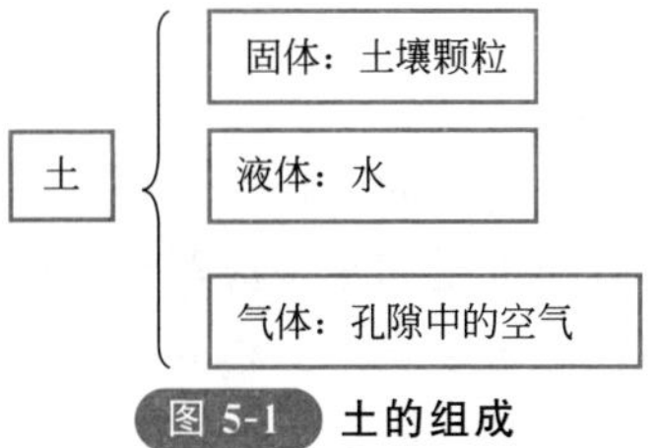

图 5-1　土的组成

土中颗粒的大小、成分及三相之间的比例关系反映出土的不同性质，如轻重、松紧、软硬等。在工程中常用的物理指标有密度、含水量、孔隙比或孔隙度、饱和度等，这些指标都可通过试验取得。

碎石土、砂土、粉土物理状态的指标是密实度，《建筑地基基础设计规范》（GB 50007—2011）规定：碎石土的密实度可根据动力触探锤击数按表 5-1 确定；砂土的密实度应根据标准贯入试验锤击数实测值 N 按表 5-2 划分；粉土的密实度应根据孔隙比按表 5-3 划分。

表 5-1　碎石土的密实度

重型动力触探锤击数 $N_{63.5}$	密实度
$N_{63.5} \leqslant 5$	松散
$5 < N_{63.5} \leqslant 10$	稍密
$10 < N_{63.5} \leqslant 20$	中实
$N_{63.5} > 20$	密实

表 5-2　砂土的密实度

标准贯入试验锤击数 N	密实度
$N \leqslant 10$	松散
$10 < N \leqslant 15$	稍密

续表

标准贯入试验锤击数 N	密实度
$15<N\leqslant30$	中实
$N>30$	密实

表 5-3 粉土的密实度

孔隙比 e	密实度
$e<0.75$	密实
$0.75\leqslant e\leqslant0.9$	中密
$e>0.9$	稍密

（二）地基土的压缩性

地基土的压缩性是指其在压力作用下体积缩小的性能。从理论上讲，土压缩变形的原因可能是：土粒本身的压缩变形；孔隙中不同形态的水和气体等流体的压缩变形；孔隙中水和气体有一部分被挤出，土的颗粒相互靠拢使孔隙体积减小。

（三）地基土的稳定性

地基土的稳定性包括承载力不足而失稳，以及地基变形过大造成建筑物失稳，还有经常受到水平荷载作用的构筑物基础倾覆、滑动失稳、边坡失稳。地基土的稳定性评价是岩土工程问题分析与评价的一项重要内容。

（四）地基土的均匀性

地基土的均匀性即为基底以下分布的地基土的物理力学性质的均匀性。地基土的均匀性差体现在两个方面，一是地基承载力差异较大；二是地基土的变形性质差异较大。评价标准如下。

① 当地基持力层层面坡度大于10%时，可视为不均匀地基。

② 建筑物基础底面跨两个以上不同的工程地质单元时为不均匀地基。

③ 建筑物基础底面位于同一地质单元、土层属于相同成因年代时，地基不均匀性用建筑物基础平面范围内，其中两个钻孔所代表的压缩最大、最小的压缩模量当量值之比，即地基不均匀系数 β 来判定。当 β 大于表 5-4 规定的数值时，为不均匀地基。

表 5-4 不均匀系数 β

压缩模量当量值 $\overline{E}_s$/MPa	$\leqslant4$	7.5	15	>15
地基不均匀系数 β	1.3	1.5	1.8	2.5

注：1. 土的压缩模量当量值表示为 $\overline{E}_s$。

2. 地基不均匀系数 β 为 $\overline{E}_{s\,max}$ 与 $\overline{E}_{s\,min}$ 之比，其中 $\overline{E}_{s\,max}$ 为该场地某一钻孔所代表的低级土层在压缩层深度内最大的压缩模量当量值，$\overline{E}_{s\,min}$ 为另一钻孔所代表的第几土层在压缩层深度内最小的压缩模量当量值。

3. 土的压缩模量按实际应力段取值。

（五）地基土的水理性

地基土的水理性是指地基土在水的作用下工程特性发生改变的性质，施工过程中必须充分了解这种变化，避免地基土的破坏。黏性土的水理性主要包括三种性质，黏性土颗粒吸附水能力的强弱称为活性，由活性指标 A 来衡量；黏性土含水量的增减反映在体积上的变化称胀缩性；黏性土由于浸水而发生崩解散体的特性称崩解性，通常由崩解时间、崩解特征、崩解速度三项指标来评价。对于岩石的水理性，包括吸水性、软化性、可溶性、膨胀性等性质。

（六）地基土的动力特性

土体在动荷载作用下的力学特性称为地基土的动力特性。动荷载作用对土的力学性质的影响可以导致土的强度降低，产生附加沉降、土的液化和触变等结果。

影响土的动力变形特性的因素包括周期压力、孔隙比、颗粒组成、含水量等，最为显著是应变幅值的影响。应变幅值在 $10^{-6} \sim 10^{-4}$ 及以下的范围内时，土的变形特性可认为是属于弹性性质。一般由火车、汽车的行驶以及机器基础等所产生的振动的反应都属于这种弹性范围。应变幅值在 $10^{-4} \sim 10^{-2}$ 范围内时，土表现为弹塑性性质，在工程中，如打桩、地震等所产生的土体震动反应即属于此。当应变幅值超过 10^{-2} 时，土将破坏或产生液化、压密等现象。

二、地基基础的类型

常见的地基基础类型如图 5-2 所示。

① 地基内部都是良好土层，或上部有较厚的良好土层，一般将基础直接做在

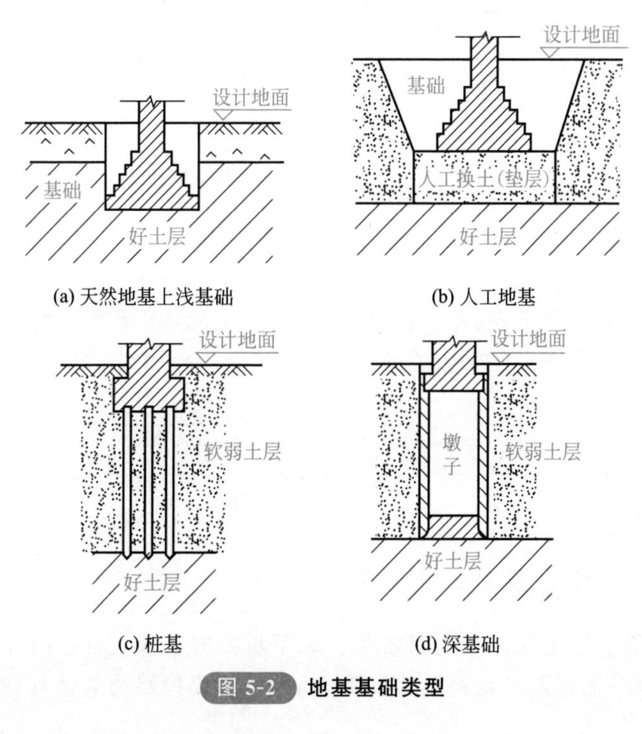

图 5-2　地基基础类型

天然土层上，基础埋置深度小，可用普通方法施工，称为天然地基上的浅基础，或称为天然地基。

② 对地基上部软弱土层进行加固处理，提高其承载能力，减少其变形，基础做在这种经过人工加固的土层上，称为人工地基。

③ 在地基中打桩，基础做在桩上，建筑物的荷载由桩传到地基深处的坚实土层，或由桩与地基土层接触面的摩擦力承担，称为桩基础。

④ 用特殊的施工手段和相应的基础形式（如地下连续墙、沉井、沉箱等）把基础做在地基深处承载力较高的土层上，称为深基础。

第二节 地基处理

一、地基局部处理

(1) 松土坑在基槽范围内的处理 将坑中松软土挖除，使坑底及四壁均见天然土为止，回填与天然土压缩性相近的材料。当天然土为砂土时，用砂或级配砂石回填；当天然土为较密实的黏性土时，用 3∶7 灰土分层回填夯实；天然土为中密可塑的黏性土或新近沉积黏性土，可用 1∶9 或 2∶8 灰土分层回填夯实，每层厚度不大于 20cm，如图 5-3 所示。

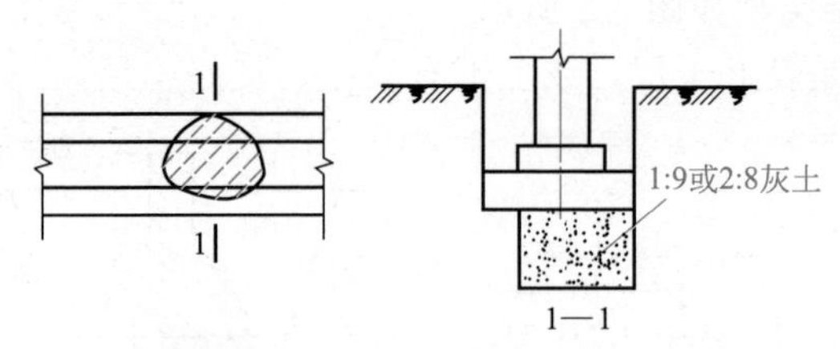

图 5-3 松土坑在基槽范围内的处理

(2) 松土坑的处理（坑范围较大，且超过 5m 时） 松土坑范围较大，且超过 5m 时，如坑底土质与一般槽底土质相同，可将此部分基础加深，做 1∶2 踏步与两端相接。每步高不大于 50cm，长度不小于 100cm，如深度较大，用灰土分层回填夯实至坑（槽）底齐平。松土坑的处理如图 5-4 所示。

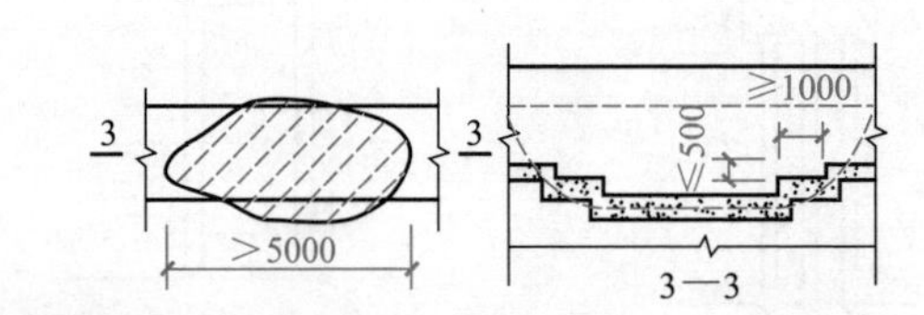

图 5-4 松土坑的处理（坑范围较大，且超过 5m 时）

(3) 基础下压缩土层范围内有古墓、地下坑穴时 墓坑开挖时，应沿坑边四周每边加宽 50cm，加宽深入到自然地面下 50cm，重要建筑物应将开挖范围扩大，沿四周每边加宽 50cm。开挖深度：当墓坑深度小于基础压缩土层深度，应挖到坑底；如墓坑深度大于基层压缩土层深度，开挖深度应不小于基础压缩土层深度。基础下有古墓的处理方式如图 5-5(a) 所示。墓坑和坑穴用 3∶7 灰土回填夯实；回填前应先打 2～3 遍底夯，回填土料宜选用粉质黏土分层回填，每层厚 20～30cm，每层夯实后用环刀逐点取样检查，土的密度应不小于 1.55t/m^3。地下坑穴的处理如图 5-5 (b) 所示。

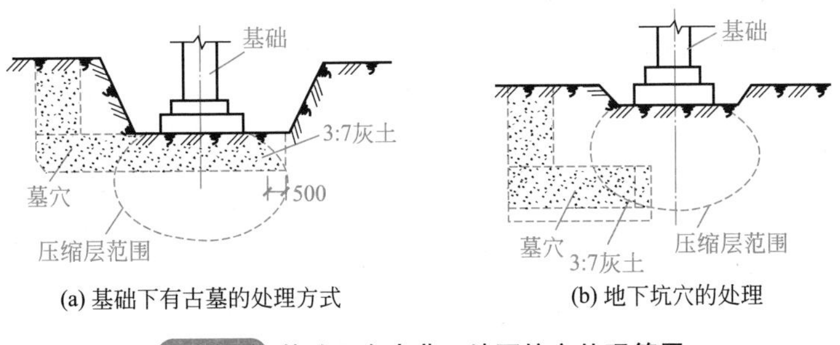

图 5-5　基础下有古墓、地下坑穴处理简图

(4) 土井或砖井的处理　砖井示意图如图 5-6 所示。将水位降到最低可能的限度，用中、粗砂及块石、卵石或碎砖等回填到地下水位以上 50cm，并应将四周砖圈拆至坑槽底以下 1m 或更深些，然后再用素土分层回填并夯实。如井已回填，但不密实或有软土，可用大块石将下面软土挤紧，再分层回填素土夯实。

(5) 软地基的处理　软地基处理简图如图 5-7 所示。对于一部分落在原土上，一部分落于回填土地基上的结构，应在填土部位用现场钻孔灌注桩或钻孔爆扩桩直至原土层，使该部位上部荷载直接传至原土层，以避免地基的不均匀沉降。

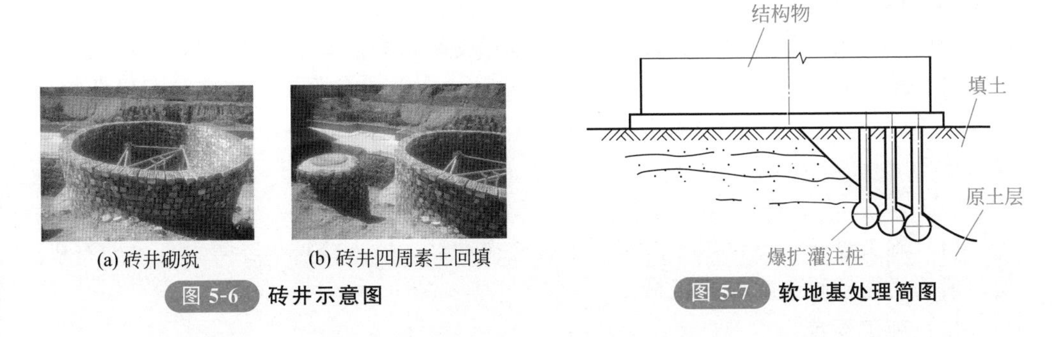

图 5-6　砖井示意图

图 5-7　软地基处理简图

(6) 橡皮土　当黏性土含水量很大趋于饱和时，碾压（夯拍）后会使地基土变成踩上去有颤动感觉的“橡皮土”。所以，当发现地基土（黏土、亚黏土等）含水量趋于饱和时，要避免直接碾压（夯拍），可采用晾槽或掺石灰粉的办法降低土的含水量，有地表水时应排水，地下水位较高时应将地下水降低至基底 0.5m 以下，然后再根据具体情况选择施工方法。如果地基土已出现橡皮土，则应全部挖除，填

以3∶7灰土、砂土或级配砂石，或插片石夯实；也可将橡皮土翻松、晾晒、风干至最优含水量范围再夯实。

(7) 管道 当管道位于基底以下时，最好拆迁或将基础局部落低，并采取防护措施，避免管道被基础压坏。当墙穿过基础墙，而基础又不允许切断时，必须在基础墙上管道周围，特别是上部留出足够尺寸的空隙（大于房屋预估的沉降量），使建筑物产生沉降后不致引起管道的变形或损坏。

另外，管道应该采取防漏的措施，以免漏水浸湿地基造成不均匀沉降。特别当地基为填土、湿陷土或膨胀土时，尤其应引起重视。

二、换填地基

按换填材料的不同，将垫层分为砂垫层、砂石垫层、灰土垫层和粉煤灰垫层等。不同材料的垫层，其应力分布稍有差异，但根据试验结果及实测资料，垫层地基的强度和变形特性基本相似，因此可将各种材料的垫层设计都近似地按砂垫层的设计方法进行计算。

(一) 砂垫层和砂石垫层

1.加固原理及适用范围

砂和砂石地基（垫层）采用砂或砂砾石（碎石）混合物，经分层夯（压）实，作为地基的持力层，提高基础下部地基强度，并通过垫层的压力扩散作用，降低地基的压实力，减少变形量，同时垫层可起排水作用，地基土中孔隙水可通过垫层快速地排出，能加速下部土层的压缩和固结。砂和砂石垫层适于处理3.0m以内的软弱、透水性强的地基土；不宜用于加固湿陷性黄土地基及渗透系数小的黏性土地基。

2.材料要求

砂和砂石垫层所用的材料，宜采用中砂、粗砂、砾砂、碎（卵）石、石屑等。如采用其他工业废粒料作为垫层材料，应检验合格方可使用。在缺少中、粗砂和砾砂的地区可采用细砂，但宜同时掺入一定数量的碎（卵）石，其掺入量应符合垫层材料含石量不大于50%的要求。所用砂石材料，不得含有草根、垃圾等有机杂物，含泥量不应超过5%（用作排水固结地基时不应超过3%），碎石或卵石最大粒径不宜大于50mm。

3.施工

(1) 施工设备 砂垫层一般采用平板式振动器、插入式振捣器等设备，砂石垫层一般采用振动碾、木夯或机械夯。

(2) 施工要点

① 施工前应先行验槽。浮土应清除，边坡必须稳定，防止塌方。基坑（槽）两侧附近如有低于地基的孔洞、沟、井和墓穴等，应在未做垫层前加以填实。

② 砂和砂石垫层底面宜铺设在同一标高上，如深度不同时，基土面应挖成踏步或斜坡搭接。搭接处应注意捣实，施工应按先深后浅的顺序进行。分段铺设时，接头处应做成斜坡，每层错开0.5～1.0m，并应充分捣实。

③ 人工级配的砂石垫层，应将砂石拌和均匀后，再行铺填捣实。捣实砂石垫层时，应注意不要破坏基坑底面和侧面土的强度。在基坑底面和侧面应先铺设一层厚150～200mm的松砂，只用木夯夯实，不得使用振捣器，然后再铺砂石垫层。

④ 垫层应分层铺设，然后逐层振密或压实，每层铺设厚度、最优含水量及施工说明见表5-5，分层厚度可用样桩控制。施工时下层的密实度经检验合格后，方可进行上层施工。

⑤ 在地下水位高于基坑（槽）底面施工时，应采取排水或降低地下水位的措施，使基坑（槽）保持无积水状态。如用水撼法或插入振动法施工时，以振捣棒振幅半径的1.75倍为间距插入振捣，依次捣实，以不再冒气泡为准，直至完成。应有控制地注水和排水。冬季施工时，应注意防止砂石内水分冻结。

表5-5　砂和砂石垫层每层铺设厚度、最优含水量及施工说明

捣实方法	每层铺设厚度/mm	施工时最优含水量/%	施工说明	备注
平振法	200～250	15～20	用平板式振捣器往复振捣，往复次数以简易测定密实度合格为准	不宜用于细砂或含泥量较大的砂所铺筑的砂垫层
插振法	振捣器插入深度	饱和	1.用插入式振捣器； 2.插入间距可根据机械振幅大小决定； 3.不应插至下卧黏性土层； 4.插入振捣器完毕后所留的孔洞，应用砂填实； 5.应有控制地注水和排水	
水撼法	250	饱和	1.注水高度应超过每次铺筑面； 2.钢叉摇撼捣实，插入点间距为100mm； 3.钢叉分四齿，齿的间距80mm，长300mm，木柄长90mm，重40N	湿陷性黄土、膨胀土地区不得使用
夯实法	150～200	8～12	1.用木夯或机械夯； 2.木夯重400N，落距400～500mm； 3.一夯压半夯，全面夯实	适用于砂石垫层
碾压法	250～350	8～12	60～100kN压路机往复碾压，碾压次数一般不少于4遍	适用于大面积砂垫层，不宜用于地下水位以下的砂垫层

4.检查方法

① 环刀取样法。在捣实后的砂垫层中用容积不小于200cm^{3}的环刀取样，测定其干土密度，以不小于该砂料在中密状态时的干土密度数值为合格。如中砂一般为

155～160g/cm^3。若系砂石垫层，可在垫层中设置存砂检查点，在同样的施工条件下取样检查。

② 贯入测定法。检查时先将表面的砂刮去30mm左右，用直径为20mm、长1250mm的平头钢筋距离砂层面700mm自由降落，或用水撼法使用的钢叉举离砂层面500mm自由下落。以上钢筋或钢叉的插入深度，可根据砂的控制干土密度预先进行小型试验确定。

③ 按《建筑地基基础工程施工质量验收标准》（GB 50202—2018）的规定，砂和砂石地基质量验收标准见表5-6。

表5-6 砂和砂石地基质量验收标准

项目	序号	检查项目	允许偏差或允许值		检查方法
			单位	数值	
主控项目	1	地基承载力	设计要求		载荷试验或按规定方法
	2	配合比	设计要求		检查拌和时的体积比或重量比
	3	压实系数	设计要求		现场实测
一般项目	1	砂石料有机质含量	%	≤5	焙烧法
	2	砂石料含泥量	%	≤5	水洗法
	3	石料粒径	mm	100	筛分法
	4	含水量(与最优含水量比较)	%	±2	烘干法
	5	分层厚度(与设计要求比较)	mm	±50	水准仪

（二）灰土垫层

1.加固原理及适用范围

灰土垫层是将基础底面下要求范围内的软弱土层挖去，用素土或一定比例的石灰与土，在最优含水量情况下，充分拌和，分层回填夯实或压实而成。灰土垫层具有一定的强度、水稳性和抗渗性，施工工艺简单，费用较低，是一种应用广泛、经济、实用的地基加固方法，适用于加固深1～3m厚的软弱土、湿陷性黄土、杂填土等，还可用作结构的辅助防渗层。

2.材料要求

灰土地基的土料采用粉质黏土，不宜使用块状黏土和砂质黏土，有机物含量不应超过5%，其颗粒不得大于15mm；石灰宜采用新鲜的消石灰，含氧化钙、氧化镁越高越好，越高其活性越大，胶结力越强。使用前1～2天消解并过筛，其颗粒不得大于5mm，且不应夹有未熟化的生石灰块粒及其他杂质，也不得含有过多的水分。

3.施工

(1) 施工设备 一般用平碾、振动碾或羊足碾，中小型工程也可采用蛙式夯、柴油夯。

(2) 施工要点

① 灰土垫层施工前须先行验槽，如发现坑（槽）内有局部软弱土层或孔穴，应挖出后用素土或灰土分层填实。

② 施工时，应将灰土拌和均匀，颜色一致，并适当控制其含水量。现场检验方法是用手将灰土紧握成团，两指轻捏即碎为宜，如土料水分过多或不足时，应晾干或洒水润湿。灰土拌好后及时铺好夯实，不得隔日夯打。

③ 灰土垫层的每层虚铺厚度，应按所使用夯实机具参照表 5-7 选用。每层灰土的夯打遍数，应根据设计要求的干土密度在现场试验确定。

表 5-7　灰土垫层的每层虚铺厚度

夯实机具种类	重量/t	虚铺厚度/mm	备注
石夯、木夯	0.04～0.08	200～250	人力送夯，落距 400～500mm，一夯压半夯，夯实后厚 80～100mm
轻型夯实机械	0.12～0.4	200～250	蛙式夯机、柴油打夯机，夯实后为 100～150mm 厚
压路机	6～10	200～300	双轮

④ 垫层分段施工时，不得在墙角、柱基及承重窗间墙下接缝。上下两层灰土的接缝距离不得小于 500mm，接缝处的灰土应注意夯实。按《建筑地基处理技术规范》(JGJ 79—2012) 的规定，灰土垫层的承载力见表 5-8。

表 5-8　灰土垫层的承载力

换填材料	承载力特征值 f_{ak}/kPa
碎石、卵石	200～300
砂夹石(其中碎石、卵石占全重的 30%～50%)	200～250
土夹石(其中碎石、卵石占全重的 30%～50%)	150～200
中砂、粗砂、砾砂、圆砾、角砾	150～200
粉质黏土	130～180
石屑	120～150
灰土	200～250
粉煤灰	120～150
矿渣	200～300

注：压实系数小的垫层，承载力特征值取低值，反之取高值；原状矿渣垫层取低值，分级矿渣或混合矿渣垫层取高值。

⑤ 在地下水位以下的基坑（槽）内施工时，应采取排水措施。夯实后的灰土，在 3 天内不得受水浸泡。灰土地基打完后，应及时修建基础和回填基坑（槽），或做临时遮盖，防止日晒雨淋，刚打完或尚未夯实的灰土，如遭受雨淋浸泡，则应将

积水及松软灰土除去并补填夯实；受浸湿的灰土，应在晾干后再夯打密实。冬季施工不得用冻土或夹有冻块。

4. 质量检查

① 环刀取样法。在捣实后的灰土垫层中用容积不小于200cm^3的环刀取样，测定其干密度，以不小于该砂料在中密状态时的干密度数值为合格。灰土垫层的干密度见表5-9。

表5-9 灰土垫层的干密度

土料种类	粉土	粉质黏土	黏性土
灰土最小干密度/(g/cm^3)	1.55	1.50	1.45

② 按《建筑地基基础工程施工质量验收标准》(GB 50202—2018) 的规定，灰土地基质量检验标准见表5-10。

表5-10 灰土地基质量检验标准

项目	序号	检查项目	允许值或允许偏差		检查方法
			单位	数值	
主控项目	1	地基承载力	不小于设计值		静载试验
	2	配合比	设计值		检查拌和时的体积比
	3	压实系数	不小于设计值		环刀法
一般项目	1	石灰粒径	mm	≤5	筛析法
	2	土料有机质含量	%	≤5	灼烧减量法
	3	土颗粒粒径	mm	≤15	筛析法
	4	含水量	最优含水量±2%		烘干法
	5	分层厚度	mm	±50	水准测量

(三) 粉煤灰垫层

1. 粉煤灰加固原理及适用范围

粉煤灰是火力发电厂的工业废料，有良好的物理力学性能，用它作为处理软弱土层的换填材料，已在许多地区得到应用。其压实曲线与黏性土相似，具有相对较宽的最优含水量区间，即其干密度对含水量的敏感性比黏性土小，同时具有可利用废料，施工方便、快速，质量易于控制，技术可行，经济效果显著等优点。可用于作各种软弱土层换填地基的处理，以及用作大面积地坪的垫层等。

2. 材料要求

用一般电厂Ⅲ级以上粉煤灰，含SiO_2、Al_2O_3、Fe_2O_3总量尽量选用高的，颗粒粒径宜在0.001～2.0mm之间，烧失量宜低于12%，含SO_3宜小于0.4%，以免对地下金属管道等产生一定的腐蚀性。粉煤灰中严禁混入植物、生活垃圾及其他有机杂质。

3. 施工

(1) 施工设备 一般采用平碾、振动碾、平板振动器、蛙式夯。

(2) 施工要点

① 垫层应分层铺设与碾压，并设置泄水沟或排水盲沟。垫层四周宜设置具有防冲刷功能的帷幕。虚铺厚度和碾压遍数应通过现场小型试验确定。若无试验资料时，可使铺筑厚度为200～300mm，压实厚度为150～200mm。小型工程可采用人工分层摊铺，在整平后用平板振动器或蛙式打夯机进行压实。施工时须一板压1/3～1/2板往复压实，由外围向中间进行，直至达到设计密实度要求；大中型工程可采用机械摊铺，在整平后用履带式机具初压二遍，然后用中、重型压路机碾压。施工时须一轮压1/3～1/2轮往复碾压，后轮必须超过两施工段的接缝。碾压次数一般为4～6遍，碾压至达到设计密实度要求为止。

② 粉煤灰铺设含水量应控制在最优含水量±4%的范围内；如含水量过大时，需摊铺晾干后再碾压。施工时宜当天铺设，当天压实。若压实时呈松散状，则应洒水湿润再压实，洒水的水质应不含油质，pH值为6～9；若出现橡皮土现象，则应暂缓压实，采取开槽、翻开晾晒或换灰等方法处理。

③ 每层当天即铺即压完成，铺完经检测合格后，应及时铺筑上层，以防干燥、松散、起尘、污染环境，并应严禁车辆在其上行驶；全部粉煤灰垫层铺设完经验收合格后，应及时浇筑混凝土垫层或上覆厚为300～500mm的土进行封层，以防日晒、雨淋破坏。

④ 冬期施工，最低气温不得低于0℃，以免粉煤灰含水冻胀。

⑤ 粉煤灰地基不宜采用水沉法施工，在地下水位以下施工时，应采取降排水措施，不得在饱和和浸水状态下施工。基底为软土时宜先铺填200mm左右厚的粗砂或高炉干渣。

4. 质量检查

(1) 贯入测定法 先将砂垫层表面3cm左右厚的粉煤灰刮去，然后用贯入仪、钢叉或钢筋以贯入度的大小来定性地检查砂垫层质量。在检验前应先根据粉煤灰垫层的控制干密度进行相关性试验，以确定贯入度值。

① 钢筋贯入法：用直径为20mm，长度为1250mm的平头钢筋，自700mm高处自由落下，插入深度以不大于根据该粉煤灰垫层的控制干密度测定的深度为合格。

② 钢叉贯入法：用水撼法使用的钢叉，自500mm高处自由落下，其插入深度以不大于根据该粉煤灰垫层控制干密度测定的深度为合格。

当使用贯入仪或钢筋检验垫层的质量时，检验点的间距应小于4m。当取土样检验时，大基坑每50～100m^{2}不应少于一个检验点；对基槽每10～20m不应少于一个点；每个单独柱基不应少于一个点。

(2) 粉煤灰地基质量检验标准 按《建筑地基基础工程施工质量验收标准》(GB 50202—2018)的规定，粉煤灰地基质量检验标准见表5-11。

表 5-11 粉煤灰地基质量检验标准

项目	序号	检查项目	允许值或允许偏差		检查方法
			单位	数值	
主控项目	1	地基承载力	不小于设计值		静载试验
	2	压实系数	不小于设计值		环刀法
一般项目	1	粉煤灰粒径	mm	0.001～2.000	筛析法、密度计法
	2	氧化铝及二氧化硅含量	%	≥70	试验室试验
	3	烧失量	%	≤12	灼烧减量法
	4	分层厚度	mm	±50	水准测量
	5	含水量	最优含水量±4%		烘干法

三、预压地基

预压地基是对软土地基施加压力，使其排水固结来达到加固目的的地基。为加速软土的排水固结，通常可在软土地基内设置竖向排水体，铺设水平排水垫层。预压法适用于软土和冲填土地基的施工。其施工方法有堆载预压、砂井堆载预压及砂井真空降水预压等。其中砂井堆载预压具有固结速度快、施工工艺简单、效果好等特点，使用最为广泛。

1. 材料要求

制作砂井的砂，宜用中、粗砂，含泥量不宜大于 3%。排水砂垫层的材料宜采用透水性好的砂料，其渗透系数一般不低于 102mm/s，同时能起到一定的反滤作用，也可在砂垫层上铺设粒径为 5～20mm 的砾石作为反滤层。

2. 构造要求

砂井堆载预压法如图 5-8 所示。

砂井的直径和间距主要取决于黏土层的固结特性和工期的要求。砂井直径一般为 200～500mm，间距为砂井直径的 6～8 倍。袋装砂井直径一般为 70～120mm，井距一般为 1.0～2.0m。砂井深度的选择和土层分布、地基中附加应力的大小、施工工期等因素有关。当软黏土层较薄时，砂井应贯穿黏土层；黏土层较厚但有砂层或砂透镜体时，砂井应尽可能打到砂层或透镜体中；当黏土层很厚又无砂透水层时，可按地基的稳定性以及沉降所要求处理的深度来确定。砂井平面布置形式一般为等边三角形或正方形，如图 5-9 所示，布置范围一般比基础范围稍大些好。砂垫层的平面范围与砂井范围相同，厚度一般为 0.3～0.5m，如砂

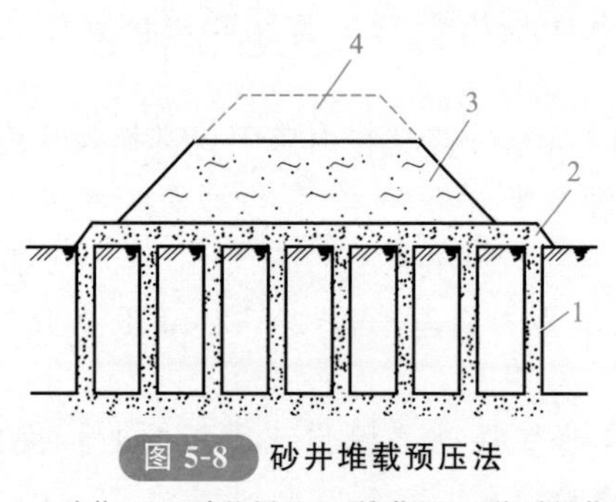

图 5-8 砂井堆载预压法

1—砂井；2—砂垫层；3—堆载；4—临时超载

料缺乏时，可采用连通砂井的纵横砂沟代替整片砂垫层，如图 5-10 所示。

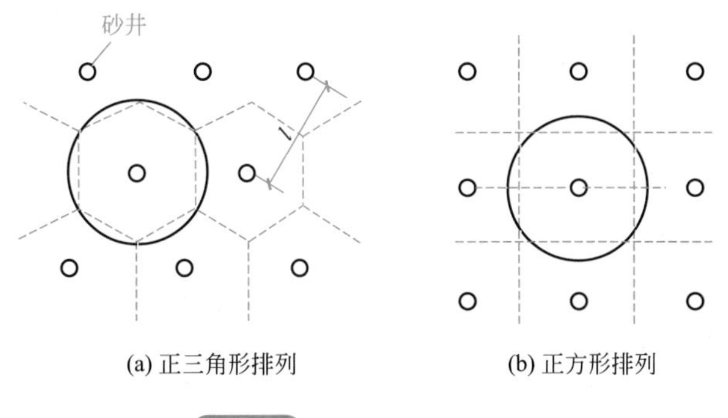

图 5-9　砂井平面布置形式

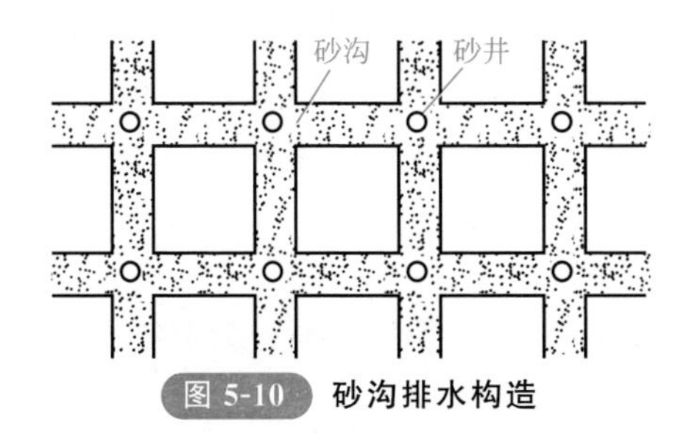

图 5-10　砂沟排水构造

3. 施工

(1) 施工设备　砂井施工机具可采用振动锤、射水钻机、螺旋钻机等机具或选用灌注桩的成孔机具。

(2) 施工要点

① 排水垫层施工方法与砂垫层和砂石垫层地基相同。当采用袋装砂井时，砂袋应选用透水性和耐水性好以及韧性较强的麻布、再生布或聚丙烯编织布制作。当桩管沉入预定深度后插入砂袋（袋内先装入 200mm 厚砂子作为压重），通过漏斗将砂子填入袋中并捣固密实，待砂灌满后扎紧袋口，往管内适量灌水（减小砂袋与管壁的摩擦力）拔出桩管，此时袋口应高出井口 500mm，以便埋入水平排水砂垫层内，严禁砂井全部深入孔内，以免造成与砂垫层不连接的现象。

② 砂井堆载预压的材料一般可采用土、砂、石和水等。堆载的顶面积不小于基础面积，堆载的底面积也应适当扩大，以保证建筑物范围内的地基得到均匀加固。

③ 地基预压前，应设置垂直沉降观察点、水平位移观测桩、测斜仪以及孔隙水压力计，以控制加载速度和防止地基发生滑动。其设置数量、位置及测试方法应符合设计要求。

④ 堆载应分期分级进行，并严格控制加荷速率，以保证在各级荷载下地基的

稳定性。对打入式砂井地基，严禁未待因打砂井而使地基减小的强度得到恢复就进行加载。

⑤ 地基预压达到规定要求后，方可分期分级卸载，但应继续观测地基沉降和回弹情况。

四、振冲地基

振冲地基是利用振冲器水冲成孔，分批填以砂石骨料形成一根桩体，桩体与地基构成复合地基以提高地基的承载力，减少地基的沉降和沉降差。碎石桩还可用来提高土坡的抗滑稳定性和土体的抗剪强度，适用于加固松散砂土地基，黏性土和人工填土地基经试验证明加固有效时也可使用。前者用振冲法除有使松砂变密的振冲挤密功效外，还有着以紧密的桩体材料置换一部分地基土的振冲置换作用。

1.施工材料和机具

(1) 施工材料

① 桩体材料：可用含泥量不大于5%的碎石、卵石、矿渣或其他性能稳定的硬质材料，不宜使用风化易碎的石料。常用的填料粒径：30kW 振冲器为 20～80mm，50kW 振冲器为 30～100mm，75kW 振冲器为 40～150mm。

② 褥垫层材料：宜用碎石，有良好级配，最大粒径宜不大于 50mm。

③ 成桩用水：可用自来水，有条件的地方为节约用水可使用无腐蚀性的中水，不可用污水。

(2) 施工机具

① 振冲器。振冲器的构造如图 5-11 所示。常用振冲器型号及主要技术参数见表 5-12。

② 起吊机。可用汽车式起重机、履带式起重机或自行井架式专用车。根据施工经验，采用汽车式起重机施工比较方便，采用汽车式起重机的起吊力，30kW 振冲器宜大于 80kN；75kW 振动器宜大于 160kN，起吊高度必须大于施工深度。汽车式起重机如图 5-12 所示。

③ 填料机具。填料机具可用装载机或人工手推车。用装载机 30kW 振冲器配 0.5m^3 以上的为宜，75kW 振冲器配 1.0m^3 以上的为宜。

④ 电器控制设备。目前有手控式和自控式两种控制箱。手控式施工过程中电流和留振时间是人工按电钮控制。自动控制式可设定加密电流值，当电流达到加密电流值时能自动发出信号，该控制系统还具有时间延时系统用于留振时间控制。为保证施工质量不受人为因素影响，应选用自动控制装置。

2.施工要点

(1) 桩机定位 桩机定位时，必须保持平稳，不发生倾斜、移位。为准确控制造孔深度，应在桩架上或桩管上做出控制的标尺，以便在施工中进行观测、记录。

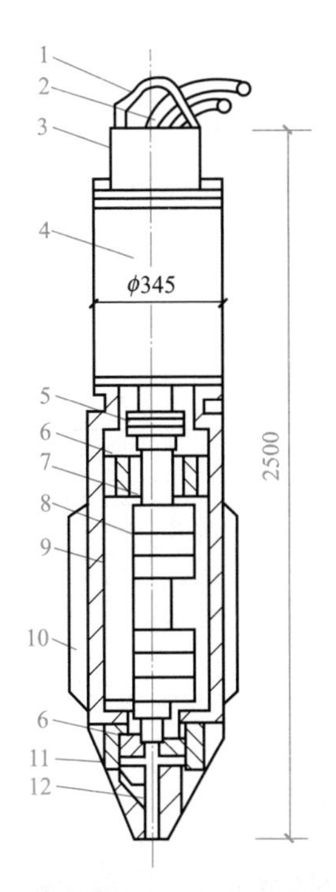

图 5-11　振冲器的构造

1—吊具；2—水管；3—电缆；4—电机；5—联轴器；6—轴；7—轴承；8—偏心块；9—壳体；10—切片；11—头部；12—水管

图 5-12　汽车式起重机

表 5-12　常用振冲器型号及主要技术参数

型号	ZCQ-13	ZCQ-30	ZCQ-55	BJ-75	BJ-100
电动机功率/kW	13	30	55	75	100
转数/(r/min)	1450	1450	1450	1450	1450
额定功率/W	22.5	60	100	150	200
振动力/kN	35	90	200	160	200
振幅/mm	4.20	4.20	5.0	7.0	7.0
振冲器外径/mm	274	351	450	426	426
振冲器长度/mm	200	2150	2500	3000	3150

(2) 造孔　启动吊机使振冲器以 1～2m/min 的速度在土层中徐徐下沉。每贯入 0.5～1.0m，宜悬留振冲 5～10s 扩孔，待孔内泥浆溢出时再继续贯入。当造孔接近加固深度时，振冲器应在孔底适当停留并减小射水压力，以便排除泥浆进行清孔。

(3) 清孔 造孔后边提升振冲器边冲水直至孔口，再放至孔底，重复两三次扩大孔径，并使孔内泥浆变稀，振冲孔顺直通畅，以利填料加密。

(4) 填料 一般清孔结束可将填料倒入孔中。填料方式可采用连续填料、间断填料或强迫填料方式。振冲制桩的工艺见图 5-13。填料的密实度，以振冲器工作电流达到规定值为控制标准。如在某深度电流达不到规定值，则需提起振冲器继续往孔内倒一批填料，然后再下降振冲器继续进行振密。如此重复操作，直到该深度的电流达到规定值为止。在振密过程中，宜保持小水量补给，以降低孔内泥浆密度，有利于填料下沉，使填料在水饱和状态下，便于振捣密实。

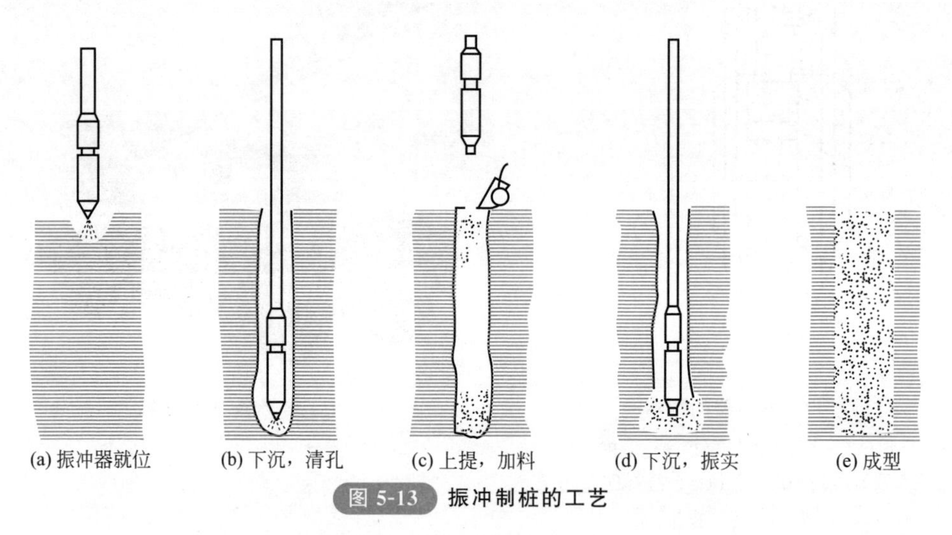

图 5-13 振冲制桩的工艺

(5) 电流控制 电流控制是指振冲器的电流达到设计确定的加密电流值。设计确定的加密电流是振冲器空载电流加某一增量电流值。在施工中由于不同振冲器的空载电流有差值，加密电流应做相应调整。30kW 振冲器加密电流宜为 45～60A，75kW 振冲器加密电流宜为 70～100A。

(6) 振冲造孔的方法 振冲施工可在原地面定位造孔，也可在基坑（槽）中定位造孔。孔位上部有硬层时，应先挖孔后振冲。振冲造孔的方法、步骤和各方法的优缺点可参照表 5-13 选用。

表 5-13 振冲造孔的方法、步骤和各方法的优缺点

造孔方法	步骤	优缺点
排孔法	由一端开始，依次逐步造孔到另一端结束	易于施工，且不易漏掉孔位，但当孔位较密时，后打的桩易发生倾斜和位移
跳打法	同一排孔采取隔一孔造一孔的方法	先后造孔影响小，易保证桩的垂直度，为防止漏掉孔位，应注意桩位的准确性
围幕法	先造外围 2～3 圈（排）孔，然后造内圈（排）。采用隔圈（排）造一圈（排）或依次向中心区造孔	能减少振冲能量的扩散，振密效果好，可节约桩数 10%～15%，大面积施工常采用此法，但施工时应注意防止漏掉孔位和保证其位置准确

3. 质量检查

① 振冲成孔中心与设计定位中心偏差不得大于 100mm；完成后的桩顶中心与定位中心偏差不得大于桩孔直径的 20%。

② 振冲效果应在砂土地基完工半个月或黏性土地基完工一个月后方可检验。检验方法可采用载荷试验、标准贯入、静力触探及土工试验等方法来检验桩的承载力，以不小于设计要求的数值为合格。对于抗液化的地基，尚应进行孔隙水压力试验。

③ 按《建筑地基基础工程施工质量验收标准》(GB 50202—2018) 的规定，振冲地基质量检查标准应符合表 5-14 的规定。

表 5-14　振冲地基质量检查标准

项目	序号	检查项目	允许偏差或允许值		检查方法
			单位	数值	
主控项目	1	填料粒径	设计要求		抽样检查
	2	密实电流(黏性土) (功率 30kW 振冲器)	A	50～55	电流表读数，A_0 为空振电流
		密实电流(砂性土或粉土) (功率 30kW 振冲器)	A	40～50	
		密实电流(其他类型振冲器)	A	$(1.5\sim2.0)A_0$	
	3	地基承载力	设计要求		按规定方法
一般项目	1	填料含泥量	%	<5	抽样检查
	2	振冲器喷水中心与孔径中心偏差	mm	≤50	用钢尺量
	3	成孔中心与设计孔位中心偏差	mm	≤100	用钢尺量
	4	桩体直径	mm	<50	用钢尺量
	5	孔深	mm	±200	用钻杆或重锤测
	6	垂直度	%	≤1	经纬仪检查

五、强夯地基

强夯地基是将很重的锤从高处自由落下，给地基以冲击力和振动，从而提高地基土的强度并降低其压缩性。强夯适用范围广，可用于碎石土、砂土、黏性土、湿陷性黄土及杂填土地基的施工。

1. 施工材料和机具

(1) 施工材料

① 回填土料，应选用不含有机质、含水量较小的黏质粉土、粉土或粉质黏土。

② 柴油、机油、齿轮油、液压油、钢丝绳、电焊条均符合主机使用要求。

(2) 施工机具

① 夯锤。用钢板做外壳，内部焊接钢筋骨架后浇筑 C30 混凝土，如图 5-14 所示，或用钢板做成装配式的夯锤，如图 5-15 所示。夯锤底面有圆形和方形两种，圆形不易旋转，定位方便，稳定性好，采用较多。锤底面积宜按土的性质和锤重确

定，锤底静压力值可取25～40kPa；对于粗颗粒土（砂质土和碎石类土）选用较大值，一般锤底面积为3～4m^2；对于细颗粒土（黏性土或淤泥质土）宜取较小值，锤底面积不宜小于6m^2。一般10t夯锤底面积用4.5m^2，15t夯锤用6m^2较适宜。锤重一般有8t、10t、12t、16t、25t。夯锤中宜设1～4个直径为250～300mm上下贯通的排气孔，以利空气迅速排出，减小起锤时锤底与土面间形成真空产生的强吸附力和夯锤下落时的空气阻力，以保证夯击能的有效作用。

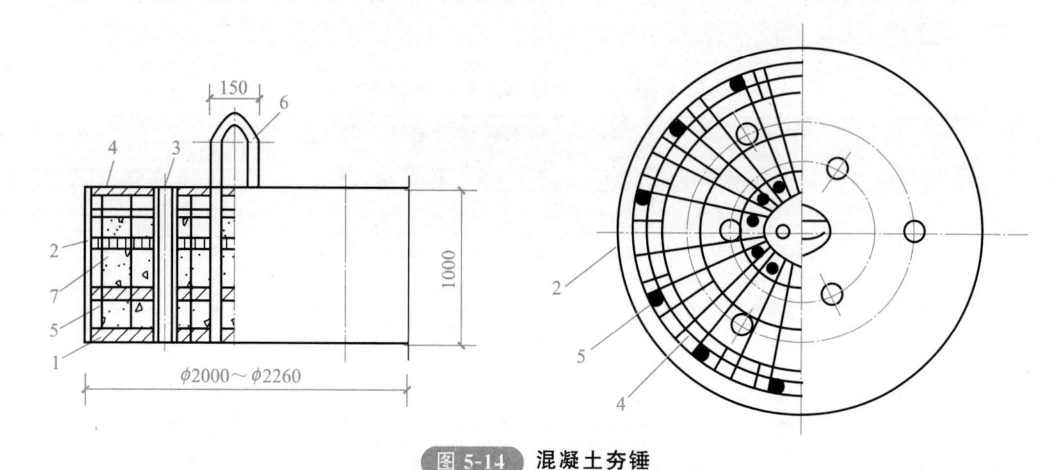

图5-14 混凝土夯锤

（圆柱形重12t；方形重8t）

1—30mm厚钢板底板；2—18mm厚钢板外壳；3—6×ϕ159钢管；4—水平钢筋网片，ϕ16@200；5—钢筋骨架，ϕ14@400；6—ϕ50吊环；7—C30混凝土

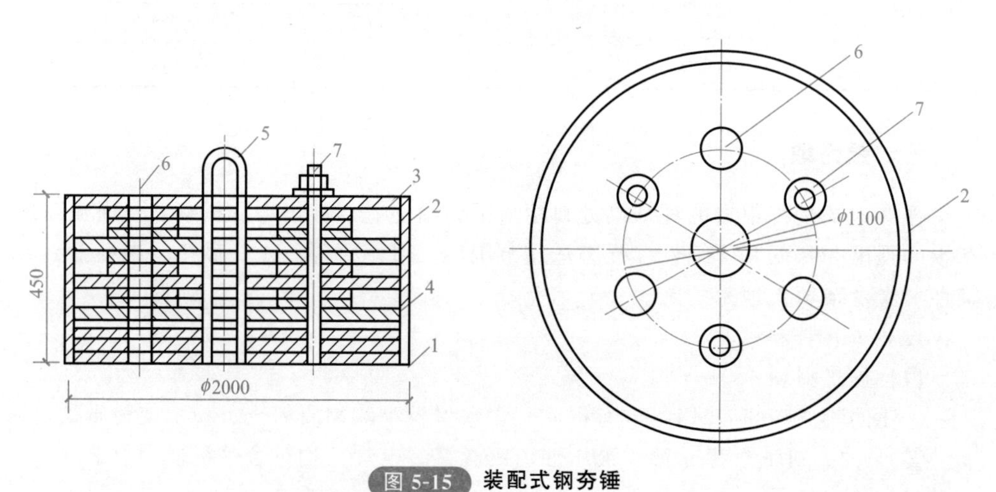

图5-15 装配式钢夯锤

（可组合成6t、8t、10t、12t）

1—50mm厚钢板底盘；2—15mm厚钢板外壳；3—30mm厚钢板顶板；4—中间块（50mm厚钢板）；5—ϕ50吊环；6—ϕ200排气孔；7—M48螺栓

② 起重机宜选用起重能力在 150kN 以上的履带式起重机或其他专用起重设备，夯锤起吊应符合提升高度的要求并有足够的安全措施。自动脱钩装置应具有足够强度，且施工灵活。夯锤可用钢材制作，或用钢板为外壳，内部焊接骨架后灌筑混凝土制成。夯锤底面可用圆形或方形，锤底面积取决于表层土质，对砂土一般为 3～4m^2；对黏性土不宜小于 6m^2。夯锤中宜设置若干上下贯通的气孔。

③ 脱钩装置。采用履带式起重机作强夯起重设备，常用的脱钩装置一般是自制的自动脱钩器。脱钩器由吊环、耳板、销环、吊钩等组成，由钢板焊接制成，如图 5-16 所示。脱钩装置要求有足够的强度、使用灵活、脱钩快速、安全可靠。

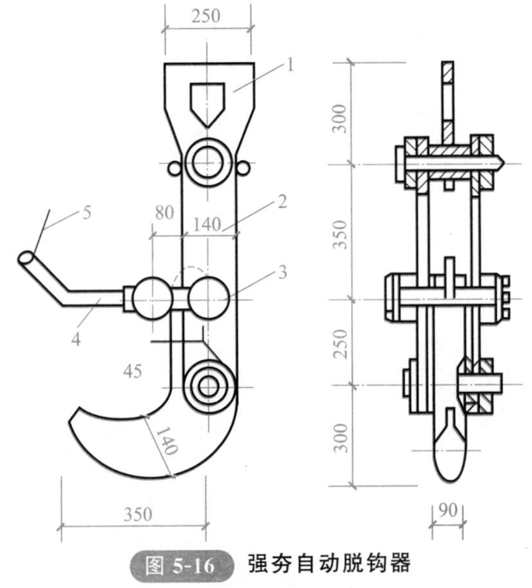

图 5-16　强夯自动脱钩器

1—吊环；2—耳板；3—销环轴辊；4—销柄；5—拉绳

④ 锚系装置。当用起重机起吊夯锤时，为防止在夯锤突然脱钩时发生起重臂后倾和减小臂杆振动，一般应用一台 T_1-100 型推土机设在起重机的前方作地锚，在起重机臂杆的顶部与推土机之间用两根钢丝绳锚系，钢丝绳与地面的夹角不大于 30°。推土机还可用于夯完后的表土推平、压实等辅助工作。

2. 施工要点

① 清理并平整施工场地。

② 铺设垫层。在地表形成硬层，用以支承起重设备，确保机械通行和施工。同时可加大地下水和表层面的距离，防止夯击的效率降低。

③ 标出第一遍夯击点的位置，并测量场地高程。

④ 起重机就位，使夯锤对准夯点位置。

⑤ 测量夯前锤顶标高。

⑥ 将夯锤起吊到预定高度，待夯锤脱钩自由下落后放下吊钩，测量锤顶高程；若发现因坑底倾斜而造成夯锤歪斜时，应及时将坑底整平。

⑦ 重复步骤⑥，按设计规定的夯击次数及控制标准，完成一个夯点的夯击。

⑧ 重复步骤④～⑦，完成第一遍全部夯点的夯击。

⑨ 用推土机将夯坑填平，并测量场地高程。

3.质量检查

① 施工前应检查夯锤重量、尺寸，落距控制手段，排水设施及被夯地基的土质。

② 施工中应检查落距、夯击遍数、夯点位置、夯击范围。

③ 施工结束后，检查被夯地基的强度并进行承载力检验。

④ 按《建筑地基基础工程施工质量验收标准》（GB 50202—2018）的规定，强夯地基质量检验标准应符合表5-15的规定。

表5-15 强夯地基质量检验标准

项目	序号	检查项目	允许值或允许偏差		检查方法
			单位	数值	
主控项目	1	地基承载力	不小于设计值		静载试验
	2	处理后地基土的强度	不小于设计值		原位测试
	3	变形指标	设计值		原位测试
一般项目	1	夯锤落距	mm	±300	钢索设标志
	2	夯锤质量	kg	±100	称重
	3	夯击遍数	不小于设计值		计数法
	4	夯击顺序	设计要求		检查施工记录
	5	夯击击数	不小于设计值		计数法
	6	夯点位置	mm	±500	用钢尺量
	7	夯击范围(超出基础范围距离)	设计要求		用钢尺量
	8	前后两遍间歇时间	设计值		检查施工记录
	9	最后两击平均夯沉量	设计值		水准测量
	10	场地平整度	mm	±100	水准测量

六、夯实水泥土桩复合地基

夯实水泥土桩是指利用机械成孔（挤土、不挤土）或人工挖孔，然后将土与不同比例的水泥拌和，将它们夯入孔内而形成的桩。由于夯实中形成的高密度及水泥土本身的强度，所以夯实水泥土桩桩体有较高强度。在机械挤土成孔与夯实的同时可将桩周土挤密，提高桩间土的密度和承载力。夯实水泥土桩法适用于处理地下水位以上的粉土、素填土、杂填土、黏性土等地基。处理深度不宜超过10m。

1.施工材料和机具

(1) 施工材料

① 水泥。宜用32.5级矿渣硅酸盐水泥。水泥使用前除有出厂合格证外，尚应送试验室复试，做强度及安定性等试验。

② 土。宜优先选用原位土作混合料，宜选无污染的、有机质含量不超过5%的黏性土、粉土或砂类土。使用前宜过10～20mm网筛，如土料含水量过大，需风干或另掺加其他的含水量较小的掺合料。掺合料确定后，进行室内配合比试验，用击实试验确定掺合料的最佳含水量，对重要工程，在掺合料最佳含水量的状态下，在70.7mm×70.7mm×70.7mm的试模中试制几种配合比的水泥土试块，做3天、7天、28天的极限抗压强度试验，确定适宜的配合比。

③ 其他掺合料。可选用工业废料粉煤灰、炉渣作混合料。

(2) 施工机具

① 振动沉管打桩机。振动沉管打桩机由桩架、振动沉拔桩锤和套管组成。常用振动沉管打夯机的综合匹配性能见表5-16。

表5-16 常用振动沉管打夯机的综合匹配性能

振动锤激振力/kN	桩管沉入深度/m	桩管外径/mm	桩管壁厚/mm
70～80	8～10	220～273	6～8
100～150	10～15	273～325	7～10
150～200	15～20	325	10～12.5
400	20～24	377	12.5～15

② 夯实机具。包括吊锤式夯实机、夹板锤式夯实机，采用桩径330mm时，夯锤质量不小于60kg，锤径不大于270mm，落距大于700mm。

③ 其他机械和工具。包括：搅拌机、粉碎机、机动翻斗车、手推车、铁锹、盖板、量孔器、料斗等。

2.施工要点

① 应根据设计要求、现场土质、周围环境等情况选择适宜的成桩设备和夯实工艺。设计标高上的预留土层应不小于500mm，垫层施工时将多余桩头凿除，桩顶面应水平。

② 夯实水泥土桩混合料的拌和。夯实水泥土桩混合料的拌和可采用人工和机械两种。人工拌和不得少于3遍；机械拌和宜采用强制式搅拌机，搅拌时间不得少于1min。

③ 采用人工或机械洛阳铲成孔在达到设计深度后要进行孔底虚土的夯实，在确保孔底虚土密实后再倒入混合料进行成桩施工。

④ 夯实水泥土桩复合地基施工。分段夯填时，夯锤落距和填料厚度应满足夯填密实度的要求，水泥土的铺设厚度应根据不同的施工方法按表5-17选用。夯击遍数应根据设计要求，通过现场干密度试验确定。

表5-17 采用不同施工方法虚铺水泥土的厚度控制

夯实机械	机具重量/t	虚铺厚度/cm	备注
石夯、木夯(人工)	0.04～0.08	20～25	人工，落距60cm

续表

夯实机械	机具重量/t	虚铺厚度/cm	备注
轻型夯实机	1～1.5	25～30	夯实机或孔内夯实机
沉管桩机		30	40～90kW 振动锤
冲击钻机	0.6～3.2	30	

3.质量检查

① 按《建筑地基处理技术规范》(JGJ 79—2012) 的规定，水泥及夯实土料的质量应符合设计要求，水泥夯实的标准见表5-18。

表5-18 土质量标准的主要指标

施工方法	换填材料类别	压实系数 λ_c
碾压振密或夯实	碎石、卵石	≥0.97
	砂夹石(其中碎石、卵石占全重的30%～50%)	
	土夹石(其中碎石、卵石占全重的30%～50%)	
	中砂、粗砂、砾砂、角砾、圆砾、石屑	
	粉质黏土	≥0.97
	灰土	≥0.95
	粉煤灰	≥0.95

注:1.压实系数 λ_c 为土的控制干密度 ρ_d 与最大干密度 ρ_{dmax} 的比值;土的最大干密度宜采用击实试验确定;碎石或卵石的最大干密度可取2.1～2.2t/m^3。

2.表中压实系数 λ_c 系使用轻型击实试验测定土的最大干密度 ρ_{dmax} 时给出的压实控制标准,采用重型击实试验时,对粉质黏土、灰土、粉煤灰及其他材料压实标准应为压实系数 λ_c≥0.94。

② 施工中应检查孔位、孔深、孔径、水泥和土的配比、混合料含水量等。

③ 当采用轻型动力触探 N_{10} 或其他手段检验夯实水泥土桩复合地基质量时，使用前，应在现场做对比试验（与控制干密度对比）。

④ 桩孔夯填质量检验应随机抽样检测，抽检的数量不应少于桩总数的1%。其他方面的质量检测应按设计要求执行。对于干密度试验或轻型动力触探 N_{10} 质量不合格的夯实水泥桩复合地基，可开挖一定数量的桩体，检查外观尺寸，取样做无侧限抗压强度试验。如仍不符合要求，应与设计部门协商，进行补桩。

⑤ 按《建筑地基基础工程施工质量验收标准》(GB 50202—2018) 的规定，夯实水泥土桩复合地基的质量检验标准应符合表5-19的要求。

表5-19 夯实水泥土桩复合地基的质量检验标准

项目	序号	检查项目	允许值		检查方法
			单位	数值	
主控项目	1	复合地基承载力	不小于设计值		静载试验
	2	桩体填料平均压实系数	≥0.97		环刀法

续表

项目	序号	检查项目		允许值		检查方法
				单位	数值	
主控项目	3	桩长		不小于设计值		用测绳测孔深
主控项目	4	桩身强度		不小于设计要求		28 天试块强度
一般项目	1	土料有机质含量		≤5%		灼烧减量法
一般项目	2	含水量		最优含水量±2%		烘干法
一般项目	3	土料粒径		mm	≤20	筛析法
一般项目	4	桩位	条基边桩沿轴线	$\leqslant \frac{1}{4}D$		全站仪或用钢尺量
一般项目	4	桩位	垂直轴线	$\leqslant \frac{1}{6}D$		全站仪或用钢尺量
一般项目	4	桩位	其他情况	$\leqslant \frac{2}{5}D$		全站仪或用钢尺量
一般项目	5	桩径		mm	+50 0	用钢尺量
一般项目	6	桩顶标高		mm	±200	水准测量，最上部 500mm 劣质桩体不计入
一般项目	7	桩孔垂直度		≤1/100		经纬仪测桩管
一般项目	8	褥垫层夯填度		≤0.9		水准测量

注：D 为设计桩径，mm。

七、水泥粉煤灰碎石桩复合地基

（一）加固原理及适用范围

水泥粉煤灰碎石桩（简称 CFG 桩）是由水泥、粉煤灰、碎石、石屑或砂加水拌和形成的高黏结强度桩，和桩间土、褥垫层一起形成复合地基，并且共同承担上部结构荷载。

水泥粉煤灰碎石桩适用于处理黏性土、粉土、砂土和已自重固结的素填土等地基。对淤泥质土应按地区经验或通过现场试验确定其适用性。就基础形式而言，既可用于扩展基础，又可用于箱形基础、筏形基础。

（二）施工

1. 施工设备

常用的施工设备有长螺旋钻机、振动沉管打桩机。常用的长螺旋钻机的钻头可分为四类：尖底钻头、平底钻头、耙式钻头及筒式钻头，各类钻头的适用地层见表 5-20。

表 5-20 各类钻头的适用地层

钻头类型	适用地层
尖底钻头	黏性土层，在刃口上镶焊硬质合金刀头，可钻硬土及冻土层
平底钻头	松散土层
耙式钻头	含有大量砖瓦块的杂填土层
筒式钻头	混凝土块、条石等障碍物

2. 施工程序及注意事项

(1) 施工程序

① 施工前应按设计要求由实验室进行配合比试验，施工时按配合比配制混合料。长螺旋钻孔、管内泵压混合料成桩施工的混合料坍落度宜为160～200mm；振动沉管灌注成桩施工的混合料坍落度宜为30～50mm。振动沉管灌注成桩后，桩顶浮浆厚度小于200mm。

② 根据桩位平面布置图及测量基准点进行桩位施放。桩位定位点应明显且不易破坏。对满堂布桩基础，桩位偏差不应大于0.4倍桩径；对条形基础，桩位偏差不应大于0.25倍桩径；对单排布桩桩位偏差不应大于60mm。

③ 水泥粉煤灰碎石桩复合地基施工，成桩工艺包括长螺旋钻孔灌注成桩、长螺旋钻孔、管内泵压混合料灌注成桩、振动沉管灌注成桩、泥浆护壁成孔灌注成桩、锤击或静压预制桩等。

a. 长螺旋钻孔灌注成桩适用于地下水位以上的黏性土、粉土、素填土、中等密实以上的砂土。

b. 长螺旋钻孔、管内泵压混合料灌注成桩，适用于黏性土，粉土，砂土，粒径不大于60mm、土层厚度不大于4m的卵石（卵石含量不大于30%），以及对噪声或泥浆污染要求严格的场地。

c. 振动沉管灌注成桩适用于粉土、黏性土及素填土地基。

d. 泥浆护壁成孔灌注成桩适用的土性应满足《建筑桩基技术规范》(JGJ 94—2008) 的有关规定。桩长范围内和桩端有承压水的土层，应首选该工艺。

e. 锤击、静压预制桩适用的土性应满足《建筑桩基技术规范》(JGJ 94—2008) 的有关规定。

④ 水泥粉煤灰碎石桩复合地基施工时应合理安排打桩顺序，宜从一侧向另一侧或由中心向两边顺序施打，以避免桩机碾压已施工完成的桩，或使地面隆起，造成断桩。

⑤ 水泥粉煤灰碎石桩施工完成后，待桩体达到一定强度后（一般为桩体设计强度的70%），方可进行开挖。开挖时，宜采用人工开挖，也可采用小型机械和人工联合开挖，但应有专人指挥，保证小型机械不碰撞桩头，同时应避免扰动桩间土。

⑥ 挖至设计标高后，应剔除多余的桩头。剔除桩头时，应在距设计标高2～

3cm 的同一平面按同一角度对称放置 2 个或 3 个钢钎，用大锤同时击打，将桩头截断。桩头截断后，用手锤、钢钎剔至设计标高并凿平桩顶表面。

⑦ 桩头剔至设计标高以下，或发现浅部断桩时，应提出上部断桩并采取补救措施。

⑧ 褥垫层施工，当厚度大于 200mm 时，宜分层铺设，每层虚铺厚度 $H=h/\lambda$，其中 h 为褥垫层设计厚度，λ 为夯实度，一般取 0.87～0.90。虚铺完成后宜采用静力压实至设计厚度；褥垫层铺设宜采用静力压实法，当基础底面下桩间土的含水量较小时，也可以采用动力夯实法。对较干的砂石材料，虚铺后可适当洒水再进行碾压或夯实。

(2) 施工中的注意事项

① 施工时应调整钻杆（沉管）与地面垂直，保证垂直度偏差不大于1%；桩位偏差符合前述有关规定。控制钻孔或沉管入土深度，保证桩长偏差在±100mm 范围内。

② 长螺旋钻孔、管内泵压混合料成桩施工在钻至设计深度后，应掌握提拔钻杆时间，混合料泵送量应与拔管速度相配合，遇到饱和砂土或饱和粉土层，不得停泵待料；沉管灌注成桩施工拔管速度应按匀速控制，拔管速度应控制在 1.2～1.5m/min 左右，如遇淤泥或淤泥质土，拔管速度应适当放慢；对遇有松散饱和粉土、粉细砂、淤泥、淤泥质土，当桩距较小时，为防止串孔，宜采用隔桩跳打措施。

③ 施工时，桩顶标高应高出设计标高，高出长度应根据桩距、布桩形式、现场地质条件和施打顺序等综合确定，一般不宜小于 0.5m；当施工作业面与有效桩顶标高距离较大时，宜增加混凝土灌注量，提高施工桩顶标高，防止缩径。

④ 成桩过程中，抽样做混合料试块，每台机械每台班应做一组（3 块）试块（边长为 150mm 的立方体），标准养护，测定其立方体 28 天抗压强度。施工中应抽样检查混合料坍落度。

⑤ 冬期施工时，混合料入孔深度的温度不得低于 5℃，对桩头和桩间土应采取保温措施。

⑥ 清土和截桩时，不得造成桩顶标高以下桩身断裂，不得扰动桩间土。

(三) 质量检验与验收

1. 施工期质量检验

施工期的质量检验应包括以下内容。

① 水泥、粉煤灰、砂及碎石等原材料应符合设计要求。

② 施工中应检查施工记录、桩数、桩位偏差、混合料的配合比、坍落度、提拔钻杆速度（或提拔套管速度）、成孔深度、混合料灌入量、褥垫层厚度、夯填度和桩体试块抗压强度等。

2. 竣工后质量验收

竣工后质量检验应包括以下内容。

① 施工结束后，应对桩顶标高、桩位、桩体质量、地基承载力以及褥垫层的质量做检查。

② 水泥粉煤灰碎石桩复合地基，其承载力检验应采用复合地基载荷试验，宜在施工结束28天后进行。试验数量宜为总桩数的0.5%～1%，但不应少于3处。有单桩强度检验要求时，数量为总数的0.5%～1%，且每个单体工程不应少于3点。

③ 应抽取不少于总桩数的10%的桩进行低应变动力试验，检测桩身完整性。

④ 褥垫层夯填度检验数量，每单位工程不应少于3点；1000m² 以上工程，每100m² 至少应有1点；3000m² 以上工程，每300m² 至少应有1点。每一独立基础下至少应有1点，基槽每20延米应有1点。

3. 检验与验收标准

水泥粉煤灰碎石桩复合地基质量检验标准应符合《建筑地基基础工程质量验收标准》(GB 50202—2018) 的规定，见表5-21。

表5-21 水泥粉煤灰碎石桩复合地基质量检验标准

<table>
<tr><th rowspan="2">项目</th><th rowspan="2">序号</th><th rowspan="2" colspan="2">检查项目</th><th colspan="2">允许值或允许偏差</th><th rowspan="2">检查方法</th></tr>
<tr><th>单位</th><th>数值</th></tr>
<tr><td rowspan="6">主控项目</td><td>1</td><td colspan="2">复合地基承载力</td><td colspan="2">不小于设计值</td><td>静载试验</td></tr>
<tr><td>2</td><td colspan="2">单桩承载力</td><td colspan="2">不小于设计值</td><td>静载试验</td></tr>
<tr><td>3</td><td colspan="2">桩长</td><td colspan="2">不小于设计值</td><td>测桩管长度或用测绳测孔深</td></tr>
<tr><td>4</td><td colspan="2">桩径</td><td>mm</td><td>+50
0</td><td>用钢尺量</td></tr>
<tr><td>5</td><td colspan="2">桩身完整性</td><td colspan="2">—</td><td>低应变检测</td></tr>
<tr><td>6</td><td colspan="2">桩身强度</td><td colspan="2">不小于设计要求</td><td>28天试块强度</td></tr>
<tr><td rowspan="8">一般项目</td><td rowspan="3">1</td><td rowspan="3">桩位</td><td>条基边桩沿轴线</td><td colspan="2">$\leqslant\frac{1}{4}D$</td><td rowspan="3">全站仪或用钢尺量</td></tr>
<tr><td>垂直轴线</td><td colspan="2">$\leqslant\frac{1}{6}D$</td></tr>
<tr><td>其他情况</td><td colspan="2">$\leqslant\frac{2}{5}D$</td></tr>
<tr><td>2</td><td colspan="2">桩顶标高</td><td>mm</td><td>±200</td><td>水准测量，最上部500mm劣质桩体不计入</td></tr>
<tr><td>3</td><td colspan="2">桩垂直度</td><td colspan="2">≤1/100</td><td>经纬仪测桩管</td></tr>
<tr><td>4</td><td colspan="2">混合料坍落度</td><td>mm</td><td>160～220</td><td>坍落度仪</td></tr>
<tr><td>5</td><td colspan="2">混合料充盈系数</td><td colspan="2">≥1.0</td><td>实际灌注量与理论灌注量的比</td></tr>
<tr><td>6</td><td colspan="2">褥垫层夯填度</td><td colspan="2">≤0.9</td><td>水准测量</td></tr>
</table>

注：D 为设计桩径，mm。

八、灰土挤密桩复合地基

土和灰土挤密桩是在桩孔中形成的，在此基础上，将回填土或灰土加以夯实而成，桩间挤密土和填夯的桩体组成人工“复合地基”。主要适用于地下水位以上深度为 5～10m 的湿陷性黄土、素填土或杂填土地基。

(一) 构造要求

桩身直径以 300～600mm 为宜，具体要根据当地的常用成孔机械型号和规格确定；桩孔宜按等边三角形布置，可使桩周土的挤密效果均匀。灰土桩及灰土垫层布置如图 5-17(a) 所示。桩距 D 按有效挤密范围，可取 2.5～3.0 倍桩直径，地基的挤密面积应每边超出基础宽度的 20%；桩顶一般设 0.5～0.8m 厚的土或灰土垫层，如图 5-17(b) 所示。桩孔的最少排数，土桩不少于 2 排，灰土桩不少于 3 排。

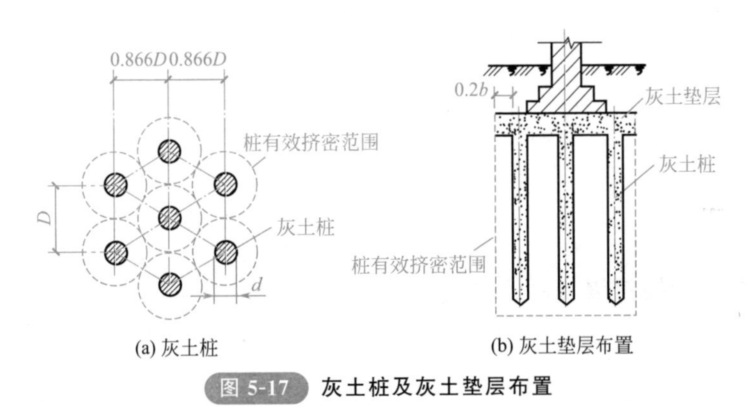

图 5-17　灰土桩及灰土垫层布置

d—灰土桩径；D—桩距（$2.5d$～$3d$）；b—基础宽

(二) 施工要点

① 施工前，应在现场进行成孔、夯填工艺和挤密效果试验，并确定分层填料的厚度、夯击次数和夯实后的干土密度等要求。

② 土和灰土桩填料的质量及配合比要求同灰土垫层。填料的含水量，如超过最佳值的±3%时，宜予晾干或洒水润湿。

③ 开挖基坑时，应预留 200～300mm 厚的土层，然后在坑内进行桩的施工，基础施工前再将已搅动的土层挖去。桩的成孔可选用下列方法。

a. 沉管法。用柴油机或振动打桩机将带有特制桩尖的钢制桩管打入地层至设计深度，然后缓慢拔出桩管即成桩孔。

b. 爆扩法。用钻机或洛阳铲等打成小孔，然后装药，爆扩成孔。

c. 冲击法。用冲击钻机将 0.6～3.2t 锥形锤头提升 0.5～2.0m 高度后自由落下，反复冲击使土层成孔，孔径可冲成 500～600mm。

④ 桩的施工顺序应先外排后里排，同排内应间隔 1～2 孔，成孔达到要求深度后，应立即清底夯实，夯击次数不少于 8 次，然后根据确定的分层回填厚度和夯击

次数及时逐次回填土或灰土夯实。

⑤ 回填桩孔用的夯锤最大直径应比桩孔直径小 100～160mm，锤重不宜小于 1kN，锤底面静压力不宜小于 20kPa，夯锤形状宜呈抛物线锥形体或下端尖角为 30°的尖锥形，以便夯击时产生足够的水平挤压力使整个桩孔夯实。夯锤上端宜成弧形，以便填料能顺利下落。

（三）质量检查

土和灰土桩夯填的质量，应采用随机抽样检查。抽样检查的数量，应不少于桩孔数的 2%，同时每台班至少应抽查 1 根。常用的检查方法有下列两种。

① 用轻便触探检查“检定锤击数”，检验时以实际锤击数不少于“检定锤击数”为合格。

② 用洛阳铲在桩孔中心挖土，然后用环刀取出夯击土样，测定其干密度。必要时，可通过开剖桩身，从基底开始沿桩孔深度每隔 1m 取夯实土样，测定干密度。测出的干密度应符合表 5-22 的规定。

表 5-22 灰土质量要求

土料种类	粉土	粉质黏土	黏性土
灰土最小干密度/(g/cm^3)	1.55	1.50	1.45

九、水泥土搅拌桩复合地基

（一）加固原理及适用范围

水泥土搅拌桩复合地基是指利用水泥（或水泥系材料）为固化剂，通过特制的搅拌机械，在地基深处对原状土和水泥强制搅拌，形成水泥土圆柱体，与原地基土构成的地基。水泥土搅拌桩可作为竖向承载的复合地基，还可用于基坑工程围护挡墙、被动区加固、防渗帷幕等。加固体形状一般有柱状、壁状、格栅状或块状等。根据固化剂掺入状态的不同，可分为湿法（浆液搅拌）和干法（粉体喷射搅拌）两种。

水泥土搅拌桩适用于处理正常固结的淤泥与淤泥质土、粉土、饱和黄土、素填土、黏性土以及无流动地下水的饱和松散砂土等地基。当地基土的天然含水量小于 30%（黄土含水量小于 25%）、大于 70%或地下水的 pH 值小于 4 时不宜采用干法。冬期施工时，应注意负温对处理效果的影响。当泥炭土、有机质含量较高或 pH 值小于 4 的酸性土、塑性指数大于 25 的黏土或在腐蚀性环境中以及无工程经验的地区采用水泥土搅拌法时，必须通过现场和室内试验确定其适用性。

（二）施工

1. 施工设备

水泥土搅拌桩的主要施工设备为深层搅拌机，可分为中心管喷浆方式的 SJB-1 型搅拌机和叶片喷浆方式的 GZB-600 型搅拌机两类。

如图 5-18(a) 所示为 SJB-1 型深层搅拌机外形和构造；GZB-600 型深层搅拌机

是利用进口钻机改装的单搅拌轴、叶片喷浆方式的搅拌机，其外形和构造如图 5-18(b) 所示。

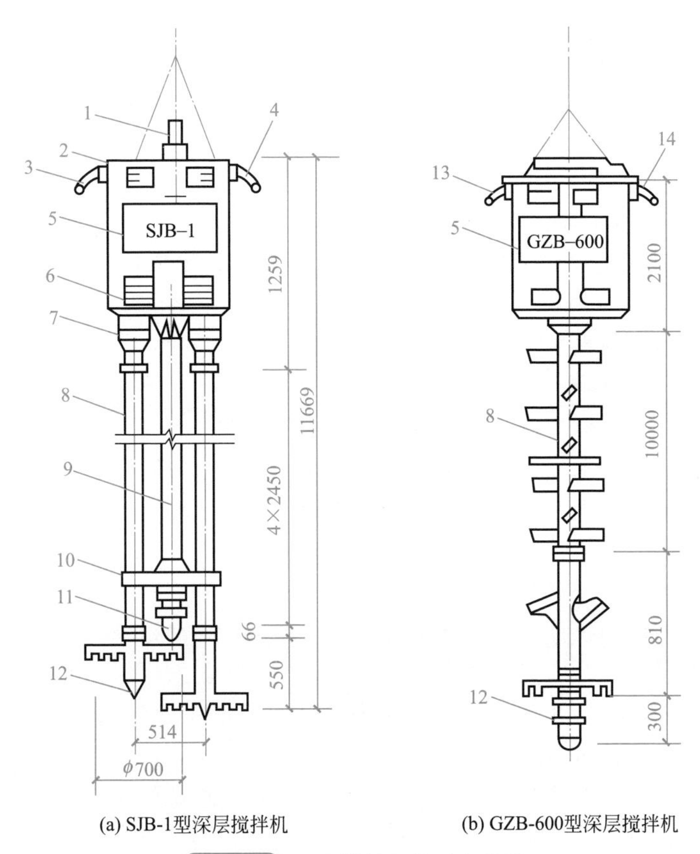

(a) SJB-1型深层搅拌机　　(b) GZB-600型深层搅拌机

图 5-18 深层搅拌机外形和构造

1—输浆管；2—外壳；3—出水口；4—进水口；5—电动机；6—导向滑块；7—减速器；8—搅拌轴；9—中心管；10—横向系板；11—球形阀；12—搅拌头；13—电缆接头；14—进浆口

2. 施工程序及注意事项

(1) 施工程序

① 施工现场事先应予以平整，必须清除地上和地下的障碍物。遇有明浜、池塘及洼地时应抽水和清淤，回填土料应压实，不得回填生活垃圾。

② 在制订水泥土搅拌施工方案前，应做水泥土的配比试验，测定各水泥土的不同龄期、不同水泥土配比的试块强度，确定施工时的水泥土配比。

③ 水泥土搅拌桩施工前应根据设计进行工艺性试桩，数量不得少于 3 根，多头搅拌不得少于 3 组，确定水泥土搅拌施工参数及工艺。即水泥浆的水灰比、喷浆压力、喷浆量、旋转速度、提升速度、搅拌次数等。

④ 搅拌机械就位、调平。为保证桩位准确使用定位卡，桩位对中偏差不大于 20mm，导向架和搅拌轴应与地面垂直，垂直度的偏差不大于 1.5%。

⑤ 预搅下沉至设计加固深度后，边喷浆（粉）、边搅拌提升直至预定的停浆（灰）面。

⑥ 重复钻进搅拌，按前述操作要求进行，如喷粉量或喷浆量已达到设计要求时，只需复搅不再送粉或只需复搅不再送浆。

⑦ 根据设计要求，喷浆（粉）或仅搅拌提升直至预定的停浆（灰）面，关闭搅拌机械。

⑧ 在预（复）搅下沉时，也可采用喷浆（粉）的施工工艺，必须确保全桩长上下至少再重复搅拌一次。

⑨ 对地基土进行干法咬合加固时，如复搅困难，可采用慢速搅拌，保证搅拌的均匀性。

(2) 施工中的注意事项

① 湿法施工控制要点。

a. 水泥浆液到达喷浆口的出口压力不应小于 10MPa。

b. 施工前应确定灰浆泵输浆量、灰浆经输浆管到达搅拌机喷浆口的时间和起吊设备提升速度等施工参数，并根据设计要求通过工艺性成桩试验确定施工工艺。

c. 所使用的水泥都应过筛，制备好的浆液不得离析，泵送必须连续。拌制水泥浆液的罐数、水泥和外掺剂用量以及泵送浆液的时间等应有专人记录；喷浆量及搅拌深度必须采用经国家计量部门认证的监测仪器进行自动记录。

d. 搅拌机喷浆提升的速度和次数必须符合施工工艺的要求，并应有专人记录。

e. 当水泥浆液到达出浆口后，应喷浆搅拌 30s，在水泥浆与桩端土充分搅拌后，再开始提升搅拌头。

f. 搅拌机预搅下沉时不宜冲水，当遇到硬土层下沉太慢时，方可适量冲水，但应考虑冲水对桩身强度的影响。

g. 施工时如因故停浆，应将搅拌头下沉至停浆点以下 0.5m 处，待恢复供浆时再喷浆搅拌提升。若停机超过 3h，宜先拆卸输浆管路，并妥加清洗。

h. 壁状加固时，相邻桩的施工时间间隔不宜超过 24h。如间隔时间太长，与相邻桩无法搭接时，应采取局部补桩或注浆等补强措施。

i. 喷浆未到设计桩顶标高（或底部桩端标高），集料斗中浆液已排空时，应检查投料量、有无漏浆、灰浆泵输送浆液流量。处理方法：重新标定投料量，或者检修设备，或者重新标定灰浆泵输送流量。

j. 喷浆到设计桩顶标高（或底部桩端标高），集料斗中浆液剩浆过多时，应检查投料量、输浆管路部分是否堵塞、灰浆泵输送浆液流量。处理方法：重新标定投料量，或者清洗输浆管路，或者重新标定灰浆泵输送流量。

② 干法施工控制要点。

a. 喷粉施工前应仔细检查搅拌机械、供粉泵、送气（粉）管路、接头和阀门的密封性、可靠性。送气（粉）管路的长度不宜大于 60m。

b. 水泥土搅拌法（干法）喷粉施工机械必须配置经国家计量部门确认的、能瞬时检测并记录出粉量的粉体计量装置及搅拌深度自动记录仪。

c. 搅拌头每旋转一周，其提升高度不得超过 16mm。

d. 搅拌头的直径应定期复核检查，其磨耗量不得大于 10mm。

e. 当搅拌头到达设计桩底以上 1.5m 时，应即开启喷粉机提前进行喷粉作业。当搅拌头提升至地面下 500mm 时，喷粉机应停止喷粉。

f. 成桩过程中因故停止喷粉，应将搅拌头下沉至停灰面以下 1m 处，待恢复喷粉时再喷粉搅拌提升。

③ 搅拌机预搅下沉不到设计深度，但电流不高，可能是因为土质黏性大、搅拌机自重不够造成的。应增加搅拌机自重或开动加压装置。

④ 搅拌钻头与混合土同步旋转，是由于灰浆浓度过大或者搅拌叶片角度不适宜造成的。可重新确定浆液的水灰比，或者采取调整叶片角度、更换钻头等措施。

(三) 质量检验与验收

1. 施工期质量检验

施工期质量检验应包括以下内容。

① 水泥土搅拌施工时，应随时检查施工中的各项记录，如发现地质条件发生变化，或有遗漏，或水泥土搅拌桩（水泥土搅拌点）施工质量不符合规定要求，应进行补桩或采取其他有效的补救措施。

② 重点检查输浆量（水泥用量）、输浆速度、总输浆时间、桩长、搅拌头转数和提升速度、复搅次数和复搅深度、停浆处理方法等。

2. 竣工后质量验收

竣工后质量验收应包括以下内容。

① 水泥土搅拌施工结束 28 天后进行检验。

② 水泥土搅拌桩桩体的主要检测内容如下。

a. 成桩 7 天后，采用浅部开挖桩头进行检查，开挖深度宜超过停浆（灰）面下 0.5m，目测检查搅拌的均匀性，量测成桩直径。检查量为总桩数的 5%。

b. 成桩后 3 天内，可用轻型动力触探（N_{10}）检查上部桩身的均匀性。检验数量为施工总桩数的 1%，且不少于 3 根。

c. 桩身强度检验应在成桩 28 天后，用双管单动取样器钻取芯样做搅拌均匀性和水泥土抗压强度检验，检验数量为施工总桩（组）数的 0.5%，且不少于 6 点。钻芯有困难时，可采用单桩抗压静载荷试验检验桩身质量。

③ 承载力检测。竖向承载水泥土搅拌桩复合地基竣工验收时，承载力检验应采用复合地基载荷试验和单桩载荷试验。载荷试验必须在桩身强度满足试验荷载条件时，并宜在成桩 28 天后进行。验收检测检验数量为桩总数的 0.5%～1%，其中每单项工程单桩复合地基载荷试验的数量不应少于 3 根（多头搅拌为 3 组），其余可进行单桩静载荷试验或单桩、多桩复合地基载荷试验。

④ 基槽开挖后，应检验桩位、桩数与桩顶质量，如不符合设计要求，应采取有效补强措施。

3.检验与验收标准

按《建筑地基基础工程施工质量验收标准》(GB 50202—2018)的规定，水泥土搅拌桩复合地基的质量检验标准应符合表5-23的要求。

表5-23 水泥土搅拌桩复合地基质量检验标准

项目	序号	检查项目	允许值或允许偏差		检查方法
			单位	数值	
主控项目	1	复合地基承载力	不小于设计值		静载试验
	2	单桩承载力	不小于设计值		静载试验
	3	水泥用量	不小于设计值		查看流量表
	4	搅拌叶回转直径	mm	±20	用钢尺量
	5	桩长	不小于设计值		测钻杆长度
	6	桩身强度	不小于设计值		28天试块强度或钻芯法
一般项目	1	水胶比	设计值		实际用水量与水泥等胶凝材料的重量比
	2	提升速度	设计值		测机头上升距离及时间
	3	下沉速度	设计值		测机头下沉距离及时间
	4	桩位 条基边桩沿轴线	$\leqslant \frac{1}{4}D$		全站仪或用钢尺量
		桩位 垂直轴线	$\leqslant \frac{1}{6}D$		
		桩位 其他情况	$\leqslant \frac{2}{5}D$		
	5	桩顶标高	mm	±200	水准测量,最上部500mm浮浆层及劣质桩体不计入
	6	导向架垂直度	≤1/150		经纬仪测量
	7	褥垫层夯填度	≤0.9		水准测量

注:D为设计桩径,mm。

十、旋喷桩复合地基

(一)加固原理及适用范围

旋喷桩复合地基是通过钻杆的旋转、提升，再把带有喷嘴的注浆管进至土体预定深度后，用高压设备以20～40MPa的高压把混合浆液或水从喷嘴中以很高的速度喷射出来，形成喷流。土颗粒在喷流的作用下(冲击力、离心力、重力)，与浆液搅拌混合，待浆液凝固后，便在土中形成一个固结体，与原地基土构成新的地基。

根据使用机具设备的不同，分为单管法、二重管法和三重管法。旋喷桩法的分类见表5-24。

表 5-24 旋喷桩法的分类

分类	单管法	二重管法	三重管法
喷射方法	浆液喷射	浆液、空气喷射	水、空气喷射，浆液注入
硬化剂	水泥浆	水泥浆	水泥浆
常用压力/MPa	15.0～20.0	15.0～20.0	高压 20.0～40.0 低压 0.5～3.0
喷射量/(L/min)	60～70	60～70	高压 60～70 低压 80～150
压缩空气/kPa	不使用	500～700	500～700
旋转速度/(r/min)	16～20	5～16	5～16
桩径/mm	300～600	600～1500	800～2000
提升速度/(cm/min)	15～25	7～20	5～20

旋喷桩适用于处理砂土、粉土、黏性土（包括淤泥和淤泥质土）、黄土、素填土和杂填土等地基。但对于砾石直径过大，砾石含量高以及含有大量纤维质的腐殖土，喷射质量较差。强度较高的黏性土中喷射直径受到限制。

对于地下水流速过大、无填充物的岩溶地段、永久冻土和对水泥有严重腐蚀的地基，均不宜采用旋喷桩地基。

当土中含有较多的大粒径块石、大量植物根茎或有较高的有机质时，以及对地下水流速过大和已涌水的工程，应根据现场试验结果确定其适用性。

旋喷桩法既可用于新建建筑物地基加固，也可用于既有建筑物地基加固。旋喷桩法不仅可用于提高地基承载力，还可用于整治局部地基下沉、防止基坑底部隆起、防止小型塌方滑坡、防止地基冻胀、防止砂土液化、减少设备基础振动、用作止水帷幕等，应用范围很广。

（二）施工

1. 施工设备

旋喷桩法主要机具设备包括高压泵、钻机、浆液搅拌器等；辅助设备包括操纵控制系统、高压管路系统、材料储存系统以及各种管材、阀门、接头安全设施等。

旋喷桩法施工常用主要机具的规格性能和用途见表 5-25。

表 5-25 旋喷桩法施工常用主要机具的规格性能和用途

设备名称		规格性能	用途
单管法	高压泥浆泵	1. SNC-H300 型压浆车 2. ACF-700 型压浆车，柱塞式、带压力流量仪表	旋喷注浆
	钻机	1. 无锡 30 型钻机 2. XJ100 型振动钻机	旋喷用
	旋喷管	单管、直径 42mm 地质钻杆，旋喷管直径 3.2～4.0mm	注浆成桩
	高压胶管	工作压力 31MPa、9MPa，内径 19mm	高压水泥浆用

续表

设备名称		规格性能	用途
三重管法	高压泵	1. 3W-TB,高压柱塞泵,带压力流量仪表 2. SNC-H300 型压浆车 3. ACF-700 型压浆车	高压水助喷
	泥浆泵	1. BW250/50 型,压力 3～5MPa,排量 150～250L/min 2. 200/40 型,压力 4MPa,排量 120～200L/min 3. ACF-700 型压浆车	旋喷注浆
	空压机	压力 0.55～0.70MPa,排量 6～9m^3/min	旋喷用气
	钻机	1. 无锡 30 型钻机 2. XJ100 型振动钻机	旋喷用、成孔用
	旋喷管	三重管,泥浆压力 2MPa,水压 20MPa,气压 0.5MPa	水、气、浆成桩
	高压胶管	工作压力 31MPa、9MPa,内径 19mm	高压水泥浆用
	其他	搅拌管,各种压力、流量仪表等	控制压力流量用

注：1. 钻机的转速和提升速度，根据需要应附设调速装置，或增设慢速卷扬机。

2. 三重管法选用高压泥浆泵、空压机和高压胶管等可参照上列规格选用。

3. 三重管法尚需配备搅拌罐（一次搅拌量 3.5m^3），旋转及提升装置、吊车、集泥箱、指挥信号装置等。

4. 其他尚需配的各种压力、流量仪表等。

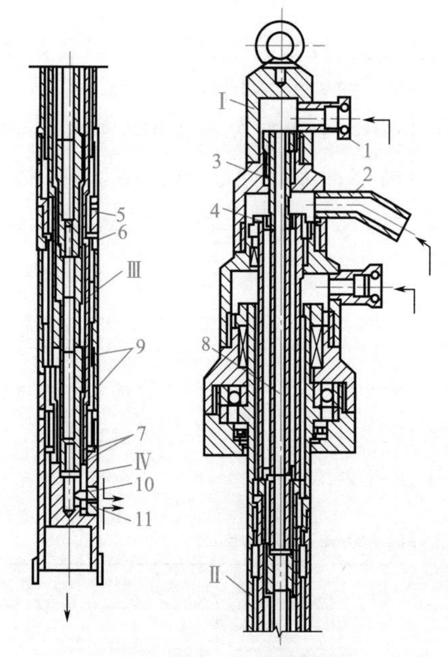

图 5-19 三重管构造

Ⅰ—头部；Ⅱ—主杆；Ⅲ—钻杆；Ⅳ—喷头
1—快速接头；2—锯齿形接头；3—高压密封装置；4—鸡心形零件；5—凸接头；6—凹接头；7—圆柱面加“O”形圈；8—转轴；9—半圆环；10—螺栓塞；11—喷嘴

三重管系以三根互不相通的管子，按直径大小在同一轴线上重合套在一起，用于向土体内分别压入水、气、浆液。内管由泥浆泵压送 2MPa 左右的浆液；中管由高压泵压送 20MPa 左右的高压水；外管由空压机压送 0.5MPa 以上的压缩空气。三重管由回转器、连接管和喷头三部分组成。回转器指三重管的上段，内安有支承轴承，当钻机转盘带动三重管旋转时，回转器外部不转内部转；连接管是指三重管的中段，为连接水、气、浆液的通道，旋转是由钻机转盘直接带动连接管使整根三重管旋转，根据旋喷深度可将多节连接管接长；喷头是指三重管的下段，其上装有喷嘴，如图 5-19 所示，是旋喷时向土层中喷射水、气、浆液的装置，也随连接管一起转动。

浆液搅拌可采用污水泵自循环式的搅拌罐或水力混合器。

辅助设备包括操纵控制系统、高压管路系统、材料储存、运输系统以及各种管件、阀门、接头、压力流量仪表、安全设施等。

2.施工程序及注意事项

(1) 施工程序

① 旋喷桩法施工工艺流程如图 5-20、图 5-21 所示。

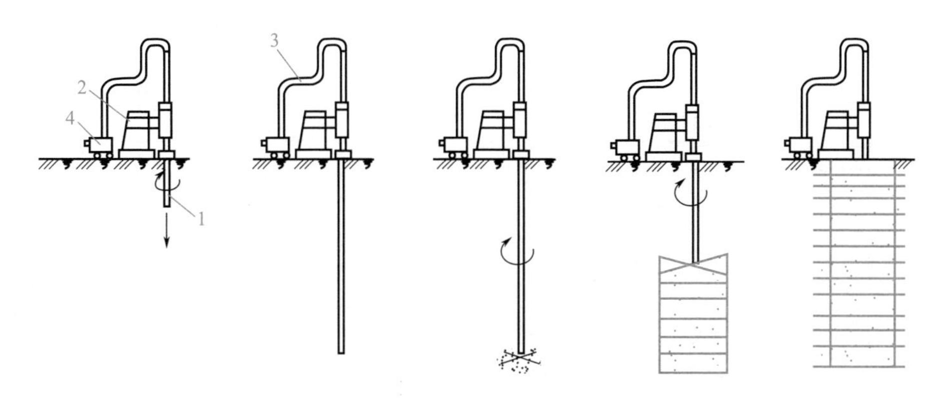

图 5-20 单管旋喷桩法施工工艺流程

1—旋喷管；2—钻孔机械；3—高压胶管；4—超高压脉冲泵

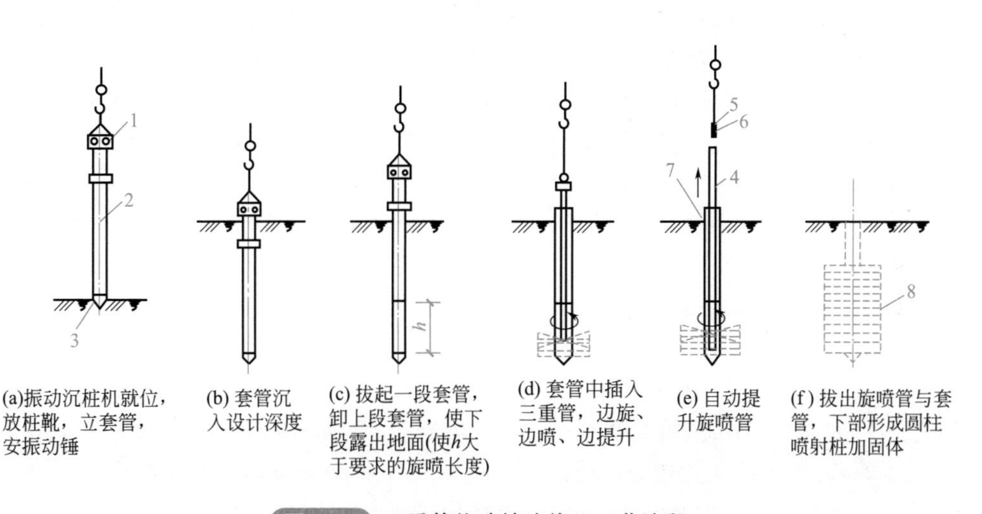

图 5-21 三重管旋喷桩法施工工艺流程

1—振动锤；2—钢套管；3—桩靴；4—三重管；5—浆液胶管；6—高压水胶管；7—压缩空气胶管；8—旋喷桩加固体

② 施工前先进行场地平整，挖好排浆沟，做好钻机定位。要求钻机安放保持水平，钻杆保持垂直，其倾斜度不得大于 1.0%。

③ 旋喷桩施工程序为：机具就位→贯入注浆管→试喷射→喷射注浆→拔管及冲洗等。

④ 单管法和二重管法可用注浆管射水成孔至设计深度后，再一边提升一边进行喷射注浆。三重管法施工须预先用钻机或振动打桩机钻成直径为150～200mm的孔，然后将三重注浆管插入孔内，按旋喷、定喷或摆喷的工艺要求，由下而上进行喷射注浆，注浆管分段提升的搭接长度不得小于200mm。喷嘴形式如图5-22所示。

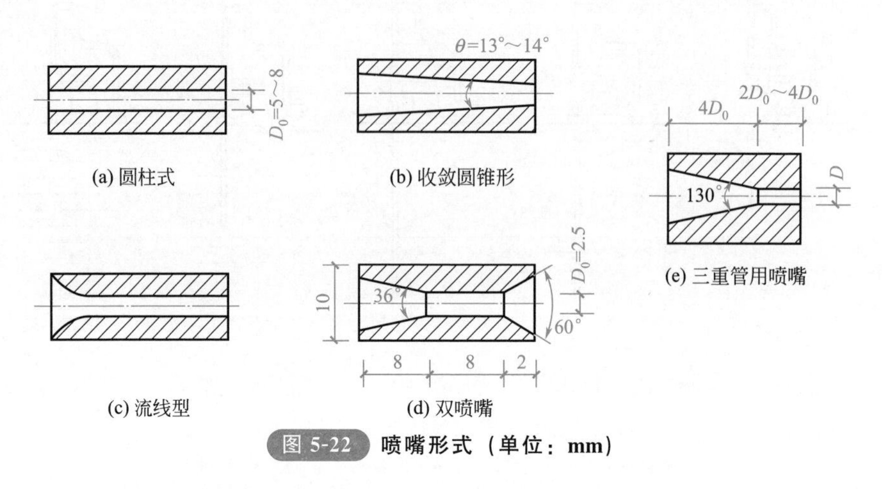

图5-22 喷嘴形式（单位：mm）

(2) 施工中的注意事项

① 旋喷桩的施工参数应根据土质条件、加固要求通过试验或根据工程经验确定，并在施工中严格加以控制。单管法及双管法的高压水泥浆和三管法高压水的压力宜大于30MPa，流量大于30L/min，气流压力宜取0.7MPa，提升速度可取0.1～0.2m/min。

② 对于无特殊要求的工程宜采用强度等级为P.O.42.5级及以上的普通硅酸盐水泥，根据需要可加入适量的外加剂及掺合料。外加剂和掺合料的用量应通过试验确定。水泥浆液的水灰比应按工程要求确定，可取0.8～1.2，常用0.9。

③ 喷射孔与高压注浆泵的距离不宜大于50m。钻孔的位置与设计位置的偏差不得大于50mm。垂直度偏差不大于1%。实际孔位、孔深和每个钻孔内的地下障碍物、洞穴、涌水、漏水及岩土工程勘察报告不符等情况均应详细记录。

④ 当喷射注浆管贯入土中，喷嘴达到设计标高时，即可喷射注浆。在喷射注浆参数达到规定值后，随即按旋喷的工艺要求，提升喷射管，由下而上旋转喷射注浆。喷射管分段提升的搭接长度不得小于100mm。

⑤ 在插入旋喷管前先检查高压水与空气喷射情况，各部位密封圈是否封闭，插入后先做高压水射水试验，合格后方可喷射浆液。如因塌孔插入困难时，可用低压（0.1～2MPa）水冲孔喷下，但须把高压水喷嘴用塑料布包裹，以免泥土堵塞。

⑥ 旋喷桩法施工主要机具和参数见表 5-26 或根据现场试验确定。

表 5-26 旋喷桩法施工主要机具和参数

项目			单管法	二重管法	三重管法
参数	喷嘴孔径/mm		$\phi 2\sim\phi 3$	$\phi 2\sim\phi 3$	$\phi 2\sim\phi 3$
	喷嘴个数		2	1～2	1～2
	旋转速度/(r/min)		20	10	5～15
	提升速度/(mm/min)		200～250	100	50～150
机具性能	高压泵	压力/MPa	20～40	20～40	20～40
		流量/(L/min)	60～120	60～120	60～120
	空压机	压力/MPa	—	0.7	0.7
		流量/(L/min)	—	1～3	1～3
	泥浆泵	压力/MPa	—	—	3～5
		流量/(L/min)	—	—	100～150
浆液配合比:水∶水泥∶陶土∶碱			(1～1.5)∶1∶0.03∶0.0009		

注：高压泵喷射的是浆液（单管法、二重管法）或水（三重管法）。

⑦ 当采用三重管法旋喷，开始时，先送高压水，再送水泥浆和压缩空气，在一般情况下，压缩空气可晚送 30s。在桩底部边旋转边喷射 1min 后，再边旋转、边提升、边喷射。

⑧ 喷射时，先应达到预定的喷射压力、喷浆量后再逐渐提升注浆管。中间发生故障时，应停止提升和旋喷，以防桩体中断，同时立即进行检查排除故障。如发现浆液喷射不足，影响桩体的设计直径时，应进行复核。

⑨ 当处理既有建筑地基时，应采取速凝浆液或大间隔孔旋喷和冒浆回灌等措施，以防旋喷过程中地基产生附加变形和地基与基础间出现脱空现象，影响被加固建筑及邻近建筑。

⑩ 喷到桩高后应迅速拔出注浆管，用清水冲洗管路，防止凝固堵塞。相邻两桩施工间隔时间应不小于 48h，间距应不小于 4～6m。

（三）质量检验与验收

1. 施工期质量检验

施工期质量检验应包括以下内容。

① 施工前应检查水泥、外掺剂等的质量，桩位、压力表、流量表的精度和灵敏度，高压喷射设备的性能等。

② 施工中应检查施工参数（压力、水泥浆量、提升速度、旋转速度等）的应用情况及施工程序。

2. 竣工后质量验收

竣工后质量检验应包括以下内容。

① 旋喷桩施工结束 28 天后进行检验。

② 旋喷桩的施工质量检验主要内容如下。

a. 桩体的完整性。桩体的完整性检查，在施工完成的桩体上，钻孔取岩芯来观察桩体的完整性，并可将所取岩芯做成标准试件进行室内压力试验，获得强度指标，检验是否满足设计要求。

b. 桩体的有效直径。桩体的有效直径检查，当旋喷桩具有一定强度后，将桩顶部挖开，检查旋喷桩的直径、桩体施工质量（均匀性）等。

c. 桩体的垂直度。桩体的垂直度，可以检查钻孔的垂直度代替桩体的垂直度。在施工中经常测量钻机钻杆的垂直度，或测量孔的倾斜度。

d. 桩体的强度。桩体的强度，可以采用钻孔取芯检查桩体强度，也可以采用标准贯入度试验、单桩载荷试验等方法检查桩体的强度。

③ 施工质量的检验数量，应为喷射孔数量的 2%，并不少于 5 点。

④ 承载力的检测。竖向承载旋喷桩地基竣工验收时，承载力试验应采用复合地基载荷试验和单桩载荷试验。载荷试验的数量为总桩数的 0.5%～1%，并且每个单体工程不少于 3 根。

3. 检验与验收标准

按《建筑地基基础工程施工质量验收标准》（GB 50202—2018）的规定，旋喷桩（高压喷射注浆）复合地基质量检验标准见表 5-27。

表 5-27 旋喷桩（高压喷射注浆）复合地基质量检验标准

项目	序号	检查项目	允许值或允许偏差		检查方法
			单位	数值	
主控项目	1	复合地基承载力	不小于设计值		静载试验
	2	单桩承载力	不小于设计值		静载试验
	3	水泥用量	不小于设计值		查看流量表
	4	桩长	不小于设计值		测钻杆长度
	5	桩身强度	不小于设计值		28 天试块强度或钻芯法
一般项目	1	水胶比	设计值		实际用水量与水泥等胶凝材料的重量比
	2	钻孔位置	mm	≤50	用钢尺量
	3	钻孔垂直度	≤1/100		经纬仪测钻杆
	4	桩位	mm	≤0.2D	开挖后桩顶下 500mm 处用钢尺量
	5	桩径	mm	≥−50	用钢尺量
	6	桩顶标高	不小于设计值		水准测量，最上部 500mm 浮浆层及劣质桩体不计入
	7	喷射压力	设计值		检查压力表读数

续表

项目	序号	检查项目	允许值或允许偏差		检查方法
			单位	数值	
一般项目	8	提升速度	设计值		测机头上升距离及时间
	9	旋转速度	设计值		现场测定
	10	褥垫层夯填度	≤0.9		水准测量

注：D 为设计桩径，mm。

第三节　浅基础

一、刚性基础

（一）构造要求

如图 5-23 所示，刚性基础断面形式有矩形、阶梯形、锥形等。基础底面宽度 B 应符合下式要求

$$B \leqslant B_0 + 2H\tan\alpha \tag{5-1}$$

式中　B_0——基础顶面的砌体宽度，m；

H——基础高度，m；

$\tan\alpha$——基础台阶的宽高比，可按表 5-28 选用。

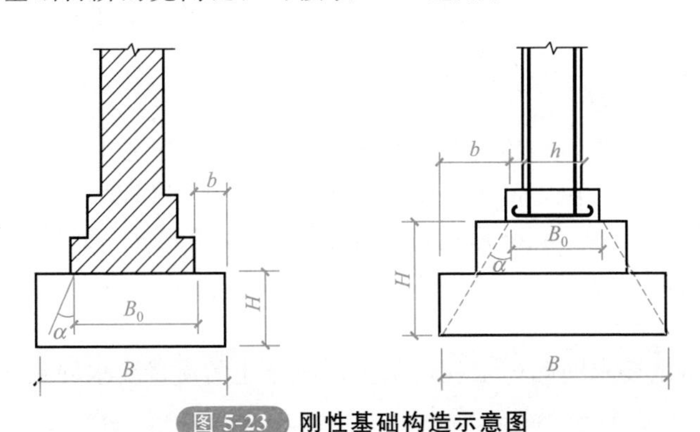

图 5-23 刚性基础构造示意图

表 5-28 刚性基础台阶的高宽比的允许值

基础材料	质量要求	台阶宽高比的允许值		
		$p_k \leqslant 100$	$100 < p_k \leqslant 200$	$200 < p_k \leqslant 300$
混凝土基础	C15 混凝土	1∶1.00	1∶1.00	1∶1.25
毛石混凝土基础	C15 混凝土	1∶1.00	1∶1.25	1∶1.50
砖基础	砖不低于 MU10、砂浆不低于 M5	1∶1.50	1∶1.50	1∶1.50

续表

基础材料	质量要求	台阶宽高比的允许值		
		$p_k \leqslant 100$	$100 < p_k \leqslant 200$	$200 < p_k \leqslant 300$
毛石基础	砂浆不低于 M5	1∶1.25	1∶1.50	—
灰土基础	体积比为 3∶7 或 2∶8 的灰土，其最小干密度： 粉土 1550kg/m^3 粉质黏土 1500kg/m^3 黏土 1450kg/m^2	1∶1.25	1∶1.50	—
三合土基础	体积比(石灰∶砂∶骨料)为(1∶2∶4)～(1∶3∶6)，每层约虚铺 220mm，夯至 150mm	1∶1.50	1∶2.00	—

注：1. p_k 为作用的标准组合时基础底面处的平均压力值，kPa。

2. 阶梯形毛石基础的每阶伸出宽度不宜大于 200mm。

3. 当基础由不同材料叠合组成时，应对接触部分作抗压验算。

4. 混凝土基础单侧扩展范围内基础底面处的平均压力值超过 300kPa 时，尚应进行抗剪验算；对基底反力集中于立柱附近的岩石地基，应进行局部受压承载力验算。

(二) 施工要点

1. 混凝土基础

混凝土应分层进行浇捣，对阶梯形基础，阶高内应整分层浇捣；对锥形基础，其斜面部分的模板要逐步地随捣随安装，并需注意边角处混凝土的密实。单独基础应连续浇筑完毕。浇捣完毕，水泥最终凝结后，混凝土外露部分要加以覆盖和浇水养护。

2. 毛石混凝土基础

所掺用的毛石数量不应超过基础体积的 25%。毛石尺寸不得大于所浇筑部分的最小宽度的 1/3，且不大于 300mm。毛石的抗压极限强度不应低于 300kg/cm^2。施工时先铺一层 100～150mm 厚的混凝土打底，再铺毛石，每层厚 200～250mm，最上层毛石的表面上应有不小于 100mm 厚的保护层。

(三) 其他基础

砖基础的质量要求同砌体工程，灰土、三合土的质量要求同灰土垫层、三合土垫层。

二、条形基础

(一) 构造要求

① 混凝土强度等级不宜低于 C15。

② 当地基软弱时，为了减小不均匀沉降的影响，基础截面可采用带肋的板，肋的纵向钢筋和箍筋按经验确定。

③ 垫层的厚度不宜小于 70mm，通常采用 100mm。

④ 条形基础梁的高度宜为柱距的 1/8～1/4。

⑤ 条形基础的构造如图 5-24 所示。

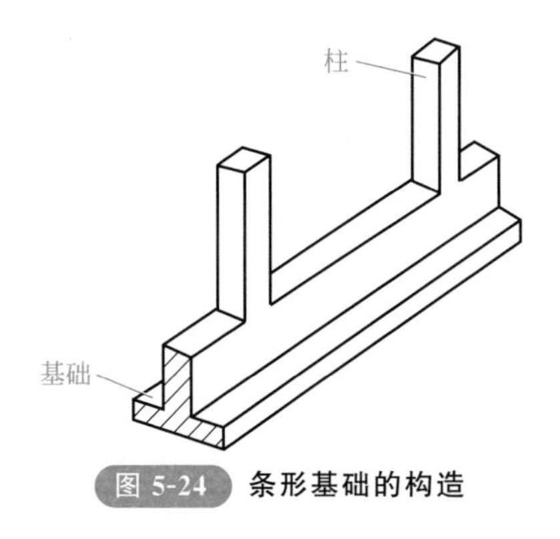

图 5-24 条形基础的构造

(二) 施工要点

1. 作业条件

① 基础模板、钢筋及预埋管线应全部安装完毕，模板内的木屑、泥土、垃圾等已清理干净；钢筋上的油污已除净，经检查合格并办完检验手续。

② 检查复核基础轴线、标高，在槽帮或模板上标好混凝土浇筑标高；办完基槽验线验收手续。

③ 水泥、砂、石及外加剂等材料应备齐，经检查符合要求；有混凝土配合比通知单，已进行开盘交底和准备好试模等试验器具。

④ 混凝土搅拌、运输、浇灌和振捣机械设备经检修、试运转情况良好，可满足连续浇筑要求。

⑤ 浇筑混凝土的脚手架及马道搭设完成，经检查合格。

2. 条形基础施工工艺流程

条形基础施工工艺流程如下。

基槽开挖及清理 → 混凝土垫层浇筑 → 钢筋绑扎及相关专业施工 → 支模板 → 清理 → 混凝土搅拌、浇筑、振捣、找平 → 混凝土养护 → 模板拆除

三、杯形基础

杯形基础一般用于装配式钢筋混凝土柱下，所用材料为钢筋混凝土，如图 5-25 所示。

(一) 构造要求

① 柱的插入深度 H_1 应满足锚固长度的要求，一般为 20 倍的纵向受力筋的直径，同时考虑吊装时的稳定性要求，插入深度应大于 0.05 倍的柱长（吊装时的柱长）。

② 按《建筑地基基础设计规范》（GB 50007—2011）的规定，杯形基础的杯底、杯壁厚度可根据表 5-29 选用。

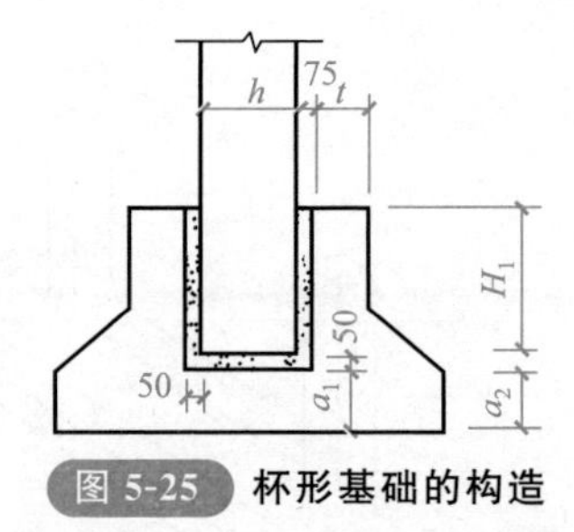

图 5-25 杯形基础的构造

$t \geqslant 200$mm（轻型柱可用 150mm）；$a_1 \geqslant 200$mm（轻型柱可用 150mm）；$a_2 \geqslant a_1$

表 5-29 杯形基础的杯底厚度及杯壁厚度

柱截面长边尺寸 h/mm	杯底厚度 a_1/mm	杯壁厚度 t/mm
$h<500$	≥150	150～200
$500 \leqslant h<800$	≥200	≥200
$800 \leqslant h<1000$	≥200	≥300
$1000 \leqslant h<1500$	≥250	≥350
$1500 \leqslant h<2000$	≥300	≥400

注：1. 双肢柱的杯底厚度值可适当加大。

2. 当有基础梁时，基础梁下的杯壁厚度应满足其支承宽度的要求。

3. 柱子插入杯口部分的表面应凿毛，柱子与杯口之间的空隙，应用比基础混凝土强度等级高一级的细石混凝土充填密实，当达到材料设计强度的 70%以上时，方能进行上部吊装。

③ 按《建筑地基基础设计规范》（GB 50007—2011）的规定，杯壁配筋可按表 5-30 及图 5-26 执行。

表 5-30 杯壁配筋

柱截面长边尺寸/mm	$h<1000$	$1000 \leqslant h<1500$	$1500 \leqslant h \leqslant 2000$
钢筋直径/mm	8～10	10～12	12～16

注：表中钢筋置于杯口顶部，每边两根（图 5-26）。

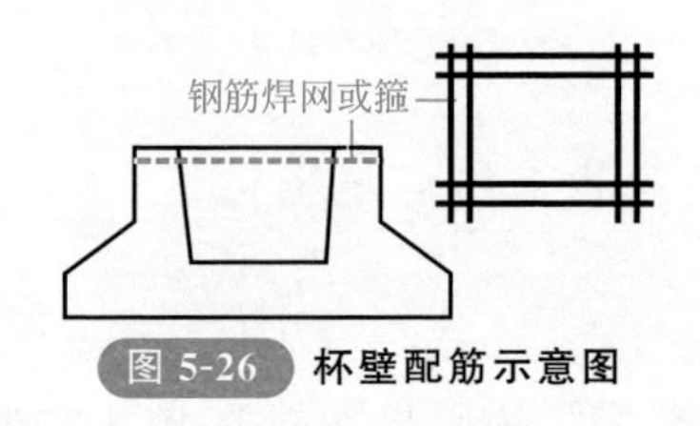

图 5-26 杯壁配筋示意图

（二）施工要点

① 杯口浇筑应注意杯口模板的位置，应从四周对称浇筑，以防杯口模板被挤向一侧。

② 基础施工时在杯口底应留出 50mm 的细石混凝土找平层。

③ 施工高杯口基础时，由于最上一级台阶较高，可采用后安装杯口模板的方法施工。

四、筏形基础

筏形基础由钢筋混凝土底板、梁等整体组合而成，适用于上部结构荷载较大、有地下室或地基承载力较低的情况。筏形基础如图 5-27 所示。

图 5-27　筏形基础

（一）构造要求

① 一般宜设 C10 素混凝土垫层，每边伸出基础不少于 100mm。

② 底板厚度不小于 200mm。

③ 梁截面由计算确定，但高出底板的顶面不小于 300mm，梁宽不得小于 250mm。

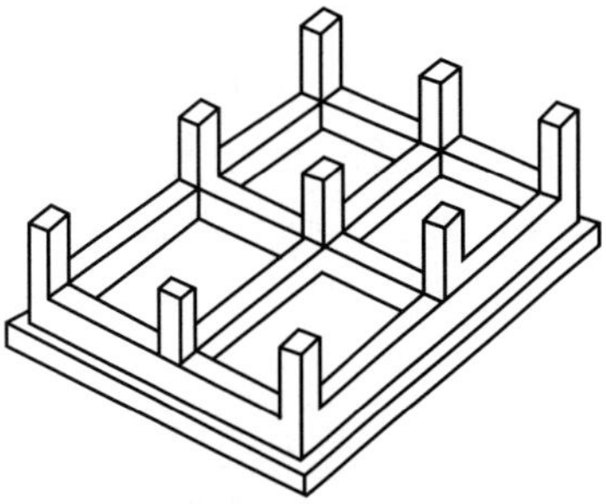

（二）施工要点

① 如地下水位过高应先采取措施降低地下水位。

② 筏形基础的施工，应根据不同情况确定施工方案。一般是先浇筑垫层，然后放轴线，定出梁、柱位置，再绑扎底板、梁的钢筋和柱子的锚固筋，浇筑底板混凝土，在底板上再支梁模板，继续浇筑梁上部分的混凝土。

③ 做好施工缝止水和沉降观测工作。

④ 做好柱子的防沉降工作。

五、箱形基础

箱形基础是由钢筋混凝土底板、外墙、顶板和一定数量的内隔墙构成一封闭空间的整体箱体，基础中空部分可在隔墙开门洞做地下室，如图 5-28 所示。这种基础具有整体性好、刚度大、承受不均匀沉降能力及抗震能力强，可减少基底处原有地基自重能力、降低总沉降量等特点。箱形基础适用于民用建筑地基面积较大、平面形状简单、荷载较大或上部结构分布不均匀的高层建筑的箱形基础工程。

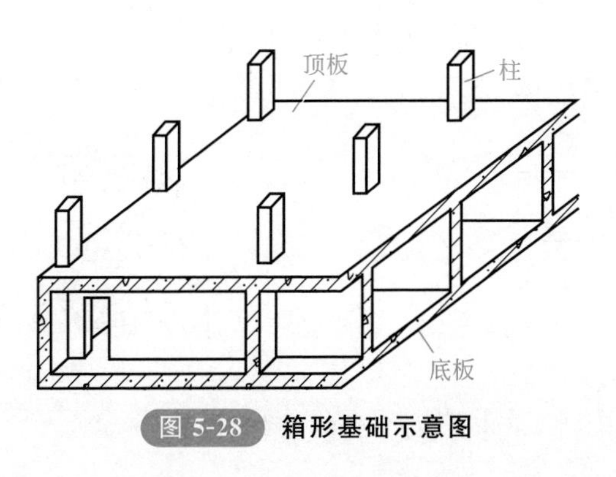

图 5-28　箱形基础示意图

（一）构造要求

① 箱形基础高度一般取建筑物高度的1/12～1/8，同时不宜小于其长度的1/18。

② 底、顶板的厚度应满足柱或墙冲切验算要求，根据实际受力情况精确计算。

③ 箱形基础的墙体一般用双向、双层配筋，箱基墙体的顶部均宜配置两根以上直径不小于20cm的通长构造钢筋。

（二）施工要点

① 开挖基坑应注意保持基坑上的原状结构，当采用机械开挖基坑时，在基坑底面设计标高以上20～40mm厚的土层，应用人工挖除并清理，如不能立即进行下道工序施工，应预留10～15cm厚的土层。

② 箱形基础底板、内外墙和顶板的支模、钢筋绑扎和混凝土浇筑，可分块进行。

③ 当箱形基础长度超过40m时，为避免出现温度收缩裂缝或减小浇灌强度，宜在中部设置贯通后浇缝带，并从两侧混凝土内伸出贯通主筋，主筋按原设计安装而不切断。

④ 钢筋绑扎应注意形状和准确位置，接头部位用闪光接触对焊或套管挤压连接。

六、壳体基础

壳体基础可用于一般工业与民用建筑（烟囱、水塔、料仓等）柱基基础。它是利用壳体结构的稳定性将钢筋混凝土做成壳体，减小基础厚度，加大基础底面，在提高承载力的同时，降低基础的造价。图5-29所示为常用的几种壳体基础形式。

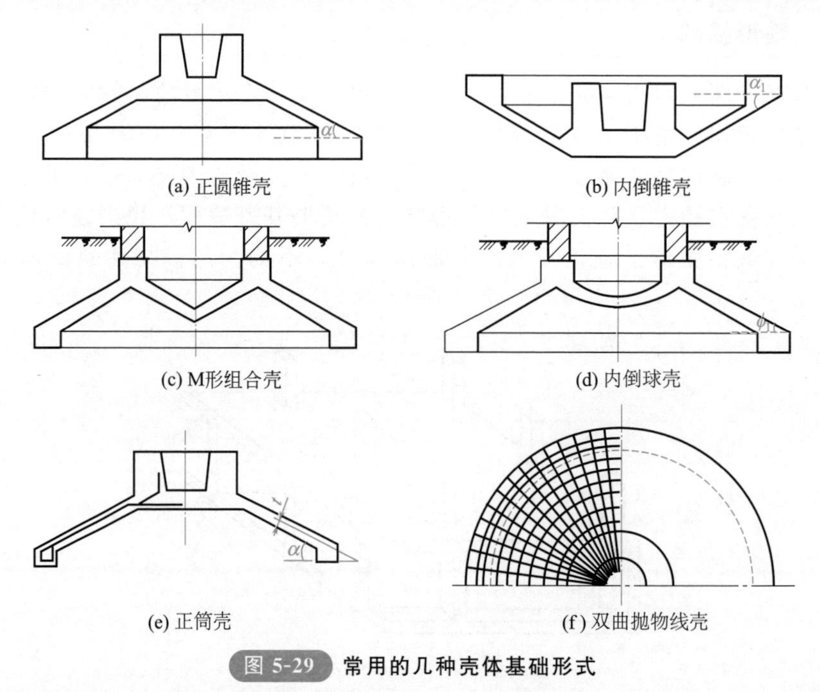

图5-29 常用的几种壳体基础形式

（一）构造要求

1. 壳面倾角

壳体基础的壳面倾角可根据表 5-31 和图 5-29 的数据确定。组合壳体内外角度的匹配可取 $\alpha_1 \approx \alpha - 10°$；$\phi_1 \geqslant \alpha$。

表 5-31　壳面倾角

壳体类别	α	α_1	ϕ_1
正圆锥壳	30°～40°		
内倒锥壳		20°～30°	
内倒球壳			30°～40°

2. 壳壁厚度

壳壁厚度一般按表 5-32 的数值确定，但不得小于 80mm。

表 5-32　壳壁厚度

壳体形式	基底水平面的最大净反力/MPa			备　注
	≤150	150～200	200～250	
正圆锥壳	(0.05～0.06)R	$\alpha \geqslant 32°$时，(0.06～0.08)R		表中正圆锥壳壳壁厚度系按不允许出现裂缝要求确定的，不能满足规定时，应根据使用要求进行抗裂度或裂缝宽度验算。R 为基础水平投影面最大半径；t 为正圆锥壳的壳壁厚度；t_1 为内倒球壳壳厚度
内倒球壳	(0.03～0.05)r_1	(0.05～0.06)r_1	(0.06～0.07)r_1	
内倒锥壳	边缘最大厚度等于 0.75t～t，中间厚度不小于 0.5 倍的边缘厚度			

3. 边梁截面

边梁截面如图 5-30 所示，应满足下列各式要求。

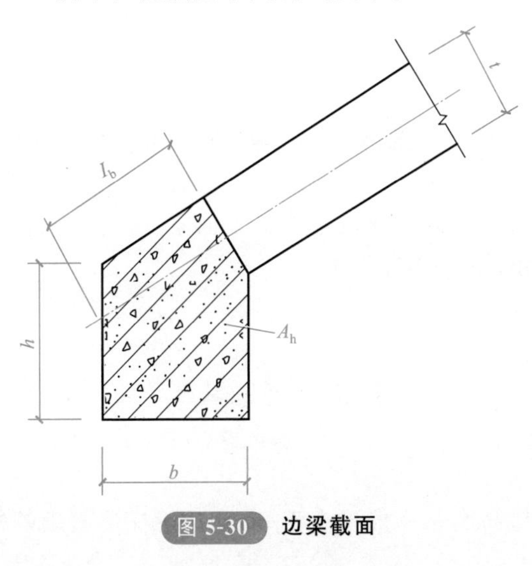

图 5-30　边梁截面

$$h \geqslant t$$

$$b=(1.5\sim2.5)t$$

$$A_{\mathrm{h}} \geqslant 1.3tI_{\mathrm{b}}$$

4. 构造钢筋的配置

一般壳体基础的构造钢筋如表 5-33 所示。在壳壁厚度大于 150mm 的部位和内倒锥（或内倒球）壳距边缘不小于 $r_1/3$ 的范围内，均应配置双层构造筋。内倒球壳边缘附近环向钢筋和底层径向钢筋应适当加强。

表 5-33 壳体基础的构造钢筋

配筋部位		壳壁厚度/mm				备注
		<100	100～200	200～400	400～600	
正圆锥壳径向		ϕ6@200	ϕ8@250	ϕ10@250	ϕ12@300	1. 径向构造钢筋上端伸入杯壁或上环梁内，并满足锚固长度要求； 2. 内倒锥壳构造筋按边缘最大厚度选用
内倒锥壳	径向		ϕ8@200	ϕ10@200	ϕ12@250	
	环向		ϕ8@200	ϕ10@200	ϕ12@250	
内倒球壳	径向		ϕ8@200	ϕ10@200		
	环向		ϕ8@200	ϕ10@200		

5. 对钢筋和混凝土的要求

混凝土标号不宜低于 C20，作为建物基础时不宜低于 C30。钢筋宜采用 HPB300 级、HRB335 级钢筋，钢筋保护层不小于 30mm。

（二）施工要点

① 壳体基础是空间结构，以薄壁、曲面的高强材料取得较大的刚度和强度，因此对施工质量更应严格要求。同时要注意结构几何尺寸的准确性，加强放线的校核工作，且要保证混凝土振捣密实。

② 土胎开挖施工，第一次挖平壳体顶部标高或倒壳上部边梁标高部分的土体；第二次放出壳顶及底部尺寸，然后进行开挖。施工偏差不宜超过 10～15mm。挖土后应尽快抹 10～20mm 厚的水泥砂浆垫层，如果面积较大用 50～80mm 厚的砂浆。

③ 绑扎钢筋与支模，钢筋绑扎做木胎模，预制成罩形网以便运往现场进行安装。

④ 混凝土的浇筑与养护。浇筑应按自上而下的顺序进行，不要有遗漏，浇筑完后应进行养护，用草袋等盖在上方。

七、板式基础

板式基础一般是指柱下钢筋混凝土单独基础和墙下钢筋混凝土条形基础，如图 5-31 所示。

（一）构造要求

① 锥形基础边缘高度 h 一般不小于 20cm；阶梯形基础的每阶高度 h_1 一般为

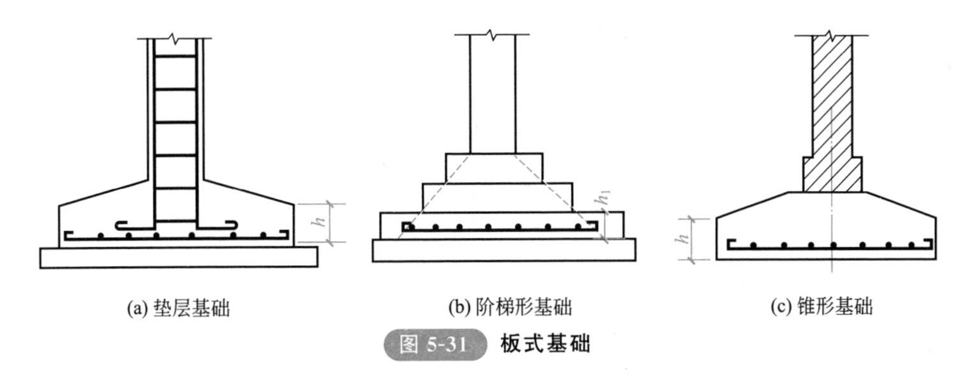

(a) 垫层基础　(b) 阶梯形基础　(c) 锥形基础

图 5-31　板式基础

30～50cm。

② 底板受力钢筋的最小直径不宜小于 8mm，间距不宜大于 200mm。当有垫层时钢筋保护层的厚度不宜小于 35mm，无垫层时不宜小于 70mm。插筋的数目及直径应与柱内纵向受力钢筋相同。

③ 垫层厚度一般为 10cm。

④ 混凝土标号不低于 C15。

（二）施工要点

① 垫层混凝土宜用表面振捣器进行振捣，要求垫层表面平整，垫层干硬后弹线，铺放钢筋网，垫钢筋网的水泥块厚度应等于混凝土保护层的厚度。

② 基础混凝土应分层浇捣。对于阶梯形基础，每一台阶高度内应整分浇捣层，在浇捣上台阶时，要注意防止下台阶表面混凝土溢出，每一台阶表面应基本抹平。对于锥形基础，应注意锥体斜面坡度的正确，斜面部分的模板应随混凝土浇捣分段支设，模板切勿上浮，边角处的混凝土必须捣实。

第四节　桩基础

打桩

扫码观看本视频

一、桩与桩型的分类

（一）桩的分类

1.按承载性状分类

(1) 摩擦型桩　在极限承载力状态下，桩顶竖向荷载全部或主要由桩侧阻力承担；根据桩侧阻力承担荷载的份额，或桩端有无较好的持力层，摩擦型桩又分为摩擦桩和端承摩擦桩。

(2) 端承型桩　在极限承载力状态下，桩顶竖向荷载全部或主要由桩端阻力承担；根据桩端阻力承担荷载的份额，端承型桩又分为端承桩和摩擦端承桩。

2.按成桩方法与工艺分类

(1) 非挤土桩　成桩过程中，将与桩体积相同的土挖出，因而桩周围的土体较少受到扰动，但有应力松弛现象，如干作业法桩、泥浆护壁法桩、套管护壁法桩、人工挖孔桩。

(2) 部分挤土桩 成桩过程中，桩周围的土仅受到轻微的扰动，如部分挤土灌注桩，预钻孔打入式预制桩、打入式开口钢管桩、H 型钢桩、螺旋成孔桩等。

(3) 挤土桩 成桩过程中，桩周围的土被压密或挤开，因而使周围土层受到严重扰动，如挤土灌注桩、挤土预制混凝土桩（打入式桩、振入式桩、压入式桩）。

3.按桩的使用功能分类

(1) 竖向抗压桩 桩承受荷载以竖向荷载为主，由桩端阻力和桩侧摩阻力共同承受。

(2) 竖向抗拔桩 承受上拔力的桩，其桩侧摩阻力的方向与竖向抗压桩的情况相反，单位面积的摩阻力小于抗压桩。

(3) 水平受荷桩 承受水平荷载为主的桩，或用于防止土体或岩体滑动的抗滑桩，桩的作用主要是抵抗水平力。

（二）桩型分类

常见的桩型见表 5-34。

表 5-34 常见的桩型

<table>
<tr><th>成桩方法</th><th>制桩材料或工艺</th><th colspan="3">桩身与桩尖形状</th><th>施工工艺</th></tr>
<tr><td rowspan="7">预制桩</td><td rowspan="5">钢筋混凝土</td><td>方桩</td><td>传统桩尖桩
尖型钢加强</td><td rowspan="7">三角形桩
传统桩尖
平底</td><td rowspan="11">锤击沉桩
振动沉桩
静力压桩</td></tr>
<tr><td colspan="2">三角形桩</td></tr>
<tr><td>空心方桩</td><td rowspan="2">传统桩尖
平底</td></tr>
<tr><td>管桩</td></tr>
<tr><td>预应力管桩</td><td>尖底
平底</td></tr>
<tr><td rowspan="2">钢筋</td><td>钢管桩</td><td>开口
闭口</td></tr>
<tr><td colspan="2">H 型钢桩</td></tr>
<tr><td rowspan="5">灌注桩</td><td rowspan="4">沉管灌注桩</td><td colspan="3">直桩身-预制锥形桩</td></tr>
<tr><td rowspan="3">扩底</td><td colspan="2">内击式扩底</td></tr>
<tr><td colspan="2">无桩端夯扩</td></tr>
<tr><td colspan="2">预制平底人工扩底</td></tr>
<tr><td>钻(冲、挖)
孔灌注桩</td><td>直身桩
扩底桩
多节挤扩灌注桩
嵌岩桩</td><td colspan="2">钻孔
冲孔
人工挖孔</td><td>压浆
不压浆</td></tr>
</table>

二、混凝土预制桩

(一) 混凝土预制桩的制作

1. 制作流程

现场布置 → 场地整平与处理 → 场地地坪做三七灰土或浇筑混凝土 → 支模 → 绑扎钢筋骨架、安设吊环 → 浇筑混凝土 → 养护至30%强度拆模，再支上层模，涂刷隔离层 → 重叠生产浇筑第二层桩混凝土 → 养护至70%强度起吊 → 达100%强度后运输、堆放 → 沉桩

2. 一般要求

① 钢筋骨架的主筋连接宜采用对焊和电弧焊，当钢筋直径不小于20mm时，宜采用机械接头连接。主筋接头配置在同一截面内的数量，应符合下列规定。

a. 当采用对焊或电弧焊时，对于受拉钢筋，不得超过50%。

b. 相邻两根主筋接头截面的距离应大于$35d_g$（主筋直径），并不应小于500mm。

c. 必须符合现行行业标准《钢筋焊接及验收规程》（JGJ 18—2012）和《钢筋机械连接技术规程》（JGJ 107—2016）的规定。

② 按《建筑地基基础工程施工质量验收标准》（GB 50202—2018）的规定，预制桩钢筋骨架质量检验标准应符合表5-35的规定。

表5-35 预制桩钢筋骨架质量检验标准

项目	序号	检查项目	允许值或允许偏差		检查方法
			单位	数值	
主控项目	1	承载力	不小于设计值		静载试验、高应变法等
	2	桩身完整性	—		低应变法
一般项目	1	成品桩质量	表面平整，颜色均匀，掉角深度小于10mm，蜂窝面积小于总面积的0.5%		查产品合格证
	2	桩位	见表5-36		全站仪或用钢尺量
	3	电焊条质量	设计要求		查产品合格证
	4	接桩：焊缝质量	设计要求		目测法
		电焊结束后停歇时间	min	≥8(3)	用表计时
		上下节平面偏差	mm	≤10	用钢尺量
		节点弯曲矢高	同桩体弯曲要求		用钢尺量
	5	收锤标准	设计要求		用钢尺量或查沉桩记录
	6	桩顶标高	mm	±50	水准测量
	7	垂直度	≤1/100		经纬仪测量

注：括号中为采用二氧化碳气体保护焊时的数值。

表 5-36 预制桩（钢桩）的桩位允许偏差

序号	检查项目		允许偏差/mm
1	带有基础梁的桩	垂直基础梁的中心线	≤100+0.01H
		沿基础梁的中心线	≤150+0.01H
2	承台桩	桩数为1～3根桩基中的桩	≤100+0.01H
		桩数大于或等于4根桩基中的桩	≤1/2桩径+0.01H或1/2边长+0.01H

注：H为桩基施工面至设计桩顶的距离，mm。

③ 桩锤的选用应根据地质条件、桩型、桩的密集程度、单桩承载力及施工条件确定。

④ 对长桩或总锤击数超过500击的桩，应符合桩体强度及28天龄期的两项条件才能锤击。

（二）质量检查标准

按《建筑地基基础工程施工质量验收标准》（GB 50202—2018）的规定，混凝土预制桩的质量检验标准应符合表5-37的规定。

表 5-37 混凝土预制桩的质量检验标准

项目	序号	检查项目	允许值或允许偏差		检查方法
			单位	数值	
主控项目	1	承载力	不小于设计值		静载试验、高应变法等
	2	桩身完整性	—		低应变法
一般项目	1	成品桩质量	见表5-38		查产品合格证
	2	桩位	见表5-36		全站仪或用钢尺量
	3	电焊条质量	设计要求		查产品合格证
	4	接桩：焊缝质量	设计要求		目测法
		电焊结束后停歇时间	min	≥6(3)	用表计时
		上下节平面偏差	mm	≤10	用钢尺量
		节点弯曲矢高	同桩体弯曲要求		用钢尺量
	5	终压标准	设计要求		现场实测或查沉桩记录
	6	桩顶标高	mm	±50	水准测量
	7	垂直度	≤1/100		经纬仪测量
	8	混凝土灌芯	设计要求		查灌注量

注：电焊结束后停歇时间项括号中为采用二氧化碳气体保护焊时的数值。

表 5-38 锤击预制桩质量检验标准

项目	序号	检查项目	允许值或允许偏差		检查方法
			单位	数值	
主控项目	1	承载力	不小于设计值		静载试验、高应变法等
	2	桩身完整性	—		低应变法
一般项目	1	成品桩质量	表面平整,颜色均匀,掉角深度小于10mm,蜂窝面积小于总面积的0.5%		查产品合格证
	2	桩位	见表 5-36		全站仪或用钢尺量
	3	电焊条质量	设计要求		查产品合格证
	4	接桩:焊缝质量	设计要求		目测法
		电焊结束后停歇时间	min	≥8(3)	用表计时
		上下节平面偏差	mm	≤10	用钢尺量
		节点弯曲矢高	同桩体弯曲要求		用钢尺量
	5	收锤标准	设计要求		用钢尺量或查沉桩记录
	6	桩顶标高	mm	±50	水准测量
	7	垂直度	≤1/100		经纬仪测量

注:括号中为采用二氧化碳气体保护焊时的数值。

桩体质量检验数量不应少于总桩数的10%，且不得少于10根。每个柱子承台下不得少于1根。

承载力检验数量不应少于总桩数的1%，且不应少于3根，当总桩数少于50根时，不应少于2根。

其他主控项目应全部检查，一般项目按总桩数20%抽查。

三、静力压桩

(一) 静力压桩施工

静力压桩的方法有锚杆静压、液压千斤顶加压、绳索系统加压等，凡非冲击力沉桩均为静力压桩。该方法适用于软弱土层。

1. 施工原理

在桩压入过程中，以桩机本身的重量（包括配重）作为反作用力，克服压桩过程中的桩侧摩阻力和桩端阻力。当预制桩在竖向静压力作用下沉入土中时，桩周土体发生急速而激烈的挤压，土中孔隙水压力急剧上升，土的抗剪强度大大降低，桩身很容易下沉。

2. 压桩顺序与压桩程序

(1) 压桩顺序 压桩顺序宜根据场地工程地质条件确定，并应符合下列规定。

① 对于场地地层中局部含砂、碎石、卵石时，宜先对该区域进行压桩。

② 当持力层埋深或桩的入土深度差别较大时，宜先施压长桩、后施压短桩。

(2) 压桩程序 静压法沉桩一般都采取分段压入，逐段接长的方法。其施工顺序为：测量定位→压桩机就位、对中、调直→压桩→接桩→再压桩→送桩→终止压桩→切桩头。

压桩的工艺顺序如图 5-32 所示。

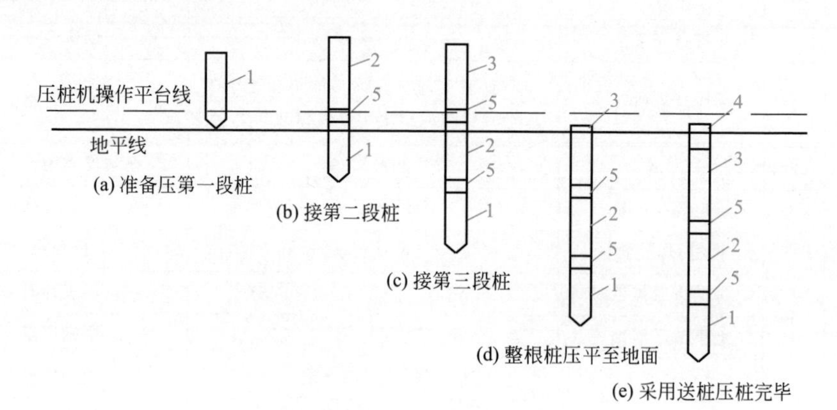

图 5-32 压桩的工艺顺序

1—第一段；2—第二段；3—第三段；4—送桩；5—接桩处

(二) 质量检查标准

① 按《建筑地基基础工程施工质量验收标准》(GB 50202—2018) 的规定，静力压桩质量检验标准应符合表 5-39 的规定。

表 5-39 静力压桩质量检验标准

<table>
<tr><th rowspan="2">项目</th><th rowspan="2">序号</th><th rowspan="2" colspan="3">检查项目</th><th colspan="3">允许值或允许偏差</th><th rowspan="2">检查方法</th></tr>
<tr><th>单位</th><th colspan="2">数值</th></tr>
<tr><td rowspan="2">主控项目</td><td>1</td><td colspan="3">承载力</td><td colspan="3">不小于设计值</td><td>静载试验</td></tr>
<tr><td>2</td><td colspan="3">桩长</td><td colspan="3">不小于设计值</td><td>用钢尺量</td></tr>
<tr><td rowspan="9">一般项目</td><td>1</td><td colspan="3">桩位</td><td colspan="3">见表 5-41</td><td>全站仪或用钢尺量</td></tr>
<tr><td>2</td><td colspan="3">垂直度</td><td colspan="3">≤1/100</td><td>经纬仪测量</td></tr>
<tr><td rowspan="3">3</td><td rowspan="3">成品桩质量</td><td rowspan="2">外观、外形尺寸</td><td>钢桩</td><td colspan="3">见表 5-44</td><td rowspan="2">目测法</td></tr>
<tr><td>钢筋混凝土预制桩</td><td colspan="3">见表 5-37</td></tr>
<tr><td colspan="2">强度</td><td colspan="3">不小于设计要求</td><td>查产品合格证书或钻芯法</td></tr>
<tr><td rowspan="3">4</td><td rowspan="3">接桩</td><td colspan="2">电焊接桩焊缝质量</td><td colspan="3">见表 5-44</td><td>见表 5-44</td></tr>
<tr><td colspan="2" rowspan="2">焊接结束后停歇时间</td><td rowspan="2">min</td><td>钢桩</td><td>≥1</td><td rowspan="2">用表计时</td></tr>
<tr><td>钢筋混凝土预制桩</td><td>≥6(3)</td></tr>
<tr><td>5</td><td colspan="3">电焊条质量</td><td colspan="3">设计要求</td><td>查产品合格证书</td></tr>
</table>

续表

项目	序号	检查项目	允许值或允许偏差		检查方法
			单位	数值	
一般项目	6	压桩压力设计有要求时	%	±5	检查压力表读数
	7	接桩时上下节平面偏差	mm	≤10	用钢尺量
		接桩时节点弯曲矢高	mm	≤1‰l	
	8	桩顶标高	mm	±50	水准测量

注：1. 接桩项括号中为采用二氧化碳气体保护焊时的数值。
2. l 为两节桩长，mm。

② 桩体质量检验数量不应少于总数的20%，且不应少于10根。对混凝土预制桩检验数量不应少于总桩数的10%，且不得少于10根。每个柱子承台下不得少于1根。

③ 承载力检验数量为总桩数的1%，且不应少于3根，当总桩数少于50根时，不应少于2根。

④ 其他主控项目应全部检查，对一般项目可按总桩数的20%抽查。

四、混凝土灌注桩

（一）混凝土灌注桩施工

① 施工前准备好施工材料和机具，并检查机具。常用的设备有正反循环钻孔、旋挖钻空、冲（抓）式钻孔、长螺旋钻机等。

② 混凝土灌注桩按其成孔方法不同，分有泥浆护壁成孔灌注桩、套管成孔灌注桩、旋挖成孔灌注桩、冲（抓）成孔灌注桩、长螺旋干作业钻孔灌注桩、人工挖孔灌注桩。

③ 施工顺序如图5-33所示。

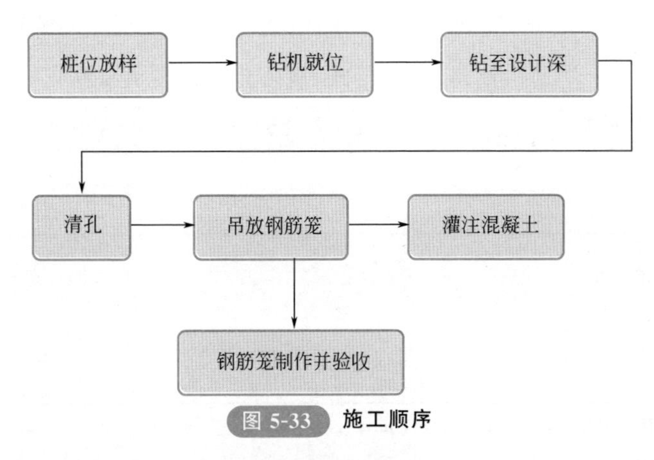

图5-33　施工顺序

④ 按《建筑地基基础工程施工质量验收标准》（GB 50202—2018）的规定，钢

筋笼的质量检查标准应符合表 5-40 的规定。

表 5-40 混凝土灌注桩钢筋笼质量检查标准

项目	序号	检查项目		允许偏差		检查方法
				单位	数值	
主控项目	1	钢筋笼长度		mm	±100	用钢尺量，每片钢筋网检查上中下 3 处
	2	钢筋笼宽度		mm	0 −20	
	3	钢筋笼安装标高	临时结构	mm	±20	
			永久结构	mm	±15	
	4	主筋间距		mm	±10	任取一断面，连续量取间距，取平均值作为一点，每片钢筋网上测 4 点
一般项目	1	分布筋间距		mm	±20	
	2	预埋件及槽底注浆管中心位置	临时结构	mm	≤10	用钢尺量
			永久结构	mm	≤5	
	3	预埋钢筋和接驳器中心位置	临时结构	mm	≤10	用钢尺量
			永久结构	mm	≤5	
	4	钢筋笼制作平台平整度		mm	±20	用钢尺量

(二) 质量检查标准

① 按《建筑地基基础工程施工质量验收标准》(GB 50202—2018) 的规定，混凝土灌注桩的桩位偏差必须符合表 5-41 的规定。柱顶标高至少要比设计标高高出 0.5m。每灌注 50m^3 混凝土必须有 1 组试块。对砂子、石子、钢材、水泥等原材料的质量、检验项目、批量和检验方法应符合国家有关标准的规定。

表 5-41 灌注桩的平面位置和垂直度的允许偏差

序号	成孔方法		桩径允许偏差/mm	垂直度允许偏差	桩位允许偏差/mm
1	泥浆护壁钻孔桩	D<1000mm	≥0	≤1/100	≤70+0.01H
		D≥1000mm			≤100+0.01H
2	套管成孔灌注桩	D<500mm	≥0	≤1/100	≤70+0.01H
		D≥500mm			≤100+0.01H
3	干成孔灌注桩		≥0	≤1/100	≤70+0.01H
4	人工挖孔桩		≥0	≤1/200	≤50+0.005H

注：1. H 为桩基施工面至设计桩顶的距离，mm。
2. D 为设计桩径，mm。

② 桩的静载荷载试验根数不少于总桩数的 1%，且不少于 3 根，当总桩数少于

50 根时，不应少于两根。

③ 按《建筑地基基础工程施工质量验收标准》（GB 50202—2018）的规定，混凝土灌注桩的质量检验标准应符合表 5-42 的规定。

表 5-42 混凝土灌注桩质量检验标准

<table>
<tr><th rowspan="2">项目</th><th rowspan="2">序号</th><th rowspan="2" colspan="2">检查项目</th><th colspan="2">允许值或允许偏差</th><th rowspan="2">检查方法</th></tr>
<tr><th>单位</th><th>数值</th></tr>
<tr><td rowspan="5">主控项目</td><td>1</td><td colspan="2">承载力</td><td colspan="2">不小于设计值</td><td>静载试验</td></tr>
<tr><td>2</td><td colspan="2">孔深</td><td colspan="2">不小于设计值</td><td>用测绳或井径仪测量</td></tr>
<tr><td>3</td><td colspan="2">桩身完整性</td><td colspan="2">—</td><td>钻芯法，低应变法，声波透射法</td></tr>
<tr><td>4</td><td colspan="2">混凝土强度</td><td colspan="2">不小于设计值</td><td>28 天试块强度或钻芯法</td></tr>
<tr><td>5</td><td colspan="2">嵌岩深度</td><td colspan="2">不小于设计值</td><td>取岩样或超前钻孔取样</td></tr>
<tr><td rowspan="18">一般项目</td><td>1</td><td colspan="2">垂直度</td><td colspan="2">见表 5-41</td><td>用超声波或井径仪测量</td></tr>
<tr><td>2</td><td colspan="2">孔径</td><td colspan="2">见表 5-41</td><td>用超声波或井径仪测量</td></tr>
<tr><td>3</td><td colspan="2">桩位</td><td colspan="2">见表 5-41</td><td>全站仪或用钢尺量开挖前量护筒，开挖后量桩中心</td></tr>
<tr><td rowspan="3">4</td><td rowspan="3">泥浆指标</td><td>与水的相对密度（黏土或砂性土中）</td><td colspan="2">1.10～1.25</td><td>用比重计测，清孔后在距孔底 500mm 处取样</td></tr>
<tr><td>含砂率</td><td>%</td><td>≤8</td><td>洗砂瓶</td></tr>
<tr><td>黏度</td><td>s</td><td>18～28</td><td>黏度计</td></tr>
<tr><td>5</td><td colspan="2">泥浆面标高（高于地下水位）</td><td>m</td><td>0.5～1.0</td><td>目测法</td></tr>
<tr><td rowspan="5">6</td><td rowspan="5">钢筋笼质量</td><td>主筋间距</td><td>mm</td><td>±10</td><td>用钢尺量</td></tr>
<tr><td>长度</td><td>mm</td><td>±100</td><td>用钢尺量</td></tr>
<tr><td>钢筋材质检验</td><td colspan="2">设计要求</td><td>抽样送检</td></tr>
<tr><td>箍筋间距</td><td>mm</td><td>±20</td><td>用钢尺量</td></tr>
<tr><td>笼直径</td><td>mm</td><td>±10</td><td>用钢尺量</td></tr>
<tr><td rowspan="2">7</td><td rowspan="2">沉渣厚度</td><td>端承桩</td><td>mm</td><td>≤50</td><td rowspan="2">用沉渣仪或重锤测</td></tr>
<tr><td>摩擦桩</td><td>mm</td><td>≤150</td></tr>
<tr><td>8</td><td colspan="2">混凝土坍落度</td><td>mm</td><td>180～220</td><td>坍落度仪</td></tr>
<tr><td>9</td><td colspan="2">钢筋笼安装深度</td><td>mm</td><td>+100
0</td><td>用钢尺量</td></tr>
<tr><td>10</td><td colspan="2">混凝土充盈系数</td><td colspan="2">≥1.0</td><td>实际灌注量与计算灌注量的比</td></tr>
<tr><td>11</td><td colspan="2">桩顶标高</td><td>mm</td><td>+30
−50</td><td>水准测量，需扣除桩顶浮浆层及劣质桩体</td></tr>
</table>

续表

项目	序号	检查项目		允许值或允许偏差		检查方法
				单位	数值	
一般项目	12	后注浆	注浆终止条件	注浆量不小于设计要求		查看流量表
				注浆量不小于设计要求的80%，且注浆压力达到设计值		查看流量表，检查压力表读数
			水胶比	设计值		实际用水量与水泥等胶凝材料的重量比
	13	扩底桩	扩底直径	不小于设计值		井径仪测量
			扩底高度	不小于设计值		

五、钢桩

(一) 钢桩施工

① 钢桩制作的允许偏差应符合表 5-43 的规定。

表 5-43 钢桩制作的允许偏差

项目		允许偏差/mm
外径或断面尺寸	桩端部	±0.5%外径或边长
	桩身	±0.1%外径或边长
长度		>0
矢高		≤1‰桩长
端部平整度		≤2(H 型桩≤1)
端部平面与桩身中心线的倾斜值		≤2

② 钢桩可采用管型、H 型或其他异型钢材，适用于码头、水中结构的高桩承台、桥梁基础、超高层公共与住宅建筑桩基、特重型工业厂房等基础结构。

③ H 型钢桩断面刚度较小，锤重不宜大于 4.5t 级，适用于南方较软土层，且在锤击过程中桩架前应有横向约束装置，防止横向失稳。当持力层较硬时，H 型钢桩不宜送桩。当地表层遇有大块石、混凝土块等回填物时，应在插入 H 型钢桩前进行触探，并清除桩位上的障碍物。

(二) 检验标准

① 按《建筑地基基础工程施工质量验收标准》(GB 50202—2018) 的规定，钢桩施工的质量检验标准应符合表 5-44 的规定。

表 5-44 钢桩施工质量检验标准

项目	序号	检查项目		允许值或允许偏差		检查方法
				单位	数值	
主控项目	1	承载力		不小于设计值		静载试验、高应变法等
	2	钢桩外径或断面尺寸	桩端	mm	≤0.5%D	用钢尺量
			桩身	mm	≤0.1%D	
	3	桩长		不小于设计值		用钢尺量
	4	矢高		mm	≤1‰l	用钢尺量
一般项目	1	桩位		见表 5-36		全站仪或用钢尺量
	2	垂直度		≤1/100		经纬仪测量
	3	端部平整度		mm	≤2(H 型桩≤1)	用水平尺量
	4	H 钢桩的方正度		mm	h≥300；$T+T'$≤8	用钢尺量
					h<300；$T+T'$≤6	
	5	端部平面与桩身中心线的倾斜值		mm	≤2	用水平尺量
	6	上下节桩错口	钢管桩外径≥700mm	mm	≤3	用钢尺量
			钢管桩外径<700mm	mm	≤2	用钢尺量
			H 型钢桩	mm	≤1	用钢尺量
	7	焊缝	咬边深度	mm	≤0.5	焊缝检查仪
			加强层高度	mm	≤2	焊缝检查仪
			加强层宽度	mm	≤3	焊缝检查仪
	8	焊缝电焊质量外观		无气孔，无焊瘤，无裂缝		目测法
	9	焊缝探伤检验		设计要求		超声波或射线探伤
	10	焊接结束后停歇时间		min	≥1	用表计时
	11	节点弯曲矢高		mm	<1‰l	用钢尺量
	12	桩顶标高		mm	±50	水准测量
	13	收锤标准		设计要求		用钢尺量或查沉桩记录

注：l 为两节桩长，mm；D 为外径或边长，mm。

② 成品钢桩的质量检验标准应符合表 5-45 的规定。

表 5-45 成品钢桩质量检验标准

项目	序号	检查项目	允许偏差或允许值		检查方法
			单位	数值	
主控项目	1	钢桩外径或断面尺寸：桩端 桩身	mm	$\pm0.5\%D$ $\pm1D$	用钢尺量，D 为外径或边长
	2	矢高	mm	$<\frac{1}{1000}l$	用钢尺量，l 为桩长
一般项目	1	长度	mm	+10	用钢尺量
	2	端部平整度	mm	≤2	用水平尺量
	3	H钢桩的方正度 $h>300$ $h<300$	mm mm	$T+T'\leqslant8$ $T+T'\leqslant6$	用钢尺量，h、T、T' 见图示
	4	端部平面与桩中心线的倾斜值	mm	≤2	用水平尺量

③ 承载力检验数量不应少于总桩数的 1%，且不应少于 3 根，当总桩数少于 50 根时，不应少于 2 根。其他主控项目应全部检查，一般项目可按总桩数 20% 抽查。

六、先张法预应力管桩

（一）先张法预应力管桩施工

（1）施工前的检查 施工前应检查进入现场的成品桩、接桩用电焊条等质量。根据地质条件、桩型、桩的规格选用合适的桩锤。

（2）桩打入时应符合的规定

① 帽与桩周围的间隙应为 5～10mm。

② 锤与桩帽、桩帽与桩之间应加弹性衬垫。

③ 桩锤、桩帽或送桩应与桩身在同一中心线上。

④ 桩插入时的垂直度偏差不得超过 0.5%。

（3）打桩顺序应符合的规定

① 对于密集的桩群，自中间向两个方向或向四周对称施打。

② 当一侧毗邻建筑物时，由毗邻建筑物处向另一方向施打。

③ 根据桩底标高，宜先深后浅。

④ 根据桩的规格，宜先大后小，先长后短。

(4) 桩停止锤击的控制原则

① 桩端位于一般土层时，以控制桩端设计标高为主，贯入度可作参考。

② 桩端达到坚硬、硬塑的黏性土、中密以上粉土、砂土、碎石类土、风化岩，以贯入度控制为主，桩端标高可作参考。

③ 贯入度已达到而桩端标高未达到时，应继续锤击 3 阵，按每阵 10 击的贯入度不大于设计规定的数值加以确认。

(5) 施工后的检查　施工后应检查桩的贯入情况、桩顶完整状况、电焊接桩质量、桩体垂直度、电焊后的停歇时间。重要工程应对电焊接头做 10% 的焊缝探伤检查。

(二) 检验标准

① 先张法预应力管桩的质量检验标准应符合表 5-46 的规定。

表 5-46　先张法预应力管桩质量检验标准

项目	序号	检查项目		允许偏差或允许值		检查方法
				单位	数值	
主控项目	1	桩体质量检验		按《建筑基桩检测技术规范》		按《建筑基桩检测技术规范》
	2	桩位偏差		按《桩基施工规程》		用钢尺量
	3	承载力		按《建筑基桩检测技术规范》		按《建筑基桩检测技术规范》
一般项目	1	成品桩质量	外观	无蜂窝、露筋、裂缝，色感均匀，桩顶处无孔隙		直观
			桩径	mm	±5	用钢尺量
			管壁厚度	mm	±5	用钢尺量
			桩尖中心线	mm	<2	用钢尺量
			顶面平整度	mm	10	用水平尺量
			桩体弯曲		$<\frac{l}{1000}$	用钢尺量，l 为桩长
	2	接桩：焊缝质量		按桩基施工规程		超声波检测
		电焊结束后停歇时间		min	>1.0	秒表测定
		上下节平面偏差		mm	<10	用钢尺量
		节点弯曲矢高			$<\frac{l}{1000}$	用钢尺量，l 为桩长
	3	停锤标准		设计要求		现场实测或查沉桩记录
	4	桩顶标高		mm	±50	水准仪

② 承载力检验数量不应少于总桩数的 1%，且不应少于 3 根，当总桩数少于 50 根时，不应少于 2 根。其他主控项目应全部检查，一般项目可按总桩数 20% 抽查。

③ 桩体质量检验数量不应少于总桩数的 20%，且不得少于 10 根，每个柱子承台下不得少于 1 根。

第五节 沉 井

一、沉井的制作

1. 刃脚施工

刃脚下应造脚模或用垫木，可按地基土承载力和沉井重量加施工荷载经计算确定。小沉井可用砂石作垫层或在地基中挖成深1m左右的刃脚形槽坑，用砖砌成模，内壁用1∶3水泥砂浆抹平；较重大的沉井在软土地基上常用垫木，垫木的数量按垫木底面的压力不大于$1kg/cm^2$计算。

2. 井壁施工

① 除高度不大的沉井外，一般井壁应分节制作。

② 用砂石垫层或砖模的沉井，第一节混凝土的灌注高度宜为1.5～2m，一次连续灌完，并在其达到设计强度的70%以后，才可灌注第二节混凝土。

③ 灌注混凝土时应沿着井壁四周对称进行，避免混凝土面高低相差悬殊，压力不均而产生基底不均匀沉陷。

3. 质量要求

沉井外壁应平滑，砖石砌筑的外表可抹一层水泥砂浆。尺寸允许偏差见表5-47。

表5-47 沉井制作尺寸允许偏差

偏差名称		允许偏差/mm
断面尺寸	长、宽	±50
	曲线部分的半径	±25
	两对角线的差异	±75
井壁厚度	钢筋混凝土、混凝土、毛石混凝土、砌砖	±15
	砌石	±30

二、沉井下沉

1. 一次下沉或分节下沉

沉井深度不大时，可采用一次下沉，以简化施工程序，缩短工期。如沉井重量大、重心高，下沉前容易引起倾斜，必须根据地基承载力进行详细验算。其最大灌注高度不宜大于12cm；分节下沉，每节制作高度的确定，应保证沉井的稳定性，并应有一定的重量使其顺利下沉，第一节混凝土或砌体砂浆达到其设计强度的100%以后，其余各节达到70%以后才可入土下沉。

2. 验算沉降系数

沉井的下沉主要靠自重来克服土对沉井外壁的摩擦阻力，不排水下沉时，沉井

自重的计算应扣除水的浮力

$$\text{沉降系数} K=\frac{\text{沉井重量}}{\text{摩擦阻力}+\text{支承反力}}\geqslant 1.15$$

土对沉井外壁的摩擦阻力可由试验资料确定，无试验资料时，可参考表5-48。沉井在分节制作分节下沉时，其沉降系数因各层土质不同而不同，故验算应分层进行。

表5-48 沉井外壁摩擦阻力

土的名称	摩擦阻力/(t/m²)	备注
黏性土	2.5～5.0	1.在砾石或卵石层中不宜用泥浆润滑套； 2.本表适用于30m以内的浅沉井
砂类土	1.2～2.5	
砂卵石	1.8～3.0	
砂砾石	1.5～2.0	
软土	1.0～1.2	
泥浆套	0.3～0.5	

3.沉井施工质量标准

按《建筑地基基础工程施工质量验收标准》(GB 50202—2018)的规定，下沉完毕的沉井，其允许偏差应符合表5-49标准。

表5-49 沉井下沉允许偏差

项目	序号	检查项目				允许值 单位	允许值 数值	检查方法
主控项目	1	混凝土强度				不小于设计值		28天试块强度或钻芯法
主控项目	2	井(箱)壁厚度				min	±15	用钢尺量
主控项目	3	封底前下沉速率				mm/8h	≤10	水准测量
主控项目	4	终沉后	刃脚平均标高	沉井		mm	±100	测量计算
主控项目	4	终沉后	刃脚平均标高	沉箱		mm	±50	测量计算
主控项目	5	终沉后	刃脚中心线位移	沉井	$H_3\geqslant 10\text{m}$	mm	$\leqslant 1\% H_3$	测量计算
主控项目	5	终沉后	刃脚中心线位移	沉井	$H_3<10\text{m}$	mm	≤100	测量计算
主控项目	5	终沉后	刃脚中心线位移	沉箱	$H_3\geqslant 10\text{m}$	mm	$\leqslant 0.5\% H_3$	测量计算
主控项目	5	终沉后	刃脚中心线位移	沉箱	$H_3<10\text{m}$	mm	≤50	测量计算
主控项目	6	终沉后	四角中任何两角高差	沉井	$L_2\geqslant 10\text{m}$	mm	$\leqslant 1\% L_2$ 且≤300	测量计算
主控项目	6	终沉后	四角中任何两角高差	沉井	$L_2<10\text{m}$	mm	≤100	测量计算
主控项目	6	终沉后	四角中任何两角高差	沉箱	$L_2\geqslant 10\text{m}$	mm	$<0.5\% L_2$ 且≤150	测量计算
主控项目	6	终沉后	四角中任何两角高差	沉箱	$L_2<10\text{m}$	mm	≤50	测量计算

续表

项目	序号	检查项目			允许值		检查方法
					单位	数值	
一般项目	1	平面尺寸	长度		mm	$\pm0.5\%L_1$ 且≤50	用钢尺量
			宽度		mm	$\pm0.5\%B$ 且≤50	用钢尺量
			高度		mm	±30	用钢尺量
			直径(圆形沉箱)		mm	$\pm0.5\%D_1$ 且≤100	用钢尺量(互相垂直)
			对角线		mm	≤0.5%线长且≤100	用钢尺量(两端中间各取一点)
	2	垂直度			≤1/100		经纬仪测量
	3	预埋件中心线位置			mm	≤20	用钢尺量
	4	预留孔(洞)位移			mm	≤20	用钢尺量
	5	下沉过程中	四角高差	沉井	mm	$\leq1.5\%L_1\sim2.0\%L_1$ 且≤500	水准测量
				沉箱	mm	$\leq1.0\%L_1\sim1.5\%L_1$ 且≤450	水准测量
	6		中心位移	沉井	mm	$\leq1.5\%H_2$ 且≤300	经纬仪测量
				沉箱	mm	$\leq1\%H_2$ 且≤150	经纬仪测量

注:L_1 为设计沉井与沉箱长度,mm;L_2 为矩形沉井两角的距离,圆形沉井为互相垂直的两条直径,mm;B 为设计沉井(箱)宽度,mm;H_2 为下沉深度,mm;H_3 为下沉总深度,系指下沉前后刃脚之高差,mm;D_1 为设计沉井与沉箱直径,mm;检查中心线位置时,应沿纵、横两个方向测量,并取其中较大值。

三、沉井封底

(1) 沉井干封底 当沉井基底土在全部挖至设计标高,检查符合下沉稳定要求后,将井内积水排干,清除浮土杂物,先将新老混凝土表面打毛刷净,再灌筑封底混凝土。在软土中封底时宜分格分段对称进行,防止沉井不均匀下沉。为保证底板不受破坏,在封底混凝土未达到设计强度前,应从井内底板以下集水坑中不间断抽水。

(2) 沉井水下封底 应尽可能将井底浮泥清除干净,并铺碎石垫层,新老混凝土接触面应冲刷干净。灌筑水下混凝土应沿沉井全部面积不间断地进行,至少养护7～10天。当水下封底混凝土达到设计强度后,方可从井内抽水。

脚手架与垂直运输工程

第一节　脚手架的分类和基本要求

一、脚手架的分类

1. 按用途分类

(1) 操作用脚手架　它又分为结构脚手架和装修脚手架，其架面施工荷载标准值分别规定为 $3kN/m^2$ 和 $2kN/m^2$。

(2) 防护用脚手架　架面施工（搭设）荷载标准值可按 $1kN/m^2$ 计。

(3) 承重-支撑用脚手架　架面荷载按实际使用值计。

2. 按搭设位置分类

(1) 外脚手架　外脚手架是搭设在外墙外面的脚手架。

(2) 里脚手架　里脚手架是用于楼层上砌墙和内粉刷，使用过程中不断随楼层升高上翻的脚手架。

3. 按构架方式分类

(1) 杆件组合式脚手架　它的宽度一般为 1.5～2.0m，并且有足够的强度、刚度和稳定性，构造简单，具有拆装方便且能多次周转使用的优点。

(2) 框架组合式脚手架（简称"框组式脚手架"）　它是由简单的平面框架（如门架、梯架、"日"字架和"目"字架等）与连接、撑拉杆件组合而成的脚手架，如门式钢管脚手架、梯式钢管脚手架和其他各种框式构件组装的鹰架等。

(3) 格构件组合式脚手架　它是由桁架梁和格构柱组合而成的脚手架，如桥式脚手架［又分提升（降）式和沿齿条爬升（降）式两种］。

(4) 台架　它是具有一定高度和操作平面的平台架，多为定型产品，其本身具有稳定的空间结构，可单独使用或立拼增高与水平连接扩大，并常带有移动装置。

4. 按脚手架的设置形式分类

(1) 单排脚手架　是只有一排立杆，横向平杆的一端搁置在墙体上的脚手架。

(2) 双排脚手架　由内外两排立杆和水平杆构成的脚手架。

(3) 满堂脚手架　按施工作业范围满设的，纵、横两个方向各有三排以上立杆的脚手架。

(4) 封圈型脚手架 沿建筑物或作业范围周边设置并相互交圈连接的脚手架。

(5) 开口型脚手架 沿建筑周边非交圈设置的脚手架，其中呈直线型的脚手架为一字型脚手架。

(6) 特型脚手架 具有特殊平面和空间造型的脚手架，如用于烟囱、水塔、冷却塔以及其他平面为圆形、环形、外方内圆形、多边形以及上扩、上缩等特殊形式的建筑施工脚手架。

5.按所用材料分类

(1) 木脚手架 由剥皮杉杆或其他坚韧顺直的硬木等材料制成。

(2) 竹脚手架 采用3年以上的毛竹为材料，并用竹篾绑扎搭设。

(3) 钢管脚手架 是由钢管搭设而成的脚手架。

6.按脚手架的支固方式分类

(1) 落地式脚手架 搭设（支座）在地面、楼面、墙面或其他平台结构之上的脚手架。

(2) 悬挑脚手架（简称“挑脚手架”） 采用悬挑方式支固的脚手架。

(3) 附墙悬挂脚手架（简称“挂脚手架”） 在上部或（和）中部挂设于墙体挂件上的定型脚手架。

(4) 悬吊脚手架（简称“吊脚手架”） 悬吊于悬挑梁或工程结构之下的脚手架。当采用篮式作业架时，称为“吊篮”。

(5) 附着式升降脚手架（简称“爬架”） 搭设一定高度附着于工程结构上，依靠自身的升降设备和装置，可随工程结构逐层爬升或下降，具有防倾覆、防坠落装置的悬空外脚手架。

(6) 整体式附着升降脚手架 有三个以上提升装置的连跨升降的附着式升降脚手架。

(7) 水平移动脚手架 带行走装置的脚手架或操作平台架。

二、脚手架的基本要求

1.脚手架的使用要求

① 有足够的面积，能满足工人操作、材料堆置和运输的需要。

② 具有稳定的结构和足够的承载能力，能保证施工期间在各种荷载和气候条件下，不变形、不倾斜、不摇晃。

③ 搭拆简单，搬移方便，能多次周转使用。

④ 应考虑多层作业、交叉流水作业和多工种作业要求，避免多次搭拆。

2.脚手架构架基本结构的要求

① 杆部件的质量和允许缺陷应符合规范和设计要求。

② 节点构造尺寸和承载能力应符合规范和设计规定。

③ 具有稳定的结构。

④ 具有可满足施工要求的整体、局部和单肢的稳定承载力。

⑤ 具有可将脚手架荷载传给地基基础或支承结构的能力。

3. 挑、挂设施的基本要求

① 应能承受挑、挂脚手架所产生的竖向力、水平力和弯矩。

② 可靠地固结在工程结构上，且不会产生过大的变形。

③ 确保脚手架不晃动（对于挑脚手架）或者晃动不大（对于挂脚手架和吊篮）。吊篮需要设置定位绳。

4. 脚手架的技术要求

① 满足使用要求的构架设计。

② 特殊部位的技术处理和安全保证措施（加强构造、拉结措施等）。

③ 整架、局部构架、杆配件和节点承载能力的验算。

④ 连墙件和其他支撑、约束措施的设置及其验算。

⑤ 安全防（围）护措施的设置要求及其保证措施。

⑥ 地基、基础和其他支撑物的设计与验算。

⑦ 荷载、天然因素等自然条件变化时的安全保障措施。

5. 脚手架对基础的要求

① 脚手架地基应平整夯实。

② 脚手架的钢立柱不能直接立于土地面上，应加设底座和垫板（或垫木），垫板（木）厚度不小于 50mm。

③ 遇有坑槽时，立杆应下到槽底或在槽上加设底梁（一般可用枕木或型钢梁）。

④ 脚手架地基应有可靠的排水措施，防止积水浸泡地基。

⑤ 脚手架旁有开挖的沟槽时，应控制外立杆距沟槽边的距离：当架高在 30m 以内时，不小于 1.5m；架高为 30～50m 时，不小于 2.0m；架高在 50m 以上时，不小于 2.5m。当不能满足上述距离时，应核算土坡承受脚手架的能力，不足时可加设挡土墙或其他可靠支护，避免槽壁坍塌危及脚手架的安全。

⑥ 位于通道处的脚手架底部垫木（板）应低于其两侧地面，并在其上加设盖板，避免扰动。

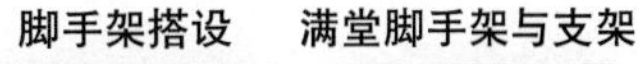

第二节　常用落地式脚手架简介

扫码观看本视频　扫码观看本视频

一、扣件式钢管脚手架

1. 组成结构

扣件式钢管脚手架由钢管、扣件、底座、脚手板和连接杆组成。

(1) 钢管　脚手架钢管应采用国家标准《直缝电焊钢管》(GB/T 13793—2016) 中规定的 Q235 普通钢管，质量应符合《碳素结构钢》(GB/T 700—2006) 中 Q235 级钢的规定。一般采用外径为 48mm、壁厚 3.5mm 的焊接钢管或壁厚为

3.5mm 的无缝钢管，不得使用严重锈蚀、弯曲、压扁、折裂的钢管。扣件一般采用可锻铸铁铸造而成，也可用钢板压制。螺栓用 3 号钢制成，并做镀锌处理。钢管长度：立杆、大横杆、十字杆和抛撑为 4～6.5m，小横杆为 2.1～2.3m，连墙杆为 3.3～3.5m。

(2) 扣件 扣件的连接方式如下。

① 直角扣件（十字扣），用于两根呈垂直交叉钢管的连接，如图 6-1 所示。

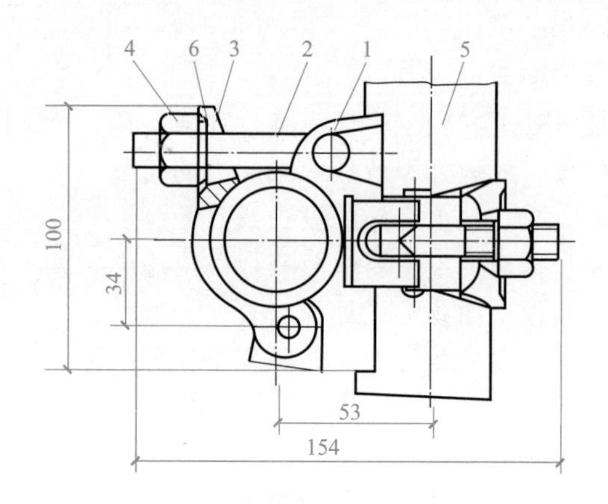

图 6-1 直角扣件

1—直角座；2—螺杆；3—盖板；4—螺母；5—立杆；6—垫圈

② 旋转扣件（回转扣），用于两根呈任意角度交叉钢管的连接，如图 6-2 所示。

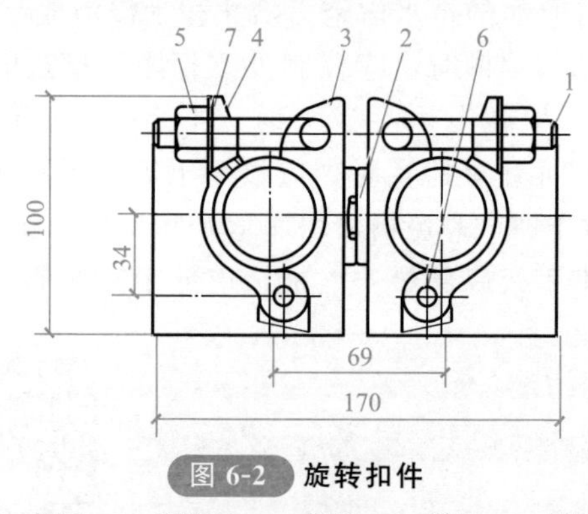

图 6-2 旋转扣件

1—螺杆；2—铆钉；3—旋转座；4—盖板；5—螺母；6—销钉；7—垫圈

③ 对接扣件（一字扣），用于两根钢管的对接连接，如图 6-3 所示。

(3) 底座 扣件式钢管脚手架的底座用于承受脚手架立杆传递下来的荷载，用可锻铸铁制造的标准底座如图 6-4 所示。

(4) 脚手板 脚手板可采用钢、木、竹材料制作，每块质量不宜大于 20kg；冲压钢脚手板的材质应符合现行国家标准《碳素结构钢》（GB/T 700—2006）中 Q235-A 级钢的规定，并应有防滑措施。新、旧脚手板均应涂防锈漆。木脚手板应

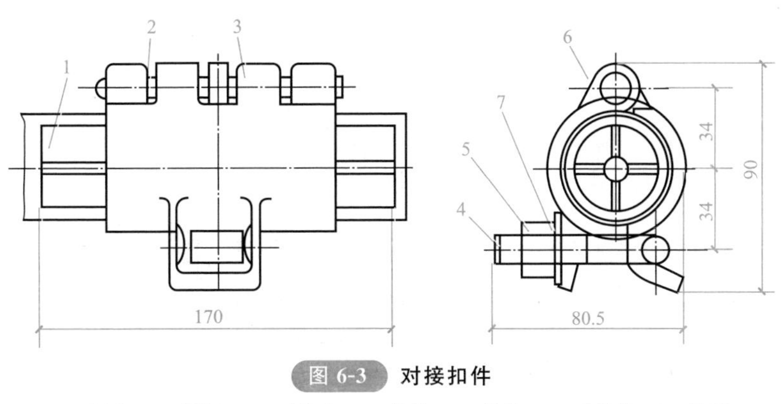

图 6-3 对接扣件

1—杆芯；2—铆钉；3—对接座；4—螺栓；5—螺母；6—对接盖；7—垫圈

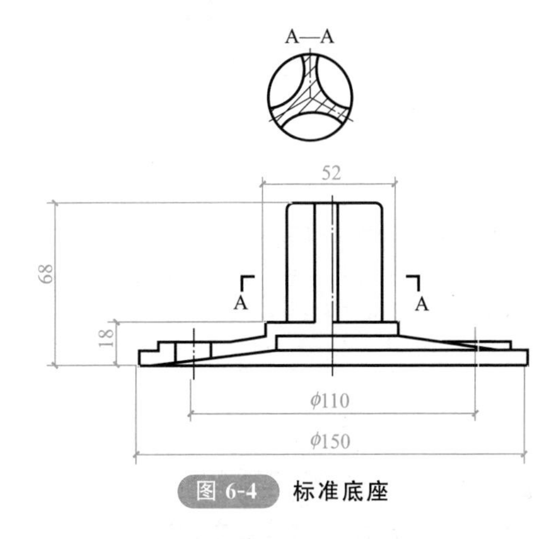

图 6-4 标准底座

采用杉木或松木制作，其材质应符合现行国家标准《木结构设计规范》（GBJ 50005—2017）中Ⅱ级材质的规定。木脚手板的宽度不宜小于 200mm，脚手板厚度不应小于 50mm，两端应各设直径为 4mm 的镀锌钢丝箍两道，腐朽的脚手板不得使用。竹脚手板宜采用由毛竹或楠竹制作的竹串片板、竹笆板。

(5) 连接杆 连接一般有软连接与硬连接之分。软连接是用 8 号或 10 号镀锌铁丝将脚手架与建筑物结构连接起来，软连接的脚手架在受荷载后有一定程度的晃动，其可靠性较硬连接差，故规定 24m 以上的脚手架应采用硬连接，24m 以下的脚手架宜采用软硬结合拉结。硬连接是用钢管、杆件等将脚手架与建筑物结构连接起来，安全可靠，已为全国各地所采用。硬连接连接杆的剖面示意如图 6-5 所示。

2. 扣件式钢管脚手架的种类

扣件式钢管脚手架有双排和单排两种，如图 6-6 所示。双排有里外两排立杆，自成稳定的空间桁架；单排只有一排立杆，横杆另一端要支承在墙体上，因而增加了脚手洞的修补工作，且影响墙体质量，稳定性也不如双排架。

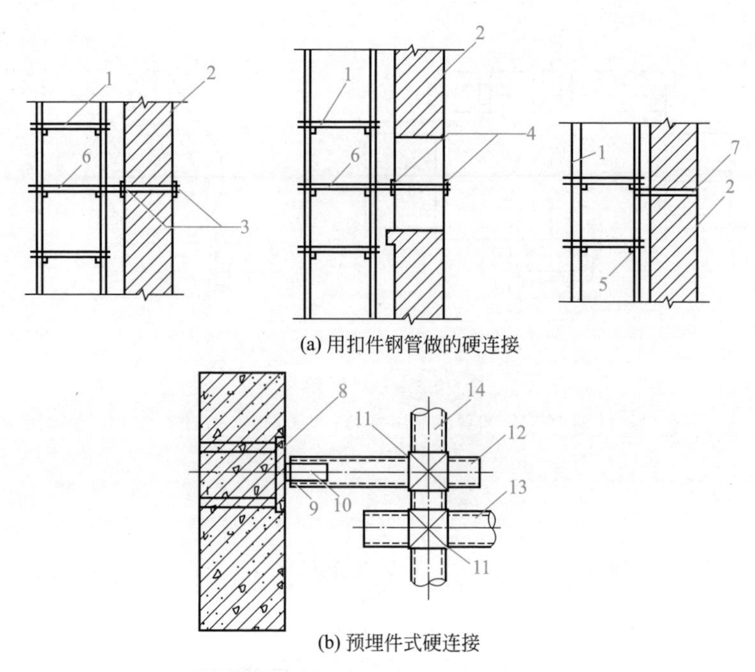

(a) 用扣件钢管做的硬连接

(b) 预埋件式硬连接

图 6-5 硬连接连接杆的剖面示意图

1—脚手架；2—墙体；3—两只扣件；4—两根短管用扣件连接；5—此小横杆顶墙；6—此小横杆进墙；7—连接用镀锌钢丝，埋入墙内；8—埋件；9—连接角铁；10—螺栓；11—直角扣件；12—连接用短钢管；13—小横杆；14—立柱

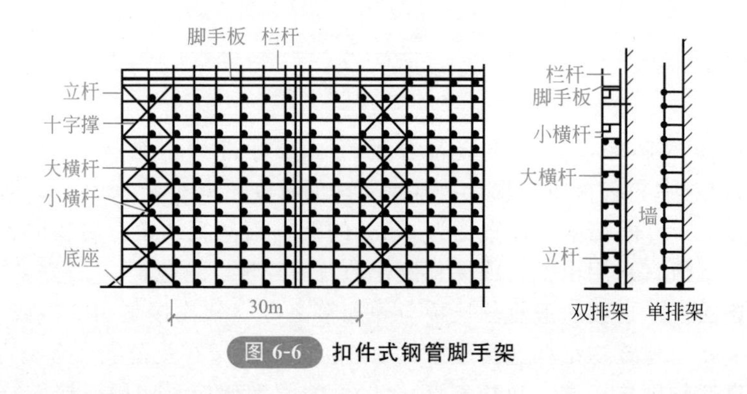

图 6-6 扣件式钢管脚手架

3. 扣件式钢管脚手架的搭设

(1) 搭设程序 放置纵向扫地杆→自角部起依次向两边竖立底（第 1 根）立杆，底端与纵向扫地杆扣接固定后，装设横向扫地杆并与立杆固定（固定立杆底端前，应吊线确保立杆垂直），每边竖起 3～4 根立杆后，随即装设第一步纵向平杆（与立杆扣接固定）和横向平杆（小横杆，靠近立杆并与纵向平杆扣接固定）、校正立杆垂直和平杆水平使其符合要求后，按 40～60N · m 的力矩拧紧扣件螺栓，形成构架的起始

段→按上述要求依次向前延伸搭设，直至第一步架交圈完成。交圈后，再全面检查一遍构架质量和地基情况，严格确保设计要求和构架质量→设置连墙件（或加抛撑）→按第一步架的作业程序和要求搭设第二步、第三步→随搭设进程及时装设连墙件和剪刀撑→装设作业层间横杆（在构架横向平杆之间加设的、用于缩小铺板支承跨度的横杆），铺设脚手板和装设作业层栏杆、挡脚板或围护、封闭措施。

（2）扣件式钢管脚手架的搭设规定 见表 6-1。

表 6-1 扣件式钢管脚手架的搭设规定 单位：m

项目	砌筑用		装饰用		满堂架
	单排	双排	单排	双排	
里皮立杆距墙面	—	0.5	—	0.5	0.5～0.6
立杆间距	2	2	2.2	2.2	—
里外立杆距离	1.2～1.5	1.5	1.2～1.5	1.5	2
大横杆间距	1.2～1.4	1.2～1.4	1.6～1.8	1.6～1.8	1.6～1.8
小横杆间距	0.67	1	1.1	1.1	1
小横杆悬臂长度	—	0.4～0.45	—	0.35～0.45	0.35～0.45
剪刀撑间距	≤30	≤30	≤30	≤30	四边及中间每隔四根立杆设置
连墙杆设置高度	4	4	5	5	—
连墙杆间距	10	10	11	11	—

为保证脚手架的稳定与安全，七步以上的脚手架必须设十字撑（剪刀撑），一般设置在脚手架的转角、端头及沿纵向间距不大于 30m 处，每档十字撑占两个跨间，从底到顶连续布置，最下一对钢管与地面成 45°～60°夹角，回转扣连接。三步以下的脚手架设抛撑。三步以上的脚手架无法设抛撑时，每隔三步、4～5 个跨间设置一道连墙杆，如图 6-7 所示。连墙杆不仅可防止脚手架外倾，还可增强整体刚度。

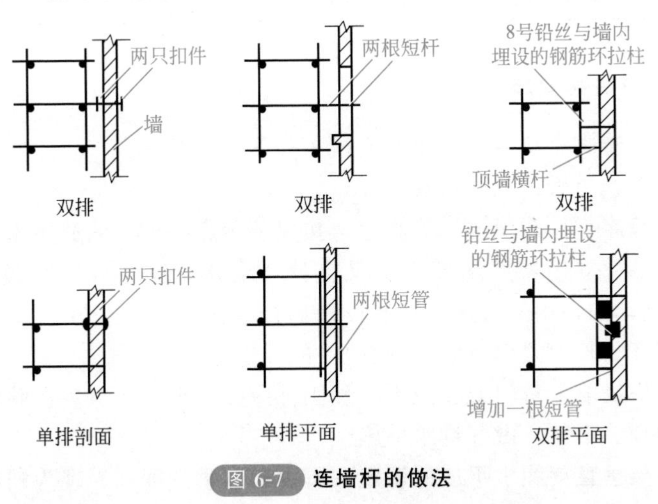

图 6-7 连墙杆的做法

二、木脚手架

木脚手架如图 6-8 所示，其技术要求见表 6-2。立杆、大横杆的搭接长度不应小于 1.5m，绑扎时小头应压在大头上，绑扎不少于 3 道（压顶立杆可大头朝上）。如三杆相交时，应先绑两根，再绑第 3 根，不得一扣绑三根。

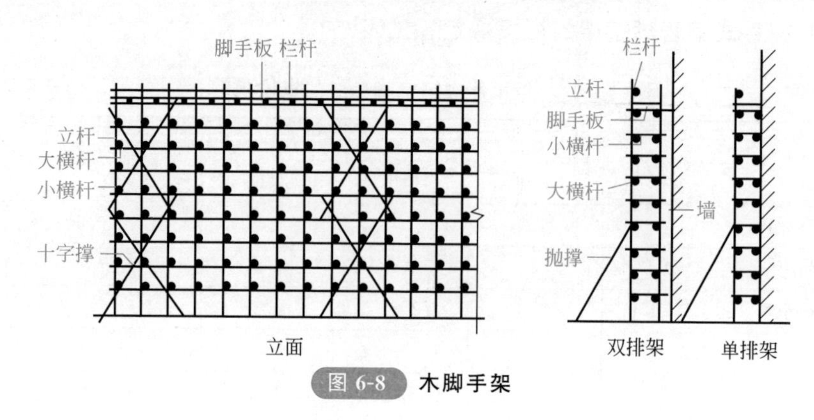

图 6-8 木脚手架

表 6-2 木脚手架技术要求

杆件名称	规格/mm	构造要求
立杆	梢径≥70	纵向间距 1.5～1.8m，横向间距 1.5～1.8m，埋深≥0.5m
大横杆	梢径≥80	绑于立杆里面，第一步离地 1.8m，以上各步间距 1.2～1.5m
小横杆	梢径≥80	绑于大横杆上，间距 0.8～1m，双排架端头离墙 5～10cm，单排架插入墙内≥24cm，外侧伸出大横杆 10cm
抛撑	梢径≥70	每隔 7 根立杆设一道，与地面夹角 60°，可防止架子外倾
斜撑	梢径≥70	设在架子的转角处，做法如抛撑，与地面成 45°角
剪刀撑	梢径≥70	三步以上架子，每隔 7 根立杆设一道，从底到顶，杆与地面夹角为 45°～60°

三、门式组合钢管脚手架

门式组合钢管脚手架由门架组合而成，如图 6-9 所示。

1. 门式组合钢管脚手架的搭设

（1）搭设程序　一般门式钢管脚手架按以下程序搭设：铺放垫木（板）→拉线、放底座→自一端起立门架并随即装交叉支撑→装水平架（或脚手板）→装梯子→（需要时，装设作加强用的大横杆）装设连墙杆→按照上述步骤，逐层向上安装→装加强整体刚度的长剪刀撑→装设顶部栏杆。

在脚手架搭设前，对门架、配件、加固件应按要求进行检查、验收，并应对搭设场地进行清理、平整，做好排水措施。

（2）脚手架垂直度和水平度的调整　脚手架的垂直度（表现为门架竖管轴线的

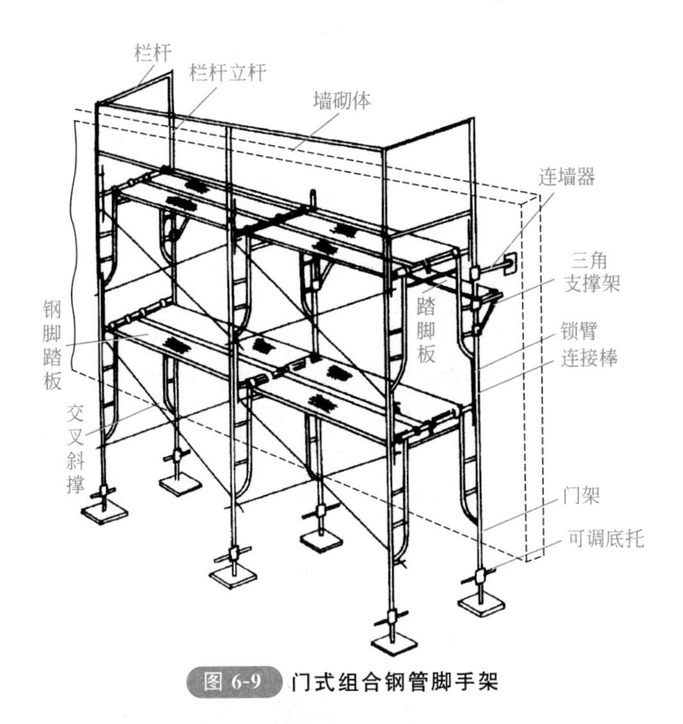

图 6-9　门式组合钢管脚手架

偏移）和水平度（门架平面方向和水平方向）对于确保脚手架的承载性能至关重要（特别是对于高层脚手架），其注意事项如下。

① 严格控制首层门架的垂直度和水平度。在装上以后要逐片地、仔细地调整好，使门架竖杆在两个方向的垂直偏差都控制在 2mm 以内，门架顶部的水平偏差控制在 5mm 以内。随后在门架的顶部和底部用大横杆和扫地杆加以固定。

② 接门架时上下门架竖杆之间要对齐，对中的偏差不宜大于 3mm。同时，注意调整门架的垂直度和水平度。

③ 及时装设连墙杆，以避免架子在横向发生偏斜。

2. 检查与验收

① 脚手架搭设完毕或分段搭设完毕，应按规定对脚手架工程质量进行检查，检验合格后方可交付使用。

② 高度在 20m 及 20m 以下的脚手架，应由单位工程负责人组织安全技术人员进行检查验收。

③ 脚手架搭设的垂直度与水平度允许偏差应符合表 6-3 的要求。

表 6-3　脚手架搭设的垂直度与水平度允许偏差

项　目		允许偏差/mm
垂直度	每步架	$h/1000$ 及 ± 2.0
	脚手架整体	$H/600$ 及 ± 50

续表

项目		允许偏差/mm
水平度	一跨距内水平架两端高差	$\pm l/600$ 及 ± 3.0
	脚手架整体	$\pm L/600$ 及 ± 50

注：h 为步距；H 为脚手架高度；l 为跨距；L 为脚手架长度。

四、碗扣式钢管脚手架

1.组成结构

碗扣式钢管脚手架与扣件式钢管脚手架的结构大致相同，不同之处在于扣件改为碗扣接头，使杆件能轴心相交，无偏心距，受力合理，可比扣件式钢管脚手架提高承载力15%以上。

碗扣接头如图6-10所示，碗扣节点由焊于立杆上的下碗扣、焊于横杆端部的弧形插片（插于下碗扣的碗槽中）和设立于立杆上、可滑动升降的上碗扣组成。

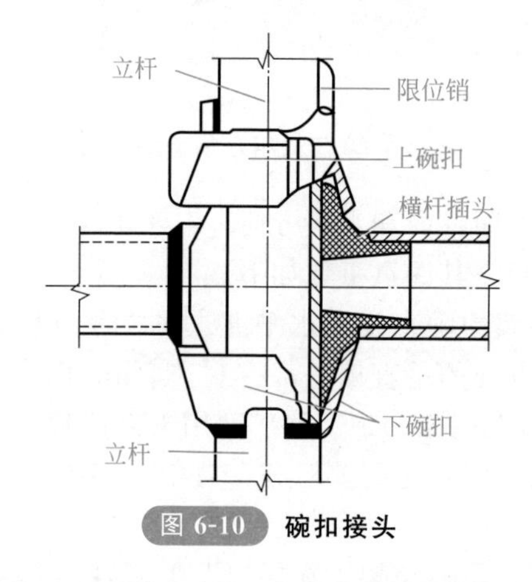

图6-10 碗扣接头

2.碗扣式钢管脚手架的分类

(1) 双排外脚手架 拼装快速省力，特别适用于搭设曲面脚手架和高层脚手架。一般分为重型架、普通架、轻型架。

(2) 直线和曲线单排外脚手架 单排碗扣脚手架易进行曲线布置，特别适用于烟囱、水塔、桥墩等圆形构筑物。

3.碗扣式钢管脚手架的搭设

① 碗扣式钢管脚手架立柱横距为1.2m，纵距根据脚手架荷载面不同可为1.2m、1.5m、1.8m、2.4m，步距为1.8m、2.4m。搭设时立杆的接长缝应错开，第一层立杆应用长1.8m和3.0m的立杆错开布置，往上均用3.0m长杆，至顶层再用1.8m和3.0m两种长度的杆找平。高30m以下脚手架垂直度应在1/200以内，高30m以上脚手架垂直度应控制在1/600～1/400，总高垂直度偏差应不大于100mm。

② 斜杆应尽量布置在框架节点上，对于高度在30m以下的脚手架，设置斜杆面积为整架立面面积的1/5～1/2；对于高度超过30m的高层脚手架，设置斜杆的面积不小于整架面积的1/2。在拐角边缘及端部必须设置斜杆，中间可均匀间隔设置。

③ 剪刀撑的设置，对于高度在30m以下的脚手架，可每隔4～5跨设置一组沿全高连续搭设的剪刀撑，每道跨越5～7根立杆。

④ 连墙撑的设置应尽量采用梅花方式布置。

第三节　常用非落地式脚手架简介

一、悬挑式脚手架

相对于落地式脚手架，悬挑式脚手架的优越性在于能获得良好的经济效益及节约工期。常用的悬挑式脚手架构造有钢管式悬挑脚手架、悬臂钢管式悬挑脚手架、下撑式钢梁悬挑脚手架和斜拉式钢梁悬挑脚手架。

1. 组成构造

按型钢支承架与主体结构的连接方式，常用悬挑式脚手架的形式可分为：搁置固定于主体结构层上的悬挑脚手架，如图6-11所示；与主体结构面上的预埋件焊接的悬挑脚手架，如图6-12所示。

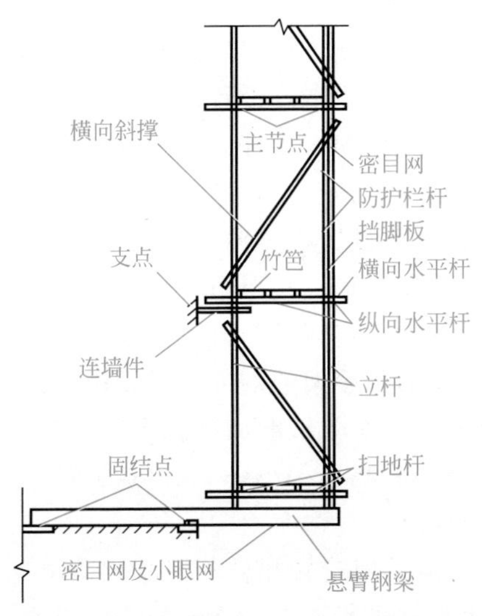

图6-11　搁置固定于主体结构层上的悬挑脚手架（悬臂钢梁式）

2. 搭设要求

① 悬挑式脚手架依附的建筑结构应是钢筋混凝土结构或钢结构，不得依附在砖混结构或石结构上。在悬挑式脚手架搭设时，连墙件、型钢支承架对应的主体结

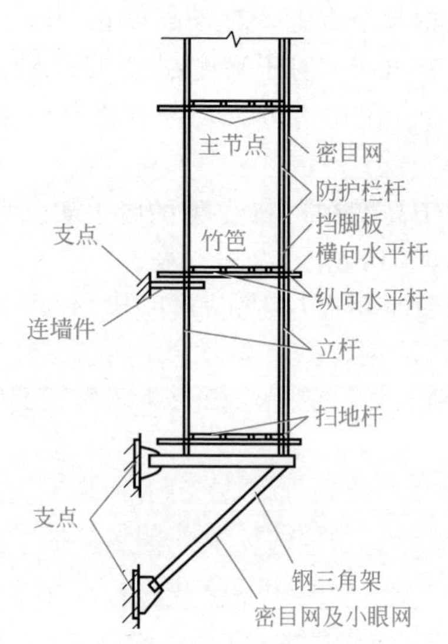

图 6-12 与主体结构面上的预埋件焊接的悬挑脚手架（附着钢三角式）

构混凝土必须达到设计计算要求的强度，上部脚手架搭设时型钢支承架对应的混凝土强度不应低于 C15。

② 立杆接头必须采用对接扣件连接。两根相邻立杆的接头不应设置在同步内，且错开距离不应小于 500mm，各接头的中心距最近主节点的距离不应大于步距的 1/3。

③ 悬挑架架体应采用刚性连墙件与建筑物牢靠连接，并应设置在与悬挑梁相对应的建筑物结构上，并宜靠近主节点设置，偏离主节点的距离不应大于 300mm；连墙件应从脚手架底部第一步纵向水平杆开始设置，设置有困难时，应采用其他可靠措施固定。主体结构阳角或阴角部位，两个方向均应设置连墙件。

④ 连墙件宜采取二步二跨设置，竖向间距 3.6m，水平间距 3.0m。具体设置点宜优先采用菱形，也可采用方形、矩形布置。连墙件中的连墙杆宜与主体结构面垂直设置，当不能垂直设置时，连墙杆与脚手架连接的一端不应高于与主体结构连接的一端。在一字形、开口形脚手架的端部应增设连墙件。

⑤ 脚手架应在外侧立面沿整个长度和高度上设置连续剪刀撑，每道剪刀撑跨越立杆根数为 5～7 根，最小距离不得小于 6m。剪刀撑水平夹角为 45°～60°，将构架与悬挑梁（架）连成一体。

⑥ 剪刀撑在交接处必须采用旋转扣件相互连接，并且剪刀撑斜杆应用旋转扣件与立杆或伸出的横向水平杆进行连接，旋转扣件中心线至主节点的距离不宜大于 150mm；剪刀撑斜杆接长应采用搭接方式，搭接长度不应小于 1m，应采用不少于 2 个旋转扣件固定，端部扣件盖板的边缘至杆端距离不应小于 100mm。

⑦ 一字形、开口形脚手架的端部必须设置横向斜撑；中间应每隔 6 根立杆纵距设置一道，同时该位置应设置连墙件；转角位置可设置横向斜撑予以加固。横向

斜撑应由底至顶层呈之字形连续布置。

⑧ 悬挑式脚手架架体结构在平面转角处应采取加强措施。

二、附着式升降脚手架

附着式升降脚手架包括自升降式、互升降式、整体升降式三种类型。

1. 自升降式脚手架

自升降式脚手架的升降运动是通过手动或电动捯链交替对活动架和固定架进行升降来实现的。从升降架的构造来看，活动架和固定架之间能够进行上下相对运动。当脚手架工作时，活动架和固定架均用附墙螺栓与墙体锚固，两架之间无相对运动；当脚手架需要升降时，活动架与固定架中的一个架子仍然锚固在墙体上，使用捯链对另一个架子进行升降，两架之间便产生相对运动。通过活动架和固定架交替附墙，互相升降，脚手架即可沿着墙体上的预留孔逐层升降。升降式脚手架的爬升过程分为爬升活动架和爬升固定架两步，如图 6-13 所示，每个爬升过程提升 1.5～2m。

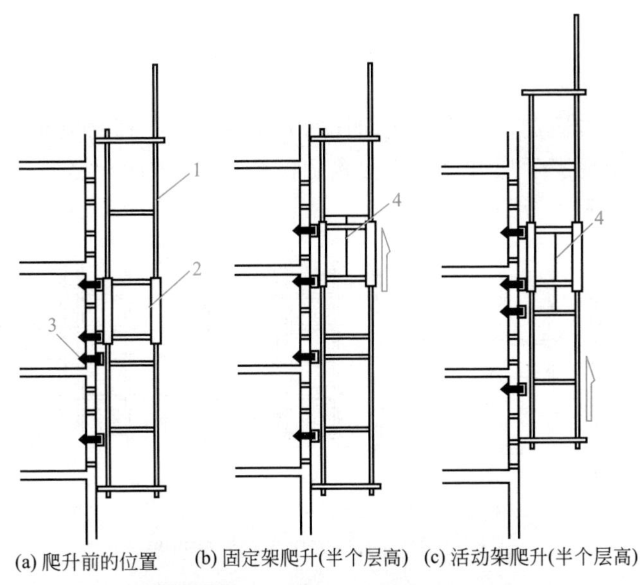

图 6-13　自升降式脚手架爬升过程

1—活动架；2—固定架；3—附墙螺栓；4—捯链

下降过程与爬升操作顺序相反，顺着爬升时用过的墙体预留孔倒行，脚手架即可逐层下降，同时把留在墙面上的预留孔修补完毕，最后脚手架返回地面。

自升降式脚手架在拆除时应设置警戒区，由专人看护，统一指挥。先清理脚手架上的垃圾杂物，然后自上而下拆除。

在施工过程中注意预留孔的位置是否正确，如不正确应及时改正，墙面凸出严重时，也应预先修平。安装过程中按照脚手架施工平面图进行，不可随意安装。

2. 互升降式脚手架

互升降式脚手架将脚手架分为甲、乙两种单元，通过捯链交替对甲、乙两单元进行升降。当脚手架需要工作时，甲单元与乙单元均用附墙螺栓与墙体锚固，两架之间无相对运动；当脚手架需要升降时，一个单元仍然锚固在墙体上，使用捯链对相邻一个架子进行升降，两架之间便产生相对运动。通过甲、乙两单元交替附墙，相互升降，脚手架即可沿着墙体上的预留孔逐层升降。

互升降式脚手架的性能特点如下。

① 结构简单，易于操作控制。

② 架子搭设高度低，用料省。

③ 操作人员不在被升降的架体上，增加了操作人员的安全性。

④ 脚手架结构刚度较大，附墙的跨度大。它适用于框架剪力墙结构的高层建筑、水坝、筒体等施工。

脚手架爬升前应进行全面检查，检查的主要内容有：预留附墙连接点的位置是否符合要求，预埋件是否牢靠；架体上的横梁设置是否牢靠；提升降单元的导向装置是否可靠；升降单元与周围的约束是否解除，升降有无障碍；架子上是否有杂物；所适用的提升设备是否符合要求等。

当确认以上各项都符合要求后方可进行爬升，如图 6-14 所示，提升到位后，应及时将架子同结构固定，然后，用同样的方法对与之相邻的单元脚手架进行爬升操作，待相邻的单元脚手架升至预定位置后，将两单元脚手架连接起来，并在两单元操作层之间铺设脚手板。

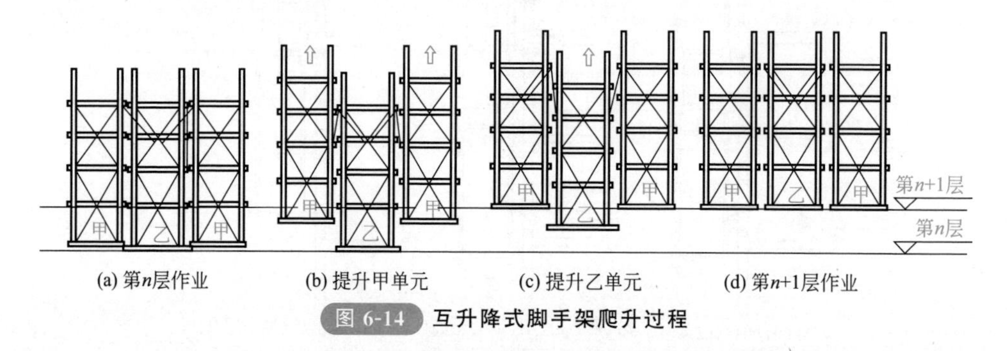

图 6-14 互升降式脚手架爬升过程

在下降过程中，利用固定在墙体上的架子对相邻的单元脚手架进行下降操作，同时把留在墙面上的预留孔修补完毕，脚手架返回地面。接下来进行拆除工作，首先清理脚手架上的杂物，然后按顺序自上而下拆除。或者用起重设备将脚手架整体吊至地面拆除。

3. 整体升降式脚手架

在高层主体施工中，整体升降式脚手架有明显的优越性，它结构整体好、升降快捷方便、机械化程度高、经济效益显著，是一种很有推广使用价值的超高建（构）筑外脚手架，被住房和城乡建设部列为重点推广的 10 项新技术之一。

整体升降式脚手架，如图 6-15 所示。是以电动捯链为提升机，使整个外脚手架沿建筑物外墙或柱整体向上爬升。搭设高度依建筑物施工层的层高而定，一般取建筑物标准层 4 个层高加 1 步安全栏的高度为架体的总高度。脚手架为双排，宽以 0.8～1m 为宜，里排杆离建筑物净距 0.4～0.6m。脚手架的横杆和立杆间距都不宜超过 1.8m，可将 1 个标准层高分为 2 步架，以此步距为基数确定架体横、立杆的间距。

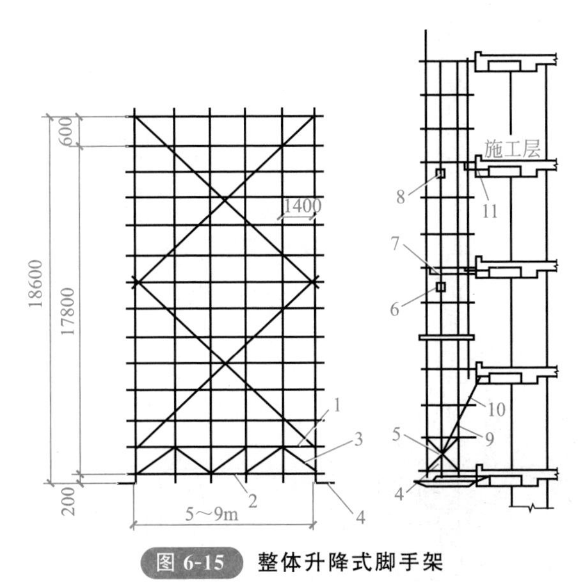

图 6-15 整体升降式脚手架

1—上弦杆；2—下弦杆；3—承力桁架；4—承力架；5—斜撑；6—电动捯链；7—挑梁；8—捯链；9—花篮螺栓；10—拉杆；11—螺栓

架体设计时可将架子沿建筑物外围分成若干单元，每个单元的宽度参考建筑物的开间而定，一般在 5～9m 之间。

施工前按照平面图确定承力架及电动捯链挑梁安装的位置，然后在混凝土墙上预留螺栓孔。准备好施工材料，准备安装，安装过程中按照先后顺序进行搭设。搭设成功后开启电动捯链，将电动捯链与承力架之间的吊链拉紧，松开架体与建筑物的固定拉结点。松开承力架与建筑物相连的螺栓和斜拉杆，开启电动捯链慢慢开始爬升。爬升到位后，先安装承力架与混凝土边梁的紧固螺栓，将斜拉杆与上层边梁固定，最后安装架体上部与建筑物的各拉结点。检查无误后，方可使用脚手架进行上一层的主体施工。

下降过程是利用电动捯链顺着爬升用的墙体预留孔倒行，脚手架即可逐层下降，同时把墙面上的预留孔修补完毕，脚手架可回归地面，并进行拆除工作。

三、吊篮

高处作业吊篮可应用于高层建筑外墙的装饰、装修、维护清洗等工程施工。

1. 吊篮的升降方式

(1) 手扳葫芦升降 手扳葫芦携带方便、操作灵活，牵引方向和距离不受限制，如图 6-16 所示。

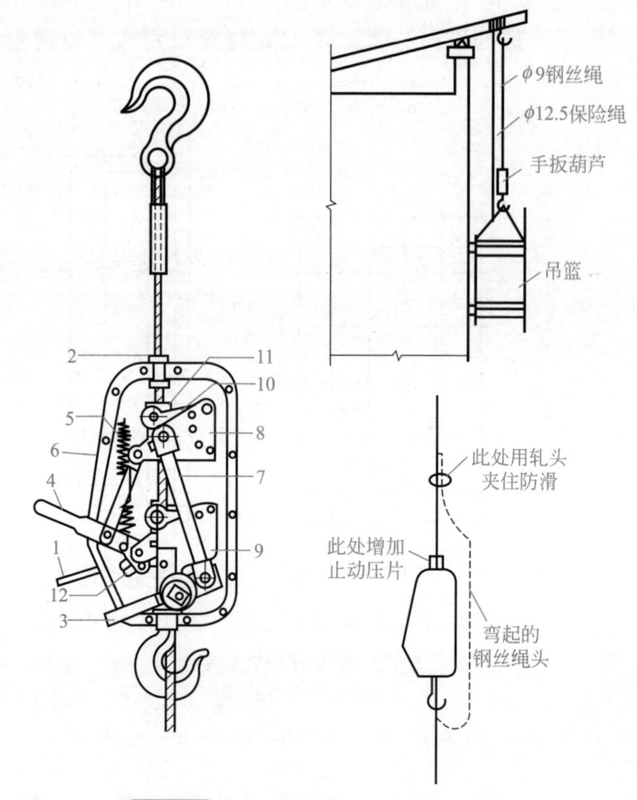

图 6-16 手扳葫芦构造以及升降示意图

1—松卸手柄；2—导绳孔；3—前进手柄；4—倒退手柄；5—拉伸弹簧；6—左连杆；7—右连杆；8—前夹钳；9—后平钳；10—偏心板；11—夹子；12—松卸曲柄

(2) 卷扬升降 卷扬升降体积小、质量轻，并带有多重安全装置。卷扬提升机可设于悬吊平台的两侧，如图 6-17 所示，也可设于屋顶之上，如图 6-18 所示。

图 6-17 提升机设于吊箱的卷扬式吊篮

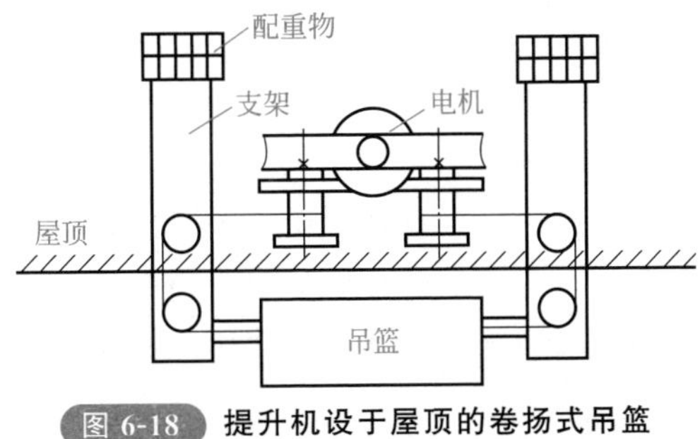

图 6-18 提升机设于屋顶的卷扬式吊篮

(3) 爬升升降 爬升提升机为沿钢丝绳爬升的提升机。其与卷扬提升机的区别在于提升机的爬升下降不是靠收卷或释放钢丝绳，而是靠绳轮与钢丝绳的特形缠绕所产生的摩擦力提升吊篮。

由不同的钢丝绳缠绕方式形成了“S”形卷绕机构、“3”形卷绕机构和“α”形卷绕机构，如图 6-19 所示。“S”形机构为一对靠齿轮咬合的槽轮，靠摩擦带动其槽中的钢丝绳一起旋转，并依旋转方向的改变实现提升或下降；

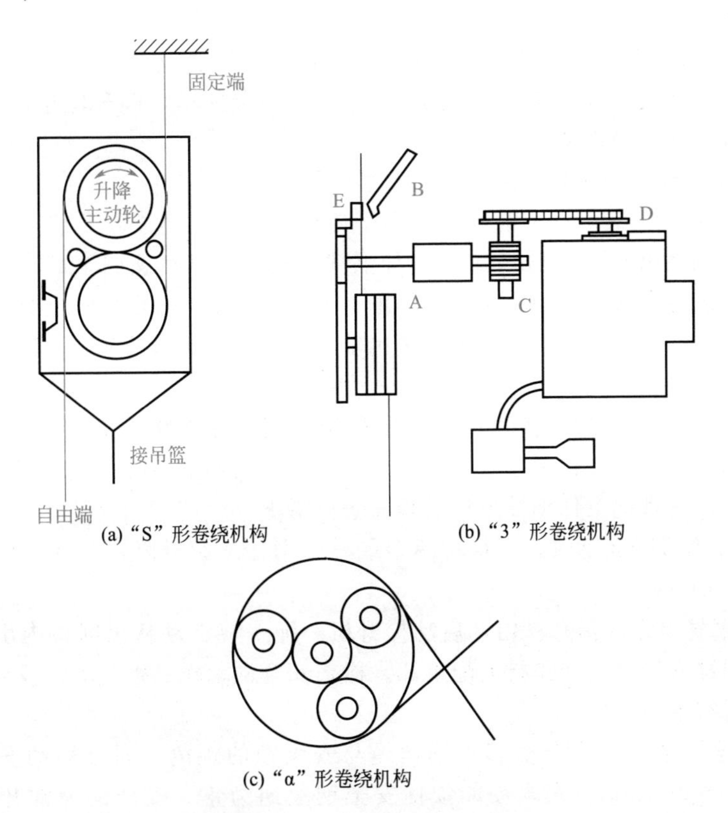

(a) “S” 形卷绕机构

(b) “3” 形卷绕机构

(c) “α” 形卷绕机构

图 6-19 爬升升降机钢丝缠绕方式

A—制动器；B—安全锁；C—蜗轮蜗杆减速装置；D—电机过热保护装置；E—棘爪式刹车装置

“3”形机构只有1个轮子，钢丝绳在卷筒上缠绕4圈后从两端伸出，分别接至吊篮和排挂支架上；“α”形机构采用行星齿轮机构驱动绳轮旋转，带动吊篮沿钢丝绳升降。

2. 吊篮施工流程和注意事项

(1) 施工工艺流程 吊篮组拼→悬挂机构及配重块安装→安装起重钢丝绳及安全钢丝绳→挂配重锤→连接电源→吊篮平台就位→检查提升装置、电气控制箱及安全装置→调试及荷载试验→安装跟踪绳→投入使用→拆除。

(2) 注意事项

① 采用吊篮进行外装修作业时，一般应选用设备完善的吊篮产品。自行设计、制作的吊篮应达到标准要求，并严格审批制度。使用境外吊篮设备时应有中文说明书；产品的安全性能应符合我国的行业标准。

② 进场吊篮必须具备符合要求的生产许可证或准用证、产品合格证、检测报告以及安装使用说明书、电气原理图等技术性文件。

③ 吊篮安装前，根据工程实际情况和产品性能，编制详细、合理、切实可行的施工方案，并根据施工方案和吊篮产品使用说明书，对安装及上篮操作人员进行安全技术培训。

④ 吊篮标准篮进场后按吊篮平面布置图在现场拼装成作业平台，在离使用部位最近的地点组拼，以减少人工倒运。作业平台拼装完毕，再安装电动提升机、安全锁、电气控制箱等设备。

⑤ 吊架必须与建筑物连接可靠，不得摇晃。

⑥ 悬挂机构安装时调节前支座的高度使梁的高度略高于女儿墙，且使悬挑梁的前端比后端高出50～100mm。对于伸缩式悬挑梁，尽可能调至最大伸出量。配重数量应按满足抗倾覆力矩大于2倍倾覆力矩的要求确定，配重块在悬挂机构后座两侧均匀放置。放置完毕后，将配重块销轴顶端用铁线穿过拧死，以防止配重块被随意搬动。

⑦ 吊篮组拼完毕后，将起重钢丝绳和安全钢丝绳挂在挑梁前端的悬挂点上，紧固钢丝绳的马牙卡不得少于4个。从屋面向下垂放钢丝绳时，先将钢丝绳自由盘放在楼面，然后将绳头仔细抽出后沿墙面缓慢滑下。

⑧ 吊篮做升降运动时，不得将两个或三个吊篮一起升降，并且工作平台高差不得超过150mm。

⑨ 将钢丝绳穿入提升机内，启动提升机，绳头应自动从出绳口内出现，再将安全钢丝绳穿入安全锁，并挂上配重锤。检查安全锁动作是否灵活，扳动滑轮时应轻快，不得有卡阻现象。

⑩ 钢丝绳穿入后应调整起重钢丝绳与安全锁的距离，通过移动安全锁使吊篮倾斜300～400mm，安全锁能锁住安全钢丝绳为止。安全锁为常开式，各种原因造成吊篮坠落或倾斜时，安全锁能够在200mm以内将吊篮锁在安全钢丝绳上。

第四节　垂直运输工程

一、垂直运输架

1. 木井架

常用的木井架有八柱和六柱两种，其构造如图 6-20 所示。八柱木井架的立杆间距≤1.5m，六柱木井架的立杆间距≤1.8m。横杆间距都是 1.2～1.4m。井孔尺寸，八柱木井架的宽面为 3.6～4.2m，窄面为 2.0～2.2m；六柱木井架宽面为 2.8～3.6m，窄面为 1.6～2.0m。无论是八柱木井架，还是六柱木井架，必须设剪刀撑，每 3～4 步设一道，上下连续。八柱木井架的起重量在 1000kg 之内，附设拔杆起重量在 300kg 之内，搭设高度一般为 20～30m。六柱木井架的起重量在 800kg 之内，附设拔杆起重量在 300kg 之内，搭设高度一般为 15～20m。

木井架的立杆应埋入土中，埋入深度不小于 500mm，最底层的剪刀撑也必须

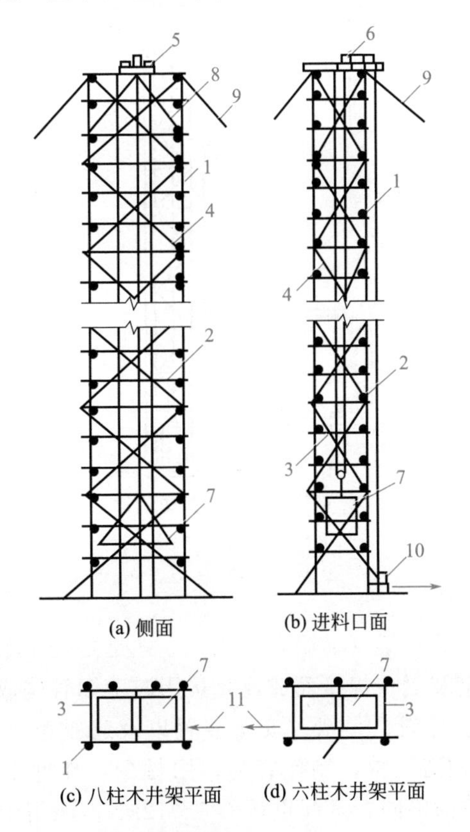

图 6-20　木井架构造

1—立杆；2—大横杆；3—小横杆；4—剪刀撑；5—天轮梁；6—天轮；7—吊盘；8—八字撑；9—缆风绳；10—地轮；11—进料口

落地。附设拔杆时，装拔杆的立杆必须绑双杆或采取其他措施。天轮梁支承处应用双横杆，加设八字撑杆，用双铅丝绑扎，顶部要铺设天轮加油用的脚手板，并绑扎牢固。整个井架的搭设要做到方正平直，导轨垂直度及间距尺寸的偏差，不得超过 10mm。

2. 型钢井架

型钢井架由立柱、平撑、斜撑等杆件组成，其结构如图 6-21 所示。它适用于高层民用建筑砌筑、装修和屋面防水材料的垂直运输。另外，还可在井架上附设拔杆。在房屋建筑中一般都采用单孔四柱角钢井架，井架用单根角钢由螺栓连接而成。一般轻型小井架多采用在工厂组焊成一定长度的节段，然后运至工地安装。

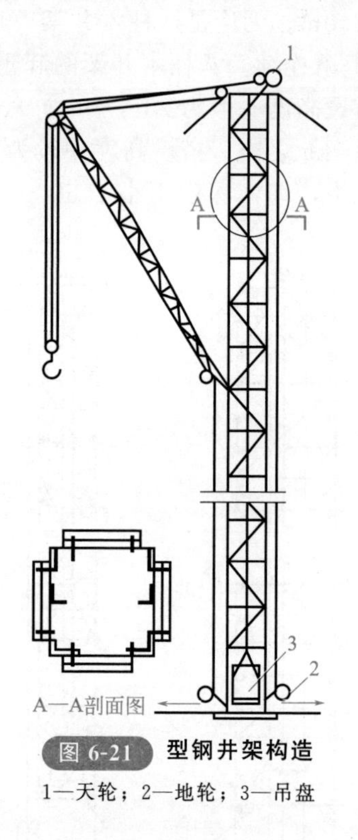

图 6-21 型钢井架构造

1—天轮；2—地轮；3—吊盘

3. 龙门架

龙门架由两立柱及天轮梁（横梁）构成。立柱是由若干个格构柱用螺栓拼装而成，而格构柱是用角钢及钢管焊接而成或直接用厚壁钢管构成门架。

龙门架设有滑轮、导轨、吊盘、安全装置以及起重索、缆风绳等，其构造如图 6-22 所示。龙门架构造简单，制作容易，用材少，装拆方便，起重高度一般为 15～30m，根据立柱结构不同，其起重量为 5～12kN，适用于中小型工程。

4. 扣件式钢管井架

扣件式钢管井架的主要杆件有底座、立杆、大横杆、小横杆、剪刀撑等。钢管井架的基本构造如图 6-23 所示。

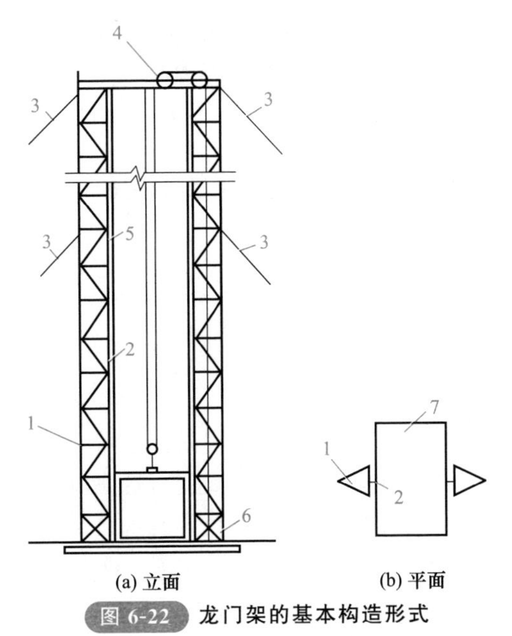

图 6-22 龙门架的基本构造形式

1—立杆；2—导轨；3—缆风绳；4—天轮；5—吊盘停车安全装置；6—地轮；7—吊盘

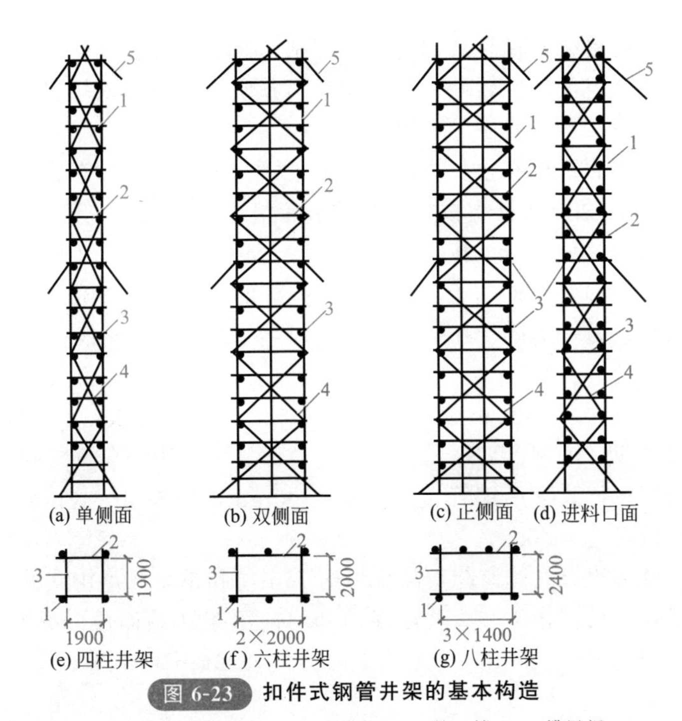

图 6-23 扣件式钢管井架的基本构造

1—立杆；2—大横杆；3—小横杆；4—剪刀撑；5—缆风绳

井架高度在 10～15m，要在顶部拉缆风绳一道，超过此高度应随高而增设。缆风绳下端固定在专用地锚上，并用花篮螺栓调节松紧。严禁将缆风绳随意拴在树木、电线杆等处。缆风绳可用直径为6～8mm的钢筋或直径不小于9.5mm的钢丝绳。缆风绳与输电线的安全距离应符合以下规定：电压<1kV时，安全距离>1.5m；电压为1～35kV时，安全距离>3m；电压为35～110kV时，安全距离>5m。

井架应高出房屋3～6m，以利于吊盘升出屋面处供料。井架如高出四周的避雷设施，必须安装避雷针设备。避雷针应高出井架最高点3m，接地电阻不得大于4Ω。

二、垂直运输设备

1.建筑施工电梯

建筑施工电梯也叫施工升降机，是高层建筑施工中主要的垂直运输设备。使用时电梯附着在外墙或其他结构部位上，架设高度可达100m以上。它由轿厢、驱动机构、标准节、附墙、底盘、围栏、电气系统等几部分组成，施工电梯在工地上通常配合塔吊使用，运行速度为1～60m/min。电梯一般为人货两用梯，可载12～15人，载货1～3t。目前我国生产的施工电梯在性能上得到了很大改善，正在走上国际化轨道。建筑施工电梯如图6-24所示。

2.起重设备

(1) 桅杆式起重机 桅杆式起重机具有制作简单、拆装方便、起重量大和受地形限制小等特点，但灵活性较差，移动非常不方便，所以需要较多的缆风绳，故一般适用于安装工程量比较集中的工程。

常用的桅杆式起重机有独脚拔杆、人字拔杆、悬臂拔杆和牵缆式桅杆起重机。

① 独脚拔杆。独脚拔杆由拔杆、起重滑轮组、卷扬机、缆风绳和锚碇等组成，如图6-25(a) 所示。使用时，拔杆应保持不大于10°的倾角，以便吊装构件时不致撞击拔杆。拔杆底部要设置托子以便移动。拔杆的稳定主要依靠缆风绳，绳的一端固定在桅杆顶端，另一端固定在锚碇上，缆风绳一般设4～8根。根据制作材料的不同分为以下类型。

a.木独脚拔杆，常用独根圆木做成，圆木梢径20～32cm，起重高度一般为8～15m，起重量为30～100kN。

b.钢管独脚拔杆，常用钢管直径200～400mm，壁厚8～12mm，起重高度可达30m，起重量可达450kN。

c.金属格构式独脚拔杆，起重高度可达75m，起重量1000kN以上。格构式独脚拔杆一般用四个角钢作主肢，并由横向和斜向缀条连系而成。截面多呈正方形，常用截面为（450mm×450mm）～（1200mm×1200mm）不等，整个拔杆由多段拼成。

② 人字拔杆。人字拔杆是由两根圆木或两根钢管以钢丝绳绑扎或铁件铰接而成，如图6-25(b) 所示。两杆在顶部相交成20°～30°角，底部设有拉杆或拉绳，以平衡拔杆本身的水平推力。其中一根拔杆的底部装有导向滑轮组，起重索通过它连

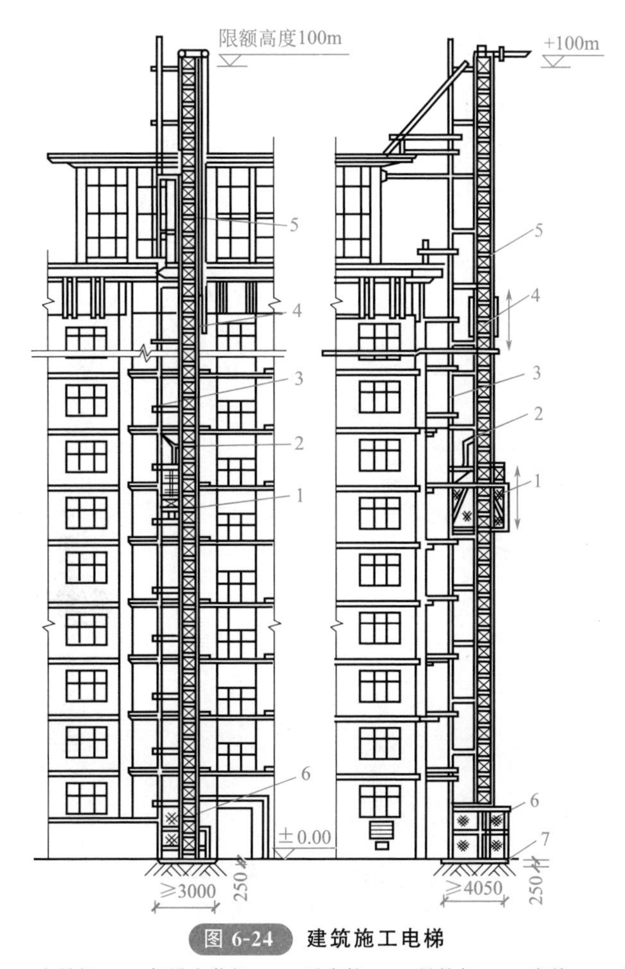

图 6-24 建筑施工电梯

1—吊笼；2—小吊杆；3—架设安装杆；4—平衡箱；5—导轨架；6—底笼；7—混凝土基础

到卷扬机，另用一钢丝绳连接到锚碇，以保证在起重时底部稳固。人字拔杆是前倾的，但倾斜度不宜超过 1/10，并在前、后面各用两根缆风绳拉结。

人字拔杆的优点是侧向稳定性较好，缆风绳较少；缺点是起吊构件的活动范围小，故一般仅用于安装重型柱或其他重型构件。

③ 悬臂拔杆。在独脚拔杆的中部或 2/3 高度处装上一根起重臂，即成悬臂拔杆。起重杆可以回转和起伏变幅，如图 6-25(c) 所示。

悬臂拔杆的特点是能够获得较大的起重高度，起重杆能左右摆动 120°～270°，宜用于吊装高度较大的构件。

④ 牵缆式桅杆起重机。在独脚拔杆的下端装上一根可以 360°回转和起伏的起重杆而成，如图 6-25(d) 所示。它具有较大的起重半径，能把构件吊送到有效起重半径内的任何位置。格构式截面的桅杆起重机，起重量可达 600kN，起重高度可达 80m，其缺点是缆风绳较多。

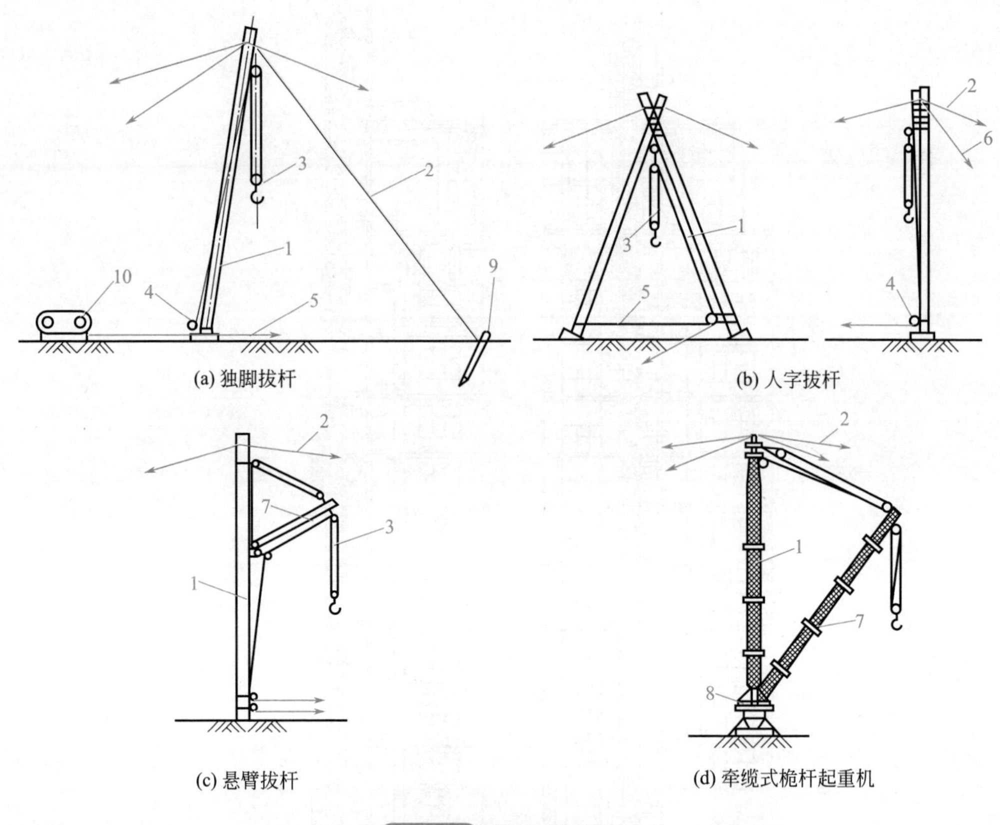

图 6-25 桅杆式起重机

1—拔杆；2—缆风绳；3—起重滑轮组；4—导向装置；5—拉索；
6—主缆风绳；7—起重臂；8—回转盘；9—锚碇；10—卷扬机

(2) 塔式起重机 塔式起重机简称塔吊，是动臂装在高耸塔身上部的旋转起重机。其作业空间大，主要用于房屋建筑施工中物料的垂直和水平输送及建筑构件的安装，由金属结构、工作机构和电气系统三部分组成。金属结构包括塔身、动臂和底座等。工作机构有起升、变幅、回转和行走四部分。电气系统包括电动机、控制器、配电柜、连接线路、信号及照明装置等。

塔式起重机型号分类及表示方法如下：代号 QT 表示上回转式塔式起重机；QTZ 表示上回转自升式塔式起重机；QTA 表示下回转式塔式起重机；QTK 表示快速安装式塔式起重机；QTG 表示固定式塔式起重机；QTP 表示内爬式塔式起重机；QTL 表示轮胎式塔式起重机；QTQ 表示汽车式塔式起重机；QTU 表示履带式塔式起重机。

① 一般式塔式起重机。一般式塔吊常用型号有 QT_1-6 型、QT25、QT60、QT70、TQ-6 等，适用于工业与民用建筑的吊装及材料仓库装卸工作。QT_1-6 型塔式起重机如图 6-26 所示。

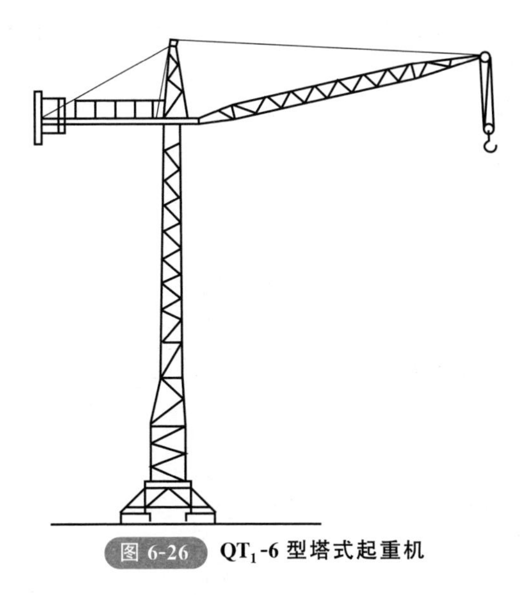

图 6-26　QT_1-6 型塔式起重机

② 自升式塔式起重机。自升式塔式起重机常用型号有：QT_4-10、QTZ50、QTZ60、QTZ80A、QTZ100、QTZ120 等。QT_4-10 型多功能自升塔式起重机是一种上旋转、小车变幅自升式塔式起重机，如图 6-27 所示。

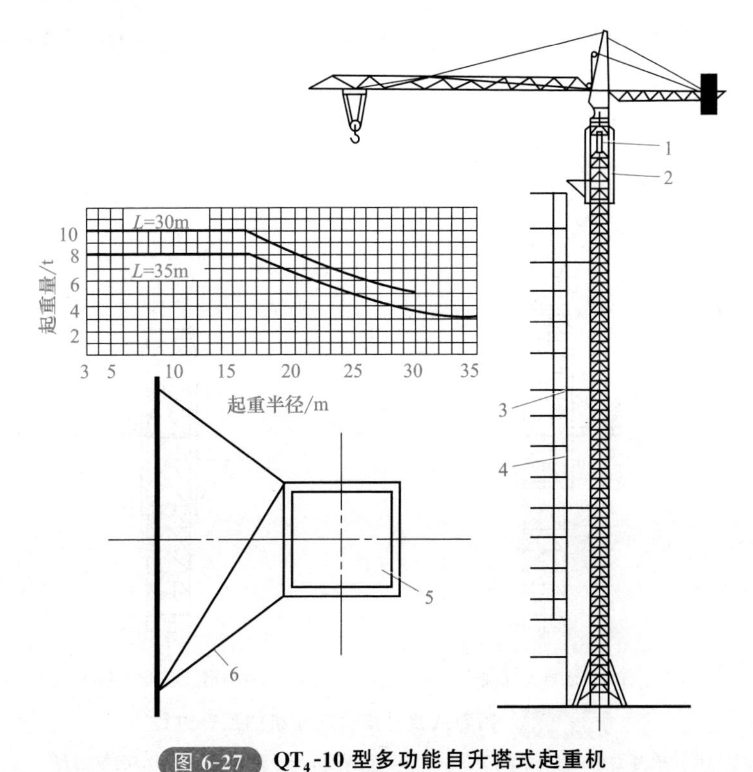

图 6-27　QT_4-10 型多功能自升塔式起重机

1—液压千斤顶；2—顶升套架；3—锚固装置；4—建筑物；5—塔身；6—附着杆

自升塔式起重机的液压顶升系统主要有：顶升套架、长行程液压千斤顶、支承座、顶升横梁、引渡小车、引渡轨道及定位销等。液压千斤顶的缸体装在塔吊上部结构的底端支承座上，活塞杆通过顶升横梁支承在塔身顶部。附着式自升塔式起重机的顶升过程如图 6-28 所示。

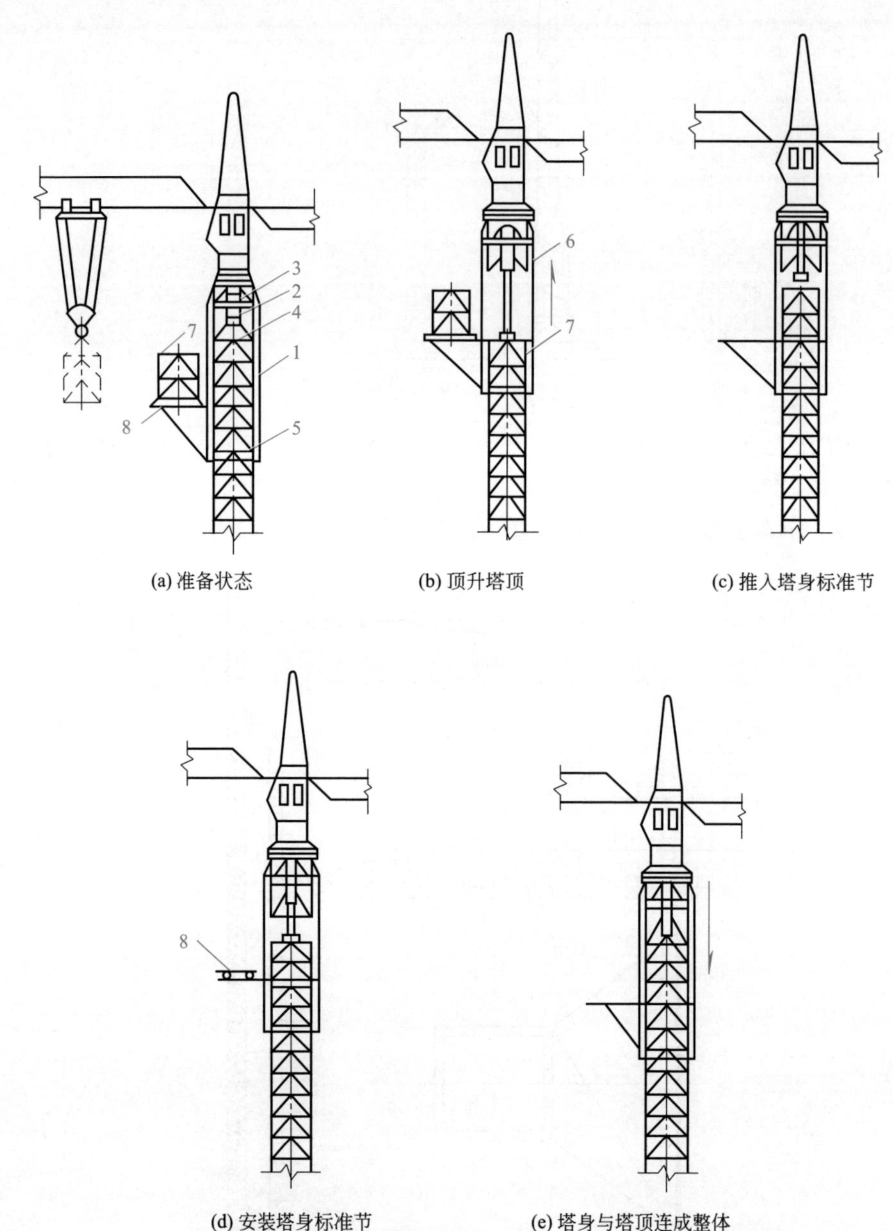

图 6-28 附着式自升塔式起重机的顶升过程

1—顶升套架；2—液压千斤顶；3—支承座；4—顶升横梁；5—定位销；6—过渡节；7—标准节；8—摆渡小车

③ 爬升式塔式起重机。爬升式塔式起重机通常装在建筑物的电梯井或特设的开间内，依靠爬升机构，随着建筑物的建高而升高。塔身自身高度只有 20m 左右，起升高度随建筑物高度而定，实际上是以建筑物的井筒高度充当了塔身。爬升式起重机的工作机构和金属结构与一般塔式起重机没有很大区别，只是增加了爬升机构。爬升式塔式起重机的爬升过程如图 6-29 所示。

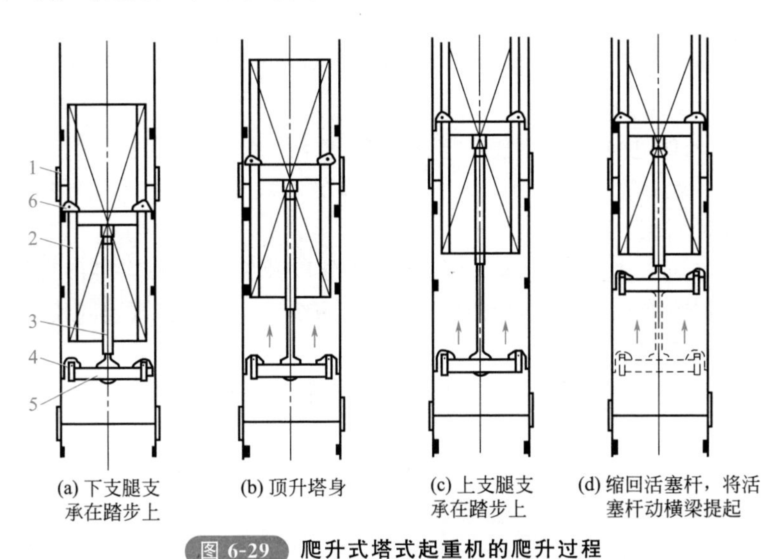

图 6-29　爬升式塔式起重机的爬升过程

1—爬梯；2—塔身；3—液压缸；4,6—支腿；5—活动横梁

3. 安全保障措施

安全保障是使用垂直运输设施的首要问题，必须按以下方面严格做好。

① 首次试制加工的垂直运输设备，需经过严格的荷载和安全装置性能试验，确保达到设计要求（包括安全要求）后才能投入使用。

② 设备应装设在可靠的基础和轨道上。基础应具有足够的承载力和稳定性，并设有良好的排水措施。

③ 设备在使用以前必须进行全面的检查和维修保养，确保设备完好。未经检修保养的设备不能使用。

④ 严格遵照设备的安装程序和规定进行设备的安装（搭设）和接高工作。初次使用的设备，工程条件不能完全符合安装要求的，以及在较为复杂和困难的条件下，应制订详细的安装措施，并按规定进行安装。

⑤ 起重机工作时，重物下方不得有人停留或通过，以防重物掉下砸伤人员。

⑥ 确保架设过程中的安全，注意事项为：

a. 高空作业人员必须系安全带；

b. 按规定及时设置临时支撑、缆绳或附墙拉结装置；

c. 在统一指挥下进行作业；

d. 在安装区域内停止进行有碍确保架设安全的其他作业。

⑦ 起重机不得靠近架空输电线路作业，如限于现场条件，必须在线路近旁作业时，应采取安全保护措施。

⑧ 设备安装完毕后，应全面检查安装（搭设）的质量是否符合要求，并及时解决存在的问题。随后进行空载和负载试运行，判断试运行情况是否正常，吊索、吊具、吊盘、安全保险以及刹车装置是否安全可靠。

⑨ 垂直运输设施的出料口与建筑结构的进料口之间，根据其距离的大小设置铺板或栈桥通道，通道两侧设护栏。建筑物入料口设栏杆门。小车通过之后门应及时关上。

⑩ 位于机外的卷扬机应设置安全作业棚。操作人员的视线不得受到遮挡。当作业层较高时，观测和对话困难，应采取可靠的解决方法，如增加卷扬定位装置、对讲设备或多级联络办法等。

⑪ 每班作业前，应对钢丝绳所有可见部分以及钢丝绳的连接部位进行检查。钢丝绳表面磨损或腐蚀使原钢丝绳的平均直径减少 7%时或在规定长度范围内断丝根数达到一般规定时应予更换。

⑫ 使用完毕后，应按规定程序和要求进行拆除工作。

砌体工程

第一节　砌筑砂浆

一、原材料要求

1. 水泥

水泥宜采用普通硅酸盐水泥或矿渣硅酸盐水泥，并应按品种、标号、出厂日期分别堆放，并保持干燥。如遇水泥标号不明或出厂日期超过3个月等情况时，应经过试验鉴定，并根据鉴定结果使用不同品种的水泥，不得混合使用。

2. 砂

砂浆用砂宜采用中砂，并应过筛，不得含有草根等杂物。其中毛石砌体宜用粗砂。

水泥砂浆和强度等级等于或大于M5的水泥混合砂浆，砂的含泥量不应超过5%；强度等级小于M5的水泥混合砂浆，砂的含泥量不应超过10%；采用细砂的地区，应经试配得出能满足砌筑砂浆技术要求条件的砂的含泥量，经试验后酌情放大。

3. 石灰膏

生石灰熟化成石灰膏时，应用网过滤，并使其充分熟化，熟化时间不得少于7天，生石灰粉熟化时，熟化时间不得少与1天。沉淀池中储存的石灰膏，应防止干燥、冻结和污染。严禁使用脱水硬化的石灰膏。建筑生石灰粉、消石灰粉不得替代石灰膏配制水泥石灰砂浆。

石灰膏的用量，应按稠度(120±5)mm计量，现场施工中石灰膏不同稠度的换算系数可按表7-1确定。

表7-1　石灰膏不同稠度的换算系数

稠度/mm	120	110	100	90	80	70	60	50	40	30
换算系数	1.00	0.99	0.97	0.95	0.93	0.92	0.90	0.88	0.87	0.86

4. 黏土膏

采用黏土或粉质黏土制备黏土膏时，宜用搅拌机加水搅拌，通过孔径不大于

3mm×3mm 的网过筛。用比色法鉴定黏土中的有机物含量时应浅于标准色。

5. 粉煤灰

粉煤灰在进场使用前，应检查出厂合格证。粉煤灰是从煤粉炉烟道中收集的粉末，作为砂浆掺合料的粉煤灰成品应满足表 7-2 中Ⅲ级的要求。

表 7-2 粉煤灰技术指标

序号	指标	级别		
		Ⅰ	Ⅱ	Ⅲ
1	细度(0.045mm 方孔筛筛余)/%	≤12	≤20	≤45
2	需水量比/%	≤95	≤105	≤115
3	烧失量/%	≤5	≤8	≤15
4	含水量/%	≤1	≤1	不规定
5	三氧化硫/%	≤3	≤3	3

6. 有机塑化剂

砂浆中掺入的有机塑化剂，应符合相应的产品标准和说明书的要求。当对其质量不能确定时，应通过试验鉴定后，方可使用。水泥石灰砂浆中掺入有机塑化剂时，石灰用量最多减少一半；水泥砂浆中掺入有机塑化剂时，砌体抗压强度较水泥混合砂浆砌体降低 10%。水泥黏土砂浆中，不得掺入有机塑化剂。

7. 磨细生石灰粉

磨细生石灰粉的品质指标应符合表 7-3 的规定。

表 7-3 磨细生石灰粉的品质指标

序号	指标		钙质生石灰粉			镁质生石灰粉		
			优等品	一等品	合格品	优等品	一等品	合格品
1	CaO+MgO 含量/%		≤85	≤80	≤75	≤80	≤75	≤70
2	CO_2 含量/%		≤7	≤9	≤11	≤8	≤10	≤12
3	细度	0.9mm 筛筛余/%	≤0.5	≤0.5	≤1.5	≤0.2	≤0.5	≤1.5
		0.125mm 筛筛余/%	≤12.0	≤12.0	≤18.0	≤7.0	≤12.0	≤18.0

8. 水

砂浆应采用不含有害物质的洁净水，其水质标准可参照现行行业标准《混凝土用水标准》(JGJ 63—2006) 的规定执行。

9. 外加剂

外加剂须根据砂浆的性能要求、施工及气候条件，结合砂浆中的材料及配合比等因素，经试验后确定外加剂的品种和用量。

二、砌筑砂浆配合比的计算

砂浆的配合比应采用质量比，并应最后由试验确定。如砂浆的组成材料（胶凝材料、掺合料、集料）有变更，其配合比应重新确定。

1. 计算砂浆的配制强度

试配砂浆时，应按设计强度等级提高15%，以保证砂浆强度的平均值不低于设计强度等级

$$f_p=1.15f_m$$

式中　f_p——砂浆试配强度，精确至0.1MPa；

f_m——砂浆强度等级，精确至0.1MPa。

2. 计算水泥用量

根据砂浆试配强度和水泥强度等级计算每立方米砂浆的水泥用量，按下式计算

$$Q_{co}=\frac{f_p}{\alpha f_{co}}\times 1000$$

式中　Q_{co}——每立方米砂浆中的水泥用量，kg；

α——经验系数，其值见表7-4；

f_{co}——水泥强度等级，MPa，为水泥标号的1/10。

表7-4　经验系数α值

水泥标号	砂浆强度等级				
	M10	M7.5	M5	M2.5	M1
525	0.885	0.815	0.725	0.584	0.412
425	0.931	0.855	0.758	0.608	0.427
325	0.999	0.915	0.806	0.643	0.450
275	1.048	0.957	0.839	0.667	0.466
225	1.113	1.012	0.884	0.698	0.486

3. 计算石灰膏用量

根据计算得出的水泥用量计算每立方米砂浆中的石灰膏用量为

$$Q_{po}=350-Q_{co}$$

式中　Q_{po}——每立方米砂浆中石灰膏的用量，kg；

350——经验系数，在保证砂浆和易性的条件下，其范围在250～350。

所用石灰膏在试配时的稠度应为12cm。

4. 计算掺合料用量

砂浆的掺合料用量按下式计算

$$Q_D=Q_A-Q_{co}$$

式中　Q_D——每立方米砂浆的掺合料用量，kg，石灰膏、黏土膏使用时的稠度为

(120±5)mm；

Q_A——每立方米砂浆中水泥和掺合料的总量，kg，宜在300～350kg；

Q_{co}——每立方米砂浆的水泥用量。

5. 确定砂用量

含水率为0的过筛净砂，每立方米砂浆用0.9m^{3}砂子；含水量为2%的中砂，每立方米砂浆中的用砂量为1m^3；含水率大于2%的砂，应酌情增加用砂量。

6. 确定水用量

通过试拌，以满足砂浆的强度和流动性要求来确定用水量。

通过以上计算所得到的配合比需经过试配并进行必要的调整，得到符合要求的砂浆，这时所得到的配合比才能作为施工配合比。

7. 确定水泥砂浆材料用量

每立方米水泥砂浆的材料用量可按表7-5的数据选用。

表7-5 每立方米水泥砂浆的材料用量

砂浆强度等级	每立方米砂浆水泥用量/kg	每立方米砂浆砂用量/kg	每立方米砂浆水用量/kg
M2.5、M5	200～230	1m^{3}砂的堆积密度值	270～330
M7.5、M10	220～280		
M15	280～340		
M20	340～400		

三、砂浆的配制与使用

1. 砂浆的制备

① 砂浆的制备必须按试验室给出的砂浆配合比进行，严格计量措施，其各组成材料的质量误差应控制在以下范围之内。

a. 水泥、有机塑化剂、冬季施工中掺用的氯盐等不超过±2%。

b. 砂、石灰膏、粉煤灰、生石灰粉等不超过±5%。其中，石灰膏使用时的用量，应按试配时的稠度与使用的稠度予以调整，即用计算所得的石灰用量乘以换算系数，该系数见表7-1。同时还应对砂的含水率进行测定，并考虑其对砂浆组成材料的影响。

② 砌筑砂浆应采用机械搅拌，搅拌时间自投料完成算起应符合下列规定。

a. 水泥砂浆和水泥混合砂浆不得少于120s。

b. 水泥粉煤灰砂浆和掺用外加剂的砂浆不得少于180s。

c. 掺增塑剂的砂浆，其搅拌方式、搅拌时间应符合现行行业标准《砌筑砂浆增塑剂》(JG/T 164—2004) 的有关规定。

d. 干混砂浆及加气混凝土砌块专用砂浆宜按掺用外加剂的砂浆确定搅拌时间或按产品说明书采用。

③ 搅拌砂浆时，应先加入水泥和砂，干拌均匀，再加入石灰膏和水，搅拌均匀即成。若砂浆中掺入粉煤灰，则应先加入水泥、砂和粉煤灰以及部分水，搅拌均匀，再加入石灰膏和水，搅拌均匀即成。

④ 砂浆制备完成后应符合下列要求。

a. 设计要求的种类和强度等级。

b. 施工验收规范规定的稠度，见表 7-6。

c. 良好的保水性能。

表 7-6　砌筑砂浆的稠度

项　次	砌 体 种 类	砂浆稠度/mm
1	烧结普通砖砌体	70～90
2	轻集料混凝土小型砌块砌体	60～90
3	烧结多孔砖、空心砖砌体	60～80
4	烧结普通砖平拱式过梁 空斗墙、筒拱 普通混凝土小型空心砌块砌体 加气混凝土砌块砌体	50～70
5	石砌体	30～50

2. 砂浆的使用

砂浆拌成后和使用时，均应盛入储灰器内。如砂浆出现泌水现象，应在砌筑前再次拌和。

砂浆应随拌随用。水泥砂浆和水泥混合砂浆必须分别在拌成后 3h 和 4h 内使用完毕；如施工期间最高气温超过 30℃，必须分别在拌成后 2h 和 3h 内使用完毕。

3. 砂浆强度的检验

砌筑砂浆试块强度验收时，其强度合格标准必须符合下列规定。

(1) 砂浆强度　应以标准养护龄期为 28 天的试块抗压试验结果为准。

(2) 抽检数量　每一检验批且不超过 $250m^3$ 砌体中的各种类型及强度等级的砌筑砂浆，每台搅拌机应至少抽查一次。砌筑砂浆试块强度验收时其强度合格标准应符合下列规定。

① 同一验收批砂浆试块强度平均值应大于或等于设计强度等级值的 1.10 倍。

② 同一验收批砂浆试块抗压强度的最小一组平均值应大于或等于设计强度等级值的 85％。

注：① 砌筑砂浆的验收批，同一类型、强度等级的砂浆试块不应少于 3 组；同一验收批砂浆只有 1 组或 2 组试块时，每组试块抗压强度平均值应大于或等于设计强度等级值的 1.10 倍；对于建筑结构的安全等级为一级或设计使用年限为 50 年及以上的房屋，同一验收批砂浆试块的数量不得少于 3 组。

② 砂浆强度应以标准养护，28 天龄期的试块抗压强度为准。

③ 制作砂浆试块的砂浆稠度应与配合比设计一致。

(3) 检验方法 在砂浆搅拌机出料口或在湿拌砂浆的储存容器出料口随机取样制作砂浆试块，试块标养 28 天后做强度试验。预拌砂浆中的湿拌砂浆稠度应在进场时取样检验。

4. 砂浆的运输时间及工具

砂浆应随拌随用。水泥砂浆和水泥混合砂浆必须分别在拌成后 3h 和 4h 内使用完毕；对掺用缓凝剂的砂浆，其使用时间可根据具体情况延长。对砂浆运输机械的选择，必须能保证运输时间上满足上述条件。

常用的垂直运输机械有塔式起重机、井架、龙门架和施工电梯等。

常用的水平运输机械除塔式起重机外，还有双轮手推车、机动翻斗车等。

第二节 砌砖工程

一、砌筑用砖的种类

砖的品种主要有烧结普通砖、蒸压灰砂砖、粉煤灰砖和烧结多孔砖。

1. 烧结普通砖

烧结普通砖按原料分为黏土砖、页岩砖等。其规格一般为 240mm×115mm×53mm(长×宽×厚)。烧结普通砖的尺寸允许偏差见表 7-7，外观质量应符合表 7-8 的规定，强度应符合表 7-9 的规定。

表 7-7 烧结普通砖尺寸允许偏差 单位：mm

公称尺寸	优等品		一等品		合格品	
	样本平均偏差	样本极差≤	样本平均偏差	样本极差≤	样本平均偏差	样本极差≤
240	±2.0	6	±2.5	7	±3.0	8
115	±1.5	5	±2.0	5	±2.5	7
53	±1.5	4	±1.6	5	±2.0	6

表 7-8 烧结普通砖外观质量 单位：mm

项目		优等品	一等品	合格品
两条面高度差	≤	2	3	4
弯曲	≤	2	3	4
杂质凸出高度	≤	2	3	4
缺棱掉角的三个破坏尺寸	不得同时大于	5	20	30

续表

项目		优等品	一等品	合格品
裂纹长度≤	1. 大面上宽度方向及其延伸至条面的长度	30	60	80
	2. 大面上长度方向及其延伸至顶面的长度或条顶面上水平裂纹长度	50	80	100
完整面	不得少于	二条面和二顶面	一条面和一顶面	—
颜色		基本一致	—	—

注：装饰面施加的色差、凹凸纹、拉毛、压花等不能算作缺陷。凡有下列缺陷之一者，不得称为完整面：

1. 缺损在条面或顶面上造成的破坏面尺寸同时大于 10mm×10mm；
2. 条面或顶面上裂纹宽度大于 1mm，其长度超过 30mm；
3. 压陷、粘底、焦花在条面或顶面上的凹陷或凸出超过 2mm，区域尺寸同时大于 10mm×10mm。

表 7-9 烧结普通砖强度 单位：MPa

强度等级	抗压强度平均值≥	变异系数 $\delta \leqslant 0.21$ 强度标准值 $f_k \geqslant$	变异系数 $\delta > 0.21$ 单块最小抗压强度值≥
MU30	30.0	22.0	25.0
MU25	25.0	18.0	22.0
MU20	20.0	14.0	16.0
MU15	15.0	10.0	12.0
MU10	10.0	6.5	7.5

2. 蒸压灰砂砖

蒸压灰砂砖的外观等级见表 7-10，强度指标见表 7-11。

表 7-10 蒸压灰砂砖的外观等级

项目	指标/mm	
	一等	二等
1. 允许尺寸偏差：		
(1)长度	±2	±3
(2)宽度	±2	±3
(3)厚度	±2	±3
2. 对应厚度差	≤2	≤3
3. 缺棱掉角的最小破坏尺寸	≤20	≤30
4. 完整面	不少于一条面和一顶面	不少于一条面或一顶面
5. 裂纹的长度：		
(1)大面上宽度方向(包括延伸到条面)	≤50	≤90

续表

项目	指标/mm	
	一等	二等
(2)大面上长度方向(包括延伸到顶面)以及条顶面上水平方向	≤90	≤120
6.混等率(不符合1～5项指标的砖所占的百分数)	≤10%	≤15%

注：凡有下列缺陷之一者，不能称为完整面：
1.缺棱尺寸或掉角的最小尺寸大于8mm；
2.灰球、黏土团、草根等杂物造成破坏面的两个尺寸同时大于10mm×20mm；
3.有气泡、麻面、龟裂等缺陷。

表7-11 蒸压灰砂砖的强度指标

强度等级	抗压强度/MPa		抗折强度/MPa	
	10块平均值	单块最小值	10块平均值	单块平均值
MU20	≥20	≥15	≥4.0	≥2.8
MU15	≥15	≥11.5	≥3.1	≥2.1
MU10	≥10	≥7.5	≥2.3	≥1.4

3.粉煤灰砖

粉煤灰砖是以煤渣为主要原料，掺入适量石灰、石膏，经混合、压制成型、蒸养或蒸压而成的实心砖。其规格一般为240mm×115mm×53mm（长×宽×厚），粉煤灰砖的外观质量见表7-12，强度指标见表7-13。

表7-12 粉煤灰砖的外观质量 单位：mm

项目	指标		
	优等品(A)	一等品(B)	合格品(C)
1.尺寸允许偏差：			
长度	±2	±3	±4
宽度	±2	±3	±4
高度	±1	±2	±3
2.对应高度差	≤1	≤2	≤3
3.缺棱掉角的最小破坏尺寸	≤10	≤15	≤20
4.完整面	不少于二条面和一顶面或二顶面和一条面	不少于一条面和一顶面	不少于一条面和一顶面
5.裂缝长度			
(1)大面上宽度方向的裂纹(包括延伸到条面上的长度)	≤30	≤50	≤70
(2)其他裂纹	≤50	≤70	≤100
6.层裂	不允许	不允许	不允许

表 7-13　粉煤灰砖的强度指标

强度等级	抗压强度/MPa		抗折强度/MPa	
	10块平均值	单块值	10块平均值	单块值
MU30	≥30.0	≥24.0	≥6.2	≥5.0
MU25	≥25.0	≥20.0	≥5.0	≥4.0
MU20	≥20.0	≥16.0	≥4.0	≥3.2
MU15	≥15.0	≥12.0	≥3.3	≥2.6
MU10	≥10.0	≥8.0	≥2.5	≥2.0

4. 烧结多孔砖

烧结多孔砖以黏土、页岩、煤矸石等为主要原料，经焙烧而成的多孔砖。烧结多孔砖的外形为矩形体，其外观质量应符合表 7-14 的规定，强度指标应符合表 7-15 的规定。

表 7-14　烧结多孔砖的外观质量

项目	指标		
	优等品	一等品	合格品
1. 颜色(一条面和一顶面)	一致	基本一致	—
2. 完整面	不得少于一条面和一顶面	不得少于一条面和一顶面	—
3. 缺棱掉角的三个破坏尺寸/mm	不得同时大于15	不得同时大于20	30
4. 裂纹长度/mm			
(1)大面上深入孔壁15mm以上宽度方向及其延伸到条面的长度	≤60	≤80	≤100
(2)大面上深入孔壁15mm以上长度方向及其延伸到顶面的长度	≤60	≤100	≤120
(3)条、顶面上的水平裂纹	≤80	≤100	≤120
5. 杂质在砖面上造成的凸出高度/mm	≤3	≤4	≤5

注：1. 作为装饰面而施加的色差、凹凸纹、拉毛、压花等不算缺陷。
2. 凡有下列缺陷之一者，不能称为完整面：
(1)缺损在条面或顶面上造成的破坏面尺寸同时大于 20mm×30mm；
(2)条面或顶面上裂纹宽度大于 1mm，其长度超过 70mm；
(3)压陷、焦花、粘底在条面或顶面上的凹陷或凸出超过 2mm，区域尺寸同时大于 20mm×30mm。

表 7-15　烧结多孔砖的强度指标

强度等级	抗压强度平均值 f /MPa	变异系数 $\delta \leq 0.21$ 强度标准值 f_k /MPa	变异系数 $\delta > 0.21$ 单块最小抗压强度值 f_{min} /MPa
MU30	≥30.0	≥22.0	≥25.0
MU25	≥25.0	≥18.0	≥22.0

续表

强度等级	抗压强度平均值 f /MPa	变异系数 $\delta \leqslant 0.21$ 强度标准值 f_k /MPa	变异系数 $\delta > 0.21$ 单块最小抗压强度值 f_{min} /MPa
MU20	≥20.0	≥14.0	≥16.0
MU15	≥15.0	≥10.0	≥12.0
MU10	≥10.0	≥6.5	≥7.5

二、施工前的准备

(1) 选砖 用于清水墙、柱表面的砖，应边角整齐，色泽均匀。

(2) 砖浇水 砖应提前1～2天浇水湿滑，烧结普通砖含水率宜为10%～15%。

(3) 校核放线尺寸 砌筑基础前，应用钢尺校核放线尺寸，允许偏差应符合表7-16的规定。

表7-16 放线尺寸允许偏差

长度 L、宽度 B/m	允许偏差/mm	长度 L、宽度 B/m	允许偏差/mm
L(或 B)≤30	±5	60<L(或 B)≤90	±15
30<L(或 B)≤60	±10	L(或 B)>90	±20

(4) 选择砌筑方法 宜采用“三一”砌筑法，即一铲灰、一块砖、一揉压的砌筑方法。当采用铺浆法砌筑时，铺浆长度不得超过750mm，施工期间气温超过30℃时，铺浆长度不得超过500mm。

(5) 设置皮数杆 在砖砌体转角处、交接处应设置皮数杆，皮数杆上标明砖皮数、灰缝厚度以及竖向构造的变化部位。皮数杆间距不应大于15m。在相对两皮数杆的砖上边线处拉准线。

(6) 清理 清除砌筑部位处所残存的砂浆、杂物等。

三、砖基础施工

1.砖基础的材料要求

砖基础用普通黏土砖与水泥混合砂浆砌成。因砖的抗冻性差，对砂浆与砖的强度等级，根据地区的寒冷程度和地基土的潮湿程度有不同的要求。砖基础材料的最低强度等级应符合表7-17的规定。

表7-17 砖基础材料的最低强度等级

基土的潮湿程度	黏土砖		混凝土砌块	石材	混合砂浆	水泥砂浆
	严寒地区	一般地区				
稍潮湿的	MU10	MU10	MU5	MU20	M5	M5

续表

基土的潮湿程度	黏土砖		混凝土砌块	石材	混合砂浆	水泥砂浆
	严寒地区	一般地区				
很潮湿的	MU15	MU10	MU7.5	MU20	—	M5
含水饱和的	MU20	MU15	MU7.5	MU30	—	M7.5

注：1. 石材的重度不应低于 $18kN/m^3$。

2. 地面以下或防潮层以下的砌体，不宜采用空心砖。当采用混凝土空心砌块砌体时，其孔洞应采用强度等级不低于 C15 的混凝土灌实。

3. 各种硅酸盐材料及其他材料制作的块体，应根据相应材料标准的规定选择采用。

2. 砖基础的构造

砖基础的下部为大放脚，上部为基础墙。大放脚有等高式和间隔式。等高式大放脚是每砌两皮砖，两边各收进 1/4 砖长（60mm）；间隔式大放脚是每砌两皮砖及一皮砖，轮流两边各收进 1/4 砖长（60mm），最下面应为两皮砖，其形式如图 7-1 所示。

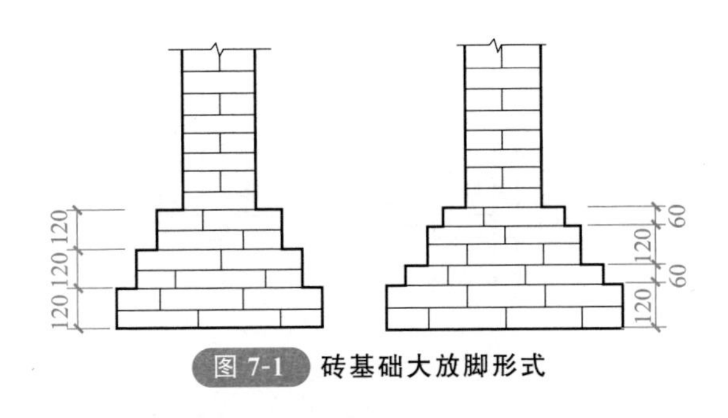

图 7-1 砖基础大放脚形式

大放脚的底宽应根据计算而定，各层大放脚的宽度应为半砖宽的整倍数。

大放脚下面一般需设置垫层。垫层材料可用 2∶8 或 3∶7 的灰土，也可用 1∶2∶4 或 1∶3∶6 的碎砖三合土。防潮层可用 1∶2.5 水泥防水砂浆在离室内地面下一皮砖处设置，厚度约 20mm。

大放脚一般采用一顺一丁砌法，即一皮顺砖与一皮丁砖相间。竖缝要错开，要注意丁字与十字接头处砖块的搭接，在这些交接处，纵横墙要隔皮通砌。大放脚的最下一皮及每层的上面一皮应以丁砌为主。

图 7-2 和图 7-3 为二砖半底宽大放脚两皮一收的分皮砌法。

3. 施工要点

① 砖基础底标高不同时，应从低处砌起，并应由高处向低处搭砌。

② 当设计无要求时，搭砌长度 L 不应小于砖基础底的高差 H，搭接长度范围内下层基础应扩大砌筑，如图 7-4 所示。

③ 砌基础时可先在转角及楼接处砌几层砖，然后在其间拉准线砌中间部分。内外墙砖基础应同时砌起，如不能同时砌起时应留置斜槎，斜槎长度不应小于高度的 2/3。

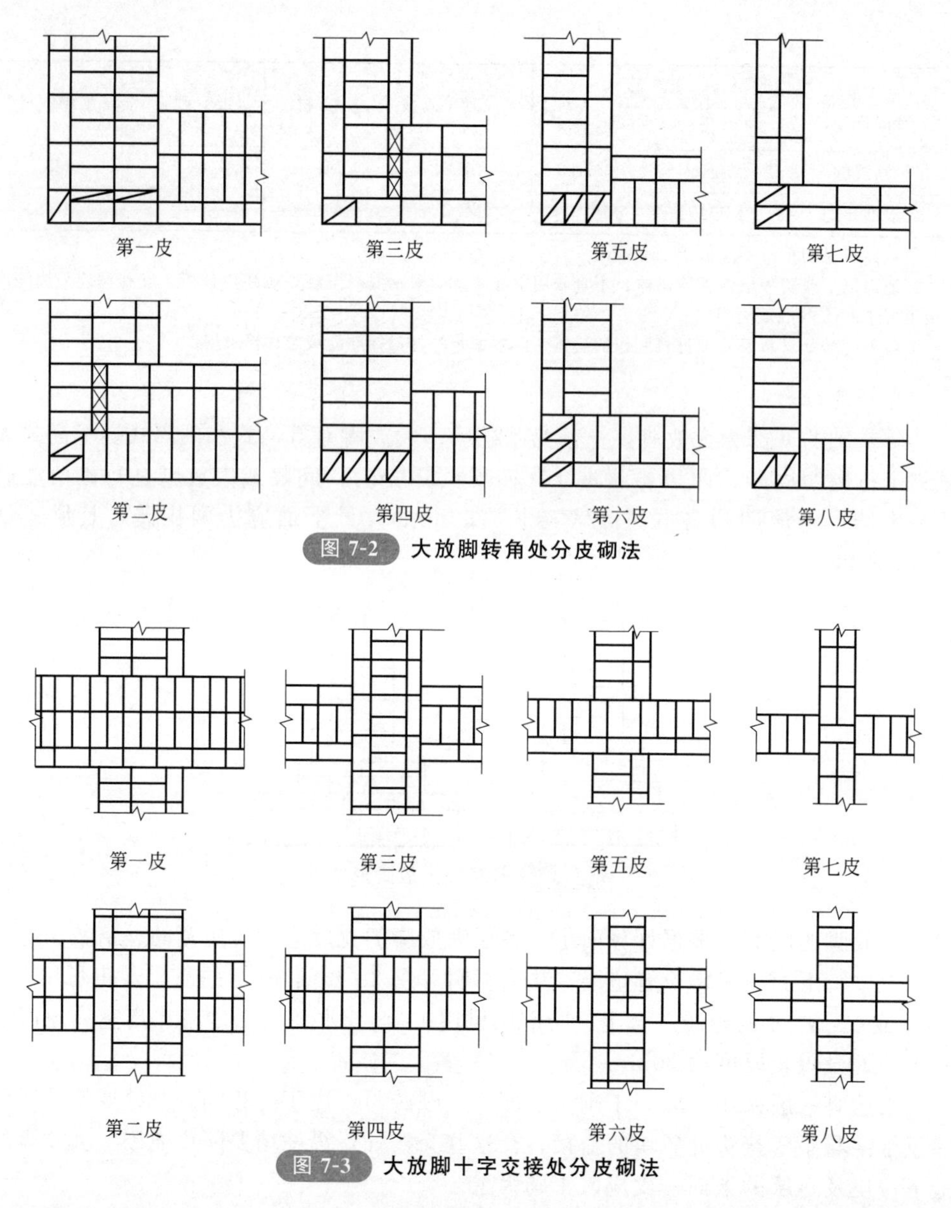

图 7-2 大放脚转角处分皮砌法

图 7-3 大放脚十字交接处分皮砌法

④ 有高低台的砖基础，应从低处砌起，在其接头处由高台向低台搭接。如设计无要求，搭接长度不应小于基础扩大部分的高度。

⑤ 砌完基础后，应及时回填。回填土要在基础两侧同时进行，并分层夯实。

四、砖墙施工

1. 施工主要构造

砖墙根据其厚度不同，可采用全顺、两平一侧、全丁、一顺一丁、梅花丁或三顺一丁的砌筑形式，如图 7-5 所示。

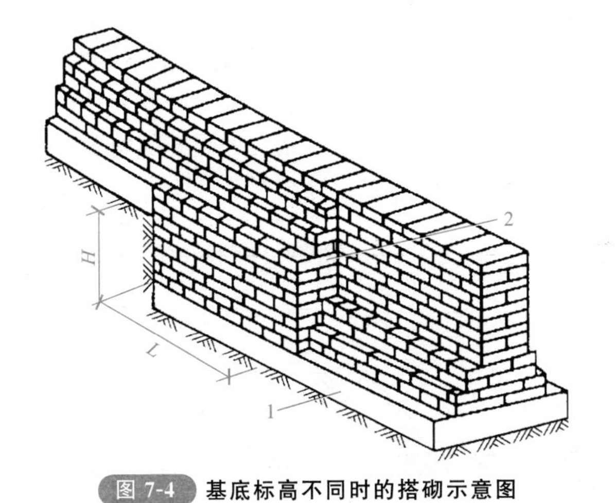

图 7-4　基底标高不同时的搭砌示意图

1—混凝土垫层；2—基础扩大部分；H—搭接长度；L—高差

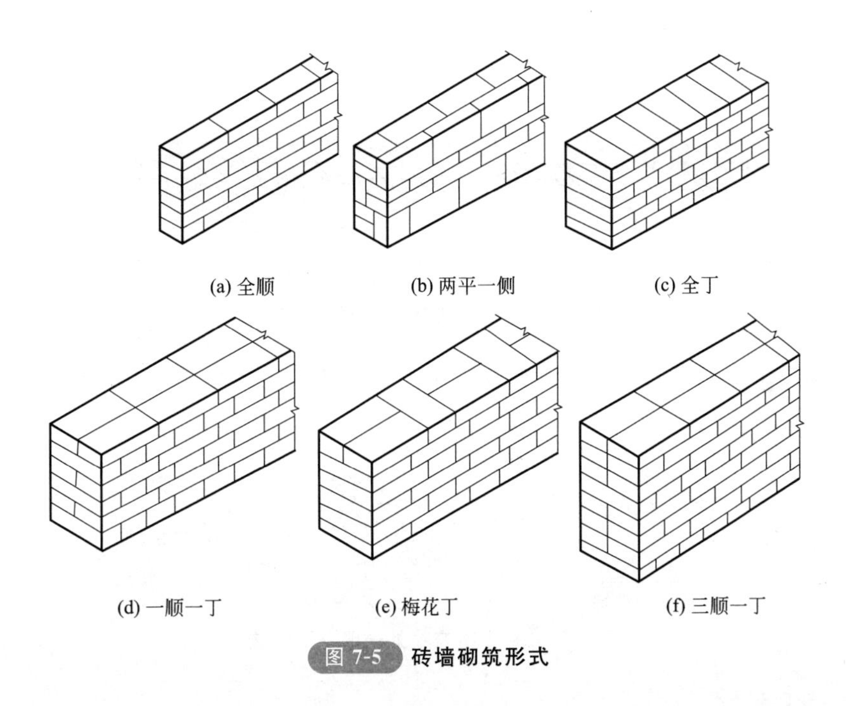

(a) 全顺　(b) 两平一侧　(c) 全丁

(d) 一顺一丁　(e) 梅花丁　(f) 三顺一丁

图 7-5　砖墙砌筑形式

(1) 全顺　各皮砖均顺砌，上下皮垂直灰缝相互错开半砖长，适合砌半砖墙。

(2) 两平一侧　两皮顺砖与一皮侧砖相间，上下皮垂直灰缝相互错开 1/4 砖长（60mm）以上，适合砌 3/4 砖厚（178mm）墙。

(3) 全丁　各皮砖均丁砌，上下皮垂直灰缝相互错开 1/4 砖长，适合砌一砖厚（240mm）墙。

(4) 一顺一丁　一皮顺砖与一皮丁砖相间，上下皮垂直灰缝相互错开 1/4 砖长，适合砌一砖及一砖以上厚墙。

(5) 梅花丁 同皮中顺砖与丁砖相间，丁砖的上下均为顺砖，并位于顺砖中间，上下皮垂直灰缝相互错开 1/4 砖长，适合砌一砖厚墙。

(6) 三顺一丁 三皮顺砖与一皮丁砖相间，顺砖与顺砖上下皮垂直灰缝相互错开 1/2 砖长；顺砖与丁砖上下皮垂直灰缝相互错开 1/4 砖长，适合砌一砖及一砖以上厚墙。

砖墙的转角处，为使各皮间竖缝相互错开，可在外角处砌 3/4 砖，如图 7-6 所示。

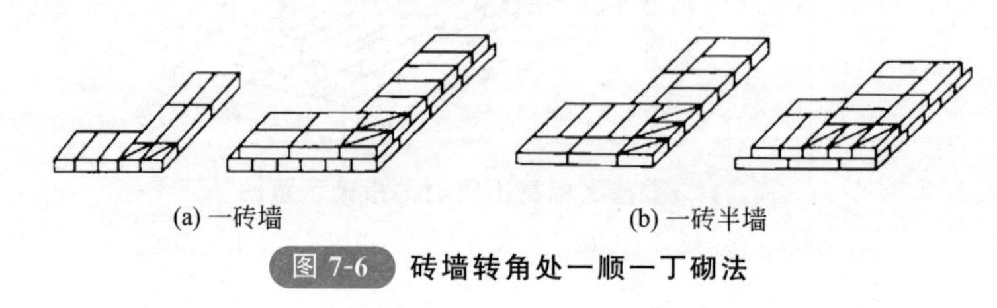
(a) 一砖墙　　(b) 一砖半墙

图 7-6 砖墙转角处一顺一丁砌法

在砖墙的丁字交接处，应分皮相互砌通，内角相交处竖缝错开 1/4 砖长，并在横墙端头处加砌 3/4 砖，如图 7-7 所示。

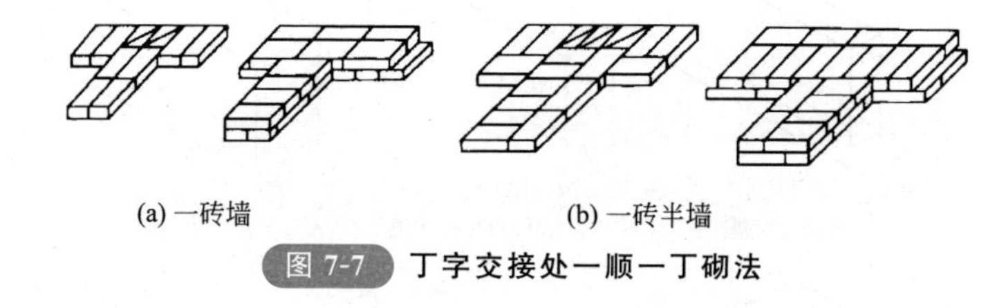
(a) 一砖墙　　(b) 一砖半墙

图 7-7 丁字交接处一顺一丁砌法

砖墙的十字交接处，应分皮相互砌通，交角处的竖缝错开 1/4 砖长，如图 7-8 所示。

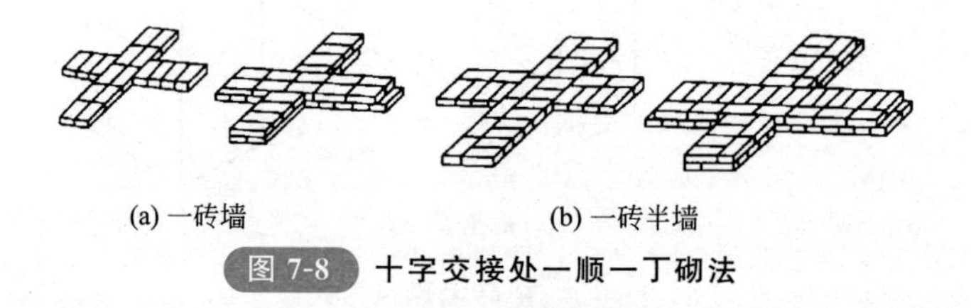
(a) 一砖墙　　(b) 一砖半墙

图 7-8 十字交接处一顺一丁砌法

2. 施工要点

① 砌筑前，先根据砖墙位置定出墙身轴线及边线。开始砌筑时先要进行摆砖，排出灰缝宽度。摆砖时应注意门窗位置、砖垛等对灰缝的影响，同时要考虑窗间墙的组砌方法，务必使各皮砖的竖缝相互错开。同一墙面上的砌筑方法要一致。

② 砖墙的水平灰缝和竖向灰缝宽度一般为 10mm，但不小于 8mm。水平灰缝的砂浆饱满度不应低于 80%，竖向灰缝宜采用挤浆或加浆方法，使其砂浆饱满，严禁用水冲浆灌缝。

③ 砖墙的转角处和交接处应同时砌筑。对不能同时砌筑而又必须留置的临时间断处，应砌成斜槎，斜槎长度不小于高度的 2/3，如图 7-9 所示。如留斜槎有困难时，除转角处外，也可留直槎，如图 7-10 所示。但抗震设防地区不得留直槎。

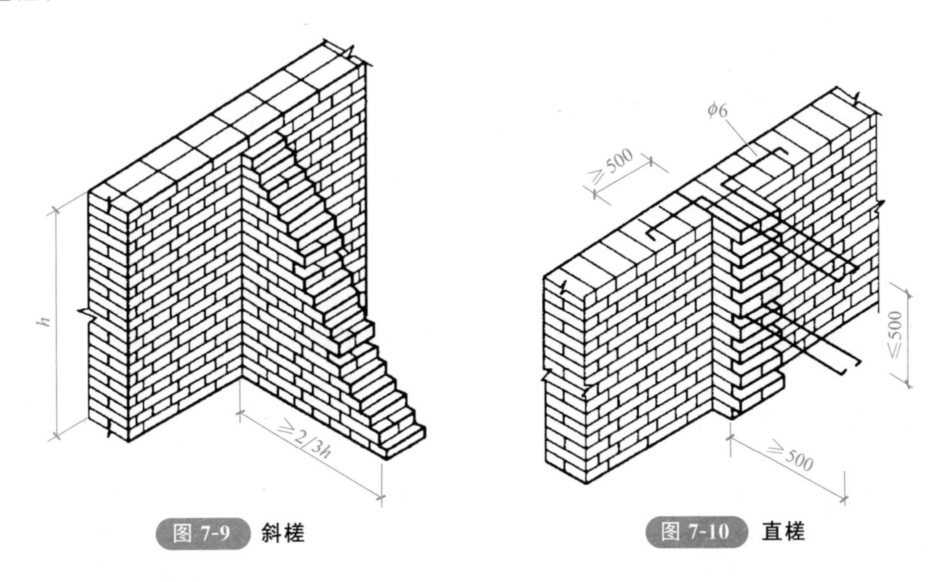

图 7-9 斜槎　　图 7-10 直槎

④ 在墙上留置临时施工洞口，其侧边离交接处墙面不应小于 500mm，洞口净宽度不应超过 1m。临时施工洞口应做好补砌。

⑤ 不得在下列墙体或部位设置脚手眼。

a. 半砖墙。

b. 砖过梁上与过梁成 60°角的三角形范围内及过梁净跨度 1/2 的高度范围内。

c. 宽度小于 1m 的窗间墙。

d. 梁或梁垫上下 500mm 范围内。

e. 砖墙的门窗洞口两侧 180mm 和转角处 430mm 的范围内。

五、砖柱施工

1. 主要形式

砖柱一般砌成矩形或方形断面，主要断面尺寸为 240mm×240mm、365mm×365mm、365mm×490mm、490mm×490mm 等。砌筑形式如图 7-11 所示。

砖柱砌筑应保证砖柱外表面上下皮垂直灰缝错开 1/4 砖长，砖柱内部少通缝，为错缝需要应加砌配砖，不得采用包心砌法。

2. 施工要点

① 单独的砖柱砌筑时，可立固定的皮数杆，也可用流动皮数杆检查高低情况。当几个砖柱在同一直线上时，可先砌两头的砖柱，然后拉通线，依线砌中间部分的砖。

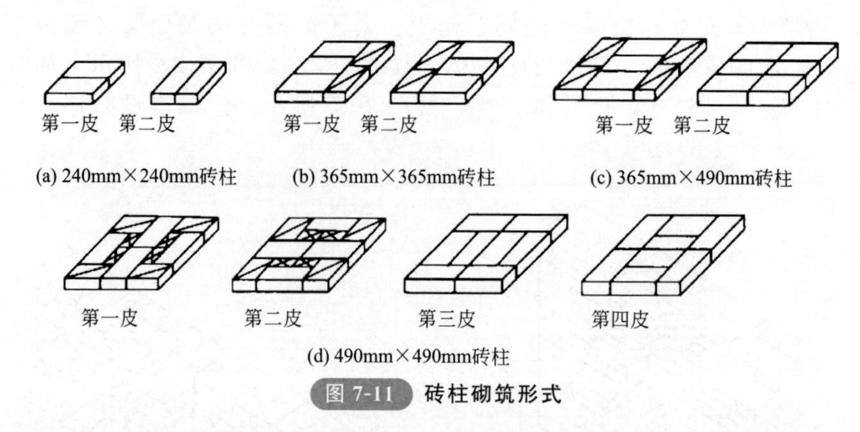

图 7-11 砖柱砌筑形式

② 砖墙的水平灰缝和竖向灰缝宽度一般为 10mm，但不小于 8mm。水平灰缝的砂浆饱满度不应低于 80%，竖向灰缝宜采用挤浆或加浆方法，使其砂浆饱满，严禁用水冲浆灌缝。

③ 隔墙与柱如不同时砌筑而又不留斜槎时，可于柱中引出阳槎，或于柱灰缝中预埋拉结筋，其构造与砖墙相同，但每道不少于两根。

④ 砖柱每天砌筑高度不宜大于 1.8m，宜选用整砖砌筑。

⑤ 砖柱中不得留置脚手眼。

六、砖垛施工

砖垛应与所附砖墙同时砌起，砖垛与墙身应逐皮搭接，不可分离砌筑，搭砌长度不小于 1/4 砖长，砖垛外表面上下皮垂直灰缝应相互错开 1/2 砖长。一砖墙附砖垛的砌法如图 7-12 所示。

砖垛施工与砖墙施工要点相同，可参照砖墙的施工要点进行。

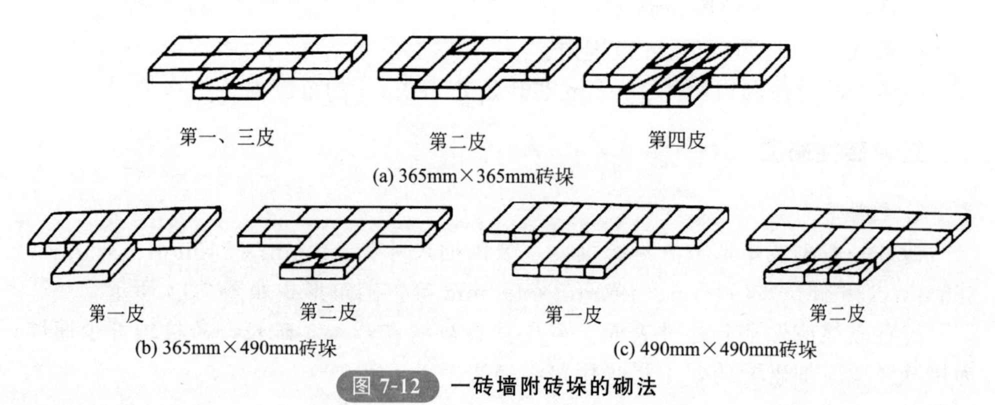

图 7-12 一砖墙附砖垛的砌法

七、砖过梁施工

砖过梁主要分为钢筋砖过梁、平拱式过梁和弧拱式过梁。

1. 钢筋砖过梁

钢筋砖过梁的底面为砂浆层，厚度不小于30mm。砂浆层中应配置钢筋，其直径不小于5mm，间距不大于120mm，钢筋两端伸入墙体内的长度不宜小于240mm，并有向上的直角弯钩，如图7-13所示。

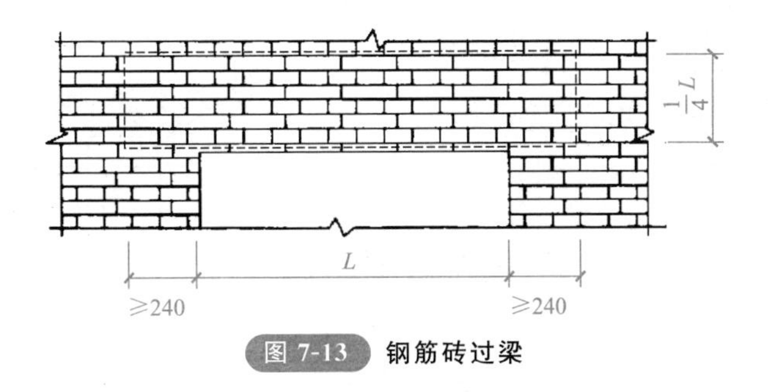

图7-13 钢筋砖过梁

砌筑时，钢筋砖过梁的最下一皮砖应砌丁砌层，接着向上逐层平砌砖层。在过梁作用范围内（不少于6皮砖或1/4过梁跨度范围内），应用M5砂浆砌筑。砖过梁底部的模板，应在灰缝砂浆强度达到设计强度的50%以上时，方可拆除。

2. 平拱式过梁

平拱式过梁由普通砖侧砌而成，其高度有240mm、300mm和370mm等尺寸，厚度等于墙厚。应用MU7.5以上的砖，不低于M5的砂浆砌筑，如图7-14所示。

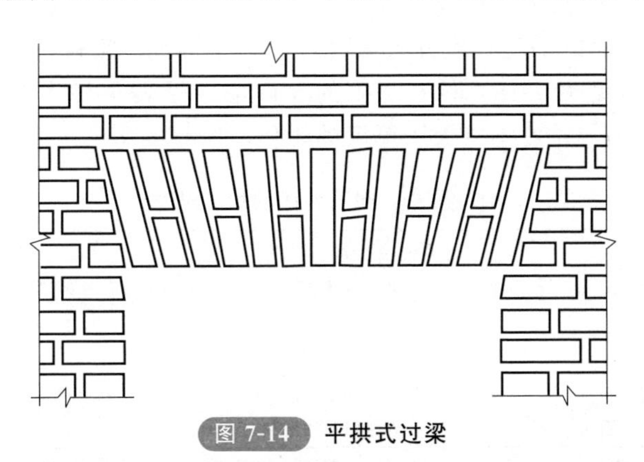

图7-14 平拱式过梁

砌筑前，先在过梁处支设模板，在模板面上画出砖及灰缝位置。砌筑时，在拱脚两边的墙端应砌成斜面，斜面的斜度一般为1/6～1/4。应从两边对称向中间砌，正中一块应挤紧，拱脚下面应伸入墙内不小于20mm。灰缝砌成楔形缝，宽度不小于5mm。

3. 弧拱式过梁

弧拱式过梁的构造与平拱式过梁基本相同，只是外形呈圆弧形，如图7-15所示。施工要点也与平拱式基本类似，所不同之处在于砌筑时，模板应设计成圆弧形，灰缝呈放射状。

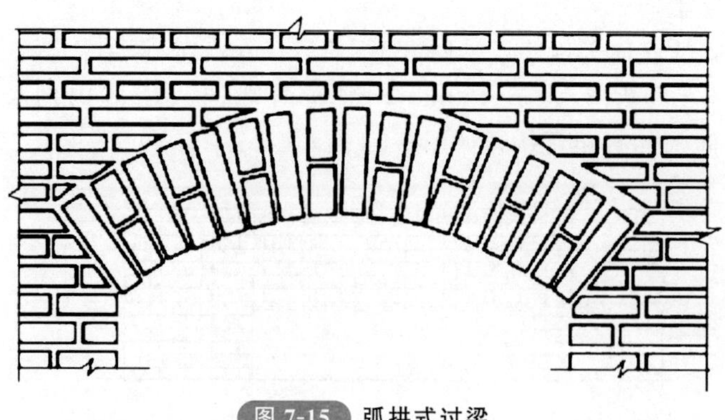

图 7-15 弧拱式过梁

第三节 砌石工程

一、砌筑用石

砌筑用石分毛石和料石。毛石又分乱毛石（指形状不规则的石块）、平毛石（指形状不规则，但有两个面大致平行的石块）。毛石砌体所用的毛石应呈块状，其中部厚度不宜小于 150mm。

料石按其加工面的平整程度分为细料石、半细料石、粗料石和毛料石四种。料石各面的加工要求见表 7-18。料石加工的允许偏差见表 7-19。料石的宽度、厚度均不宜小于 200mm，长度不宜大于厚度的 4 倍。

表 7-18 料石各面的加工要求

项次	料石种类	外露面及相接周边的表面凹入深度	叠砌面和接砌面的表面凹入深度
1	细料石	不大于 2mm	不大于 10mm
2	半细料石	不大于 10mm	不大于 15mm
3	粗料石	不大于 20mm	不大于 20mm
4	毛料石	稍加修整	不大于 25mm

注：1. 相接周边的表面系指叠砌面、接砌面与外露面相接处 20～30mm 范围内的部分。
2. 对外露面有特殊要求的，应按设计要求加工。

表 7-19 料石加工的允许偏差

项次	料石种类	允许偏差	
		宽度、厚度/mm	长度/mm
1	细料石、半细料石	±3	±5
2	粗料石	±5	±7
3	毛料石	±10	±15

注：如设计有特殊要求时应按设计要求加工。

二、毛石施工

1. 毛石基础的砌筑

砌筑毛石基础的第一皮石块应坐浆，并将石块的大面朝下。毛石基础的第一皮及转角处、交接处应用较大的平毛石砌筑。毛石基础断面形状有矩形、阶梯形和梯形。基础顶面宽应比墙基宽度大 200mm。阶梯形基础每阶高度不小于 300mm，每阶伸出宽度不宜大于 200mm，如图 7-16 所示。

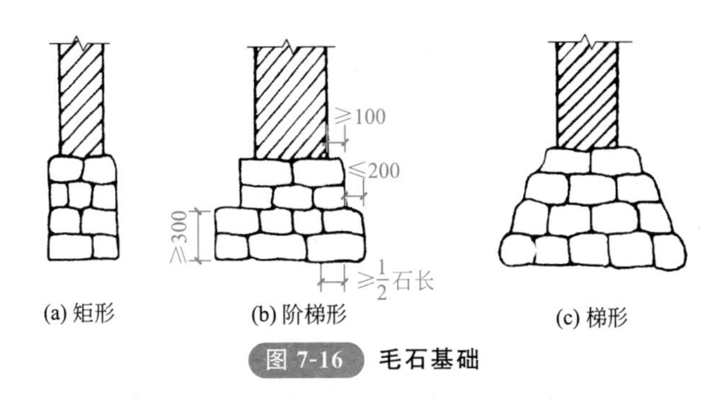

图 7-16　毛石基础

毛石基础必须设置拉结石。拉结石应均匀分布。毛石基础同皮内每隔 2m 左右设置一块。拉结石长度如基础宽度等于或小于 400mm 时，应与基础宽度相等。如宽度大于 400mm 时，可用两块拉结石内外搭接，长度不小于 150mm。

石块间较大的空隙应先填塞砂浆，后用碎石块嵌塞，不得采用先摆碎石块，后塞砂浆或干填碎石块的方法。阶梯形毛石基础，上阶的石块应至少压砌下阶石块的 1/2。

2. 毛石墙的砌筑

① 砌筑前应根据墙的位置与厚度，在基础顶面上放线，并立皮数杆，挂上线。

② 从石料中选取大小适宜的石块，并用一个面作为墙面，如没有合适的平面则将凸出部分打掉，做成一个面，然后砌入墙内。

③ 转角处应用角边是直角的角石砌筑。交接处，应选用较为平整的长方形石块，使其在纵横墙中上下皮能相互咬住槎。

④ 毛石墙砌筑方法和要求，基本与毛石基础相同，但应注意：毛石基础必须设置拉结石。拉结石应均匀分布、相互错开，每隔 0.7m^2 墙面至少设置一块，且同皮内的中距不应大于 2m。拉结石的长度，如墙厚小于或等于 400mm，应等于墙厚；墙厚大于 400mm，可用两块拉结石内外搭接，长度不应小于 150mm，且其中一块长度不应小于墙厚的 2/3。

3. 毛石墙与砖墙的砌筑

毛石墙与砖墙的组合墙中，毛石砌体与砖砌体应同时砌筑，并每隔 4～6 皮砖用 2～3 皮丁砖与毛石砌体拉结砌合，如图 7-17 所示。

毛石墙和砖墙的相接转角处和交接处应同时砌筑。转角处应自纵墙（或横墙）

每隔4～6皮砖高度引出不小于120mm与横墙（或纵墙）相接，交接处应自纵墙每隔4～6皮砖高度引出不小于120mm与横墙相接，如图7-18和图7-19所示。

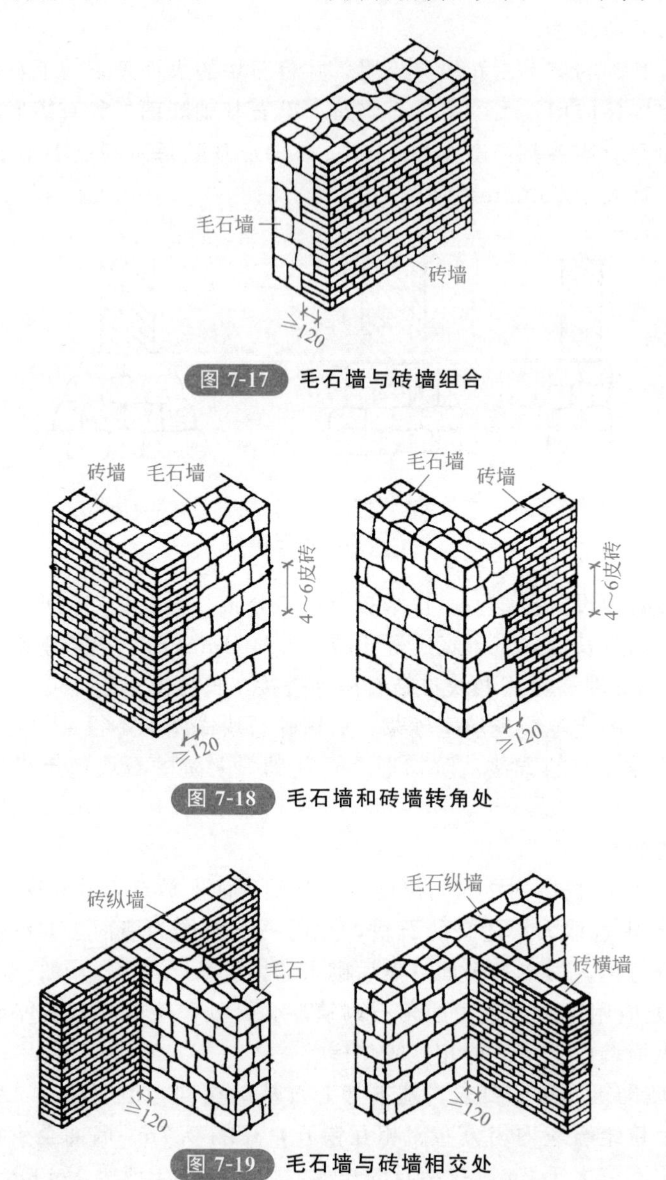

图7-17 毛石墙与砖墙组合

图7-18 毛石墙和砖墙转角处

图7-19 毛石墙与砖墙相交处

三、料石施工

1.料石基础的砌筑

料石基础的第一皮料石应坐浆丁砌，以上各层料石可按一顺一丁进行砌筑。料石基础是用毛料石或粗料石与砂浆组砌而成。其断面形式有矩形和阶梯形，阶梯形基础每阶挑出宽度不大于200mm。料石基础的组砌方法如图7-20所示。

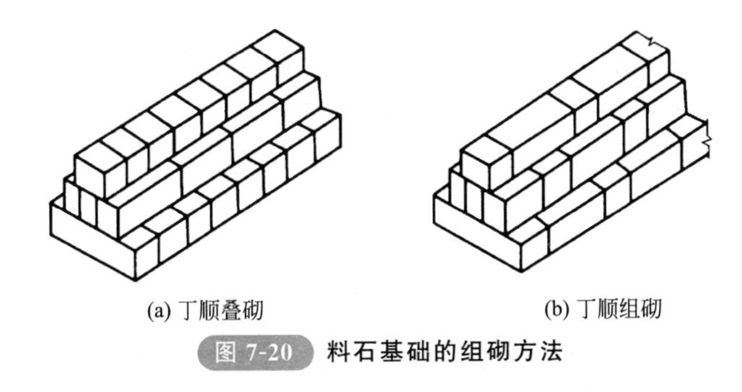

图 7-20 料石基础的组砌方法

(1) 丁顺叠砌 一皮丁石与一皮顺石相互叠加组砌而成，先丁后顺，竖向灰缝错开 1/4 石长。

(2) 丁顺组砌 同皮石中用丁砌石和顺砌石交替相隔砌成。丁石长度为基础厚度，顺石厚度一般为基础厚度的 1/3，上皮丁石应砌于下皮顺石的中部、上下皮竖向灰缝至少错 1/4 石长。

2. 料石墙的砌筑

料石墙厚度等于一块料石的宽度，可采用全顺的砌筑形式。料石墙厚度等于两块料石宽度时，可采用两顺一丁或丁顺组砌的砌筑形式，如图 7-21 所示。

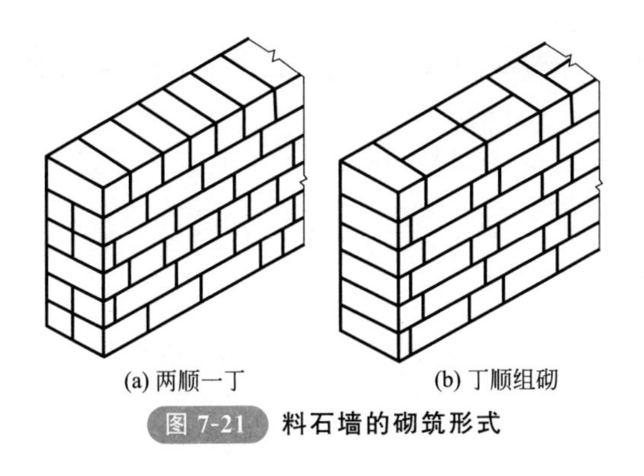

图 7-21 料石墙的砌筑形式

两顺一丁是两皮顺石与一皮丁石相间。

丁顺组砌是同皮内顺石与丁石相间，可一块顺石与丁石相间或两块顺石与一块丁石相间。

在料石和毛石或砖的组合墙中，料石砌体和毛石砌体或砖砌体应同时砌筑，并每隔 2～3 皮料石层用丁砌层与毛石砌体或砖砌体拉结砌合。丁砌料石的长度宜与组合墙厚度相同，如图 7-22 所示。

料石墙砌筑时应注意灰缝厚度的把握，细料石墙不宜大于 5mm，半细料石墙不宜大于 10mm，粗料石和毛料石墙不宜大于 20mm，砂浆铺设厚度应略高于规定灰缝厚度，其高出厚度，细料石、半细料石墙宜为 3～5mm，粗料石、毛料石墙宜为 6～8mm。

3.料石柱的砌筑

料石柱是用半细料石或细料石与砂浆砌筑而成。料石柱有整石柱和组砌柱两种。整石柱是用与柱断面相同断面的石材上下组砌而成，组砌柱每皮由几块石材组砌而成，如图 7-23 所示。

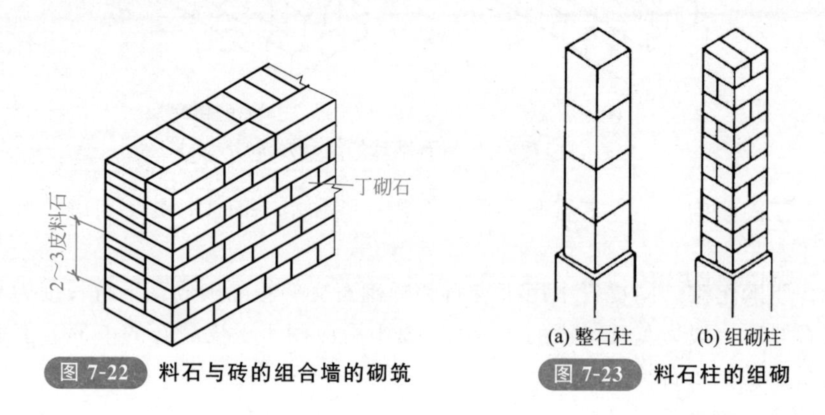

图 7-22 料石与砖的组合墙的砌筑

图 7-23 料石柱的组砌

砌整石柱前，先在柱基面上抹一层砂浆厚约 10mm，再将石块对准中心线砌好，以后各皮砌筑前均应先铺好砂浆，再将石块对准中线砌好，石块若有偏斜，可用铜片或铝片在灰缝内垫平。

砌组砌柱时，应按规定的组砌方法逐皮砌筑，竖向灰缝相互错开，不使用垫片。

灰缝厚度，细料石柱不宜大于 5mm，半细料石柱不宜大于 10mm，砂浆铺设厚度应略高于规定灰缝厚度 3～5mm。

四、石挡土墙施工

① 石挡土墙可采用毛石或料石砌筑。毛石挡土墙如图 7-24 所示。

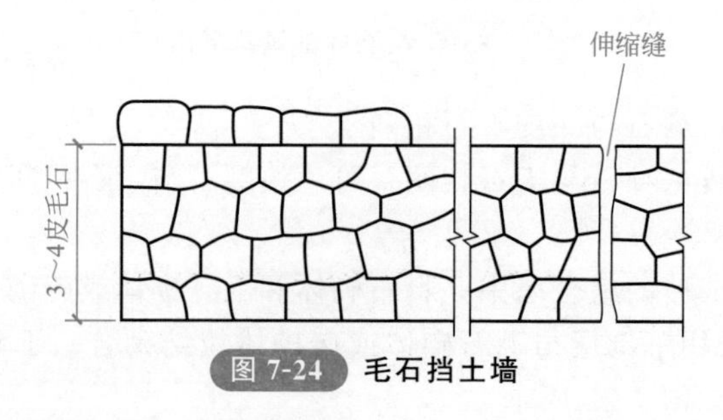

图 7-24 毛石挡土墙

② 砌筑毛石挡土墙应符合下列规定。

a. 每砌 3～4 皮毛石为一个分层高度，每个分层高度应找平一次。

b. 外露面的灰缝厚度不得大于 40mm，两个分层高度间分层处的错缝不得小于 80mm。

③ 料石挡土墙宜采用丁顺组砌的砌筑形式。当中间部分用毛石填砌时，丁砌料石伸入毛石部分的长度不应小于200mm。

④ 当石挡土墙的泄水孔无设计规定时，施工应符合下列规定。

a. 泄水孔应均匀设置，在每米高度上间隔2m左右设置一个泄水孔。

b. 泄水孔与土体间铺设长宽各为300mm、厚200mm的卵石或碎石作疏水层。

⑤ 挡土墙内侧回填土必须分层夯填，分层松土厚度应为300mm。墙顶土面应有适当坡度使流水流向挡土墙外侧面。

墙体的砌筑

扫码观看本视频

墙体预留墙洞

扫码观看本视频

砌筑加气块砖

扫码观看本视频

第四节 砌块工程

一、小型砌块墙

1. 材料要求

小型砌块墙是由普通混凝土小型空心砌块为主要墙体材料，与砂浆砌筑而成。普通混凝土小型空心砌块是以水泥、砂、碎石或卵石为主要原料，加水搅拌而成。

普通混凝土小型空心砌块如图7-25所示，规格尺寸见表7-20，它有两个方形孔，最小壁厚应不小于30mm，最小肋厚不应小于30mm，空心率应不小于25%。

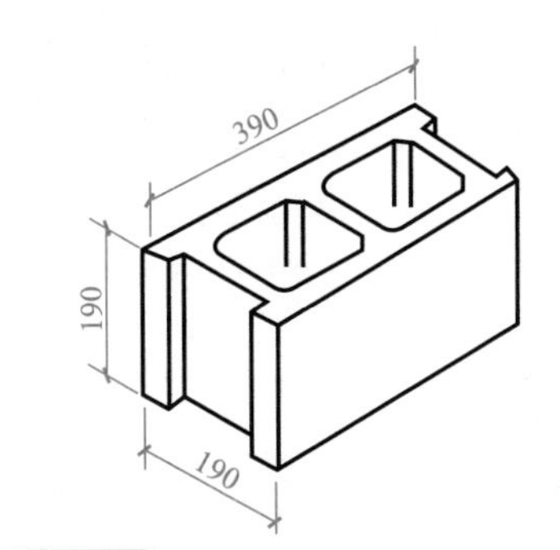

图7-25 普通混凝土小型空心砌块

表7-20 普通混凝土小型空心砌块的规格尺寸　　单位：mm

<table>
<tr><th rowspan="2">项次</th><th rowspan="2">砌块名称</th><th colspan="3">外形尺寸</th><th rowspan="2">最小壁、肋厚度</th></tr>
<tr><th>长</th><th>宽</th><th>高</th></tr>
<tr><td>1</td><td>主规格砌块</td><td>390</td><td>190</td><td>190</td><td>30</td></tr>
<tr><td rowspan="3">2</td><td rowspan="3">辅助规格砌块</td><td>290</td><td>190</td><td>190</td><td>30</td></tr>
<tr><td>190</td><td>190</td><td>190</td><td>30</td></tr>
<tr><td>90</td><td>190</td><td>190</td><td>30</td></tr>
</table>

注：1. 对于非抗震设防地区，普通混凝土小型砌块壁、肋厚可允许采用27mm。

2. 非承重砌块的宽度可为90～190mm，最小壁、肋厚度可以减少为20mm。

3. 混凝土小型砌块的空心率、孔洞形状，是否封底或半封底以及有无端槽等，应按不同地区具体情况而定。

普通混凝土小型空心砌块的强度指标应符合表7-21的规定，质量指标见表7-22。

表7-21　普通混凝土小型空心砌块的强度指标

项次	砌块类别	强度等级	抗压强度/MPa	
			五块平均值不小于	单块最小值不小于
1	承重砌块	MU10	10	8
		MU7.5	7.5	6
		MU5	5	4
		MU3.5	3.5	2.8
2	非承重砌块	MU3	3	2.5

注：砌块养护龄期不足28天，不应出厂。

表7-22　普通混凝土小型空心砌块的质量指标

项次	项目		质量要求
1	干缩率/%	用于清水外墙	<0.05
		用于承重墙	<0.06
		用于非承重内墙、隔墙	<0.08
2	抗渗性(用于清水外墙)/mm		试件抗渗试验，2h内水柱降低值小于100
3	抗冻性(用于寒冷地区)/%		经15次冻融循环后，试件强度损失小于25
4	尺寸允许偏差/mm	长度	±3
		宽度	±3
		高度	±3
5	侧面凹凸/mm		<3
6	缺棱掉角/mm		长度或宽度不超过30，深度不超过20，且不超过2处
7	裂缝		不允许有贯穿壁、肋的竖向裂缝

2. 一般构造要求

① 混凝土小型空心砌块砌体所用的材料，除满足强度计算要求外，尚应符合下列要求。

a. 对室内地面以下的砌体，应采用普通混凝土小砌块和不低于M5的水泥砂浆。

b. 五层及五层以上民用建筑的底层墙体，应采用不低于MU5的混凝土小砌块和M5的砌筑砂浆。

② 在墙体的下列部位，应采用强度等级不低于C20（或Cb20）的混凝土灌实小砌块的孔洞。

a. 底层室内地面以下或防潮层以下的砌体。

b. 无圈梁的楼板支承面下的一皮砌块。

c. 没有设置混凝土垫块的屋架、梁等构件支承面下，高度不应小于 600mm，长度不应小于 600mm 的砌体。

d. 挑梁支承面下，距离中心线每边不应小于 300mm，高度不应小于 600mm 的砌体。

砌块墙与后砌隔墙交接处，应沿墙高每隔 400mm 在水平灰缝内设置焊接钢筋网片，钢筋网片伸入后砌隔墙内不应小于 600mm，如图 7-26 所示。

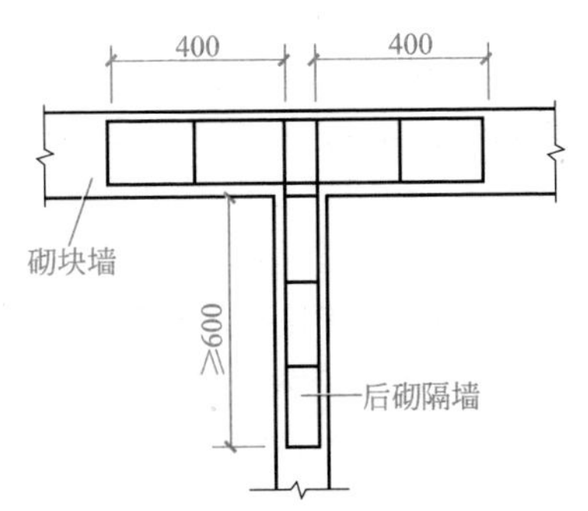

图 7-26 砌块墙与后砌隔墙交接处钢筋网片

3. 施工

(1) 夹心墙施工 夹心墙由内叶墙、外叶墙及其间拉结件组成，如图 7-27 所示。内外叶墙间设保温层。

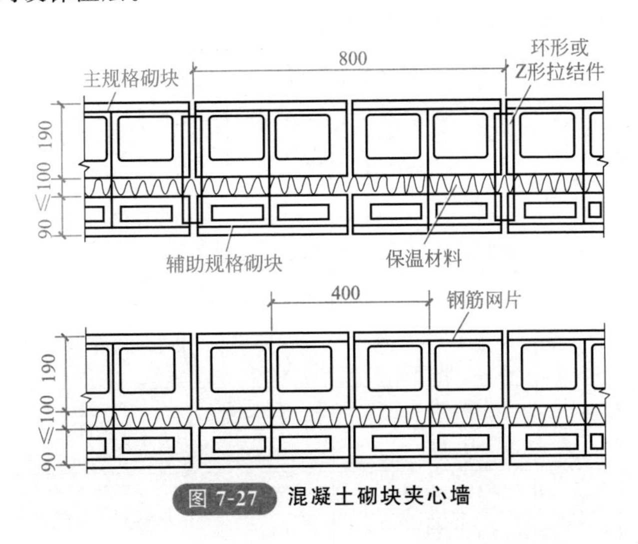

图 7-27 混凝土砌块夹心墙

内叶墙采用主规格混凝土小型空心砌块，外叶墙采用辅助规格（390mm×90mm×190mm）混凝土小型空心砌块。拉结件采用环形拉结件、Z 形拉结件或钢筋网片。砌块强度等级不应低于 MU10。

当采用环形拉结件时，钢筋直径不应小于 4mm；当采用 Z 形拉结件时，钢筋直径不应小于 6mm。拉结件应沿竖向梅花形布置，拉结件的水平和竖向最大间距分别不宜大于800mm和600mm；对有震动或有抗震设防要求时，其水平和竖向最大间距分别不宜大于800mm和400mm。

当采用钢筋网片作拉结件，网片横向钢筋的直径不应小于4mm，其间距不应大于400mm；网片的竖向间距不宜大于600mm，对有震动或有抗震设防要求时，不宜大于400mm。

拉结件在叶墙上的搁置长度，不应小于叶墙厚度的2/3，并不应小于60mm。

（2）芯柱施工 芯柱施工应符合下列规定。

① 在楼、地面砌筑第一皮砌块时，在芯柱位置侧面应预留孔。浇灌混凝土前，必须清除芯柱孔洞内的杂物和底部毛边，并用水冲洗干净，校正钢筋位置并绑扎固定。

② 芯柱钢筋应与基础或基础梁的预埋钢筋搭接。上下楼层的钢筋可在圈梁上部搭接，搭接长度不应小于35d（d为钢筋直径）。

③ 芯柱混凝土应在砌完一个楼层高度后连续浇灌，为保证芯柱混凝土密实，浇灌前，应先注入适量的水泥浆，混凝土坍落度应不小于50mm，并定量浇灌。每浇灌400～500mm高度应捣实一次，或边浇灌边捣实，不得在灌满一个楼层高度后再捣实。

④ 芯柱混凝土应与圈梁同时浇灌，在芯柱位置，楼板应留缺口，以保证芯柱连成整体。

4.质量检查

砌体的允许偏差和质量检查标准见表7-23。

表7-23 砌体的允许偏差和质量检查标准

<table>
<tr><th>序号</th><th colspan="3">项　目</th><th>允许偏差/mm</th><th>检查方法</th></tr>
<tr><td>1</td><td colspan="3">轴线位移</td><td>10</td><td rowspan="2">用经纬仪，水平仪检查或检查施工记录</td></tr>
<tr><td>2</td><td colspan="3">基础或楼面标高</td><td>±15</td></tr>
<tr><td rowspan="3">3</td><td rowspan="3">垂直度</td><td colspan="2">每层</td><td>5</td><td>用吊线法检查</td></tr>
<tr><td rowspan="2">全高</td><td>10m以下</td><td>10</td><td rowspan="2">用经纬仪或吊线尺检查</td></tr>
<tr><td>10m以上</td><td>20</td></tr>
<tr><td rowspan="2">4</td><td rowspan="2">表面平整</td><td colspan="2">清水墙、柱</td><td>5</td><td rowspan="2">用2m靠尺检查</td></tr>
<tr><td colspan="2">混水墙、柱</td><td>8</td></tr>
<tr><td rowspan="2">5</td><td rowspan="2">水平灰缝平直度</td><td colspan="2">清水墙10m以内</td><td>7</td><td rowspan="2">用拉线和尺量检查</td></tr>
<tr><td colspan="2">混水墙10m以内</td><td>10</td></tr>
<tr><td>6</td><td colspan="3">水平灰缝厚度(连续五皮砌块累加数)</td><td>±10</td><td rowspan="3">用尺量检查</td></tr>
<tr><td>7</td><td colspan="3">垂直灰缝宽度(连续五皮砌块累计数，包括凹面深度)</td><td>±15</td></tr>
<tr><td>8</td><td colspan="3">门窗洞口宽度(后塞框)</td><td>±5</td></tr>
</table>

二、中型砌块墙

1. 材料要求

中型砌块墙以粉煤灰硅酸盐密实中型砌块和混凝土空心中型砌块为主要墙体材料和砂浆砌筑而成，也可采用其他工业废料制成密实或空心中型砌块。

粉煤灰密实砌块以粉煤灰、石灰、石膏等为胶凝材料，以煤渣或矿渣、石子等为骨料，按一定的比例配合，加入一定量的水，经搅拌、振动成型、蒸汽养护而成。粉煤灰密实砌块的强度指标见表 7-24，外观质量和尺寸允许偏差见表 7-25。

表 7-24　粉煤灰密实砌块的强度指标

项次	项目	指标	
		MU10	MU15
1	立方体试件抗压强度/MPa	三块试件平均值不小于 10,其中一块最小值不小于 8	三块试件平均值不小于 15,其中一块最小值不小于 12
2	人工碳化后强度/MPa	不小于 6	不小于 9

表 7-25　粉煤灰密实砌块的外观质量和尺寸允许偏差

项次	项目		指标
1	表面疏松		不允许
2	贯穿面棱的裂缝		不允许
3	直径大于 50mm 的灰团、空洞、爆裂和凸出高度大于 20mm 的局部凸起部分		不允许
4	翘曲/mm		不大于 10
5	条面、顶面相对两棱边高低差/mm		不大于 8
6	缺棱掉角深度/mm		不大于 50
7	尺寸的允许偏差	长度/mm	+5、−10
		高度/mm	+5、−10
		宽度/mm	±8

2. 砌块排列

砌块排列时，应尽量采用主规格砌块和大规格砌块，以减少吊次，提高台班产量，增加房屋的整体性。

砌块应错缝搭砌，砌块上下皮搭缝长度不得小于块高的 1/3，且不应小于 150mm。当搭缝长度不足时，应在水平灰缝内设钢筋网片，网片两端离该垂直灰缝的距离不得小于 300mm。

砌块在纵横墙的转角处和交接处的搭接如图 7-28 所示。砌块墙与后砌半砖隔墙交接处，应在沿墙高每 800mm 左右的水平缝内设 2Φ4 的钢筋网片，如图 7-29 所示。

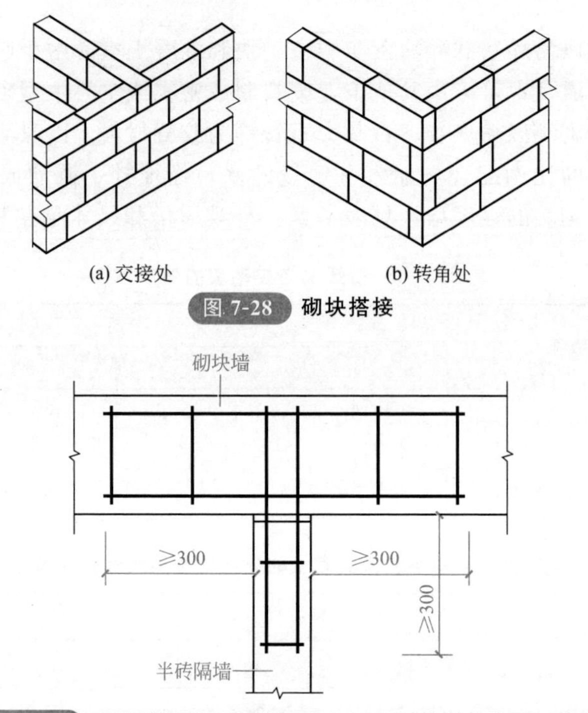

图 7-28 砌块搭接

图 7-29 砌块墙与后砌半砖隔墙交接处钢筋网片布置示意图

3. 施工

① 小砌块应将生产时的底面朝上反砌于墙上，小砌块墙体逐块坐浆铺设。

② 小砌块砌体的灰缝应横平竖直，全部灰缝均应铺填砂浆；水平灰缝的砂浆饱满度不得低于 90%，竖向灰缝的砂浆饱满度不得低于 80%。砌筑中不得出现瞎缝、透明缝。水平灰缝厚度和竖向灰缝宽度宜为 10mm，但不宜大于 8mm，也不应大于 12mm。

③ 设计规定的洞口、沟槽、管道和预埋件等，一般应于砌筑时预留或预埋。空心砌块墙体不得打凿通长沟槽。

④ 墙体抹灰以喷涂为宜，抹灰前应将墙面清除干净，并在前一天洒水湿润；门窗框与墙的交接处应分层填嵌密实，室内墙面的阳角和门口侧壁的阳角处，如设计对护角无规定时，可用水泥混合砂浆抹出护角，高度不低于 1.5m。外墙窗台、雨篷、压顶等应做好流水坡度和滴水线槽，外墙勾缝应用水泥砂浆，不宜做凸缝。

⑤ 雨天施工不得使用过湿的砌块，以避免砂浆流淌，影响砌体质量；雨后施工时，应复核砌体垂直度。

4. 质量检查

① 龄期为 28 天，标准养护的同强度等级砂浆或细石混凝土的平均强度不得低

于设计强度等级。其中任意一组试块的最低值，对于砂浆不低于设计强度等级的75%，对于细石混凝土不低于设计强度等级的85%。

② 组砌方法应正确，不应有通缝，转角处和交接处的斜槎应通顺、密实。

③ 墙面应保持清洁，勾缝密实，深浅一致，横竖缝交接处应平整，预埋件、预留孔洞的位置应符合设计要求。

④ 砌体的允许偏差和外观质量标准见表7-26。

表7-26　粉煤灰砌块砌体允许偏差和外观质量标准

项目			允许偏差/mm	检查方法
轴线位置			10	用经纬仪、水平仪复查或检查施工记录
基础或楼面标高			±15	用经纬仪、水平仪复查或检查施工记录
垂直度	每楼层		5	用吊线法检查
	全高	10m以下	10	用经纬仪或吊线尺检查
		10m以上	20	用经纬仪或吊线尺检查
表面平整			10	用2m长直尺和塞尺检查
水平灰缝平直度	清水墙		7	灰缝上口处用10m长的线拉直并用尺检查
	混水墙		10	
水平灰缝厚度			+10、-5	与线杆比较，用尺检查
垂直缝宽度			+10、-5	用尺检查
门窗洞口宽度			+10、-5	用尺检查
清水墙面游丁走缝			20	用吊线和尺检查

第五节　砌体工程质量控制

一、砌筑砂浆质量标准

① 砌筑砂浆试块强度验收时其强度合格标准应符合下列规定。

a. 同一验收批砂浆试块强度平均值应大于或等于设计强度等级值的1.10倍。

b. 同一验收批砂浆试块抗压强度的最小一组平均值应大于或等于设计强度等级值的85%。

抽检数量：每一检验批且不超过250m^3砌体的各类、各强度等级的普通砌筑砂浆，每台搅拌机应至少抽检一次。验收批的预拌砂浆、蒸压加气混凝土砌块专用砂浆，抽检可为3组。

检验方法：在砂浆搅拌机出料口或在湿拌砂浆的储存容器出料口随机取样制作

砂浆试块（现场拌制的砂浆，同盘砂浆只应做1组试块），试块标养28天后做强度试验。预拌砂浆中的湿拌砂浆稠度应在进场时取样检验。

② 当施工中或验收时出现下列情况，可采用现场检验方法对砂浆或砌体强度进行实体检测，并判定其强度：

a. 砂浆试块缺乏代表性或试块数量不足。

b. 对砂浆试块的试验结果有怀疑或有争议。

c. 砂浆试块的试验结果不能满足设计要求。

d. 发生工程事故，需要进一步分析事故原因。

二、砌砖工程质量标准

1. 主控项目

① 砖和砂浆的强度等级必须符合设计要求。

抽检数量：每一生产厂家，烧结普通砖、混凝土实心砖每15万块，烧结多孔砖、混凝土多孔砖、蒸压灰砂砖及蒸压粉煤灰砖每10万块各为一验收批，不足上述数量时按1批计，抽检数量为1组。砂浆试块的抽检数量：每一检验批且不超过$250m^3$砌体的各类、各强度等级的普通砌筑砂浆，每台搅拌机应至少抽检一次。验收批的预拌砂浆、蒸压加气混凝土砌块专用砂浆，抽检可为3组。

检验方法：查砖和砂浆试块试验报告。

② 砌体灰缝砂浆应密实饱满，砖墙水平灰缝的砂浆饱满度不得低于80%；砖柱水平灰缝和竖向灰缝饱满度不得低于90%。应尽量采用“三一”砌砖法，并在砌筑前将砖湿润好，严禁干砖上墙。

抽检数量：每检验批抽查不应少于5处。

检验方法：用百格网检查砖底面与砂浆的黏结痕迹面积，每处检测3块砖，取其平均值。

③ 砖砌体的转角处和交接处应同时砌筑，严禁无可靠措施的内外墙分砌施工。在抗震设防烈度为8度及8度以上地区，对不能同时砌筑而又必须留置的临时间断处应砌成斜槎，普通砖砌体斜槎水平投影长度不应小于高度的2/3，如图7-30所示。多孔砖砌体的斜槎长高比不应小于1/2。斜槎高度不得超过一步脚手架的高度。

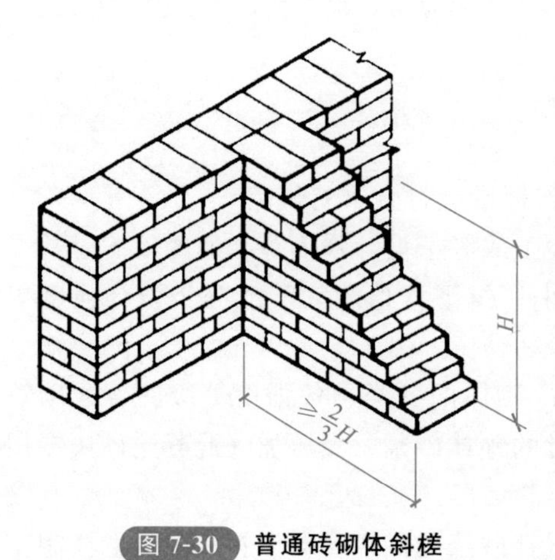

图7-30 普通砖砌体斜槎

外墙转角处严禁留直槎，其他留槎处也可应符合施工规范要求。为此，应在安排施工组织计划时，对留槎处做统一考虑，尽量减少留槎，留槎时严格按施工规范要求施工。

抽检数量：每检验批抽查不应少于

5处。

检验方法：观察检查。

2. 一般项目

① 砖砌体组砌方法应正确，内外搭砌，上、下错缝。清水墙、窗间墙无通缝；混水墙中不得有长度大于300mm的通缝，长度200～300mm的通缝每间不超过3处，且不得位于同一面墙体上。砖柱不得采用包心砌法。

抽检数量：每检验批抽查不应少于5处。

检验方法：观察检查。砌体组砌方法抽检每处应为3～5m。

② 砖砌体的灰缝应横平竖直，厚薄均匀，水平灰缝厚度及竖向灰缝宽度宜为10mm，但不应小于8mm，也不应大于12mm。

抽检数量：每检验批抽查不应少于5处。

检验方法：水平灰缝厚度用尺量10皮砖砌体高度折算；竖向灰缝宽度用尺量2m砌体长度折算。

③ 砖砌体尺寸和位置的允许偏差应符合表7-27的规定。

表7-27 砖砌体尺寸和位置的允许偏差

<table>
<tr><th rowspan="2">项次</th><th colspan="3" rowspan="2">项目</th><th colspan="3">允许偏差/mm</th><th rowspan="2">检验方法</th></tr>
<tr><th>基础</th><th>墙</th><th>柱</th></tr>
<tr><td>1</td><td colspan="3">轴线位移</td><td>10</td><td>10</td><td>10</td><td>用经纬仪复查或检查施工测量记录</td></tr>
<tr><td>2</td><td colspan="3">基础顶面和楼面标高</td><td>±15</td><td>±15</td><td>±15</td><td>用水准仪复查或检查测量记录</td></tr>
<tr><td rowspan="3">3</td><td rowspan="3">墙面垂直度</td><td colspan="2">每层</td><td>—</td><td>5</td><td>5</td><td>用2m托线板检查</td></tr>
<tr><td rowspan="2">全高</td><td>小于或等于10m</td><td>—</td><td>10</td><td>10</td><td rowspan="2">用经纬仪或吊线和尺检查</td></tr>
<tr><td>大于10m</td><td>—</td><td>20</td><td>20</td></tr>
<tr><td>4</td><td colspan="2">表面平整度</td><td>清水墙、柱
混水墙、柱</td><td>—
—</td><td>5
8</td><td>5
8</td><td>用2m直尺和楔形塞尺检查</td></tr>
<tr><td>5</td><td colspan="2">水平灰缝平直度</td><td>清水墙
混水墙</td><td>—
—</td><td>7
10</td><td>—
—</td><td>拉10m线和尺寸检查</td></tr>
<tr><td>6</td><td colspan="3">水平灰缝厚度(10皮砖累计数)</td><td>—</td><td>±8</td><td>—</td><td>与皮数杆比较，用尺检查</td></tr>
<tr><td>7</td><td colspan="3">清水墙游丁走缝</td><td>—</td><td>20</td><td>—</td><td>吊线和尺检查，以每层第一皮砖为准</td></tr>
<tr><td>8</td><td colspan="3">外墙上下窗口偏移</td><td>—</td><td>20</td><td>—</td><td>用经纬仪或吊线检查，以底层窗口为准</td></tr>
<tr><td>9</td><td colspan="3">门窗洞口宽度(后塞口)</td><td>—</td><td>±5</td><td>—</td><td>用尺检查</td></tr>
</table>

三、砌石工程质量标准

砌石工程与砌砖工程相似之处很多，大致可参照砌砖工程施工。同时还应注意以下几点。

① 进材料时就应注意拉结石的储备。砌筑时，必须保证拉结石尺寸、数量、位置符合施工规范的要求。

② 要注意大小石块搭配使用，立缝要小，大块石间缝隙用小石块堵塞。

③ 砌筑时跟线砌筑，控制好灰缝厚度，每天砌筑高度不超过 1.2m 或一步架高度。

④ 掌握好勾缝砂浆配合比，宜用中粗砂，勾缝后早期应洒水养护。

⑤ 石砌体尺寸、位置的允许偏差和检验方法见表 7-28。

表 7-28 石砌体尺寸、位置的允许偏差和检验方法

项次	项目		允许偏差/mm							检验方法
			毛石砌体		料石砌体					
			基础	墙	毛料石		粗料石		细料石	
					基础	墙	基础	墙	墙、柱	
1	轴线位置		20	15	20	15	15	10	10	用经纬仪和尺检查，或用其他测量仪器检查
2	基础和墙砌体顶面标高		±25	±15	±25	±15	±15	±15	±10	用水准仪和尺检查
3	砌体厚度		+30	+20 −10	+30	+20 −10	+15	+10 −5	+10 −5	用尺检查
4	墙面垂直度	每层	—	20	—	20	—	10	7	用经纬仪、吊线和尺检查或用其他测量仪器检查
		全高	—	30	—	30	—	25	10	
5	表面平整度	清水墙、柱	—	—	—	20	—	10	5	细料石用 2m 靠尺和楔形塞尺检查，其他用两直尺垂直于灰缝拉 2m 线和尺检查
		混水墙、柱	—	—	—	20	—	15	—	
6	清水墙水平灰缝平直度		—	—	—	—	—	10	5	拉 10m 线和尺检查

⑥ 石砌体的组砌形式应符合下列规定：

a. 内外搭砌，上下错缝，拉结石、丁砌石交错设置；

b. 毛石墙拉结石每 0.7m^2 墙面不应少于 1 块。

检查数量：每检验批抽查不应少于 5 处。

检验方法：观察检查。

四、砌块工程质量标准

砌块建筑与一般砌石建筑有许多共同之处，应符合下列要求。

① 小砌块和芯柱混凝土、砌筑砂浆的强度等级必须符合设计要求。

② 砌体水平灰缝和竖向灰缝饱满度，按净面积计算不得低于90%。

③ 墙体转角处和纵横墙交接处应同时砌筑。临时间断处应砌成斜槎，斜槎水平投影长度不应小于斜槎高度。施工洞口可预留直槎，但在洞口砌筑和补砌时，应在直槎上下搭砌的小砌块孔洞内用强度等级不低于C20（或Cb20）的混凝土灌实。

④ 混凝土空心小型砌块和粉煤灰砌块的砌体允许偏差见表7-23和表7-26。

第八章 钢筋混凝土工程

第一节　模板工程

一、常用模板简介

（一）木模板

木模板是由白松为主的木材组成。它制作拼装随意，尤其适用于浇筑外形复杂、数量不多的混凝土结构或构件。但是由于木材消耗量大、重复利用率低，现已不推广使用，逐渐被胶合板、钢模板代替。

1. 基础模板

基础模板按形状一般分为阶形基础模板、杯形基础模板、条形基础模板。

（1）阶形基础模板　如土质良好，阶形基础模板的最下一级可不用模板而进行原槽浇筑。安装时，要保证上下模板不发生相对位移。阶形基础模板如图 8-1 所示。

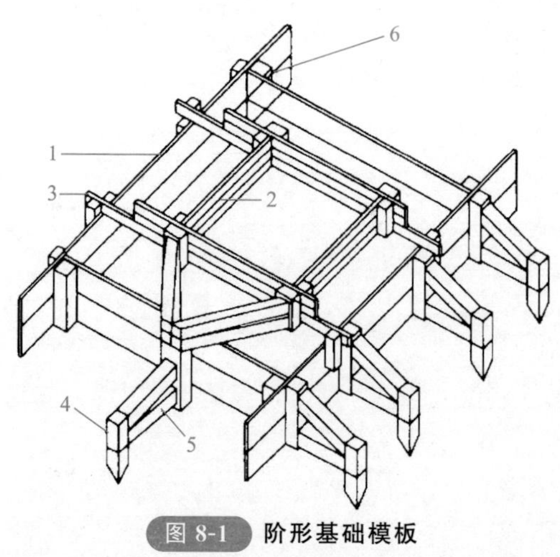

图 8-1　阶形基础模板

1—第一阶侧板；2—第二阶侧板；3—轿杠木；4—木桩；5—撑木；6—木档

（2）杯形基础模板　杯形基础模板与阶形基础模板基本相似，在模板的顶部中间装杯芯模板，如图 8-2 所示。杯芯模板分为整体式和装配式，尺寸较小的一般采用整体式，如图 8-3 和图 8-4 所示。

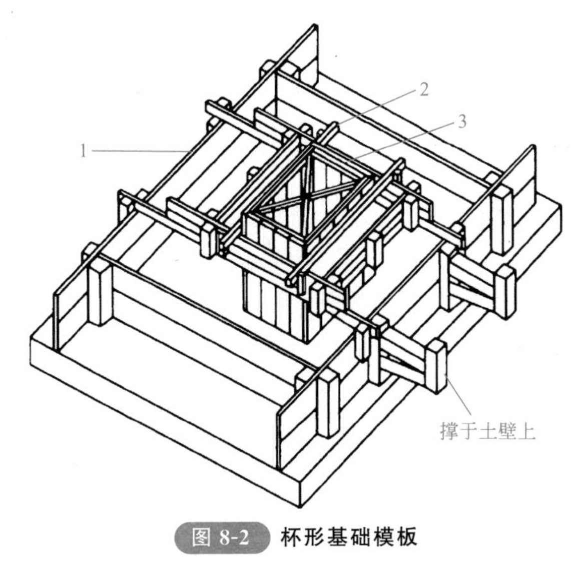

图 8-2 **杯形基础模板**

1—底阶模板；2—轿杠木；3—杯芯模板

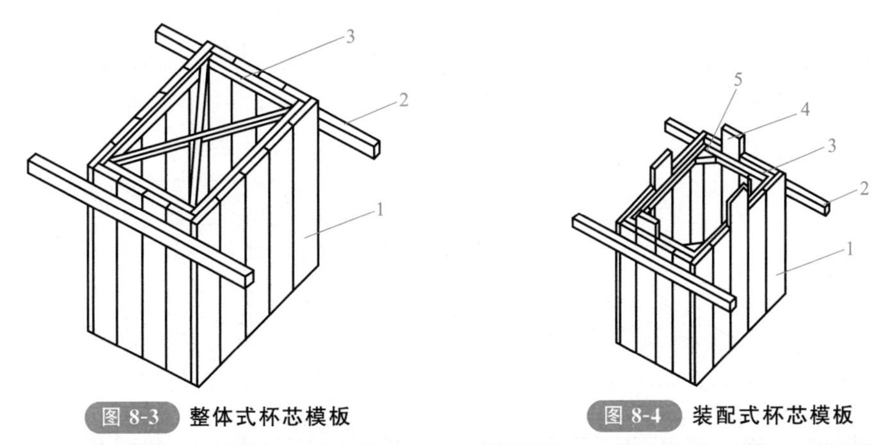

图 8-3 **整体式杯芯模板**

1—杯芯侧板；2—轿杠木；3—木档

图 8-4 **装配式杯芯模板**

1—杯芯侧板；2—轿杠木；3—木档；4—抽芯板；5—三角板

(3) 条形基础模板 根据土质的情况分为两种情况：土质较好时，下半段利用原土削铲平整，不支设模板，仅上半段采用吊模；土质较差时，其上下两段均支设模板。

2. 柱模板

柱模板底部开有清理孔，沿高度每隔约 2m 开有浇筑孔。柱底一般有一钉在底部混凝土上的木框，用以固定柱模板的位置。为承受混凝土侧压力，拼板外要设柱箍，其间距与混凝土侧压力、拼板厚度有关，因而柱模板下部柱箍较密。模板顶部根据需要可开有与梁模板连接的缺口，如图 8-5 所示。

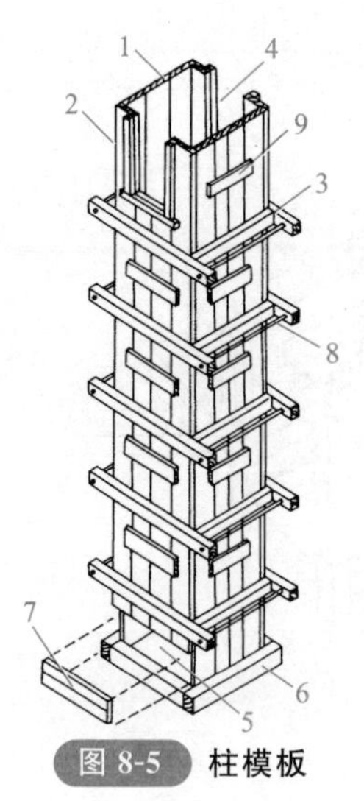

图 8-5 柱模板

1—内拼板；2—外拼板；3—柱箍；4—梁缺口；5—清理孔；6—底部木框；7—盖板；8—拉紧螺栓；9—拼条

3. 梁、楼板模板

梁模板由底模板和侧模板组成。底模板按设计标高调整支柱的标高，然后安装梁底模板，并拉线找平。按照设计要求或规范要求起拱，先主梁起拱，后次梁起拱。

梁侧模板承受混凝土侧压力，底部用钉在支撑顶部的夹角夹住，顶部可由支承楼板模板的搁栅顶住，或用斜撑顶住。

楼板模板多用定型模板或胶合板，它支承在搁栅上，搁栅支承在梁侧模板外的横档上，如图 8-6 所示。

（二）通用组合式模板

1. 组合钢模板

组合钢模板主要由钢模板、连接件和支承件三部分组成。

(1) 钢模板 包括平面模板、阳角模板、阴角模板和连接角模，其主要规格见表 8-1。

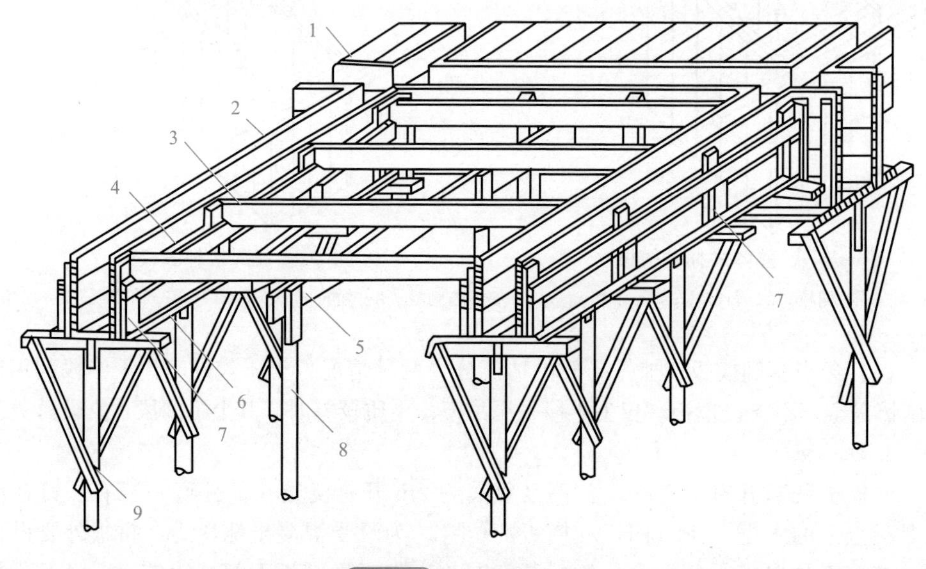

图 8-6 梁、楼板模板

1—楼板模板；2—梁侧模板；3—搁栅；4—横档；5—牵杠；6—夹条；7—短撑木；8—牵杠撑；9—支撑

表 8-1　钢模板的主要规格　　　　单位：mm

<table>
<tr><th>名称</th><th>宽度</th><th>长度</th><th>肋高</th><th>材料</th></tr>
<tr><td>平面模板</td><td>600、550、500、450、400、350、300、250、200、150、100</td><td rowspan="4">1800、1500、1200、900、750、600、450</td><td rowspan="4">55</td><td rowspan="4">Q235 钢板
δ=2.5
δ=2.75</td></tr>
<tr><td>阳角模板</td><td>150×150、100×150</td></tr>
<tr><td>阴角模板</td><td>100×100、50×50</td></tr>
<tr><td>连接角模</td><td>50×50</td></tr>
</table>

① 平面模板。平面模板用于基础、墙体、梁、板、柱等各种结构的平面部位，它由面板和肋组成，肋上设有 U 形卡孔和插销孔，利用 U 形卡和 L 形插销等拼装成大块板，如图 8-7 所示。

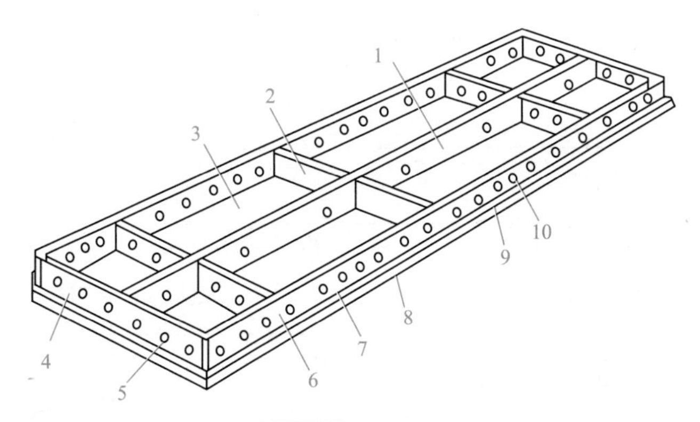

图 8-7　平面模板

1—中纵肋；2—中横肋；3—面板；4—横肋；5—插销孔；6—纵肋；7—凸棱；8—凸鼓；9—U 形卡孔；10—钉子孔

② 阳角模板。阳角模板主要用于混凝土构件阳角，如图 8-8 所示。

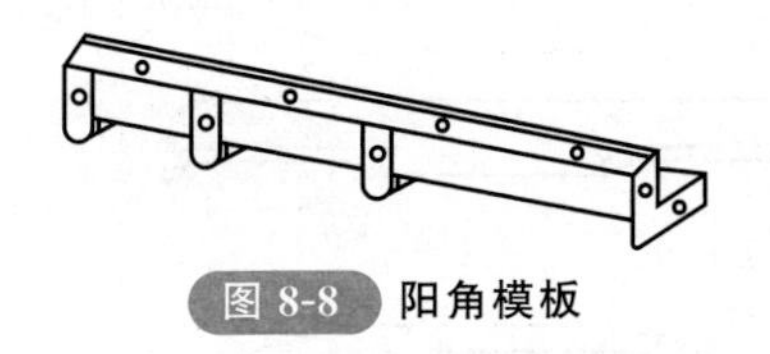

图 8-8　阳角模板

③ 阴角模板。阴角模板用于混凝土构件阴角，如内墙角、水池内角及梁板交接处的阴角等，如图 8-9 所示。

④ 连接角模。连接角模主要用于平模做垂直连接构成阳角，如图 8-10 所示。

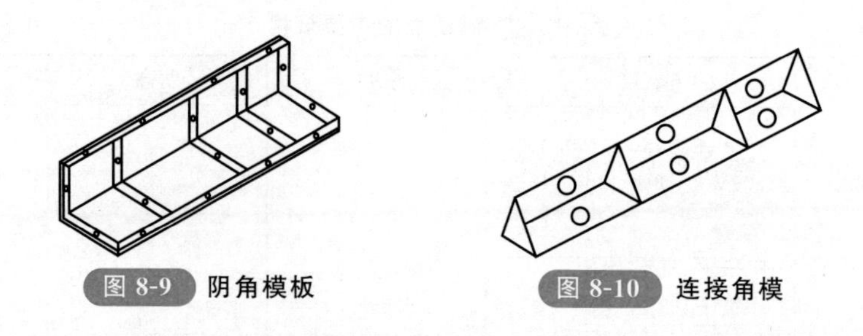

图 8-9 阴角模板　　图 8-10 连接角模

(2) 连接件　连接件的种类以及用途见表 8-2。

表 8-2 连接件的种类及用途

序号	名称	图示	用途
1	U形卡		主要用于相近模板的安装
2	L形插销		用于插入两块模板纵向连接处的插销孔，以增加模板纵向接头处的刚度
3	对拉螺栓	内拉杆 顶帽 外拉杆 横板长度 混凝土壁厚 横板长度	用于连接墙壁两侧模板，保持墙壁厚度，承受混凝土侧压力及水平荷载，使模板不致变形
4	钩头螺栓		用于模板与内、外龙骨之间的连接固定
5	紧固螺栓		用于紧固内外钢楞，增强拼接模板的整体刚度
6	扣件	蝶式扣件 3形扣件	用于钢楞之间或钢楞与模板之间的扣紧，按形状分为蝶式扣件和 3 形扣件

(3) 支承件　支承件主要由钢管脚手架、钢支柱、斜撑、钢桁架和龙骨等组成。

① 钢管脚手架。主要用于荷载较大、高楼层的梁、板等水平构件模板的垂直支撑，常用的形式有扣件式钢管脚手架、门式钢管脚手架等，如图 8-11 所示。

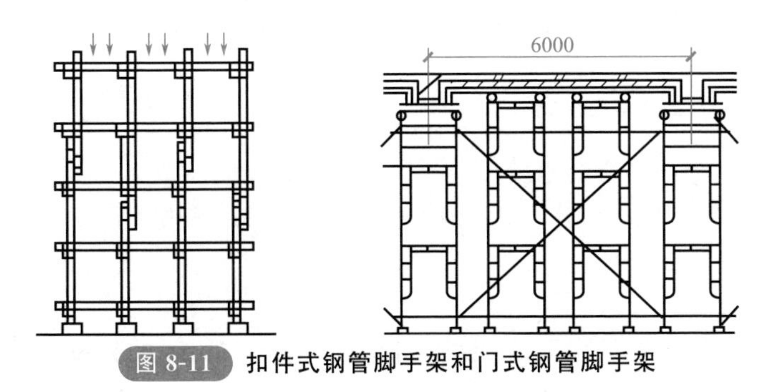

图 8-11　扣件式钢管脚手架和门式钢管脚手架

② 钢支柱。主要用于大梁、楼板等水平模板的垂直支撑，如图 8-12 所示。

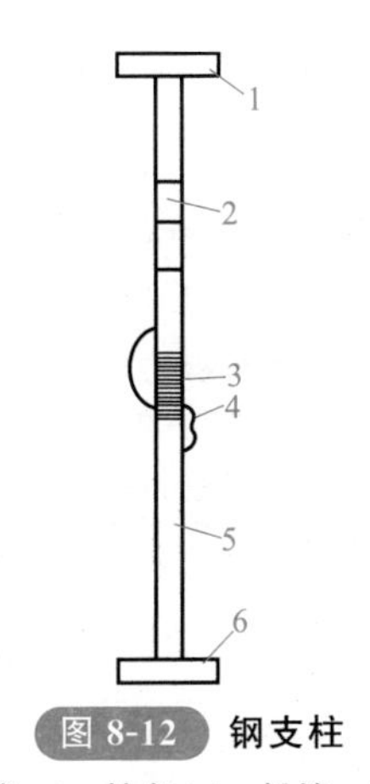

图 8-12　钢支柱

1—顶板；2—插管；3—转盘；4—插销；5—套管；6—底板

③ 斜撑。由组合钢模板拼成的整片墙模或柱模，在吊装就位后，应由斜撑调整和固定其位置，如图 8-13 所示。

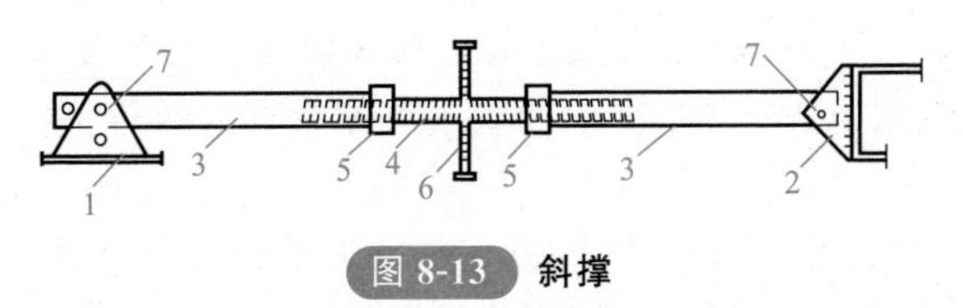

图 8-13　斜撑

1—底座；2—顶撑；3—钢管斜撑；4—花篮螺栓；5—螺母；6—旋杆；7—销钉

④ 钢桁架。其两端可支承在钢筋托具、墙、梁侧模板的横档以及柱顶梁底横档上，以支承梁或板的模板，如图 8-14 所示。

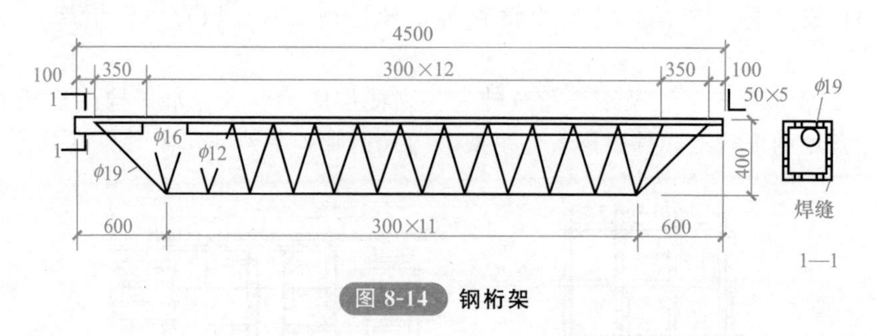

图 8-14 钢桁架

⑤ 龙骨。龙骨包括钢楞、木楞及钢木组合楞，主要用于支承模板并加强整体刚度。

2. 钢框木胶合板模板

钢框木胶合板模板是由胶合板的面板与高度为 75mm 的钢框构成的模板，它由平面模板、连接模板和配件组成。

(1) 平面模板 平面模板以 600mm 为最宽尺寸，作为标准板，级差为 50mm 或其倍数，宽度小于 600mm 的为补充板。长度以 2400mm 为最长尺寸，级差为 300mm。

(2) 连接模板 主要有平板模板、阳角模、连接角钢与调缝角钢四种类型。模板的材料和规格见表 8-3。

表 8-3 模板的材料和规格　　单位：mm

序号	名称	截面规格	长度	肋高	材料
1	平板模板	600、450、300、250、200	2400、1800、1500、1200、900	75	胶合板或竹胶合板、钢肋
2	连接角钢	150×150、100×150	1500、1200、900		热轧型钢
3	阳角模	75×75			角钢
4	调缝角钢	150×150、200×200	1500、1200、900		角钢

(3) 配件 配件包括连接件和支承件两部分。

① 连接件，有楔形销、单双管背楞卡、L 形插销、扁杆对拉、厚度定位板等。可采用“一把榔头”或一插就能完成拼装，操作快捷，安全可靠。

② 支承件，有脚手架、钢管、背楞、操作平台和斜撑等。

(三) 大模板

大模板可用作钢筋混凝土墙体模板，其特点是板面尺寸大（一般等于一片墙的面积)，质量为 1～2t，需用起重机进行拆、装，机械化程度高，劳动消耗量低，施工进度快，但其通用性不如组合钢模板。大模板构造示意图如图 8-15 所示。

常用的组合形式有组合式大模板、筒形大模板、拆装式大模板和外墙大模板。

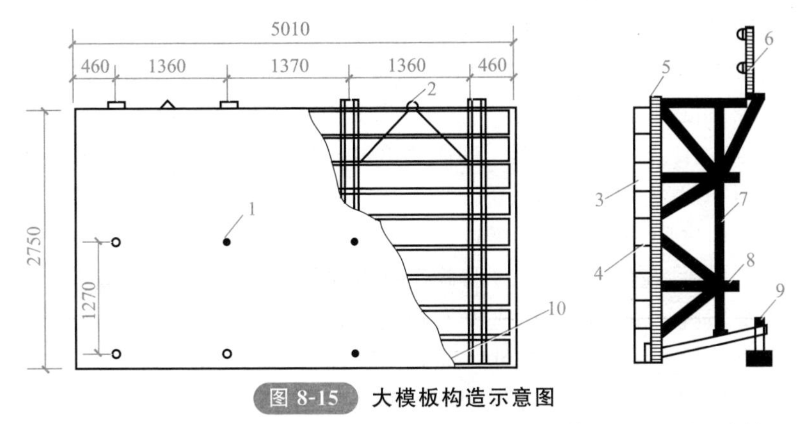

图 8-15　大模板构造示意图

1—穿墙螺栓；2—螺栓连接；3—槽钢；4—横肋；5—爬梯横担；6—活动护身栏；7—爬梯；8—操作平台支撑；9—地脚螺栓；10—面板

1. 组合式大模板

它通过固定于大模板板面的角模，把纵横墙的模板组装在一起，房间的纵横墙体混凝土可以同时浇筑，故房屋整体性好。它还具有稳定、拆装方便、墙体阴角方正、施工质量好等特点，并可以利用模数条模板加以调整，以适应不同开间、进深的需要。

组合式大模板由板面系统、支撑系统、操作平台及附件组成，如图 8-16 所示。

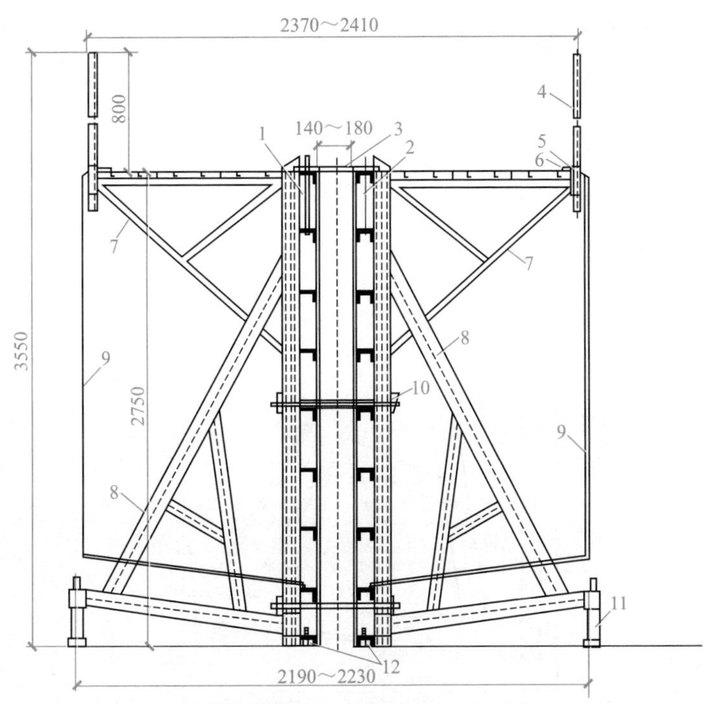

图 8-16　组合式大模板的构造

1—反向模板；2—正向模板；3—上口卡板；4—活动护身栏；5—爬梯横担；6—螺栓连接；7—操作平台斜撑；8—支撑架；9—爬梯；10—穿墙螺栓；11—地脚螺栓；12—地脚

(1) 板面系统 板面系统由面板、竖肋、横肋以及龙骨组成。

面板通常采用4～6mm厚的钢板，面板骨架由竖肋和横肋组成，直接承受由面板传来的浇筑混凝土的侧压力。竖肋一般采用60mm×6mm扁钢，间距400～500mm。横肋一般采用8号槽钢，间距为300～350mm。竖龙骨采用12号槽钢成对放置，间距一般为1000～1400mm。

横肋与板面之间用断续焊缝焊接在一起，其焊点间距不得大于20cm。竖肋与横肋满焊，形成一个结构整体。竖肋兼作支撑架的上弦。

(2) 支撑系统 支撑系统由支撑架和地脚螺栓组成，其功能是保持大模板在承受风荷载和水平力时的竖向稳定性，同时用以调节板面的垂直度。

支撑架一般用槽钢和角钢焊接制成，如图8-17所示。每块大模板设置2个以上支撑架。支撑架通过上、下两个螺栓与大模板竖向龙骨相连接。

地脚螺栓设置在支撑架下部横杆槽钢端部，用来调整模板的垂直度和保证模板的竖向稳定。地脚螺栓的可调高度和支撑架下部横杆的长度直接影响到模板自稳角的大小。

(3) 操作平台 操作平台是施工人员操作的场所和通行的通道，操作平台系统由操作平台、护身栏、铁爬梯等部分组成。操作平台设置于模板上部，用三脚架插入竖肋的套管内，三脚架满铺脚手板。铁爬梯供操作人员上下平台之用，附设于大

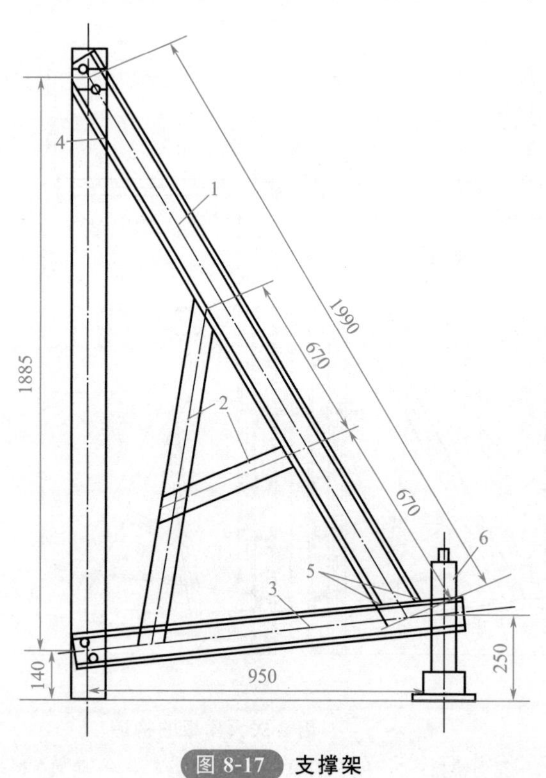

图8-17 支撑架

1—槽钢；2—角钢；3—下部横杆槽钢；4—上加强板；5—下加强板；6—地脚螺栓

模板上，用钢筋焊接而成，随大模板一道起吊。

(4) 附件 常用的附件主要有穿墙螺栓、塑料套管和上口卡子。穿墙螺栓是承受混凝土侧压力、加强板面结构的刚度、控制模板间距的重要配件，它把墙体两侧的大模板连接为一体。在穿墙螺栓外部套一根硬质塑料管，其长度与墙厚相同，两端顶住墙模板，这样在拆除时可保证穿墙螺栓的顺利脱出。穿墙螺栓的连接构造如图 8-18 所示。上口卡子如图 8-19 所示。

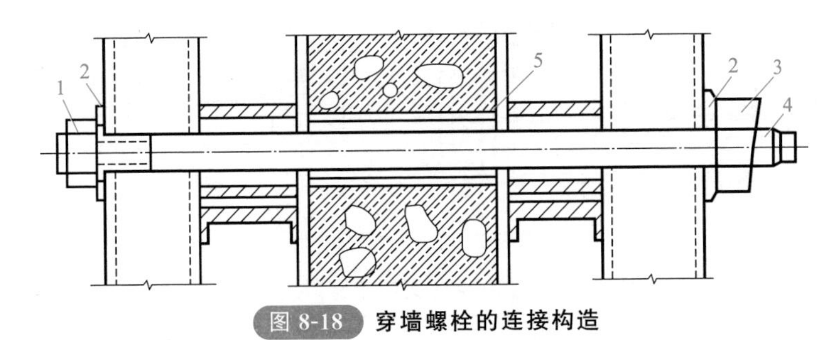

图 8-18 穿墙螺栓的连接构造

1—螺母；2—垫板；3—板销；4—螺杆；5—塑料套管

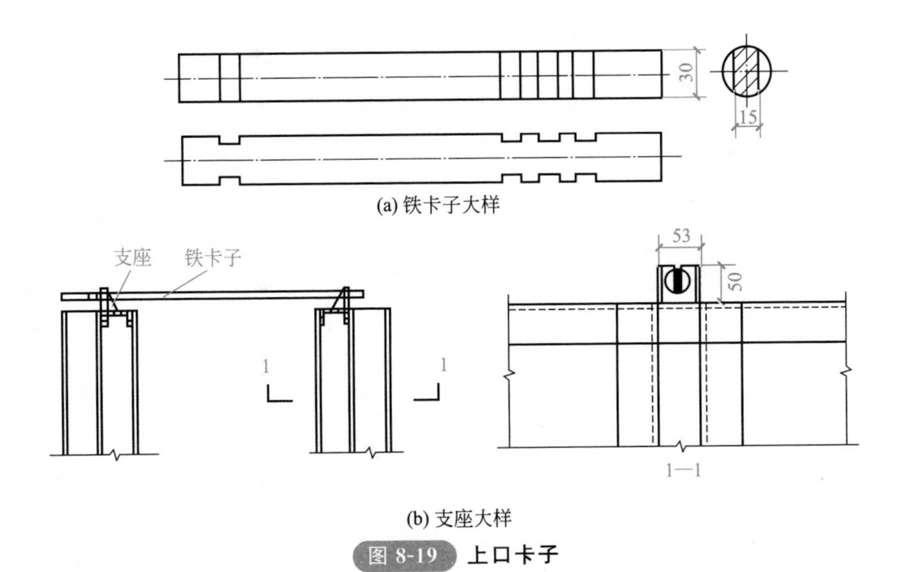

图 8-19 上口卡子

2. 筒形大模板

常用于电梯井的模板，主要有组合式铰接筒形模板、滑板平台骨架筒模、组合式提模和电梯井自升筒模。

(1) 组合式铰接筒形模板 组合式铰接筒形模板如图 8-20 所示，由大模板、铰接式角模、脱模器、横竖龙骨、悬吊架和紧固件组成。

(2) 滑板平台骨架筒模 滑板平台骨架筒模由装有连接定位滑板的型钢平台骨架将井筒四周大模板组成单元筒体，通过定位滑板上的斜孔与大模板上的销钉的相

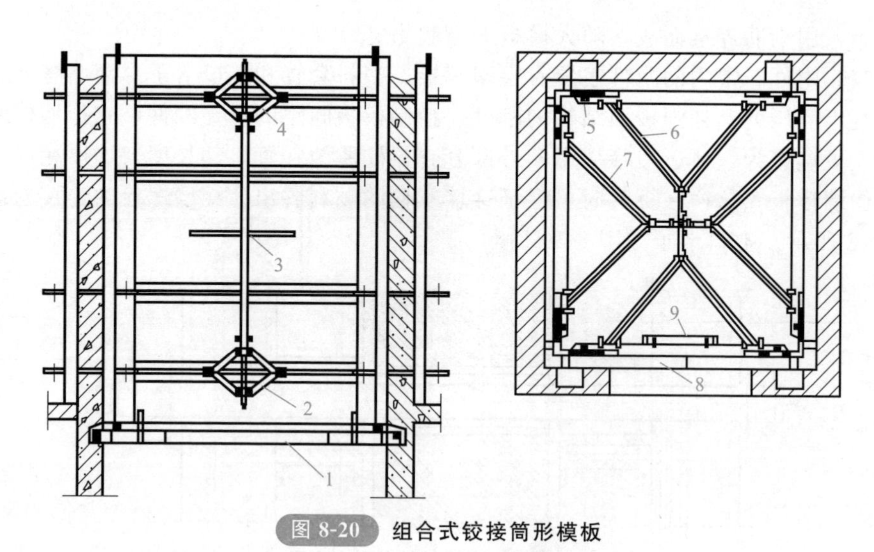

图 8-20 组合式铰接筒形模板

1—底盘；2—下部调节杆；3—旋转杆；4—上部调节杆；5—角模连接杆；6—支撑架 A；7—支撑架 B；8—墙模板；9—钢爬梯

对滑动，来完成筒模的支拆工作。滑板平台骨架筒模由滑板平台骨架、大模板、角模和模板支承平台等组成，如图 8-21 所示。

(3) 组合式提模 组合式提模由模板、定位脱模架和底盘平台组成。组合式提

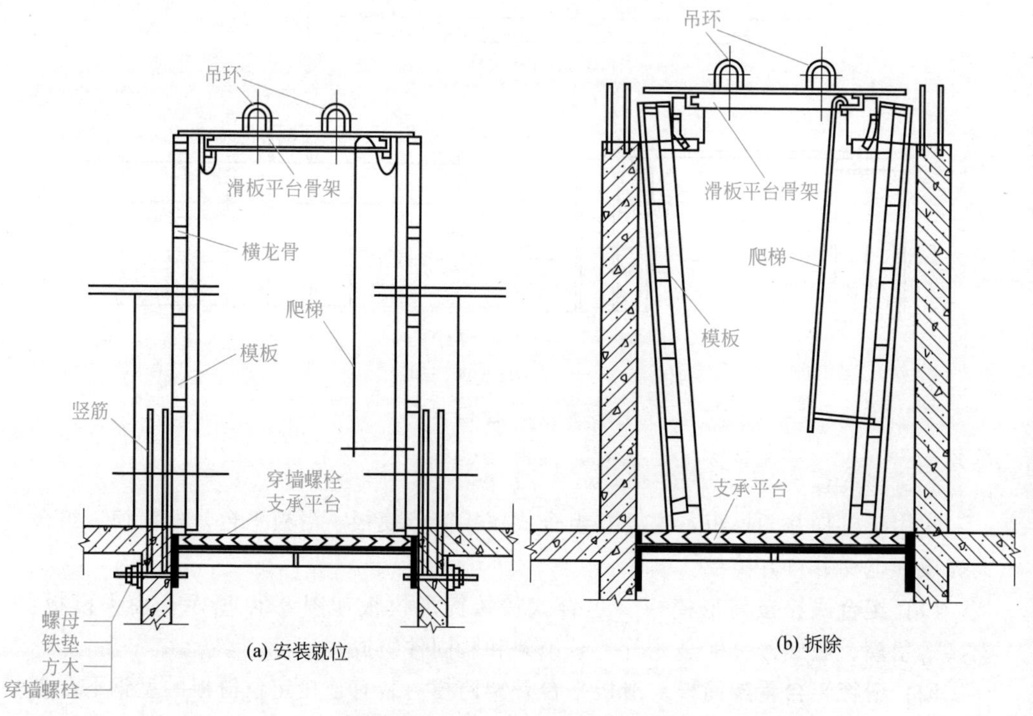

图 8-21 滑板平台骨架筒模构造

模将电梯井内侧模板固定在一个支撑架上，如图 8-22 所示。

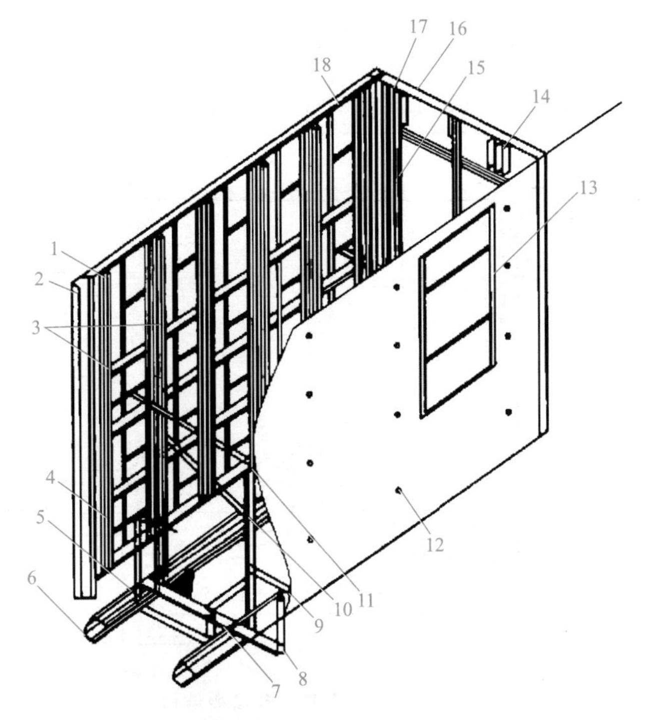

图 8-22 组合式提模的构造

1—大模板；2—角模；3—角模骨架；4—拉杆；5—千斤顶；6—单向铰搁脚；7—底盘及钢板网；8—导向条；9—承力小车；10—门形钢架；11—可调卡具；12—拉杆螺栓孔；13—门洞；14—搁脚预留洞位置；15—角模骨架吊链；16—定位架；17—定位架压板螺杆；18—吊环

(4) 电梯井自升筒模 自升筒模由模板、托架和立柱支架提升系统三大部分组成，如图 8-23 所示。

3. 拆装式大模板

拆装式大模板由板面、骨架、竖向龙骨和吊环组成，如图 8-24 所示。

4. 外墙大模板

外墙大模板的构造与组合式大模板的构造基本相同，但对于外墙面的垂直度要求较高，在设计和制作方面应注意门窗洞口的设置、外墙大角的处理和外墙外侧大模板的支设。

5. 大模板施工

大模板的施工工艺为：抄平→弹线→绑扎钢筋→固定门窗框→安装模板→浇筑混凝土→养护及拆模。为提高模板的周转率，使模板周转时不需中途吊至地面，以减少起重机的垂直运输工作量，减少模板在地面的堆场面积，大模板宜采用流水分段施工。

大模板的组装顺序是：先内墙，后外墙，先将一个房间的大模板组装成敞口的

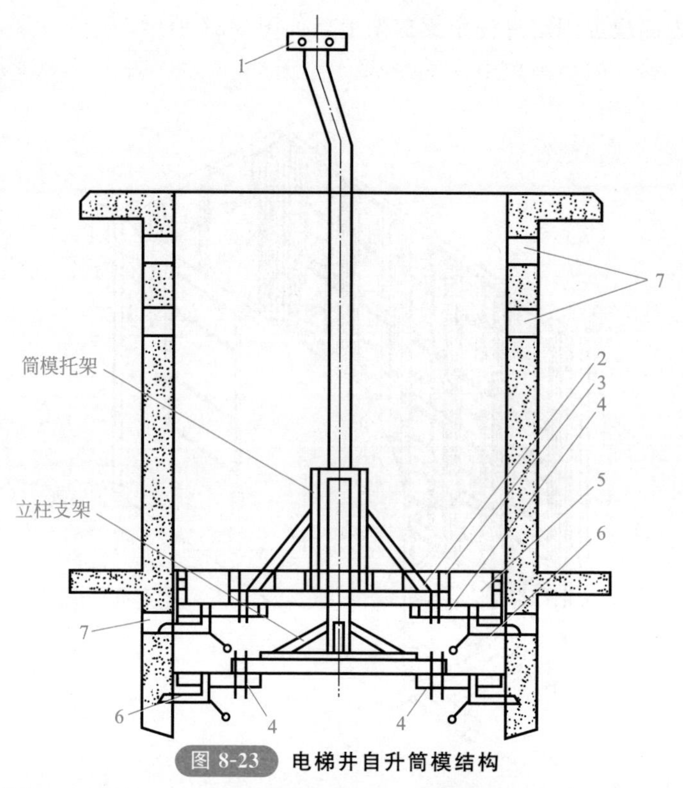

图 8-23 电梯井自升筒模结构

1—吊具；2—面板；3—方木；4—托架调节梁；5—调节丝杆；6—支腿；7—支腿洞

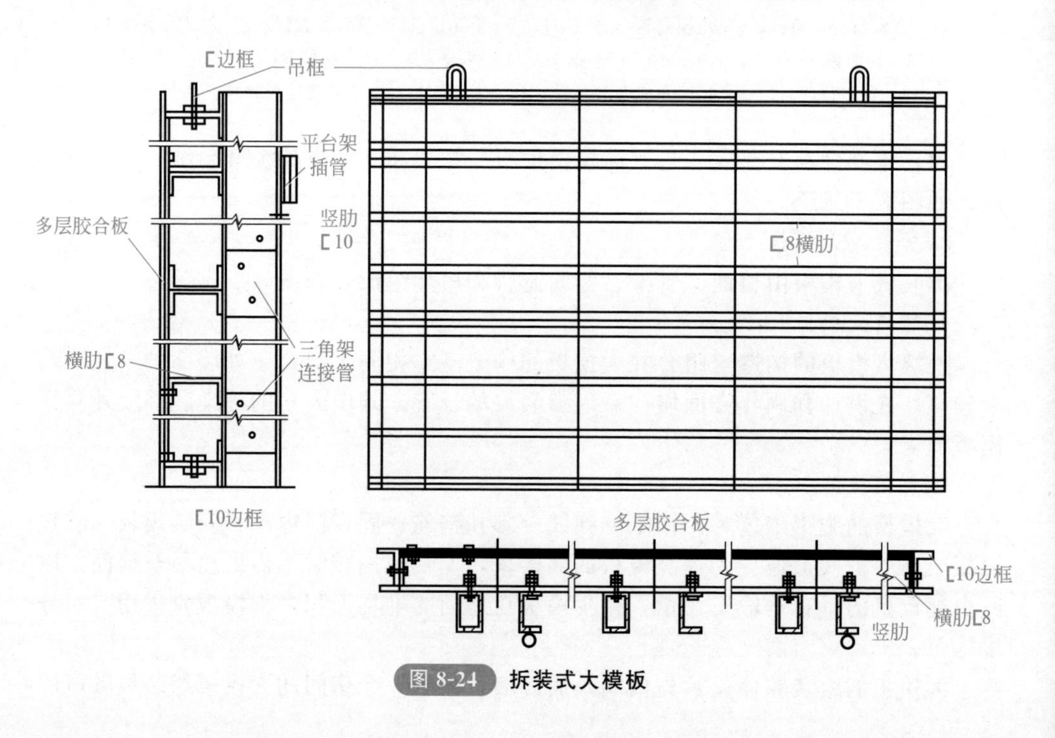

图 8-24 拆装式大模板

闭合结构，再逐步扩大，进行相邻房间模板的安装，以提高模板的稳定性，并使模板不易产生位移。内墙模板由支承在基础或楼面相对的两块大模板组成，沿模板高度用 2～3 道穿墙螺栓拉紧。外墙的外模板可借挑梁悬挂在内墙模板上或安装在附墙脚手架上，并用穿墙螺栓与内模拉紧。

(四) 滑动模板

滑动模板是一种工具式模板，用于现场浇筑高耸的建筑物、构筑物等，如烟囱、筒仓、竖井、沉井、双曲线冷却塔和剪力墙的高层建筑物等。滑动模板主要由模板系统、操作平台系统和液压系统组成。滑动模板如图 8-25 所示。

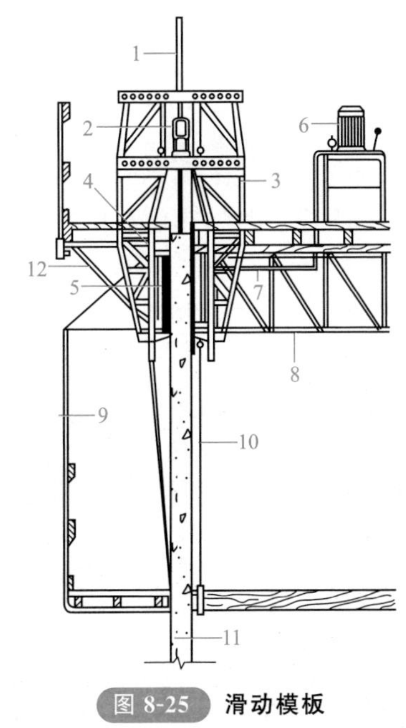

图 8-25 滑动模板

1—支承杆；2—液压千斤顶；3—提升架；4—围圈；5—模板；6—高压油泵；7—油管；8—操作平台桁架；9—外吊架；10—内吊架；11—混凝土墙体；12—外挑架

1. 模板系统

模板系统包括模板、围圈和提升架等。

(1) 模板 模板又称围板，依赖围圈带动其沿混凝土的表面向上滑动。模板的作用主要是承受混凝土的侧压力、冲击力和滑升时的摩阻力，并按混凝土的设计要求截面成形。

模板按其所在部位及作用的不同，可分为内模板、外模板、堵头模板以及阶梯形变截面处的衬模板等。为了防止混凝土在浇灌时向外溅出，也可使外模板的上端比内模板高 100～200mm。

(2) 围圈 围圈又称作围檩，其构造如图 8-26 所示。其主要作用是使模板保持组装的平面形状并将模板与提升架连接成一个整体。围圈在工作时，承担由模板传递来的混凝土测压力、冲击力及风荷载等水平荷载，滑升时的摩阻力及作用于操作平台上的静荷重和活荷重等竖向荷载，并将其传递到提升架、千斤顶和支承杆上。

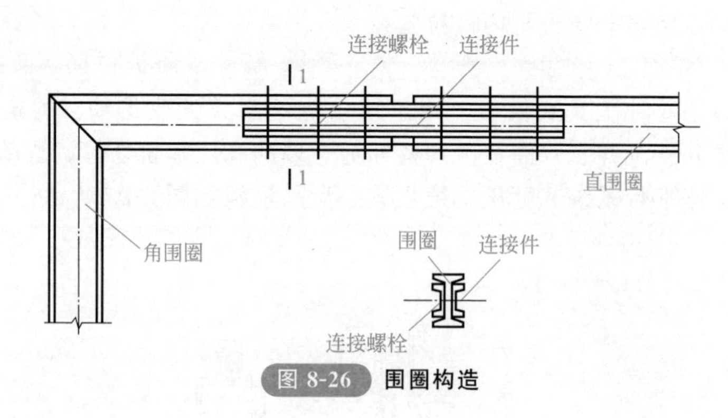

图 8-26 围圈构造

(3) 提升架 提升架又称千斤顶架。它是安装千斤顶，并与围圈、模板连接成整体的主要构件。提升架的主要作用是控制模板、围圈由于混凝土的侧压力和冲击力而产生的向外变形；同时承受作用于整个模板上的竖向荷载，并将上述荷载传递给千斤顶和支承杆。当提升机具工作时，通过它带动围圈、模板及操作平台等一起向上滑动。

2. 操作平台系统

操作平台系统是滑模施工的主要工作面，它包括主操作平台、外挑操作平台、吊脚手架等，在施工时还可设置上辅助平台，如图 8-27 所示。

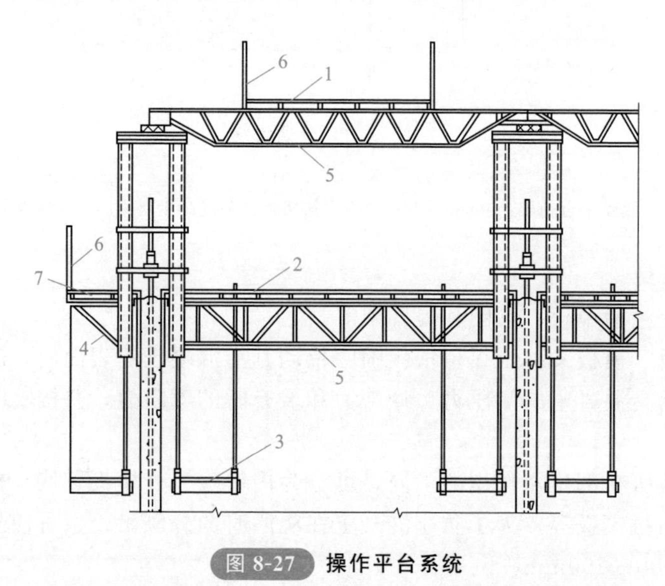

图 8-27 操作平台系统

1—上辅助平台；2—主操作平台；3—吊脚手架；4—三角挑架；
5—承重桁架；6—防护栏杆；7—外挑操作平台

(1) 主操作平台 主操作平台既是施工人员进行绑扎钢筋、浇灌混凝土、提升栏板等的操作场所，也是钢筋、混凝土、埋没件等材料和千斤顶、振捣器等小型备用机具的暂时存放地。

(2) 外挑操作平台 外挑操作平台一般由三角挑架、楞木和铺板组成。外挑宽度为0.8～1.0m。为了操作安全起见，在其外侧需设置防护栏杆。防护栏杆立柱可采用承插式固定在三角挑架上，也可作为夜间施工架设照明的灯杆。

(3) 吊脚手架 吊脚手架又称下辅助平台或吊架，主要用于检查混凝土的质量和表面修饰以及模板的检修和拆卸等工作。吊脚手架主要由吊杆、横梁、脚手板和防护栏杆等构件组成。吊杆可采用直径为16～18mm的圆钢或50×4的扁钢制作。吊杆的上端通过螺栓悬吊于挑三角挑架或提升架的主柱上。

3. 液压系统

液压系统主要包括支承杆、液压千斤顶、液压控制台和油路系统，是使滑升模板向上滑升的动力装置。

(1) 支承杆 支承杆既是液压千斤顶向上爬升的轨道，又是滑升模板的承重支柱，它承受施工过程中的全部荷载，其规格要与所选用的千斤顶相适应，用钢珠作卡头的千斤顶，需用HRB400级圆钢筋，用楔块作卡头的千斤顶，HPB300、HRB335、HRB400钢筋皆可用。

(2) 液压千斤顶 液压千斤顶的工作原理如图8-28所示。施工时，将液压千斤顶安装在提升架横梁上，与之连成一体，支承杆穿入千斤顶的中心孔内。当高压油液压入它的活塞与缸盖之间，在高压油的作用下，由于上卡头2（与活塞相连）内的小钢珠（在卡头上，环形排列，共7个，支承在斜孔内的弹簧上）与支承杆6产生自锁作用，使上卡头与支承杆锁紧，因而活塞1不能下行。于是在油压作用下，迫使缸体连带底座和下卡头一起向上升起，由此带动提升架等整个滑模上升。当上升到下卡头紧碰着上卡头时，即完成一个工作行程。

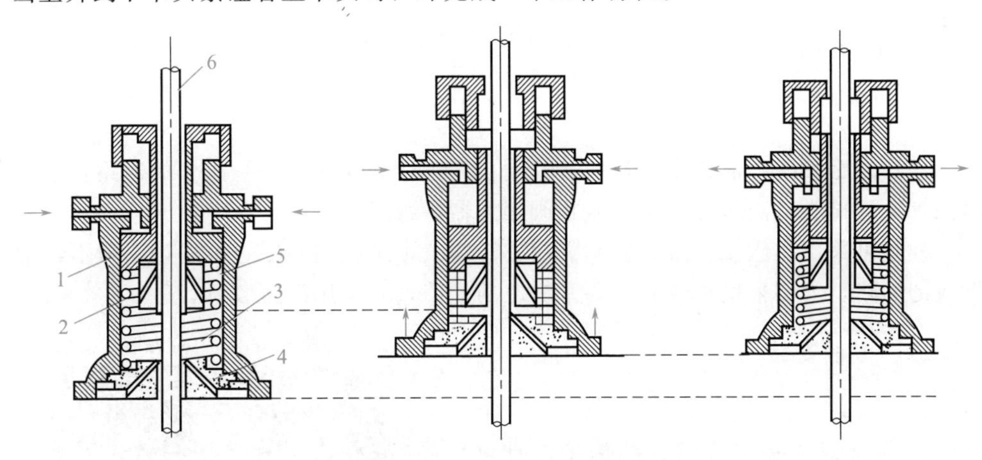

图8-28 液压千斤顶工作原理

1—活塞；2—上卡头；3—排油弹簧；4—下卡头；5—缸体；6—支承杆

(3) 液压控制台 液压控制台是液压传动系统的控制中心，是液压滑模的心脏，它主要由电动机、齿轮油泵、换向阀、溢流阀、液压分配器和油箱等组成。液压传动系统如图 8-29 所示。

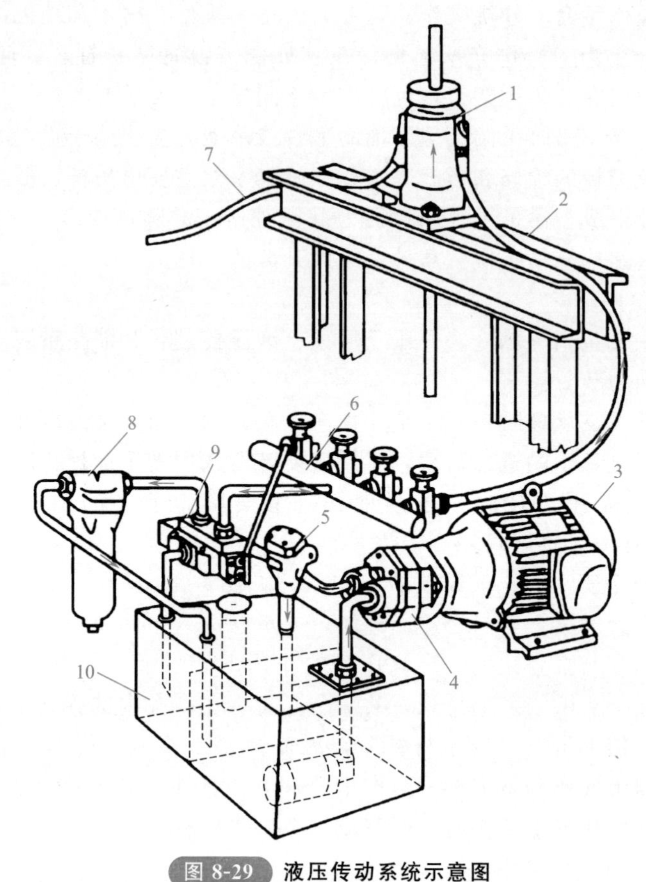

图 8-29 液压传动系统示意图

1—液压千斤顶；2—提升架；3—电动机；4—齿轮油泵；5—溢流阀；6—液压分配器；7—油管；8—滤油器；9—换向阀；10—油箱

(4) 油路系统 油路系统是连接控制台到千斤顶使油液进行工作的通路，主要由油管、管接头、液压分配器、截止阀等元器件组成。

油管可采用高压胶管或无缝钢管制作。在一个工程的施工过程中，一般不经常拆改的油路，大都采用钢管；需要常拆改的油路，宜采用高压胶管。

二、模板安装

基础承台模板安装

扫码观看本视频

剪力墙支模板

扫码观看本视频

(一) 模板安装的一般要求

① 模板安装必须按模板的施工设计进行，严禁随意变动。

② 楼层高度超过 4m 或二层及二层以上的

建筑物，安装和拆除钢模板时，周围应设安全网或搭设脚手架和加设防护栏杆。在临街及交通要道地区，尚应设警示牌，并设专人维持安全，防止伤及行人。

③ 现浇整体式的多层房屋和构筑物安装上层楼板及其支架时，应符合下列要求。

a. 下层楼板混凝土强度达到 1.2N/mm^2 以后，才能上料具。料具要分散堆放，不得过分集中。

b. 如采用悬吊模板、桁架支模方法，其支撑结构必须要有足够的强度和刚度。

c. 下层楼板结构的强度要达到能承受上层模板、支撑系统和新浇筑混凝土的重量时，方可拆模。否则下层楼板结构的支撑系统不能拆除，同时上下层支柱应在同一垂直线上。

d. 模板及支撑系统在安装过程中，必须设置固定措施，以防止倒塌。

e. 在架空输电线路下面安装和拆除组合钢模板时，吊机起重臂、吊物、钢丝绳、外脚手架和操作人员等与架空线路的最小安全距离应符合表 8-4 的要求。如停电作业时，要有相应的防护措施。

表 8-4 操作人员等与架空线路的最小安全距离

外电显露电压	1kV 以下	1～10kV	35～110kV	154～220kV	330～500kV
最小安全操作距离/m	4	6	8	10	15

f. 模板的支柱纵横向水平、剪刀撑等均应按设计的规定布置，当设计无规定时，一般支柱的网距不宜大于 2m，纵横向水平的上下步距不宜大于 1.5m，纵横向的垂直剪刀撑间距不宜大于 6m。

当支柱高度小于 4m 时，应设上下两道水平撑和垂直剪刀撑。以后支柱每增高 2m 再增加一道水平撑，水平撑之间还需增加剪刀撑一道。

当楼层高度超过 10m 时，模板的支柱应选用长料，同一支柱的连接接头不宜超过 2 个。

g. 安装组合模板时，应按规定确定吊点位置，先进行试吊，无问题后进行吊运安装。

（二）模板安装的注意事项

① 单片柱模板吊装时，应采用卸扣（卡环）和柱模连接，严禁用钢筋钩代替，以避免柱模翻转时脱钩造成事故，待模板立稳并拉好支撑后，方可摘除吊钩。

② 安装墙模板时，应从内、外角开始，向互相垂直的两个方向拼装，连接模板的 U 形卡要正反交替安装，同一道墙（梁）的两侧模板应同时组合，以便确保模板安装时的稳定。当模板采用分层支模时，第一层楼板拼装后，应立即将内、外钢楞，穿墙螺栓，斜撑等全部安设紧固稳定措施。当下层楼板不能独立安设支承件时，必须采取可靠的临时固定措施，否则禁止进行上一层楼板的安装。

③ 支设 4m 以上的立柱模板和梁模板时，应搭设工作台，不足 4m 的，可使用马凳操作，不准站在柱模板上和在梁底板上行走，更不允许利用拉杆、支撑攀登

上下。

④ 墙模板在未装对拉螺栓前，板面要向内倾斜一定角度并撑牢，以防倒塌。安装过程要随时拆换支撑或增加支撑，以保持墙板处于稳定状态。模板未支撑稳固前不得松动吊钩。

⑤ 支撑应按工序进行，模板没有固定前，不得进行下道工序。

⑥ 用钢管和扣件搭设双排立柱支架支承梁模时，扣件应拧紧，且应检查扣件螺栓的扭力矩是否符合规定，当扭力矩不能达到规定值时，可放两个扣件与原扣件挨紧。横杆步距按设计规定，严禁随意增大。

⑦ 平板模板安装就位时。要在支架搭设稳固，板下楞与支架连接牢固后进行。U形卡要按设计规定安装，以增强整体性，确保横板结构安全。

三、模板拆除

（一）模板拆除的一般要求

① 模板拆除的顺序和方法，应按照配板设计的规定进行，遵循先支后拆，后支先拆，先非承重部位，后承重部位以及自上而下的原则。拆模时，严禁用大锤和撬棍硬砸硬撬。

② 组合大模板宜大块整体拆除。

③ 支承件和连接件应逐件拆卸，模板应逐块拆卸传递，拆除时不得损伤模板和混凝土。

④ 拆下的模板和配件不得抛扔，均应分类堆放整齐，附件应放在工具箱内。

（二）模板拆除施工

1. 支架立柱的拆除

① 当拆除钢楞、木楞、钢桁架时，应在其下面临时搭设防护支架，使所拆楞梁及桁架先落在临时防护支架上。

② 当立柱的水平拉杆超过2层时，应首先拆除2层以上的拉杆。当拆除最后一道水平拉杆时，应与拆除立柱同时进行。

③ 当拆除4～8m跨度的梁下立柱时，应先从跨中开始，对称地分别向两端拆除。拆除时，严禁采用连梁底板向旁侧一片拉倒的拆除方法。

④ 对于多层楼板模板的立柱，当上层及以上楼板正在浇筑混凝土时，下层楼板立柱的拆除，应根据下层楼板结构混凝土强度的实际情况，经过计算确定。

⑤ 阳台模板应保持三层原模板支撑，不宜拆除后再加临时支撑。

⑥ 后浇带模板应保持原支撑，如果因施工方法需要也应先加临时支撑支顶后拆模。

2. 普通模板的拆除

(1) 拆除基础模板的要求 拆除条形基础、杯形基础、独立基础或设备基础的模板时，应符合下列要求。

① 拆除前应先检查基槽（坑）土壤的安全状况，发现有松软、龟裂等不安全

因素时，应采取安全防范措施后，方可进行作业。

② 拆除模板时，应先拆内外木楞，再拆木面板；钢模板应先拆钩头螺栓和内外钢楞，后拆U形卡和L形插销。

③ 模板和支撑应随拆随运，不得在离槽（坑）上口边缘1m以内堆放。

(2) 拆除柱模的要求 拆除柱模应符合下列要求。

① 柱模拆除可分别采用分散拆和分片拆两种方法。

② 分片拆除的顺序为：拆除全部支撑系统→自上而下拆除柱箍及横楞→拆除柱角U形卡→分片拆除模板→原地清理→刷防锈油或脱模剂→分片运至新支模地点备用。

③ 分散拆除的顺序为：拆除拉杆或斜撑→自上而下拆除柱箍或横楞→拆除竖楞→自上而下拆除配件及模板→运走分类堆放→清理→拔钉→钢模维修→刷防锈油或脱模剂→入库备用。

(3) 拆除梁、板模板的要求 拆除梁、板模板应符合下列要求。

① 梁、板模板应先拆梁侧模，再拆板底模，最后拆除梁底模，并应分段分片进行，严禁成片撬落或成片拉拆。

② 拆除模板时，严禁用铁棍或铁锤乱砸，已拆下的模板应妥善传递或用绳钩放至地面。

③ 待分片、分段的模板全部拆除后，将模板、支架、零配件等按指定地点运出堆放，并进行拔钉、清理、整修、刷防锈油或脱模剂，入库备用。

(4) 拆除墙模的要求 拆除墙模应符合下列要求。

① 墙模分散拆除顺序为：拆除斜撑或斜拉杆→自上而下拆除外楞及对拉螺栓→分层自上而下拆除木楞或钢楞及零配件和模板→运走分类堆放→拔钉清理或清理检修后刷防锈油或脱模剂→入库备用。

② 预组拼大块墙模拆除顺序为：拆除全部支撑系统→拆卸大块墙模接缝处的连接型钢及零配件→拧去固定埋设件的螺栓及大部分对拉螺栓→挂上吊装绳扣并略拉紧吊绳后拧下剩余对拉螺栓→用方木均匀敲击大块墙模立楞及钢模板，使其脱离墙体→用撬棍轻轻外撬大块墙模板使全部脱离→起吊、运走、清理→刷防锈油或脱模剂备用。

③ 拆除每一大块墙模的最后2个对拉螺栓后，作业人员应撤离大模板下侧，以后的操作均应在上部进行。个别大块模板拆除后产生局部变形者应及时整修好。

④ 大块模板起吊时，速度要慢，应保持垂直，严禁模板碰撞墙体。

（三）注意事项

① 拆模前应检查所使用的工具是否有效和可靠，扳手等工具必须装入工具袋或系挂在身上，并应检查拆模场所范围内的安全措施。

② 模板的拆除工作应设专人指挥。作业区应设围栏，其内不得有其他工种作业，并应设专人负责监护。

③ 多人同时操作时，应明确分工、统一信号或行动，应具有足够的操作面，

人员应站在安全处。

④ 高处拆除模板时，应符合有关高处作业的规定，应搭脚手架，并设防护栏杆，防止上下在同一垂直面操作。搭设临时脚手架必须牢固。

⑤ 拆模必须拆除干净彻底，如遇特殊情况需中途停歇，应将已拆松动、悬空、浮吊的模板或支架进行临时支撑牢固或相互连接稳固。对活动部件必须一次拆除。

⑥ 已拆除了模板的结构，应在混凝土强度达到设计强度值后方可承受全部设计荷载。若在未达到设计强度以前，需在结构上加置施工荷载时，应另行核算，强度不足时，应加设临时支撑。

⑦ 遇 6 级或 6 级以上大风时，应暂停室外的高处作业。雨、雪、霜后应先清扫施工现场，方可进行工作。

⑧ 拆除有洞口的模板时，应采取防止操作人员坠落的措施。洞口模板拆除后，应及时进行防护。

四、质量验收

（一）模板安装的质量要求

① 预埋件和预留孔洞的允许偏差应符合表 8-5 的规定。

表 8-5 预埋件和预留孔洞的允许偏差

项目		允许偏差/mm
预埋钢板中心线位置		3
预埋管、预留孔中心线位置		3
插筋	中心线位置	5
	外露长度	+10,0
预埋螺栓	中心线位置	10
	外露长度	+10,0
预留洞	中心线位置	10
	尺寸	+10,0

注：检查中心线位置时，应沿纵、横两个方向量测，并取其中的较大值。

② 现浇结构模板安装的允许偏差及检验方法应符合表 8-6 的规定。

表 8-6 现浇结构模板安装的允许偏差及检验方法

项目		允许偏差/mm	检验方法
轴线位置(纵、横两个方向)		5	钢尺检查
底模上表面标高		±5	水准仪或拉线、钢尺检查
截面内部尺寸	基础	±10	钢尺检查
	柱、墙、梁	+4，−5	钢尺检查

续表

项目		允许偏差/mm	检验方法
层高垂直度	不大于 5m	6	经纬仪或吊线、钢尺检查
	大于 5m	8	经纬仪或吊线、钢尺检查
相邻两板表面高低差		2	钢尺检查
表面平整度		5	2m 靠尺和塞尺检查

③ 预制构件模板安装的允许偏差及检验方法应符合表 8-7 的规定。

表 8-7　预制构件模板安装的允许偏差及检验方法

序号	项　　目		允许偏差/mm	检 验 方 法
1	长度	板、梁	±5	钢尺量两角边，取其中较大值
2		薄腹梁、桁架	±10	
3		柱	0，−10	
4		墙板	0，−5	
5	宽度	板、墙板	0，−5	钢尺量一端及中部，取其中较大值
6		梁、薄腹梁、桁架、柱	+2，−5	
7	高(厚)度	板	+2，−3	钢尺量一端及中部，取其中较大值
8		墙板	0，−5	
9		梁、薄腹梁、桁架、柱	+2，−5	
10	侧向弯曲	梁、板、柱	l/1000 且≤15	拉线、钢尺量最大弯曲处
11		墙板、薄腹梁、桁架	l/1500 且≤15	
12	板的表面平整度		3	2m 靠尺和塞尺检查
13	相邻两板表面高低差		1	钢尺检查
14	对角线差	板	7	钢尺量两个对角线
15		墙板	5	
16	翘曲	板、墙板	l/1500	调平尺在两端量测
17	设计起拱	薄腹梁、桁架、梁	±3	拉线、钢尺量跨中

注：l 为构件长度，mm。

(二) 模板拆除的质量要求

① 底模及其支架拆除时的混凝土强度应符合表 8-8 的规定。

表 8-8　底模及其支架拆除时的混凝土强度要求

序号	构件类型	结构跨度/m	达到设计的混凝土立方体抗压强度标准值的百分率/%
1	板	≤2	≥50
2		>2，≤8	≥75
3		>8	≥100

续表

序号	构件类型	结构跨度/m	达到设计的混凝土立方体抗压强度标准值的百分率/%
4	梁、拱、壳	≤8	≥75
5		>8	≥100
6	悬壁构件	—	≥100

② 对后张法预应力混凝土结构构件，侧模应在预应力张拉前拆除；底模支架的拆除应按施工技术方案执行，当无具体要求时，不应在结构构件建立预应力前拆除。

③ 后浇带模板的拆除和支顶应按施工技术方案执行。

第二节 钢筋工程

一、钢筋分类及其性能

钢筋混凝土用钢筋主要有热轧光圆钢筋、热轧带肋钢筋、余热处理钢筋、冷轧带肋钢筋、冷轧扭钢筋、冷拔螺旋钢筋、冷拔低碳钢丝等。

(1) 热轧（光圆、带肋）钢筋 热轧光圆钢筋是经热轧成型、横截面通常为圆形、表面光滑的成品钢筋。

热轧带肋钢筋是经热轧成型、横截面通常为圆形，且表面带肋的混凝土结构用钢材，包括普通热轧钢筋和细晶粒热轧钢筋。

(2) 余热处理钢筋 余热处理钢筋是热轧后立即穿水进行表面控制冷却，然后以芯部余热自身完成回火处理所得的成品钢筋。

(3) 冷轧带肋钢筋 冷轧带肋钢筋是热轧盘条经过冷轧后，在其表面带有沿长度方向均匀分布的三面或两面横肋的钢筋。其力学性能和工艺性能指标见表 8-9。

表 8-9 冷轧带肋钢筋的力学性能和工艺性能指标

牌号	$R_{p0.2}$/MPa	R_m/MPa	伸长率不小于/%		弯曲试验 180°	反复弯曲次数	应力松弛 初始应力相当于公称抗拉强度的 70% 1000h 松弛率/%
			$A_{11.3}$	A_{100}			
CRB550	≥500	≥550	8.0	—	$D=3d$		—
CRB650	≥585	≥650	—	4.0	—	3	≤8
CRB800	≥720	≥800	—	4.0	—	3	≤8
CRB970	≥875	≥970	—	4.0	—	3	≤8

注：表中 D 为弯芯直径；d 为钢筋公称直径。

(4) 冷拔螺旋钢筋 制造钢筋的盘条应符合《低碳钢热轧圆盘条》(GB/T 701—2008) 的有关规定。冷拔螺旋钢筋的力学性能见表 8-10。

表 8-10 冷拔螺旋钢筋的力学性能

级别代号	屈服强度 $\alpha_{0.2}$/MPa	抗拉强度 α_b/MPa	伸长率/%		冷弯 180°		应力松弛 $\alpha_{con}=0.7\sigma_b$	
			δ_{10}	δ_{100}	D=弯心直径		1000h/%	10h/%
LX550	≥500	≥550	≥8	—	$D=3d$	受弯曲部位表面不得产生裂缝	—	
LX650	≥520	≥650	—	≥4	$D=4d$		≤8	≤5
LX800	≥540	≥800	—	≥4	$D=5d$		≤8	≤5

注：1. 抗拉强度值应按公称直径 d 计算。

2. 伸长率测量标距 δ_{10} 为 $10d$；δ_{100} 为 100mm。

3. 对成盘供应的 LX650 和 LX800 级钢筋，经调直后的抗拉强度仍应符合表中规定。

（5）冷拔低碳钢丝 拔丝用热轧圆盘条应符合《低碳钢热轧圆盘条》（GB/T 701—2008）的有关规定。在冷拔过程中，不得酸洗和退火，冷拔低碳钢丝成品不允许对焊。冷拔低碳钢丝的力学性能见表 8-11。

表 8-11 冷拔低碳钢丝的力学性能

级别	公称直径 d/mm	抗拉强度 R/MPa	断后伸长率 A_{100}/%	反复弯曲次数/(次/180°)
甲级	5.0	≥650	≥3.0	≥4
		≥600		
	4.0	≥700	≥2.5	
		≥650		
乙级	3.0、4.0、5.0、6.0	≥550	≥2.0	

注：甲级冷拔低碳钢丝作预应力筋用时，如经机械调直则抗拉强度标准值应降低 50MPa。

二、钢筋加工

1. 钢筋除锈

钢筋的表面应洁净。油渍、漆污和用锤敲击时能剥落的浮皮、铁锈等应在使用前清除干净。在焊接前，焊点处的水锈应清除干净。钢筋除锈可采用机械除锈和手工除锈两种方法。

① 机械除锈可采用钢筋除锈机或钢筋冷拉、调直过程除锈。

对直径较细的盘条钢筋，通过冷拉和调直过程自动去锈；粗钢筋采用圆盘铁丝刷除锈机除锈。

电动除锈机如图 8-30 所示。该机的圆盘钢丝刷有成品供应，其直径为 200～300mm、厚度为 50～100mm、转速一般为 1000r/min，电动机功率为 1.0～1.5kW。为了减少除锈时灰尘飞扬，应装设排尘罩和排尘管道。

② 手工除锈可采用钢丝刷、砂盘、喷砂等除锈或酸洗除锈。工作量不大或在工地设置的临时工棚中操作时，可用麻袋布擦或用钢刷子刷；对于较粗的钢筋，用砂盘除锈法，即制作钢槽或木槽，槽内放置干燥的粗砂和细石子，将有锈的钢筋穿

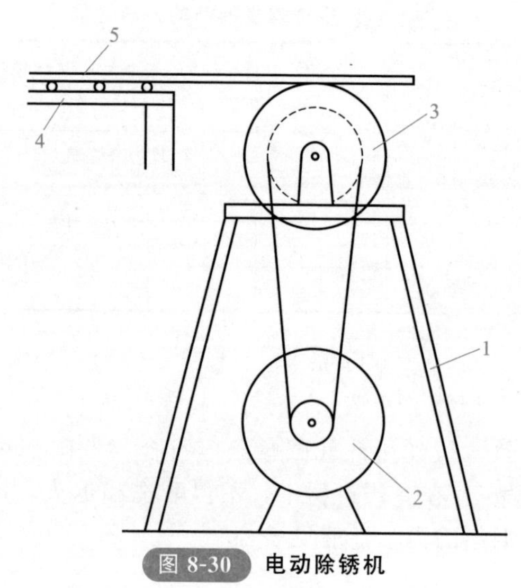

图 8-30 电动除锈机

1—支架；2—电动机；3—圆盘钢丝刷；4—滚轴台；5—钢筋

进砂盘中来回抽拉。

对于有起层锈片的钢筋，应先用小锤敲击，使锈片剥落干净，再用砂盘或除锈机除锈；对于因麻坑、斑点以及锈皮去层而使钢筋截面损伤的钢筋，使用前应鉴定是否降级使用或做其他处置。

2.钢筋切断

钢筋切断机具有断线钳、手压切断器、手动液压切断器、电动液压切断机、钢筋切断机等。

(1) 手动液压切断器 手动液压切断器如图 8-31 所示。其工作原理是：把放油阀按顺时针方向旋紧；按动压杆使柱塞提升，吸油阀被打开，工作油进入油室；提起压杆，工作油便被压缩进入缸体内腔，压力油推动活塞前进，安装在活塞杆前部的刀片即可断料。切断完毕后立即按逆时针方向旋开放油阀，在回位弹簧的作用下，压力油又流回油室，刀头自动缩回缸内，如此重复动作，以实现钢筋的切断。

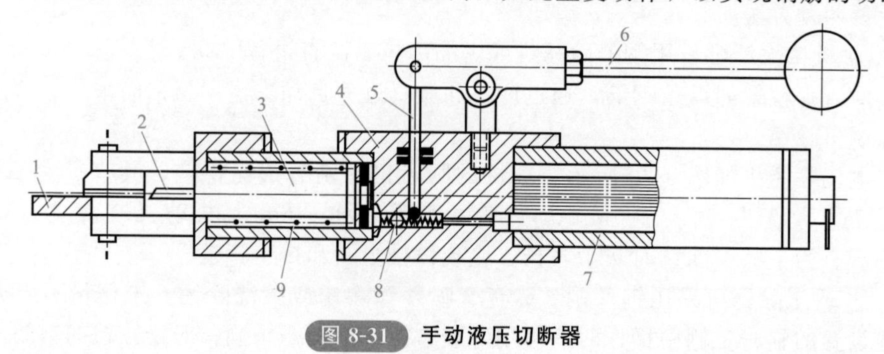

图 8-31 手动液压切断器

1—滑轨；2—刀片；3—活塞；4—缸体；5—柱塞；6—压杆；7—储油筒；8—吸油阀；9—回位弹簧

(2) 电动液压切断机　电动液压切断机如图 8-32 所示。

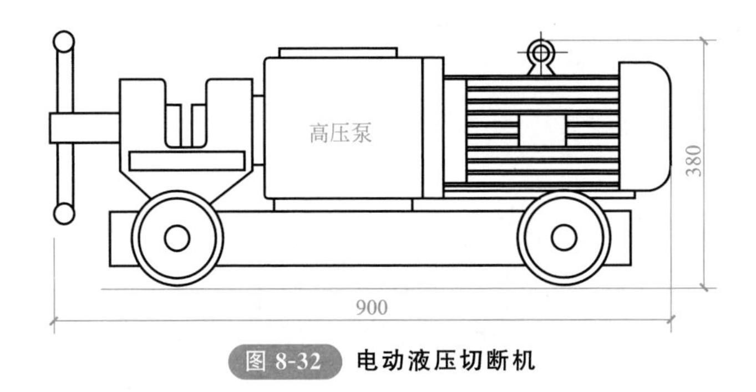

图 8-32　电动液压切断机

(3) 钢筋切断机　其切断工艺如下。

① 将同规格钢筋根据不同长度长短搭配，统筹排料；一般应先断长料，后断短料，以减少短头接头和损耗。

② 断料应避免用短尺量长料，以防止在量料中产生累计误差。宜在工作台上标出尺寸刻度并设置控制断料尺寸用的挡板。

③ 钢筋切断机的刀片应由工具钢热处理制成，刀片形状如图 8-33 所示。使用前应检查刀片安装是否正确、牢固，润滑及空车试运转应正常。固定刀片与冲切刀片的水平间隙以 0.5～1mm 为宜；固定刀片与冲切刀片刀口的距离：对直径≤20mm 的钢筋宜重叠 1～2mm，对直径＞20mm 的钢筋宜留 5mm 左右。

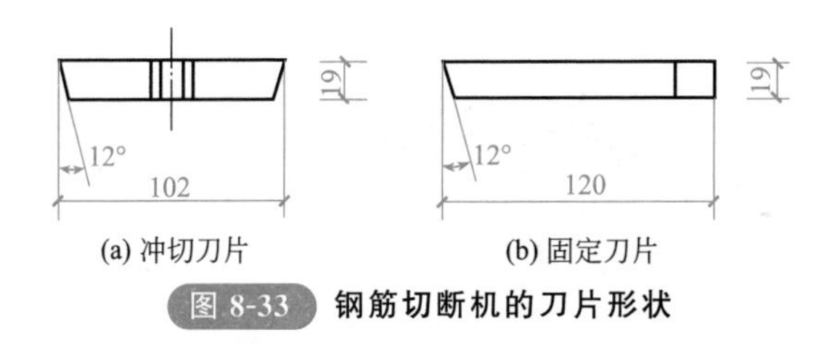

(a) 冲切刀片　(b) 固定刀片

图 8-33　钢筋切断机的刀片形状

④ 向切断机送料时，应将钢筋摆直，避免弯成弧形。操作者应将钢筋握紧，并应在冲切刀片向后退时送进钢筋；切断较短钢筋时，宜将钢筋套在钢管内送料，防止发生人身或设备安全事故。

3. 钢筋弯曲

(1) 画线　钢筋弯曲前，对形状复杂的钢筋（如弯起钢筋），根据钢筋料牌上标明的尺寸，用石笔将各弯曲点位置画出。画线时的注意事项如下。

① 根据不同的弯曲角度扣除弯曲调整值，其扣法是从相邻两段长度中各扣一半。

② 钢筋端部带半圆弯钩时，该段长度画线时增加 0.5d（d 为钢筋）。

③ 画线工作宜从钢筋中线开始向两边进行；两边不对称的钢筋，也可从钢筋一端开始画线，如画到另一端有出入时，则应重新调整。

(2) 钢筋弯曲成型 钢筋在弯曲机上成型时，如图 8-34 所示。心轴直径应是钢筋直径的 2.5～5.0 倍，成型轴宜加偏心轴套，以便适应不同直径的钢筋弯曲需要。弯曲细钢筋时，为了使弯弧一侧的钢筋保持平直，挡铁轴宜做成可变挡架或固定挡架（加铁板调整）。

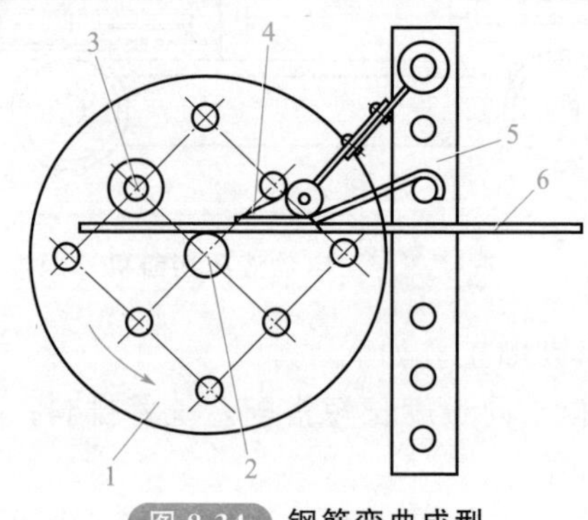

图 8-34 钢筋弯曲成型

1—工作盘；2—十字撑及圆套；3—桩柱及圆套；4—挡轴钢套；5—插座板；6—钢筋

(3) 曲线形钢筋成型 弯制曲线形钢筋时，如图 8-35 所示，可在原有钢筋弯曲机的工作盘中央，放置一个十字架和钢套；另外在工作盘四个孔内插上短轴和成型钢套（和中央钢套相切）。插座板上的挡轴钢套尺寸，可根据钢筋曲线形状选用。钢筋成型过程中，成型钢套起顶弯作用，十字架只协助推进。

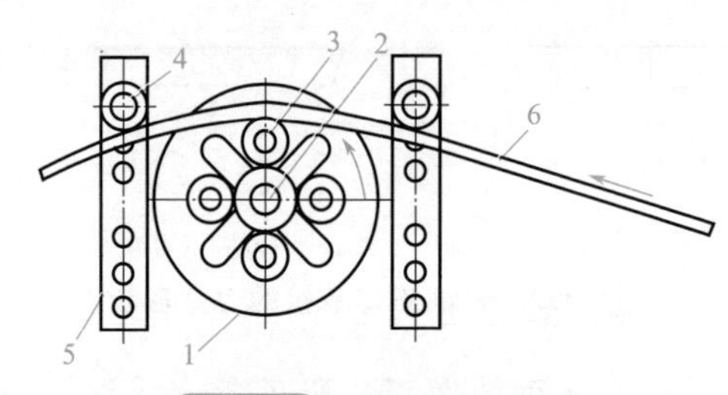

图 8-35 曲线形钢筋成型

1—工作盘；2—十字撑及圆套；3—桩柱及圆套；4—挡轴钢套；5—插座板；6—钢筋

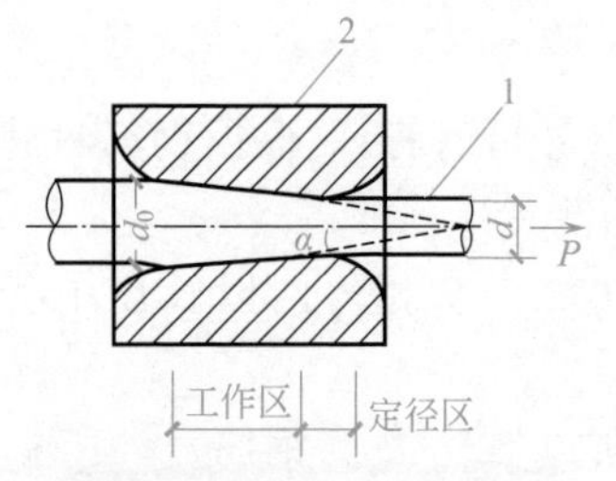

图 8-36 钢筋冷拔示意图

1—钢筋；2—拔丝模；d_0—原始直径；d—钢筋直径；α—压缩角；P—拉伸强度

4.钢筋冷拔

冷拔是使 $\phi6$～$\phi9$ 的光圆钢筋通过钨合金的拔丝模（如图 8-36 所示）来进行强力冷拔。钢筋通过拔丝模时，受到拉伸与压缩兼有的作用，使钢筋内部晶格变形而产生塑性变形，因而抗拉强度提高（可提高 50%～90%），塑性降低，呈硬钢性质。光圆钢筋经冷拔后称冷拔低碳钢丝。

冷拔低碳钢丝有时是经多次冷拔而成，不一定是一次冷拔就达到总压缩率。每次冷拔的压缩率不宜太大，否则拔丝机的功率要大，拔丝模易损耗，且易断丝。一般前道钢丝和后道钢丝的直径之比以1∶0.87为宜。冷拔次数亦不宜过多，否则易使钢丝变脆。

三、钢筋连接

钢筋焊接

扫码观看本视频

钢筋连接有三种常用的连接方法：绑扎连接、焊接连接和机械连接。除个别情况（如不准出现明火）外均应尽量采用焊接连接，以保证质量、提高效率和节约钢材。

1.钢筋焊接连接

(1) 钢筋焊接连接应符合的规定

① 细晶粒热轧钢筋HRBF335、HRBF400、HRBF500施焊时，可采用与HRB400、HRB500钢筋相同的或者近似，并经试验确认的焊接工艺参数。直径大于28mm的带肋钢筋，焊接参数应经试验确定；余热处理钢筋不宜焊接。

② 电渣压力焊适用于柱、墙、构筑物等现浇混凝土结构中竖向受力钢筋的连接；不得在竖向焊接后横置于梁、板等构件中作水平钢筋使用。

③ 在工程开工正式焊接之前，参与该项施焊的焊工应进行现场条件下的焊接工艺试验，并经试验合格后，方可正式生产。试验结果应符合质量检验与验收时的要求。焊接工艺试验的资料应存于工程档案。

④ 钢筋焊接施工之前，应清除钢筋、钢板焊接部位以及钢筋与电极接触处表面上的锈斑、油污、杂物等；钢筋端部当有弯折、扭曲时，应予以矫直或切除。

⑤ 带肋钢筋闪光对焊、电弧焊、电渣压力焊和气压焊，宜将纵肋对纵肋安放和焊接。

⑥ 焊剂应存放在干燥的库房内，若受潮时，在使用前应经250～350℃烘焙2h。使用中回收的焊剂应清除熔渣和杂物，并应与新焊剂混合均匀后使用。

⑦ 两根同牌号、不同直径的钢筋可进行闪光对焊、电渣压力焊或气压焊，闪光对焊时直径差不得超过4mm，电渣压力焊或气压焊时，其直径差不得超过7mm。焊接工艺参数可在大、小直径钢筋焊接工艺参数之间偏大选用，两根钢筋的轴线应在同一直线上。对接头强度的要求，应按较小直径钢筋计算。

⑧ 当环境温度低于－20℃时，不宜进行各种焊接。雨天、雪天不宜在现场进行施焊；必须施焊时，应采取有效遮蔽措施。焊后未冷却接头不得碰到冰雪。在现场进行闪光对焊或电弧焊，当超过四级风力时，应采取挡风措施。进行气压焊，当超过三级风力时，应采取挡风措施。

⑨ 焊机应经常维护保养和定期检修，确保正常使用。

(2) 钢筋闪光对焊　闪光对焊广泛用于钢筋纵向连接及预应力钢筋与螺丝端杆的焊接。热轧钢筋的焊接宜优先用闪光对焊，不可能时才用电弧焊。

钢筋闪光对焊的原理如图 8-37 所示。是利用对焊机使两段钢筋接触，通过低电压的强电流，待钢筋被加热到一定温度变软后，进行轴向加压顶锻，形成对焊接头。

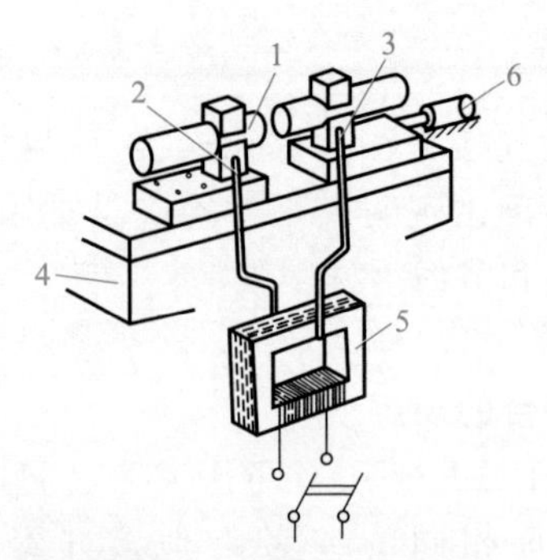

图 8-37 钢筋闪光对焊的原理

1—焊接的钢筋；2—固定电极；3—可动电极；4—机座；5—变压器；6—手动顶压机构

闪光对焊工艺可以分为连续闪光焊、预热-闪光焊、闪光-预热-闪光焊，如图 8-38 所示。

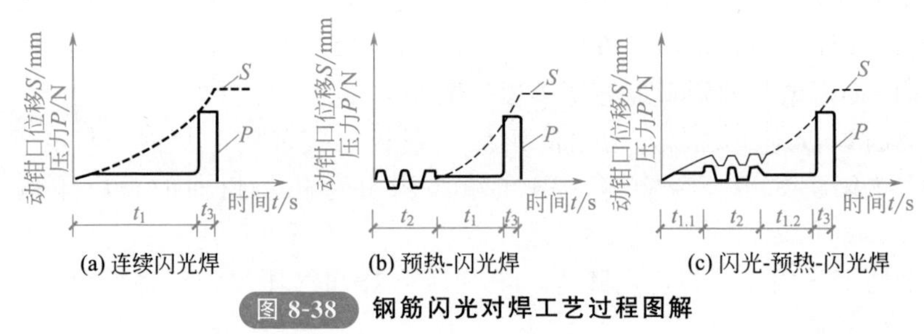

图 8-38 钢筋闪光对焊工艺过程图解

t_1—闪光时间；$t_{1.1}$—一次闪光时间；$t_{1.2}$—二次闪光时间；t_2—预热时间；t_3—顶锻时间

① 连续闪光焊。连续闪光焊的工艺过程包括：连续闪光和顶锻，过程如图 8-38（a）所示。施焊时，先闭合一次电路，使两根钢筋端面轻微接触，此时端面的间隙中即喷射出火花般熔化的金属微粒——闪光，接着徐徐移动钢筋使两端面仍保持轻微接触，形成连续闪光。当闪光到预定的长度，使钢筋端头加热到将近熔点时，就以一定的压力迅速进行顶锻。先带电顶锻，再无电顶锻到一定长度，焊接接头即告完成。

连续闪光焊的工艺参数为调伸长度、烧化留量、顶锻留量及变压器级数等，如图 8-39 所示。

② 预热-闪光焊。预热-闪光焊是在连续闪光焊前增加一次预热过程，以扩大焊接热影响区。其工艺过程包括：预热、闪光和顶锻，过程如 8-38(b) 所示。施焊时先闭合电源，然后使两根钢筋端面交替地接触和分开，这时钢筋端面的间隙中即发出断续的闪光而形成预热过程。当钢筋达到预热温度后进入闪光阶段，随后顶锻而成。

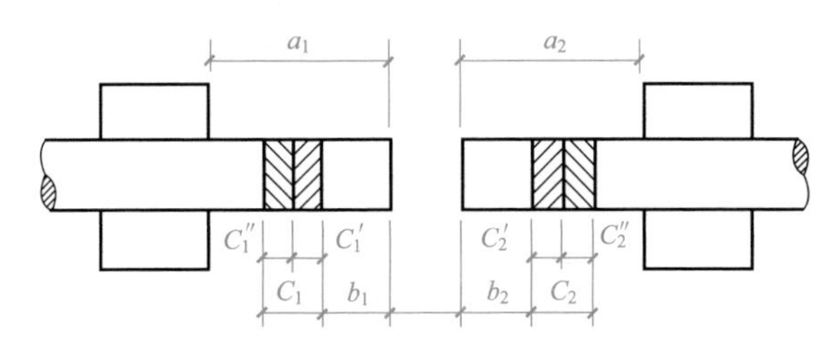

图 8-39 调伸长度及留量

a_1,a_2—左、右钢筋的调伸长度；b_1+b_2—烧化留量；C_1+C_2—顶锻留量；$C_1'+C_2'$—有电顶锻留量；$C_1''+C_2''$—无电顶锻留量

③ 闪光-预热-闪光焊。闪光-预热-闪光焊是在预热闪光焊前加一次闪光过程，目的是使不平整的钢筋端面烧化平整，使预热均匀。其工艺过程包括：一次闪光、预热、二次闪光及顶锻，过程如图 8-38(c) 所示。施焊时首先连续闪光，使钢筋端部闪平，然后同预热-闪光焊。

(3) 钢筋电阻点焊 电阻点焊主要用于钢筋的交叉连接，如用来焊接钢筋网片、钢筋骨架等。它生产效率高、节约材料，应用广泛。

常用的点焊机有单点点焊机、多头点焊机（一次可焊数点，用于宽大的钢筋网)、悬挂式点焊机（可焊钢筋骨架或钢筋网)、手提式点焊机（用于施工现场)。

电阻点焊的工作原理是，当钢筋交叉点焊时，接触点只有一点，且接触电阻较大，在接触的瞬间，电流产生的全部热量都集中在一点上，因而使金属受热而熔化，同时在电极加压下使焊点金属得到焊合，其工作原理如图 8-40 所示。

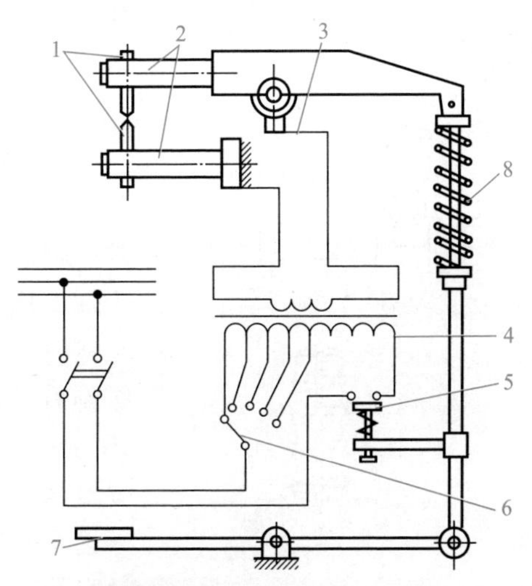

图 8-40 点焊机工作原理简图

1—电极；2—电极臂；3—变压器的次级线圈；4—变压器的初级线圈；5—断路器；6—变压器的调节开关；7—踏板；8—压紧机构

（4）钢筋电弧焊 电弧焊是利用弧焊机使焊条与焊件之间产生高温电弧，进而使焊条和电弧燃烧范围内的焊件熔化，待其凝固便形成焊缝或接头。电弧焊广泛用于钢筋接头、钢筋骨架焊接、装配式结构接头的焊接、钢筋与钢板的焊接及各种钢结构焊接。

2.钢筋机械连接

常用的钢筋机械连接主要有钢筋套筒挤压连接、钢筋毛镦粗直螺旋套筒连接和钢筋锥螺纹套管连接。

（1）钢筋套筒挤压连接 钢筋套筒挤压连接是将需连接的变形钢筋插入特制钢套筒内，利用液压驱动的挤压机进行径向或轴向挤压，使钢套筒产生塑性变形，使它紧紧咬住变形钢筋实现连接，如图8-41所示。它适用于竖向、横向及其他方向的较大直径变形钢筋的连接。与焊接相比，它具有节省电能、不受钢筋可焊性好坏影响、不受气候影响、无明火、施工简便和接头可靠度高等特点。

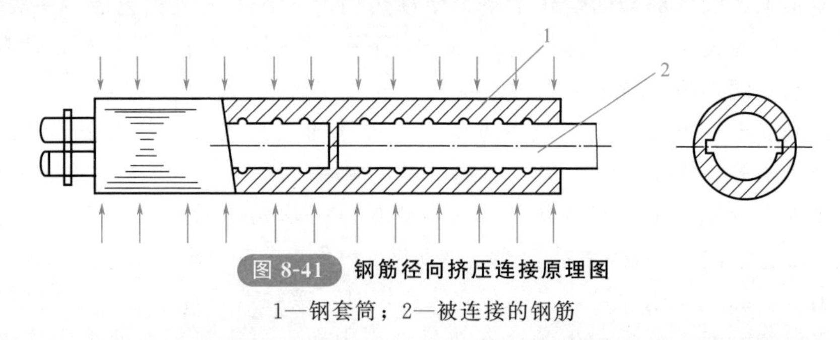

图8-41 钢筋径向挤压连接原理图

1—钢套筒；2—被连接的钢筋

（2）钢筋毛镦粗直螺旋套筒连接 钢筋毛镦粗直螺旋套筒连接由钢筋液压冷镦机、钢筋直螺纹套丝机、扭力扳手和量规等组成。

（3）钢筋锥螺纹套管连接 用于这种连接的钢套管内壁采用专用机床加工使其具有锥螺纹，钢筋的对接端头亦在套丝机上加工成与套管匹配的锥螺纹。连接时，经对螺纹检查无油污和损伤后，先用手旋入钢筋，然后用扭矩扳手紧固至规定的扭矩即完成连接。钢筋锥螺纹套管连接示意图如图8-42所示。它施工速度快、不受气候影响、质量稳定、对中性好。

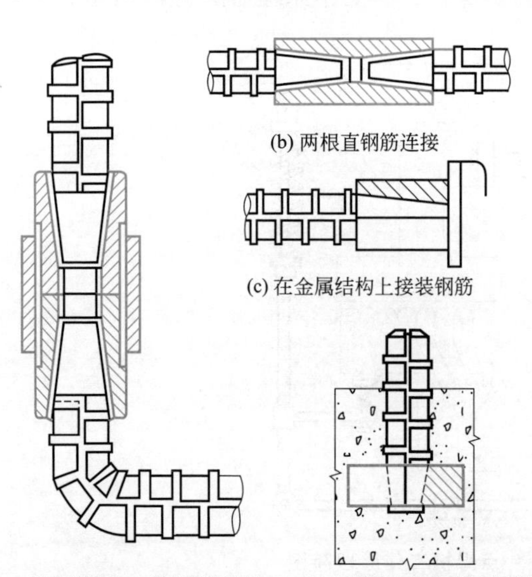

(a) 一根直钢筋与一根弯钢筋连接　(b) 两根直钢筋连接　(c) 在金属结构上接装钢筋　(d) 在混凝土构件中插接钢筋

图8-42 钢筋锥螺纹套管连接示意图

此外，绑扎目前仍为钢筋

连接的主要手段之一。钢筋绑扎时，钢筋交叉点应采用铁丝扎牢；板和墙的钢筋网，除外围两行钢筋的相交点全部扎牢外，中间部分交叉点可相隔交错扎牢，保证受力钢筋位置不产生偏移；梁和柱的箍筋应与受力钢筋垂直设置，弯钩叠合处应沿受力钢筋方向错开设置。钢筋绑扎搭接长度的末端与钢筋弯曲处的距离，不得小于钢筋直径的10倍，且接头不宜在构件最大弯矩处。钢筋搭接处，应在中部和两端用铁丝扎牢。

第三节 混凝土工程

一、混凝土的原材料

混凝土应采用水泥、砂、碎（卵）石、掺合料、外加剂和水配制而成。

（一）水泥

水泥是一种最常用的水硬性胶凝材料。水泥呈粉末状，加入适量水后，成为塑性浆体，既能在空气中硬化，又能在水中硬化，并能把砂、石等散状材料牢固地胶结在一起。在土木工程中常用的水泥有：硅酸盐水泥、普通硅酸盐水泥、矿渣硅酸盐水泥、火山灰质硅酸盐水泥、粉煤灰硅酸盐水泥、复合硅酸盐水泥。水泥的组分与强度等级见表8-12。

表8-12 水泥的组分与强度等级

品种	组分(质量分数)/%		代号	强度等级
	熟料+石膏	混合材料		
硅酸盐水泥	100	—	P·I	42.5、42.5R、52.5、52.5R、62.5、62.5R
	≥95	≤5	P·Ⅱ	
普通硅酸盐水泥	≥80且<95	>5且≤20	P·O	42.5、42.5R、52.5、52.5R
矿渣硅酸盐水泥	≥50且<80	>20且≤50	P·S·A	32.5、32.5R、42.5、42.5R、52.5、52.5R
	≥30且<50	>50且≤70	P·S·B	
火山灰质硅酸盐水泥	≥60且<80	>20且≤40	P·P	32.5、32.5R、42.5、42.5R、52.5、52.5R
粉煤灰硅酸盐水泥	≥60且<80	>20且≤40	P·F	32.5、32.5R、42.5、42.5R、52.5、52.5R
复合硅酸盐水泥	≥50且<80	>20且≤50	P·C	32.5、32.5R、42.5、42.5R、52.5、52.5R

水泥应根据工程设计、施工要求和工程所处环境而选用，可参照表8-13。

表 8-13 水泥选用表

混凝土工程特点或所处环境条件	优先选用	可以使用	不得使用
在普通气候环境中的混凝土	普通硅酸盐水泥	矿渣硅酸盐水泥、火山灰质硅酸盐水泥、粉煤灰硅酸盐水泥	—
在干燥环境中的混凝土	普通硅酸盐水泥	矿渣硅酸盐水泥	火山灰质硅酸盐水泥、粉煤灰硅酸盐水泥
在高湿度环境中或永远处在水下的混凝土	矿渣硅酸盐水泥	普通硅酸盐水泥、火山灰质硅酸盐水泥、粉煤灰硅酸盐水泥	—
严寒地区的露天混凝土、寒冷地区的处在水位升降范围内的混凝土	普通硅酸盐水泥	矿渣硅酸盐水泥	火山灰质硅酸盐水泥、粉煤灰硅酸盐水泥
受侵蚀性环境水或侵蚀性气体作用的混凝土	根据侵蚀性介质的种类、浓度等具体条件按规定选用		
厚大体积的混凝土	粉煤灰硅酸盐水泥、矿渣硅酸盐水泥	普通硅酸盐水泥、火山灰质硅酸盐水泥	硅酸盐水泥

(二) 砂

砂根据加工方法的不同，分为天然砂、人工砂和混合砂，在施工过程中应选用天然砂。天然砂中含泥量、泥块含量应符合表 8-14 的规定；砂中有害物质含量限值应符合表 8-15 的规定。

表 8-14 天然砂中含泥量、泥块含量限值

混凝土强度等级	≥C30	<C30
含泥量(按质量计)/%	≤3.0	≤5.0
泥块含量(按质量计)/%	≤1.0	≤2.0

表 8-15 砂中有害物质含量限值

项　　目	质量指标
云母含量(按质量计)/%	≤2.0
轻物质含量(按质量计)/%	≤1.0
硫化物及硫酸盐含量(折算成 SO_3,按质量计)/%	≤1.0
有机物含量(用比色法试验)	颜色不应深于标准色,如深于标准色,则应按水泥胶砂强度试验方法,进行强度对比试验,按压强度比不应低于 0.95

(三) 碎(卵)石

由天然岩石或卵石经破碎、筛分而成的，公称粒径大于5.00mm的岩石颗粒称为碎石。由自然条件作用形成的，公称粒径大于5.00mm的岩石颗粒，称为卵石。碎石和卵石的质量指标应符合表8-16的规定。

表8-16 碎石和卵石的质量指标

<table>
<tr><th colspan="4">项 目</th><th colspan="2">质量指标</th></tr>
<tr><td rowspan="3">含泥量
(按质量计)/%</td><td rowspan="3">混凝土
强度等级</td><td colspan="2">≥C60</td><td colspan="2">≤0.5</td></tr>
<tr><td colspan="2">C55～C30</td><td colspan="2">≤1.0</td></tr>
<tr><td colspan="2">≤C25</td><td colspan="2">≤2.0</td></tr>
<tr><td rowspan="3">泥块含量
(按质量计)/%</td><td rowspan="3">混凝土
强度等级</td><td colspan="2">≥C60</td><td colspan="2">≤0.2</td></tr>
<tr><td colspan="2">C55～C30</td><td colspan="2">≤0.5</td></tr>
<tr><td colspan="2">≤C25</td><td colspan="2">≤0.7</td></tr>
<tr><td rowspan="3">针、片状颗粒含量
(按质量计)/%</td><td rowspan="3">混凝土
强度等级</td><td colspan="2">≥C60</td><td colspan="2">≤8</td></tr>
<tr><td colspan="2">C55～C30</td><td colspan="2">≤15</td></tr>
<tr><td colspan="2">≤C25</td><td colspan="2">≤25</td></tr>
<tr><td rowspan="6">碎石
压碎指标值
/%</td><td rowspan="6">混凝土
强度等级</td><td rowspan="2">沉积岩</td><td>C60～C40</td><td colspan="2">≤10</td></tr>
<tr><td>≤C35</td><td colspan="2">≤16</td></tr>
<tr><td rowspan="2">变质岩
或深层的火成岩</td><td>C60～C40</td><td colspan="2">≤12</td></tr>
<tr><td>≤C35</td><td colspan="2">≤20</td></tr>
<tr><td rowspan="2">喷出的火成岩</td><td>C60～C40</td><td colspan="2">≤13</td></tr>
<tr><td>≤C35</td><td colspan="2">≤30</td></tr>
<tr><td rowspan="2">卵石、碎卵石
压碎指标值/%</td><td rowspan="2" colspan="2">混凝土强度等级</td><td>C60～C40</td><td colspan="2">≤12</td></tr>
<tr><td>≤C35</td><td colspan="2">≤16</td></tr>
<tr><td rowspan="2">有害物质含量</td><td colspan="3">硫化物及硫酸盐含量
(折算成 SO_3，按质量计，%)</td><td colspan="2">≤1.0</td></tr>
<tr><td colspan="3">卵石中有机物含量(用比色法试验)</td><td colspan="2">颜色应不深于标准色。当颜色深于标准色时，应配制成混凝土进行强度对比试验，抗压强度比不应低于0.95</td></tr>
<tr><td rowspan="2">坚固性</td><td rowspan="2">混凝土所处的环境条件及其性能要求</td><td colspan="2">在严寒及寒冷地区室外使用并经常处于潮湿或干湿交替状态下的混凝土
对于有抗疲劳、耐磨、抗冲击要求的混凝土
有腐蚀介质作用或经常处于水位变化区的地下结构混凝土</td><td rowspan="2">5次循环后的
质量损失/%</td><td>≤8</td></tr>
<tr><td colspan="2">其他条件下使用的混凝土</td><td>≤12</td></tr>
<tr><td>含碱量/(kg/m^3)</td><td colspan="3">当活性骨料时，混凝土中的碱含量</td><td colspan="2">≤3</td></tr>
</table>

（四）掺合料

掺合料是混凝土的主要组成材料，它起着改善混凝土性能的作用。在混凝土中加入适量的掺合料，可以起到降低温升、改善工作性、增进后期强度、改善混凝土内部结构、提高耐久性、节约资源的作用。

掺合料中的主要成分有粉煤灰、粒化高炉矿渣粉、沸石粉和硅灰等。其技术要求见表8-17～表8-20。

表8-17 粉煤灰的技术要求

项目		技术要求		
		Ⅰ级	Ⅱ级	Ⅲ级
细度(45μm方孔筛筛余)/%	F类粉煤灰	≤12.0	≤25.0	≤45.0
	C类粉煤灰			
需水量比/%	F类粉煤灰	≤95	≤105	≤115
	C类粉煤灰			
烧失量/%	F类粉煤灰	≤5.0	≤8.0	≤15.0
	C类粉煤灰			
含水量/%	F类粉煤灰	≤1.0		
	C类粉煤灰			
三氧化硫/%	F类粉煤灰	≤3.0		
	C类粉煤灰			
游离氧化钙/%	F类粉煤灰	≤1.0		
	C类粉煤灰	≤4.0		
安定性 雷氏夹沸煮后增加距离/mm	C类粉煤灰	≤5.0		
放射性	F类粉煤灰	合格		
	C类粉煤灰			
碱含量	F类粉煤灰	由买卖双方协商确定		
	C类粉煤灰			

表8-18 粒化高炉矿渣粉的技术要求

项目		技术要求		
		S105	S95	S75
密度/(g/cm³)		≥2.8		
比表面积/(m²/kg)		≥500	≥400	≥300
活性指数/%	7天	≥95	≥75	≥55
	28天	≥105	≥95	≥75

续表

项目	技术要求		
	S105	S95	S75
流动度比/%	≥95		
含水量(质量分数)/%	≤1.0		
三氧化硫(质量分数)/%	≤4.0		
氯离子(质量分数)/%	≤0.06		
烧失量(质量分数)/%	≤3.0		
玻璃体含量(质量分数)/%	≥85		
放射性	合格		

表 8-19 沸石粉的技术要求

项目	技术要求		
	Ⅰ级	Ⅱ级	Ⅲ级
吸铵值/(mmol/100g)	≥130	≥100	≥90
细度(80μm 筛筛余)/%	≤4.0	≤10	≤15
需水量比/%	≤125	≤120	≤120
28 天抗压强度比/%	≥75	≥70	≥62

表 8-20 硅灰的技术要求

项目	指标	项目	指标
固含量(液料)	按生产厂控制值的±2%	需水量比	≤125%
总碱量	≤1.5%	比表面积(BET 法)	$\geq 15m^2/g$
SiO_2 含量	≥85.0%	活性指数(7 天快速法)	≥105%
氯含量	≤0.1%	放射性	$I_{ra} \leq 1.0$ 和 $I_r \leq 1.0$
含水率(粉料)	≤3.0%	抑制碱骨料反应性	14 天膨胀率降低值≥35%
烧失量	≤4.0%	抗氯离子渗透性	28 天电通量之比≤40%

注：I_{ra} 为内照射指数；I_r 为外照射指数。

（五）外加剂

在混凝土拌和过程中掺入，并能按要求改善混凝土性能，一般不超过水泥质量的 5%（特殊情况除外）的材料称为混凝土外加剂。

外加剂可根据改变混凝土性能要求，选用普通减水剂、高效减水剂、缓凝高效减水剂、早强减水剂、缓凝减水剂、引气减水剂、早强剂、缓凝剂和引气剂。外加剂的品种及其掺量由设计确定。

掺外加剂混凝土的减水率、泌水率比、含气量指标应符合表 8-21 的规定。

表 8-21 掺外加剂混凝土的减水率、泌水率比、含气量指标

外加剂品种及代号			减水率/% 不小于	泌水率比/% 不大于	含气量/%
高性能减水剂	早强型	HPWR-A	25	50	≤6.0
	标准型	HPWR-S	25	60	≤6.0
	缓凝型	HPWR-R	25	70	≤6.0
高效减水剂	标准型	HWR-S	14	90	≤3.0
	缓凝型	HWR-R	14	100	≤4.5
普通减水剂	早强型	WR-A	8	95	≤4.0
	标准型	WR-S	8	100	≤4.0
	缓凝型	WR-R	8	100	≤5.5
引气减水剂		AEWR	10	70	≥3.0
泵送剂		PA	12	70	≤5.5
早强剂		Ac	—	100	—
缓凝剂		Re	—	100	—
引气剂		AE	6	70	≥3.0

(六) 水

水应采用饮用水，地表水和地下水首次使用前，应进行检验后方可使用。水质要求应符合表 8-22 的规定。

表 8-22 水质要求

项目	预应力混凝土	钢筋混凝土	素混凝土
pH 值	≥5.0	≥4.5	≥4.5
不溶物/(mg/L)	≤2000	≤2000	≤5000
可溶物/(mg/L)	≤2000	≤5000	≤10000
氯化物(以 Cl^- 计)/(mg/L)	≤500	≤1000	≤3500
硫酸盐(以 SO_4^{2-} 计)/(mg/L)	≤600	≤2000	≤2700
碱含量/(mg/L)	≤1500	≤1500	≤1500

二、混凝土的配合比设计

混凝土配合比是指混凝土各组成材料之间用量的比例关系。一般按质量计，以水泥质量为 1，以水泥∶砂∶石子和水灰比来表示。

1. 混凝土配合比设计依据

① 混凝土拌合物工作性能，如坍落度、扩展度、微薄稠度等。

② 混凝土力学性能，如抗压强度、抗折强度等。

③ 混凝土耐久性能，如抗渗性、抗冻性、抗侵蚀性等。

2. 混凝土配合比设计步骤

(1) 计算混凝土配制强度

为了使设计混凝土强度等级标准值 $f_{cu,k}$ 具有较高的强度保证率，配制强度 $f_{cu,o}$ 一定要比设计标准强度值 $f_{cu,k}$ 大。配制强度 $f_{cu,o}$ 的计算公式为

$$f_{cu,o}=f_{cu,k}+1.645\sigma$$

式中　$f_{cu,o}$——混凝土施工配制强度，MPa；

$f_{cu,k}$——设计的混凝土强度标准值，MPa；

σ——施工单位的混凝土强度标准差，MPa。

施工单位的混凝土强度标准差 σ 按下式计算

$$\sigma=\sqrt{\frac{\sum_{i=1}^{N}f_{cu,i}^{2}-N\mu_{f_{cu}}^{2}}{N-1}}$$

式中　$f_{cu,i}$——统计周期内同一品种混凝土第 i 组试件的强度值，MPa；

$\mu_{f_{cu}}$——统计周期内同一品种混凝土 N 组强度的平均值，MPa；

N——统计周期内同一品种混凝土试件的总组数，$N\geqslant 25$。

“同一品种混凝土”系指混凝土强度等级相同，且生产工艺和配合比基本相同的混凝土。统计周期：对预拌混凝土厂和预制厂，可取为一个月；对现场拌制混凝土的施工单位，可根据实际情况确定，但不宜超过 3 个月。当混凝土强度等级为 C20 或 C25 时，如计算得到的 $\sigma<2.5$MPa，取 $\sigma=2.5$MPa；当混凝土强度等级高于 C25 时，如计算得到的 $\sigma<3.0$MPa，取 $\sigma=3.0$MPa。

(2) 计算水灰比

① 碎石混凝土

$$f_{cu,o}=0.46f_{c}^{o}\left(\frac{C}{W}-0.52\right)$$

② 卵石混凝土

$$f_{cu,o}=0.48f_{c}^{o}\left(\frac{C}{W}-0.61\right)$$

式中　$f_{cu,o}$——混凝土配制强度，MPa；

f_{c}^{o}——水泥实际强度，MPa。如未测出，取 $f_{c}^{o}=(1.0\sim1.13)f_{ck}^{o}$，$f_{ck}^{o}$ 为水泥标准抗压强度，MPa；

$\frac{C}{W}$——灰水比，其倒数为水灰比。

按强度要求计算出的水灰比还应满足表 8-23 中耐久性的要求，如计算水灰比值大于表中规定的最大水灰比值时，则取表中规定的最大水灰比值。

表 8-23 混凝土最大水灰比和最小水泥用量

项次	混凝土所处的环境条件	最大水灰比	最小水泥用量/(kg/m³)			
			普通混凝土		轻骨料混凝土	
			配筋	无筋	配筋	无筋
1	不受雨雪影响的混凝土	不作规定	250	200	250	225
2	(1)受雨雪影响的露天混凝土 (2)位于水中及水位升降范围内的混凝土 (3)在潮湿环境中的混凝土	0.70	250	225	275	250
3	(1)寒冷地区水位升降范围内的混凝土 (2)受水压作用的混凝土	0.65	275	250	300	275
4	严寒地区水位升降范围内的混凝土	0.6	300	275	325	300

(3) 每立方米混凝土的用水量 干硬性和塑性混凝土的用水量根据粗骨料的品种、粒径及施工要求的混凝土拌合物稠度来确定，见表 8-24 和表 8-25。

表 8-24 干硬性混凝土的用水量 单位：kg/m³

拌合物稠度		卵石最大粒径			碎石最大粒径		
项目	指标	10.0mm	20.0mm	40.0mm	16.0mm	20.0mm	40.0mm
维勃稠度/s	16～20	175	160	145	180	170	155
	11～15	180	165	150	185	175	160
	5～10	185	170	155	190	180	165

表 8-25 塑性混凝土的用水量 单位：kg/m³

所需坍落度/mm	卵石最大粒径			碎石最大粒径		
	10mm	20mm	40mm	15mm	20mm	40mm
10～30	190	170	160	205	185	170
30～50	200	180	170	215	195	180
50～70	210	190	180	225	205	190
70～90	215	195	185	235	215	200

(4) 计算水泥用量 水泥用量可根据已确定的水灰比值和用水量接下式计算

$$C_0=\frac{C}{W}\times W_0$$

式中 C_0——每立方米混凝土中的水泥用量，kg；

W_0——每立方米混凝土中的用水量，kg；

$\frac{W}{C}$——水灰比。

(5) 选取混凝土砂率 坍落度为 10～60mm 的混凝土砂率，可根据粗骨料品种、粒径及水灰比参照表8-26选取。坍落度大于60mm的混凝土砂率，按坍落度每增加20mm，砂率增加1%的幅度加以调整。

表8-26 混凝土的砂率 单位：%

水灰比(W/C)	卵石最大粒径			碎石最大粒径		
	10mm	20mm	40mm	15mm	20mm	40mm
0.4	26～32	25～31	24～30	30～35	29～34	27～32
0.5	30～35	29～34	28～33	33～38	32～37	30～35
0.6	33～38	32～37	31～36	36～41	35～40	33～38
0.7	36～41	35～40	34～39	39～44	38～43	36～41

(6) 计算粗、细骨料的用量 在已知混凝土用水量、水泥用量和砂率的情况下，按体积法或质量法求出粗、细骨料的用量，从而得出混凝土的初步配合比。

① 体积法又称绝对体积法。这种方法是假定混凝土组成材料绝对体积的总和等于混凝土的体积。计算公式如下

$$\frac{m_{c0}}{\rho_c}+\frac{m_{g0}}{\rho_g}+\frac{m_{s0}}{\rho_s}+\frac{m_{w0}}{\rho_w}+0.01\alpha=1$$

$$m_{s0}/(m_{g0}+m_{s0})\times 100\%=\beta_s$$

式中 m_{c0}——每立方米混凝土的水泥用量，kg/m^3；

m_{g0}——每立方米混凝土的粗骨料用量，kg/m^3；

m_{s0}——每立方米混凝土的细骨料用量，kg/m^3；

m_{w0}——每立方米混凝土的用水量，kg/m^3；

ρ_c——水泥密度，kg/m^3，可取2900～3100kg/m^3；

ρ_g——粗骨料的表观密度，kg/m^3；

ρ_s——细骨料的表观密度，kg/m^3；

ρ_w——水的密度，kg/m^3，可取1000kg/m^3；

α——混凝土的含气量百分数，在不使用引气剂外加剂时，α可取为1；

β_s——砂率，%。

② 质量法的计算原理是假定混凝土拌合物各组成材料为已知，从而求出单位体积混凝土的骨料质量，其公式为

$$m_{c0}+m_{s0}+m_{g0}+m_{w0}=m_{cp}$$

$$m_{s0}/(m_{g0}+m_{s0})\times 100\%=\beta_s$$

式中 m_{cp}——每立方米混凝土拌合物的假定质量，kg/m^3，其值可取2350～2450kg/m^3。

3. 施工配合比计算

施工现场存放的砂、石材料都含有一定水分，且含水率是经常变化的，因此试

验室配合比不能直接用于施工，在现场配料时应随时根据实测的砂、石含水率进行配合比修正，即对砂、石和水用量做相应的调整，将试验配合比换算为适合实际砂、石含水情况的施工配合比。

砂、石含水率按下式计算

$$w_0=\frac{G_1-G_2}{G_2}\times 100(\%)$$

式中 w_0——砂、石含水率，%；

G_1——砂、石未烘干前（天然状态）的质量，kg；

G_2——砂、石在烘干后（烘干状态）的质量，kg。

三、混凝土的搅拌与运输

1. 混凝土的搅拌

混凝土的搅拌应在混凝土搅拌机中进行，常用的搅拌机有强制式搅拌机和自落式搅拌机两类。

混凝土搅拌的技术要求按下列规定执行。

(1) 混凝土的允许累计偏差 混凝土原材料按质量计的允许累计偏差，不得超过下列规定。

① 水泥、外掺料，±1%。

② 粗细骨料，±2%。

③ 水、外加剂，±1%。

(2) 混凝土搅拌时间 搅拌时间是影响混凝土生产质量及搅拌机生产效率的重要因素之一。不同搅拌机类型及不同稠度的混凝土拌合物有不同的搅拌时间。混凝土搅拌的最短时间可按表 8-27 采用。

表 8-27 混凝土搅拌的最短时间

混凝土坍落度/mm	搅拌机机型	搅拌机出料量/L		
		<250	250～500	>500
≤40	强制式	60	90	120
>40 且<100	强制式	60	60	90
≥100	强制式	60		

注：1. 混凝土搅拌的最短时间系指全部材料装入搅拌筒中起，到开始卸料止的时间。

2. 当掺有外加剂与矿物掺合料时，搅拌时间应适当延长。

3. 当采用其他形式的搅拌设备时，搅拌的最短时间应按设备说明书的规定或经试验确定。

4. 采用自落式搅拌机时，搅拌时间宜延长 30s。

2. 混凝土的运输

混凝土从搅拌机内卸料后，应以最少的转载次数和最短时间，从搅拌地点运到浇筑地点。

混凝土从搅拌机中卸出到浇筑完毕的延续时间不宜超过表 8-28 的规定。

表 8-28 混凝土从搅拌机中卸出到浇筑完毕的延续时间 单位：min

混凝土强度等级	气温	
	不高于 25℃	高于 25℃
不高于 C30	120	90
高于 C30	90	60

四、混凝土施工

1. 混凝土浇筑

混凝土应分层浇筑。浇筑层厚度：当采用插入式振动器时，为振动器作用部分长度的 1.25 倍；当用表面式振动器时为 200mm。

混凝土浇筑时的坍落度应符合表 8-29 的规定。

表 8-29 混凝土浇筑时的坍落度

结构种类	坍落度/mm
基础或地面等的垫层、无配筋的大体积或配筋稀疏的结构	10～30
板、梁和大型及中型截面的柱等	30～50
配筋密列的结构	50～70
配筋特密的结构	70～90

浇筑混凝土时应分层分段进行，浇筑层厚度应根据混凝土供应能力、一次浇筑方量、混凝土初凝时间、结构特点、钢筋疏密综合考虑决定。

在地基上浇筑混凝土前，对地基应事先按设计标高和轴线进行校正，并应清除淤泥和杂物。同时注意排除开挖出来的水和开挖地点的流动水。

2. 混凝土振捣

混凝土应能使模板内各个部位混凝土密实、均匀，不应漏振、欠振、过振等。

混凝土振捣可采用插入式振动棒、平板振动棒或附着振动器。其振动的间距、频率应符合相关规定的要求，梁和板同时浇筑混凝土，高度大于 1m 的梁等结构，可单独浇筑混凝土。

3. 施工缝的处理

施工缝的处理应按下列规定执行。

① 应仔细清除施工缝处的垃圾、水泥薄膜、松动的石子以及软弱的混凝土层。对于达到强度、表面光洁的混凝土面层还应加以凿毛，用水冲洗干净并充分湿润，且不得积水。

② 要注意调整好施工缝位置附近的钢筋。要确保钢筋周围的混凝土不受松动和损坏，应采取钢筋防锈或阻锈等技术措施进行保护。

③ 在浇筑前，为了保证新旧混凝土的结合，施工缝处应先铺一层厚度为 1～1.5cm 的水泥砂浆，其配合比与混凝土内的砂浆成分相同。

④ 从施工缝处开始继续浇筑时，要注意避免直接向施工缝边投料。机械振捣

时，宜向施工缝处渐渐靠近，并距 80～100mm 处停止振捣。但应保证对施工缝的捣实工作，使其结合紧密。

⑤ 对于施工缝处浇筑完新混凝土后要加强养护。当施工缝混凝土浇筑后，新浇混凝土在 12h 以内就应根据气温等条件加盖草帘浇水养护。如果在低温或负温下则应该加强保温，还要覆盖塑料布阻止混凝土水分的散失。

⑥ 水池、地坑等特殊结构要求的施工缝处理，要严格按照施工图纸要求和有关规范执行。

⑦ 承受动力作用的设备基础的水平施工缝继续浇筑混凝土前，应对地脚螺栓进行一次观测校准。

4. 混凝土养护

混凝土浇筑完毕后，宜采取自然养护，在混凝土表面铺上草帘、麻袋等定时浇水养护，或在混凝土表面覆盖塑料布进行保湿养护。

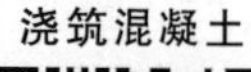

扫码观看本视频

灌注混凝土

扫码观看本视频

钢筋混凝土后浇带

扫码观看本视频

预留伸缩缝

扫码观看本视频

屋面混凝土浇筑

扫码观看本视频

混凝土养护

扫码观看本视频

预应力混凝土工程

第一节　先张法施工

一、施工器具

(一) 台座

台座在先张法构件生产中是主要的承力设备，它承受预应力筋的全部张拉力。台座在受力状态下的变形、滑移会引起预应力的损失和构件的变形，因此台座应有足够的强度、刚度和稳定性。

台座一般由台面、横梁和承力结构组成。台座的主要形式有墩式台座和槽式台座。

1. 墩式台座

墩式台座由台墩、台面、横梁等组成，如图 9-1 所示。其长度一般为 50～

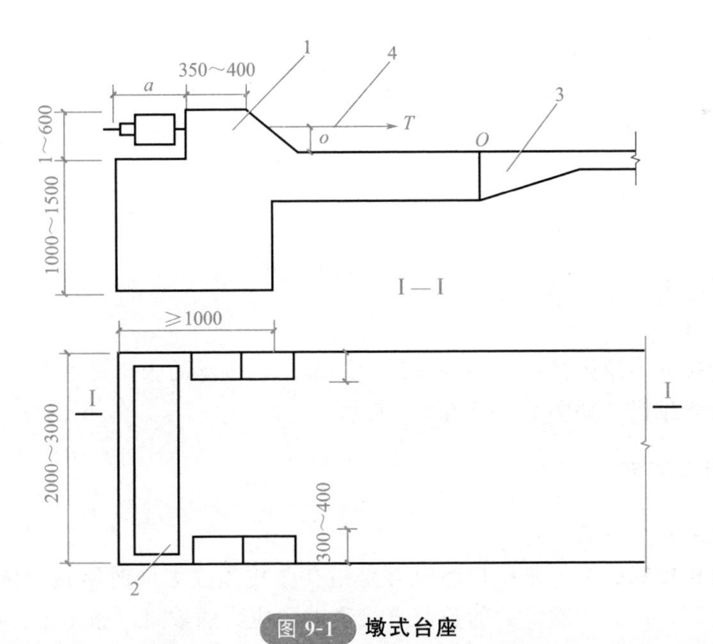

图 9-1　墩式台座

1—台墩；2—横梁；3—台面；4—预应力筋；a—钢横梁长度；o—台面厚度

150m，也可根据构件的生产工艺等选定。

2.槽式台座

槽式台座由端柱、传力柱、柱垫、上下横梁、砖墙和台面等组成，如图 9-2 所示。它既可承受张拉力，又可作为蒸汽养护槽，适用于张拉吨位较高的大型构件，如吊车梁、屋架、薄腹梁等。

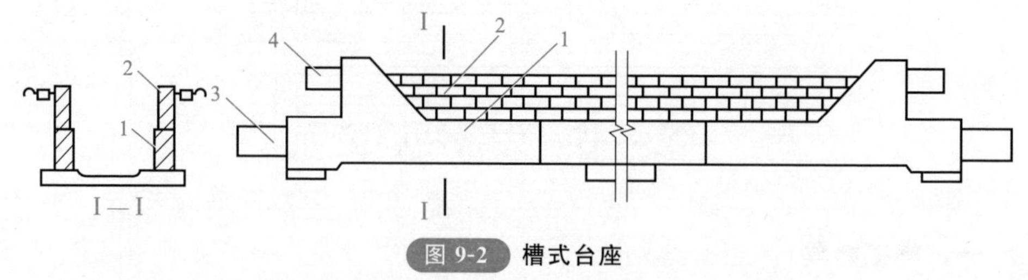

图 9-2 槽式台座

1—钢筋混凝土压杆；2—砖墙；3—下横梁；4—上横梁

（二）夹具

夹具是先张法构件施工时保持预应力筋拉力，并将其固定在张拉台座（或设备）上的临时性锚固装置。按其工作用途不同分为锚固夹具和张拉夹具。

钢筋锚固常用圆套筒三片式夹具，由套筒和夹片组成。

张拉夹具是夹持住预应力筋后，与张拉机械连接起来进行预应力筋张拉的机具。常用的张拉夹具有钳式夹具、偏心式夹具、楔形夹具等，如图 9-3 所示，其适用于张拉钢丝和直径 16mm 以下的钢筋。

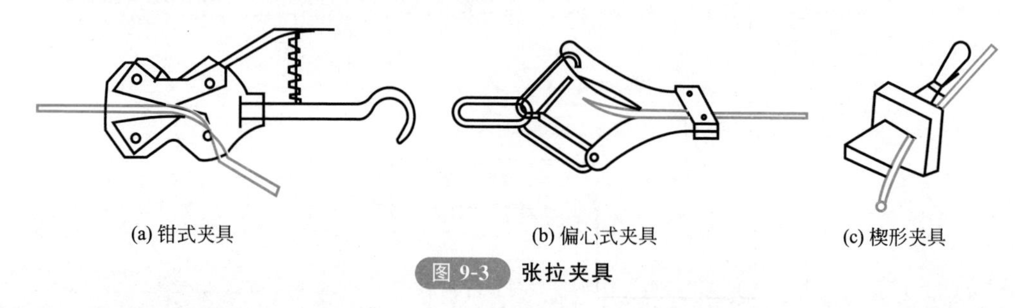

(a) 钳式夹具　(b) 偏心式夹具　(c) 楔形夹具

图 9-3 张拉夹具

（三）张拉设备

钢丝张拉分为单根张拉和多根张拉两种形式。钢丝的张拉设备主要有卷扬机和电动螺旋杆张拉机，如图 9-4 和图 9-5 所示。

二、施工工艺

1.张拉法施工工艺

(1) 张拉控制应力 张拉控制应力是指在张拉预应力筋时所达到的规定应力，应按设计规定采用。控制应力的数值直接影响预应力的效果。施工中为减少由于钢筋松弛变形造成的预应力损失，通常采用超张拉工艺，超张拉应力比控制应力提高

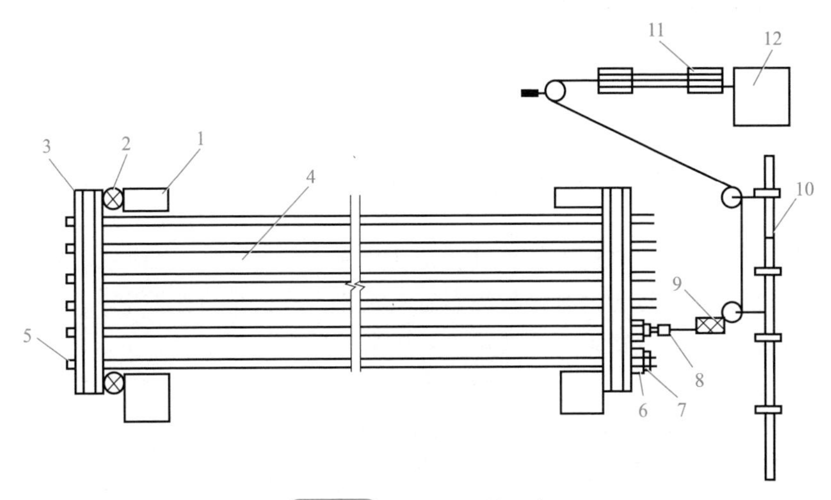

图 9-4　卷扬机张拉设备

1—台座；2—放松装置；3—横梁；4—钢筋；5—镦头；6—垫块；7—穿心式夹具；8—张拉夹具；9—弹簧测力计；10—固定梁；11—滑轮组；12—卷扬机

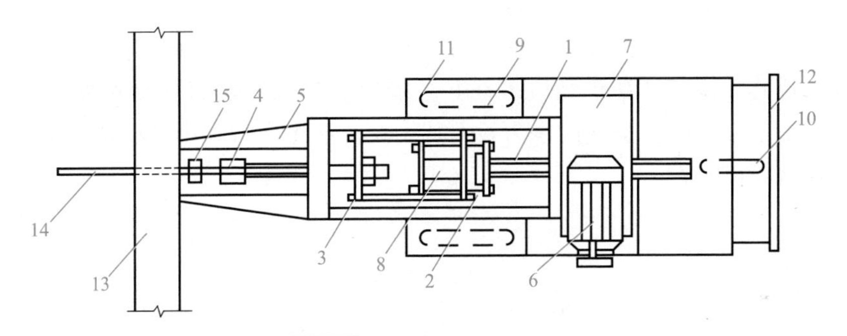

图 9-5　电动螺旋杆张拉机

1—螺杆；2—承力架；3—拉力架；4—张拉夹具；5—顶杆；6—电动机；7—齿轮减速箱；8—测力计；9,10—车轮；11—底盘；12—手把；13—横梁；14—钢筋；15—锚固夹具

3%～5%，但其最大张拉控制应力不得超过表 9-1 的规定。

表 9-1　最大张拉控制应力允许值

钢　　种	张拉方法	
	先张法	后张法
碳素钢丝、刻痕钢丝、钢绞线	$0.80f_{ptk}$	$0.75f_{ptk}$
热处理钢筋、冷拔低碳钢丝	$0.75f_{ptk}$	$0.70f_{ptk}$
冷拉钢筋	$0.95f_{pyk}$	$0.90f_{pyk}$

注：f_{ptk} 为预应力筋极限抗拉强度标准值；f_{pyk} 为预应力筋屈服强度标准值。

(2) 张拉程序 预应力筋张拉程序有以下两种：

① $0 \rightarrow 105\%\sigma_{con} \xrightarrow{\text{持荷 2min}} \sigma_{con}$。

② $0 \rightarrow 103\%\sigma_{con}$。

第①种张拉程序中，超张拉5%并持荷2min，其目的是为了在高应力状态下加速预应力松弛早期发展，以减少应力松弛引起的预应力损失。第②种张拉程序中，超张拉3%，其目的是为了弥补预应力筋的松弛损失，这种张拉程序施工简单，一般多被采用。以上两种张拉程序是等效的，可根据构件类型、预应力筋与锚具种类、张拉方法、施工速度等选用。采用第①种张拉程序时，千斤顶回油至稍低于σ_{con}，再进油至σ_{con}，以建立准确的预应力值。

第②种张拉程序，超张拉3%是为了弥补应力松弛引起的损失，根据中国建筑科学研究院"常温下钢筋松弛性能的试验研究"，一次张拉$0 \rightarrow \sigma_{con}$，比超张拉持荷再回到控制应力$0 \rightarrow 1.05\sigma_{con} \rightarrow \sigma_{con}$（持荷2min）应力松弛高2%～3%，因此，一次张拉到$1.03\sigma_{con}$后锚固，是同样可以达到减少松弛效果的，且这种张拉程序施工简便，一般应用较广。

(3) 预应力筋的铺设 长线台座面（或胎模）在铺放钢丝前，应清扫并涂刷隔离剂。一般涂刷皂角水溶性隔离剂，易干燥，污染钢筋易清除，且应涂刷均匀，不得漏涂，待其干燥后，铺设预应力筋，一端用夹具锚固在台座横梁的定位承力板上，另一端卡在台座张拉端的承力板上待张拉。在生产过程中，应防止雨水或养护水冲刷掉台面隔离剂。

2. 预应力筋张拉

(1) 张拉要点

① 张拉时应校核预应力筋的伸长值。实际伸长值与设计计算值的偏差不得超过±6%，否则应停止张拉。

② 从台座中间向两侧进行（以防偏心损坏台座）。

③ 多根成组张拉，初应力应一致（测力计抽查）。

④ 拉速平稳，锚固松紧一致，设备缓慢放松。

⑤ 拉完的筋位置偏差≤5mm，且<构件截面短边的4%。

⑥ 冬季张拉时，温度≥15℃。

(2) 注意事项

① 进行多根成组张拉时，应先调整各预应力筋的初应力，使其相互之间的应力一致，以保证张拉后各预应力筋的应力一致。

② 张拉过程中预应力钢材（钢丝、钢绞线或钢筋）断裂或滑脱的数量，对先张法构件，严禁超过结构同一截面预应力钢材总根数的5%，且严禁相邻两根断裂或滑脱，如在浇筑混凝土前断裂或滑脱必须予以更换。

③ 预应力钢丝的应力可利用2CN-1型钢丝测力计，如图9-6所示。

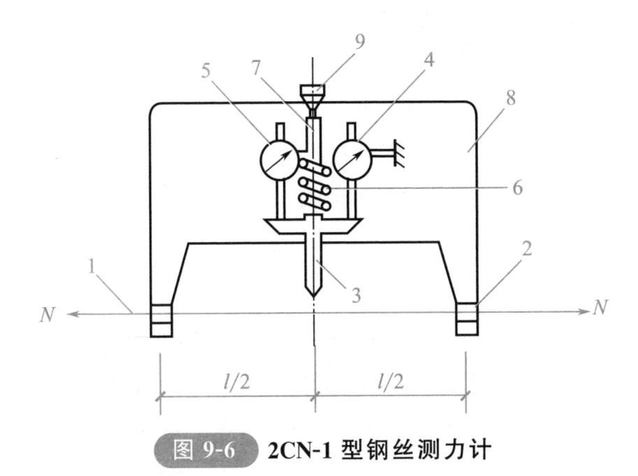

图 9-6 **2CN-1 型钢丝测力计**

1—钢丝；2—挂钩；3—测头；4—测挠度百分表；5—测力百分表；
6—弹簧；7—推杆；8—表架；9—螺丝

(3) 混凝土的浇筑与养护

① 混凝土应一次浇完，混凝土强度≥C30。

② 为防止较大徐变和收缩，应选收缩变形小的水泥，水灰比<0.5，且级配良好，振捣密实。

③ 混凝土未达到一定强度前，不允许碰撞或踩踏钢丝。

预应力混凝土可采用自然养护或湿热养护，自然养护不得少于 14 天。干硬性混凝土浇筑完毕后，应立即覆盖进行养护。当预应力混凝土采用湿热养护时，要尽量减少由于温度升高而引起的预应力损失。为了减少温差造成的应力损失，采用湿热养护时，在混凝土未达到一定强度前，温差不要太大，一般不超过 20℃。

3. 预应力筋放张

预应力筋放张就是将预应力筋从夹具中松脱开，将张拉力传给混凝土，使其获得预压应力。放张的过程就是传递预应力的过程。预应力筋放张时，混凝土的强度应符合设计要求；如设计无规定，不应低于设计的混凝土强度标准值的 75%。

(1) 放张顺序

预应力筋张放顺序，应按设计与工艺要求进行。如无相应规定，可按下列要求进行。

① 轴心受预压的构件（如拉杆、桩等），所有预应力筋应同时放张。

② 偏心受预压的构件（如梁等），应先同时放张预压力较小区域的预应力筋，再同时放张预压力较大区域的预应力筋。

③ 如不能满足以上两项要求时，应分阶段、对称、交错地放张，防止在放张过程中构件产生弯曲、裂纹和预应力筋断裂现象。

(2) 放张方法

预应力筋的放张，应采取缓慢释放预应力的方法进行，防止对混凝土结构产生冲击。常用的放张方法如下。

① 千斤顶放张。用千斤顶拉动单根拉杆或螺杆，松开螺母。放张时由于混凝土与预应力筋已结成整体，松开螺母所需的间隙只能是最前端构件外露钢筋的伸长，因此，所施加的应力需超过控制值。

采用两台台座式千斤顶整体缓慢放松，如图 9-7 所示。该方法应力均匀，安全可靠。放张用台座式千斤顶可专用或与张拉合用。为防止台座式千斤顶长期受力，可采用垫块顶紧，替换千斤顶承受压力。

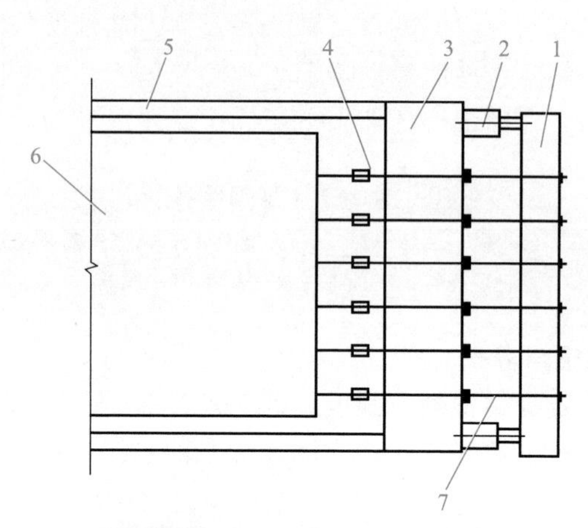

图 9-7 两台台座式千斤顶放张

1—活动横梁；2—千斤顶；3—横梁；4—绞线连接器；5—承力架；6—构件；7—拉杆

② 机械切割或氧炔焰切割。对先张法板类构件的钢丝或钢绞线，放张时可直接用机械切割或氧炔焰切割。放张工作宜从生产线中间处开始，以减少回弹量且有利于脱模；对每一块板，应从外向内对称放张，以免构件扭转而使端部开裂。

(3) 注意事项

① 为了检查构件放张时钢丝与混凝土的黏结是否可靠，切断钢丝时应测定钢丝往混凝土内的回缩数值。

钢丝回缩值的简易测试方法是在板端贴玻璃片和在靠近板端的钢丝上贴胶带纸并用游标卡尺读数，其精度可达 0.1mm。

钢丝的回缩值不应大于 1.0mm。如果最多只有 20%的测试数据超过上述规定值的 20%，则检查结果是令人满意的。如果回缩值大于上述数值，则应采取加强构件端部区域的分布钢筋、提高放张时混凝土强度等措施。

② 放张前，应拆除侧模，使放张时构件能自由变形，否则将损坏模板或使构件开裂。对有横肋的构件（如大型屋面板），其端横肋内侧面与板面交接处做出一定的坡度或做成大圆弧，以便预应力筋放张时端横肋能沿着坡面滑动。必要时在胎模与台面之间设置滚动支座。这样，在预应力筋放张时，构件与胎模可随着钢筋的回缩一起自由移动。

③ 用氧炔焰切割时，应采取隔热措施，防止烧伤构件端部混凝土。

第二节 后张法施工

一、施工前的准备

1.预应力筋制作

(1) 钢绞线下料 钢绞线的下料，是指在预应力筋铺设施工前，将整盘的钢绞线，根据实际铺设长度并考虑曲线影响和张拉端长度，切成不同的长度。如果是一端张拉的钢绞线，还要在固定端处预先挤压固定端锚具和安装锚座。

(2) 钢绞线固定端锚具的组装 挤压锚具组装通常是在下料时进行，然后再运到施工现场铺放，也可以将挤压机运至施工现场进行挤压组装。

(3) 预应力钢丝下料 消除应力钢丝开盘后，可直接下料。在下料过程中如发现有电接头或机械损伤，应随时剔除。钢丝下料可采用钢管限位法或用牵引索在拉紧状态下进行。钢管固定在木板上，钢管内径比钢丝直径大3～5mm，钢丝穿过钢管至另一端角铁限位器时，用切断装置切断。限位器与切断器切口间的距离即为钢丝的下料长度。

2.预留孔道

(1) 预应力筋布置 预留孔道的位置和形状应根据设计要求而定，常见的形状有直线形、曲线形、折线形和U形等形状。

(2) 预留孔道方法 常用的预留孔道方法一般有预埋管法、钢管抽芯法两种。

① 预埋管法。预埋管可采用黑铁皮管、薄钢管与镀锌双波纹金属软管等。镀锌双波纹金属软管（简称波纹管）是由镀锌薄钢带经压波后卷成，其有重量轻、刚度好、弯折方便、连接容易、与混凝土黏结良好等优点，可做成各种形状的孔道，并可省去抽管工序。埋在混凝土中的孔道材料一次性永久地留在结构或构件中。

② 钢管抽芯法。钢管抽芯用于直线孔道。钢管表面必须圆滑，预埋前应除锈、刷油。钢管在构件中用钢筋井字架固定位置。两根钢管接头处可用长30～40cm、0.5mm厚铁皮套管连接。钢管一端钻直径为15mm的小孔，以备插入钢筋棒，转动钢管。混凝土浇灌后每隔10～15min转动一次钢管，并在每次转管后进行混凝土表面压实抹光，抽管在混凝土初凝以后、始凝以前进行，以用手指按压混凝土表面不显印痕时为合适。抽管要先上后下，平整稳妥，边拉边转，防止构件产生裂缝。

(3) 波纹管的铺设安装 波纹管铺设安装前，应按设计要求在箍筋上标出预应力筋的曲线坐标位置，点焊或绑扎钢筋马凳。马凳间距：对圆形金属波纹管宜为1.0～1.5m，对塑料波纹管宜为0.8～1.0m。波纹管安装后，应与一字形或井字形钢筋马凳用铁丝绑扎固定。

钢筋马凳应与钢筋骨架中的箍筋电焊或牢固绑扎。为防止钢筋马凳在穿预应力筋过程中受压变形，钢筋马凳材料应考虑波纹管和钢绞线的重量，可选择直径10mm以上的钢筋制成。

波纹管安装就位过程中，应避免大曲率弯管和反复弯曲，以防波纹管管壁开裂。同时还应防止电气焊施工烧破管壁或钢筋施工中扎破波纹管。浇筑混凝土时，在有波纹管的部位也应严禁用钢筋捣混凝土，防止损坏波纹管。

(4) 灌浆孔、出浆排气管和泌水管 在预应力筋孔道两端，应设置灌浆孔和出浆孔。灌浆孔通常位于张拉端的喇叭管处，灌浆时需要在灌浆口处外接一根金属灌浆管；如果没有喇叭管处（如锚固端），可设置在波纹管端部附近利用灌浆管引至构件外。为保证浆液畅通，灌浆孔的内孔径一般不宜小于20mm。

曲线预应力筋孔道的波峰和波谷处，可间隔设置排气管，排气管实际上起到排气、出浆和泌水的作用，在特殊情况下还可作为灌浆孔用。波峰处的排气管伸出梁面的高度不宜小于500mm，波底处的排气管应从波纹管侧面开口接出伸至梁上或伸到模板外侧。对于多跨连续梁，由于波纹管较长，如果从最初的灌浆孔到最后的出浆孔距离很长，则排气管也可兼用作灌浆孔用于连续接力式灌浆。其间距对于预埋波纹管孔道不宜大于30m。为防止排气孔被混凝土挤扁，排气管通常由增强硬塑料管制成，管的壁厚应大于2mm。

波纹管留灌浆孔（排气孔、泌水孔）的做法是在波纹管上开孔，直径为20～30mm，用带嘴的塑料弧形盖板与海绵垫覆盖，并用铁丝扎牢，塑料盖板的嘴口与塑料管用专业卡子卡紧。灌浆孔示意图如图9-8所示。

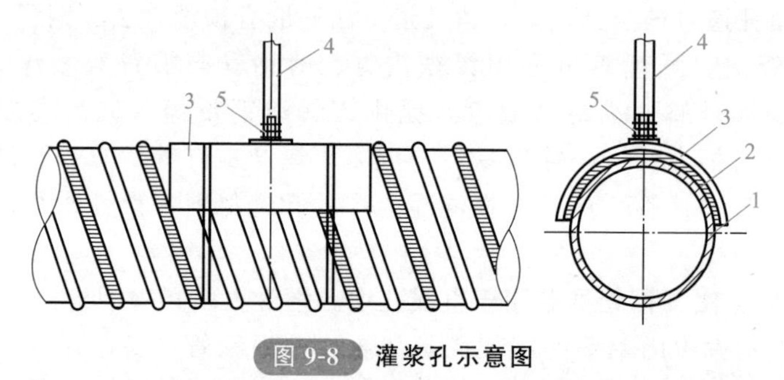

图9-8 灌浆孔示意图

1—波纹管；2—海绵垫；3—塑料盖板；4—塑料管；5—固定卡子

二、施工工艺

1.张拉顺序

预应力筋的张拉顺序，应使混凝土不产生超应力、构件不扭转与侧弯、结构不变位等，因此，对称张拉是一项重要原则。同时，还应考虑到要尽量减少张拉设备的移动次数。

采用分批张拉时，先批张拉的预应力筋张拉应力，应考虑后批预应力筋张拉时产生的混凝土弹性压缩的影响。在实际工作中，可采取以下方法解决。

① 采用同一张拉值，逐根复拉补足。

② 采用同一张拉值，在设计中扣除弹性压缩损失值。

③ 统一提高张拉力，即在张拉力中增加弹性压缩损失平均值。

2. 张拉方法

曲线预应力筋和大于 24m 的直线预应力筋，应在两端张拉，长度等于或小于 24m 的直线预应力筋，可在一端张拉，但张拉端宜分别设置在构件的两端。

张拉平卧重叠灌筑的构件，宜先上后下逐层进行张拉。为了减少上下层构件间摩阻引起的预应力损失，可采用逐层加大张拉力，但底层张拉力不宜比顶层张拉力大 5%（钢丝、钢绞线及热处理钢筋）或 9%（冷拉Ⅱ、Ⅲ、Ⅳ级钢筋），如隔离层隔离效果好，也可采用同一张拉值。

当两端张拉同一束预应力筋时，为了较少预应力损失，应先在一端锚固，再在另一端补足张拉力后锚固。

3. 张拉伸长值校核

采用图解法计算伸长值时，如图 9-9 所示，以伸长值为横坐标，张拉力为纵坐标，将各级张拉力的实测伸长值标在图上，绘成张拉力与伸长值关系线 CAB，然后延长此线与横坐标交于 O'点，则 OO'段即为推算伸长值。

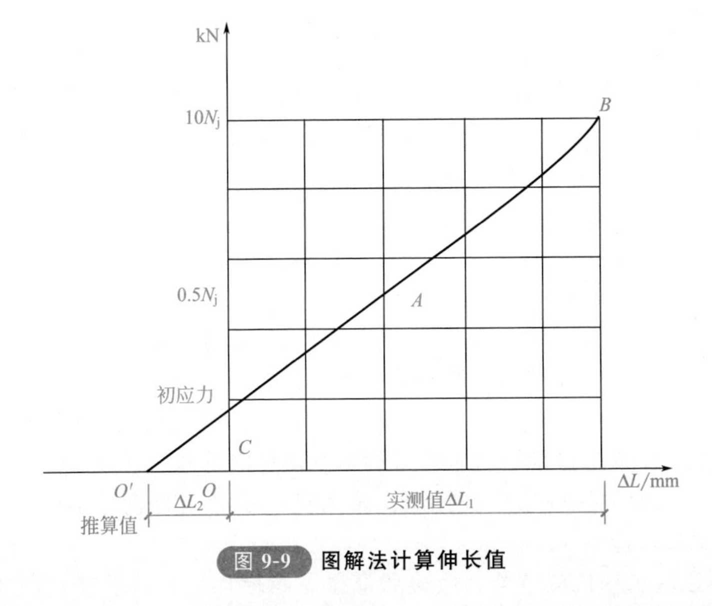

图 9-9 图解法计算伸长值

通过伸长值的校核，可以综合反映张拉力是否足够，孔道摩擦损失是否偏大，以及预应力筋是否有异常现象等。

规范规定张拉伸长值的允许差值为−5%、+10%，在施工中。如遇到张拉伸长值超过允许差值，则应暂停张拉，查明原因并采取措施予以调整后，再继续进行张拉。

4.注意事项

① 在预应力张拉作业中，必须特别注意安全。因为预应力筋有很大的能量，如果预应力筋被拉断或锚具与张拉千斤顶失效，则巨大能量急剧释放，有可能造成很大危害。因此，在任何情况下作业人员不得站在顶应力筋的两端，同时在张拉千斤顶的后面应设立防护装置。

② 操作千斤顶和测量伸长值的人员，应站在千斤顶侧面操作，严格遵守操作规程。油泵开动过程中，不得擅自离开岗位。如需离开，必须把油阀门全部松开或切断电路。

③ 采用锥锚式千斤顶张拉钢丝束时，先使千斤顶张拉缸进油，至压力表略有启动时暂停，检查每根钢丝的松紧并进行调整，然后再打紧楔块。

④ 钢丝束镦头锚固体系在张拉过程中应随时拧上螺母，以保证安全；锚固时如遇钢丝束偏长或偏短，应增加螺母或用连接器解决。

⑤ 工具锚夹片，应注意保持清洁和良好的润滑状态。工具锚夹片第一次使用前，应在夹片背面涂上润滑脂。以后每使用 5～10 次，应将工具锚上的夹片卸下，向工具锚板的锥形孔中重新涂上一层润滑剂，以防夹片在退锚时卡住。润滑剂可采用石墨、二硫化铝、石蜡或专用退锚润滑剂等。

三、孔道灌浆

预应力张拉后利用灌浆泵将水泥浆压灌到预应力孔道中去，其作用：一是保护预应力筋以免锈蚀；二是使预应力筋与构件混凝土有效黏结，以控制超载时裂缝的间距与宽度并减轻梁端锚具的负荷。

1.灌浆材料的要求

① 孔道灌浆采用普通硅酸盐水泥和水拌制。水泥的质量应符合现行国家标准《通用硅酸盐水泥》(GB 175—2007) 的规定。

② 灌浆用水泥砂浆的水灰比一般不大于 0.4；搅拌后泌水率不宜大于 1%，泌水应能在 24h 内全部重新被水泥浆吸收；自由膨胀率不应大于 10%。

③ 水泥浆中宜掺入高性能外加剂。严禁掺入各种含氯盐或对预应力筋有腐蚀作用的外加剂。掺入外加剂后，水泥浆的水灰比可降为 0.35～0.38。

④ 水泥浆的可灌性以流动度控制：采用流淌法测定时直径不应小于 150mm，采用流锥法测定时应为 12～18s。

⑤ 水泥浆应采用机械搅拌，应确保灌浆材料搅拌均匀。灌浆过程中应不断搅拌，以防泌水沉淀。水泥浆停留时间过长发生沉淀离析时，应进行二次灌浆。

2.灌浆设备

灌浆设备包括：搅拌机、灌浆泵、储浆桶、过滤网、橡胶管和灌浆嘴等。目前常用的电动灌浆泵有：柱塞式、挤压式和螺旋式。柱塞式又分为带隔膜和不带隔膜两种形状。带隔膜的柱塞泵的活塞不易磨损，比较耐用。灌浆泵应根据液浆高度、长度、束形等选用，并配备计量校验合格的压力表。

3. 灌浆

灌浆前应检查构件孔道及灌浆孔、泌水孔、排气孔是否畅通。对于抽拔管成孔和预埋管成孔，可采用压力水清洗孔道。

灌浆应先从下层孔道灌起，再浇上层孔道。灌浆工作应缓慢进行，期间不得中断，并应排气通顺。在灌满孔道封闭排气孔后，应再继续加压至 0.5～0.7MPa，稳压 1～2min 后封闭灌浆孔。

当发生孔道堵塞、串孔或中断灌浆时应及时冲洗管道或采取其他灌浆措施。当孔道直径较大，采用不掺微膨胀减水剂的水泥浆灌浆时，可采用下列措施。

① 二次压浆法：二次压浆的时间间隔为 30～45min。

② 重力补偿法：在孔道最高点处 400mm 以上，连续不断补浆，直至浆体不下沉为止。

③ 对超长、超高的预应力筋孔道，宜采用多台灌浆泵接力灌浆，从前置灌浆孔灌浆至后置灌浆孔冒浆，后置灌浆孔方可续灌。

④ 灌浆孔内的水泥浆凝固后，可将泌水管切割至构件表面；如管内有空隙，局部应仔细补浆。

⑤ 当室外温度低于 5℃时，孔道灌浆应采取抗冻保温措施。当室外温度高于 35℃时，宜在夜间进行灌浆。水泥浆灌入前的浆体温度不应超过 35℃。

4. 质量要求

① 灌浆用水泥浆的配合比应通过试验确定，施工中不得随意变更。每次灌浆作业至少测试 2 次水泥浆的流动度，并应在规定的范围内。

② 灌浆试块采用边长 70.7mm 的立方体试件。其标准养护 28 天的抗压强度不应低于 $30N/mm^2$。移动构件或拆除底模时，水泥浆试块强度不应低于 $15N/mm^2$。

③ 孔道灌浆后，应检查孔道上凸部位灌浆密实性；如有空隙，应采取人工补浆措施。

④ 对孔道阻塞或孔道灌浆密实情况有怀疑时，可局部凿开或钻孔检查，但以不损坏结构为前提。

⑤ 锚具封闭后与周边混凝土之间不得有裂纹。

⑥ 灌浆后的孔道泌水孔、灌浆孔、排气孔等均应切平，并用砂浆填实补平。

第三节　无黏结施工

一、无黏结预应力筋制作

无黏结预应力筋由预应力钢丝束（钢绞线）、涂料层、外包层以及锚具等组成。

1. 材料选择

无黏结预应力筋的钢材，一般选用 7 根 ϕ^s5 高强钢丝组成钢丝束，也可选用 $7\phi^s4$ 或 $7\phi^s5$ 钢绞线。

涂料层的作用是使预应力筋与混凝土隔离，减少张拉时的摩擦损失，防止预应力筋腐蚀等。因此，对涂料要求有较好的化学稳定性、韧性；在－20～＋70℃温度范围内，不裂缝、不变脆、不流淌；并能更好地黏附在钢筋上，对钢筋和混凝土无腐蚀作用；不透水、不吸湿；润滑性好，摩擦阻力小。常用的涂料层有防腐沥青和防腐油脂。

2. 锚具

无黏结预应力构件中，锚具是把预应力筋的张拉力转递给混凝土的主要工具。因此，无黏结预应力筋的锚具不仅受力比有黏结预应力筋的锚具大，而且承受的是重复荷载。因而对无黏结预应力筋的锚具有更高的要求。无黏结筋的锚具性能，应符合Ⅰ类锚具的规定。

无黏结预应力张拉端锚具的组装如图 9-10 所示。无黏结固定端锚具的组装如图 9-11 所示。

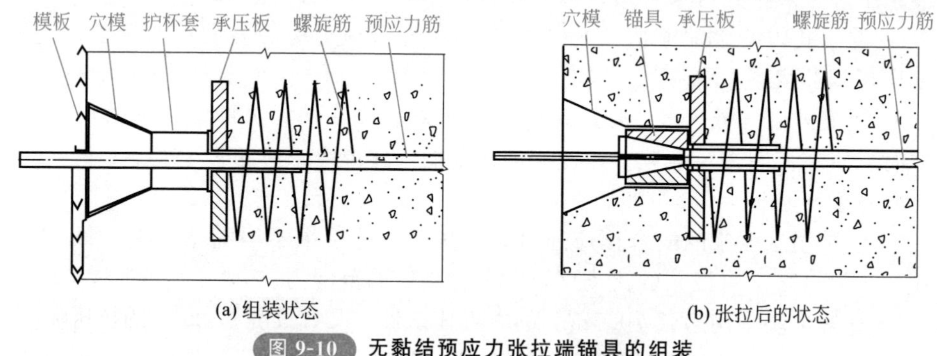

(a) 组装状态　　(b) 张拉后的状态

图 9-10　无黏结预应力张拉端锚具的组装

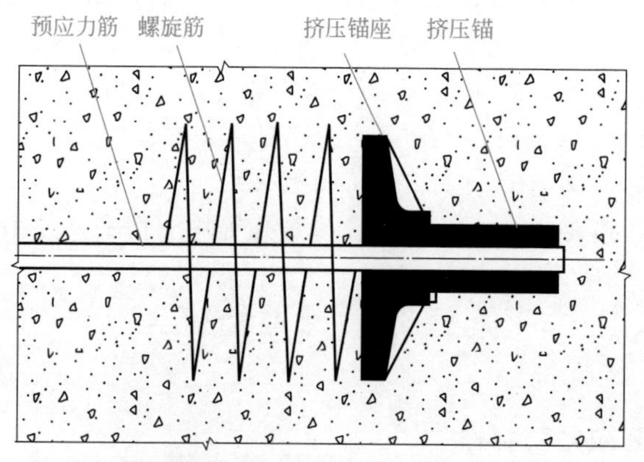

图 9-11　无黏结固定端锚具的组装

3. 无黏结预应力筋的制作

预应力筋一般采用缠纸工艺和挤压涂层工艺来制作。

(1) 缠纸工艺　无黏结预应力筋制作的缠纸工艺是在缠纸机上连续作业，完成编束、涂油、镦头、缠塑料布和切断等工序。缠纸机的工作流程如图 9-12 所示。

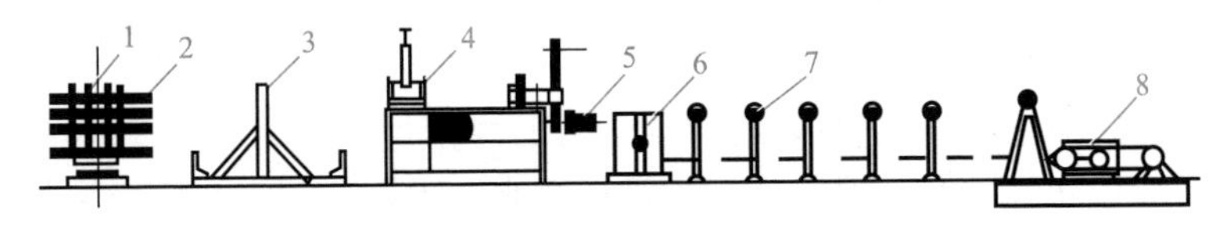

图 9-12　无黏结预应力缠纸机的工作流程

1—放线盘；2—盘圆钢丝；3—梳子板；4—油枪；5—塑料布卷；6—切断机；7—滚道台；8—牵引装置

(2) 挤压涂层工艺　挤压涂层工艺制作无黏结预应力筋的工作流程如图 9-13 所示。挤压涂层工艺主要是钢丝通过涂油装置涂油，涂油钢丝束通过塑料挤压机涂刷塑料薄膜，再经冷却筒模成塑料套管。这种无黏结筋挤压涂层工艺与电线、电缆包裹塑料套管的工艺相似。无黏结预应力筋挤压涂层工艺的特点是效率高，质量好，设备性能稳定。

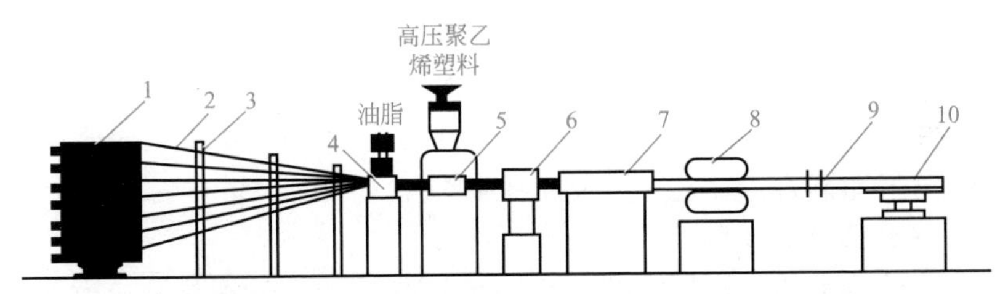

图 9-13　挤压涂层工艺制作无黏结预应力筋的工作流程

1—放线盘；2—钢丝；3—梳子板；4—给油装置；5—塑料挤压机机头；6—风冷装置；7—水冷装置；8—牵引机；9—定位支架；10—收线盘

二、施工工艺

1. 无黏结预应力筋的铺放

(1) 板中无黏结预应力筋的铺放

① 单向板。单向预应力楼板的矢高控制是施工时的关键点。一般每跨板中预应力筋矢高控制点设置 5 处，最高点（2 处）、最低点（1 处）、反弯点（2 处）。预应力筋在板中最高点的支座处通常与上层钢筋绑扎在一起，在跨中最低点处与底层钢筋绑扎在一起。其他部位由支承件控制。

施工时当电管、设备管线和消防管线与预应力筋位置发生冲突时，应首先保证预应力筋的位置与曲线正确。

② 双向板。双向无黏结筋铺放时需要相互穿插，必须先编出无黏结筋的铺设顺序。其方法是在施工放样图上将双向无黏结筋各交叉点的两个标高标出，对交叉点处的两个标高进行比较，标高低的预应力筋应从交叉点下面穿过。按此规律找出无黏结筋的铺设顺序。

(2) 梁中无黏结预应力筋的铺放

① 设置架立筋。为保证预应力钢筋的矢高准确、曲线顺滑，按照施工图要求位置，将架立筋就位并固定。架立筋的设置间距应不大于 1.4m。

② 铺放预应力筋。梁中的无黏结预应力筋成束设计，无黏结预应力筋在铺设过程中应防止绞扭在一起，保持预应力筋的顺直。无黏结预应力筋应绑扎固定，防止在浇筑混凝土过程中预应力筋移位。

③ 梁柱节点张拉端设置。无黏结预应力筋通过梁柱节点处，张拉端设置在柱子上。根据柱子配筋情况可采用凹入式或凸出式节点构造。

2. 张拉端和固定端节点的安装

应按施工图中规定的无黏结预应力筋的位置在张拉端模板上钻孔。张拉端和锚固端预应力筋必须与承压板面垂直，曲线段的起点至张拉端的锚固点不应小于 300mm。锚固段挤压锚具应放置在梁支座上。成束的预应力筋，锚固段应顺直散开放置。

3. 混凝土的浇筑和振捣

浇筑混凝土时应认真振捣，保证混凝土的密实。尤其是承压板、锚具周围的混凝土严禁漏振，不得有蜂窝和孔洞，应保证密实性。

在施工完毕后 2～3 天对混凝土进行养护，并检查施工质量。如发现有孔洞或缺陷，应对小孔重新进行浇筑，为张拉做准备。

4. 无黏结预应力筋张拉

无黏结预应力筋的张拉与后张法带有螺丝端杆锚具的有黏结预应力钢丝束张拉相似。张拉程序一般采用 $0 \rightarrow 103\% \sigma_{con}$。由于无黏结预应力筋一般为曲线配筋，故应采用两端同时张拉。无黏结预应力筋法的张拉顺序，应根据其铺设顺序，先铺设的先张拉、后铺设的后张拉。

5. 注意事项

① 当采用应力控制方法张拉时，应校核无黏结预应力筋的伸长值，当实际伸长值与设计计算伸长值相对偏差超过规定时，应暂停张拉，查明原因并采取措施予以调整后继续张拉。

② 预应力筋张拉前严禁拆除梁板下的支撑，待该梁板预应力筋全部张拉后方可拆除。

③ 对于两端张拉的预应力筋，两个张拉端应分别按程序张拉。

④ 无黏结曲线预应力筋的长度超过 30m 时，宜采取两端张拉。当筋长超过 60m 时采取分段张拉。如遇到摩擦损失较大，宜先预张拉一次再张拉。

⑤ 在梁板顶面或墙壁侧面的斜槽内张拉无黏结预应力筋时，宜采用变角张拉装置。

装配整体式混凝土结构工程

第一节 装配整体式混凝土结构材料与构件

一、装配整体式混凝土结构的主要材料

装配整体式混凝土结构的主要材料有以下几种，如图 10-1 所示。

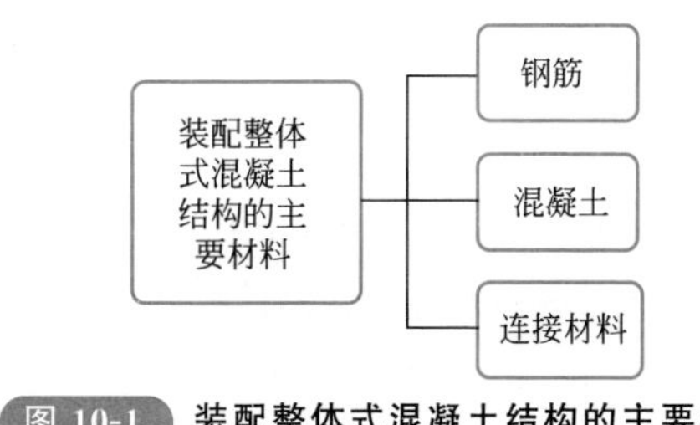

图 10-1 装配整体式混凝土结构的主要材料

(一) 钢筋

1. 结构钢材的破坏性

钢材有两种性质完全不同的破坏形式，即塑性破坏和脆性破坏。钢结构所用材料虽然具有较高的塑性和韧性，一般有发生塑性破坏的可能，但在一定条件下，也具有脆性破坏的可能。

2. 钢材的主要性能

钢材的主要性能可分为强度和其他性能，如图 10-2 所示。

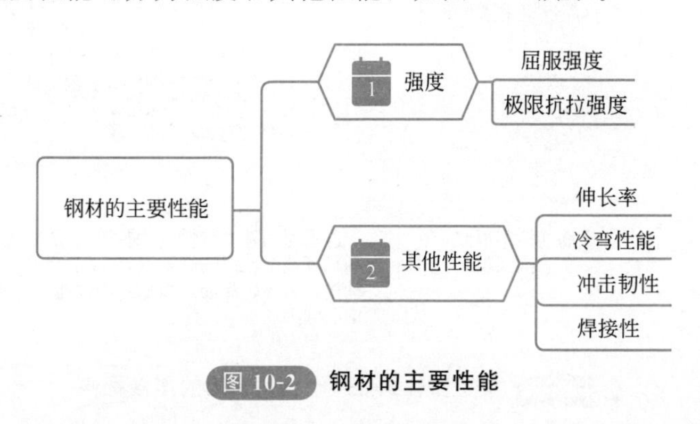

图 10-2 钢材的主要性能

（二）混凝土

1.混凝土的分类

(1) 按胶凝材料分类 混凝土按胶凝材料的分类如图10-3所示。

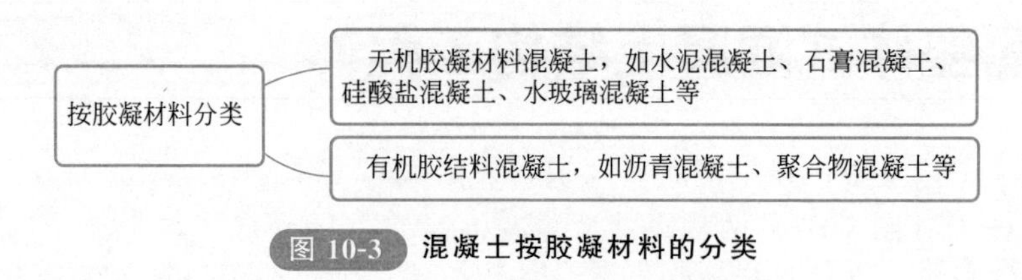

图10-3 混凝土按胶凝材料的分类

(2) 按表观密度分类 混凝土按表观密度分类有以下几种材料，如图10-4所示。

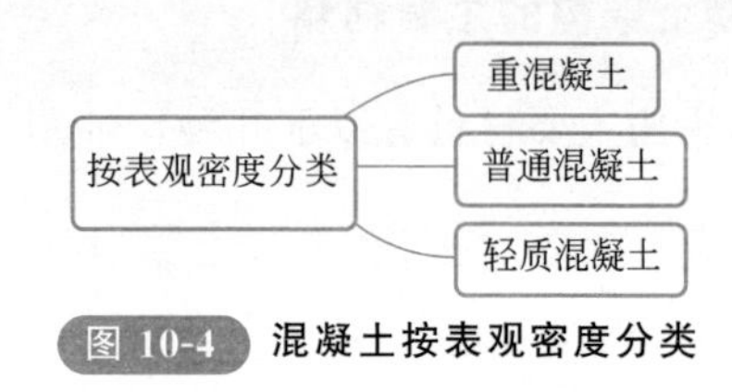

图10-4 混凝土按表观密度分类

(3) 按使用功能分类 混凝土按使用功能可分为结构混凝土、保温混凝土、装饰混凝土、防水混凝土、耐火混凝土、道路混凝土、水工混凝土、海工混凝土、防辐射混凝土等。

2.混凝土的材料要求

装配整体式结构中对混凝土的材料要求应根据具体实际情况而定，混凝土的各项力学性能指标和有关结构耐久性的要求应符合现行国家标准《混凝土结构设计规范》（GB 50010—2010）（2015版）的规定。

（三）连接材料

装配整体式混凝土结构常用的连接材料有钢筋连接用灌浆套筒和灌浆料，如图10-5所示。

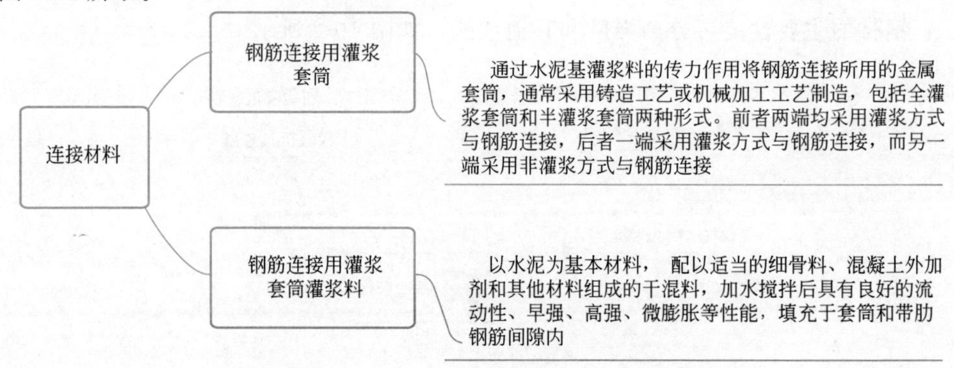

图10-5 装配整体式混凝土结构常用的连接材料

二、装配整体式结构的基本构件

装配整体式结构的基本构件主要包括柱、梁、剪力墙、楼（屋）面板、楼梯、阳台、空调板、女儿墙等，这些主要受力构件通常在工厂预制加工完成，待强度符合规定要求后进行现场装配施工。

（一）预制混凝土柱

从制造工艺上看，预制混凝土柱包括预制混凝土实心柱（图 10-6）和预制混凝土矩形柱壳（图 10-7）两种形式。预制混凝土柱的外观多种多样，包括矩形、圆形和工字形等。在满足运输和安装要求的前提下，预制柱的长度可达到 12m 或更长。

图 10-6 预制混凝土实心柱

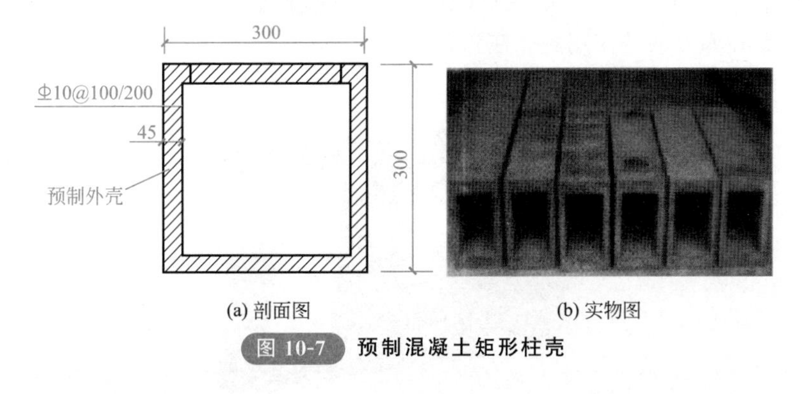

(a) 剖面图　(b) 实物图

图 10-7 预制混凝土矩形柱壳

（二）预制混凝土梁

预制混凝土梁根据制造工艺的不同可分为预制实心梁、预制叠合梁两种，如图 10-8、图 10-9 所示。预制实心梁制作简单，构件自重较大，多用于厂房和多层建筑中。预制叠合梁便于预制柱和叠合楼板连接，整体性较强，运用十分广泛。预制梁壳通常用于梁截面较大或起吊质量受到限制的情况，优点是便于现场钢筋的绑扎，缺点是预制工艺较复杂。

图 10-8 搁置于柱上的预制 L 形实心梁

图 10-9 预制混凝土叠合梁

按是否采用预应力来划分，预制混凝土梁可分为预制预应力混凝土梁和预制非预应力混凝土梁。预制预应力混凝土梁集合了预应力技术节省钢筋、易于安装的优点，生产效率高、施工速度快，在大跨度全预制多层框架结构厂房中具有良好的经济性。

（三）预制混凝土剪力墙

预制混凝土剪力墙从受力性能角度分为预制实心剪力墙和预制叠合剪力墙。

1. 预制实心剪力墙

预制实心剪力墙是指将混凝土剪力墙在工厂预制成实心构件，并在现场通过预留钢筋与主体结构相连接，如图 10-10 所示。随着灌浆套筒在预制剪力墙中的使用，预制实心剪力墙的使用越来越广泛。

图 10-10 预制实心剪力墙

2. 预制叠合剪力墙

预制叠合剪力墙是指一侧或两侧均为预制混凝土墙板，在另一侧或中间部位现浇混凝土从而形成共同受力的剪力墙结构，如图 10-11 所示。预制叠合剪力墙结构在德国有着广泛的运用，在上海和合肥等地已有所应用。它具有制作简单、施工方便等优势。

图 10-11 预制叠合剪力墙

（四）预制混凝土楼面板

预制混凝土楼面板按照制造工艺的不同可分为预制混凝土叠合板、预制混凝土实心板、预制混凝土空心板、预制混凝土双 T 板等。

预制混凝土叠合板最常见的主要有两种，一种是桁架钢筋混凝土叠合板，另一种预制带肋底板混凝土叠合楼板。桁架钢筋混凝土叠合板属于半预制构件，下部为预制混凝土板，外露部分为桁架钢筋，如图 10-12 所示。

图 10-12 桁架钢筋混凝土叠合板

预制混凝土实心板制作较为简单，预制混凝土实心板的连接设计根据抗震构造等级的不同而有所不同，如图 10-13 所示。

图 10-13 预制混凝土实心板

预制混凝土空心板（图 10-14）和预制混凝土双 T 板（图 10-15）通常适用于较大跨度的多层建筑。预应混凝土双 T 板跨度可达 20m 以上，如用高强轻质混凝土则可达 30m 以上。

图 10-14 预制混凝土空心板

图 10-15 预制混凝土双 T 板

（五）预制混凝土楼梯

预制混凝土楼梯外观更加美观，避免在现场支模，节约工期。预制简支楼梯受力明确，安装后可做施工通道，解决垂直运输问题，保证了逃生通道的安全。预制混凝土楼梯如图 10-16 所示。

图 10-16 预制混凝土楼梯

三、装配整体式结构的围护构件

围护构件是指围合、构成建筑空间，抵御环境不利影响的构件。外围护墙用以抵御风雨、温度变化、太阳辐射等，应具有保温、隔热、隔声、防水、防潮、耐火、耐久等性能。内隔墙起分隔室内空间的作用，应具有隔声、隔视线以及某些特殊要求的性能。

（一）外围护墙

预制混凝土外围护墙板是指预制商品混凝土外墙构件，包括预制混凝土叠合（夹心）墙板、预制混凝土夹心保温外墙板和预制混凝土外墙挂板。外墙板除应具有隔声与防火的功能外，还应具有隔热保温、抗渗、抗冻融、防碳化等作用和满足建筑艺术装饰的要求。外墙板可用轻集料单一材料制成，也可采用复合材料（结构层、保温隔热层和饰面层）制成。

预制混凝土外围护墙板采用工厂化生产，现场进行安装的施工方法，具有施工周期短，质量可靠（对防止裂缝、渗漏等质量通病十分有效），节能环保（耗材少，减少扬尘和噪声等），工业化程度高及劳动力投入量少等优点，在国内外的住宅建筑上得到了广泛运用。

根据制作结构不同，预制外墙结构分为预制混凝土夹心保温外墙板和预制混凝土外墙挂板。

1. 预制混凝土夹心保温外墙板

预制混凝土夹心保温外墙板是集承重、围护、保温、防水、防火等功能为一体的重要装配式预制构件，由内叶墙板、保温材料、外叶墙板三部分组成，如图 10-17 所示。

图 10-17　预制混凝土夹心保温外墙板

夹心保温外墙板宜采用平模工艺生产，生产时应先浇筑外叶墙板混凝土层，再安装保温材料和拉结件，最后浇筑内叶墙板混凝土，可以使保温材料与结构同寿命。

2. 预制混凝土外墙挂板

预制混凝土外墙挂板是在预制车间加工后运输到施工现场吊装的钢筋混凝土外墙板，在板底设置预埋铁件，通过与楼板上的预埋螺栓连接使底部与楼板固定，再通过连接件使顶部与楼板固定，如图 10-18 所示。在工厂采用工业化生产，具有施工速度快、质量好、费用低的特点。

图 10-18 预制混凝土外墙挂板

(二) 预制内隔墙

预制内隔墙板按成型方式可分为挤压成型墙板和立（或平）模浇筑成型墙板。

1.挤压成型墙板

也称预制条形内墙板，是在预制工厂使用挤压成型机使轻质材料搅拌均匀的料浆进入模板（模腔）成型的墙板，如图 10-19 所示。按断面不同分空心板、实心板两类，在保证墙板承载和抗剪的前提下可以将墙体断面做成空心，这样可以有效降低墙体的质量并通过墙体空心处空气的特性提高隔断房间内的保温、隔声效果；门边板端部为实心板，实心宽度不得小于 100mm。

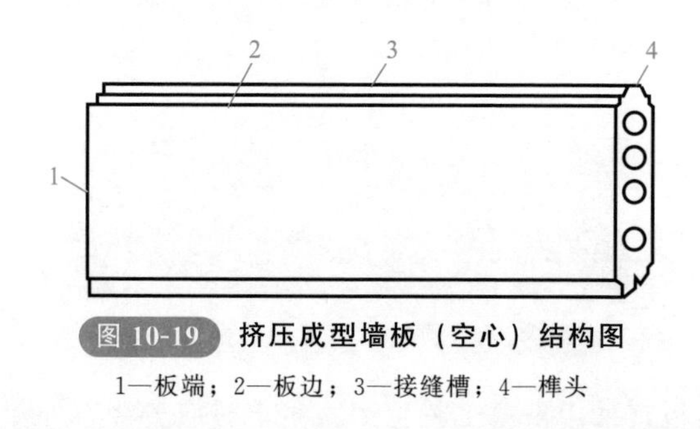

图 10-19 挤压成型墙板（空心）结构图

1—板端；2—板边；3—接缝槽；4—榫头

没有门洞口的墙体，应从墙体一端开始沿墙长方向顺序排板；有门洞口的墙体，应从门洞口开始分别向两边排板。当墙体端部的墙板不足一块板宽时，应设计补空板。

2.立（或平）模浇筑成型墙板

也称预制混凝土整体内墙板，是在预制车间按照所需样式使用钢模具拼接成型，浇筑或摊铺混凝土制成的墙体。

根据受力不同，内墙板使用单种材料或者多种材料加工而成。用聚苯乙烯泡沫板材、聚氨酯泡沫塑料、无机墙体保温隔热材料等轻质材料填充到墙体之中，可以减少混凝土用量。该材料绿色环保，减少室内热量与外界的交换，增强墙体的隔声效果，并通过墙体自重的减轻而降低运输和吊装的成本。

第二节　装配整体式混凝土结构工程施工技术

一、施工流程

（一）装配整体式框架结构的施工流程

装配整体式框架结构的施工流程如图 10-20 所示。

现浇混凝土柱施工流程如图 10-21 所示。

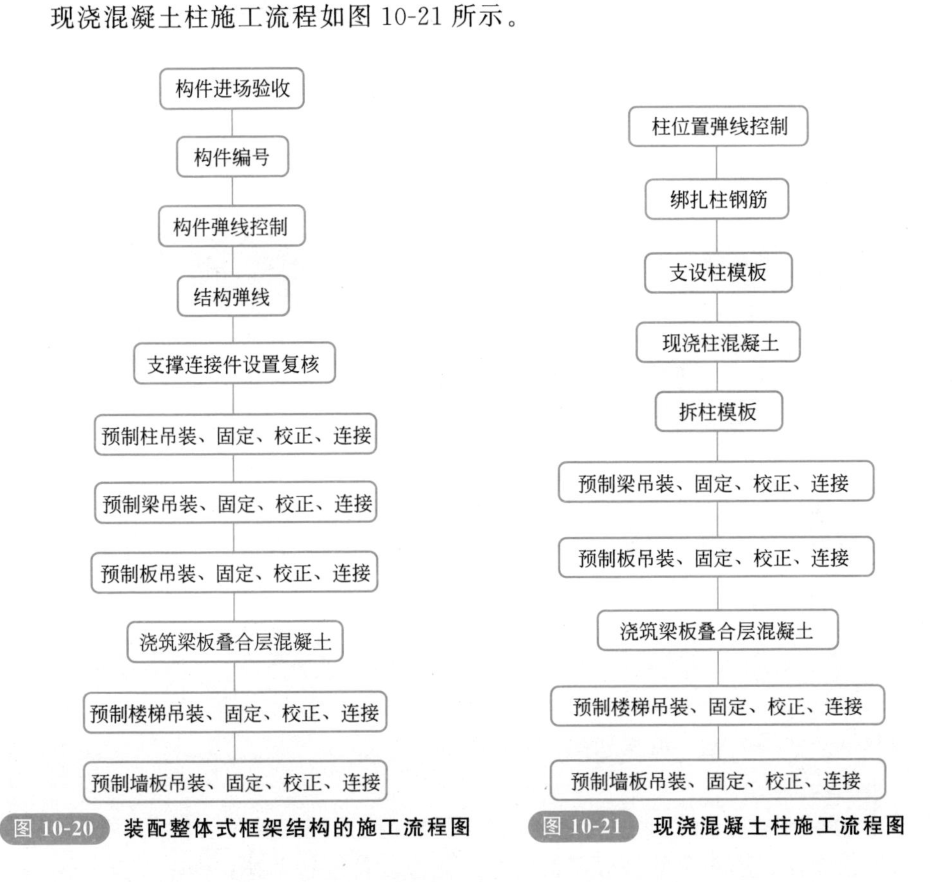

图 10-20　装配整体式框架结构的施工流程图

图 10-21　现浇混凝土柱施工流程图

（二）装配整体式剪力墙结构的施工流程

装配整体式剪力墙结构由水平受力构件和竖向受力构件组成，构件采用工厂化生产（或现浇剪力墙），运至施工现场后经过装配及后浇叠合形成整体，其连接节点通过后浇混凝土结合，水平向钢筋通过机械连接或其他方式连接，竖向钢筋通过钢筋灌浆套筒连接或其他方式连接。

装配整体式剪力墙结构的施工流程如图 10-22 所示。

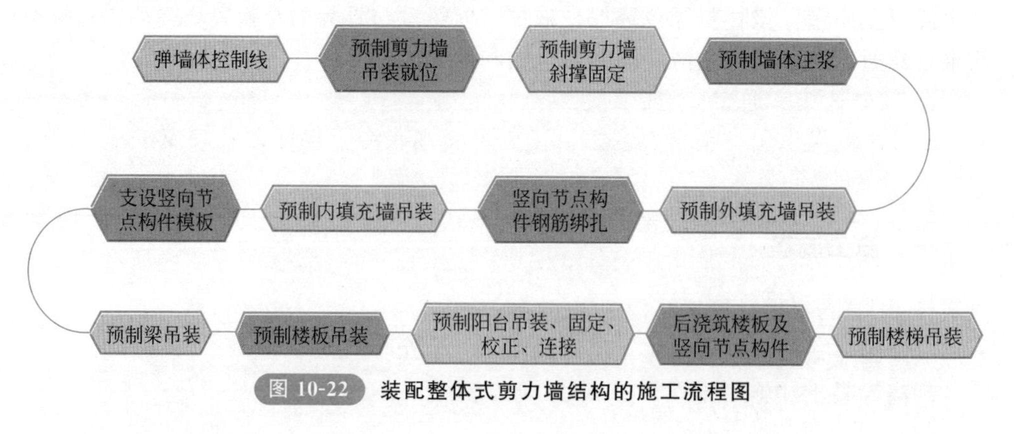

图 10-22 装配整体式剪力墙结构的施工流程图

如采用现浇剪力墙，其施工流程如图 10-23 所示。

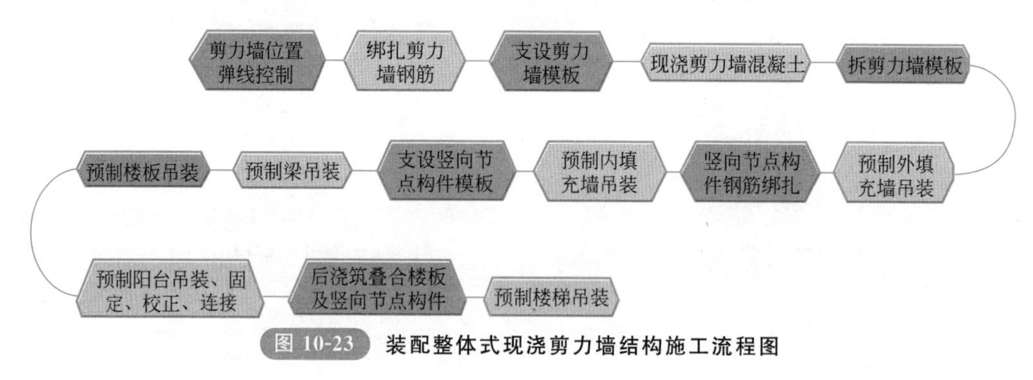

图 10-23 装配整体式现浇剪力墙结构施工流程图

关于装配整体式框架-现浇剪力墙结构的施工流程，可参照装配整体式框架结构和现浇剪力墙结构施工流程。

二、构件安装

（一）预制柱施工技术要点

1. 预制框架柱吊装施工流程

预制框架柱吊装施工流程如图 10-24 所示。

2. 施工技术要点

① 根据预制柱平面各轴的控制线和柱框线校核预埋套管位置的偏移情况做好记录，若预制柱有小距离的偏移需借助协助就位设备进行调整。

② 检查预制柱进场的尺寸、规格，混凝土的强度是否符合设计和规范要求，检查柱上预留套管及预留钢筋是否满足图纸要求，套管内是否有杂物；同时做好记录，并与现场预留套管的检查记录进行核对，无问题后方可进行吊装。

③ 吊装前在柱四角放置金属垫块，以利于预制柱的垂直度校正，按照设计标

高，结合柱子长度对偏差进行确认。用经纬仪控制垂直度，若有少许偏差运用千斤顶等进行调整。

④ 柱初步就位时应将预制柱钢筋与下层预制柱的预留钢筋初步试对，无问题后准备进行固定。

⑤ 预制柱接头连接采用套筒灌浆连接技术。

a. 柱脚四周采用坐浆材料封边，形成密闭灌浆腔，保证在最大灌浆压力（约1MPa）下密封有效。

b. 如所有连接接头的灌浆口都未被封堵，当灌浆口漏出浆液时，应立即用胶塞进行封堵牢固；如排浆孔事先封堵胶塞，摘除其上的封堵胶塞，直至所有灌浆孔都流出浆液并已封堵后，等待排浆孔出浆。

c. 一个灌浆单元只能从一个灌浆口注入，不得同时从多个灌浆口注浆。

（二）预制梁施工技术要点

1. 预制梁吊装施工流程

预制梁吊装施工流程如图 10-25 所示。

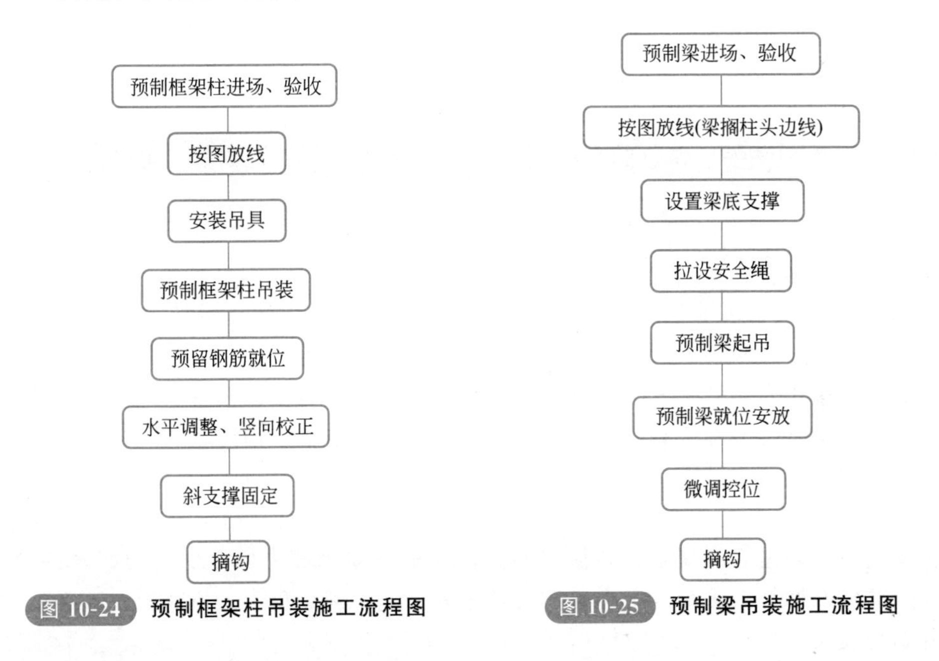

图 10-24　预制框架柱吊装施工流程图

图 10-25　预制梁吊装施工流程图

2. 施工技术要点

① 测出柱顶与梁底标高误差，在柱上弹出梁边控制线。

② 在构件上标明每个构件所属的吊装顺序和编号，便于吊装工人辨认。

③ 梁底支撑采用立杆支撑＋可调顶托＋100mm×100mm 木方，预制梁的标高通过支撑体系的顶丝来调节。

④ 梁起吊时，用吊索钩住扁担梁的吊环，吊索应有足够的长度以保证吊索和扁担梁之间的角度≥60°。

⑤ 当梁初步就位后，借助柱头上的梁定位线将梁精确校正，在调平的同时将下部可调支撑上紧，这时方可松去吊钩。

⑥ 主梁吊装结束后，根据柱上已放出的梁边和梁端控制线，检查主梁上的次梁缺口位置是否正确，如不正确，需做相应处理后方可吊装次梁，梁在吊装过程中要按柱对称吊装。

⑦ 预制梁板柱接头连接。

a. 键槽混凝土浇筑前应将键槽内的杂物清理干净，并提前 24h 浇水湿润。

b. 键槽钢筋绑扎时，为确保钢筋位置的准确，键槽预留 U 形开口箍，待梁柱钢筋绑扎完成后，在键槽上安装 n 形开口箍与原预留 U 形开口箍双面焊接，焊接长度为 $5d$（d 为钢筋直径）。

（三）预制剪力墙施工技术要点

1. 预制剪力墙吊装施工流程

预制剪力墙吊装施工流程如图 10-26 所示。

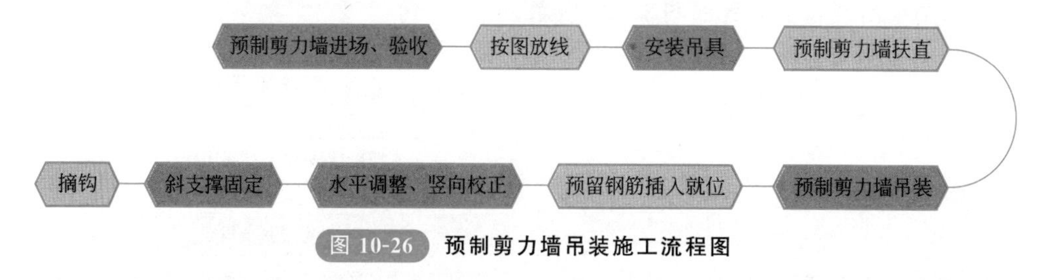

图 10-26 预制剪力墙吊装施工流程图

2. 施工技术要点

① 承重墙板吊装准备：由于吊装作业需要连续进行，所以吊装前的准备工作非常重要。首先在吊装就位之前将所有柱、墙的位置在地面弹好墨线，根据后置埋件布置图，采用后钻孔法安装预制构件定位卡具，并进行复核检查；同时对起重设备进行安全检查，并在空载状态下对吊臂角度、负载能力、吊绳等进行检查，对吊装困难的部件进行空载实际演练（必须进行），将捯链、斜撑杆、膨胀螺栓、扳手、2m 靠尺、开孔电钻等工具准备齐全，操作人员对操作工具进行清点。检查预制构件预留灌浆套筒是否有缺陷、杂物和油污，保证灌浆套筒完好；提前架好经纬仪、激光水准仪并调平。填写施工准备情况登记表，施工现场负责人检查核对签字后方可开始吊装。

② 起吊预制墙板：吊装时采用带捯链的扁担式吊装设备，加设缆风绳。

③ 顺着吊装前所弹墨线缓缓下放墙板，吊装经过的区域下方设置警戒区，施工人员应撤离，由信号工指挥，就位时待构件下降至作业面 1m 左右高度时施工人员方可靠近操作，以保证操作人员的安全。墙板下放好垫块，垫块保证墙板底标高的正确（注：也可提前在预制墙板上安装定位角码，顺着定位角码的位置安放墙板）。

④ 墙板底部局部套筒若未对准时可使用捯链手动微调墙板，重新对孔。底部

没有灌浆套筒的外填充墙板直接顺着角码缓缓放下墙板。垫板造成的空隙可用坐浆方式填补。为防止坐浆料填充到外叶板之间，在苯板处补充 50mm×20mm 的保温板（或橡胶止水条）堵塞缝隙。

⑤ 垂直坐落在准确的位置后使用激光水准仪复核水平方向是否有偏差，无误差后，利用预制墙板上的预埋螺栓和地面后置膨胀螺栓（将膨胀螺栓在环氧树脂内蘸一下，立即打入地面）安装斜支撑杆，用检测尺检测预制墙体垂直度及复测墙顶标高后，利用斜撑杆调节好墙体的垂直度，方可松开吊钩（注：在调节斜撑杆时必须两名工人同时间、同方向进行操作）。

⑥ 斜撑杆调节完毕后，再次校核墙体的水平位置和标高、垂直度，相邻墙体的平整度。检查工具：经纬仪、水准仪、靠尺、水平尺（或软管）、铅锤、拉线。

⑦ 预制剪力墙钢筋竖向接头连接采用套筒灌浆连接，具体要求如下。

a. 灌浆前应制订灌浆操作的专项质量保证措施。

b. 应按产品使用要求计量灌浆料和水的用量并搅拌均匀，灌浆料拌合物的流动度应满足现行国家相关标准和设计要求。

c. 将预制墙板底的灌浆连接腔用高强度水泥基坐浆材料进行密封（防止灌浆前异物进入腔内）；墙板底部采用坐浆材料封边，形成密封灌浆腔，保证在最大灌浆压力（1MPa）下密封有效。

d. 灌浆料拌合物应在制备后 0.5h 内用完；灌浆作业应采取压浆法从下口灌注，有浆料从上口流出时应及时封闭；宜采用专用堵头封闭，封闭后灌浆料不应有任何外漏。

e. 灌浆施工时宜控制环境温度，必要时，应对连接处采取保温加热措施。

f. 灌浆作业完成后 12h 内，构件和灌浆连接接头不应受到振动或冲击。

（四）预制楼（屋）面板施工技术要点

1. 预制楼（屋）面板吊装施工流程

预制楼（屋）面板吊装施工流程如图 10-27 所示。

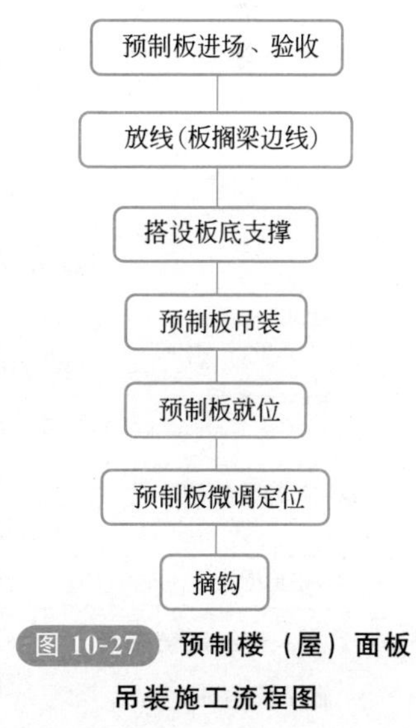

图 10-27 预制楼（屋）面板吊装施工流程图

2. 施工技术要点（以预制带肋底板为例，钢筋桁架板参照执行）

① 进场验收。

a. 进场验收主要检查资料及外观质量，防止在运输过程中发生损坏现象，验收应满足现行施工及验收规范的要求。

b. 预制板进入工地现场，堆放场地应夯实平整，并应防止地面不均匀下沉。预制带肋底板应按照不同型号、规格分类堆放。预制带肋底板应采用板肋朝上叠放的堆放方式，严禁倒置，各层预制带肋底板下部应设置垫木，垫木应上下对齐，不得脱空。堆放层数不应大于 7 层，并有稳固措施。

② 在每条吊装完成的梁或墙上测量并弹出相应预制板四周控制线，并在构件上标明每个构件所属的吊装顺序和编号，便于吊装工人辨认。

③ 在叠合板两端部位设置临时可调节支撑杆，预制楼板的支撑设置应符合以下要求。

a. 支撑架体应具有足够的承载能力、刚度和稳定性，应能可靠地承受混凝土构件的自重和施工过程中所产生的荷载及风荷载。

b. 确保支撑系统的间距及距离墙、柱、梁边的净距符合系统验算要求，上下层支撑应在同一直线上。板下支撑间距不大于 3.3m。

当支撑间距大于 3.3m 且板面施工荷载较大时，跨中需在预制板中间加设支撑，如图 10-28 所示。

④ 在可调节顶撑上架设木方，调节木方顶面至板底设计标高，开始吊装预制楼板。

预制带肋底板的吊点位置应合理设置，起吊就位应垂直平稳，两点起吊或多点起吊时吊索与板水平面所成夹角不宜小于 60°，不应小于 45°，如图 10-29 所示。

图 10-28 叠合板跨中加设支撑示意图

图 10-29 叠合板吊装示意图

⑤ 吊装应按顺序连续进行，板吊至柱上方 3～6cm 后，调整板位置使锚固筋与梁箍筋错开便于就位，板边线基本与控制线吻合。将预制楼板坐落在木方顶面，及时检查板底与预制叠合梁的接缝是否到位，预制楼板钢筋入墙长度是否符合要求，直至吊装完成。

⑥ 当一跨板吊装结束后，要根据板四周边线及板柱上弹出的标高控制线对板标高及位置进行精确调整，误差控制在 2mm 以内。

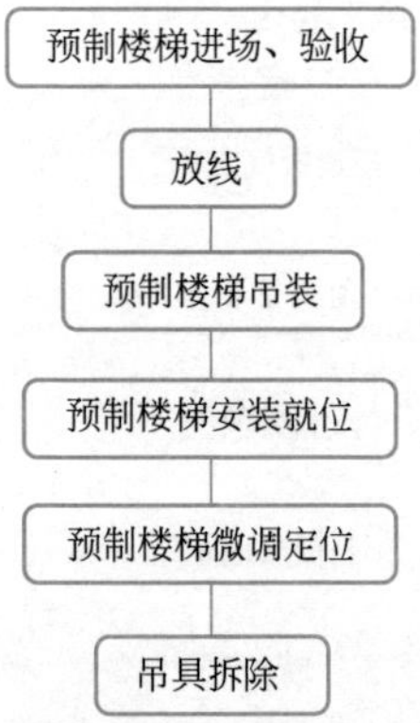

（五）预制楼梯施工技术要点

1. 预制楼梯安装施工流程

预制楼梯安装施工流程如图 10-30 所示。

预制楼梯进场、验收

↓

放线

↓

预制楼梯吊装

↓

预制楼梯安装就位

↓

预制楼梯微调定位

↓

吊具拆除

图 10-30 预制楼梯安装施工流程图

2. 施工技术要点

① 楼梯间周边梁板叠合后，测量并弹出相应楼梯构件

端部和侧边的控制线。

② 调整索具铁链长度，使楼梯段休息平台处于水平位置，试吊预制楼梯板，检查吊点位置是否准确，吊索受力是否均匀等；试起吊高度不应超过1m。

③ 楼梯吊至梁上方30～50cm后，调整楼梯位置使上下平台锚固筋与梁箍筋错开，板边线基本与控制线吻合。

④ 根据已放出的楼梯控制线，用就位协助设备等将构件根据控制线精确就位，先保证楼梯两侧准确就位，再使用水平尺和捯链调节楼梯水平位置。

⑤ 支撑板就位后调节支撑立杆，确保所有立杆全部受力，如图10-31所示。

图10-31 楼梯吊装示意图

(六) 预制阳台、空调板施工技术要点

1.预制阳台、空调板安装施工流程

预制阳台、空调板安装施工流程如图10-32所示。

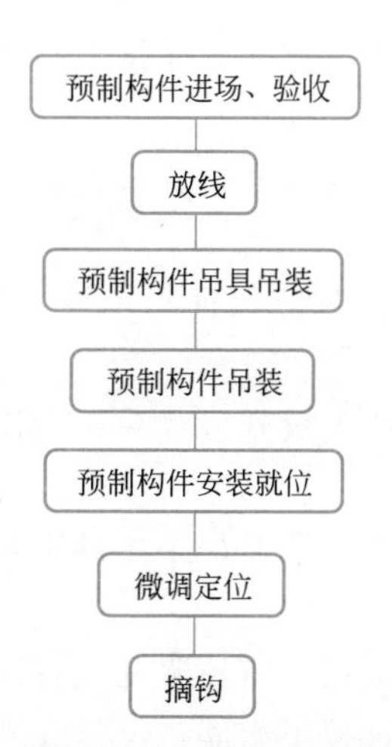

图10-32 预制阳台、空调板安装施工流程图

2. 施工技术要点

① 每块预制构件吊装前测量并弹出相应周边（隔板、梁、柱）控制线。

② 板底支撑采用钢管脚手架＋可调顶托＋100mm×100mm 木方，板吊装前应检查是否有可调支撑高出设计标高，校对预制梁及隔板之间的尺寸是否有偏差，并做相应调整。

③ 预制构件吊至设计位置上方 3～6cm 后，调整位置使锚固筋与已完成结构预留筋错开便于就位，构件边线基本与控制线吻合。

④ 当一跨板吊装结束后，要根据板周边线、隔板上弹出的标高控制线对板标高及位置进行精确调整，误差控制在 2mm 以内。

三、钢筋套筒灌浆技术

灌浆套筒进场时，应抽取套筒采用与之匹配的灌浆料制作对中连接接头，并做抗拉强度检验，检验结果应符合《钢筋机械连接技术规程》（JGJ 107—2016）中Ⅰ级接头对抗拉强度的要求。

（一）灌浆套筒钢筋连接注浆工序

灌浆套筒钢筋连接注浆工序如图 10-33 所示。

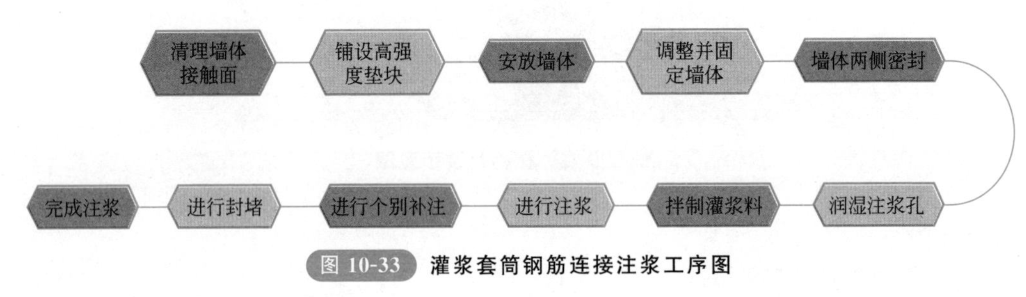

图 10-33 灌浆套筒钢筋连接注浆工序图

（二）工序操作注意事项

(1) 清理墙体接触面 墙体下落前应保持预制墙体与混凝土接触面无灰渣、无油污、无杂物。

(2) 铺设高强度垫块 采用高强度垫块将预制墙体的标高找好，使预制墙体标高得到有效的控制。

(3) 安放墙体 在安放墙体时应保证每个注浆孔通畅，预留孔洞满足设计要求，孔内无杂物。

(4) 调整并固定墙体 墙体安放到位后采用专用支撑杆件进行调节，保证墙体垂直度、平整度在允许误差范围内。

(5) 墙体两侧密封 根据现场情况，采用砂浆对两侧缝隙进行密封，确保灌浆料不从缝隙中溢出，减少浪费。

(6) 润湿注浆孔 注浆前应用水将注浆孔进行润湿，避免因混凝土吸水导致注浆强度达不到要求且与灌浆孔连接不牢靠。

(7) 拌制灌浆料 搅拌完成后应静置3～5min，待气泡排除后方可进行施工。灌浆料流动度在200～300mm之间为合格。

(8) 进行注浆 采用专用的注浆机进行注浆，该注浆机使用一定的压力，将灌浆料由墙体下部注浆孔注入，灌浆料先流向墙体下部20mm找平层。当找平层注满后，注浆料由上部排气孔溢出，视为该孔注浆完成，并用泡沫塞子进行封堵，至该墙体所有上部注浆孔均有浆料溢出后视为该面墙体注浆完成。

(9) 进行个别补注 完成注浆半个小时后检查上部注浆孔是否有因注浆料的收缩、堵塞不及时、漏浆造成的个别孔洞不密实情况。如有则用手动注浆器对该孔进行补注。

(10) 进行封堵 注浆完成后，通知监理进行检查，合格后进行注浆孔的封堵，封堵要求与原墙面平整，并及时清理墙面上、地面上的余浆。

(三) 质量保证措施

① 灌浆料的品种和质量必须符合设计要求和有关标准的规定。每次搅拌应由专人进行。

② 每次搅拌应记录用水量，严禁超过设计用量。

③ 注浆前应充分润湿注浆孔洞，防止因孔内混凝土吸水导致灌浆料开裂的情况发生。

④ 防止因注浆时间过长导致孔洞堵塞，若在注浆时造成孔洞堵塞应从其他孔洞进行补注，直至该孔洞注浆饱满。

⑤ 灌浆完毕，立即用清水清洗注浆机、搅拌设备等。

⑥ 灌浆完成后24h内禁止对墙体进行扰动。

⑦ 待注浆完成1天后应逐个对注浆孔进行检查，发现有个别未注满的情况应进行补注。

四、后浇混凝土

(一) 竖向节点构件钢筋绑扎

绑扎边缘构件及后浇段部位的钢筋，绑扎节点钢筋时需注意以下事项。

1.现浇边缘构件节点钢筋

① 调整预制墙板两侧的边缘构件钢筋，构件吊装就位。

② 绑扎边缘构件纵筋范围内的箍筋，绑扎顺序是由下而上，然后将每个箍筋平面内的甩出筋、箍筋与主筋绑扎固定就位。由于两墙板间的距离较为狭窄，制作箍筋时将箍筋做成开口箍状，以便于箍筋绑扎。如图10-34所示。

③ 将边缘构件纵筋以上范围内的箍筋套入相应的位置，并固定于预制墙板的甩出钢筋上。

④ 安放边缘构件纵筋并将其与插筋绑扎固定。

⑤ 将已经套接的边缘构件箍筋安放调整到位，然后将每个箍筋平面内的甩出筋、箍筋与主筋绑扎固定就位。

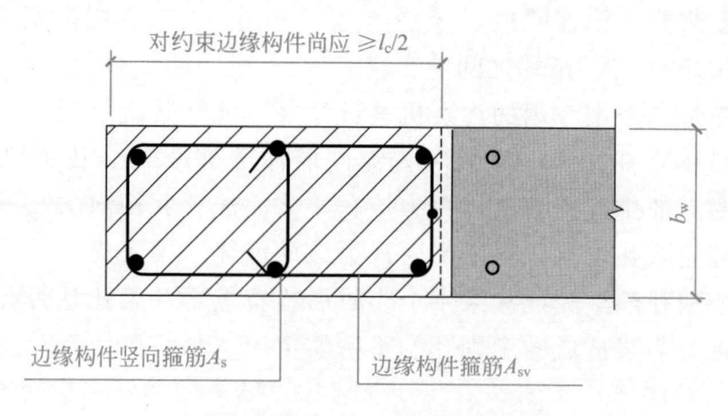

图 10-34 箍筋绑扎示意图

l_c—约束边缘构件延墙肢的长度；b_w—墙肢截面的宽度

2. 竖缝处理

在绑扎节点钢筋前先将相邻外墙板间的竖缝封闭，如图 10-35 所示。

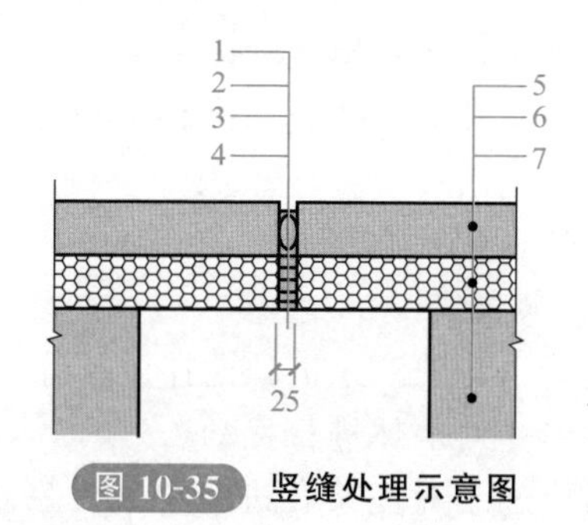

图 10-35 竖缝处理示意图

1—灌浆料密实；2—发泡芯棒；3—封堵材料；4—后浇段；
5—外叶墙板；6—夹心保温层；7—内叶剪力墙板

(1) 外墙板内缝处理 在保温板处填塞发泡聚氨酯（待发泡聚氨酯溢出后，视为填塞密实），内侧采用带纤维的胶带封闭。

(2) 外墙板外缝处理（外墙板外缝可以在整体预制构件吊装完毕后再行处理） 先填塞聚乙烯棒，然后在外皮打建筑耐候胶。

(二) 支设竖向节点构件模板

支设边缘构件及后浇段模板时，应充分利用预制内墙板间的缝隙及内墙板上预留的对拉螺栓孔，充分拉模以保证墙板边缘混凝土模板与后支钢模板（或木模板）连接紧固好，防止胀模。支设模板时应注意以下几点。

① 节点处模板应在混凝土浇筑时不产生明显变形漏浆，并不宜采用周转次数较多的模板。为防止漏浆污染预制墙板，模板接缝处粘贴海绵条。

② 采取可靠措施防止胀模。设计时按钢模考虑，施工时也可使用木模，但要保障施工质量。

（三）叠合梁板上部钢筋安装

① 键槽钢筋绑扎时，为确保U形钢筋位置的准确，在钢筋上口加$\phi 6$钢筋，卡在键槽当中作为键槽钢筋的分布筋。

② 叠合梁板上部钢筋施工。所有钢筋交错点均绑扎牢固，同一水平直线上相邻绑扣呈八字形，朝向混凝土构件内部。

（四）浇筑楼板上部及竖向节点构件混凝土

① 绑扎叠合楼板负弯矩钢筋和板缝加强钢筋网片，预留预埋管线、埋件、套管、预留洞等。

浇筑时，在露出的柱子插筋上做好混凝土顶标高标志，利用外圈叠合梁上的外侧预埋钢筋固定边模专用支架，调整边模顶标高至板顶设计标高，浇筑混凝土，利用边模顶面和柱插筋上的标高控制标志控制混凝土厚度和混凝土平整度。

② 当后浇叠合楼板混凝土强度符合现行国家及地方规范要求时，方可拆除叠合板下的临时支撑，以防止叠合梁发生侧倾或混凝土过早承受拉应力而使现浇节点出现裂缝。

第十一章

钢结构工程

工字钢焊接　　钢筋锚固　　水平筋固定

扫码观看本视频　扫码观看本视频　扫码观看本视频

第一节　钢结构连接

一、紧固件连接

螺栓作为钢结构主要连接紧固件，通常用于钢结构中构件间的连接、固定、定位等，钢结构中使用的连接螺栓一般分为普通螺栓和高强度螺栓两种。

（一）普通螺栓

普通螺栓的连接件包括螺栓杆、螺母和垫圈，其连接的最大、最小容许间距见表 11-1。

表 11-1　普通螺栓的最大、最小容许间距

名称	位置和方向			最大容许间距（取两者的较小值）	最小容许间距
中心间距	外排（垂直内力方向或顺内力方向）			$8d_0$ 或 $12t$	$3d_0$
	中间排	垂直内力方向		$16d_0$ 或 $24t$	
		顺内力方向	构件受压力	$12d_0$ 或 $18t$	
			构件受拉力	$16d_0$ 或 $24t$	
	沿对角线方向			—	
中心至构件边缘距离	顺内力方向			$4d_0$ 或 $8t$	$2d_0$
	垂直内力方向	剪切边或手工气割边			$1.5d_0$
		轧制边、自动气割或锯割边	高强度螺栓		
			其他螺栓或铆钉		$1.2d_0$

注：1. d_0 为螺栓或铆钉的孔径；t 为外层较薄板件的厚度。

2. 钢板边缘与刚性构件（如角钢、槽钢）相连的螺栓或铆钉的最大间距，可按中间排的数值采用。

1. 螺栓长度及直径的选择

(1) 螺栓的长度计算

$$L=\delta+H+nh+C$$

式中　δ——被连接件总厚度，mm；

H——螺母高度，mm；

n——垫圈个数；

h——垫圈厚度，mm；

C——螺纹外露部分长度，mm，2～3 扣为宜，一般为 5mm。

(2) 螺栓直径 螺栓的直径原则上应由设计人员按等强原则通过计算确定，但对个别工程来讲，螺栓直径规格应尽可能少，有的还需要适当归类，便于施工和管理；一般情况螺栓直径应与被连接件的厚度相匹配，不同的连接厚度所推荐使用的螺栓直径见表 11-2。

表 11-2 不同的连接厚度所推荐使用的螺栓直径 单位：mm

连接件厚度	4～6	5～8	7～11	10～14	13～20
推荐螺栓直径	12	16	20	24	27

2. 普通螺栓的连接方式

常用普通螺栓的连接方式见表 11-3。

表 11-3 常用普通螺栓的连接方式

材料种类	连接形式		说明
钢板	平接连接	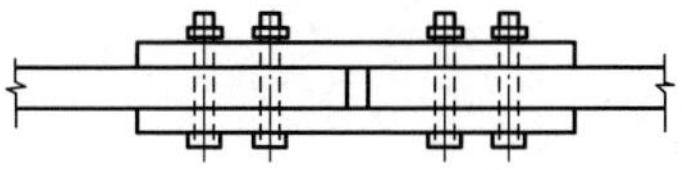	用双面拼接板，力的传递不产生偏心作用
		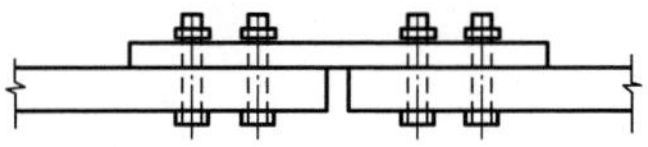	用单面拼接板，力的传递具有偏心作用，受力后连接部位发生弯曲
		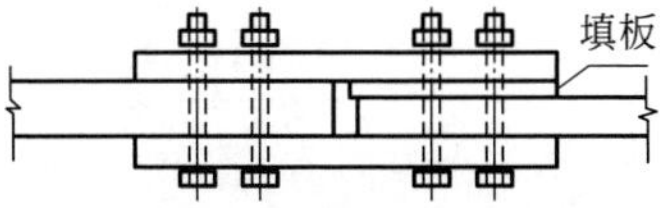 填板	板件厚度不同的拼接，须设置填板并将填板伸出拼接板以外，用焊件或螺栓固定
	搭接连接	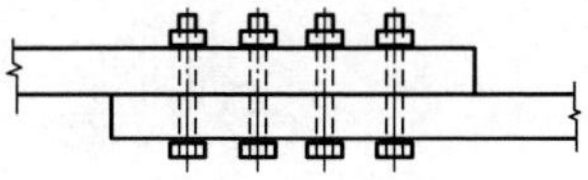	传力偏心只有在受力不大时采用
	T 形连接	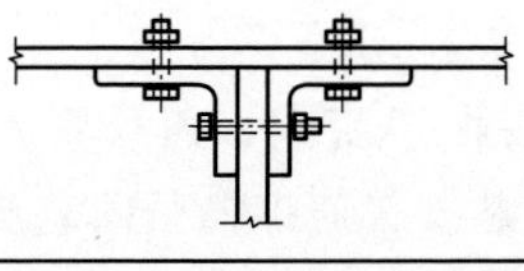	

续表

材料种类	连接形式		说明
槽钢	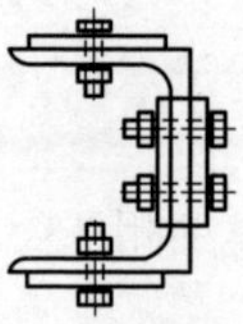		应符合等强度原则，拼接板的点面积不能小于被拼接的杆件截面积，且各肢面积分布与材料面积大致相等
工字钢	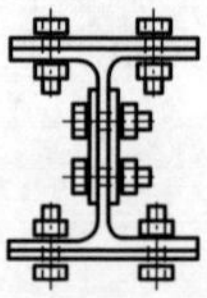		应符合等强度原则，拼接板的点面积不能小于被拼接的杆件截面积，且各肢面积分布与材料面积大致相等
角钢	角钢与钢板	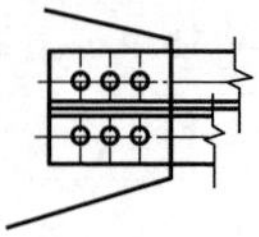	适用于角钢与钢板连接受力较大的部位
		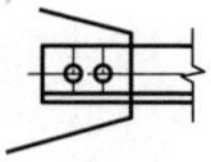	适用于一般受力的接长或连接
	角钢与角钢	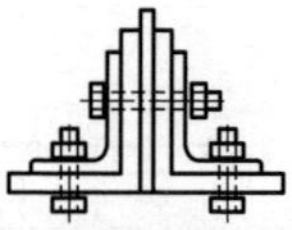	适用于小角钢等截面连接
		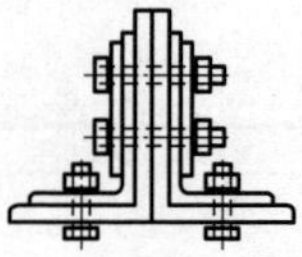	适用于大角钢等截面连接

3. 普通螺栓施工时应注意的要求

① 普通螺栓可采用普通扳手紧固，螺栓紧固的程度应能使被连接件接触面、螺栓头和螺母与构件表面密贴。普通螺栓紧固应从中间开始，对称向两边进行，大

型接头宜采用复拧。

② 对一般的螺栓连接，螺栓头和螺母下面应放置平垫圈，以增大承压面积。

③ 螺栓头下面放置的垫圈一般不应多于 2 个，螺母头下的垫圈一般不应多于 1 个。螺栓紧固时外露螺纹应不少于 2 个扣，紧固质量检验可采用锤敲或力矩扳手检验，要求螺栓不颤动、不偏移、不松动。

④ 对于有防松动设计要求的螺栓、锚固螺栓应采用有防松装置的螺母或弹簧垫圈或用人工方法采取防松措施。

(二) 高强度螺栓

钢结构高强度螺栓根据安装特点可分为扭剪型高强度螺栓连接和大六角头高强度螺栓连接。

1. 扭剪型高强度螺栓连接

扭剪型高强度螺栓紧固分为初拧和终拧。初拧一般使用能够控制紧固扭矩的紧固机来紧固；终拧紧固使用 6922 型或 6924 型专用电动扳手紧固施拧。拧至尾部的梅花头剪断，就可以认为紧固终拧完毕。紧固顺序如下。

① 在螺栓尾部卡头上插入扳手套筒，一边摇动机体、一边嵌入；嵌入后，在螺栓上嵌入外套筒，嵌入完毕后，轻轻地推动扳机。

② 在螺栓嵌入后，按动开关，内、外套筒两个方向同时旋转，切口切断。

③ 切口切断后，关闭开关，将扳手提起，紧固完毕。

④ 按扳手顶部的吐口开关，尾部从内套筒内退出。

扭剪型高强度螺栓，除因构造原因无法使用专用扳手在终拧中拧掉梅花头者外，在未终拧中拧掉梅花头的螺栓数不应大于该节点螺栓数的 5%。扭矩检查按节点数抽查 10%，但不少于 10 个节点，被抽查节点中梅花头未拧掉的螺栓全数进行终拧扭矩检查。检查方法可采用扭矩法和转角法。

2. 大六角头高强度螺栓连接

(1) 节点处理 高强度螺栓连接应在其结构架设调整完毕后，对接合件进行矫正，消除接合件的变形、错位和错孔。板束接合摩擦面贴紧后，安装高强度螺栓。为了接合部板束间摩擦面贴紧且结合良好，先用临时普通螺栓和手动扳手固定，达到贴紧为止。在每个节点上穿入临时螺栓的数量应由计算决定，一般不得少于高强度螺栓总数的 3%。不允许用高强度螺栓兼临时螺栓，以防止损伤螺纹，引起扭矩系数的变化。

对因板厚公差、制造偏差或安装偏差产生的结合面间隙，宜按规定的加工方法进行处理。

(2) 螺栓安装 高强度螺栓安装在节点全部处理好后进行，穿入方向要一致，一般应以施工便利为宜，对于箱形截面部件的接合部，全部从内向外插入螺栓，在外侧进行紧固。如操作不便，可将螺栓从反方向插入。对于大六角高强度螺栓连接副在安装时，根部垫圈有倒角的一侧应朝向螺栓头，安装尾部的螺母垫圈则应与扭剪型高强度螺栓的螺母和垫圈安装相同。严禁强行穿入螺栓，如不能传入时，螺孔应用铰刀进行修整，用铰孔修整前应对其四周的螺栓全部拧紧，使板叠密贴合后再进行。修整时应防止铁屑落入叠缝中。铰孔完成后，用砂轮除去螺栓孔周围的毛刺，同时扫清铁屑。

往构件点上安装的高强度螺栓，要按设计规定选用同一批的高强度螺栓、螺母和垫圈的连接副。

(3) 螺栓紧固 高强度螺栓紧固时，应分初拧、终拧。对于大型节点可分为初拧、复拧和终拧。

(4) 扭矩的检查

① 扭矩法检查时，在螺尾端头和螺母相对位置画线，将螺母退后60°左右，用扭矩扳手测定拧回至原来位置处的扭矩值。该扭矩值与施工扭矩值的偏差在10%以内为合格。

② 转角法检查的要求如下。a. 检查初拧后在螺母与相对位置所画的终拧起始线和终止线所夹的角度是否满足要求。b. 在螺尾端头和螺母相对位置画线，然后全部卸松螺母，再按规定的初拧扭矩和终拧角度重新拧紧螺栓，观察与原画线是否重合。终拧转角偏差在10°范围内为合格。

二、焊接连接

焊接连接是钢结构最主要的连接方法。其突出的优点是构造简单、不受构件外形尺寸的限制，不削弱构件截面、节约钢材、加工方便、易于操作和自动化操作。缺点是焊接残余应力和残余变形对结构有不利影响，低温冷脆的问题也比较突出。

(一) 焊接方法

常用的焊接方法主要有电弧焊和电渣焊。不同焊接方法的特点及适用范围见表11-4。

表11-4 不同焊接方法的特点及适用范围

焊接的类型			特点	适用范围
电弧焊	手工焊	交流焊机	利用焊条与焊件之间产生的电弧热焊接，设备简单，操作灵活，可进行各种位置的焊接，是建筑工地应用最广泛的焊接方法	焊接普通钢结构
		直流焊机	焊接技术与交流焊机相同，成本比交流焊机高，但焊接时电弧稳定	焊接要求较高的钢结构
	埋弧自动焊		利用埋在焊剂层下的电弧热焊接，效率高，质量好，操作技术要求低，劳动条件好，是大型构件制作中应用最广的高效焊接方法	焊接长度较大的对接、贴角焊缝，一般是有规律的直焊缝
	半自动焊		与埋弧自动焊基本相同，操作灵活，但使用不够方便	焊接较短的或弯曲的对接、贴角焊缝
	CO_2气体保护焊		用CO_2或惰性气体保护的实芯焊丝或药芯焊接，设备简单，操作简便，焊接效率高，质量好	用于构件长焊缝的自动焊

续表

焊接的类型	特点	适用范围
电渣焊	利用电流通过液态熔渣所产生的电阻热焊接，能焊大厚度焊缝	用于箱形梁及柱隔板与面板全焊透连接

（二）焊接材料

1. 焊条

根据用途的不同，焊条可分为结构钢焊条、不锈钢焊条、低温钢焊条、铸铁焊条和特殊用途焊条等。目前，钢结构工程上主要使用的是结构钢焊条，即碳钢焊条和低合金焊条，用于焊接碳钢和低合金高碳钢。

2. 焊丝、焊剂

结构钢埋弧焊用焊丝有碳锰钢、锰硅钢和锰钼钒钢等。

埋弧焊焊剂在焊接过程中起隔离空气、保护焊缝金属不受空气侵害和参与熔池金属冶金反应的作用。按制造方法不同，又分为熔炼焊剂和非熔炼焊剂。

3. 保护气体

气体保护焊所用的保护气体有纯 CO_2 气体及 CO_2 气体和其他惰性气体混合的混合气体，最常用的是 Ar(氩)+CO_2 的混合气体。

（三）焊接步骤

① 将焊条端头轻轻划过工件，然后保持一定距离。严禁在焊缝区以外的母材上打火引弧。在坡口内引弧的局部面积应熔焊一次，不得留下弧坑。

② 电弧点燃之后，就进入正常的焊接过程。焊接过程中焊条同时有三个方向的运动：

a. 沿其中心线向下送进；

b. 沿焊缝方向移动；

c. 横向摆动。

由于焊条被电弧熔化逐渐变短，为保持一定的弧长，就必须使焊条沿其中心线向下送进，否则会发生断弧。焊条沿焊缝方向移动，速度的快慢要根据焊条直径、焊接电流、工件厚度和接缝装配情况及所在位置而定。移动速度太快，焊缝熔深太小，易造成未透焊；移动速度太慢，焊缝过高，工件过热，会引起变形增加或烧穿。为了获得一定宽度的焊缝，焊条必须横向摆动。在做横向摆动时，焊缝的宽度一般是焊条直径的 1.5 倍左右。以上三个方向的动作密切配合，根据不同的接缝位置、接头形式、焊条直径和性能、焊接电流、工件厚度等情况，采用合适的运条方式，就可以在各种焊接位置得到优质的焊缝。

③ 焊接结束后的焊缝及两侧，应彻底清除飞溅物、焊渣和焊瘤等。无特殊要求时，应根据焊接接头的残余应力、组织状态、熔敷金属含氢量和力学性能决定是否需要焊后热处理。

第二节 钢结构安装

一、单层钢结构安装

（一）施工前的准备

钢构件在进场时应有产品证明书，其焊接连接、紧固件连接、钢构件制作分项工程验收应合格。普通螺栓、高强度螺栓和焊接材料要提前准备好。

钢结构的主体结构、地下钢结构及维护系统构件，吊车梁和钢平台、钢梯、防护栏杆等在吊装前，应对其制作、装配、运输，根据设计要求进行检查，主要检查材料质量、钢结构构件的尺寸精度及构件制作质量，并予记录。验收合格后方准安装。

起重设备按钢结构使用场合来选择，比如跨度大、较高的工业厂房宜选用塔式起重机。

正式吊装前应进行试吊，吊起一端高度为100～200mm时停吊，检查索具牢靠和吊车稳定板位于安装基础时，方可指挥吊车缓慢下降。

（二）施工工艺

单层钢结构安装施工工艺流程为：基础验收→安装钢柱→钢吊车梁的安装→安装钢屋架→安装平面钢桁架。最后对钢柱、吊车梁和钢屋架进行校正。

1.基础验收

钢结构安装前应对建筑物的定位轴线、基础轴线和标高、地脚螺栓位置、规格等进行检查，并应进行基础检测和办理交接验收。当基础工程分批进行交接时，每次交接验收不应少于一个安装单元的柱基基础。

2.安装钢柱

一般钢柱的弹性和刚性都很好，吊装时为了便于校正，一般采用一点吊装法，常用的钢柱吊装法有旋转法、递送法和滑行法。具体吊装方法如下。

① 吊装前应将杯底清理干净，不得有杂物。

② 操作人员在钢柱吊至杯口上方后，各自站好位置，稳住柱脚并将其插入杯口。

③ 在柱子降至杯底时停止落钩，用撬棍撬柱子，使其中线对准杯底中线，然后缓慢将柱子落至底部。

④ 拧紧柱脚螺旋。

3.钢吊车梁的安装

钢吊车梁安装一般采用工具式吊耳或捆绑法进行吊装。工具式吊耳吊装如图11-1所示。

吊车梁的布置应接近安装位置，使梁重心对准安装中心，安装可由一端向另一端，或从中间向两端顺序进行，当梁吊至设计位置离支座面20cm处时，用人力扶正，使梁中心线与支承面中心线对准，并使两端搁置长度相等，然后缓缓落下。

当梁高度与宽度之比大于 4 时，或遇五级大风时，脱钩前用 8 号铁丝将梁捆于柱上临时固定，以防倾倒。

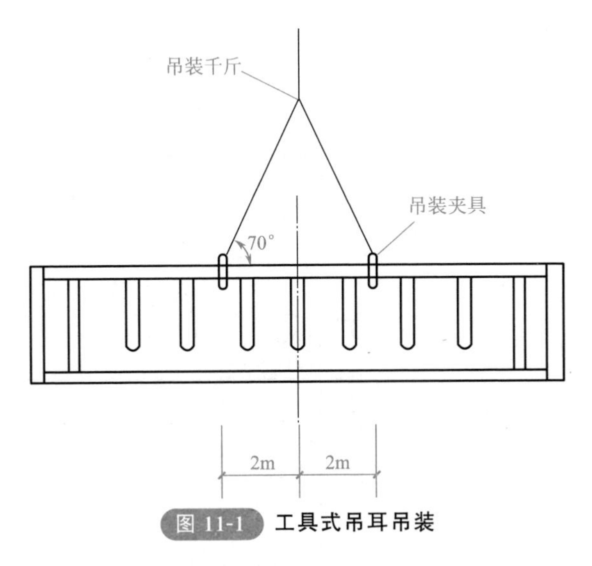

图 11-1 工具式吊耳吊装

4. 安装钢屋架

钢屋架吊装时应验算屋架平面外刚度，如刚度不足时，应采取增加吊点或采用加铁扁担的施工方法吊装。

屋架的吊点选择要保证屋架的平面刚度，还需注意以下两点。

① 屋架的重心位于内吊点的连线之下，否则应采取防止屋架倾倒的措施。

② 对外吊点的选择应使屋架下弦处于受拉状态。

安装第一榀屋架时，在松开吊钩前做初步校正，对准屋架基座中心线与定位轴线就位，并调整屋架垂直度并检查屋架侧向弯曲。安装就位后应在屋架上弦两侧对称设缆风绳固定，如图 11-2 所示。第二榀屋架同样吊装就位后，不要松钩，用绳索临时与第一榀屋架固定。然后安装支撑系统及部分檩条。从第三榀开始，在屋架脊点及上弦中点装上檩条即可将屋架固定。钢屋架安装的允许偏差见表 11-5。

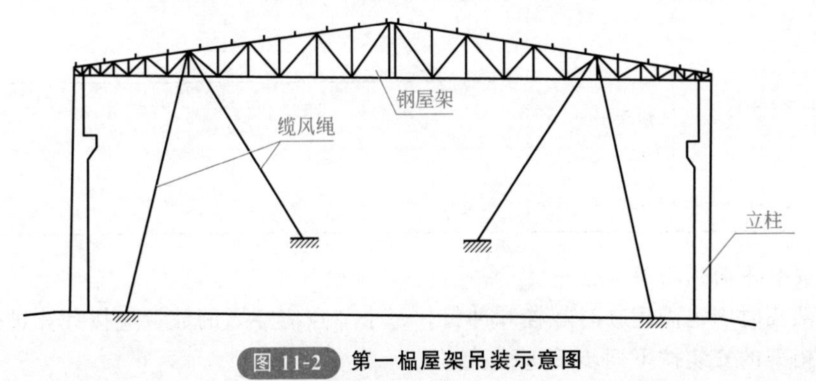

图 11-2 第一榀屋架吊装示意图

表 11-5 钢屋架安装的允许偏差

项目	允许偏差/mm		图例
跨中的垂直度	$h/250$,且不应大于 15.0		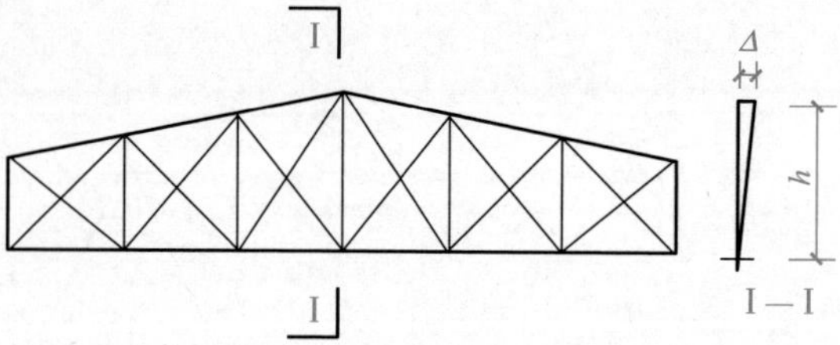
侧向弯曲矢高 f	$l \leqslant 30m$	$l/1000$,且不应大于 10.0	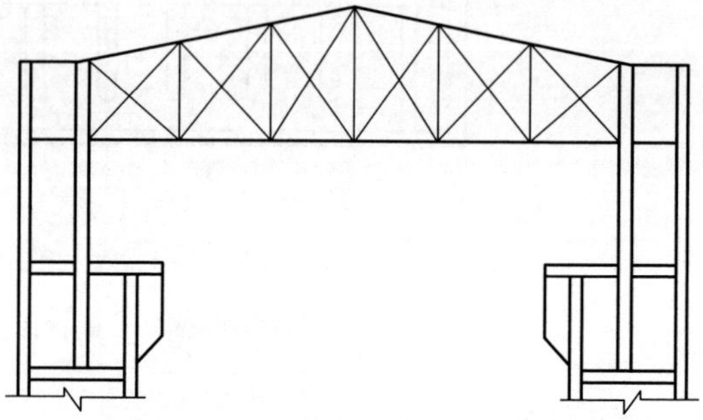
	$30m < l \leqslant 60m$	$l/1000$,且不应大于 30.0	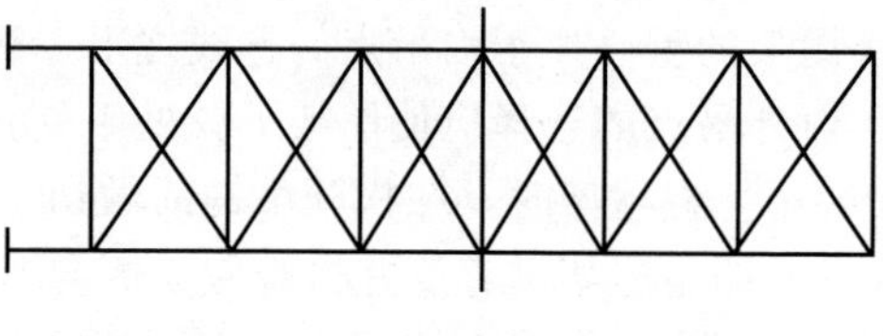
	$l > 60m$	$l/1000$,且不应大于 50.0	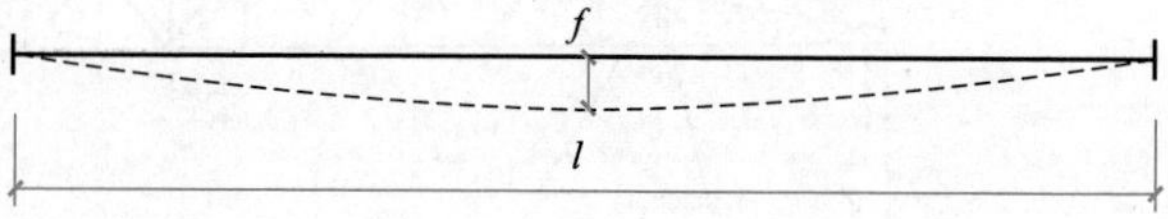

5. 安装平面钢桁架

桁架临时固定需用临时螺栓和冲钉，每个节点应穿入的数量应按计算进行。预应力钢桁架的安装按下列步骤进行。

① 钢桁架现场拼装。

② 在钢桁架下弦安装张拉锚固点。

③ 对钢桁架进行张拉。

④ 对钢桁架进行吊装。

（三）校正工作

1. 钢柱的校正

钢柱的校正工作一般包括平面位置、标高及垂直度三项内容。钢柱校正工作主要是校正垂直度和复查标高。

① 校正工作需用测量工具进行观测，观测钢柱垂直度的工具是经纬仪或线坠。

② 平面位置的校正。在起重机不脱钩的情况下将柱底定位线与基础定位轴线对准，缓慢落至标高位置。

③ 钢柱吊装柱脚穿入基础螺栓就位后，柱子校正工作主要是对标高进行调整和垂直度进行校正，钢柱垂直度的校正，可采用起吊初校加千斤顶复校的办法。

2. 吊车梁的校正

吊车梁的校正包括标高调整、纵横轴线和垂直度的调整。注意吊车梁的校正必须在结构形成刚度单元以后才能进行。

① 用经纬仪将柱子轴线投到吊车梁牛腿面等高处，据图纸计算出吊车梁中心线到该轴线的理论长度 l。

② 每根吊车梁测出两点，用钢尺和弹簧秤校核这两点到柱子轴线的距离，看实际距离是否等于理论距离，并以此对吊车梁纵轴进行校正。

③ 当吊车梁纵横轴线误差符合要求后，复查吊车梁跨度。

④ 吊车梁的标高和垂直度的校正应和吊车梁轴线的校正同时进行。

3. 钢屋架的校正

钢屋架垂直度的校正方法如下：在屋架下弦一侧拉一根通长钢丝（与屋架下弦轴线平行），同时在屋架上弦中心线反出一个同等距离的标尺，用线坠校正。也可用一台经纬仪，放在柱顶一侧，与轴线平移 a 距离，在对面柱子上同样有一距离为 a 的点，从屋架中线处用标尺挑出 a 距离，三点在一个垂面上即可使屋架垂直。

钢桁架的校正方法与钢屋架一致。

二、多层及高层结构安装

（一）施工前的准备

施工前编制详细的设备、工具、材料进场计划，根据施工进度安排构件进场，并检查构件的完整度是否满足施工要求。根据施工现场提供的测量基准控制点，测放钢结构安装的主控轴线，并对所有钢柱定位轴线和标高进行放线测量、复查等。

根据构件质量和单层的构件数量，剪裁出不同长度、不同规格的钢丝绳作为吊装绳和缆风绳。根据钢柱的长度和截面面积，按规定制作出不同规格的足够数量的爬梯。

(二) 施工工艺

1. 钢柱起吊与安装

钢柱多采用实腹式，实腹钢柱截面多为工字形、箱形、十字形、圆形。钢柱多采用焊接对接接长，也有用高强度螺栓连接接长的。劲性柱与混凝土采用熔焊栓钉连接。

钢柱一般采用一点正吊。吊点设置在柱顶处，吊钩通过钢柱重心线，钢柱易于起吊、对线、校正。当受起重机臂杆长度、场地等条件限制，吊点可放在柱长 1/3 处斜吊。

起吊时钢柱必须垂直，尽量做到回转扶直。起吊回转过程中应避免同其他已安装的构件相碰撞，吊索应预留有效高度。

钢柱扶直前应将登高爬梯和挂篮等挂设在钢柱预定位置并绑扎牢固，起吊就位后临时固定地脚螺旋（栓）、校正垂直度。钢柱接长时，钢柱两侧装有临时固定用的连接板，上节钢柱对准下节钢柱柱顶中心线后，即用螺栓固定连接板临时固定。

钢柱安装到位，对准轴线、临时固定牢固后才能松开吊索。

2. 钢梁安装

钢梁安装顺序总体随钢柱的安装顺序进行，相邻钢柱安装完毕后，及时连接之间的钢梁使安装的构件形成稳定的框架，并且每天安装完的钢柱必须用钢梁连接起来，不能及时连接的应拉设缆风绳进行临时稳固。按先主梁后次梁、先下层后上层的安装顺序进行安装。

钢梁吊装时为保证吊装安全及提高吊装速度，根据以往超高层钢结构工程的施工经验，建议由制作厂制作钢梁时预留吊装孔作为吊点。

钢梁若没有预留吊装孔，可以使用钢丝绳直接绑扎在钢梁上。吊索角度不得小于 45°。为确保安全，防止钢梁锐边割断钢丝绳，要对钢丝绳在翼板的绑扎处进行防护。

为了加快施工进度，提高工效，对于质量较轻的钢梁可采用一机多吊（串吊）的方法，如图 11-3 所示。

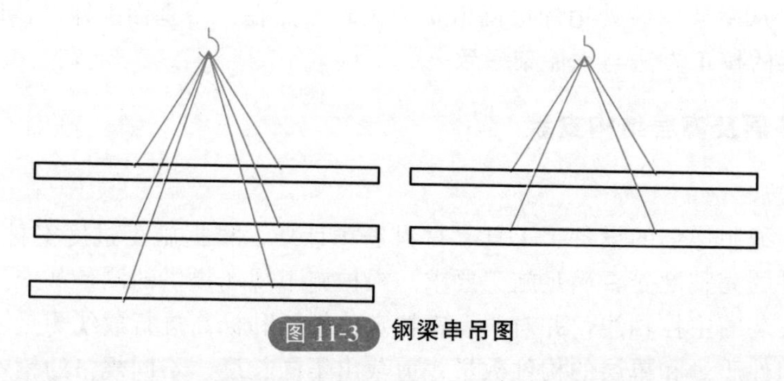

图 11-3 钢梁串吊图

钢梁吊装前，应清理钢梁表面污物；对产生浮锈的连接板和摩擦面在吊装前进行除锈。为保证结构的稳定，对多楼层的结构层，应首先进行固定顶层梁，再固定下层梁，最后固定中间梁。

3. 斜撑安装

斜撑的安装为嵌入式安装，即在两侧相连接的钢柱、钢梁安装完成后，再安装斜撑。为了确保斜撑的准确就位，斜撑吊装时应使用捯链进行配合，将斜撑调节至就位角度，确保快速就位连接。

4. 桁架安装

桁架是结构的主要受力和传力结构，一般截面较大，板材较厚，施工中应尽量不分段整体吊装，若必须要分段，也应在起重设备允许的范围内尽量少分段，以减少焊缝收缩对精度的影响。分段后桁架段与段之间的焊接应按照正确的流程和顺序进行施焊，先上下弦，再中间腹杆，由中间向两边对称进行施焊。散件高空组装顺序为先上弦、再下弦和竖向直腹杆，最后嵌入中间斜腹杆，然后进行整体校正焊接。同时，应根据桁架跨度和结构特点的不同设置胎架支撑，并按设计要求进行预起拱。

（三）校正工作

1. 钢柱轴线调整

上下柱连接保证柱中心线重合。如有偏差，采用反向纠偏回归原位的处理方法，在柱与柱的连接耳板的不同侧面加入垫板（垫板厚度为 0.5～1.0mm），拧紧螺栓。另一个方向的轴线偏差通过旋转、微移钢柱，同时进行调整。钢柱中心线偏差调整每次在 3mm 以内，如偏差过大则分 2～3 次调整。上节钢柱的定位轴线不允许使用下一节钢柱的定位轴线，应从控制网轴线引至高空，保证每节钢柱的安装标准，避免产生过大的累积误差。

2. 钢柱顶标高检查

首先在柱顶架设水准仪，测量各柱顶标高，根据标高偏差进行调整。可切割上节柱的衬垫板（3mm 内）或加高垫板（5mm 内），进行上节柱的标高偏差调整。若标高误差太大，超过了可调节的范围，则将误差分解至后几节柱中调节。

3. 钢柱垂直度调整

在钢柱偏斜方向的一侧顶升千斤顶。在保证单节柱垂直度不超过规范要求的前提下，将柱顶偏移控制到零，最后拧紧临时连接耳板的高强度螺栓。临时连接板的螺栓孔可在吊装前进行预处理，比螺栓直径扩大约 4mm。

第三节　钢结构焊接施工

一、焊接工艺

（一）焊接材料的保管和烘干

① 焊接材料应储存在干燥、通风良好的地方，由专人保管、烘干、发放和回

收，并有详细记录。

② 焊丝表面和电渣焊的熔化或非熔化导管应无油污、无锈蚀。

③ 焊条使用前在300～430℃温度下烘干1～2h，或按厂家提供的焊条使用说明书进行烘干。焊条放入时烘箱的温度不应超过最终烘干温度的1/2，烘干时间以烘箱到达最终烘干温度后开始计算。

④ 焊条烘干后放置时间不应超过4h，用于屈服强度大于370MPa的高强钢的焊条，烘干后放置时间不应超过2h。重新烘干次数不应超过2次。

⑤ 烘干后的低氢焊条应放置于温度不低于120℃的保温箱中存放、待用，使用时应置于保温筒中，随用随取。

⑥ 焊剂使用前应按制造厂家推荐的温度进行烘焙，已潮湿或结块的焊剂严禁使用。用于屈服强度大于370MPa的高强钢的焊剂，烘焙后在大气中放置时间不应超过4h。

（二）焊前检查与清理

① 施焊前应仔细检查母材，保证母材待焊接表面和两侧均匀、光洁，且无毛刺、裂纹和其他对焊缝质量有不利影响的缺陷；母材上待焊接表面及距焊缝位置50mm范围内不得有影响正常焊接和焊缝质量的氧化皮、锈蚀、油脂、水等杂质。

② 检查母材坡口成型质量：采用机械方法加工坡口时，加工表面不应有台阶；采用热切割方法加工的坡口表面质量应符合《热切割、气割质量和尺寸偏差》（JB/T 10045.3—1999）的相应规定；材料厚度小于或等于100mm时，割纹深度最大为0.2mm；材料厚度大于100mm时，割纹深度最大为0.3mm。割纹不满足要求时，应采用机械加工、打磨清除。

③ 结构钢材坡口表面切割缺陷需要进行焊接修补时，可根据《钢结构焊接规范》（GB 50661—2011）的规定制订修补焊接工艺，并记录存档；调质钢及承受周期性荷载的结构钢材坡口表面切割缺陷的修补还需报监理工程师批准后方可进行。

④ 焊接坡口边缘上钢材的夹层缺陷长度超过25mm时，应采用无损检测方法检测其深度，如深度不大于6mm，应用机械方法清除；如深度大于6mm时，应用机械方法清除后焊接填满；若缺陷深度大于25mm时，应采用超声波测定其尺寸。当单个缺陷面积（ad）或聚集缺陷的总面积不超过被切割钢材总面积（BL）的4%时为合格，否则该板不宜使用（图11-4）。

夹层缺陷是裂纹时如裂纹深度超过50mm或累计长度超过板宽的20%时，该钢板不得使用。

⑤ 施焊前应检查焊接部位的组装质量是否满足表11-6的要求。如坡口组装间隙超过表中允许偏差但不大于较薄板厚度的2倍或20mm（取其较小值）时，可在坡口单侧或两侧堆焊，使其达到规定的坡口尺寸要求。禁止用焊条头、铁块等物堵塞或间隙过大时仅在表面覆盖焊缝。

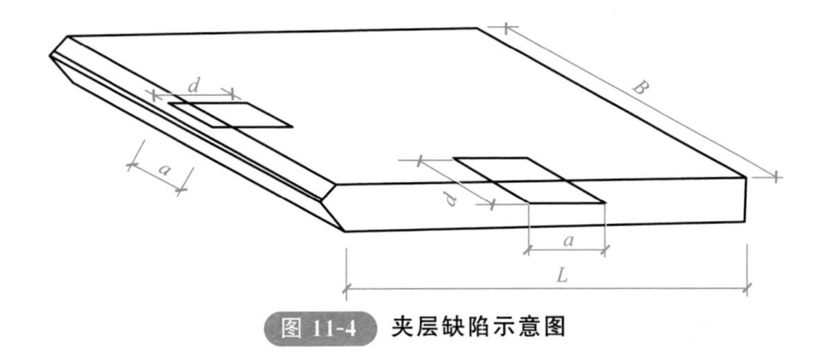

图 11-4 夹层缺陷示意图

表 11-6 坡口尺寸组装允许偏差

项目	背面不清根	背面清根
接头钝边	±2mm	不限制
无钢衬垫接头根部间隙	±2mm	+2mm −3mm
带钢衬垫接头根部间隙	+6mm −2mm	不适用
接头坡口角度	+10° −5°	+10° −5°
根部半径	+3mm −0mm	不限制

对接接头的错边量严禁超过接头中较薄件厚度的1/10，且不超过3mm。当不等厚部件对接接头的错边量超过3mm时，较厚部件应按不大于1∶2.5坡度平缓过渡。

T形接头的角焊缝及部分焊透焊缝连接的部件应尽可能密贴，两部件间根部间隙不应超过5mm；当间隙超过5mm时，应在板端表面堆焊并修磨平整使其间隙符合要求。T形接头的角焊缝连接部件的根部间隙大于1.5mm且小于5mm时，角焊缝的焊脚尺寸应按根部间隙值增加。

对于搭接接头及塞焊、槽焊以及钢衬垫与母材间的连接接头，接触面之间的间隙不应超过1.5mm。

(三) 定位焊

① 定位焊必须由持焊工合格证的人施焊，使用焊材与正式施焊用的焊材相当。

② 定位焊焊缝厚度应不小于3mm，对于厚度大于6mm的正式焊缝，其定位焊缝厚度不宜超过正式焊缝厚度的2/3；定位焊缝的长度应不小于40mm，间距宜为300～600mm。

③ 钢衬垫焊接接头的定位焊宜在接头坡口内焊接；定位焊焊接时预热温度应高于正式施焊预热温度20～50℃；定位焊缝与正式焊缝应具有相同的焊接工艺和

焊接质量要求；定位焊焊缝若存在裂纹、气孔、夹渣等缺陷，要完全清除。

④ 对于要求疲劳验算的动荷载结构，应制订专门的定位焊焊接工艺文件。

（四）焊后消除应力处理

① 设计或合同文件对焊后消除应力有要求时，需经疲劳验算的结构中承受拉应力的对接接头或焊缝密集的节点或构件，宜采用电加热器局部退火和加热炉整体退火等方法进行消除应力处理；如仅为稳定结构尺寸，可选用振动法消除应力。

② 焊后热处理应符合国家现行相关标准的规定。当采用电加热器对焊接构件进行局部消除应力热处理时，尚应符合下列要求。

a. 使用配有温度自动控制仪的加热设备，其加热、测温、控温性能应符合使用要求。

b. 构件焊缝每侧面加热板（带）的宽度至少为钢板厚度的 3 倍，且不应小于 200mm。

c. 加热板（带）以外构件两侧宜用保温材料适当覆盖。

③ 用锤击法消除中间焊层应力时，应使用圆头手锤或小型振动工具进行，不应对根部焊缝、盖面焊缝或焊缝坡口边缘的母材进行锤击。

（五）焊接工艺技术要求

① 对于焊条手工电弧焊、半自动实芯焊丝气体保护焊、半自动药芯焊丝气体保护焊或自保护焊和自动埋弧焊焊接方法，根部焊道最大厚度、填充焊道最大厚度、单道角焊缝最大焊脚尺寸和单道焊最大焊层宽度宜符合表 11-7 的规定。经焊接工艺评定合格验证除外。

表 11-7 单焊缝最大焊缝尺寸推荐表

<table>
<tr><th rowspan="3">焊道类型</th><th rowspan="3">焊接位置</th><th rowspan="3">焊缝类型</th><th colspan="5">焊接方法</th></tr>
<tr><th rowspan="2">SMAW</th><th rowspan="2">GMAW/FCAW</th><th colspan="3">SAW</th></tr>
<tr><th>单丝</th><th>串联双丝</th><th>多丝</th></tr>
<tr><td rowspan="4">根部焊道最大厚度</td><td>平焊</td><td rowspan="4">全部</td><td>10mm</td><td>10mm</td><td colspan="3" rowspan="2">无限制</td></tr>
<tr><td>横焊</td><td>8mm</td><td>8mm</td></tr>
<tr><td>立焊</td><td>12mm</td><td>12mm</td><td colspan="3" rowspan="2">不适用</td></tr>
<tr><td>仰焊</td><td>8mm</td><td>8mm</td></tr>
<tr><td>填充焊道最大厚度</td><td>全部</td><td>全部</td><td>5mm</td><td>6mm</td><td>6mm</td><td colspan="2">无限制</td></tr>
<tr><td rowspan="4">单道角焊缝最大焊脚尺寸</td><td>平焊</td><td rowspan="4">角焊缝</td><td>10mm</td><td>12mm</td><td colspan="3">无限制</td></tr>
<tr><td>横焊</td><td>8mm</td><td>10mm</td><td>8mm</td><td>8mm</td><td>12mm</td></tr>
<tr><td>立焊</td><td>12mm</td><td>12mm</td><td colspan="3" rowspan="2">不适用</td></tr>
<tr><td>仰焊</td><td>8mm</td><td>8mm</td></tr>
</table>

续表

焊道类型	焊接位置	焊缝类型	焊接方法				
			SMAW	GMAW/FCAW	SAW		
					单丝	串联双丝	多丝
单道焊最大焊层宽度	所有(立焊除外,用于 SMAW、GMAW 和 FCAW)	坡口焊缝	如坡口根部间隙＞12mm 或焊层宽度＞16mm,采用分道焊技术		不适用		
	平焊和横焊(用于 SAW)		不适用		焊层宽度 t＜16mm 或 t＞25mm,采用分道焊技术		

② 多层焊时应连续施焊，每一焊道焊接完成后应及时清理焊渣及表面飞溅物，发现影响焊接质量的缺陷时，应清除后方可再焊。遇有中断施焊的情况，应采取适当的后热、保温措施，再次焊接时重新预热温度应高于初始预热温度。

③ 塞焊和槽焊可采用焊条手工电弧焊、气体保护电弧焊及自保护电弧焊等焊接方法。平焊时，应分层熔敷焊缝，每层熔渣冷却凝固后，必须清除后方可重新焊接；立焊和仰焊时，每道焊缝焊完后，应待熔渣冷却并清除后方可施焊后续焊道。

④ 严禁在调质钢上采用塞焊和槽焊焊缝。

(六) 焊件校正

因焊接而变形超标的构件应采用机械方法或局部加热的方法进行校正。采用加热校正时，调质钢的校正温度严禁超过最高回火温度，其他钢材严禁超过 800℃。加热校正后宜采用自然冷却，低合金钢在校正温度高于 650℃急冷。

二、高层钢结构焊接

(一) 总体焊接顺序

一般根据结构平面图形的特点以对称轴为界或以不同体形结合处为界分区，配合吊装顺序进行安装焊接。焊接顺序应遵循以下原则或程序。

① 在吊装、校正和栓焊混合节点的高强度螺栓终拧完成若干节间以后开始焊接，以利于形成稳定框架。

② 焊接时应根据结构体形特点选择若干基准柱或基准节间，由此开始焊接主梁与柱之间的焊缝，然后向四周扩展施焊，以避免收缩变形向一个方向累积。

③ 一节间各层梁安装好后应先焊上层梁、后焊下层梁，以使框架稳固，便于施工。

④ 栓焊混合节点中，应先栓后焊（如腹板的连接），以避免焊接收缩引起栓孔间位移。

⑤ 柱-梁节点两侧对称的两根梁端应同时与柱相焊，既可减小焊接拘束度，避免焊接裂纹产生，又可以防止柱的偏斜。

⑥ 柱-柱节点焊接是由下层往上层的顺序焊接，由于焊缝横向收缩，再加上重力引起的沉降，有可能使标高误差累积，在安装焊接若干柱节后应视实际偏差情况及时要求构件制作厂调整柱长，以保证安装精度达到设计和规范的要求。

⑦ 桁架焊接顺序为：下弦杆→转换柱（竖向杆件）→上弦杆→斜撑，如图 11-5 所示。

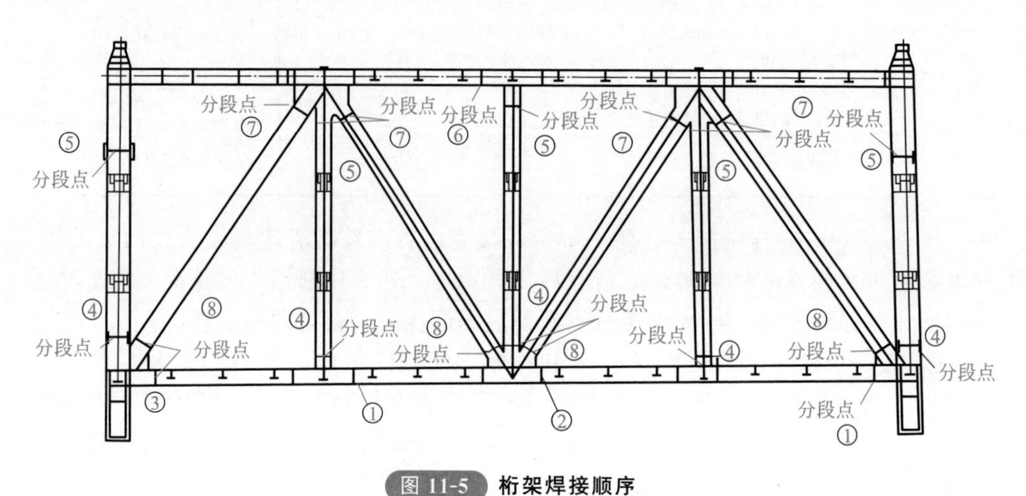

图 11-5 桁架焊接顺序

⑧ 框-筒或筒中筒结构总体上应采用先内后外，先柱后梁，再斜撑；先焊收缩量大的，再焊收缩量小的焊接顺序。原则上相邻两根柱不要同时开焊。

（二）各类节点焊接顺序

1. 钢柱的焊接顺序

(1) 箱形柱的焊接顺序 由于箱形柱大部分钢板超厚，施焊时间较长，应采用多名焊工同时对称等速施焊，才能有效地控制施焊的层间温度，控制焊接应力，如图 11-6 所示（两名焊工同时施焊）。

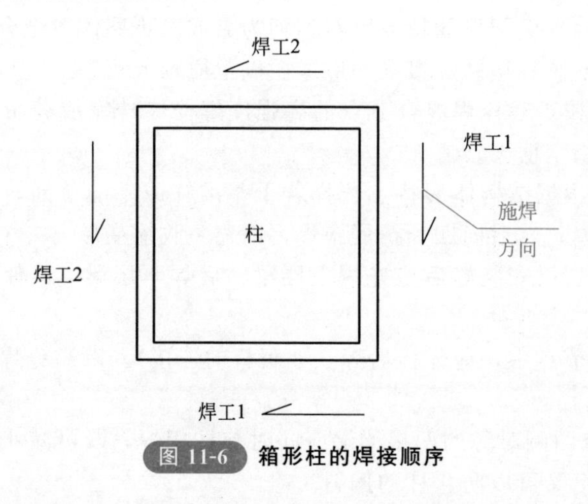

图 11-6 箱形柱的焊接顺序

当焊完第一个两层后，再焊接另外两个相对应边的焊缝，这时可焊完四层，再绕至另两个相对边，如此循环直至焊满整个焊缝。如遇焊缝间隙过大，应先焊大间隙焊缝，把另外相对边点焊牢固，然后依前顺序施焊。

（2）十字柱对接焊接顺序 先由两名焊工进行翼缘板的对称焊接，如图11-7中的步骤1、2，然后两名焊工再同时对腹板进行中心点对称反向焊接，见步骤3～6。

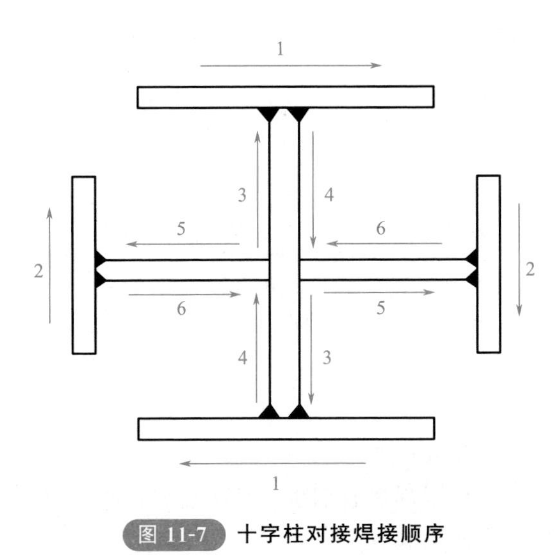

图11-7 十字柱对接焊接顺序

十字柱腹板为双面坡口焊，焊完一侧后另一侧应清根。

2.钢梁焊接顺序

（1）工字形梁的焊接顺序 当工字形梁翼缘采用焊接，腹板采用螺栓连接时，先焊接下翼缘，然后焊接上翼缘。

当工字形梁翼缘、腹板都采用焊接连接时，先焊接下翼缘，然后焊接上翼缘，最后焊接腹板。

在钢梁焊接时应先焊梁的一端，待此焊缝冷却至常温后，再焊另一端。不得在同一根钢梁两端同时开焊，两端的焊接顺序应相同，如图11-8所示。

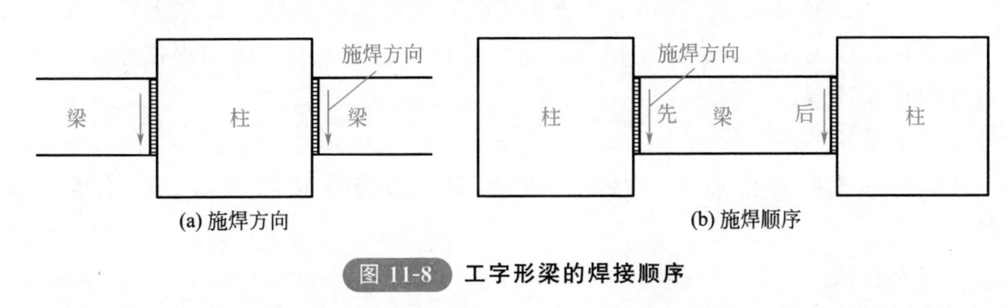

图11-8 工字形梁的焊接顺序

（2）箱形梁的焊接顺序 箱形梁为了便于焊接、保证焊接质量，焊接时先焊接下翼缘，下翼缘焊接完毕后，由两名焊工同时对称焊接两个腹板，焊接完毕后割除下翼缘和两个腹板的引弧板，并打磨好。24h后对下翼缘和腹板进行探伤，合格后安装上翼缘的封板，然后先由一名焊工依次焊接上翼缘封板的两条平焊缝，最后由两名焊工对称焊接封板与腹板之间的两条横焊缝。

当箱形梁比较大时（梁高大于800mm），在焊接此钢梁的下翼缘板时，焊工需要进入箱形梁内进行焊接，此时需要在钢梁的外部有一名焊工配合焊接钢梁腹板和引弧板。

三、钢管桁架焊接

（一）管对接焊接工艺

1. 焊前、组对

组对前用卡具对钢管同心度、纵向曲度、圆度认真复查核对，合格后，采用锉刀和砂布将2mm管内外壁20～25mm处仔细磨去锈蚀及污物。组对时不得在接近坡口处管壁上点焊夹具或硬性敲打，以防四周出现凹凸不平和圆弧不顺滑的现象，同外径管错口现象必须控制在2mm以内，管内衬垫板必须紧密贴合牢固。

2. 校正复检、预留焊接收缩量

根据管径大小、壁厚预留焊接收缩量，校正后要及时固定，确保整个桁架系统的几何尺寸不因焊接收缩而引起改变。

3. 定位焊

定位焊对管口的焊接质量有直接影响，主桁架上下弦组对方式通常采用连接板预连接，定位焊位置为圆周三等分，定位焊使用经烘干合格的小直径焊条，采用与正式焊接相同的工艺进行等距离定位焊接，定位焊接的长度 L 应>500mm、高 H 应≥4mm。将定位焊起点与收弧处用角向磨光机磨成缓坡状，确认没有未熔合、收缩孔等缺陷。

4. 焊前防护

桁架上下弦杆件接头处焊前搭设平台，焊接作业平台距离管的高度为600～700mm，平台面宽度大于1.5m，密铺木跳板，上铺石棉布防止发生火灾，用彩条布密闭围护，以免作业时有风雨侵扰。架子搭设要稳定牢固，确保焊接作业人员具有良好的作业环境。

5. 焊前清理

正式焊接前将定位焊和对接口处的焊渣、飞溅雾状附着物、灰尘等认真清除。

6. 焊前预热

环境温度低于+10℃且空气湿度大于80%时，采用氧-乙炔中性焰对焊口进行加热除湿处理，使对接口两侧100mm范围温度均匀且达到100℃左右。

7. 焊接

上弦杆的对接焊采用左右两焊口同时施焊的方式，操作者采用外侧起弧逐渐移动到内侧施焊，每层焊缝均按此顺序实施，直至节点焊接完毕。

(1) 根部焊接 根部施焊采用手工电弧焊，以较大电流值对小直径焊条自下部超越中心线 10mm 起弧，至定位焊接头处前行 10mm 收弧，重点防止出现未熔合与焊渣超越熔池现象。尽量保持单根焊条一次施焊完，收弧处应避免产生收缩孔。再次施焊在定位焊缝上退弧，在顶部中心处息弧时超越中心线 10～15mm，并填满弧坑。另一半焊前应采用剔凿除去已焊处的焊渣，用角向磨光机把前半部接头处修磨成较大缓坡，确认无未熔合及夹渣等现象，在滞后 10～15mm 处起弧焊，起弧处应在前半部已形成焊肉上，后半部与前半部接头处接焊时应至少超越 20mm，填满弧坑后方允许收弧。首层焊接的重点是确保根部熔合良好，确保不出现假焊。

(2) 次层焊接 焊前清除首层焊道上的凸起部分及引弧造成的多余部分，并不得伤及坡口边缘，次层焊接采用 CO_2 气体保护焊。在仰焊时采用较小电流和较大电压进行焊接，因仰焊部位由于地心引力引起铁水下坠，从而导致焊缝坡口边出现尖角，故采用增大电压来增强熔滴的喷射力来解决。立焊部位电流、电压适中，焊至立爬坡时电流逐渐增大，至平焊部位电流再次增大，此时，充分体现了 CO_2 气体保护焊机电流、电压远程控制的优越性。

(3) 填充层焊接 采用 CO_2 气体保护电弧焊，正常电流，较快焊速。注意搭头部位逐层错开 50mm，要逐层逐道清除氧化渣皮、飞溅等附着物。在接近面层时注意均匀留出 1.5～2mm 盖面层预留量，且不得伤及坡口边缘。

(4) 面层焊接 面层焊缝直接关系到外观质量及尺寸检查要求，施焊前对全焊缝进行检查和修补。

8. 清理和检查

焊后进行清理和外观检查，且外观要符合设计要求。

(二) 钢管焊接顺序

① 360°逆时针滚动平焊，如图 11-9 所示。

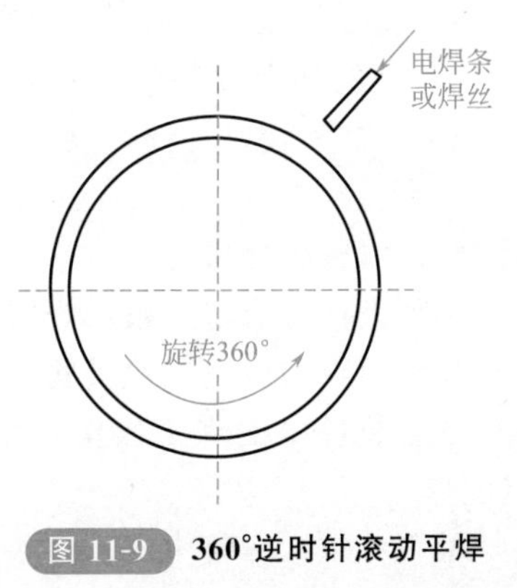

图 11-9 360°逆时针滚动平焊

② 半位置焊，旋转 180°，如图 11-10 所示。

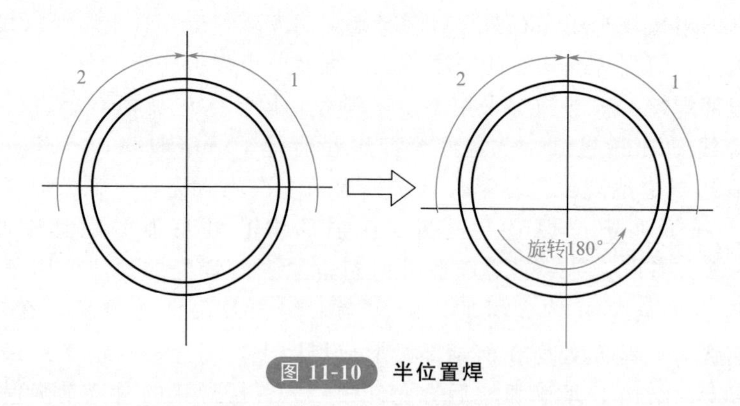

图 11-10 半位置焊

③ 全位置焊，工件不能转动，如图 11-11 所示。

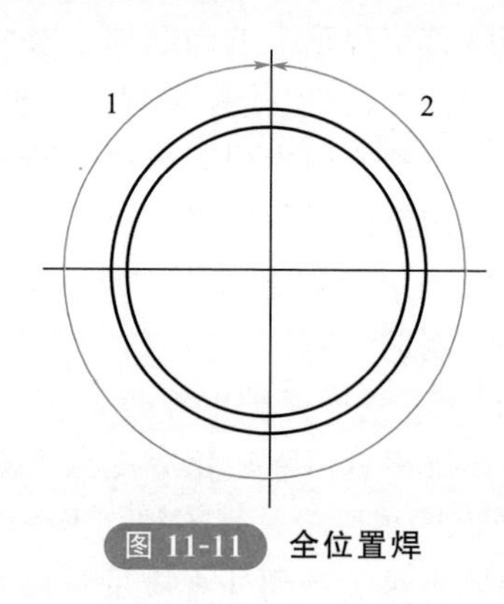

图 11-11 全位置焊

斜腹杆上口与上弦杆相贯处呈全位置倒向环焊，焊接时从环缝的最低位置处起弧，在横角焊的中心收弧，焊条呈斜线运行，使熔池保持水平状，斜腹杆下口与下弦杆相贯处应从仰角焊位置超越中心 5～10mm 处起弧，在平角焊位置收弧，焊条呈斜线和直线运行，使熔池保持水平状。

次桁架弦杆与主桁架弦杆相贯处的焊接从坡口的仰角焊部位超越中心 5～10mm 处起弧，在平焊位置中心线处收弧，焊接时尽量使熔池保持水平状，注意左右两边的熔合，确保焊缝几何尺寸的外观质量，当相贯线夹角小于 30°时采用角焊形式进行焊接，焊角尺寸为 1.5t（t 为较厚焊件厚度）。

(三) 施工注意事项

① 部件组装时，须加固好，以减少变形。

② 所有节点坡口，焊前必须进行打磨，严格做好清洁工作。

③ 所有探伤焊缝坡口及装配间隙均应由质检员验收合格。

④ 装配定位焊，要由具备合格证书的焊工操作，管子定位焊，用 ϕ3.2 焊条，其他厚板允许用 ϕ4 焊条定位焊。

⑤ 内衬管安装中心应与母管一致，焊脚为 5mm。

⑥ 焊接完毕，焊工应清理焊缝表面的熔渣及两侧飞溅物，检查焊缝外观质量。

⑦ 待探伤焊缝检查认可后（包括必要的焊缝加强和修补），构件才能吊离胎架。

第四节 钢结构涂料涂装

一、钢结构防腐涂料涂装

（一）材料要求

建筑钢结构工程防腐材料的选用应符合设计要求。防腐蚀材料有底漆、面漆和稀料等。建筑钢结构工程防腐底漆有钼铬红环氧酯防锈漆、红丹油性防锈漆等；建筑钢结构防腐面漆有各色醇酸磁漆和各色醇酸调和漆等。各种防腐材料应符合国家有关技术指标的规定，还应有产品出厂合格证。

（二）施工工艺

工艺流程为：基面清理→底漆和中间层涂装→面漆涂装→检查验收。

1. 基面清理

建筑钢结构工程的油漆涂装应在钢结构安装验收合格后进行。油漆涂刷前，应将需涂装部位的铁锈、焊缝药皮、焊接飞溅物、油污、尘土等杂物清理干净。

2. 底漆和中间层涂装

刷第一层底漆时涂刷方向应该一致，搭接涂刷美观整齐。第一遍刷完后待油漆干后再刷第二层油漆，第二层油漆涂刷应与第一层油漆成垂直状态。

3. 面漆涂装

底漆涂刷后的很长时间才进行面漆涂装，这样可以避免在施工过程中油漆脱落，影响外观。面漆在使用过程中应不断搅拌，喷涂的喷嘴与涂层要保持相同的距离，速度平稳，均匀一致。

4. 检查验收

表面涂装施工时和施工后，应对涂装过的工件进行保护，防止尘土飞扬和其他杂物。涂装后的处理检查，应该是涂层颜色一致，色泽鲜明、光亮，不起皱皮，不起疙瘩。涂装漆膜厚度的测定一般用触点式漆膜测厚仪测定漆膜厚度，测定时测量3点厚度，然后取平均值。

二、钢结构防火涂料涂装

（一）材料要求

室内裸露钢结构、轻型屋盖钢结构及有装饰要求的钢结构，当规定其耐火极限在1.5h及以下时，宜选用薄涂型钢结构防火涂料。室内隐蔽钢结构、高层全钢结构及多层厂房钢结构，当规定其耐火极限在2.0h及以上时，应选用厚涂型钢结构防火涂料。

不要把饰面型防火涂料用于钢结构，饰面型防火涂料是保护木结构等可燃基材的阻燃涂料，薄薄的涂膜达不到提高钢结构耐火极限的目的。

（二）施工工艺

1.施工工具与方法

① 喷涂底层（包括主涂层，以下相同）涂料，宜采用重力（或喷斗）式喷枪，配能够自动调压的0.6～0.9m^3/min的空压机，喷嘴直径为4～6mm，空气压力为0.4～0.6MPa。

② 面层装饰涂料可以刷涂、喷涂或滚涂，一般采用喷涂施工。喷底层涂料的喷枪，将喷嘴直径换为1～2mm、空气压力调为0.4MPa左右，即可用于喷面层装饰涂料。

③ 局部修补或小面积施工，或者机器设备已安装好的厂房，不具备喷涂条件时，可用抹灰刀等工具进行手工抹涂。

2.涂料的搅拌与调配

运送到施工现场的钢结构防火涂料，应采用便携式电动搅拌器予以适当搅拌，使其均匀一致，方可用于喷涂。双组分包装的涂料，应按说明书规定的配合比进行现场调配，边配边用。

3.喷涂

底层的涂装一般应喷2～3遍，间隔4～24h，干后再涂刷一遍。涂喷时手要稳，喷嘴与涂层的距离要一致，薄厚均匀，防止重喷、漏喷。

面层的涂装第一遍应从左至右喷，第二遍应从右至左喷，以确保全部盖住底层。对于露天钢结构的防火保护，喷好防火涂层后，可选用适合建筑外墙用的面层涂料作为防水装饰层。

（三）注意事项

① 合理选择防火涂料品种，一般室内与室外钢结构的防火涂料宜选择相适用的涂料产品。

② 防火涂料的储运温度应按产品说明执行，不可在室外储存和在太阳下曝晒。

③ 涂装前，需要涂装的钢构件表面应进行除锈，做好防锈、防腐处理，并将灰尘、油脂、水分等清理干净，严禁在潮湿的表面进行涂装作业。

④ 防火涂料一般不得与其他涂料混用，以免破坏其性能。

⑤ 涂料的调制必须充分搅拌均匀，一般不宜加水进行稀释；但有些产品可根据施工条件适量加水进行稀释。

⑥ 施工时，每遍涂装厚度应按设计要求进行，不得出现漏涂的情况，按要求进行涂装直到达到规定要求的厚度。

⑦ 施工时，根据外部环境因素做好防护措施。如夏季高温期，为防止涂层中水分挥发过快，必要时要采取临时养护措施；冬季寒冷期，则应采取保暖措施，必要时应停止施工。

⑧ 水性防火涂料施工时，无需防火措施。溶剂型防火涂料施工时，必须在现

场配备灭火器材等防火设施，严禁现场有明火和吸烟现象。

⑨ 施工人员应佩戴安全帽、口罩、手套和防尘眼镜。

⑩ 施工后，应做好养护措施，保证涂层避免雨淋、浸泡及长期受潮，养护后才能达到其性能要求。

第五节 装配式钢结构建筑

一、常用材料与构件

(一) 主体结构常用钢材

装配式钢结构主体结构常用钢材如图 11-12 所示。

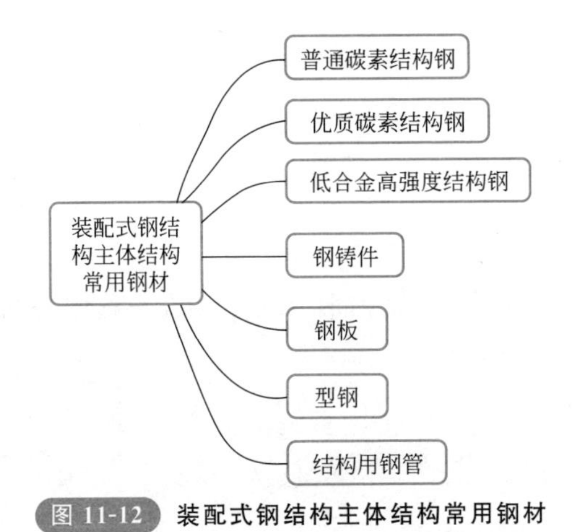

图 11-12 装配式钢结构主体结构常用钢材

1. 碳素结构钢

碳素结构钢是碳素钢中的一种，如图 11-13 所示，可分为普通碳素结构钢和优质碳素结构钢两类，其含碳量为 0.05%～0.70%，个别可高达 0.90%。

图 11-13 碳素结构钢

建筑钢结构中主要使用低碳钢（其含碳量在0.28%以下）。按国家标准《碳素结构钢》（GB/T 700—2006），碳素结构钢可分为5个牌号，即Q195、Q215、Q235、Q255、Q275。其中Q235钢常被一般焊接结构优先选用，其用途很多，用量很大，主要用于铁道、桥梁及各类建筑工程中。

碳素结构钢的牌号由代表屈服点的字母、屈服点数值、质量等级符号、脱氧方法符号4个部分按顺序组成。例如：在Q235AF碳素结构钢的牌号中：Q——钢材屈服点中“屈”字汉语拼音首位字母；235——屈服点数值，MPa；A——质量等级；F——沸腾钢中“沸”字汉语拼音首位字母。

在某些标牌中会有b、Z、TZ等字母，其含义如下：b——半镇静钢中“半”字汉语拼音首位字母；Z——镇静钢中“镇”字汉语拼音首位字母；TZ——特殊镇静钢中“特镇”两字汉语拼音首位字母。在牌号组成表示方法中，“Z”与“TZ”符号予以省略。

2.低合金高强度结构钢

低合金高强度结构钢比碳素结构钢含有更多的合金属元素，属于低合金钢的范畴（其所含合金总量不超过5%），如图11-14所示。低合金高强度结构钢的强度比碳素结构钢明显提高，从而使钢结构构件的承载力、刚度、稳定三个主要控制指标都能有充分发挥，尤其在大跨度或重负载结构中优点更为突出。在工程中，使用低合金高强度结构钢可比使用碳素结构钢节约20%左右的用钢量。

图11-14 低合金高强度结构钢

按国家标准《低合金结构钢》（GB/T 3524—2015），低合金钢可分为5个牌号，所加元素主要有锰、硅、钒、钛、铬、镍及稀土元素。

钢的牌号由代表屈服点的汉语拼音字母、屈服强度数值、质量等级符号3个部分组成。例如：Q345D中，Q——钢材屈服强度中“屈”字汉语拼音首位字母；345——屈服强度数值，MPa；D——质量等级为D级。

当需求方要求钢板具有厚度方向性能时，则在上述规定的牌号后加上代表厚度方向（Z向）性能级别的符号，例如：Q345DZ15。

3. 优质碳素结构钢

优质碳素结构钢如图 11-15 所示，是含碳量为 0.05%～0.07%的碳素钢。这种钢中所含的硫、磷及非金属夹杂物比碳素结构钢少，机械性能较为优良。优质碳素结构钢的价格较贵，一般仅作为钢结构的管状杆件（无缝钢管）使用。特殊情况下的少量应用一般发生在因材料规格欠缺而导致的材料代用，属于以优代劣的情况。

4. 钢铸件

在建筑钢结构中，尤其在大跨度情况下，有时需用铸钢件支座。按《钢结构设计规范》(GB 50017—2017) 的规定，铸钢材质应符合国家标准《一般工程用铸造碳钢件》(GB/T 11352—2009) 的要求，所包括的铸钢牌号有五种：ZG 200-400、ZG 230-450、ZG 270-500、ZG 310-570、ZG 340-640，牌号中的前两个字母表示铸钢，后两个数字分别代表铸件钢的屈服强度和抗拉强度。

5. 钢板

钢板如图 11-16 所示。钢板是平板状，呈矩形，可直接轧制或由宽钢带剪切而成；钢板按轧制方式不同可分为热轧和冷轧。厚钢板的钢种大体上和薄钢板相同。比如在品种方面，除了桥梁钢板、锅炉钢板、汽车制造钢板、压力容器钢板和多层高压容器钢板等属于厚板外，有些品种的钢板如汽车大梁钢板（厚 2.5～10mm)、花纹钢板（厚 2.5～8mm)、不锈钢板、耐热钢板等是同薄板交叉的。

图 11-15　优质碳素结构钢

图 11-16　钢板

6. 型钢

按照钢的冶炼质量不同，型钢一般分为普通型钢和优质型钢。普通型钢按现行金属产品目录又分为大型型钢、中型型钢、小型型钢三类。普通型钢按其断面形状又可分为工字钢（图 11-17)、槽钢（图 11-18)、角钢、圆钢等。

工字钢翼缘是变截面，靠腹板部厚，外部薄，是截面形状为工字形的型钢。工字钢分普通工字钢和轻型工字钢两种，其型号用截面高度（单位为“cm”）来表示。

槽钢是槽形截面的型材，有热轧普通槽钢和轻型槽钢两种，与工字钢一样是以截面高度的厘米数表示型号。型号相同的轻型槽钢比普通槽钢的翼缘宽且薄，腹板

图 11-17 工字钢

图 11-18 槽钢

厚度也小，截面特性更好一些。

如图 11-19 所示，角钢是传统的格构式钢结构构件中应用最广泛的轧制型材，有等边角钢和不等边角钢两大类。按现行国家标准《热轧型钢》(GB/T 706—2016) 的规定，角钢的型号以其肢长表示，单位以 cm 计。在一个型号内，可以有 2～7 个肢厚的不同规格，为截面选择提供了方便，如常用的 10 号等边角钢，肢厚规格有 6mm、7mm、8mm、10mm、12mm、14mm、16mm 共七种。

7. 结构用钢管

结构用钢管如图 11-20 所示，结构用钢管有热轧无缝钢管和焊接钢管两大类。焊接钢管由钢带卷焊而成，依据管径大小，又可分为直缝焊和螺旋焊两种。

图 11-19 角钢

图 11-20 结构用钢管

按国家标准《结构用无缝钢管》(GB/T 8162—2018) 的规定，结构用无缝钢管分热轧和冷拔两种，冷拔无缝钢管只限于小管径，热轧无缝钢管外径为 32～630mm，壁厚为 2.5～75mm。所用钢号主要为优质碳素结构钢（牌号通常为 10、20、35、45）和低合金高强度结构钢（牌号通常为 Q345)。建筑钢结构应用的无缝钢管以 20 号钢（相当于 Q235）为主，管径一般在 89mm 以上，通常长度为 3～12m。

直缝电焊钢管的外径为 32～152mm，壁厚为 2.0～5.5mm。现行国家标准为《直缝电焊钢管》(GB/T 13793—2016)。在钢网架结构中经常采用《低压流体输送用焊接钢管》(GB/T 3091—2015) 标准中规定的钢管，选用钢的牌号有 Q195、Q215A 和 Q235A。

(二) 常用连接附件

装配式钢结构建筑常用连接附件如图 11-21 所示。

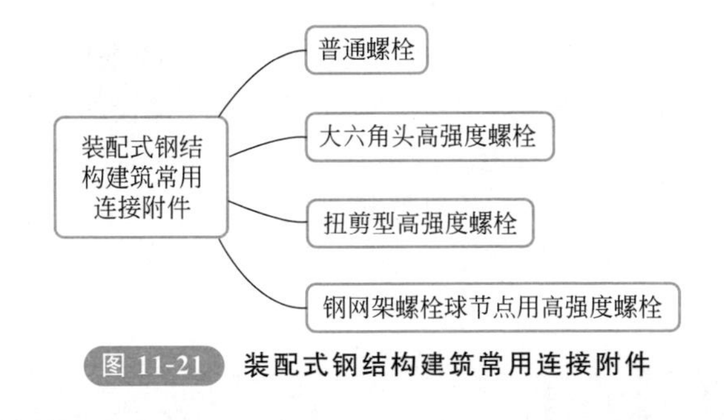

图 11-21 装配式钢结构建筑常用连接附件

1. 普通螺栓

普通螺栓是由头部和螺杆（带有外螺纹的圆柱体）两部分组成的一类紧固件，需与螺母配合，用于紧固连接两个带有通孔的零件，如图 11-22 所示。

高强度螺栓连接副是一整套的含意，包括一个螺栓、一个螺母和一个垫圈，如图 11-23 所示。

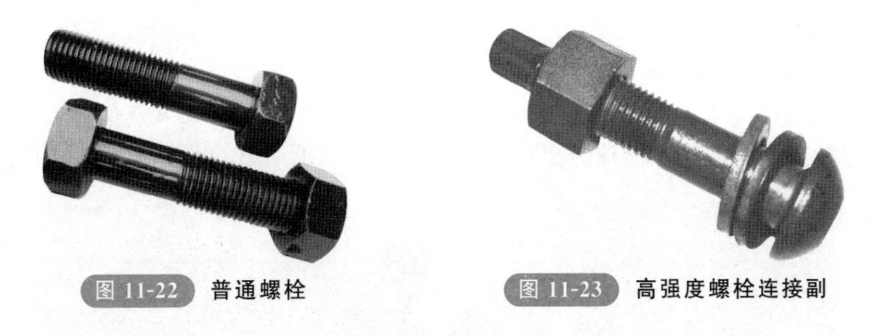

图 11-22 普通螺栓　　图 11-23 高强度螺栓连接副

螺栓的制作精度分为 A、B、C 级三个等级。A、B 级为精制螺栓。A、B 级螺栓应与Ⅰ类孔匹配应用。但 A、B 级螺栓对构件的拼装精度要求很高，价格也贵，工程中较少采用。C 级为粗制螺栓，C 级螺栓常与Ⅱ类孔匹配应用。Ⅱ类孔的孔径比螺栓直径大 1～2mm，缝隙较大，螺栓入孔较容易，相应其受剪性能较差，C 级普通螺栓适宜用于受拉力的连接，受剪时另用支托承受剪力。

2. 大六角头高强度螺栓

大六角头高强度螺栓的头部尺寸比普通六角头螺栓要大，如图 11-24 所示，这种构造可适应施加预拉力的工具及操作要求，同时也增大了与连接板间的承压或摩擦面积。其产品标准为《钢结构用高强度大六角头螺栓、大六角螺母、垫圈技术条件》(GB/T 1231—2006)。

3. 扭剪型高强度螺栓

扭剪型高强度螺栓如图 11-25 所示。和大六角头高强度螺栓相比，其连接性能和本身的力学性能都是相同的，仅外形不同，都是以扭矩大小确定螺栓轴向力的大小，不同的大六角高强度螺栓的扭矩是由施工工具来控制。而扭剪型高强度螺栓属于自标量型螺栓，其施工紧固扭矩是由螺杆与螺栓尾部梅花头之间的切口直径决定的，即靠其扭断力矩来控制，施工时要采用专用电动扳手。该电动扳手配有内外两个套管，外套筒扭螺母，对螺栓施加扭矩，内套筒反向扭梅花头，两个扭矩大小相等，方向相反，至尾部梅花头拧掉，读出预拉力值。扭剪型高强度螺栓的尾部连着一个梅花头，梅花头与螺栓尾部之间有一个沟槽。当用特制扳手拧螺母时，以梅花头作为反拧支点，终拧时梅花头沿沟槽被拧断，并以拧断为准表示已达到规定的预拉力值。其产品标准为《钢结构用扭剪型高强度螺栓连接副》(GB/T 3632—2008)。

图 11-24 大六角头高强度螺栓

图 11-25 扭剪型高强度螺栓

4. 钢网架螺栓球节点用高强度螺栓

钢网架螺栓球节点用高强度螺栓是专门用于钢网架螺栓球节点的高强度螺栓，其产品标准为《钢网架螺栓球节点用高强度螺栓》(GB/T 16939—2016)，如图 11-26 所示。

图 11-26 钢网架螺栓球节点用高强度螺栓

（三）常用焊接材料

装配式钢结构常用焊接材料如图 11-27 所示。

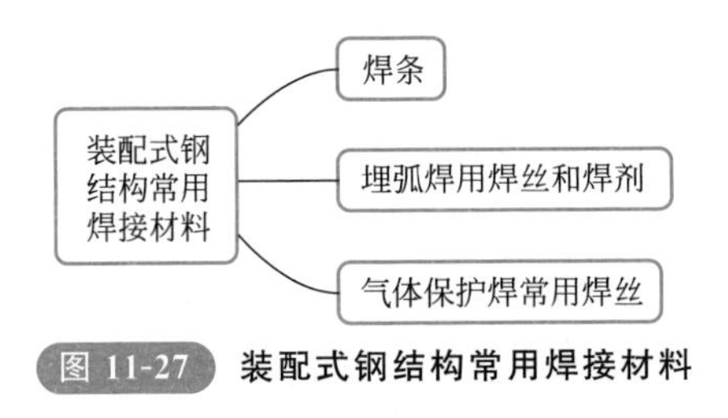

图 11-27 装配式钢结构常用焊接材料

1. 焊条

焊条如图 11-28 所示。焊条是气焊或电焊时熔化填充在焊接工件接合处的金属条，由药皮和焊芯两部分组成，依靠药皮熔化并作为填充金属加到焊缝中去，成为焊缝金属的主要成分。

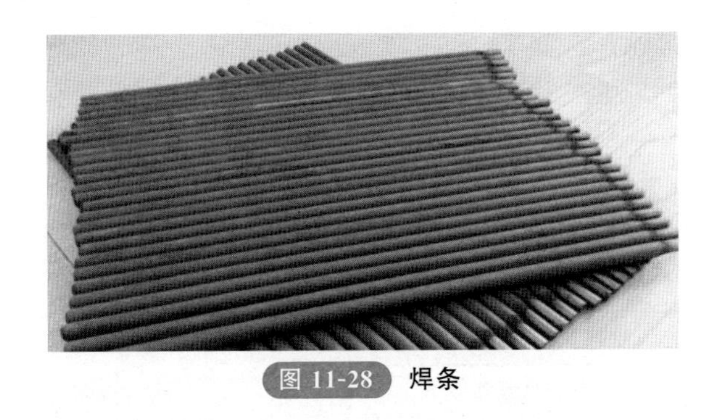

图 11-28 焊条

焊条型号可根据熔覆金属的力学性能、药皮类型、焊接位置和焊接电流种类划分，见表 11-8。

表 11-8 焊条型号分类

<table>
<tr><th>焊条型号</th><th>药皮类型</th><th>焊接位置</th><th>焊接电流种类</th></tr>
<tr><td colspan="4">E43 系列——熔覆金属抗拉强度≥420MPa</td></tr>
<tr><td>E4300</td><td>特殊型</td><td rowspan="5">平、立、仰、横</td><td rowspan="3">交流或直流正、反接</td></tr>
<tr><td>E4301</td><td>钛铁矿型</td></tr>
<tr><td>E4303</td><td>钛钙型</td></tr>
<tr><td>E4310</td><td>高纤维素钠型</td><td>直流反接</td></tr>
<tr><td>E4311</td><td>高纤维素钾型</td><td>交流或直流反接</td></tr>
<tr><td>E4312</td><td>高钛钠型</td><td rowspan="4">平、立、仰、横</td><td>交流或直流正接</td></tr>
<tr><td>E4313</td><td>高钛钾型</td><td>交流或直流正、反接</td></tr>
<tr><td>E4315</td><td>低氢钠型</td><td>直流反接</td></tr>
<tr><td>E4316</td><td>低氢钾型</td><td>交流或直流反接</td></tr>
</table>

续表

<table>
<tr><th>焊条型号</th><th>药皮类型</th><th>焊接位置</th><th>焊接电流种类</th></tr>
<tr><td colspan="4">E43 系列——熔覆金属抗拉强度≥420MPa</td></tr>
<tr><td rowspan="2">E4320</td><td rowspan="3">氧化铁型</td><td>平</td><td>交流或直流正、反接</td></tr>
<tr><td>平角焊</td><td>交流或直流正接</td></tr>
<tr><td>E4322</td><td>平</td><td>交流或直流正接</td></tr>
<tr><td>E4323</td><td>铁粉钛钙型</td><td rowspan="2">平、平角焊</td><td rowspan="2">交流或直流正、反接</td></tr>
<tr><td>E4324</td><td>铁粉钛型</td></tr>
<tr><td rowspan="2">E4327</td><td rowspan="2">铁粉氧化型</td><td>平</td><td>交流或直流正、反接</td></tr>
<tr><td>平角焊</td><td>交流或直流正接</td></tr>
<tr><td>E4328</td><td>铁粉低氢型</td><td>平、平角焊</td><td>交流或直流反接</td></tr>
<tr><td colspan="4">E50 系列——熔覆金属抗拉强度≥490MPa</td></tr>
<tr><td>E5001</td><td>钛铁矿型</td><td rowspan="9">平、立、
仰、横</td><td rowspan="2">交流或直流正、反接</td></tr>
<tr><td>E5003</td><td>钛钙型</td></tr>
<tr><td>E5010</td><td>高纤维素钠型</td><td>直流反接</td></tr>
<tr><td>E5011</td><td>高纤维素钾型</td><td>交流或直流反接</td></tr>
<tr><td>E5014</td><td>铁粉钛型</td><td>交流或直流正、反接</td></tr>
<tr><td>E5015</td><td>低氢钠型</td><td>直流反接</td></tr>
<tr><td>E5016</td><td>低氢钾型</td><td rowspan="2">交流或直流反接</td></tr>
<tr><td>E5018</td><td>铁粉低氢钾型</td></tr>
<tr><td>E5018M</td><td>铁粉低氢型</td><td>直流反接</td></tr>
<tr><td>E5023</td><td>铁粉钛钙型</td><td>平、平角焊</td><td>交流或直流正、反接</td></tr>
<tr><td>E5024</td><td>铁粉钛型</td><td rowspan="3">平、平角焊</td><td>交流或直流正、反接</td></tr>
<tr><td>E5027</td><td>铁粉氧化铁型</td><td>交流或直流正接</td></tr>
<tr><td>E5028</td><td>铁粉低氢型</td><td>交流或直流反接</td></tr>
<tr><td>E5048</td><td></td><td>平、仰、横、立向下</td><td></td></tr>
</table>

注：1. 焊接位置栏中文字含义：平表示平焊、立表示立焊、仰表示仰焊、横表示横焊、平角焊表示水平角焊、立向下表示向下立焊。

2. 焊接位置栏中立和仰是指适用于立焊和仰焊的直径不大于 4.0mm 的 E5014、E××15、E××16、E5018 和 E5018M 型焊条，以及直径不大于 5.0mm 的其他型号焊条。

3. E4322 型焊条适宜单道焊。

除了 E5018M 型焊条可以列入 E5018 型焊条外（同时符合这两种型号焊条的所有要求），凡列入一种型号的焊条不能再列入其他型号。

完整的焊条型号举例如下。

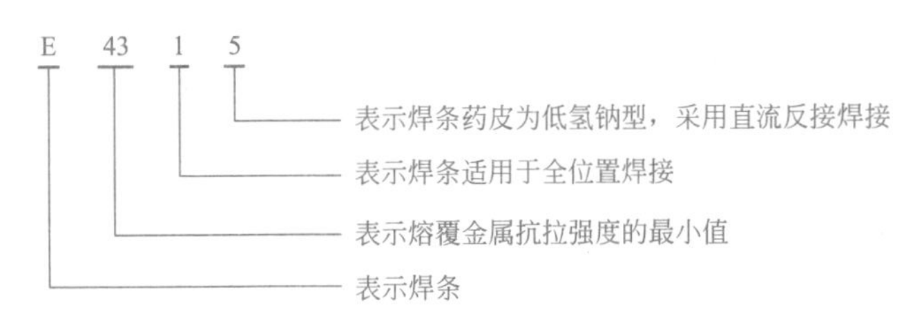

2. 埋弧焊用焊丝和焊剂

如图 11-29 所示，埋弧焊是一种电弧在焊剂层下燃烧进行焊接的方法。其固有的焊接质量稳定、焊接生产率高、无弧光及烟尘很少等优点，使其成为压力容器、管段制造、箱形梁柱等重要钢结构制作中的主要焊接方法。

图 11-29 埋弧焊施工

在埋弧焊过程中，焊丝和焊剂直接参与焊接过程中的冶金反应，因此它们的化学成分、物理性能直接影响埋弧焊过程的稳定性及焊接接头性能和质量，如图 11-30 和图 11-31 所示。

图 11-30 埋弧焊专用焊丝

图 11-31 埋弧焊焊剂

根据《埋弧焊用碳钢焊丝和焊剂》（GB/T 5293—2018），焊丝-焊剂组合的型号编制方法如下：字母“F”表示焊剂；第一位数字表示焊丝焊剂组合的熔覆金属抗拉强度的最小值；第二位字母表示试件的热处理状态，“A”表示焊态，“P”表示焊后热处理状态；第三位数字表示熔覆金属冲击吸收功不小于 27J 时的最低试验温度；“-”后面表示焊丝的牌号。

根据《熔化焊用钢丝》（GB/T 14957—94），焊丝牌号的第一个字母“H”表示焊丝，字母后面的两位数字表示焊丝中的平均碳含量，如含有其他化学成分，在数字的后面用元素符号表示；牌号最后的字母表示硫、磷杂质含量的等级，“A”表示优质品，“E”表示高级优质品。

完整的焊丝-焊剂型号示例如下。

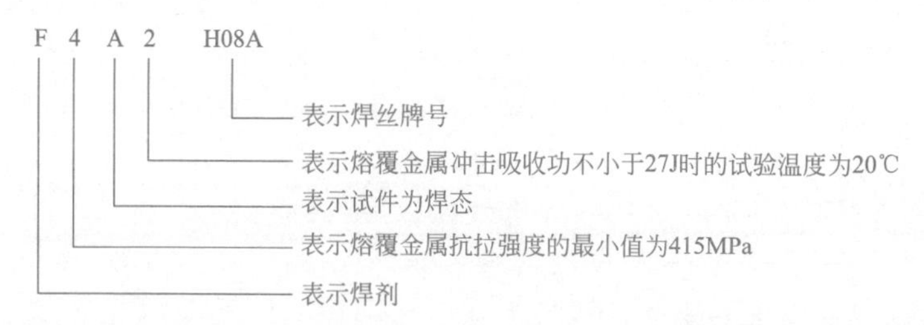

3. 气体保护焊常用焊丝

利用气体作为电弧介质并保护电弧和焊接区的电弧焊称为气体保护电弧焊，如图 11-32 所示。

图 11-32 气体保护电弧焊

钢结构工程中的气体保护焊焊丝主要为 CO_2 气体保护焊用焊丝，如图 11-33 所示。

图 11-33 CO_2 气体保护焊用焊丝

焊丝型号的表示方法为 ER××-×，字母 ER 表示焊丝，ER 后面的两位数字表示熔覆金属的最低抗拉强度，“-”后面的字母或数字表示焊丝化学成分分类代号。如还附加其他化学成分时，直接用元素符号表示，并以“-”与前面数字分开。

焊丝型号举例如下。

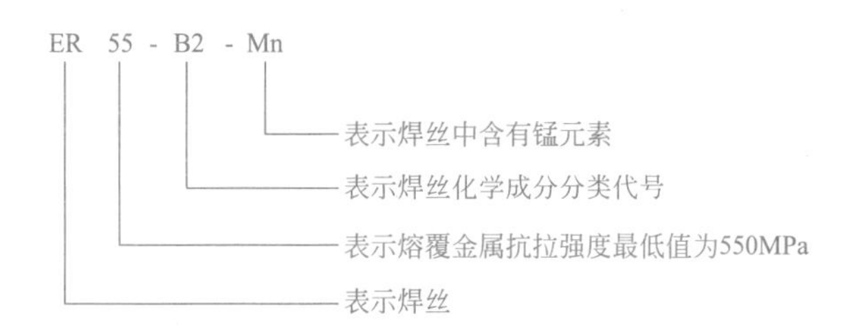

(四) 常用的防腐涂料与防火涂料

1. 常用的防腐涂料

防腐涂料一般由不挥发组分和挥发组分（稀释剂）两部分组成。防腐涂料刷在钢材表面后，挥发组分逐渐挥发逸出，而留下不挥发组分干结成膜。不挥发组分的成膜物质分为主要成膜物质、次要成膜物质和辅助成膜物质三种，主要成膜物质可以单独成膜，也可以黏结颜料等物质共同成膜。它是涂料的基础，也常称基料、填料或漆基，包括油料和树脂。次要成膜物质包含颜料和体质颜料。涂料组成中没有颜料和体质颜料的透明体称为清漆，具有颜料和体质颜料的不透明体称为色漆，加有大量体质颜料的稠原浆状体称为腻子。

涂料经涂覆施工形成漆膜后，具有保护作用、装饰作用、标志作用和特殊作用。涂料在建筑防腐蚀工程中的功能以保护作用为主。常用防腐涂料的主要性能见表 11-9。

表 11-9　常用防腐涂料的主要性能

涂料种类	优点	缺点
油脂类	耐大气性较好；适用于室内外作打底罩面用；价廉；涂刷性能好，渗透性好	干燥较慢、膜软；力学性能差；水膨胀性大；不能打磨抛光；不耐碱
天然树脂漆	干燥比油脂漆快；短油度的漆膜坚硬，好打磨；长油度的漆膜柔韧，耐大气性好	力学性能差；短油度的漆耐大气性差；长油度的漆不能打磨、抛光
酚醛树脂漆	漆膜坚硬；耐水性良好；纯酚醛树脂漆的耐化学腐蚀性良好；有一定的绝缘强度；附着力好	漆膜较脆；颜色易变深；耐大气性比醇酸漆差，易粉化；不能制白色或浅色漆
沥青漆	耐潮、耐水好；价廉；耐化学腐蚀性较好；有一定的绝缘强度；黑度好	色黑；不能制白色或浅色漆；对日光不稳定；有渗色性；自干漆；干燥不爽滑
醇酸漆	光泽较亮；耐候性优良；施工性能好，可刷、可喷、可烘；附着力较好	漆膜较软；耐水、耐碱性差；干燥较挥发性漆慢；不能打磨
氨基漆	漆膜坚硬，可打磨抛光；光泽亮，丰满度好；色浅，不易泛黄；附着力较好；有一定耐热性；耐候性好；耐水性好	需高温下烘烤才能固化；经烘烤过渡，漆膜发脆

续表

涂料种类	优点	缺点
硝基漆	干燥迅速;耐油;坚韧;可打磨抛光	易燃;清漆不耐紫外光线;不能在60℃以上温度使用;固体分含量低
纤维素漆	耐大气性、保色性好;可打磨抛光;个别品种耐热,耐碱性、绝缘性也好	附着力较差;耐潮性差;价格高
过氯乙烯漆	耐候性优良;耐化学品腐蚀性优良;耐水、耐油、防延燃性好;"三防"性能较好	附着力较差;打磨抛光性较差;不能在70℃以上高温使用;固体分含量低
乙烯漆	有一定的柔韧性;色泽浅淡;耐化学品腐蚀性较好;耐水性好	耐溶剂性差;固体分含量低;高温易碳化;清漆不耐紫外线
丙烯酸漆	漆膜色浅,保色性良好;耐候性优良;有一定耐化学品腐蚀性;耐热性较好	耐溶剂性差;固体分含量低

2. 常用的防火涂料

钢结构防火涂料是施涂于建筑物及构筑物的钢结构表面的涂料，其能形成耐火隔热保护层，以提高钢结构的耐火极限。

钢结构防火涂料的适用条件如下。

① 用于制造防火涂料的原料应预先检验。

② 涂层实干后不得有刺激性气味。

③ 防火涂料应呈碱性或偏碱性。

二、钢构件的制作与运输

（一）钢构件组装制作

1. 焊接H形钢

焊接H形钢的施工要点如下。

① 焊接H形钢应以一端为基准，使翼缘板、腹板的尺寸偏差累积到另一端。

② 腹板、翼缘板组装前，应在翼缘板上标志出腹板定位基准线。

③ 焊接H形钢应采用H型钢组立机进行组装。

④ 腹板定位采用定位点焊，应根据H形钢具体规格确定点焊焊缝的间距及长度；一般点焊焊缝间距为300～500mm；焊缝长度为20～30mm；腹板与翼缘板应顶紧，局部间隙不应大于1mm。

⑤ H形钢焊接一般采用自动或半自动埋弧焊。

⑥ 应采用H形钢翼缘矫正机对翼缘板进行矫正；矫正次数应根据翼板宽度和厚度确定，一般为1～3次；使用的H形钢翼缘矫正机必须与所矫正的对象尺寸相符合。

⑦ 当H形钢出现侧向弯曲、扭曲、腹板表面平整度达不到要求时，应采用火

焰矫正法进行矫正。

⑧ 焊接 H 形钢的允许偏差应符合表 11-10 的规定。

表 11-10 焊接 H 形钢的允许偏差 单位：mm

项目		允许偏差	图例
截面高度 h	$h<500$	±2.0	
	$500<h<1000$	±3.0	
	$h>1000$	±4.0	
截面宽度 b		±3.0	
腹板中心偏移		2.0	
翼缘板垂直度 Δ		$b/100$，且不应大于 3.0	
弯曲矢高(受压构件除外)		$l/1000$，且不应大于 10.0	
扭曲		$h/250$，且不应大于 5.0	
腹板局部平面度 f	$t<14$	3.0	
	$t\geqslant14$	2.0	

2. 桁架组装

① 无论弦杆或腹杆，都应先单肢拼配焊接矫正，然后进行大拼装。

② 支座、与钢柱连接的节点板等，应先小件组焊，矫平后再定位大拼装。

③ 放拼装胎时放出收缩量，一般放至上限（跨度 $L\leqslant24$m 时放 5mm，$L>24$m 时放 8mm）。

④ 对跨度大于等于 8m 的梁和桁架，应按设计要求起拱；对于设计没有作起拱要求的，但由于上弦焊缝较多，可以少量起拱（10mm 左右），以防下挠。

⑤ 桁架的大拼装分为胎模装配法和复制法（图 11-34）两种。前者较为精确，后者则较快；前者适合大型桁架，后者适合一般中、小型桁架。

3. 实腹梁组装

① 腹板应先刨边，以保证宽度和拼装间隙。

② 翼缘板进行反变形，装配时保持 $\alpha_1=\alpha_2$，如图 11-35 所示。翼缘板与腹板

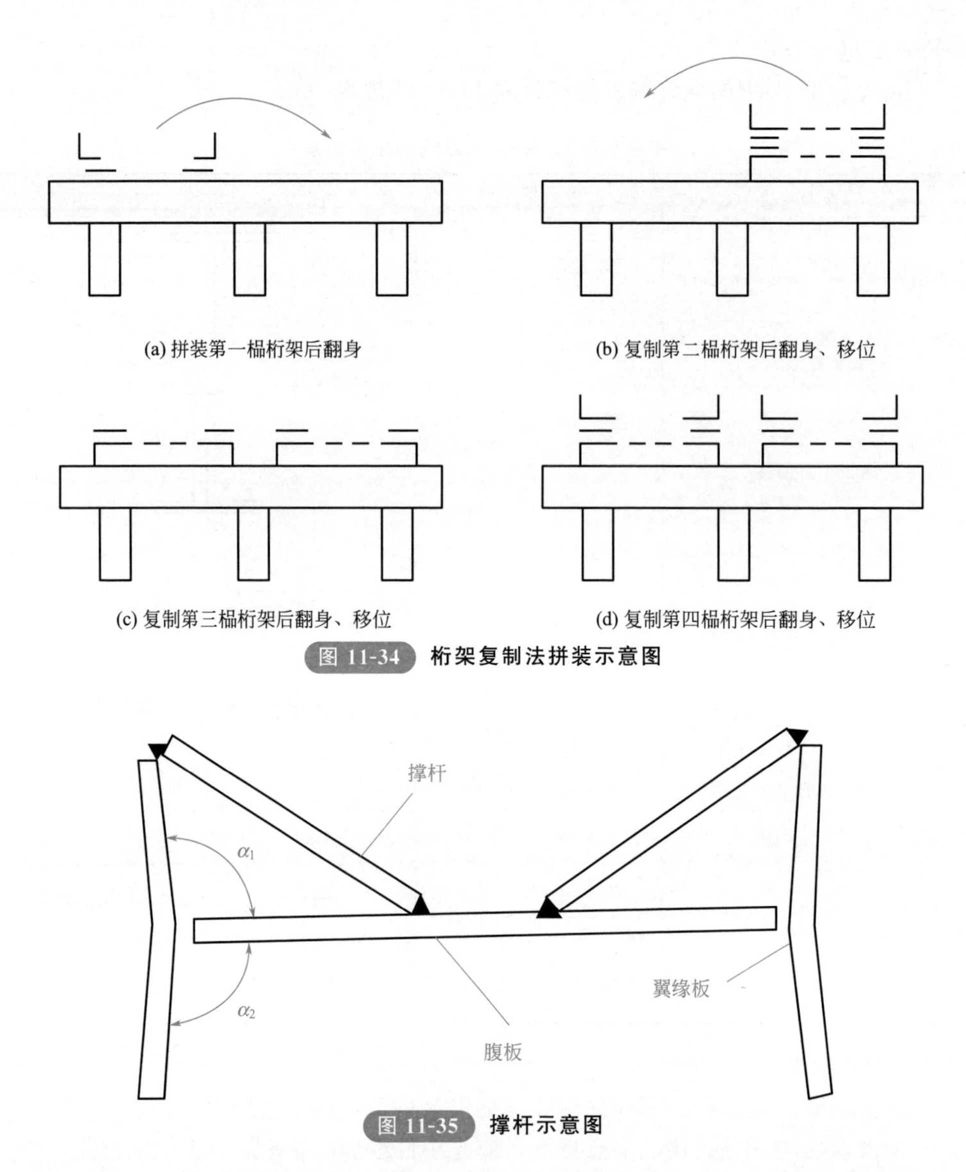

图 11-34 桁架复制法拼装示意图

图 11-35 撑杆示意图

的中心偏移≤2mm。翼缘板与腹板连接侧的主焊缝部位 50mm 以内先行清除油、锈等杂质。

③ 点焊距离应小于或等于 200mm，双面点焊，并加撑杆，点焊高度为焊缝的 2/3，且不应大于 8mm，焊缝长度不宜小于 25mm。

④ 为防止梁下挠，宜先焊下翼缘的主缝和横缝；焊完主缝，矫平翼缘，然后装加劲板和端板。

⑤ 对于磨光、顶紧的端部加劲角钢，宜在加工时把四个角钢夹在一起同时加工，使其等长。

⑥ 焊接连接组装的允许偏差应符合表 11-11 的规定。

表 11-11 焊接连接组装的允许偏差 单位：mm

项目		允许偏差	图例
对口错边 Δ		$t/10$，且不应大于 3.0	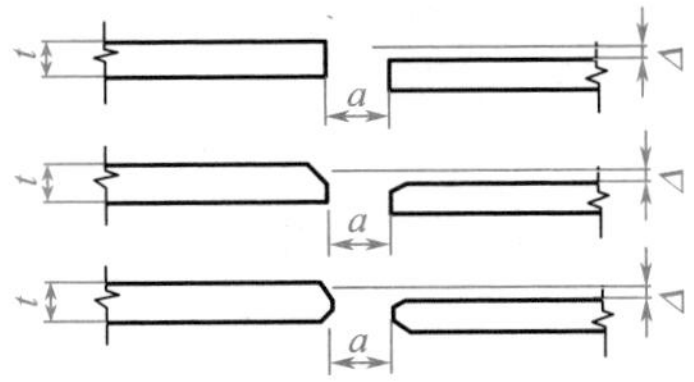
间隙 a		±1.0	
搭接长度 a		±5.0	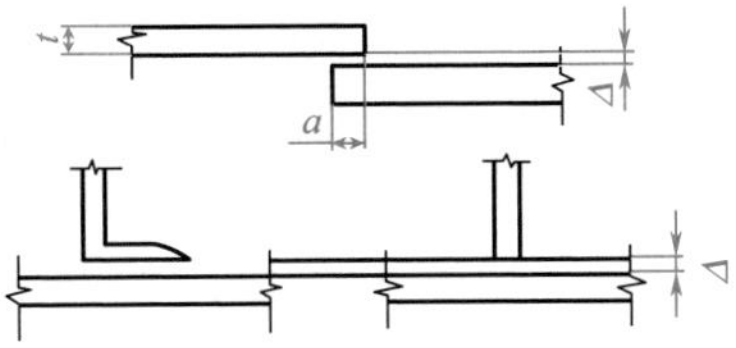
缝隙 Δ		1.5	
高度 h		±2.0	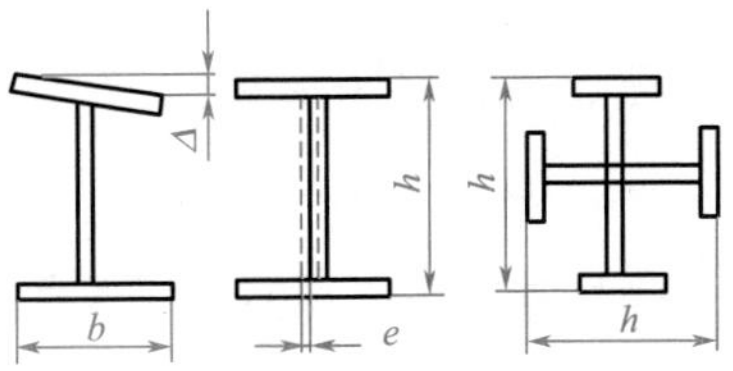
垂直度 Δ		$b/100$，且不应大于 3.0	
中心偏移 e		±2.0	
型钢错位	连接处	1.0	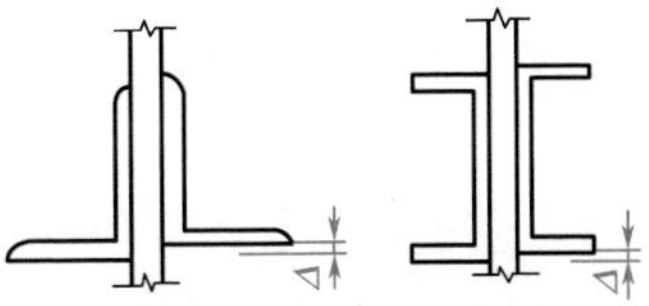
	其他处	2.0	
箱形截面高度 h		±2.0	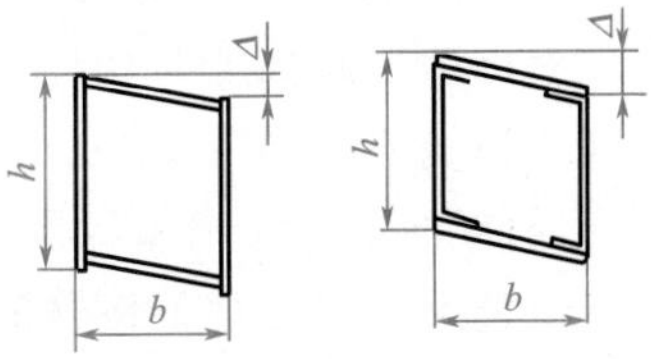
宽度 b		±2.0	
垂直度 Δ		$b/200$，且不应大于 3.0	

（二）钢构件的运输

① 为避免在运输、装车、卸车和起吊过程中造成钢结构构件变形而影响安装，一般应设置局部加固的临时支撑。

② 钢结构构件一般采用陆路车辆运输或者铁路包车皮运输。

a. 柱子构件长，可采用拖车运输。一般柱子采用两点支承，当柱子较长、两点支承不能满足受力要求时，可采用三点支承。

b. 钢屋架可以用拖挂车平放运输，但要求支点必须放在构件节点处，而且要垫平、加固好。钢屋架还可以整榀或半榀挂在专用架上运输。

c. 实腹类构件多用大平板车辆运输。

d. 散件运输使用一般货运车，车辆的底盘长度可以比构件长度短 1m，散件运输一般不需特别固定，只要能满足在运输过程中不产生过大的残余变形的要求即可。

e. 对于成形大件的运输，可根据产品不同而选用不同车型。委托专业化大件运输公司运输时，与该运输公司共同确定车型。

f. 对于特大件钢结构产品，在加工制造以前就要与运输有关的各个方面取得联系，并得到认可，其中包括与公路、桥梁、电力，以及地下管道如煤气、自来水、下水道等有关方面的联系，还要查看运输路线、转弯道、施工现场等有无障碍物，并应制订专门的运输方案。

三、钢构件预拼装

（一）拼装的具体要求

预拼装具体要求的内容如下。

① 钢构件预拼装的比例应符合施工合同和设计要求，一般按实际平面情况预装 10%～20%。

② 拼装构件一般应设拼装工作台，若在现场拼装，则应放在较坚硬的场地上用水平仪抄平。拼装时构件全长应拉通线，并在构件有代表性的点上用水平尺找平，符合设计尺寸后，应用电焊点固焊牢。刚性较差的构件，翻身前要进行加固，翻身后也应进行找平，否则构件焊接后无法矫正。

③ 构件在制作、拼装、吊装中所用的钢尺应一致，且必须经计量检验，并相互核对，测量时间宜在早晨日出前，下午日落后最好。

④ 各支承点的水平度应符合以下规定。

a. 当拼装总面积为 300～1000m^2 时，允差≤2mm。

b. 当拼装总面积为 1000～5000m^2 时，允差≤3mm。

⑤ 钢构件预拼装地面应坚实，胎架强度、刚度必须经设计计算而定，各支撑点的水平精度可用已计量检验的各种仪器逐点测定调整。

⑥ 在胎架上预拼装过程中，不允许对构件动用火焰、锤击等，各杆件的重心应交汇于节点中心，并应完全处于自由状态。

⑦ 高强度螺栓连接预拼装时，使用的冲钉直径必须与孔径一致，每个节点要多于三个，临时普通螺栓数量一般为螺栓孔总数的 1/3。对孔径进行检测，试孔器必须垂直自由穿落。

⑧ 螺栓孔应采用试孔器进行检查，并应符合下列规定。

a. 当采用比孔公称直径小 1.0mm 的试孔器进行检查时，每组孔的通过率不应小于 85%。

b. 当采用比螺栓公称直径大 0.3mm 的试孔器进行检查时，通过率应为 100%。

⑨ 预拼装检查合格后，宜在构件上标注中心线、控制基准线等标记，必要时可设置定位器。

(二) 预拼装施工操作

1. 构件预拼装的常用方法

构件预拼装的常用方法见表 11-12。

表 11-12 构件预拼装的常用方法

常用方法	主要内容
平装法	平装法适用于拼装跨度较小、构件相对刚度较大的钢结构，如长 18m 以内的钢柱、跨度 6m 以内的天窗架及跨度 21m 以内的钢屋架的拼装。此拼装方法操作方便，不需要稳定加固措施，也不需要搭设脚手架。焊缝焊接大多数为平焊缝，焊接操作简易，不需要技术很高的焊接工人，焊缝质量易于保证，矫正及起拱方便、准确
立拼拼装法	立拼拼装法可适用于跨度较大、侧向刚度较差的钢结构，如 18m 以上的钢柱、跨度 9m 及 12m 的窗架、24m 以上的钢屋架以及屋架上的天窗架。此拼装法可一次拼装多榀、块体占地面积小，不用铺设或搭设专用拼装操作平台或枕木墩，节省材料和工时，省略翻身工序，质量易于保证，不用增设专供块体翻身、倒运、就位、堆放的起重设备，缩短工期
模具拼装法	模具是指符合工件几何形状或轮廓的模型(内模或外模)。用模具来拼装组焊钢结构，具有产品质量好、生产效率高等优点。对成批的板材结构、型钢结构，应考虑采用模具拼装法；桁架结构的装配模，往往是用两点连直线的方法制成，其结构简单，使用效果好

2. 钢柱拼装

(1) 钢柱平拼装与立拼装 钢柱平拼装示意图如图 11-36 所示。先在柱的适当位置用枕木搭设 3～4 个支点，各支承点高度应拉通线，使柱轴中心线成一条水平线；然后吊下节柱找平，再吊上节柱，使两端头对准；接着找中心线，并将安装螺栓或夹具上紧；最后进行接头焊接，采取对称施焊，焊完一面再翻身焊另一面。

钢柱立拼装示意图如图 11-37 所示。在下节柱适当位置设 2～3 个支点，上节柱设 1～2 个支点，各支点用水平仪测平。拼装时先吊下节，使“牛腿”向下，并找平中心，再吊上节，使两节的节头端相对准，然后找正中心线，并将安装螺栓拧

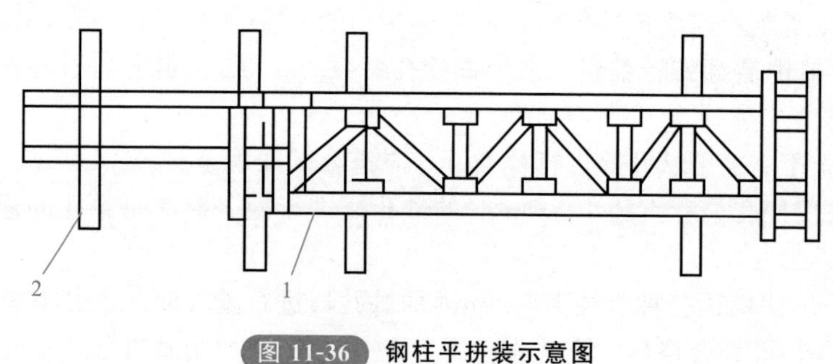

图 11-36 钢柱平拼装示意图

1—拼接点；2—枕木

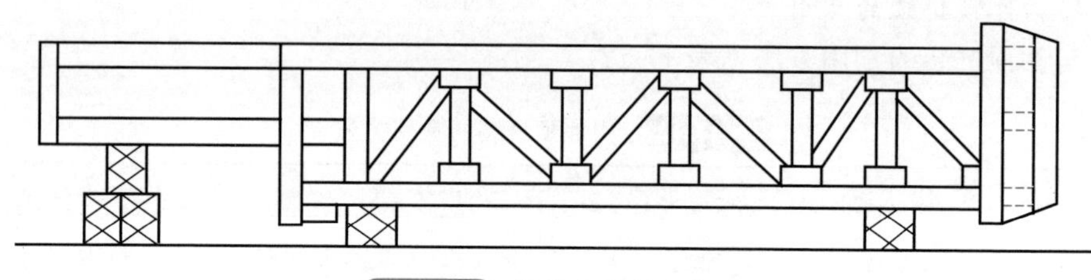

图 11-37 钢柱立拼装示意图

紧，最后进行接头焊接。

(2) 钢板底座和柱身组合拼装

① 将柱身按设计尺寸先行拼装焊接，使柱身横平竖直，符合设计和验收标准的要求。若不符合质量要求，可进行矫正，以达到质量要求。

② 将事先准备好的柱底板按设计规定尺寸，分清内外方向，画结构线，并焊挡铁定位，防止在拼装时发生位移。

③ 柱底板与柱身拼装之前，必须将柱身与柱底板接触的端面用刨床或砂轮加工平整。同时将柱身分几点垫平，确保柱身垂直于柱底板，使安装后受力匀称，防止产生偏心压力，以达到质量要求。

④ 拼装时，将柱底座板用角钢头或平面型钢按位置点固定，作为定位点倒吊挂在柱身平面，并用直角尺检查垂直度和间隙大小，待合格后进行四周全面固定，为避免焊接变形，应采用对角或对称方法进行焊接。

3. 钢屋架拼装

(1) 拼装准备工作

① 按设计尺寸，并按长、高尺寸，以 1/1000 预留焊接收缩量，在拼装平台上放出拼装底样，因为屋架在设计图纸的上下弦处不标注起拱量，所以才放底样，按跨度比例画出起拱。

② 在底样上一定按图画好角钢面宽度、立面厚度，以此作为拼装时的依据。若在拼装时，角钢的位置和方向能记牢，其立面的厚度可省略不画，只画出角钢面

的宽度即可。

(2) 屋架拼装施工要点

① 放好底样后，将底样各位置上的连接板用电焊点牢，并用挡铁定位，作为第一次单片屋架拼装基准的底模，接着就可将大小连接板按位置放在底模上。

② 屋架的上下弦、所有的立斜撑及限位板都放到连接板上面，进行找正对齐，用卡具夹紧点焊。待全部点焊牢固，可用起重机进行180°翻转，这样就可以以该单片屋架为基准仿效组合拼装。

③ 屋架拼装一定要注意平台的水平度，若平台不平，可在拼装前用仪器或拉粉线的方法调整垫平，否则拼装成的屋架在上下弦及中间位置会产生侧向弯曲。

④ 对特殊动力厂房屋架，为适应生产性质的要求强度，一般不采用焊接的方法而用铆接。

4. 工字钢梁、槽钢梁拼装

① 在拼装组合时，首先按图纸标注的尺寸、位置在面板和型钢连接位置处进行画线定位。

② 在组合时，如果面板宽度较窄，为使面板与型钢垂直和稳固，避免型钢向两侧倾斜，可用与面板同厚度的垫板临时垫在底面板（下翼板）两侧来增加面板与型钢的接触面。

③ 用直角尺或水平尺检验侧面与平面垂直并且几何尺寸正确后，才能按一定距离进行点焊。

5. 托架拼装

托架拼装的常用方法及操作细节见表11-13。

表11-13 托架拼装的常用方法及操作细节

常用方法	操作细节
平装	在托架四周设定位角钢或钢挡板，将两个半榀托架吊到平台上，拼缝处装上安装螺栓，检查并找正托架的跨距和起拱值，安上拼接处连接角钢。用卡具将托架和定位钢板卡紧，拧紧螺栓并对拼装焊缝施焊。施焊时，要求对称进行，焊完一面，检查并纠正变形，用木杆两道加固，然后将托架吊起翻身，再用同样方法焊另一面焊缝，符合设计和规范要求后，方可加固、扶直和起吊就位
立装	托架拼装时，采用人字架稳住托架进行合缝，校正并调整好跨距、垂直度、侧向弯曲和拱度后，安装节点拼接角钢，并用卡具和钢楔使其与上下弦角钢卡紧。复查后，用电焊进行定位焊，并按先后顺序进行对称焊接，直至达到要求为止。当托架平行并紧靠柱列排放时，可以3～4榀为一组进行立拼装，用方木将托架与柱子连接稳定

(三) 施工质量检验

钢结构构件预拼装施工质量检验要求见表11-14。

表 11-14 钢结构构件预拼装施工质量检验要求

<table>
<tr><th>构件类型</th><th colspan="2">项目</th><th>允许偏差/mm</th><th>检验方法</th></tr>
<tr><td rowspan="5">多节柱</td><td colspan="2">预拼装单元总长</td><td>±5.0</td><td>用钢尺检查</td></tr>
<tr><td colspan="2">预拼装单元弯曲矢高</td><td>l/1500,且应不大于 10.0</td><td>用拉线和钢尺检查</td></tr>
<tr><td colspan="2">接口错边</td><td>2.0</td><td>用焊缝量规检查</td></tr>
<tr><td colspan="2">预拼装单元柱身扭曲</td><td>h/200,且应不大于 5.0</td><td>用拉线、吊线和钢尺检查</td></tr>
<tr><td colspan="2">预紧面至任意牛腿的距离</td><td>±2.0</td><td rowspan="2">用钢尺检查</td></tr>
<tr><td rowspan="5">梁、桁架</td><td colspan="2">跨度最外两端安装孔或
两端支承面最外侧距离</td><td>+5.0
−10.0</td></tr>
<tr><td colspan="2">接口截面错位</td><td>2.0</td><td>用焊缝量规检查</td></tr>
<tr><td rowspan="2">拱度</td><td>设计要求起拱</td><td>±l/5000</td><td rowspan="2">用拉线和钢尺检查</td></tr>
<tr><td>设计未要求起拱</td><td>l/2000
0</td></tr>
<tr><td colspan="2">节点处杆件轴线错位</td><td>4.0</td><td>画线后用钢尺检查</td></tr>
<tr><td rowspan="4">管构件</td><td colspan="2">预拼装单元总长</td><td>±5.0</td><td>用钢尺检查</td></tr>
<tr><td colspan="2">预拼装单元弯曲矢高</td><td>l/1500,且应不大于 10.0</td><td>用拉线和钢尺检查</td></tr>
<tr><td colspan="2">对口错边</td><td>t/10,且应不大于 3.0</td><td rowspan="2">用焊缝量规检查</td></tr>
<tr><td colspan="2">坡口间隙</td><td>+2.0
−1.0</td></tr>
<tr><td rowspan="4">构件平面
总体预拼装</td><td colspan="2">各楼层柱距</td><td>±4.0</td><td rowspan="4">用钢尺检查</td></tr>
<tr><td colspan="2">相邻楼层梁与梁之间的距离</td><td>±3.0</td></tr>
<tr><td colspan="2">各层间框架两对角线之差</td><td>H/2000,且应不大于 5.0</td></tr>
<tr><td colspan="2">任意两对角线之差</td><td>ΣH/2000,且应不大于 8.0</td></tr>
</table>

四、单层装配式钢结构建筑施工技术

（一）钢构件安装与校正

1.起重机具的准备

① 一般吊装多按履带式、轮胎式、汽车式、塔式的顺序选用。对高度不大的中、小型厂房，应先考虑使用起重量大、可全回转使用、移动方便的 100～150kN 履带式起重机和轮胎式起重机吊装，如图 11-38 所示；大型工业厂房主体结构的高度和跨度较大、构件较重，宜采用 500～750kN 履带式起重机和 350～1000kN 汽车式起重机吊装；大跨度且很高的重型工业厂房的主体结构吊装，宜选用塔式起重机吊装，如图 11-39 所示。

图 11-38 轮胎式起重机

图 11-39 塔式起重机

② 对厂房大型构件，可采用重型塔式起重机和塔桅式起重机吊装。

③ 缺乏起重设备或吊装工作量不大、厂房不高的，可考虑采用独脚桅杆、人字桅杆，悬臂桅杆及回转式桅杆（桅杆式起重机）等吊装，其中回转式桅杆起重机最适于单层钢结构厂房综合吊装，如图 11-40 所示；对重型厂房也可采用塔桅式起重机进行吊装。

图 11-40 回转式桅杆起重机

2. 钢柱安装与校正

(1) 施工流程 吊装→就位→校正。

(2) 施工工艺

① 吊装。钢柱的吊装一般采用自行式起重机，根据钢柱的重量、长度和施工现场条件，可采用单机、双机或三机吊装，吊装方法有旋转法、滑行法、递送法等。

钢柱吊装时，吊点位置和吊点数要根据钢柱形状、长度以及起重机性能等具体情况确定。

若不采用焊接吊耳，直接在钢柱本身用钢丝绳绑扎时要注意两点：

a. 在钢柱四角做包角，以防钢丝绳折断；

b. 在绑扎点处，为防止工字型钢柱局部受挤压破坏，可增设加强肋板；吊装格构柱时，在绑扎点处设立撑杆。

② 就位。在柱子吊起之前，为防止地脚螺栓螺纹损伤，可用薄钢板卷成套筒套在螺栓上，当钢柱就位后，取下套筒。在柱子吊起之后，当柱底距离基准线达到准确位置时，指挥吊车下降就位，并拧紧全部基础螺栓，临时用缆风绳将柱子加固。

③ 校正。柱的校正包括平面位置、标高和垂直度，因为柱的标高校正在基础抄平时已进行，平面位置校正在临时固定时已完成，所以柱的校正主要是垂直度校正。

垂直度用经纬仪或吊线坠检验，如有偏差，采用液压千斤顶或丝杠千斤顶进行校正，底部空隙用铁片或铁垫塞紧，或在柱脚和基础之间打入钢楔抬高，以增减垫板校正，如图 11-41(a)、(b) 所示；位移校正可用千斤顶顶正，如图 11-41(c) 所示；标高校正用千斤顶将底座少许抬高，然后增减垫板使其达到设计要求。

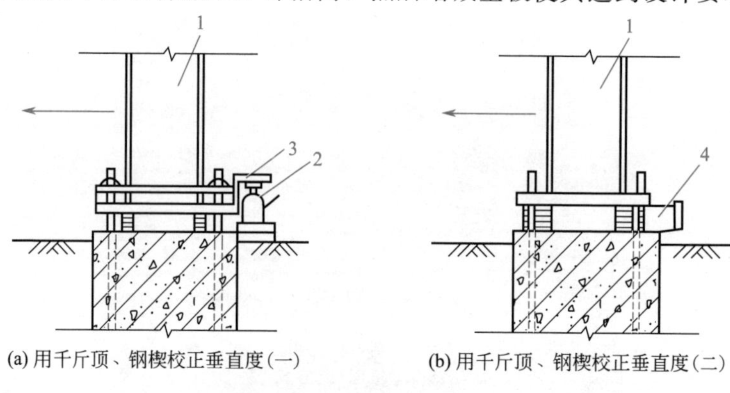

(a) 用千斤顶、钢楔校正垂直度(一)　　(b) 用千斤顶、钢楔校正垂直度(二)

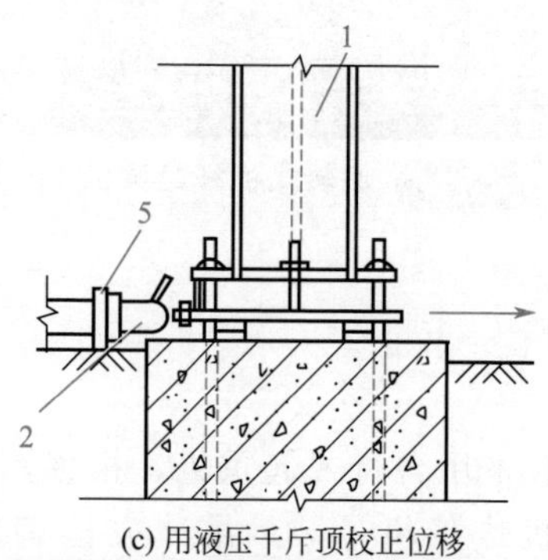

(c) 用液压千斤顶校正位移

图 11-41 钢柱校正

1—钢柱；2—小型液压千斤顶；3—工字钢顶架；4—钢楔；5—千斤顶托座

④ 柱的固定。柱脚校正后，此时缆风绳不受力，紧固地脚螺栓，并将承重钢垫板上下点焊固定，防止移动；对于杯口基础，钢柱校正后应立即进行固定，及时在钢柱脚底板浇筑细石混凝土和包柱脚，以防已校正好的柱子倾斜或移位。

钢柱校正固定后，将柱间支撑安装并固定好，使其成为稳定体系。

3.钢吊车梁安装

(1) 施工流程 吊装测量→吊车梁绑扎→就位与临时固定→校正与最后固定。

(2) 施工工艺

① 吊装测量。先用水准仪测出每根钢柱上原先弹出的±0.00 基准线在柱子校正后的实际变化值，水准仪的精度要求为±3mm/km。

一般情况下，实测钢梁横向近牛腿处的两侧，并做好实测标记。根据各钢柱搁置行车梁牛腿面的实测标高值，定出全部钢柱搁置行车梁牛腿面的同一标高值，以同一标高值为基准，得出各搁置行车梁牛腿面的标高差值。

② 吊车梁绑扎。吊车梁一般采用带卸扣的轻便吊索进行绑扎，绑扎方法分别是两点双斜索绑扎法和两点双直索绑扎法。

③ 就位与临时固定。吊车梁的起吊均为悬吊法吊装，当吊车梁吊至设计位置时，应准确地使梁的轴线与吊车梁的安装轴线相吻合，在就位时应用经纬仪观察柱子的垂直情况，是否有因吊车梁的安装而使柱子产生偏斜的情况，若有这种情况发生，应该把吊车梁吊起，重新进行就位。就位后应立即进行临时固定，可采用铁丝捆扎在柱子上。

④ 校正与最后固定。

a.高低方向的校正主要是对梁的端部标高进行校正。可先用起重机吊空、特殊工具抬空、油压千斤顶顶空，然后在梁底填设垫块。

b.水平方向的移动校正常用撬棒、钢楔、千斤顶进行校正。通常重型行车梁用油压千斤顶和链条葫芦解决水平方向的移动。

c.吊车梁标高的校正。先将水平仪放置在厂房中部某一吊车梁上，或地面上在柱上测出一定高度的水准点，再用钢尺或样杆量出水准点至梁面铺轨需要的高度，每根梁观测两端及跨中三点，根据测定标高进行校正。校正时用撬杠撬起或在柱头屋架上弦端头节点上挂捯链，将吊车梁需垫垫板的一端吊起。

在梁全部安装完后，最后固定后进行屋面构件校正。重量较大的吊车梁，也可一边安装一边校正。校正内容包括中心线（位移）、轴线间距、标高垂直度等。纵向位移在就位时已校正，所以主要是校正横向位移。

校正吊车梁中心线与吊车跨距时，先在吊车轨道两端的地面上，根据柱轴线放出吊车轨道轴线，用钢尺校正两轴线的距离，再用经纬仪放线、钢丝挂线坠或在两端拉钢丝等方法校正。

吊车梁校正完毕后应立刻将吊车梁与柱牛腿上的埋设件焊接固定，在梁柱接头处支侧模，浇筑细石混凝土并养护。

4. 钢屋架安装与校正

① 钢屋架通常采用两点吊装，跨度大于 21m 时，多采用三点或四点吊装，吊点应位于屋架的重心线上，并在屋架一端或两端绑溜绳。由于屋架平面外刚度较差，一般在侧向绑两道杉木杆或方木进行加固。钢丝绳的水平夹角不小于 45°。

② 屋架多用高空旋转法吊装，即将置架从摆放垂直位置吊起至超过柱顶 200mm 以上后，再旋转臂杆转向安装位置，此时起重机一边回转，工人一边拉溜绳，使屋架缓慢下降，平稳地落在柱头设计位置上，将屋架端部中心线与柱头中心轴线对准。

③ 第一榀屋架就位并初步校正垂直度后，应在两侧设置缆风绳临时固定，方可卸钩。

④ 第二榀屋架用同样方法吊装就位后，先用杉木杆或木方与第一榀屋架临时连接固定，卸钩后，随即安装支撑系统和部分檩条进行最后校正固定，以形成一个具有空间刚度和整体稳定的单元体系。以后安装屋架则采取在上弦绑水平杉木杆或木方，与已安装的前榀屋架连接，以保持稳定。

⑤ 钢屋架的垂直度可用线坠、钢尺对支座和跨中进行检查；弯曲度用拉紧测绳进行检查，如不符合要求，可推动屋架上弦进行校正。

⑥ 屋架临时固定，如需用临时螺栓，则每个节点穿入数量不少于安装孔总数的 1/3，且至少穿入两个临时螺栓；冲钉穿入数量不宜多于临时螺栓总数的 30%。当屋架与钢柱的翼缘连接时，应保证屋架连接板与柱翼缘板接触紧密，否则应垫入垫板使其紧密。如屋架的支承反力靠钢柱上的承托板传递时，屋架端节点与承托板的接触要紧密，其接触面积不小于承压面积的 70%，边缘最大间隙不应大于 0.8mm，较大缝隙应用钢板垫实。

⑦ 钢支撑系统，每吊装一榀屋架经校正后，随即将与前一榀屋架间的支撑系统吊上，每一大节间的钢构件经校正、检查合格后，即可用电焊、高强螺栓或普通螺栓进行最后固定。

⑧ 天窗架的安装一般采取以下两种方式。

a. 将天窗架单榀组装，屋架吊装校正、固定后，随即将天窗架吊上，校正并固定。

b. 当起重机起吊高度满足要求时，将单榀天窗架与单榀屋架在地面上组合（平拼或立拼），并按需要进行加固后，一次整体吊装。每吊装一榀，随即将与前一榀天窗架间的支撑系统及相应构件安装上。

⑨ 檩条重量较轻，为发挥起重机效率，多采用一钩多吊、逐根就位的方法，间距用样杆顺着檩条来回移动检查，如有误差，可放松或扭紧檩条之间的拉杆螺栓进行校正；平直度用拉线和长靠尺或钢尺检查，校正后，用电焊或螺栓最后固定。

⑩ 屋盖构件安装连接时，如螺栓孔眼不对，不得用气割扩孔或改为焊接。每个螺栓不得用两个以上垫圈；螺栓外露螺纹长度不得少于 2～3 扣，并应防止螺母

松动；更不得用螺母代替垫圈。精制螺栓孔不准使用冲钉，也不得用气割扩孔。构件表面有斜度时，应采用相应斜度的垫圈。

⑪ 支撑系统安装就位后，应立即校正并固定，不得以定位点焊来代替安装螺栓或安装焊缝，以防遗漏，造成结构失稳。

⑫ 钢屋盖构件的面漆，一般均在安装前涂好，以减少高空作业。安装后节点的焊缝或螺栓经检查合格，应及时涂底漆和面漆。设计要求用油漆腻子封闭的缝隙，应及时封好腻子后，再涂刷油漆。高强度螺栓连接的部位，经检查合格，也应及时涂漆；油漆的颜色应与被连接的构件相同。安装时构件表面被损坏的油漆涂层应补涂。

⑬ 不准随意在已安装的屋盖钢构件上开孔或切断任何杆件，不得任意割断已安装好的永久螺栓。

⑭ 利用已安装好的钢屋盖构件悬吊其他构件和设备时，应经设计同意，并采取措施防止损坏结构。

5. 钢桁架与水平支撑安装

(1) 钢桁架安装 钢桁架可用自行杆式起重机、履带式起重机、塔式起重机等进行安装。由于桁架的跨度、重量和安装高度不同，适合的安装机械和安装方法也不相同。

桁架多用悬空吊装，为使桁架在吊起后不致发生摇摆、与其他构件碰撞等现象，起吊前在离支座节间附近用麻绳系牢，随吊随放松，以此保持其正确位置。

桁架的绑扎点要保证桁架的吊装稳定性，否则就需在吊装前进行临时加固。

钢桁架的侧向稳定性较差，在吊装机械的起承量和起重臂长度允许的情况下，最好经扩大拼装后进行组合吊装，即在地面上将两榀桁架及其上的天窗架、檩条、支承等拼装成整体，一次进行吊装，这样不但可提高吊装效率，也有利于保证其吊装的稳定性。

桁架临时固定如需用临时螺栓和冲钉，则每个节点处应穿入的数量必须由计算确定，并应符合下列规定。

① 不得少于安装孔总数的 1/3。

② 至少应穿两个临时螺栓；冲钉穿入数量不宜多于临时螺栓总数的 30%。

钢桁架要检验校正其垂直度和弦杆的正直度。桁架的垂直度可用挂线垂球检验，弦杆的正直度则可用拉紧的测绳进行检验。

(2) 水平支撑安装 应采用下列方法防止吊装变形和防止构件产生弯曲变形。

① 如十字水平支承长度较长、型钢截面较小、刚性较差，吊装前应用圆木杆等材料进行加固。

② 吊点位置应合理，使其在平面内均匀受力，以吊起时不产生下挠为准。

安装时应使水平支承稍作上拱或略大于水平状态时与屋架连接，安装后的水平支承即可消除下挠；如连接位置发生较大偏差不能安装就位时，不宜采用牵拉工具用较大的外力强行入位连接，否则不仅会使屋架下弦侧向弯曲或水平支承发生过大的上拱或下挠，还会使连接构件存在较大的结构应力。

(二) 安装质量检验

钢结构安装质量检验要求应参考表11-15～表11-19。

表11-15 钢屋（托）架、桁架、梁及受压杆件的垂直度和侧向弯曲矢高的允许偏差

项目	允许偏差/mm		图例
跨中的垂直度	$h/250$，且不大于15.0		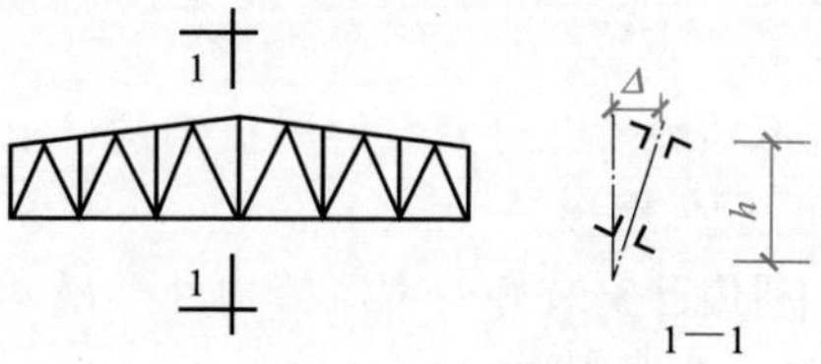
侧向弯曲矢高 f	$l \leqslant 30m$	$l/1000$，且不应大于10.0	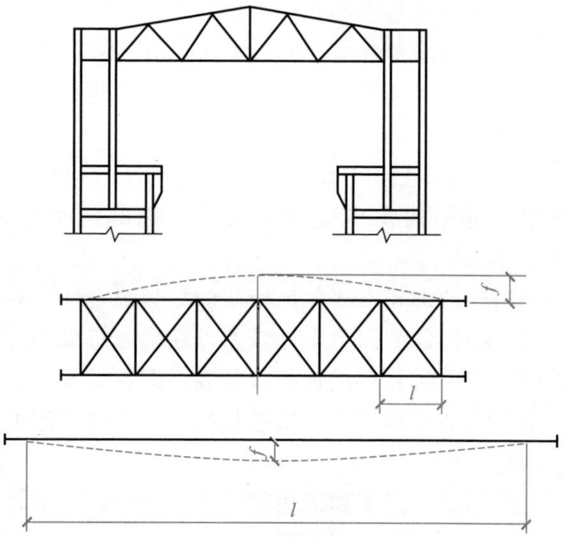
	$30m < l \leqslant 60m$	$l/1000$，且不应大于30.0	
	$l > 60m$	$l/1000$，且不应大于50.0	

表11-16 整体垂直度和整体平面弯曲的允许偏差 单位：mm

项目	允许偏差	图例
主体结构的整体垂直度	$H/1000$，且不应大于25.0	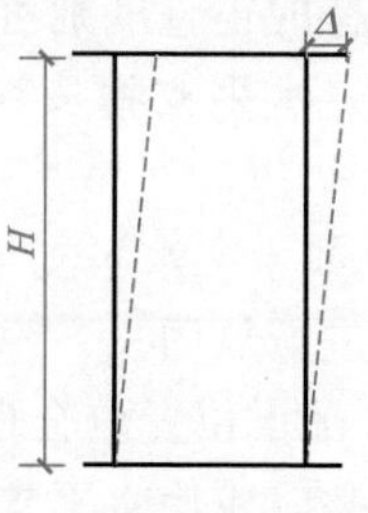

续表

项目	允许偏差	图例
主体结构的整体平面弯曲	L/1500，且不应大于25.0	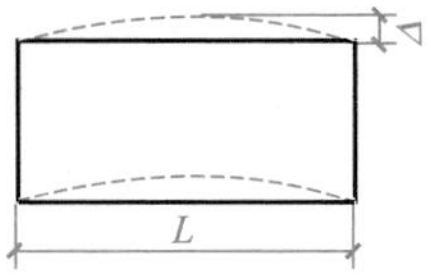

表 11-17 钢柱安装的允许偏差 单位：mm

项目			允许偏差	图例	检验方法
柱脚底座中心线对定位轴线的偏移			5.0	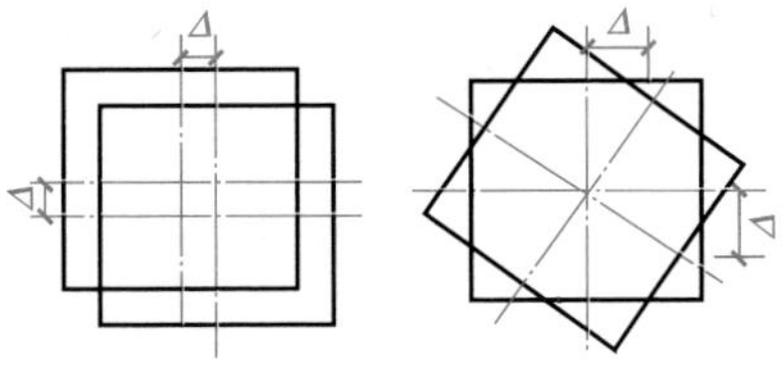	用吊线和钢尺检查
柱基准点标高	有吊车梁的柱		+3.0 −5.0	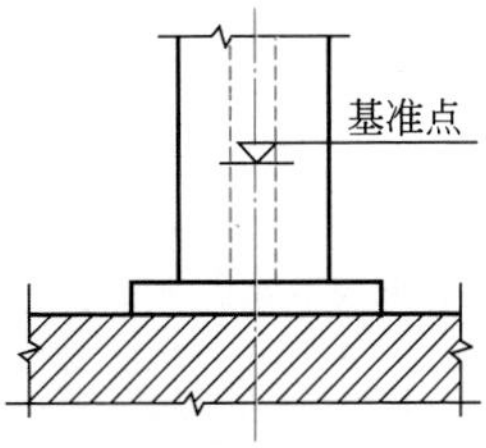 基准点	用水准仪检查
	无吊车梁的柱		+5.0 −8.0		
弯曲矢高			H/1200，且不大于15.0		用经纬仪或拉线和钢尺检查
柱轴线垂直度	单层柱	$H \leqslant 10m$	H/1000	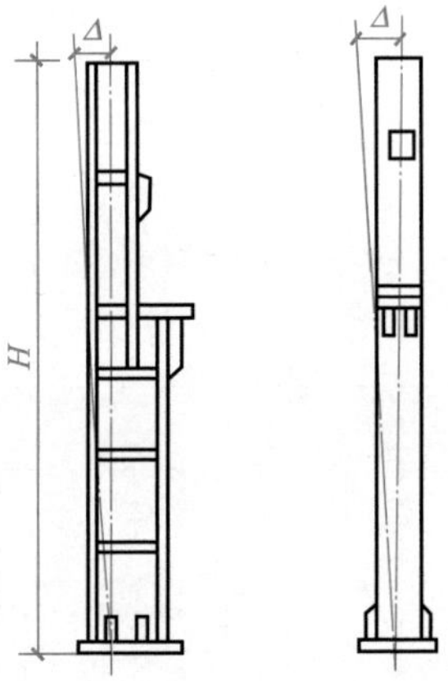	用经纬仪或吊线和钢尺检查
		$H > 10m$	H/1000，且不大于25.0		
	多节柱	单节柱	H/1000，且不大于10.0		
		柱全高	35.0		

注：H 为柱全高。

表 11-18　钢吊车梁安装的允许偏差　　单位：mm

<table>
<tr><th colspan="2">项目</th><th>允许偏差</th><th>图例</th><th>检验方法</th></tr>
<tr><td colspan="2">梁的跨中垂直度Δ</td><td>$h/500$</td><td>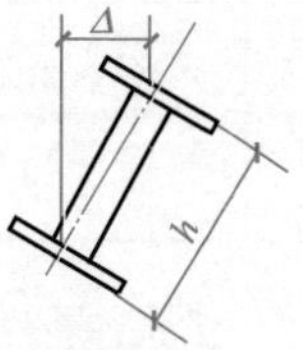</td><td>用吊线和钢尺检查</td></tr>
<tr><td colspan="2">侧向弯曲矢高</td><td>$l/1500$ 且不应大于 10.0</td><td rowspan="5">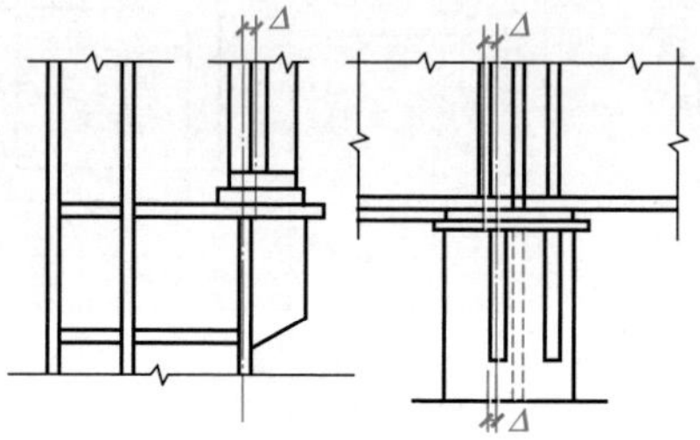</td><td rowspan="4">用拉线和钢尺检查</td></tr>
<tr><td colspan="2">垂直上拱矢高</td><td>10.0</td></tr>
<tr><td rowspan="2">两端支座中心位移Δ</td><td>安装在钢柱上时，对牛腿中心的偏移</td><td>5.0</td></tr>
<tr><td>安装在混凝土柱上时，对定位轴线的偏移</td><td>5.0</td></tr>
<tr><td colspan="2">吊车梁支座加劲板中心与柱子承压加劲中心的偏移Δ</td><td>$t/2$</td><td>用吊线和钢尺检查</td></tr>
<tr><td rowspan="2">同跨间内同一横截面吊车梁顶面高差Δ</td><td>支座处</td><td>10.0</td><td rowspan="2">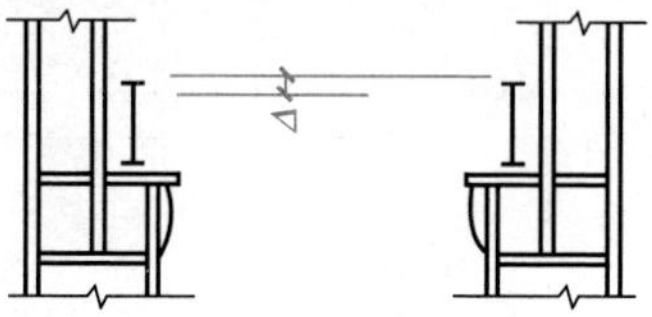</td><td rowspan="3">用经纬仪、水准仪和钢尺检查</td></tr>
<tr><td>其他处</td><td>15.0</td></tr>
<tr><td colspan="2">同跨间内同一横截面下挂式吊车梁底面高差Δ</td><td>10.0</td><td>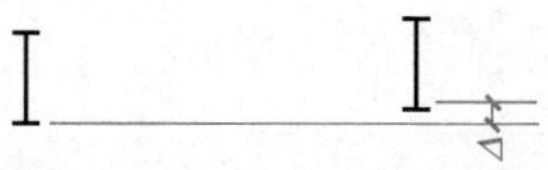</td></tr>
<tr><td colspan="2">同列相邻两柱间吊车梁顶面高差Δ</td><td>$l/1500$ 且不应大于 10.0</td><td>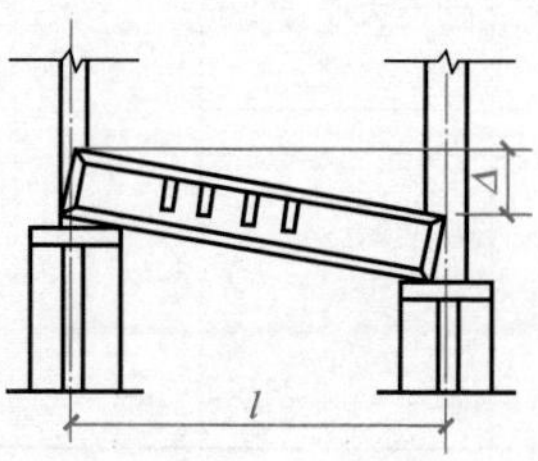</td><td>用水准仪和钢尺检查</td></tr>
</table>

续表

项目		允许偏差	图例	检验方法
相邻两吊车梁接头部位Δ	中心错位	3.0		用钢尺检查
	上承式顶面高差	1.0		
	下承式底面高差	1.0		
同跨间任一截面的吊车梁中心跨距偏差		±10.0		用经纬仪和光电测距仪检查;跨度小时,可用钢尺检查
轨道中心对吊车梁腹板轴线的偏移Δ		$t/2$		用吊线和钢尺检查

注：t 为板厚度。

表 11-19　檩条、墙架等次要构件安装的允许偏差　　单位：mm

项目		允许偏差	检验方法
墙架立柱	中心线对定位轴线的偏移	10.0	用钢尺检查
	垂直度	$H/1000$,且不大于 10.0	
	弯曲矢高	$H/1000$,且不大于 15.0	用经纬仪或吊线和钢尺检查
抗风桁架的垂直度		$h/250$,且不大于 15.0	用吊线和钢尺检查
檩条、墙梁的间距		±5.0	用钢尺检查
檩条的弯曲矢高		$L/750$,且不应大于 12.0	用拉线和钢尺检查
墙梁的弯曲矢高		$L/750$,且不应大于 10.0	用拉线和钢尺检查

注：H 为墙架立柱的高度；h 为抗风桁架的高度；L 为檩条或墙梁的高度。

五、多层及高层装配式钢结构建筑施工技术

（一）钢构件安装与校正

1. 施工准备

（1）构件准备

① 清点构件的型号、数量，并按设计和规范要求对构件质量进行全面检查，

其中包括构件强度与完整性（有无严重裂缝、扭曲、侧弯、损伤及其他严重缺陷）；外形、几何尺寸和平整度；埋设件、预留孔位置、尺寸和数量；接头钢筋吊环、埋设件的稳固程度和构件的轴线等是否准确，有无出厂合格证。若有超出设计或规范规定偏差的，应在吊装前纠正。

② 在构件上根据就位、校正的需要弹好轴线。柱应弹出三面中心线，牛腿面与柱顶面中心线，±0.000线，吊点位置。基础杯口应弹出纵横轴线，吊车梁、屋架等构件应在端头与顶面支承处弹出中心线及标高线。

③ 按图纸进行编号，基础地脚螺栓位置和伸出是否符合设计要求，找好柱基标高。

(2) 吊装接头准备

① 为减少高空作业，应准备和分类清理好各种金属支承件及安装接头用连接板、螺栓、铁件和安装垫片。

② 对需组装拼装及临时加固的构件，按规定要求使其达到具备吊装的条件。

③ 在基础杯口底部，根据柱子制作的实际长度误差，调整杯底标高，用1∶2的水泥砂浆找平，标高允许偏差为±5mm，以保持吊车梁的标高在同一水平面上；当预制柱采用垫板安装或重型钢柱采用杯口安装时，应在杯底部设垫板处局部抹平，并加设小钢垫板。

(3) 吊装机械准备

① 高层钢结构安装宜采用塔式起重机，要求塔式起重机的臂杆长度具有足够的覆盖面；具有足够的起重能力，以满足不同部位构件的起吊要求；钢丝绳容量要满足起吊高度要求；起吊速度要有足够的档次，以满足安装需要。

② 如果采用附着式塔式起重机（图11-42），锚固点应选择钢结构便于加固、有利于形成框架整体结构和有利于幕墙安装的部位，对锚固点重新进行计算。

③ 如果采用内爬式起重机（图11-43），爬升位置应满足塔身自由高度和每节柱单元安装高度的要求。塔式起重机所在位置的钢结构，在爬升前应焊接完毕，整体统一。

图11-42 附着式塔式起重机

图11-43 内爬式起重机

2. 钢柱吊装与校正

(1) 钢柱吊装 起吊时钢柱应垂直，尽量做到回转扶直，起吊回转过程中，应避免同其他已经安装的构件相撞。吊索应预留有效的高度，起吊扶直前将登高爬梯和挂篮等挂设在钢柱预定位置，并绑扎牢固，然后校正垂直度。柱接长时，上节钢柱对准下节钢柱的顶中心，并用螺栓固定钢柱两侧的临时固定用连接板，钢柱安装到位，对准轴线，临时固定后才能松开钩子。

(2) 钢柱校正 钢柱校正主要是控制钢柱的水平标高、T 字轴线位置和垂直度，在整个过程中以测量为主，并应满足以下要求。

① 每根钢柱需重复多次校正和观测垂直偏差值，先在起重机脱钩后用电焊钳进行校正，由于点焊后钢筋接头冷却收缩会使钢柱偏移，点焊完后应再二次校正，梁、板安装后需再次校正。对数层一节的长柱，在每层梁安装前后均需校正，以免产生误差累积。

② 当下柱出现偏差时，一般在上节柱的底部就位时，可对准下节柱中心线和标准中心线的中点，各借 1/2，而上节柱的顶部仍应以标准中心线为准。

③ 柱子垂直度允许偏差为 $h/1000$（h 为柱高），但不大于 20mm。中心线对定位轴线的位移不得超过 5mm，上、下柱接口中心线位移不得超过 3mm。

④ 多节钢柱校正比普通钢柱校正更为复杂，实际操作中要对每根柱下节柱重复多次校正。

3. 钢构件安装

① 钢结构现场焊接主要是柱与柱、柱与梁、主梁与次梁、梁拼接、支撑、楼梯及支撑等的焊接。接头形式、焊缝等级由设计确定。

② 多、高层钢结构的现场焊接顺序，应按照力求减少焊接变形和降低焊接应力的原则加以确定。

a. 在平面上，从中心框架向四周扩展焊接。

b. 先焊收缩量大的焊缝，再焊收缩量小的焊缝。

c. 对称施焊。

d. 同一根梁的两端不能同时焊接（先焊一端，待其冷却后再焊另一端）。

e. 当节点或接头采用腹板栓接、翼缘焊接形式时，翼缘焊接宜在高强度螺栓终拧后进行。

③ 钢柱之间常用坡口电焊连接。主梁与钢柱的连接，一般为刚接；上、下翼缘用坡口电焊连接；而腹板用高强度螺栓连接。次梁与主梁的连接一般为铰接，基本上是在腹板处用高强度螺栓连接，只有少量再在上、下翼缘处用坡口电焊连接，如图 11-44 所示。

④ 柱与柱接头焊接，宜在本层梁与柱连接完成之后进行。施焊时，应由两名焊工在相对称位置以相等速度同时施焊。

a. 单根箱形钢柱节点的焊接顺序如图 11-45 所示。由两名焊工对称、逆时针转圈施焊。起始焊点距柱棱角 50mm，层间起焊点互相错开 50mm 以上，直至焊接完

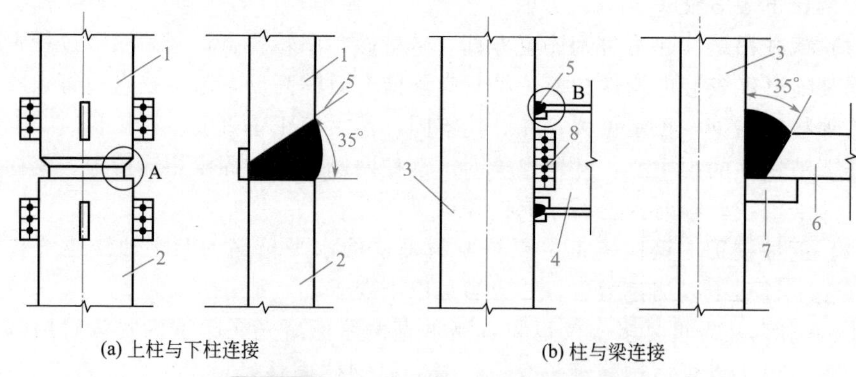

图 11-44 上柱与下柱、柱与梁连接构造

1—上节钢柱；2—下节钢柱；3—框架柱；4—主梁；5—单坡焊缝；6—主梁上翼缘；7—钢垫板；8—高强度螺栓

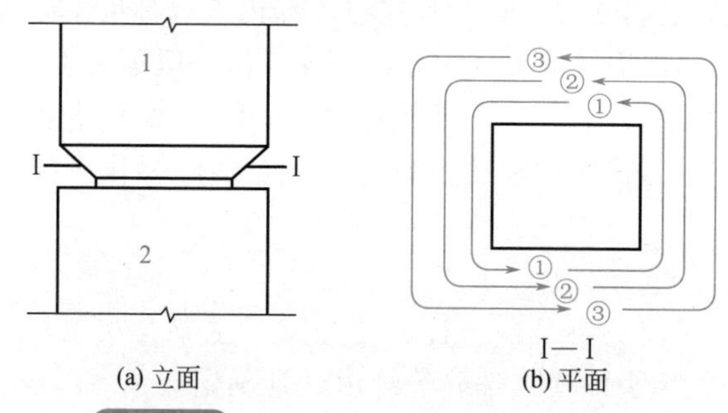

图 11-45 单根箱形钢柱节点的焊接顺序

1—上柱；2—下柱；①～③—焊接顺序

成，焊至转角处，放慢速度，保证焊缝饱满。焊接结束后，将柱连接耳板割除并打磨平整。

b. H 形钢柱节点的焊接顺序如图 11-46 所示，先焊翼缘焊缝，再焊腹板焊缝，翼缘板焊接时两名焊工对称、反向焊接。

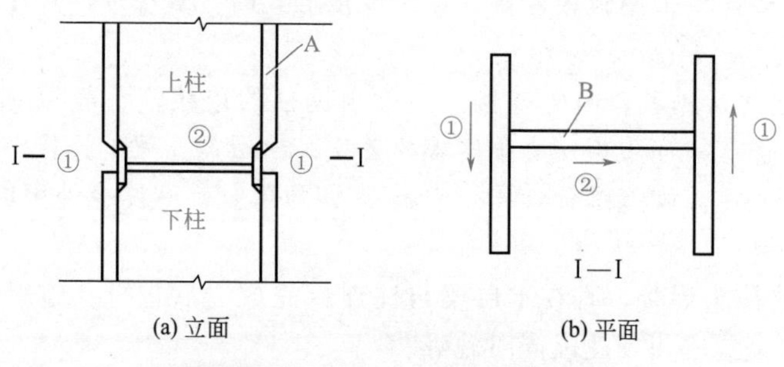

图 11-46 H 形钢柱节点的焊接顺序

A—翼缘；B—腹板；①,②—焊接顺序；→—焊接走向

⑤ 梁、柱接头的焊接，应设长度大于 3 倍焊缝厚度的引弧板。引弧板的厚度应和焊缝厚度相适应，焊完后割去引弧板时应留 5～10mm。梁、柱接头的焊缝，宜先焊梁的下翼缘，再焊其上翼缘，上、下翼缘的焊接方向相反。同一层梁、柱接头焊接顺序如图 11-47 所示。

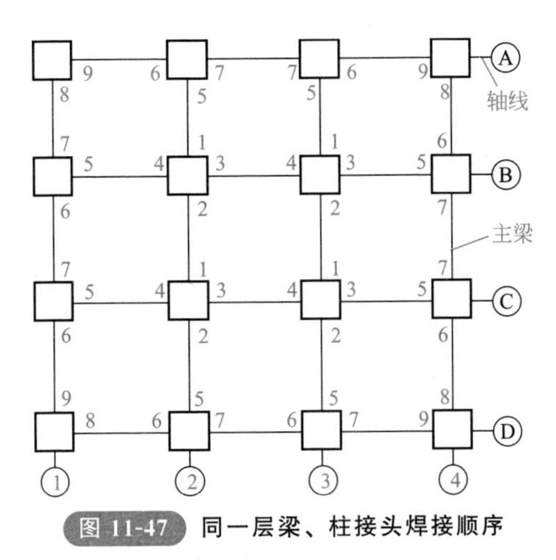

图 11-47　同一层梁、柱接头焊接顺序

柱、梁焊接顺序：1→2→3→4→5→6→7→8→9

⑥ 对于板厚大于或等于 25mm 的焊缝接头，用多头烤枪进行焊前预热和焊后热处理，预热温度为 60～150℃，后热温度为 200～300℃，恒温 1h。

⑦ 手工电弧焊时，当风速大于五级风；气体保护焊时，当风速大于二级风，均应采取防风措施方能施焊。雨天应停止焊接。

⑧ 焊接工作完成后，焊工应在焊缝附近打上自己的钢印。焊缝应按要求进行外观检查和无损检测。

（二）安装质量检验

1. 质量检查的一般要求

① 多层及高层钢结构安装工程可按楼层或施工段等划分为一个或若干个检验批。地下钢结构可按不同地下层划分检验批。

② 柱、梁、支撑等构件的长度尺寸应包括焊接收缩余量等变形值。

③ 安装柱时，每节柱的定位轴线应从地面控制轴线直接引上，不得从下层柱的轴线引上。

④ 结构的楼层标高可按相对标高或设计标高进行控制。

⑤ 钢结构安装检验批应在进场验收和焊接连接、紧固件连接、制作等分项工程验收合格的基础上进行验收。

⑥ 安装的测量校正、高强度螺栓安装、负温度下施工及焊接工艺等，应在安装前进行工艺试验或评定，并应在此基础上制订相应的施工工艺或方案。

⑦ 安装偏差的检测，应在结构形成空间刚度单元并连接固定后进行。

⑧ 安装时，必须控制屋面、楼面、平台等的施工荷载，施工荷载和冰雪荷载等严禁超过梁、桁架、楼面板、屋面板、平台铺板等的承载能力。

⑨ 在形成空间刚度单元后，应及时对柱底板和基础顶面的空隙进行细石混凝土、灌浆料等二次浇灌。

⑩ 吊车梁或直接承受动力荷载的梁其受拉翼缘、吊车桁架或直接承受动力荷载的桁架，其受拉弦杆上不得焊接悬挂物和卡具等。

2.质量检验常用数据

多层及高层质量检验常用数据见表11-20～表11-22。

表11-20 整体垂直度和整体平面弯曲允许偏差

项目	允许偏差/mm	图例
主体结构的整体垂直度Δ	H/2500＋10.0，且不应大于50.0	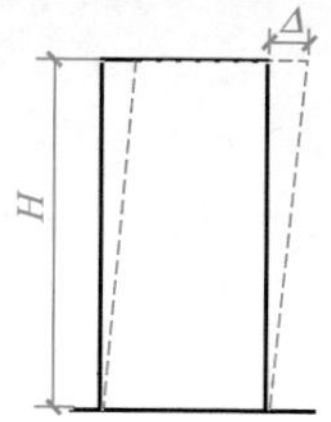 Δ H
主体结构的整体平面弯曲Δ	L/1500，且不应大于25.0	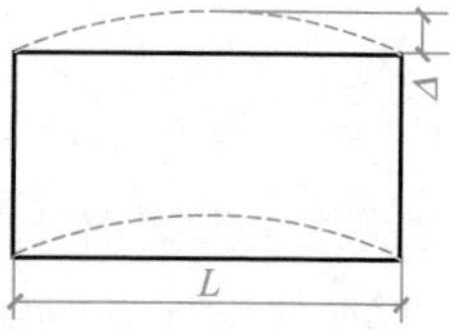 Δ L

表11-21 钢构件安装允许偏差

项目	允许偏差/mm	图例	检验方法
上、下柱连接处的错口Δ	3.0	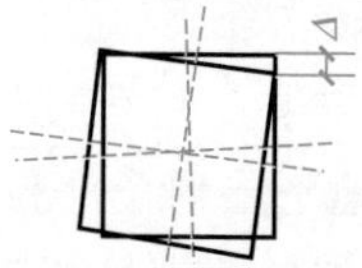 Δ	用钢尺检查
同一层柱的各柱顶的高度差Δ	5.0	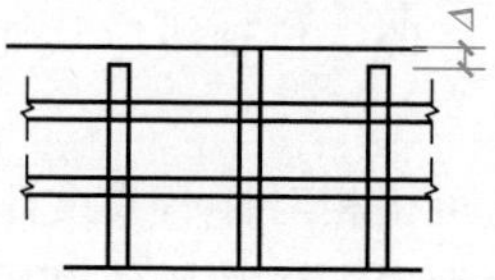 Δ	用水准仪检查
同一根梁两端顶面的高度差Δ	l/1000，且不应大于10.0	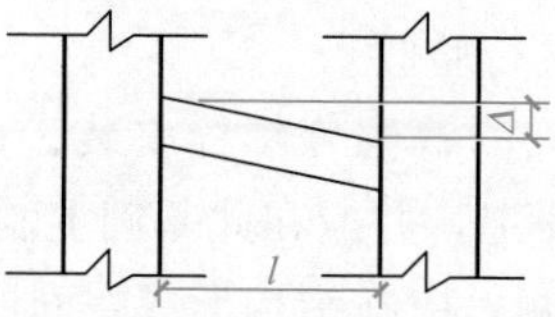 Δ l	用水准仪检查

续表

项目	允许偏差/mm	图例	检验方法
主梁与次梁表面的高度差 Δ	±2.0		用直尺和钢尺检查
压型金属板在钢梁上相邻列的错位 Δ	15.00		用直尺和钢尺检查

表 11-22 多层及高层钢结构的主体结构总高度的允许偏差

项目	允许偏差/mm	图例
用相对标高控制安装	$\pm\sum(\Delta_h+\Delta_z+\Delta_w)$	
用设计标高控制安装	$H/1000$，且不应大于 30.0 $-H/1000$，且不应小于 -30.0	

注：Δ_h 为每节柱子长度的制造允许偏差；Δ_z 为每节柱子长度受荷载后的压缩值；Δ_w 为每节柱子接头焊缝的收缩量。

六、装配式钢结构建筑防腐与防火施工技术

（一）结构防腐施工

1. 涂装方法的选择

常用的涂装方法如图 11-48 所示。

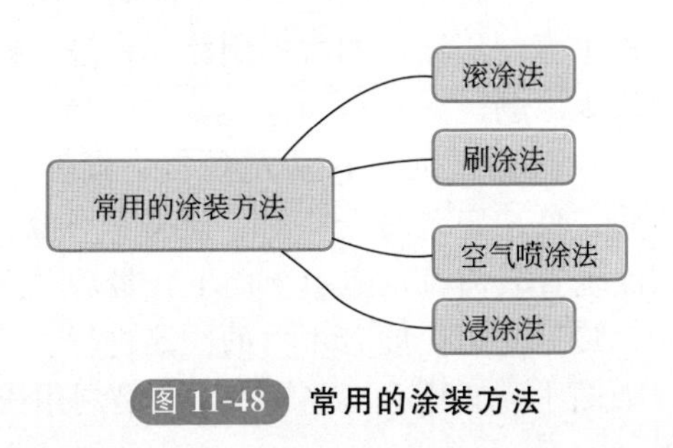

图 11-48 常用的涂装方法

(1) 滚涂法 如图 11-49 所示，滚涂法是用羊毛或合成纤维做成多孔吸附材料，贴附在空心的圆筒上制成滚子进行施工的一种方法。主要用于水性漆、油性漆、酚醛漆和醇酸漆类的涂装。其优势是施工用具简便，操作方便，施工效率比刷涂法高 1～2 倍，其操作方法如下。

① 涂料应倒入装有滚涂板的容器内，将滚子的一半浸入涂料，再从容器里提起，在滚涂板上来回滚涂几次，使滚子全部均匀浸透涂料，并把多余的涂料液压掉。

② 把滚子按造型形状轻轻滚动，将涂料大致地涂布于被涂物上，然后滚子上下密集滚动，将涂料均匀地分布开，最后使滚子按一定的方向滚平表面并修饰。

③ 滚动时，初始用力要轻，以防流淌，随后逐渐用力，使涂层均匀。

④ 滚子用后，应尽量挤压掉残存的涂料，或使用涂料稀释剂清洗干净，晾干后保存好，以备以后使用。

(2) 刷涂法 如图 11-50 所示，其施工方法如下。

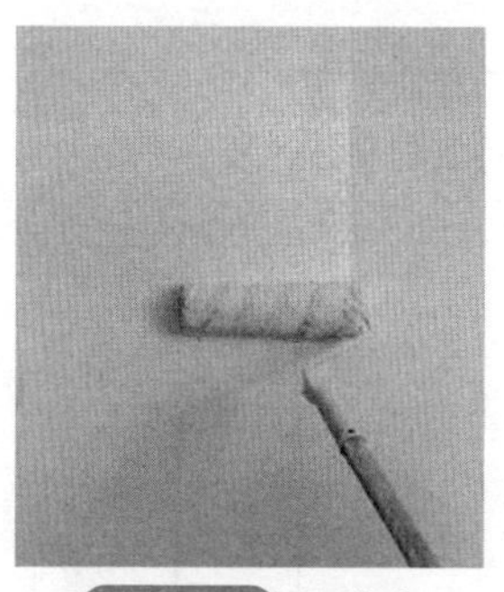

图 11-49 滚涂法

图 11-50 刷涂法

① 使用漆刷时，通常采用直握法，用手将漆刷握紧，以腕力进行操作。

② 涂漆时，漆刷应蘸少许的涂料，浸入漆的部分应为毛长的 1/3～1/2。蘸漆后，要将漆刷在漆桶内的边上轻抹一下，除去多余的漆料，以防流淌或滴落。

③ 对干燥较慢的涂料，应按涂覆、抹平和修饰三道工序进行操作。

a. 涂覆，是将涂料大致地涂布在被涂物的表面上，使涂料分开。

b. 抹平，是用漆刷将涂料纵、横反复地抹平至均匀。

c. 修饰，是用漆刷按一定方向轻轻地涂刷，消除刷痕及堆积现象。在进行涂覆和抹平时，应尽量使漆刷垂直，用漆刷的腹部刷涂。在进行修饰时，则应将漆刷放平些，用漆刷的前端轻轻地涂刷。

d. 刷涂的顺序：一般应按自上而下，从左到右，先难后易的原则，最后用漆刷轻轻地涂抹边缘和棱角，使漆膜致密、均匀、光亮和平滑。

e. 刷涂的走向：刷涂垂直表面时，应由上向下，最后一道应按光线照射的方向进行，刷涂木材表面时，最后一道应顺着木材的纹路进行。

(3) 空气喷涂法 如图 11-51 所示，空气喷涂法是利用压缩空气的气流将涂料带入喷枪，经喷嘴吹散成雾状，并喷涂到被涂物表面上的一种涂装方法。其施工方法如下。

① 进行喷涂时，必须将空气压力、喷出量和喷雾幅度等参数调整到适当程度，以保证喷涂质量。

② 喷涂距离控制：喷涂距离过大，涂料易落散，造成漆膜过薄而无光；喷涂距离过近，漆膜易产生流淌和橘皮现象。喷涂距离应根据喷涂压力和喷嘴大小来确定，一般使用大口径喷枪的喷涂距离为200～300mm，使用小口径喷枪的喷涂距离为150～250mm。

③ 喷涂时，喷枪的运行速度应控制在30～60cm/s范围内，并应运行稳定。喷枪应垂直于被涂物表面。如喷枪角度倾斜，漆膜易产生条纹和斑痕。

④ 喷涂时，喷幅搭接的宽度一般为有效喷雾幅度的1/4～1/3，并保持一致。

⑤ 喷枪使用完后，应立即用溶剂清洗干净。枪体、喷嘴和空气帽应用毛刷清洗。气孔和喷漆孔遇有堵塞，应用木钎疏通，不准用金属丝或铁钉疏通，以防损伤喷嘴孔。

(4) 浸涂法　如图11-52所示，浸涂法是将被涂物放入漆槽中浸渍，经一定时间取出后吊起，让多余的涂料尽量滴净，并自然晾干或烘干。它适用于形状复杂、骨架状的被涂物。其优点是可使被涂物的里外同时得到涂装。其施工方法如下。

图11-51　空气喷涂法

图11-52　浸涂后的构件

① 浸涂法主要适用于烘烤型涂料的涂装，以及自干型涂料的涂装，通常不适用于挥发型快干涂料。采用此法时，涂料应具备下述性能：在低黏度时，颜料应不沉淀；在浸涂槽中和物件吊起后的干燥过程中不结皮；在槽中长期储存和使用过程中，应不变质、性能稳定、不产生胶化。

② 浸涂槽敞口应尽可能小些，以减少稀料挥发和加盖方便。

③ 在浸涂厂房内应装置排风设备，及时将挥发的溶剂排放出去，以保证人身健康和避免火灾。

④ 鉴于涂料的黏度对浸涂漆膜质量有影响，在施工过程中，应保持涂料黏度的稳定性，每班应测定1～2次黏度，如果黏度增稠，应及时加入稀释剂调整黏度。

2. 结构防腐涂装的施工

其施工流程为：涂料预处理→刷防锈漆→局部刮腻子→涂刷操作→喷涂操作→二次涂装。

(1) 涂料预处理 根据施工方案或施工组织设计选定涂料后，在施涂前，一般都要对涂料进行处理，具体操作步骤及内容见表 11-23。

表 11-23 涂料预处理步骤及内容

步骤	内容
开桶	开桶前应将桶外的灰尘、杂物清理干净，以免其混入涂料桶内。同时对涂料的名称、型号和颜色进行检查，是否与设计规定或选用要求相符合，检查制造日期，是否超过储存期，凡不符合上述要求的应另行研究处理。若发现有结皮现象，应将漆皮全部取出，以免影响涂装质量
搅拌	桶内的涂料和沉淀物全部搅拌均匀后才可使用
配比	双组分的涂料使用前必须严格按照说明书所规定的比例来混合。双组分涂料只要配比混合后，就必须在规定的时间内用完，超过时间的不得使用
熟化	双组分涂料混合搅拌均匀后，需要经过一定熟化时间才能使用，为保证漆膜的性能，对此要特别注意
稀释	有的涂料因施工方法、储存条件、作业环境、气温的高低等不同情况的影响，在使用时，有时需用稀释剂来调整黏度
过滤	过滤是将涂料中可能产生的或混入的固体颗粒、漆皮或其他杂物滤掉，以免这些杂物堵塞喷嘴及影响漆膜的性能及外观。一般可以使用 80～120 目的金属网或尼龙丝筛进行过滤，以保证喷漆的质量

(2) 刷防锈漆 可按设计要求的防锈漆在金属结构上满刷一遍。刷防锈底漆一般应在金属结构表面清理完毕后就施工，否则金属表面又会再次因氧化生锈。如原来已刷过防锈漆，应检查其有无损坏及有无锈斑。凡有损坏及锈斑处，都应将原防锈漆层铲除，用钢丝刷和砂布彻底打磨干净后，再补刷一遍防锈漆。

底漆一般均为自然干燥，使用环氧底漆时也可进行烘烤，质量比自然干燥要好。

(3) 局部刮腻子 待防锈漆干透后，将金属面的砂眼、缺棱、凹坑等处用石膏腻子刮抹平整。石膏配合比为：石膏粉∶熟桐油∶油性腻子∶底漆∶水＝20∶5∶10∶7∶45。

一般第一道腻子较厚，因此在拌和时应酌量减少油分，增加石膏粉用量，可一次刮成，不用管光滑与否。第二道腻子需要平滑光洁，因而在拌和时可增加油分，腻子调得薄些。

刮涂腻子时，可先用橡胶刮或钢刮刀将局部凹陷处填平。待腻子干燥后应加以砂磨，并抹除表面灰尘，然后再涂刷一层底漆，接着再上一层腻子。刮腻子的层数应根据金属结构的不同情况而定。金属结构表面一般可刮 2～3 道。

(4) 涂刷操作 涂刷必须按设计和规定的层数进行。涂刷的主要目的是保护金属结构的表面经久耐用，因此必须保证涂刷层数及厚度，这样才能消除涂层中的孔隙，以抵抗外来的侵蚀，达到防腐和保养的目的。

(5) 喷涂操作 喷漆施工时，应先喷头道底漆，黏度控制在 $(20\sim30)\times10^{-4}$ m^2/s，气压为 0.4～0.5MPa，喷枪距物面 20～30cm，喷嘴直径以 0.25～0.3cm 为宜。先喷次要面，后喷主要面。

(6) 结构防腐涂装施工注意事项

① 构件涂料补涂施工注意事项。

a. 表面涂有工厂底漆的构件，因焊接、火焰校正、曝晒和擦伤等造成重新锈蚀或附有白锌盐时，应经表面处理后再按原涂装规定进行补漆。

b. 运输、安装过程的涂层碰损、焊接烧伤等，应根据原涂装规定进行补涂。

② 金属热喷涂施工注意事项。

a. 采用的压缩空气应干燥、洁净。

b. 喷枪与表面成直角，喷枪的移动速度应均匀，各喷涂层之间的喷枪方向应相互垂直、交叉覆盖。

③ 一次喷涂厚度宜为 25～80μm，同一层内各喷涂带间应有 1/3 的重叠宽度。

(二) 结构防火施工

1. 施工机具的选择

一般采用喷涂施工，机具可为压送式喷涂机（图 11-53）或挤压泵，配能自动调压的空压机，空气压力喷枪的口径为 6～12mm。局部修补可采用抹灰刀（图 11-54）等工具手工抹涂。

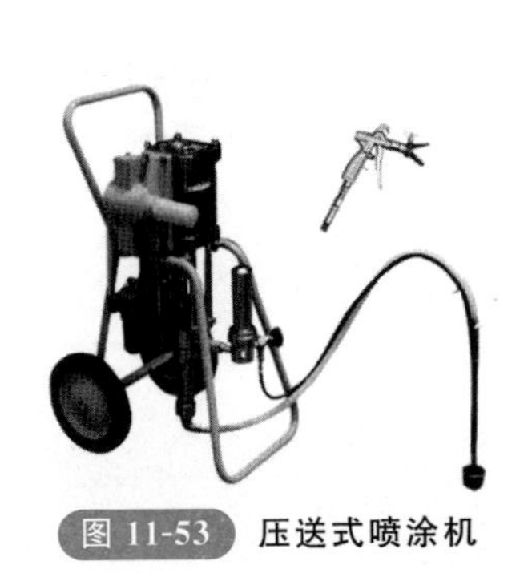

图 11-53 压送式喷涂机

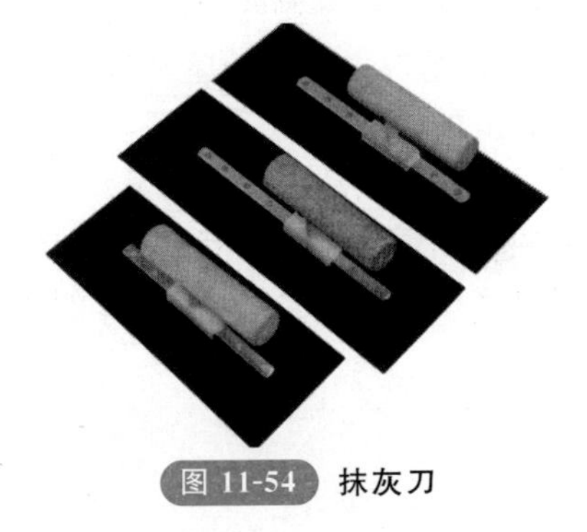

图 11-54 抹灰刀

2. 涂料的拌制与配制

① 由工厂制造好的单组分湿涂料，现场应采用便携式搅拌器搅拌均匀。

② 搅拌和调配涂料，使稠度适当，能在输送管道中畅通流动，喷涂后不会流淌和下坠。

③ 由工厂提供的干粉料，现场加水或其他稀释剂调配，应按涂料说明书规定配比混合搅拌，即配即用。

④ 特别是化学固化干燥的涂料，配制的涂料必须在规定的时间内用完。

3. 施工工艺

① 喷涂次数与涂层厚度应根据防火设计要求确定。耐火极限 1～3h，涂层厚度 10～40mm，一般需喷 2～5 次。施工过程中，操作者应采用测厚针随时检测涂层厚度，直到符合设计规定的厚度，方可停止喷涂。

② 喷涂时，持枪手紧握喷枪时应注意移动速度，不能在同一位置久留，造成涂料堆积流淌；输送涂料的管道长而笨重，应配一个助手帮助移动和托起管道；配料及往挤压泵加料均要连续进行，不得停顿。

③ 喷涂后的涂层要适当维修，对明显的乳突，要用抹灰刀等工具去掉，以确保涂层表面均匀。

4. 防火涂料喷涂的注意事项

① 配料时应严格按配合比加料或加稀释剂，并使稠度适当，即配即用。

② 喷涂施工应分遍完成，每遍喷涂厚度应为 5～10mm，必须在前一遍基本干燥或固化后，再喷涂后一遍。喷涂保护方式、喷涂遍数与涂层厚度应根据施工设计要求确定。

③ 在施工过程中，操作者应采用测厚针随时检测涂层厚度，直到符合设计规定的厚度后，才可停止喷涂。

④ 当防火涂层出现下列情况之一时，应重新喷涂或补涂。

a. 涂层干燥固化不良，黏结不牢或粉化、脱落。

b. 钢结构的接头和转角处的涂层有明显凹陷。

c. 涂层厚度小于设计规定厚度的 85%时，或涂层厚度虽大于设计规定厚度的 85%，但未达到规定厚度的涂层的连续面积的长度超过 1m。

⑤ 在下列情况之一时，厚涂型防火涂料宜在涂层内设置与钢构件相连的钢丝网或其他相应的措施。

a. 承受冲击、振动荷载的钢梁。

b. 涂料黏结强度小于或等于 0.5MPa 的钢构件。

c. 钢板墙和腹板高度超过 1.5m 的钢梁。

第十二章 结构安装工程

第一节　单层工业厂房结构安装

一、施工工艺

（一）柱子的吊装

1. 柱子绑扎

由于柱子在工作状态下为压弯构件，吊装阶段为受弯构件，绑扎点的位置选择应引起注意，一般承重柱绑扎在牛腿下方，抗风柱则应以起吊时在自重作用下的正负弯矩相等确定其绑扎点。柱子的绑扎常用的有直吊绑扎法和斜吊绑扎法。

（1）直吊绑扎法　直吊绑扎法就是先将平卧状态的柱子翻身，然后绑扎，柱子起吊后呈垂直状态插入杯口的绑扎方法，如图12-1所示。这种方法柱子易于插入杯口，但吊钩需高过柱顶，需要用铁扁担，适用于柱子宽面抗弯能力不足、起重机杆长较大时的中小型柱子的绑扎。直吊绑扎法分为一点绑扎法和两点绑扎法。

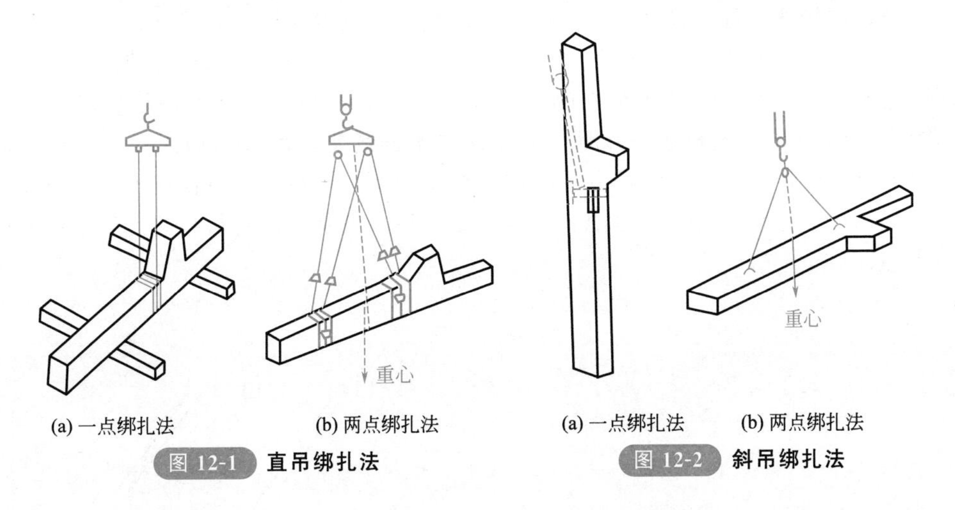

(a) 一点绑扎法　(b) 两点绑扎法

图 12-1 直吊绑扎法

(a) 一点绑扎法　(b) 两点绑扎法

图 12-2 斜吊绑扎法

（2）斜吊绑扎法　斜吊绑扎法就是绑扎后，起重机能直接将柱子从平卧状态吊起，且吊起后呈倾斜状态的绑扎方法，如图12-2所示。这种方法吊钩可低于柱顶，适用于柱子的宽面抗弯能力满足受弯要求时的中小型柱以及起重杆长度不足时采用。斜吊绑扎时，也可采用一点绑扎法或两点绑扎法。

2. 柱子的吊升

柱子的吊装方法，应根据柱子的重量、长度、起重机性能及现场条件等因素确定。当采用单机吊升时，可采用滑行法、旋转法和双机抬吊法进行吊升。

(1) 滑行法 滑行法，即柱子在吊升时，起重机只升吊钩，起重杆不转动，使柱脚沿地面滑行逐渐直立而靠近杯口，然后插入杯中的方法，如图 12-3 所示。采用此法吊升时，柱子的绑扎点应靠近杯口，并要求杯口中心在起重机的回转半径上，以便于稍稍转动起重杆就可以将柱子插入杯内。

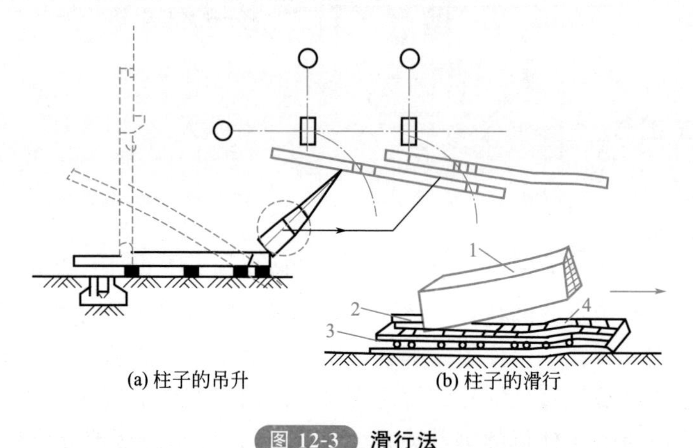

图 12-3 滑行法

1—柱子；2—托木；3—滚筒；4—滑行道

(2) 旋转法 柱子在吊升过程中，吊车起吊点设置在柱重心上方，柱子根部着地，起吊时吊车起钩，将柱子吊起。在整个过程中，柱子绕根部点旋转。起重机边回转起重杆边起钩，使柱子绕柱脚旋转而吊起插入杯口，这种方法称旋转法，如图 12-4 所示。采用旋转法吊升时，为保证柱子连续旋转吊起而插入杯口，要求起重机的回转半径为一定值，即起吊时起重杆不起伏，故在预制布置柱子时，应使柱子的绑扎点、柱脚中心和杯口中心三点共弧，该三点所确定的圆心即为起重机的回转中心。

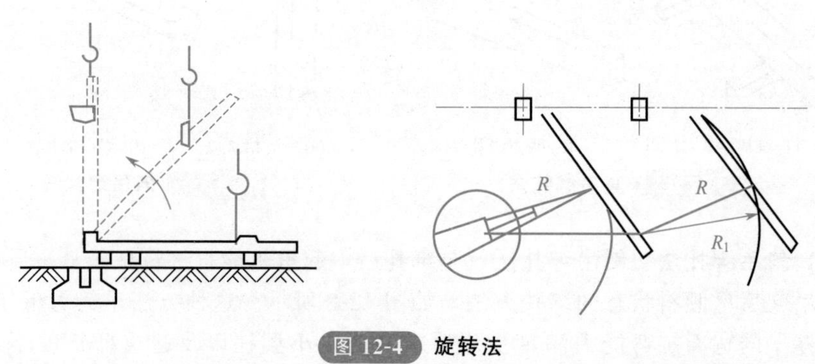

图 12-4 旋转法

如果柱子因条件的限制不能三点共弧时，也可以采用杯口与柱脚中心或绑扎点两点共弧，这种布置方法在吊升过程中，起重杆要不断地变幅，以保证柱吊升后靠近杯口而插入杯心，所以两点共弧起吊时工效低，且不够安全。

(3) 双机抬吊法　双机抬吊法，是塔类设备施工过程中的一种经常采用且十分重要的吊装方法，设备或构件采用两台起重机进行抬吊就位的方法，如图 12-5 所示。

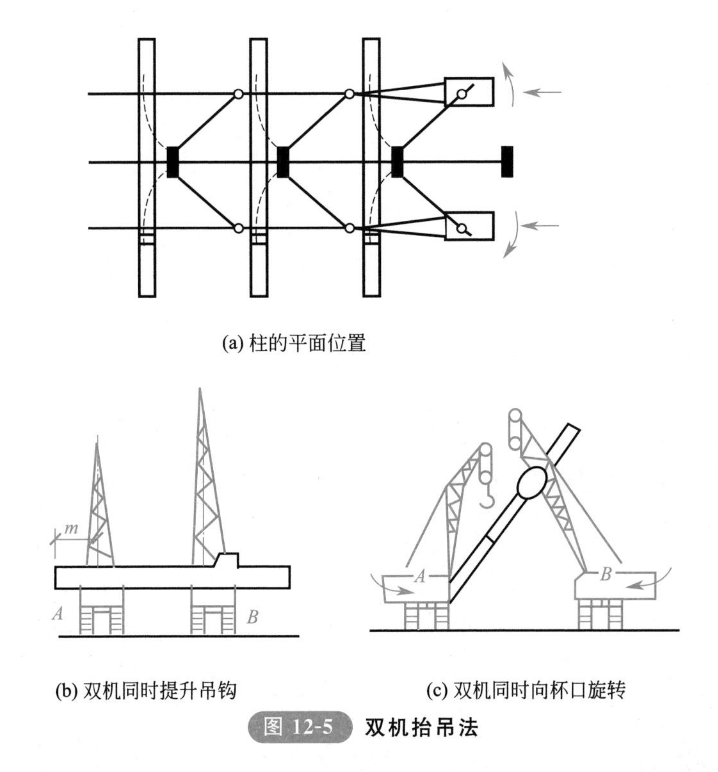

(a) 柱的平面位置

(b) 双机同时提升吊钩

(c) 双机同时向杯口旋转

图 12-5　**双机抬吊法**

双机抬吊重物时，分配给单机的重量不得超过单机允许起重量的 80%，构件总重量不得高于两台起重机械额定起重量之和的 75%，并要求统一指挥。抬吊时应先试抬，使操作者之间相互配合，动作协调，起重机各运转速度尽量一致。

3. 柱的对位与临时固定

如用直吊法时，柱脚插入杯口后，应悬离杯底 30～50mm 处进行对位。若用斜吊法时，则需将柱脚基本送到杯底，然后在吊索一侧的杯口中插入两个楔子，再通过起重机回转使其对位。对位时，应先从柱子四周向杯口放入 8 口楔块，并用撬棍拨动柱脚，使柱的吊装准线对准杯口上的吊装准线，并使柱基本保持垂直。

柱子对位后，应先将楔块略为打紧，待松钩后观察柱子沉至杯底后的对中情况，若已符合要求即可将楔块略为打紧，使之临时固定，如图 12-6 所示。当柱基杯口深底与柱长之比小于 1/20，或具有较大牛腿的重型柱，还应增设带花篮螺丝的缆风绳或加斜撑措施来加强柱临时固定的稳定性。

4.柱的校正及最后固定

柱子的校正包括平面位置、标高和垂直度的校正。平面位置在对位和临时固定时已基本校正好，若有走动应及时采用敲打楔块的方法进行校正。标高的校正在杯底的抄平时已经完成。

柱的垂直度偏差检测方法有经纬仪观测法和线锤检查法，如图 12-7 所示。

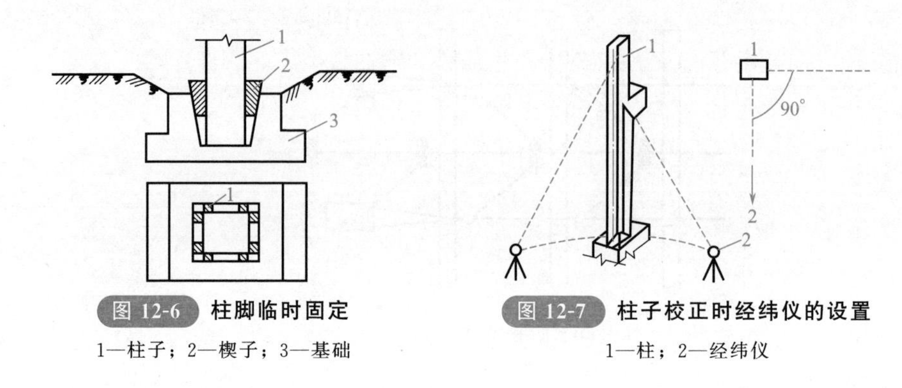

图 12-6 柱脚临时固定

1—柱子；2—楔子；3—基础

图 12-7 柱子校正时经纬仪的设置

1—柱；2—经纬仪

柱的垂直度校正直接影响吊车梁、屋架等吊装的准确性，必须认真对待。柱垂直度的校正方法有千斤顶校正法、钢管撑杆斜顶法，如图 12-8 和图 12-9 所示。

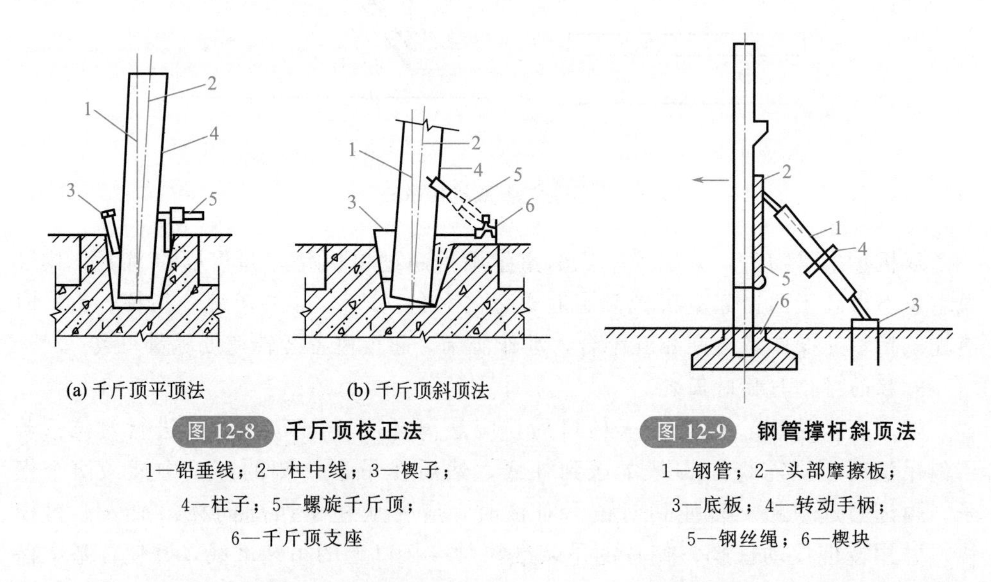

(a) 千斤顶平顶法　(b) 千斤顶斜顶法

图 12-8 千斤顶校正法

1—铅垂线；2—柱中线；3—楔子；
4—柱子；5—螺旋千斤顶；
6—千斤顶支座

图 12-9 钢管撑杆斜顶法

1—钢管；2—头部摩擦板；
3—底板；4—转动手柄；
5—钢丝绳；6—楔块

柱子校正后，应将楔块每两个一组对称、均匀、分次地打紧，并立即进行最后固定。其方法是在柱脚与杯口的空隙中浇筑比柱子混凝土标号高一级的细石混凝土。混凝土的浇筑应分两次进行，第一次浇至楔块底面，待混凝土强度达到 25%

时，即可拔去楔块，再将混凝土浇满杯口，进行养护，待第二次浇筑混凝土强度达到70%后，方能安装上部构件。

（二）吊车梁的吊装

1. 绑扎、起吊、对位

吊车梁一般采用两点绑扎，绑扎点对称设置于梁的两端，以便起吊后梁身保持水平。梁的两端应设置拉绳，避免悬空时碰撞柱子。

吊车梁应缓慢降钩对位，使吊车梁端与牛腿面的横轴线对准。对位时不宜用撬棍顺纵轴方向撬动吊车梁，以免柱产生偏移和弯曲。

吊车梁的稳定性较好，无需采取临时固定措施，一般情况下只需用垫铁垫平即可，但当梁的高宽比大于4时，要用钢丝将梁捆在柱上，以防倾倒。

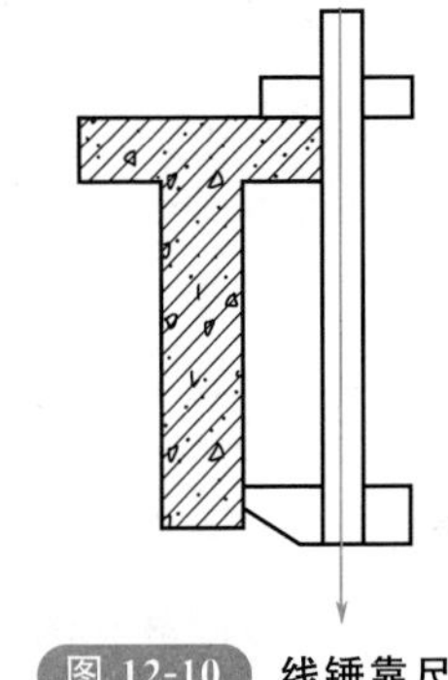

图12-10 线锤靠尺

2. 校正与最后固定

吊车梁的校正应在车间或一个伸缩缝区段内的全部结构构件安装完毕并经最后固定后进行。

吊车梁的校正包括标高、平面位置和垂直度。

标高的测定和调整已在做杯底找平时基本完成，如仍有误差，可待安装吊车轨道时，用砂浆或垫铁调整即可。垂直度可用线锤靠尺检查，如图12-10所示。若超过允许偏差，则应在平面位置校正的同时，用垫铁在梁两端支座上纠正，且每叠垫铁不得超过三片。

吊车梁平面位置的校正，常用通线法及平移轴线法。通线法是根据柱轴线用经纬仪和钢尺准确地校正好一跨内两端的四根吊车梁的纵轴线和轨距，再依据校正好的端部吊车梁沿其轴线拉上钢丝通线，逐根拨正。平移轴线法是根据柱和吊车梁的定位轴线间的距离（一般为750mm），逐根拨正吊车梁的安装中心线。

（三）屋架的吊装

1. 屋架的扶直与就位

按照起重机与屋架相对位置不同，屋架扶直可分为正向扶直与反向扶直。

（1）正向扶直 起重机位于屋架下弦一边，首先以吊钩对准屋架上弦中心，收紧吊钩，然后略略起臂使屋架脱模，随即起重机升钩升臂使屋架以下弦为轴缓缓转为直立状态。

（2）反向扶直 起重机位于屋架上弦一边，首先以吊钩对准屋架上弦中心，接着升钩并降臂，使屋架以下弦为轴缓缓转为直立状态。

正向扶直与反向扶直的最大区别在于扶直过程中，一为升臂，一为降臂。升臂比降臂易于操作且较安全，故应考虑到屋架安装顺序、两端朝向等问题。一般靠柱边斜放或以3～5榀为一组平行于柱边纵向就位。屋架就位后，应用8号铁丝、支撑等与已安装的柱或已就位的屋架相互拉牢，以保持稳定。

2.屋架的绑扎

屋架绑扎点应在屋架上弦节点处，对称于屋架重心，使屋架起吊后基本保持水平。绑扎时吊索的长度应保证与水平线的夹角不宜小于45°，以免屋架承受过大的横向压力而产生平面外弯曲，为了减少屋架吊索的高度及所受横向压力，可采用横吊梁。屋架两端应设拉绳，以防屋架在空中转动碰撞其他构件。屋架绑扎的要求如图12-11所示。

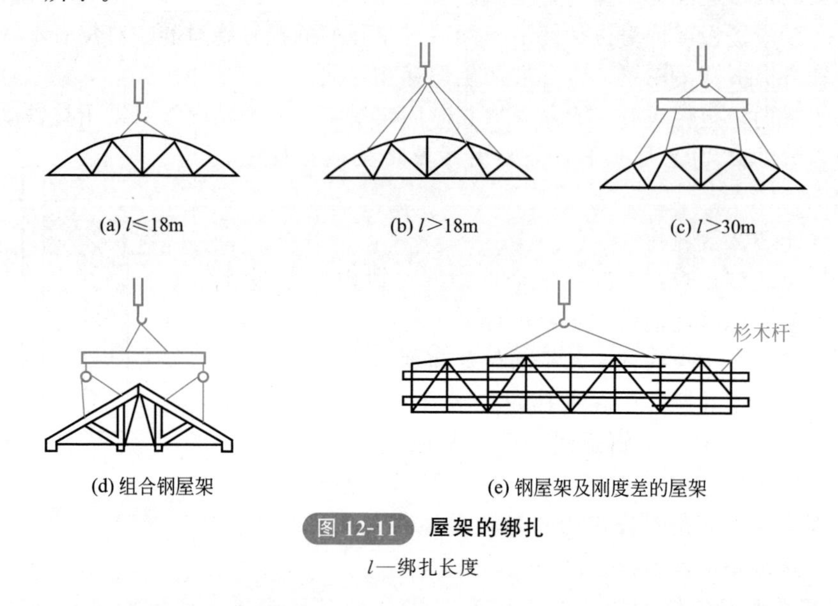

图12-11 屋架的绑扎

l—绑扎长度

3.吊升、对位与临时固定

屋架吊起离地约30cm后，送到安装位置下方，再将其提升到柱顶以上，然后缓缓下降，使屋架的端头轴线与柱顶轴线重合。对位后进行临时固定，稳妥后才能脱钩。

第一榀屋架的临时固定必须牢固可靠。因为屋架为单片结构，且第二榀屋架的临时固定又是以第一榀为支撑的。第一榀屋架的临时固定，一般是用四根缆风绳从两边把屋架拉紧，如图12-12所示。其他各榀屋架可用工具式支撑撑在前一榀屋架上，待屋架校正，最后固定并安装了若干屋面板后，将支撑取下。

4.屋架的校正与固定

屋架的竖向偏差可用垂球或经纬仪检查。用经纬仪检查方法是在屋架上安装三个卡尺，一个安在上弦中点附近，另两个分别安在屋架两端。自屋架几何中心向外量出一定距离（一般为500mm），在卡尺上做出标志，然后在距离屋架中线同样距离（500mm）处安置经纬仪，观察三个卡尺上的标志是否在同一垂直面上。

用垂球检查屋架竖向偏差，与上述步骤相同，但标志距屋架几何中心距离可短些（一般为300mm），在两端卡尺的标志连一通线，自屋架顶卡尺的标志处向下挂垂球，检查三卡尺标志是否在同一垂直面上，如图12-13所示。若发现卡尺标志不在同一垂直面上，即表示屋架存在竖向偏差，可通过转动工具式支撑上的螺栓加以纠正，并在屋架两端的柱顶上嵌入斜垫铁。

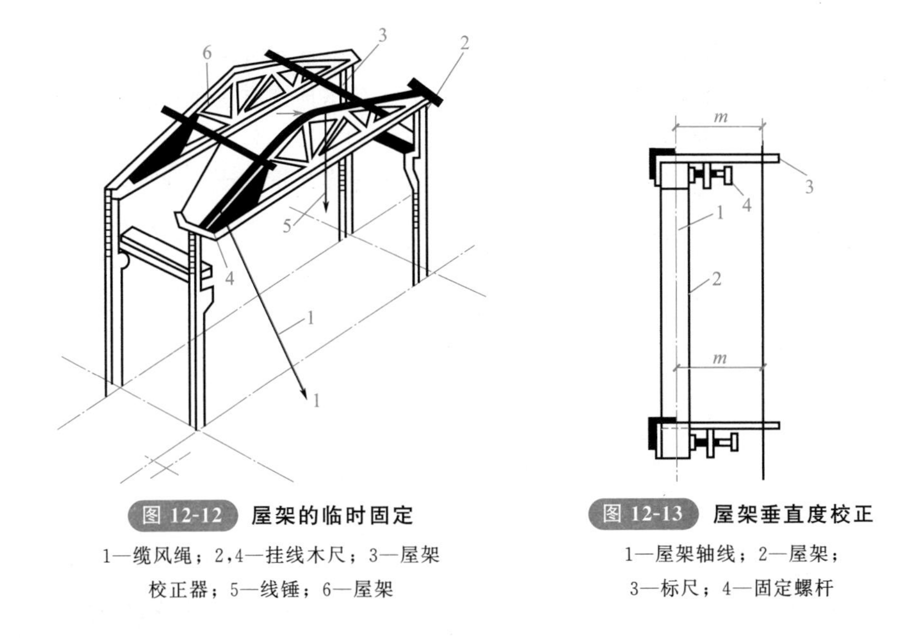

图 12-12　屋架的临时固定

1—缆风绳；2,4—挂线木尺；3—屋架校正器；5—线锤；6—屋架

图 12-13　屋架垂直度校正

1—屋架轴线；2—屋架；3—标尺；4—固定螺杆

屋架校正垂直后，立即用电焊固定。焊接时，应在屋架两端同时对角施焊，避免两端同侧施焊。

二、吊装前的准备工作

(1) 场地检查　场地检查包括起重机开行道路是否平整坚实，构件堆放场地是否平整坚实，起重机回转范围内有无障碍物，电源是否接通等。

(2) 基础准备　装配式钢筋混凝土柱基础一般设计成杯形基础，且在施工现场就地浇筑。在浇筑杯形基础时，应保持定位轴线及杯口尺寸准确。在吊装前要在基础杯口面上弹出建筑物的纵、横定位线和柱的吊装准线，作为柱对位、校正的依据。如吊装时发现有不便于下道工序的较大误差时，应进行纠正。基础杯底标高，在吊装前应根据柱子制作的实际长度（从牛腿面或柱顶至柱脚尺寸）进行一次调整。调整方法是测出杯底原有标高（小柱测中间一点，大柱测四个角点），再量出柱的实际长度，结合柱脚底面制作误差情况，计算出标底标高调整值，并在杯口内标出，然后用 1∶2 水泥砂浆或细石混凝土（调整值大于 20mm）将杯底垫平至标志处。

(3) 构件准备　构件准备包括检查与清理、弹线与编号、运输与堆放、拼装与加固等。

(4) 机具准备　机具准备包括起重机的选择和用具准备。起重机的选择根据施工结构的不同而定。

三、结构吊装方案

（一）起重机的选择

起重机的选择直接影响构件的吊装方法、构件平面布置等问题。首先应根据厂房跨度、构件重量、吊装高度以及施工现场条件和当地现有机械设备等确定机械类型。一般中小型厂房结构吊装多采用自行杆式起重机；当厂房的高度和跨度较大时，可选用塔式起重机吊装屋盖结构。在缺乏自杆式起重机或受地形限制自行杆式起重机难以到达的地方，可采用拔杆吊装。对于大跨度的重型工业厂房，则可选用自行杆式起重机、重型塔吊、牵缆式起重机等进行吊装。

（二）结构吊装方法

单层工业厂房的吊装分为分件安装法和综合安装法。

1.分件安装法

起重机在车间内每开行一次仅安装一种或两种构件的方法称分件安装法。单层工业厂房起重机一般需三次开行即可安装完全部构件。

第一次开行，安装全部柱子，并对柱子进行校正和最后固定；

第二次开行，安装全部吊车梁、连系梁及柱间支撑，并进行屋架的扶直排放；

第三次开行，沿跨中分节间安装屋架、天窗架、屋面板及屋面支撑等屋盖构件。

分件安装法起重机每次开行，基本上是安装同类构件，不需经常更换索具，操作易于熟练，工作效率高；构件供应与现场平面布置比较简单，可为构件校正、接头焊接、灌筑混凝土及养护提供充分的时间，保证了安装的质量。因此，目前装配式单层工业厂房大多采用分件安装法。

2.综合安装法

它是起重机在车间内的一次开行中，分节间安装完各种类型构件的方法。具体的安装要求是：先安装4～6根柱子，并立即加以校正及最后固定，接下来安装连系梁、吊车梁屋架、天窗架、屋面板等构件，如图12-14所示。因此，起重机在每

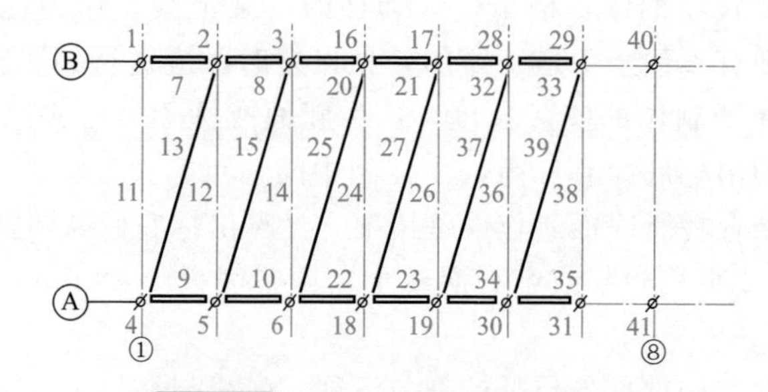

图12-14 综合安装法构件吊装顺序

吊柱子1～6号、16～19号、28～31号、40号、41号；安吊车梁7～10号、20～23号、32～35号；安屋架11号、12号、14号、24号、26号，36号、38号；安屋面板13号、15号、25号、27号、37号、39号

一个停机点都可以安装较多的构件，开行路线短；每一节间安装完毕后，可为后续工作提供工作面，使各工种能交叉平行流水作业，有利于加快施工速度，缩短工程工期；但构件平面布置复杂，构件校正和最后固定时间紧迫，且后安装的构件对先安装的构件影响增大，工程质量难以保证；只有当结构构件必须采用综合安装法及移动困难的桅杆式起重机进行安装时，才采用此法。

(三) 构件的平面布置

1. 构件布置的要求

构件布置时应遵守下列规定。

① 每跨构件尽可能布置在本跨内，如确有困难时，才考虑布置在跨外面便于吊装的地方。

② 构件布置方式应满足吊装工艺要求，尽可能布置在起重机的起重半径内，尽量减少起重机负重行驶的距离及起重臂的起伏次数。

③ 应首先考虑重型构件的布置。

④ 构件布置的方式应便于支模及混凝土的浇筑工作，预应力构件尚应考虑有足够的抽管、穿筋和张拉的操作场地。

⑤ 构件布置应力求占地最少，保证道路畅通，当起重机械回转时不致与构件相碰。

⑥ 所有构件应布置在坚实的地基上。

⑦ 构件的平面布置分预制阶段构件平面布置和吊装阶段构件就位布置，但两者之间有密切关系，需同时加以考虑，做到相互协调，有利吊装。

2. 柱的布置

柱子在吊升时有旋转法和滑行法。为了保证柱子按这两种方法吊升，柱子在预制时常有以下两种布置方式。

(1) 柱的斜向布置（图 12-15） 柱子预制时与厂房纵轴线成一倾角。这种布置方式主要是为了配合旋转法，其具有占用场地较少、起重机起吊方便等优点。斜向布置时，常采用三点共弧，其预制位置可采用作图法确定，作图步骤按下列要求进行。

① 平行柱轴线作一平行线为起重机开行路线，起重机开行路线到柱基中心的

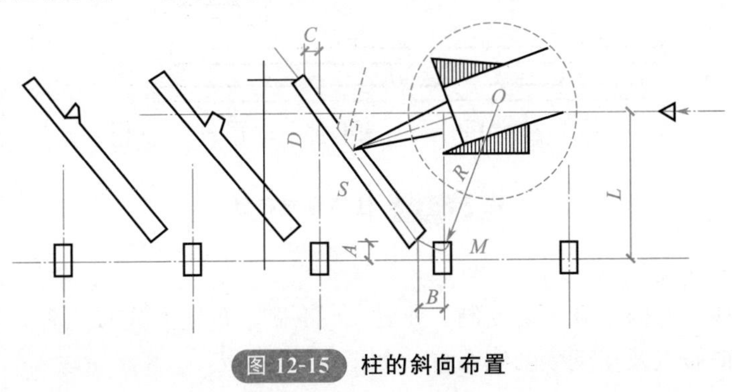

图 12-15 柱的斜向布置

距离为 L，L 值与起重机吊装柱子的起重半径 R 有关，即：$L \leqslant R$。

② 确定起重机的停机点。起重机安装柱子时应位于所吊柱子的横轴线稍后的位置，以便于司机看清柱子的状态和对位情况。停机点的确定方法是，以要安装的柱基础杯口中心为圆心，以所选定的起重半径为半径，画弧交开行路线于 O 点，O 点即为所安装柱子的停机点。

③ 在确定柱子的模板位置时，要注意牛腿的朝向。当柱布置在跨内时，牛腿应面向起重机；布置在跨外时，牛腿则应背向起重机。

如果柱子布置难以做到三点共弧时，也可按两点共弧布置，如图 12-16(a) 所示，采用柱脚、杯口中心两点共弧时，S 点的确定方法是以柱脚 K 为圆心，以柱脚到绑扎点的距离为半径画弧，同时以 O 为圆心，起重机吊装柱子的安全起重半径为半径画弧，两弧的交点即吊点 S，连 KS 即柱中心线。如图 12-16(b) 所示，是绑扎点、杯口中心两点共弧，S 点应靠近杯口，但上柱最好不在回填土上。

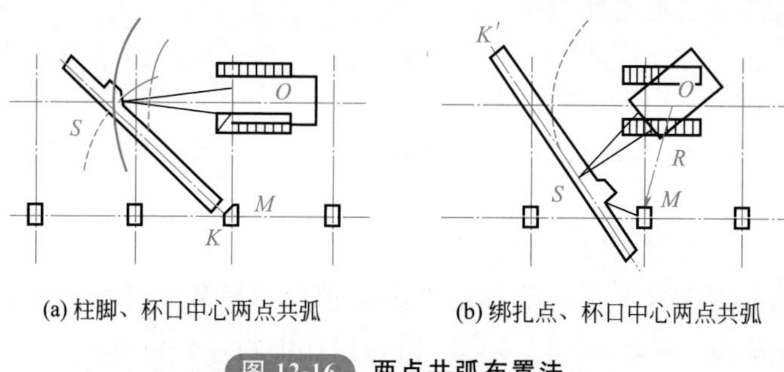

图 12-16 两点共弧布置法

(2) 柱的纵向布置 当柱采用滑行法吊装时，可以纵向布置，如图 12-17 所示，吊点靠近基础，吊点与柱基两点共弧。若柱长小于 12m，为节约模板和场地，两柱可以迭浇，排成一行；若柱长大于 12m，则可排成两行迭浇。起重机宜停在两柱基的中间，每停机一次可吊两根柱子。

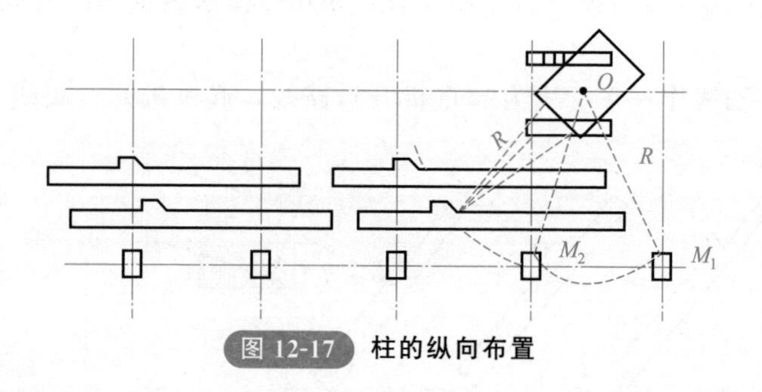

图 12-17 柱的纵向布置

3. 屋架的布置

屋架一般在跨内平卧迭浇预制，每迭 3～4 榀，布置方式有三种：正面斜向布置、正反斜向布置及正反顺轴线布置，如图 12-18 所示。

在上述三种布置形式中，应优先考虑正面斜向布置，因此种布置方式便于屋架的扶直就位。只有当场地受限制时，才采用其他两种形式。

在屋架预制布置时，还应考虑屋架扶直就位要求及扶直的先后顺序，应预先扶直后吊装的放在上层。同时也要考虑屋架两端的朝向，要符合吊装时朝向的要求。

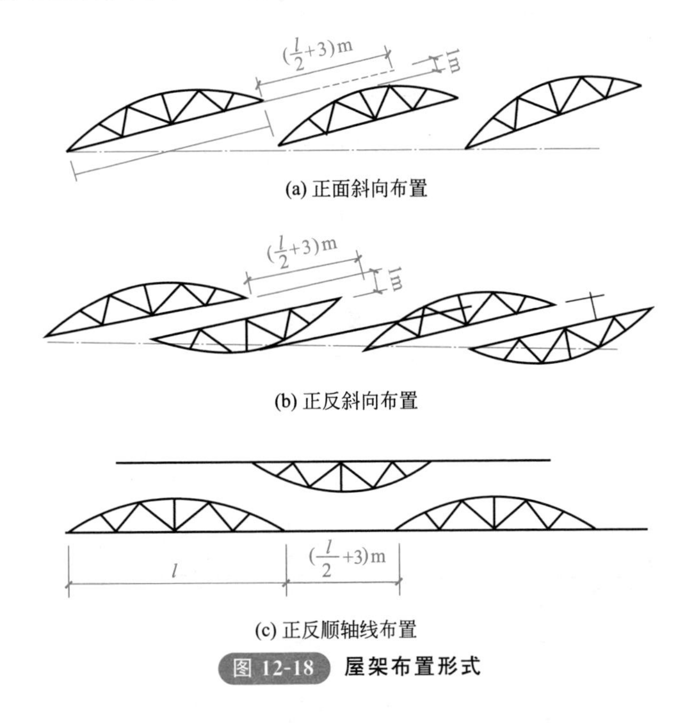

图 12-18 屋架布置形式

第二节 多层房屋结构吊装

一、起重机械的选择与布置

1. 起重机械的选择

自行式塔式起重机在低层装配式框架结构吊装中使用较广。其型号选择，主要根据房屋的高度与平面尺寸、构件重量及安装位置，以及现有机械设备而定。选择时，首先应分析结构情况，绘出剖面图，并在图上注明各种主要构件的重量 Q，及吊装时所需的起重半径 R；然后根据起重机械性能，验算其起重量、起重高度和起重半径是否满足要求，如图 12-19 所示。

多层房屋总高度在 25m 以下，宽度在 15m 以内，构件质量在 3t 以下，一般可选用 QTl-6 型塔式起重机、TQ60/80 型塔式起重机或具有相同性能的轻型塔式起重机。

2. 起重机械的布置

起重机械的布置一般有四种方式，如图 12-20 所示。

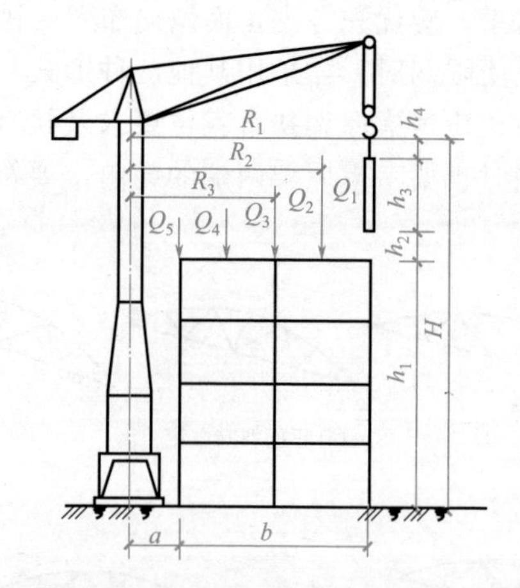

图 12-19 塔式起重机工作参数计算简图

Q_i—不同部位构件的质量；R_i—构件对应的起重半径；H—起升高度；h_i—高度；a,b—宽度

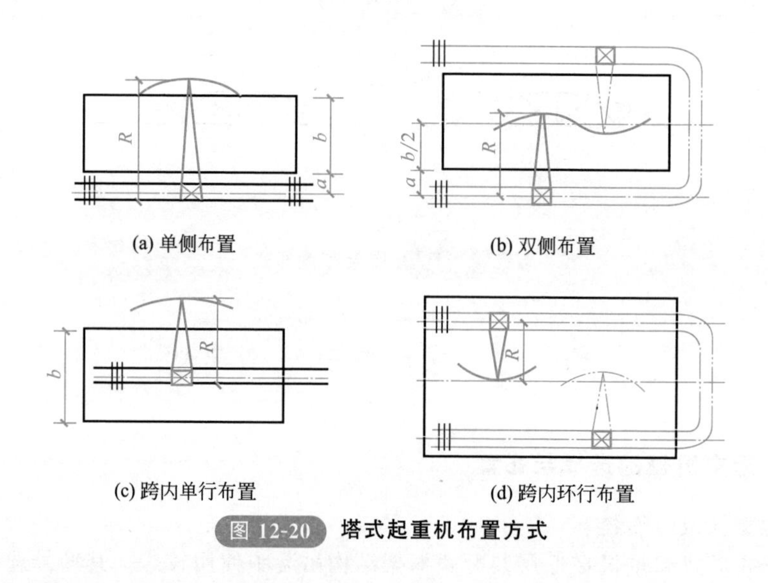

图 12-20 塔式起重机布置方式

二、结构吊装方案

（一）构件的布置

构件的现场布置原则如下。

① 预制构件尽可能地布置在起重机工作幅度内，避免二次搬运。

② 重型构件尽可能靠近起重机布置，中小型构件可布置在重型构件外侧。对运入工地的小型构件，如直接堆放在起重机工作幅度内有困难时，可以分类集中布置在房屋附近，吊装时再用运输工具运到吊装地点。

③ 构件布置的地点与该构件吊装到建筑物上的位置应相配合，以便构件吊装

时尽可能使起重机不需移动和变幅。

④ 构件现场重叠制作时，应满足构件由下至上的吊装顺序的要求，即安排需先吊装的下部构件放置在上层制作，后吊装的上部构件放置在下层浇制。

⑤ 同类构件应尽量集中堆放，同时，构件的堆放不能影响场内的通行。图 12-21 为塔式起重机跨内开行时的现场预制构件布置图，柱预制在靠近塔式起重机的一侧，因受塔式起重机工作幅度所限，故柱与房屋呈垂直布置。主梁预制在房屋另一边，小梁和楼板等其他构件可在窄轨上用平台车运入，随吊随运。其优点是房屋内部不布置构件，只有柱和主梁预制在房屋的两侧，场地布置简单。缺点是主梁的起吊较困难，柱起吊时尚需副机协助，否则就需用滑行法起吊。

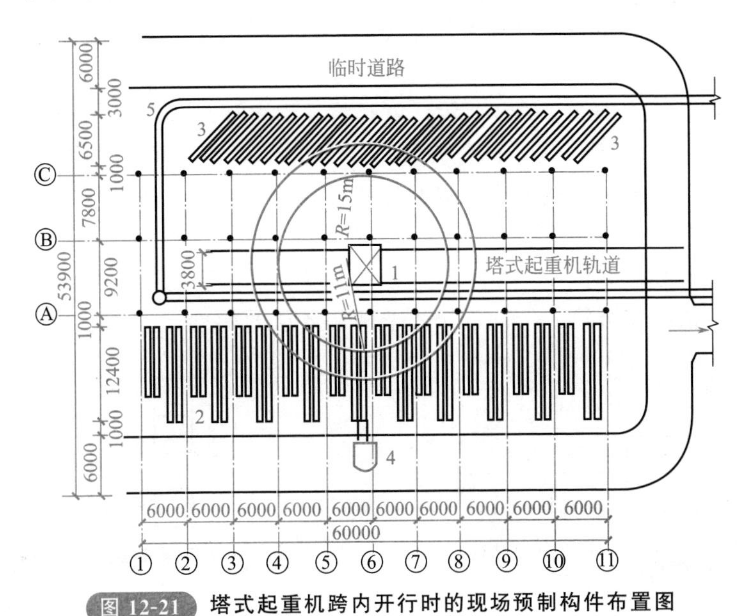

图 12-21 塔式起重机跨内开行时的现场预制构件布置图

1—塔式起重机；2—现场预制柱；3—预制主梁；4—辅助起重机；5—轻便窄轨

（二）安装方法

多层框架结构的安装方法，也可分为分件安装法与综合安装法两种。

1. 分件安装法

分件安装法按其流水方式的不同又分为分层分段流水安装法和分层大流水安装法。

分层分段流水安装法如图 12-22 所示，就是将多层房屋划分为若干施工层，并

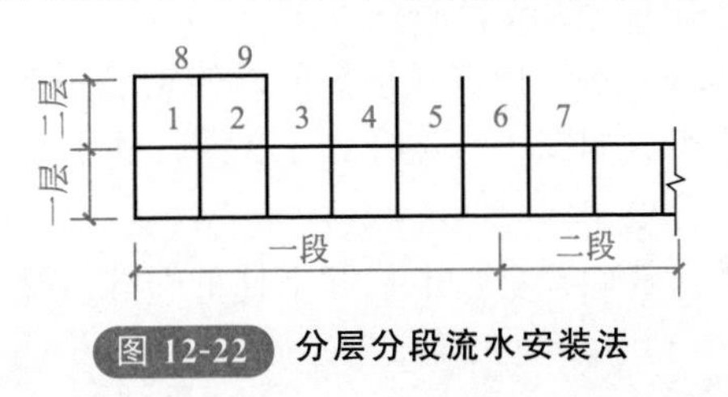

图 12-22 分层分段流水安装法

将每一施工层再划分若干安装段。起重机在每一段内按柱、梁、板的顺序分次进行安装，直至该段的构件全部安装完毕，再转移到另一段去。待一层构件全部安装完毕，并最后固定后，再安装上一层构件。

这种安装方法的优点是构件供应与布置较方便；每次吊同类型的构件，安装效率高；吊装、校正、焊接等工序之间易于配合。其缺点是起重机开行路线较长，临时固定设备较多。

分层大流水安装法与上述方法的不同之处，主要是在每一施工层上无须分段，因此，所需临时固定支撑较多，只适于在面积不大的房屋中采用。

2. 综合安装法

根据所采用吊装机械的性能及流水方式不同，又可分为分层综合安装法与竖向综合安装法。

分层综合安装法如图 12-23 所示，就是将多层房屋划分为若干施工层，起重机在每一施工层中只进行一次，首先安装一个节间的全部构件，再依次安装第二节间、第三节间等。待一层构件全部安装完毕并最后固定后，再依次按节间安装上一层构件。

竖向综合安装法如图 12-24 所示，是从底层直至顶层把第一节间的构件全部安装完毕后，再依次安装第二节间、第三节间等各层的构件。

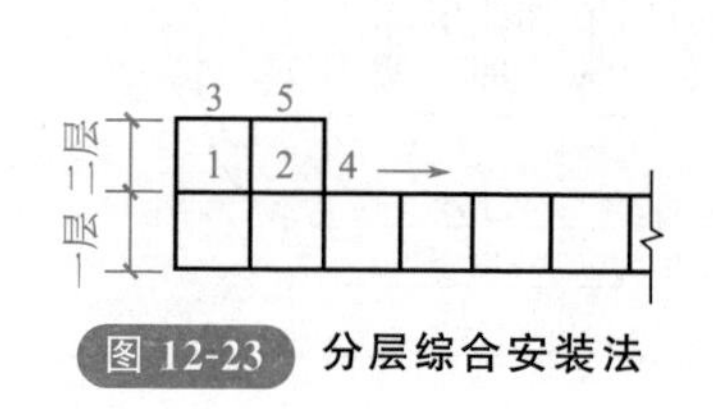

图 12-23 分层综合安装法

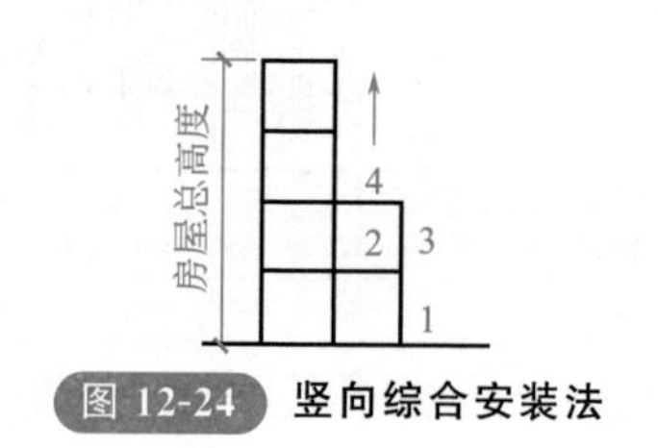

图 12-24 竖向综合安装法

（三）构件的吊装

1. 柱的吊装

多层混凝土结构的柱较长，一般都分成几节进行吊装，柱的吊装方法与单层工业厂房柱相同，多采用旋转法，上柱根部有外伸钢筋，吊装时必须采取保护措施，防止外伸钢筋弯曲。保护外伸钢筋方法有以下两种。

(1) 用钢管保护 在起吊柱子前，将两根钢管用两根短吊索套在柱子两侧。起吊时，钢管着地而使钢筋不受力。柱子将竖直时，钢管和短吊索即自动落下，如图 12-25 所示。此法适用于重量较轻的柱子。

(2) 用垫木保护 用垫木保护榫式接头的外伸钢筋一般都比榫头短，在起吊柱子前，用垫木将榫头垫实，如图 12-26 所示。这样，柱子在起吊时将绕榫头的棱边转动，可使外伸钢筋不着地。

框架底层柱大多插入基础杯口。上柱和下柱的对线方法，根据预制柱子是否统一长度而定。

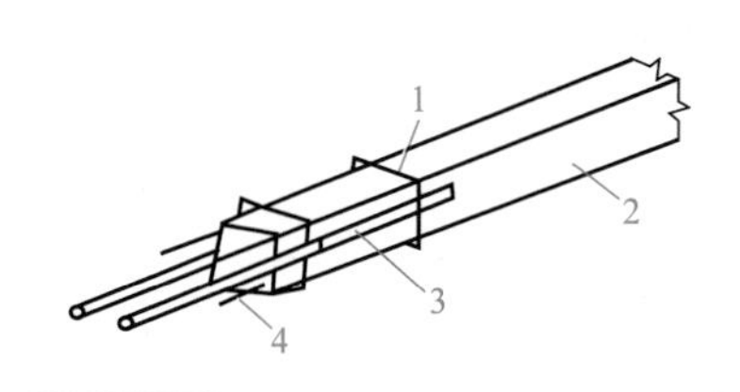

图 12-25　用钢管保护柱脚外伸钢筋

1—钢丝绳；2—柱；3—钢管；4—外伸钢筋

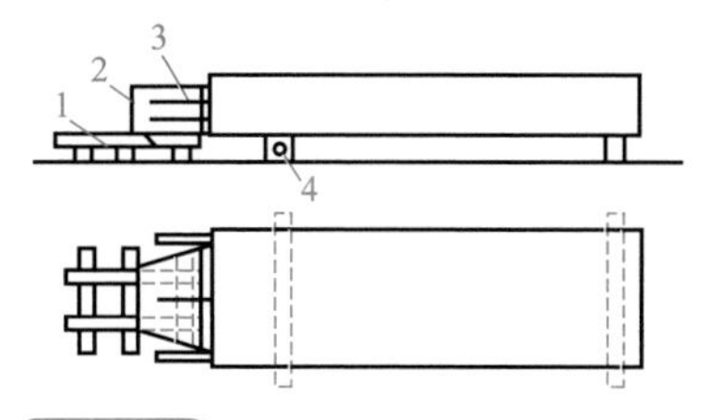

图 12-26　用垫木保护柱脚外伸钢筋

1—保护钢筋的垫木；2—柱子榫头；3—外伸钢筋；4—原堆放柱子的垫木

2. 墙板的吊装方法和吊装顺序

装配式墙板工程的安装方法主要有储运吊装法和直接吊装法两种。

(1) 储运吊装法　储运吊装法是将构件从生产场地按型号、数量配套，直接运往施工现场吊装机械起重半径范围内储存，然后进行安装。对于民用建筑，储存数量一般为1～2层的构配件。储运吊装法有充分时间做好安装前的施工准备工作，可以保证墙板安装连续进行，但占用场地较多。

(2) 直接吊装法　直接吊装法是将墙板由生产场地按墙板安装顺序配套运往施工现场，由运输工具直接向建筑物上安装。直接吊装法可以减少构件的堆放设施，少占用场地，但需用较多的墙板运输车，同时要求有严密的施工组织管理。

第三节　结构吊装工程的质量要求

1. 混凝土构件安装的允许偏差和检验方法

混凝土构件安装的允许偏差和检验方法见表12-1。

表 12-1　混凝土构件安装的允许偏差和检验方法

项次	项目			允许偏差/mm	检验方法
1	杯形基础	中心线对轴线位置偏移		10	尺量检查
		杯底安装标高		+0,−10	用水准仪检查
2	柱	中心线对定位轴线位置偏移		5	尺量检查
		上下柱接口中心线位置偏移		3	
		垂直度	≤5m	5	用经纬仪或吊线和尺量检查
			>5m	10	
			≥10m 多节柱	1/1000 柱高且不大于20	
		牛腿上表面和柱顶标高	≤5m	+0,−5	用水准仪或尺量检查
			>5m	+0,−8	

续表

项次	项目			允许偏差/mm	检验方法
3	梁或吊车梁	中心线对定位轴线位置偏移		5	尺量检查
		梁上表面标高		+0,-5	用水准仪或尺量检查
4	屋架	下弦中心线对定位轴线位置偏移		5	
		垂直度	桁架拱形屋架	1/250 屋架高	用经纬仪或吊线和尺量检查
			薄腹梁	5	
5	天窗架	构件中心线对定位轴线位置偏移		5	尺量检查
		垂直度		1/300 天窗架高	用经纬仪或吊线和尺量检查
6	托架梁	底座中心线对定位轴线位置偏移		5	尺量检查
		垂直度		10	用经纬仪或吊线和尺量检查
7	板	相邻板下表面平整度	抹灰	5	用直尺和楔形塞尺检查
			不抹灰	3	
8	楼梯、阳台	水平位置偏移		10	尺量检查
		标高		±5	用水准仪和尺量检查
9	工业厂房墙板	标高		±5	
		墙板两端高低差		±5	

2.混凝土结构吊装工程的质量要求

① 预制构件应进行结构性能检验，结构性能检验不合格的预制构件不得用于混凝土结构。

预制构件应在明显部位标明生产单位、构件型号、生产日期和质量验收标志。构件上的预埋件、插筋和孔洞的规格、位置和数量应符合标准图或设计图的要求。

预制构件的外观质量不应有严重缺陷，也不宜有一般缺陷。对已出现的严重缺陷和一般缺陷应按技术处理方案进行处理，并重新检查验收。

预制构件不应有影响结构性能和安装、使用功能的尺寸偏差，对超过尺寸允许偏差且影响结构性能和安装、使用功能的部位，应按技术处理方案进行处理，并重新检查验收。

② 为保证构件在吊装中不断裂，吊装时构件的混凝土强度，预应力混凝土构件孔道灌浆的水泥砂浆强度以及下层结构承受内力的接头（接缝）的混凝土或砂浆强度，必须符合设计要求。设计无具体要求时，混凝土强度不应低于设计的混凝土立方体抗压强度标准值的75%，预应力混凝土构件孔道灌浆的强度不应低于15MPa。下层结构承受内力的接头（接缝）的混凝土或砂浆强度不应低于10MPa。

③ 保证连接质量。混凝土构件之间的连接，一般有焊接和浇注混凝土接头两

种。为保证焊接质量，焊工必须经培训并取得考试合格证；所焊焊缝的外观质量、尺寸偏差及内在质量都必须符合施工验收规范的要求。为保证混凝土接头质量，必须保证配制接头混凝土的各种材料计量的准确，浇捣要密实并认真养护，其强度必须达到设计要求或施工验收规范规定。

④ 保证构件的型号、位置和支点锚固质量符合设计要求，且无变形损坏现象。

⑤ 在进行构件的运输或吊装前，必须对构件的制作质量进行复查验收。此前，制作单位须先自查，然后向运输或吊装单位提交构件出厂证明书（附混凝土试块强度报告），并在自查合格的构件上加盖“合格”印章。进入现场的预制构件，外观质量、尺寸偏差及结构性能应符合图纸或设计要求。预制构件尺寸的允许偏差及检验方法见表 12-2。

表 12-2 预制构件尺寸的允许偏差及检验方法

项目		允许偏差/mm	检验方法
长度	板、梁	+10，−5	钢尺检查
	柱	+5，−10	
	墙板	±5	
	薄腹梁、桁架	+15，−10	
宽度、高(厚)度	板、梁、柱、墙板、薄腹梁、桁架	±5	钢尺量一端及中部，取其中较大值
侧向弯曲	梁、柱、板	$l/750$ 且≤20	拉线、钢尺量最大侧向弯曲处
	墙板、薄腹梁、桁架	$l/1000$ 且≤20	
预埋件	中心线位置	10	钢尺检查
	螺栓位置	5	
	螺栓外露长度	+10，5	
预留孔	中心线位置	5	钢尺检查
预留洞	中心线位置	15	钢尺检查
主筋保护层厚度	板	+5，−3	钢尺或保护层厚度测定仪量测
	梁、柱、墙板、薄腹板、桁架	+10，−5	
对角线差	板、墙板	10	钢尺量两个对角线
表面平整度	板、墙板、柱、梁	5	2m 靠尺和塞尺检查
预应力构件预留孔道位置	梁、墙板、薄腹梁、桁架	3	钢尺检查
		$l/750$	
翘曲	墙板	$l/1000$	调平尺在两端量测

注：1. l 为构件长度，mm。

2. 检查中心线、螺栓和孔道位置时，应沿纵、横两个方向量测，并取其中的较大值。

3. 对形状复杂或有特殊要求构件，其尺寸偏差应符合标准图或设计的要求。

防水工程

防水材料与保护层　　细部构造防水

扫码观看本视频　　扫码观看本视频

第一节　卷材防水屋面

卷材屋面的防水层是用胶黏剂或热熔法逐层粘贴卷材而成的，其一般构造如图 13-1 所示。

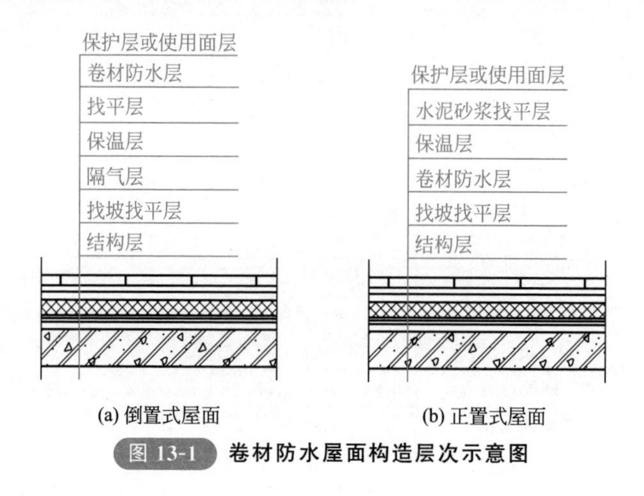

图 13-1　卷材防水屋面构造层次示意图

一、防水材料和施工工具

(一) 防水材料

1. 卷材

(1) 高聚物改性沥青卷材　不允许有孔洞、缺边、裂口；边缘不整齐不超过 10mm；不允许有胎体露白、未浸透等现象；撒布材料粒度、颜色均匀；每一卷卷材的接头不超过 1 处，较短的一段不应小于 100mm，接头处应加长 150mm。

(2) 合成高分子防水卷材　卷材折痕每卷不超过 2 处，总长度不超过 20mm。不允许有大于 0.5mm 的颗粒杂质；胶块每卷不超过 6 处，每处面积不大于 $4mm^2$；凹痕每卷不超过 6 处，深度不超过本身厚度的 30%，树脂类卷材深度不超过 15%；每卷的接头，橡胶类卷材每 20m 不超过 1 处，较短的一端不应小于 3000mm，接头处应加长 150mm，树脂类 20m 长度内不允许有接头。

2. 沥青

石油沥青油毡防水屋面常用60号道路石油沥青及30号、10号建筑石油沥青。一般不宜使用普通石油沥青，并不得使用煤沥青。

沥青使用时，应注意其来源、品种及牌号等。在储存时，应按不同品种、牌号分别存放，避免雨水、阳光直接淋洒，并要远离火源。

3. 冷底子油

冷底子油的作用是使沥青胶与水泥砂浆找平层更好地黏结，其配合比（质量比）一般为石油沥青（10号或30号，加热熔化脱水）40%加煤油或轻柴油60%（称慢挥发性冷底子油，涂刷后12～18h可干）；也可采用石油沥青30%加汽油70%（称快挥发性冷底子油，涂刷后5～10h可干）。冷底子油可涂可喷。一般要求找平层完全干燥后施工。冷底子油干燥后，必须立即做油毡防水层，否则，冷底子油易粘灰尘，又须重刷。

4. 沥青胶

沥青胶是粘贴油毡的胶黏材料。它是一种牌号的沥青或是两种以上牌号的沥青按适当的比例混合熬化而成；也可在熬化的沥青中掺入适当的滑石粉（一般为20%～30%）或石棉粉（一般为5%～15%）等填充材料拌和均匀，形成沥青胶（俗称玛蹄脂）。掺入填料可以改善沥青胶的耐热度、柔韧性、黏结力三项指标做全面考虑，尤以耐热度最为重要，耐热度太高、冬季容易脆裂；太低，夏季容易流淌。熬制时，必须严格掌握配合比、熬制温度和时间，遵守有关操作规程。沥青胶的熬制温度和使用温度见表13-1。

表13-1　沥青胶的熬制温度和使用温度

沥青类别	熬制温度	使用温度	熬制时间
普通石油沥青或掺配建筑石油沥青	不高于280℃	不低于240℃	以3～4h为宜，熬制时间过长，容易使沥青老化变质，影响质量
建筑石油沥青	不高于240℃	不低于190℃	

（二）施工工具

施工工具主要有搅拌机、手扳振捣器、木刮、水平尺、手推车、木抹子、检测工具等。

二、卷材防水层施工

（一）基层处理

基层质量好坏将直接影响防水层的质量，基层质量是防水层质量的基础，基层的质量包括结构层和找平层的刚度、平整度、强度、表面完整程度及基层含水率等。

基层应具有足够的强度。基层若采用水泥砂浆找平时，强度要大于5MPa。基层二次压光后，应充分养护。要求表面平整，用2m长度的直尺检查，最大空隙不应超过5mm，无松动、开裂、起砂、空鼓、脱皮等缺陷。如强度过低，防水层失去基层的依托，易产生起皮、起砂的缺陷，使防水层难以黏结牢固，也会产生空鼓现象。基层表面平整度差，卷材不能平服地铺贴于基层，也会产生空鼓问题。

基层应干燥，如在潮湿的基层上施工防水层，防水层与基层黏结困难，易产生空鼓现象，立面防水层还会下坠，因此基层干燥是保证防水层质量的重要环节。基层干燥与否的检查方法是将1m^2卷材平坦地干铺在基层上，静置3～4h后掀开，找平层覆盖部位与卷材上未见水印即为达到要求，可铺贴卷材。

(二) 防水层施工

1. 卷材的铺贴

卷材铺贴应符合以下要求。

① 卷材防水层施工应在屋面其他工程全部完工后进行。

② 铺贴多跨和有高低跨的房屋时，应按先高后低、先远后近的顺序进行。

③ 在一个单跨房屋铺贴时，先铺贴排水比较集中的部位，按标高由低到高铺贴，坡与直面的卷材应由下向上铺贴，使卷材按流水方向搭接。

④ 卷材铺贴方向：铺贴方向一般视屋面坡度而定，当坡度在3%以内时，卷材宜平行于屋脊方向铺贴；坡度在3%～15%时，卷材可根据当地情况决定平行或垂直于屋脊方向铺贴，以免卷材溜滑。平行于屋脊的搭接缝，应顺流水方向搭接，垂直屋脊的搭接缝应顺主导风向搭接，卷材铺贴搭接方向见表13-2。

表13-2 卷材铺贴搭接方向

屋面坡度	铺贴方向和要求
＞3%	卷材宜平行屋脊方向,即顺平面长向为宜
3%～15%	卷材可平行或垂直屋脊方向铺贴
＞15%或受振动	沥青卷材应垂直屋脊铺,改性沥青卷材宜垂直屋脊铺;高分子卷材可平行或垂直屋脊铺
＞25%	应垂直屋脊铺,并应采取固定措施,固定点还应密封

⑤ 卷材搭接宽度。卷材平行于屋脊方向铺贴时，长边搭接不小于70mm；短边搭接，平屋面不应小于100mm，坡屋面不小于150mm，相邻两幅卷材短边接缝应错开不小于500mm；上下两层卷材应错开1/3或1/2幅度。卷材搭接宽度见表13-3。

表13-3 卷材搭接宽度

卷材类别		搭接宽度/mm
合成高分子防水卷材	胶黏剂	80
	胶黏带	50
	单缝焊	60,有效焊接宽度不小于25
	双缝焊	80,有效焊接宽度10×2+空腔宽
高聚物改性沥青防水卷材	胶黏剂	100
	自粘	80

⑥ 上下两层卷材不得相互垂直铺贴。

⑦ 坡度超过25%的拱形屋面和天窗下的坡面上，应尽量避免短边搭接，如必须短边搭接时，搭接处应采取防止卷材下滑的措施。

2. 卷材铺贴方法

常用的卷材铺贴方法有满贴法、空铺法、条粘法和点粘法。

(1) 满贴法 满贴法又称全粘法，是一种传统的施工方法，热熔法、冷粘法、自粘法均可采用此种方法。其优缺点在于：当用于三毡四油沥青防水卷材时，每层均有一定厚度的玛蹄脂满粘，可提高防水性能，但若找平层湿度较大或赋予面变形较大时，防水层易起鼓、开裂。适用条件：屋面面积较小，屋面结构变形较小，找平层干燥的情况。

(2) 空铺法 其做法是：卷材与基层仅在四周一定宽度内粘贴，其余部分不粘贴。铺贴时在檐口、屋脊和层面转角处、凸出屋面的连接处，卷材与找平层应满粘，其粘贴宽度为80mm，卷材与卷材搭接缝应满粘，叠层铺贴时，卷材与卷材之间应满贴。其优缺点：能减少基层变形对防水层的影响，便于解决防水层起皱、开裂问题；但由于防水层与基层不黏结，一旦渗漏，水会向下窜流而不易找到漏点。

(3) 条粘法 其做法是：卷材与基层采用条状黏结，每幅卷材与基层粘贴面不小于2条，每条宽度不小于150mm，卷材与卷材搭接应满粘，叠层铺也应满粘，其优点是由于卷材与基层有一部分不黏结，故增大了防水层适应基层的变形能力，有利于防止卷材起鼓、开裂。其缺点是操作比较复杂，部分地方可能减少一油，影响防水功能。

(4) 点粘法 其做法是：卷材与基层采用点黏结，要求每平方米至少有5个黏结点，每点面积不小于100mm×100mm，卷材搭接处应满粘，防水层周边一定范围内也应与基层满粘。当第一层采用了打孔机时，也属于点黏结。其优点是增大了防水层适应基层变形的能力，有利于解决防水层起皱、开裂的问题。其缺点是当第一层采用打孔卷材时，仅可用于卷材多叠层铺贴施工，操作比较复杂。

3. 施工方法

根据施工时黏结温度的高低分为冷粘法施工和热熔法施工。

(1) 冷粘法施工 冷粘法施工是指在常温下采用胶黏剂等材料进行卷材与基层、卷材与卷材间黏结的施工方法。一般合成高分子卷材采用胶黏剂、胶黏带粘贴施工，聚合物改性沥青采用冷玛蹄脂粘贴施工。卷材采用自粘胶铺贴施工也属该施工工艺。该工艺在常温下作业，不需要加热或明火，施工方便、安全，但要求基层干燥，胶黏剂的溶剂（或水分）充分挥发，否则不能保证黏结质量。

(2) 热熔法施工 热熔法施工是指高聚物改性沥青热熔卷材的铺贴方法。与冷粘法施工最大的不同是卷材施工时要使用喷枪对准卷材进行热喷，使热熔胶熔化后才能与基层相黏结。

卷材的铺贴方法和施工方法可参照冷粘法施工。

（三）细部构造

(1) 天沟、檐沟防水构造应符合的规定

① 天沟、檐沟应增铺附加层。当采用沥青防水卷材时，应增铺一层卷材；当采用高聚物改性沥青防水卷材或合成高分子防水卷材时，宜设置防水涂膜附加层。

② 天沟、檐沟与屋面的附加处宜空铺，空铺宽度不应小于 200mm，如图 13-2 所示。

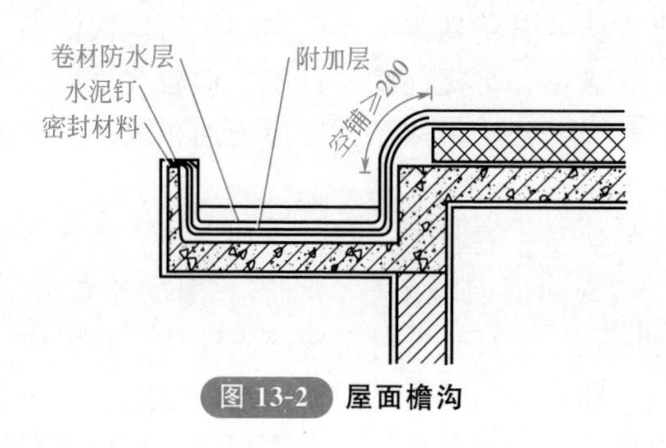

图 13-2 屋面檐沟

③ 天沟、檐沟卷材收头处应固定密封。

④ 高低跨内排水天沟与立墙交接处，应采取能适应变形的密封处理，如图 13-3 所示。

(2) 无组织排水檐口处理 无组织排水檐口 800mm 范围内的卷材应采用满粘法。卷材收头应固定密封，如图 13-4 所示，檐口下端应做滴水处理。

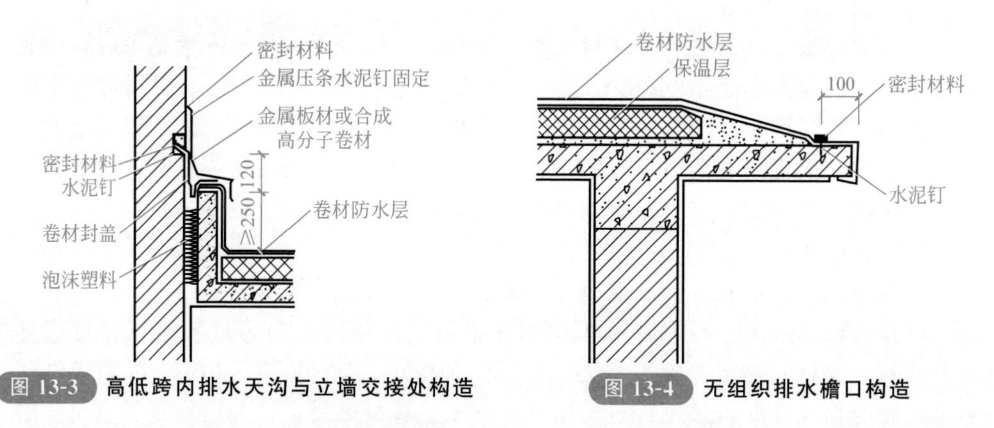

图 13-3 高低跨内排水天沟与立墙交接处构造

图 13-4 无组织排水檐口构造

(3) 泛水防水构造应遵循的规定

① 铺贴泛水处的卷材应采用满粘法。泛水收头应根据泛水高度和泛水墙体材料确定其密封形式。

当墙体为砖墙时，卷材收头可直接铺至女儿墙压顶下，用压条钉压固定并用密封材料封闭严密，压顶应做防水处理，如图 13-5 所示；卷材收头也可压入砖墙凹槽内固定密封，凹槽距屋面找平层高度不应小于 250mm，凹槽上部的墙体应做防水处理，如图 13-6 所示。

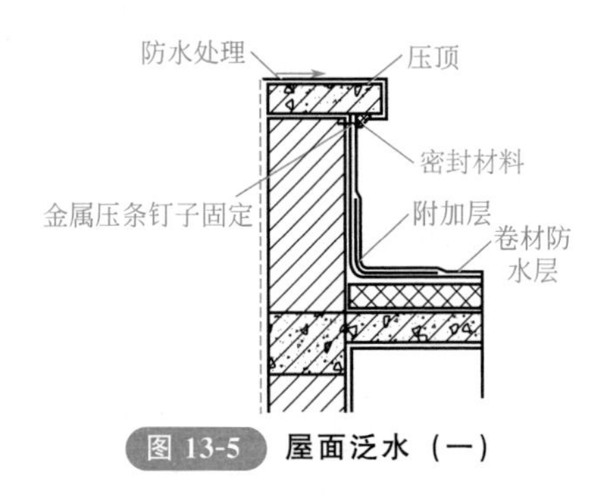

图 13-5 屋面泛水（一）

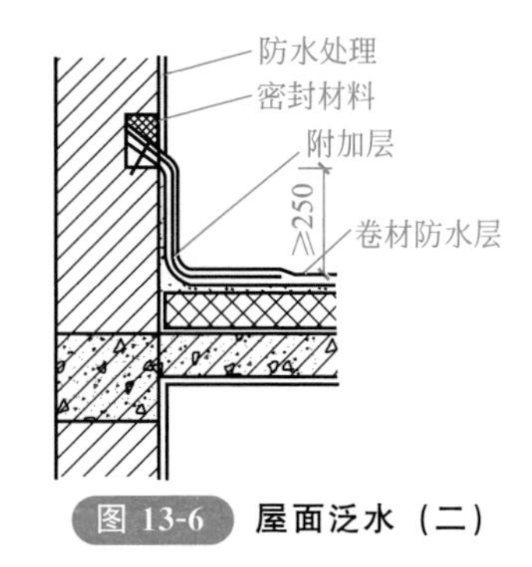

图 13-6 屋面泛水（二）

当墙体为混凝土时，卷材收头可采用金属压条钉压，并用密封材料封固，如图 13-7 所示。

② 泛水宜采取隔热防晒措施，可在泛水卷材面砌砖后浇筑细石混凝土保护，也可涂刷浅色材料进行保护。

(4) 变形缝的构造 变形缝内宜填充泡沫塑料，上部放衬垫材料，并用卷材封盖，顶部再放混凝土盖板，如图 13-8 所示。

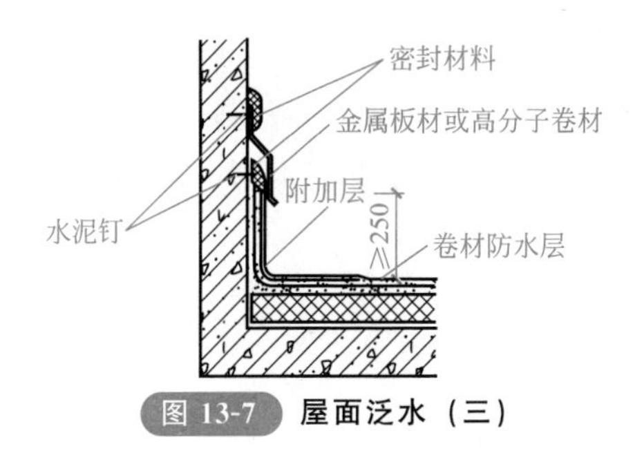

图 13-7 屋面泛水（三）

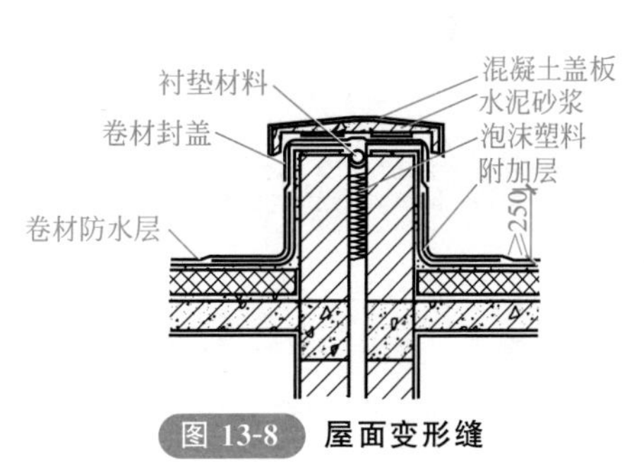

图 13-8 屋面变形缝

(5) 水落口防水构造应符合的要求

① 水落口宜采用金属或塑料制品。

② 水落口埋设标高，应考虑水落口设防时增加的附加层和柔性密封层的厚度及排水坡度加大的尺寸。

③ 水落口周围直径 500mm 范围内坡度不应小于 5%，并应用防水涂料涂封，厚度不小于 2mm。水落口与基层接触处，应留宽 20mm、深 20mm 凹槽，嵌填密封材料，如图 13-9 和图 13-10 所示。

(6) 女儿墙、山墙的构造 女儿墙、山墙可采用现浇混凝土或预制混凝土压顶，也可采用金属制品或合成高分子卷材封顶。

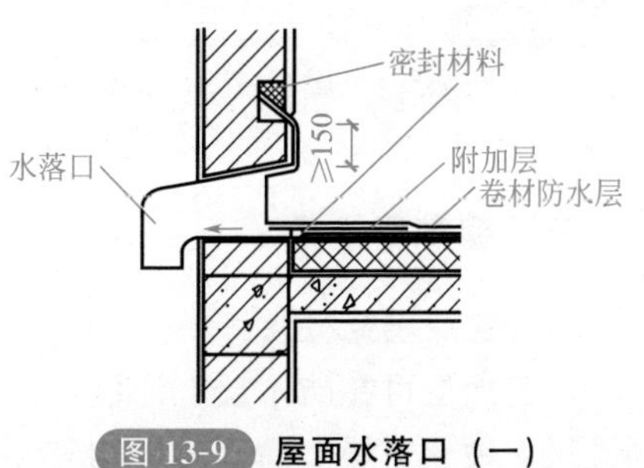

图 13-9 屋面水落口（一）

(7) 反梁过水孔构造应符合的规定

① 根据排水坡度要求留设反梁过水孔，图纸应注明孔底标高。

② 留置的过水孔高度不应小于150mm，宽度不应小于250mm，采用预埋管道时其管径不得小于75mm。

③ 过水孔可采用防水涂料、密封材料防水。预埋管道两端周围与混凝土接触处应留凹槽，并用密封材料封严。

(8) 伸出屋面管道的构造 伸出屋面管道周围的找平层应做成圆锥台，管道与找平层间应留凹槽，并嵌填密封材料；防水层收头处应用金属箍箍紧，并用密封材料封严，如图13-11所示。

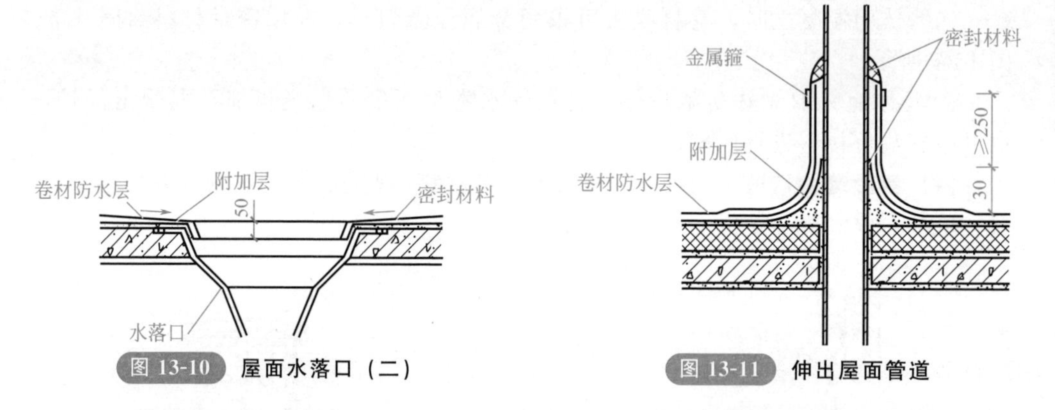

图13-10 屋面水落口（二）

图13-11 伸出屋面管道

(9) 屋面垂直、水平出入口的构造 屋面垂直出入口防水层收头，应压在混凝土压顶圈下，如图13-12所示；水平出入口防水层收头，应压在混凝土踏步下，防水层的泛水应设护墙，如图13-13所示。

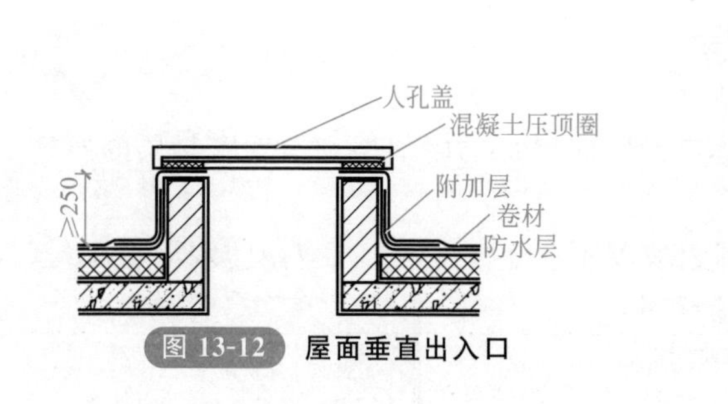

图13-12 屋面垂直出入口

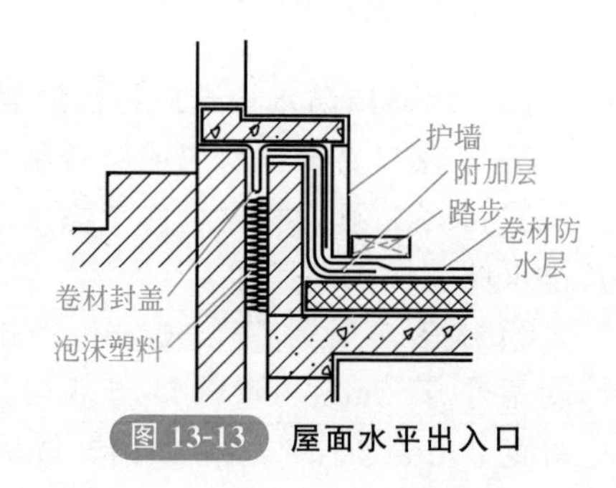

图13-13 屋面水平出入口

三、保护层施工

1.浅色涂层的做法

浅色涂层可在防水层上涂刷，涂刷面除干净外，还应干燥，涂膜应完全固化，刚性层应硬化干燥。涂刷时应均匀，不露底，不堆积，一般应涂刷两遍以上。

2.绿豆砂保护层的做法

绿豆砂粒径3～5mm，呈圆形的均匀颗粒，色浅、耐风化，经过筛洗。绿豆砂在铺撒前应在锅内或钢板上加热至100℃。在油毡面上涂2～3mm厚的热沥青胶，立即趁热将预热过的绿豆砂均匀地撒在沥青胶上，边撒边推铺绿豆砂，使绿豆砂一半左右粒径嵌入沥青胶中，扫除多余绿豆砂，不应露底油毡、沥青胶。

3.混凝土、钢筋混凝土保护层的做法

混凝土、钢筋混凝土保护层施工前应在防水层上做隔离层，隔离层可采用低标号砂浆（石灰黏土砂浆）、油毡、聚酯毡、无纺布等；隔离层应铺平，然后铺放绑扎配筋，支好分格缝模板，浇筑细石混凝土，也可以全部浇筑硬化后用锯切割混凝土缝，但缝中应填嵌密封材料。

第二节 涂膜防水屋面

一、材料要求

防水涂料按成膜物质的属性，可分为无机防水涂料和有机防水涂料两种；按成膜物质的主要成分，可将涂料分成高聚物改性沥青防水涂料和合成高分子防水涂料。施工时根据涂料品种和屋面构造形式的需要，可在涂膜防水层中增设胎体增强材料。涂料和胎体增强材料的主要性能指标见表13-4～表13-6。

表13-4 高聚物改性沥青防水涂料的主要性能指标

项目	性能要求	
	水乳型	溶剂型
固体含量 ≥/%	45	48
抗裂性/mm	—	基层裂缝0.3mm，涂膜无裂纹
耐热度/℃	80，无流淌、气泡、滑动	
低温柔性/℃	−15，无裂纹	−15，无裂纹
不透水性 30min ≥/MPa	0.1	0.2
断裂伸长率 ≥/%	600	—

表13-5 合成高分子防水涂料的主要性能指标

项目	性能要求		
	反应固化型	挥发固化型	聚合物水泥涂料
固体含量 ≥/%	80（单组分），92（双组分）	65	65
拉伸强度 ≥/MPa	1.9（单组分、多组分）	1.0	1.2

续表

项目	性能要求		
	反应固化型	挥发固化型	聚合物水泥涂料
断裂延伸率 ≥/%	550(单组分),450(多组分)	300	200
低温柔性/℃	-40(单组分),-35(多组分),无裂纹	-10,无裂纹	
不透水性 30min/MPa	0.3		

表 13-6 胎体增强材料的质量要求

项目		质量要求	
		聚酯无纺布	化纤无纺布
外观		均匀,无团状,平整无褶皱	
拉力/(N/50mm)	纵向	≥150	≥45
	横向	≥100	≥35
延伸率/%	纵向	≥10	≥20
	横向	≥20	≥25

二、涂膜防水层施工

下面以高聚物改性沥青防水涂膜为例，介绍防水层施工的主要步骤。高聚物改性沥青防水涂膜可采用涂刷、刮涂和喷涂的施工方法，涂膜需多遍涂布。

1.涂料冷涂刷施工

要求每遍涂刷必须待前遍涂膜实干后才能进行，否则涂料的底层水分或溶剂被封固在上层涂膜下不能及时挥发，就不能形成有一定强度的防水膜。后一遍涂料涂刷时，容易将前一遍涂膜刷皱、起皮而破坏。一旦遇雨，雨水渗入易冲刷或溶解涂膜层，破坏涂膜的整体性。涂层厚度是影响涂膜防水层质量的一个关键问题，涂刷时每个涂层要涂刷多遍才能完成。要通过手工准确控制涂层厚度比较困难。为此，涂膜防水层施工前，必须根据设计要求的每平方米涂料用量、涂膜厚度及涂料的材料性能事先试验，确定每道涂料涂刷厚度及每个涂层需要涂刷的遍数。如一布二涂，即先涂底层，再加胎体增强材料，最后涂面层。施工时按试验的要求，每涂层涂刷几遍，而且面层至少应涂刷 2 遍以上。

铺胎体增强材料是在涂刷第 2 遍或第 3 遍涂料涂刷前，采用湿铺法或干铺法铺贴。

湿铺法就是在第 2 遍涂料或第 3 遍涂料涂刷时，边倒料、边涂布、边铺贴的操作方法。

干铺法区别于湿铺法为没有底层的涂料，即在上道涂层干燥后，先干铺胎体增强材料（可用涂料将边缘部位点粘固定，也可不用），然后在已展平的表面上用刮板均匀满刮一道涂料，接着再在上面满刮一道涂料，使涂料浸透网眼渗透到已固化的底层涂膜上，从而使得上、下层涂膜及胎体形成一个整体。因此，渗透性较差的涂料与较密实的胎体增强材料尽量不采用干铺法施工。干铺法适用于无大风的情况下施工，能有效避免因胎体增强材料质地柔软、容易变形造成的铺贴时不易展开，经常出现皱褶、翘边或空鼓现象，能较好地保证防水层的质量。

2. 涂料热熔刮涂施工

涂料每遍涂刮的厚度控制在 1～1.5mm。铺贴胎体增强材料应采用分条间隔施工法，在涂料刮涂均匀后立即铺贴胎体增强材料，然后再刮涂第二遍至设计厚度。表面需做粒料保护层时，应在最后一遍涂刮的同时撒布粒料；如做涂膜保护层时，宜在防水层完全固化后再涂刷保护层涂膜。

3. 涂料喷涂施工

涂料喷涂施工是将涂料加入加热容器中，加热至 180～200℃，待全部熔化成流态后，启动沥青泵开始输送涂料并涂喷，具有施工速度快、涂层没有溶剂挥发等优点。

三、涂膜防水层质量控制

1. 主控项目

① 防水涂料和胎体增强材料必须符合设计要求。

检验方法：检查出厂合格证、质量检验报告和现场抽样复验报告。

② 涂膜防水层不得有渗漏或积水现象。

检验方法：雨后或淋水、蓄水检验。

③ 涂膜防水层在天沟、檐沟、檐口、水落口、泛水、变形缝和伸出屋面管道的防水构造等部位，必须符合设计要求。

检验方法：观察检查和检查隐蔽工程验收记录。

2. 一般项目

① 涂膜防水层的平均厚度应符合设计要求，最小厚度不应小于设计厚度的 80%。

检验方法：针测法或取样量测。

② 涂膜防水层与基层应黏结牢固，表面平整，涂刷均匀，无流淌、褶皱、鼓泡、露胎体和翘边等缺陷。

检验方法：观察检查。

③ 涂膜防水层上的撒布材料或浅色涂料保护层应铺撒或涂刷均匀，黏结牢固；水泥砂浆、块材或细石混凝土保护层与涂膜防水层间应设置隔离层；刚性保护层的分格缝留置应符合设计要求。

检验方法：观察检查。

第三节　刚性防水屋面

一、基本规定

刚性防水屋面的结构层宜为整体现浇钢筋混凝土。当采用预制混凝土屋面板时，应用细石混凝土灌缝，其强度等级不应小于C20，并宜掺微膨胀剂。当屋面板板缝宽度大于40mm或上窄下宽时，板缝内应设置构造钢筋；板端缝应进行密封处理。

刚性防水层与山墙、女儿墙以及与凸出屋面结构的交接处，均应做柔性密封处理。

刚性防水屋面细部构造应符合有关规定的要求，分格缝的刚性防水构造如图13-14所示；檐沟的刚性防水构造如图13-15所示；泛水的刚性防水构造如图13-16所示；变形缝的刚性防水构造如图13-17所示；伸出屋面管道的刚性防水构造如图13-18所示。

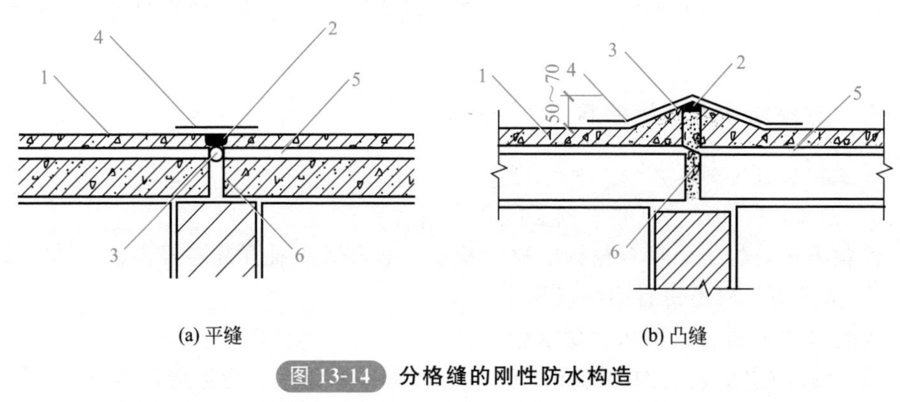

(a) 平缝　　(b) 凸缝

图 13-14　分格缝的刚性防水构造

1—刚性防水层；2—密封材料；3—背衬材料；4—防水卷材；5—隔离层；6—细石混凝土

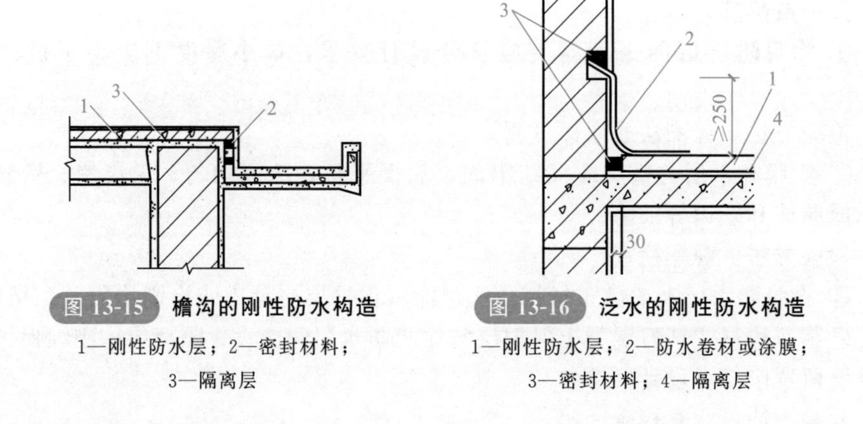

图 13-15　檐沟的刚性防水构造

1—刚性防水层；2—密封材料；3—隔离层

图 13-16　泛水的刚性防水构造

1—刚性防水层；2—防水卷材或涂膜；3—密封材料；4—隔离层

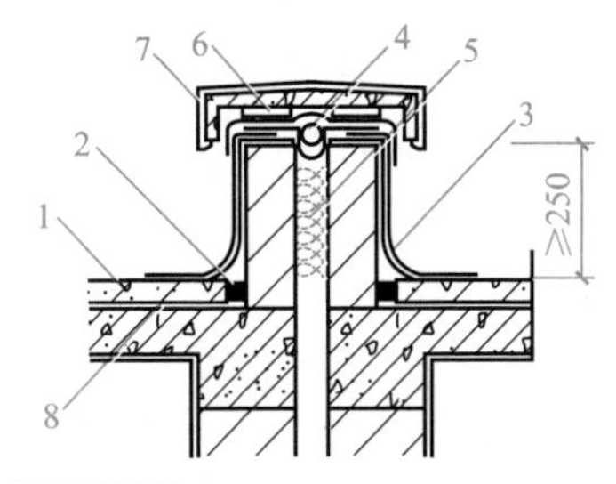

图 13-17 变形缝的刚性防水构造

1—刚性防水层；2—密封材料；3—防水卷材或涂膜；4—衬垫材料；
5—沥青麻丝；6—水泥砂浆；7—混凝土盖板；8—隔离层

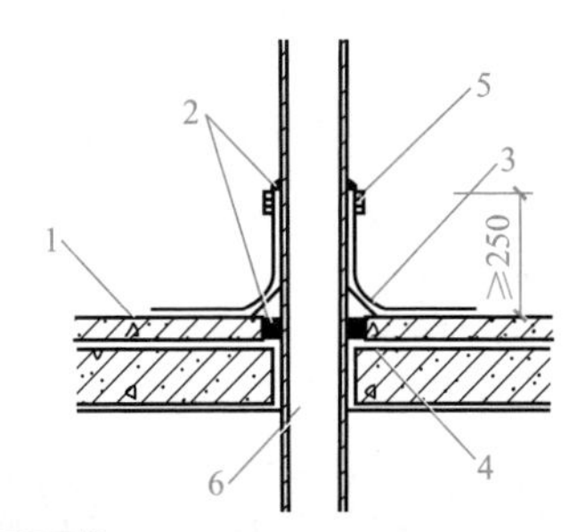

图 13-18 伸出屋面管道的刚性防水构造

1—刚性防水层；2—密封材料；3—卷材（涂膜）防水层；4—隔离层；5—金属箍；6—管道

二、混凝土防水层施工

1. 砂浆要求

混凝土水灰比不应大于 0.55；每立方米混凝土不应小于 330kg；含砂率宜为 35%～40%；灰砂比宜为 2∶1，粗骨料的最大粒径不宜大于 15mm。

2. 绑扎钢筋网片

防水层中的钢筋网片，可采用冷拔低碳钢丝，间距为 100～200mm 的绑扎或点焊的双向钢筋网片。施工时应放置在混凝土中的上部，绑扎钢丝收口应向下弯，不得露出屋面防水层。钢筋的保护层厚度不应小于 10mm，钢丝必须调直。

钢筋网片要保证位置的准确性并且必须在分格缝处断开。

3. 分格缝的设置

分格缝的截面宜做成上宽下窄，分格条在起条时不得损坏分格缝边缘处的混凝土。分格缝应设置在结构层屋面板的支承端、屋面转折处、防水层与凸出屋面结构的交接处，并应与板缝对齐。

4. 浇筑混凝土

混凝土中掺入减水剂或防水剂应准确计量，投加顺序得当，搅拌均匀；混凝土搅拌时间不应少于 2min；混凝土运输过程中应防止漏浆和离析；每个分格板块的混凝土应一次浇筑完成，不得留施工缝；抹压时不得在表面洒水、加水泥浆或撒干水泥；混凝土收水后应进行二次压光；混凝土浇筑12～24h后应进行养护，养护时间不应少于14天，养护初期屋面不得上人。

三、块体刚性防水施工

块体刚性防水层由底层防水砂浆、块材和面层砂浆组成。水泥砂浆中防水剂的掺量应准确，并应用机械搅拌。

铺抹底层水泥砂浆防水层时应均匀连续，不得留施工缝。当块材为黏土砖时，铺砌前应浸水湿透；铺砌宜连续进行；缝内挤浆高度宜为块材厚度的1/3～1/2。当铺砌必须间断时，块材侧面的残浆应清除干净。铺砌黏土砖应直行平砌并与基层板缝垂直，不得采用人字形铺设。块材铺设后，在铺砌砂浆终凝前不得上人踩踏。

面层施工时，块材之间的缝隙应用水泥砂浆灌满填实；面层水泥砂浆应二次压光、抹平压实；面层施工完成后12～24h应进行养护，养护方法可采用覆盖砂、草袋洒水的方法，有条件的可采用蓄水养护，养护时间不少于7天。养护初期屋面不得上人。

基础防水施工

扫码观看本视频

第四节　地下防水工程

一、防水混凝土防水

1.普通防水混凝土

(1) 原材料

① 水泥。标号不宜低于425号，要求抗水性好、泌水小、水化热低，并具有一定的抗腐蚀性。

② 细骨料。要求为颗粒均匀、圆滑，质地坚实，含泥量不大于3%的中粗砂。砂的粗细颗粒级配适宜，平均粒径为0.4mm左右。

③ 粗骨料。要求组织密实、形状整齐、含泥量不大于1%。颗粒的自然级配适宜，粒径5～30mm，最大不超过40mm，且吸水率不大于1.5%。

(2) 混凝土的配备

① 水灰比。在保证振捣的密实前提下水灰比尽可能小，一般不大于0.6。

② 坍落度。不宜大于50mm。

③ 水泥用量。在一定水灰比范围内，每立方米混凝土水泥用量一般不小于320kg，但亦不宜超过400kg/m^3。

④ 砂率。粗骨料选用卵石时砂率宜为35%，粗骨料为碎石时砂率宜为35%～40%。

⑤ 灰砂比。水泥与砂的比例宜取(1∶2)～(1∶2.5)。

2.外加剂防水混凝土

外加剂防水混凝土是在混凝土中掺入一定的有机或无机的外加剂，改善混凝土的性能和结构组成，提高混凝土的密实性和抗渗性，从而达到防水的目的。由于外加剂种类较多，各自的性能、效果及适用条件不尽相同，故应根据地下建筑防水结构的要求和施工条件，选择合理、有效的防水外加剂。常用的外加剂防水混凝土有：

① 三乙醇胺防水混凝土；

② 减水剂防水混凝土；

③ 加气剂防水混凝土；

④ 氯化铁防水混凝土。

3.施工工艺

(1) 注意事项

① 保持施工环境干燥，避免带水施工。

② 模板支撑牢固、接缝严密。

③ 防水混凝土浇筑前无泌水、离析现象。

④ 防水混凝土浇筑时的自落高度不得大于1.5m。

⑤ 防水混凝土应自然养护，养护时间不少于14天。

⑥ 防水混凝土应采用机械振捣，并保证振捣密实。

(2) 施工缝的处理　地下建筑施工时应尽可能不留或少留施工缝，尤其是不得留垂直施工缝。在墙体中一般留设水平施工缝，其常用的防水构造处理方法如图13-19所示。

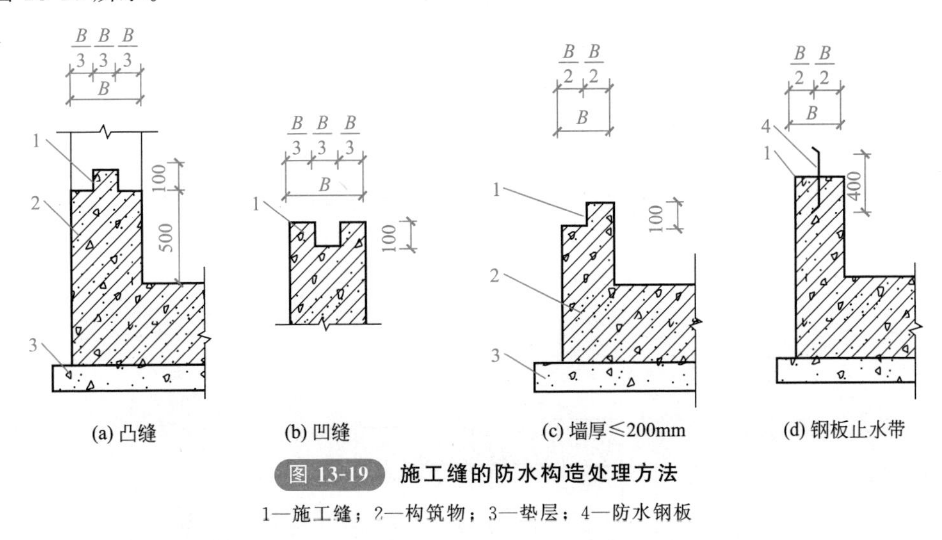

图13-19　施工缝的防水构造处理方法

1—施工缝；2—构筑物；3—垫层；4—防水钢板

二、止水带防水

常见的止水带材料有：橡胶止水带、塑料止水带、氯丁橡胶板止水带和金属止水带等。其中橡胶及塑料止水带均为柔性材料，抗渗、适应变形能力强，是常用的止水带材料；氯丁橡胶止水板是一种新的止水材料，具有施工简便、防水效果好、造价低且易修补的特点；金属止水带一般仅用于高温环境而无法采用橡胶止水带或塑料止水带的情况下。

止水带不得长时间露天曝晒，防止雨淋，勿与污染性强的化学物质接触。施工过程中，止水带必须可靠固定，避免在浇筑混凝土时发生位移，保证止水带在混凝土中的正确位置。固定止水带的方法有：利用附加钢筋固定、专用卡具固定、铅丝和模板固定等。如需穿孔时，只能选在止水带的边缘安装区，不得损伤其他部位。用户订货时应根据工程结构、设计图纸计算好产品长度，尽量在工厂中连成整体。

止水带的构造形式有：粘贴式、可卸式、埋入式等。目前采用较多的是埋入式橡胶止水带，如图 13-20 所示。可卸式和粘贴式止水带如图 13-21 和图 13-22 所示。根据防水设计的要求，有时在同一变形缝处，可采用数层、数种止水带的构造形式。

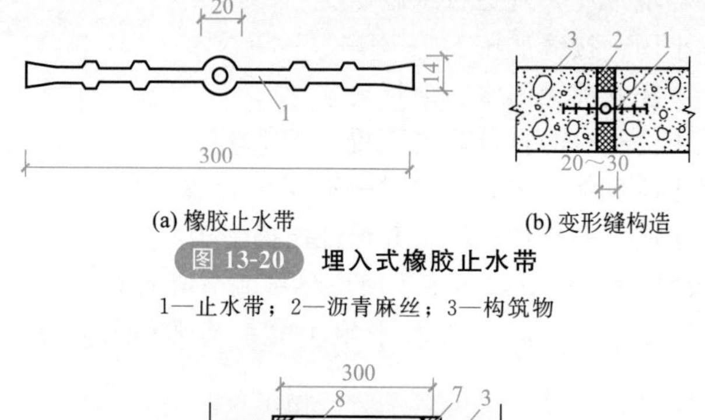

图 13-20 埋入式橡胶止水带

1—止水带；2—沥青麻丝；3—构筑物

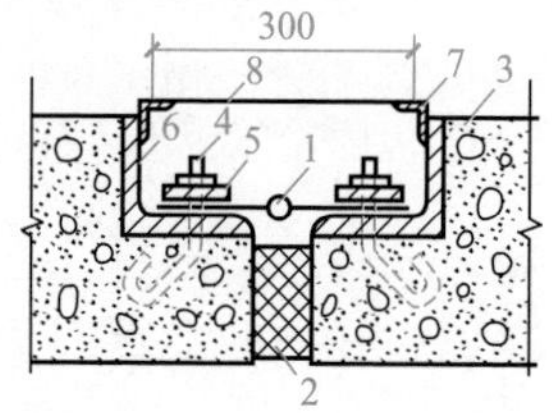

图 13-21 可卸式橡胶止水带变形构造

1—橡胶止水带；2—沥青麻丝；3—构筑物；4—螺栓；5—钢压条；6—角钢；7—支撑角钢；8—钢盖板

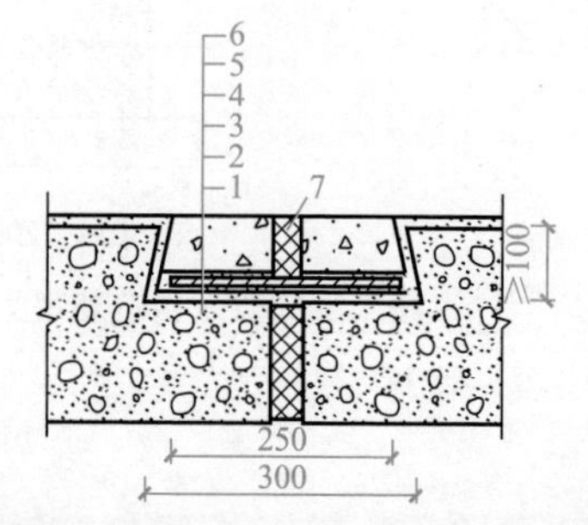

图 13-22 粘贴式氯丁橡胶止水带变形缝构造

1—构筑物；2—刚性防水层；3—胶黏剂；4—氯丁橡胶板；5—素灰层；6—细石混凝土覆盖层；7—沥青麻丝

三、表面防水层防水

1. 水泥砂浆防水层

水泥砂浆防水层是一种刚性防水层，它是依靠提高砂浆层的密实性来达到防水要求的。这种防水层取材容易、施工方便、防水效果较好、成本低，适用于地下砖石结构的防水层或防水混凝土结构的加强层。但水泥砂浆防水层抵抗变形的能力较差，当结构产生不均匀沉降或受较强烈振动荷载时，易产生裂缝或剥落。对于受腐蚀、高温及反复冻融的砖砌体工程不宜采用。水泥砂浆防水层又分为刚性多层法防水层和刚性外加剂法防水层。

(1) 刚性多层法防水层　利用素灰（即较稠的纯水泥浆）和水泥砂浆分层交叉抹面而构成的防水层，具有较高的抗渗能力，如图 13-23 所示。

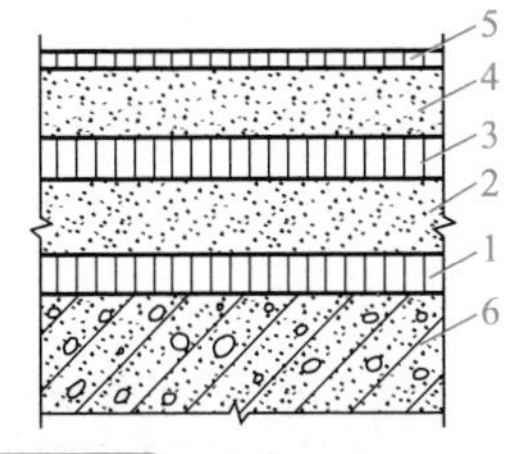

图 13-23　刚性多层法防水层

1,3—素灰层 2mm；2,4—砂浆层 4～5mm；5—水泥浆 1mm；6—结构基层

(2) 刚性外加剂法防水层　在普通水泥砂浆中掺入防水剂，使水泥砂浆内的毛细孔填充、胀实、堵塞，获得较高的密实度，提高抗渗能力，如图 13-24 所示。常用的外加剂有氯化铁防水剂、铝粉膨胀剂、减水剂等。

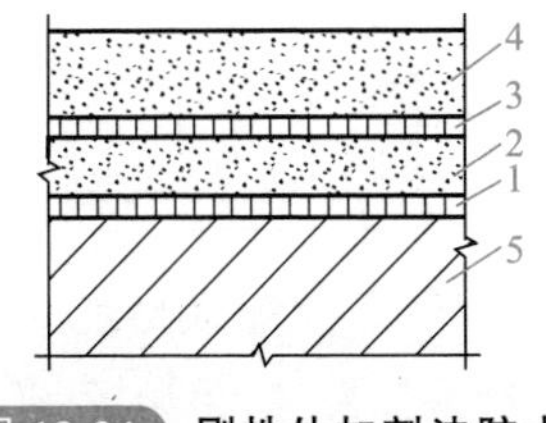

图 13-24　刚性外加剂法防水层

1,3—水泥浆一道；2—外加剂防水砂浆垫层；4—防水砂浆面层；5—结构基层

2. 卷材防水层

卷材防水层是用沥青胶结材料粘贴油毡而成的一种防水层，属于柔性防水层。这种防水层具有良好的韧性和延伸性，可以适应一定的结构振动和微小变形，防水效果较好，目前仍作为地下工程的一种防水方案而被较广泛采用。其缺点是：沥青油毡吸水率大，耐久性差，机械强度低，直接影响防水层质量，而且材料成本高，施工工序多，操作条件差，工期较长，发生渗漏后修补困难。

卷材防水层施工的铺贴方法，按其与地下防水结构施工的先后顺序分为外贴法和内贴法两种。

(1) 外贴法 在地下建筑墙体做好后，直接将卷材防水层铺贴于墙上，然后砌筑保护墙，如图 13-25 所示。

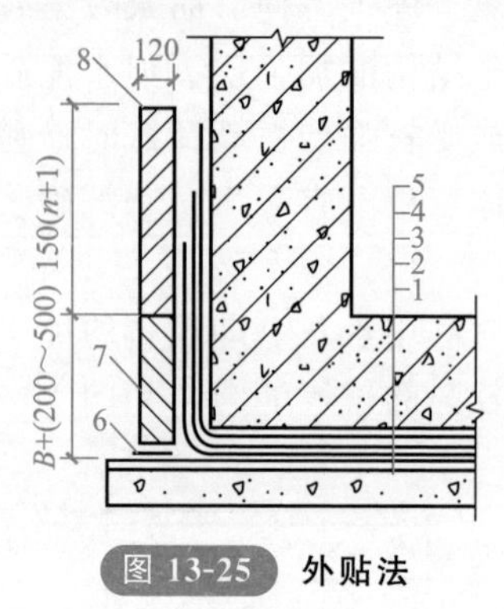

图 13-25 外贴法

1—垫层；2—找平层；3—卷材防水层；4—保护层；5—构筑物；6—油毡；7—永久保护墙；8—临时性保护墙

(2) 内贴法 在地下建筑墙体施工前先砌筑保护墙，然后将卷材防水层铺贴在保护墙上，最后施工并浇筑地下建筑墙体，如图 13-26 所示。

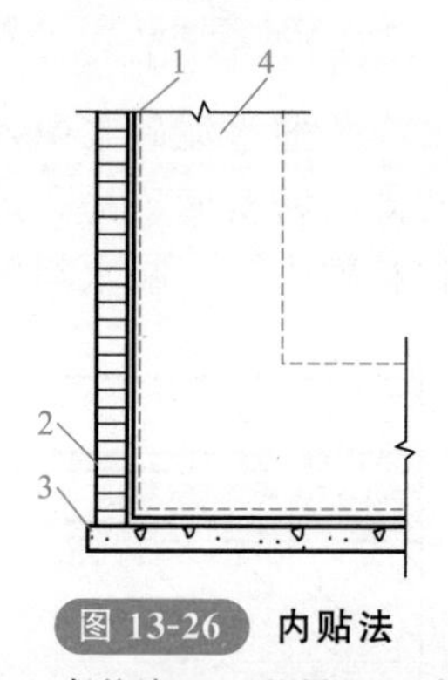

图 13-26 内贴法

1—卷材防水层；2—保护墙；3—垫层；4—尚未施工的构筑物

第十四章 防腐蚀工程

第一节 基层处理

一、钢结构基层

1. 钢结构基层表面的基本要求

① 表面平整，施工前把焊渣、毛刺、铁锈、油污等清除干净并不破坏基层平整性。在清理铁锈、油污的过程中，应不损坏基层强度。

② 保护已经处理的钢结构表面不再次污染，受到二次污染时，重新进行表面处理。

③ 已经处理的钢结构基层，及时涂刷底层涂料。

2. 基层处理方法

建筑防腐蚀工程常用的除锈方法有：喷射或抛射除锈、手工和动力工具除锈，其质量要求如下。

(1) 喷射或抛射除锈 喷射或抛射除锈等级分为 Sa2 级和 $Sa2_{1/2}$ 级，其含义如下。

① Sa2 级：钢材表面无可见的油脂和污垢，并且氧化皮、铁锈和涂料等附着物已基本清除，其残留物是牢固可靠的。

② $Sa2_{1/2}$ 级：钢材表面无可见的油脂、污垢、氧化皮、铁锈和涂料等附着物，任何残留的痕迹应仅是点状或条纹状的轻微色斑。

(2) 手工和动力工具除锈 手工和动力工具除锈等级分为 St2 级和 St3 级，其含义如下。

① St2 级：钢材表面无可见的油脂和污垢，并且没有附着不牢的氧化皮、铁锈和涂料等。

② St3 级：钢材表面无可见的油脂和污垢，并且没有附着不牢的氧化皮、铁锈和涂料等附着物。除锈等级应比 St2 更为彻底，底材显露部分的表面具有金属光泽。

3. 施工机具

(1) 喷射或抛射除锈的设备 抛丸机是利用电机驱动抛丸轮产生的离心力将大量的钢丸以一定的方向“甩”出，这些钢丸以巨大的冲击能量打击待处理的表面，然后在大功率除尘器的协助下返回到储料斗循环使用。

(2) 手工和动力除锈的机具

① 铣刨机。铣刨机是以铣刀来铣钢结构表面，其强烈的冲击力能应用于钢结构表面的清洗、拉毛和铣刨的工作，类似于一种“抓挠”的方法。其机器带有电机或汽油机驱动的刀毂，刀毂上根据钢结构材质和目的的不同安装有一定数量、类似齿轮形状刀齿的铣刀片。

② 研磨机。研磨机利用水平旋转的磨盘来磨平、磨光或清理钢结构的表面。其工作原理是利用在一定硬度的金属基体内、分布均匀、有一定的颗粒大小和数量要求的金刚石研磨条，镶嵌在圆形或三角形的研磨片上，在电机或其他动力的驱动下高速旋转，以一定的转速和压力作用在钢结构的表面，对钢结构表面进行磨削处理。

③ 手持式轻型机械。钢结构表面少量的有机涂层、油污等附着物，可用手持式轻型处理机械，如手持式研磨机、砂轮机等来去除。

二、混凝土结构基层

1. 混凝土基层的基本要求

① 坚固、密实，有足够强度。表面平整、清洁、干燥，没有起砂、起壳、裂缝、蜂窝、麻面等现象。

② 施工块材铺砌，基层的阴阳角应做成直角。进行其他类型防腐蚀施工时，基层的阴阳角处应做成斜面或圆角。

③ 施工前应清理干净基层表面的浮灰、水泥渣及疏松部位，有污染的部位用溶剂擦净并晾干。

④ 预先埋置或留设穿过防腐蚀层的管道、套管、预留孔、预埋件。

2. 基层处理方法

基层表面采用机械打磨、铣刨、喷砂、抛丸，手工或动力工具打磨处理，质量要求如下。

① 检测强度符合设计要求并坚固、密实，没有地下水渗漏、不均匀沉陷，没有起砂、脱壳、裂缝、蜂窝、麻面等现象。

② 基层表面平整，用2m直尺检查平整度：

a. 当防腐蚀面层厚度大于5mm时，允许空隙不应大于4mm；

b. 当防腐蚀面层厚度小于5mm时，允许空隙不应大于2mm。

③ 基层干燥，在深度为20mm的厚度层内，含水率不大于6%；采用湿固化型材料时，表面没有渗水、浮水及积水；当设计对湿度有特殊要求时，应按设计要求进行施工。

④ 检测基层坡度符合设计要求，允许偏差应为坡长的±0.2%，最大偏差值不大于30mm。

⑤ 使用大型清水模板或脱模剂不污染基层的钢模板，一次浇筑承重件及结构

件等重要部位混凝土。

a. 用大型木质模板，减少模板拼缝。

b. 两模板搭接处用胶带粘贴，避免漏浆。

c. 采用水溶性材料作隔离剂，以利脱模和脱模后的清理。

⑥ 块材铺砌时，基层的阴阳角应做成直角；其他施工时，基点的阴阳角做成 $R=30\sim50$mm 的圆角，或 45°斜角的斜面。

⑦ 经过养护的基层表面，去除白色析出物。防腐蚀层施工选用耐碱性良好的材料。

3. 施工机具

(1) 常见设备的种类和功能 混凝土表面处理机械主要包括研磨设备、铣刨设备和抛丸设备等，其工作原理与钢结构表面处理设备基本相同，通过改变机械的功率、选用不同种类的刀具而达到处理混凝土表面的目的。

(2) 机器的选择和应用

① 手持研磨机。处理边角等大型机器不能处理的地方，也常用来进行小面积凸凹不平的打磨处理。

② 铣刨机。用于去除表面的旧涂层和凸起较大情况下的找平处理。机器重量和功率的大小直接影响机器清理的深度和效率。一般来讲，4kW 以下的机器很难清理超过 2mm 厚的旧环氧涂层。

③ 抛丸机。处理地面会留下均匀的粗糙表面，可以大大提高涂层的结合强度，选择时要注意电机的功率和抛丸的幅度直接影响清理的效率。功率大，施加在钢丸上的动能大，可以去除的浮浆、涂层的厚度就大。抛丸幅度的大小应和电机的功率匹配。

第二节 涂料类防腐蚀工程

一、一般规定

1. 材料的要求

① 耐腐蚀材料的使用要注意涂层之间的配套性。

② 施工后，涂膜一般均需自然养护 7 天以上，充分干燥后方可使用。

③ 使用前应先搅拌均匀，选用有固化剂的合成树脂涂料应根据品种随配随用。

④ 涂料及其辅助材料均应有产品质量证明文件，符合相关规定，涂料供应方还需提供 MSDS（化学品安全说明书）文件。

2. 施工规定

① 涂刷施工应在处理好的基层上按底层、中间层（过渡层）、面层的顺序进行，涂刷方向视涂料品种而定，一般涂料可先斜后直、纵横涂刷，从垂直面开始自

上而下再到水平面。涂刷完毕后，工具应及时清洗，以防止涂料固化。溶剂型树脂涂料的施工用具严禁接触水分以免影响附着力。

② 喷涂施工应按自上而下、先喷垂直面后喷水平面的顺序进行。喷枪沿一个方向来回移动，使雾流与前一次喷涂面重合一半。喷枪应匀速移动，以保证涂层厚度一致，喷涂时应注意涂层不宜过厚，以防止流淌或溶剂挥发不完全而产生气泡，同时应使空气压力均匀。喷涂完毕后要及时用溶剂清洗喷涂用具，涂料要密闭保存。

③ 施工环境温度为10～30℃，相对湿度不大于85%。施工现场应控制或改善环境温度、相对湿度和露点温度。

④ 在大风、雨、雾、雪天及强烈日光照射下，不宜进行室外施工；通风较差的施工环境，须采取强制通风措施，以改善作业环境。

⑤ 钢材表面温度必须高于露点温度3℃方可做钢结构涂装施工。

3.质量检验规定

用5～10倍的放大镜检查涂层表面是否光滑平整，颜色一致，有无流挂、起皱、漏刷、脱皮等现象，涂层厚度是否均匀、符合设计要求。对于钢基层可采用磁性测厚仪检查；对于水泥砂浆、混凝土基层，在其上进行涂料施工时，可同时做出样板，测定其厚度。

二、涂料种类及特性

常见的涂料品种主要有：环氧树脂涂料、聚氨酯树脂涂料、玻璃鳞片涂料、丙烯酸树脂涂料、氯化橡胶涂料、有机硅涂料、醇酸树脂耐酸涂料、高氯化聚乙烯涂料、喷涂型聚脲涂料、环氧自流平地面涂料、防腐蚀耐磨洁净涂料等。

(1) 环氧树脂涂料 这种涂料坚韧耐久，附着力好，耐水、抗潮性好。环氧树脂底层涂料与环氧树脂鳞片涂料配套使用可提高涂膜防潮、防盐雾、防锈蚀性能，并且能耐溶剂和碱腐蚀，适用于钢结构、地下管道、水下设施等混凝土表面的防腐蚀涂装。但是这类涂料耐候性能较差。

(2) 聚氨酯树脂涂料 防锈性能优良，涂膜坚韧、耐磨、耐油、耐水、耐化学品，对室内混凝土结构防水、地下工程堵漏、水泥基面防水性能优越。特别适合于钢结构的涂装保护，也可用作地面涂装、墙体及有色金属涂装。随着技术的提高，许多新品种综合性能更为优异。如耐候防腐蚀脂肪族聚氨酯涂料、环保型水性聚氨酯涂料，不仅用于防水、堵漏，还广泛应用于复杂化工腐蚀环境、户外建（构）筑物保护、车间地面等。

水性聚氨酯涂料是以水代替有机溶剂作为分散介质的新型无污染聚氨酯体系涂料，包括单组分水性聚氨酯涂料、双组分水性聚氨酯涂料和特种涂料3大类。

(3) 玻璃鳞片涂料 适用于腐蚀条件较为苛刻的环境。具有防腐蚀范围广、抗渗性突出、机械性能好、强度高、耐温度剧变、施工方便、修复容易等特点，是公认的长效重防腐蚀涂料。

(4) 丙烯酸树脂涂料 具有优异的耐候性、耐化学品腐蚀性；具有高光泽度、较强的抗洗涤剂性；气干性好，附着力好，硬度高。主要应用于各种腐蚀环境下建筑物内外墙壁、钢结构表面的防腐蚀工程。

(5) 氯化橡胶涂料 主要特点是：耐候性好，抗渗透能力强，施工方便，耐紫外线性能显著，气干性好，低温可以施工，又可防水。常用于室内外钢结构及混凝土结构的保护。

(6) 有机硅涂料 附着力强，耐腐蚀、耐油；抗冲击、防潮；具有常温干燥或低温烘干，高温下使用的优点；能耐 400～600℃ 高温，适用于使用环境温度＜500℃的钢或镀锌基体。

(7) 醇酸树脂耐酸涂料 普通防腐蚀涂料，工程中常选用耐候性突出的品种。涂层的耐久性较差，不宜作为长效涂料使用。

(8) 高氯化聚乙烯涂料 高氯化聚乙烯（含氯量＞65%）为主要成膜物。其特点是性能稳定，具有优异的抗老化性、耐盐雾性、防水性。高氯化聚乙烯涂料对气态复杂介质具有优良的防腐蚀性；涂层含薄片状填料，具有独特的屏障结构，延缓了化学介质的渗透作用；具有良好的防霉性和阻燃性。高氯化聚乙烯涂料适用于室内外钢结构涂装；可防止工业大气腐蚀及酸、碱、盐等介质腐蚀。

(9) 喷涂型聚脲涂料 喷涂型聚脲防腐蚀材料包括芳香族聚脲和聚脲聚氨酯，其结构基本特征为：以异氰酸酯半预聚体、端氨基聚醚和胺扩链剂为基料，在设备内经高温高压混合喷涂而形成防护层。

喷涂型聚脲涂层具有良好的耐腐蚀能力和抗渗透能力，且对腐蚀介质的适用性广，能耐稀酸、稀碱、无机盐、海水等的侵蚀，耐老化性、耐候性及耐温性比聚氨酯涂料优异；施工工艺性好，对施工环境的水分、湿气及温度的敏感度比一般涂料低，广泛适用于混凝土表面微裂纹抗渗。喷涂型聚脲涂料不含挥发溶剂，凝胶固化速度快，施工养护周期短，2～10s 就能达到初凝状态，并且可在任意形面、垂直面及顶部连续喷涂而不产生流挂现象，施工厚度一次喷涂可达 1～3mm。

(10) 环氧自流平地面涂料 以无溶剂环氧树脂为主要成膜物，配合耐磨颜填料组成，可用于有环保、卫生、洁净、耐磨要求的食品、医药、医院等场合地面及建筑物表面涂装。

(11) 防腐蚀耐磨洁净涂料 以无机耐磨填料为主、配合涂层制作的无机材料地面，具备耐磨、洁净、防起尘、抗冲击和承载力高的特种功能。表面平滑、整体无缝，强韧耐磨，适合各种有防尘、洁净要求的仓库等场所。性能稳定，使用寿命长久。

三、施工要点

1. 聚氨酯涂料的施工要点

① 各组分按比例配好，混合均匀。

② 配好的涂料不宜放置太久。

③ 水泥砂浆、混凝土基层，先用稀释的聚氨酯涂料打底，在金属基层上直接用聚氨酯底层涂料打底。涂料实干前即可进行下层涂料的施工。

④ 聚氨酯涂料对水分、胺类、含有活泼氢的醇类都很敏感，除使用纯度较高的溶剂外，容器、施工工具等都必须清洁、干燥。建筑物及构件表面应经过除污清理，且应保持混凝土干燥。

2.玻璃鳞片防腐蚀涂料的施工要点

① 配料时注意投料顺序，涂刷前需搅拌充分。

② 乙烯基酯树脂玻璃鳞片涂料采用环氧类底层涂料时，应做表面处理。

③ 树脂玻璃鳞片涂料，不允许加稀释剂及其他溶剂。

④ 常用的配套方案如下。

a.钢结构表面：环氧富锌类底层涂料、环氧云铁类中间层涂料、树脂玻璃鳞片涂料作为面层涂料。也可采用环氧铁红底层涂料、树脂玻璃鳞片涂料作为中间层涂料、树脂玻璃鳞片涂料作为面层涂料。

b.混凝土基层：树脂玻璃鳞片底层涂料、中间涂料（玻璃鳞片胶泥）、面层涂料。

3.高氯化聚乙烯涂料的施工要点

高氯化乙烯涂料的成膜物“高氯化聚乙烯”兼有橡胶和塑料的双重特性，对各种类型的材质都具有良好的附着力。涂料为单组分，常温干燥，施工方便。

① 钢铁基层除锈要求不得低于 St3 级或 Sa2 级。

② 施工时不需要加稀释剂，但必须充分搅拌均匀。

③ 涂料分普通型和厚膜型。

④ 钢材基层常用的配套方案：环氧铁红底层涂料、高氯化聚乙烯中间层涂料、面层涂料。

4.喷涂型聚脲涂料的施工要点

① 底层清理、修复：清除表面浮灰，底层涂料填补细小孔洞，形成表面连续结合层。

② 立面和顶面施工：用环氧涂料滚刷一道，厚度 0.20～0.40μm（干膜），将涂料渗透到基面，养护干燥 2～8h 后用环氧或丙烯酸修补，补孔率 100%。干燥养护 2～4h 后打磨平整，去除浮灰。

③ 潮湿面的施工要求：清除积水、渗水，漏水处用快干材料堵漏。

④ 采用聚氨酯水性涂料满刮一道，干膜厚度一般为 0.3～0.4mm，保证充分渗透，并且封闭基面细孔。当环境温度≥15℃，养护 8～12h；当环境温度≤15℃，养护 16～24h，喷涂聚脲层。

⑤ 养护干燥后，检查是否有未封闭的细孔及底面渗水，若有则重复前述步骤。

第三节 树脂类防腐蚀工程

一、材料要求

1. 呋喃树脂

呋喃树脂的质量标准见表 14-1。

表 14-1 呋喃树脂的质量标准

项目	指标		
	糠酮型	糠醇糠醛型	糠酮糠醛型
树脂含量/%	>94	—	—
灰分/%	<3	—	—
含水率/%	<1	—	—
pH 值	7	—	—
黏度(涂-4 黏度计,25℃)/s		20～30	50～80

注：1. 呋喃树脂的贮存期，不宜超过 12 个月。
2. 糠酮型呋喃树脂主要用于配制环氧呋喃树脂。

2. 不饱和聚酯树脂

不饱和聚酯树脂具有工艺性能良好、黏度适宜，可以在室温下固化、常压下成型，颜色浅等特点，其主要品种及技术指标见表 14-2。

表 14-2 不饱和聚酯树脂的主要品种及技术指标

项目名称	双酚 A 型不饱和聚酯树脂	二甲苯型不饱和聚酯树脂	对苯型不饱和聚酯树脂	间苯型不饱和聚酯树脂	邻苯型不饱和聚酯树脂
外观	浅黄色液体	淡黄色至浅棕色液体	黄色浑浊液体	黄棕色液体	淡黄色透明液体
黏度(25℃)/Pa·s	0.45±0.10	0.32±0.09	0.40±0.10	0.45±0.15	0.40±0.10
含固量/%	62.5±4.5	63.0±3.0	62.0±3.0	63.5±2.5	66.0±2.0
酸值/(mgKOH/g)	15.0±5.0	15.0±4.0	20.0±4.0	23.0±7.0	25.0±3.0
凝胶时间(25℃)/min	14.0±6.0	10.0±3.0	14.0±4.0	8.5±1.5	6.0±2.0
热稳定性(80℃)/h	≥24	≥24	≥24	≥24	≥24

3. 酚醛树脂

酚醛树脂的质量标准见表 14-3。

表 14-3 酚醛树脂的质量标准

项目	指标
游离酚含量/%	<10
游离醛含量/%	<2
含水率/%	<12
黏度(落球黏度计,25℃)/s	45~65

4. E 型环氧树脂

E 型环氧树脂的质量标准见表 14-4。

表 14-4 E 型环氧树脂的质量标准

项目	E-44	E-42
环氧值/(当量/100g)	0.41~0.47	0.38~0.45
软化点/℃	12~20	21~47

5. 煤焦油

煤焦油的质量标准见表 14-5。

表 14-5 煤焦油的质量标准

项目	指标	
	一级	二级
密度/(g/cm^3)	≤1.12~1.20	≤1.13~1.22
含水率/%	≤4.0	≤4.0
灰分/%	≤0.15	≤0.15
游离碳/%	≤6.0	≤10.0
黏度(E80)	≤5.0	≤5.0

6. 粉料及细骨料

粉料及细骨料的质量标准见表 14-6。

表 14-6 粉料及细骨料的质量标准

材料类别	耐酸率/%	含水率/%	体积安定性	粒径及细度
粉料	≥95	≤0.5	合格	0.15mm 筛孔筛余量≤5%
细骨料	≥95	≤0.5	合格	0.09mm 筛孔筛余量为 10%~30%

注：当使用酸性固化剂时，粉料及细骨料的耐酸率应不小于 98%。

二、树脂类防腐材料的配制

① 环氧酚醛树脂、环氧呋喃树脂和环氧煤焦油树脂，应由环氧树脂与酚醛、呋喃树脂或煤焦油混合而成。其混合比例宜符合表 14-7 的规定。

表 14-7 环氧类玻璃钢胶料、胶泥和砂浆的施工配合比

材料名称		配合比(质量比)								
		环氧树脂	环氧呋喃树脂	环氧酚醛树脂	环氧煤焦油树脂	稀释剂	乙二胺	矿物颜料	耐酸粉料	石英砂
玻璃钢胶料	打底料	100				40～60	6～8		0～20	
			100			10～15	4.2～5.6		0～15	
				100		40～60	4.2～5.6		0～20	
					100	10～15	3.5～4.0		0～15	
	腻子料	100				10～20	6～8		150～200	
			100			10～15	4.2～5.6		150～200	
				100		13～20	4.2～5.6		150～200	
					100	10～15	3.5～4.6		200～250	
	衬布胶料与面层胶料	100				10～20	6～8		0～20	
			100			10～15	4.2～5.6	0～2	0～15	
				100		13～25	4.2～5.6		0～20	
					100	10～15	3.5～4.0		0～15	
胶泥	砌筑或勾缝料	100				10～20	6～8		150～200	
			100			10～15	4.2～5.6		150～200	
				100		13～20	4.2～5.6		150～200	
					100	10～15	3.5～4.6		200～250	
砂浆	打底料	100				40～60	6～8		0～20	
					100	10～15	3.5～4.0		0～15	
	砂浆料	100					6～8			
			100			10～20	4.2～5.6	0～2	150～200	300～400
					100		3.5～4.0			
	面层胶料	同衬布胶料配方								

注：1. 环氧呋喃树脂的配方应为环氧树脂比呋喃树脂为 70∶30；环氧酚醛树脂的配方应为环氧树脂比酚醛树脂比 70∶30；环氧煤焦油树脂配方为环氧树脂比煤焦油为 50∶50。

2. 固化剂除乙二胺外，还可用其他各种胺类固化剂，应优先选用低毒固化剂，用量可按产品说明书或经试验确定。

3. 减少胶泥内粉料用量可配制灌缝用稀胶泥或整体面层用胶泥。

② 各类树脂玻璃钢胶料、胶泥和砂浆的施工配合比见表14-8～表14-10。

表14-8 不饱和聚酯玻璃钢胶料、胶泥和砂浆的施工配合比

<table>
<tr><th colspan="2" rowspan="3">材料名称</th><th colspan="10">配合比(质量比)</th></tr>
<tr><th rowspan="2">双酚A型、二甲苯型或邻苯型树脂</th><th rowspan="2">50%过氧化环己酮二丁酯糊、过氧化苯甲酰二丁酯糊和过氧化甲乙酮</th><th rowspan="2">环烷酸钴苯乙烯液、二甲基苯胺苯乙烯液</th><th rowspan="2">苯乙烯</th><th rowspan="2">矿物颜料</th><th rowspan="2">苯乙烯石蜡液(100∶5)</th><th colspan="2">粉料</th><th colspan="2">细骨料</th></tr>
<tr><th>耐酸粉</th><th>重晶石粉</th><th>石英砂</th><th>重晶石砂</th></tr>
<tr><td rowspan="4">玻璃钢胶料</td><td>打底料</td><td rowspan="4">100</td><td rowspan="4">2～4</td><td rowspan="4">0.5～4</td><td>0～15</td><td></td><td></td><td>0～15</td><td></td><td></td><td></td></tr>
<tr><td>腻子料</td><td>0～10</td><td rowspan="3">0～2</td><td></td><td>200～350</td><td>(400～500)</td><td></td><td></td></tr>
<tr><td>衬布胶料与面层胶料</td><td></td><td></td><td>0～15</td><td></td><td></td><td></td></tr>
<tr><td>封面料</td><td></td><td>3～5</td><td></td><td></td><td></td><td></td></tr>
<tr><td>胶泥</td><td>砌筑或勾缝料</td><td>100</td><td>2～4</td><td>0.5～4</td><td>0～10</td><td></td><td></td><td>200～300</td><td>(250～350)</td><td></td><td></td></tr>
<tr><td rowspan="3">砂浆</td><td>打底料</td><td rowspan="3">100</td><td rowspan="3">2～4</td><td rowspan="3">0.5～4</td><td>0～15</td><td></td><td></td><td>0～15</td><td></td><td></td><td></td></tr>
<tr><td>砂浆料</td><td>0～10</td><td rowspan="2">0～2</td><td></td><td>150～200</td><td>(350～400)</td><td>300～400</td><td>(600～750)</td></tr>
<tr><td>封面料</td><td></td><td>3～5</td><td></td><td></td><td></td><td></td></tr>
</table>

注：1. 表中括号内的数据应用于耐氢氟酸工程。

2. 二甲苯型不饱和聚酯树脂的引发剂应采用过氧化苯甲酰二丁酯糊，促进剂应采用二甲基苯胺苯乙烯液；双酚A型或邻苯型不饱和聚酯树脂当引发剂。采用过氧化环己酮二丁酯糊或过氧化甲乙酮时，促进剂应采用环烷酸钴苯乙烯液。当引发剂采用过氧化苯甲酰二丁酯糊时，促进剂应采用二甲基苯胺苯乙烯液。

3. 减少胶泥内粉料用量，可用作灌缝或稀胶泥整体面层。

表 14-9 呋喃树脂玻璃钢胶料、胶泥和砂浆的施工配合比

材料名称		配合比(质量比)							
		糠醇糠醛树脂	糠酮糠醛树脂	糠醇糠醛树脂玻璃钢粉	糠醇糠醛树脂胶泥粉	苯磺酸型固化剂	稀释剂	耐酸粉料	石英砂
玻璃钢胶料	打底料	同环氧类玻璃钢打底料							
	腻子料	100		40～50				100～150	
	衬布胶料与面层胶料	100		40～50					
胶泥	灌缝用	100			250～360				
	砌筑或勾缝料	100			250～400				
			100			15～18		200～400	
							0～10		
砂浆	打底料	同环氧类砂浆底料							
	砂浆料	100			250				250～300
			100			15～18		200	400

注：糠醇糠醛树脂玻璃钢粉料和胶泥粉内已混有酸性固化剂。

表 14-10 酚醛玻璃钢胶料、胶泥的施工配合比

<table>
<tr><th colspan="2" rowspan="2">材料名称</th><th colspan="4">配合比(质量比)</th></tr>
<tr><th>酚醛树脂</th><th>稀释剂</th><th>苯磺酰氯</th><th>耐酸粉料</th></tr>
<tr><td rowspan="3">玻璃钢胶料</td><td>打底料</td><td colspan="4">同环氧类玻璃钢打底料</td></tr>
<tr><td>腻子料</td><td rowspan="2">100</td><td rowspan="2">0～510</td><td rowspan="2">8～10</td><td>120～180</td></tr>
<tr><td>衬布胶料与面层胶料</td><td>0～15</td></tr>
<tr><td>胶泥</td><td>砌筑或勾缝料</td><td>100</td><td>0～15</td><td>8～10</td><td>150～200</td></tr>
</table>

树脂玻璃钢胶料的配制方法和树脂玻璃钢胶泥的配制大致相同。配制玻璃钢打底料时，可在未加入固化剂前再加一些稀释剂，配制腻子时，则再加入填料（为树脂的 2～2.5 倍），配制面层料时则应少加或不加填料，或加一定量的无机颜料，以形成颜色面层。

树脂和固化剂的作用是放热反应，因而胶液料每次以配 1kg 树脂为宜，随配随用，并在 30～45min 内用完。固化剂要逐步加入，边加边搅拌，如胶液温度过高，可将配制桶放入冷水器皿中冷却，以防固化太快。固体固化剂应先粉碎，再与粉料混匀或用溶剂溶解备用，如有毒的乙二胺可与丙酮（1∶1）预先配成溶液，可减轻毒品的危害。

三、施工要点

各种树脂胶料、胶泥及砂浆拌匀后至使用完毕的时间应遵循表 14-11 规定，而树脂类材料防腐蚀工程的养护天数则应符合表 14-12 的规定。

表 14-11 各类树脂胶料、胶泥及砂浆最长停放时间

类别	配好后至使用完的最长时间/min
环氧树脂胶	40
环氧酚醛胶	30
环氧煤焦油	60
不饱和聚酯树脂	45
酚醛树脂胶	45
呋喃树脂胶	45

表 14-12 树脂类材料防腐蚀工程的养护天数

树脂类别	养护期天数/天	
	地面	储槽
环氧树脂	≥7	≥15
酚醛树脂	≥10	≥20
环氧酚醛树脂	≥10	≥20
环氧呋喃树脂	≥10	≥20
环氧煤焦油树脂	≥15	≥30
不饱和聚酯树脂	≥7	≥15
呋喃树脂	≥7	≥15

1.玻璃钢的施工

(1) 玻璃纤维材料的准备 玻璃钢成型用的玻璃纤维布要预先脱脂处理，在使用前保持不受潮、不沾染油污。玻璃纤维布不得折叠，以免因褶皱变形而产生脱层。

① 玻璃纤维布的经纬向强度不同，对要求各向同性的施工部位，应注意使玻璃纤维布纵横交替铺放。对特定方向要求强度较高时，则可使用单向布增强。

② 表面起伏很大的部位，有时需要在局部把玻璃纤维布剪开，但应注意尽量减少切口，并把切口部位层间错开。

③ 璃纤维布搭接宽度一般为 50mm，在厚度要求均匀时，可采用错缝搭接。

④ 糊制圆形结构部分时，玻璃布可沿径向 45°的方向剪成布条，以利用布在 45°方向容易变形的特点，糊成圆弧。剪裁玻璃纤维布块的大小，应根据现场作业

面尺寸要求和操作难易来决定。布块小，接头多，强度低。因此，如果强度要求严格，则需尽可能采用大块布施工。

(2) 玻璃钢施工要点 玻璃钢的施工方法有手糊法、模压法、喷射法等几种。建筑防腐蚀工程现场施工利用手糊法工艺较多。

施工前，首先应在基层上打底，即刷涂薄而均匀的一道环氧打底料，基层的凹陷不平处应用腻子修补填平，随即刷第二道环氧打底料，两道打底料间应保证有24h以上的固化时间。

玻璃布粘贴的顺序一般是先立面后平面，先局部（如沟道、孔洞处）后大面。立面铺粘由上而下，平面铺粘从低向高。玻璃布的搭接宽度不应少于50mm，且各层的搭接应互相错开，阴角和阳角处可增粘1～2层玻璃布。具体的粘贴方法有连续法和间断法两种。

连续法：用毛刷蘸上胶料纵横各刷一遍后，随即粘贴第一层玻璃布，并用刮板或毛刷将玻璃布贴紧压实，也可用辊子反复滚压使充分渗透胶料，挤出气泡和多余的胶料。待检查修补合格后，不待胶料固化即按同样方法连续粘贴，直至达到设计要求的层数和厚度。玻璃布一般采用鱼鳞式搭接法，即铺两层时，上层每幅布应压住下层各幅布的半幅；铺三、四、五层时，每幅布应分别压住前一层各幅布的2/3、3/4幅。连续法施工一般铺贴层数以三层为宜，否则容易出现脱层、脱落等质量事故，铺贴中的缺陷不便于修补。

间断法：贴第一层玻璃布的方法同上。贴好后再在布上涂刷胶料一层，待其自然固化24h，再铺贴第二层。依此类推，直至完成所需层数和厚度。在铺贴每层时都需进行质量检查，清除毛刺、凸边和较大气泡等缺陷并修理平整。

面层料要求有良好的耐磨性和耐腐蚀性，表面要光洁。一般应在贴完最后一层玻璃布的第二天涂刷第一层面胶料，干燥后再涂第二层面胶料。当以玻璃钢做隔离层，其上采用树脂胶泥或树脂砂浆材料施工时，可不涂刷面层胶料。

树脂玻璃钢施工后常温下的养护时间比较长，以地面为例，环氧玻璃钢为7天，酚醛玻璃钢为10天，呋喃、聚酯及环氧煤焦油玻璃钢为15天。如为储槽，养护时间还要延长1倍。

树脂类防腐蚀工程在施工中要有防火防毒措施，在配制和使用苯、乙醇、丙酮等易燃物的现场应严禁烟火。乙二胺、苯类、酸类都有程度不同的毒性和刺激性，操作人员应穿戴好防护用具，并在作业后冲洗和淋浴。

2. 树脂胶泥、砂浆铺砌块材、勾缝和涂抹

当采用酸性固化剂配制的胶泥、砂浆铺砌块材之前，应在水泥砂浆、混凝土和金属基层先涂一道环氧打底料，以免基层受酸性腐蚀，影响黏结。由于环氧打底料有增强黏结的作用，故采用非酸性固化剂配制的胶泥、砂浆施工前，最好也应在基层上涂一层环氧打底料，并在干后进行块材铺砌。

块材的铺砌应采用揉挤法。第一步打灰，基层上（或已砌好的前一层块材上）和待砌的块材上都应满刮胶泥；第二步铺砌，在揉挤中将块材找正放平，并用刮刀

刮去缝内挤出的胶泥。

块材铺砌时可用木条预留缝隙，勾缝可在胶泥、砂浆养护干燥后进行。先在缝内涂环氧打底料，干燥后用刮刀将胶泥填满缝隙，并随即将灰缝表面压实压光，不得出现气泡空隙。块材铺砌结合层厚度、灰缝宽度和勾缝或灌缝的尺寸可见表 14-13。

表 14-13 块材铺砌结合层厚度、灰缝宽度和勾缝或灌缝的尺寸

块材种类	铺砌/mm		勾缝或灌缝/mm	
	结合层厚度	灰缝宽度	缝宽	缝深
标准耐酸砖、缸砖	4～6	2～4	6～8	15～20
平板形耐酸砖、耐酸陶板	4～6	2～3	6～8	10～12
铸石板	4～6	3～5	6～8	10～12
花岗石及其他条石块材	4～12	4～12	8～15	20～30

涂抹用的材料一般为环氧类胶泥或砂浆。涂抹之前，也应在基层上涂一层环氧打底料。涂抹的方法与罩麻刀灰面层做法相同。抹前基层可用喷灯预热，并在涂抹时稍加压力使胶泥嵌入基层孔隙内，要求厚薄均匀，转角处做成圆角。涂抹胶泥面层厚 2～3mm，并一次压光，涂抹砂浆面层厚 5～7mm，待干燥至不发黏后，再在表面涂刷环氧面层料一遍即可。

第四节 水玻璃类防腐蚀工程

水玻璃类防腐蚀工程所用的材料包括水玻璃胶泥、水玻璃砂浆和水玻璃混凝土。这类材料是以水玻璃为胶结剂，氟硅酸钠为固化剂，加一定级配的耐酸粉料和粗细骨料配制而成（水玻璃胶泥中不加粗细骨料，水玻璃砂浆中不加粗骨料），其特点是耐酸性能好，机械强度高，资源丰富，价格较低；但抗渗和耐水性能较差，施工较复杂，养护期较长。其中水玻璃胶泥和水玻璃砂浆常用于铺砌各种耐酸砖板、块材和结构表面的整体涂抹面层；水玻璃混凝土常用于灌注地面整体面层、设备基础及池槽槽体等防腐蚀工程。在常用介质条件下的耐腐蚀性能见表 14-14。

表 14-14 水玻璃材料在常用介质条件下的耐腐蚀性能

介质		浓度/%	耐蚀程度
酸类	硫酸	＞90	耐
	硝酸	97	耐
	混酸	硫酸 92.5 硝酸 97 硝酸：硫酸＝93：7	耐
	盐酸	31	耐
	磷酸	50	耐

续表

介质		浓度/%	耐蚀程度
酸类	醋酸	50	耐
	铬酸	80	耐
	脂肪酸	100	耐
	氟硅酸	任意	不耐
	氢氟酸	任意	不耐
酸性气体	湿氯化氢	浓	耐
	二氧化硫	>7	耐
卤素	湿氯气	90	耐
	氯水	饱和	耐
盐溶液	硫酸铵	饱和液	耐
	硝酸铵	中性液	耐
	碳酸铵	50	耐
	重铬酸钾	40	耐
有机溶剂	二氯甲烷	100	耐
	三氯甲烷	(气)①	耐
	苯	纯	耐
	乙醇	工业	耐
碱	氢氧化钠	任意	不耐

①三氯甲烷为液体，但其浓度通过气味来判断。

一、材料要求

1.沥青胶泥的质量要求

沥青胶泥的质量要求见表14-15。

表14-15 沥青胶泥的质量要求

项目	指标
密度(20℃)/(g/cm^3)	1.44～1.47
氧化钠/%	≥10.2
二氧化硅/%	≥25.7
模数(M)	2.6～2.9

2.氟硅酸钠及粉料质量要求

氟硅酸钠及粉料质量要求见表14-16。

表 14-16 氟硅酸钠及粉料质量要求

原料	纯度/%	耐酸率/%	含水率/%	细度
氟硅酸钠	≥95	—	≤1	全部通过 0.15mm 筛
粉料	—	≥95	≤1	0.15mm 筛孔筛余量≤5%， 0.09mm 筛孔筛余量为 10%～30%

3.施工用水玻璃的密度指标

施工用水玻璃的密度指标见表 14-17。

表 14-17 施工用水玻璃的密度指标

用途	密度(20℃)/(g/cm^3)
配制胶泥	1.4～1.43
配制砂浆	1.4～1.42
配制混凝土	1.38～1.42

4.粗细骨料的质量标准

粗细骨料的质量标准见表 14-18。

表 14-18 粗细骨料的质量标准

骨料类别	耐酸率/%	浸酸安定性	含泥量/%	含水率/%	吸水率/%
粗骨粉	≥95	合格	0	≤0.5	≤1.5
细骨料	≥95	—	≤1	≤1.0	—

二、水玻璃类防腐材料的配制

1.水玻璃胶泥、砂浆及混凝土的施工配合比

水玻璃胶泥、砂浆及混凝土的施工配合比见表 14-19。

表 14-19 水玻璃胶泥、砂浆及混凝土的施工配合比

<table>
<tr><th colspan="2" rowspan="3">材料名称</th><th colspan="6">配合比(质量比)</th></tr>
<tr><th rowspan="2">水玻璃</th><th rowspan="2">氟硅酸钠</th><th colspan="2">粉料</th><th colspan="2">骨料</th></tr>
<tr><th>铸石粉</th><th>铸石粉：
石英粉＝
1：1</th><th>细骨料</th><th>粗骨料</th></tr>
<tr><td rowspan="2">水玻璃胶泥</td><td>1</td><td rowspan="2">1.0</td><td rowspan="2">0.15～0.18</td><td>2.55～2.7</td><td></td><td></td><td></td></tr>
<tr><td>2</td><td></td><td>2.2～2.4</td><td></td><td></td></tr>
<tr><td rowspan="2">水玻璃砂浆</td><td>1</td><td rowspan="2">1.0</td><td rowspan="2">0.15～0.17</td><td>2.0～2.2</td><td></td><td>2.5～2.7</td><td></td></tr>
<tr><td>2</td><td></td><td>2.0～2.2</td><td>2.5～2.6</td><td></td></tr>
</table>

续表

材料名称		配合比(质量比)					
		水玻璃	氟硅酸钠	粉料		骨料	
				铸石粉	铸石粉：石英粉＝1∶1	细骨料	粗骨料
水玻璃混凝土	1	1.0	0.15～0.16	2.0～2.2		2.3	3.2
	2				1.8～2.0	2.4～2.5	3.2～3.3

注：表中氟硅酸钠用量是按水玻璃中氧化钠含量的变动而调整的，氟硅酸钠纯度按100%计。

2.混凝土粗骨料的颗粒级配

混凝土粗骨料的颗粒级配见表14-20。

表14-20　混凝土粗骨料的颗粒级配

筛孔/mm	最大粒径	1/2最大粒径	5
累计筛余量/%	0～5	30～60	90～100

注：粗骨料最大粒径不得大于结构最小尺寸的1/4。

3.混凝土细骨料的颗粒级配

混凝土细骨料的颗粒级配见表14-21。

表14-21　混凝土细骨料的颗粒级配

筛孔/mm	5	1.25	0.315	0.16
累计筛余量/%	0～10	20～55	70～95	95～100

4.改性水玻璃混凝土的施工配合比

改性水玻璃混凝土的施工配合比见表14-22。

表14-22　改性水玻璃混凝土的施工配合比

配方编号	配合比(质量比)					
	水玻璃	氟硅酸钠	铸石粉	石英砂	石英石	外加剂
1	100	15	180	250	320	糠醇单体3～5
2	100	15	180	260	330	多羟醚化三聚氰胺8
3	100	15	210	230	320	木质素磺酸钙2、水溶性环氧树脂3

注：1.水玻璃的密度（g/cm^3）：配方3应为1.42，其他配方应为1.38～1.40。

2.氟硅酸钠纯度以100%计。

3.糠醇单体应为淡黄色或微棕色液体，有苦辣气味，密度为1.13～1.14g/cm^3，纯度不应小于98%。

4.多羟醚化三聚氰胺应为微黄色透明液体，固体含量约40%，游离醛不得大于2%，pH值应为7～8。

5.环氧树脂水溶性应为黄色透明黏稠液体，固体含量不得小于55%，水溶性（1∶10）呈透明。

6.木质素磺酸钙应为黄棕色粉末，密度为1.06g/cm^3，碱木素含量应大于55%，pH值应为4～6，水不溶物含量应小于12%，还原物含量小于12%。

三、施工要点

1.水玻璃类混凝土的施工

浇筑水玻璃混凝土的模板应支撑牢固，拼缝严密，表面应平整，并涂矿物油脱模剂。如水玻璃混凝土内埋有金属嵌件时，金属件必须除锈，并涂刷防腐蚀涂料。

水玻璃混凝土设备（如耐酸贮槽）的施工浇筑必须一次完成，严禁留设施工缝。当浇筑厚度大于规定值时（当采用插入式振动器时，每层灌筑厚度不宜大于200mm，插点间距不应大于作用半径的1.5倍，振动器应缓慢拔出，不得留有孔洞。当采用平板振动器或人工捣实时，每层灌筑厚度不宜大于100mm），应分层连续浇筑。分层浇筑时，上一层应在下一层初凝前完成。水玻璃混凝土整体地面应分格施工，分格间距不宜大于3m，缝宽宜为12～16mm。待地面浇筑硬化后，再用钾水玻璃砂浆填平压实。地面浇筑时，应控制平整度和坡度：平整度采用2m直尺检查，允许空隙不应大于4mm；坡度允许偏差为坡长的±0.2%，最大偏差值不大于30mm。水玻璃混凝土浇筑应在初凝前振捣至排除气泡泛浆，最上一层捣实后，表面应在初凝前压实抹平。当需要留施工缝时，在继续浇筑前应将该处打毛清理干净，薄涂一层水玻璃胶泥，稍干后再继续浇筑。地面施工缝应留成斜槎。水玻璃混凝土在不同环境温度下的立面拆模时间见表14-23。

表14-23 水玻璃混凝土在不同环境温度下的立面拆模时间

材料名称		拆模时间/天			
		10～15℃	16～20℃	21～30℃	31～35℃
水玻璃混凝土	普通型	—	≥5	≥4	≥3
	密实型	—	≥7	≥6	≥5

承重模板的拆除，应在混凝土的抗压强度达到设计值的70%后方可进行。拆模后不得有蜂窝、麻面、裂纹等缺陷。当有大量上述缺陷时应返工。少量缺陷应将该处的混凝土凿去，清理干净，待稍干后再用同型号的水玻璃胶泥或水玻璃砂浆进行修补。

2.水玻璃类材料的养护和酸化处理

水玻璃类材料的养护期见表14-24。

表14-24 水玻璃类材料的养护期

养护温度/℃	养护时间/天
10～20	≥12
21～30	≥6
31～35	≥3

注：养护后应采用浓度为20%～25%的盐酸或浓度为30%～40%的硫酸做表面处理，至无白色结晶钠盐析出为止。

3. 水玻璃材料硬化时间和施工温度、拌和时间的关系

水玻璃材料硬化时间和施工温度、拌和时间的关系见表 14-25。

表 14-25 水玻璃材料硬化时间和施工温度、拌和时间的关系

施工温度与硬化时间的大致关系（拌和时间约 2min）		拌和时间与硬化时间的大致关系（常温下拌和）	
施工温度/℃	硬化时间/min	拌和时间/min	硬化时间/min
10	41	1	29
15	34	2	22
20	24	3	18
25	21	4	15
30	14	5	12

四、质量要求及检验

1. 水玻璃胶泥、砂浆整体面层质量检验

① 水玻璃类材料的整体面层应平整洁净、密实，无裂缝、起砂、麻面、起皱等现象。面层与基层应结合牢固，无脱层、起壳等缺陷。

② 水玻璃类材料整体面层的平整度，采用 2m 直尺检查，其允许空隙不大于 4mm。坡度应符合设计要求，允许偏差为坡长的 +0.2%，最大偏差值不得大于 30mm。做泼水试验时，水应能顺利排除。

③ 水玻璃胶泥、水玻璃砂浆及混凝土的质量标准见表 14-26 和表 14-27。

表 14-26 水玻璃胶泥的质量标准

项目	指标	项目	指标
初凝时间/min	>30	与耐酸砖黏结强度/MPa	≥1.0
终凝时间/h	<8	煤油吸收率/%	<16
抗拉强度/MPa	>2.5		

表 14-27 水玻璃砂浆及混凝土的质量标准

性能	指标		
	砂浆	混凝土	改性混凝土
抗压强度/MPa	≥15	≥20	≥25
浸酸安定性	合格	合格	合格
抗渗性/MPa			≥1.2

④ 以水玻璃胶泥或砂浆铺砌块材的结合层厚度和灰缝宽度应符合表14-28的规定。

表14-28 以水玻璃胶泥或砂浆铺砌块材的结合层厚度和灰缝宽度

块材种类	结合层厚度/mm		灰缝宽度/mm	
	水玻璃胶泥	水玻璃砂浆	水玻璃胶泥	水玻璃砂浆
标准耐酸砖、缸砖、铸石板	5～7	6～8	3～5	4～6
平板形耐酸砖、耐酸陶板	5～7	6～8	2～3	4～6
花岗石及其他条石块材		10～15		8～12

2. 水玻璃类材料块材铺砌层的质量检验

① 水玻璃胶泥或砂浆铺砌块材的结合层和灰缝应饱满密实，黏结牢固，无疏松、裂缝和起鼓现象。

② 块材面层的平整度和坡度、排列、缝的宽度应符合设计要求。

③ 块材衬砌时要保证胶泥饱满，防止胶泥流淌和块材移位。

④ 块材铺砌层的养护和热处理要符合热处理相关要求。

3. 水玻璃类材料块材铺砌层常见的缺陷和原因

水玻璃类材料块材铺砌层施工中常见的缺陷及原因见表14-29。

表14-29 施工中常见的缺陷及原因

缺陷与现象	原因
块材移动、胶泥固化速度慢、强度低	(1)施工现场温度低； (2)固化剂用量不足； (3)水玻璃模数低； (4)水玻璃密度小
固化速度快	(1)施工现场温度高； (2)固化剂加入量大； (3)水玻璃模数高； (4)水玻璃密度大
黏结力差	(1)被黏结表面不清洁； (2)胶泥配方不当； (3)胶泥不饱满，有空洞
胶泥空隙率大	(1)水玻璃密度小； (2)填料细度级配不合适
胶泥表面裂纹	(1)施工时接触水； (2)填料颗粒太细； (3)固化速度太快

第五节 聚合物水泥砂浆类防腐蚀工程

聚合物水泥砂浆主要有氯丁胶乳水泥砂浆、聚丙烯酸酯乳液水泥砂浆和环氧乳液水泥砂浆。这类材料的特点是凝结力强，可在潮湿的水泥基层上施工，能耐中等浓度以下的碱和呈碱性盐类介质的腐蚀。在防腐蚀工程中聚合物水泥砂浆常用于混凝土、砖石结构或钢结构表面上铺抹的整体面层和铺砌的块材面层。

一、一般规定

1. 材料规定

原材料的技术指标应符合要求，并具有出厂合格证或检验资料，对原材料的质量有怀疑时，应进行复检。

2. 施工规定

① 聚合物水泥砂浆不应在养护期少于 3 天的水泥砂浆或混凝土基层上施工。

② 聚合物水泥砂浆在水泥砂浆或混凝土基层上进行施工时，基层表面应平整、粗糙、清洁，无油污、起砂、空鼓、裂缝等现象。

③ 施工前，应根据施工环境温度、工作条件等因素，通过试验确定适宜的施工配合比和操作方法后，方可进行正式施工。

④ 聚合物水泥砂浆在钢基层上施工时，基层表面应无油污、浮锈，除锈等级宜为 St3。焊缝和搭接部位，应用聚合物水泥砂浆找平后，再进行施工。

⑤ 施工用的机械和工具必须及时清洗。

二、原材料和制成品的质量要求

1. 氯丁胶乳

(1) 硅酸盐水泥 氯丁胶乳水泥砂浆应采用强度等级不低于 42.5 的硅酸盐水泥或普通硅酸盐水泥。

(2) 细骨料及颗粒等级 细骨料的质量应满足表 14-30 的规定，颗粒等级级配见表 14-31。

表 14-30 细骨料的质量

含泥量/%	云母含量/%	硫化物含量/%	有机物含量
≤3	≤1	≤1	浅于标准色

注：有机物含量比标准色深时，应配成砂浆进行强度对比试验，抗压强度比不低于 0.95。

表 14-31 细骨料的颗粒等级级配

筛孔/mm	5.0	2.5	1.25	0.63	0.315	0.15
筛余量/%	0	0～25	10～50	41～70	70～92	90～100

注：细骨料的最大粒径不宜超过涂层厚度或灰缝宽度的 1/3。

(3) 氯丁胶乳的质量 氯丁胶乳的质量标准见表 14-32。

表 14-32 氯丁胶乳的质量标准

项目	质量标准	项目	质量标准
外观	乳白色无沉淀的均匀乳液	密度	≥1.080g/cm^3
黏度	10～55MPa·s		
总固物含量	≥47%	贮存稳定性	5～40℃，三个月无明显变化

(4) 氯丁胶乳水泥砂浆的配合比 氯丁胶乳水泥砂浆的配合比见表 14-33。

表 14-33 氯丁胶乳水泥砂浆的配合比

项目	氯丁砂浆	氯丁净浆	项目	氯丁砂浆	氯丁净浆
水泥	100	100～200	消泡剂	0.3～0.6	0.3～1.2
砂料	100～200		pH 值调节剂	适量	适量
氯丁胶乳	38～50	38～50			
稳定剂	0.6～1.0	0.6～2.0	水	适量	适量

注：氯丁胶乳的固体含量按 50%计，当采用其他含量的氯丁胶乳时，可按比例换算。

2. 聚丙烯酸酯乳液

(1) 聚丙烯酸酯乳液的质量标准 见表 14-34。

表 14-34 聚丙烯酸酯乳液的质量标准

项目	质量标准	项目	质量标准
外观	乳白色无沉淀的均匀乳液	密度/(g/cm^3)	≥1.056
黏度	11.5～12.5(涂 4 杯)/(MPa·s)		
总固物含量/%	39～41	贮存稳定性	5～40℃，三个月无明显沉淀

注：聚丙烯酸酯乳液配制丙乳砂浆不需另加助剂。

(2) 硅酸盐水泥 聚丙烯酸酯乳液水泥砂浆宜采用强度等级不低于 42.5 的硅酸盐水泥或普通硅酸盐水泥。

(3) 细骨料与颗粒级配 细骨料与颗粒等级级配的质量标准可参照表 14-30 和表 14-31 的标准。

(4) 聚丙烯酸酯乳液水泥砂浆配合比 聚丙烯酸酯乳液水泥砂浆配合比应符合表 14-35 的规定。

表 14-35 聚丙烯酸酯乳液水泥砂浆配合比

项目	丙乳砂浆	丙乳净浆
水泥	100	100～200
砂料	100～200	—
聚丙烯酸酯乳液	25～38	50～100
水	适量	—

注：表中聚丙烯酸酯乳液的固体含量按 40%计。

3. 环氧乳液

环氧乳液的辅助材料与质量要求与其他聚合物的质量要求相同，可参照前面氯丁胶乳和聚丙烯酸酯乳液进行操作。

聚合物水泥砂浆类的物理学性能见表14-36。

表14-36　聚合物水泥砂浆类的物理学性能

项目	氯丁胶乳水泥砂浆	聚丙烯酸酯乳液水泥砂浆	环氧乳液水泥砂浆
抗压强度/MPa	≥20	≥30	≥35
抗拉强度/MPa	≥3.0	≥4.5	≥5.0
黏结强度/MPa	与水泥基层≥1.2 与钢铁基层≥2.0	与水泥基层≥1.2 与钢铁基层≥1.5	与水泥基层≥2.0 与钢铁基层≥2.0
抗渗等级/MPa	≥1.5	≥1.5	≥1.5
吸水率/%	≥4.0	≥5.5	≥4.0
使用温度/℃	≥60	≥60	≥70

三、施工要点

1. 聚合物水泥砂浆的配制

① 聚合物水泥砂浆宜采用人工拌和。当采用机械拌和时，应使用立式复式搅拌机。

② 氯丁砂浆配制时应按确定的施工配合比称取定量的氯丁胶乳，加入稳定剂、消泡剂及pH值调节剂，并加入适量水，充分搅拌均匀后，倒入预先拌和均匀的水泥和砂子的混合物中，搅拌均匀。拌制时，不宜剧烈搅动。拌匀后，不宜再反复搅拌和加水。配制好的氯丁砂浆应在1h内用完。

③ 丙乳砂浆配制时，应先将水泥与砂子干拌均匀，再倒入聚丙烯酸酯乳液和试拌时确定的水量，充分搅拌均匀。配制好的丙乳砂浆应在30～45min内用完。

④ 拌制好的聚合物水泥砂浆应在初凝前用完，如发现有凝胶、结块现象，不得使用。拌制好的水泥砂浆应有良好的和易性，水灰比宜根据现场试验最后确定。每次拌和量应以施工能力确定。

2. 聚合物水泥砂浆的施工要点

(1) 整体面层的施工　聚合物水泥砂浆不应在养护期少于3天的水泥砂浆或混凝土基层上施工。施工前应用高压水冲洗并保持潮湿状态，但不得存有积水。铺抹聚合物水泥砂浆前应先在基层上涂刷一层薄而均匀的氯丁胶乳水泥浆或聚丙烯酸酯乳液水泥砂浆，边刷涂边摊铺聚合物水泥砂浆。聚合物水泥砂浆一次施工面积不宜过大，应分条或分块错开施工，每块面积不宜大于10m^2，条宽不宜大于1.5m，补缝或分段错开的施工间隔时间不应小于24h。接缝用的木条或聚氯乙烯条应预先固定在基层上，待砂浆抹面后可抽出留缝条并在24h后进行补缝。分层施工时，留缝位置应相互错开。聚合物水泥砂浆摊铺完毕后应立即压抹，并宜一次抹平，不宜反复抹压。遇有气泡时应刺破压紧，表面应密实。在立面或仰面上施工时，当面层厚度大于10mm时，应分层施工，分层抹面厚度宜为5～10mm。等前一层干至不黏手时可进行下一层施工。聚合物水泥砂浆施工12～24h后，在面层涂一层水泥净浆。等抹完后，表面不黏手时进行覆膜工作，覆膜养护7～10天后方可使用。

(2) 铺砌块材的施工 聚合物水泥砂浆铺砌耐酸砖块材面层时，应预先用水将块材浸泡2h，擦干水迹进行铺砌。铺砌耐酸砖块材时应采用揉挤法。铺砌厚度大于等于60mm的天然石材时可采用坐浆法。铺砌块材时应在基层上边涂刷接浆料边铺砌，块材的结合层及灰缝应密实饱满，并应采取措施防止块材移动。立面块材的连续铺砌高度应与胶泥、砂浆的硬化时间相适应，防止产生位移和变形。铺砌块材时，灰缝应填满压实，灰缝的表面应平整光滑，并应将块材上多余的砂浆清理干净。聚合物水泥砂浆铺砌块材时的结合层厚度、灰缝宽度见表14-37。

表14-37 结合层厚度、灰缝宽度 单位：mm

块材种类		结合层厚度	灰缝宽度
耐酸砖、耐酸耐温砖		4～6	4～6
天然石材	厚度≤30	6～8	6～8
	厚度>30	10～15	8～15

第六节 块材防腐蚀工程

一、材料要求

1. 耐腐蚀胶泥或砂浆

耐腐蚀块材砌筑用胶黏剂俗称胶泥或砂浆，常用的耐腐蚀胶泥或砂浆包括：树脂胶泥或砂浆（环氧树脂胶泥或砂浆、不饱和聚酯树脂胶泥或砂浆、环氧乙烯基酯树脂胶泥或砂浆、呋喃树脂胶泥）、水玻璃胶泥或砂浆（钠水玻璃、钾水玻璃）、聚合物水泥砂浆（氯丁胶乳水泥砂浆、聚丙烯酸酯乳液水泥砂浆和环氧乳液水泥砂浆）等。各种胶泥的主要性能、特性见表14-38。

表14-38 各种胶泥的主要性能、特性

胶泥名称	性能特征
环氧树脂胶泥	耐酸、耐碱、耐盐、耐热性能低于环氧乙烯基酯树脂和呋喃胶泥；黏结强度高；使用温度60℃以下

续表

胶泥名称	性能特征
不饱和聚酯树脂胶泥	耐酸、耐碱、耐盐、耐热及黏结性能低于环氧乙烯基酯树脂和呋喃胶泥，常温固化、施工性能好、品种多、选择余地大，耐有机溶剂性差
环氧乙烯基酯树脂胶泥	耐胶、耐碱、耐有机溶剂、耐盐、耐氧化性介质，强度高；常温固化，施工性能好，黏结力较强；品种多，耐热性好
呋喃树脂胶泥	耐酸、耐碱性能较好；不耐氧化性介质，强度高；抗冲击性能差；施工性能一般
水玻璃胶泥	耐温、耐酸(除氢氟酸)性能优良，不耐碱、水、氟化物及300℃以上磷酸，空隙率大，抗渗性差
聚合物水泥砂浆	耐中低浓度碱、碱性盐；不耐酸、酸性盐；空隙率大，抗渗性差

2. 耐腐蚀块材

常用的耐腐蚀块材有：耐酸砖、耐酸耐温砖和天然耐酸碱石材等。

(1) 耐酸砖 常用的耐酸砖制品是以黏土为主体，并适当地加入矿物、助熔剂等，按一定配方混合、成型后经高温烧结而成的无机材料。耐酸砖的主要化学成分是二氧化硅和氧化铝，根据原料的不同一般可分为陶制品和瓷制品。陶制品表面大多呈黄褐色，断面较粗糙，孔隙率大，吸水率高，强度低，耐热冲击性能好；瓷制品表面呈白色或灰白色，质地致密，孔隙率小，吸水率低，强度高，耐酸腐蚀性能优良，可耐酸、碱、盐类介质的腐蚀，但不耐含氟酸和熔融碱的腐蚀。一般用的耐酸砖和耐酸耐温砖均属此类，其物理化学性能见表14-39。

表14-39 耐酸砖的物理化学性能

项目	性能指标		
	1类	2类	3类
吸水率/%	≤0.5	≤2.0	≤4.0
弯曲强度/MPa	≥39.2	≥29.8	≥19.6
耐酸度/%	≥99.80	≥99.80	≥99.70
耐急冷急热性/℃	100	130	150
	试验一次后，试样不得有裂纹、剥落等破损现象		

(2) 耐酸耐温砖 耐酸耐温砖的耐温性能大大提高，其物理化学性能见表14-40。

表 14-40 耐酸耐温砖的物理化学性能

项目	性能指标	
	NSW1 类	NSW2 类
吸水率/%	≤5.0	5.0～8.0
耐酸度/%	≥99.7	≥99.7
压缩强度/MPa	≥80	≥60
耐急冷急热性	试验温差 200℃	试验温差 250℃
	试验 1 次后，试样不得有新生裂纹和破损剥落	

(3) 天然耐酸碱石材 常用的天然耐酸碱石材有花岗岩、安山岩等，其性能取决于化学组成和矿物组成。其物理、力学性能见表 14-41。除了常用的这两种石材外，还会经常遇到其他各种耐酸碱石材，其组成及性能见表 14-42。

表 14-41 天然耐酸碱石材的物理、力学性能

项目	性能指标	
	花岗岩	安山岩
密度/(g/cm^3)	2.5～2.7	2.7
抗压强度/MPa	>88.3	196
抗弯强度/MPa		39.2
吸水率/%	<1	<1
耐酸度/%	>96	>98
热稳定性		600℃合格

表 14-42 各种耐酸碱石材的组成及性能

性能	花岗岩	石英岩	石灰岩	安山岩	文岩
组成	长石、石英及少量云母等组成的火成岩	石英颗粒被二氧化硅胶结而成的变质岩	次生沉积岩(水成岩)	长石(斜长石)及少量石英、云母组成的火成岩	由二氧化硅等主要矿物组成
颜色	呈灰、蓝或浅红色	呈白、淡黄或浅红色	呈灰、白、黄褐或黑褐色	呈灰、深灰色	呈灰白或肉红色
特性	强度高、抗冻性好，热稳定性差	强度高、耐火性好、硬度大，难于加工	热稳定性好，硬度较小	热稳定性好，硬度较小，加工比较容易	构造层理呈薄片状，质软易加工
主要成分	SiO_2：70%～75%	SiO_2：90%以上	CaO：61%～65%	SiO_2：61%～65%	SiO_2：60%以上
密度/(g/cm^3)	2.5～2.7	2.5～2.8	—	2.7	2.8～2.9

续表

性能		花岗岩	石英岩	石灰岩	安山岩	文岩
抗压强度/MPa		110～250	200～400	22～140	200	50～100
耐酸	硫酸	耐	耐	不耐	耐	耐
	盐酸	耐	耐	不耐	耐	耐
	硝酸	耐	耐	不耐	耐	耐
耐碱		耐	耐	耐	较耐	不耐

二、块材防腐施工要求

1. 施工环境

① 个人防护用具必须备齐，现场的消防器材、安全设施经安全监督部门验收通过。

② 施工机具应按规定位置就位，安装引风和送风装置，安装动力电源和低压安全照明设备。

③ 材料已经验收合格。露天场所应搭起临时工棚、配制材料的工作台。

2. 技术要求

(1) 块材砌筑施工应具备的技术文件

① 设计图纸和技术说明文件、相关的施工规范及质量验收标准。

② 根据施工图及相关法规、标准及现场条件编制施工方案。

(2) 编制包含下面内容的施工组织技术方案

① 施工概况及特点。

② 施工编制依据。

③ 施工详图、施工进度安排及网络计划。

④ 劳动力需要计划、施工机具及施工用料计划。

⑤ 质量检验标准。

三、施工要点

① 块材铺砌前应对基层或隔离层进行质量检查，合格后再行施工。

② 块材铺砌前应先试排。铺砌顺序应由低往高，先地沟，后地面，再踢脚、墙裙。

③ 平面铺砌块材时，不宜出现十字通缝。立面铺砌块材时，可留置水平或垂直通缝，如图 14-1 所示。

④ 铺砌平面和立面的交角时，阴角处立面块材应压住平面块材；阳角处平面块材应压住立面块材。铺砌一层以上块材时，阴阳角的立面和平面块材应互相交错，不宜出现重叠缝，如图 14-2 所示。

⑤ 块材铺砌时应拉线控制标高、坡度、平整度，并随时控制相邻块材的表面

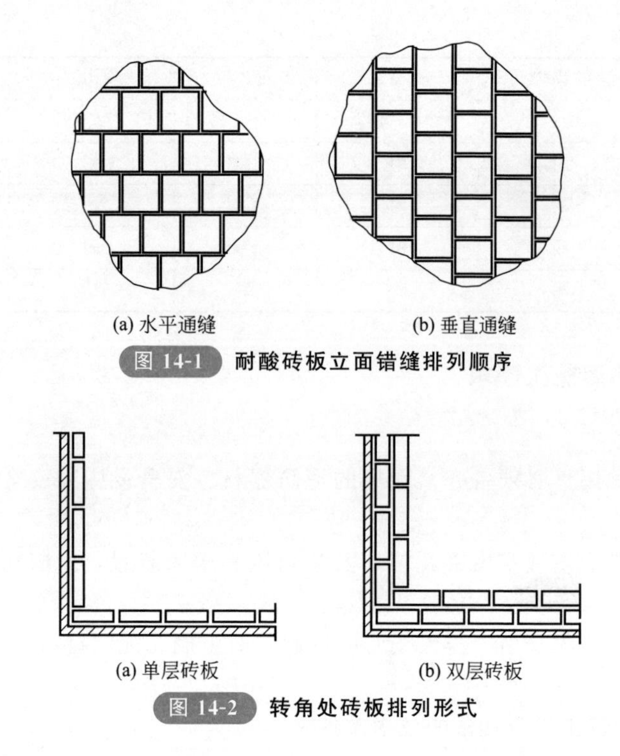

(a) 水平通缝　(b) 垂直通缝

图 14-1 耐酸砖板立面错缝排列顺序

(a) 单层砖板　(b) 双层砖板

图 14-2 转角处砖板排列形式

高差及灰缝偏差。

⑥ 块材防腐蚀工程根据其不同的胶结材料，可采用不同的方法进行施工。

⑦ 块材加工机械应有防护罩设备，操作人员应戴防护眼镜。

第十五章

保温隔热工程

第一节　整体保温隔热层

一、现浇水泥蛭石保温隔热层

1. 材料要求

现浇水泥蛭石保温隔热层，是以膨胀蛭石为集料，以水泥为胶凝材料，按一定配合比配制而成，一般用于屋面和夹壁之间。但不宜用于整体封闭式保温层，否则，应采取屋面排气措施。

(1) 水泥　水泥在水泥蛭石保温隔热层中起骨架作用，因此应选用不低于325号的普通硅酸盐水泥，以用425号普通硅酸盐水泥为好，或选用早期强度高的水泥。

(2) 膨胀蛭石　膨胀蛭石的技术性能及规格见表15-1，其颗粒可选用5～20mm的大颗粒级配，这样可使颗粒的总面积减少，以减少水泥用量，减轻密度，提高强度。在低温环境中使用时，它的保温性能较好。存放膨胀蛭石要避风避雨，堆放高度不宜超过1m。

表15-1　膨胀蛭石的技术性能及规格

项次	项目	技术性能指标
1	密度	80～200kg/m^3
2	抗菌性	膨胀蛭石是一种无机材料，故不受菌类侵蚀，不会腐烂变质，不易被虫蛀、鼠咬
3	耐腐蚀性	膨胀蛭石耐碱，但不耐酸
4	耐冻耐热性	膨胀蛭石在－20～100℃温度下，本身质量不变
5	吸水性及吸湿率	膨胀蛭石的吸水性很大，与密度成反比。在相对湿度95%～100%环境下，其吸湿率(24h)为1.1%
6	热导率	0.047～0.07W/(m·K)

续表

项次	项目	技术性能指标
7	吸声系数	0.53～0.63(频率为512Hz)
8	隔声性能	当密度≤200kg/m^3 时，$N=13.5\lg P+13$；当密度>200kg/m^3 时，$N=23\lg P-P$(式中，P 为基准声压，N 为隔声性能)
9	规格	一般按其叶片平面尺寸(也可称为粒径)大小的不同，分为4级：1级，粒径>15mm；2级，粒径=4～15mm；3级，粒径=2～4mm；4级，粒径<2mm。有的生产单位仅供应“混合料”，并不分级

2.配合比

(1) 水泥和膨胀蛭石的体积比 在一般工程施工中以1∶12为最合理的配合比。常用配合比及性能见表15-2。

表15-2 水泥和膨胀蛭石常用的配合比及性能

配合比(水泥∶蛭石∶水)(体积比)	每立方米水泥蛭石浆用料数量		压缩率/%	1∶3水泥砂浆找平层厚度/mm	养护时间/天	密度/(kg/m^3)	热导率/[W/(m·K)]	抗压强度/MPa
	水泥/kg	膨胀蛭石/m^3						
1∶12∶4	425号硅酸盐水泥:110	1.3	130	10	4	290	0.087	0.25
1∶10∶4	425号硅酸盐水泥:130	1.3	130	10	4	320	0.093	0.30
1∶12∶3.3	425号硅酸盐水泥:110	1.3	140	10	4	310	0.092	0.30
1∶10∶3	425号硅酸盐水泥:130	1.3	140	10	4	330	0.099	0.35
1∶12∶3	325号矿渣水泥:110	1.3	130	15	4	290	0.087	0.25
1∶12∶4	325号矿渣水泥:110	1.3	130	5	4	290	0.087	0.25
1∶10∶4	325号矿渣水泥:110	1.3	125	10	4	320	0.093	0.34

(2) 水灰比 由于膨胀蛭石的吸水率高，吸水速度快，水灰比过大，会造成施工水分排出时间过长和强度不高等结果。水灰比过小，又会造成找平层表面龟裂、保温隔热层强度降低等缺点。一般以2.4～2.6为宜（体积比）。现场检查方法是：

将拌好的水泥蛭石浆用手紧捏成团不散，并稍有水泥浆滴下时为合适。

3. 施工要点

(1) 材料的拌和 拌和应采用人工拌和，机械搅拌时蛭石和膨胀珍珠岩颗粒破损严重，有的达 50%，且极易粘于壁筒，影响保温性能和造成施工不便。采用人工拌和时又分为干拌和湿拌两种。

(2) 铺设保温隔热层 屋面铺设隔热保温层时，应采取“分仓”施工，每仓宽度为 700～900mm。可采用木板分隔，亦可采用钢筋尺控制宽度和铺设厚度。隔热保温层结构如图 15-1 所示。

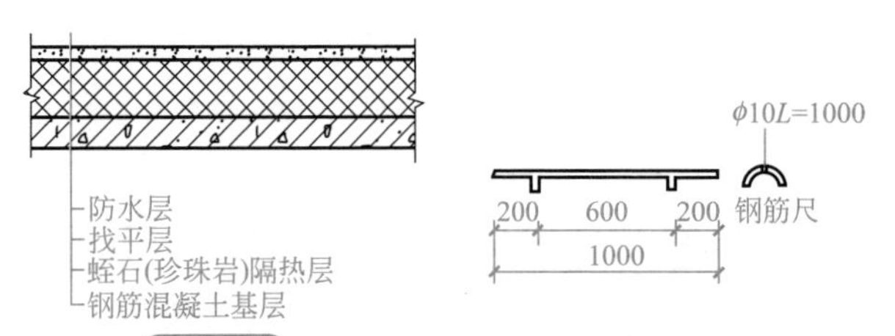

图 15-1 现浇水泥蛭石隔热保温层结构

(3) 铺设厚度 隔热保温层的虚设厚度一般为设计厚度的 130%（不包括找平层），铺后用木板拍实抹平至设计厚度。铺设时应尽可能使膨胀蛭石颗粒的层理平面与铺设平面平行。

(4) 找平层 水泥蛭石浆压实抹平后应立即抹找平层，两者不得分两个阶段施工。找平层砂浆配合比为 425 号水泥：粗砂：细砂＝1：2：1，稠度为 7～8cm（呈粥状）。

(5) 施工检验 由于膨胀蛭石吸水较快，施工时，最好把原材料运至铺设地点，随拌随铺，以确保水灰比准确和工程质量。

整体保温层应有平整的表面，其平整度用 2m 直尺检查。直尺与保温层表面之间的空隙：当在保温层上直接设置防水层时，不应大于 5mm；如在保温层上做找平层时，不应大于 7mm，空隙只允许平缓变化。

(6) 膨胀蛭石的用量 膨胀蛭石的用量按下式计算

$$Q=150X$$

式中 Q——100m^2 隔热保温层中膨胀蛭石的用量，m^3；

X——隔热保温层的设计厚度，m。

二、水泥膨胀珍珠岩保温隔热层

1. 材料要求

水泥膨胀珍珠岩以膨胀珍珠岩为集料，以水泥为胶凝材料，按一定比例配制而成，可用于墙面抹灰，亦可用于屋面或夹壁等处作现浇隔热保温层。珍珠岩粉的性能指标及规格见表 15-3。用于墙面粉刷的珍珠岩灰浆的配合比及性能参见表 15-4；用于屋面或夹壁现浇保温隔热层灰浆的配合比及性能见表 15-5。

表 15-3 珍珠岩粉的性能指标及规格

热导率 /[W/(m·K)]	吸声系数 /Hz	吸水率 /%	吸湿率 /%	安全使用温度/℃	抗冻性（干燥状态）	电阻系数 /(Ω·cm)
常温下 <0.047	$\frac{0.12}{125}$、$\frac{0.13}{250}$、	质量吸水率:400；体积吸水率:29～30	0.006～0.08	800	-20℃15次冻融无变化	1.95×10^{6}～2.3×10^{10}
高温下 0.058～0.170	$\frac{0.67}{500}$、$\frac{0.68}{1000}$、					
低温下 0.028～0.038	$\frac{0.82}{2000}$、$\frac{0.92}{3000}$					

注：1. 耐酸碱性：耐酸较强，耐碱较弱。

2. 珍珠岩粉根据颗粒大小不同及密度分为一、二、三级；一般一级密度为 40～80kg/m^3；二级为 80～150kg/m^3；三级为 150～200kg/m^3。

表 15-4 墙面粉刷的珍珠岩灰浆的配合比及性能

项次	用料规格		用料体积比（水泥：珍珠岩：水）	密度 /(kg/m^3)	抗压强度 /MPa	热导率 /[W/(m·K)]
	膨胀珍珠岩	水泥				
1	密度：320～350kg/m^3	325或425号普通硅酸盐水泥	1：10：1.55 1：12：1.6	480 430	1.1 0.8	0.081 0.074
2	密度：120～160kg/m^3	325或425号普通硅酸盐水泥	1：15：1.7	335	0.9～1.0	0.065

表 15-5 现浇保温隔热层灰浆的配合比及性能

项次	用料体积比		密度 /(kg/m^3)	抗压强度 /MPa	热导率 /[W/(m·K)]
	硅酸盐水泥（425号）	膨胀珍珠岩（密度:120～160kg/m^3）			
1	1	6	548	1.7	0.121
2	1	8	510	2.0	0.085
3	1	10	380	1.2	0.080
4	1	12	360	1.1	0.074
5	1	14	351	1.0	0.071
6	1	16	315	0.9	0.064
7	1	18	300	0.7	0.059
8	1	20	296	0.7	0.055

2. 施工方法

水泥膨胀珍珠岩保温隔热层常见的施工方法主要有喷涂法和抹压法两种。

(1) 喷涂法 喷涂设备包括混凝土喷射机一台，如图 15-2 所示，它由进料室、储料室和传动部件组成。为了防止混合料堵塞，在储料室设搅拌翅。储料室的底部与喷射口同一水平上设配料盘，其上有 12 个缺口，转速为 16r/min，作用是使混合料经缺口均匀喷出，喷枪一支，它是由喷嘴、串水圈及连接管三部分组成的，空气压缩机一台，压力水罐一个以及输料、输水用的胶管等。

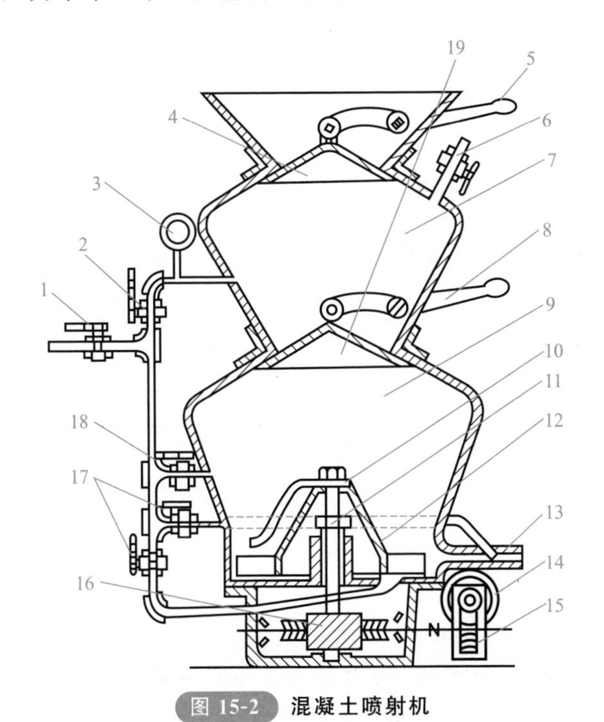

图 15-2　混凝土喷射机

1—总进风阀；2—进料室进风阀；3—压力表；4—进料室顶盖；5—顶盖扳手；6—排风阀；7—进料室；8—储料室顶盖扳手；9—储料室；10—搅拌翅；11—主轴；12—分配盘；13—喷射口；14—电机；15—涡轮变速箱；16—分配盘涡轮变速器；17—配料喷射口风阀；18—储料室风阀；19—储料室顶盖

喷涂法适用于砖墙和拱屋面，其施工设备如图 15-3 所示。

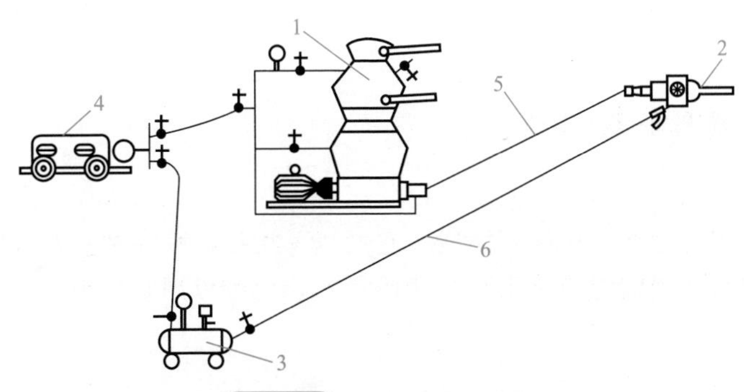

图 15-3　喷涂法施工设备

1—喷射机；2—喷枪；3—压力水罐；4—空气压缩机；5—混合干料输送管；6—输水管

喷前先将水泥和膨胀珍珠岩按一定比例干拌均匀，然后送入喷射机内进一步搅拌，在风压作用下经胶管送至喷枪，水与干物料在喷枪口混合后由喷嘴喷出。

喷涂时要随时注意调整风量、水量。喷射角度：当喷墙面、屋面时，喷枪与基层表面垂直为宜；喷射顶棚时，以45°角为宜。一次喷涂厚度可达30mm，多次喷涂厚度可达80mm，喷涂墙面一般用1∶12（水泥与膨胀珍珠岩体积比，下同），喷涂屋面一般用1∶15。当采用水泥石灰膨胀珍珠岩灰浆时，宜分两遍喷涂，两遍喷涂时间相隔24h，总厚度不宜超过30mm，其配合比见表15-6。

表15-6 喷涂水泥石灰膨胀珍珠岩灰浆配比

项次	材料比	第一遍	第二遍	适用部位
1	水泥∶石灰膏∶珍珠岩	1∶1∶9	1∶1∶12	顶棚
2	水泥∶石灰膏∶珍珠岩	1∶1∶15	1∶0.5∶15	墙面

(2) 抹压法

① 将水泥和珍珠岩按一定配合比干拌均匀，然后加水拌和，水不宜过多，否则珍珠岩将由于体轻上浮，产生离析现象。灰浆稠度以外观松散，手握成团不散，挤不出水泥浆或只能挤出少量水泥浆为宜。

② 基层表面事先应洒水湿润。

③ 墙面粉刷时用力要适当，用力过大，易影响隔热保温效果；用力过小，与基层黏结不牢，易产生脱落，一般掌握压缩比为130%左右即可。

④ 平面铺设时应分仓进行，铺设厚度一般为设计厚度的130%左右，经拍实（轻度）至设计厚度。拍实后的表面，不能直接铺贴油毡防水层，必须先抹1∶(2.5～3) 的水泥砂浆找平层一层，厚度为7～10mm。抹后一周内浇水养护。

⑤ 整体保温层应有平整的表面，其平整度用2m直尺检查，直尺与保温层间的空隙：当在保温层上直接设置防水层时，不应大于5mm；如在保温层上做找平层时，不应大于7mm，空隙只允许平缓变化。

三、喷、抹膨胀蛭石灰浆

膨胀蛭石灰浆（简称蛭石灰浆）以膨胀蛭石为主体，以水泥、石灰、石膏为胶凝材料，加水按一定配合比配制而成。它可以采用抹、喷涂和直接浇注等方法，作为一般建筑内墙、顶棚等粉刷工程的墙面材料，也可以用它作为一些建筑物的隔热保温层和吸声层。

1. 材料要求

(1) 水泥 水泥在水泥蛭石保温隔热层中起骨架作用，因此应选用不低于325号的普通硅酸盐水泥，以用425号普通硅酸盐水泥为好，或选用早期强度高的水泥。

(2) 石灰膏 石灰膏可以起到胶结、和易的作用，还可以用于罩面。抹灰用石灰膏的熟化时间在常温下不应少于15天，对于罩面使用的石灰膏不应少于30天，石灰膏中不得含有未熟化的颗粒和其他杂质。尤其对于直接购买的石灰膏，特别需要了解其熟化的时间。

(3) 膨胀蛭石 颗粒粒径应在10mm以下，并以1.2～5mm为主，1.2mm占15%左右，小于1.2mm的不得超过10%。机械喷涂时所选用的粒径不宜太大，以3～5mm为宜。其配合比及性能可参见表15-7。

表15-7 膨胀蛭石灰浆配合比及其性能

配合比及性能		灰浆类别		
		水泥蛭石浆	水泥石灰蛭石浆	石灰蛭石浆
体积配合比	水泥	1	1	—
	石灰膏	—	1	1
	膨胀蛭石	4～8	5～8	2.5～4
	水	1.4～2.6	2.33～3.75	0.962～1.8
主要技术性能指标	密度/(kg/m^3)	509～638	636～749	405～497
	热导率/[W/(m·K)]	0.152～0.184	0.161～0.194	0.154～0.164
	抗压强度/MPa	0.36～1.17	1.22～2.13	0.16～0.18
	抗拉强度/MPa	0.20～0.75	0.59～0.95	0.19～0.21
	黏结强度/MPa	0.23～0.37	0.12～0.24	0.01～0.02
	吸湿率/%	2.54～4.00	0.78～1.01	1.54～1.56
	吸水率/%	88.4～137.0	62.0～87.0	114.0～133.5
	平衡含水率/%	0.41～0.60	0.37～0.45	0.57～1.27
	线收缩/%	0.311～0.397	0.318～0.398	0.981～1.427

2. 施工要点

(1) 清理基层 被喷抹的基层表面应清洗干净，并须凿毛，然后涂抹一道底浆，底浆用料配合比及适用部位见表15-8。

表15-8 底浆用料配合比及适用部位

名称	厚度/mm	适用部位
1∶1.5水泥细砂浆	2～3	地下坑壁
1∶3水泥细砂浆	2～3	墙面
水泥浆		顶棚

(2) 膨胀蛭石灰浆的涂刷 膨胀蛭石灰浆可采用人工粉刷或机械喷涂，不论采

用哪种方法，均应分底层和面层两层施工，防止一次喷抹太厚，产生龟裂。底层完工后须经一昼夜方可再做面层，总厚度不宜超过 30mm。采用机喷方法喷涂水泥石灰蛭石浆的配合比见表 15-9。

表 15-9 水泥石灰蛭石浆的配合比

材料	底层配合比	面层配合比	适用部位
水泥：石灰膏：蛭石	1:1:5	1:1:6	墙面、地下坑壁
水泥：石灰膏：蛭石	1:1:12	1:1:10	墙面、顶棚

(3) 人工抹灰浆 采用人工抹蛭石灰浆的方法与抹普通水泥砂浆相同，抹时应用力适当。用力过大，易将水泥浆从蛭石缝中挤出，影响灰浆强度；用力过小，则与基层黏结不牢，且影响灰浆本身质量。

(4) 机械喷涂砂浆 可用隔膜式灰浆泵或自行改装专制的喷浆机进行施工。喷嘴大小以 16～20mm 为宜，喷射压力可根据具体情况决定，可在 0.05～0.08MPa 范围内进行调整。喷涂墙面时，喷枪与墙面垂直，喷涂顶棚时，喷枪与顶棚成 45° 角为宜。喷嘴距基层表面 300mm 左右为好。喷涂后的面层可用抹子轻轻抹平。落地灰浆可回收再用。

(5) 塑化剂的配置 塑化剂的配制方法如下：先用固体烧碱 15g 和 85g 水制成 100g 碱溶液，再加入 50g 松香，加热搅拌成浓缩塑化剂。喷涂时，把浓缩的塑化剂加水稀释成 20 倍溶液，即可使用。

(6) 施工的要求 蛭石灰浆应随拌随用，一边使用一边搅拌，使浆液保持均匀。一般从搅拌到用完不宜超过 2h，否则因蛭石水化成粉末，影响隔热保温效果。室内过于潮湿及结露的基层，蛭石灰浆不易粘牢；过于干燥的环境，基层表面应先洒水润湿。喷抹蛭石灰浆应尽量避免在严冬和炎夏施工，否则应采取防寒或降温养护措施。

第二节 松散材料保温隔热层

一、材料要求

① 宜采用无机材料，如使用有机材料，应先做好材料的防腐处理。

② 材料在使用前必须检验其密度、含水率和热导率，使其符合设计要求。

③ 常用的松散保温隔热材料应符合下列要求：炉渣和水渣，粒径一般为 5～40mm，其中不应含有有机杂物、石块、土块、重矿渣块和未燃尽的煤块；膨胀蛭石，粒径一般为 3～15mm；矿棉，应尽量少含珠粒，使用前应加工疏松；锯木屑，不得使用腐朽的锯木屑；稻壳，宜用隔年陈谷新轧的干燥稻壳，不得含有糠麸、尘土等杂物；膨胀珍珠岩粒径小于 0.15mm 的含量不应大于 8%。

④ 材料在使用前必须过筛，含水率超过设计要求时，应予晾干或烘干。采用

锯末屑或稻壳等有机材料时，应做防腐处理，常用处理方法有钙化法和防腐法两种。

a. 钙化法。钙化锯末屑的配制方法与施工要求见表 15-10。

表 15-10 钙化锯末屑的配制方法与施工要求

类别	配合比(体积比)			主要性能			配制方法和施工要点
	锯末屑	生石灰粉	水泥	密度/(kg/m^3)	热导率/[W/(m·K)]	抗压强度/MPa	
Ⅰ	50	4	3	490	0.11	0.42	先将锯末屑和生石灰粉按配合比干拌均匀，再适量加水拌和经钙化 24h 以上，使木质纤维软化。在使用前再按配合比加入定量水泥(不加水)拌和均匀即可使用。一般虚铺 60mm 压至 40mm
Ⅱ	12 16	4 4	1.5 1.5	596 740	0.11 0.15	0.20 0.15	将锯末屑、生石灰粉和水泥按配合比干拌均匀，然后边加水边搅拌至潮湿均匀。入模加压 8h，由 80mm 压至 50mm，出模后自然阴干三昼夜，再在 50℃的环境中干燥 16h，即可使用

b. 防腐法。将干燥的锯末屑倒入 2%浓度的铁矾水（100kg 清水加入硫酸亚铁 2kg，经搅拌溶化而成）内，浸泡 2h（锯末应低于水面 30～50mm）。然后将锯末捞起，晾干或烘干（要求彻底干燥，配制的铁矾水可以继续使用）后即可使用。其密度为 300kg/m^3，热导率为 0.13W/(m·K)，一般用于顶棚保温材料。

二、施工要点

① 铺设保温隔热层的结构表面应干燥、洁净，无裂缝、蜂窝、空洞。接触隔热保温层的木结构应做防腐处理。如有隔气层屋面，应在隔气层施工完毕经检查合格后进行。

② 松散保温隔热材料应分层铺设，并适当压实，压实程度应事先根据设计密度通过试验确定。平面隔热保温层的每层虚铺厚度不宜大于 150mm；立面隔热保温层的每层虚铺厚度不宜大于 300mm。完工的保温层厚度允许偏差为＋10%或－5%。

③ 平面铺设松散材料时，为了保证保温层铺设厚度的准确，可在每隔 800～1000mm 放置一根木方（保温层经压实检查后，取出木方再填补保温材料）、砌半砖矮隔断或抹水泥砂浆矮隔断（按设计要求确定高度）一条，以解决找平问题。垂直填充矿棉时，应设置横隔断，间距一般不大于 800mm。填充锯末屑或稻壳等有机材料时，应设置换料口。铺设时可先用包装的隔热材料将出料口封好，然后再填

装锯末屑或稻壳，在墙壁顶端处松散材料不易填入时，可加以包装后填入。

④ 保温层压实后，不得直接在其上行车或堆放重物，施工人员宜穿平底软鞋。

⑤ 松铺膨胀蛭石时，应尽量使膨胀蛭石的层理平面与热流垂直，以达到更好的保温效果。

⑥ 搬运和铺设矿物棉时，工人应穿戴头罩、口罩、手套、鞋套和工作服，以防止矿物棉纤维刺伤皮肤和眼睛或吸入肺部。

⑦ 下雨或刮大风时一般不宜施工。

三、其他构造的施工

1. 空心板隔热保温屋盖

空心板隔热保温屋盖如图 15-4 所示。

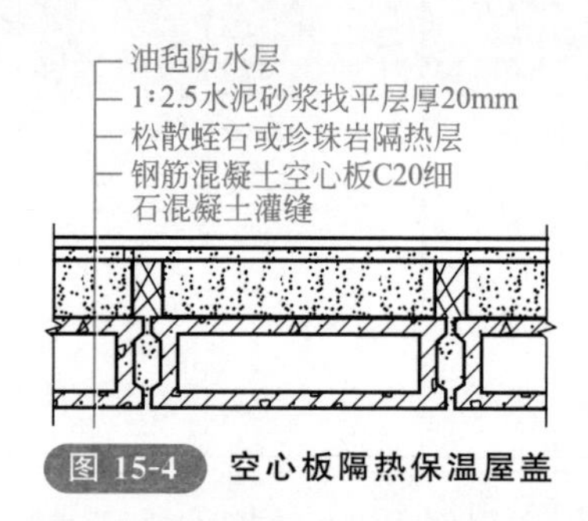

图 15-4 空心板隔热保温屋盖

施工时，板缝用 C20 细石混凝土灌缝；分格木龙骨要与板缝预埋铁丝绑牢；隔热保温材料铺设后，要用竹筛或钉有木框的铅丝网覆盖，然后将找平层砂浆倒入筛内，摊平后，取出筛子，找平抹光即可。这样可以防止倾倒砂浆时挤走隔热保温材料，以保证工程质量。

2. 保温隔热屋盖

保温隔热屋盖如图 15-5 所示。

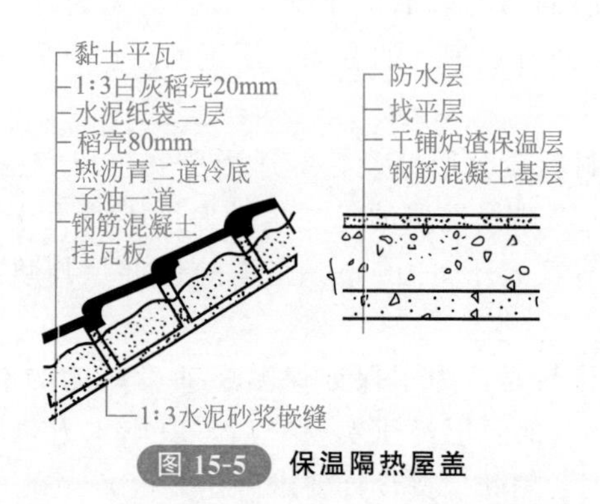

图 15-5 保温隔热屋盖

施工时要保证炉渣隔热保温层分层铺设（每层不大于 150mm），边铺设边压实，压实后的表面用 2m 长靠尺检查，顺水方向误差不大于 15mm。

3. 保温隔热顶棚

保温隔热顶棚如图 15-6 所示。

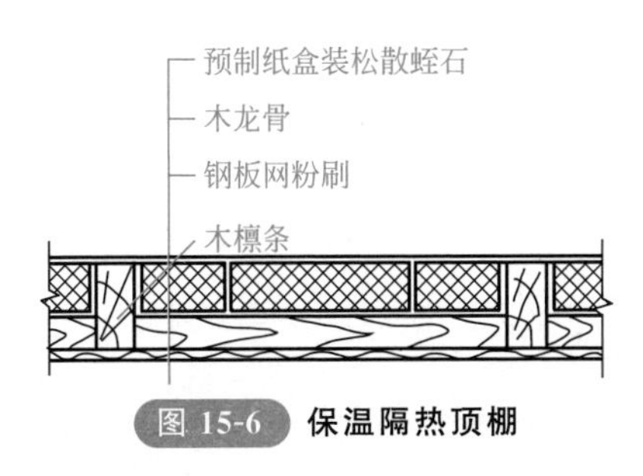

图 15-6　保温隔热顶棚

施工时，用纸盒（需做防潮处理）或塑料袋装填保温隔热材料，依次平铺在顶棚内。袋装厚度要根据设计要求试验确定。铺设时，盒（袋）要靠紧，不得有空隙或漏铺保温隔热墙面。

4. 保温隔热墙面

保温隔热墙面如图 15-7 所示。

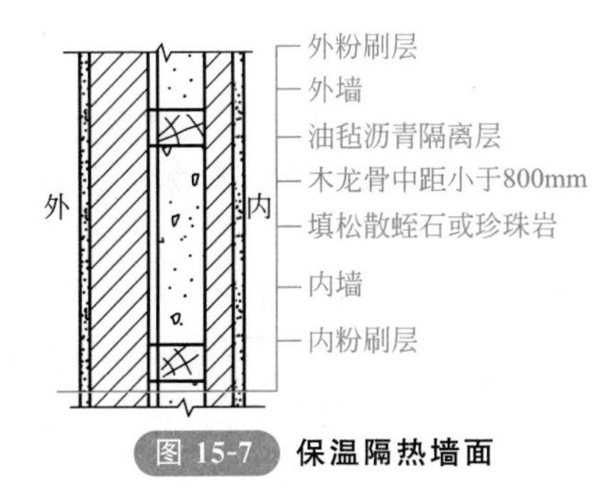

图 15-7　保温隔热墙面

木龙骨应安装牢固并做防腐处理，内墙和隔热保温材料采取随砌随填（压实）方法。夹层内不得掉入砂浆和砖块。砌墙时，可用木板将隔热保温材料隔开，当砌至一定高度（如按木龙骨间距）需填铺隔热保温材料时，再取出木板。以此循环施工至设计高度。

第三节　板状材料保温隔热层

板状材料
保温层

扫码观看本视频

一、材料种类及要求

1. 沥青稻壳板

稻壳与沥青按 1∶0.4 的比例进行配制。

制作时，先将稻壳放在锅内适当加热，然后倒入 200℃沥青中拌和均匀，再倒入钢模（或木模）内压制成型。压缩比为 1.4∶1。采用水泥纸袋作隔离层时，加压后六面包裹，连纸再压一次脱模备用。

沥青稻壳板常用规格为 100mm × 300mm × 600mm 或 80mm × 400mm × 800mm。

2. 沥青膨胀珍珠岩板

膨胀珍珠岩应以大颗粒为宜，密度为 100～120kg/m^3，含水率 10%。沥青以 60 号石油沥青为宜。膨胀珍珠岩与沥青的配合比见表 15-11。

表 15-11 膨胀珍珠岩与沥青的配合比

材料名称	配合比(质量比)	每立方米用料	
		单位	数量
膨胀珍珠岩	1	m^3	1.84
沥青	0.7～0.8	kg	128

沥青膨胀珍珠岩板制作过程如下。

① 将膨胀珍珠岩散料倒在锅内加热不断翻动，加热至 100～120℃，然后倒入已熬化的沥青中拌和均匀。沥青的熬化温度不宜超过 200℃，拌和料的温度宜控制在 180℃以内。

② 将拌和均匀的拌合物从锅内倒在铁板上，铺摊并不断翻动，使拌合物温度下降至成型温度（80～100℃）。如温度过高，脱模成品会自动爆裂，不爆裂的强度也会降低。

③ 将达到成型温度的拌合物装入钢模内，压料成型。钢模内事先要撒滑石粉或铺垫水泥纸袋作隔离层。拌合物入模后，先用 10mm 厚的木板，在模的四周插压一次，然后刮平压制。钢模可按设计要求确定，一般为 450mm × 450mm × 160mm。模压工具可采用小型油压榨油机改装即可。压缩比为 1.6∶1。

④ 压制的成品经自然散热冷却后，堆放待用。

⑤ 成型后的板（块）状材料的热导率应为 0.084W/(m·K)，抗压强度应为 0.17～0.21MPa，吸水率（雨淋三昼夜，增加的质量比）应为 7.2%。

膨胀珍珠岩的其他制品及主要技术性能见表 15-12。

表 15-12 膨胀珍珠岩的其他制品及主要技术性能

品种	制成工艺和特点	密度/(kg/m^3)	抗压强度/MPa	热导率/[W/(m·K)]	使用温度/℃	吸湿率(24h)/%	吸水率(24h)/%
水泥珍珠岩制品	以水泥为胶结剂，以珍珠岩粉为骨料加工而成。具有质轻、热导率低、抗压强度较高等特点	300～400	0.5～1.0	常温：0.058～0.087 低温：0.081～0.012	≤600	0.87～1.55	110～130

续表

品种	制成工艺和特点	密度/(kg/m³)	抗压强度/MPa	热导率/[W/(m·K)]	使用温度/℃	吸湿率(24h)/%	吸水率(24h)/%
水玻璃珍珠岩制品	以水玻璃为胶结剂和珍珠岩粉按比例配合、成型、加工、焙烧而成	200～300	0.8～1.2	常温:0.056～0.065	≤650	相对湿度:93～100;20天:17～23	96h质量吸水率:120～180
磷酸盐珍珠岩制品	以磷酸盐铝及少量硫酸铝、纸浆废液为胶结剂,以珍珠岩粉为骨料,经配料、搅拌、成型、焙烧而成。具有密度低、耐火度高等特点	200～250	0.6～1.0	常温:0.044～0.052	≤1000	—	—

3. 聚苯乙烯泡沫塑料板

挤压聚苯乙烯泡沫塑料板（100mm）铺贴在防水层上，用作屋面保温隔热，性能很好，并克服了高寒地区卷材防水层长期存在的脆裂和渗漏的老大难问题。在南方地区，如采用30mm厚的聚苯乙烯泡沫塑料做隔热层（其热阻已满足当地热工要求），材料费不高，而且屋面荷载大大减轻，施工方便，综合效益较为可观。经某工程测试，当室外温度为34.3℃时，聚苯乙烯泡沫塑料隔热层的表面温度为53.7℃，而其下面防水层的温度仅为33.3℃。聚苯乙烯泡沫塑料的表观密度为30～130kg/m³，热导率为0.031～0.047W/(m·K)，吸水率为2.5%左右。因而被认为是一种极有前途的“理想屋面”板材。

二、施工要点

1. 一般工程施工

① 板状材料保温层可以采用干铺、沥青胶结料粘贴、水泥砂浆粘贴三种铺设方法。干铺法可在负温下施工，沥青胶结料粘贴宜在气温－10℃以上时施工，水泥砂浆粘贴宜在气温5℃以上时施工。如气温低于上述温度，要采取保温措施。

② 板状保温材料板形应完整。因此，在搬运时要轻搬轻放，整顺堆码，堆放不宜过高，不允许随便抛掷，防止损伤、断裂、缺棱、掉角。

③ 铺设板状保温隔热层的基层表面应平整、干燥、洁净。

④ 板状保温材料铺贴时，应紧靠在需保温结构的表面上，铺平、垫稳，板缝应错开，保温层厚度大于60mm时，要分层铺设，分层厚度应基本均匀。用胶结

材料粘贴时，板与基层间应满涂胶结料，以便相互黏结牢固，沥青胶结料的加热温度不应高于 240℃，使用温度不宜低于 190℃。沥青胶结材料的软化点，北方地区不低于 30 号沥青，南方地区不低于 10 号沥青。用水泥砂浆铺贴板状材料时，用 1∶2（水泥∶砂，体积比）水泥砂浆粘贴。

⑤ 铺贴时，如板缝大于 6mm，则应用同类保温材料嵌填，然后用保温灰浆勾缝。保温灰浆配合比一般为 1∶1∶10（水泥∶石灰∶同类保温材料的碎粒，体积比）。

⑥ 干铺的板状保温隔热材料，应紧贴在需保温隔热结构的表面上，铺平、垫稳。分层铺设的上下接缝要错开，接缝用相同材料来填嵌。

⑦ 施工完毕后打扫现场，保持干净。

2. 隔热保温屋盖及施工要点

① 蛭石型隔热保温屋盖如图 15-8 所示。

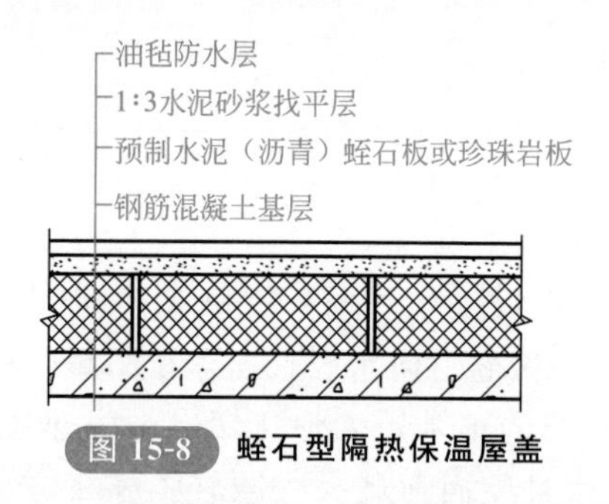

图 15-8 蛭石型隔热保温屋盖

首先将基层打扫干净，然后先刷 1∶1 水泥蛭石（或珍珠岩）浆一道，以保证粘贴牢固。板状隔热保温层的胶结材料最好与找平层材料一致，粘铺完后应立即做好找平层，使之形成整体，防止雨淋受潮。

② 预制木丝板隔热保温屋盖如图 15-9 所示。

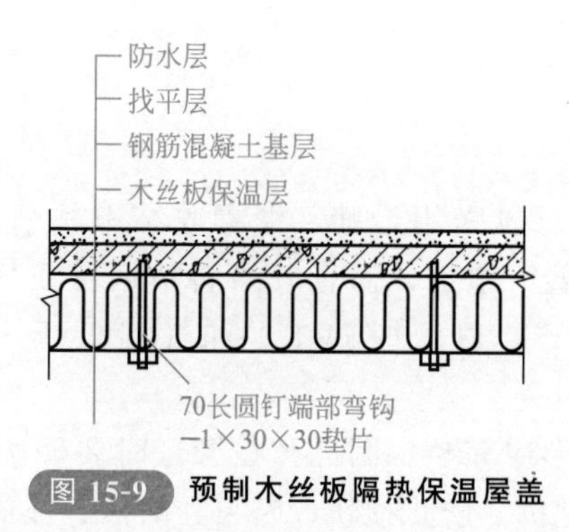

图 15-9 预制木丝板隔热保温屋盖

施工时将木丝板（或其他有机纤维板）平铺于台座上，每块板钉圆钉 4～6 个，尖头弯钩，板面涂刷热沥青二道，然后支模，上部灌注混凝土使之成为一个整体。

第四节　反射型保温隔热层

一、反射型保温隔热卷材

反射型保温隔热卷材又名反射型外护层保温卷材，是一种最新的、优良的保温隔热材料。它是以玻璃纤维布为基材，表面上经真空镀铝膜一层加工而成，是一种真空镀铝膜玻纤织物复合材料。

1.反射型保温隔热卷材的特点

① 表面具有与一般抛光铝板同样的银白色金属光泽，在某种情况下，可以代替铝皮、薄铝板使用，可以大量节约有色金属。

② 使用该卷材可以解决工矿企业“跑、冒、滴、漏”处最突出的散热损失问题。

③ 由于在真空镀铝膜与玻璃纤维布复合过程之中，经过特殊技术处理，镀铝层不易氧化，故可长时间保持较小的黑度，反射性能强，对辐射热及红外线有良好的屏蔽作用。对波长 2～30μm 的热辐射具有较大的反射率和较低的辐射率。另外根据铝膜层厚度的不同，对可见光波长为 0.33～0.78μm 者，则有一定的透过率。

④ 该卷材用作设备及管道的保温隔热外裹层材料时，可按各种设备、管道的外形形状、尺寸大小、管径粗细及现场条件要求等，整张敷贴，或作矩形、圆形围绕以及螺旋形裹扎，任意而为，非常方便。接缝处可用胶黏剂粘接，也可用涤纶胶带或布质胶带粘接。在室内无水淋湿的情况下，还可用纸质胶带粘接。管道施工包扎时，应由下而上，由低而高进行搭缝连接，检修时可以将卷材卸下，若维护得当，可以重复多次使用。

⑤ 该卷材以玻璃纤维增强，强度高。为建筑工程的保温隔热创造了广泛的使用条件。

2.反射型保温隔热卷材的用途

① 可广泛用作建筑工程的保温隔热材料，墙体、屋面（不论夹层面层）均可使用。

② 用作冷热设备及管网保温隔热的外层材料，单独或与其他保温材料复合，用于保温绝热工程。

③ 可用作锅炉炉墙外表层的反射材料及管道保温隔热外裹层材料。它可使这些部件的表面温度下降 2.5～4℃，以用该卷材每 100m^2 计算，每年减少热量损失折合标准煤 9～10t。

④ 可代替覆面纸及铝箔两种材料，而且可以大大节约贴铝箔的人工费用。

⑤ 还可广泛用于照明、太阳能、军事伪装、防盐雾工程、防潮湿外包装工程等。

二、铝箔波形纸板

1.分类

以波形纸板为基层，铝箔做覆面层，贴在覆面纸上，经加工而成。常用的有三层铝箔波形纸板和五层铝箔波形纸板两种。前者系由两张覆面纸和一张波形纸组合而成，在覆面纸表面上裱以铝箔；后者系由三张覆面纸和两张波形纸组合而成，在上下覆面纸的表面上裱以铝箔，为了增强板的刚度，两层波形纸可以互相垂直放置。三层铝箔波形纸板和五层铝箔波形纸板如图15-10所示。

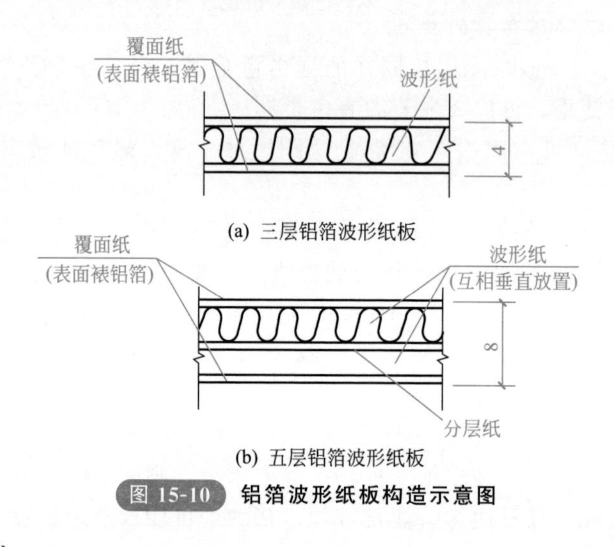

图15-10 铝箔波形纸板构造示意图

2.材料要求

① 铝箔隔热保温纸板的用料见表15-13，纸板固定于钢筋混凝土屋面板下或木屋架下作保温隔热顶棚，亦可设置于双层墙中作冷藏、恒温室及其他类似房间的保温隔热墙体。

表15-13 铝箔隔热保温纸板用料参考表

材料	规格	用量/(kg/m^2)
覆面纸(双面)	360g/m^2 工业牛皮卡纸	0.80
波形纸(二张)	180g/m^2 高强波形原纸	0.45
分层纸(一张)		0.22
黏结剂	40°Be中性水玻璃	0.70
铝箔	厚9μm	0.055

② 覆面纸用360g/m^2 工业牛皮卡纸，波形纸及分层夹芯纸用180g/m^2 高强波形原纸。为了提高纸材的防潮防蛀性能，可在纸板两面刷松香皂防潮剂和明矾防蛀剂。

③ 采用以 A_{00} 铝锭加工的软质铝箔（即退火铝箔），其宽度≤450mm，厚度视用途而定，用于封闭间层为 0.010mm，用于外露表面为 0.020mm 比较合适。铝箔的表面应洁净、光滑、平整、无皱折、无破损痕迹。

3. 制作方法

铝箔的加工制作方法与一般做纸箱工艺基本相同，现场裱贴时，注意将反光较好的一面向外。加工制作的规格尺寸可根据使用对象决定。铝箔及铝箔隔热保温纸板的性能见表 15-14。

表 15-14 铝箔及铝箔隔热保温纸板的性能

<table>
<tr><th>项次</th><th colspan="3">项目</th><th>单位</th><th>铝箔</th><th>五层铝箔波形纸板</th><th>三层铝箔波形纸板</th></tr>
<tr><td>1</td><td colspan="3">太阳辐射热吸收系数</td><td>%</td><td>0.26</td><td>0.26</td><td></td></tr>
<tr><td>2</td><td colspan="3">辐射系数</td><td>W/(m²·K⁴)</td><td>0.47</td><td>0.47</td><td></td></tr>
<tr><td>3</td><td colspan="3">热导率</td><td>W/(m·K)</td><td>175 以上</td><td>0.063</td><td></td></tr>
<tr><td>4</td><td colspan="3">反光系数</td><td>%</td><td>85</td><td>85</td><td></td></tr>
<tr><td>5</td><td colspan="3">使用温度</td><td>℃</td><td>300</td><td>—</td><td></td></tr>
<tr><td>6</td><td colspan="3">厚度</td><td>mm</td><td></td><td>8</td><td>4</td></tr>
<tr><td>7</td><td colspan="3">48h 吸湿率</td><td>%</td><td></td><td>3.12</td><td>1.78</td></tr>
<tr><td rowspan="3">8</td><td rowspan="3">折断试验</td><td rowspan="2">含湿状态</td><td>含水率</td><td>%</td><td></td><td>25.7</td><td>26.8</td></tr>
<tr><td>折断荷重</td><td>N</td><td></td><td>22</td><td>15</td></tr>
<tr><td>干燥状态</td><td>折断荷重</td><td>N</td><td></td><td>80</td><td>45</td></tr>
<tr><td rowspan="2">9</td><td colspan="2" rowspan="2">变形试验(自重下)(1.5m×1.5m，四边固定)</td><td>干燥状态</td><td></td><td></td><td>不变形</td><td>稍有变形</td></tr>
<tr><td>受潮状态</td><td></td><td></td><td>不变形</td><td>稍有变形</td></tr>
</table>

铝箔保温隔热纸板应用牛皮纸包装，并用木板夹住，用铅丝或铁皮捆扎，避免纸板受潮变形。运输和保管堆放时不宜过高，防止受压变形，且宜堆放在干燥通风的环境，并用木板支垫。凡已受潮、变形、损坏和表面不洁净的铝箔保温隔热纸板，均需经过干燥、修补后才能使用。

4. 安装

安装应贴实、牢固，嵌缝应密实饱满，不得有漏钉、漏嵌、松动现象。钉距不得大于 300mm。预埋木块必须小面向外，采用膨胀螺栓连接时，应预先打孔。木压条应事先涂刷油漆。膨胀螺栓规格为：聚丙烯胀管外径 $\phi10$，长 105mm，铁钉 $\phi4.5$，长 105mm，胀管及铁钉钻入钢筋混凝土内不小于 20mm。单层和双层铝箔纸板的安装方法见图 15-11。

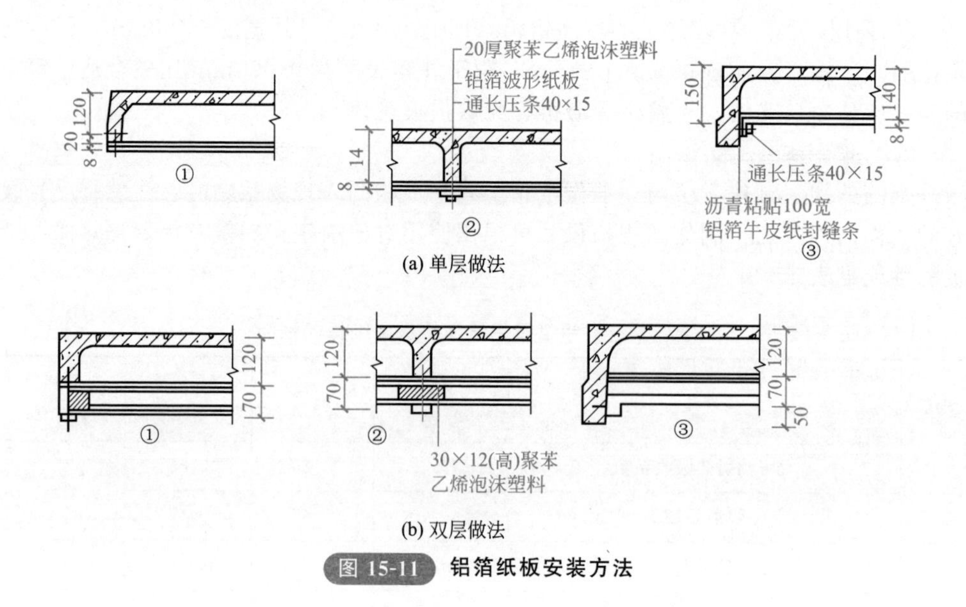

图 15-11 铝箔纸板安装方法

第五节 其他保温隔热结构层

一、刚性防水蓄水屋盖

蓄水屋盖有刚性和柔性两种。在屋面蓄水，由于水的蓄热和蒸发作用，可大量消耗投射在屋面上的太阳辐射热，有效地减少通过屋盖的传热量。蓄水深度宜保持在 20cm 左右。水层中有水浮莲、水藤菜、水葫芦及白色漂浮物的遮阳蓄水屋盖，水深可小于 20cm。

蓄水屋盖的构造如图 15-12 所示。

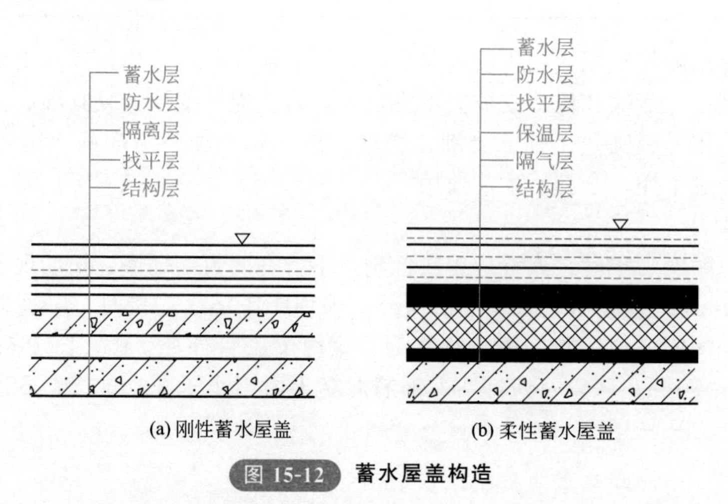

图 15-12 蓄水屋盖构造

1. 材料要求

(1) 水泥 宜用325号以上普通硅酸盐水泥或425号以上矿渣水泥，储存期不超过三个月，受潮变质不得使用。

(2) 砂 所用砂的比例：中砂占85%，细砂占15%，含泥量小于3%。

(3) 石 以卵石为佳，可以充分利用天然级配，碎石孔隙率较大，一般要求粒径为5～15mm的占30%，粒径为15～25mm的占70%，两级配，以达到最小孔隙率，含泥量不大于1%。

(4) 三乙醇胺 所选用的三乙醇胺pH值为8～9，相对密度为1.12～1.13。

(5) 水 配料和养护防水混凝土的水，必须采用清洁的饮用水，不得采用工业污水。

2. 施工要求

① 屋面可分为若干个蓄水区，但每个蓄水区的边长不宜大于10m。

② 防水层的分格、分格缝应设置在装配式结构屋盖的支承端、屋盖转折处、防水层与凸出屋盖结构的交接处，并应与板缝对齐，其纵横间距不宜大于6m。

③ 分格缝可用油膏嵌封。

④ 屋脊和平行于流水方向的分格缝，也可做成泛水，用盖瓦覆盖，盖瓦应单边坐灰固定。

3. 施工

① 施工前，应先清理基层，将基层表面清理干净，并浇水湿透，当基层表面有油渍时，用碱水清理干净。

② 防水混凝土的水灰比不应大于0.55，坍落度不应大于5cm。每立方米混凝土水泥用量应不小于334kg（425号矿渣水泥），添加剂为三乙醇胺的掺入量为水泥质量的0.05%；氯化钠掺入量为水泥质量的0.5%。

③ 用机械搅拌时，先将氯化钠配成密度为1.13kg/L的溶液，然后将氯化钠与三乙醇胺按43∶1配成溶液，每袋水泥（50kg）加入1.3kg混合液即可。

④ 浇筑防水混凝土前，先在基层表面满涂水灰比为0.4的水泥浆一道，随涂刷随浇筑防水混凝土。每个蓄水系统必须一次浇筑完毕，不得留施工缝，所有孔洞必须预留，不得后凿。每一蓄水区内应将泛水与屋盖同时做好，泛水部分的高度应高出水面不小于100mm。

⑤ 防水混凝土必须机械捣实，随后进行浇水养护，养护时间不得小于14天。

二、屋面隔热防水材料

1. 隔热防水涂料

屋面隔热防水涂料由底层和面层组成。底层为防水涂料，表层为反射涂料，它以丙烯酸丁酯-丙烯腈-苯乙烯（AAS）等多元共聚乳液为基料，掺入反射率高的金红石型氧化钛和玻璃粉等填料制成。

(1) DJ-2屋面隔热聚氨酯防水涂料 该涂料中的聚氨酯防水胶系一种双组分

反应型材料，甲组分是带有异氰酸基（—NCO）的聚氨酯预聚体，乙组分是带有活性羟基（—OH）的高分子材料，两组分混合后即可固化生成聚氨酯橡胶防水层。该材料强度高、延伸率大、耐老化性能非常优异，涂层与屋面的黏结力好。反射涂料能反射太阳辐射能，起到隔热作用，又对屋面有一定的装饰效果。

这种涂料可用于建筑屋面的隔热防水工程，也可用于地下室、卫生间等同时要求防水和装饰的地方。

(2) DJ-1 屋面隔热丁基防水涂料 由于丁基防水胶对屋面有良好的黏着力，即使在较低的温度下也能长期保持其柔韧性，防水性能也特别优异；反射涂料具有良好的耐候性、耐水性、延伸率，抗拉强度也比较高，对太阳辐射能有很高的反射能力，所以二者组成的隔热防水涂料也显示出优异的性能。但该涂料成本较高，与合成橡胶类防水涂料相比，其延伸率较低，另外使用时必须分层涂刷，上下覆盖，以免产生直通针眼气孔。

这种材料适用于新建的屋面隔热防水工程，也可用于老化渗漏的沥青油毡防水层的修复。

(3) LJP-1 型隔热装饰防水涂料 成膜快，与水泥基层黏结牢固，强度高、延伸性好，适应基层变形能力强，防水性能好，高温 85℃不流淌、不皱皮，低温 −30℃不脆裂，还能抗盐碱腐蚀。涂膜抗臭氧性能优异，并具有一定的抗紫外线能力，耐久性好。涂膜能反光隔热。炎夏可使屋面温度比水泥层面低 2～3℃。涂料有多种颜色，可装饰美化屋面。

2. 防水隔热粉

防水隔热粉亦称隔热镇水粉、拒水粉、治水粉、避水粉等（以下简称防水粉），系以多种天然矿石为主要原料，与高分子化合物经化学反应加工而成，是一种表观密度较小，热导率小于 0.083W/(m·K) 的憎水性极强的白色粉剂防水材料。用 10mm 厚松散粉末铺设的屋面，可不用隔热板，夏天室内温度仍可下降 5℃，在 130℃高温下，防水、隔热、保温性能不变，是一种集防水、隔热、保温功能于一体的新型材料。该材料化学性能稳定，无毒、无臭、无味、不燃，不污染环境，并能在潮湿基面上迅速施工。耐候性较好，高温可耐 130℃，低温可耐 −50℃。由于是粉末防水，其本身应力分散，所以抗震、抗裂性能好，且有很好的随遇应变性，遇有裂缝会自动填充、闭合。用建筑防水粉作防水层，施工时不需加热或用火，其防水层之上设有保护层，所以这样的防水屋面既防水又防火。因而广泛用于屋面、仓库、地下室等防水、隔热、保温等工程。但缺点是只适用于平基面或坡度不大于 10%的坡屋面，及女儿墙、立墙、压顶、檐口、天沟等部位，因为粉末易下滑，容易造成厚薄不均，还必须与其他柔性材料配套使用。

装饰装修工程

墙洞口填补

扫码观看本视频

第一节 抹灰工程

抹灰工程按材料和装饰效果分为一般抹灰工程和装饰抹灰工程两大类。

一、一般抹灰施工

用水泥抹灰砂浆、水泥粉煤灰抹灰砂浆、水泥石灰抹灰砂浆、聚合物水泥抹灰砂浆等涂抹在建筑的墙、顶、柱等表面上，直接做成饰面层的装修工程，称为一般抹灰工程。按施工位置的不同又分为室内墙面抹灰施工、室外墙面抹灰施工和顶棚抹灰施工。

(一) 室内墙面抹灰施工

1. 工艺流程

室内墙面抹灰施工的工艺流程如下。

基层清理 → 浇水湿润 → 吊垂直、套方、找规矩、做灰饼 → 修抹预留孔洞、配电箱、槽、盒 → 抹水泥踢脚或墙裙 → 做护角 → 抹水泥窗台 → 墙面充筋 → 抹底灰 → 抹罩面灰 → 养护

2. 操作工艺

(1) 基层清理 为了使抹灰砂浆与基体表面黏结牢固，防止抹灰层产生空鼓现象，抹灰前应对基层进行必要的处理。对凹凸不平的基层表面应剔平，或用1∶3水泥砂浆补平。对楼板洞、穿墙管道及墙面脚手架洞、门窗框与立墙交接缝隙处，均应用1∶3水泥砂浆或水泥混合砂浆（加少量麻刀）分层嵌塞密实。对表面上的灰尘、污垢和油渍等事先均应清除干净，并洒水润湿。墙面太光的要凿毛，或用掺加10%107胶的1∶1水泥砂浆薄抹一层。不同材料相接处，如砖墙与木隔墙等处，应铺设金属网，如图16-1所示，搭接宽度从缝边起两侧均不小于100mm，以防抹灰层因基体温度变化胀缩不一而产生裂缝。在内墙面的阳角和门洞口侧壁的阳角、柱角等易于碰撞之处，宜用强度较高的1∶2水泥砂浆制作护角，其高度应不低于2m，每侧宽度不小于50mm，对砖砌体基体，应待砌体充分沉实后方抹底层灰，以防砌体沉陷拉裂灰层。

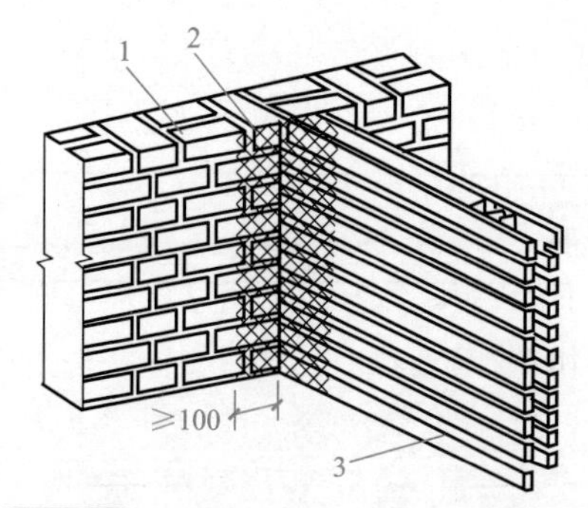

图 16-1 砖墙与木隔墙交接处基体处理

1—砖墙（基体）；2—钢丝网；3—板条墙

(2) 浇水湿润 一般在抹灰前一天，用水管或喷壶顺墙自上而下浇水湿润。不同的墙体，不同的环境，需要不同的浇水量。浇水要分次进行，最终以墙体既湿润又不泌水为宜。

(3) 吊垂直、套方、找规矩、做灰饼 根据设计图纸要求的抹灰质量，根据基层表面平整垂直情况，用一面墙做基准，吊垂直、套方、找规矩，确定抹灰厚度，抹灰厚度不应小于 7mm。当墙面凹度较大时，应分层抹平。每层厚度不大于 7～9mm。操作时应先抹上灰饼，再抹下灰饼。抹灰饼时应根据室内抹灰要求，确定灰饼的正确位置，再用靠尺板找好垂直与平整。灰饼宜用 M15 水泥砂浆抹成 50mm 见方形状，抹灰层总厚度不宜大于 20mm。

房间面积较大时应先在地上弹出十字中心线，然后按基层面平整度弹出墙角线，随后在距墙阴角 100mm 处吊垂线并弹出铅垂线，再按地上弹出的墙角线往墙上翻引，弹出阴角两面墙上的墙面抹灰层厚度控制线，以此做灰饼，然后根据灰饼充筋。灰饼的做法如图 16-2 所示。

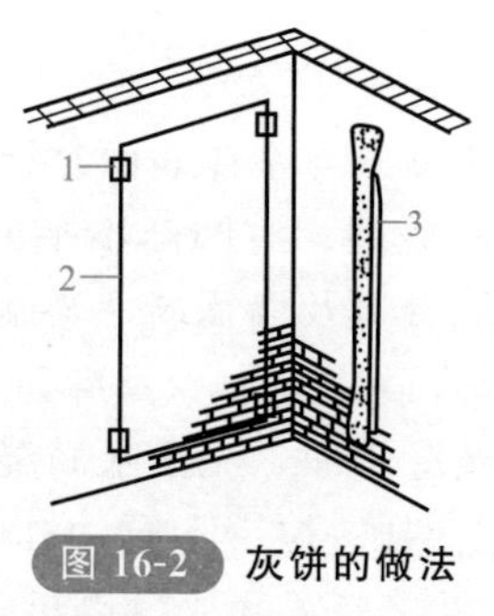

图 16-2 灰饼的做法

1—灰饼；2—引线；3—标筋

(4) 修抹预留孔洞、配电箱、槽、盒 堵缝工作要作为一道工序安排专人负责，把预留孔洞、配电箱、槽、盒周边的洞内杂物、灰尘等物清理干净，浇水湿润，然后用砖将其补齐砌严，用水泥砂浆将缝隙塞严，压抹平整、光滑。

(5) 抹水泥踢脚或墙裙　根据已抹好的灰饼充筋（此筋可以冲得宽一些，以80～100mm为宜，此筋即为抹踢脚或墙裙的依据，同时也作为墙面抹灰的依据）。水泥踢脚、墙裙、梁、柱、楼梯等处应用M20水泥砂浆分层抹灰，抹好后用大杠刮平，木抹子搓毛，常温第二天用水泥砂浆抹面层并压光，抹踢脚或墙裙厚度应符合设计要求，无设计要求时凸出墙面5～7mm为宜。凡凸出抹灰墙面的踢脚或墙裙上口必须保证光洁、顺直，踢脚或墙面抹好将靠尺贴在大面与上口平，然后用小抹子将上口抹平压光，凸出墙面的棱角要做成钝角，不得出现毛茬和飞棱。

(6) 做护角　墙、柱间的阳角应在墙、柱面抹灰前用M20以上的水泥砂浆做护角，其高度自地面以上不小于2m。水泥护角做法如图16-3所示。将墙、柱的阳角处浇水湿润，第一步在阳角正面立上八字靠尺，靠尺凸出阳角侧面，凸出厚度与成活抹灰面平。然后在阳角侧面，依靠尺边抹水泥砂浆，并用铁抹子将其抹平，按护角宽度（不小于50mm）将多余的水泥砂浆铲除。第二步待水泥砂浆稍干后，将八字靠尺移至抹好的护角面上（八字坡向外）。在阳角的正面，依靠尺边抹水泥砂浆，并用铁抹子将其抹平，按护角宽度将多余的水泥砂浆铲除。抹完后去掉八字靠尺，用素水泥浆涂刷护角尖角处，并用捋角器自上而下捋一遍，使其形成钝角。

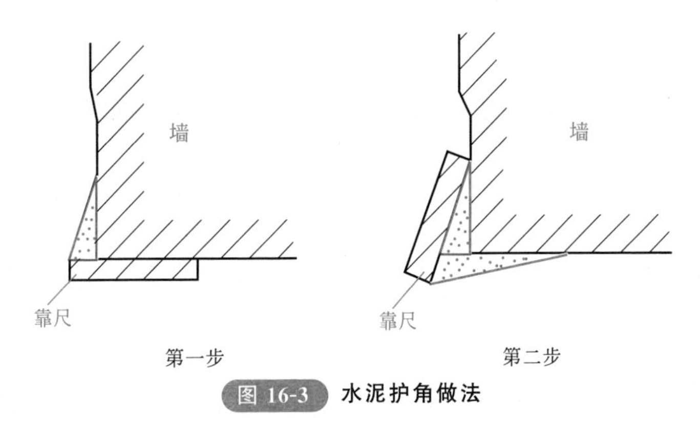

图16-3　水泥护角做法

(7) 抹水泥窗台　先将窗台基层清理干净，清理砖缝，松动的砖要重新补砌好，用水润透，用1∶2∶3豆石混凝土铺实，厚度宜大于25mm，一般1天后抹1∶2.5水泥砂浆面层，待表面达到初凝后，浇水养护2～3天，窗台板下口抹灰要平直，没有毛刺。

(8) 墙面充筋　当灰饼砂浆达到七八成干时，即可用与抹灰层相同砂浆充筋，充筋根数应根据房间的宽度和高度确定，一般标筋宽度为50mm。两筋间距不大于1.5m。当墙面高度小于3.5m时宜做立筋。大于3.5m时宜做横筋，做横向充筋时做灰饼的间距不宜大于2m。

(9) 抹底灰　一般情况下充筋完成2h左右开始抹底灰为宜，抹前应先抹一层薄灰，要求将基体抹严，抹时用力压实使砂浆挤入细小缝隙内，接着分层装档、抹至与充筋平，用木杠刮找平整，用木抹子搓毛。然后全面检查底子灰是否平整，阴阳角是否方直、整洁，管道后与阴角交接处、墙顶板交接处是否光滑、平整、顺直，并用托线板检查墙面垂直与平整情况。抹灰面接槎应平顺，地面踢脚板或墙裙，管道背后应及时清理干净，做到活完场清。

(10) 抹罩面灰 罩面灰应在底灰六七成干时开始抹罩面灰（抹时如底灰过干应浇水湿润），罩面灰两遍成活，每遍厚度约 2mm，操作时最好两人同时配合进行，一人先刮一遍薄灰，另一人随即抹平。依先上后下的顺序进行，然后赶实压光，压时要掌握火候，既不要出现水纹，也不可压活，压好后随即用毛刷蘸水，将罩面灰污染处清理干净。施工时整面墙不宜留施工槎；如遇有预留施工洞时，可甩下整面墙待抹为宜。

(11) 养护 水泥砂浆抹灰 24h 后应喷水养护，养护时间不少于 7 天。

（二）室外墙面抹灰施工

1. 工艺流程

室外墙面抹灰施工的工艺流程如下。

墙面基层清理，浇水湿润 → 堵门窗口缝及脚手眼、孔洞 → 吊垂直、套方、找规矩 → 抹灰饼、充筋 → 抹底层灰、中层灰 → 嵌分格条、抹面层灰 → 抹滴水线、起分格条 → 养护

2. 施工工艺

室外墙面抹灰与室内墙面抹灰基本相同，可参照室内抹灰进行施工。但应注意以下几点。

① 根据建筑高度确定放线方法，高层建筑可利用墙大角、门窗口两边，用经纬仪打直线找垂直。多层建筑时，可从顶层用大线坠吊垂直，绷铁丝找规矩，横向水平线可依据楼层标高或施工＋500mm 线为水平基准线进行交圈控制，然后按抹灰操作层抹灰饼，做灰饼时应注意横竖交圈，以便操作。每层抹灰时则以灰饼做基准充筋，使其保证横平竖直。

② 抹底层灰、中层灰。根据不同的基体，抹底层灰前可刷一道胶黏性水泥浆，然后抹 1∶3 水泥砂浆（加气混凝土墙底层应抹 1∶6 水泥砂浆），每层厚度控制在 5～7mm 为宜。分层抹灰抹至与充筋平时用木杠刮平找直，木抹子搓毛，每层抹灰不宜跟得太紧，以防收缩影响质量。

③ 抹面层灰、起分格条。待底灰呈七八成干时开始抹面层灰，将底灰墙面浇水均匀湿润，先刮一层薄薄的素水泥浆，随即抹罩面灰与分格条平，并用木杠横竖刮平，木抹子搓毛，铁抹子溜光、压实。待其表面无明水时，用软毛刷蘸水，垂直于地面向同一方向轻刷一遍，以保证面层灰颜色一致，避免出现收缩裂缝，随后将分格条起出，待灰层干后，用素水泥膏将缝勾好。难起的分格条不要硬起，防止棱角损坏，待灰层干透后补起，并补勾缝。

④ 抹滴水线。在抹檐口、窗台、窗眉、阳台、雨篷、压顶和凸出墙面的腰线以及装凸线时，应将其上面做成向外的流水坡度，严禁出现倒坡，下面做滴水线（槽）。窗台上面的抹灰层应深入窗框下坎裁口内，堵塞密实，流水坡度及滴水线

（槽）距外表面不小于40mm，滴水线深度和宽度一般不小于10mm，并应保证其流水坡度方向正确。

（三）顶棚抹灰施工

混凝土顶棚抹灰宜用聚合物水泥砂浆或粉刷石膏砂浆，厚度小于5mm的可以直接用腻子刮平。预制混凝土顶棚找平、抹灰厚度不宜大于10mm，现浇混凝土顶棚抹灰厚度不宜大于5mm。抹灰前在四周墙上弹出控制水平线，先抹顶棚四周，圈边找平，横竖均匀、平顺，操作时用力使砂浆压实，使其与基体粘牢，最后压实压光。

一般抹灰质量要求见表16-1。

表16-1　一般抹灰质量要求

项目	允许偏差/mm			检查方法
	普通抹灰	中级抹灰	高级抹灰	
表面平整度	5	4	2	用2m直尺和楔形塞尺
阴、阳角垂直度	—	4	2	用直角尺检查
立面垂直度	—	5	3	用2m托线板和尺检查
阴、阳角方正度	—	4	2	用200mm方尺检查

抹灰亦可用机械喷涂，把砂浆搅拌、运输和喷涂有机地衔接起来进行机械化施工。如图16-4所示，其为一种喷涂机组，搅拌均匀的砂浆经过振动筛进入集料斗，

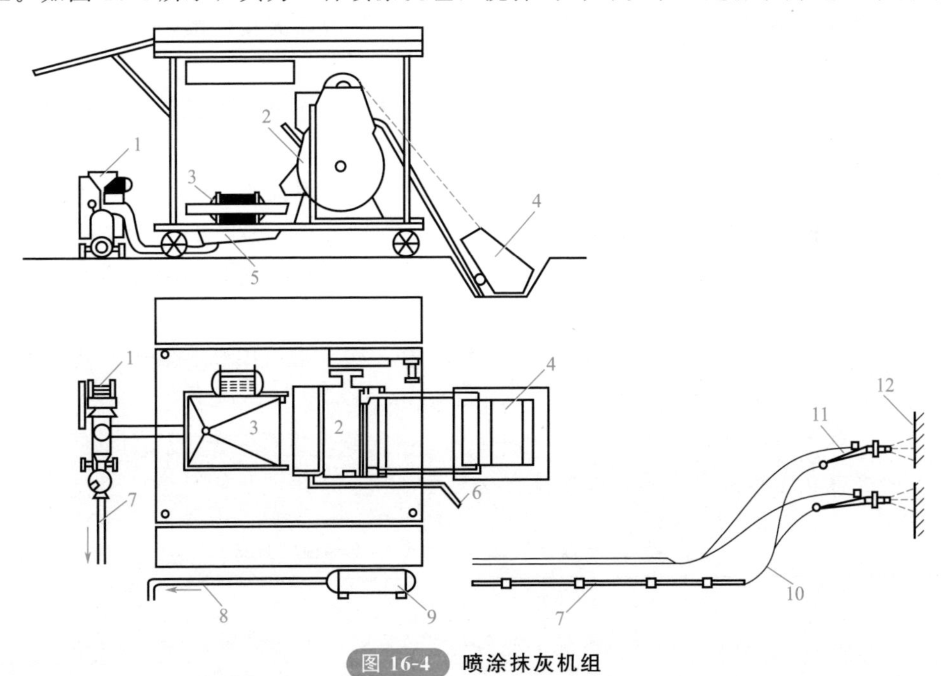

图16-4　喷涂抹灰机组

1—灰浆泵；2—灰浆搅拌机；3—振动筛；4—上料斗；5—集料斗；6—进水管；7—灰浆输送管；8—压缩空气管；9—空气压缩机；10—分叉管；11—喷枪；12—基层

再由灰浆泵吸入，经输送管送至喷枪，然后经压缩空气加压砂浆，由喷枪口喷出喷涂于墙面上，再经人工找平、搓实即完成底子灰的全部施工。喷枪的构造如图16-5所示。喷嘴直径有10mm、12mm、14mm三种。应正确掌握喷嘴距墙面或顶棚的距离和选用适当的压力，一般为0.15～0.2MPa，否则会使砂浆弹回过多或造成砂浆流淌。

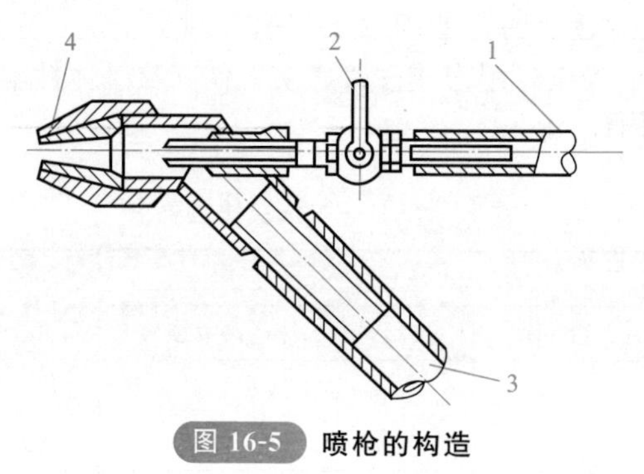

图16-5 喷枪的构造

1—压缩空气管；2—阀门；3—灰浆输送管；4—喷嘴

（四）质量要求

1.表面质量要求

① 普通抹灰表面应光滑、洁净，接槎平整，阴阳角顺直，分格缝应清晰。

② 高级抹灰表面应光滑、洁净，颜色均匀、美观，无接槎痕，分格缝和灰线应清晰美观。

③ 护角、孔洞、槽、盒周围的抹灰表面应整齐、光滑；管道后面的抹灰表面应平整。

④ 抹灰层的总厚度应符合设计要求；水泥砂浆不得抹在石灰砂浆层上；罩面石膏灰不得抹在水泥砂浆层上。

⑤ 抹灰分格缝的设置应符合设计要求，宽度和深度应均匀，表面应光滑，棱角应整齐。

⑥ 有排水要求的部位应做滴水线（槽）。滴水线（槽）应整齐顺直，滴水线应内高外低，滴水槽宽度和深度均不应小于10mm。

2.工程质量的允许偏差和检验方法

一般抹灰工程的允许偏差和检验方法见表16-2。

表16-2 一般抹灰工程的允许偏差和检验方法

项目	允许偏差/mm		检验方法
	普通抹灰	高级抹灰	
立面垂直度	4	3	用2m垂直检测尺检查
表面平整度	4	3	用2m靠尺和塞尺检查

续表

项目	允许偏差/mm		检验方法
	普通抹灰	高级抹灰	
阴阳角方正度	4	3	用直角检测尺检查
分格条(缝)直线度	4	3	拉5m线,不足5m拉通线,用钢直尺检查
墙裙、勒脚上口直线度	4	3	拉5m线,不足5m拉通线,用钢直尺检查

二、装饰抹灰施工

装饰砂浆抹灰饰面工程可分为灰浆类饰面和石渣类饰面两大类。常用灰浆类饰面又有：拉毛灰、甩毛灰、仿面砖、拉条、喷涂、弹涂和硅藻泥饰面等。常用的石渣类饰面有：水刷石、干粘石、斩假石和水磨石等。

(一) 喷涂和弹涂饰面

1. 喷涂饰面

其做法是：用挤压式灰浆泵或喷斗将聚合物水泥砂浆经喷枪均匀喷涂在墙面基层上。根据涂料的稠度和喷射压力的大小，以质感区分，可喷成砂浆饱满、呈波纹状的波面喷涂和表面布满点状颗粒的粒状喷涂。基层为厚10～13mm的1∶3水泥砂浆，喷涂前须喷或刷一道胶水溶液（107胶∶水＝1∶3)，使基层吸水率趋于一致和使喷涂层黏结牢固。喷涂层厚3～4mm，粒状喷涂应连续三遍完成，波面喷涂必须连续操作，喷至全部泛出水泥浆但又不致流淌为好。在大面喷涂后，按分格位置用铁皮刮子沿靠尺刮出分格缝。喷涂层凝固后再喷罩一层有机硅疏水剂。质量要求表面平整，颜色一致，花纹均匀，不显接槎。

2. 弹涂饰面

在基层上喷刷一遍掺有107胶的聚合物水泥色浆涂层，然后用弹涂器分几遍将不同色彩的聚合物水泥浆弹在已涂刷的涂层上，形成1～3mm大小的扁圆花点。弹涂饰面通过不同颜色的组合和浆点所形成的质感相互交错、互相衬托，有近似于干粘石的装饰效果，也可做成单色光面、细麻面、小拉毛拍平等多种效果。

弹涂的做法是：在1∶3水泥砂浆打底的底层砂浆面上，洒水润湿，待干至60%～70%时进行弹涂。先喷刷底色浆一道，弹分格线，贴分格条，弹头道色点，待稍干后即弹两道色点，最后进行个别修弹，再进行喷射树脂罩面层。

(二) 水刷石施工

施工前准备好石渣、小豆石和颜料。

1. 工艺流程

水刷石施工的工艺流程如下。

堵门窗口缝 → 基层处理 → 浇水湿润墙面 → 吊垂直、套方、找规矩、做灰饼、充筋 → 分层抹底层砂浆 → 弹线分格、粘分格条 → 做滴水线 → 抹面层

石渣浆 → 修整、赶实压光、喷刷 → 起分格条、勾缝 → 养护

2.施工工艺

(1) 堵门窗口缝 抹灰前检查门窗口位置是否符合设计要求，安装牢固，四周缝用1∶3水泥砂浆塞实抹严。

(2) 基层处理 混凝土的基层用钢钻子将混凝土墙面均匀凿出麻面，并将板面疏松部分剔除干净，用钢丝刷将粉尘刷掉，用清水冲洗干净，然后浇水湿润。用10%的火碱水将混凝土表面油污及污垢清刷除净，然后用清水冲洗晾干，采用涂刷素水泥浆或混凝土界面剂等处理方法均可。如采用混凝土界面剂施工时，应按所使用产品要求使用。

砖墙基层是在抹灰前需将基层上的尘土、污垢、灰尘、残留砂浆、舌头灰等清除干净。

(3) 浇水润湿墙面 基层处理完毕，对墙面进行浇水润湿，一定要浇透湿透。

(4) 吊垂直、套方、找规矩、做灰饼、充筋 根据建筑高度确定放线方法，高层建筑可利用墙大角、门窗口两边，用经纬仪打直线找垂直。多层建筑时，可从顶层用大线坠吊垂直，绷铁丝找规矩，横向水平线可依据楼层标高或施工+50cm线为水平基准线交圈控制，然后按抹灰操作层抹灰饼，做灰饼时应注意横竖交圈，以便操作。每层抹灰时则以灰饼做基准充筋，使其保证横平竖直。

(5) 分层抹底层砂浆 先刷一道胶黏性素水泥浆，然后用1∶3水泥砂浆分层装档抹与筋平，然后用木杠刮平，木抹子搓毛或压出花纹。

(6) 弹线分格、粘分格条 根据图纸要求弹线分格、粘分格条，分格条宜采用红松制作，粘前应用水充分浸透，粘时在条两侧用素水泥浆抹成45°八字坡形，粘分格条时注意竖条应粘在所弹立线的同一侧，防止左右乱粘，出现分格不均匀，条粘好后待底层灰呈七八成干后可抹面层灰。

(7) 做滴水线 一般情况下充筋完成2h左右开始抹底灰为宜，抹前应先抹一层薄灰，要求将基体抹严，抹时用力压实使砂浆挤入细小缝隙内，接着分层装档、抹至与充筋平，用木杠刮找平整，用木抹子搓毛。然后全面检查底子灰是否平整，阴阳角是否方直、整洁，管道后与阴角交接处、墙顶板交接处是否光滑、平整、顺直，并用托线板检查墙面垂直与平整情况。抹灰面接槎应平顺，地面踢脚板或墙裙、管道背后应及时清理干净，做到活完场清。

(8) 抹面层石渣浆 待底层灰六七成干时首先将墙面润湿涂刷一层胶黏性素水泥浆，然后开始用钢抹子抹面层石渣浆。石渣浆配比按设计要求或根据使用要求及地理环境条件自下往上分两遍与分格条抹平，并及时用靠尺或小杠检查平整度（抹石渣层高于分格条1mm为宜），有坑凹处要及时填补，边抹边拍打揉平，抹好石渣灰后应轻轻拍压使其密实。

(9) 修整、赶实压光、喷刷 将抹好在分格条块内的石渣浆面层拍平压实，并将内部的水泥浆挤压出来，压实后尽量保证石渣大面朝上，再用铁抹子溜光压实，

反复3～4遍。拍压时特别要注意阴阳角部位石渣饱满，以免出现黑边。待面层初凝时（指按无痕），用水刷子刷不掉石粒为宜。然后开始刷洗面层水泥浆，喷刷分两遍进行，第一遍先用毛刷蘸水刷掉面层水泥浆，露出石粒；第二遍紧随其后用喷雾器将四周相邻部位喷湿，然后自上而下顺序喷水冲洗，喷头一般距墙面100～200mm，喷刷要均匀，使石子露出表面1～2mm为宜。最后用水壶从上往下将石渣表面冲洗干净，冲洗时不宜过快，同时注意避开大风天，以避免造成墙面污染发花。若使用白水泥砂浆做水刷石墙面时，在最后喷刷时，可用草酸稀释液冲洗一遍，再用清水洗一遍，墙面更显洁净、美观。

(10) 起分格条、勾缝　喷刷完成后，待墙面水分控干后，小心将分格条取出，然后根据要求用线抹子将分格缝溜平、抹顺直。

(11) 养护　面层达到一定强度进行养护，一般以7天为宜。

(三) 干粘石施工

干粘石的施工可参照水刷石的施工工艺，但要注意以下几点。

① 为保证黏结层黏结石渣的质量，抹灰前应用水湿润墙面，黏结层厚度以所使用石子粒径确定，抹灰时如果底面湿润有干得过快的部位应再补水湿润，然后抹黏结层。抹黏结层宜采用两遍抹成，第一道用同强度等级水泥素浆薄刮一遍，保证结合层黏结牢固，第二遍抹聚合物水泥砂浆。然后用靠尺测试，严格按照高刮低添的原则操作，否则，易使面层出现大小波浪，造成表面不平整，影响美观。在抹黏结层时宜使上下灰层厚度不同，并不宜高于分格条，最好是在下部约1/3高度范围内比上面薄些。整个分格块面层比分格条低1mm左右，石子撒上压实后，不但可保证平整度，且条边整齐，而且可避免下部出现鼓包皱皮现象。

② 当抹完黏结层后，紧跟其后一手拿装石子的托盘，一手用木拍板向黏结层甩粘石子。要求甩严、甩均匀，并用托盘接住掉下来的石粒，甩完后随即用钢抹子将石子均匀地拍入黏结层，石子嵌入砂浆的深度应不小于粒径的1/2为宜，并应拍实、拍严。操作时要先甩两边，后甩中间，从上至下快速、均匀地进行，甩出的动作应快，用力均匀，不使石子下溜，并应保证左右搭接紧密、石粒均匀，甩石粒时要使拍板与墙面垂直平行，让石子垂直嵌入黏结层内，如果甩时偏上偏下、偏左偏右，则效果不佳，石粒浪费也大；甩出用力过大，会使石粒陷入太紧，形成凹陷；用力过小则石粒黏结不牢，出现空白不宜填补；动作慢则会造成部分不合格，修整后容易出现接槎痕迹和“花脸”。阳角甩石粒，可将薄靠尺粘在阳角一边，先做邻面干粘石，然后取下薄靠尺抹上水泥腻子，一手持短靠尺在已做好的邻面上，一手甩石子并用钢抹子轻轻拍平、拍直，使棱角挺直。

③ 拍平、修整要在水泥初凝前进行，按照顺序先拍边缘，后拍中间，拍压要轻重结合、均匀一致。

施工完成后，将分格条、滴水线取出，最后进行喷水养护。

(四) 斩假石施工

先抹12mm厚1∶3水泥砂浆底层，养护硬化后弹线分格并粘贴8mm×10mm的梯形木条。洒水润湿后，刮素水泥一道，随即抹厚11mm的1∶1.25（水泥∶石碴）内掺30%石屑的水泥石碴浆罩面层。罩面层应采取防晒措施，并养护2～3天，待强度达到设计强度的60%～70%时，用剁斧将面层斩毛。斩假石面层的剁纹应均匀，方向和深度一致，棱角和分格缝周边留15mm不剁。一般剁两遍，即可做出近似用石料砌成效果的墙面。

剁斧工作量很大，后来出现仿斩假石的新施工方法。其做法与斩假石基本相同，只是面层厚度减为8mm，不同处是表面纹路不是剁出，而是用钢篦子拉出。钢篦子用一段锯条夹以木柄制成。待面层收水后，钢篦子沿导向的长木引条轻轻划纹，随划随移动引条。待面层终凝后，仍按原纹路自上而下拉刮几次，即形成与斩假石相似效果的外表。仿斩假石做法如图16-6所示。

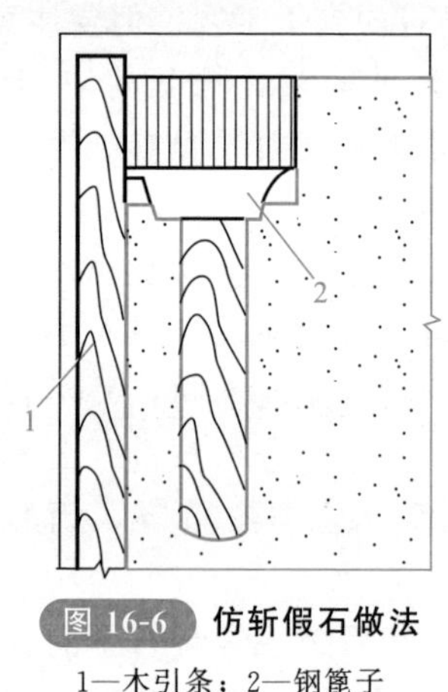

图16-6 仿斩假石做法

1—木引条；2—钢篦子

(五) 水磨石施工

水磨石多用于地面或墙裙。水磨石的制作过程是：在12mm厚的1∶3水泥砂浆打底的砂浆终凝后，洒水润湿，刮水泥素浆一层（厚1.5～2mm）作为黏结层，找平后按设计的图案镶嵌条，如图16-7所示。嵌条有黄铜条、铝条或玻璃条，宽约8mm，其作用除可做成花纹图案外，还可防止面层面积过大而开裂。安设时两侧用素水泥砂浆黏结固定，然后再刮一层水泥素浆，随即将具有一定色彩的水泥石子浆［水泥∶石子=(1∶1)～(1∶2.5)］填入分格网中，抹平压实，厚度要比嵌条稍高1～2mm，为使水泥石子浆罩面平整密实，并可补洒一些小石子，使表面石子均匀。待收水后用滚筒滚压，再浇水养护，然后应根据气温、水泥品种，2～5天后开磨，以石子不松动、不脱落，表面不过硬为宜。水磨石要分粗磨、中磨和细磨三遍进行，采用磨石机洒水磨光。粗磨、中磨后用同色水泥浆擦一遍，以填补砂眼，并养护2天。细磨后擦草酸一道，使石子表面残存的水泥浆全部分解，石子显露清晰。面层干燥后打蜡，使其光亮如镜。现浇水磨石面层的质量要求是表面平整光滑，石子显露均匀，不得有砂眼、磨纹和漏磨处。分格条应位置准确并全部磨出。

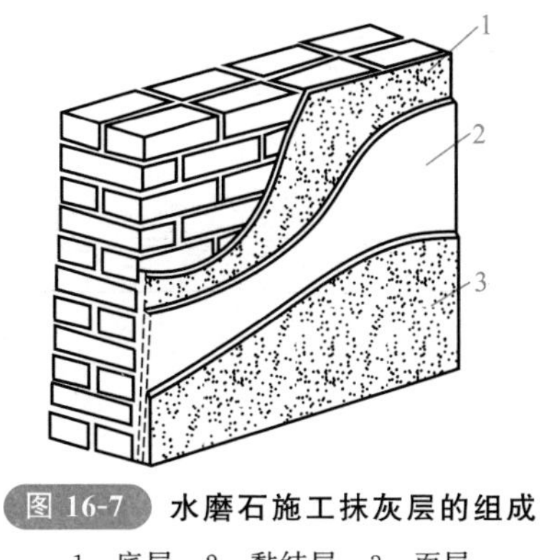

图 16-7　水磨石施工抹灰层的组成

1—底层；2—黏结层；3—面层

（六）质量要求

1. 装饰抹灰施工表面质量要求

装饰抹灰施工表面质量应符合下列要求。

① 水刷石表面应石粒清晰、分布均匀、紧密平整、色泽一致，应无掉粒和接槎痕迹。

② 干粘石表面应色泽一致、不露浆、不漏粘，石粒应黏结牢固、分布均匀，阳角处应无明显黑边。

③ 斩假石表面剁纹应均匀顺直、深浅一致，应无漏剁处；阳角处应横剁并留出宽窄一致的不剁边条，棱角应无损坏。

④ 装饰抹灰分格条（缝）的设置应符合设计要求，宽度和深度应均匀，表面应平整光滑，棱角应整齐。

⑤ 有排水要求的部位应做滴水线（槽）。滴水线（槽）应整齐顺直，滴水线应内高外低，滴水槽的宽度和深度均不应小于 10mm，并应采取加强措施。不同材料基体交接处表面的抹灰，应采取防止开裂的加强措施，当采用加强网时，加强网与各基体的搭接宽度不应小于 100mm。

2. 抹灰装饰工程质量允许偏差和检验方法

抹灰装饰工程质量允许偏差和检验方法见表 16-3。

表 16-3　抹灰装饰工程质量允许偏差和检验方法

项目	允许偏差/mm				检验方法
	水刷石	斩假石	干粘石	假面砖	
立面垂直度	5	4	5	5	用 2m 靠尺和塞尺检查
表面平整度	3	3	5	4	用 2m 靠尺和塞尺检查
阳角方正度	3	3	4	4	用直角检测尺检查

续表

项目	允许偏差/mm				检验方法
	水刷石	斩假石	干粘石	假面砖	
分格条(缝)直线度	3	3	3	3	用5m线,不足5m拉通线,用钢直尺检查
墙裙、勒脚上口直线度	3	3	—	—	用5m线,不足5m拉通线,用钢直尺检查

第二节 门窗安装工程

一、木门窗的安装

(一) 工艺流程

木门窗安装的工艺流程如下。

找规矩弹线，找出门窗框安装位置 → 掩扇及安装样板 → 安装窗框、窗扇 → 门框安装 → 门扇安装

(二) 施工工艺

(1) 找规矩弹线，找出门窗框安装位置 结构工程经过核验合格后，即可从顶层开始用大线坠吊垂直，检查窗口位置的准确度，并在墙上弹出墨线，门窗洞口结构凸出窗框线时进行剔凿处理。

窗框安装的高度应根据室内+50cm找平线核对检查，使其窗框安装在同一标高上。

室外内门框应根据图纸位置和标高安装，并根据门的高度合理设置木砖数量，且每块木砖应钉2个10cm长的钉子，并应将钉帽砸扁钉入木砖内，使门框安装牢固。

轻质隔墙应预设带木砖的混凝土块，以保证其门窗安装的牢固性。

(2) 掩扇及安装样板 把窗扇根据图纸要求安装到窗框上的工序称为掩扇。按对掩扇的质量检验评价标准检查缝隙大小、五金位置、尺寸及牢固度等，符合标准要求的作为样板，以此为验收标准和依据。

(3) 安装窗框、窗扇 弹线安装窗、窗框扇应考虑抹灰层的厚度，并根据门窗尺寸、标高、位置及开启方向，在墙上画出安装位置线。有贴脸的门窗，立框时应与抹灰面平，有预制水磨石板的窗，应注意窗台板的出墙尺寸，以确定立框位置。

窗框的安装标高，以墙上弹+50cm找平线为准，用木楔将框临时固定于窗洞内，为保证与相隔窗框的平直，应在窗框下边拉小线找直，并用铁水平尺将找平线引入洞内作为立框时的标准，再用线坠校正吊直。

(4) 门框安装 应在地面工程施工前完成，门框安装应保证牢固，门框应用钉子与木砖钉牢，一般每边不少于2点固定，间距不大于1.2m。若隔墙为加气混凝

土条板时，应按要求间距预留直径为45mm的孔，孔深7～10cm，并在孔内预埋木橛，粘107胶水泥浆打入孔中（木橛直径应大于孔径1mm以使其打入牢固）。待其凝固后再安装门框。

(5) 门扇安装

① 先确定门的开启方向及小五金型号和安装位置，对开门扇扇口的裁口位置开启方向，一般右扇为盖口扇。

② 检查门口尺寸是否正确，边角是否方正，有无窜角；检查门口宽度应量门口的上、中、下三点并在扇的相应部位定点画线；检查门口高度应量门的两侧。

③ 将门扇靠在门框上画出相应的尺寸线，如果扇大，则应根据框的尺寸将大出的部分刨去；若扇小，应绑木条，且木条应绑在装合页的一面，用胶黏合后用钉子打牢，钉帽要砸扁，顺木纹送入框内1～2mm。

④ 第一次修刨后的门扇应以能塞入口内为宜，塞好后用木楔顶住临时固定。按门扇与门口边缝宽的合适尺寸，画第二次修刨线，标上合页槽的位置（距门扇的上、下端1/10，且避开上、下冒头）。同时应注意口与扇安装的平整。

⑤ 门扇二次修刨，缝隙尺寸合适后即安装合页。应先用线勒子勒出合页的宽度，根据上、下冒头1/10的要求，钉出合页安装边线，分别从上、下边线往里量出合页长度，剔合页槽时应留线，不应剔得过大、过深。

⑥ 合页槽剔好后，即安装上、下合页，安装时应先拧一个螺钉，然后关上门检查缝隙是否合适，口与扇是否平整，无问题后方可将螺钉全部拧紧。木螺钉应钉入全长1/3，拧入2/3。如门窗为黄花松或其他硬木时，安装前应先打眼。眼的孔径为木螺钉直径的90%，眼深为螺钉长的2/3，打眼后再拧螺钉，以防安装劈裂或螺钉拧断。

⑦ 安装玻璃门时，一般玻璃裁口在走廊内，厨房、厕所玻璃裁口在室内。

(三) 质量检验

木门窗安装的允许偏差见表16-4。

表16-4 木门窗安装的允许偏差

项次	项目	允许偏差/mm	
		Ⅰ级	Ⅱ、Ⅲ级
1	框的正、侧面垂直度	3	
2	框对角线长度	2	3
3	框与扇接触面平整度	2	

二、铝合金门窗的安装

(一) 工艺流程

铝合金门窗安装的工艺流程如下。

画线定位 → 防腐处理 → 铝合金窗户的安装就位 → 固定铝合金窗 → 窗框与墙体间缝隙的处理 → 安装窗扇及窗玻璃 → 安装五金配件

（二）施工工艺

1. 画线定位

根据设计图纸中窗户的安装位置、尺寸，依据窗户中线向两边量出窗户边线。多层地下结构时，以顶层窗户边线为准，用经纬仪将窗边线下引，并在各层窗户口处画线标记，对个别不直的窗口边应及时处理。

窗户的水平位置应以楼层室内＋50cm 的水平线为准，量出窗户下皮标高，弹线找直。每一层同标高窗户必须保持窗下皮标高一致。

2. 防腐处理

窗框四周外表面的防腐处理应按设计要求进行。如设计无要求时，可涂刷防腐涂料或粘贴塑料薄膜进行保护，以免水泥砂浆直接与铝合金门窗表面接触，产生电化学反应，腐蚀铝合金门窗。

安装铝合金窗户时，如果采用连接铁件固定，则连接铁件、固定件等安装用金属零件应优先选用不锈钢件，否则必须进行防腐处理，以免产生电化学反应，腐蚀铝合金窗户。

3. 铝合金窗户的安装就位

根据画好的窗户定位线安装铝合金窗框，并及时调整好窗框的水平、垂直及对角线长度等符合质量标准，然后用木楔临时固定窗框。

4. 固定铝合金窗

当墙体上预埋有铁件时，可把铝合金窗框上的铁脚直接与墙体上的预埋铁件焊牢；当墙体上没有预埋铁件时，可用金属膨胀螺栓或塑料膨胀螺栓将铝合金窗的铁脚固定到墙上。混凝土墙体可用射钉枪把铝合金窗的铁脚固定到墙体上；当墙体上没有预埋件时，也可用电锤在墙体上钻 80mm 深、直径为 $\phi6$ 的孔，用 L 形 80mm×50mm 的 $\phi6$ 钢筋，在长的一端粘涂 107 胶水泥浆，然后打入孔中。待 107 胶水泥浆终凝后，再将铝合金门窗的铁脚与埋置的 $\phi6$ 钢筋焊牢。

铝合金门窗常用的固定方法如图 16-8 所示。

5. 窗框与墙体间缝隙的处理

铝合金窗安装固定后，应先进行隐蔽工程验收。合格后及时按设计要求处理窗框与墙体之间的缝隙。

如果设计没有要求时，可采用矿棉或玻璃棉毡条分层填塞门窗框与墙体间的缝隙，外表面留 5～8mm 深槽口填嵌密封胶，严禁用水泥砂浆填塞。

6. 安装窗扇及窗玻璃

窗扇和窗户玻璃应在洞口墙体表面装饰完工后安装；平开窗户在框与扇格架组装上墙、安装固定好后再安玻璃，即先调整好框与扇的缝隙，再将玻璃安入框、扇并调整好位置，最后镶嵌密封条、填嵌密封胶。

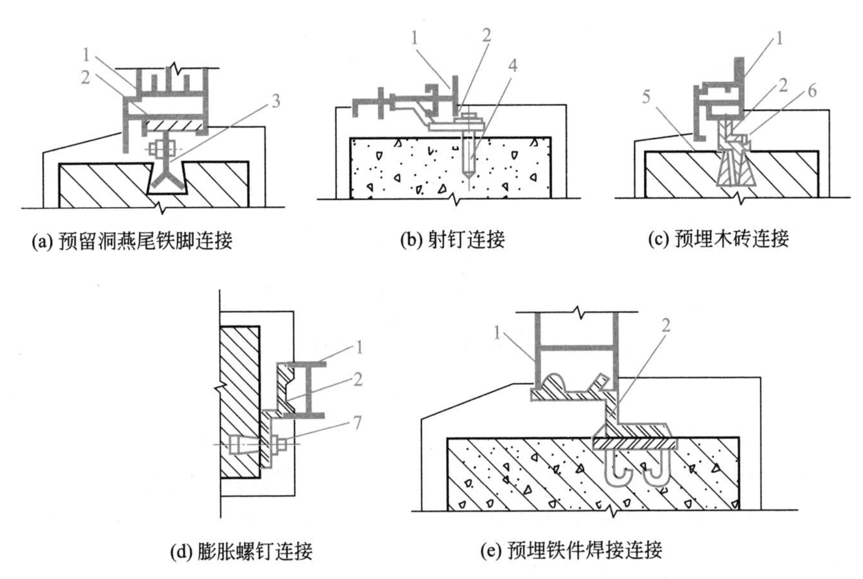

(a) 预留洞燕尾铁脚连接 (b) 射钉连接 (c) 预埋木砖连接

(d) 膨胀螺钉连接 (e) 预埋铁件焊接连接

图 16-8 铝合金门窗常用的固定方法

1—门窗框；2—连接铁件；3—燕尾铁脚；4—射(钢) 钉；5—木砖；6—木螺钉；7—膨胀螺钉

7. 安装五金配件

五金配件与窗户连接用镀锌螺钉。安装的五金配件应结实牢固，使用灵活。

三、钢门窗的安装

(一) 工艺流程

钢门窗安装的工艺流程如下。

弹控制线 → 立钢门窗 → 校正 → 门窗框固定 → 安装五金零件 → 安装纱门窗

(二) 施工工艺

1. 弹控制线

门窗安装前应弹出离楼地面 500mm 高的水平控制线，按门窗安装标高、尺寸和开启方向，在墙体预留洞口四周弹出门窗就位线。

2. 立钢门窗、校正

钢门窗采用后塞框法施工，安装时先用木楔块临时固定，木楔块应塞在四角和中梃处，然后用水平尺、对角线尺、线锤校正其垂直于水平。框扇配合间隙在合页面不应大于 2mm，安装后要检查开关是否灵活，有无阻滞和回弹现象。

3. 门窗框固定

门窗位置确定后，将铁脚与预埋件焊接或埋入预留墙洞内，用 1∶2 水泥砂浆或细石混凝土将洞口缝隙填实；养护 3 天后取出木楔，用 1∶2 水泥砂浆嵌填框与墙之间的缝隙。钢窗预埋铁脚如图 16-9 所示，每隔 500～700mm 设置一个，且每边不少于 2 个。

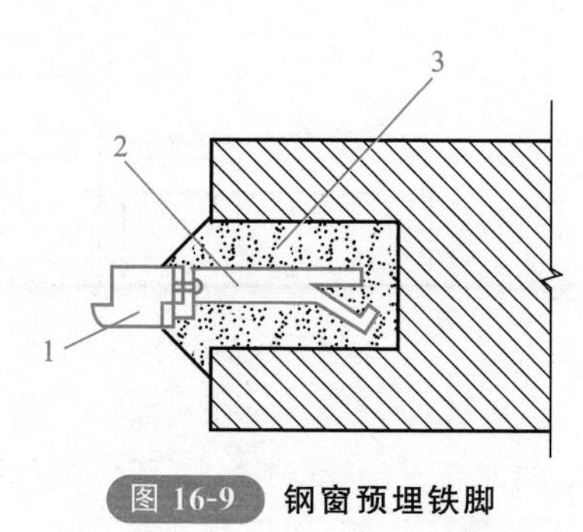

图 16-9 钢窗预埋铁脚

1—窗框；2—铁脚；3—留洞 60mm×60mm×100mm

4. 安装五金零件

安装零附件宜在内外墙装饰结束后进行。安装零附件前，应检查门窗在洞口内是否牢固，开启应灵活，关闭要严密。五金零件应按生产厂家提供的装配图试装合格后，方可进行全面安装。密封条应在钢门窗涂料干燥后按型号安装压实。各类五金零件的转动和滑动配合处应灵活，无卡阻现象。装配螺钉拧紧后不得松动，埋头螺钉不得高于零件表面。钢门窗上的渣土应及时清除干净。

5. 安装纱门窗

高度或宽度大于 1400mm 的纱窗，装纱前应在纱扇中部用木条临时支撑。检查压纱条和扇配套后，将纱裁成比实际尺寸宽 50mm 的纱布，绷纱时先用螺钉拧入上下压纱条再装两侧压纱条，切除多余纱头。金属纱装完后集中刷油漆，交工前再将门窗扇安在钢门窗框上。

（三）质量检验

钢门窗安装的允许偏差见表 16-5。

表 16-5 钢门窗安装的允许偏差

项目	允许偏差/mm	检查方法
框的垂直度	3	吊 1m 线
框的对角线长度差	3	用尺量对角线

第三节 饰面砖、板工程

饰面砖从使用部位上来分主要有外墙砖、内墙砖和特殊部位的艺术造型砖 3 种。从烧制的材料及其工艺来分，主要有陶瓷锦砖（马赛克）、陶质地砖、红缸砖、石塑防滑地砖、瓷质地砖、抛光砖、釉面瓷砖、玻化砖和钒钛黑瓷板地砖等。

饰面板有石材饰面板（包括天然石材和人造石材）、金属饰面板、塑料饰面板、镜面玻璃饰面板等。

一、饰面砖施工

（一）陶瓷锦砖

陶瓷锦砖又称马赛克，是将小块的陶瓷砖面层贴在一张 30cm×30cm 的纸板上。陶瓷锦砖施工是采用粘贴法，将锦砖镶贴到基层上。施工时先用 1∶3 水泥砂浆做底层，厚为 12mm，找平划毛，洒水养护。镶贴前弹出水平、垂直分格线，找好规矩。然后在湿润的底层上刷水泥浆一道，再抹一层厚 2～3mm、1∶0.3 的水泥纸筋灰或厚 3mm、1∶1 的水泥砂浆（砂须过筛）黏结层，用靠尺刮平，同时将锦砖底面向上铺在木垫板上，缝灌细砂（或刮白水泥浆），并用软毛刷刷净底面浮砂，再在底面上薄涂一层黏结灰浆。然后逐张将陶瓷锦砖沿线由下往上、对齐接缝粘贴于墙上。粘贴时应仔细拍实，使其表面平整。待水泥初凝后，用软毛刷将护纸蘸水湿润，半小时后揭纸，并检查缝的平直大小，随手拨正。粘贴 48h 后，取出分格条，大缝用 1∶1 水泥砂浆嵌缝，其他小缝均用素水泥浆嵌平。待嵌缝材料硬化后，用稀盐酸溶液刷洗，随即再用清水冲洗干净。

（二）釉面瓷砖

釉面瓷砖的施工采用镶贴方法，将瓷砖镶贴到基层上。镶贴前应经挑选、预排，使规格、颜色一致，灰缝均匀。基层应清扫干净，浇水湿润，用 1∶3 水泥砂浆打底，厚度 6～10mm，找平刮毛，打底后 3～4 天开始镶贴瓷砖。镶贴前找好规矩，按砖的实际尺寸弹出横竖控制线，定出水平标准和皮数。接缝宽度应符合设计要求，一般为 1～1.5mm。然后用废瓷砖按黏结层厚度用混合砂浆贴灰饼，找出标准。灰饼间距一般为 1.5～1.6mm。阳角处要两面挂直。镶贴时先润湿底层，根据弹线稳好水平尺板，作为第一皮瓷砖镶贴的依据，由下往上逐层粘贴。为确保黏结牢固，瓷砖的吸水率不得大于 10%，且在镶贴前应浸水 2h 以上，取出晾干备用。采用聚合物水泥砂浆为黏结层时，可抹一行（或数行）贴一行（或数行）；采用厚 6～10mm、1∶2 的水泥砂浆（或掺入水泥质量的 15%石灰膏）作黏结层时，则将砂浆均匀刮抹在瓷砖背面，放在水平尺板上口贴于墙面，并将挤出的砂浆随时擦净。镶贴后轻敲瓷砖，使其黏结牢固，并用靠尺靠平，修正缝隙。

室外接缝应用水泥浆或水泥砂浆嵌缝；室内接缝宜用与瓷砖相同颜色的石灰膏或水泥浆嵌缝。待整个墙面与嵌缝材料硬化后，用棉纱擦干净或用稀盐酸溶液刷洗，然后用清水冲洗干净。

二、饰面板施工

大理石和水磨石饰面板分为小规格板块（边长<400mm）和大规格板块（边长≥400mm）两种。一般情况下，小规格板块多采用粘贴法安装；大规格板块或高度超过 1m 时，多采用安装法施工。

墙面与柱面粘贴或安装饰面板，应先抄平，分块弹线，并按弹线尺寸及花纹图案预拼和编号。安装时应找正吊直后采取临时固定措施，再校正尺寸，以防灌注砂浆时板位移动。

（一）小板块施工

小规格的大理石和水磨石板块施工时，首先采用 1∶3 的水泥砂浆做底层，厚度约 12mm，要求刮平，找出规矩，并将表面划毛。底层浆凝固后，将湿润的大理石或水磨石板块抹上厚 2～3mm 的素水泥浆粘贴到底层上，随手用木槌轻敲、用水平尺找平找直。大理石或水磨石板块使用前应在清水中浸泡 2～3h 后阴干备用。整个大理石或水磨石饰面工程完工后，应用清水将表面冲洗干净。

（二）大板块施工

大规格的大理石和水磨石采用安装法施工，如图 16-10 所示。施工时首先在基层的表面上绑扎 $\phi 6$ 的钢筋骨架与结构中预埋件固定。安装前大理石或水磨石板块侧面和背面应清扫干净并修边打眼，每块板材上、下边打眼数量均不少于两个，然后穿上铜丝或铅丝把板块固定在钢筋骨架上，离墙保持 20mm 空隙，用托线板靠直靠平，要求板块交接处四角平整。水平缝中插入木楔控制厚度，上下口用石膏临时固定（较大的板块则要加临时支撑）。板块安装由最下一行的中间或一端开始，依次安装。每铺完一行后，用 1∶2.5 水泥砂浆分层灌浆，每层灌浆高度 150～200mm，并插捣密实，待其初凝后再灌上一层浆，至距上口 50～100mm 处停止。安装第二行板块前，应将上口临时固定的石膏剔掉并清理干净缝隙。

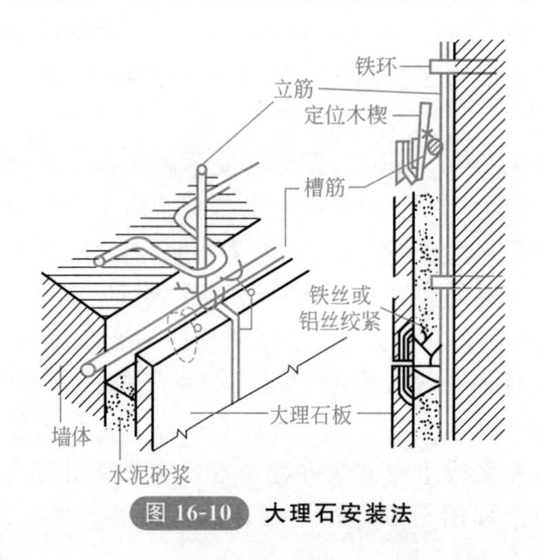

图 16-10 大理石安装法

采用浅色的大理石或水磨石饰面板时，灌浆须用白水泥和白石碴，以防变色，影响质量。完工后，表面应清洗干净，晾干后方可打蜡、擦亮。

（三）质量检验

① 采用由上往下铺贴方式，应严格控制好时间和顺序，否则易出现锦砖下坠而造成缝隙不均或不平整。

② 饰面工程的表面不得有变色、起碱、污点、砂浆流痕和显著的光泽受损处，不得有歪斜、翘曲、空鼓、缺棱、掉角、裂缝等缺陷。

③ 饰面工程的表面颜色应均匀一致，花纹线条应清晰、整齐、深浅一致，不显接槎，表面平整度的允许偏差小于4mm。

④ 饰面板的接缝宽度若无设计要求时，应符合表16-6的规定。

表16-6 饰面板的接缝宽度

名称		接缝宽度/mm
天然石	光面、镜面	1
	粗磨面、麻面、条纹面	5
	天然面	10
人造石	水磨石	2
	水刷石	10
	大理石、花岗石	1

⑤ 饰面工程质量的允许偏差见表16-7。

表16-7 饰面工程质量的允许偏差

项目	允许偏差/mm											检验方法
	天然石						人造石		饰面砖			
	光面	镜面	粗磨面	麻面	条纹面	天然面	水磨石	水刷石	外墙面砖	釉面砖	陶瓷锦砖	
表面平整度	1		3			—	2	4	2			用2m直尺和楔形塞尺检查
立面垂直度	2		3			—	2	4	2			用2m托线板检查
阳角方正度	2		4			—	2	—	2			用200mm方尺检查
接缝平直度	2		4			5	3	4	32			5m接线检查，不足5m拉通线检查
墙裙上口平直度	2		3			3	2	3	2			
接缝高低	0.3		3			—	0.5	3	室外1、室内0.5			用直尺和楔形塞尺检查
接缝宽度	0.5		1			2	0.5	2	—			用尺检查

第四节 吊顶工程

吊顶是一种室内装修，具有美观、保温、防潮、吸声和隔热等作用，是现代装饰中的重要组成部分。

吊顶由吊筋、龙骨和面层三部分组成。

一、吊筋安装

吊筋主要承受吊顶棚的重力，并将这一重力直接传递给结构层，同时还能用来调节吊顶的空间高度。

现浇混凝土楼板吊筋做法如图 16-11 所示。在预制板缝中设吊筋的方法如图 16-12 所示。

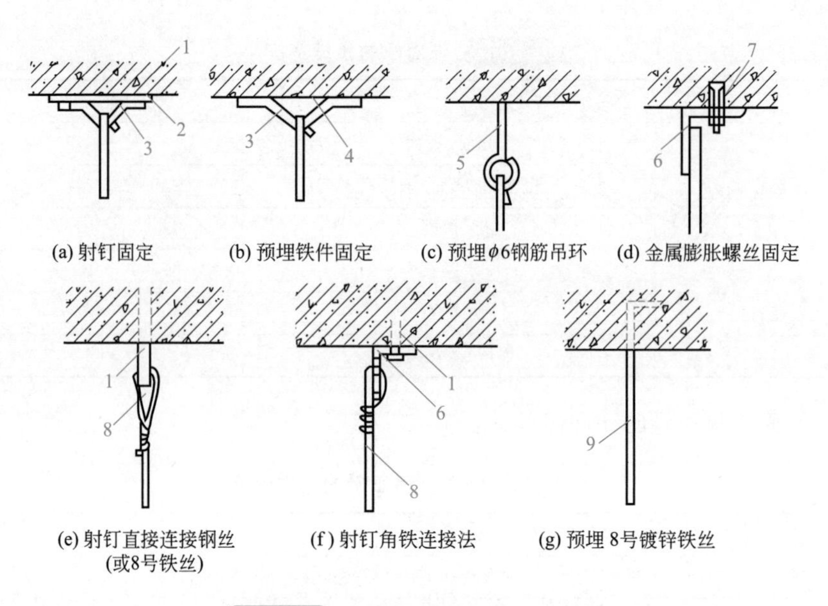

图 16-11 现浇混凝土楼板吊筋做法

1—射钉；2—焊板；3—ϕ10 钢筋吊环；4—预埋钢板；5—ϕ6 钢筋；6—角钢；7—金属膨胀螺丝；8—铝合金丝（8 号、12 号、14 号）；9—8 号镀锌钢丝

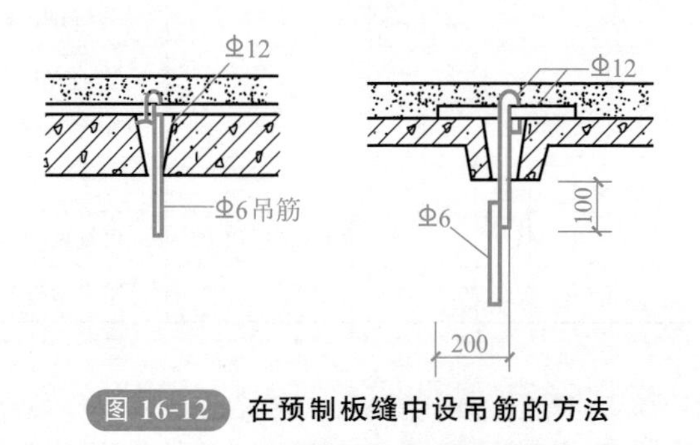

图 16-12 在预制板缝中设吊筋的方法

二、龙骨安装

按制作材料的不同，可分为木龙骨、轻钢龙骨和合金龙骨。

（一）木龙骨

吊顶骨架采用木骨架的构造形式。使用木龙骨其优点是加工容易，施工也较方便，容易做出各种造型，但因其防火性能较差，只能在局部空间内使用。木龙骨系统又分为主龙骨、次龙骨、横撑龙骨，木龙骨规格范围为 20mm × 30mm ～

60mm×80mm。在施工中应做防火、防腐处理。木龙骨吊顶的构造形式如图 16-13 所示。

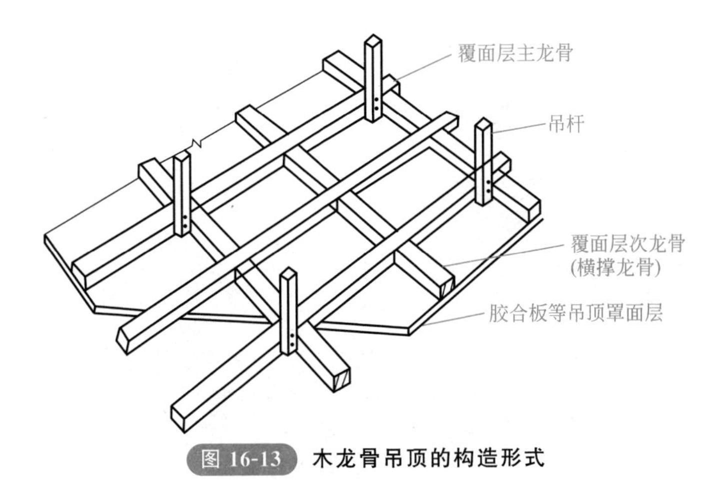

图 16-13 木龙骨吊顶的构造形式

主龙骨沿房间短向布置，用事先预埋的钢筋圆钩穿上 8 号镀锌铁丝将龙骨拧紧，或用 ϕ6 或 ϕ8 螺栓与预埋钢筋焊牢，穿透主龙骨上紧螺母。吊顶的起拱一般为房间短向的 1/200。次龙骨安装时，按照墙上弹出的水平线，先钉四周小龙骨，然后按设计要求分档画线钉次龙骨，最后装横撑龙骨。

（二）轻钢龙骨

吊顶骨架可采用轻钢龙骨的构造形式。轻钢龙骨有很好的防火性能，再加上轻钢龙骨都是标准规格且都有标准配件，施工速度快，装配化程度高，轻钢骨架是吊顶装饰最常用的骨架形式。轻钢龙骨按断面形状可分为 U 形、C 形、T 形、L 形等几种类型；按荷载类型分有 U60 系列、U50 系列、U38 系列等几类。每种类型的轻钢龙骨都应配套使用。轻钢龙骨的缺点是不容易做成较复杂的造型，轻钢龙骨吊顶的构造形式如图 16-14 所示。

（三）合金龙骨

合金龙骨常与活动面板配合使用，其主龙骨多采用 U60、U50、U38 系列及厂家定制的专用龙骨，其次龙骨则采用 T 形及 L 形的合金龙骨，次龙骨主要承担着吊顶板的承重功能，又是饰面吊顶板装饰面的封、压条。合金龙骨因其材质特点而不易锈蚀，但刚度较差，容易变形。

（四）安装程序

龙骨的安装顺序如下。

弹线定位 → 固定吊杆 → 安装主龙骨 → 安装次龙骨 → 固定横撑龙骨

1. 弹线定位

根据楼层标高水平线，用尺竖向量至顶棚设计标高，沿墙四周弹出顶棚标高水平线（水平允许偏差±5mm），并沿顶棚标高水平线在墙上画好龙骨分档位置线。

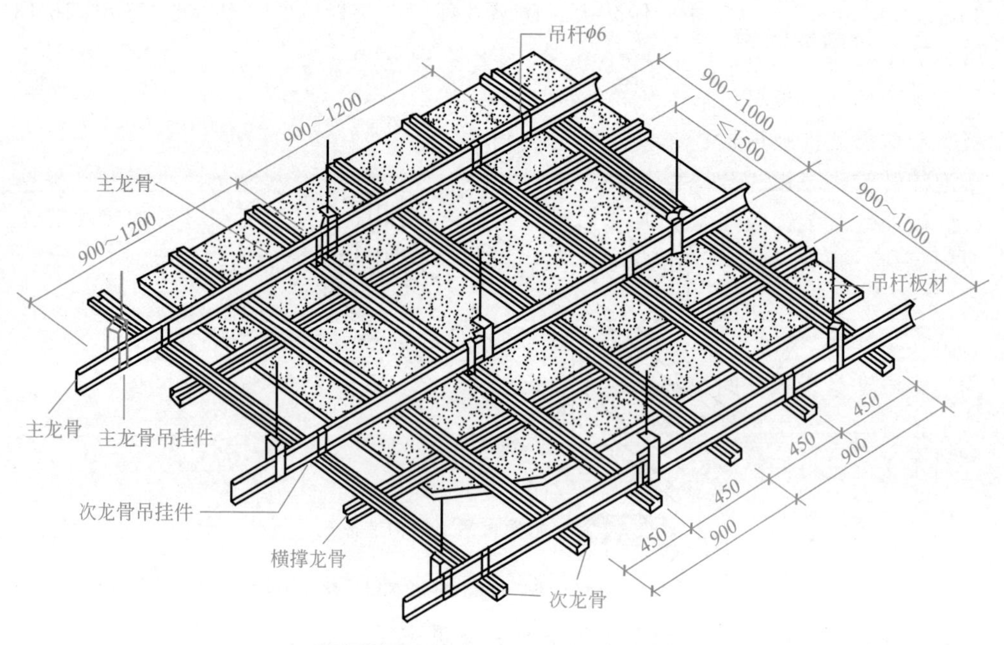

图 16-14 轻钢龙骨吊顶的构造形式

2.固定吊杆

按照墙上弹出的标高线和龙骨位置线，找出吊点中心，将吊杆焊接在预埋件上。未设预埋件时，可在吊点中心用射钉固定吊杆或铁丝，计算好吊杆的长度，确定吊杆下端的杆高。与吊挂件连接一端的套丝长度应留好余地，并配好螺母。同时，按设计要求是否上人，查标准图集选用。

3.安装主龙骨

吊杆安装在主龙骨上，根据龙骨的安装程序，因为主龙骨在上，所以吊件同主龙骨相连，再将次龙骨用连接件与主龙骨固定。在主、次龙骨安装程序上，可先将主龙骨与吊杆安装完毕，再安次龙骨；也可主、次龙骨一起安装，然后调平主龙骨，拧动吊杆螺栓，升降调平。

4.安装次龙骨

次龙骨垂直于主龙骨布置，交叉点用次龙骨吊挂件将其固定在主龙骨上。吊挂件上端挂在主龙骨上，挂件U形腿用钳子扣入主龙骨内，次龙骨的间距因饰面板是密缝安装还是离缝安装而异。次龙骨中距应计算准确，并要翻样而定。次龙骨的安装程序是预先弹好位置，从一端依次安装到另一端。

5.固定横撑龙骨

横撑龙骨应用次龙骨截取。安装时，将截取的次龙骨的端头插入支托，扣在次龙骨上，并用钳子将挂搭弯入次龙骨内。组装好后的次龙骨和横撑龙骨底面要求平齐。

三、饰面板安装

吊顶的饰面板材包括：纸面石膏装饰吸声板、石膏装饰吸声板、矿棉装饰吸声板、珍珠岩装饰吸声板、聚氯乙烯塑料天花板、聚苯乙烯泡沫塑料装饰吸声板、钙塑泡沫装饰吸声板、金属微穿孔吸声板、穿孔吸声石棉水泥板、轻质硅酸钙吊顶板、硬质纤维装饰吸声板、玻璃棉装饰吸声板等。选材时要考虑材料的密度、保温、隔热、防火、吸声、施工装卸等性能，同时应考虑饰面的装饰效果。

（一）板面的接缝处理

1. 密缝法

密缝法是指板之间在龙骨处对接，也叫对缝法。板与龙骨的连接多为粘接和钉接。接缝处易产生不平现象，需在板上不超过200mm间距用钉或用胶黏剂连接，并对不平处进行修整。

2. 离缝法

（1）凹缝　两板接缝处利用板面的形状和长短做出凹缝，有V形缝和矩形缝两种，缝的宽度不小于10mm。由板的形状形成的凹缝可不必另加处理；利用板厚形成的凹缝中，可涂颜色，以强调吊顶线条的立体感。

（2）盖缝　板缝不直接暴露在外，而用次龙骨或压条盖住板缝，这样可避免缝隙宽窄不均，使饰面的线型更为强烈。

饰面板的边角处理，根据龙骨的具体形状和安装方法有直角、斜角、企口角等多种形式。

（二）饰面板与龙骨连接

1. 黏结法

黏结法是用各种胶黏剂将板材粘贴于龙骨上或其他基板上的做法。

2. 钉接法

钉接法是用铁钉或螺钉将饰面板固定于龙骨上的做法。木龙骨以铁钉钉接，型钢龙骨以螺钉连接，钉距视材料而异。适用于钉接的饰面板有胶合板、纤维板、木板、铝合金板、石膏板、矿棉吸声板和石棉水泥板等。

3. 挂牢法

挂牢法是利用金属挂钩将板材挂于龙骨下的做法。

4. 搁置法

搁置法是将饰面板直接搁于龙骨翼缘上的做法。

5. 卡牢法

卡牢法是利用龙骨本身或另用卡具将饰面板卡在龙骨上的做法。常用于以轻钢、型钢龙骨配以金属板材等。

（三）质量检验

吊顶龙骨安装工程质量要求及检验方法见表16-8。吊顶饰面板安装的允许偏差和检验方法见表16-9。

表 16-8 吊顶龙骨安装工程质量要求及检验方法

项目	质量要求		检验方法
钢木龙骨的吊杆、主梁、格栅（立筋、横撑）外观	合格	有轻度弯曲，但不影响安装，木吊杆无劈裂	观察检查
	优良	顺直、无弯曲、无变形，木吊杆无劈裂	
吊顶内填充料	合格	用料干燥，铺设厚度符合要求	观察、尺量检查
	优良	用料干燥，铺设厚度符合要求，且均匀一致	
轻钢龙骨、铝合金龙骨外观	合格	角缝吻合、表面平整、无翘曲、无锤印	观察检查
	优良	角缝吻合、表面平整、无翘曲、无锤印、接缝均匀一致，周围与墙面密合	

表 16-9 吊顶饰面板安装的允许偏差和检验方法

项目	允许偏差/mm										检验方法
	石膏板			矿棉装饰吸声板	木质板		塑料板		纤维水泥加压板	金属装饰板	
	石膏装饰板	深浮雕嵌式装饰石膏板	纸面石膏板		胶合板	纤维板	钙塑装饰板	聚氯乙烯塑料天花板			
表面平整	3	3	3	2	2	3	3	2		2	用 2m 靠尺和楔形塞尺检查
接缝平直	3	3	3	3	3	3	4	3		<1.5	接线 5m 长或通线、尺量检查
压条平直	3	3	3	3	3	3	3	3	3	3	接线 5m 长或通线、尺量检查
接缝高低	1	1	1	1	0.5	0.5	1	1	1	1	用直尺和楔形塞尺检查
压条间距	2	2	2	2	2	2	2	2	2	2	尺量检查

第五节 隔墙工程

房间外墙砌筑

扫码观看本视频

将室内空间完全分隔开的墙叫隔墙。将室内局部分隔，而其上部或侧面仍然连通的叫隔断。

隔墙按用材可分为砖隔墙、轻钢龙骨隔墙、玻璃隔墙、活动式隔墙、集成式隔墙等。

一、砖隔墙

砌筑隔墙一般采用半砖顺砌。砌筑底层时，应先做一个小基础；楼层砌筑时，必须砌在梁上，梁的配筋要经过计算。不得将隔墙砌在空心板上。隔墙用 M2.5 以上的砂浆砌筑，隔墙的接槎如图 16-15 所示。

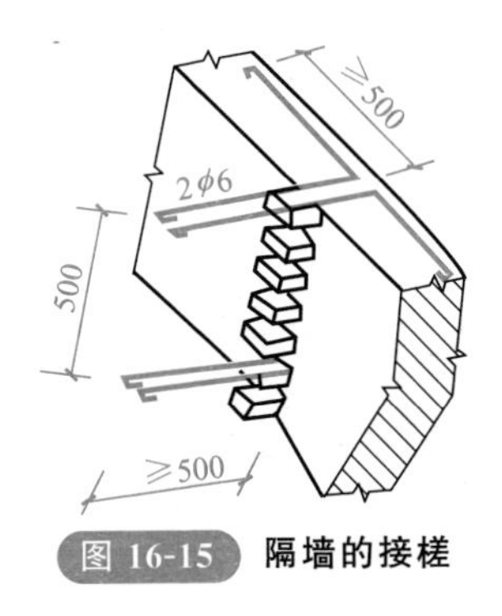

图 16-15 隔墙的接槎

半砖隔墙两面都要抹灰，但为了不使抹灰后墙身太厚，砌筑两面应较平整。隔墙长度超过 6m 时，中间要设砖柱；高度超过 4m 时，要设钢筋混凝土拉结带。隔墙到顶时，不可将最上面一皮砖紧顶楼板，应预留 30mm 的空隙，抹灰时将两面封住即可。

二、玻璃隔墙

（一）工艺流程

玻璃隔墙安装的工艺流程如下。

定位放线 → 固定隔墙边框架 → 玻璃板安装 → 压条固定

（二）施工工艺

1. 定位放线

根据图纸墙位放墙体定位线。基底应平整、牢固。

2. 固定隔墙边框架

根据设计要求选用龙骨，木龙骨含水率必须符合规范规定。金属框架时，多选用铝合金型材或不锈钢型材。采用钢架龙骨或木制龙骨，均应做好防火防腐处理，安装牢固。

3. 玻璃板安装及压条固定

把已裁好的玻璃按部位编号，并分别竖向堆放待用。安装玻璃前，应对骨架、边框的牢固程度、变形程度进行检查，如有不牢固应予以加固。玻璃与基架框的结合不宜太紧密，玻璃放入框内后，与框的上部和侧边应留有 3～5mm 左右的缝隙，防止玻璃由于热胀冷缩而开裂。玻璃板与木基架的安装如下。

① 用木框安装玻璃时，在木框上要裁口或挖槽，校正好木框内侧后定出玻璃安装的位置线，并固定好玻璃板靠位线条，如图 16-16 所示。

② 把玻璃装入木框内，其两侧距木框的缝隙应相等，并在缝隙中注入玻璃胶，然后钉上固定压条，固定压条宜用钉枪钉。

③ 对面积较大的玻璃板，安装时应用玻璃吸盘器将玻璃提起来安装。

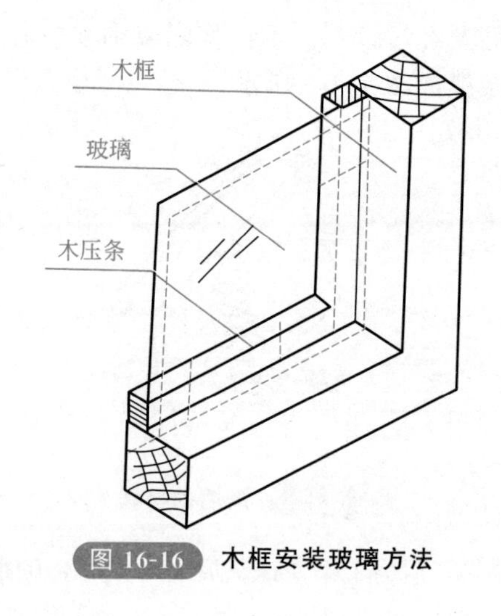

图 16-16 木框安装玻璃方法

三、活动式隔墙

现阶段的活动式隔墙使用较多的是推拉直滑式隔墙，这种隔墙使用方便，安装简单，被大多数人们所喜爱。

(一) 工艺流程

活动式隔墙安装的工艺流程如下。

定位放线 → 隔墙板两侧藏板房施工 → 上下导轨安装 → 隔扇制作 → 隔扇的安放与连接 → 密封条安装 → 调试验收

(二) 施工工艺

1. 定位放线

按设计确定的隔墙位置，在楼地面弹线，并将线引测至顶棚和侧墙。

2. 隔墙板两侧藏板房施工

根据现场情况和隔断样式设计藏板房及轨道走向，以方便活动隔板收纳，藏板房外围护装饰按照设计要求施工。

3. 上下导轨安装

(1) 上轨道安装 为装卸方便，隔墙的上部有一个通长的上槛，一般上槛的形式有两种：一种是槽形，另一种是 T 形。这两种上槛都是用钢、铝制成的。顶部有结构梁的，通过金属胀栓和钢架将轨道固定于吊顶上；无结构梁固定于结构楼板上，做型钢支架安装轨道，多用于悬吊导向式活动隔墙。

滑轮设在隔扇顶面正中央，由于支撑点与隔扇的重心位于同一条直线上，楼地面上就不必再设轨道。上部滑轮的形式较多，隔扇较重时，可采用带有滚珠轴承的滑轮，隔扇较轻时，可以用带有金属轴套的尼龙滑轮或滑钮。

作为上部支承点的滑轮小车组，与固定隔扇垂直轴要保持自由转动的关系，以便隔扇能够随时改变自身的角度。垂直轴内可酌情设置减震器，以保证隔扇能在不大平整的轨道上平稳地移动。

(2) 下轨道安装 一般用于支承型导向式活动隔墙。当上部滑轮设在隔扇顶面的一端时，楼地面上要相应地设轨道，隔扇底面要相应地设滑轮，构成下部支承点。这种轨道断面多数是T形的。如果隔扇较高，可在楼地面上设置导向槽，在楼地面相应地设置中间带凸缘的滑轮或导向杆，防止在启闭的过程中出现摇摆。

4. 隔扇制作

移动式活动隔墙的隔扇采用金属及木框架，两侧贴有木质纤维板或胶合板，根据设计要求覆装饰面。隔声要求较高的隔墙，可在两层板之间设置隔声层，并将隔扇的两个垂直边做成企口缝，以便使相邻隔扇能紧密地咬合在一起，达到隔声的目的。

隔扇的下部按照设计做踢脚。

隔墙板两侧做成企口缝等盖缝、平缝。活动隔墙的端部与实体墙相交处通常要设一个槽形的补充构件，以便于调节隔墙板与墙面间距离误差和便于安装和拆卸隔扇，并可有效遮挡隔扇与墙面之间的缝隙。隔声要求高的，还要根据设计要求在槽内填充隔声材料。

隔墙板上侧采用槽形时，隔扇的上部可以做成平齐的；采用T形时，隔扇的上部应设较深的凹槽，以使隔扇能够卡到T形上槛的腹板上。

5. 隔扇的安放与连接

分别将隔扇两端嵌入上下槛导轨槽内，利用活动卡子连接固定，同时拼装成隔墙，不用时可打开连接将隔扇重叠置入藏板房内，以免占用使用面积。隔扇的顶面与平顶之间保持50mm左右的空隙，以便于安装和拆卸。

6. 密封条安装

隔扇的底面与楼地面之间的缝隙用橡胶或毡制密封条遮盖。隔墙板上下预留有安装隔声条的槽口，将产品配套的隔声条背筋塞入槽口内，当楼地面上不设轨道时，可在隔扇的底面设一个富有弹性的密封垫，并相应地采取专门装置，使隔墙于封闭状态时能够稍稍下落，从而将密封垫紧紧地压在楼地面，确保隔声条能够将缝隙较好地密闭。

(三) 质量检验

① 活动隔墙表面应色泽一致、平整光滑、洁净，线条应顺直、清晰。

② 活动隔墙上的孔洞、槽、盒应位置正确、套割吻合、边缘整齐。

③ 活动隔墙推拉应无噪声。

④ 活动隔墙安装的允许偏差和检验方法应符合表16-10的规定。

表16-10 活动隔墙安装的允许偏差和检验方法

项目	允许偏差/mm	检验方法
立面垂直度	3	用2m垂直检测尺检查

续表

项目	允许偏差/mm	检验方法
表面平整度	2	用2m靠尺和塞尺检查
接缝直线度	3	拉5m线，不足5m拉通线，用钢直尺检查
接缝高低差	2	用钢直尺和塞尺检查
接缝宽度	2	用钢直尺检查

第六节　涂饰工程

地下车库涂刷地坪漆

扫码观看本视频

涂饰工程是指将涂料敷于建筑物或构件表面，并能与建筑物或构件表面材料很好地黏结，在干结后形成完整涂膜（涂层）的装饰饰面工程。建筑涂料是继传统刷浆材料之后产生的一种新型饰面材料，它具有施工方便、装饰效果好、经久耐用等优点。涂料涂饰是当今建筑饰面采用最为广泛的一种方式。

一、建筑涂料施工

各种建筑涂料的施工过程大同小异，大致上包括基层处理、刮腻子与磨平、涂料施涂三个阶段的工作。

（一）基层处理

1.混凝土及砂浆的基层处理

为保证涂膜能与基层牢固黏结在一起，基层表面必须干净、坚实，无疏松、脱皮、起壳、粉化等现象，基层表面的泥土、灰尘、污垢、黏附的砂浆等应清扫干净，疏松的表面应予以铲除。为保证基层表面平整，缺棱掉角处应用1∶3水泥砂浆（或聚合物水泥砂浆）修补，表面的麻面、缝隙及凹陷处应用腻子填补修平。

2.木材与金属基层的处理

为保证涂料与基层黏结牢固，木材表面的灰尘、污垢和金属表面的油渍、鳞皮、锈斑、焊渣、毛刺等必须清除干净。木料表面的裂缝等在清理和修整后应用石膏腻子填补密实、刮平收净，用砂纸磨光以使表面平整。木材基层缺陷处理好后表面上应作打底子处理，使基层表面具有均匀吸收涂料的性能，以保证面层的色泽均匀一致。金属表面应刷防锈漆，涂料施涂前被涂物件的表面必须干燥，以免水分蒸发造成涂膜起泡，一般木材含水率不得大于12%，金属表面不得有湿气。

（二）刮腻子与磨平

涂膜对光线的反射比较均匀，因而在一般情况下不易觉察的基层表面细小的凹凸不平和砂眼，在涂刷涂料后由于光影作用都将显现出来，影响美观。所以基层必须刮腻子数遍予以找平，并在每遍所刮腻子干燥后用砂纸打磨，保证基层表面平整光滑。需要刮腻子的遍数，视涂饰工程的质量等级、基层表面的平整度和所用的涂料品种而定。

（三）涂料施涂

1. 一般规定

涂料在施涂前及施涂过程中，必须充分搅拌均匀，用于同一表面的涂料，应注意保证颜色一致。涂料黏度应调整合适，使其在施涂时不流坠、不显刷纹，如需稀释应用该种涂料所规定的稀释剂稀释。涂料的施涂遍数应根据涂料工程的质量等级而定。施涂溶剂型涂料时，后一遍涂料必须在前一遍涂料干燥后进行；施涂乳液型和水溶性涂料时，后一遍涂料必须在前一遍涂料表干后进行。每一遍涂料不宜施涂过厚，应施涂均匀，各层必须结合牢固。

2. 施涂基本方法

涂料的施涂方法有刷涂、滚涂、刮涂、弹涂和喷涂等。

(1) 刷涂 它是用油漆刷、排笔等将涂料刷涂在物体表面上的一种施工方法。此法操作方便，适应性广，除极少数流平性较差或干燥太快的涂料不宜采用外，大部分薄涂料或云母片状厚质涂料均可采用。刷涂顺序是先左后右、先上后下、先难后易。

(2) 滚涂 它是利用滚筒（或称辊筒、涂料辊）蘸取涂料并将其涂布到物体表面上的一种施工方法。滚筒表面有的是粘贴合成纤维长毛绒，也有的是粘贴橡胶（称之为橡胶压辊），当绒面压花滚筒或橡胶压花压辊表面为凸出的花纹图案时，即可在涂层上滚压出相应的花纹。

(3) 刮涂 它是利用刮板将涂料厚浆均匀地批刮于饰涂面上，形成厚度为1～2mm的厚涂层。常用于地面厚层涂料的施涂。

(4) 弹涂 它是利用弹涂器通过转动的弹棒将涂料以圆点形状弹到被涂面上的一种施工方法。若分数次弹涂，每次用不同颜色的涂料，则被涂面由不同色点的涂料装饰，相互衬托，可使饰面增加装饰效果。

(5) 喷涂 它是利用压力或压缩空气将涂料涂布于物体表面的一种施工方法。涂料在高速喷射的空气流带动下，呈雾状小液滴喷到基层表面上形成涂层。喷涂的涂层较均匀，颜色也较均匀，施工效率高，适用于大面积施工。可使用各种涂料进行喷涂，尤其是外墙涂料用得较多。

二、油漆涂料施工

油漆是一种胶体溶液，主要由胶黏剂、溶剂（稀释剂）及颜料和其他填充料或辅助材料（如催干剂、增塑剂、固化剂）等组成。胶黏剂常用桐油、梓油和亚麻仁油及树脂等，是硬化后生成漆膜的主要成分。颜料除使涂料具有色彩外，尚能起充填作用，能提高漆膜的密实度，减小收缩率，改善漆膜的耐水性和稳定性。溶剂为稀释油漆涂料用，常用的有松香水、酒精及溶剂油（代松香水用），溶剂的掺量过多，会使油漆的光泽不耐久。如需加速油漆的干燥，可加入少量的催干剂，如快燥漆，但如掺加太多会使漆膜变黄、发软或破裂。

（一）油漆种类

常用的油漆涂料主要有清油、调和漆、清漆、聚乙酸乙烯乳胶漆和厚漆等。

1.清油

多用于调制厚漆和红丹防锈漆，也可单独涂刷于金属、木材表面，但漆膜柔韧、易发黏。

2.调和漆

分油性和磁性两类。油性调和漆的漆膜附着力强，耐大气作用好，不易粉化、龟裂，但干燥时间较长，漆膜较软，适用于室内外金属及木材、水泥表面层涂刷。磁性调和漆则漆膜较硬，光亮平滑，耐水洗，但不耐气候，易失光、龟裂和粉化，故仅适宜于室内面层涂刷。有大红、奶油、白、绿、灰、黑等色。

3.清漆

分油质清漆和挥发性清漆两类。油质清漆又称凡立水，常用的有酯胶清漆、酚醛清漆、醇酸清漆等。漆膜干燥快，光泽透明，适于木门窗、板壁及金属表面罩光。挥发性清漆又称泡立水，常用的有漆片，漆膜干燥快、坚硬光亮，但耐水、耐热，耐大气作用差，易失光，多用于室内木质面层打底和家具罩面。

4.聚乙酸乙烯乳胶漆

它是一种性能良好的新型涂料和墙漆，以水作稀释剂，无毒安全，适用于高级建筑室内抹面、木材面和混凝土的面层涂刷，亦可用于室外抹灰面。其优点是漆膜坚硬平整，附着力强，干燥快，耐曝晒和水洗，墙面稍经干燥即可涂刷。

5.厚漆

有红、特级白、淡黄、深绿、灰、黑等色，漆膜较软。

（二）施工工艺

油漆施工包括基层处理、打底子和抹腻子、涂刷油漆三道工序。

1.基层处理

木材表面应清除钉子、油污等，除去松动节疤及脂囊，裂缝和凹陷处均应用腻子填补，用砂纸磨光。金属表面应清除一切鳞皮、锈斑和油渍等。基体如为混凝土和抹灰层，含水率均不得大于8%。新抹灰的灰泥表面应仔细除去粉质浮粒。为使灰泥表面硬化，尚可采用氟硅酸镁溶液进行多次涂刷处理。

2.打底子和抹腻子

打底子的目的是使基层表面有均匀吸收色料的能力，以保证整个油漆面的色泽均匀一致。腻子是由涂料、填料（石膏粉、大白粉）、水或松香水等拌制成的膏状物。抹腻子的目的是使表面平整。对于高级油漆需在基层上全面抹一层腻子，待其干后用砂纸打磨，然后再满抹腻子，再打磨，磨至表面平整光滑为止。有时还要和涂刷油漆交替进行。所用腻子应按基层、底漆和面漆的性质配套选用。

3.涂刷油漆

木料表面涂刷混色油漆，按操作工序和质量要求分为普通、中级、高级三级。金属面涂刷也分三级，但多采用普通或中级油漆，混凝土和抹灰表面涂刷只分为中级、高级两级。油漆涂刷方法有刷涂、喷涂、擦涂、揩涂及滚涂等。方法的选用与涂料有关，应根据涂料能适应的涂漆方式和现有设备来选定。

(1) 刷涂法 刷涂法是用鬃刷蘸油漆涂刷在表面上。其设备简单、操作方便，但工效低，不适于快干和扩散性不良的油漆施工。

(2) 喷涂法 喷涂法是用喷雾器或喷浆机将油漆喷射在物体表面上。一次不能喷得过厚，要分几次喷涂，要求喷嘴移动均匀。喷涂法的优点是工效高，漆膜分散均匀，平整光滑，干燥快。缺点是油漆消耗大，需要喷枪和空气压缩机等设备，施工时还要有通风、防火、防爆等安全措施。

(3) 擦涂法 擦涂法是用棉花团外包纱布蘸油漆在物面上擦涂，待漆膜稍干后再连续转圈揩擦多遍，直到均匀擦亮为止。此法漆膜光亮、质量好，但效率低。

(4) 揩涂法 揩涂法仅用于生漆涂刷施工，是用布或丝团浸油漆在物体表面上来回左右滚动，反复搓揩使漆膜均匀一致。

(5) 滚涂法 滚涂法是用羊皮、橡皮或其他吸附材料制成的滚筒滚上油漆后，再滚涂于物体表面上。该方法适用于墙面滚花涂刷，可用较稠的油漆涂料，漆膜均匀。

在涂刷油漆时，后一遍油漆必须在前一遍油漆干燥后进行。每遍油漆都应涂刷均匀，各层必须结合牢固，干燥得当，均匀而密实。如果干燥不当，会造成涂层起皱、发黏、麻点，有针孔、失光、泛白等弊病。

一般油漆工程施工时的环境温度不宜低于10℃，相对湿度小宜大于60%。当遇有大风、雨、雾情况时，不可施工。

第十七章 季节性施工

第一节 冬期施工

一、地基基础工程

（一）土方工程

1.冻土的挖掘

冻土的挖掘根据冻土层厚度可采用人工、机械和爆破方法。人工挖掘冻土可采用锤击铁楔子劈冻土的方法分层进行挖掘。楔子的长度视冻土层厚度确定，宜为300～600mm；机械挖掘冻土可根据冻土层厚度选用推土机松动、挖掘机开挖或重锤冲击破碎冻土等方法，其设备可按表17-1选用。

表17-1 冻土挖掘设备选择

冻土厚度/mm	选择机械
＜500	铲运机、推土机、挖掘机
500～1000	大马力推土机、松土机、挖掘机
1000～1500	重锤或重球

对于冻土层较厚、开挖面积较大的土方工程，可使用爆破法。当冻土层厚度小于或等于2m时宜采用炮孔法。炮孔的直径宜为50～70mm，深度宜为冻土层厚度的60%～85%，与地面成60°～90°夹角。炮孔的间距宜等于最小抵抗线长度的1.2倍，排距宜等于最小抵抗线长度的1.5倍，炮孔可用电钻、风钻或人工打钎成孔。

炸药可使用黑色炸药、硝铵炸药或TNT炸药。冬季严禁使用甘油类炸药。炸药装药量宜由计算确定或不超过孔深的2/3，上面的1/3填装砂土。雷管可使用电雷管或火雷管。

当采用冻土爆破法施工时，土方工地离建筑物的距离应大于50m，距高压电线的距离应大于200m，并应符合《土方与爆破工程施工及验收规范》（GB 50201—2012）的有关规定。

2.冻土的融化

冻土融化方法应视其工程量大小、冻结深度和现场施工条件等因素确定，可选择烟火烘烤、蒸汽融化、电热等方法，并应确定施工顺序。

工程量小的工程可采用烟火烘烤法，其燃料可选用刨花、锯末、谷壳、树枝皮及其他可燃废料。在拟开挖的冻土上将铺好的燃料点燃，并用铁板覆盖，火焰不宜过高，并应采取可靠的防火措施。

（二）地基处理

① 同一建筑物基槽（坑）开挖应同时进行，基底不得留冻土层。

② 基础施工应防止地基土被融化的雪水或冰水浸泡。

③ 在寒冷地区工程地基处理中，为解决地基土冻胀、地基土湿陷性等问题，可采用强夯法施工。

a. 强夯法冬期施工适用于各种条件的碎石土、砂土、粉土、黏性土、湿陷性土、人工填土等。当建筑场地地下水位距地表面在 2m 以下时，可直接施夯；当地下水位较高不利施工，或表层为饱和黏土时，可在地表铺填 0.5～2m 的中（粗）砂、片石，也可以根据地区情况，回填含水量较低的黏性土、建筑垃圾、工业废料等，而后再进行施夯。

b. 强夯施工技术参数应根据加固要求与地质条件在场地内经试夯确定，试夯可做 2～3 组破碎冻土的试验，并应按相关规定进行。

c. 冻土地基强夯施工时，应对周围建筑物及设施采取隔震措施。

d. 强夯施工时，回填时严格控制土或其他填料质量，凡夹杂的冰块必须清除。填方之前地表有冻层时也需清除。

e. 黏性土或粉土地基的强夯，宜在被夯土层表面铺设粗颗粒材料，并应及时清除黏结于锤底的土料。

（三）桩基础

① 冻土地基可采用非挤土桩（干作业钻孔桩、挖孔灌注桩等）或部分挤土桩（沉管灌注桩、预应力混凝土空心管桩等）施工。

② 非挤土桩和部分挤土桩施工时，当冻土层厚度超过 500mm，冻土层宜选用钻孔机引孔，引孔直径应大于桩径 50mm。

③ 振动沉管成孔应制定保证相邻桩身混凝土质量的施工顺序；拔管时，应及时清除管壁上的水泥浆和泥土。当成孔施工有间歇时，宜将桩管埋入桩孔中进行保温。

④ 钻孔机的钻头宜选用锥形钻头并镶焊合金刀片。钻进冻土时应加大钻杆对土层的压力，并防止摆动和偏位。钻成的桩孔应及时覆盖保护。

⑤ 预应力混凝土空心管桩施工应符合下列要求。

a. 施工前，桩表面应保持干燥与清洁。

b. 起吊前，钢丝绳索与桩机的夹具应采取防滑措施。

c. 沉桩施工应连续进行，施工完成后应采用袋装保温材料覆盖于桩孔上保温。

（四）基坑支护

① 基坑支护冬期施工宜选用排桩和土钉墙的方法。

② 采用液压高频锤法施工的型钢或钢管排桩基坑支护工程，应考虑对周边建筑物、构筑物和地下管道的震动影响。

③ 钢筋混凝土灌注桩的排桩施工应符合下列要求。

a. 基坑土方开挖应待桩身混凝土达到设计强度时方可进行，且不宜低于 C25。

b. 基坑土方开挖前，排桩上部的自由端和外侧土应进行保温。

c. 桩身混凝土施工可选用氯盐型防冻剂。

二、钢筋工程

(一) 钢筋负温冷拉和冷弯

① 冷拉钢筋应采用热轧钢筋加工制成，钢筋冷拉温度不宜低于－20℃，预应力钢筋张拉温度不宜低于－15℃。

② 钢筋负温冷拉方法可采用控制应力方法或控制冷拉率方法。用作预应力混凝土结构的预应力筋，宜采用控制应力方法。不能分炉批的热轧钢筋冷拉，不宜采用控制冷拉率的方法。

③ 在负温条件下采用控制应力方法冷拉钢筋时，由于钢筋强度提高，伸长率随温度降低而减少，如控制应力不变，则伸长率不足，钢筋强度将达不到设计要求，因此在负温下冷拉的控制应力应较常温提高。冷拉率的确定应与常温时相同。

④ 在负温下冷拉后的钢筋，应逐根进行外观质量检查，其表面不得有裂纹和局部颈缩。

⑤ 钢筋冷拉设备仪表和液压工作系统油液应根据环境温度选用，并应在使用温度条件下进行配套校验。

⑥ 当温度低于－20℃时，不得对 HRB335、HRB400 钢筋进行冷弯操作，以避免在钢筋弯点处发生强化，造成钢筋脆断。

(二) 钢筋负温焊接

1. 负温闪光对焊

① 负温闪光对焊。适用于直径为 10～40mm 的热轧 HRB335、HRB400 级钢筋，直径为 10～25mm 的热轧 HRB500 级钢筋，也可用于直径为 10～25mm 的余热处理钢筋。

② 热轧钢筋负温闪光对焊。宜采用预热闪光焊或闪光-预热-闪光焊工艺。钢筋端面比较平整时，宜采用预热闪光焊；端面不平整时，宜采用闪光-预热-闪光焊。钢筋直径变化时焊接工艺的选择应符合表 17-2 的规定。

表 17-2 钢筋负温闪光对焊焊接工艺的选择

钢筋级别	直径/mm	焊接工艺
HRB335 HRB400	12～14	预热-闪光焊
	≥16	预热-闪光焊或闪光-预热-闪光焊

③ 钢筋负温闪光对焊参数，在施焊时可根据焊件的钢种、直径、施焊温度和焊工技术水平灵活选用。

④ 闪光对焊接头处不得有横向裂纹，与电极接触的钢筋表面，不得有烧伤。接头处弯折角度不应大于3°，轴线偏移不应大于直径的10%，且不应大于2mm。

2. 负温电弧焊

① 钢筋负温电弧焊时，可根据钢筋级别、直径、接头形式和焊接位置，选择焊条和焊接电流。焊接时应采取措施，防止产生过热、烧伤、咬肉和裂纹等缺陷，在构造上应防止在接头处产生偏心受力状态。

② 在进行帮条或搭接电弧焊时，平焊时，第一层焊缝先从中间引弧，再向两端运弧；立焊时，先从中间向上方运弧，再从下端向中间运弧，使接头端部的钢筋达到一定的预热效果，降低接头热影响区的温度差。焊接时，第一层焊缝应具有足够的熔深，焊缝应熔合良好。以后各层焊缝焊接时，应采取分层控温施焊，层间温度宜控制在150～350℃，以起到缓冷的作用，防止出现冷脆性。

（三）钢筋负温机械连接

钢筋机械连接主要有：带肋钢筋套筒挤压连接、钢筋剥肋滚轧直螺纹套筒连接。

1. 带肋钢筋套筒挤压连接

① 带肋钢筋套筒挤压连接施工时，当冬期施工环境温度低于－10℃时，应对挤压机的挤压力进行专项标定，在标定时应根据负温度和压力表读数之间的关系，画出温度-压力标定曲线，以便于在温度变动时查用。通常在常温下施工时，压力表读数一般在55～80MPa，负温时可参考进行标定。

② 由于钢材的塑性随着温度降低而降低，当环境温度低于－20℃时，应进行负温下工艺、参数的专项试验，确认合格后才能大批量连接生产。

③ 挤压前，应提前将钢筋端头的锈皮、沾污的冰雪、污泥、油污等清理干净；检查套筒的外观尺寸，清除沾污的污泥、冰雪等。

2. 钢筋剥肋滚轧直螺纹套筒连接

① 加工钢筋螺纹时，应采用水溶性切削冷却液，当气温在0℃以下时，应使用掺入15%～20%的亚硝酸钠溶液，不应使用油性液体作为润滑液或不加润滑液。

② 冬期施工过程中，钢筋丝头不得沾有冰雪、污泥冻团，应清洁干净。

③ 钢筋连接用的力矩扳手应根据气温情况进行负温标定修正。

三、混凝土工程

（一）混凝土原材料的加热

冬期施工混凝土原材料一般需要加热，加热时优先采用加热水的方法。加热温度根据热工计算确定，但不得超过表17-3的规定。如果将水加热到最高温度还不能满足混凝土温度要求后再考虑加热骨料。

表17-3 拌合水及骨料加热最高温度 单位:℃

水泥强度等级	拌合水	骨料
小于42.5	80	60
42.5、42.5R及以上	60	40

水泥不得直接加热，使用前宜运入暖棚内存放。水加热宜采用蒸汽加热、电加热或汽水加热等方法。加热水使用的水箱或水池应予保温，其容积应能使水达到规定的使用温度要求。砂加热应在开盘前进行，并应尽量使各处加热均匀。当采用保温加热料斗时，宜配备两个交替加热使用。每个料斗容积可根据机械可装高度和侧壁斜度等要求进行设计，每一个斗的容量不宜小于3.5m^3。

（二）混凝土的运输与浇筑

在运输过程中，要注意防止混凝土热量散失、表面冻结、混凝土离析、水泥浆流失、坍落度变化等现象。混凝土浇筑时入模温度除与拌合物的出机温度有关外，主要取决于运输过程中的蓄热程度。因此，运输速度要快，距离要短，倒运次数要少，保温效果要好。同时要注意以下几点。

① 冬期不得在强冻胀性地基土上浇筑混凝土，在弱冻胀性地基土上浇筑时，基土应进行保温，以免受冻。

② 混凝在浇筑前，应清除模板和钢筋上的冰雪和污垢。运输和浇筑混凝土用的容器应有保温措施。

③ 混凝土拌合物入模浇筑，必须经过振捣，使其内部密实，并能充分填满模板各个角落，制成符合设计要求的构件，木模板更适合混凝土的冬期施工。模板各棱角部位应注意加强保温。

④ 冬期振捣混凝土要采用机械振捣，振捣要迅速，浇筑前应做好必要的准备工作。混凝土浇筑前宜采用热风机清除冰雪和对钢筋、模板进行预热。

⑤ 浇筑基础大体积混凝土时，施工前要对地基进行保温以防止冻胀。新拌混凝土的入模温度以7～12℃为宜。混凝土内部温度与表面温度之差不得超过20℃。必要时应做保温覆盖。

⑥ 分层浇筑厚大的整体式结构混凝土时，已浇筑层的混凝土温度在未被上一层混凝土覆盖前不得低于2℃。采用加热养护时，养护前的温度不得低于2℃。

⑦ 浇筑承受内力接头的混凝土（或砂浆），宜先将结合处的表面加热到正温。浇筑后的接头混凝土（或砂浆）在温度不超过45℃的条件下，应养护至设计要求强度，当设计无要求时，其强度不得低于设计强度的70%。

（三）暖棚法养护

暖棚法施工适用于地下结构工程和混凝土量比较集中的结构工程。

暖棚通常以脚手架材料（钢管或木杆）为骨架，用塑料薄膜或帆布围护。塑料薄膜可使用厚度大于0.1mm的聚乙烯薄膜，也可使用以聚丙烯编织布和聚丙烯薄膜复合而成的复合布。塑料薄膜不仅质量轻，而且透光，白天不需要人工照明，吸收太阳能后还能提高棚内温度。加热用的能源一般为煤或焦炭，也可使用以电、燃气、煤油或蒸汽为能源的热风机或散热器。

采用暖棚法施工时要注意以下几点。

① 当采用暖棚法施工时，棚内各测点温度不得低于5℃，并应设专人检测混凝土及棚内温度。暖棚内测温点应选择具有代表性的位置进行布置，在离地面500mm高度处必须设点，每昼夜测温不应少于4次。

② 养护期间应测量棚内湿度，混凝土不得有失水现象。当有失水现象时，应及时采取增湿措施或在混凝土表面洒水养护。

③ 暖棚的出入口应设专人管理，并应采取防止棚内温度下降或引起风口处混凝土受冻的措施。

④ 在混凝土养护期间应将烟或燃烧气体排至棚外，注意采取防止烟气中毒和防火的措施。

四、屋面工程

（一）保温层施工

① 冬期施工采用的屋面保温材料应符合设计要求，并不得含有冰雪、冻块和杂质。

② 干铺的保温层可在负温下施工，采用沥青胶结的整体保温层和板状保温层应在气温不低于－10℃时施工，采用水泥、石灰或乳化沥青胶结的整体保温层和板状保温层，应在气温不低于5℃时施工。如气温低于上述要求，应采取保温、防冻措施。

③ 采用水泥砂浆粘贴板状保温材料以及处理板间缝隙，可采用掺有防冻剂的保温砂浆。防冻剂掺量应通过试验确定。

④ 干铺的板状保温材料在负温施工时，板材应在基层表面铺平垫稳，分层铺设。板块上下层缝隙应相互错开，缝隙应采用同类材料的碎屑填嵌密实。

⑤ 雪天和五级风及以上天气不得施工。

⑥ 当采用倒置式屋面进行冬期施工时，应符合以下要求。

a. 倒置式屋面冬期施工，应选用憎水性保温材料，施工之前应检查防水层平整度及有无结冰、霜冻或积水现象，合格后方可施工。

b. 当采用EPS板或XPS板做倒置式屋面的保温层时，可用机械方法固定，板缝和固定处的缝隙应用同类材料碎屑和密封材料填实。表面应平整无瑕疵。

c. 倒置式屋面的保温层上应按设计要求做覆盖保护。

（二）找平层施工

① 屋面应牢固坚实，表面无凹凸、起砂、起鼓现象。如有积雪、残留冰霜、杂物等应清扫干净。找平层施工应符合下列规定。

a. 找平层保持干燥。

b. 找平层与女儿墙、立墙、天窗壁、变形缝、烟囱等凸出屋面结构的连接处，以及找平层的转角处、水落口、檐口、天沟、檐沟、屋脊等均应做成圆弧。采用沥青防水卷材的圆弧，半径宜为100～150mm；采用高聚物改性沥青防水卷材，圆弧半径宜为50mm；采用合成高分子防水卷材，圆弧半径宜为20mm。

② 采用水泥砂浆或细石混凝土找平层时，应符合下列规定。

a. 应依据气温和养护温度要求掺入防冻剂，且掺量应通过试验确定。

b. 采用氯化钠作为防冻剂时，宜选用普通硅酸盐水泥或矿渣硅酸盐水泥，不得使用高铝水泥。施工温度不应低于－7℃。

③ 找平层宜留设分格缝，缝宽宜为20mm，并应填充密封材料。当分格缝兼作排气屋面的排气道时，可适当加宽，并应与保温层连通。找平层表面宜平整，平整度不应超过5mm，且不得有疏松、起砂、起皮现象。

（三）屋面防水层施工

① 冬期施工的屋面防水层采用卷材时，可用热熔法和冷粘法施工。防水材料施工的环境气温要求见表17-4。

表17-4 防水材料施工的环境气温要求

防水材料	施工环境气温
高聚物改性沥青防水卷材	热熔法不低于－10℃
合成高分子防水卷材	冷粘法不低于5℃；热风焊接法不低于－10℃
高聚物改性沥青防水涂料	溶剂型不低于5℃；热熔型不低于－10℃
合成高分子防水涂料	溶剂型不低于－5℃
防水混凝土、防水砂浆	符合混凝土、砂浆相关规定
改性石油沥青密封材料	不低于0℃
合成高分子密封材料	溶剂型不低于0℃

② 当采用涂料做屋面防水层时，应选用合成高分子防水涂料（溶剂型），施工时环境气温不宜低于－5℃，在雨、雪天及五级风及以上时不得施工。

③ 热熔法施工宜使用高聚物改性沥青防水卷材，并符合下列规定。

a. 基层处理剂宜使用挥发快的溶剂，涂刷后应干燥10h以上，并应及时铺贴。

b. 水落口、管根、烟囱等容易发生渗漏部位周围的200mm范围内，应涂刷一遍聚氨酯等溶剂型涂料。

c. 卷材搭接应符合设计规定。当设计无规定时，横向搭接宽度宜为120mm，纵向搭接宽度宜为100mm。搭接时应采用喷灯或热喷枪加热搭接部位，趁卷材熔化尚未冷却时，用铁抹子把接缝边抹好，再用喷灯或热喷枪均匀细致地密封。平面与立面相连接的卷材，应由上向下压缝铺贴，并应使卷材紧贴阴角，不得有空鼓现象。

d. 热熔铺贴防水层应采用满粘法。当坡度小于3%时，卷材与屋脊应平行铺贴；坡度大于15%时，卷材与屋脊应垂直铺贴；坡度为3%～15%时，可平行或垂直屋脊铺贴。铺贴时应采用喷灯或热喷枪均匀加热基层和卷材，喷灯或热喷枪距卷材的距离宜为0.5m，不得过热或烧穿，应待卷材表面熔化后，缓缓地滚铺铺贴。

e. 卷材搭接缝的边缘以及末端收头部位应以密封材料嵌缝处理，必要时也可在经过密封处理的末端接头处再用掺防冻剂的水泥砂浆压缝处理。

④ 涂膜屋面防水施工应符合下列规定。

a. 基层处理剂可选用有机溶剂稀释而成。使用时应充分搅拌，涂刷均匀，覆盖完全，干燥后方可进行涂膜施工。

b. 涂膜防水应由两层以上涂层组成，总厚度应达到设计要求，其成膜厚度不应小于2mm。

c. 可采用刮涂或喷涂施工。当采用刮涂施工时，每遍刮涂的推进方向宜与前一遍互相垂直，并应在前一遍涂料干燥后，方可进行后一遍涂料的施工。

d. 使用双组分涂料时应按配合比正确计量，搅拌均匀，已配成的涂料应及时使用。配料时可加入适量的稀释剂，但不得混入固化涂料。

e. 在涂层中夹铺胎体增强材料时，位于胎体下面的涂层厚度不应小于1mm，最上层的涂料层不应少于两遍。胎体长边搭接宽度不得小于50mm，短边搭接宽度不得小于70mm。采用双层胎体增强材料时，上下层不得互相垂直铺设，搭接缝应错开，间距不应小于一个幅面宽度的2/3。

f. 天沟、檐沟、檐口、泛水等部位，均应加铺有胎体增强材料的附加层。水落口周围与屋面交接处，应做密封处理，并应加铺两层有胎体增强材料的附加层，涂膜伸入水落口的深度不得小于50mm，涂膜防水层的收头应用密封材料封严。

g. 涂膜屋面防水工程在涂膜层固化后应做保护层。保护层可采用分格水泥砂浆或细石混凝土或块材等。

五、砌体工程

(一) 材料要求

① 普通砖、空心砖、灰砂砖、混凝土小型空心砌块、加气混凝土砌块和石材在砌筑前，应清除表面的冰雪、污物等，严禁使用遭水浸泡和冻结的砖或砌块。

② 砌筑砂浆宜优先选用干粉砂浆和预拌砂浆，水泥优先采用普通硅酸盐水泥，冬期砌筑不得使用无水泥拌制的砂浆。

③ 石灰膏等宜保温防冻，当遭冻结时，应融化后才能使用。

④ 拌制砂浆所用的砂，不得含有直径大于10mm的冻结块和冰块。

⑤ 拌和砂浆时，水温不得超过80℃，砂的温度不得超过40℃。砂浆稠度应比常温时适当增加10～30mm。当水温过高时，应调整材料添加顺序，应先将水加入砂内搅拌，后加水泥，防止水泥出现假凝现象。冬期砌筑砂浆的稠度见表17-5。

表 17-5 冬期砌筑砂浆的稠度

砖体种类	常温时砂浆稠度/mm	冬期时砂浆稠度/mm
烧结砖砌体	70～90	90～110
烧结多孔砖、空心砖砌体	60～80	80～100
轻骨料小型空心砌块砌体	60～90	80～110
加气混凝土砌块砌体	50～70	80～100
石材砌体	30～50	40～60

（二）施工方法

常见的施工方法有外加剂法和暖棚法。

1.外加剂法

① 采用外加剂法施工时，砌筑时砂浆温度不应低于5℃，当设计无要求且最低气温低于或等于－15℃时，砌筑承重砌体时，砂浆强度等级应比常温施工提高1级。

② 在拌合水中掺入如氯化钠（食盐）、氯化钙或亚硝酸钠等抗冻外加剂，使砂浆砌筑后能够在负温条件下继续增长强度，继续硬化，可不必采取防止砌体冻胀沉降变形的措施。砂浆中的外加剂掺量及其适用温度应事先通过试验确定。

③ 当施工温度在－15℃以上时，砂浆中可单掺氯化钠，当施工温度在－15℃以下时，单掺低浓度的氯化钠溶液降低冰点效果不佳，可与氯化钙复合使用，其比例为氯化钠∶氯化钙＝2∶1，总掺盐量不得大于用水量的10%，否则会导致砂浆强度降低。

④ 当室外大气温度在－10℃以上、掺盐量在3%～5%时，砂浆可以不加热；当低于－10℃时，应加热原材料。首先应加热水，当满足不了温度需要时，再加热砂子。

⑤ 通常情况固体食盐仍含有水分，氯化钠的纯度在91%左右，氯化钙的纯度在83%～85%之间。

⑥ 盐类应溶解于水后再掺加并进行搅拌，如要再掺加微沫剂，应按照先加盐类溶液后加微沫剂溶液的顺序掺加。

⑦ 氯盐对钢筋有腐蚀作用，采用掺盐砂浆砌筑配筋砌体时，应对钢筋采取防腐蚀措施，常用的方法有涂刷樟丹、沥青漆和刷防锈涂料等。

2.暖棚法

暖棚法是将需要保温的砌体和工作面，利用简单或廉价的保温材料，进行临时封闭，并在棚内加热，使其在正温条件下砌筑和养护。由于暖棚搭设投入大、效率低，通常宜少采用。在寒冷地区的地下工程、基础工程等便于围护的部位，量小且又急需使用的砌体工程，可考虑采用暖棚法施工。

暖棚的加热，可根据现场条件，应优先采用热风装置或电加热等方式，若采用燃气、火炉等，应加强安全防火、防中毒措施。

采用暖棚法施工时，砖石和砂浆在砌筑时的温度均不得低于5℃，而距所砌结构底面0.5m处的棚内气温也不应低于5℃。

在确定暖棚的热耗时，应考虑围护结构材料的热量损失，地基土吸收的热量和在暖棚内加热或预热材料的热量损耗。

砌体在暖棚内的养护时间，根据暖棚内的温度按表17-6确定。

表17-6　暖棚法砌体的养护时间

暖棚内温度/℃	5	10	15	20
养护时间/天	≥6	≥5	≥4	≥3

暴雨后基坑人工排水

扫码观看本视频

第二节　雨期施工

一、施工准备

① 雨期到来之前应编制雨期施工方案。

② 雨期到来之前应对所有施工人员进行雨期施工安全、质量交底，并做好交底记录。

③ 雨期到来之前，应组织一次全面的施工安全、质量大检查，主要检查雨期施工措施落实情况，物资储备情况，清除一切隐患，对不符合雨期施工要求的要限期整改。

④ 做好项目的施工进度安排，室外管线工程、大型设备的室外焊接工程等应尽量避开雨期。露天堆放的材料及设备要垫离地面一定的高度，防潮设备要有毡布覆盖，防止日晒雨淋。施工道路要用级配砂石铺设，防止雨期道路泥泞，交通受阻。

⑤ 施工机具要统一规划放置，要搭设必要的防雨棚、防雨罩，并垫起一定高度，防止受潮而影响生产。雨期施工所有用电设备，不允许放在低洼的地方，防止被水浸泡。雨期前对现场配电箱、闸箱、电缆临时支架等仔细检查，需加固的及时加固，缺盖、罩、门的及时补齐，确保用电安全。

二、设备材料防护

（一）土方工程

1. 排水要求

坡顶应做散水及挡水墙，四周做混凝土路面，保证施工现场水流畅通，不积水，周边地区不倒灌；基坑内，沿四周挖砌排水沟、设集水井，泵抽至市政排水系统，排水沟设置在基础轮廓线以外，排水沟边缘应离开坡脚≥0.3m。排水设备优先选用离心泵，也可用潜水泵。

2. 土方开挖

土方开挖施工中，在基坑内临时道路上铺渣土或级配砂石，保证雨后通行不陷。雨期时加密对基坑的监测周期，确保基坑安全。雨期土方工程需避免浸水泡槽，一旦发生泡槽现象，必须进行处理。

3. 土方回填

土方回填应避免在雨天进行施工。回填过程中如遇雨天，应用塑料布覆盖，防止雨水淋湿已夯实的部分。雨后回填前认真做好填土含水率测试工作，含水率较大时将土铺开晾晒，待含水率测试合格后方可回填。严格控制土方的含水率，含水率不符合要求的回填土，严禁进行回填，暂时存放在现场的回填土，应用塑料布覆盖防雨。

(二) 钢筋工程

① 钢筋的进场运输应尽量避免在雨天进行。

② 大雨时应避免进行钢筋焊接施工。小雨时如有必须施工部位应采取防雨措施以防触电事故发生，可采用雨布或塑料布搭设临时防雨棚，不得让雨水淋在焊点上，待完全冷却后，方可撤掉遮盖，以保证钢筋的焊接质量。

③ 若遇连续时间较长的阴雨天，对钢筋及其半成品等需采用塑料薄膜进行覆盖。

④ 雨后钢筋视情况进行防锈处理，不得把锈蚀的钢筋用于结构上。

⑤ 雨后要检查基础底板后浇带，清理干净后浇带内的积水，避免钢筋锈蚀。

(三) 混凝土工程

① 雨期搅拌混凝土要严格控制用水量，应随时测定砂、石的含水率，及时调整混凝土配合比，严格控制水灰比和坍落度。雨天浇筑混凝土应适当减小坍落度，必要时可将混凝土强度等级提高半级或一级。

② 随时接听、搜集气象预报及有关信息，尽量避免在雨天进行混凝土浇筑施工，大雨和暴雨天不得浇筑混凝土。小雨可以进行混凝土浇筑，但浇筑部位应进行覆盖。

③ 底板大体积混凝土施工应避免在雨天进行。如突然遇到大雨或暴雨，不能浇筑混凝土时，应将施工缝设置在合理位置，并采取适当措施，已浇筑的混凝土用塑料布覆盖。

④ 雨期施工期间如果高温、阴雨造成温差变化较大，要特别加强对混凝土振捣和拆模时间的控制，依据高温天气混凝土凝固快、阴雨天混凝土强度增长慢的特点，适当调整拆模时间，以保证混凝土施工质量的稳定性。

⑤ 雨后应将模板表面淤泥、积水及钢筋上的淤泥清除掉，施工前应检查板、墙模板内是否有积水，若有积水应清理后再浇筑混凝土。

⑥ 混凝土中掺加的粉煤灰应注意防雨、防潮。

(四) 脚手架工程

① 脚手架基础座的基土必须坚实，立杆下应设垫木或垫块，并有可靠的排水

设施，防止积水浸泡地基。

② 遇风力六级以上（含六级）强风和高温、大雨、大雾、大雪等恶劣天气，应停止脚手架搭设与拆除作业。风、雨、雾、雪过后要检查所有的脚手架、井架等架设工程的安全情况，发现倾斜、下沉、松扣、崩扣要及时修复，合格后方可使用。每次大风或大雨后，必须组织人员对脚手架、龙门架及基础进行复查，有松动应及时处理。

③ 要及时对脚手架进行清扫，并采取防滑和防雷措施，钢脚手架、钢垂直运输架均应可靠接地，防雷接地电阻不大于10Ω。高于四周建筑物的脚手架应设避雷装置。

④ 雨期要及时排除架子基底的积水，大风暴雨后要认真检查，发现立杆下沉、悬空、接头松动等问题应及时处理，并经验收合格后方可使用。

（五）模板工程

① 雨天使用的木模板拆下后应放平，以免变形。钢模板拆下后应及时清理、刷脱模剂（遇雨应覆盖塑料布），大雨过后应重新刷一遍。

② 模板拼装后应尽快浇筑混凝土，防止模板遇雨变形。若模板拼装后不能及时浇筑混凝土，又被雨水淋过，则浇筑混凝土前应重新检查、加固模板和支撑。

③ 制作模板用的多层板和木方要堆放整齐，且须用塑料布覆盖防雨，防止被雨水淋而变形，影响其周转次数和混凝土的成型质量。

（六）屋面工程

① 保温材料应采取防雨、防潮的措施，并应分类堆放，防止混杂。

② 金属板材堆放地点宜选择在安装现场附近，堆放应平坦、坚实且便于排除地面水。

③ 保温层施工完成后，应及时铺抹找平层，以减少受潮和浸水，尤其在雨期施工，要采取遮盖措施。

④ 雨期不得施工防水层。油毡瓦保温层严禁在雨天施工。材料应在环境温度不高于45℃的条件下保管，应避免雨淋、日晒、受潮，并应注意通风和避免接近火源。

（七）装饰装修工程

(1) 外墙贴面砖工程　基层应清洁，含水率小于9%。外墙抹灰遇雨冲刷后，继续施工时应将冲刷后的灰浆铲掉，重新抹灰。水泥砂浆终凝前遇雨冲刷，应全面检查砖黏结程度。

(2) 外墙涂料工程　涂刷前应注意基层含水率（<8%）；环境温度不宜低于10℃，相对湿度不宜大于60%。腻子应采用耐水性腻子。使用的腻子应坚实牢固，不得有粉化、起皮和裂纹现象。施涂过程中应注意气候变化。当遇有大风、雨、雾情况时不可施工。当涂刷完毕，但漆膜未干即遇雨时应在雨后重新涂刷。

三、防雷措施

1. 避雷针

当施工现场位于山区或多雷地区，变电所、配电所应装设独立避雷针。正在施工建造的建筑物，当高度在20m以上应装设避雷针。施工现场内的塔式起重机、井字架及脚手架机械设备，若在相邻建筑物、构筑物的防雷设置的保护范围以外，则应安装避雷针。若最高机械设备上安装了避雷针，且其最后退出现场，则其他设备可不设避雷针。

2. 避雷器

装设避雷器是防止雷电波侵入的主要措施。

高压架空线路及电力变压器高压侧应装设避雷器，避雷器的安装位置应尽可能靠近变电所。避雷器宜安装在高压熔断器与变压器之间，以保护电力变压器线路免于遭受雷击。避雷器可选用FS-10型阀式避雷器，杆上避雷器应排列整齐、高低一致。10kV避雷器安装的相间距离不小于350mm。避雷器引线应力求做到短直、张弛适度、连接紧密，其引上线一般采用16mm^{2}的铜芯绝缘线，引下线一般采用25mm^{2}的钢芯绝缘线。

避雷器防雷接地引下线采用“三位一体”的接线方式，即：避雷器接地引下线、电力变压器的金属外壳接地引下线和变压器低压侧中性点引下线三者连接在一起，然后共同与接地装置相连接。这样，当高压侧落雷使避雷器放电时，变压器绝缘上所承受的电压，即为避雷器的残压，将无损于变压器绝缘。

在多雷区变压器低压出线处，应安装一组低压避雷器，以用来防止由于低压侧落雷或由于正、反变换电压波的影响而造成低压侧绝缘击穿事故。低压避雷器可选用FS系列低压阀式避雷器或FYS型低压金属氧化物避雷器。

尚应注意，避雷器在安装前及在使用期的每年三月份应做预防性试验。经检验证实处于合格状态后方可投入使用。

3. 接地装置

避雷装置由接闪器（或避雷器）、引下线的接地装置组成。而接地装置由接地极和接地线组成。

独立避雷针的接地装置应单独安装，与其他保护的接地装置的安装分开，且保持有3m以上的安全距离。

除独立避雷针外，在接地电阻满足要求的前提下，防雷接地装置可以和其他接地装置共用。接地极宜选用角钢，其规格为40mm×40mm×4mm及以上；若选用钢管，直径应不小于50mm，其壁厚不应小于3.5mm。垂直接地极的长度应为2.5m；接地极间的距离为5m；接地极埋入地下深度，接地极顶端要在地下0.8m以下。接地极之间的连接通过规格为40mm×4mm的扁钢焊接。焊接位置距接地极顶端50mm。焊接采用搭接焊。扁钢搭接长度为宽度的2倍，且至少有3个棱边焊接。扁钢与角钢（或钢管）焊接时，为了保证连接可靠，应事先在接触部位将扁钢弯成直角形（或弧形），再与角钢（或钢管）焊接。

接地极与接地线宜选用镀锌钢材，其将埋于地下的焊接处应涂沥青防腐。

第三节　暑期施工

一、暑期施工管理措施

① 成立夏季工作领导小组，由项目经理任组长，办公室主任担任副组长，对施工现场管理和职工生活管理做到责任到人，切实改善职工食堂、宿舍、办公室、厕所的环境卫生，定期喷洒杀虫剂，防止蚊、蝇滋生，杜绝常见病的流行。关心职工，特别是生产第一线和高温岗位职工的安全和健康，对高温作业人员进行就业和入暑前的体格检查，凡检查不合格者不得在高温条件下作业。认真督促检查，做到责任到人，措施得力，切实保证职工健康。

② 做好用电管理，夏季是用电高峰期，定期对电气设备逐台进行全面检查、保养，禁止乱拉电线，特别是对职工宿舍的电线及时检查，加强用电知识教育。

③ 加强对易燃、易爆等危险品的储存、运输和使用的管理，在露天堆放的危险品采取遮阳降温措施。严禁烈日曝晒，避免发生泄露，杜绝一切自燃、火灾、爆炸事故。

④ 建立太阳能收集系统，用来加热洗澡等方面的用水；高温沙尘天气建立沙尘系统，防止环境污染。

二、混凝土工程施工

暑期高温天气会对混凝土浇筑施工造成负面影响，若需消除这些负面影响，要着重对混凝土分项工程施工进行计划与安排。

1. 高温天气对混凝土的影响

① 对混凝土搅拌的影响主要有：混凝土凝固速度加快，从而增加了摊铺、压实及成形的困难；混凝土流动性下降快，因而要求现场施工水量增加；拌合水量增加；控制气泡状空气存在于混凝土中的难度增加。

② 对混凝土固化过程的影响主要有：较高的含水量、较高的混凝土温度，将导致混凝土 28 天和后续强度的降低，或混凝土凝固过程中及初凝过程中混凝土强度的降低；整体结构冷却或不同断面温度的差异，使得固化收缩裂缝以及温度裂缝产生的可能性增加；水合速率或水中黏性材料比率的不同，会导致混凝土表面摩擦度的变化，如颜色差异等；高含水量、不充分的养护、碳酸化、轻骨料或不适当的骨料混合比例，可导致混凝土渗透性增加。

2. 混凝土浇筑施工措施

(1) 粗骨料的冷却　粗骨料冷却的有效方法是用冷水喷洒或用大量的水冲洗。由于粗骨料在混凝土搅拌过程中占有较大的比例，降低粗骨料大约（1.0±0.5）℃

的温度，混凝土的温度可以降低0.5℃。由于粗骨料可以被集中在筒仓内或箱柜容器内，因此粗骨料的冷却可以在很短时间内完成，在冷却过程中要控制水量的均匀性，以避免不同批次之间形成的温度差异。骨料的冷却也可以通过向潮湿的骨料内吹空气来实现。粗骨料内空气流动可以加大其蒸发量，从而使粗骨料降温在1℃温度范围内。该方法的实施效果与环境温度、相对湿度和空气流动的速度有关。如果用冷却后的空气代替环境温度下的空气，可以使粗骨料温度降低7℃。

(2) 用冰代替部分拌合水 用冰替代部分拌合水可以降低混凝土温度，其降低温度的幅度受到用冰替代拌合水数量的限制，对于大多数混凝土，可降低的最大温度为11℃。为了保证正确的配合比，应对加入混凝土中冰的质量进行称重。如果采用冰块进行冷却，需要使用粉碎机将冰块粉碎，然后加入混凝土搅拌器中。

(3) 混凝土的搅拌与运输 混凝土拌制时应采取措施控制混凝土的升温，并控制附加水量，减小坍落度损失，减少塑性收缩开裂。在混凝土拌制、运输过程中可以采取以下措施。

① 使用减水剂或以粉煤灰取代部分水泥以减少水泥用量，同时在混凝土浇筑条件允许的情况下增大骨料粒径。

② 如果混凝土运输时间较长，可以用缓凝剂控制混凝土的凝结时间，但要注意缓凝剂的用量。

③ 如需要较高坍落度的混凝土拌合物，应使用高效减水剂。有些高效减水剂产生的拌合物其坍落度可维持2h。高效减水剂还能够减少拌和过程中骨料颗粒之间的摩擦，减缓拌合筒中的热积聚。

④ 在混凝土浇筑过程中，始终保持搅拌车的搅拌状态。为防止泵管曝晒，可以用麻袋或草袋覆盖，同时在覆盖物上浇水，以降低混凝土的入模温度。

(4) 施工方法

① 检测运到工地上的混凝土的温度，必要时可以要求搅拌站予以调节。

② 暑期混凝土施工时，振动设备较易发热损坏，故应准备好备用振动器。

③ 与混凝土接触的各种工具、设备和材料等，如浇筑溜槽、输送机、泵管、混凝土浇筑导管、钢筋和手推车等，不要直接受到阳光曝晒，必要时应洒水冷却。

④ 浇筑混凝土地面时，应先湿润基层和地面边模。

⑤ 夏季浇筑混凝土应精心计划，混凝土应连续、快速地浇筑。混凝土表面如有泌水时，要及时进行修整。

⑥ 根据具体气候条件，发现混凝土有塑性收缩开裂的可能性时，应采取措施(如喷洒养护剂、麻袋覆盖等)，以控制混凝土表面的水分蒸发。混凝土表面水分蒸发速度如超过0.5kg/(m^2·h) 时就可能出现塑性收缩裂缝；当超过1.0kg/(m^2·h) 就需要采取适当措施，如冷却混凝土、向表面喷水或采用防风措施等，以降低表面蒸发速度。

⑦ 应做好施工组织设计，以避免在日最高气温时浇筑混凝土。在高温干燥季节，晚间浇筑混凝土受风和温度的影响相对较小，且可在接近日出时终凝，而此时

的相对湿度较高，因而早期干燥和开裂的可能性最小。

(5) 混凝土养护 夏季浇筑的混凝土必须加强对混凝土的养护。

① 在修整作业完成后或混凝土初凝后立即进行养护。

② 优先采用麻袋覆盖养护方法，连续养护。在混凝土浇筑后的1～7天，应保证混凝土处于充分湿润状态，并应严格遵守规范规定的养护龄期。

③ 当完成规定的养护时间后拆模时，最好为其表面提供潮湿的覆盖层。

三、防暑降温措施

① 在工程施工开始前对施工人员进行夏季防暑降温知识的教育培训工作。培训的内容主要有：夏季防暑常识、防暑要求的使用方法、中毒的症状、中暑的急救措施等。

② 合理安排高温作业时间、职工的劳动和休息时间，减轻劳动强度，缩短或避开高温环境的作业时间。

③ 上级管理人员应向施工队发放清凉油、风油精等防暑降温药品，保证发放到每个施工人员手中，并每天携带。

④ 加强夏季食堂管理，注意饮食卫生，食物应及时放到冰柜中，防止因天气炎热而导致食物变质腐烂，造成食物中毒。食堂炊事员合理安排夏季饮食，增加清淡有营养的食物。

⑤ 对现场防暑降温组织进行不定期的安全监督检查。其内容包括：检查各施工作业队防暑降温方案的执行和落实情况；检查药品的发放情况；检查施工队的工作时间和休息时间是否合理等。

⑥ 员工宿舍的设置做到卫生、整洁、通风，并安装空调，保证员工在夏季施工能有一个良好的休息环境。

第十八章 施工管理

第一节　现场施工管理

一、施工作业计划

（一）施工作业计划的概述

编制施工作业计划的目的是要组织连续均衡生产，以取得较好的经济效果。因此编制施工作业计划必须从实际出发，充分考虑施工特点和各种影响因素。

施工作业计划，可分为月作业计划和旬作业计划。月作业计划的内容要能体现月度应完成的施工任务，即分部分项实物工作量，实物形象进度，开始和完成日期，劳动力需求平衡计划，材料、预制品、构件及混凝土的需要计划，大型机械和运输平衡计划及技术措施计划等。旬计划的内容基本与月计划相同，只是更加具体，应排出日施工进度计划、班组施工进度计划，还要编出机械运输设备需用计划、混凝土及预制构件进场计划、材料需用量进场计划及劳动力需要计划等。

（二）编制施工作业计划的主要作用

① 把施工任务层层落实。具体地分配给车间、班组和各个业务部门，使全体职工在日常施工中有明确的奋斗目标，组织有节奏地、均衡地施工，以保证全面完成年度、季度各项技术经济指标。

② 及时地、有计划地指导进行劳动力、材料和机具设备的准备和供应。

③ 作为开展劳动竞赛和实行物质奖励的依据。

④ 指导调度部门，据以监督、检查和进行调度工作。月度施工作业计划的编制以分公司为主，施工队参加。计划编制一般要经过指标下达、计划编制和平衡审批三个阶段，都应在执行月度前完成。在计划月前 15 天施工队将各类计划报各供应单位和分公司，并于计划月前 5 天召开平衡会，将平衡结果汇总，报公司领导审批下达。

二、施工任务书

（一）施工任务书的概述

施工任务书（单）是施工企业中施工队向生产班组下达施工任务的一种工具。它是向班组下达作业计划的有效形式，也是企业实行定额管理、贯彻按劳分配、实行班组经济核算的主要依据。通过施工任务书，可以把企业生产、技术、质量、安全、成本等各项技术经济指标分解为小组指标，落实到班组和个人，使企业各项指标的完成同班组和个人的日常工作和物质利益紧密地连在一起，达到多快好省和按劳分配的目的。

（二）施工任务书的一般内容

1. 任务书

任务书是班组进行施工的主要依据，内容有工程项目、工程数量、劳动定额、计划用工数、开完工日期、质量及安全要求等。

2. 班组记工单

班组记工单是班组的考勤记录，也是班组分配计件工资或奖金的依据。

3. 限额领料单

限额领料单是班组完成一定的施工任务所必需的材料限额，是班组领退材料和节约材料的凭证。

（三）施工任务书的一般要求

施工任务书一般由施工队长或主管工长会同定额人员根据施工作业计划的工程数量和定额进行签发。为了使施工任务书（单）起到计划、下达任务、指导施工、进行结算、业务核算、按劳分配的作用，施工任务书（单）的签发和回收应遵循一套合理的流程，各有关人员必须按时、按要求完成所承担的流水性业务工作。这种责任制形式，已为生产实践证明是有效的。在施工任务书的签发和流通中，应掌握下列要求。

① 施工任务书必须以施工作业计划为依据，按分部分项工程进行签发，任务书一经签发，不宜中途变更，签发时间一般要在施工前 2～3 天，以便班组进行施工准备。

② 任务书的计划人工和材料数量必须根据现行全国统一劳动定额和企业规定的材料消耗定额计算。

③ 向班组下达任务书时要做好交底工作，要交任务、交操作规程、交施工方法、交定额、交质量与安全，做到任务明确，责任到人。

④ 施工任务书又是核算文件，所以要求数字准确，包括工程量、套用定额、估工、考勤、统计取量与结算用工、用料和成本，都要准确无误。

⑤ 任务书在执行过程中，各业务部门必须为班组创造正常施工条件，帮助工人完成和超额完成定额。

⑥ 施工任务书可以按工人班组签发，也可以按承包专业队签发（大任务书），目前各企业正在推行单位工程，分部分项工程承包及包工、包料、包清工等不同类型的多种经济承包责任制。

⑦ 一份施工任务书的工期以半个月至一个月为宜，太长则易与计划脱节，与施工实际脱节，太短则又增加工作量。

⑧ 班组完成任务后应进行自检，工长与定额员在班组自检的基础上，及时验

收工程质量、数量和实际做工日数，计算定额完成数字。

劳动部门将经过验收的任务书回收登记，汇总核实完成任务的工时，同时记载有关质量、安全、材料节约等情况，作为结算和核发奖金的依据。

三、现场施工调度

（一）现场施工调度概述

由于施工的可变因素多，计划也不可能十分准确和一成不变，原订计划的平衡状态在施工中总会出现不协调和新的不平衡。为解决新出现的不协调和不平衡而进行的及时调整、平衡、解决矛盾、排除障碍，使之保持正常的施工秩序的工作，就是现场调度工作。

（二）现场施工调度的内容

① 监督、检查计划和工程合同的执行情况，掌握和控制施工进度，及时进行人力、物力平衡，调配人力，督促物资、设备的供应，促进施工的正常进行。

② 及时解决施工现场上出现的矛盾，协调各单位及各部门之间的协作配合。

③ 监督工程质量和安全施工。

④ 检查后续工序的准备情况，布置工序之间的交接。

⑤ 定期组织施工现场调度会，落实调度会的决定。

⑥ 及时公布天气预报，做好预防准备。

（三）现场施工调度的要求

① 调度工作的依据要正确，这些依据有施工过程中检查和发现的问题，计划文件、设计文件、施工组织设计、有关技术组织措施、上级的指示文件等。

② 调度工作要做到“三性”，即及时性（指反映情况及时、调度处理及时）、准确性（指依据准确、了解情况准确、分析问题原因准确、处理问题的措施准确）、预防性（即对工程中可能出现的问题，在调度上要提出防范措施和对策）。

③ 采用科学的调度方法，即逐步采用新的现代调度方法和手段，广泛应用电子计算机技术。

④ 建立施工调度机构网，由各级主管生产的负责人兼任调度机构的负责人。

⑤ 为了加强施工的统一指挥，必须给调度部门和调度人员应有的权力。

⑥ 调度部门无权改变施工作业计划的内容，但在遇到特殊情况无法执行原计划时，可通过一定的批准手续，经技术部门同意，按下列原则进行调度。

a. 一般工程服从于重点工程和竣工工程。

b. 交用期限迟的工程，服从于交用期限早的工程。

c. 小型或结构简单的工程，服从于大型或结构复杂的工程。

四、现场平面管理

（一）现场平面管理概述

施工现场平面管理是现场施工管理的重要组成部分。当前建筑施工现场存在由于工期较紧、场地狭小、交叉作业多而引起施工材料乱放、加工厂距离施工现场远等场地平面布置不当的问题，因此在施工现场管理中要根据工程特点和实际情况对现场布置进行科学组织，以满足施工的需求，加大周转效益，保证工程质量。

（二）现场平面管理的内容

① 建立统一的平面管理制度，以施工总平面规划为依据，进行经常性的管理工作，若有总包，则应根据工程进度情况，由总包单位负责施工总平面图的调整、补充修改工作，以满足各分包单位不同时间的需要。进入现场的各单位应尊重总包单位的意见，服从总包单位的指挥。

② 施工总平面的统一管理和区域管理密切地结合起来。在施工现场施工总平面管理部门统一领导下，划分各专业施工单位或单位工程区域管理范围，确定各个区域内部有关道路、动力管线、排水沟渠及其他临时工程的维修养护责任。

③ 做好现场平面管理的经常性工作；做好土石方的平衡工作；审批各单位在规定期限内，对清除障碍物，挖掘道路，断绝交通，断绝水电动力线路等的申请报告；对运输大宗材料的车辆做出妥善安排；大型施工现场在施工管理部门内，应设专职组负责平面管理工作，一般现场也应指派专人掌握此项工作。

五、现场场容管理

（一）现场场容管理概述

施工现场场容管理，实际上是根据施工组织设计的施工总平面图，对施工现场进行的管理。搞好施工现场场容管理，不但可以清洁城市，还可以为建设者创造良好的劳动环境、工作环境和生活环境，振奋职工精神，从而保证工程质量，提高劳动生产率。

（二）现场场容管理的内容

1. 施工现场用地

施工现场用地应以城市规划管理部门批准的工程建设用地的范围为准，也就是通常所说的建筑红线以内。如果建筑红线以内场地过于狭小，无法满足施工需要，需在批准的范围以外临时占地时，应会同建设单位按规定分别向规划、公安交通管理部门另行报批。

2. 围挡与标牌

原则上所有施工现场均应设围挡，禁止行人穿行及无关人员进入。根据工程性质和所在地区的不同情况，可采用不同标准的围挡措施，但均应封闭严密、完整、牢固、美观，上口要平，外立面要直，高度不得低于1.8m。施工现场必须设置明显的标牌，标牌面积不得小于0.7m×0.5m，下沿距自然地坪不得低于1.2m。

3. 现场整洁

施工现场要加强管理，文明施工。整个施工现场和门前及围墙附近应保持整洁，不得有垃圾、废弃物。对已产生的施工垃圾要及时清理集中，及时运出。

4.道路与场地

施工现场的道路与场地是施工生产的基本条件之一。开工前现场应具备“三通一平”（水通、电通、路通、场地平整）的基本条件。

5.临时工程

现场的临时设施应根据施工组织设计进行搭设。临时设施是直接为工程施工服务的设施，不得改变用途，移作他用。施工现场的各种临时工程应根据工程进展逐步拆除；遇有市政工程或其他正式工程施工时，必须及时拆除；全部工程竣工交付使用后，即将其拆除干净，最迟不得超过一个半月。

6.成品保护

施工现场应有严格的成品保护措施和制度。凡成型后不再抹灰的预制楼梯板，在安装以后即应采取护角措施。每一道工序都要为下一道工序以至最终产品创造质量优良的条件。已竣工待交付建筑中的厕所、卫生间等一律不得使用。

7.环境保护

施工中要注意环境保护，不得乱扔乱倒废弃物，不得随地吐痰、大小便，不得乱泼、乱倒脏水。注意控制和减少噪声扰民。

8.保护绿地与树木

城镇中的绿地和树木花草一定要加以爱护，不得任意破坏、砍伐。当因建设需要占用绿地和砍伐、移植、更新植被，影响和改变环境面貌时，必须经城市园林部门和城市规划管理部门同意并报市政府批准。

9.保护文物

埋藏在地下、水域中的一切文物都属于国家，施工时，必须注意对文物进行保护。

（三）现场场容管理的责任制

(1) 落实领导责任制　施工现场场容管理是一项涉及面广、工作难度大、综合性很强的工作，由哪一个业务部门单独负责都无法达到预期的效果，必须由各级领导负责，组织和协调各部门共同加强施工现场场容管理。

(2) 实行区域责任制　施工现场场容管理实行区域责任制，即将施工现场划分为若干区域，将每个区域的场容责任落实到有关班组，分片包干。在划分区域时，应在平面图上标明界限，并不得遗漏，使整个施工现场区域划分责任明确，任何一个角落都应有人负责。

(3) 分口负责，共同管理　施工现场场容管理涉及生产、技术、材料、机械、安全、消防、行政、卫生等各部门，可由生产部门牵头，进行场容管理的各项组织工作，但并不是由生产部门替代其他各个业务部门。

(4) 做到制度化、标准化、经常化　加强现场场容管理就必须加强日常的管理工作，从每一个部门、每一个班组、每一个人做起，抓好每一道工序、每一个环节，从而提高劳动生产率，减少浪费，降低成本，实现文明施工，更好地完成施工生产任务。

(5) 落实奖罚责任制　有奖有罚，奖罚分明。

六、施工日志

(一) 施工日志概述

施工日志是施工过程的真实记录，也是技术资料档案的主要组成部分。它能有效地发挥记录工作、总结工作、分析工作效果的作用。

(二) 施工日志的内容

施工日志的内容应包括任务安排、组织落实、工程进度、人力调动、材料及构配件供应、技术与质量情况、安全消防情况、文明施工情况、发生的经济增减以及事务性工作记录。施工日志既要记成功的经验，也要记失败的教训，以便及时总结，逐步提高认识，提高管理水平。切忌把施工日志记成流水账。施工日志主要记录以下几点。

① 工程的准备工作，包括现场准备，熟悉施工组织设计，各级技术交底要求，研究图纸中的重要问题、关键部位和应抓好的措施，向班组交底的日期、人员和主要内容，有关计划安排等。

② 进入施工以后，对班组自检活动的开展情况及效果，组织互检的交接检的情况及效果，施工组织设计和技术交底的执行情况及效果的记录和分析。

③ 项目的开工日期、竣工日期以及主要分部分项工程的施工起讫日期、技术资料供应情况。

④ 临时变动的设计，含设计单位在现场解决的设计问题和对施工图修改的记录，或在紧急情况下采取的特殊措施和施工方法。

⑤ 质量、安全事故的记录，包括原因调查分析、责任者、研究情况、处理结论等。对人、财、物损失均需记录清楚。还应记录重要工程的特殊质量要求和施工方法。

⑥ 分项工程质量评定，隐蔽工程验收、预检及上级组织的检查活动等技术性活动的日期、结果、存在问题及处理情况的记录。

⑦ 原材料检验结果、施工检验结果的记录，包括日期、内容、达到效果及未达到要求问题的处理情况及结论。

⑧ 气候、气温、地质以及其他特殊情况（如停电、停水、停工待料）的记录等。

⑨ 有关新工艺、新材料的推广使用情况，以及小改革、小窍门活动的记录，包括项目、数量、效果及有功人员。

⑩ 有关领导或部门对工程所做的生产、技术方面的决定或建议。

⑪ 有关归档技术资料的转交时间、对象及主要内容的记录。

⑫ 施工过程中组织的有关会议、参观学习、主要收获、推广效果。

第二节　施工机具管理

一、施工机具管理的意义

施工机具是建筑生产力的重要组成因素，现代建筑企业是运用机器和机械体系进行工程施工的，施工机具是建筑企业进行生产活动的技术装备。加强施工机具的管理，使其处于良好的技术状态，是减轻工人劳动强度、提高劳动生产率、保证建筑施工安全快速进行、提高企业经济效益的重要环节。

施工机具管理就是按照建筑生产的特点和机械运转的规律，对机械设备的选择评价、有效使用、维护修理、改造更新的报废处理等管理工作的总称。

二、施工机具的分类及装配的原则

建筑企业施工机具包括的范围甚为广泛，有施工和生产用的建筑机械和其他各类机械设备以及非生产机械设备，统称为施工机具。

建筑企业合理装配施工机具的目的是既能保证满足施工生产的需要，又能使每台机械设备发挥最高效率，以达到最佳经济效益，总的原则是：技术上先进、经济上合理、生产上适用。

三、施工机具的选择、使用、保养和维修

（一）施工机具的选择

对于建筑工程而言，施工机具的来源有购置、制造、租赁和利用企业原有设备四种方式，正确选择施工机具是降低工程成本的一个重要环节。

1.购置

购置新施工机具是较常采用的方式，其特点是需要较高的初始投资，但选择余地大，质量可靠，其维修费用小，使用效率较稳定、故障率低。企业购置施工机具，应当由企业设备管理机构或设备管理人员提出有关设备的可靠性和有利于设备维修等要求。进口的设备到达后，应认真验收，及时安装、调试和投入使用，发现问题应当在索赔期内提出索赔。

2.制造

企业自制设备，应当组织设备管理、维修、使用方面的人员参加设计方案的研究和审查工作，并严格按照设计方案做好设备的制造工作。大型或通用性强的设备，一般不采用此法。

3.租赁

根据工程需要，向租赁公司或有关单位租用施工机具。当前发达的资本主义国家的建筑企业有2/3左右的设备靠租赁，我国也不例外。

4.利用企业原有设备

利用企业原有的施工机具，实际是租赁的延伸方式。这种方式相当于是项目部向公司租赁施工机具，并向公司支付一定的租金，在我国比较普遍。

根据以上 4 种方式分别计算施工机具的等值年成本，从中挑选等值年成本最低的方式作为选择的对象，总体选择原则为：技术安全可靠、费用最低。

（二）施工机具的使用

使用是施工机具管理中的一个重要环节。正确、合理地使用施工机具可以减轻磨损，保持良好的工作性能和应有的精度。为把施工机具用好、管好，企业应当建立健全设备的操作、使用、维修规程和岗位责任制。

1.定人定机定岗位

定人定机定岗位、机长负责制的目的，是把人机关系相对固定，把使用、维修、保管的责任落实到人，其具体形式如下。

① 多人操作或多班作业的设备，在定人的基础上，任命一位机长全面负责。

② 一人使用保管一台设备或一人管理多台设备者，即为机长，对所管设备负责。

③ 掌握有中、小型机械设备的班组，不便于定人定机时，应任命机组长对所管设备负责。

2.合理使用施工机具

合理使用，就是要正确处理好管、用、养、修四者的关系，科学地使用施工机具，具体形式如下。

① 新购、新制、经改造更新或大修后的机械设备，必须按技术标准进行检查、保养和试运转等技术鉴定，确认合格后，方可使用。

② 对选用机械设备的性能、技术状况和使用要求等应作技术交底。要求严格按照使用说明书的具体规定正确操作，严禁超载、超速等拼设备的野蛮作业。

③ 任何机械都要按规定执行检查保养。机械设备的安全装置、指示仪表，要确保完好有效，若有故障应立即排除，不得带病运转。

④ 机械设备停用时，应放置在安全位置。设备上的零部件、附件不得任意拆卸，并保证完整配套。

3.建立安全生产制度

为确保施工机具在施工作业中安全生产，应做到如下要求。

① 认真执行定人定机定岗位、机长负责制。机械操作人员持有操作证方可上岗操作。

② 按使用说明书上各项规定和要求，认真执行试运转、安全装置试验等工作，严禁违章作业。

③ 在设备大检查和保养修理中，要重点检查各种安全、保护和指示装置的灵敏可靠性。对于自制、改造更新或大修后的机械设备，检验合格后方可使用。

4. 建立设备事故处理制度

事故发生后，应立即停机并保持现场，事故情况要逐级上报，主管人员应立即深入现场调查分析事故原因，进行技术鉴定和处理；同时要制订出防止类似事故再发生的措施，并按事故性质严肃处理和如实上报。

5. 建立健全施工机具的技术档案

主要的机械设备必须逐台建立技术档案，内容包括：使用（保修）说明书、附属装置及工具明细表、出厂检验合格证、易损件图册及有关制作图等原始资料；机械技术试验验收记录和交接清单；机械运行、消耗等汇总记录；历次主要修理和改装记录以及机械事故记录等。

（三）施工机具的保养及维修

1. 施工机具的检查

通过检查可全面地掌握实况、查明隐患、发现问题，以便改进维修工作、提高修理质量和缩短修理时间。

(1) 按施工机具检查的时间间隔分类

① 日常检查。主要由操作工人对机械设备进行每天检查，并与日常保养结合。若发现不正常情况，应及时排除或上报。

② 定期检查。在操作人员参与下，按检查计划由专职维修人员定期执行。要求全面、准确地掌握设备性能及实际磨损程度，以便确定修理的时间和种类。

(2) 按施工机具检查的技术性能分类

① 机能检查。对设备的各项机能进行检查和测定，如漏油、漏水、漏气、防尘密封等，以及零件耐高温、高速、高压的性能等。

② 精度检查。对设备的精度指数进行检查和测定，为设备的验收、修理和更新提供较为科学的依据。

2. 施工机具的保养

保养是预防性的措施，其目的是使机械保持良好的技术状况，提高其运转的可靠性和安全性，减少零部件的磨损以延长使用寿命、降低消耗，提高机械施工的经济效益。

(1) 日常保养 由操作人员每日按规定项目和要求进行保养，主要内容是清洁、润滑、紧固、调整、防腐及更换个别零件。

(2) 定期保养 每台设备运转到规定的期限，不管其技术状态如何，都必须按规定进行检查保养。一般分为一、二、三级保养；个别大型机械可实行四级保养。

① 一级保养。操作工为主，维修工为辅。不仅要普遍地进行紧固、清洁、润滑，还要部分地进行调整。

② 二级保养。维修工为主，主要是进行内部清洁、润滑、局部解体检查和调整。

③ 三级保养。要对设备的主体部分进行解体检查和调整工作，并更换达到磨损极限的零件，还要对主要零部件的磨损情况做检测，记录数据，以此作为修理计划的依据。

④ 四级保养。对大型设备要进行四级保养，修复和更换磨损的零件。

3. 施工机具的修理

设备的修理是修复因各种因素造成的设备损坏，通过修理和更换已磨损或腐蚀的零部件，使其技术性能得到恢复。

(1) 小修 以维修工人为主，对设备进行全面清洗、部分解体检查和局部修理。

(2) 中修 要更换与修复设备的主要零件和数量较多的其他磨损零件，并校正设备的基准，以恢复和达到规定的精度、功率和其他技术要求。

(3) 大修 对设备进行全面解体，并修复和更换全部磨损零部件，恢复设备原有的精度、性能和效率，其费用由大修基金支付。

第三节 计划管理

一、施工进度计划

施工进度计划应包括从施工现场的准备、进入土建和专业施工操作、设备安装直到工程竣工验收、交付使用为止的全部施工工程的计划。

建筑企业根据各项生产经营活动的不同要求，编制的各种计划，构成了一个计划体系，把企业的全部生产经营活动纳入企业统一的计划，建立起企业的计划管理秩序。建筑企业的计划按时间划分，由长期计划、年度计划、季度计划和月（旬、周、日）作业计划等构成。

作为施工进度计划的编制与实施的计划管理方法，通常有条形进度计划表和网络进度计划表两种。

1. 条形进度计划表

用粗的横道线表示工程各项目的开工与竣工日期、延续时间。由于这种进度计划表简单易画，明了易懂，无论过去和现在均为一种运用最广泛的表述进度计划的方法，即使普及了网络计划，而最终的工作进度表或编制轮廓性进度计划时，仍然是要采用条形进度计划表的形式。

2. 网络进度计划表

用一个网络图来模拟一项工程施工进度中，各工作项目的相互联系和相互制约的逻辑关系，并通过计算，找出关键线路，通过网络计划的调整，选择最优方案，在执行过程中，又不断根据主客观条件的变化信息，进行有效控制和监督，使计划任务能在最合理地使用资源的条件下，更好地完成。

二、计划管理的任务、特点

（一）计划管理的任务

主要是在总工期的约束下，在经常地综合平衡的基础上，确定各阶段、各工序之间的施工进度，协调各方面的关系，从而保证工程项目能符合计划要求和质量标准，各项工程能成套地、按期地交付生产使用。

（二）计划管理的特点

(1) 计划的被动性 由于建筑工程施工是按照投资者合同和工程设计要求进行建造，这就使施工计划具有被动性，而不像工业生产那样具有较大的自主性。

(2) 计划的多变性 建筑工程形式多样，结构复杂多变，受自然条件影响较大。

(3) 计划的不均衡性 由于建筑工程施工受工程开工、竣工时间和季节性施工以及施工过程中各阶段工作面大小不一的影响，施工工期又较长，所以使年度、季度、月度计划之间较难做到均衡性。

(4) 计划的周期长 建筑产品的工程量大，生产周期长，它需要长时间占用和消耗人力、物力、财力，一直到生产性消费的终了之日，才是出产品之时。

（三）计划管理应注意的事项

① 从工程施工项目管理班子建立开始，应第一时间根据合同的规定、施工项目总体进度计划和阶段性目标，组织制订各项计划。

② 编制施工计划力求全面配套，要把施工项目实施的全过程、全部工作和全体人员及各种计划严密衔接起来，纳入统一的计划控制系统。

③ 计划的编制及实施，应积极可靠，又留有余地，既强调实事求是，判断准确，又要保证计划的先进指标。

④ 从总体进度计划到具体作业计划的工作内容要分解并逐级展开，逐一对每一个单项工程都确定相互衔接的逻辑关系，明确最早、最迟开工、竣工时间、工程量以及需要投入的资源量和用工量，把一项复杂工程分解为相互衔接的单项工程。

⑤ 施工过程中的需要与可能往往发生矛盾，应根据可能支配的人力、机械设备、物资供应、技术条件等诸方面条件，做好综合平衡，确保施工的连续性和均衡性。

三、施工进度的检查

检查计划应实行专业检查和群众性的自检、互检相结合。检查的方法一般采用对比法，即实际进度与计划进度进行对比，从而发现偏差，以便调整或修改计划。

（一）条形计划检查

在图 18-1 中，细线表示计划进度，而上面的粗线表示实际进度。图中显示，工序 G 提前 0.5 天完成，而整个计划拖后 0.5 天完成。

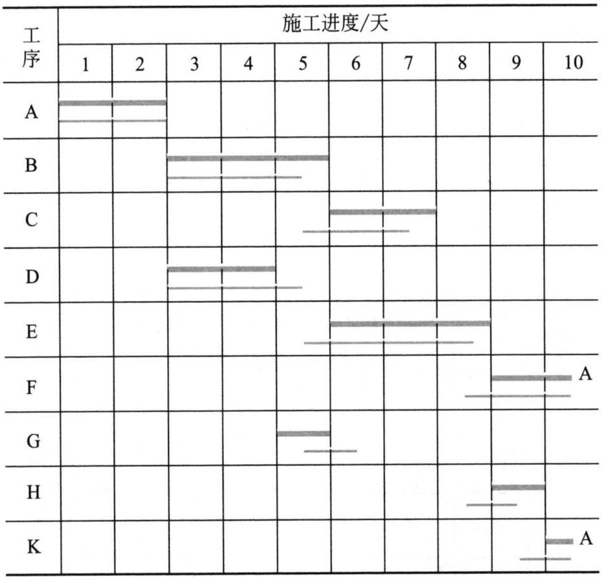

工序
施工进度/天
1
2
3
4
5
6
7
8
9
10
A
B
C
D
E
F
G
H
K
A
A

图 18-1 利用横道计划记录施工进度

(二) 利用网络计划检查

① 记录实际作业时间。例如某项工作计划为 8 天，实际进度为 7 天，如图 18-2 所示，将实际进度记录于括号中，显示进度提前 1 天。

8
砌砖
8 (7)
9

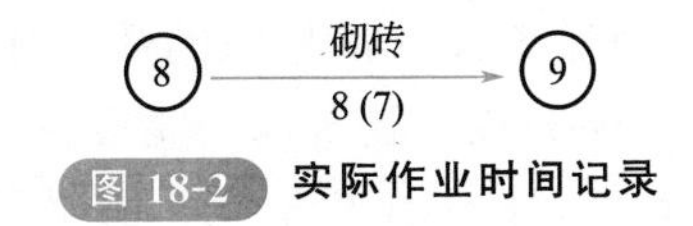

图 18-2 实际作业时间记录

② 记录工作的开始日期和结束日期进行检查。例如图 18-3 所示某项工作计划为 8 天，实际进度为 7 天，如图中标法记录，亦表示实际进度提前 1 天。

8
砌砖
8 (7)
9
8/5
15/5

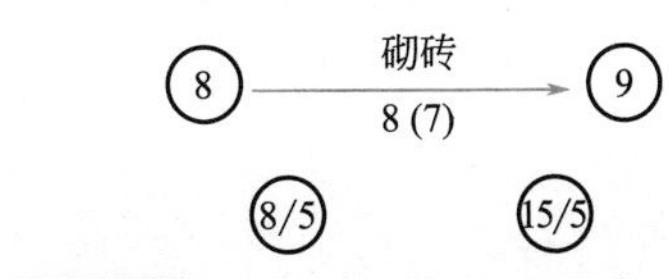

图 18-3 工作实际开始和结束日期记录

③ 标注已完工作。可以在网络图上用特殊的符号、颜色记录其已完成部分，如图 18-4 所示，阴影部分为已完成部分。

1
2
3
4
5
6
7
8

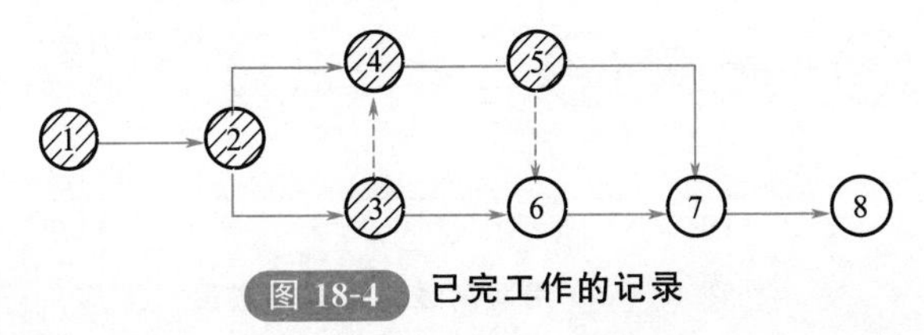

图 18-4 已完工作的记录

④ 当采用时标网络计划时，可以用“实际进度前锋线”记录实际进度，如图 18-5 所示。图中的折线是实际进度前锋的连线，在记录日期右方的点，表示提前完成进度计划，在记录日期左方的点，表示进度拖期。进度前锋点的确定可采用比例法，这种方法形象、直观，便于采取措施。

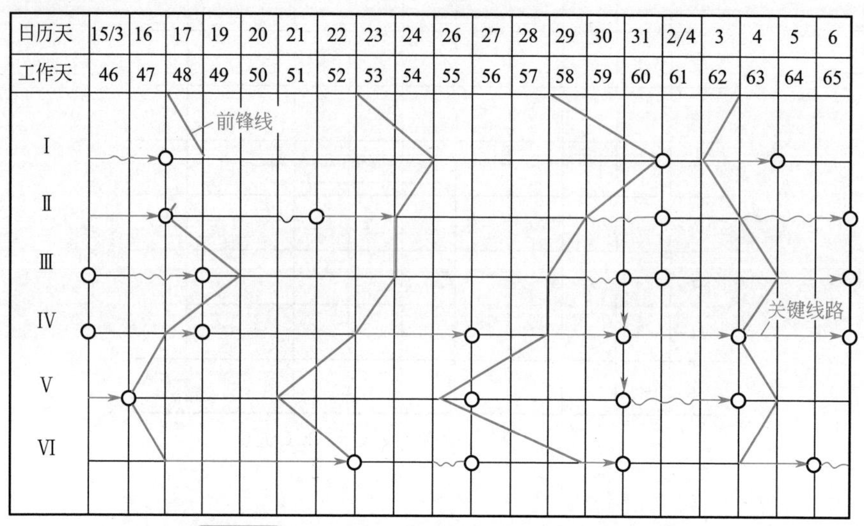

图 18-5 用“实际进度前锋线”记录实际进度

⑤ 用切割线进行实际进度记录。如图 18-6 所示，点划线称为“切割线”。到第 10 天进行记录时，D 工作尚需 1 天（括号内的数）才能完成，G 工作尚需 8 天才能完成，L 工作尚需 2 天才能完成。这种检查方法可利用表 18-1 进行分析。经过计算，判断进度进行情况是 D、L 工作正常，G 拖期 1 天。由于 G 工作是关键工作，所以它的拖期很有可能影响整个计划导致拖期，故应调整计划，追回损失的时间。

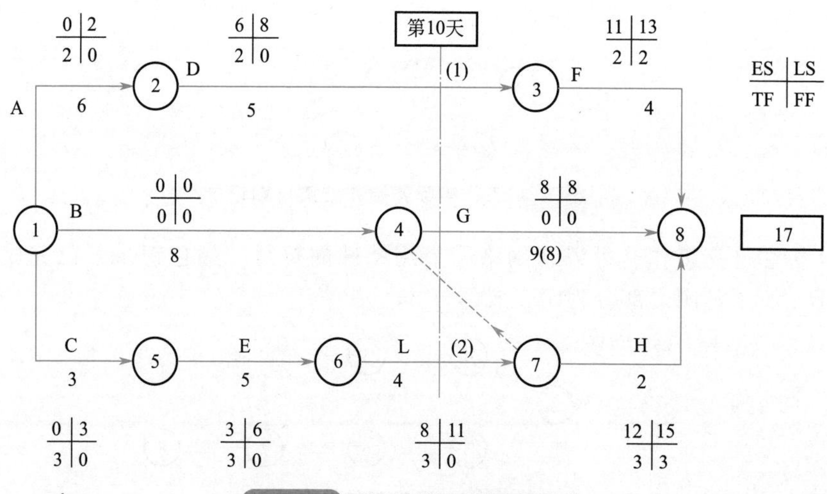

图 18-6 用切割线记录实际进度

表 18-1　网络计划进行到第 10 天的检查结果　　单位：天

工作编号	工作代号	检查时尚需时间	到计划最迟完成前尚有时间	原有总时差	尚有时差	情况判断
2～3	D	1	13－10＝3	2	3－1＝2	正常
4～8	G	8	17－10＝7	0	7－8＝－1	拖期 1 天
6～7	L	2	15－10＝5	3	5－2＝3	正常

（三）利用“香蕉”曲线进行检查

图 18-7 是根据计划绘制的累计完成数量与时间对应关系的轨迹。A 线是按最早时间绘制的计划曲线，B 线是按最迟时间绘制的计划曲线，P 线是实际进度记录线。由于一项工程开始、中间和结束时曲线的斜率不相同，总体呈 S 形，故称 S 形曲线或香蕉曲线。

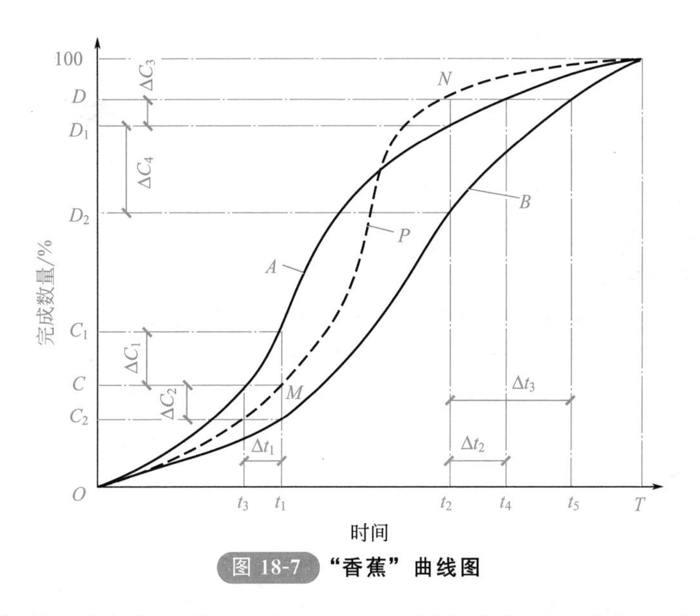

图 18-7　“香蕉”曲线图

检查方法是：当计划进行到时间 t_1 时，实际完成数量记录在 M 点。这个进度比最早时间计划曲线 A 的要求少完成 $\Delta C_1 = OC_1 - OC$，比最迟时间计划曲线 B 的要求多完成 $\Delta C_2 = OC - OC_2$。由于它的进度比最迟时间要求提前，故不会影响总工期，只要控制得好，有可能提前 $\Delta t_1 = t_1 - t_3$ 完成全部计划。同理可分析 t_2 时间的进度状况。

四、利用网络计划调整进度

利用网络计划对进度进行调整，一种较为有效的方法是采用“工期-成本”优化原理，就是当进度拖期以后进行赶工时，要逐次缩短那些有压缩可能，且费用最低的关键工作，以图 18-8 为例。

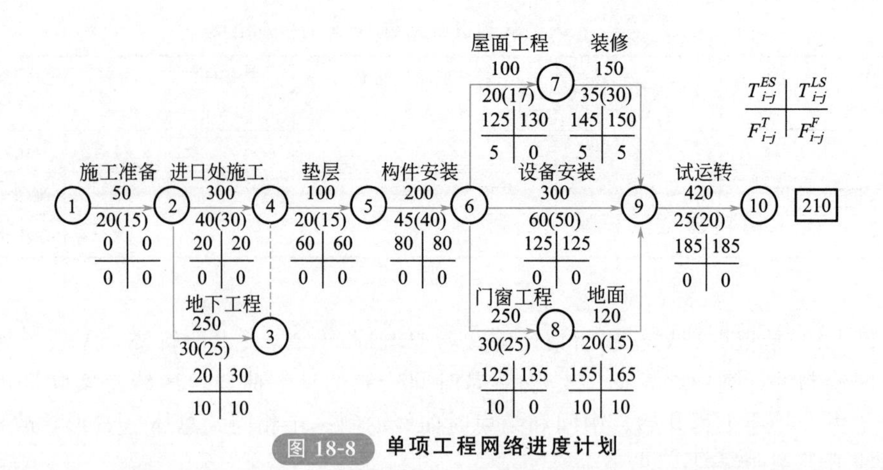

图 18-8 单项工程网络进度计划

如图 18-8 所示，箭线上数字为缩短一天需增加的费用（元/天）；箭头线下括号外数字为工作正常施工时间；箭线下括号内数字为工作最快施工时间。原计划工期是 210 天。假设在第 95 天进行检查，工作④—⑤（垫层）前已全部完成，工作⑤—⑥（构件安装）刚开工，即拖后了 15 天开工。因为工作⑤—⑥是关键工作，它拖后 15 天，将可能导致总工期延长 15 天。于是便应当进行计划调整，使其按原计划完成。根据上述结论，得出办法为缩短工作⑤—⑥以后的计划工作时间，所以按以下步骤进行调整。

第一步：先压缩关键工作中费用增加率最小的工作，压缩量不能超过实际可能压缩值。从图 18-8 中可以看出，三个关键工作⑤—⑥、⑥—⑨、⑨—⑩中，赶工费最低的是 $a_{⑤-⑥}=200$，因此先压缩工作⑤—⑥5 天。于是需支出压缩费 5×200＝1000(元)。至此，工期缩短了 5 天，但⑤—⑥不能再压缩了。

第二步：删去已压缩的工作，按上述方法，压缩未经调整的各关键工作中费用增加率最省者。比较⑥—⑨和⑨—⑩两个关键工作，$a_{⑥-⑨}=300$ 元为最小，所以压缩⑥—⑨。但压缩⑥—⑨工作必须考虑与其平行的作业工作，它们最小时差为 5 天，所以只能先压缩 5 天，增加费用 5×300＝1500(元)，至此工期共压缩 10 天。此时⑥—⑦与⑦—⑨也变成关键工作。如⑥—⑨再加压缩还需考虑⑥—⑦或⑦—⑨同时压缩，不然不能缩短工期。

第三步：⑥—⑦与⑥—⑨同时压缩，但压缩量是⑥—⑦小，只有 3 天，故先各压缩 3 天，费用增加了 3×100＋3×300＝1200(元)，至此工期共压缩 13 天。

第四步：分析仍能压缩的关键工作，⑥—⑨与⑦—⑨同时压缩每天费用增加为 $a_{⑥-⑨}+a_{⑦-⑨}=300+150=450$(元)，而⑨—⑩工作较节省，压缩⑨—⑩2 天，费用增加为 2×420＝840(元)，至此工期共压缩 15 天，完成任务。总增加费用为 1000＋1500＋1200＋840＝4540(元)。

调整后工期仍是 210 天，但各工作的开工时间和部分工作作业时间有变动。劳动力、物资、机械计划及平面布置按调整后的进度计划做相应的调整。

第四节 施工材料管理

材料分区堆放

扫码观看本视频

一、施工材料管理的意义和任务

（一）施工材料管理的意义

施工材料管理是指项目部对施工和生产过程中所需各种材料，进行有计划地组织采购、供应、保管、使用等一系列管理工作的总称。搞好材料管理的重要意义如下。

① 是保证施工生产正常进行的先决条件。

② 是提高工程质量的重要保障。

③ 是降低工程成本、提高企业经济效益的重要环节。

④ 可以加速资金周转，减少流动资金占用。

⑤ 有助于提高劳动生产率。

（二）施工材料管理的任务

施工材料管理的任务主要表现在保证供应和降低费用两个方面。

（1）保证供应 适时、适地、按质、按量、成套齐备地供应材料。

（2）降低费用 在保证供应的前提下，尽量节约材料费用。

二、材料的分类

（一）按其在建筑工程中所起的作用分类

（1）主要材料 指直接用于建筑物上能构成工程实体的各项材料（如钢材、水泥）。

（2）结构件 指事先对建筑材料进行加工，经安装后能够构成工程实体一部分的各种构件（如屋架、梁、板）。

（3）周转材料 指在施工中能反复多次周转使用，而又基本上保持其原有形态的材料（如模板、脚手架）。

（4）机械配件 指修理机械设备需用的各种零件、配件（如曲轴、活塞）。

（5）其他材料 指虽不构成工程实体，但间接地有助于施工生产进行和产品形成的各种材料（如燃料、润滑油料）。

（6）低值易耗品 指单位价值不到规定限额或使用期限不到一年的劳动资料（如小工具、防护用品）。

（二）按材料的自然属性分类

（1）金属材料 指钢筋、型钢、钢脚手架管、铸铁管等和有色金属材料等。

（2）非金属材料 指木材、橡胶、塑料和陶瓷制品等。

（三）按材料的价值在工程中所占比例分类

建筑工程需要的材料种类繁多，资金占用差异极大。有的材料品种数量小，但用量大，资金占用量也大；有的材料品种很多，但占用资金的比重不大；另一种介于这两种之间。根据企业材料占用资金的大小把材料分为A、B、C三类，见表18-2。

表18-2 ABC分类法示意表

物资分类	占全部品种百分比/%	占用资金百分比/%
A类	10～15	80
B类	20～30	15
C类	60～65	5
合计	100	100

从表中可以看出，C类材料虽然品种繁多，但资金占用却较少，而A类、B类品种虽少，但用量大，占用资金多，因此把A类及B类材料购买及库存控制好，对资金节约将起关键性的作用。所以材料库存决策和管理应侧重于A类和B类两类物资上。

三、材料的采购、存储、收发和使用

（一）材料的订购及采购

（1）订购采购的原则 材料的订购及采购是实现材料供应的首要环节。在材料采购中应做到货比三家，“三比一算”。

供货单位落实以后，应签订材料供需合同，以明确双方经济责任。合同的内容应符合合同法规定，一般应包括：材料名称品种、规格、数量、质量、计量单位、单价及总价、交货时间、交货地点、供货方式、运输方法、检验方法、付款方式和违约责任等条款。

（2）材料订货的方式

① 定期订货。它是按事先确定好的订货时间组织订货，每次订货数量等于下次到货并投入使用前所需材料数量，减去现有库存量。

② 定量订货。它是在材料的库存量由最高储备量降到最低储备量之前的某一储备量水平时，提出订货的一种订货方式。订货的数量是一定的，一般是批量供给，是一种不定期的订货方式。

（3）材料经济订货量的确定 所谓材料的经济订货量，是指用料企业从自己的经济效果出发，确定材料的最佳订货批量，以使材料的存储费达到最低。材料存储总费用主要包括以下费用。

① 订购费。主要是指与材料申请、订货和采购有关的差旅费、管理费等费用。它与材料的订购次数有关，而与订购数量无关。

② 保管费。主要包括被材料占用资金应付的利息、仓库和运输工具的维修折旧费、物资存储损耗等费用。它主要与订购批量有关，而与订购次数无关。从

节约订购费出发，应减少订购次数、增加订购批量；从降低保管费出发则应减少订购批量，增加订购次数，因此，应确定一个最佳的订货批量，使得存储总费用最小。

采用经济批量法确定材料订购量，要求企业能自行确定采购量和采购时间，订购批量与费用的关系如图 18-9 所示。

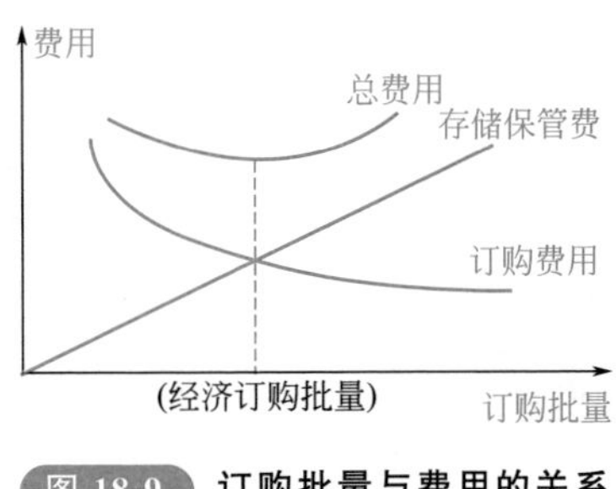

图 18-9 订购批量与费用的关系

（二）材料的储备及管理

(1) 材料储备 建筑材料在施工过程中是逐渐消耗的，而各种材料又是间断地、分批地进场的，为保证施工的连续性，施工现场必须有一定合理的材料储备量，这个合理储备量就是材料中的储备定额。材料储备应考虑经常储备、保险储备和季节性储备等。

① 经常储备。在正常的情况下，为保证施工生产正常进行所需要的合理储备量，这种储备是不断变化的。

② 保险储备。企业为预防材料未能按正常的进料时间到达或进料不符合要求等情况下，为保证施工生产顺利进行而必须储备的材料数量。这种储备在正常情况下是不动用的，它固定地占用一笔流动资金。

③ 季节性储备。某种材料受自然条件的影响，使材料供应具有季节性限制而必须储备的数量。对于这类材料储备，必须在供应发生困难前及早准备好，以便在供应中断季节内仍能保证施工生产的正常需要。

(2) 仓库管理 对仓库管理工作的基本要求是：保管好材料，面向生产第一线，主动配合完成施工任务，积极处理和利用库存闲置材料和废旧材料。

仓库管理的基本内容如下。

① 按合同规定的品种、数量、质量要求验收材料。

② 按材料的性能和特点，合理存放、妥善保管，防止材料变质和损耗。

③ 组织材料发放和供应。

④ 组织材料回收和修旧利废。

⑤ 定期清仓，做到账、卡、物三相符。做好各种材料的收、发、存记录，掌握材料使用动态和库存动态。

(3) 现场材料管理 现场材料管理是对工程施工期间及其前后的全部料具管

理，包括施工前的料具准备，施工过程中的组织供应，现场堆放管理和耗用监督，竣工后组织清理、回收、盘点、核算等内容。

现场材料管理的具体内容如下。

① 施工准备阶段的现场管理工作。

a. 编好工料预算，提出材料的需用计划及构件加工计划。

b. 安排好材料堆场和临时仓库设施。

c. 组织材料分批进场。

d. 做好材料的加工准备工作。

② 施工过程中的现场材料管理工作。

a. 严格按限额领料单发料。

b. 坚持中间分析和检查。

c. 组织余料回收，修旧利废。

d. 经常组织现场清理。

③ 工程竣工阶段的材料管理工作。

a. 清理现场，回收、整理余料，做到工完场清。

b. 在工料分析的基础上，按单位工程核算材料消耗，总结经验。

第五节　质量管理

检查地面配筋　钢筋验收　构造柱出现开裂现象

扫码观看本视频　扫码观看本视频　扫码观看本视频

一、质量管理的基本概念

（一）工程质量的概念

建筑工程质量亦具有特性，具体表现在以下几个方面。

1. 结构性能方面

工程结构布置合理，轴线、标高准确，基础施工缝处理符合规范要求，钢筋、型钢骨架用材恰当，几何尺寸能保持设计规定不变，强度、刚度、整体性好，抗震性能和结构的安全度均能满足设计要求。

2. 外观方面

造型新颖、整洁、比例协调、美观、大方，给人以艺术享受。

3. 材质方面

材料的物理性能、化学成分、砂石级配和清洁度，成品、半成品的外观几何尺寸，以及耐酸、耐碱、耐火、隔热、隔声、抗冻、耐腐蚀性能都符合设计、规程、标准、规范的要求。

4. 时间方面

建筑物、构筑物的使用寿命、返修（大修）年限符合设计要求。

5. 使用功能方面

布局合理，居住舒适；屋面、楼面不漏水，上下水管不滴漏；阳台、厕所地面找坡正确，流水畅通；内、外装饰材料不脱落，管线安装正确，安全可靠等。

6.经济使用方面

质量好、造价低、维修费用省，使用过程中损耗少、寿命长等。

（二）工作质量的概念

工作质量就是企业、部门和职工个人的工作，对工程（产品）达到和超过质量标准、减少不合格品、满足用户需要起到保证的作用。企业工作质量等于企业各个岗位上的所有人员工作效能的总和。

（三）质量检验的概念

质量检验是指由特定检查手段，将产品的作业状况实测结果，与要求的质量标准进行对比，然后判定其是否达到优良或合格，是否符合设计和下道工序的要求。也可以说，建筑安装工程的整个质量检查过程，就是人们常说的质量检查评定工作。工程质量检验评定，是决定每道工序是否符合质量要求，能否交付下一道工序继续施工，或者整个工程是否符合质量要求，能否交工等的技术业务活动。

质量检验评定的基本环节如图 18-10 所示。

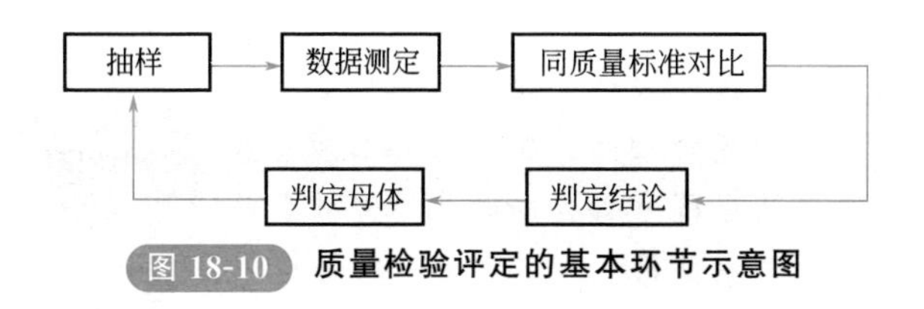

图 18-10　质量检验评定的基本环节示意图

（四）质量管理的概念

施工企业质量管理的目的，就是为了建成经济、合理、适用、美观的工程。而建筑安装工程的施工质量，又与勘察设计质量、辅助过程质量、检查质量和使用质量四个方面的质量紧密相关。这五个方面能否统一，统一到什么程度，就看分担这些工作的有关部门、环节的职工的工作能否协调以及协调一致的程度。因此，质量管理就是用科学的方法把工程质量在形成过程中的各种矛盾统一起来，使各种工作协调一致。

二、质量管理的基础工作

质量管理基础工作包括：质量教育工作、标准化工作、计量理化工作、质量情报工作和质量责任制等。

1.质量教育工作

质量教育工作主要包括以下两个方面。

（1）质量管理知识的宣传与教育　质量问题是企、事业生产管理的综合反映，涉及各级行政领导、技术领导、生产班组和许多部门。质量工作不仅是质量管理部门和技术人员的事，也是企业领导、科室管理人员、生产班组大家的事。实质上企业的经济效益的核心就是质量。要把“质量第一”这个精神贯穿到所有活动之中，不搞形式主义。

(2) 技术教育与培训 新中国成立以来，建立了许多行之有效的法规、规程、规范、规则和各项规章制度，我们必须结合生产实际，组织生产技术和质量管理技术的培训，不断提高全体职工的技术水平、业务水平和管理水平，以适应规模更大的工程建设发展的需要。

2.标准化工作

标准是衡量产品质量和各项工作质量的尺度，又是企业进行技术活动和各项经营管理工作的依据。标准化是质量管理的基础，质量管理是执行标准化的保证。企业标准，主要分为技术标准和管理标准两大类。

3.计量理化工作

计量理化工作是保证计量的量值准确和统一，确保技术标准的贯彻执行，保证零部件、构件互换和工程质量的重要手段和方法。搞好计量理化工作，要把施工生产中所需要的量具、设备、仪器配齐配全，并注意维修保养，使用灵活，保证仪表随时处于优良的状态。

4.质量情报工作

质量情报是指建筑工程在设计、施工过程中，各个环节有关工程质量和工作质量的信息。包括设计方案的合理性，施工准备和施工组织工作的周密性，原材料质量的稳定性、施工操作认真程度等，所收集的基本数据、原始记录和工程竣工交付使用后反映出来的各种质量情报。

5.质量责任制

工程质量是建筑安装企业经营管理的核心，是企业各项管理工作的综合反映。建立健全质量责任制，是质量管理的一项重要基础工作，具体落实到企业每个部门、每个人员身上，形成一个完整的质量保证体系，才能保证稳步提高工程（产品）质量。

三、全面质量管理

（一）全面质量管理概述

全面质量管理，是企业为了保证和提高产品质量而形成和运用的一套完整的质量管理活动体系、手段和方法。具体地说，它就是根据提高产品（工程）质量的要求，充分发动全体职工，综合运用现代科学和管理技术的成果，把积极改善组织管理、研究革新专业技术和应用数理统计等科学方法结合起来，实现对生产（施工）全过程各因素的控制，多快好省地研制和生产（施工）出用户满意的优质产品（工程）的一套科学管理方法。

全面质量管理的基本思想，是通过一定的组织措施和科学手段，来保证企业经营管理全过程的工作质量，以工作质量来保证产品（工程）质量，提高企业的经济效益和社会效益。

（二）全面质量管理的基本观点

1. 质量第一的观点

“质量第一”是建筑工程推行全面质量管理的思想基础。建筑工程质量的好坏，不仅关系到国民经济的发展及人民生命财产的安全，而且直接关系到施工企业的信誉、经济效益及生存和发展。

2. 用户至上的观点

“用户至上”是建筑工程推行全面质量管理的精髓。坚持用户至上的观点，企业就会蓬勃发展，背离了这个观点，企业就会失去存在的必要。

现代企业质量管理“用户至上”的观点是广义的，它包括两个含义：一是直接或间接使用建筑工程的单位或个人；二是企业内部，在施工过程中上一道工序应对下一道工序负责，下一道工序则为上一道工序的用户。

3. 预防为主的观点

工程质量是设计、制造出来的，而不是检验出来的。检验只能发现工程质量是否符合质量标准，但不能保证工程质量。在工程施工过程中，每个工序，每个分部、分项工程的质量，都会随时受到许多因素的影响，只要有一个因素发生变化，质量就会产生波动，不同程度地出现质量问题。全面质量管理强调将事后检验把关变为工序控制，从管质量结果变为管质量因素，防检结合，防患于未然。

4. 全面质量管理的观点

全面质量管理突出的是一个“全”字，即实行全员、全过程、全企业的管理。施工企业的全体人员，包括各级领导、管理人员、技术人员、政工人员、生产工人、后勤人员等都要参加到质量管理中来，人人都要学习运用全面质量管理的理论和方法，明确自己在全面质量管理中的义务和责任，使工程质量管理有扎实的群众基础。

5. 一切用数据说话的观点

全面质量管理强调“一切用数据说话”，是因为它是以数理统计方法为基本手段，而数据是应用数理统计方法的基础，这是区别于传统管理方法的重要一点。它依靠实际的数据资料，运用数理统计的方法做出正确的判断，采取有力措施进行质量管理。

6. 通过实践，不断完善提高的观点

重视实践，坚持按照计划、实施、检查、处理的循环过程办事，经过一个循环后，对事物内在的客观规律就有进一步的认识，从而制订出新的质量管理计划与措施，使质量管理工作及工程质量不断提高。

（三）工程质量保证体系

为保证工程质量，我国在工程建设中逐步建立了比较系统的质量管理的三个体系。

1. 设计、施工单位的全面质量管理保证体系

（1）质量保证的概念 质量保证是指企业对用户在工程质量方面作出的担保，

即企业向用户保证其承建的工程在规定的期限内能满足的设计和使用功能。它充分体现了企业和用户之间的关系，即保证满足用户的质量要求，对工程的使用质量负责到底。

(2) 质量保证的作用 质量保证的作用，表现在对工程建设和施工企业内部两个方面。

对工程建设，通过质量保证体系的正常运行，在确保工程建设质量和使用后服务质量的同时，为该工程设计、施工的全过程提供建设阶段有关专业系统的质量职能正常履行及质量效果评价的全部证据，并向建设单位表明，工程是遵循合同规定的质量保证计划完成的，质量是完全满足合同规定的要求的。

对建筑企业内部，通过质量保证活动，可有效地保证工程质量，或及时发现工程质量事故征兆，防止质量事故的发生，使施工工序处于正常状态之中，进而降低因质量问题产生的损失，提高企业的经济效益。

(3) 质量保证的内容 质量保证的内容，贯穿于工程建设的全过程。

按照建筑工程形成的过程分类，主要包括：规划设计阶段质量保证，采购和施工准备阶段质量保证，施工阶段质量保证，使用阶段质量保证。

按照专业系统不同分类，主要包括：设计质量保证，施工组织管理质量保证，物资、器材供应质量保证，建筑安装质量保证，计量及检验质量保证，质量情报工作质量保证等。

(4) 质量保证的途径 质量保证的途径包括：在工程建设中的以检查为手段的质量保证，以工序管理为手段的质量保证和以开发新技术、新工艺、新工程、新产品为手段的质量保证。

(5) 全面质量保证体系 全面质量保证体系是以保证和提高工程质量为目标，运用系统的概念和方法，把企业各部门、各环节的质量管理职能和活动合理地组织起来，形成一个既有明确任务、职责权限，又互相协调、互相促进的管理网络和有机整体，使质量管理制度化、标准化，从而生产出高质量的建筑产品。

2. 建设监理单位的质量检查体系

工程项目实行建设监理制度，这是我国在建设领域管理体制改革中推行的一项科学管理制度。建设监理单位受业主的委托，在监理合同授权范围内，依据国家的法律、规范、标准和工程建设合同文件，对工程建设进行监督和管理。

在工程项目建设的实施阶段，监理工程师既要参加施工招标、投标，又要对工程建设进行监督和检查，但主要的是对工程施工阶段的监理工作。在施工阶段，监理人员不仅要进行合同管理、信息管理、进度控制和投资控制，而且对施工全过程中各道工序进行严格的质量控制。国家明文规定，凡进入施工现场的机械设备和原材料，必须经过监理人员检验合格后才可使用，每道施工工序都必须按批准的程序和工艺施工，必须经施工企业的“三检”（初检、复检、终检），并经监理人员检查论证合格，方可进入下道工序。工程的其他部位或关键工序，施工企业必须在监理人员到场的情况下才能施工，所有的单位工程、分部工程、分项工程，必须由监理人员参加验收。

3. 政府部门的工程质量监督体系

1984 年，我国部分省、自治区、直辖市和国务院有关部门，各自相继制定了质量监督条款，建立了质量监督机构，开展了质量监督工作。国务院［1984］123 号文件《关于改革建筑业和地区建设管理体制若干问题的暂行规定》中明确指出：工程质量监督机构是各级政府的职能部门，代表其政府部门行使工程质量监督权，按照“监督、促进、帮助”的原则，积极支持、指导建设、设计、施工单位的质量管理工作，但不能代替各单位原有的质量管理职能。

各级工程质量监督体系，主要由各级工程质量监督站代表政府行使职能，对工程建设实施第三方的强制性监督，其工作具有一定的强制性。其基本工作内容有：对施工队伍资质审查、施工中控制结构的质量、竣工后核验工程质量等级、参与处理工程事故、协助政府进行优质工程审查等。

（四）全面质量管理基本工作方法

1. 质量管理的四个阶段

全面质量管理的一个重要概念，就是要注意抓工作质量。任何工作除了做好协调一致工作外，还必须有一个应该遵循的工作程序和方法，要分阶段、分步骤地做到层次分明、有条不紊的科学管理，才能使工作更切合客观实际，避免盲目性，不断提高工作质量和工作效率。全面的质量管理工作要按照计划、实施、检查、处理的四个阶段不断循环。这个循环简称 PDCA 循环，又称“戴明环”，循环示意见图 18-11。

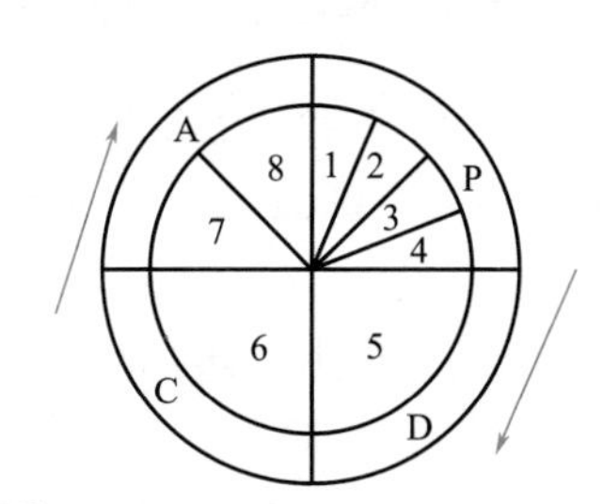

图 18-11　四个阶段与八个步骤循环关系示意图

第一阶段是计划（也叫 P 阶段），包括制订企业质量方针、目标、活动计划和实施管理要点等。

第二个阶段是实施（也叫 D 阶段），即按计划的要求去做。

第三个阶段是检查（也叫 C 阶段），即计划实施之后要进行检查，看看实施效果，做对的要巩固，错的要进一步找出问题。

第四个阶段是处理（也叫 A 阶段），把成功的经验加以肯定，形成标准，以后再干就按标准进行，没有解决的问题，反映到下期计划。

2. 解决和改进问题的八个步骤

为了解决和改进质量问题，通常把 PDCA 循环进一步具体化为八个步骤。

步骤1，分析现状，找出存在的质量问题。

步骤2，分析产生质量问题的各种原因或影响因素。

步骤3，找出影响质量的主要因素。

步骤4，针对影响质量的主要因素，制定措施，提出行动计划，并预计效果。

步骤5，执行措施或计划。

步骤6，检查采取措施后的效果，并找出问题。

步骤7，总结经验，制定相应的标准或制度。

步骤8，提出尚未解决的问题。

以上步骤1～步骤4在计划P阶段，步骤5是实施D阶段，步骤6是检查C阶段，步骤7、步骤8两个步骤就是处理A阶段。这八个步骤中，需要利用大量的数据和资料，作出科学的分析和判断，对症下药，才能真正解决问题。

3.质量管理的统计方法

在全面质量管理过程中，一个过程、四个阶段、八个步骤，是一个循序渐进的工作环，是一个逐步充实、逐步完善、逐步深入细致的科学管理方法。在整个过程中，每一个步骤都要用数据来说话，都要经过对数据进行整理、分析、判断来表达工程质量的真实状态，从而使质量管理工作更加系统化、图表化。目前常用的统计方法有：排列图法、因果分析图法、分层法、频数直方图（简称直方图）法、控制图（又称管理图）法、散布图（又称相关图）法和调查表法（又称统计调查分析法）等。施工质量管理应用较多的是排列图、因果分析图、直方图、管理图等。

四、建筑工程质量检查、控制、验收、评定及不合格工程的处理

建筑工程的质量检查、控制、验收与评定是质量管理工作中的监督环节，以此来衡量与确定施工工程质量的优劣，并通过这一环节进一步改善和提高工程质量。

（一）工程质量检查

质量检查是依据质量标准和设计要求，采用一定的测试手段，对施工过程及施工成果进行检查，使不合格的工程交不了工，这是起到把关的作用。因为建筑产品（建筑物、构筑物）是通过一道道工序不同工种的交叉作业逐渐形成分项、分部工程，直至最后完成的，只是操作者和操作地点在工程上不停地变动。对工程施工中的质量及时进行检查，发现问题立刻纠正，才能达到改善、提高质量的目的。

（二）建筑工程质量控制

① 建筑工程采用的主要材料、半成品、成品、建筑构配件、器具和设备应进行现场验收。凡涉及安全、功能的有关产品，应按各专业工程质量验收规范规定进行复验，并应经监理工程师（建设单位技术负责人）检查认可。

② 各工序应按施工技术标准进行质量控制，每道工序完成后应进行检查。

③ 相关各专业工种之间应进行交接检验，并形成记录，经监理工程师（建设单位技术负责人）检查认可后方可进行下道工序。

（三）建筑工程施工质量应按下列要求进行验收

① 建筑工程质量应符合相关标准和相关专业验收规范的规定。

② 建筑工程施工应符合工程勘察、设计文件的要求。

③ 参加工程施工质量验收的各方人员应具备规定的资格。

④ 工程质量的验收均应在施工单位自行检查评定的基础上进行。

⑤ 隐蔽工程在隐蔽前应由施工单位通知有关单位进行验收，并应形成验收文件。

⑥ 涉及结构安全的试块、试件以及有关材料，应按规定进行见证取样检测。

⑦ 检验批的质量应按主控项目和一般项目验收。

⑧ 对涉及结构安全和使用功能的重要分部工程应进行抽样检测。

⑨ 承担见证取样检测及有关结构安全检测的单位应具有相应资质。

⑩ 工程的感官质量应由验收人员通过现场检查，并应共同确认。

（四）建筑工程质量评定

建筑工程质量等级划分为合格与不合格。合格的予以验收，不合格的不予验收。参加验收的单位有建设单位、勘测单位、设计单位、监理单位、施工单位和质量监督部门，前五家单位参与质量合格与否的评定，后者只对评定的程序、方法的合法性与否作评价，但有建议和保留意见的权利。

（五）当建筑工程质量不符合要求时的处理规定

① 经返工重做或更换器具、设备的检验批，应重新进行验收。

② 经有资质的检测单位检测鉴定能够达到设计要求的检验批，应予以验收。

③ 经有资质的检测单位检测鉴定达不到设计要求，但经原设计单位核算认可能够满足结构安全和使用功能的检验批，可予以验收。

④ 经返修或加固处理的分项、分部工程，虽然改变外形尺寸但仍能满足安全使用要求，可按技术处理方案和协商文件进行验收。

⑤ 通过返修或加固处理仍不能满足安全使用要求的分部工程、单位（子单位）工程，严禁验收。

第六节 财务管理

一、建筑产品的成本

建筑产品的价值与其他物质产品价值一样，包括三个部分：一是在生产过程中已消耗的生产资料的转移价值 C；二是劳动者的必要劳动所创造的价值 V；三是劳动者的剩余劳动所创造的价值（盈利）M。前两部分的货币形式即构成工程成本，它包括施工中耗费的各种材料的费用，机械设备等固定资产的折旧费，支付给生产工人、工程技术人员和管理人员的工资，企业为进行生产活动所开支的各项管理费用等。在工程成本中，不包括劳动者为社会所创造的价值 M，即税金和计划利润。

建筑产品的利润，按现行规定，就是从工程价款中扣除成本后的盈利。

(1) 按生产费用计入成本的方法分 工程成本可分为直接费用和间接费用。

① 直接费用是指直接用于并能直接计入工程对象的费用。

② 间接费用是指不直接用于也无法直接计入工程对象，但为进行施工所必须发生的费用。

(2) 按生产费用与工程量的关系分 工程成本可分为固定费用和变动费用。

① 固定费用是指在一定时期内与工程量增减无关的费用，如管理人员的工资、办公费、固定资产折旧费等。

② 变动费用是指与工程量增减有直接联系的费用，它随企业完成的工程量的增减而按一定的比例增加或减少，如直接用于工程的材料费、实行计件的人工费。

(3) 根据成本水平和管理的要求来分 工程成本可划分为工程预算成本、计划成本和实际成本。

① 预算成本是确定工程造价的基础，也是编制成本计划，衡量实际成本节、超的依据。目前建筑企业采用承包方式，大多数工程造价是按概（预）算确定的，因此，预算成本也称承包成本。

② 计划成本是根据工程量具体情况，考虑如果实现各项技术组织措施的经济效果，所应达到的预期成本，也是企业考虑降低成本措施后的成本计划。它是对工程用工、供料和成本费用进行控制的目标，故又称目标成本。

③ 实际成本是工程施工中实际发生的各项生产费用的总和，它与计划成本比较所得到的费用的节约或超支，可用来考核企业的经营效果、施工技术水平及技术组织措施的贯彻执行情况，它与预算成本比较可以反映工程的盈亏情况。

工程预算成本是对每个分项工程或每道工序的各种费用进行分析和汇总，它是依据已经确定的施工方法、进度和资源计划来做的。为了使预算成本和实际成本能够进行直接的比较对照，以便实现管理和控制，必须按照同样的分类方式进行整理。

二、目标成本管理

实施目标成本管理是有效降低成本的途径。目标成本管理是指企业根据社会市场环境、企业潜力和发展规划，进行综合测算确定目标利润后，以目标利润约束成本支出的管理方法。它具有全面、综合的特征，也改变了以往侧重于成本的事后管理方式，进一步为强化成本的超前管理。因此，目标成本管理的实质就是对成本支出进行量化、目标化和责任化。

成本管理的基本任务，是保证降低成本，实现利润，为国家提供更多的税收，为企业获得更大的经济效益。为了实现成本管理的任务，有两方面的工作，一是成本管理的基础工作，做好所需的定额、记录，并健全成本管理责任制和其他基本制度；二是做好成本计划工作，加强预算管理，做好施工图预算和施工预算对比，并在施工中进行成本的核算和分析，保证一切支出控制在预算成本之内，而实行成本控制。

（一）成本管理的一般方法

成本管理大体可分为三个阶段：计划成本的编制阶段、计划成本的实施阶段、计划成本的分析调整阶段，如图18-12所示。

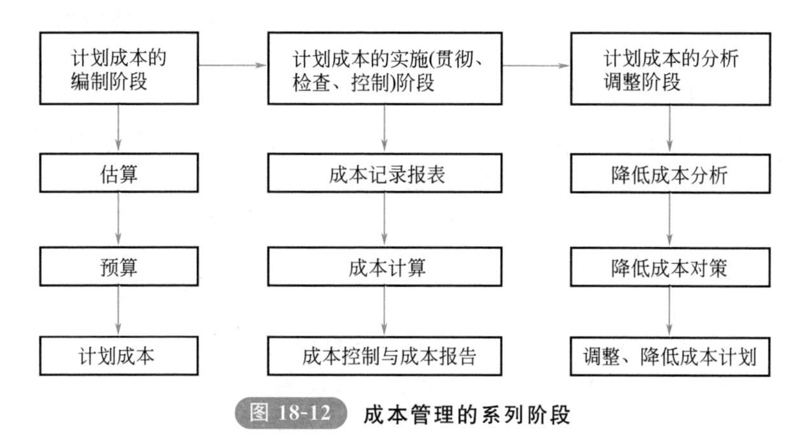

图18-12 成本管理的系列阶段

1.成本管理工作的内容

① 收集和整理有关资料，正确地按工程预算项目编好工程成本计划。

② 及时而准确地掌握施工阶段的工程完成量、费用、支出等工程成本情况。

③ 与计划成本相比较，作出细致的成本分析。

④ 在总结原因的基础上采取降低成本的积极对策。

2.成本管理的范围

随着开工和工程的进展，由于各种原因，工程的实际成本与预算成本发生差异，因此在成本管理中必须对工程成本的构成加以分析。在成本构成中，有的成本费用项目与工程量有关（如直接费），有的与工程持续的时间有关（如间接费），成本管理工作应在工程成本可能变动的范围，也就是可控制范围内去进行。

3.成本计划编制的准则

① 制订合理的降低成本目标。既要积极，又要可靠。

② 以挖掘企业内部潜力来降低成本。不得偷工减料，降低质量，也不能不顾机械的维修和忽视必需的劳动保护与安全工作。

③ 针对工程任务，采取先进可行的技术组织措施和定额达到降低成本的目的。

④ 从改善经营管理着手，降低各项管理费用。

⑤ 参照上期实际完成的情况。

4.降低产品成本的途径

① 提高劳动生产率。它不仅能够减少单位产品负担的工资和工资附加费，而且能够降低产品成本中的其他费用负担，如减少折旧费和企业管理费等。

② 节约原材料、燃料和动力的消耗。在不影响产品质量，满足产品功能要求的前提下，节约各种物资消耗对降低产品成本作用很大。

③ 合理利用机械设备，提高设备利用率，减少折旧和大修理费用负担。这还会引起其他有关费用的减少，如设备的保养费用等。盲目追求超前的机械化和自动化，也会造成损失或提高成本。

④ 提高产品质量，减少和消灭废品损失。废品是没有使用价值的产品。生产废品，消耗了原材料的使用价值，但又不创造新的使用价值。因此，生产废品不仅是对追加到原材料上去的活劳动的浪费，也是对已经凝结在原材料中的物化劳动的浪费，使已经形成价值的有效劳动重新转化为无效劳动。在生产中出现废品，分摊到新产品上的原材料消耗量也就增大，就会使产品成本增加。

⑤ 工程任务饱满，增加产品产量。由于产量增加，使固定费用相对节约而使成本降低。

⑥ 节约管理费用。首先是精简机构，节约管理人员，提高管理工作效果，采取现代化管理方法，另外就是降低管理费（如差旅费、利息支出、损失性费用、水电费支出），其他如降低物资采购价格和费用、运输费用、房屋设备的中小修建费用及修旧利废、回收废旧物资等，都能使产品成本降低。

（二）成本控制

成本控制就是在工程形成的整个过程中，对工程成本形成可能发生的偏差进行经常的预防、监督和及时的纠正，使工程成本费用被限制在成本计划范围内，以实现降低成本的目标。

（1）分级、分口控制 分级控制是从纵的方面把成本计划指标按所属范围逐级分解到处、队、栋号、班组，班组再把指标分解到个人。分口控制是从横的方面把成本计划指标按性质分解到各职能科室，每个科室又将指标分解到职能人员。

（2）成本预测预控 指企业在一定的生产经营条件下，运用成本预测预控方法进行科学计算，挖掘企业潜力，实现成本最优化方面，做出正确的判断和选择。

成本的预测预控是以上一年度的实际成本资料作为测算的主要依据，根据客观存在的成本与产量之间的依存关系，找出成本升降的规律。

开展成本预测预控，要把成本按其与产量的关系，分为固定成本与变动成本两大类：固定成本是在短期内与产量的变动无直接关系，是相对稳定的成本，它是为保持企业一定经营条件而发生的；变动成本是随着产量的增减成正比例地变动。正确划分固定成本与变动成本是预测预控的前提条件。

（3）成本报表 成本报表及其分析是成本控制最为重要的环节，应系统地建立较完整的工作制度。它包括成本记录报表、成本分报表、成本报告（成本完成情况报告）。按日、周、月和完工工程组成报告系统。

（三）成本管理的措施

（1）组织措施 组织措施是从施工项目成本管理的组织方面采取的措施，如实行项目经理责任制，落实施工成本管理的组织机构和人员，明确各级施工项目成本管理人员的任务和职能分工、权利和责任，编制施工项目成本控制工作计划和详细的工作流程图等。组织措施是其他各类措施的前提和保障，而且一般不需要增加什么费用，运用得当可以收到良好的效果。

(2) 技术措施　技术措施是降低成本的保证，在施工准备阶段应多进行不同施工方案的技术经济比较。找出既保证质量，满足工期要求，又降低成本的最佳施工方案。另外，由于施工的干扰因素很多，因此在作方案比较时，应认真考虑不同方案对各种干扰因素影响的敏感性。

(3) 经济措施　经济措施是最易为人接受和采用的措施。管理人员应编制资金使用计划，并在施工中进行跟踪管理，严格控制各项开支。对施工项目管理目标进行风险分析，并制订防范性对策。通过偏差原因分析和未完工程施工成本预测，可发现一些将引起未完工程施工成本增加的潜在的问题，对这些问题应以主动控制为出发点，及时采取预防措施。由此可见，经济措施的运用绝不仅仅是财务人员的事情。

(4) 合同措施　选用合适的合同结构对项目的合同管理至关重要。在施工组织模式中，有多种合同结构模式，在使用时，必须对其分析、比较，要选用适合于工程规模、性质和特点的合同结构模式。

合同条款应严谨细致。在合同的条文中应细致地考虑一切影响成本、效益的因素。特别是潜在的风险因素，通过对引起成本变动的风险因素的识别和分析，采取必要的风险对策，如通过合理的方式同其他参与方共同承担，增加承担风险的个体数量，降低损失发生的比例，并最终使这些策略反映在签订的合同的具体条款中。在和外商签订的合同中，还必须很好地考虑货币的支付方式。

采用合同措施控制项目成本，应贯彻在合同的整个生命期，包括从合同谈判到合同终结的整个过程。

三、财务计划

财务计划就是资金收支的进度计划。为了做出支出费用计划，必须给出网络进度上每个工序所耗资源的种类、数量和单价。譬如所需资源的种类为人工、材料、施工机械等，把同一时段上施工的工序，按同一种资源的数量累加起来，就得到了某种资源计划的柱状图。将该图的数字乘以该种资源的单价，就可转换成该种资源的费用柱状图（图 18-13）。柱状图上的纵坐标都是费用强度，即每月要支付的费用。某些工序的外包费用和不直接用于某个工序或工程上的间接费用（包括管理费），也要分别做出其费用计划的柱状图。把每个柱状图分别地逐月累加起来，就得到各种费用的累计曲线，再将它们按相同的时间坐标叠加，就可得到总的计划支出累计曲线（计划成本累计曲线），如图 18-14 所示。

施工企业的资金收入计划，取决于承包合同中规定的支付条件。一般投资者是根据完成的工程量分阶段向施工企业拨款，所以，依据合同条件，参照进度计划和成本估价，也可做出收入资金的累计曲线。通常工程投资要在完成分阶段工程量以后才会付款，而各种成本费总是在分阶段工程开始或进行过程中就要支付，所以收入累计曲线往往滞后支出累计曲线一个时段，直到最后阶段，经过全面验收才把剩余的保留金额全部结算付清。

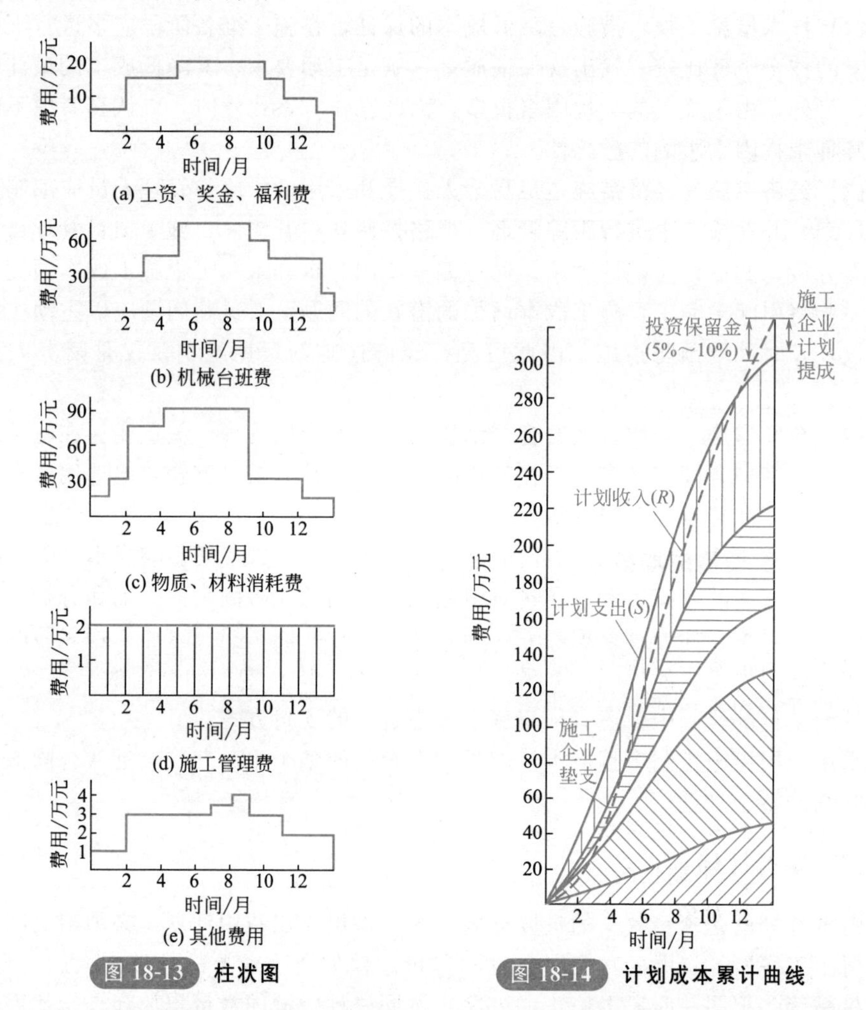

图 18-13 柱状图

图 18-14 计划成本累计曲线

从支出累计曲线可以看出，它通常是呈S形。即工程刚开工和结尾工作进度均较慢，施工的高峰都在中期，如图 18-15 所示。实线表示计划支出累计曲线，也就是计划完成固定资产曲线。若是完全按计划执行，竣工时工程造价全部转化为工程的固定资产。在该图上再画实际完成固定资产曲线，以虚线表示。虚线在实线以下，说明进度已拖延，反之说明进度提前了。

财务管理通过经济核算来反映、监督、促进和改善企业的经营管理。反映是指通过记账、算账记录企业人、财、物的来源及其运用情况，核查经济活动的过程和结果，为搞好企业经营管理提供可靠的数据资料；监督是指通过经营过程中的数据资料，监督、检查企业在经济活动中贯彻国家制度，执行经济合同，遵守财经纪

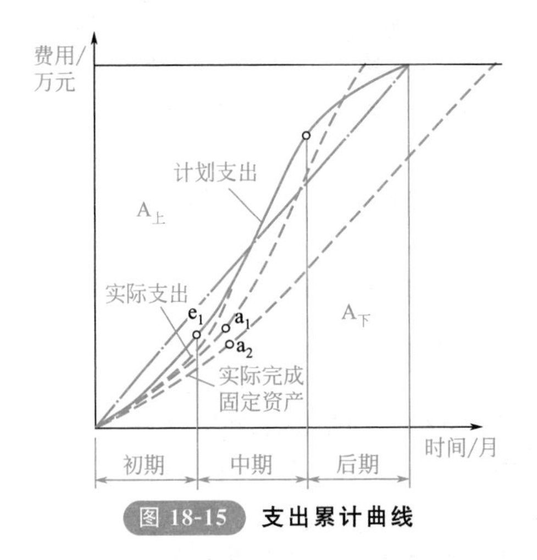

图 18-15　**支出累计曲线**

律，保证企业经营合法，经济运转合理；促进是指通过经济核算进行分析、比较，从中总结正反两方面的经验，揭示经营管理中存在的矛盾和问题，从而进一步挖掘企业潜力，增加生产，厉行节约，做好经济预测，控制企业各方面的工作。

四、施工项目成本核算

（一）施工项目成本核算的对象

施工项目成本一般以每一独立编制施工图预算的单位工程为成本核算对象，但也可以按照承包工程项目的规模、工期、结构类型、施工组织和施工现场等情况，结合成本控制的要求，灵活划分成本核算对象。一般说来有以下几种划分的方法。

① 一个单位工程由几个施工单位共同施工时，各施工单位都应以同一单位工程为成本核算对象，各自核算自行完成的部分。

② 规模大、工期长的单位工程，可以将工程划分为若干部位，以分部位的工程作为成本核算对象。

③ 同一建设项目，由同一施工单位施工，并在同一施工地点，属于同一建设项目的各个单位工程合并作为一个成本核算对象。

④ 改建、扩建的零星工程，可根据实际情况和管理需要，以一个单项工程为成本核算对象，或将同一施工地点的若干个工程量较少的单项工程合同作为一个成本核算对象。

（二）施工项目成本核算的方法

1. 直接费成本核算

(1) 人工费核算　人工费核算包括内包人工费和外包人工费两种。

(2) 材料费核算　工程耗用的材料，根据各种表单的收据，由财务人员统一规划编制材料耗用汇总表，计入项目成本。

(3) 周转材料费核算　周转材料实行内部租赁制，以租费的形式反映消耗情况。

(4) 结构件费核算 项目结构件的使用必须要有领发手续，并根据这些手续，按照单位工程使用对象编制“结构件耗用月报表”。

(5) 机械使用费核算 机械设备实行内部租赁制，以租赁费形式反映其消耗情况，按“谁租用谁负担”的原则核算其项目成本。

(6) 措施费核算 施工生产过程中实际产生的措施费，凡能分清受益对象的，应直接计入收益成本核算对象的工程施工中。

2. 间接费成本核算

间接费成本核算应注意以下问题。

① 应以项目经理部为单位编制工资单和奖金单，列支工作人员薪金。项目经理工资总额每月必须正确核算，以此计提职工福利费、工会经费、教育经费、劳保统筹费等。

② 劳务分公司所提供的炊事人员代办食堂承包、服务、警卫人员提供区域岗点承包服务以及其他代办服务费用计入施工间接费。

③ 内部银行的存贷款利息，计入“内部利息”(新增明细子目)。

④ 间接费，先在项目“施工间接费”总账归集，再按一定的分配标准计入受益成本核算对象（单位工程）“工程施工-间接成本”。

3. 分包费成本核算

总分包方之间所签订的分包合同价款及其实际结算金额，应列入总承包方相应工程的成本核算范围。分包工程的实际成本由分包方进行核算，总承包方不可能也没有必要掌握分包方真实的实际成本。

在施工项目成本管理的实践中，施工分包的方式是多种多样的，除了以上述按部位分包外，还有施工劳务分包，即包清工、机械作业分包等。即使按部位分包也还有包清工和包工包料（即双包）之分。对于各种分包费用的核算，要根据分包合同价款并对分包单位领用、租用、借用总包方的物资、工具、设备、人工等费用，根据项目经理部管理人员开具的、经分包单位指定专人签字认可的专用结算单据，如“分包单位领用物资结算单”及“分包单位租用工器具设备结算单”等结算依据，入账抵作已付分包工程款进行核算。

第七节 施工项目管理

一、项目与项目管理

(一) 项目

项目是指那些作为管理对象，按限定时间、预算和质量标准完成的一次性任务，其特征如下。

(1) 项目的一次性 项目的一次性是项目的最主要特征，也可称为单件性。

指的是没有与此完全相同的另一项任务，其不同点表现在任务本身与最终成果上。

(2) 项目目标的明确性 项目的目标有成果性目标和约束性目标。成果性目标是指项目的功能性要求，如钢厂的炼钢能力；约束性目标是指限制条件，如期限、预算、质量都是限制条件。

(3) 项目作为管理对象的整体性 一个项目，是一个整体管理对象，在按其需要配置生产要素时，必须以总体效益的提高为标准，做到数量、质量、结构的总体优化。

每个项目都必须具备上述三个特征，缺一不可。重复的、大批量的生产活动及其成果，不能称作“项目”。项目的种类按其最终成果划分，有建设项目、科研开发项目、航天项目及维修项目等。

(二) 建设项目

建设项目是指需要一定量的投资，经过决策和实施（设计、施工等）的一系列程序，在一定的约束条件下以形成固定资产为明确目标的一次性事业，其特征如下。

① 在一个总体设计或初步设计范围内，由一个或若干个互相有内在联系的单项工程所组成的、建设中实行统一核算、统一管理的建设单位。

② 在一定的约束条件下，以形成固定资产为特定目标。一是时间约束，即一个建设项目有合理的建设工期目标；二是资源约束，即一个建设项目有一定的投资总量目标；三是质量约束，即一个建设项目都有预期的生产能力、技术水平或使用效益目标。

③ 需要遵循必要的建设程序和经过特定的建设过程。即一个建设项目从提出建设的设想、建议、方案选择、评估、决策、勘测、设计、施工一直到竣工、投产或投入使用，有一个有序的全过程。

④ 按照特定的任务，具有一次性特点的组织形式。表现为投资的一次性投入，建设地点的一次性固定，单一设计，单件施工。

⑤ 具有投资限额标准。只有达到一定限额投资的才作为建设项目，不满限额标准的称为零星固定资产购置。随着改革开放，这一限额将逐步提高，如投资50万元以上称为建设项目。

(三) 施工项目

施工项目是建筑施工企业对一个建筑产品的施工过程及成果，也就是建筑施工企业的生产对象，其特征如下。

① 它是建设项目或其中的单项工程或单位工程的施工任务。

② 它作为一个管理整体，是以建筑施工企业为管理主体的。

③ 该任务的范围是由工程承包合同界定的。但只有单位工程、单项工程和建设项目的施工才谈得上是项目，因为单位工程才是建筑施工企业的产品。分部、分项工程不是完整的产品，因此也不能称作“项目”。

二、项目管理与施工项目管理

（一）项目管理

项目管理是为使项目取得成功所进行的全过程、全方位的规划、组织、控制与协调。因此，项目管理的对象是项目。项目管理的职能同所有管理的职能均是相同的。需要特别指出的是，项目的一次性，要求项目管理的程序性和全面性，也需要有科学性，主要是用系统工程的观念、理论和方法进行管理。项目管理的目标就是项目的目标。该目标界定了项目管理的主要内容，那就是“三控制、二管理、一协调”，即进度控制、质量控制、费用控制、合同管理、信息管理和组织协调。

（二）建设项目管理

建设项目管理是项目管理的一类，其管理对象是建设项目。它可以定义为：在建设项目的生命周期内，用系统工程的理论、观点和方法，进行有效的规划、决策、组织、协调、控制等系统性的、科学的管理活动，从而按项目既定的质量要求、时间要求、投资总额、资源限制和环境条件，圆满地实现建设项目目标。

建设项目的管理者应当是建设活动的参与各方组织，包括业主单位、设计单位和施工单位。

（三）施工项目管理

施工项目管理是由建筑施工企业对施工项目进行的管理，其特点如下。

① 施工项目的管理者是建筑施工企业。

② 施工项目管理的对象是施工项目。

③ 施工项目管理的内容是在一个较长时间进行的有序过程之中，按阶段变化的。管理者必须做出设计、签订合同、提出措施，进行有针对性的动态管理，并使资源优化组合，以提高施工效率。

④ 施工项目管理要求强化组织协调工作。施工项目管理中的组织协调工作最为艰难、复杂、多变，必须通过强化组织协调的办法才能保证施工顺利进行。主要强化方法是优选项目经理，建立调度机构，配备称职的调度人员，努力使调度工作科学化、信息化，建立起动态的控制体系。

三、“项目法”管理

“项目法”管理是以工程项目为对象，以项目经理负责制为基础，以实现项目目标为目的，以构成工程项目要素的市场为条件，以与此相适应的一整套施工组织制度和管理制度作保证，对工程项目建设全过程进行控制和管理的工程项目系统管理的方法体系。

1.“项目法”的含义

①“项目法”管理是一种生产方式，它是解决企业生产关系与生产力相适应的问题。

②“项目法”管理是按照工程项目的内在规律来组织施工生产的，有一套与此

相适应的法则。如，由于工程的单件性、固定性造成施工生产的流动性，工程项目的结构造成的工程施工的立体层次性，投入产出的经济性，组织施工的社会性等。

③ 项目管理是系统工程，要有一整套制度保障体系，各项制度之间配套交圈，互相制约，在实践上寻求这些制度的完善。

④“项目法”管理的“法”字，有方法的意思，即施工企业传统管理方法、现代管理方法、体现新技术与管理相结合的新方法等。

也就是说，“项目法”管理包含生产方法、运行法则、管理制度和施工方法四个方面的意思。

2.“项目法”的特征

① 实现了项目经理负责制，并有一个精干高效的项目管理班子及其组织保证体系。

② 优化劳动组合，实现了管理层与劳务层的分离，双方以总分包合同联结，明确了各自的责、权、利，建立了严格的经济责任制和按劳分配制度体系。

③ 优化施工方案。项目施工组织设计采用了先进适用的施工技术与方法，有能保证合同工期的先进科学的进度控制计划。

④ 建立了生产要素市场，工程所需的材料、周转工具、施工机械等生产资料，按供销合同和租赁合同严格执行。

⑤ 建立了以工程项目为成本中心、实行独立核算的核算体制，重视投入产出，加强成本控制。

⑥ 科学组织施工。实行了目标管理，运用了全面质量管理、网络法、价值工程等先进的管理方法，建立了完整的质量保证体系。

四、施工项目经理

（一）项目经理应具备的素质

1.政治素质

① 具有高度的政治思想觉悟和职业道德，政策性强。

② 有强烈的事业心和责任感，敢于承担风险，有改革创新和竞争进取精神。

③ 有正确的经营管理理念，讲求经济效益。

④ 有团队精神，作风正派，能密切联系群众，发扬民主作风，不谋私利，实事求是，大公无私。

⑤ 言行一致，以身作则；任人唯贤，不计个人恩怨；铁面无私，赏罚分明。

2.管理素质

① 对项目施工活动中发生的问题和矛盾有敏锐的洞察力，并能迅速作出正确分析判断和有效解决问题的严谨思维能力。

② 在与外界洽谈（谈判）及处理问题时，有多谋善断的应变能力、当机立断的科学决策能力。

③ 在安排工作和生产经营活动时，有协调人、财、物的能力，有排除干扰实

现预期目标的组织控制能力。

④ 有善于沟通上下级关系、内外关系、同事间关系，调动各方积极性的公共关系能力。

⑤ 知人善任、任人唯贤，有善于发现人才，敢于提拔使用人才的用人能力。

3. 知识素质

① 具有大专以上工程技术或工程管理专业学历，受过有关施工项目经理的专门培训，取得资质证书。

② 具有可以承担施工项目管理任务的知识，包括工程施工技术、经济、项目管理知识和有关法规、法律知识。

③ 具备资质管理规定的工程实践经历、经验和业绩，有处理实际问题的能力。

④ 一级或承担涉外工程的项目经理应掌握一门外语。

4. 身心素质

① 年富力强、身体健康。

② 精力充沛、思维敏捷、记忆力良好。

③ 有坚强的毅力和意志品质，健康的情感、良好的心理素质。

（二）项目经理的任务

① 确定项目管理组织机构的构成并配备人员，制订规章制度，明确有关人员的职责，组织项目经理班子开展工作。

② 确定管理总目标和阶段目标，进行目标分解，制订总体控制计划，并实施控制，确保项目建设成功。

③ 及时、适当地做出项目管理决策，包括前期工作决策、投标报价决策、人事任免决策、重大技术措施决策、财务工作决策、资源调配决策、进度决策、合同签订及变更决策，严格管理合同执行。

④ 协调本组织机构与各协作单位之间的协作配合及经济、技术关系，代表企业法人进行有关签证，并进行相互监督、检查，确保质量、工期及投资的控制和节约。

⑤ 建立完善的内部及对外信息管理系统。项目经理既作为指令信息的发布者，又作为外源信息及基层信息的集中点，同时要确保组织内部横向信息联系、纵向信息联系、本单位与外部信息联系畅通无阻，从而保证工作高效率地展开。

（三）项目经理的职责

① 项目经理要向有关人员解释和说明项目合同、项目设计、项目进度计划及配套计划、协调程序等文件。

② 落实建设条件，做好实施准备，包括组织项目班子、落实征地、拆迁、三通一平、资金、设计、队伍等建设条件，在总体计划落实的基础上，进一步落实具体计划，形成切实可行的实施计划系统。

③ 落实设备、材料的供应渠道。

④ 协调项目建设中甲乙方之间、部门之间、阶段与阶段之间、地上与地下之

间、子项目与子项目之间、土建与安装之间、安装与调试之间等关系，减少扯皮和梗阻。同时要通过职责划分把项目结构和组织结构对应起来，尽量理顺关系，以提高管理效率。

⑤ 建立高效率的通信指挥系统。即理顺指挥调度渠道，配备现代化通信手段，强化调度指挥系统，提高信息流转速度，提高管理效率。

⑥ 预见问题，处理矛盾。项目建设中发生矛盾也是有规律可循的，是可以预见的，但要求项目经理有丰富的经验。预见到矛盾以后，要事先采取措施防患于未然。有了矛盾，解决时也应抓住关键，项目经理切不可充当“消防员”角色。

⑦ 监督检查工期、质量、成本、技术、管理、执法等，发现问题，要及时通报业主或建设单位，防止施工中出现重大反复。

⑧ 组织好会议。

⑨ 注意在工作中开发人才，培养下属。

⑩ 及时做好有关总结，促进管理的 PDCA 循环（即计划、实施、检查、总结的循环过程）的正常运转。

（四）项目经理的权力

(1) 用人决策权 项目经理应有权决定项目管理机构班子的设置，选择、聘任有关人员，领导班子内的成员的任职情况进行考核监督，决定奖惩，乃至辞退。

(2) 财务决策权 在财务制度允许的范围内，项目经理应有权根据工程需要和计划的安排，做出投资动用、流动资金周转、固定资产购置、使用、大修和计提折旧的决策，对项目管理班子内的计酬方式、分配办法、分配方案等做出决策。

(3) 进度计划控制权 项目经理应有权根据项目进度总目标和阶段性目标的要求，对项目建设的进度进行检查、调整，并在资源上进行调配，从而对进度计划进行有效的控制。

(4) 技术质量决策权 项目经理应有权批准重大技术方案和重大技术措施，必要时，召开学术方案论证会，把好技术决策关和质量关，防止技术上决策失误，主持处理重大质量事故。

(5) 设备、物资采购决策权 项目经理应对采购方案、目标、到货要求，乃至对供货单位的选择、项目库存策略进行决策，并对由此而引起的重大支付问题做出决策。

为了使项目经理获得以上权力。必须由该项目经理的委派者对项目经理授权，做出文字认定并由授权方和项目经理协商一致后进行签证，也可以结合项目经理的承包问题签订授权合同。

（五）项目经理的利益

① 项目经理的工资主要包括基本工资、岗位工资和绩效工资，其中绩效工资应与施工项目的效益挂钩。

② 在全面完成《施工项目管理目标责任书》确定的各项责任目标、交工验收并结算，接受企业的考核、审计后，应获得规定的物质奖励和相应的表彰、记功、

优秀项目经理荣誉称号等精神奖励。

③ 经企业考核、审计，确认未完成责任目标或造成亏损的，要按有关条款承担责任，并接受经济或行政处罚。

(六) 施工项目经理承包责任制体系

施工项目经理责任制是指以施工项目经理为主体的施工项目管理目标责任制度。它是以施工项目为对象，以项目经理为主体，以项目管理目标责任书为依据，以求得项目的最佳经济效益为目的，实行从施工项目开工到竣工验收交工的施工活动以及售后服务在内的一次性全过程的管理责任制度。

承包责任制体现了施工企业生产方式与建筑市场招标承包制的统一，有利于企业经营机制的转换，其作用的最大限度发挥取决于是否建立起以项目管理为核心的承包网络体系，做到承包纵向到底、横向到边、纵横交错、不留死角。许多企业在推行施工项目管理过程中积极探索，创造了不少好的承包模式和方法。这里重点介绍一条原则、两个坚持、三种承包类型、四种分配制度的四全二多（全员、全额、全过程、全方位，多层次、多形式）的承包责任制系统。

1. 一条原则，两个坚持

即本着“宏观控制，微观搞好”的原则；坚持推行以项目管理为核心，业务系统管理为基础，思想政治工作为保证的全员承包制；坚持运用法律手段建立企业内部全员合同制。

2. 三种承包类型

(1) 以施工项目为对象的三个层次承包　施工项目管理的好坏不仅关系到经理部的命运，而且直接关系到企业的根本利益。所以，项目、栋号、班组这三个层次之间发包与承包必须首先体现企业和国家的利益，本着“包死基数、确保上缴、超额分成、欠收自补”和“指标突出、责任明确、利益直接、考核严格、个人负责、全员承包、民主管理”的原则。

① 企业对项目经理部是以工程项目的施工图预算为依据，扣除上缴企业有关费用后为承包基数（一般为施工图预算的82%左右）。项目经理承包的总费用基数，无特殊情况，一般中途不做调整。为使各经理承包的基数水平接近，企业无论是对新开或是原在施工程都要统一按国家预算定额标准计算承包基数。经理部自行与设计、建设单位办理洽商签证，经有关鉴证机关认可后，可追加其承包基数。目前，不少企业实行的是“一包”（包施工图预算）、“二保”（保证利润上缴和竣工面积）、“五挂”（工资总额核定与质量、工期、成本、安全、文明施工挂钩）和“超额按比例分成”的承包经营责任制。

② 施工项目经理部与栋号作业承包队的承包制。经理部对栋号（作业）承包队的发包与承包，是局限于施工项目承包制范围内的又一个层次的承包。通常情况下，是以单位工程为对象，施工预算为依据，质量管理为中心，成本票据管理为手段，通过签订栋号承包合同，实行“一包，二奖，四挂，五保”经济责任制。“一包”是承包队按施工预算的有关费用一次包死；“二奖”是实行优质工程奖和材料

节约奖；“四挂”是工资总额的核定与质量、工期（形象进度）、成本、文明施工四项指标挂钩；“五保”是项目经理部发包时要保证任务安排连续性、料具按时供应、技术指导及时、劳动力和技术工种配套、政策稳定合同兑现。栋号承包队队长与项目经理签订一次性承包合同，并缴纳风险抵押金，竣工验收审计考核后一次奖罚兑现。

③ 栋号（作业）承包队对班组实行“三定一全四嘉奖”承包制。“三定”是定质量等级、定形象进度、定安全标准，“一全”是全额计件承包，“四嘉奖”是材料节约奖、工具包干及模板架具维护奖和四小活动奖（小发明、小建设、小革新、小创造）。

(2) 以施工项目分包单位为对象的承包

① 项目经理部与水电承包队之间的总分包制。经理部被授权代表公司向建设单位总包后，将水电安装工程按设计预算总费用做必要的调整后（一般以企业规定为准），划块分包给从事水电设备安装施工的专业承包队。水电设备安装施工中的项目质量目标、安全文明现场管理、形象进度等，必须服从项目经理部的总体要求，并接受其监督管理。

② 项目经理与土方运输专业队之间的承发包制。项目经理部与土方运输专业承包队之间，是一种总分包关系。土方工程产值由项目经理部统计上报，双方按实际土方量、运距和地方统一规定的预算单价标准计算费用，并签订承发包合同。

③ 项目经理部同外包工队伍之间的承包制。随着施工企业用工制度的改革，许多企业用外包工队参与项目工程的施工。但这些施工队人员的技术素质、安全生产意识、管理水平差异很大，在参加工程项目施工中又多属于包工不包料，这样给项目管理带来很多问题。如何搞好这一层次的承包制落实，是目前施工项目管理中不可忽略的一项重要工作。

(3) 以公司机关职能部门与各项目经理部之间的包保责任制 机关部室承包责任制的目的，是为项目管理创造和提供服务、指导、协调、控制、监督保证的条件和环境。为了使部室业务考核及分配趋向基本合理，应把部室工作分为三个部分，实行业务管理责任承包。

① 对企业管理负责的职能性工作，包括制订规章制度、研究改进工作、指导基层管理、监督检查执行情况、沟通对外联系渠道、提供决策方案等。

② 对企业效益负责的职权性工作，包括严格掌管财与物，为现场提供业务服务，帮助现场解决问题等。

③ 按照软指标硬化的原则，对部室实行“五费”包干，即包工资，增人不增资，减人不减资；包办公费、招待费、交通费、差旅费，做到超额自负，节约按比例提取奖励。

项目硬指标的规定，有动力，也有压力；部室没有硬指标的考核，缺少压力，也没有动力。企业是个联动机，项目是企业的主要经济来源，要使项目这个轮子正常运转，部室也必须同步转动，而同步运转的关键是要抓好部室承包责任制的落实和考核。从一些企业的经验看，部室的考核必须与施工项目挂钩，通过经济杠杆把部室与项目联合成一个整体。

3. 四种工资制度

① 一线工人实行全额累进计件工资制。

② 二、三线工人实行结构浮动效益工资制。

③ 干部实行岗位效益工资制。

④ 对于无法用以上三种方式计酬的部分职工，则视不同情况，分别实行档案工资和内部待业、待岗工资制。

4. 施工项目经理承包责任制

施工项目经理承包责任制中各类人员的岗位责任制、施工项目管理承包网络体系中的个人岗位责任制，是项目经理部集体承包、个人负责制的延伸。项目经理之所以能对工程项目负责，就是因为有自上而下的全员岗位责任制作为“后盾”。

(1) 项目经理与企业经理（法人代表）之间的承包责任制

① 项目经理产生后，与企业经理就工程项目全过程管理签订目标合同书。其内容是对工程项目从开工到竣工交付使用全过程及项目经理部建立、解体和善后处理期间重大问题的办理而事先形成的具有企业法规性的文件。

② 在《项目承包合同书》的总体指标内，按企业当年综合计划，与企业经理签订《年度项目经理承包经营责任状》。因为有些经理部承担的施工任务跨年度过长，如果只有《项目承包合同书》而无近期年度责任状，就很难保证工程项目的最终目标实现。

(2) 项目经理与本部其他人员之间的责任制 项目经理在实行个人负责制的过程中，还必须按“管理的幅度”和“能位匹配”等原则，将“一人负责”转变为“人人尽职尽责”，在内部建立以项目经理为中心的群体责任制。

① 按“双向选择、择优聘用”的原则，配备合格的管理班子。

② 确定每一业务岗位的工作职责。按业务系统管理方法，在系统基层业务人员的工作职责基础上，进一步将每一业务岗位工作职责具体化、规范化，尤其是各业务人员之间的分工协作关系，一定要用《业务协作合同书》的形式规定清楚。

五、施工项目目标管理

(一) 目标管理的概念

一个工程项目的分解体系如图 18-16 所示。施工项目是由整体系统和大小子系统构成。因此，施工项目管理也是一个系统。在进行管理时必须首先界定其工程系统，再针对工程系统确定施工项目管理目标，从而实施项目管理。

目标是一定时期集体活动预期达到的成果或结果。目标应尽量用数量表示，以便使标准明确，检查和考核方便。施工项目管理应用目标管理方法，可大致划分为以下几个阶段。

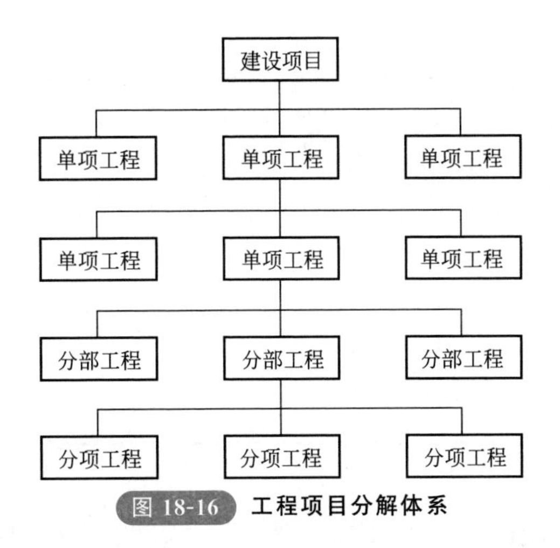

图 18-16 工程项目分解体系

① 确定施工项目组织内各层次、各部门的任务分工，既对完成施工任务提出要求，又对工作效率提出要求。

② 把项目组织的任务转换为具体的目标。该目标有两类：一类是产品成果性目标，如工程质量、进度等；另一类是管理效率性目标，如工程成本、劳动生产率等。

③ 落实制定的目标。落实目标，一是要落实目标的责任主体，即谁对目标的实现负责；二是明确目标主体的责、权、利；三是要落实对目标责任主体进行检查、监督的上一级责任人及手段；四是要落实目标实现的保证条件。

④ 对目标的执行过程进行调控。即监督目标的执行过程，进行定期检查，发现偏差，分析产生偏差的原因，及时进行协调和控制。对目标执行好的主体进行适当的奖励。

⑤ 对目标完成的结果进行评价。即把目标执行结果与计划目标进行对比，评价目标管理的好坏。

（二）施工项目的目标管理体系

施工项目的总目标是企业目标的一部分。企业的目标体系应以施工项目为中心，形成纵横结合的目标体系结构，如图 18-17 所示。表 18-3 是职能部门的目标展开图表，可供进行目标管理参考。

表 18-3 职能部门目标展开表

目标项目			管理点	对策	相关单位 ○关联 △强相关				实施进度				责任者
									一季度	二季度	三季度	四季度	
类别	目标	量值			×部门	×部门	×部门	×部门	计划	计划	计划	计划	
									实际	实际	实际	实际	
主管目标													

续表

目标项目			管理点	对策	相关单位 ○关联 △强相关				实施进度				责任者
									一季度	二季度	三季度	四季度	
类别	目标	量值			×部门	×部门	×部门	×部门	计划 实际	计划 实际	计划 实际	计划 实际	
自控目标													
相关目标													

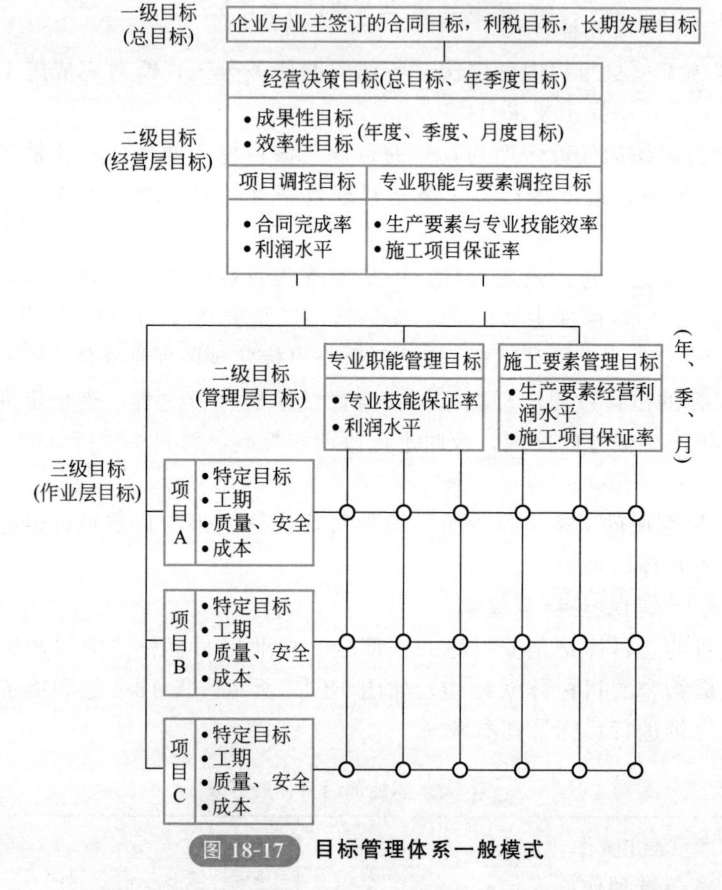

图 18-17 目标管理体系一般模式

分析图 18-17 可以了解，企业的总目标是一级目标，其经营层和管理层的目标是二级目标，项目管理层（作业管理层）的目标是三级目标。对项目而言，需要制定成果性目标；对职能部门而言，需要制定效率性目标。不同的时间周期，要求有不同的目标，故目标有年、季、月度目标。指标是目标的数量表现。不同的管理主体、不同的时期、不同的管理对象，目标值（指标）不同。

企业总目标制定后，目标应自上而下地展开。目标分解与展开从三方面进行：一是纵向展开，把目标落实到各层次；二是横向展开，把目标落实到各层次内的各部门，明确主次关联责任；三是时序展开，把年度目标分解为季度、月度目标。如此，可把目标分解到最小的可控制单位或个人，以利于目标的执行、控制与实现。

第八节 安全生产管理

一、安全生产的基本概念

安全生产就是在工程施工中不出现伤亡事故、重大的职业病和中毒现象。就是说在工程施工中不仅要杜绝伤亡事故的发生，还要预防职业病和中毒事件的发生。

二、建设工程安全生产管理，坚持安全第一、预防为主的方针

建设单位、勘察单位、设计单位、施工单位、工程监理单位及其他与建设工程安全生产有关的单位，必须遵守安全生产法律、法规的规定，保证建设工程安全生产，依法承担建设工程安全生产责任。

三、安全责任

① 从事建设工程的新建、扩建、改建和拆除等活动，应当具备国家规定的注册资本、专业技术人员、技术装备和安全生产等条件，依法取得相应等级的资质证书，并在其资质等级许可的范围内承揽工程。

② 主要负责人依法对本单位的安全生产工作全面负责。应当建立健全安全生产责任制度和安全生产教育培训制度，制订安全生产规章制度和操作规程，保证本单位安全生产条件所需资金的投入，对所承担的建设工程进行定期和专项安全检查，并做好安全检查记录。

③ 对列入建设工程概算的安全作业环境及安全施工措施所需费用，应当用于施工安全防护用具及设施的采购和更新、安全施工措施的落实、安全生产条件的改善，不得挪作他用。

④ 应当设立安全生产管理机构，配备专职安全生产管理人员。

⑤ 建设工程实行施工总承包的，由总承包单位对施工现场的安全生产负总责。

⑥ 垂直运输机械作业人员、安装拆卸工、爆破作业人员、起重信号工、登高架设作业人员等特种作业人员，必须按照国家有关规定经过专门的安全作业培训，并取得特种作业操作资格证书后，方可上岗作业。

⑦ 应当在施工组织设计中编制安全技术措施和施工现场临时用电方案，对下列达到一定规模的危险性较大的分部分项工程编制专项施工方案，并附有安全验算结果，经施工单位技术负责人、总监理工程师签字后实施，由专职安全生产管理人

员进行现场监督。

a. 基坑支护与降水工程。

b. 土方开挖工程。

c. 模板工程。

d. 起重吊装工程。

e. 脚手架工程。

f. 拆除、爆破工程。

g. 国务院建设行政主管部门或者其他有关部门规定的其他危险性较大的工程。

对所列工程中涉及深基坑、地下暗挖工程、高大模板工程的专项施工方案，应当组织专家进行论证、审查。

⑧ 建设工程施工前，负责项目管理的技术人员应当对有关安全施工的技术要求向施工作业班组、作业人员作出详细说明，并由双方签字确认。

⑨ 应当在施工现场入口处、施工起重机械、临时用电设施、脚手架、出入通道口、楼梯口、电梯井口、孔洞口、桥梁口、隧道口、基坑边沿、爆破物及有害危险气体和液体存放处等危险部位，设置明显的安全警示标志。安全警示标志必须符合国家标准。

⑩ 应当将施工现场的办公、生活区与作业区分开设置，并保持安全距离；办公、生活区的选址应当符合安全性要求。职工的膳食、饮水、休息场所等应当符合卫生标准。不得在尚未竣工的建筑物内设置员工集体宿舍。

⑪ 对因建设工程施工可能造成损害的毗邻建筑物、构筑物和地下管线等，应当采取专项保护措施。

⑫ 应当在施工现场建立消防安全责任制度，确定消防安全责任人，制订用火、用电、使用易燃易爆材料等各项消防安全管理制度和操作规程，设置消防通道、消防水源，配备消防设施和灭火器材，并在施工现场入口处设置明显标志。

⑬ 应当向作业人员提供安全防护用具和安全防护服装，并书面告知危险岗位的操作规程和违章操作的危害。

⑭ 作业人员应当遵守安全施工的强制性标准、规章制度和操作规程，正确使用安全防护用具、机械设备等。

⑮ 采购、租赁的安全防护用具、机械设备、施工机具及配件，应当具有生产（制造）许可证、产品合格证，并在进入施工现场前进行查验。

⑯ 在使用施工起重机械和整体提升脚手架、模板等自升式架设设施前后，都应当组织有关单位进行验收，也可以委托具有相应资质的检验检测机构进行验收；使用承租的机械设备和施工机具及配件的，由施工总承包单位、分包单位、出租单位和安装单位共同进行验收，验收合格的方可使用。

⑰ 施工单位的主要负责人、项目负责人、专职安全生产管理人员应当经建设行政主管部门或者其他有关部门考核合格后方可任职。

⑱ 作业人员进入新的岗位或者新的施工现场前，应当接受安全生产教育培训。

未经教育培训或者教育培训考核不合格的人员，不得上岗作业。

⑲ 应当为施工现场从事危险作业的人员办理意外伤害保险。

四、生产安全事故的应急救援和调查处理

① 县级以上地方人民政府建设行政主管部门应当根据本级人民政府的要求，制订本行政区域内建设工程特大生产安全事故应急救援预案。

② 应当制定本单位生产安全事故应急救援预案，建立应急救援组织或者配备应急救援人员，配备必要的应急救援器材、设备，并定期组织演练。

③ 应当根据建设工程施工的特点、范围，对施工现场易发生重大事故的部位、环节进行监控，制订施工现场生产安全事故应急救援预案。实行施工总承包的，由总承包单位统一组织编制建设工程生产安全事故应急救援预案，工程总承包单位和分包单位按照应急救援预案，各自建立应急救援组织或者配备应急救援人员，配备救援器材、设备，并定期组织演练。

④ 发生生产安全事故，应当按照国家有关伤亡事故报告和调查处理的规定，及时、如实地向负责安全生产监督管理的部门、建设行政主管部门或者其他有关部门报告；特种设备发生事故的，还应当同时向特种设备安全监督管理部门报告。接到报告的部门应当按照国家有关规定，如实上报。

实行施工总承包的建设工程，由总承包单位负责上报事故。

⑤ 发生生产安全事故后，应当采取措施防止事故扩大，保护事故现场。需要移动现场物品时，应当做出标记和书面记录，妥善保管有关证物。

⑥ 建设工程生产安全事故的调查、对事故责任单位和责任人的处罚与处理，按照有关法律、法规的规定执行。

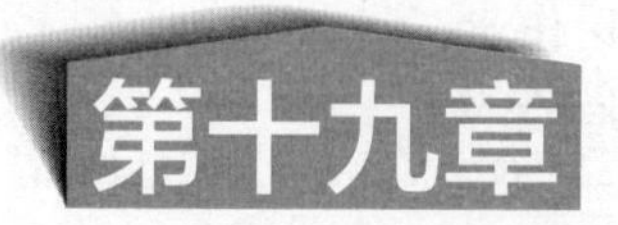

第十九章 工程建设监理

第一节 工程施工阶段投资控制

一、施工阶段投资目标控制

监理工程师在施工阶段进行投资控制的基本原理是把计划投资额作为投资控制的目标值，在工程施工过程中定期进行投资实际值与目标值的比较，通过比较发现并找出实际支出额与投资控制目标值之间的偏差，分析产生偏差的原因，并采取有效措施加以控制，以保证投资控制目标的实现。

1. 投资控制的工程流程

建设工程施工阶段涉及的面很广，涉及的人员很多，与投资控制有关的工作也很多，在此不能逐一加以说明，只能对实际情况加以适当简化。图 19-1 为施工阶段投资控制的工作流程图。

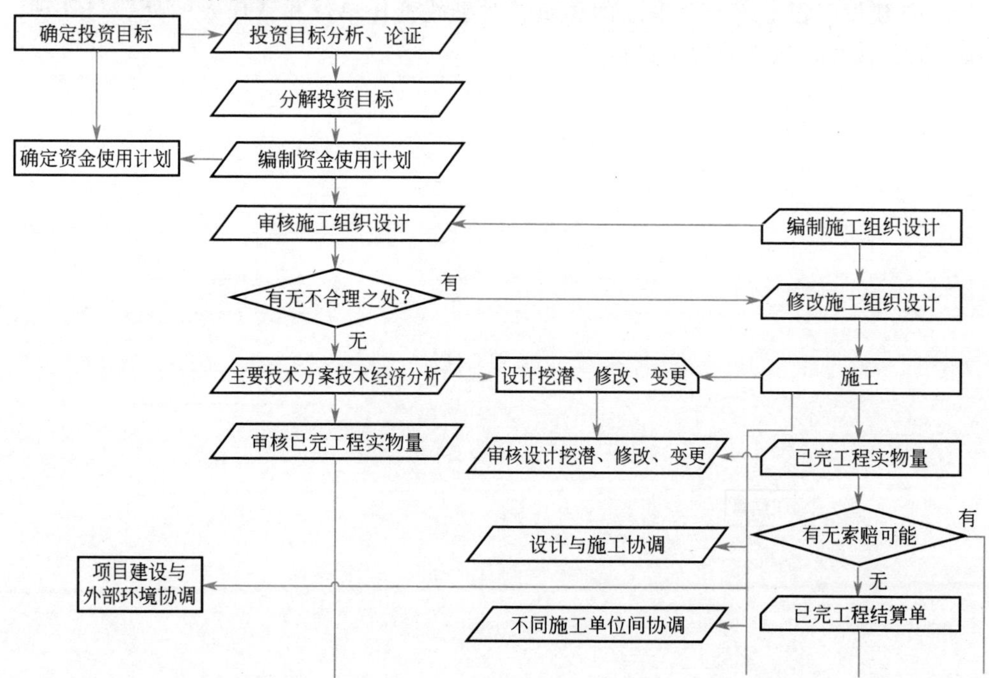

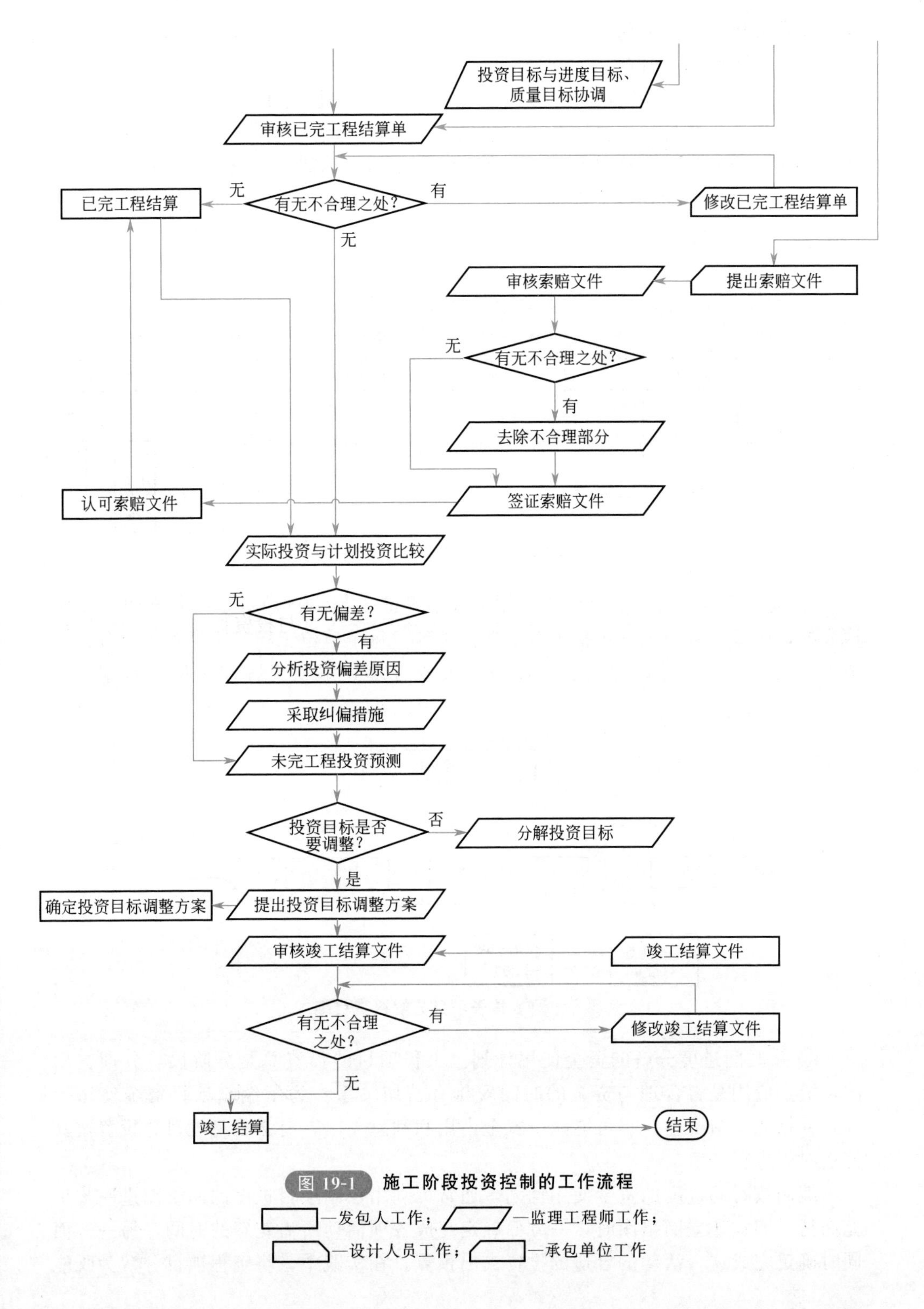

图 19-1　施工阶段投资控制的工作流程

—发包人工作；—监理工程师工作；—设计人员工作；—承包单位工作

2. 资金使用计划的编制

(1) 投资目标的分解

① 按投资构成分解的资金使用计划。工程项目的投资主要分为建筑安装工程投资、设备及工器具购置投资及工程建设其他投资。由于建筑工程和安装工程在性质上存在着较大差异，投资的计算方法和标准也不尽相同。因此，在实际操作中往往将建筑工程投资和安装工程投资分解开来。这样，工程项目投资的总目标就可以按图 19-2 来分解。

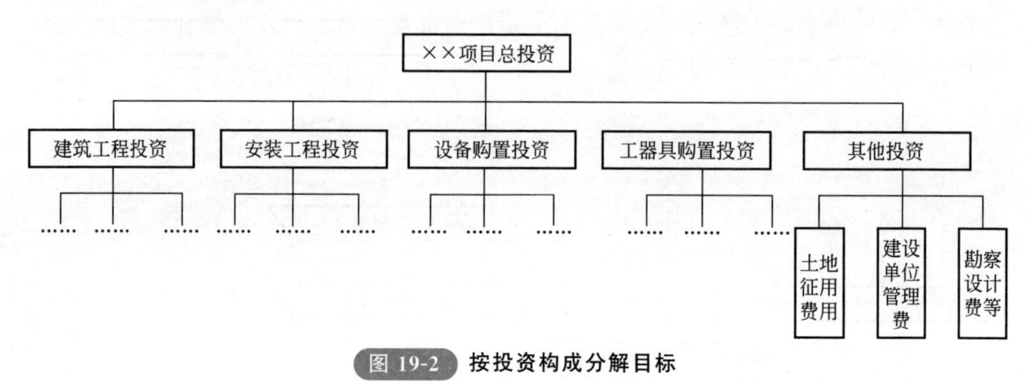

图 19-2 按投资构成分解目标

② 按子项目分解的资金使用计划。大中型的工程项目通常是由若干单项工程构成的，而每个单项工程包括了多个单位工程，每个单位工程又是由若干个分部分项工程构成的，因此，首先要把项目总投资分解到单项工程和单位工程中，如图 19-3 所示。

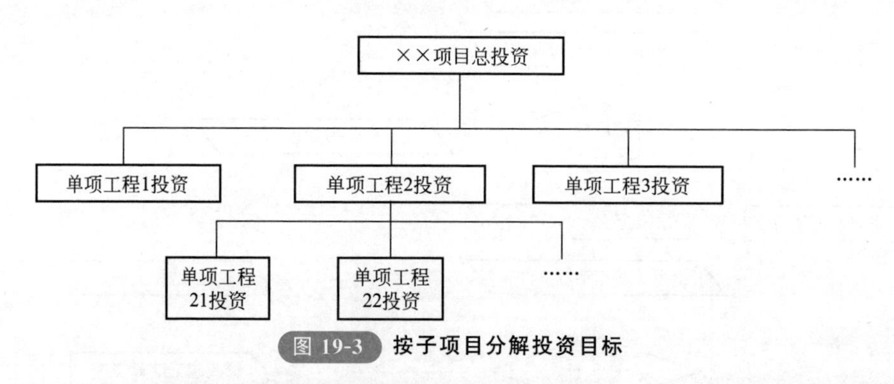

图 19-3 按子项目分解投资目标

③ 按时间进度分解的资金使用计划。工程项目的投资总是分阶段、分期支出的，资金应用是否合理与资金的时间安排有密切关系。为了编制项目资金使用计划，并据此筹措资金，尽可能减少资金占用和利息支出，有必要将项目总投资按其使用时间进行分解。

编制按时间进度的资金使用计划，通常可利用控制项目进度的网络图进一步扩充而得。即在建立网络图时，一方面确定完成各项活动所需花费的时间，另一方面同时确定完成这一活动的合适的投资支出预算。在实践中，将工程项目分解为既能方便地表示时间，又能方便地表示投资支出预算的工作是不容易的，通常如果项目分解程度对时间控制合适的话，则对投资支出预算可能分配过细，以至于不可能对每项活动确定其投资支出预算。反之亦然。因此，在编制网络计划时应在充分考虑进度控制对项目划分要求的同时，还要考虑确定投资支出预算对项目划分的要求，做到二者兼顾。

（2）资金使用计划的形式

① 按子项目分解得到的资金使用计划表。在完成工程项目投资目标分解之后，接下来就要具体地分配投资，编制工程分项的投资支出计划，从而得到详细的资金使用计划表。其内容一般包括：

a. 工程分项编码；

b. 工程内容；

c. 计量单位；

d. 工程数量；

e. 计划综合单价；

f. 本分项总计。

② 时间-投资累计曲线。通过对项目投资目标按时间进行分解，在网络计划基础上，可获得项目进度计划的横道图，并在此基础上编制资金使用计划。资金使用计算的表示方式有两种：一种是在总体控制时标网络图上表示，如图 19-4 所示；另一种是利用时间-投资累计曲线（S 形曲线）表示，如图 19-5 所示。

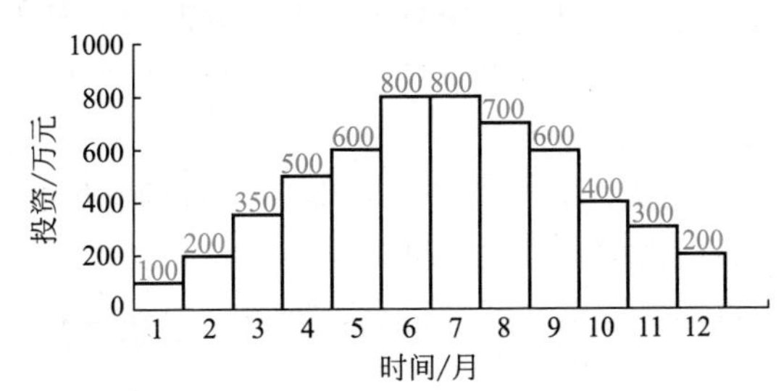

图 19-4　时标网络图上按月编制的资金使用计划

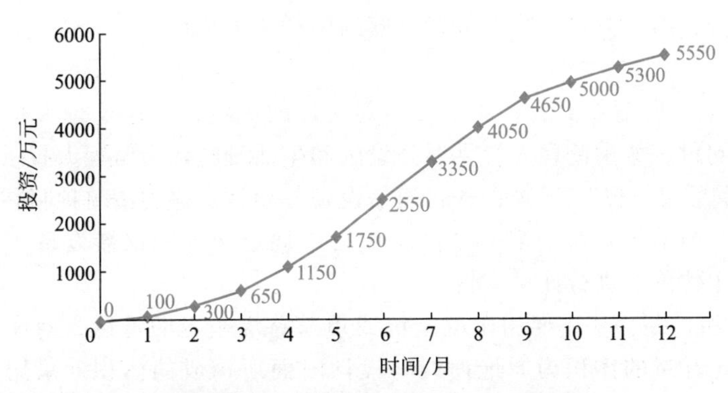

图 19-5　时间-投资累计曲线（S 形曲线）

③ 综合分解资金使用计划表。将投资目标的不同分解方法相结合，会得到比前者更为详尽、有效的综合分解资金使用计划表。综合分解资金使用计划表一方面有助于检查各单项工程和单位工程的投资构成是否合理，有无缺陷或重复计算；另一方面也可以检查各项具体的投资支出的对象是否明确和落实，并可校核分解的结果是否正确。

二、工程计量

1. 单价合同的计量

(1) 计量程序 关于单价合同的计量程序，《建设工程施工合同（示范文本）》（GF-2017-0201）做了如下约定。

① 承包人应于每月 25 日向监理人报送上月 20 日至当月 19 日已完成的工程量报告，并附具进度付款申请单、已完成工程量报表和有关资料。

② 监理人应在收到承包人提交的工程量报告后 7 天内完成对承包人提交的工程量报表的审核并报送发包人，以确定当月实际完成的工程量。监理人对工程量有异议的，有权要求承包人进行共同复核或抽样复测。承包人应协助监理人进行复核或抽样复测，并按监理人要求提供补充计量资料。承包人未按监理人要求参加复核或抽样复测的，监理人复核或修正的工程量视为承包人实际完成的工程量。

③ 监理人未在收到承包人提交的工程量报表后的 7 天内完成审核的，承包人报送的工程量报告中的工程量视为承包人实际完成的工程量，据此计算工程价款。

(2) 工程计量的方法 监理人一般只对以下三方面的工程项目进行计量：工程量清单中的全部项目；合同文件中规定的项目；工程变更项目。

一般可按照以下方法进行计量。

① 均摊法。所谓均摊法，就是对清单中某些项目的合同价款，按合同工期平均计量。如：为监理人提供宿舍，保养测量设备，保养气象记录设备，维护工地清洁和整洁等。这些项目都有一个共同的特点，即每月均有发生，所以可以采用均摊法进行计量支付。

② 凭据法。所谓凭据法，就是按照承包人提供的凭据进行计量支付。如建筑工程险保险费、第三方责任险保险费、履约保证金等项目，一般按凭据法进行计量支付。

③ 估价法。所谓估价法，就是按合同文件的规定，根据监理人估算的已完成的工程价值支付。如为监理人提供办公设施和生活设施，为监理人提供用车，为监理人提供测量设备、天气记录设备、通信设备等项目。这类清单项目往往要购买几种仪器设备，当承包人对于某一项清单项目中规定购买的仪器设备不能一次购进时，则需采用估价法进行计量支付。

④ 断面法。断面法主要用于取土坑或填筑路堤土方的计量。对于填筑土方工程，一般规定计量的体积为原地面线与设计断面所构成的体积。采用这种方法计量，在开工前承包人需测绘出原地形的断面，并需经工程师检查，作为计量的

依据。

⑤ 图纸法。在工程量清单中，许多项目都按照设计图纸所示的尺寸进行计量。如混凝土构筑物的体积、钻孔桩的桩长等。

⑥ 分解计量法。所谓分解计量法，就是将一个项目，根据工序或部位分解为若干子项，对完成的各子项进行计量支付。这种计量方法主要是为了解决一些包干项目或较大的工程项目的支付时间过长，影响承包人的资金流动等问题。

2.总价合同的计量

按月计量支付的总价合同，《建设工程施工合同（示范文本）》(GF-2017-0201)中约定的计量支付程序如下。

① 承包人应于每月25日向监理人报送上月20日至当月19日已完成的工程量报告，并附具进度付款申请单、已完成工程量报表和有关资料。

② 监理人应在收到承包人提交的工程量报告后7天内完成对承包人提交的工程量报表的审核并报送发包人，以确定当月实际完成的工程量。监理人对工程量有异议的，有权要求承包人进行共同复核或抽样复测。承包人应协助监理人进行复核或抽样复测并按监理人的要求提供补充计量资料。承包人未按监理人要求参加复核或抽样复测的，监理人审核或修正的工程量视为承包人实际完成的工程量。

③ 监理人未在收到承包人提交的工程量报表后的7天内完成复核的，承包人提交的工程量报告中的工程量视为承包人实际完成的工程量。

总价合同采用支付分解表计量支付的，可以根据上述约定进行计量，但合同价款按照支付分解表进行支付。

三、合同价款调整

1.法律法规变化

施工合同履行过程中经常出现法律法规变化引起的合同价格调整问题。

招标工程以投标截止日前28天，非招标工程以合同签订前28天为基准日，其后因国家的法律、法规、规章和政策发生变化引起工程造价增减变化的，发承包双方应当按照省级或行业建设主管部门或其授权的工程造价管理机构据此发布的规定调整合同价款。

但因承包人原因导致工期延误的，按上述规定的调整时间，在合同工程原定竣工时间之后，合同价款调增的不予调整，合同价款调减的予以调整。

2.项目特征不符

《建设工程工程量清单计价规范》(GB 50500—2013）中有如下规定。

① 发包人在招标工程量清单中对项目特征的描述，应被认为是准确和全面的，并且与实际施工要求相符合。承包人应按照发包人提供的招标工程量清单，根据其项目特征描述的内容及有关要求实施合同工程，直到项目被改变为止。

② 承包人应按照发包人提供的设计图纸实施工程合同，若在合同履行期间出现设计图纸（含设计变更）与招标工程量清单任一项目的特征描述不符，且该

变化引起该项目的工程造价增减变化的，应按照实际施工的项目特征，按规范中工程变更相关条款的规定重新确定相应工程量清单项目的综合单价，并调整合同价款。

其中第一条规定了项目特征描述的要求。项目特征是构成清单项目价值的本质特征，单价的高低与其必然有联系。因此发包人在招标工程量清单中对项目特征的描述应被认为是准确和全面的，并且与实际工程施工要求相符合，否则，承包人无法报价。

而当项目特征变化后，发承包双方应按实际施工的项目特征重新确定综合单价。

3. 工程量清单缺项

施工过程中，工程量清单项目的增减变化必然带来合同价款的增减变化。而导致工程量清单缺项的原因，一是设计变更，二是施工条件改变，三是工程量清单编制错误。

《建设工程工程量清单计价规范》（GB 50500—2013）对这部分的规定如下。

① 合同履行期间，由于招标工程量清单中缺项，新增分部分项工程量清单项目的，应按照规范中工程变更的相关条款确定单价，并调整合同价款。

② 新增分部分项工程量清单项目后，引起措施项目发生变化的，应按照规范中工程变更的相关规定，在承包人提交的实施方案被发包人批准后调整合同价款。

③ 由于招标工程量清单中措施项目缺项，承包人应将新增措施项目实施方案提交发包人批准后，按照规范的相关规定调整合同价款。

4. 工程量偏差

《建设工程工程量清单计价规范》（GB 50500—2013）对工程量偏差的规定如下。

① 合同履行期间，当予以计算的实际工程量与招标工程量清单出现偏差，且符合下述两条规定的，发承包双方应调整合同价款。

② 对于任一招标工程量清单项目，如果因工程量偏差和工程变更等原因导致工程量偏差超过15%时，可进行调整。当工程量增加15%以上时，增加部分的工程量的综合单价应予调低；当工程量减少15%以上时，减少后剩余部分的工程量的综合单价应予调高。

③ 如果工程量出现超过15%的变化，且该变化引起相关措施项目相应发生变化时，按系数或单一总价方式计价的，工程量增加的措施项目费调增，工程量减少的措施项目费调减。

5. 计日工

采用计日工计价的任何一项变更工作，在该项变更的实施过程中，承包人应按合同约定提交下列报表和有关凭证送发包人复核：

① 工作名称、内容和数量；

② 投入该工作所有人员的姓名、工种、级别和耗用工时；

③ 投入该工作的材料名称、类别和数量；

④ 投入该工作的施工设备型号、台数和耗用台时；

⑤ 发包人要求提交的其他资料和凭证。

6.物价变化

施工合同履行时间往往较长，合同履行过程中经常出现人工、材料、工程设备和机械台班等市场价格起伏引起价格波动的现象，该种变化一般会造成承包人施工成本的增加或减少，进而影响到合同价格调整，最终影响到合同当事人的权益。

因此，为解决由于市场价格波动引起合同履行的风险问题，《建设工程施工合同（示范文本）》（GF-2017-0201）中引入了适度风险适度调价的制度，亦称之为合理调价制度，其法律基础是合同风险的公平合理分担原则。

合同履行期间，因人工、材料、工程设备、机械台班价格波动影响合同价款时应根据合同约定的方法（如价格指数调整法或造价信息差额调整法）计算调整合同价款。承包人采购材料和工程设备的，应在合同中约定主要材料、工程设备价格变化的范围或幅度，如没有约定，则材料、工程设备单价变化超过5％时，超过部分的价格应按照价格指数调整法或造价信息差额调整法计算调整材料、工程设备费。

发生合同工程工期延误的，应按照下列规定确定合同履行期应予调整的价格：

① 因非承包人原因导致工期延误的，计划进度日期后续工程的价格，应采用计划进度日期与实际进度日期两者的较高者；

② 因承包人原因导致工期延误的，则计划进度日期后续工程的价格，采用计划进度日期与实际进度日期两者的较低者。

发包人供应材料和工程设备的，不适用上述规定，应由发包人按照实际变化调整，列入合同工程的工程造价内。

7.暂估价

发包人在招标工程量清单中给定暂估价的专业工程，依法必须招标的，应当由发承包双方依法组织招标选择专业分包人，并接受有管辖权的建设工程招标投标管理机构的监督，还应符合下列要求。

① 除合同另有约定外，承包人不参加投标的专业工程发包招标，应由承包人作为招标人，但拟定的招标文件、评标工作、评标结果应报送发包人批准。与组织招标工作有关的费用应当被认为已经包括在承包人的签约合同价（投标总报价）中。

② 承包人参加投标的专业工程发包招标，应由发包人作为招标人，与组织招标工作有关的费用由发包人承担。同等条件下，应优先选择承包人中标。

③ 应以专业工程发包中标价为依据取代专业工程暂估价，调整合同价款。

8.不可抗力

因不可抗力事件导致的人员伤亡、财产损失及其费用增加，发承包双方应按以下原则分别承担并调整合同价款和工期：

① 合同工程本身的损害、因工程损害导致第三方人员伤亡和财产损失以及运至施工场地用于施工的材料和待安装的设备的损害，由发包人承担；

② 发包人、承包人人员伤亡由其所在单位负责，并承担相应费用；

③ 承包人的施工机械设备损坏及停工损失，应由承包人承担；

④ 停工期间，承包人应发包人要求留在施工场地的必要的管理人员及保卫人员的费用应由发包人承担；

⑤ 工程所需清理、修复费用，应由发包人承担。

不可抗力解除后复工的，若不能按期竣工，应合理延长工期。发包人要求赶工的，赶工费用应由发包人承担。

9.提前竣工（赶工补偿）

为了保证工程质量，承包人除了根据标准规范、施工图纸进行施工外，还应当按照科学合理的施工组织设计，按部就班地进行施工作业。因为有些施工流程必须有一定的时间间隔，例如，现浇混凝土必须有一定时间的养护才能进行下一个工序，刷油漆必须等上道工序所刮腻子干燥后方可进行等。所以，《建设工程质量管理条例》第十条规定："建设工程发包单位不得迫使承包方以低于成本的价格竞标，不得任意压缩合理工期"，据此，《建设工程工程量清单计价规范》（GB 50500—2013）作了以下规定。

① 工程发包时，招标人应当依据相关工程的工期定额合理计算工期，压缩的工期天数不得超过定额工期的20%，将其量化，超过者，应在招标文件中明示增加赶工费用。

② 工程实施过程中，发包人要求合同工程提前竣工的，应征得承包人同意后与承包人商定采取加快工程进度的措施，并应修订合同工程进度计划。发包人应承担承包人由此增加的提前竣工（赶工补偿）费用。

③ 发承包双方应在合同中约定提前竣工每日历天应补偿额度，此项费用应作为增加合同价款列入竣工结算文件中，应与结算款一并支付。

赶工费用主要包括：

① 人工费的增加，例如新增加投入人工的报酬，不经济使用人工的补贴等；

② 材料费的增加，例如不经济使用材料而损耗过大造成的费用的增加，材料提前交货可能增加的费用、材料运输费的增加等；

③ 机械费的增加，例如增加机械设备投入、不经济地使用机械等。

10.暂列金额

暂列金额是指招标人在工程量清单中暂定并包括在合同价款中的一笔款项。暂列金额是用于工程合同签订时尚未确定或者不可预见的所需材料、工程设备、服务的采购，施工中可能发生的工程变更、合同约定调整因素出现时的合同价款调整以及发生的索赔、现场签证确认等的费用。

已签约合同价中的暂列金额由发包人掌握使用。发包人按照合同的规定做出支付后，如有剩余，则暂列金额余额归发包人所有。

四、工程变更价款的确定

1. 工程变更处理程序

承包人提出工程变更的情形有：一是图纸出现错、漏、碰、缺等缺陷无法施工；二是图纸不便施工，变更为经济、方便的工艺方法；三是采用新材料、新产品、新工艺、新技术的需要；四是承包人考虑自身利益，为费用索赔提出工程变更。项目监理机构可按下列程序处理承包人提出的工程变更。

① 总监理工程师组织专业监理工程师审查承包人提出的工程变更申请，提出审查意见。对涉及工程设计文件修改的工程变更，应由发包人转交原设计单位修改工程设计文件。必要时，项目监理机构应建议发包人组织设计、施工等单位召开论证工程设计文件修改方案的专题会议。

② 总监理工程师组织专业监理工程师对工程变更费用及工期影响做出评估。

③ 总监理工程师组织发包人、承包人等共同协商确定工程变更费用及工期变化，会签工程变更单。

④ 项目监理机构根据批准的工程变更文件督促承包人实施工程变更。

2. 工程变更价款的确定方法

(1) 已标价工程量清单项目或其工程数量发生变化的调整办法　《建设工程工程量清单计价规范》(GB 50500—2013) 规定，工程变更引起已标价工程量清单项目或其工程数量发生变化，应按照下列规定调整。

① 已标价工程量清单中有适用于变更工程项目的，采用该项目的单价；但当工程变更导致该清单项目的工程数量发生变化，且工程量偏差超过 15%。此时，调整的原则为：当工程量增加 15%以上时，其增加部分的工程量的综合单价应予调低；当工程量减少 15%以上时，减少后剩余部分的工程量的综合单价应予调高。

② 已标价工程量清单中没有适用，但有类似于变更工程项目的，可在合理范围内参照类似项目的单价。

③ 已标价工程量清单中没有适用也没有类似于变更工程项目的，由承包人根据变更工程资料、计量规则和计价办法、工程造价管理机构发布的信息价格和承包人报价浮动率提出变更工程项目的单价，报发包人确认后调整。

④ 已标价工程量清单中没有适用也没有类似于变更工程项目，且工程造价管理机构发布的信息价格缺价的，由承包人根据变更工程资料、计量规则、计价办法和通过市场调查等取得有合法依据的市场价格提出变更工程项目的单价，报发包人确认后调整。

(2) 措施项目费的调整　工程变更引起施工方案改变并使措施项目发生变化时，承包人提出调整措施项目费的，应事先将拟实施的方案提交发包人确认，并应详细说明与原方案措施项目相比的变化情况。拟实施的方案经发承包双方确认后执行，并应按照下列规定调整措施项目费。

① 安全文明施工费按照实际发生变化的措施项目调整，不得浮动。

② 采用单价计算的措施项目费，按照实际发生变化的措施项目及前述已标价工程量清单项目的规定确定单价。

③ 按总价（或系数）计算的措施项目费，按照实际发生变化的措施项目调整，但应考虑承包人报价浮动因素。

如果承包人未事先将拟实施的方案提交给发包人确认，则视为工程变更不引起措施项目费的调整或承包人放弃调整措施项目费的权利。

(3) 工程变更价款调整方法的应用

① 直接采用适用的项目单价的前提是其采用的材料、施工工艺和方法相同，也不因此增加关键线路上工程的施工时间。

例如，某工程施工过程中，由于设计变更，新增加轻质材料隔墙 $1200m^2$，已标价工程量清单中有此轻质材料隔墙项目综合单价，且新增部分工程量在15%以内，就应直接采用该项目综合单价。

② 采用适用的项目单价的前提是其采用的材料、施工工艺和方法基本类似，不增加关键线路上工程的施工时间，可仅就其变更后的差异部分，参考类似的项目单价由承发包双方协商新的项目单价。

例如，某工程现浇混凝土梁为C25，施工过程中设计调整为C30，此时，可仅将C30混凝土价格替换C25混凝土价格，其余不变，组成新的综合单价。

③ 无法找到适用和类似的项目单价时，应采用招投标时的基础资料和工程造价管理机构发布的信息价格，按成本加利润的原则由发承包双方协商新的综合单价。

④ 无法找到适用和类似的项目单价、工程造价管理机构也没有发布此类信息价格，由发承包双方协商确定。

例如，某合同钻孔桩的工程情况是：直径为1.0m的共计长1501m；直径为1.2m的共计长8178m；直径为1.3m的共计长2017m。原合同规定选择直径为1.0m的钻孔桩做静载破坏试验。显然，如果选择直径为1.2m的钻孔桩做静载破坏试验对工程更具有代表性和指导意义。因此，监理工程师决定变更。但在原工程量清单中仅有直径为1.0m静载破坏试验的价格，没有直接或其他可套用的价格供参考。经过认真分析，监理工程师认为，钻孔桩做静载破坏试验的费用主要由两部分构成，一部分为试验费用，另一部分为桩本身的费用，而试验方法及设备并未因试验桩直径的改变而发生变化。因此，可认为试验费用没有增减，费用的增减主要由钻孔桩直径变化而引起的桩本身的费用的变化。直径为1.2m的普通钻孔桩的单价在工程量清单中就可以找到，且地理位置和施工条件相近。因此，采用直径为1.2m的钻孔桩做静载破坏试验的费用为：直径为1.0m静载破坏试验费＋直径为1.2m的钻孔桩的清单价格。此案例就是直接采用合同中工程量清单的单价和价格。

五、施工索赔与现场签证

1. 索赔的主要类型

(1) 承包人向发包人的索赔

① 不利的自然条件与人为障碍引起的索赔。

a. 地质条件变化引起的索赔。

b. 工程中人为障碍引起的索赔。

② 工程变更引起的索赔。

③ 工期延期的费用索赔。

a. 工期索赔。

b. 延期生产的费用索赔。

④ 加速施工费用的索赔。

⑤ 发包人不正当地终止工程而引起的索赔。

⑥ 法律、货币及汇率变化引起的索赔。

⑦ 拖延支付工程款的索赔。

⑧ 业主的风险。

⑨ 不可抗力。

(2) 发包人向承包人的索赔

① 工期延误索赔。

② 质量不满足合同要求索赔。

③ 承包人不履行的保险费用索赔。

④ 对超额利润的索赔。

⑤ 发包人合理终止合同或承包人不正当地放弃工程的索赔。

2. 索赔费用的计算

(1) 索赔费用的组成

① 分部分项工程量清单费用。

a. 人工费。人工费的索赔包括：

- 完成合同之外的额外工作所花费的人工费用；
- 由于非承包人责任的工效降低所增加的人工费用；
- 超过法定工作时间加班增加的费用；
- 法定人工费增长以及非承包人责任工程延误导致的人员窝工费和工资上涨费等。

b. 材料费。材料费的索赔包括：

- 由于索赔事项材料实际用量超过计划用量而增加的材料费；
- 由于客观原因材料价格大幅度上涨；
- 由于非承包人责任工程延误导致的材料价格上涨和超期储存费用。

材料费中应包括运输费、仓储费以及合理的损耗费用。如果由于承包人管理不善，造成材料损坏失效，则不能列入索赔计价。

c. 施工机具使用费。施工机具使用费的索赔包括：

• 由于完成额外工作增加的机械、仪器仪表使用费；

• 非承包人责任工效降低增加的机械、仪器仪表使用费；

• 由于发包人或监理工程师原因导致机械、仪器仪表停工的窝工费。窝工费的计算，如系租赁设备，一般按实际租金和调进调出费的分摊计算；如系承包人自有设备，一般按台班折旧费计算，而不能按台班费计算，因台班费中包括了设备使用费。

d. 管理费。此项又可分为现场管理费和总部管理费两部分。索赔款中的现场管理费是指承包人完成额外工程、索赔事项工作以及工期延长期间的现场管理费，包括管理人员工资、办公、通信、交通费等。索赔款中的总部管理费主要指的是工程延期期间所增加的管理费，包括总部职工工资、办公大楼、办公用品、财务管理、通信设施以及企业领导人员赴工地检查指导工作等开支。这项索赔款的计算，目前没有统一的方法。

e. 利润。一般来说，由于工程范围的变更、文件有缺陷或技术性错误、发包人未能提供现场等引起的索赔，承包人可以列入利润。但对于工程暂停的索赔，由于利润通常是包括在每项实施工程内容的价格之内的，而延长工期并未影响削减某些项目的实施，也未导致利润减少。所以，一般监理工程师很难同意在工程暂停的费用索赔中加进利润损失。索赔利润的款额计算通常是与原报价单中的利润百分率保持一致。

f. 迟延付款利息。发包人未按约定时间进行付款的，应按银行同期贷款利率支付迟延付款的利息。

② 措施项目费用。因分部分项工程量清单漏项或非承包人原因的工程变更，引起措施项目发生变化，造成施工组织设计或施工方案变更，造成措施费中发生变化时，已有的措施项目，按原有措施费的组价方法调整；原措施费中没有的措施项目，由承包人根据措施项目变更情况，提出适当的措施费变更，经发包人确认后调整。

③ 其他项目费。其他项目费中所涉及的人工费、材料费等按合同的约定计算。

④ 规费与税金。除工程内容的变更或增加，承包人可以列入相应增加的规费与税金。其他情况一般不能索赔。

索赔规费与税金的款额计算通常与原报价单中的百分率保持一致。

(2) 索赔费用的计算方法

① 实际费用法。实际费用法是施工索赔时最常用的一种方法。该方法是按照各索赔事件所引起损失的费用项目分别分析计算索赔值，然后将各个项目的索赔值汇总，即可得到总索赔费用值。这种方法以承包人为某项索赔工作所支付的实际开支为根据，但仅限于由于索赔事件引起的、超过原计划的费用，故也称额外成本

法。在这种计算方法中，需要注意的是不要遗漏费用项目。

② 总费用法。总费用法即总成本法，就是当发生多次索赔事件以后，重新计算该工程的实际总费用，实际总费用减去投标报价时的估算总费用，即为索赔金额，即

索赔金额＝实际总费用－投标报价估算总费用

但这种方法对发包人不利，因为实际发生的总费用中可能有承包人的施工组织不合理因素；承包人在投标报价时为竞争中标而压低报价，中标后通过索赔可以得到补偿。所以这种方法只有在难以采用实际费用法时采用。

③ 修正的总费用法。修正的总费用法是对总费用法的改进，即在总费用计算的基础上，去掉一些不合理的因素，使其更合理。

修正的内容如下。

a. 将计算索赔款的时段局限于受到外界影响的时间，而不是整个施工期。

b. 只计算受影响时段内的某项工作所受影响的损失，而不是计算该时段内所有施工工作所受的损失。

c. 与该项工作无关的费用不列入总费用中。

d. 对投标报价费用重新进行核算：按受影响时段内该项工作的实际单价进行核算，乘以实际完成的该项工作的工程量，得出调整后的报价费用。

按修正后的总费用计算索赔金额的公式为

索赔金额＝某项工作调整后的实际总费用－该项工作调整后的报价费用

修正的总费用法与总费用法相比，有了实质性的改进，它的准确程度已接近于实际费用法。

3. 现场签证

(1) 现场签证的情形 签证有多种情形，一般包括：

① 发包人的口头指令，需要承包人将其提出，由发包人转换成书面签证；

② 发包人的书面通知如涉及工程实施，需要承包人就完成此通知需要的人工、材料、机械设备等内容向发包人提出，取得发包人的签证确认；

③ 合同工程招标工程量清单中已有，但施工中发现与其不符，比如土方类别等，需承包人及时向发包人提出签证确认，以便调整合同价款；

④ 由于发包人原因，未按合同约定提供场地、材料、设备或停水、停电等造成承包人停工，需承包人及时向发包人提出签证确认，以便计算索赔费用；

⑤ 合同中约定的材料等价格由于市场发生变化，需承包人向发包人提出采购数量及单价，以取得发包人的签证确认。

(2) 现场签证的范围 现场签证的范围一般包括：

① 适用于施工合同范围以外零星工程的确认；

② 在工程施工过程中发生变更后需要现场确认的工程量；

③ 非承包人原因导致的人工、设备窝工及有关损失；

④ 符合施工合同规定的非承包人原因引起的工程量或费用增减；

⑤ 确认修改施工方案引起的工程量或费用增减；

⑥ 工程变更导致的工程施工措施费增减等。

(3) 现场签证费用的计算 现场签证费用的计价方式包括两种：第一种是完成合同以外的零星工作时，按计日工作单价计算。此时提交现场签证费用申请时，应包括下列证明材料：

① 工作名称、内容和数量；

② 投入该工作所有人员的姓名、工种、级别和耗用工时；

③ 投入该工作的材料类别和数量；

④ 投入该工作的施工设备型号、台数和耗用台时；

⑤ 监理人要求提交的其他资料和凭证。

第二种是完成其他非承包人责任引起的事件，应按合同中的约定计算。

六、合同价款期中支付

1. 预付款

(1) 预付款的支付

① 预付款的额度。包工包料工程的预付款的支付比例不得低于签约合同价（扣除暂列金额）的10%，不宜高于签约合同价（扣除暂列金额）的30%。对重大工程项目，按年度工程计划逐年预付。实行工程量清单计价的工程，实体性消耗和非实体性消耗部分应在合同中分别约定预付款比例（或金额）。

② 预付款的支付时间。承包人应在签订合同或向发包人提供与预付款等额的预付款保函后向发包人提交预付款支付申请。发包人应在收到支付申请的7天内进行核实后向承包人发出预付款支付证书，并在签发支付证书后的7天内向承包人支付预付款。发包人没有按合同约定按时支付预付款的，承包人可催告发包人支付；发包人在预付款期满后的7天内仍未支付的，承包人可在付款期满后的第8天起暂停施工。发包人应承担由此增加的费用和延误的工期，并应向承包人支付合理利润。

(2) 预付款的扣回 预付的工程款必须在合同中约定扣回方式，常用的扣回方式有以下两种。

① 在承包人完成金额累计达到合同总价一定比例（双方合同约定）后，采用等比率或等额扣款的方式分期抵扣。也可针对工程实际情况具体处理，如有些工程工期较短、造价较低，就无需分期扣还；有些工期较长，如跨年度工程，其预付款的占用时间很长，根据需要可以少扣或不扣。

② 从未完施工工程尚需的主要材料及构件的价值相当于工程预付款数额时起扣，从每次中间结算工程价款中，按材料及构件比例抵扣工程预付款，至竣工之前全部扣清。

2. 安全文明施工费

财政部、安全监管总局印发的《企业安全生产费用提取和使用管理办法》（财企［2012］16号）第十九条对企业安全费用的使用范围做了规定，建设工程施工阶段的安全文明施工费包括的内容和使用范围，应符合此规定。

鉴于安全文明施工的措施具有前瞻性，必须在施工前予以保证。因此，发包人应在工程开工后的28天内预付不低于当年施工进度计划的安全文明施工费总额的60%，其余部分按照提前安排的原则进行分解，与进度款同期支付。发包人没有按时支付安全文明施工费的，承包人可催告发包人支付；发包人在付款期满后的7天内仍未支付的，若发生安全事故，发包人应承担相应责任。

承包人对安全文明施工费应专款专用，在财务账目中单独列项备查，不得挪作他用，否则发包人有权要求其限期改正；逾期未改正的，造成的损失和延误的工期由承包人承担。

3. 进度款

按月结算与支付。即实行按月支付进度款，竣工后结算的办法。合同工期在两个年度以上的工程，在年终进行工程盘点，办理年度结算。

分段结算与支付。即当年开工、当年不能竣工的工程按照工程形象进度，划分不同阶段，支付工程进度款。

(1) 承包人支付申请的内容 承包人应在每个计量周期到期后的7天内向发包人提交已完工程进度款支付申请一式四份，详细说明此周期认为有权得到的款额，包括分包人已完工程的价款。支付申请应包括下列内容。

① 累计已完成的合同价款。

② 累计已实际支付的合同价款。

③ 本周期合计完成的合同价款：

a. 本周期已完成单价项目的金额；

b. 本周期应支付的总价项目的金额；

c. 本周期已完成的计日工价款；

d. 本周期应支付的安全文明施工费；

e. 本周期应增加的金额。

④ 本周期合计应扣减的金额：

a. 本周期应扣回的预付款；

b. 本周期应扣减的金额。

⑤ 本周期实际应支付的合同价款。

(2) 发包人支付进度款 发包人应在收到承包人进度款支付申请后的14天内根据计量结果和合同约定对申请内容予以核实，确认后向承包人出具进度款支付证书。若发承包双方对有的清单项目的计量结果出现争议，发包人应对无争议部分的工程计量结果向承包人出具进度款支付证书。发包人应在签发进度款支付证书后的14天内，按照支付证书列明的金额向承包人支付进度款。若发包人逾期未签发进度款支付证书，则视为承包人提交的进度款支付申请已被发包人认可，承包人可向发包人发出催告付款的通知。发包人应在收到通知后的14天内，按照承包人支付申请的金额向承包人支付进度款。发包人未按规定支付进度款的，承包人可催告发包人支付，并有权获得延迟支付的利息；发包人在付款期满后的7天内仍未支付的，承包人可在付款期满后的第 8 天起暂停施工。发包人应承担由此增加的费用和延误的工期，向承包人支付合理利润，并应承担违约责任。发现已签发的任何支付证书有错、漏或重复的数额，发包人有权予以修正，承包人也有权提出修正申请。经发承包双方复核同意修正的，应在本次到期的进度款中支付或扣除。

七、竣工结算与支付

1.竣工结算的审查

(1) 核对合同条款 首先，应核对竣工工程内容是否符合合同条件要求，工程是否竣工验收合格，只有按合同要求完成全部工程并验收合格才能竣工结算；其次，应按合同规定的结算方法、计价定额、取费标准、主材价格和优惠条款等，对工程竣工结算进行审核，若发现合同开口或有漏洞，应请发包人与承包人认真研究，明确结算要求。

(2) 检查隐蔽验收记录 所有隐蔽工程均需进行验收，2 人以上签证；实行工程监理的项目应经监理工程师签证确认。审核竣工结算时应核对隐蔽工程施工记录和验收签证，手续完整，工程量与竣工图一致方可列入结算。

(3) 落实设计变更签证 设计修改变更应由原设计单位出具设计变更通知单和修改的设计图纸、校审人员签字并加盖公章，经发包人和监理工程师审查同意、签证；重大设计变更应经原审批部门审批，否则不应列入结算。

(4) 按图核实工程数量 竣工结算的工程量应依据竣工图、设计变更单和现场签证等进行核算，并按国家统一规定的计算规则计算工程量。

(5) 执行定额单价 结算单价应按合同约定或招标规定的计价定额与计价原则执行。

(6) 防止各种计算误差 工程竣工结算子目多、篇幅大，往往有计算误差，应认真核算，防止因计算误差多计或少算。

2.竣工结算款支付

(1) 承包人提交竣工结算款支付申请 承包人应根据办理的竣工结算文件，向发包人提交竣工结算款支付申请。申请应包括下列内容：

① 竣工结算合同价款总额；

② 累计已实际支付的合同价款；

③ 应预留的质量保证金；

④ 实际应支付的竣工结算款金额。

(2) 发包人签发竣工结算支付证书与支付结算款 发包人应在收到承包人提交竣工结算款支付申请后 7 天内予以核实，向承包人签发竣工结算支付证书，并在签发竣工结算支付证书后的 14 天内，按照竣工结算支付证书列明的金额向承包人支付结算款。

发包人在收到承包人提交的竣工结算款支付申请后 7 天内不予核实，不向承包人签发竣工结算支付证书的，视为承包人的竣工结算款支付申请已被发包人认可；

发包人应在收到承包人提交的竣工结算款支付申请 7 天后的 14 天内，按照承包人提交的竣工结算款支付申请列明的金额向承包人支付结算款。

发包人未按照上述规定支付竣工结算款的，承包人可催告发包人支付，并有权获得延迟支付的利息。发包人在竣工结算支付证书签发后或者在收到承包人提交的竣工结算款支付申请 7 天后的 56 天内仍未支付的，除法律另有规定外，承包人可与发包人协商将该工程折价，也可直接向人民法院申请将该工程依法拍卖。承包人应就该工程折价或拍卖的价款优先受偿。

第二节　工程施工进度控制

一、施工阶段进度控制的内容

1. 建设工程施工进度控制工作流程

建设工程施工进度控制工作流程如图 19-6 所示。

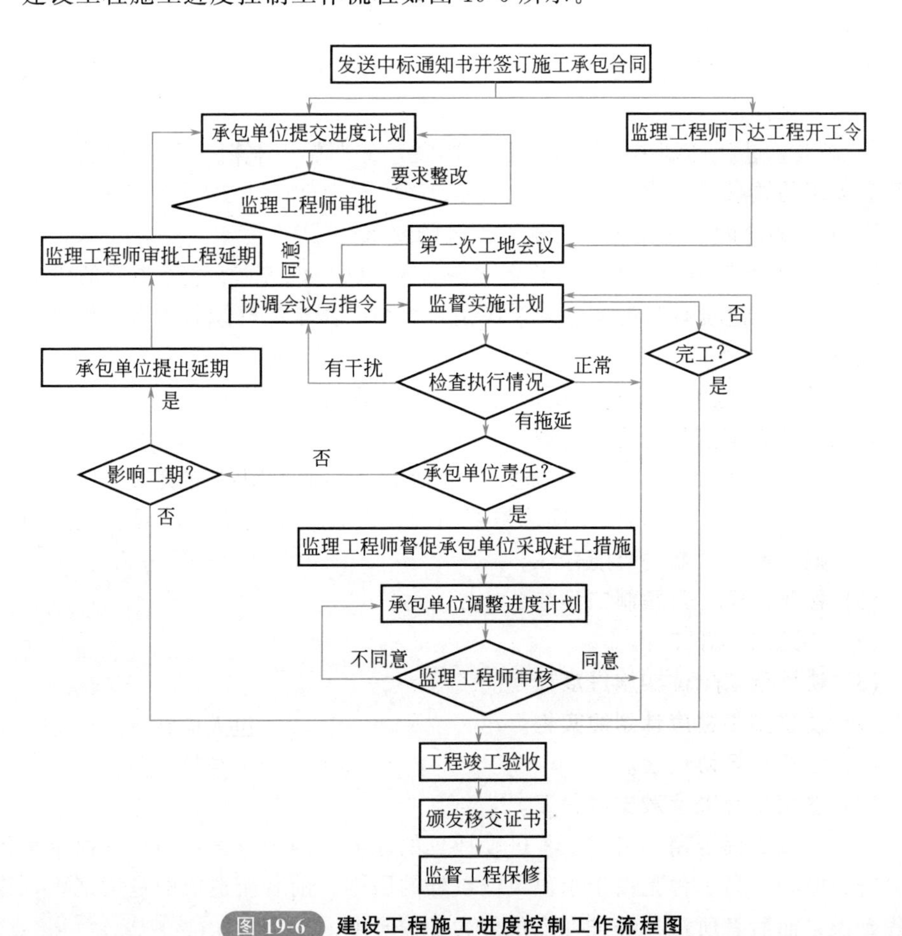

图 19-6　建设工程施工进度控制工作流程图

2. 建设工程施工进度控制工作内容

(1) 编制施工进度控制工作细则 施工进度控制工作细则是在建设工程监理规划的指导下，由项目监理班子中进度控制部门的监理工程师负责编制的更具有实施性和操作性的监理业务文件。其主要内容包括：

① 施工进度控制目标分解图；

② 施工进度控制的主要工作内容和深度；

③ 进度控制人员的职责分工；

④ 与进度控制有关各项工作的时间安排及工作流程；

⑤ 进度控制的方法（包括进度检查周期、数据采集方式、进度报表格式、统计分析方法等）；

⑥ 进度控制的具体措施（包括组织措施、技术措施、经济措施及合同措施等）；

⑦ 施工进度控制目标实现的风险分析；

⑧ 尚待解决的有关问题。

(2) 编制或审核施工进度计划

① 进度安排是否符合工程项目建设总进度计划中总目标和分目标的要求，是否符合施工合同中开工、竣工日期的规定。

② 施工总进度计划中的项目是否有遗漏，分期施工是否满足分批动用的需要和配套动用的要求。

③ 施工顺序的安排是否符合施工工艺的要求。

④ 劳动力、材料、构配件、设备及施工机具、水、电等生产要素的供应计划是否能保证施工进度计划的实现，供应是否均衡，需求高峰期是否有足够能力实现计划供应。

⑤ 总包、分包单位分别编制的各项单位工程施工进度计划之间是否相协调，专业分工与计划衔接是否明确合理。

⑥ 对于业主负责提供的施工条件（包括资金、施工图纸、施工场地、采供的物资等），在施工进度计划中安排得是否明确、合理，是否有造成因业主违约而导致工程延期和费用索赔的可能存在。

(3) 按年、季、月编制工程综合计划。

(4) 下达工程开工令。

(5) 协助承包单位实施进度计划。

(6) 监督施工进度计划的实施。

(7) 组织现场协调会。

(8) 签发工程进度款支付凭证。

(9) 审批工程延期 造成工程进度拖延的原因有两个方面：一种是由于承包单位自身的原因；另一种是由于承包单位以外的原因。前者所造成的进度拖延，称为工程延误；而后者所造成的进度拖延称为工程延期。

① 工程延误。当出现工程延误时，监理工程师有权要求承包单位采取有效措施加快施工进度。如果经过一段时间后，实际进度没有明显改进，仍然拖后于计划进度，而且显然影响工程按期竣工时，监理工程师应要求承包单位修改进度计划，并提交给监理工程师重新确认。

② 工程延期。如果由于承包单位以外的原因造成工期拖延，承包单位有权提出延长工期的申请。监理工程师应根据合同规定，审批工程延期时间。经监理工程师核实批准的工程延期时间，应纳入合同工期，作为合同工期的一部分。即新的合同工期应等于原定的合同工期加上监理工程师批准的工程延期时间。

(10) 向业主提供进度报告。

(11) 督促承包单位整理技术资料。

(12) 签署工程竣工报验单，提交质量评估报告。

(13) 整理工程进度资料。

(14) 工程移交。

二、施工进度计划的编制与审查

1. 施工总进度计划的编制

施工总进度计划的编制步骤和方法如下。

(1) 计算工程量　根据批准的工程项目一览表，按单位工程分别计算其主要实物工程量，不仅是为了编制施工总进度计划，而且还为了编制施工方案和选择施工、运输机械，初步规划主要施工过程的流水施工，以及计算人工、施工机械及建筑材料的需要量。因此，工程量只需粗略地计算即可。

(2) 确定各单位工程的施工期限　各单位工程的施工期限应根据合同工期确定，同时还要考虑建筑类型、结构特征、施工方法、施工管理水平、施工机械化程度及施工现场条件等因素。如果在编制施工总进度计划时没有合同工期，则应保证计划工期不超过工期定额。

(3) 确定各单位工程的开竣工时间和相互搭接关系　确定各单位工程的开竣工时间和相互搭接关系主要应考虑以下几点。

① 同一时期施工的项目不宜过多，以避免人力、物力过于分散。

② 尽量做到均衡施工，以使劳动力、施工机械和主要材料的供应在整个工期范围内达到均衡。

③ 尽量提前建设可供工程施工使用的永久性工程，以节省临时工程费用。

④ 急需和关键的工程先施工，以保证工程项目如期交工。对于某些技术复杂、施工周期较长、施工困难较多的工程，亦应安排提前施工，以利于整个工程项目按期交付使用。

⑤ 施工顺序必须与主要生产系统投入生产的先后次序相吻合。同时还要安排好配套工程的施工时间，以保证建成的工程能迅速投入生产或交付使用。

⑥ 应注意季节对施工顺序的影响，使季节性施工措施不导致工期拖延，不影

响工程质量。

⑦ 安排一部分附属工程或零星项目作为后备项目，用以调整主要项目的施工进度。

⑧ 注意主要工种和主要施工机械能连续施工。

（4）编制初步施工总进度计划 施工总进度计划应安排全工地性的流水作业。全工地性的流水作业安排应以工程量大、工期长的单位工程为主导，组织若干条流水线，并以此带动其他工程。施工总进度计划既可以用横道图表示，也可以用网络图表示。由于采用网络计划技术控制工程进度更加有效，所以人们更多地开始采用网络图来表示施工总进度计划。特别是电子计算机的广泛应用，为网络计划技术的推广和普及创造了更加有利的条件。

（5）编制正式施工总进度计划 初步施工总进度计划编制完成后，要对其进行检查。主要是检查总工期是否符合要求，资源使用是否均衡且其供应是否能得到保证。如果出现问题，则应进行调整。调整的主要方法是改变某些工程的起止时间或调整主导工程的工期。如果是网络计划，则可以利用计算机分别进行工期优化、费用优化及资源优化。当初步施工总进度计划经过调整符合要求后，即可编制正式的施工总进度计划。

正式的施工总进度计划确定后，应据以编制劳动力、材料、大型施工机械等资源的需用量计划，以便组织供应，保证施工总进度计划的实现。

2. 单位工程施工进度计划的编制

单位工程施工进度计划的编制程序如图 19-7 所示。

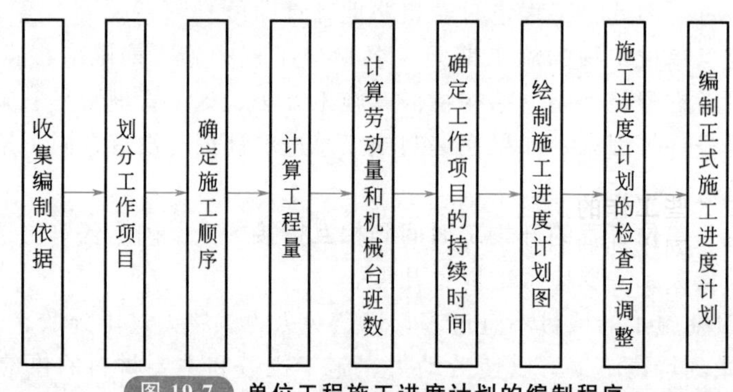

图 19-7 单位工程施工进度计划的编制程序

3. 项目监理机构对施工进度计划的审查

施工进度计划审查应包括下列基本内容。

① 施工进度计划应符合施工合同中工期的约定。施工单位编制的施工总进度计划必须符合施工合同约定的工期要求，满足施工总工期的目标要求，阶段性进度计划必须与总进度计划目标相一致。将施工总进度计划分解成阶段性施工进度计划是为了确保总进度计划的完成。因此，阶段性进度计划更应具有可操作性。

② 施工进度计划中主要工程项目无遗漏，应满足分批投入试运、分批动用的

需要，阶段性施工进度计划应满足总进度控制目标的要求。

③ 施工顺序的安排应符合施工工艺要求。

④ 施工人员、工程材料、施工机械等资源供应计划应满足施工进度计划的需要。

⑤ 施工进度计划应符合建设单位提供的资金、施工图纸、施工场地、物资等施工条件。

三、施工进度计划实施中的检查与调查

1. 施工进度的动态检查

(1) 施工进度的检查方式 在建设工程施工过程中，监理工程师可以通过以下方式获得其实际进展情况。

① 定期地、经常地收集由承包单位提交的有关进度报表资料。

② 由驻地监理人员现场跟踪检查建设工程的实际进展情况。

除上述两种方式外，由监理工程师定期组织现场施工负责人召开现场会议，也是获得建设工程实际进展情况的一种方式。通过这种面对面的交谈，监理工程师可以从中了解到施工过程中的潜在问题，以便及时采取相应的措施加以预防。

(2) 施工进度的检查方法 施工进度检查的主要方法是对比法。即对经过整理的实际进度数据与计划进度数据进行比较，从中发现是否出现进度偏差以及进度偏差的大小。通过检查分析，如果进度偏差比较小，应在分析其产生原因的基础上采取有效措施，解决矛盾，排除障碍，继续执行原进度计划。如果经过努力，确实不能按原计划实现时，再考虑对原计划进行必要的调整，即适当延长工期，或改变施工速度。计划的调整一般是不可避免的，但应当慎重，尽量减少变更计划性的调整。

2. 施工进度计划的调整

(1) 缩短某些工作的持续时间 这种方法的特点是不改变工作之间的先后顺序关系，通过缩短网络计划中关键线路上工作的持续时间来缩短工期。这时，通常需要采取一定的措施来达到目的。具体措施包括以下几个方面。

① 组织措施。

a. 增加工作面，组织更多的施工队伍。

b. 增加每天的施工时间（如采用三班制等）。

c. 增加劳动力和施工机械的数量。

② 技术措施。

a. 改进施工工艺和施工技术，缩短工艺技术间歇时间。

b. 采用更先进的施工方法，以减少施工过程的数量（如将现浇框架方案改为预制装配方案）。

c. 采用更先进的施工机械。

③ 经济措施。

a. 实行包干奖励。

b. 提高奖金数额。

c. 对所采取的技术措施给予相应的经济补偿。

④ 其他配套措施。

a. 改善外部配合条件。

b. 改善劳动条件。

c. 实施强有力的调度等。

一般来说，不管采取哪种措施，都会增加费用。因此，在调整施工进度计划时，应利用费用优化的原理选择费用增加量最小的关键工作作为压缩对象。

(2) 改变某些工作间的逻辑关系 这种方法的特点是不改变工作的持续时间，而只改变工作的开始时间和完成时间。对于大型建设工程，由于其单位工程较多且相互间的制约比较小，可调整的幅度比较大，所以容易采用平行作业的方法来调整施工进度计划。而对于单位工程项目，由于受工作之间工艺关系的限制，可调整的幅度比较小，所以通常采用搭接作业的方法来调整施工进度计划。但不管是搭接作业还是平行作业，建设工程在单位时间内的资源需求量将会增加。

除了分别采用上述两种方法来缩短工期外，有时由于工期拖延得太多，当采用某种方法进行调整，其可调整的幅度又受到限制时，还可以同时利用这两种方法对同一施工进度计划进行调整，以满足工期目标的要求。

四、工程延期

1. 工程延期的申报与审批

(1) 申报工程延期的条件 由于以下原因导致工程拖期，承包单位有权提出延长工期的申请，监理工程师应按合同规定，批准工程延期时间。

① 监理工程师发出工程变更指令而导致工程量增加。

② 合同所涉及的任何可能造成工程延期的原因，如延期交图、工程暂停、对合格工程的剥离检查及不利的外界条件等。

③ 异常恶劣的气候条件。

④ 由业主造成的任何延误、干扰或障碍，如未及时提供施工场地、未及时付款等。

⑤ 除承包单位自身以外的其他任何原因。

(2) 工程延期的审批程序 工程延期的审批程序如图 19-8 所示。

(3) 工程延期的审批原则 监理工程师在审批工程延期时应遵循下列原则。

① 合同条件。监理工程师批准的工程延期必须符合合同条件。也就是说，导致工期拖延的原因确实属于承包单位自身以外的，否则不能批准为工程延期。这是监理工程师审批工程延期的一条根本原则。

② 影响工期。延期事件的工程部位，无论其是否处在施工进度计划的关键线路上，只有当所延长的时间超过其相应的总时差而影响到工期时，才能批准工程延

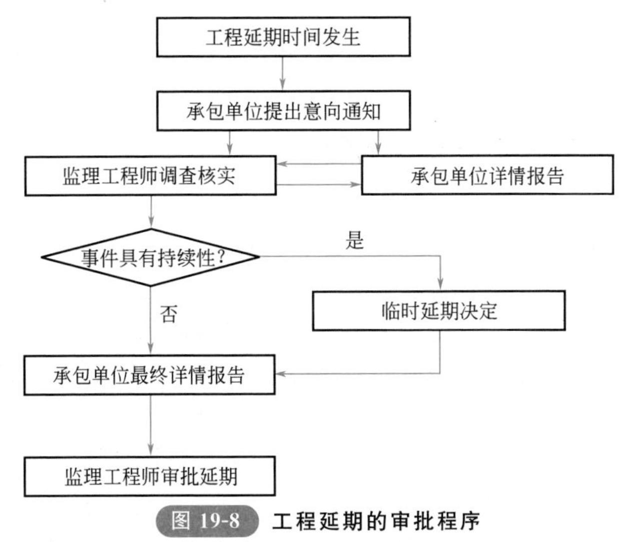

图 19-8　工程延期的审批程序

期。如果延期事件发生在非关键线路上，且延长的时间并未超过总时差时，即使符合批准为工程延期的合同条件，也不能批准工程延期。

③ 实际情况。批准的工程延期必须符合实际情况。为此，承包单位应对延期事件发生后的各类有关细节进行详细记载，并及时向监理工程师提交详细报告。与此同时，监理工程师也应对施工现场进行详细考察和分析，并做好有关记录，以便为合理确定工程延期时间提供可靠依据。

2. 工程延期的控制

(1) 选择合适的时机下达工程开工令　监理工程师在下达工程开工令之前，应充分考虑业主的前期准备工作是否充分。特别是征地、拆迁问题是否已解决，设计图纸能否及时提供，以及付款方面有无问题等，以避免由于上述问题缺乏准备而造成工程延期。

(2) 提醒业主履行施工承包合同中所规定的职责　在施工过程中，监理工程师应经常提醒业主履行自己的职责，提前做好施工场地及设计图纸的提供工作，并能及时支付工程进度款，以减少或避免由此而造成的工程延期。

(3) 妥善处理工程延期事件　当延期事件发生以后，监理工程师应根据合同规定进行妥善处理。既要尽量减少工程延期时间及其损失，又要在详细调查研究的基础上合理批准工程延期时间。

3. 工程延误的处理

如果由于承包单位自身的原因造成工期拖延，而承包单位又未按照监理工程师的指令改变延期状态时，通常可以采用下列手段进行处理。

① 拒绝签署付款凭证。

② 误期损失赔偿。

③ 取消承包资格。

第三节　工程施工质量控制

一、工程施工准备阶段的质量控制

1. 图纸会审与设计交底

(1) 图纸会审　图纸会审是建设单位、监理单位、施工单位等相关单位，在收到施工图审查机构审查合格的施工图设计文件后，在设计交底前进行的全面细致的熟悉和审查施工图纸的活动。监理人员应熟悉工程设计文件，并应参加建设单位主持的图纸会审会议，建设单位应及时主持召开图纸会审会议，组织项目监理机构、施工单位等相关人员进行图纸会审，并整理成会审问题清单，由建设单位在设计交底前约定的时间内提交设计单位。图纸会审由施工单位整理会议纪要，与会各方会签。

总监理工程师组织监理人员熟悉工程设计文件是项目监理机构实施事前质量控制的一项重要工作。其目的：一是通过熟悉工程设计文件，了解设计意图和工程设计特点、工程关键部位的质量要求；二是发现图纸差错，将图纸中的质量隐患消灭在萌芽之中。监理人员应重点熟悉：设计的主导思想与设计构思，采用的设计规范、各专业设计说明等以及工程设计文件对主要工程材料、构配件和设备的要求，对所采用的新材料、新工艺、新技术、新设备的要求，对施工技术的要求以及涉及工程质量、施工安全应特别注意的事项等。

图纸会审的内容一般包括：

① 审查设计图纸是否满足项目立项的功能、技术可靠、安全、经济适用的需求；

② 图纸是否已经审查机构签字、盖章；

③ 地质勘探资料是否齐全，设计图纸与说明是否齐全，设计深度是否达到规范要求；

④ 设计地震烈度是否符合当地要求；

⑤ 总平面与施工图的几何尺寸、平面位置、标高等是否一致；

⑥ 防火、消防是否满足要求；

⑦ 各专业图纸本身是否有差错及矛盾，结构图与建筑图的平面尺寸及标高是否一致，建筑图与结构图的表示方法是否清楚，是否符合制图标准，预留、预埋件是否表示清楚；

⑧ 工程材料来源有无保证，新工艺、新材料、新技术的应用有无问题；

⑨ 地基处理方法是否合理，建筑与结构构造是否存在不能施工、不便于施工的技术问题，或容易导致质量、安全、工程费用增加等方面的问题；

⑩ 工艺管道、电气线路、设备装置、运输道路与建筑物之间或相互间有无矛盾。

(2) 设计交底　设计单位交付工程设计文件后，按法律规定的义务就工程设计文件的内容向建设单位、施工单位和监理单位做出详细的说明。帮助施工单位和监理单位正确贯彻设计意图，加深对设计文件特点、难点、疑点的理解，掌握关键工程部位的质量要求，以确保工程质量。设计交底的主要内容一般包括：施工图设计文件总体介绍，设计的意图说明，特殊的工艺要求，建筑、结构、工艺、设备等各专业在施工中的难点、疑点和容易发生的问题说明，以及向施工单位、监理单位、建设单位等对设计图纸疑问的解释等。

工程开工前，建设单位应组织并主持召开工程设计技术交底会。先由设计单位进行设计交底，后转入图纸会审问题解释，设计单位对图纸会审问题清单予以解答。通过建设单位、设计单位、监理单位、施工单位及其他有关单位研究协商，确定图纸存在的各种技术问题的解决方案。

设计交底会议纪要由设计单位整理，与会各方会签。

2. 施工组织设计审查

施工组织设计是指导施工单位进行施工的实施性文件。项目监理机构应审查施工单位报审的施工组织设计，符合要求时，应由总监理工程师签认后报建设单位。项目监理机构应要求施工单位按已批准的施工组织设计组织施工。施工组织设计需要调整时，项目监理机构应按程序重新审查。

(1) 施工组织设计审查的基本内容与程序要求

① 审查的基本内容。施工组织设计审查应包括下列基本内容：

a. 编审程序应符合相关规定；

b. 施工进度、施工方案及工程质量保证措施应符合施工合同要求；

c. 资金、劳动力、材料、设备等资源供应计划应满足工程施工需要；

d. 安全技术措施应符合工程建设强制性标准；

e. 施工总平面布置应科学合理。

② 审查的程序要求。施工组织设计的报审应遵循下列程序及要求。

a. 施工单位编制的施工组织设计经施工单位技术负责人审核签认后，与施工组织设计报审表一并报送项目监理机构。

b. 总监理工程师应及时组织专业监理工程师进行审查，需要修改的，由总监理工程师签发书面意见退回修改；符合要求的，由总监理工程师签认。

c. 已签认的施工组织设计由项目监理机构报送建设单位。

d. 施工组织设计在实施过程中，施工单位如需做较大的变更，应经总监理工程师审查同意。

(2) 施工组织设计审查质量控制要点

① 受理施工组织设计。施工组织设计的审查必须是在施工单位编审手续齐全（即有编制人、施工单位技术负责人的签名和施工单位公章）的基础上，由施工单位填写施工组织设计报审表，并按合同约定时间报送项目监理机构。

② 总监理工程师应在约定的时间内，组织各专业监理工程师进行审查，专业

监理工程师在报审表上签署审查意见后，总监理工程师审核批准。需要施工单位修改施工组织设计时，由总监理工程师在报审表上签署意见，发回施工单位修改。施工单位修改后重新报审，总监理工程师应组织审查。

施工组织设计应符合国家的技术政策，充分考虑施工合同约定的条件、施工现场条件及法律法规的要求；施工组织设计应针对工程的特点、难点及施工条件，具有可操作性，质量措施切实能保证工程质量目标，采用的技术方案和措施先进、适用、成熟。

③ 项目监理机构宜将审查施工单位施工组织设计的情况，特别是要求发回修改的情况及时向建设单位通报，应将已审定的施工组织设计及时报送建设单位。涉及增加工程措施费的项目，必须与建设单位协商，并征得建设单位的同意。

④ 经审查批准的施工组织设计，施工单位应认真贯彻实施，不得擅自任意改动，若需进行实质性的调整、补充或变动，应报项目监理机构审查同意。如果施工单位擅自改动，监理机构应及时发出监理通知单，要求按程序报审。

3.施工方案审查

总监理工程师应组织专业监理工程师审查施工单位报审的施工方案，符合要求后应予以签认。施工方案审查应包括的基本内容：编审程序应符合相关规定；工程质量保证措施应符合有关标准。

(1) 程序性审查 应重点审查施工方案的编制人、审批人是否符合有关权限规定的要求。根据相关规定，通常情况下，施工方案应由项目技术负责人组织编制，并经施工单位技术负责人审批签字后提交项目监理机构。项目监理机构在审批施工方案时，应检查施工单位的内部审批程序是否完善、签章是否齐全，重点核对审批人是否为施工单位技术负责人。

(2) 内容性审查 应重点审查施工方案是否具有针对性、指导性、可操作性；现场施工管理机构是否建立了完善的质量保证体系；是否明确工程质量要求及目标；是否健全了质量保证体系组织机构及岗位职责；是否配备了相应的质量管理人员；是否建立了各项质量管理制度和质量管理程序等；施工质量保证措施是否符合现行的规范、标准等，特别是与工程建设强制性标准的符合性。

例如，审查建筑地基基础工程土方开挖施工方案，要求土方开挖的顺序、方法必须与设计工况相一致，并遵循“开槽支撑，先撑后挖，分层开挖，严禁超挖”的原则。在质量安全方面的要点是：

① 基坑边坡土不应超过设计荷载以防边坡塌方；

② 挖方时不应碰撞或损伤支护结构、降水设施；

③ 开挖到设计标高后，应对坑底进行保护，验槽合格后尽快施工垫层；

④ 严禁超挖；

⑤ 开挖过程中，应对支护结构、周围环境进行观察、监测，发现异常及时处理等。

(3) 审查的主要依据 建设工程施工合同文件及建设工程监理合同，经批准的建设工程项目文件和设计文件，相关法律、法规、规范、规程、标准图集等以及其他工程基础资料、工程场地周边环境（含管线）资料等。

4.现场施工准备质量控制

(1) 施工现场质量管理检查　工程开工前，项目监理机构应审查施工单位现场的质量管理组织机构、管理制度及专职管理人员和特种作业人员的资格，主要内容包括：

① 项目部质量管理体系；

② 现场质量责任制；

③ 主要专业工种操作岗位证书；

④ 分包单位管理制度；

⑤ 图纸会审记录；

⑥ 地质勘察资料；

⑦ 施工技术标准；

⑧ 施工组织设计编制及审批；

⑨ 物资采购管理制度；

⑩ 施工设施和机械设备管理制度；

⑪ 计量设备配备；

⑫ 检测试验管理制度；

⑬ 工程质量检查验收制度等。

(2) 分包单位资质的审核确认　分包工程开工前，项目监理机构应审核施工单位报送的分包单位资格报审表及有关资料，专业监理工程师进行审核并提出审查意见，符合要求后，应由总监理工程师审批并签署意见。分包单位资格审核应包括的基本内容：

① 营业执照、企业资质等级证书；

② 安全生产许可文件；

③ 类似工程业绩；

④ 专职管理人员和特种作业人员的资格。

专业监理工程师应在约定的时间内，对施工单位所报资料的完整性、真实性和有效性进行审查。在审查过程中需与建设单位进行有效沟通，必要时会同建设单位对施工单位选定的分包单位的情况进行实地考察和调查，核实施工单位申报材料与实际情况是否相符。

专业监理工程师审查分包单位资质材料时，应查验《建筑业企业资质证书》《企业法人营业执照》《安全生产许可证》。注意拟承担分包工程内容与资质等级、营业执照是否相符。分包单位的类似工程业绩，要求提供工程名称、工程质量验收等证明文件；审查拟分包工程的内容和范围时，应注意施工单位的发包性质，禁止转包、肢解分包、层层分包等违法行为。

总监理工程师对报审资料进行审核，在报审表上签署书面意见前需征求建设单位意见。如分包单位的资质材料不符合要求，施工单位应根据总监理工程师的审核意见，或重新报审，或另选择分包单位再报审。

(3) 查验施工控制测量成果 专业监理工程师应检查、复核施工单位报送的施工控制测量成果及保护措施，签署意见，并应对施工单位在施工过程中报送的施工测量放线成果进行查验。施工控制测量成果及保护措施的检查、复核包括：

① 施工单位测量人员的资格证书及测量设备检定证书；

② 施工平面控制网、高程控制网和临时水准点的测量成果及控制桩的保护措施。

项目监理机构收到施工单位报送的施工控制测量成果报验表后，由专业监理工程师审查。专业监理工程师应审查施工单位的测量依据、测量人员资格和测量成果是否符合规范及标准要求，符合要求的，予以签认。

专业监理工程师应检查、复核施工单位测量人员的资格证书和测量设备检定证书。根据相关规定，从事工程测量的技术人员应取得合法有效的相关资格证书，用于测量的仪器和设备也应具备有效的检定证书。专业监理工程师应按照相应测量标准的要求对施工平面控制网、高程控制网和临时水准点的测量成果及控制桩的保护措施进行检查、复核。例如，场区控制网点位，应选择在通视良好、便于施测、利于长期保存的地点，并埋设相应的标石，必要时还应增加强制对中装置。标石埋设深度应根据冻土深度和场地设计标高确定。施工中，当少数高程控制点标石不能保存时，应将其引测至稳固的建（构）筑物上，引测精度不应低于原高程点的精度等级。

(4) 工程开工条件审查与开工令的签发 总监理工程师应组织专业监理工程师审查施工单位报送的工程开工报审表及相关资料，同时具备下列条件时，应由总监理工程师签署审查意见，并应报建设单位批准后，总监理工程师签发工程开工令：

① 设计交底和图纸会审已完成；

② 施工组织设计已由总监理工程师签认；

③ 施工单位现场质量、安全生产管理体系已建立，管理及施工人员已到位，施工机械具备使用条件，主要工程材料已落实；

④ 进场道路及水、电、通信等已满足开工要求。

总监理工程师应在开工日期 7 天前向施工单位发出工程开工令。工期自总监理工程师发出的工程开工令中载明的开工日期起计算。总监理工程师应组织专业监理工程师审查施工单位报送的开工报审表及相关资料，并对开工应具备的条件进行逐项审查，全部符合要求时签署审查意见，报建设单位得到批准后，再由总监理工程师签发工程开工令。施工单位应在开工日期后尽快施工。

二、工程施工过程质量控制

1. 巡视与旁站

(1) 巡视

① 检查基坑土方开挖工程。

a. 土方开挖前的准备工作是否到位，开挖条件是否具备。

b. 土方开挖顺序、方法是否与设计要求一致。

c. 挖土是否分层、分区进行，分层高度和开挖面放坡坡度是否符合要求，垫层混凝土的浇筑是否及时。

d. 基坑坑边和支撑上的堆载是否在允许范围，是否存在安全隐患。

e. 挖土机械有无碰撞或损伤基坑围护和支撑结构、工程桩、降压（疏干）井等现象。

f. 是否限时开挖，应尽快形成围护支撑，尽量缩短围护结构无支撑暴露时间。

g. 每道支撑底面黏附的土块、垫层、竹笆等是否及时清理；每道支撑上的安全通道和临边防护的搭设是否及时、符合要求。

h. 挖土机械工作是否有专人指挥，有无违章、冒险作业现象。

② 检查砌体工程。

a. 基层清理是否干净，是否按要求用细石混凝土/水泥砂浆进行了找平。

b. 是否有“碎砖”集中使用和外观质量不合格的块材使用现象。

c. 是否按要求使用皮数杆，墙体拉结筋型式、规格、尺寸、位置是否正确，砂浆饱满度是否合格，灰缝厚度是否超标，有无透明缝、“瞎缝”和“假缝”。

d. 墙上的架眼，工程需要的预留、预埋等有无遗漏等。

③ 检查钢筋工程。

a. 钢筋有无锈蚀、被隔离剂和淤泥等污染现象。

b. 垫块规格、尺寸是否符合要求，强度能否满足施工需要，有无用木块、大理石板等代替水泥砂浆（或混凝土）垫块的现象。

c. 钢筋搭接长度、位置、连接方式是否符合设计要求，搭接区段箍筋是否按要求加密；对于梁柱或梁梁交叉部位的“核心区”有无主筋被截断、箍筋漏放等现象。

④ 检查模板工程。

a. 模板安装和拆除是否符合施工组织设计（方案）的要求，支模前隐蔽内容是否已经验收合格。

b. 模板表面是否清理干净、有无变形损坏，是否已涂刷隔离剂，模板拼缝是否严密，安装是否牢固。

c. 拆模是否事先按程序和要求向项目监理机构报审并签认，拆模有无违章冒险行为；模板捆扎、吊运、堆放是否符合要求。

⑤ 检查混凝土工程。

a. 现浇混凝土结构构件的保护是否符合要求。

b. 构件拆模后构件的尺寸偏差是否在允许范围内，有无质量缺陷，缺陷修补处理是否符合要求。

c. 现浇构件的养护措施是否有效、可行、及时等。

d. 采用商品混凝土时，是否留置标养试块和同条件试块，是否抽查砂与石子的含泥量和粒径等。

⑥ 检查钢结构工程。主要检查内容：钢结构零部件加工条件是否合格（如场地、温度、机械性能等），安装条件是否具备（如基础是否已经验收合格等）；施工工艺是否合理、符合相关规定；钢结构原材料及零部件的加工、焊接、组装、安装及涂饰质量是否符合设计文件和相关标准、要求等。

⑦ 检查屋面工程。

a. 基层是否平整坚固、清理干净。

b. 防水卷材搭接部位、宽度、施工顺序、施工工艺是否符合要求，卷材收头、节点、细部处理是否合格。

c. 屋面块材搭接、铺贴质量如何，有无损坏现象等。

⑧ 检查装饰装修工程。

a. 基层处理是否合格，是否按要求使用垂直、水平控制线，施工工艺是否符合要求。

b. 需要进行隐蔽的部位和内容是否已经按程序报验并通过验收。

c. 细部制作、安装、涂饰等是否符合设计要求和相关规定。

d. 各专业之间工序穿插是否合理，有无相互污染、相互破坏现象等。

⑨ 检查安装工程等。重点检查是否按规范、规程、设计图纸、图集和批准的施工组织设计（方案）施工；是否有专人负责，施工是否正常等。

（2）旁站

① 编制监理规划时，应明确旁站的部位和要求。

② 根据部门规范性文件，房屋建筑工程旁站的关键部位、关键工序如下。

基础工程方面包括：土方回填，混凝土灌注桩浇筑，地下连续墙、土钉墙、后浇带及其他结构混凝土、防水混凝土浇筑，卷材防水层细部构造处理，钢结构安装。

主体结构工程方面包括：梁柱节点钢筋隐蔽工程，混凝土浇筑，预应力张拉，装配式结构安装，钢结构安装，网架结构安装，索膜安装。

③ 其他工程的关键部位、关键工序，应根据工程类别、特点及有关规定和施工单位报送的施工组织设计确定。

④ 旁站人员的主要职责是：

a. 检查施工单位现场质检人员到岗、特殊工种人员持证上岗及施工机械、建筑材料准备情况；

b. 在现场监督关键部位、关键工序的施工执行施工方案以及工程建设强制性标准情况；

c. 核查进场建筑材料、构配件、设备和商品混凝土的质量检验报告等，并可在现场监督施工单位进行检验或者委托具有资格的第三方进行复验；

d. 做好旁站记录，保存旁站原始资料。

⑤ 对施工中出现的偏差及时纠正，保证施工质量。发现施工单位有违反工程

建设强制性标准行为的，应责令施工单位立即整改；发现其施工活动已经或者可能危及工程质量的，应当及时向专业监理工程师或总监理工程师报告，由总监理工程师下达暂停令，指令施工单位整改。

⑥ 对需要旁站的关键部位、关键工序的施工，凡没有实施旁站监理或者没有旁站记录的，专业监理工程师或总监理工程师不得在相应文件上签字。工程竣工验收后，项目监理机构应将旁站记录存档备查。

⑦ 旁站记录内容应真实、准确并与监理日志相吻合。对旁站的关键部位、关键工序，按照时间或工序形成完整的记录。必要时可进行拍照或摄影，记录当时的施工过程。

2. 见证取样与平行检验

(1) 见证取样

① 工程项目施工前，由施工单位和项目监理机构共同对见证取样的检测机构进行考察确定。对于施工单位提出的试验室，专业监理工程师要进行实地考察。试验室一般是和施工单位没有行政隶属关系的第三方。试验室要具有相应的资质，经国家或地方计量、试验主管部门认证，试验项目满足工程需要，试验室出具的报告对外具有法定效果。

② 项目监理机构要将选定的试验室报送负责本项目的质量监督机构备案并得到认可，同时要将项目监理机构中负责见证取样的专业监理工程师在该质量监督机构备案。

③ 施工单位应按照规定制订检测试验计划，配备取样人员，负责施工现场的取样工作，并将检测试验计划报送项目监理机构。

④ 施工单位在对进场材料、试块、试件、钢筋接头等实施见证取样前要通知负责见证取样的专业监理工程师，在该专业监理工程师现场监督下，施工单位按相关规范的要求，完成材料、试块、试件等的取样过程。

⑤ 完成取样后，施工单位取样人员应在试样或其包装上做出标识、封志。标识和封志应标明工程名称、取样部位、取样日期、样品名称和样品数量等信息，并由见证取样的专业监理工程师和施工单位取样人员签字。如为钢筋样品、钢筋接头，则贴上专用加封标志，然后送往试验室。

(2) 平行检验 项目监理中心试验室进行平行检验试验的情况如下。

① 验证试验。材料或商品构件运入现场后，应按规定的批量和频率进行抽样试验，不合格的材料或商品构件不准用于工程。

② 标准试验。在各项工程开工前合同规定或合理的时间内，应由施工单位先完成标准试验。监理中心试验室应在施工单位进行标准试验的同时或以后，平行进行复核（对比）试验，以肯定、否定或调整施工单位标准试验的参数或指标。

③ 抽样试验。在施工单位的工地试验室（流动试验室）按技术规范的规定进行全频率抽样试验的基础上，监理中心试验室应按规定的频率独立进行抽样试验，以鉴定施工单位的抽样试验结果是否真实可靠。当施工现场的监理人员对施工质量

或材料产生疑问并提出要求时，监理中心试验室随时进行抽样试验。

3. 监理通知单、工程暂停令、工程复工令的签发

(1) 监理通知单的签发 在工程质量控制方面，项目监理机构发现施工存在质量问题的，或施工单位采用不适当的施工工艺，或施工不当，造成工程质量不合格的，应及时签发监理通知单，要求施工单位整改。监理通知单由专业监理工程师或总监理工程师签发。

项目监理机构签发监理通知单时，应要求施工单位在发文本上签字，并注明签收时间。

施工单位应按监理通知单的要求进行整改。整改完毕后，向项目监理机构提交监理通知回复单。项目监理机构应根据施工单位报送的监理通知回复单对整改情况进行复查，并提出复查意见。

(2) 工程暂停令的签发 监理人员发现可能造成质量事故的重大隐患或已发生质量事故的，总监理工程师应签发工程暂停令。

项目监理机构发现下列情形之一时，总监理工程师应及时签发工程暂停令：

① 建设单位要求暂停施工且工程需要暂停施工的；

② 施工单位未经批准擅自施工或拒绝项目监理机构管理的；

③ 施工单位未按审查通过的工程设计文件施工的；

④ 施工单位违反工程建设强制性标准的；

⑤ 施工存在重大质量、安全事故隐患或发生质量、安全事故的。

(3) 工程复工令的签发 因建设单位原因或非施工单位原因引起工程暂停的，在具备复工条件时，应及时签发工程复工令，指令施工单位复工。

① 审核工程复工报审表。

② 签发工程复工令。

4. 工程变更的控制

对于施工单位提出的工程变更，项目监理机构可按下列程序处理。

① 总监理工程师组织专业监理工程师审查施工单位提出的工程变更申请，提出审查意见。对涉及工程设计文件修改的工程变更，应由建设单位转交原设计单位修改工程设计文件。必要时，项目监理机构应建议建设单位组织设计、施工等单位召开论证工程设计文件修改方案的专题会议。

② 总监理工程师组织专业监理工程师对工程变更费用及工期影响做出评估。

③ 总监理工程师组织建设单位、施工单位等共同协商确定工程变更费用及工期变化，会签工程变更单。

④ 项目监理机构根据批准的工程变更文件监督施工单位实施工程变更。

5. 质量记录资料的管理

(1) 施工现场质量管理检查记录资料 主要包括施工单位现场质量管理制度、质量责任制，主要专业工种操作上岗证书，分包单位资质及总承包施工单位对分包单位的管理制度，施工图审查核对资料（记录）、地质勘察资料，施工组织设计、

施工方案及审批记录，施工技术标准，工程质量检验制度，混凝土搅拌站（级配填料拌合站）及计量设置，现场材料、设备存放与管理等。

（2）工程材料质量记录 主要包括进场工程材料、构配件、设备的质量证明资料；各种试验检验报告（如力学性能试验、化学成分试验、材料级配试验等）；各种合格证；设备进场维修记录或设备进场运行检验记录。

（3）施工过程作业活动质量记录资料 施工或安装过程可按分项、分部、单位工程建立相应的质量记录资料。在相应质量记录资料中应包含有关图纸的图号、设计要求，质量自检资料，项目监理机构的验收资料，各工序作业的原始施工记录，检测及试验报告，材料、设备质量资料的编号、存放档案卷号。此外，质量记录资料还应包括不合格项的报告、通知以及处理及检查验收资料等。

第四节 工程施工合同管理

一、施工准备阶段的合同管理

1. 审查承包人的实施方案

（1）审查的内容 监理人对承包人报送的施工组织设计、质量管理体系、环境保护措施进行认真审查，批准或要求承包人对不满足合同要求的部分进行修改。

（2）审查进度计划 监理人对承包人的施工组织设计中的进度计划审查，不仅要看施工阶段的时间安排是否满足合同要求，更应评审拟采用的施工组织、技术措施能否保证计划的实现。监理人审查后，应在专用条款约定的期限内，批复或提出修改意见，否则该进度计划视为已得到批准。经监理人批准的施工进度计划称为“合同进度计划”。

监理人为了便于工程进度管理，可以要求承包人在合同进度计划的基础上编制并提交分阶段和分项的进度计划，特别是合同进度计划关键线路上的单位工程或分部工程的详细施工计划。

（3）合同进度计划 合同进度计划是控制合同工程进度的依据，对承包人、发包人和监理人均有约束力，不仅要求承包人按计划施工，还要求发包人的材料供应、图纸发放等不应造成施工延误，以及监理人应按照计划进行协调管理。合同进度计划的另一重要作用是，作为施工进度受到非承包人责任原因的干扰后，判定是否应给承包人顺延合同工期的主要依据。

2. 开工通知

（1）发出开工通知的条件 当发包人的开工前期工作已完成且临近约定的开工日期时，应委托监理人按专用条款约定的时间向承包人发出开工通知。如果约定的开工日期发包人应完成的开工配合义务尚未完成（如现场移交延误），由于监理人不能按时发出开工通知，则要顺延合同工期并赔偿承包人的相应损失。

如果发包人开工前的配合工作已完成且约定的开工日期已届至，但承包人的开工准备还不满足开工条件，监理人仍应按时发出开工的指示，合同工期不予顺延。

(2) 发出开工通知的时间 监理人征得发包人同意后，应在开工日期 7 天前向承包人发出开工通知，合同工期自开工通知中载明的开工日起计算。

二、施工阶段的合同管理

1. 施工进度管理

(1) 合同进度计划的动态管理 承包人可以主动向监理人提交修订合同进度计划的申请报告，并附有关措施和相关资料，报监理人审批；监理人也可以向承包人发出修订合同进度计划的指示，承包人应按该指示修订合同进度计划后报监理人审批。

监理人应在专用合同条款约定的期限内予以批复。如果修订的合同进度计划对竣工时间有较大影响或需要补偿额超过监理人独立确定的范围时，在批复前应取得发包人同意。

(2) 可以顺延合同工期的情况

① 发包人原因延长合同工期。通用条款中明确规定，由于发包人原因导致的延误，承包人有权获得工期顺延和（或）费用加利润补偿的情况包括：

a. 增加合同工作内容；

b. 改变合同中任何一项工作的质量要求或其他特性；

c. 发包人迟延提供材料、工程设备或变更交货地点；

d. 因发包人原因导致的暂停施工；

e. 提供图纸延误；

f. 未按合同约定及时支付预付款、进度款；

g. 发包人造成工期延误的其他原因。

② 承包人原因的延误。未能按合同进度计划完成工作时，承包人应采取措施加快进度，并承担加快进度所增加的费用。由于承包人原因造成工期延误，承包人应支付逾期竣工违约金。

订立合同时，应在专用条款内约定逾期竣工违约金的计算方法和逾期违约金的最高限额。专用条款说明中建议，违约金计算方法约定的日拖期赔偿额，可采用每天为多少钱或每天为签约合同价的千分之几；最高赔偿限额为签约合同价的 3%。

③ 异常恶劣的气候条件。按照通用条款的规定，出现专用合同条款约定的异常恶劣气候条件导致工期延误，承包人有权要求发包人延长工期。监理人处理气候条件对施工进度造成不利影响的事件时，应注意两条基本原则。

a. 正确区分气候条件对施工进度影响的责任。判明因气候条件对施工进度产生影响的持续期间内，属于异常恶劣气候条件有多少天。如土方填筑工程的施工中，因连续降雨导致停工 15 天，其中 6 天的降雨强度超过专用条款约定的标准构成延长合同工期的条件，而其余 9 天的停工或施工效率降低的损失，属于承包人应承担的不利气候条件风险。

b. 异常恶劣气候条件的停工是否影响总工期。异常恶劣气候条件导致的停工是进度计划中的关键工作，则承包人有权获得合同工期的顺延。如果被迫暂停施工的工作不在关键线路上且总时差多于停工天数，仍然不必顺延合同工期，但对施工成本的增加可以获得补偿。

(3) 暂停施工

① 暂停施工的责任。施工过程中发生被迫暂停施工的原因，可能源于发包人的责任，也可能属于承包人的责任。通用条款规定，承包人责任引起的暂停施工，增加的费用和工期由承包人承担；发包人暂停施工的责任，承包人有权要求发包人延长工期和（或）增加费用，并支付合理利润。

② 暂停施工程序。

a. 停工。监理人根据施工现场的实际情况，认为必要时可向承包人发出暂停施工的指示，承包人应按监理人指示暂停施工。

不论由于何种原因引起的暂停施工，监理人应与发包人和承包人协商，采取有效措施积极消除暂停施工的影响。暂停施工期间由承包人负责妥善保护工程并提供安全保障。

b. 复工。当工程具备复工条件时，监理人应立即向承包人发出复工通知，承包人收到复工通知后，应在指示的期限内复工。承包人无故拖延和拒绝复工，由此增加的费用和工期延误由承包人承担。

因发包人原因无法按时复工时，承包人有权要求延长工期和（或）增加费用以及合理利润。

③ 紧急情况下的暂停施工。由于发包人的原因发生暂停施工的紧急情况，且监理人未及时下达暂停施工指示，承包人可先暂停施工并及时向监理人提出暂停施工的书面请求。监理人应在接到书面请求后的24h内予以答复，逾期未答复视为同意承包人的暂停施工请求。

2. 施工质量管理

(1) 监理人的质量检查和试验

① 与承包人的共同检验和试验。监理人应与承包人共同进行材料、设备的试验和工程隐蔽前的检验。收到承包人共同检验的通知后，监理人既未发出变更检验时间的通知，又未按时参加，承包人为了不延误施工可以单独进行检查和试验，将记录送交监理人后可继续施工。此次检查或试验视为监理人在场情况下进行，监理人应签字确认。

② 监理人指示的检验和试验。

a. 材料、设备和工程的重新检验和试验。监理人对承包人的试验和检验结果有疑问，或为查清承包人试验和检验成果的可靠性要求承包人重新试验和检验时，由监理人与承包人共同进行。重新试验和检验的结果证明该项材料、工程设备或工程的质量不符合合同要求，由此增加的费用和（或）工期延误由承包人承担；重新试验和检验结果证明符合合同要求，由发包人承担由此增加的费用和（或）工期延误，并支付承包人合理利润。

b. 隐蔽工程的重新检验。监理人对已覆盖的隐蔽工程部位质量有疑问时，可要求承包人对已覆盖的部位进行钻孔探测或揭开重新检验，承包人应遵照执行，并在检验后重新覆盖恢复原状。经检验证明工程质量符合合同要求，由发包人承担由此增加的费用和（或）工期延误，并支付承包人合理利润；经检验证明工程质量不符合合同要求，由此增加的费用和（或）工期延误由承包人承担。

（2）对发包人提供的材料和工程设备管理 承包人应根据合同进度计划的安排，向监理人报送要求发包人交货的日期计划。发包人应按照监理人与合同双方当事人商定的交货日期，向承包人提交材料和工程设备，并在到货 7 天前通知承包人。承包人会同监理人在约定的时间内，在交货地点共同进行验收。发包人提供的材料和工程设备验收后，由承包人负责接收、保管和施工现场内的二次搬运所发生的费用。

（3）对承包人施工设备的控制 承包人使用的施工设备不能满足合同进度计划或质量要求时，监理人有权要求承包人增加或更换施工设备，增加的费用和工期延误由承包人承担。

承包人的施工设备和临时设施应专用于合同工程，未经监理人同意，不得将施工设备和临时设施中的任何部分运出施工场地或挪作他用。对目前闲置的施工设备或后期不再使用的施工设备，经监理人根据合同进度计划审核同意后，承包人方可将其撤离施工现场。

3. 工程款支付管理

（1）外部原因引起的合同价格调整

① 物价浮动的变化。施工工期 12 个月以上的工程，应考虑市场价格浮动对合同价格的影响，由发包人承包人分担市场价格变化的风险。通用条款规定用公式法调价，但仅适用于工程量清单中单价支付部分。在调价公式的应用中，有以下几个基本原则。

a. 在每次支付工程进度款计算调整差额时，如果得不到现行价格指数，可暂用上一次价格指数计算，并在以后的付款中再按实际价格指数进行调整。

b. 由于变更导致合同中调价公式约定的权重变得不合理时，由监理人与承包人和发包人协商后进行调整。

c. 因非承包人原因导致工期顺延，原定竣工日后的支付过程中，调价公式继续有效。

d. 因承包人原因未在约定的工期内竣工，后续支付时应采用原约定竣工日与实际支付日的两个价格指数中较低的一个作为支付计算的价格指数。

e. 人工、机械使用费按照国家或省、自治区、直辖市建设行政管理部门、行业建设管理部门或其授权的工程造价管理机构发布的人工成本信息、机械台班单价或机械使用费系数进行调整；需要调整价格的材料，以监理人复核后确认的材料单价及数量，作为调整工程合同价格差额的依据。

② 法律法规的变化。基准日后，因法律、法规变化导致承包人的施工费用发生增减变化时，监理人根据法律、国家或省、自治区、直辖市有关部门的规定，监理人采用商定或确定的方式对合同价款进行调整。

（2）工程量计量

① 单价子目的计量。对已完成的工程进行计量后，承包人向监理人提交进度付款申请单、已完成工程量报表和有关计量资料。监理人应在收到承包人提交的工程量报表后的7天内进行复核，监理人未在约定时间内复核，承包人提交的工程量报表中的工程量视为承包人实际完成的工程量，据此计算工程价款。

监理人对数量有异议或监理人认为有必要时，可要求承包人进行共同复核和抽样复测。承包人应协助监理人进行复核，并按监理人要求提供补充计量资料。承包人未按监理人要求参加复核，监理人单方复核或修正的工程量作为承包人实际完成的工程量。

② 总价子目的计量。总价子目的计量和支付应以总价为基础，不考虑市场价格浮动的调整。承包人实际完成的工程量是进行工程目标管理和控制进度支付的依据。

承包人在合同约定的每个计量周期内，对已完成的工程进行计量，并向监理人提交进度付款申请单、专用条款约定的合同总价支付分解表所表示的阶段性或分项计量的支持性资料、所达到工程形象进度或分阶段完成的工程量和有关计量资料。监理人对承包人提交的资料进行复核，有异议时可要求承包人进行共同复核和抽样复测。除变更外，总价子目表中标明的工程量是用于结算的工程量，通常不进行现场计量，只进行图纸计量。

（3）工程进度款的支付

① 进度付款申请单。承包人应在每个付款周期末，按监理人批准的格式和专用条款约定的份数，向监理人提交进度付款申请单，并附相应的支持性证明文件。通用条款中要求进度付款申请单的内容包括：

a. 截至本次付款周期末已实施工程的价款；

b. 变更金额；

c. 索赔金额；

d. 本次应支付的预付款和扣减的返还预付款；

e. 本次扣减的质量保证金；

f. 根据合同应增加和扣减的其他金额。

② 进度款支付证书。监理人在收到承包人进度付款申请单以及相应的支持性证明文件后的14天内完成核查，提出发包人到期应支付给承包人的金额以及相应的支持性材料。经发包人审查同意后，由监理人向承包人出具经发包人签认的进度付款证书。

监理人有权扣发承包人未能按照合同要求履行任何工作或义务的相应金额，如扣除质量不合格部分的工程款等。

通用条款规定，监理人出具的进度付款证书，不应视为监理人已同意、批准或接受了承包人完成的该部分工作，在对以往历次已签发的进度付款证书进行汇总和复核中发现错、漏或重复的，监理人有权予以修正，承包人也有权提出修正申请。经双方复核同意的修正，应在本次进度付款中支付或扣除。

③ 进度款的支付。发包人应在监理人收到进度付款申请单后的28天内，将进度应付款支付给承包人。发包人不按期支付，按专用合同条款的约定支付逾期付款违约金。

4.施工安全管理

(1) 发包人的施工安全责任 发包人应按合同约定履行安全管理职责，授权监理人按合同约定的安全工作内容监督、检查承包人安全工作的实施，组织承包人和有关单位进行安全检查。发包人应对其现场机构全部人员的工伤事故承担责任，但由于承包人原因造成发包人人员工伤的，应由承包人承担责任。

发包人应负责赔偿工程或工程的任何部分对土地的占用所造成的第三者财产损失，以及由于发包人原因在施工场地及其毗邻地带造成的第三者人身伤亡和财产损失负责赔偿。

(2) 承包人的施工安全责任 承包人应按合同约定的安全工作内容，编制施工安全措施计划报送监理人审批，按监理人的指示制订应对灾害的紧急预案，报送监理人审批。承包人还应按预案做好安全检查，配置必要的救助物资和器材，切实保护好有关人员的人身和财产安全。

施工过程中负责施工作业安全管理，特别应加强易燃易爆材料、火工器材、有毒与腐蚀性材料和其他危险品的管理，加强爆破作业和地下工程施工等危险作业的管理。严格按照国家安全标准制订施工安全操作规程，配备必要的安全生产和劳动保护设施，加强对承包人人员的安全教育，并发放安全工作手册和劳动保护用具。合同约定的安全作业环境及安全施工措施所需费用已包括在相关工作的合同价格中；因采取合同未约定的安全作业环境及安全施工措施增加的费用，由监理人按商定或确定方式予以补偿。

承包人对其履行合同所雇佣的全部人员，包括分包人人员的工伤事故承担责任，但由于发包人原因造成承包人人员的工伤事故，应由发包人承担责任。由于承包人原因在施工场地内及其毗邻地带造成的第三者人员伤亡和财产损失，由承包人负责赔偿。

(3) 安全事故处理程序

① 通知。施工过程中发生安全事故时，承包人应立即通知监理人，监理人应立即通知发包人。

② 及时采取减损措施。工程事故发生后，发包人和承包人应立即组织人员和设备进行紧急抢救和抢修，减少人员伤亡和财产损失，防止事故扩大，并保护事故现场。需要移动现场物品时，应做出标记和书面记录，妥善保管有关证据。

③ 报告。工程事故发生后，发包人和承包人应按国家有关规定，及时如实地

向有关部门报告事故发生的情况以及正在采取的紧急措施。

5.变更管理

(1) 监理人指示变更 监理人根据工程施工的实际需要或发包人要求实施的变更，可以进一步划分为直接指示的变更和通过与承包人协商后确定的变更两种情况。

① 直接指示的变更。直接指示的变更属于必须实施的变更，如按照发包人的要求提高质量标准、设计错误需要进行的设计修改、协调施工中的交叉干扰等情况。此时不需征求承包人意见，监理人经过发包人同意后发出变更指示要求承包人完成变更工作。

② 与承包人协商后确定的变更。此类情况属于可能发生的变更，与承包人协商后再确定是否实施变更，如增加承包范围外的某项新增工作或改变合同文件中的要求等。

a. 监理人首先向承包人发出变更意向书，说明变更的具体内容、完成变更的时间要求等，并附必要的图纸和相关资料。

b. 承包人收到监理人的变更意向书后，如果同意实施变更，则向监理人提出书面变更建议。建议书的内容包括拟实施变更工作的计划、措施、竣工时间等内容的实施方案以及费用和（或）工期要求。若承包人收到监理人的变更意向书后认为难以实施此项变更，也应立即通知监理人，说明原因并附详细依据。如不具备实施变更项目的施工资质、无相应的施工机具等原因或其他理由。

c. 监理人审查承包人的建议书。承包人根据变更意向书要求提交的变更实施方案可行并经发包人同意后，发出变更指示。如果承包人不同意变更，监理人与承包人和发包人协商后确定撤销、改变或不改变变更意向书。

(2) 承包人申请变更 承包人提出的变更可能涉及建议变更和要求变更两类。

① 承包人建议的变更。承包人对发包人提供的图纸、技术要求以及其他方面，提出了可能降低合同价格、缩短工期或者提高工程经济效益的合理化建议，均应以书面形式提交监理人。合理化建议书的内容应包括建议工作的详细说明、进度计划和效益以及与其他工作的协调等，并附必要的设计文件。

监理人与发包人协商是否采纳承包人提出的建议。建议被采纳并构成变更的，监理人向承包人发出变更指示。

承包人提出的合理化建议使发包人获得了降低工程造价、缩短工期、提高工程运行效益等实际利益，应按专用合同条款中的约定给予奖励。

② 承包人要求的变更。承包人收到监理人按合同约定发出的图纸和文件，经检查认为其中存在属于变更范围的情形，如提高了工程质量标准、增加工作内容、工程的位置或尺寸发生变化等，可向监理人提出书面变更建议。变更建议应阐明要求变更的依据，并附必要的图纸和说明。

监理人收到承包人的书面建议后，应与发包人共同研究，确认存在变更的，应在收到承包人书面建议后的 14 天内做出变更指示。经研究后不同意作为变更的，由监理人书面答复承包人。

(3) 变更估价

① 变更估价的程序。承包人应在收到变更指示或变更意向书后的14天内，向监理人提交变更报价书，详细开列变更工作的价格组成及其依据，并附必要的施工方法说明和有关图纸。变更工作如果影响工期，承包人应提出调整工期的具体细节。

监理人收到承包人变更报价书后的14天内，根据合同约定的估价原则，商定或确定变更价格。

② 变更的估价原则。

a. 已标价工程量清单中有适用于变更工作的子目，采用该子目的单价计算变更费用。

b. 已标价工程量清单中无适用于变更工作的子目，但有类似子目，可在合理范围内参照类似子目的单价，由监理人商定或确定变更工作的单价。

c. 已标价工程量清单中无适用或类似子目的单价，可按照成本加利润的原则，由监理人商定或确定变更工作的单价。

(4) 不利物质条件的影响 不利物质条件属于发包人应承担的风险，指承包人在施工场地遇到的不可预见的自然物质条件、非自然的物质障碍和污染物，包括地下和水文条件，但不包括气候条件。

承包人遇到不利物质条件时，应采取适应不利物质条件的合理措施继续施工，并通知监理人。监理人应当及时发出指示，构成变更的，按变更对待。监理人没有发出指示，承包人因采取合理措施而增加的费用和工期延误，由发包人承担。

6. 不可抗力

(1) 不可抗力事件 不可抗力是指承包人和发包人在订立合同时不可预见，在工程施工过程中不可避免发生并不能克服的自然灾害和社会性突发事件，如地震、海啸、瘟疫、水灾、骚乱、暴动、战争和专用合同条款约定的其他情形。

(2) 不可抗力发生后的管理

① 通知并采取措施。合同一方当事人遇到不可抗力事件，使其履行合同义务受到阻碍时，应立即通知合同另一方当事人和监理人，书面说明不可抗力和受阻碍的详细情况，并提供必要的证明。不可抗力发生后，发包人和承包人均应采取措施尽量避免和减少损失的扩大，任何一方没有采取有效措施导致损失扩大的，应对扩大的损失承担责任。

如果不可抗力的影响持续时间较长，合同一方当事人应及时向合同另一方当事人和监理人提交中间报告，说明不可抗力和履行合同受阻的情况，并于不可抗力事件结束后28天内提交最终报告及有关资料。

② 不可抗力造成的损失。通用条款规定，不可抗力造成的损失由发包人和承包人分别承担：

a. 永久工程，包括已运至施工场地的材料和工程设备的损害，以及因工程损害造成的第三者人员伤亡和财产损失由发包人承担；

b. 承包人设备的损坏由承包人承担；

c. 发包人和承包人各自承担其人员伤亡和其他财产损失及其相关费用；

d. 停工损失由承包人承担，但停工期间应监理人要求照管工程和清理、修复工程的金额由发包人承担；

e. 不能按期竣工的，应合理延长工期，承包人不需支付逾期竣工违约金。发包人要求赶工的，承包人应采取赶工措施，赶工费用由发包人承担。

(3) 因不可抗力解除合同 合同一方当事人因不可抗力导致不可能继续履行合同义务时，应当及时通知对方解除合同。合同解除后，承包人应撤离施工场地。

合同解除后，已经订货的材料、设备由订货方负责退货或解除订货合同，不能退还的货款和因退货、解除订货合同发生的费用，由发包人承担，因未及时退货造成的损失由责任方承担。合同解除后的付款，监理人与当事人双方协商后确定。

7. 索赔管理

(1) 承包人的索赔

① 承包人提出索赔要求。承包人根据合同认为有权得到追加付款和（或）延长工期时，应按规定程序向发包人提出索赔。

承包人应在引起索赔事件发生的后 28 天内，向监理人递交索赔意向通知书，并说明发生索赔事件的事由。承包人未在前述 28 天内发出索赔意向通知书，丧失要求追加付款和（或）延长工期的权利。

承包人应在发出索赔意向通知书后 28 天内，向监理人递交正式的索赔通知书，详细说明索赔理由以及要求追加的付款金额和（或）延长的工期，并附必要的记录和证明材料。对于具有持续影响的索赔事件，承包人应按合理时间间隔陆续递交延续的索赔通知，说明连续影响的实际情况和记录，列出累计的追加付款金额和（或）工期延长天数。在索赔事件影响结束后的 28 天内，承包人应向监理人递交最终索赔通知书，说明最终要求索赔的追加付款金额和延长的工期，并附必要的记录和证明材料。

② 监理人处理索赔。监理人收到承包人提交的索赔通知书后，应及时审查索赔通知书的内容、查验承包人的记录和证明材料，必要时监理人可要求承包人提交全部原始记录副本。

监理人首先应争取通过与发包人和承包人协商达成索赔处理的一致意见，如果分歧较大，再单独确定追加的付款和（或）延长的工期。监理人应在收到索赔通知书或有关索赔的进一步证明材料后的 42 天内，将索赔处理结果答复承包人。

承包人接受索赔处理结果，发包人应在做出索赔处理结果答复后 28 天内完成赔付。承包人不接受索赔处理结果的，按合同争议解决。

③ 承包人提出索赔的期限。竣工阶段发包人接受了承包人提交并经监理人签认的竣工付款证书后，承包人不能再对施工阶段、竣工阶段的事项提出索赔要求。

缺陷责任期满承包人提交的最终结清申请单中，只限于提出工程接收证书颁发后发生的索赔。提出索赔的期限至发包人接受最终结清证书时止，即合同终止后承包人就失去索赔的权利。

(2) 发包人的索赔

① 发包人提出索赔。发包人的索赔包括承包人应承担责任的赔偿扣款和缺陷责任期的延长。发生索赔事件后，监理人应及时书面通知承包人，详细说明发包人有权得到的索赔金额和（或）延长缺陷责任期的细节和依据。发包人提出索赔的期限对承包人的要求相同，即颁发工程接收证书后，不能再对施工期间的事件索赔；最终结清证书生效后，不能再就缺陷责任期内的事件索赔，因此延长缺陷责任期的通知应在缺陷责任期届满前提出。

② 监理人处理索赔。监理人也应首先通过与当事人双方协商争取达成一致，分歧较大时在协商基础上确定索赔的金额和缺陷责任期延长的时间。承包人应付给发包人的赔偿款从应支付给承包人的合同价款或质量保证金内扣除，也可以由承包人以其他方式支付。

三、竣工和缺陷责任期阶段的合同管理

1. 竣工验收管理

(1) 单位工程验收

① 单位工程验收的情况。合同工程全部完工前进行单位工程验收和移交，可能涉及以下三种情况：一是专用条款内约定了某些单位工程分部移交；二是发包人在全部工程竣工前希望使用已经竣工的单位工程，提出单位工程提前移交的要求，以便获得部分工程的运行收益；三是承包人从后续施工管理的角度出发而提出单位工程提前验收的建议，并经发包人同意。

② 单位工程验收后的管理。验收合格后，由监理人向承包人出具经发包人签认的单位工程验收证书。单位工程的验收成果和结论作为全部工程竣工验收申请报告的附件。移交后的单位工程由发包人负责照管。

除了合同约定的单位工程分部移交的情况外，如果发包人在全部工程竣工前，使用已接收的单位工程运行影响了承包人的后续施工，发包人应承担由此增加的费用和（或）工期延误，并支付承包人合理利润。

(2) 施工期运行 施工期运行是指合同工程尚未全部竣工，其中某项或某几项单位工程已竣工或工程设备安装完毕，需要投入施工期的运行时，须经检验合格能确保安全后，才能在施工期投入运行。

除了专用条款约定由发包人负责试运行的情况外，承包人应负责提供试运行所需的人员、器材和必要的条件，并承担全部试运行费用。施工期运行中发现工程或工程设备损坏或存在缺陷时，由承包人进行修复，并按照缺陷原因由责任方承担相应的费用。

(3) 合同工程的竣工验收

① 承包人提交竣工验收申请报告。当工程具备以下条件时，承包人可向监理

人报送竣工验收申请报告：

a. 除监理人同意列入缺陷责任期内完成的尾工（甩项）工程和缺陷修补工作外，承包人的施工已完成合同范围内的全部单位工程以及有关工作，包括合同要求的试验、试运行以及检验和验收均已完成，并符合合同要求；

b. 已按合同约定的内容和份数备齐了符合要求的竣工资料；

c. 已按监理人的要求编制了在缺陷责任期内完成的尾工（甩项）工程和缺陷修补工作清单以及相应施工计划；

d. 监理人要求在竣工验收前应完成的其他工作；

e. 监理人要求提交的竣工验收资料清单。

② 监理人审查竣工验收报告。监理人审查申请报告的各项内容，认为工程尚不具备竣工验收条件时，应在收到竣工验收申请报告后的 28 天内通知承包人，指出在颁发接收证书前承包人还需进行的工作内容。承包人完成监理人通知的全部工作内容后，应再次提交竣工验收申请报告，直至监理人同意为止。

③ 竣工验收。

a. 竣工验收合格时，监理人应在收到竣工验收申请报告后的 56 天内，向承包人出具经发包人签认的工程接收证书。以承包人提交竣工验收申请报告的日期为实际竣工日期，并在工程接收证书中写明。实际竣工日用以计算施工期限，与合同工期对照判定承包人是提前竣工还是延误竣工。

b. 竣工验收基本合格但提出了需要整修和完善要求时，监理人应指示承包人限期修好，并缓发工程接收证书。经监理人复查整修和完善工作达到了要求，再签发工程接收证书，竣工日仍为承包人提交竣工验收申请报告的日期。

c. 竣工验收不合格时，监理人应按照验收意见发出指示，要求承包人对不合格工程认真返工重做或进行补救处理，并承担由此产生的费用。承包人在完成不合格工程的返工重做或补救工作后，应重新提交竣工验收申请报告。重新验收如果合格，则工程接收证书中注明的实际竣工日，应为承包人重新提交竣工验收报告的日期。

④ 延误进行竣工验收。发包人在收到承包人竣工验收申请报告 56 天后未进行验收，视为验收合格。实际竣工日期以提交竣工验收申请报告的日期为准，但发包人由于不可抗力不能进行验收的情况除外。

(4) 竣工结算

① 承包人提交竣工付款申请单。工程进度款的分期支付是阶段性的临时支付，因此在工程接收证书颁发后，承包人应按专用合同条款约定的份数和期限向监理人提交竣工付款申请单，并提供相关证明材料。付款申请单应说明竣工结算的合同总价、发包人已支付承包人的工程价款、应扣留的质量保证金、应支付的竣工付款金额。

② 监理人审查。竣工结算的合同价格，应为通过单价乘以实际完成工程量的单价子目款、采用固定价格的各子项目包干价、依据合同条款进行调整（变更、索

赔、物价浮动调整等）构成的最终合同结算价。

监理人对竣工付款申请单如果有异议，有权要求承包人进行修正和提供补充资料。监理人和承包人协商后，由承包人向监理人提交修正后的竣工付款申请单。

③ 签发竣工付款证书。监理人在收到承包人提交的竣工付款申请单后的14天内完成核查，将核定的合同价格和结算尾款金额提交发包人审核并抄送承包人。发包人应在收到后14天内审核完毕，由监理人向承包人出具经发包人签认的竣工付款证书。

监理人未在约定时间内核查，又未提出具体意见的，视为承包人提交的竣工付款申请单已经监理人核查同意。

发包人未在约定时间内审核又未提出具体意见，监理人提出发包人到期应支付给承包人的结算尾款视为已经发包人同意。

④ 支付。发包人应在监理人出具竣工付款证书后的14天内，将应支付款支付给承包人。发包人不按期支付，还应加付逾期付款的违约金。如果承包人对发包人签认的竣工付款证书有异议，发包人可出具竣工付款申请单中承包人已同意部分的临时付款证书，存在争议的部分，按合同约定的争议条款处理。

(5) 竣工清场

① 承包人的清场义务。工程接收证书颁发后，承包人应对施工场地进行清理，直至监理人检验合格为止。竣工清场的要求如下。

a. 施工场地内残留的垃圾已全部清除出场。

b. 临时工程已拆除，场地已按合同要求进行清理、平整或复原。

c. 按合同约定应撤离的承包人设备和剩余的材料，包括废弃的施工设备和材料，已按计划撤离施工场地。

d. 工程建筑物周边及其附近道路、河道的施工堆积物，已按监理人指示全部清理。

e. 监理人指示的其他场地清理工作已全部完成。

② 承包人未按规定完成的责任。承包人未按监理人的要求恢复临时占地，或者场地清理未达到合同约定，发包人有权委托其他人恢复或清理，所发生的金额从拟支付给承包人的款项中扣除。

2. 缺陷责任期管理

(1) 缺陷责任 缺陷责任期自实际竣工日期起计算。在全部工程竣工验收前，已经发包人提前验收的单位工程，其缺陷责任期的起算日期相应提前。

工程移交发包人运行后，缺陷责任期内出现的工程质量缺陷可能是承包人的施工质量原因，也可能属于非承包人应负责的原因导致。应由监理人与发包人和承包人共同查明原因，分清责任。对于工程主要部位承包人责任的缺陷工程修复后，缺陷责任期相应延长。

任何一项缺陷或损坏修复后，经检查证明其影响了工程或工程设备的使用性能，承包人应重新进行合同约定的试验和试运行，试验和试运行的全部费用应由责任方承担。

（2）监理人颁发缺陷责任终止证书 缺陷责任期满，包括延长的期限终止后14天内，由监理人向承包人出具经发包人签认的缺陷责任期终止证书，并退还剩余的质量保证金。颁发缺陷责任期终止证书，意味承包人已按合同约定完成了施工、竣工和缺陷修复责任的义务。

（3）最终结清 缺陷责任期终止证书签发后，发包人与承包人进行合同付款的最终结清。结清的内容涉及质量保证金的返还、缺陷责任期内修复非承包人缺陷责任的工作、缺陷责任期内涉及的索赔等。

① 承包人提交最终结清申请单。承包人按专用合同条款约定的份数和期限向监理人提交最终结清申请单，并提供缺陷责任期内的索赔、质量保证金应返还的余额等的相关证明材料。如果质量保证金不足以抵减发包人损失时，承包人还应承担不足部分的赔偿责任。

发包人对最终结清申请单内容有异议时，有权要求承包人进行修正和提供补充资料。承包人再向监理人提交修正后的最终结清申请单。

② 签发最终结清证书。监理人收到承包人提交的最终结清申请单后的14天内，提出发包人应支付给承包人的价款送发包人审核并抄送承包人。发包人应在收到后14天内审核完毕，由监理人向承包人出具经发包人签认的最终结清证书。

监理人未在约定时间内核查，又未提出具体意见，视为承包人提交的最终结清申请已经监理人核查同意。发包人未在约定时间内审核又未提出具体意见，监理人提出应支付给承包人的价款视为已经发包人同意。

③ 最终支付。发包人应在监理人出具最终结清证书后的14天内，将应支付款支付给承包人。发包人不按期支付，还需将逾期付款违约金支付给承包人。承包人对最终结清证书有异议，按合同争议处理。

④ 结清单生效。承包人收到发包人最终支付款后结清单生效。结清单生效即表明合同终止，承包人不再拥有索赔的权利。如果发包人未按时支付结清款，承包人仍可就此事项进行索赔。

参考文献

[1] 中华人民共和国国务院. 中华人民共和国标准化法 [M]. 北京：中国民主法律出版社，2008.
[2] 中华人民共和国国务院. 中华人民共和国建筑法 [M]. 北京：中国法制出版社，2010.
[3] 王祖华. 混凝土与砌体结构 [M]. 广州：华南理工大学出版社，1996.
[4] 滕智明. 钢筋混凝土基本构件 [M]. 北京：清华大学出版社，1992.
[5] 史耀武. 焊接技术手册 [M]. 北京：化学工业出版社，2009.
[6] 中华人民共和国住房和城乡建设部. 关于进一步强化住宅工程质量管理和责任的通知 [S]. 北京：住房和城乡建设部，2010.
[7] 中华人民共和国住房和城乡建设部. 建设工程施工合同（示范文本）[M]. 北京：中国法制出版社，2013.
[8] 中华人民共和国住房和城乡建设部. 建设工程监理合同（示范文本）[M]. 北京：中国建筑工业出版社，2013.
[9] 中华人民共和国住房和城乡建设部. 建筑施工碗扣式钢管脚手架安全技术规范：JGJ 166—2008 [S]. 北京：中国建筑工业出版社，2010.
[10] 中华人民共和国住房和城乡建设部. 建筑施工手册：第 5 版. [M]. 北京：中国建筑工业出版社，2012.
[11] 中华人民共和国国务院. 建设工程安全生产管理条例 [M]. 北京：中国建筑工业出版社，2010.
[12] 中华人民共和国国务院. 建设工程质量管理条例 [M]. 北京：中国建筑工业出版社，2000.
[13] 李伟. 防水工程 [M]. 北京：中国铁道出版社，2012.
[14] 张婧芳. 防水工程施工技术 [M]. 北京：中国铁道出版社，2012.
[15] 张蒙. 建筑防水工程 [M]. 北京：中国铁道出版社，2013.
[16] 梁立峰. 建筑工程安全生产管理及安全事故预防 [J]. 广东建材，2011，(2)：103-105.
[17] 高显义. 工程合同管理 [M]. 上海：同济大学出版社，2005.
[18] 孙曾武，刘亚丽. 工程项目建设管理优化 [M]. 太原：山西经济出版社，2005.
[19] 丛培经. 工程项目管理 [M]. 北京：中国建筑工业出版社，2008.
[20] 俞宗卫. 监理工程师实用指南 [M]. 北京：中国建筑工业出版社，2004.
[21] 潘全祥. 建筑装饰工程质量监督手册 [M]. 北京：中国建筑工业出版社，1998.
[22] 杨茂森，郭清燕，梁利生. 混凝土与砌体结构 [M]. 北京：北京理工大学出版社，2009.
[23] 徐占发，许大江. 砌体结构 [M]. 北京：中国建筑工业出版社，2010.
[24] 王晓谋. 基础工程：第 4 版. [M]. 北京：人民交通出版社，2010.
[25] 济南市城乡建设委员会建筑产业化领导小组办公室. 装配整体式混凝土结构工程施工 [M]. 北京：中国建筑工业出版社，2015.
[26] 东南大学，天津大学，同济大学. 混凝土结构：上册：混凝土结构设计原理：第 7 版 [M]. 北京：中国建筑工业出版社，2019.
[27] 李章树，刘蒙蒙，赵立. 工程测量学 [M]. 北京：化学工业出版社，2019.
[28] 李楠，王云江. 建筑施工测量 [M]. 北京：中国建筑工业出版社，2016.
[29] 钟汉华，张彬. 土方与基础工程施工 [M]. 北京：中国电力出版社，2019.
[30] 王玉杰. 爆破工程 [M]. 武汉：武汉理工大学出版社，2009.
[31] 杨太生. 地基与基础工程：第 4 版 [M]. 北京：中国建筑工业出版社，2018.
[32] 中国建筑第八工程局有限公司. 建筑施工脚手架安全技术标准 [M]. 北京：中国建筑工业出版社，2017.
[33] 中华人民共和国建设部. 砌体结构设计规范 [M]. 北京：中国建筑工业出版社，2013.
[34] 李章政. 砌体结构 [M]. 北京：化学工业出版社，2015.
[35] 张悠荣. 钢筋混凝土结构工程施工 [M]. 北京：机械工业出版社，2019.
[36] 李东彬. 预应力混凝土结构设计与施工 [M]. 北京：中国建筑工业出版社，2019.
[37] 陈绍蕃，顾强. 钢结构：上册：钢结构基础 [M]. 北京：中国建筑工业出版社，2019.
[38] 本书编写委员会. 钢结构安装工程 [M]. 北京：中国建筑工业出版社，2010.
[39] 杨永起. 建筑防水施工技术 [M]. 北京：中国建筑工业出版社，2015.
[40] 刘新. 防腐蚀涂料涂装技术 [M]. 北京：化学工业出版社，2016.